EUROPA LEHRMITTEL

EUROPA-FACHBUCHREIHE
für Ch

W0335596

Tabellenbuch Chemietechnik

Daten · Formeln · Normen · Vergleichende Betrachtungen

aus den Bereichen:

Allgemeine und technische Mathematik · Physik
Chemie · Verfahrenstechnik · Werkstoffkunde
Prozessleittechnik/MSR-Technik · Arbeitssicherheit

von

Walter Bierwerth

10. erweiterte Auflage

VERLAG EUROPA-LEHRMITTEL · Nourney, Vollmer GmbH & Co. KG
Düsselberger Straße 23 · 42781 Haan-Gruiten

Europa-Nr.: 70717

Autor:
Walter Bierwerth | Studiendirektor a. D., Dipl.-Ing. | Eppstein/Taunus

Manuskriptdurchsicht:
Volker Jungblut | Oberstudiendirektor a. D., Dipl.-Ing. | Eppstein/Taunus
Klaus Kraft | Oberstudienrat a. D., Dipl.-Ing. | Bad Camberg

Datenrecherche:
Inge Bierwerth, Eppstein/Taunus

Redaktionelle Beratung (1. Auflage):
Dipl.-Ing. Armin Steinmüller, Verlagslektor, Haan-Gruiten

Umschlaggestaltung:
Michael M. Kappenstein, Frankfurt am Main

Bildbearbeitung:
Verlag Europa-Lehrmittel, Zeichenbüro, Ostfildern

Als Service für interessierte Leser bieten wir wichtige Hinweise, Aktualisierungen, Erläuterungen und Ergänzungen unter www.europa-lehrmittel.de/70717 an.

Diesem Tabellenbuch wurden die neuesten Ausgaben der DIN-Normen und sonstigen Regelwerke zugrunde gelegt. Es wird jedoch darauf hingewiesen, dass nur die DIN-Normen selbst verbindlich sind. Diese können in den öffentlichen DIN-Normen-Auslegestellen eingesehen oder durch die Beuth Verlag GmbH, Burggrafenstraße 6, 10787 Berlin, bezogen werden.

10. erweiterte Auflage 2016

Druck 5 4 3 2 1

Alle Drucke derselben Auflage sind parallel einsetzbar, da sie bis auf die Behebung von Druckfehlern untereinander unverändert sind.

ISBN 978-3-8085-2500-5

Alle Rechte vorbehalten. Das Werk ist urheberrechtlich geschützt. Jede Verwertung außerhalb der gesetzlich geregelten Fälle muss vom Verlag schriftlich genehmigt werden.

© 2016 by Verlag Europa-Lehrmittel, Nourney, Vollmer GmbH & Co. KG, 42781 Haan-Gruiten
http://www.europa-lehrmittel.de
Satz: rkt, 42799 Leichlingen, www.rktypo.com
Druck: M.P. Media-Print Informationstechnologie GmbH, 33100 Paderborn

Vorwort

Das vorliegende Tabellenbuch reiht sich in die Fachbuchreihe *Chemie/Chemietechnik* im Verlag Europa-Lehrmittel ein und ergänzt dabei insbesondere das Lehrbuch *Chemietechnik*. Es wendet sich an alle Personen, die im Bereich der chemischen Industrie tätig sind, an den **Chemikanten, Chemielaboranten** oder **Pharmakanten** ebenso wie an den **Chemietechniker,** den **Chemieingenieur** oder den **Verfahrensingenieur,** an den **Auszubildenden** ebenso wie an den **Studenten.** Es kann Letzteren helfen, sich in wichtigen Gebieten der chemischen Technik einen ersten Überblick zu verschaffen (sowohl im Hinblick auf grundlegende Daten als auch im Hinblick auf die Charakteristika verfahrenstechnischer Elemente), dem bereits im Beruf Stehenden wird es bei vielen wichtigen Entscheidungsprozessen im Betriebsalltag eine Hilfe sein, sei es bei der Wartung von Anlagen in der chemischen Produktion oder bei der Planung neuer Anlagen und Anlagenteile. Nicht zuletzt werden Lehrer in die Lage versetzt, mit Hilfe der vorliegenden Daten praxisorientierte Aufgaben zu erstellen.

Für Entscheidungsprozesse bei Planungs-, Entwicklungs- und Wartungsaufgaben in der chemischen Industrie liefert das Tabellenbuch **Daten für häufig vorkommende Berechnungen,** es gibt Hinweise auf **Vorteile und Nachteile wichtiger verfahrenstechnischer Apparate,** nennt die **Eigenschaften häufig verwendeter Werkstoffe** und informiert über die wichtigsten **Normen** in den entsprechenden Bereichen (Stand der Normung: November 2015, (z) bedeutet: zurückgezogen). Es ermöglicht dem Entscheidungsträger somit, sich gezielter und mit Vorinformationen versehen an die Hersteller verfahrenstechnischer Anlagen und Elemente zu wenden und in Verhandlungen einzutreten.

Das Buch ist eingeteilt in die Hauptabschnitte:

1 **AL** **MA** **TM** Allgemeiner Teil, Mathematik, Technische Mathematik

2 **PH** Physik

3 **CH** Chemie

4 **VT** Verfahrenstechnik

5 **WK** Werkstoffkunde

6 **TZ** Technisches Zeichnen

7 **MSR** Messen, Steuern, Regeln

8 **AS** Arbeitssicherheit

Die Daten in dem vorliegenden Buch wurden aufwändig und gewissenhaft in der Literatur und bei vielen einschlägigen Firmen und Instituten recherchiert. Fehler durch Übertragung und infolge von Falschinformationen können aber selbstverständlich nicht ganz ausgeschlossen werden. Es wird deshalb keine Haftung übernommen.

Bei der Benennung chemischer Verbindungen schien eine Konzession an die Praxis angebracht. Die Namen wurden stets so gewählt, wie sie üblicherweise heute in den Chemikalienkatalogen der namhaften Chemikalienhersteller und in anderen Datenträgern aus der Praxis (Beständigkeitslisten, Gefahrstofflisten usw.) zu finden sind. Dies entspricht nicht immer den IUPAC-Regeln, in solchen Fällen ist jedoch im Allgemeinen der systematische Name ergänzend hinzugefügt.

Verbesserungsvorschläge und Hinweise auf sinnvolle Ergänzungen des Buchinhaltes werden gerne entgegengenommen.

Gegenüber der 9. Auflage existieren folgende Veränderungen:

1. Die Inhalte wurden an die aktuellen Normen angepasst.
2. Die Gefahrstoffliste wurde aktualisiert und ergänzt (Stand: 07.2013)
3. Fehler wurden beseitigt
4. Das gesamte Buch wurde im Hinblick auf Formelzeichen und Benennungen der internationalen Normenreihe „Größen und Einheiten" (DIN EN ISO 80 000-1 ... -12, Stand 2015) angepasst. Die neu erschienene internationale Norm DIN EN ISO 10 628-1 wurde in den Fließbildern umgesetzt.

Verlag und Autor danken an dieser Stelle allen, die durch z.T. sehr großzügige Freigabe von Informationen dieses Buch unterstützt haben. Der besondere Dank des Autors gilt seiner Ehefrau INGE BIERWERTH, die wesentlich an der Datenrecherche beteiligt war, dem Zeichner und Grafiker MICHAEL M. KAPPENSTEIN für die kreative und in der Ausführung exakte Bildgestaltung und den Herren WOLFGANG HAFER, VOLKER JUNGBLUT und KLAUS KRAFT für die kompetente und gewissenhafte Korrektur des Manuskripts.

Frühjahr 2016

Autor und Verlag

Inhaltsverzeichnis

Inhaltsverzeichnis

Inhaltsverzeichnis

Lagerbehälter und Rührkessel

Fördern von Stoffen

Wärmeübertragung

Thermisches Trennen

Stoffaustausch

Stoffvereinigung

Inhaltsverzeichnis

Inhaltsverzeichnis

Allgemeine Grundlagen

AL

Griechisches Alphabet

Großbuchstabe	Kleinbuchstabe	Bedeutung	Name	Großbuchstabe	Kleinbuchstabe	Bedeutung	Name
A	α	a	Alpha	N	ν	n	Ny
B	β	b	Beta	Ξ	ξ	x	Xi
Γ	γ	g	Gamma	O	o	o	Omikron
Δ	δ	d	Delta	Π	π	p	Pi
E	ε	e	Epsilon	P	ϱ	rh	Rho
Z	ζ	z	Zeta	Σ	σ	s	Sigma
H	η	e	Eta	T	τ	t	Tau
Θ	ϑ	th	Theta	Y	υ	y	Ypsilon
I	ι	i	Jota	Φ	φ	ph	Phi
K	$\varkappa$	k	Kappa	X	χ	ch	Chi
Λ	λ	l	Lambda	Ψ	ψ	ps	Psi
M	μ	m	My	Ω	ω	o	Omega

Römische Ziffern

Römische Ziffern	Arabische Ziffern	Römische Ziffern	Arabische Ziffern	Römische Ziffern	Arabische Ziffern
I	1	XX	20	CC	200
II	2	XXX	30	CCC	300
III	3	XL	40	CD	400
IV	4	L	50	D	500
V	5	LX	60	DC	600
VI	6	LXX	70	DCC	700
VII	7	LXXX	80	DCCC	800
VIII	8	XC	90	CM	900
IX	9	C	100	M	1000
X	10				

B 84 = LXXXIV 99 = XCIX 691 = DCXCI 2016 = MMXVI

Um Verwechslungen zu vermeiden, darf vor einem Zahlzeichen immer nur **ein** kleineres stehen (z. B. für die Zahl 48: XLVIII und nicht IIL).

Basisgrößen im ISQ[1] und Basiseinheiten (SI-Einheiten[2])

Basisgrößen und Basiseinheiten nach DIN EN ISO 80000-1, 2013-08

Basisgrößen		Basiseinheiten	
Name	Formelzeichen	Name	Zeichen
Länge	l, L	Meter	m
Masse	m	Kilogramm	kg
Zeit	t	Sekunde	s
Elektrische Stromstärke	I	Ampere	A
Thermodynamische Temperatur	T	Kelvin	K
Stoffmenge	n	Mol	mol
Lichtstärke	I_v	Candela	cd

[1] International System of Quantities (internationales Größensystem)
[2] Systeme International d'Unitès (Internationales Einheitensystem)

Vorsätze vor Einheiten (nach DIN EN ISO 80 000-1, 2013-08)

Vorsatzzeichen	Vorsatz	Bedeutung	Vorsatzzeichen	Vorsatz	Bedeutung
Y	Yotta	10^{24}	d	Dezi	10^{-1}
Z	Zetta	10^{21}	c	Zenti	10^{-2}
E	Exa	10^{18}	m	Milli	10^{-3}
P	Peta	10^{15}	µ	Mikro	10^{-6}
T	Tera	10^{12}	n	Nano	10^{-9}
G	Giga	10^{9}	p	Pico	10^{-12}
M	Mega	10^{6}	f	Femto	10^{-15}
k	Kilo	10^{3}	a	Atto	10^{-18}
h	Hekto	10^{2}	z	Zepto	10^{-21}
da	Deca	10^{1}	y	Yokto	10^{-24}

Der Vorsatz gibt den Faktor an, mit dem die Einheit zu multiplizieren ist.

B $1\ \text{kW} = 1 \cdot 10^3\ \text{W} = 1000\ \text{W}$ $1\ \mu\text{m} = 1 \cdot 10^{-6}\ \text{m} = 0{,}000\,001\ \text{m}$

Formelzeichen und Einheiten (Auswahl nach DIN EN ISO 80 000-1 bis 12)

Name/Bedeutung	Formelzeichen	SI-Einheit Zeichen	SI-Einheit Name	Bemerkung/ wichtige Beziehungen
Raumgrößen und Zeitgrößen				
Abklingkoeffizient	δ	1/s		$\delta = 1/\tau$ δ = Zeitkonstante
Abstand	d, r	m		
Ausbreitungsgeschwindigkeit einer Welle	c	m/s		Im leeren Raum: c_0
Beschleunigung	a	m/s²		$a = v/t$ bzw. $a = \Delta v/\Delta t$
Breite	b, B	m		
Dicke, Schichtdicke	d, δ	m		
Drehzahl, Umdrehungsfrequenz	n	1/s		Kehrwert der Umdrehungsdauer T: $n = 1/T$, $n = \omega / (2 \cdot \pi)$
Durchmesser	d, D	m		
Fallbeschleunigung	g	m/s²		Örtliche Normalfallbeschleunigung: $g_n = 9{,}80665\ \text{m/s}^2$
Flächeninhalt, Fläche, Oberfläche	$A, (S)$	m²		
Frequenz	f, ν	Hz	Hertz	$f = 1/T$; T = Schwingungsdauer
Geschwindigkeit	v, u, w, c	m/s		$v = s/t$ (auch für Strömungsgeschwindigkeit)
Höhe, Tiefe	h, H	m		H: Höhe über Meeresspiegel bzw. über Normalhöhennull NHN
Kreisfrequenz	ω	1/s		$\omega = 2 \cdot \pi \cdot f$
Krümmungsradius	ρ	m		
Länge	l, L	m		
Ortsvektor	r			
Periodendauer, Periode	T	s		
Phasengeschwindigkeit	$c, v, c_{\varphi}, v_{\varphi}$	m/s		
Radius, Halbmesser, Abstand	r, R	m		
Raumwinkel	Ω	sr	Steradiant	
Repetenz, Wellenzahl	$\sigma, \tilde{\nu}$	1/m		$\sigma = 1/\lambda$
Volumen, Rauminhalt	V	m³		

Formelzeichen und Einheiten (Fortsetzung)

Name/Bedeutung	Formelzeichen	SI-Einheit Zeichen	SI-Einheit Name	Bemerkung/ wichtige Beziehungen
Raumgrößen und Zeitgrößen (Fortsetzung)				
Volumenstrom, Volumendurchfluss, Volumendurchsatz	q_V	m^3/s		$q_V = V/t$ bzw. $q_V = A \cdot v$
Weglänge	s	m		
Wellenlänge	λ	m		
Winkel, ebener Winkel, Drehwinkel (bei Drehbewegungen)	α, β, γ	rad	Radiant	1 rad ≈ 57,3°, 1° = π/180 rad
Winkelbeschleunigung	α	rad/s^2		$\alpha = \omega/t$ bzw. $\alpha = \Delta\omega/\Delta t$
Winkelgeschwindigkeit	ω	rad/s		$\omega = 2 \cdot \pi \cdot n$
Zeit, Dauer	t	s		Auch Abklingzeit
Zeitkonstante	τ, T	s		
Mechanische Größen				DIN EN ISO 80000-04
Arbeit	W, A	J	Joule	$W = F \cdot s$ (Kraft in Wegrichtung)
Atmosphärische Druckdifferenz	p_e	Pa	Pascal	$p_e = p_{abs} - p_{amb}$
Atmosphärischer Umgebungsdruck	p_{amb}	Pa	Pascal	
Biegemoment	M_b	N · m		
Dichte, Massendichte, volumenbezogene Masse	ϱ	kg/m^3		$\varrho = m/V$
Drehimpuls, Drall, Impulsmoment	L	$kg \cdot m^2/s$		
Drehmomentstoß	H	N · m · s		
Druck	p	Pa	Pascal	$p = dF/dA$; $p = F/A$
Dynamische Reibungszahl	$\mu, (f)$	1		$\mu = F_R/F_n$
Dynamische Viskosität (Scherviskosität)	η	Pa · s		$\eta = \nu \cdot \rho$; $\eta = \tau/D$ τ = Schubspannung D = Schergeschwindigkeit
Elastizitätsmodul	E	N/m^2		$E = \sigma/\varepsilon$
Flächenmoment 1. Grades	H	m^3		
Flächenträgheitsmoment	I_a, I_p	m^4		a = axial, p = polar
Gewichtskraft, Gewicht	F_g, Q	N	Newton	$F_g = m \cdot g$
Gravitationskonstante	G, f	$N \cdot m^2/kg$		$F = G \cdot m_1 \cdot m_2/r^2$ $G = 6{,}6742 \cdot 10^{-11}\ N \cdot m^2/kg^2$
Grenzflächenspannung, Oberflächenspannung	σ, γ	N/m		
Impuls, Bewegungsgröße	p	kg · m/s		$p = m \cdot v$
Kinematische Viskosität	ν	m^2/s		$\nu = \eta/\varrho$
Kinetische Energie	E_k, T	J	Joule	$E_k = {}^1/_2 \cdot m \cdot v^2$
Kompressibilität, Kompressibilitätskoeffizient	κ	1/Pa		
Kompressionsmodul, Volumenelastizitätsmodul	K	Pa	Pascal	$K = -p/\vartheta$ ϑ = relative Volumenänderung
Kraft	F	N	Newton	$F = m \cdot a$
Kraftmoment, Drehmoment	M	N · m		$M = F \cdot r$ F = Tangentialkraft r = senkrechter Abstand zwischen Drehpunkt und Wirkungslinie der Kraft
Kraftstoß	I	N · s		

Formelzeichen und Einheiten (Fortsetzung)

Name/Bedeutung	Formelzeichen	SI-Einheit Zeichen	SI-Einheit Name	Bemerkung/ wichtige Beziehungen
Mechanische Größen (Fortsetzung)				
Krümmung	κ	m		$\kappa = 1 / \rho$
Krümmungsradius	ρ	m		
Leistung	P	W	Watt	$P = W/t$; $P = F \cdot v$
Masse, Gewicht als Wägeergebnis	m	kg		
Massenbedeckung, flächenbezogene Masse	ϱ_A	kg/m²		
Massenbelag	ϱ_l	kg/m		
Massenstrom, Massendurchfluss, Massendurchsatz	q_m	kg/s		$q_m = m/t$ (gebräuchlich auch $\dot{m}$)
Massenstromdichte	I	kg/(m² · s)		$I = q_m/S = \varrho \cdot v$
Massenträgheitsmoment, Massenmoment 2. Grades, Trägheitsmoment	J, I	kg · m²		
Mechanische Energie	E, W	J	Joule	
Mechanische Normalspannung (Zug- oder Druckspannung)	σ	N/m²		
Relative Dichte, relative Massendichte	d	1		$d = \varrho/\varrho_0$
Poisson-Zahl, Querkontraktionszahl	μ, (ν)	1		$\mu = \Delta\delta/\Delta L$
Potentielle Energie	E_p, V, (Φ)	J	Joule	$E_p = m \cdot g \cdot h$
Querkontraktion (bei reisförmigem Querschnitt)	$\Delta\delta$	1		$\Delta\delta = \Delta d/d$
Relative Längenänderung (Dehnung, Stauchung)	ε, (e)	1		$\varepsilon = \Delta l/L$
Relative Dichte, relative Massendichte	d	1		$d = \varrho/\varrho_0$
Relative Volumenänderung, Volumendilatation	ϑ	1		$\vartheta = \Delta V/V$ bzw ϑ (in %) $= \Delta V \cdot 100\ \% / V_0$
Rohrwiderstandszahl	λ	1		$\lambda = (p_1 - p_2) \cdot 2 \cdot d / (\varrho \cdot l \cdot v^2)$ (bei geradem Rohr) (Nicht in DIN EN ISO 80000)
Scherverformung	γ	1		$\Delta x/d$ (Δx = Verschiebung der Fläche d = Dicke der verschobenen Schicht)
Schubmodul, Schermodul	G	N/m²		$G = \tau / \gamma$ (γ = Scherverformung)
Schubspannung, Scherspannung	τ	N/m²		
Spezifisches Volumen, massenbezogenes Volumen	v	m³/kg		$v = V/m$ $\quad v = 1/\varrho$
Statische Reibungszahl	μ_S, (f_S)	1		
Torsionsmoment, Drillmoment	T	N · m		Maschinenbau: auch Drehmoment
Umfang	U	m		(Nicht in DIN EN ISO 80000)
Volumenstrom, Volumendurchfluss, Volumendurchsatz	q_V	m³/s		Gebräuchlich auch $\dot{V}$

Formelzeichen und Einheiten (Fortsetzung)

Name/Bedeutung	Formelzeichen	SI-Einheit Zeichen	SI-Einheit Name	Bemerkung/ wichtige Beziehungen
Mechanische Größen (Fortsetzung)				
Widerstandsmoment, Torsionswiderstandsmoment	Z, (W)	m^3		
Wirkungsgrad	η	1		$\eta = P_{out}/P_{in}$
Größen der Thermodynamik, Wärmeübertragung und physikalischen Chemie DIN EN ISO 80000-5/9				
Affinität einer chemischen Reaktion	A	J/mol		
Avogadro-Konstante	N_A, L	1/mol		$N_A = N / n$ (n = Stoffmenge) $N_A = 6{,}022\,141\,79 \cdot 10^{23}\ mol^{-1}$
Boltzmann-Konstante	k	J/K		$k = R / N_A = 1{,}380\,6504 \cdot 10^{-23}$ J / K (R = molare Gaskonstante)
Celsius-Temperatur	ϑ, t	°C		$t = T - T_0$ $T_0 = 273{,}15$ K
Chemisches Potential eines Stoffes B	μ_B	J/mol		
Diffusionskoeffizient	D	m^2/s		
Dissoziationsgrad	α	1		$\alpha = N_{diss} / N_{ges}$ (Anzahl der dissoziierten Moleküle zur Gesamtzahl der Moleküle)
Druckkoeffizient, Druckbeiwert	β	Pa/K		
Enthalpie	H	J	Joule	$H = U + p \cdot V$
Entropie	S	J/K		
Energie	E	J	Joule	
Faraday-Konstante	F	C/mol		$F = N_A \cdot e$ (e = Elementarladung) $F = 96485{,}3399$ C/mol
Freie Energie	A, F	J	Joule	$A = U - T \cdot S$ Helmholtz-Energie
Freie Enthalpie	G	J	Joule	$G = H - T \cdot S$ Gibbs-Energie
Individuelle (spezielle) Gaskonstante des Stoffes B	R_B	J/(kg · K)		$R_B = R / M_B$ (R = molare Gaskonstante)
Innere Energie, thermodynamische Energie	U	J	Joule	
Isentropenexponent	κ	1		Für ideale Gase: $\kappa = c_p / c_V$
Ionenladungszahl	z	1		
Kompressibilität, isotherme Kompressibilität, isentrope	κ_T κ_S	Pa^{-1} Pa^{-1}		
Linearer Ausdehnungskoeffizient	α_l, α	1/ K		$\alpha_l = \Delta l / (l \cdot \Delta T)$
Massenanteil Wasser in Feststoff Massenanteil Trockenmasse	w_{H_2O} w_d	1 1		$w_{H_2O} = u/(1-u)$ $w_d = 1 - w_{H_2O}$
Massenkonzentration des Wassers, für Wasserdampf	w v	kg/m^3 kg/m^3		$w = m/V$ $v = m/V$
Massenverhältnis Wasserdampf zu Trockengas Wasser zu trockenem Feststoff	x u	1 1		$x = m / m_d$ (bei Sättigung x_{sat}) $u = m / m_d$ (bei Sättigung u_{sat})
Molalität einer Komponente B	b_B, m_B	mol/kg		$b_B = n_B / m_A$ m_A = Masse des Lösemittels A
Molmasse, molare Masse	M	kg/mol		$M = m/n$ (m = Masse, n = Stoffmenge)
Molare Gaskonstante	R	J/ (mol · K)		$R = 8{,}314472$ J/(mol · K); $p \cdot V_m = R \cdot T$

Formelzeichen und Einheiten (Fortsetzung)

Name/Bedeutung	Formelzeichen	SI-Einheit Zeichen	SI-Einheit Name	Bemerkung/ wichtige Beziehungen
Größen der Thermodynamik, Wärmeübertragung und physikalischen Chemie (Fortsetzung)				
Oberflächenwärmeübergangskoeffizient	h, (α)	$W/(m^2 \cdot K)$		$h = q/(T_s - T_r)$, T_s = Oberflächentemperatur, T_r =Temperatur der unmittelbaren Umgebung
Relative Atommasse eines Nuklids oder eines Elementes	A_r	1		Zahlenwert gleich dem Zahlenwert für die Atommasse in der atomaren Masseneinheit u und gleich dem Zahlenwert der stoffmengenbezogenen Masse M in g/mol
Relative Luftfeuchte	φ	1		$\varphi = p / p_{sat}$
Relative Molekülmasse eines Stoffes	M_r	1		Zahlenwert gleich dem Zahlenwert für die Atommasse in der atomaren Masseneinheit u und gleich dem Zahlenwert der stoffmengenbezogenen Masse M in g/mol
Relativer Druckkoeffizient	α_p	1/ K		$\alpha_p = \Delta p / (p \cdot \Delta T)$
Relativer Wasserdampfgehalt	ψ	1		$\psi = x / x_{sat}$
Spezifische Energie	e	J/kg		$e = E / m$
Spezifische Enthalpie massenbezogene Enthalpie	h	J/kg		$h = H / m$
Spezifische Entropie, massenbezogene Entropie	s	$J/(kg \cdot K)$		$s = S / m$
Spezifische innere Energie, massenbezogene innere Energie	u	J/kg		$u = U / m$
Spezifische Wärmekapazität, massenbezogene Wärmekapazität	c	$J/(kg \cdot K)$		$c = C_{th} / m$
Spezifische Wärmekapazität bei konstantem Druck bei konstantem Volumen	 c_p c_V	 $J/(kg \cdot K)$ $J/(kg \cdot K)$		
Spezifische Wärmekapazität bei Sättigungsdruck	c_{sat}	$J/(kg \cdot K)$		
Spezifischer Brennwert, massenbezogener Brennwert	H_o	J/kg		Früher: oberer Heizwert (Nicht in DIN EN ISO 80000)
Spezifischer Heizwert, massenbezogener Heizwert	H_u	J/kg		Früher: unterer Heizwert (Nicht in DIN EN ISO 80000)
Spezifischer Wärmewiderstand	ϱ_{th}	$K \cdot m/W$		$\varrho_{th} = 1/\lambda$ (λ = Wärmeleitfähigkeit)
Stöchiometriezahl eines Stoffes B in einer chemischen Reaktion	ν_B	1		Z. B. $\nu(NH_3) = 2$ für die Reaktion $N_2 + 3\,H_2 = 2\,NH_3$
Stoffmenge	n	mol		$n_B = m_B / M_B$ (m_B = Masse des Stoffes B, M_B = stoffmengenbezogene Masse des Stoffes B)
Stoffmengenkonzentration eines Stoffes B	c_B	mol/m^3		$c_B = n_B / V$ (V = Volumen der Mischphase)
Stoffmengenstrom	$\dot{n}$	mol/s		(Nicht in DIN EN ISO 80000)
Taupunkttemperatur	T_d	K		In °C: ϑ_d bzw. t_d (Taupunkt)
Teilchenzahl, Partikelzahl	N, N_B	1		Index B für Stoff B
Thermischer Widerstand, Wärmewiderstand	R	K/W		$R = \Delta T / \Phi$ (Φ = Wärmestrom)
ThermodynamischeTemperatur	T, θ	K	Kelvin	
Temperaturdifferenz	ΔT, Δt, $\Delta\vartheta$	K	Kelvin	

Formelzeichen und Einheiten (Fortsetzung)

Name/Bedeutung	Formelzeichen	SI-Einheit Zeichen	SI-Einheit Name	Bemerkung/wichtige Beziehungen
Größen der Thermodynamik, Wärmeübertragung und physikalischen Chemie (Fortsetzung)				
Temperaturleitfähigkeit	a	m^2/s		$a = \lambda/(\varrho \cdot c_p)$
Verhältnis der spezifischen Wärmekapazitäten	γ	1		$\gamma = c_p/c_V$
Volumenausdehnungskoeffizient	α_V, γ	1/ K		$\alpha_V = \Delta V/(V \cdot \Delta T)$
Wärme, Wärmemenge	Q	J	Joule	
Wärmedämmungskoeffizient	M	$(m^2 \cdot K)/W$		$M = 1/K$
Wärmedurchgangskoeffizient	$K, (k)$	$W/(m^2 \cdot K)$		
Wärmeleitfähigkeit	$\lambda, (\kappa)$	$W/(m \cdot K)$		
Wärmeleitwert	$G, (H)$	W/K		$G = 1/R$
Wärmekapazität	C	J/K		$\Delta Q/\Delta T$
Wärmestrom	Φ	W	Watt	National auch $\dot{Q}$
Wärmestromdichte, flächenbezogener Wärmestrom	q, φ	W/m^2		$q = \varphi/A$
Elektrische und magnetische Größen				
Blindleistung	Q	V · A, var		
Elektrische Durchflutung	Θ	A	Ampere	
Elektrische Feldkonstante	ε_0	F/m		$\varepsilon_0 = 8{,}854\,187\,817$ pF/m
Elektrische Feldstärke	E	V/m		
Elektrische Flussdichte	D	C/m^2		$D = e_0 \cdot E + P$
Elektrische Ladung	Q, q	C	Coulomb	q oft für Punktladung
Elektrische Polarisation	P	C/m^2		
Elektrische Potentialdifferenz	V_{ab}	V	Volt	
Elektrische Spannung	U, U_{ab}	V	Volt	$U_{ab} = V_a - V_b$ V_a und V_b: elektrische Potentiale
Elektrischer Fluss	Ψ	C	Coulomb	
Elektrisches Dipolmoment	p	C · m		
Elektrisches Potential	V, φ	V	Volt	Ladung eines Protons
Elementarladung	e	C	Coulomb	Ladung eines Protons, $e = 1{,}602176487 \cdot 10^{-19}$ C
Flächenbezogene Ladung, Ladungsbedeckung	ϱ_A, σ	C/m^2		
Induktivität, Selbstinduktivität	L, L_m	H	Henry	
Kapazität	C	F	Farad	$C = Q/U$
Längenbezogene Ladung	ϱ_l, τ	C/m		
Leistungsfaktor	λ	1		
Leitfähigkeit, Konduktivität	γ, σ	S/m		$\gamma = 1/\varrho$ (ϱ = spezifischer elektrischer Widerstand)
Leitwert, Konduktanz	G	S	Siemens	$G = 1/R$
Magnetische Feldkonstante	μ_0	H/m		$\mu_0 = 1{,}256\,637$ μH/m
Magnetische Feldstärke	H	A/m		
Magnetische Flussdichte	B	T	Tesla	$B = \varphi/S$
Magnetische Spannung	U_m	A	Ampere	
Magnetischer Fluss	Φ	Wb	Weber	1 Wb = 1 V · s
Magnetisches Moment	m	$A \cdot m^2$		

Formelzeichen und Einheiten (Fortsetzung)

Name/Bedeutung	Formelzeichen	SI-Einheit Zeichen	SI-Einheit Name	Bemerkung/ wichtige Beziehungen
Elektrische und magnetische Größen (Fortsetzung)				
Permeabilität	μ	H/m		
Permeabilitätszahl, relative Permeabilität	μ_r	1		$\mu_r = \mu / \mu_0$
Permittivität	ε	F/m		$\varepsilon = D / E$
Permittivitätszahl, relative Permittivität	ε_r	1		$\varepsilon_r = \varepsilon / \varepsilon_0$
Reaktanz, Blindwiderstand	X	Ω	Ohm	
Scheinwiderstand, Betrag der Impedanz	Z	Ω	Ohm	
Spezifischer elektrischer Widerstand, Resistivität	ϱ	Ω · m		1 Ω · m = 100 Ω · cm 1 Ω · m = 10^6 Ω · mm^2/ m
Strombelag	J_S	A/m		
Stromdichte, Leitungsstromdichte	J	A/m^2		$J = I / S$ (S = Leiterquerschnitt)
Stromstärke, elektrische	I, i	A	Ampere	
Volumenbezogene elektrische Ladung, Ladungsdichte, volumenbezogene Ladung	ϱ, ϱ_V	C/m^3		
Widerstand, Wirkwiderstand, Resistanz	R	Ω	Ohm	
Windungszahl	N	1		
Wirkenergie, Wirkarbeit	W	J	Joule	
Wirkleistung	P	W	Watt	
Größen elektromagnetischer Strahlungen, Licht				DIN EN ISO 80 000, 2012-10
Absorptionsgrad	α, a	1		$\delta = \Phi_a / \Phi_m$ a = absorbiert m = einfallend
Beleuchtungsstärke	E_v, (E)	lx	Lux	
Brechwert von Linsen	D	1/m		$D = n / f$ (Nicht in DIN EN ISO 80000)
Brechzahl	n	1		$n = c_0 / c$
Brennweite	f	m	Meter	
Emissionsgrad, flächenbezogene Ausstrahlung	ε	1		
Frequenz	ν, f	Hz	Herz	$\nu = 1/T$
Leuchtdichte, Luminanz	L_v, (L)	cd/m^2		
Lichtenergie, Lichtmenge	Q_v, (Q)	lm · s		
Lichtgeschwindigkeit	c	m/s		
Lichtstärke	I_v, (I)	cd	Candela	
Lichtstrom	Φ_v, (Φ)	lm	Lumen	
Reflexionsgrad	ϱ	1		$\varrho = \Phi_r / \Phi_m$ r = reflektiert m = einfallend
Spezifische Ausstrahlung	M, (M_e)	W · m^{-2}		
Stefan-Boltzmann-Konstante	σ	W/(m^2 · K^4)		$\sigma = 5{,}670400 \cdot 10^{-8}$ W/($m^2 \cdot K^4$)
Strahlungsenergie	Q, W, (U, Q_e)	J	Joule	
Strahlungsenergiedichte	ω, φ	J/m^3		

Formelzeichen und Einheiten (Fortsetzung)

Name/Bedeutung	Formelzeichen	SI-Einheit Zeichen	SI-Einheit Name	Bemerkung/ wichtige Beziehungen
Größen elektromagnetischer Strahlungen, Licht (Fortsetzung)				
Strahlungsfluss, -leistung	Φ, P, (Φ_e)	W	Watt	
Transmissionsgrad	τ, T	1		
Vakuumlichtgeschwindigkeit, Lichtgeschwindigkeit im leeren Raum	c_0	m/s		$c_0 = 2{,}997\,924\,58 \cdot 10^8$ m/s
Wellenlänge	λ	m		
Größen der Atom- und Kernphysik				DIN EN ISO 80000-10: 2013-08
Äquivalentdosis	H	Sv	Sievert	
Aktivität (einer radioaktiven Substanz)	A	Bq	Bequerel	
Atommasse	$m(X)$, m_a	kg		m_a/m_u: relative Atommasse
Bohrscher Radius	a_0	m		$a_0 = 0{,}52917720859 \cdot 10^{-10}$ m
Compton-Wellenlänge	λ_C	m		
Energiedosis	D	Gy	Gray	
Energieflussdichte	ψ	W/m^2		
Elektronenradius	r_e	m	Meter	$r_e = 2{,}8179402894 \cdot 10^{-19}$ m
Exposure, Standard-Ionendosis	X	C/kg		
Feinstrukturkonstante	α	1		$\alpha = 1/137{,}035999679$
Gyromagnetisches Verhältnis, gyromagnetischer Koeffizient	γ	$A \cdot m^2/(J \cdot s)$		
Halbwertszeit	$T_{1/2}$	s	Sekunde	$T_{1/2} = \tau \cdot \ln 2$; $T_{1/2} = (\ln 2)/\lambda$
Kerma	K	Gy	Gray	
Kernladungszahl, Protonenzahl	Z	1		
Ladungszahl	c	1		z.B. $c = -3$ für N^{3-}, $= 3$ für Al^{3+}
Magnetisches Dipolmoment	μ	$A \cdot m^2$		
Mittlere Lebensdauer	τ	s		$\tau = 1/\lambda$
Neutronenzahl	N	1		
Nukleonenzahl, Massenzahl	A	1		$A = Z + N$
Planck-Konstante, Plancksches Wirkungsquantum	h	$J \cdot s$		$h = 6{,}62606896 \cdot 10^{-34}$ J · s
Reaktionsenergie	Q	J	Joule	
Ruhemasse, träge Masse	$m(X)$, m_X	kg		
Ruhemasse des Elektrons	m_e	kg		$m_e = 9{,}10938215 \cdot 10^{-31}$ kg
Rydberg-Konstante	R_∞	1/m		$R = 10973731{,}568527\ m^{-1}$
Spezifische Aktivität	a	Bq/kg		$a = A/m$
Strahlungsenergie	R	J		
Teilchenstromdichte	J, (S)	m^{-2}/s		
Vereinheitlichte Massenkonstante	m_u	kg		$m_u = 1{,}660538782$ kg
Zerfallskonstante	λ	1/s		$\lambda = 1/\tau$
Größen der Akustik				
Phasengeschwindigkeit	c	m/s		
Schalldruck	p	Pa	Pascal	
Schallintensität	I	W/m^2		
Schallleistung	P, P_a	W	Watt	

Formelzeichen und Einheiten außerhalb des SI

(nach DIN 1301-1, 2010-10)

Name/Bedeutung	Formelzeichen	Einheitenzeichen	Einheitenname	Bemerkung
Ebener Winkel	α, β, γ	Bisher kein genormtes Zeichen	Vollwinkel	1 Vollwinkel = $2 \cdot \pi \cdot$ rad
		gon	Gon	1 gon = $(\pi/200)$ rad
		°	Grad	1° = $(\pi/180)$ rad
		′	Minute	1′ = $(\pi/60)$°
		″	Sekunde	1″ = $(\pi/60)$′
Volumen	V	l, L	Liter	Die beiden Einheitenzeichen sind gleichberechtigt 1 l = 1 dm^3 = 1 L
Zeit	t	min h d	Minute Stunde Tag	1 min = 60 s 1 h = 60 min 1 d = 24 h
Masse	m	t g	Tonne Gramm	1 t = 1000 kg = 1 Mg 1 g = 10^{-3} kg
Druck	p	bar	Bar	1 bar = 10^5 Pa

Einheiten außerhalb des SI, mit beschränktem Anwendungsbereich

(nach DIN 1301-1, 2010-10)

Größe	Einheitenname	Einheitenzeichen	Definition, Beziehung
Brechwert von optischen Systemen	Dioptrie	dpt (nicht international genormt)	1 Dioptrie ist gleich dem Brechwert eines optischen Systems mit der Brennweite 1 m in einem Medium der Brechzahl 1; 1 dpt = 1/m
Fläche von Grund- und Flurstücken	Ar Hektar	a ha	1 a = 10^2 m^2 1 ha = 10^4 m^2
Wirkungsquerschnitt (Atomphysik)	Barn	b	1 b = 10^{-28} m^2
Masse in der Atomphysik	Atomare Masseneinheit	u	1 atomare Masseneinheit ist der 12te Teil der Masse eines Atoms des Nuklids ^{12}C. 1 u = 1,660538921 · 10^{-27} kg Standardabweichung: $s = 7{,}3 \cdot 10^{-35}$ kg
Masse von Edelsteinen	Metrisches Karat	Kt (nicht international genormt)	1 metrisches Karat = 0,2 g
Längenbezogene Masse von textilen Fasern und Garnen	Tex	tex	1 tex = 1 g/km
Blutdruck und Druck anderer Körperflüssigkeiten (Medizin)	Millimeter Quecksilbersäule	mmHg (keine Vorsätze erlaubt)	1 mmHg = 133,322 Pa
Energie (Atomphysik)	Elektronvolt	eV	1 Elektronvolt ist die Energie, die ein Elektron beim Durchlaufen einer Potenzialdifferenz von 1 Volt im leeren Raum gewinnt. 1 eV = 1,602176487 · 10^{-19} J Standardabweichung: $s = 4{,}0 \cdot 10^{-27}$ J
Blindleistung (elektrische Energietechnik)	Var	var	1 var = 1 W

Umrechnung von britischen und US-Einheiten in SI-Einheiten

Britische bzw. US-Einheit	Name/Bedeutung	Land	SI-Einheit
Länge			
1 mil			0,0254 mm
1 in bzw. 1″	inch (Zoll)		25,40 mm
1 ft bzw. 1′	foot (Mehrzahl: feet)		0,3048 m
1 yd	yard		0,9144 m
1 statute mile	Landmeile		1,609 km
1 nautical mile	Seemeile		1,852 km
Fläche			
1 sq in	square inch		6,452 cm^2
1 sq ft	square foot		0,0929 m^2
1 ft^2	square foot		0,0929 m^2
1 sq yd	square yard		0,8361 m^2
1 A	acre		4047 m^2
Volumen			
1 cu in	cubic inch		16,39 cm^3
1 cu ft	cubic foot		0,028317 m^3
1 ft^3	cubic foot		0,028317 m^3
1 cu yd	cubic yard		0,7646 m^3
1 RT	register ton		2,832 m^3
1 Imp. pt	Imperial-pint	GB	0,5683 dm^3
1 U.S. pt	U.S.-pint	USA	0,4732 dm^3
1 Imp. qt	Imperial-quart	GB	1,1365 dm^3
1 U.S. qt	U.S.-quart	USA	0,9464 dm^3
1 Imp. gal	Imperial-gallon	GB	4,546 dm^3
1 U.S. gal	U.S.-gallon	USA	3,785 dm^3
1 U.S. oil-barrel		USA	0,159 m^3
Masse			
1 gr	grain		64,80 mg
1 dwt	pennyweight (t für Karatgewicht)		1,555 g
1 dm bzw. dm.av	dram (av für Handelsgewicht)		1,772 g
1 oz bzw. oz.av	ounce (av für Handelsgewicht)		28,35 g
1 oz.t	ounce (t für Karatgewicht)		31,10 g
1 lb.t	pount (t für Karatgewicht)		0,3732 kg
1 lb bzw. lb.av	pound (av für Handelsgewicht)		0,4536 kg
1 quarter		GB	12,70 kg
1 quarter		USA	11,34 kg
1 cwt	hundredweight	GB	50,80 kg
1 cwt	hundredweight	USA	45,36 kg

Umrechnung von britischen und US-Einheiten in SI-Einheiten (Fortsetzung)

Britische bzw. US-Einheit	Name/Bedeutung	Land	SI-Einheit
Masse (Fortsetzung)			
1 shtn	short ton	USA	907,2 kg
1 ton		GB	1016 kg
1 ltn	long ton	USA	1016 kg
Dichte			
1 oz/cu ft	ounce per cubic-foot		1,001 kg/m^3
1 lb/cu ft	pound per cubic-foot		16,02 kg/m^3
1 lb/ft^2	pound per cubic-foot		16,02 kg/m^3
1 shtn/cu yd	short ton per cubic-yard	USA	1187 kg/m^3
1 ltn/cu yd	long ton per cubic-yard	USA	1329 kg/m^3
1 oz/cu in	ounce per cubic-inch		1730 kg/m^3
1 lb/cu in	pound per cubic-inch		27 680 kg/m^3
1 lb/gal	pound per gallon	GB	99,76 kg/m^3
1 lb/gal	pound per gallon	USA	119,8 kg/m^3
Geschwindigkeit			
1 ft/min	foot per minute		$5{,}080 \cdot 10^{-3}$ m/s
1 yd/min	yard per minute		0,01524 m/s
1 ft/s	foot per second		0,3048 m/s
1 yd/s	yard per second		0,9144 m/s
Beschleunigung			
1 ft/s^2			0,3048 m/s^2
Volumenstrom, Volumendurchfluss			
1 gpm	gallon per minute	GB	0,07577 L/s[1)]
1 gpm	gallon per minute	USA	0,06309 L/s[1)]
1 gps	gallon per second	GB	4,546 L/s[1)]
1 gps	gallon per second	USA	3,785 L/s[1)]
1 cu sec bzw. cu ft/s	cubic foot per second		28,32 L/s[1)]
1 cu yd/s	cubic yard per second		0,7646 m^3/s
Massenstrom, Massendurchfluss			
1 oz/min	ounce per minute		0,4725 g/s
1 oz/s	ounce per second		28,35 g/s
1 lb/min	pound per minute		0,00756 kg/s
1 lb/s	pound per second		0,4536 kg/s
1 shtn/h	short ton per hour	USA	0,2520 kg/s
1 ltn/h	long ton per hour	USA	0,2822 kg/s
1 ton/h	ton per hour	GB	0,2822 kg/s

[1)] L (Liter): anwendbare Einheit außerhalb des SI (DIN 1301)

Umrechnung von britischen und US-Einheiten in SI-Einheiten (Fortsetzung)

Britische bzw. US-Einheit	Name/Bedeutung	Land	SI-Einheit
Kraft, Gewichtskraft			
1 oz bzw. ozf	ounce force		0,2780 N
1 lb bzw. lbf	pound force		4,448 N
1 shtn	short ton fource	USA	8,896 N
1 ltn	long ton force	USA	9,964 N
1 pdl	poundel		0,1383 N
Kraftmoment, Drehmoment			
1 in-lb	inch-pound		0,113 N · m
1 ft-lb	foot-pound		1,356 N · m
Druck			
1 lb/ft^2			47,88 N/m^2
1 lb/in^2			6894,76 N/m^2
1 atm	atmosphere		$1{,}013 \cdot 10^5$ Pa
1 lb.av/ (sq ft)			0,4788 hPa
1 in H_2O	inch water		2,491 hPa (bei 4 °C)
1 ft H_2O	foot water		29,89 hPa (bei 4 °C)
1 in Hg	inch mercury		33,87 hPa (bei 0 °C)
1 psi bzw. 1 lb.av/ (sq in)			68,95 hPa
Arbeit, Energie, Wärme			
1 ft lb bzw. ft lbf	foot pound		1,356 J
1 yd lb bzw. yd lbf	yard pound		4,067 J
1 btu bzw. Btu	British thermal unit		1,056 kJ
1 ctu	centigrad thermal unit		1,899 kJ
1 hph bzw. Hph	horse power hour		2684,5 kJ
Leistung, Energiestrom, Wärmestrom			
1 hp bzw. Hp	horse power		0,7457 kW
1 btu/s bzw. Btu/s	British thermal unit per second		1,055 kW
1 ctu/s bzw. Ctu/s	centigrad thermal unit per second		1,8987 kW
1 ft lb/s	foot pound per second		1,353 kW
Spezifische Wärmekapazität			
1 btu / (lb deg F)			4,1886 kJ/(kg · K)
1 btu / (lb · °F)			4,1886 kJ/(kg · K)
1 ctu / (lb · °C)			4,1886 kJ/(kg · K)
Wärmeleitfähigkeit			
1 btu / (ft h deg F)			1,7306 W/(m · K)
1 btu / (ft h · °F)			1,7306 W/(m · K)
1 ctu / (ft h · °C)			1,7306 W/(m · K)

Umrechnung von britischen und US-Einheiten in SI-Einheiten (Fortsetzung)

Britische bzw. US-Einheit	Name/Bedeutung	Land	SI-Einheit
Oberflächenwärmeübergangskoeffizient, Wärmedurchgangskoeffizient			
1 btu / (sq ft h °F)			5,68 W / ($m^2 \cdot$ K)
1 btu / (ft^2 h · °F)			5,68 W / ($m^2 \cdot$ K)
1 ctu / (sq ft h · °C)			5,68 W / ($m^2 \cdot$ K)
1 ctu / (ft^2 h · °C)			5,68 W / ($m^2 \cdot$ K)
Temperatur			
1 deg F bzw. °F	degree Fahrenheit Umrechnungsformel: $\vartheta = (5/9) \cdot (t_F - 32)$ mit ϑ in °C und t_F in °F 32 °F: Gefrierpunkt des Wassers 212 °F: Siedepunkt des Wassers		0,5556 °C
Dynamische Viskosität			
1 lb/(ft s) bzw. 1 lb (mass)/(ft s)	pound per foot and second bzw. pound (mass) per foot and second		1,488 Pa · s
1 lb (force) s/(sq ft)	pound (force) second per square foot		47,89 Pa · s
Kinematische Viskosität			
1 ft^2/s bzw. 1 sq ft/s	square foot per second		0,09290 m^2/s

Umwandlungstabelle englische (britische) Zoll in mm

1 englischer Zoll = 25,400 mm

Engl. Zoll	mm	Engl. Zoll	mm	Engl. Zoll	mm	Engl. Zoll	mm
1/32	0,7938	17/32	13,4938	1	25,4000	17	431,8000
1/16	1,5875	9/16	14,2875	2	50,8000	18	457,2000
3/32	2,3812	19/32	15,0812	3	76,2000	19	482,6000
1/8	3,1750	5/8	15,8750	4	101,6000	20	508,0000
5/32	3,9688	21/32	16,6688	5	127,0000	25	635,0000
3/16	4,7625	11/16	17,4625	6	152,4000	30	762,0000
7/32	5,5562	23/32	18,2562	7	177,8000	35	889,0000
1/4	6,3500	3/4	19,0500	8	203,2000	40	1016,0000
9/32	7,1438	25/32	19,8438	9	228,6000	45	1143,0000
5/16	7,9375	13/16	20,6375	10	254,0000	50	1270,0000
11/32	8,7312	27/32	21,3412	11	279,4000		
3/8	9,5250	7/8	22,2250	12	304,8000		
13/32	10,3188	29/32	23,0188	13	330,2000		
7/16	11,1125	15/16	23,8125	14	355,6000		
15/32	11,9062	31/32	24,6062	15	381,0000		
1/2	12,700			16	406,4000		

Allgemeine Grundlagen **AL**

Mathematische Zeichen (Auswahl nach DIN EN ISO 80000-2, 2013-08 und DIN 1302, 1999-12)

Zeichen	Anwendungsbeispiel	Sprechweise/Bedeutung
$+$	$2 + 3 = 5,\ x = a + b$	Plus, Summe von (z.B. 2 plus 3 gleich 5, Additionszeichen)
$\pm, \mp$	$a \pm b,\ a \mp b$	*a* plus minus *b*, *a* minus plus *b*
$-$	$5 - 4 = 1,\ x = a - b$	Minus, Differenz von (z.B. 5 minus 4 gleich 1, Subtraktionszeichen)
$\cdot$	$2 \cdot 3 = 6,\ a \cdot b = ab$	Mal, Produkt von (z.B. 2 mal 3 gleich 6, Multiplikationszeichen. Das Multiplikationszeichen kann bei Buchstaben entfallen, wenn keine Verwechslungsmöglichkeit besteht, z. B. *ab* alternativ zu $a \cdot b$)
–, /	$\frac{18}{9}$, 18/9	Durch, Quotient von (z.B. 18 durch 9 gleich 2)
$=$	$8/4 = 2,\ a = v/t$	Gleich (z.B. *a* gleich *v* durch *t*)
$\neq$	$4 \neq 3,\ a \neq b$	Ungleich, nicht gleich (z. B. 4 ungleich 3)
$\equiv$	$a \equiv b$	Identisch gleich (z. B. *a* identisch gleich *b*, d. h. *a* und *b* bezeichnen den gleichen Gegenstand)
$\not\equiv$	$a \not\equiv b$	Nicht identisch gleich (z. B. *a* nicht identisch gleich *b*)
$\approx$	$e \approx 2{,}718$	Ungefähr gleich (z. B. *e* ungefähr gleich 2,718)
$\sim, \propto$	$U \sim I$	Proportional (z. B. *U* proportional *I*, d. h. der Quotient der Variablen *U* und *I* ist immer konstant)
$\triangleq$	1 cm $\triangleq$ 10 kN	Entspricht (z. B. ein Kraftpfeil der Länge 1 cm entspricht 10 kN)
$\doteq$	$\pi \doteq 3{,}14$	Gerundet gleich
$<$	$4 < 5,\ a < b$	Kleiner (z.B. *a* kleiner *b*)
$>$	$4 > 3,\ b > a$	Größer (z.B. *b* größer *a*)
$\leq$	$a, b, c \leq 10,\ y \leq 10$	Kleiner gleich (z. B. der Wert *y* ist kleiner gleich 10)
$\geq$	$a, b, c \geq 10,\ y \geq 10$	Größer gleich (z. B. der Wert *y* ist größer gleich 10)
$\ll$	$\alpha_i \ll \alpha_a$	Viel kleiner (z. B. der Wärmeübergangskoeffizient α_i ist viel kleiner als α_a)
$\gg$	$\alpha_a \gg \alpha_i$	Viel größer (z. B. der Wärmeübergangskoeffizient α_i ist viel größer als α_a)
$\stackrel{\text{def}}{=}, :=$	$x \stackrel{\text{def}}{=} 1,\ x := 1$	Definitionsgemäß gleich (z. B. *x* definitionsgemäß gleich 1)
$\simeq$	$f \simeq g$	Ist asymptotisch gleich (z. B. *f* ist asymptotisch gleich *g*)
%	$\Delta x = 5\,\%$	Prozent, Hundertstel (z. B. der Fehler Δx beträgt 5 Prozent)
‰	$w = 12{,}5$ ‰	Promille, Tausendstel (z. B. der Massenanteil beträgt 12,5 Promille)
( ), [ ], { }, ⟨ ⟩	$Q = C \cdot A \cdot \left[(T_1/100)^4 - (T_2/100)^4\right]$	Runde, eckige, geschweifte, spitze Klammer auf und zu
…	$n = 1, 2, 3, \ldots$	Und so weiter (unbegrenzt), Punkt, Punkt, Punkt
	$i = 1, 2, 3, \ldots, n$	Und so weiter bis (z. B. *i* gleich 1, 2, 3 und so weiter bis *n*)
$\parallel$	$A_1 \parallel A_2$	Parallel zu (z. B. Fläche A_1 parallel zu Fläche A_2)
$\nparallel$	$A_1 \nparallel A_2$	Nicht parallel (z. B. Fläche A_1 nicht parallel zu Fläche A_2)
$\uparrow\uparrow$	$F_1 \uparrow\uparrow F_2$	Gleichsinnig parallel (z. B. die Kraft F_1 ist gleichsinnig parallel zur Kraft F_2)
$\uparrow\downarrow$	$F_1 \uparrow\downarrow F_2$	Gegensinnig parallel (z. B. die Kraft F_1 ist gegensinnig parallel zur Kraft F_2)
$\perp$	$A_1 \perp A_2$	Orthogonal zu, rechtwinklig auf (z.B. Fläche A_1 orthogonal zur Fläche A_2)
$\triangle$	$\triangle$ (ABC)	Dreieck (z.B. das Dreieck mit den Eckpunkten A, B, C)
$\sphericalangle$	$\sphericalangle$ (ABC)	Winkel (z.B. Winkel zwischen den Strecken BA und BC)

Mathematische Zeichen (Fortsetzung)

Zeichen	Anwendungsbeispiel	Sprechweise/Bedeutung
$\overline{AB}$	$\overline{P_1P_2}$	Strecke AB (z. B. Strecke zwischen den Punkten P_1 und P_2)
$\cong$	$\triangle(A_1B_1C_1) \cong \triangle(A_2B_2C_2)$	Kongruent zu (z. B. das Dreieck $A_1B_1C_1$ ist kongruent zu dem Dreieck $A_2B_2C_2$, d. h. beide Dreiecke sind deckungsgleich)
d	d (P, Q)	Abstand, Distanz (z. B. Abstand von P und Q)
$\odot$	$\odot$ (P, r)	Kreis um (z. B. Kreis um P mit Abstand r)
Δ	Δt	Delta, Differenz zweier Werte (z. B. Zeitdifferenz)
$\lvert z \rvert$	$\lvert -4\ °C \rvert$	z Betrag (z. B. der Betrag von −4 °C ist 4, also der reine Zahlenwert ohne Vorzeichen und ohne Einheit)
$[z]$	$[\pi] = 3$	Größte ganze Zahl kleiner oder gleich z (auch Bezeichnung ent z)
$\sqrt{\ }$	$\sqrt{4} = 2$	Wurzel (Quadratwurzel) aus (z. B. Wurzel aus 4 gleich 2)
$\sqrt[n]{\ }$	$\sqrt[3]{27} = 3$	n-te Wurzel aus (z. B. 3. Wurzel aus 27 gleich 3)
π	$\pi = 3{,}14159...$	Pi (Verhältnis von Kreisumfang zum Kreisdurchmesser, Konstante)
e	e = 2,71828...	Basis des natürlichen Logarithmus, $\mathrm{e} = \lim\limits_{n \to \infty}\left(1 + \frac{1}{n}\right)^n$
∞	$n = 1, 2, 3, ..., \infty$	Unendlich (z. B. die Folge 1, 2, 3 und so weiter bis unendlich)
a^x	$y = 3^x$	a hoch x, x-te Potenz von a (z. B. y gleich 3 hoch x)
exp	$y = \exp x$ oder $y = \mathrm{e}^x$	Exponentialfunktion von x mit e = 2,71828..., e hoch x
ln	ln 2 = 0,6391	Natürlicher Logarithmus von x (z. B. natürlicher Logarithmus von 2 gleich 0,6931, es gilt $\ln x = \log_e x$ mit e = 2,71828...)
lg	lg 2 = 0,30103	Dekadischer Logarithmus, Zehnerlogarithmus (z. B. dekadischer Logarithmus von 2 gleich 0,30103, es gilt $\lg x = \log_{10} x$)
lb	lb 5 = 2,32193	Binärer Logarithmus, Zweierlogarithmus (z. B. binärer Logarithmus von 5 gleich 2,32193)
log		Logarithmus
$\log_a$	$\log_{10} 2 = 0{,}30103$	Logarithmus zur Basis a (z. B. Logarithmus von 2 zur Basis 10 gleich 0,30103)
$\rightarrow$	$x \rightarrow +\infty$	Gegen, nähert sich, strebt nach (z. B. x strebt nach plus unendlich)
	$x \xrightarrow{f} y$	x geht durch f in y über
i, j		Imaginäre Einheit. Es gilt $i^2 = -1$ (in der Mathematik ist i üblich, in der Elektrotechnik j)
Re	Re z	Realteil (z. B. Realteil z)
Im	Im z	Imaginärteil (z. B. Imaginärteil z)
sin	sin 30° = 0,5	Sinus
cos	cos 30° = 0,866	Kosinus
tan	tan 30° = 0,577	Tangens
cot	cot 30° = 1,732	Kotangens (cot 30° = 1/tan 30°)
arcsin	$\sin\alpha = x \Rightarrow \arcsin x = \alpha$	Arkussinus (arcsin-Funktion = Umkehrung der Sinus-Funktion)
arccos	$\cos\alpha = x \Rightarrow \arccos x = \alpha$	Arkuskosinus (arccos-Funktion = Umkehrung der Kosinusfunktion)
arctan	$\tan\alpha = x \Rightarrow \arctan x = \alpha$	Arkustangens (arctan-Funktion = Umkehrung der Tangensfunktion)

Mathematische Zeichen (Fortsetzung)

Zeichen	Anwendungsbeispiel	Sprechweise/Bedeutung
arccot	$\cot\alpha = x \Rightarrow$ $\text{arccot}\,x = \alpha$	Arkuskotangens (arccot-Funktion = Umkehrung der Kotangensfunktion)
sinh	$\sinh x = (e^x - e^{-x})/2$	Sinus Hyperbolicus
cosh	$\cosh x = (e^x + e^{-x})/2$	Kosinus Hyperbolicus
tanh	$\tanh x = \sinh x - \cosh x$	Tangens Hyperbolicus
coth	$\coth x = 1/\tanh x$	Kotangens Hyperbolicus
arsinh	$y = \text{arsinh}\,x \Rightarrow$ $x = \sinh y$	Areasinus Hyperbolicus (arsinh = Umkehrfunktion von sinh)
arcosh	$y = \text{arcosh}\,x \Rightarrow$ $x = \cosh y$	Areakosinus Hyperbolicus (arcosh = Umkehrfunktion von cosh)
artanh	$y = \text{artanh}\,x \Rightarrow$ $x = \tanh y$	Areatangens Hyperbolicus (artanh = Umkehrfunktion von tanh)
arcoth	$y = \text{arcoth}\,x \Rightarrow$ $x = \coth y$	Areakotangens Hyperbolicus (arcoth = Umkehrfunktion von coth)
$\sum_{i=m}^{n} x_i$	$\sum_{i=1}^{3} F_i = F_1 + F_2 + F_3$	Summe x_i für i von m bis n (z. B. Summe der Kräfte F_i für i von 1 bis 3 gleich F_1 plus F_2 plus F_3)
$\prod_{i=m}^{n} x_i$	$\prod_{i=1}^{3} \eta_i = \eta_1 \cdot \eta_2 \cdot \eta_3$	Produkt x_i für i von m bis n (z. B. Produkt der Wirkungsgrade η_i für i von 1 bis 3 gleich η_1 mal η_2 mal η_3)
lim	$\lim\limits_{x \to \pm\infty} \frac{1}{x} = 0$	Limes (z. B. Limes von $1/x$ für x gegen $\pm\infty$ ist 0, d. h. die Funktion $y = 1/x$ besitzt für $x \to \pm\infty$ den Grenzwert 0)
$f(x)$	$W = f(s)$	f von x, Funktion der Variablen x (z. B. die Arbeit W ist eine Funktion des Weges s)
$\mathrm{d}y/\mathrm{d}x$	$y' = \mathrm{d}y/\mathrm{d}x$	dy nach dx (erster Differentialquotient)
$y', y'', \ldots$	$y' = 2x$ wenn $y = x^2$	y Strich, y zwei Strich und so weiter (erste, zweite usw. Ableitung von y, z. B. erste Ableitung von y gleich $2x$, wenn y gleich x^2)
$f'(x)$	$f'(x) = 3x^2$ für $f(x) = x^3$	f Strich von x (Ableitung der Funktion $f(x)$)
$f''(x)$	$f''(x) = 6x$ für $f'(x) = 3x^2$	f zwei Strich von x (zweite Ableitung der Funktion $f(x)$)
$f'''(x)$	$f'''(x) = 6$ für $f'' = 6x$	f drei Strich von x (dritte Ableitung der Funktion $f(x)$)
d	dt	Totales Differential (z.B. von der Zeit t)
∂	$\partial f(x)$	Infinitesimale Variation von, d partiell (z.B. d partiell f von x)
$\int$	$\int f(x)\,\mathrm{d}x$	Unbestimmtes Integral (z.B. Unbestimmtes Integral über f von x dx)
$\int_a^b f(x)\,\mathrm{d}x$	$W = \int_{s_1}^{s_2} F(s)\,\mathrm{d}s$	Bestimmtes Integral von f von x dx von a bis b (z.B. Arbeit W gleich Wegintegral der Kraft F von s_1 bis s_2, s_1 und s_2 sind die Grenzen des hier vorliegenden bestimmten Integrals)
F	$F(x)$	Stammfunktion von f (z.B. groß F von x)
$F(x)\Big\vert_{x_1}^{x_2}$	$F(s)\Big\vert_{s_1}^{s_2} = F(s_2) - F(s_1)$	Groß F von x an den Grenzen x_1 und x_2 (z.B. groß F von s zwischen den Grenzen s_1 und s_2)
!	$5! = 120$	Fakultät (z.B. 5 Fakultät gleich 120, $5! = 1 \cdot 2 \cdot 3 \cdot 4 \cdot 5 = 120$)
$\binom{n}{p}$	$\binom{6}{3} = \frac{6 \cdot 5 \cdot 4}{1 \cdot 2 \cdot 3}$	n über p (z.B. 6 über 3), allgemein: $\binom{n}{p} = n \cdot (n-1) \cdot (n-2) \cdot \ldots \cdot [n-(p-1)] / (1 \cdot 2 \cdot \ldots \cdot p)$
sgn	sgn x	Signum (z.B. Signum von x), sgn $x \overset{\text{def}}{=} 1$ wenn $x > 0$, 0 wenn $x = 0$ und -1 wenn $x < 1$

Zeichen der Logik und Mengenlehre (Auswahl nach DIN 5473, 1992-07 und DIN 1302, 1994-04)

Zeichen	Anwendungsbeispiel	Sprechweise/Bedeutung
N oder $\mathbb{N}$	$N = \{0, 1, 2, \ldots\}$	Menge der nicht negativen ganzen Zahlen, Menge der natürlichen Zahlen, einschließlich der Zahl 0 (Doppelstrich-N) N* ist die gleiche Menge ohne die Zahl 0
Z oder $\mathbb{Z}$	$Z = \{\ldots, -2, -1, 0, 1, 2, \ldots\}$	Menge der ganzen Zahlen, d. h. der natürlichen Zahlen, der negativen ganzen Zahlen und der Zahl 0 (Doppelstrich-Z) Z* ist die gleiche Menge ohne die Zahl 0, Z+ begrenzt die Menge auf die positiven Zahlen
Q oder $\mathbb{Q}$	$Q = \{2, -4, 1/2, 0, -3/2, \ldots\}$	Menge der rationalen Zahlen, d. h. der Zahl 0, der positiven und negativen ganzen Zahlen und der Brüche derartiger Zahlen (Doppelstrich-Q) Q* ist die gleiche Menge ohne die Zahl 0, Q+ begrenzt die Menge auf die positiven Zahlen
R oder $\mathbb{R}$	$R = \{\pi, \sqrt{2}, 1/2, \lg 2, 5, -3, \ldots\}$	Menge der reellen Zahlen, d. h. Q ergänzt durch die Menge der irrationalen Zahlen, also der periodischen und nicht abbrechenden Dezimalzahlen, z. B. $\sqrt{2} = 1{,}4142\ldots$ (Doppelstrich-R) R* ist die gleiche Menge ohne die Zahl 0, R+ begrenzt die Menge auf die positiven Zahlen
C oder $\mathbb{C}$	$C = \{\sqrt{-1}, \sqrt{-1/2}, \sqrt{-4}, \ldots\}$	Menge der komplexen Zahlen (Doppelstrich-C) C* ist die gleiche Menge ohne die Zahl 0
$\varnothing$, $\emptyset$		Leere Menge (die Menge enthält keine Elemente)
$\{a_1, \ldots, a_n\}$	$\{1, 2, 3, 4, 5\}$	Menge mit den Elementen $a_1, \ldots a_n$ (z. B. Menge mit den Elementen 1, 2, 3, 4 und 5), auch $\{a_i \mid i \in I\}$ mit I als Indexmenge
$a \in A$	$4 \in M$ wenn $M = \{1, 2, 3, 4, 5\}$	*a* ist Element von *A* (z. B. 4 ist Element von *M*), *a* gehört zu *A*
$a \notin A$	$7 \notin M$ wenn $M = \{1, 2, 3, 4, 5\}$	*a* ist nicht Element von *A* (z. B. 7 ist nicht Element von *M*) *a* gehört nicht zu *A*
$\{x \mid \varphi(x)\}$		Klasse (Menge) aller *x* mit $\varphi(x)$
$\{x \in M \mid \varphi(x)\}$		Klasse (Menge) aller *x* aus *M* mit $\varphi(x)$
$\subseteq$	$M_1 \subseteq M_2$ wenn $M_1 = \{1, 2\}$ und $M_2 = \{1, 2, 3, 4\}$	Teilmenge von, sub (z. B. M_1 ist Teilklasse von M_2 oder M_1 sub M_2), das Zeichen hat die eigentliche Bedeutung von *enthalten* ***oder*** *gleich*
$\subset$	$M_1 \subset M_2$	Echte Teilmenge von, echt sub (z. B. M_1 ist echte Teilklasse von M_2, d. h. M_1 ist Teilklasse von M_2 und gleichzeitig gilt $M_1 \neq M_2$), das Zeichen hat die eigentliche Bedeutung von *enthalten* ***und*** *ungleich*)
$\cap$	$M_1 \cap M_2$	Geschnitten mit, Durchschnitt von (z. B. M_1 geschnitten mit M_2)
$\cup$	$M_1 \cup M_2$	Vereinigt mit, Vereinigung von (z. B. M_1 vereinigt mit M_2)
$\setminus$	$M_1 \setminus M_2$	Differenz von M_1 und M_2, Ohne (z. B. M_1 ohne M_2)
$\neg$	$\neg\, a$	Nicht, Negation von (z. B. nicht *a*)
$\wedge$	$a \wedge b$	Und, Konjunktion von (z. B. *a* und *b*)
$\vee$	$a \vee b$	Oder, Disjunktion von (z. B. *a* oder *b*)
$\bigcup$	$\bigcup M$	Vereinigung (z. B. Vereinigung über *M*)
$\bigcap$	$\bigcap M$	Durchschnitt (z. B. Durchschnitt über *M*)
$\forall$	$\forall x\, \varphi(x)$	Für alle … (gilt), Allquantor (z. B. für alle *x* (gilt) $\varphi(x)$)
$\exists$	$\exists x\, \varphi(x)$	Es gibt (wenigstens) ein … mit, Existenzquantor (z. B. es gibt (wenigstens) ein *x* mit $\varphi(x)$)
$\Rightarrow$	$a \Rightarrow b$	Implikation (z. B. *a* impliziert *b*, wenn *a*, dann *b*)
$\Leftrightarrow$	$a \Leftrightarrow b$	Äquivalenzzeichen (*a* ist äquivalent zu *b*, genau dann, wenn)

Grundlagen der allgemeinen Mathematik — MA

Grundrechenarten

Addition (Zusammenzählen)

Natürliche Zahlen

15 + 26 = **41**

Summand plus Summand gleich Summe

Mögliche Rechenschritte:

$15 + 26 = 15 + (5 + 21) = (15 + 5) + 21 = 20 + 21$
$= 20 + (20 + 1) = (20 + 20) + 1 = 40 + 1 = \mathbf{41}$

Beachte:

$8 + (-6) = 8 - 6 = \mathbf{2}$ (vgl. *Klammerregeln*)

Gemeine Brüche

Bei gleichnamigen Brüchen die Zähler unter Beibehaltung des Nenners addieren und dann, wenn möglich, kürzen:

$$\frac{2}{4} + \frac{6}{4} = \frac{2 + 6}{4} = \frac{8}{4} = \mathbf{2}$$

Ungleichnamige Brüche zunächst durch Hauptnennerbildung (vgl. *Bruchrechnen*) und Zählererweiterung gleichnamig machen:

$$\frac{1}{2} + \frac{2}{3} = \frac{1 \cdot 3}{2 \cdot 3} + \frac{2 \cdot 2}{3 \cdot 2} = \frac{3}{6} + \frac{4}{6} = \mathbf{\frac{7}{6}} = \mathbf{1\frac{1}{6}}$$

Gemischte Zahlen zunächst in unechte Brüche verwandeln (vgl. *Bruchrechnen*)

Allgemeine Zahlen

$a + a = 2a$

$a + b = c$

$a + b = b + a$ (kommutatives Gesetz)

$a + (b + c) = (a + b) + c = a + b + c$
(assoziatives Gesetz)

Größen

Nur gleichartige Größen lassen sich addieren. Eventuell müssen Einheiten umgerechnet werden!

5 kg + 7 kg = **12 kg**

8,0 kg + 500 g = 8,0 kg + 0,5 kg = **8,5 kg**

6,00 m + 40 cm = 600 cm + 40 cm = **640 cm**

Subtraktion (Abziehen)

Natürliche Zahlen

14 – 8 = **6**

Minuend minus Subtrahend gleich Differenz

$16 - (8 - 3) = 16 - 8 + 3 = \mathbf{11}$

$16 - (8 + 3) = 16 - 8 - 3 = \mathbf{5}$

Klammerregeln beachten (vgl. *Klammerrechnung*)

Gemeine Brüche

Bei gleichnamigen Brüchen die Zähler unter Beibehaltung des Nenners voneinander subtrahieren und dann, wenn möglich, kürzen:

$$\frac{3}{2} - \frac{1}{2} = \frac{3 - 1}{2} = \frac{2}{2} = \mathbf{1}$$

Ungleichnamige Brüche zunächst durch Hauptnennerbildung (vgl. *Bruchrechnen*) und Zählererweiterung gleichnamig machen:

$$\frac{7}{8} - \frac{2}{3} = \frac{7 \cdot 3}{3 \cdot 8} - \frac{2 \cdot 8}{3 \cdot 8} = \frac{21}{24} - \frac{16}{24} = \frac{21 - 16}{24} = \mathbf{\frac{5}{24}}$$

Gemischte Zahlen zunächst in unechte Brüche verwandeln (vgl. *Bruchrechnen*)

Allgemeine Zahlen

$3a - 2a = 1a = a$

$a - b = c$ (c = Differenz aus a und b)

$ab - (c - d) = ab - c + d$

$ab - (c + d) = ab - c - d$

Klammerregeln beachten (vgl. *Klammerrechnung*)

Größen

Nur gleichartige Größen lassen sich voneinander subtrahieren. Eventuell müssen Einheiten umgerechnet werden.

$16\ m^3 - 4\ m^3 = \mathbf{12\ m^3}$

$5{,}0\ m^3 - 100\ dm^3 = 5{,}0\ m^3 - 0{,}1\ m^3 = \mathbf{4{,}9\ m^3}$

2,000 L – 58 mL = 2000 mL – 58 mL = **1942 mL**

Grundlagen der allgemeinen Mathematik MA

Grundrechenarten (Fortsetzung)

Multiplikation (Vervielfachen)

Natürliche Zahlen

6	·	4	=	**24**
Faktor	mal	Faktor	gleich	Produkt oder
Multiplikand	mal	Multiplikator	gleich	Produkt

Das Produkt 6 · 4 ist die Kurzschreibweise für die Summe 6 + 6 + 6 + 6 bzw. 4 + 4 + 4 + 4 + 4 + 4.

Beachte: Jede Zahl mit 0 multipliziert ergibt 0, z. B.

$5 \cdot 0 = \mathbf{0}$

Gemeine Brüche

Zwei Brüche werden miteinander multipliziert, indem man Zähler mit Zähler und Nenner mit Nenner multipliziert. Dabei kann vor dem Multiplizieren gekürzt werden.

$$\frac{5}{6} \cdot \frac{3}{4} = \frac{5 \cdot 3}{6 \cdot 4} = \frac{5 \cdot 1}{2 \cdot 4} = \mathbf{\frac{5}{8}}$$

$$3 \cdot \frac{5}{10} = \frac{3 \cdot 5}{10} = \frac{3 \cdot 1}{2} = \mathbf{\frac{3}{2}} = \mathbf{1\frac{1}{2}}$$

Gemischte Zahlen werden zunächst in unechte Brüche verwandelt (vgl. *Bruchrechnen*)

Allgemeine Zahlen

$a \cdot b = ab$ bzw. $a \cdot b = c$ (c = Produkt aus a und b)

$a \cdot 0 = 0$

$a \cdot b = b \cdot a$ (assoziatives Gesetz)

$a \cdot (b + c) = ab + ac$ (distributives Gesetz)

Vorzeichenregeln:

$(+a) \cdot (+b) = ab$ $\quad (+a) \cdot (-b) = -ab$

$(-a) \cdot (-b) = ab$ $\quad (-a) \cdot (+b) = -ab$

Klammerregeln beachten (vgl. *Klammerrechnung*)

Größen

Zwei Größen werden miteinander multipliziert, indem man Zahlenwerte (Maßzahlen) und Einheiten miteinander multipliziert:

$4\ \text{m} \cdot 6\ \text{m} = 4 \cdot 6 \cdot \text{m} \cdot \text{m} = \mathbf{24\ m^2}$

$10\ \text{N} \cdot 2\ \text{m} = \mathbf{20\ Nm}$

Division (Teilen)

Natürliche Zahlen

10	:	5	=	**2**	oder
10	/	5	=	**2**	
Dividend	durch	Divisor	gleich	Quotient	

oder

$\frac{10}{2} = \mathbf{5}$ (10 = Zähler, 2 = Nenner, 5 = Quotient)

Beachte: Eine Division durch 0 gibt es nicht!

Gemeine Brüche

Man dividiert durch einen Bruch, indem man mit dem Kehrbruch (Kehrwert) multipliziert:

$$\frac{3}{8} : \frac{4}{5} = \frac{3}{8} \cdot \frac{5}{4} = \frac{3 \cdot 5}{8 \cdot 4} = \mathbf{\frac{15}{32}} \quad \text{bzw.} \quad \frac{\frac{3}{8}}{\frac{4}{5}} = \frac{3 \cdot 5}{8 \cdot 4} = \mathbf{\frac{15}{32}}$$

$$3 : \frac{2}{5} = 3 \cdot \frac{5}{2} = \frac{3 \cdot 5}{2} = \mathbf{\frac{15}{2}} = \mathbf{7\frac{1}{2}}$$

Bei der Division durch eine gemischte Zahl wird diese zunächst in einen unechten Bruch verwandelt.

Allgemeine Zahlen

$\frac{a}{b} = a : b = c$ (c = Quotient aus a und b, $b \neq 0$)

$$\frac{a}{b} : \frac{c}{d} = \frac{a}{b} \cdot \frac{d}{c} = \frac{ad}{bc}$$

$$a : (b : c) = a : \frac{b}{c} = \frac{a}{\frac{b}{c}} = a \cdot \frac{c}{b} = \frac{ac}{b}$$

Vorzeichenregeln:

$$\frac{(+a)}{(+b)} = \frac{a}{b} \qquad \frac{(-a)}{(+b)} = -\frac{a}{b}$$

$$\frac{(-a)}{(-b)} = \frac{a}{b} \qquad \frac{(+a)}{(-b)} = -\frac{a}{b}$$

Größen

Zwei Größen werden durcheinander dividiert, indem man Zahlenwerte (Maßzahlen) und Einheiten durcheinander dividiert:

$$\frac{6\ \text{m}^3}{2\ \text{m}^2} = \frac{6}{2} \cdot \frac{\text{m}^3}{\text{m}^2} = 3\ \frac{\text{m} \cdot \text{m} \cdot \text{m}}{\text{m} \cdot \text{m}} = \mathbf{3\ m}$$

$$\frac{20\ \text{N}}{4\ \text{m}^2} = \frac{20}{4} \cdot \frac{\text{N}}{\text{m}^2} = \mathbf{5\ \frac{N}{m^2}}$$

Grundlagen der allgemeinen Mathematik — MA

Klammerrechnung (Rechnen mit Summen)

Steht ein „+"-Zeichen vor der Klammer, so kann diese entfallen, ohne dass sich der Wert der Summe ändert:

$5 + (6 - 3) = 5 + 6 - 3 = \mathbf{8}$ $\qquad a + (2b - 3c) = a + 2b - 3c$

Steht ein „–"-Zeichen vor der Klammer, so müssen bei deren Weglassen alle innerhalb der Klammer vorhandenen Vorzeichen umgekehrt werden:

$12 - (2 + 8 - 6) = 12 - 2 - 8 + 6 = \mathbf{8}$ $\qquad -(3a + 2b - c) = -3a - 2b + c$

Klammerausdrücke (bzw. Summen) werden miteinander multipliziert, indem jedes Glied der einen Klammer mit jedem Glied der anderen Klammer multipliziert wird:

$(a + b)c = ac + bc$

$d(ab - c) = abd - cd$

$(a + b)(c + d) = ac + ad + bc + bd$

$(a + b)(c - d) = ac - ad + bc - bd$

Binomische Formeln:

$(a + b)^2 = (a + b)(a + b) = a^2 + 2ab + b^2$

$(a - b)^2 = (a - b)(a - b) = a^2 - 2ab + b^2$

$(a + b)(a - b) = a^2 - b^2$

B Beispiele praktischer Formeln:

$L = L_0(1 + \alpha \Delta T) = L_0 + L_0 \alpha \Delta T$ $\qquad p = x_1 p_1 + (1 - x_1) p_2 = x_1 p_1 + p_2 - x_1 p_2$

$Q = KA(T_1 - T_2) = KAT_1 - KAT_2$ $\qquad L = \frac{1}{2}(n + 2)(n + 1) = (\frac{n}{2} + 1)(n + 1) = \frac{n^2}{2} + \frac{n}{2} + n + 1 = \frac{n^2}{2} + \frac{3n}{2} + 1$

Klammerausdrücke (bzw. Summen) werden durch einen Divisor (Nenner) dividiert, indem jedes Glied der Klammer (bzw. jeder Summand des Zählers) durch den Divisor (Nenner) dividiert wird:

a) Division durch ein Produkt: $\frac{a + b}{ab} = \frac{a}{ab} + \frac{b}{ab} = \frac{1}{b} + \frac{1}{a}$

b) Division durch eine Summe: $(a + b - c) : (a - d) = \frac{a + b - c}{a - d} = \frac{a}{a - d} + \frac{b}{a - d} - \frac{c}{a - d}$

B Beispiele praktischer Formeln:

$\eta_V = \frac{q_{V,th} - q_{V,v}}{q_{V,th}} = 1 - \frac{q_{V,v}}{q_{V,th}}$ $\qquad m_1 = m_0 \frac{h_2 - h_0}{h_2 - h_1} = \frac{m_0(h_2 - h_0)}{h_2 - h_1} = \frac{m_0 h_2 - m_0 h_0}{h_2 - h_1} = \frac{m_0 h_2}{h_2 - h_1} - \frac{m_0 h_0}{h_2 - h_1}$

Gemeinsame oder beliebige Faktoren, die in jedem Summanden (bzw. Glied) der Klammer vorkommen, können vor die Klammer gezogen (ausgeklammert) werden:

$(ab + ac) = a(b + c)$ $\qquad (-25 - 5p) = -5(5 + p)$ $\qquad (2x + y) - 10b = 10b\left(\frac{2x + y}{10b} - 1\right)$

Ausdrücke (Summen) mit mehreren Klammern werden umgewandelt, indem man die Klammern von innen her auflöst:

$a - \{b + [3c - (2d + b)]\} = a - \{b + [3c - 2d - b]\} = a - \{b + 3c - 2d - b\} = a - b - 3c + 2d + b = a - 3c + 2d$

B Beispiel einer praktischen Formel:

$h = c_L(T - T_0) + Y[h_V + c_D(T - T_0)] = c_L T - c_L T_0 + Y[h_V + c_D T - c_D T_0] = c_L T - c_L T_0 + Y h_V + Y c_D T - Y c_D T_0$

Grundlagen der allgemeinen Mathematik MA

Bruchrechnung

Erweitern und Kürzen

Zähler und Nenner des Bruches werden mit der gleichen Zahl multipliziert oder durch die gleiche Zahl dividiert:

$\frac{3}{4} = \frac{3 \cdot 5}{4 \cdot 5} = \mathbf{\frac{15}{20}}$ (Erweitert mit der Zahl 5)

$\frac{16}{12} = \frac{16 : 4}{12 : 4} = \mathbf{\frac{4}{3}}$ (Gekürzt mit der Zahl 4)

Gekürzt werden darf nur aus Produkten, nie aus Summen:

$\frac{ab - a}{2ab} = \frac{a\,(b-1)}{2ab} = \frac{b-1}{2b}$ (Gekürzt mit *a*. Aus der Summe kann *b* nicht gekürzt werden.)

Umwandeln gemischter Zahlen in unechte Brüche

Zum Produkt aus Nenner und ganzer Zahl wird der Zähler addiert. Dies ergibt den Zähler des unechten Bruches:

$6\frac{2}{3} = \frac{6 \cdot 3 + 2}{3} = \mathbf{\frac{20}{3}}$

Umwandeln unechter Brüche in gemischte Zahlen

Der Zähler des unechten Bruches wird in eine Summe zerlegt, die den größten Summanden enthält, der noch ohne Rest durch den Nenner teilbar ist. Dann – nach dem Auftrennen in zwei Teilbrüche – kürzen:

$\frac{18}{5} = \frac{15 + 3}{5} = \frac{15}{5} + \frac{3}{5} = 3 + \frac{3}{5} = \mathbf{3\frac{3}{5}}$

Hauptnennerbildung

1. Produktbildung aus den beteiligten Nennern:

$\frac{3}{8} + \frac{2}{3} = \frac{3 \cdot 3}{8 \cdot 3} + \frac{2 \cdot 8}{3 \cdot 8} = \frac{9}{24} + \frac{16}{24} = \frac{9 + 16}{24} = \mathbf{\frac{25}{24}}$

Der Zähler wird mit dem gleichen Faktor erweitert, der beim Nenner erforderlich ist, um den Hauptnenner zu erhalten.

$\frac{a}{a+b} + \frac{c}{d} = \frac{a \cdot d}{(a+b) \cdot d} + \frac{c \cdot (a+b)}{d \cdot (a+b)}$

$= \frac{ad + c\,(a+b)}{d\,(a+b)}$

2. Suche nach dem kleinsten gemeinsamen Vielfachen (k. g. V.) der beteiligten Nenner:

   a) Zerlegung aller Nenner in ihre kleinsten Faktoren,

   b) Anordnung der Faktoren entsprechend dem unten gezeigten Schema,

   c) Produktbildung aus allen vorkommenden Faktoren (diese jeweils in der Anzahl ihrer größten Häufigkeit in einer Zeile).

Beispiel:

$\frac{1}{14} + \frac{1}{3} + \frac{2}{10} + \frac{8}{60} + \frac{5}{72}$

$= \frac{1 \cdot 180 + 1 \cdot 840 + 2 \cdot 252 + 8 \cdot 42 + 5 \cdot 35}{2520} = \mathbf{0{,}808}$

Nenner	kleinste Faktoren	Erweiterungsfaktor für den Zähler
14	2 · 7	2 · 2 · 3 · 3 · 5 = 180
3	3	2 · 2 · 2 · 3 · 5 · 7 = 840
10	2 · 5	2 · 2 · 3 · 3 · 7 = 252
60	2 · 2 · 3 · 5	2 · 3 · 7 = 42
72	2 · 2 · 2 · 3 · 3	5 · 7 = 35
k. g. V.	2 · 2 · 2 · 3 · 3 · 5 · 7 = **2520** = Hauptnenner	

Prozentrechnung

Formeln	Beispiele
$p\,\%$ von $G = \frac{p}{100} \cdot G = P$ *p* Prozentsatz *G* Grundwert *P* Prozentwert	20 % von 1200 kg $= \frac{20}{100} \cdot 1200\ \text{kg} = \mathbf{240\ kg}$ Prozentsatz Grundwert Prozentwert
$P = \frac{p \cdot G}{100\,\%}$	20 % von 1200 kg sind 240 kg $\frac{20\,\% \cdot 1200\ \text{kg}}{100\,\%} = \mathbf{240\ kg}$
$p = \frac{100\,\% \cdot P}{G}$	240 kg von 1200 kg entsprechen einem Anteil von 20 % $\frac{100\,\% \cdot 240\ \text{kg}}{1200\ \text{kg}} = \mathbf{20\,\%}$
$G = \frac{100\,\% \cdot P}{p}$	Wenn 240 kg einem Anteil von 20 % entsprechen, beträgt der Grundwert 1200 kg $\frac{100\,\% \cdot 240\ \text{kg}}{20\,\%} = \mathbf{1200\ kg}$

Grundlagen der allgemeinen Mathematik — MA

Potenzrechnung

Zehnerpotenzen

Zahlen über 1

Zahlen über 1 können als Vielfache von Zehnerpotenzen dargestellt werden, mit einem positiven Exponenten, dessen Wert um 1 niedriger liegt, als die Zahl Stellen vor dem Komma besitzt:

$1253{,}65 = 1{,}25365 \cdot 1000 = \mathbf{1{,}25365 \cdot 10^3}$

$10^1 = 10$	$10^4 = 10\,000$
$10^2 = 100$	$10^5 = 100\,000$
$10^3 = 1\,000$	$10^6 = 1\,000\,000$

Zahlen unter 1

Zahlen unter 1 können als Vielfache von Zehnerpotenzen dargestellt werden, mit einem negativen Exponenten, dessen Wert der Anzahl der Stellen entspricht, um die das Komma der Ausgangszahl nach rechts gerückt wurde:

$0{,}0025 = \frac{25}{10\,000} = \frac{2{,}5}{1000} = \frac{2{,}5}{10^3} = \mathbf{2{,}5 \cdot 10^{-3}}$

$10^0 = 1$	$10^{-3} = \frac{1}{1000} = 0{,}001$
$10^{-1} = \frac{1}{10} = 0{,}1$	$10^{-4} = \frac{1}{10\,000} = 0{,}000\,1$
$10^{-2} = \frac{1}{100} = 0{,}01$	$10^{-5} = \frac{1}{100\,000} = 0{,}000\,01$
	$10^{-6} = \frac{1}{1\,000\,000} = 0{,}000\,001$

B Beispiele aus der Praxis:

Längenausdehnungszahl von Stahl: $\alpha = 1{,}2 \cdot 10^{-5}\,\mathrm{K}^{-1} = 0{,}000\,012\,\frac{1}{\mathrm{K}}$

Avogadro-Konstante: $N_\mathrm{A} = 602\,214\,150\,000\,000\,000\,000\,000 \approx 6{,}022 \cdot 10^{23}$

Potenzrechnung allgemein

Regeln	Beispiele
$a^m = a \cdot a \cdot a \cdot \ldots$ (m Faktoren) a = Basis (Grundzahl); m = Exponent (Hochzahl); a^m = Potenz	$5^4 = 5 \cdot 5 \cdot 5 \cdot 5 = \mathbf{625}$ 5 = Basis; 4 = Exponent; 5^4 = Potenz (vierte Potenz von 5)
$a^1 = a$; $a^0 = 1$ (für $a \neq 0$)	$12^1 = \mathbf{12}$; $12^0 = \mathbf{1}$
$a^{-m} = \frac{1}{a^m}$; $\frac{1}{a^{-m}} = a^m$ (für $a \neq 0$)	$10^{-3} = \frac{1}{10^3} = \frac{1}{1000} = \mathbf{0{,}001}$; $\frac{1}{10^{-2}} = 10^2 = \mathbf{100}$ $5\,\mathrm{Wm^{-2}\,K^{-1}} = 5\,\frac{\mathrm{W}}{\mathrm{m^2K}}$
$a^m \cdot a^n = a^{m+n}$	$3^2 \cdot 3^3 = 3^{2+3} = 3^5 = \mathbf{243}$
$a^m : a^n = \frac{a^m}{a^n} = a^{m-n}$	$4^3 : 4^2 = \frac{4^3}{4^2} = 4^{3-2} = 4^1 = \mathbf{4}$
$\frac{a^m}{b^m} = \left(\frac{a}{b}\right)^m$	$\frac{4^2}{2^2} = \left(\frac{4}{2}\right)^2 = 2^2 = \mathbf{4}$; $E = \varepsilon \cdot C \cdot \left(\frac{T_1}{100}\right)^4 = \varepsilon \cdot C \cdot \frac{T_1^{\,4}}{100^4}$
$(a^m)^n = a^{m \cdot n} = (a^n)^m$	$(6^2)^3 = 6^{2 \cdot 3} = 6^6 = \mathbf{46\,656}$
$(ab)^m = a^m b^m$	$(3 \cdot 5)^2 = 3^2 \cdot 5^2 = 9 \cdot 25 = \mathbf{225}$ $(5\,\mathrm{m})^2 = 5^2\,\mathrm{m}^2 = \mathbf{25\,m^2}$
$(-a)^m$ = positiv für gerade m, negativ für ungerade m	$(-2)^4 = (-2) \cdot (-2) \cdot (-2) \cdot (-2) = \mathbf{16}$ $(-3)^3 = (-3) \cdot (-3) \cdot (-3) = \mathbf{-27}$

Grundlagen der allgemeinen Mathematik

MA

Radizieren

Regeln	Beispiele
$b = \sqrt[n]{a} = a^{\frac{1}{n}}$ $(a \geq 0)$ b = Wurzel a = Radikand n = Wurzelexponent	$5 = \sqrt[3]{125} = 125^{\frac{1}{3}}$
$b = \sqrt[n]{a} \Rightarrow b^n = a$	$2 = \sqrt[3]{8} \Rightarrow 2^3 = 8$
$\sqrt[2]{a} = \sqrt{a}$	$\sqrt[2]{25} = \sqrt{25} = \mathbf{5}$
$\sqrt[n]{a^n} = \left(\sqrt[n]{a}\right)^n = a^{\frac{1}{n} \cdot n} = a^1 = a$	$\sqrt{10^2} = \left(\sqrt{10}\right)^2 = 10^{\frac{1}{2} \cdot 2} = 10^1 = \mathbf{10}$
$\sqrt[n]{ab} = \sqrt[n]{a} \cdot \sqrt[n]{b}$; $\sqrt{a} \cdot \sqrt{a} = \sqrt{a^2} = a$	$\sqrt[3]{27 \cdot \text{m}^3} = \sqrt[3]{27} \cdot \sqrt[3]{\text{m}^3} = \mathbf{3\ m}$
$\sqrt[n]{\frac{a}{b}} = \frac{\sqrt[n]{a}}{\sqrt[n]{b}}$	$\sqrt{4 \frac{\text{m}^2}{\text{s}^2}} = \frac{\sqrt{4\ \text{m}^2}}{\sqrt{\text{s}^2}} = \frac{\sqrt{4} \cdot \sqrt{\text{m}^2}}{\sqrt{\text{s}^2}} = \frac{2\ \text{m}}{\text{s}} = \mathbf{2\ \frac{m}{s}}$
$\sqrt[n]{a^m} = \left(\sqrt[n]{a}\right)^m = \left(a^{\frac{1}{n}}\right)^m = a^{\frac{m}{n}}$	$\sqrt{10^{-4}} = 10^{-\frac{4}{2}} = \mathbf{10^{-2}}$
$\sqrt[nx]{a^{mx}} = a^{\frac{mx}{nx}} = a^{\frac{m}{n}} = \sqrt[n]{a^m}$	$\sqrt[6]{10^{-9}} = \sqrt[2 \cdot 3]{10^{(-3) \cdot 3}} = 10^{\frac{(-3) \cdot 3}{2 \cdot 3}} = 10^{\frac{-3}{2}} = \sqrt{\mathbf{10^{-3}}}$

Beachte:
Aus einer Summe darf die Wurzel nicht gliedweise aus den einzelnen Summanden gezogen werden.
$\sqrt{a+b} \neq \sqrt{a} + \sqrt{b}$

Logarithmieren

Regeln	Beispiele
$b = \log_n a \Rightarrow n^b = a$ b = Logarithmus n = Basis a = Numerus Der Logarithmus b ist der Exponent, mit dem man die Basis n potenzieren muss, damit man a erhält.	$0{,}30103 = \log_{10} 2$
$\log_n n = 1$	$\ln e = 1$; $\lg 10 = 1$
$\log_{10} a = \lg a$ (dekadischer Logarithmus) $\log_e a = \ln a$ (natürlicher Logarithmus) $\log_2 a = \text{lb}\ a$ (binärer Logarithmus)	
$\log_n(ab) = \log_n a + \log_n b$	$\lg(4 \cdot 10^2) = \lg 4 + \lg 10^2 = 0{,}602 + 2 = \mathbf{2{,}602}$
$\log_n \frac{a}{b} = \log_n a - \log_n b$	$\lg \frac{3}{10} = \lg 3 - \lg 10 = 0{,}477 - 1{,}000 = \mathbf{-0{,}523}$
$\log_n a^m = m \cdot \log_n a$	$\lg 10^4 = 4 \cdot \lg 10 = 4 \cdot 1 = \mathbf{4}$
$\log_n \sqrt[m]{a} = \log_n a^{1/m}\ \frac{1}{m} \cdot \log_n a$	$\lg \sqrt[3]{15} = \lg 15^{1/3} = \frac{1}{3} \cdot \lg 15 = \frac{1}{3} \cdot 1{,}18 = \mathbf{0{,}39}$

Gleichungen

Lineare Gleichungen

Allgemeine Form: $ax + b = c$

Grundsatz: Rechenoperationen müssen stets so ausgeführt werden, dass am Ende die Seiten links und rechts des Gleichheitszeichens wieder gleichen Wert besitzen.

Allgemeiner Lösungsweg	Beispiel
	$\frac{3(ax+20)}{5x} + 6b = 21$
1. Beseitigung vorhandener Brüche durch Multiplikation der gesamten Gleichung mit den einzelnen Nennern.	$\frac{3(ax+20)\cdot 5x}{5x} + 6b \cdot 5x = 21 \cdot 5x$
2. Auflösen der vorhandenen Klammern (z. B. durch Ausmultiplizieren).	$3(ax+20) + 30bx = 105x$ $3ax + 60 + 30bx = 105x$
3. Ordnen, d. h. alle Glieder mit der Unbekannten auf die linke Seite bringen, alle anderen auf die rechte Seite (Regeln siehe unten).	$3ax + 30bx - 105x = -60$
4. Kürzen und Zusammenfassen.	$\frac{3ax}{3} + \frac{30bx}{3} - \frac{105x}{3} = \frac{-60}{3}$ $ax + 10bx - 35x = -20$
5. Ausklammern der Unbekannten.	$x(a + 10b - 35) = -20$
6. Division der gesamten Gleichung durch den Faktor vor der Unbekannten (hier durch die Summe in der Klammer).	$\frac{x(a+10b-35)}{(a+10b-35)} = \frac{-20}{(a+10b-35)}$ $x = \frac{-20}{a+10b-35}$

Das **Ordnen** geschieht durch Seitenwechsel einzelner Glieder. Dabei gilt die Regel: Summanden erhalten beim Seitenwechsel das entgegengesetzte Vorzeichen (aus + wird –, aus – wird +), Faktoren werden beim Seitenwechsel zu Nennern und umgekehrt, z. B.:

$$\frac{5b + 2x}{2} = 6a$$

$$\frac{5b + 2x}{2} = 6a$$

$$5b + 2x = 2 \cdot 6a$$

$$5b + 2x = 12a$$

$$2x = 12a - 5b$$

$$2x = 12a - 5b$$

$$x = \frac{12a - 5b}{2}$$

$$x = \frac{12a - 5b}{2}$$

B Beispiel einer praktischen Formel (Umstellen nach *s*)

$$\Phi = \frac{A \cdot \Delta T}{\frac{1}{\alpha_1} + \frac{s}{\lambda} + \frac{1}{\alpha_2}}$$

1. Der Nenner wird beim Seitenwechsel zum Faktor vor Φ

$$\Phi \left(\frac{1}{\alpha_1} + \frac{s}{\lambda} + \frac{1}{\alpha_2} \right) = A \cdot \Delta T$$

$$\Phi \left(\frac{1}{\alpha_1} + \frac{s}{\lambda} + \frac{1}{\alpha_2} \right) = A \cdot \Delta T$$

2. Der Faktor Φ wird beim Seitenwechsel zum Nenner

$$\frac{1}{\alpha_1} + \frac{s}{\lambda} + \frac{1}{\alpha_2} = \frac{A \cdot \Delta T}{\Phi}$$

$$\frac{1}{\alpha_1} + \frac{s}{\lambda} + \frac{1}{\alpha_2} = \frac{A \cdot \Delta T}{\Phi}$$

3. Die Summanden $+\frac{1}{\alpha_1}$ und $+\frac{1}{\alpha_2}$ erhalten beim Seitenwechsel negative Vorzeichen

$$\frac{s}{\lambda} = \frac{A \cdot \Delta T}{\Phi} - \frac{1}{\alpha_1} - \frac{1}{\alpha_2}$$

$$s = \lambda \left(\frac{A \cdot \Delta T}{\Phi} - \frac{1}{\alpha_1} - \frac{1}{\alpha_2} \right)$$

4. Der Nenner λ wird beim Seitenwechsel zum Faktor

Gleichungen (Fortsetzung)

Quadratische Gleichungen

Eine quadratische Gleichung enthält die Unbekannte in der 2. Potenz.

Lösungsweg:
1. Gleichung so ordnen, dass die **allgemeine Form** oder die **Normalform** entsteht
2. Anwendung der entsprechenden Lösungsformel

Allgemeine Form: $ax^2 + bx + c = 0$ ⇒ Lösungsformel: $x_{1,2} = \frac{-b \pm \sqrt{b^2 - 4ac}}{2a}$

Normalform: $x^2 + px + q = 0$ ⇒ Lösungsformel: $x_{1,2} = -\frac{p}{2} \pm \sqrt{\frac{p^2}{4} - q}$

z. B.

$2x^2 = 90 - 8x$

$2x^2 + 8x - 90 = 0$

$x^2 + 4x - 45 = 0$ (Normalform)

$x_{1,2} = -\frac{4}{2} \pm \sqrt{\frac{4^2}{4} - (-45)}$

$x_{1,2} = -2 \pm \sqrt{4 + 45}$

$x_{1,2} = -2 \pm \sqrt{49}$

$x_1 = -2 + 7 = \mathbf{5}$

$x_2 = -2 - 7 = \mathbf{-9}$

B Beispiel einer praktischen Formel (Gesucht: m):

$R = \frac{\sqrt{A}}{2\sqrt{2\sqrt{1+m^2} - m}}$ mit $A = 5$ und $R = 0{,}5$

$0{,}5 = \frac{\sqrt{5}}{2\sqrt{2\sqrt{1+m^2} - m}}$ Gesamte Gleichung mit dem Nenner multiplizieren

$\sqrt{2\sqrt{1+m^2} - m} = \sqrt{5}$ Quadrieren

$2\sqrt{1+m^2} - m = 5$ Seitenwechsel von m

$2\sqrt{1+m^2} = 5 + m$ Quadrieren

$4(1+m^2) = (5+m)^2$ Klammern auflösen

$4 + 4m^2 = 25 + 10m + m^2$ Ordnen und Zusammenfassen

$3m^2 - 10m - 21 = 0$ Allgemeine Form ⇒ Lösungsformel

$m_{1,2} = \frac{-(-10) \pm \sqrt{(-10)^2 - 4 \cdot 3 \cdot (-21)}}{2 \cdot 3}$

$m_1 = \mathbf{4{,}79}$ $m_2 = \mathbf{-1{,}46}$

Gleichungen mit 2 oder mehr Unbekannten

Zur Lösung sind jeweils so viele voneinander unabhängige Gleichungen erforderlich, wie Unbekannte vorhanden sind, z. B. für zwei Unbekannte (x und y):

I. $ax + by = c$ ⇒ $x = \frac{c - by}{a}$ (einsetzen für x) II. $ux + vy = z$ ⇒ II.a $u \cdot \frac{c - by}{a} + vy = z$

Aus II.a y berechnen und diesen Wert dann zur Berechnung von x in I. einsetzen.

B Beispiel einer praktischen Aufgabe:

Gegeben sind $V = 2200$ mL eines Wasser-Methanol-Gemisches mit der Masse $m = 2000$ g. Die Dichten der reinen Stoffe betrugen ϱ (Wasser) = 1,000 g/mL und ϱ (Methanol) = 0,792 g/mL. Wie viel Gramm Methanol sind in der Lösung enthalten?

Index 1 = Wasser, Index 2 = Methanol.

I. $m_1 + m_2 = 2000$ g

$m_1 = 2000 - m_2$

II. $V_1 + V_2 = 2200$ mL[1)]

mit $V = \frac{m}{\varrho}$ ⇒ $\frac{m_1}{1{,}000} + \frac{m_2}{0{,}792} = 2200$

I in II: $\frac{2000 - m_2}{1{,}000} + \frac{m_2}{0{,}792} = 2200 \mid \cdot 0{,}792$

$1584 - 0{,}792\, m_2 + m_2 = 1742$

$m_2 - 0{,}792\, m_2 = 158$

$m_2\,(1 - 0{,}792) = 158$

$\mathbf{m_2 = 760\ g}$

1) Volumenkontraktion vernachlässigt; Einheiten werden zur besseren Übersicht weggelassen.

Gleichungen (Fortsetzung)

Exponentialgleichungen

Bei Exponentialgleichungen ist die Unbekannte im Exponenten einer Potenz enthalten.

Allgemeine Form: $a^x = b$

Lösungsweg:

Form der Gleichung	Beispiel
$a^x = a^m \Rightarrow x = m$ Exponentenvergleich bei gleicher Basis auf beiden Seiten der Gleichung.	$10^{2x+4} = 10^5 \Rightarrow 2x + 4 = 5$ $2x = 1$ $\mathbf{x = \frac{1}{2}}$
$a^x = b^m \Rightarrow x \cdot \log a = m \cdot \log b$ $x = m \cdot \frac{\log b}{\log a}$ $a^x = b \Rightarrow x \cdot \log a = \log b$ $x = \frac{\log b}{\log a}$ Logarithmieren beider Gleichungsseiten bei ungleicher Basis auf beiden Seiten.	**B** Beispiel aus der Praxis: $R = e^{-b \cdot d^n}$ mit $R = 0{,}36$; $b = 0{,}5$; $n = 2$; $e = 2{,}718$ $0{,}36 = e^{-0{,}5\,d^2}$ Logarithmieren $\ln 0{,}36 = -0{,}5d^2 \cdot \ln e$ $\ln e = 1$ $-1{,}02 = -0{,}5d^2$ $d^2 = \frac{-1{,}02}{-0{,}5}$ $d^2 = 2{,}04$ Radizieren $\mathbf{d = 1{,}43}$

Schlussrechnung (Dreisatz)

Allgemeine Regel:

A_1	≙	B
A_2	≙	x

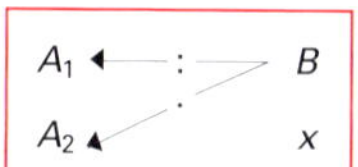

$$x = \frac{B}{A_1} \cdot A_2$$

Man dividiert die Zahl über x (B) durch die in gleicher Höhe stehende Zahl A_1 (Schluss auf 1 Einheit) und multipliziert das Ergebnis mit der Zahl A_2, die auf der Höhe von x angeordnet ist.

B Beispiel aus der Praxis:

Für die Verbrennung von 12 g Kohlenstoff (C) werden 32 g Sauerstoff (O_2) benötigt. Wie viel Gramm O_2 sind für 150 g C erforderlich?

Für 12 g C benötigt man 32 g O_2,

für 1 g C .... $\frac{32}{12}$ g O_2,

für 150 g C .... $\frac{32}{12} \cdot 150 = 400$ g O_2

Verkürzt:

Für 12 g C .... 32 g O_2,

für 150 g C .... x g O_2

$$x = \frac{32\text{ g} \cdot 150\text{ g}}{12\text{ g}} = \mathbf{400\ g}$$

Umgekehrte Schlussrechnung (umgekehrter Dreisatz):

Beim Schluss auf eine Einheit kann sich der Wert vergrößern.

B Beispiel aus der Praxis:

2 Pumpen füllen einen Behälter in 4 h

3 .... x h

$$x = \frac{4\text{ h} \cdot 2}{3} = \mathbf{2{,}7\ h}$$

Eine Pumpe benötigt doppelt so viel Zeit wie 2 Pumpen (4 h · 2), 3 Pumpen dann $\frac{1}{3}$ davon $\left(\frac{4\text{ h} \cdot 2}{3}\right)$.

Runden von Zahlen
(nach DIN 1333, 1992-02)

Die Stelle eines Zahlsymbols (einer Zahl), an der nach dem Runden die letzte Ziffer stehen soll, heißt **Rundestelle**.

Runden einer positiven Zahl

Regel	Beispiel
Zur gegebenen Zahl wird der halbe Stellenwert der Rundestelle addiert. Im Ergebnis werden dann die Ziffern nach der Rundestelle weggelassen. Alternativ gilt mit gleichem Ergebnis: Steht rechts neben der Rundestelle eine der Ziffern **0** bis **4**, wird **abgerundet,** d. h. die Ziffer auf der Rundestelle behält ihren Wert. Steht rechts neben der Rundestelle eine der Ziffern **5** bis **9**, wird **aufgerundet**, d. h. die Ziffer auf der Rundestelle um den Wert **1** erhöht. Die Ziffern nach der Rundestelle werden dann in beiden Fällen weggelassen.	Zu rundende Zahl: 7,658413 Rundestelle: ↑ Halber Rundestellenwert: 0,0005 Summe: 7,658913 Gerundete Zahl: **7,658** Zu rundende Zahl: 526,2364 Rundestelle: ↑ Halber Rundestellenwert: 0,005 Summe: 526,2414 Gerundete Zahl: **526,24**

Runden einer negativen Zahl

Regel	Beispiel
Der **Betrag** der gegebenen negativen Zahl wird wie eine positive Zahl gerundet (siehe oben), anschließend wird vor den gerundeten Betrag das Minuszeichen gesetzt.	Zu rundende Zahl: – 7,658413 Betrag der Zahl: 7,658413 Rundestelle: ↑ Halber Rundestellenwert: 0,0005 Summe: 7,658913 Gerundeter Betrag: 7,658 Gerundete Zahl: **– 7,658**

Interpolieren

Interpolation nennt man die Bestimmung von **Zwischenwerten** zwischen zwei aufeinander folgenden Tabellenwerten (bzw. Funktionswerten) aufgrund der bekannten Zahlenwerte der Tabelle (bzw. Funktion).

Lineare Interpolation

Formel zur Ermittlung des Zwischenwertes y:

$$y = y_0 + (y_1 - y_0) \cdot t$$

Für das Intervall:

$$h = x_1 - x_0$$

- y Gesuchter Zwischenwert (Funktionswert zum Argument x)
- y_0 Unterer Funktionswert des Intervalls (bzw. Tabellenwert zum Argument x_0)
- y_1 Oberer Funktionswert des Intervalls (bzw. Tabellenwert zum Argument x_1)
- h Intervall
- x Argument zum gesuchten Funktions- bzw. Tabellenwert y
- x_0 Untere Grenze des Intervalls
- x_1 Obere Grenze des Intervalls
- t Anteil des Funktions- bzw. Tabellenwerteintervalls bis zum Argument x

B

Stoffwerte von Wasser bei $p = 1$ bar:

ϑ in °C	ϱ in kg/m³
20	998,4
30	995,8
40	992,3
50 (x_0)	988,1 (y_0)
60 (x_1)	983,2 (y_1)
70	977,7
80	971,6

Gesucht ist die Dichte ϱ_{55} bei $\vartheta = 55$ °C

- Intervall: $h = x_1 - x_0 = 60\ °C - 50\ °C = 10\ °C$
- Teilung so wählen, dass 1 Teilungsschritt auf die Temperatur $\vartheta = 55$ °C fällt. Gewählt: Teilungsschritte von 1 °C.
- Anteil des Funktionswerteintervalls: Von 50 °C bis 55 °C sind es 5 Teilungsschritte von insgesamt 10 des Intervalls, somit ein Anteil von 50 %, d. h. $t = 0{,}5$.
- $y = y_0 + (y_1 - y_0) \cdot t = 988{,}1\ \text{kg/m}^3 + (983{,}2\ \text{kg/m}^3 - 988{,}1\ \text{kg/m}^3) \cdot 0{,}5$
  $y = \varrho_{55} = \mathbf{985{,}65\ kg/m^3}$

Statistische Auswertung

(nach DIN 53804-1, 2002-04)

Aufbereitung statistischen Materials

Zusammenstellung der (z. B. in einer Messreihe aufgenommenen) Beobachtungswerte x_i (also der n Urwerte $x_1, x_2, x_3, \ldots, x_n$) in einer **Urliste.**

B **Urliste** von $n = 40$ notierten Temperaturen (in °C) während des Verlaufes einer chemischen Reaktion:

86,8	87,6	86,1	86,6	86,9	86,8	87,3	86,4
86,4	87,2	86,4	86,4	86,8	86,7	87,2	86,2
86,3	86,7	86,8	86,3	86,4	86,9	87,0	86,0
87,4	86,3	86,9	86,4	86,6	87,2	86,9	86,0
87,8	85,9	86,7	86,7	86,7	87,4	86,8	86,2

Klassenzahl $k \approx \sqrt{40} \approx 6{,}3 \approx 6$ bzw.
$k \approx 1 + 3{,}32 \cdot \lg 40 \approx 6{,}3 \approx \mathbf{6}$

Spannweite $R_n = 87{,}8 - 85{,}9 = \mathbf{1{,}9}$

Gewählt: $k = 5$ (⇒ Klassen gleicher Klassenweite)

Klassenweite $w = 1{,}9/5 \approx \mathbf{0{,}4}$

Klassenbildung

Die Anzahl der Klassen (k) richtet sich nach der Aufgabenstellung oder nach der Faustformel:

$$k \approx \sqrt{n} \quad \text{oder} \quad k \approx 1 + 3{,}32 \cdot \lg n$$

Empfehlung nach DIN:

n	bis 100	ca. 1000	ca. 10 000	ca. 100 000
k	mind. 10	mind. 13	mind. 16	mind. 20

Die Klassenweite w ergibt sich aus der Spannweite $R_n = x_{max} - x_{min}$ und der Klassenzahl k nach der Formel

$$w = R_n / k$$

Klassenmitten $$x_i = \frac{x_o + x_u}{2}$$

x_o Obere Klassengrenze

x_u Untere Klassengrenze

Nr. der Klasse j	Klasse in °C	Strichliste	Absolute Häufigkeit n_j	Klassenmitte x_j in °C	n_j aufsummiert $= G_j$	Häufigkeitssumme F_j in %
1	85,9 bis 86,2	𝍸 I	6	86,05	6	15
2	86,3 bis 86,6	𝍸 𝍸 I	11	86,45	17	42,5
3	86,7 bis 87,0	𝍸 𝍸 𝍸	15	86,85	32	80
4	87,1 bis 87,4	𝍸 I	6	87,25	38	95
5	87,5 bis 87,8	II	2	87,65	40	100

Summe der relativen Häufigkeiten (bis zur j-ten Klasse) $$F_j = \frac{G_j}{n} \cdot 100\ \%$$

Grafische Darstellung statistischen Materials

a) **Histogramm (Rechteck-** oder **Säulendiagramm)**

Abszisse: Merkmalswert (hier x_j in °C)

Ordinate: Besetzungszahl (Säulenbreite ≙ Klassenweite)

b) **Polygonzug (Streckenzug)**

Zum Vergleich mehrerer Verteilungen in einem Diagramm besser geeignet als das Histogramm.

B (Fortsetzung)

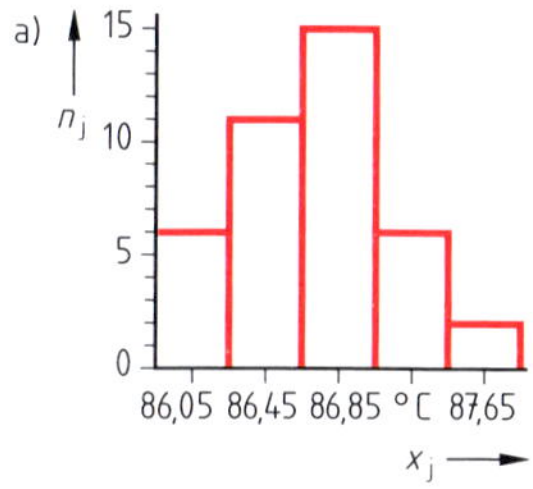

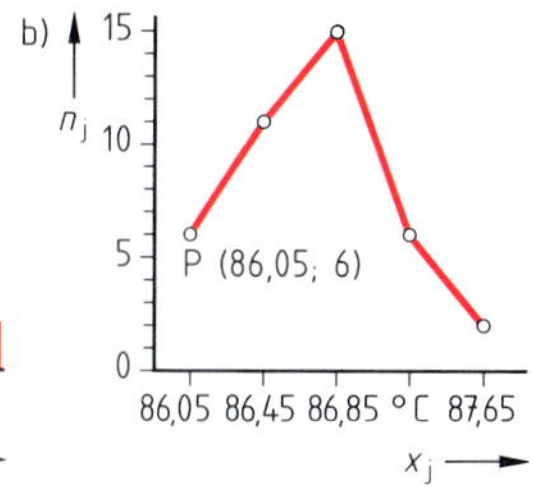

Grafische Darstellung der **Häufigkeitssummenverteilung** (Summenlinie)

Abszisse: Merkmalswert (hier ϑ in °C)

Ordinate: Häufigkeitssumme F_j in %

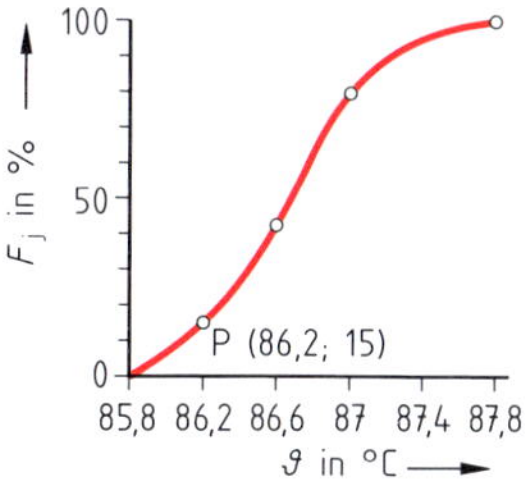

Nach obiger Tabelle liegen 15 % der Werte x_j im Bereich bis 86,2 °C, deshalb wird die Häufigkeitssumme „15 %“ gegen den Merkmalswert „86,2 °C“ aufgetragen.

Statistische Auswertung (Fortsetzung)

Statistische Kennwerte (statistische Maßzahlen)

Arithmetischer Mittelwert

$$\bar{x} = \frac{1}{n} \sum_{i=1}^{n} x_i \quad \text{bzw.} \quad \bar{x} = \frac{x_1 + x_2 + x_3 + \ldots + x_n}{n}$$

Varianz

$$s^2 = \frac{1}{n-1} \cdot \sum_{i=1}^{n} (x_i - \bar{x})^2$$

$$s^2 = \frac{(x_1 - \bar{x})^2 + (x_2 - \bar{x})^2 + \ldots + (x_n - \bar{x})^2}{n-1}$$

Standardabweichung

$$s = |\sqrt{s^2}|$$

$$s = \sqrt{\frac{(x_1 - \bar{x})^2 + (x_2 - \bar{x})^2 + \ldots + (x_n - \bar{x})^2}{n-1}}$$

Variationskoeffizient

$$v = \frac{s}{|\bar{x}|}$$

x_i Beobachtungswert (Messwert bzw. Stichprobenwert) i, mit $i = 1, 2, 3, \ldots$

$\bar{x}$ Arithmetischer Mittelwert (arithmetisches Mittel)

$|\bar{x}|$ Betrag des arithmetischen Mittelwertes

n Anzahl der Beobachtungswerte

s^2 Varianz

s Standardabweichung

v Variationskoeffizient

B (Werte aus der Tabelle auf Seite 37)

$$\bar{x} = \frac{86{,}8 + 86{,}4 + 86{,}3 + \ldots + 86{,}2}{40} = \mathbf{86{,}7} \qquad s^2 = \frac{(86{,}8 - 86{,}7)^2 + (86{,}4 - 86{,}7)^2 + \ldots + (86{,}2 - 86{,}7)^2}{40 - 1} = \mathbf{0{,}2}$$

$$s = |\sqrt{s^2}| = \mathbf{0{,}45} \qquad v = \frac{0{,}45}{86{,}7} = \mathbf{0{,}005} \quad \text{bzw.} \quad v = \mathbf{0{,}5\ \%}$$

Trendbestimmung

Treten bei zeitbezogenen Beobachtungswerten starke Schwankungen auf, so zeigt der Polygonzug einen sprunghaften Verlauf, der Trends und Trendwenden verschleiern kann. Die **Methode des gleitenden Mittelwertes** lässt diese wieder erkennbar werden. Dabei werden benachbarte Beobachtungswerte gemittelt und dann als Ordinatenwerte über der Zeit aufgetragen.

Sind die Beobachtungswerte $x_1, x_2, x_3, \ldots, x_{n-2}, x_{n-1}, x_n$ so gilt:

1. Ordinatenwert: $\bar{x}_1 = \dfrac{x_1 + x_2}{2}$

2. Ordinatenwert: $\bar{x}_2 = \dfrac{x_1 + x_2 + x_3}{3}$

3. Ordinatenwert: $\bar{x}_3 = \dfrac{x_2 + x_3 + x_4}{3}$

⋮

$(n-1)$. Ordinatenwert: $\bar{x}_{n-1} = \dfrac{x_{n-2} + x_{n-1} + x_n}{3}$

n. Ordinatenwert: $\bar{x}_n = \dfrac{x_{n-1} + x_n}{2}$

B Durchschnittliche Aufheizzeiten eines Kessels:

Monat	t_A in min	Monat	t_A in min	Monat	t_A in min
1	24	4	23	7	24
2	26	5	28	8	30
3	20	6	21	9	26

$$\bar{t}_1 = \frac{24 + 26}{2} = \mathbf{25} \qquad \bar{t}_2 = \frac{24 + 26 + 20}{3} = \mathbf{23{,}3}$$

$$\bar{t}_3 = \frac{26 + 20 + 23}{3} = \mathbf{23} \quad \text{analog: } \bar{t}_4 = \mathbf{23{,}7} \quad \bar{t}_5 = \mathbf{24}$$

$$\bar{t}_6 = \mathbf{24{,}3} \qquad \bar{t}_7 = \mathbf{25} \qquad \bar{t}_8 = \mathbf{26{,}7} \qquad \bar{t}_9 = \mathbf{28}$$

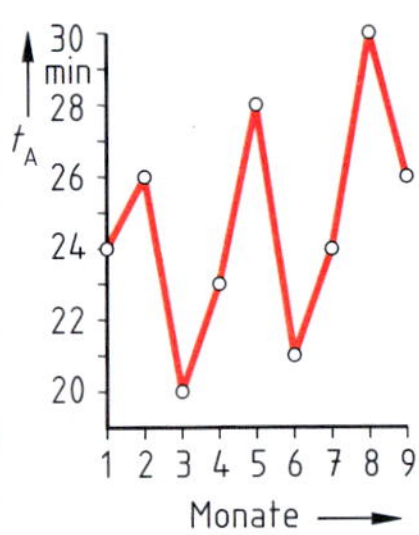

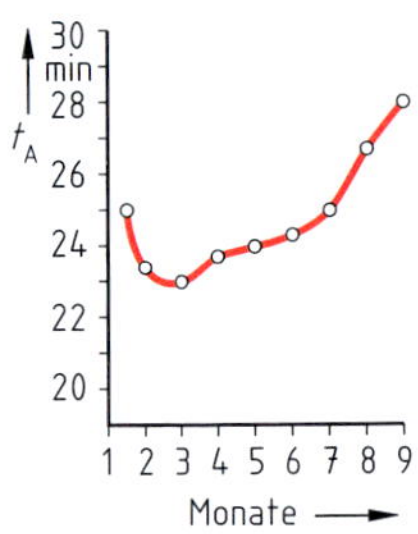

Flächenberechnung

A Fläche U Umfang l Länge l_B Bogenlänge l_m mittlere Länge b Breite h Höhe e Eckenmaß
D, d Durchmesser d_m mittlerer Durchmesser r Radius s Dicke α Mittelpunktswinkel

Quadrat

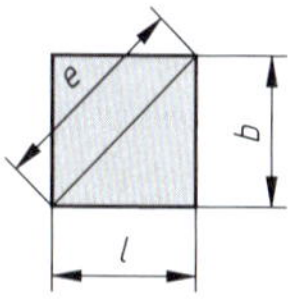

$l = b$

$$A = l^2$$
$$U = 4 \cdot l$$
$$e = l \cdot \sqrt{2}$$

Rechteck

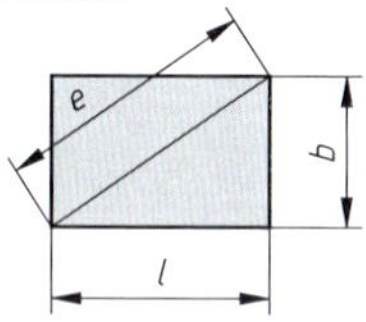

$$A = l \cdot b$$
$$U = 2 \cdot (l + b)$$
$$e = \sqrt{l^2 + b^2}$$

Rhombus (Raute)

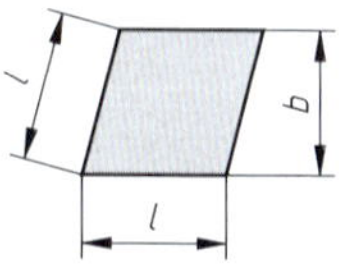

$$A = l \cdot b$$
$$U = 4 \cdot l$$

Rhomboid (Parallelogramm)

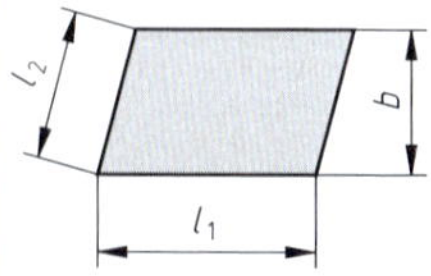

$$A = l_1 \cdot b$$
$$U = 2 \cdot (l_1 + l_2)$$

Dreieck

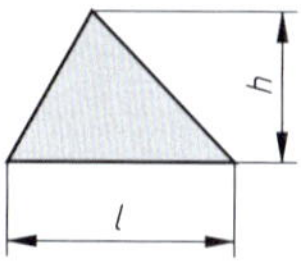

$$A = \frac{l \cdot h}{2}$$

U = Summe aller Seitenlängen

Trapez

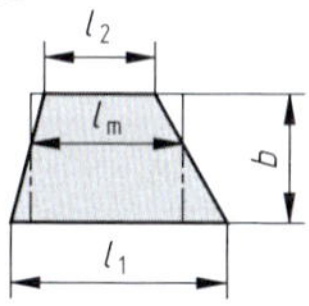

$$A = \frac{l_1 + l_2}{2} \cdot b$$
$$A = l_m \cdot b$$

U = Summe aller Seitenlängen

Kreis

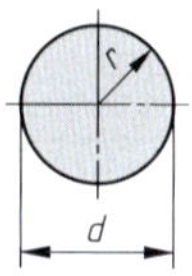

$$A = \frac{d^2 \cdot \pi}{4}$$
$$A = r^2 \cdot \pi$$
$$U = d \cdot \pi$$
$$U = 2 \cdot r \cdot \pi$$

Kreisring

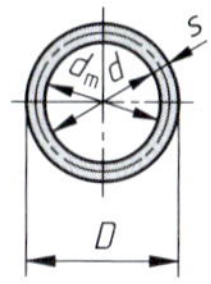

$$A = \frac{\pi}{4} \cdot (D^2 - d^2)$$
$$d = D - 2 \cdot s$$
$$d_m = \frac{D + d}{2}$$

Regelmäßiges Vieleck

n = Anzahl der Ecken

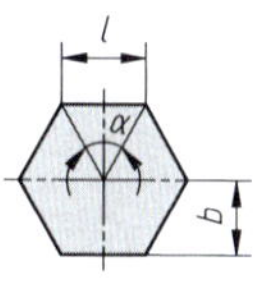

$$A = n \cdot \frac{l^2}{2} \cdot \cot \frac{\alpha}{2} \qquad \alpha = \frac{360°}{n}$$
$$A = \frac{l \cdot b}{2} \cdot n$$
$$U = n \cdot l$$

Ellipse

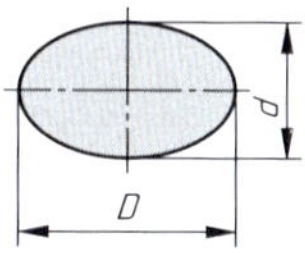

$$A = \frac{D \cdot d \cdot \pi}{4}$$
$$U \approx \frac{\pi}{4} \cdot [3 \cdot (D + d) - 2 \cdot \sqrt{D \cdot d}]$$

Kreisausschnitt (Sektor)

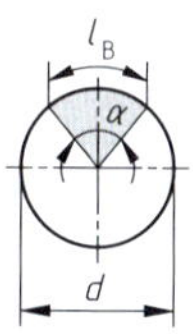

$$A = \frac{\pi \cdot d^2 \cdot \alpha}{4 \cdot 360°}$$
$$A = \frac{l_B \cdot d}{4}$$
$$U = l_B + 2 \cdot r$$
$$l_B = \frac{\pi \cdot d \cdot \alpha}{360°}$$

Kreisabschnitt (Segment)

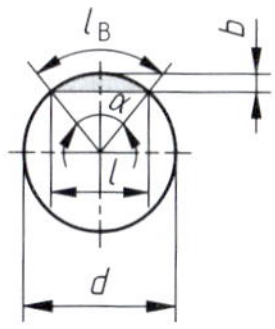

$$A = \frac{l_B \cdot d - l \cdot (d - 2 \cdot b)}{4}$$
$$U = l_B + l$$

Körperberechnung

V Volumen A_O Oberfläche A_M Mantelfläche h Höhe l Länge b Breite D, d Durchmesser
R, r Radius e Eckenmaß bzw. Flächendiagonale f Raumdiagonale S Schwerpunkt

Gerade Körper

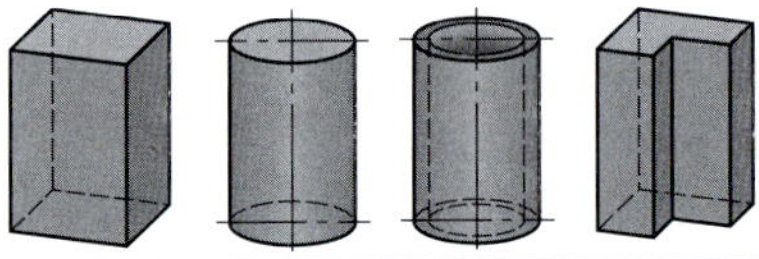

$V = A \cdot h$ — A Grundfläche

$A_O =$ Summe aller Einzelflächen

Spitze Körper

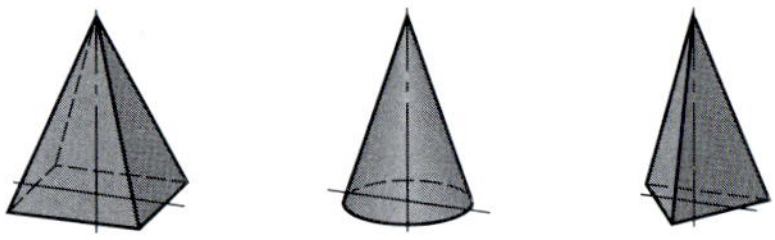

$V = \dfrac{A \cdot h}{3}$ — A Grundfläche

$A_O = A + A_M$

Würfel

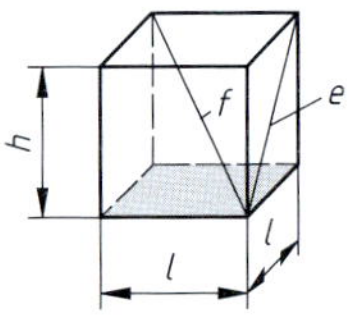

$V = l^3$

$A_O = 6 \cdot l^2$

$f = l \cdot \sqrt{3}$

$e = l \cdot \sqrt{2}$

Quader

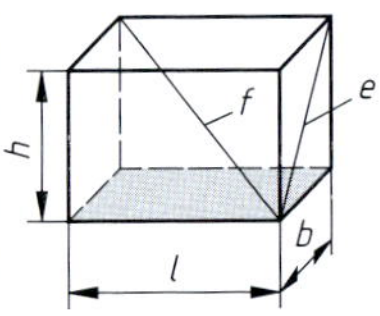

$V = l \cdot b \cdot h$

$A_O = 2 \cdot (l \cdot b + h \cdot b + h \cdot l)$

$f = \sqrt{l^2 + b^2 + h^2}$

$e = \sqrt{b^2 + h^2}$

oder entsprechend für die andere Seite

Zylinder

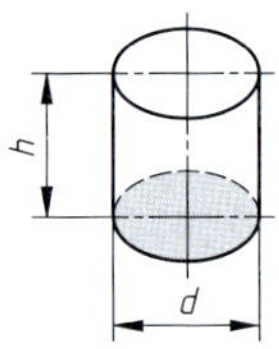

$V = \dfrac{d^2 \cdot \pi}{4} \cdot h$

$A_O = 2 \cdot \dfrac{d^2 \cdot \pi}{4} + d \cdot \pi \cdot h$

$A_M = d \cdot \pi \cdot h$

Hohlzylinder

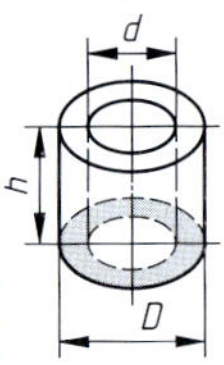

$V = \dfrac{\pi \cdot h}{4} \cdot (D^2 - d^2)$

$A_O = 2 \cdot \dfrac{\pi}{4} \cdot (D^2 - d^2) + \pi \cdot h \cdot (D + d)$

$A_M = \pi \cdot h \cdot (D + d)$

Pyramide

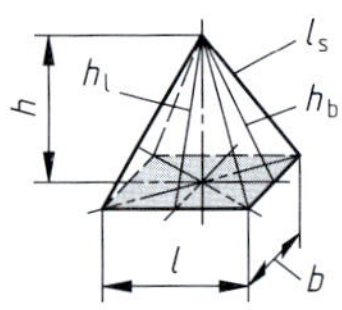

$V = \dfrac{l \cdot b \cdot h}{3}$

$A_O = l \cdot b + l \cdot h_l + b \cdot h_b$

$A_M = l \cdot h_l + b \cdot h_b$

$h_b = \sqrt{h^2 + l^2 / 4}$

$h_l = \sqrt{h^2 + b^2 / 4}$

$l_s = \sqrt{h_b^2 + b^2 / 4}$

Pyramidenstumpf

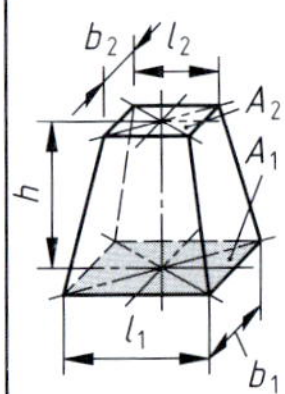

$V = \dfrac{h}{3} \cdot (A_1 + A_2 + \sqrt{A_1 \cdot A_2})$

$A_O = A_1 + A_2 + A_M$

$A_M = (l_1 + l_2) \cdot \sqrt{h^2 + \dfrac{(b_1 - b_2)^2}{4}} + (b_1 + b_2) \cdot \sqrt{h^2 + \dfrac{(l_1 - l_2)^2}{4}}$

Kegel

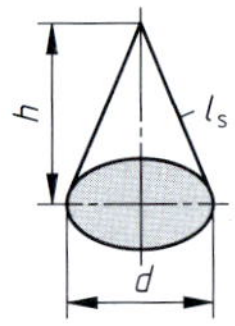

$V = \dfrac{d^2 \cdot \pi \cdot h}{12}$

$A_O = \dfrac{d^2 \cdot \pi}{4} + \dfrac{d \cdot \pi \cdot l_s}{2}$

$A_M = \dfrac{d \cdot \pi \cdot l_s}{2}$

$l_s = \sqrt{h^2 + d^2 / 4}$

Kegelstumpf

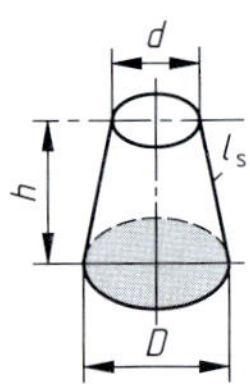

$V = \dfrac{\pi \cdot h}{12} \cdot (D^2 + d^2 + D \cdot d)$

$A_O = \pi \cdot \left[\dfrac{D^2 + d^2}{4} + l_s \cdot \left(\dfrac{D + d}{2}\right)\right]$

$A_M = \dfrac{D + d}{2} \cdot \pi \cdot l_s$

$l_s = \sqrt{\dfrac{(D - d)^2}{4} + h^2}$

Körperberechnung (Fortsetzung)

Kugel

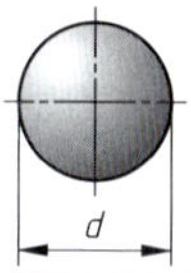

$$V = \frac{d^3 \cdot \pi}{6}$$

$$A_O = d^2 \cdot \pi$$

Liegender Zylinder

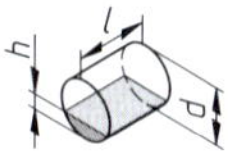

$$V = l \cdot \left[\frac{d^2}{4} \cdot \arccos\left(\frac{d - 2 \cdot h}{d}\right) - \left(\frac{d}{2} - h\right) \cdot \sqrt{d \cdot h - h^2}\right]$$

Kugelabschnitt (Kugelsegment)

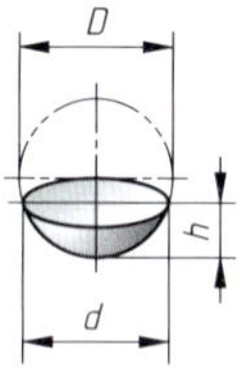

$$V = \frac{\pi \cdot h^2}{6} \cdot (3 \cdot D - 2 \cdot h)$$

$$V = \frac{\pi \cdot h}{2} \cdot \left(\frac{d^2}{4} + \frac{h^2}{3}\right)$$

$$A_O = \pi \cdot h \cdot (2 \cdot d - h)$$

$$A_M = D \cdot \pi \cdot h$$

$$A_M = \pi \cdot \left(\frac{d^2}{4} + h^2\right)$$

$$A_M = 0{,}5 \cdot D \cdot \pi \cdot (D - \sqrt{D^2 - d^2})$$

Kugelschicht (Kugelzone)

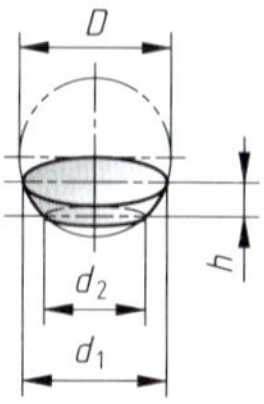

$$V = \frac{\pi \cdot h}{24} \cdot (3 \cdot d_1^2 + 3 \cdot d_2^2 + 4 \cdot h^2)$$

$$A_O = \frac{\pi}{4} \cdot (4 \cdot D \cdot h + d_1^2 + d_2^2)$$

$$A_M = \pi \cdot D \cdot h$$

Kugelausschnitt (Kugelsektor)

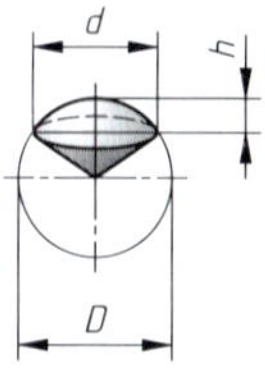

$$V = \frac{\pi \cdot D^2 \cdot h}{6}$$

$$A_O = \pi \cdot D \cdot h + \pi \cdot \frac{D \cdot d}{4}$$

Keil

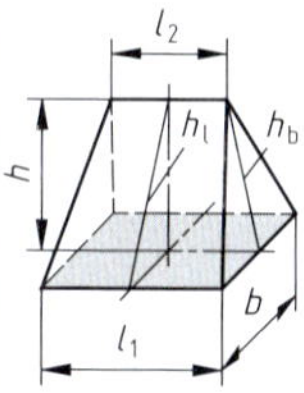

$$V = \frac{(2 \cdot l_1 + l_2) \cdot b \cdot h}{6}$$

$$A_O = l_1 \cdot b + (l_1 + l_2) \cdot h_l + b \cdot h_b$$

$$h_l = \sqrt{h^2 + b^2/4}$$

$$h_b = \sqrt{h^2 + (l_1 - l_2)^2/4}$$

$$A_M = (l_1 + l_2) \cdot h_l + b \cdot h_b$$

Obelisk (abgeschnittener Keil)

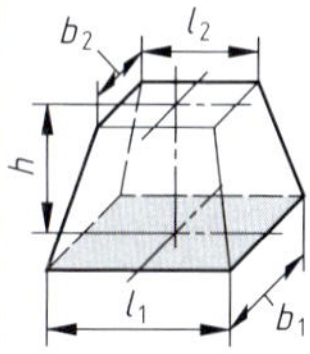

$$V = \frac{h}{6}\,[l_1 \cdot b_1 + (l_1 + l_2) \cdot (b_1 + b_2) + l_2 \cdot b_2]$$

$$A_O = l_1 \cdot b_1 + l_2 \cdot b_2 + (l_1 + l_2) \cdot \sqrt{h^2 + \frac{(b_1 - b_2)^2}{4}} + (b_1 + b_2) \cdot \sqrt{h^2 + \frac{(l_1 - l_2)^2}{4}}$$

Schief abgeschnittener Kreiszylinder

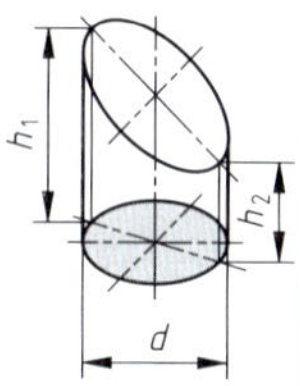

$$V = \frac{\pi \cdot d^2 \cdot (h_1 + h_2)}{8}$$

$$A_O = \frac{\pi \cdot d}{2} \cdot \left(h_1 + h_2 + \frac{d}{2} + \sqrt{\frac{d^2 + (h_1 - h_2)^2}{4}}\right)$$

$$A_M = \frac{\pi \cdot d}{2} \cdot (h_1 + h_2)$$

90°-Bogen

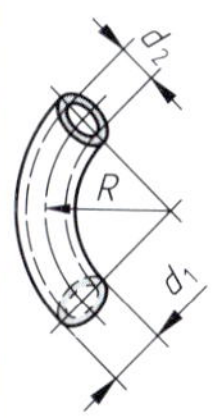

$$V = \frac{R \cdot \pi^2 \cdot (d_1^2 - d_2^2)}{8}$$

$$A_O = \frac{\pi}{2} \cdot (d_1^2 - d_2^2) + \frac{R \cdot \pi^2}{2} \cdot (d_1 + d_2)$$

$$A_M = \frac{R \cdot \pi^2}{2} \cdot (d_1 + d_2)$$

Innenvolumen (Füllvolumen):

$$V_i = \frac{d_2^2 \cdot R \cdot \pi^2}{8}$$

Umdrehungskörper mit bekannter Lage des Schwerpunktes (*guldinsche* Regel)

Beispiel: Kreisringtorus

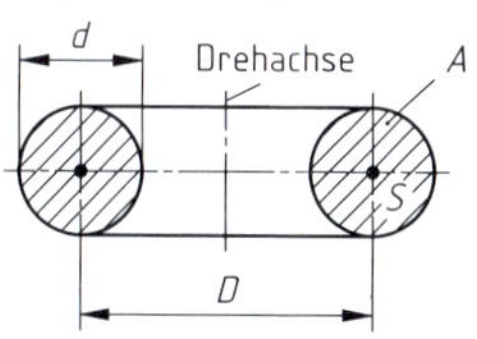

1. *guldinsche* Regel:
Die Oberfläche eines Umdrehungskörpers ist gleich dem Produkt aus der erzeugenden (die Fläche umschließenden) Länge l und dem Weg ihres Schwerpunktes S.

$$A_O = (d \cdot \pi) \cdot (D \cdot \pi) = d \cdot D \cdot \pi^2$$

2. *guldinsche* Regel:
Das Volumen eines Umdrehungskörpers ist gleich dem Produkt aus erzeugender Fläche A und dem Weg ihres Schwerpunktes S.

$$V = \frac{d^2 \cdot \pi}{4} \cdot (D \cdot \pi) = \frac{d^2 \cdot D \cdot \pi^2}{4}$$

Trigonometrie

Trigonometrie des rechtwinkligen Dreiecks (Winkelfunktionen)

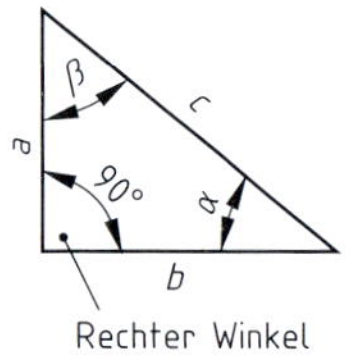

Katheten sind die den rechten Winkel bildenden Seiten a und b

Ankathete heißt die am betrachteten spitzen Winkel anliegende Kathete (b für α und a für β)

Gegenkathete heißt die dem betrachteten spitzen Winkel gegenüberliegende Kathete (a für α und b für β)

Hypotenuse heißt die dem rechten Winkel gegenüberliegende (längste) Seite c

$$\text{Sinus} = \frac{\text{Gegenkathete}}{\text{Hypotenuse}} \qquad \boxed{\sin\alpha = \frac{a}{c}} \qquad \boxed{\sin\beta = \frac{b}{c}}$$

$$\text{Tangens} = \frac{\text{Gegenkathete}}{\text{Ankathete}} \qquad \boxed{\tan\alpha = \frac{a}{b}} \qquad \boxed{\tan\beta = \frac{b}{a}}$$

$$\text{Cosinus} = \frac{\text{Ankathete}}{\text{Hypotenuse}} \qquad \boxed{\cos\alpha = \frac{b}{c}} \qquad \boxed{\cos\beta = \frac{a}{c}}$$

$$\text{Cotangens} = \frac{\text{Ankathete}}{\text{Gegenkathete}} \qquad \boxed{\cot\alpha = \frac{b}{a}} \qquad \boxed{\cot\beta = \frac{a}{b}}$$

Umrechnungen: $\boxed{\cot\alpha = \frac{1}{\tan\alpha}}$ $\boxed{\tan\alpha = \frac{\sin\alpha}{\cos\alpha}}$ $\boxed{\sin^2\alpha + \cos^2\alpha = 1}$ mit $\boxed{\sin^2\alpha = (\sin\alpha)^2}$

Winkelangabe in Grad: 1 Grad (1°) = 60 Minuten (60′), 1 Minute (1′) = 60 Sekunden (60″)

Winkelangabe in rad (Radiant):

1 rad ist gleich dem ebenen Winkel am Einheitskreis (r = 1 m), über dem die Bogenlänge ebenfalls gerade b = 1 m beträgt. Dies ist bei einem Winkel von $\alpha \approx 57{,}3°$ der Fall.

1 rad	= 57,2957°
1°	= 0,017453 rad
1′	= $290{,}89 \cdot 10^{-6}$ rad
1″	= $4{,}848 \cdot 10^{-6}$ rad

Umrechnungsformel:

$$\alpha = \frac{\alpha° \cdot \pi}{180°}$$

α Winkel in rad
$\alpha°$ Winkel in Grad

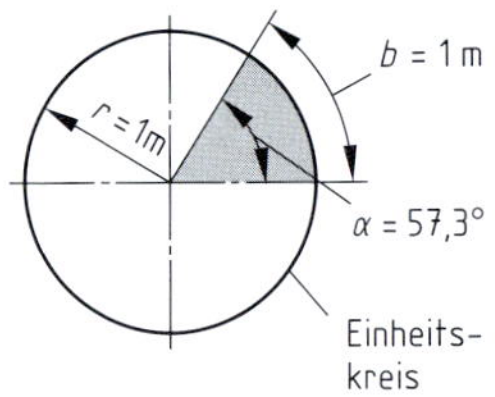

Berechnung des Winkels α in rad aus Bogenmaß und Radius:

$$\alpha = \frac{b}{r}$$

Trigonometrie des schiefwinkligen Dreiecks (bzw. des allgemeinen Dreiecks)

Sinussatz:

$$\frac{a}{\sin\alpha} = \frac{b}{\sin\beta} = \frac{c}{\sin\gamma}$$

Die Seiten eines Dreiecks verhalten sich wie die Sinus der jeweils gegenüberliegenden Winkel.

Cosinussatz:

$$c^2 = a^2 + b^2 - 2 \cdot a \cdot b \cdot \cos\gamma$$

γ ist der der Seite c gegenüberliegende Winkel.
Analog gilt: $a^2 = b^2 + c^2 - 2 \cdot b \cdot c \cdot \cos\alpha$
und $b^2 = c^2 + a^2 - 2 \cdot c \cdot a \cdot \cos\beta$

Satz des Pythagoras:

$$c^2 = a^2 + b^2$$

Beachte: Der Satz des Pythagoras ist ein Sonderfall des Cosinussatzes für $\gamma = 90°$ (rechtwinkliges Dreieck), da $\cos 90° = 0$.

Dreiecksfläche:

$$A = \frac{1}{2} \cdot b \cdot c \cdot \sin\alpha = \frac{1}{2} \cdot a \cdot c \cdot \sin\beta = \frac{1}{2} \cdot a \cdot b \cdot \sin\gamma$$

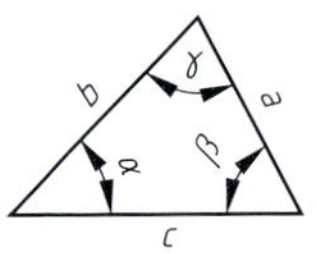

Es ist jeweils der von den betrachteten Seiten eingeschlossene Winkel einzusetzen

Volumeninhalt und äußere Oberfläche wichtiger Behälterböden

Tellerboden

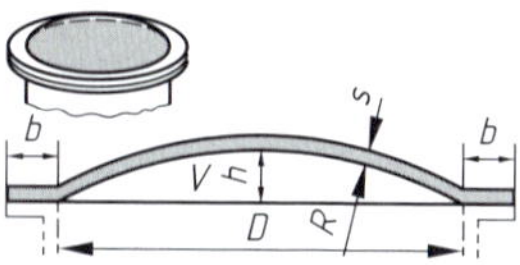

$R = 1{,}1 \cdot D$ bis $1{,}4 \cdot D$

Inhalt der Wölbung:

$$V = \frac{\pi \cdot h}{2} \cdot \left(\frac{D^2}{4} + \frac{h^2}{3}\right)$$

Äußere Oberfläche:

$$A_O = 2 \cdot (R + s) \cdot \pi \cdot h + \frac{\pi}{4} \cdot \left[(D + 2 \cdot b)^2 - D^2\right]$$

$$A_O = \pi \cdot \left(\frac{D^2}{4} + h^2\right) + \frac{\pi}{4} \cdot \left[(D + 2 \cdot b)^2 - D^2\right]$$

Klöpperboden

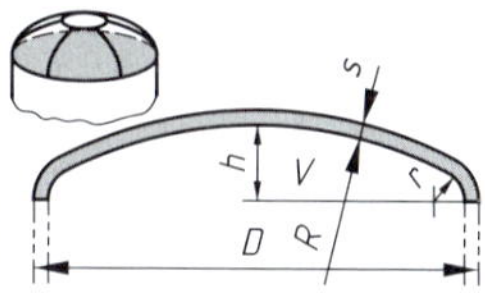

$R = D$ $\qquad$ $r = 0{,}1 \cdot D$

Inhalt der Wölbung (ohne Zylinderbord):

$$V \approx 0{,}1 \cdot (D - 2 \cdot s)^3$$

Äußere Oberfläche (ohne Zylinderbord):

$$A_O \approx 0{,}99 \cdot D^2$$

$$h = 0{,}1935 \cdot D - 0{,}445 \cdot s$$

Korbbogenboden

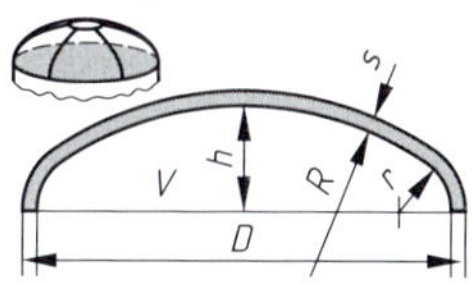

$R = 0{,}8 \cdot D$ $\qquad$ $r = 0{,}154 \cdot D$

Inhalt der Wölbung (ohne Zylinderbord):

$$V \approx 0{,}1298 \cdot (D - 2 \cdot s)^3$$

Äußere Oberfläche (ohne Zylinderbord):

$$A_O \approx 1{,}08 \cdot D^2$$

$$h = 0{,}255 \cdot D - 0{,}635 \cdot s$$

B Welchen Nenninhalt besitzt der abgebildete Behälter (mit Klöpperboden) bis zum Austragsrohr (DN 100, d. h. $d_i = 100$ mm)?

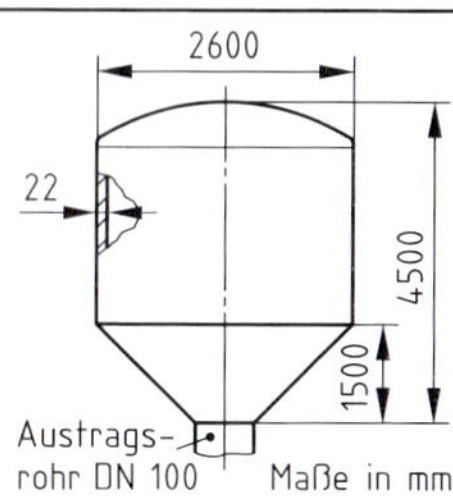

Höhe des Klöpperbodens:

$h_1 = 0{,}1935 \cdot D - 0{,}445 \cdot s = 0{,}1935 \cdot 2{,}6 \text{ m} - 0{,}445 \cdot 0{,}022 \text{ m} = \mathbf{0{,}493\ m}$

Inhalt des Klöpperbodens:

$V_1 \approx 0{,}1 \cdot (D - 2 \cdot s)^3 \approx 0{,}1 \cdot (2{,}6 \text{ m} - 2 \cdot 0{,}022 \text{ m})^3 \approx \mathbf{1{,}67\ m^3}$

Inhalt des zylindrischen Teiles:

$V_1 = \frac{(D - 2 \cdot s)^2}{4} \cdot \pi \cdot l = \frac{(2{,}6 \text{ m} - 2 \cdot 0{,}022 \text{ m})^2}{4} \cdot \pi \cdot (4{,}5 \text{ m} - 1{,}5 \text{ m}$
$- 0{,}493 \text{ m} - 0{,}022 \text{ m}) = \mathbf{12{,}75\ m^3}$

Inhalt des konischen Teiles (Kegelstumpf):

$V_1 = \frac{\pi \cdot h_3}{12} \cdot \left[(D - 2 \cdot s)^2 + d_i^2 + (D - 2 \cdot s) \cdot d_i\right] = \frac{\pi \cdot 1{,}5 \text{ m}}{12} \cdot [(2{,}6 \text{ m} - 2 \cdot 0{,}022 \text{ m})^2 + (0{,}1 \text{ m})^2$
$+ (2{,}6 \text{ m} - 2 \cdot 0{,}022 \text{ m}) \cdot 0{,}1 \text{ m}] = \mathbf{2{,}67\ m^3}$

Gesamtinhalt (Nenninhalt): $V = V_1 + V_2 + V_3 = 1{,}67 \text{ m}^3 + 12{,}75 \text{ m}^3 + 2{,}67 \text{ m}^3 = \mathbf{17{,}09\ m^3}$

Inhalt unregelmäßiger Flächen

Nach Augenmaß in regelmäßige, berechenbare Flächen verwandeln und diese ausrechnen.

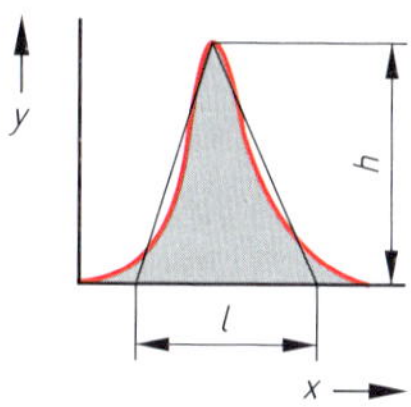

$$A = \frac{l \cdot h}{2}$$ (für Dreiecksflächen)

n Rechtecke gleicher Breite b so über die Fläche verteilen, dass die Kurve jeweils durch die Oberseitenmitte verläuft und dann die Rechteckflächen addieren.

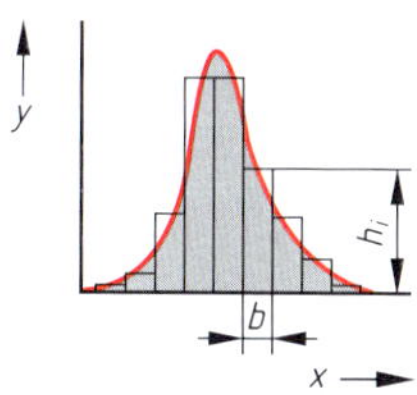

$$A = b \cdot \sum_{i=1}^{n} h_i = b \cdot (h_1 + h_2 + \ldots h_n)$$

Transparentes Millimeterpapier über die Fläche legen und die Kästchen auszählen, die innerhalb der Fläche liegen.

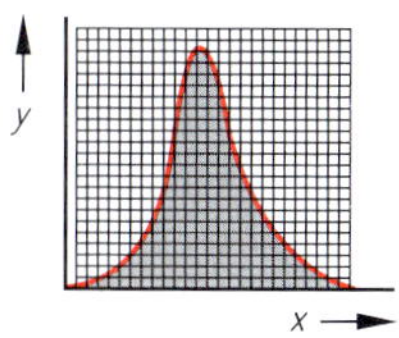

$$A = n \cdot 1 \text{ mm}^2$$

Wird von der Kurve mehr als die Hälfte eines Kästchens weggeschnitten, wird es nicht gezählt.

Diagramme und Nomogramme

Normgerechte Darstellung von Diagrammen (DIN 461, 1973-03)

1. Die **Wachstumsrichtung** der Größen wird durch Pfeile neben den Achsen (**Abszisse** = waagerechte Achse, **Ordinate** = senkrechte Achse) angezeigt. Die Pfeile können auch unmittelbar an den Achsen stehen.
2. Die Formelzeichen der **Größen** stehen an den Wurzeln der Pfeile. Sie sollen möglichst ohne Drehen des Diagrammes lesbar sein. Sind ausgeschriebene Wörter oder längere Formeln an der Ordinate nicht vermeidbar, sollen sie von rechts lesbar sein.
3. Die **Teilung** der Achsen wird durch Zahlen beziffert, die ohne Drehung des Diagrammes lesbar sein müssen. Der erste und der letzte Teilstrich muss in jedem Fall beziffert sein. Dazwischenliegende können z. T. unbeziffert bleiben. Negative Zahlenwerte sind mit einem Minus (–) zu versehen. Die Teilung kann linear oder nichtlinear (z. B. logarithmisch) sein.

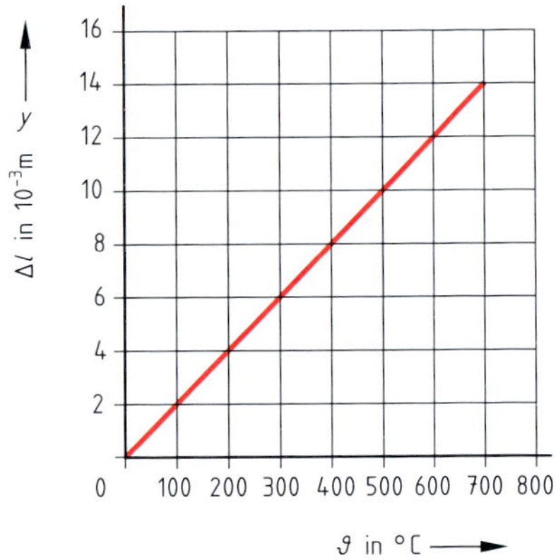

4. Die **Einheitenzeichen** stehen (senkrecht) an den Enden der Achsen zwischen den letzten beiden Zahlen der Skalen (bei Platzmangel vorletzte Zahl weglassen). Einheiten nicht in Klammern setzen.
5. Bei **Zeitpunkt-** (z. B. Uhrzeit) und **Winkelangaben** die Einheitenzeichen (h, min, s, °, ′, ″) an jeden Zahlenwert der Skale setzen. Dies gilt nicht für Zeitspannen (s, min, h, d, a). Eine **gemeinsame Zehnerpotenz** wird nur einmal zwischen die letzten beiden Zahlen der Skale geschrieben.
6. Ein **Punkt** auf dem Graphen wird wie folgt bezeichnet: z.B. $P\,(300\text{ °C}/6 \cdot 10^{-3}\text{ m})$ im Diagramm $\Delta l = f(\vartheta)$. In der Klammer wird zuerst der Abszissenwert, dann nach einem Schrägstrich der Ordinatenwert angegeben.

Dreieckskoordinatensysteme (Dreiecksdiagramme)

Dreieckskoordinatensysteme werden zur Darstellung von Dreistoffgemischen verwendet, wenn die Summe der drei Komponenten immer einen konstanten Wert ergibt (z. B. Massenanteile $w_1 + w_2 + w_3 = 1$ = konstant).

Die Eckpunkte entsprechen jeweils den reinen Komponenten. Der Anteil eines Stoffes wird durch den Abstand von der jeweiligen Dreiecksseite gekennzeichnet. Der Wert einer Größe wächst von der Dreiecksseite zum gegenüberliegenden Eckpunkt. Er wird mit Hilfe der Parallelen zur Dreiecksseite abgelesen.

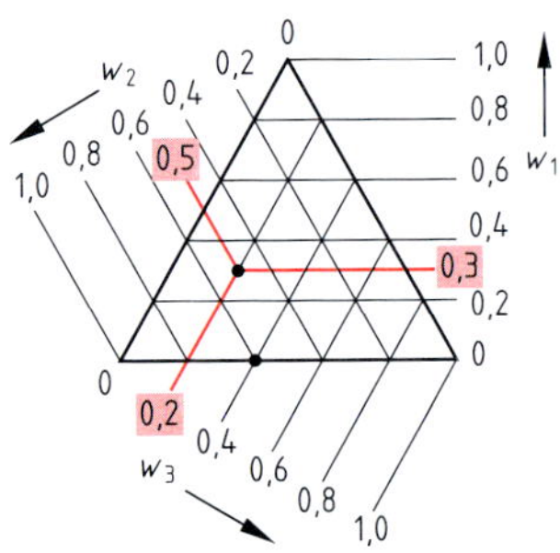

B Ablesebeispiele:

Oberes Diagramm: P_1 kennzeichnet ein Gemisch mit den Massenanteilen $w_1 = 0{,}3$, $w_2 = 0{,}5$ und $w_3 = 0{,}2$. P_2 liegt auf der Dreiecksseite ($w_1 = 0$). Somit gilt P_2 für ein Zweistoffgemisch mit $w_2 = 0{,}6$ und $w_3 = 0{,}4$.

Unteres Diagramm: In P liegt ein Gemisch vor mit $\varphi\,(CH_4) = 5$ %, φ (Luft) = 60 % und $\varphi\,(N_2) = 35$ %.

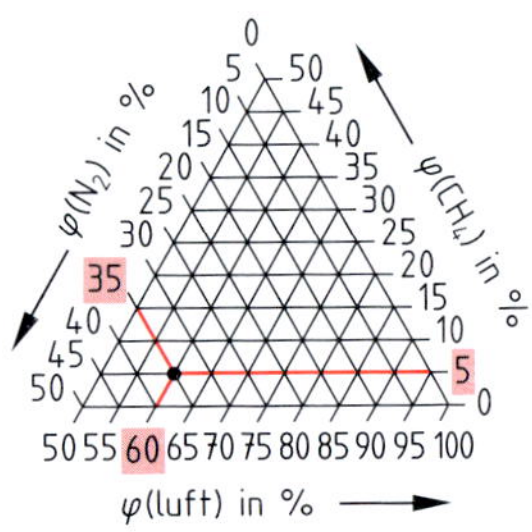

Diagramme und Nomogramme (Fortsetzung)

Werteermittlung

Diagramme

Durch den Zahlenwert der Abszisse wird die Parallele ① zur Ordinate bis zum Schnittpunkt P mit dem Graphen konstruiert. Durch P legt man die Parallele ② zur Abszisse, die die Ordinate im gesuchten Funktionswert schneidet. Entsprechend verfährt man, wenn man von einem Ordinatenwert ausgeht.

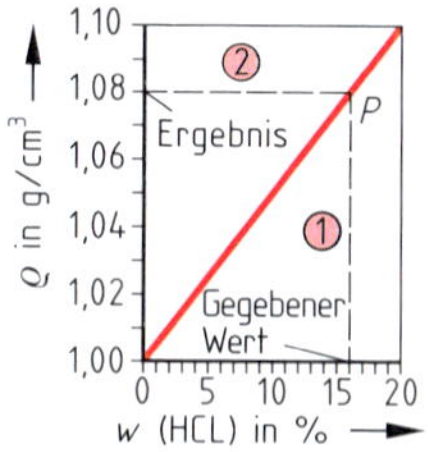

Doppelleitern

Die Doppelleiter entsteht, wenn die Abszissenwerte über den Graphen auf die Ordinate gespiegelt werden. Zusammengehörige Wertepaare liegen dann direkt nebeneinander.

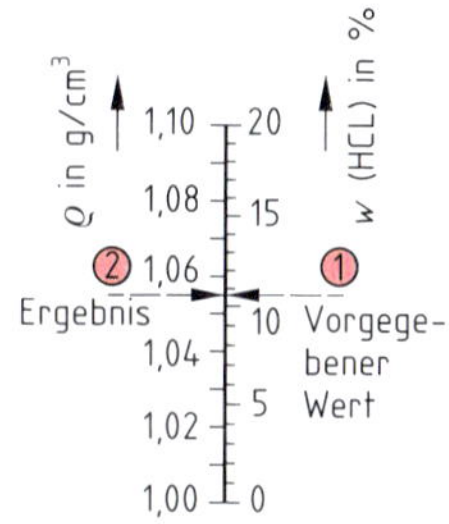

Netztafeln

Netztafeln stellen die Beziehung zwischen drei Veränderlichen (hier q_V, v und DN) dar. Der Funktionswert (hier q_V) ist also nicht nur vom Abszissenwert (hier v), sondern zusätzlich von einer zweiten Größe (hier DN) abhängig.

Zur Konstruktion eines Graphen wird jeweils ein Zahlenwert der zweiten Größe konstant gehalten und nur der Abszissenwert verändert. Die drei Graphen gelten also hier für drei konstante DN-Werte.

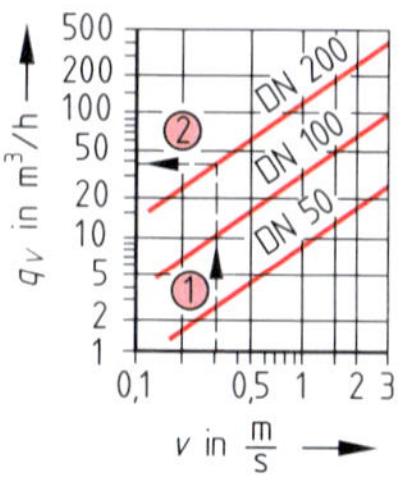

Verbund-Netztafeln
(für mehr als 3 Veränderliche)

Wenn in einer Funktion der Funktionswert von zwei Veränderlichen abhängt, von denen eine wiederum die Funktion von zwei weiteren Veränderlichen ist, müssen zwei Netztafeln verbunden werden.

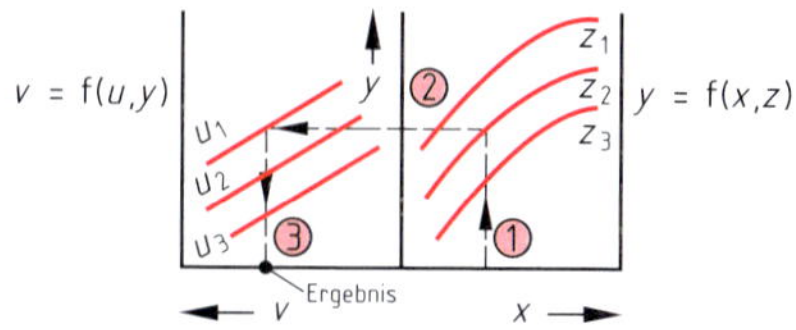

Leiternomogramme (Leitertafeln)

Leiternomogramme mit drei Leitern gelten für drei Veränderliche. Eine Fluchtlinie wird durch zwei gegebene Veränderliche gelegt. Der Schnittpunkt mit der dritten Leiter (Ergebnisleiter) ergibt den zugehörigen Wert der dritten Veränderlichen. Jede Leiter kann Ergebnisleiter sein. Die Leitern müssen nicht parallel sein (vgl. Abbildungen).

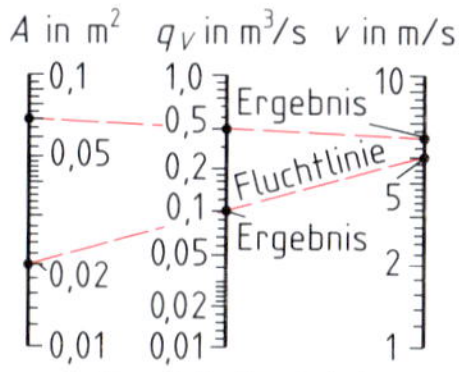

Parallelleitertafel

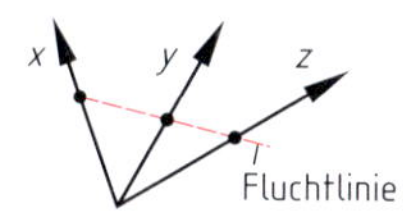

Schiefwinklige Leitertafel

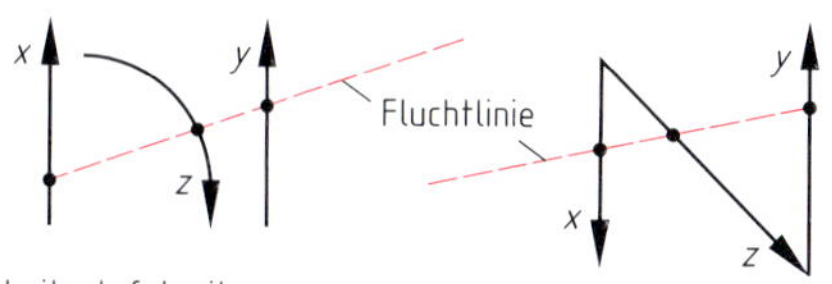

Leitertafel mit gekrümmter Mittelleiter

N- bzw. Z- Leitertafel

Parallelleiternomogramme für mehr als drei Veränderliche

Ist die Beziehung zwischen mehr als drei Veränderlichen darzustellen, müssen mehrere Parallelleiternomogramme kombiniert werden. Die Ergebnisleiter eines Nomogramms wird zur Eingangsleiter des zweiten Nomogramms und dient dort (zusammen mit der Leiter einer weiteren Veränderlichen) zur Bestimmung des Endergebnisses.

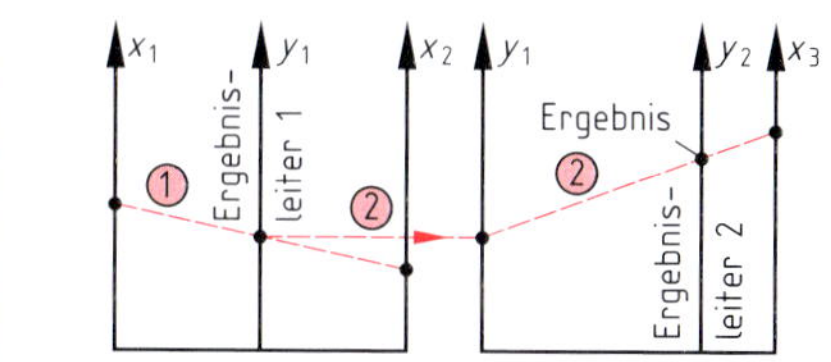

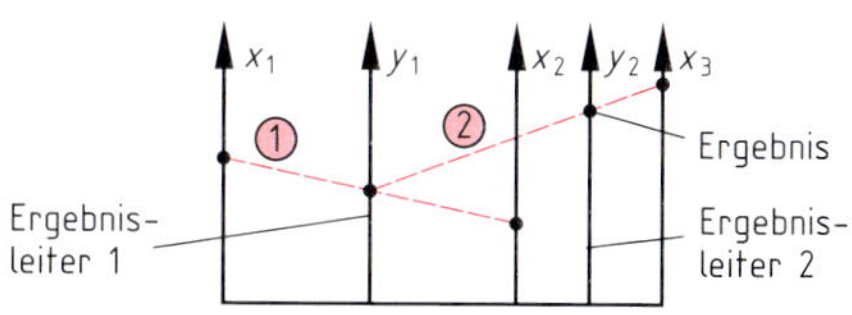

Nomogramme 1 und 2 zusammengefasst

Diagramme und Nomogramme (Fortsetzung)

Zustandsdiagramme (Phasendiagramme) von Zweistoffsystemen

Zustandsdiagramme für Zweistoffgemische informieren darüber, welche Phasen bei bestimmter Gemischzusammensetzung und Temperatur existieren, z. B.: Akühlung eines Gemisches aus 20 % des Stoffes A und 80 % des Stoffes B (aus der Dampfphase).

ϑ_1: Gesamte Masse gasförmig (Dampf)

ϑ_2: Beginn der Kondensatbildung

ϑ_3: Flüssige Phase (Kondensat) und gasförmige Phase (Dampf) existieren nebeneinander

ϑ_4: Letzte Anteile Dampf kondensieren

ϑ_5: Gesamte Masse flüssig

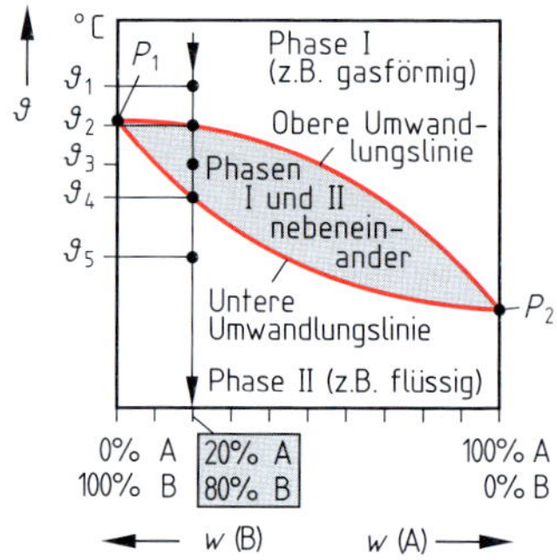

Man unterscheidet **Siedediagramme** (Bild) für den Wechsel zwischen gasförmiger und flüssiger Phase und **Schmelzdiagramme** für den Wechsel zwischen flüssiger und fester Phase.

Die obere Umwandlungslinie heißt **Taulinie** (Siedediagramme) oder **Liquiduslinie** (Schmelzdiagramme). Über ihr ist – unabhängig von der Zusammensetzung – alles gasförmig bzw. – im zweiten Falle – flüssig. Die untere Umwandlungslinie heißt **Siedelinie** (Siedediagramme) oder **Soliduslinie** (Schmelzdiagramme). Unter ihr ist alles flüssig bzw. – im zweiten Falle – fest. Zwischen beiden Linien liegt das **Zweiphasengebiet**, in dem gasförmige und flüssige Phase (Siedediagramm) oder flüssige und feste Phase (Schmelzdiagramm) gleichzeitig vorliegen. Die Schnittpunkte der oberen Umwandlungslinie mit den senkrechten Achsen (P_1 und P_2) zeigen die Siede- bzw. Schmelztemperaturen der Reinstoffe A (P_2) oder B (P_1) an.

Beispiele wichtiger Zustandsdiagramme

D Dampf, F Flüssigkeit, S Schmelze, MK Mischkristalle, α Kristalle von A, β Kristalle von B, α-MK Mischkristalle mit Hauptanteil A, β-MK Mischkristalle mit Hauptanteil B.

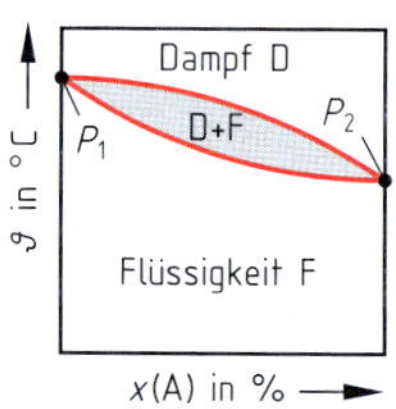

Siedediagramm für zwei Stoffe A und B, die in jedem Verhältnis ineinander löslich sind. P_1 und P_2 sind die Siedepunkte der reinen Stoffe B und A.

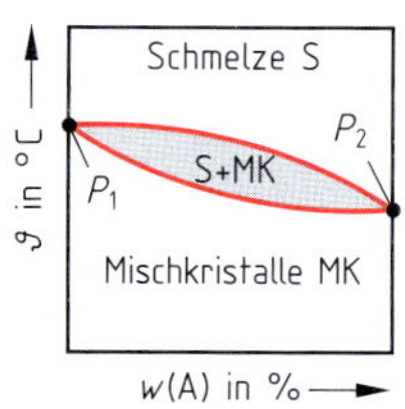

Zustandsdiagramm für zwei Stoffe A und B, die im flüssigen und im festen Zustand in jedem Verhältnis ineinander löslich sind. Im festen Zustand bilden sie homogene Mischkristalle, d.h. das Kristallgitter ist aus A- und B-Atomen gemeinsam aufgebaut. P_1 und P_2 sind die Schmelzpunkte der reinen Stoffe B und A.

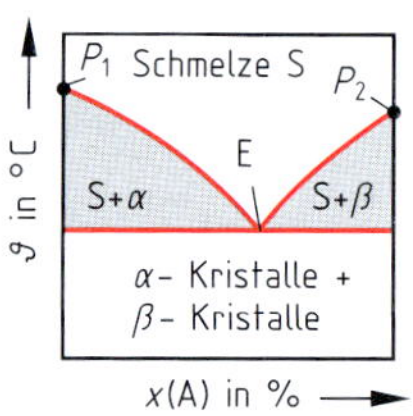

Zustandsdiagramm für zwei Stoffe A und B, die im festen Zustand überhaupt nicht mischbar sind, d.h. jeder Stoff bildet eigene Kristalle. Im festen Zustand liegt ein Gemenge aus α- und β-Kristallen vor. Die Zusammensetzung entsprechend E heißt Eutektikum. Sie zeigt einen festen Schmelzpunkt wie die Reinstoffe A (P_2) und B (P_1).

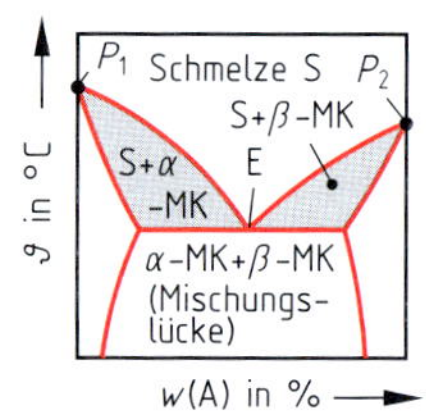

Zustandsdiagramm für zwei Stoffe A und B teilweiser Löslichkeit, d. h. A ist im festen Zustand bis zu einem bestimmten Anteil in B löslich und umgekehrt. Dazwischen besteht eine Mischungslücke in der α-MK und β-MK nebeneinander kristallisieren, also Kristalle von A mit maximalem Anteil an B und umgekehrt.

Diagramme und Nomogramme (Fortsetzung)

Zusammensetzung der Phasen im Zweiphasengebiet von Zustandsdiagrammen

Liegt ein Zweistoffgemisch aus den Komponenten A und B mit der Zusammensetzung w_i bei der Temperatur ϑ_i vor, so zeigt der Schnittpunkt der Waagerechten durch den Zustandspunkt P mit der oberen Umwandlungslinie die Zusammensetzung w_I der vorhandenen Phase I (z. B. der flüssigen Phase) an, der Schnittpunkt mit der unteren Umwandlungslinie die Zusammensetzung w_{II} der Phase II (z. B. der festen Phase).

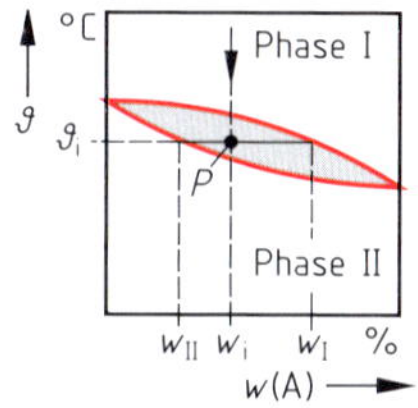

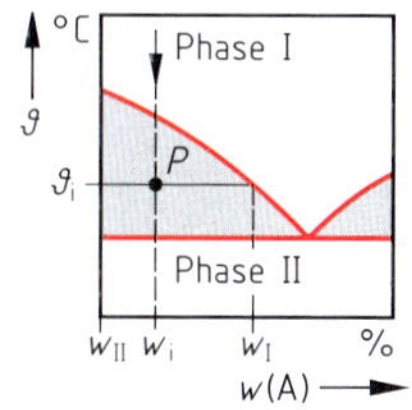

Existiert kein Schnittpunkt mit der unteren Umwandlungslinie, sondern ein solcher mit der Senkrechten am linken oder rechten Rand des Diagramms, dann besteht die Phase II bei ϑ_i nur aus einer Komponente und zwar aus dem Stoff, der an dieser Stelle mit einem Anteil von 100 % ausgewiesen ist.

Anteile der Phasen im Zweiphasengebiet von Zustandsdiagrammen

P Zustandspunkt des Gemisches aus A und B, m Gesamtmasse, m_I Masse der Phase I, m_{II} Masse der Phase II, w_i Zusammensetzung des Zweistoffgemisches, w_I Zusammensetzung der bei ϑ_i vorliegenden Phase I, w_{II} Zusammensetzung der bei ϑ_i vorliegenden Phase II, $a = w_i - w_{II}$, $b = w_I - w_i$.

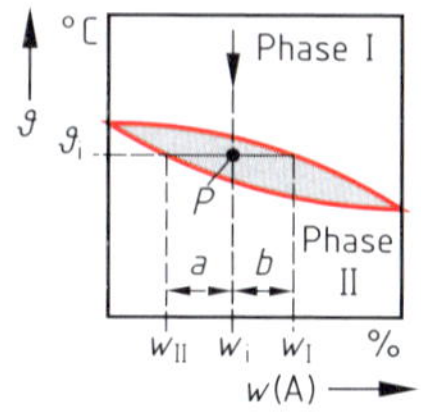

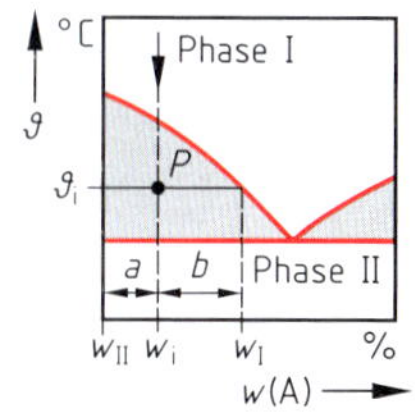

$$m_I = \frac{a}{a+b} \cdot m$$

$$m_{II} = \frac{b}{a+b} \cdot m$$

$$\frac{m_{II}}{m_I} = \frac{b}{a}$$ (Hebelgesetz)

Gibbssches Phasengesetz

Ohne Berücksichtigung der Gas- bzw. Dampfphase:

$$f = n - p + 1$$

Mit Berücksichtigung der Gas- bzw. Dampfphase:

$$f = n - p + 2$$

f Freiheitsgrade (Änderungsmöglichkeiten der Zustandsgrößen Temperatur, Druck oder Konzentration eines Systems aus n Komponenten bzw. Stoffen)

n Anzahl der Komponenten des Systems (Anzahl der beteiligten Stoffe)

p Anzahl der Phasen (homogene Stoffbereiche, z. B. gasförmige, flüssige und feste Phasen). In einem System können mehrere flüssige und feste Phasen nebeneinander existieren, z. B. zwei nicht mischbare Flüssigkeiten.

B **1. Thermische Analyse (Abkühlungskurve) eines reinen Stoffes**

Bereich 1: $n = 1$ (Reinstoff), $p = 1$ (Schmelze), somit:
$f = 1 - 1 + 1 = \mathbf{1}$ d. h. eine Zustandsgröße kann sich ändern (die Temperatur sinkt)

Bereich 2: ϑ_s = Kristallisations- bzw. Schmelzpunkt ⇒
$n = 1$, $p = 2$ (Schmelze + Kristalle), somit
$f = \mathbf{0}$ d. h. während der Kristallisation ist keine Temperaturänderung möglich.

Bereich 3: $n = 1$, $p = 1$ (Kristalle) ⇒ $f = \mathbf{1}$ d. h. Temperatur kann sinken.

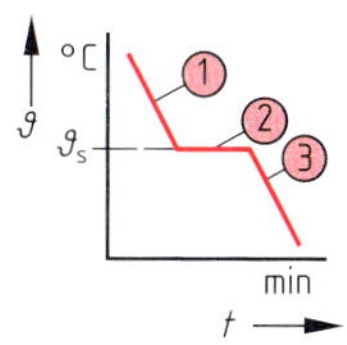

2. Gesättigte Kühlsole mit Bodensatz und Eis (Kältemischung)

$n = 2$ (Wasser + Salz), $p = 4$ (Wasserdampf, Eis, Salzlösung, Bodensatz aus Salz), $f = 2 - 4 + 2 = \mathbf{0}$, d. h. solange die festen Phasen Bodensatz und Eis erhalten werden, besitzt die Kühlsole konstante Temperatur.

Zusammensetzung von Mischphasen (nach DIN 1310, 1984-02)

Mischphasen sind Gasgemische, Lösungen und Mischkristalle, die folgenden Angaben gelten aber auch für Gemenge nicht mischbarer Stoffe.

Massenanteil w und Massenverhältnis ζ

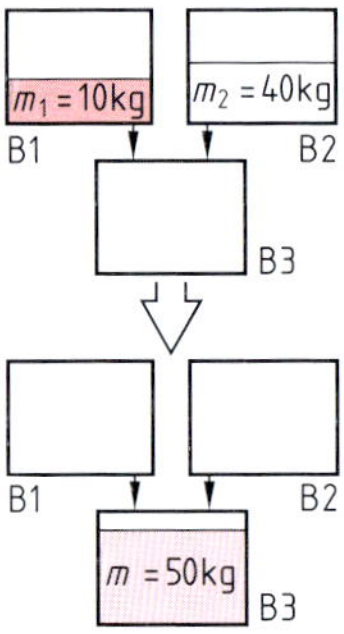

Massenanteil $w_i = \frac{m_i}{m}$ z. B. $w(H_2SO_4) = \frac{m(H_2SO_4)}{m}$

m_i Masse des Stoffes i

m Gesamtmasse ($m_1 + m_2 + ... + m_n$)

B Massenanteil des Stoffes 1 in der Mischphase (B 3):

$$w_1 = \frac{m_1}{m} = \frac{m_1}{m_1 + m_2} = \frac{10\ \text{kg}}{10\ \text{kg} + 40\ \text{kg}} = \frac{10\ \text{kg}}{50\ \text{kg}} = \mathbf{0{,}2} \mathrel{\hat{=}} \mathbf{20\ \%}$$

Massenverhältnis $\zeta_{ik} = \frac{m_i}{m_k}$

m_i Masse des Stoffes i

m_k Masse des Stoffes k

B Massenverhältnis Stoff 1 zu Stoff 2: $\zeta_{12} = \frac{m_1}{m_2} = \frac{10\ \text{kg}}{40\ \text{kg}} = \mathbf{0{,}25}$

Volumenanteil φ und Volumenverhältnis ψ

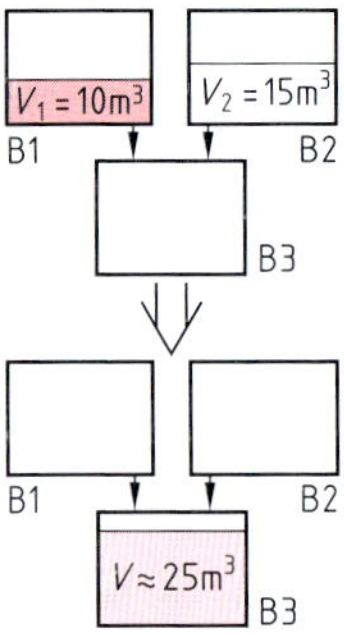

Volumenanteil $\varphi_i = \frac{V_i}{V}$ z. B. $\varphi(C_2H_5OH) = \frac{V(C_2H_5OH)}{V}$

V_i Volumen des Stoffes i vor dem Mischen

V Gesamtvolumen ($V_1 + V_2 + ... + V_n$) vor dem Mischen

B Volumenanteil des Stoffes 1 in der Mischphase (B 3)

$$\varphi_1 = \frac{V_1}{V} = \frac{V_1}{V_1 + V_2} = \frac{10\ m^3}{10\ m^3 + 15\ m^3} = \frac{10\ m^3}{25\ m^3} = \mathbf{0{,}4} \mathrel{\hat{=}} \mathbf{40\ \%}$$

Volumenverhältnis $\psi_{ik} = \frac{V_i}{V_k}$

V_i Volumen des Stoffes i vor dem Mischen

V_k Volumen des Stoffes k vor dem Mischen

B Volumenverhältnis Stoff 1 zu Stoff 2: $\psi_{12} = \frac{V_1}{V_2} = \frac{10\ m^3}{15\ m^3} = \mathbf{0{,}67}$

Stoffmengenanteil x und Stoffmengenverhältnis r

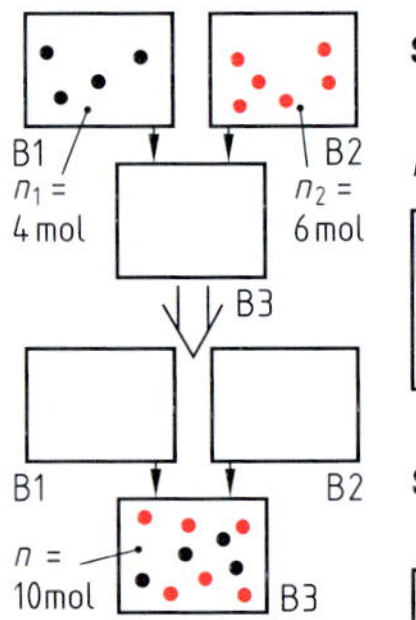

• Symbol für 1 mol Stoff 1
• Symbol für 1 mol Stoff 2

Stoffmengenanteil $x_i = \frac{n_i}{n}$ z. B. $x(HCl) = \frac{n(HCl)}{n}$

n_i Stoffmenge des Stoffes i

n Gesamt-Mole ($n_1 + n_2 + \ldots + n_n$)

B Stoffmengenanteil des Stoffes 1 in der Mischphase (B 3):

$$x_1 = \frac{n_1}{n} = \frac{n_1}{n_1 + n_2} = \frac{4\ \text{mol}}{4\ \text{mol} + 6\ \text{mol}} = \frac{4\ \text{mol}}{10\ \text{mol}} = \mathbf{0{,}4} \mathrel{\hat{=}} \mathbf{40\ \%}$$

Stoffmengenverhältnis $r_{ik} = \frac{n_i}{n_k}$

n_i Stoffmenge des Stoffes i

n_k Stoffmenge des Stoffes k

B Stoffmengenverhältnis Stoff 1 zu Stoff 2 (B 3): $r_{12} = \frac{n_1}{n_2} = \frac{4\ \text{mol}}{6\ \text{mol}} = \mathbf{0{,}67}$

Zusammensetzung von Mischphasen (Fortsetzung)

Massenkonzentration β, Stoffmengenkonzentration c und Volumenkonzentration σ

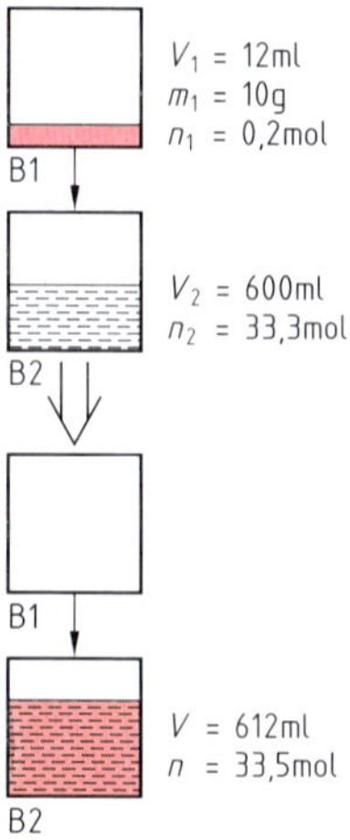

Massenkonzentration

$$\varrho_i = \frac{m_i}{V} \quad \text{z. B.} \quad \varrho(N_2H_4) = \frac{m(N_2H_4)}{V}$$

m_i Masse des Stoffes i, V Gesamtvolumen der Mischung ($V_1 + V_2 + ... + V_n$)

B Massenkonzentration des Stoffes 1 (nach Bild):

$$\varrho_1 = \frac{m_1}{V} = \frac{m_1}{V_1 + V_2} = \frac{10\ \text{g}}{0{,}012\ \text{L} + 0{,}6\ \text{L}} = \mathbf{16{,}34\ \frac{g}{L}}$$

Stoffmengenkonzentration

$$c_i = \frac{n_i}{V} \quad \text{z. B.} \quad c(\text{NaOH}) = \frac{n(\text{NaOH})}{V}$$

n_i Stoffmenge des Stoffes i, V Gesamtvolumen der Mischung ($V_1 + V_2 + ... + V_n$)

B Stoffmengenkonzentration des Stoffes 1 (nach Bild):

$$c_1 = \frac{n_1}{V} = \frac{n_1}{V_1 + V_2} = \frac{0{,}2\ \text{mol}}{0{,}012\ \text{L} + 0{,}6\ \text{L}} = \mathbf{0{,}327\ \frac{mol}{L}}$$

Volumenkonzentration

$$\sigma_i = \frac{V_i}{V} \quad \text{z. B.} \quad \sigma(NH_3) = \frac{V(NH_3)}{V}$$

V_i Volumen des Stoffes i, V Gesamtvolumen der Mischung ($V_1 + V_2 + ... + V_n$)

B Volumenkonzentration des Stoffes 1 (nach Bild):

$$\sigma_1 = \frac{V_1}{V} = \frac{V_1}{V_1 + V_2} = \frac{0{,}012\ \text{L}}{0{,}012\ \text{L} + 0{,}6\ \text{L}} = \mathbf{0{,}0196}$$

Molalität b

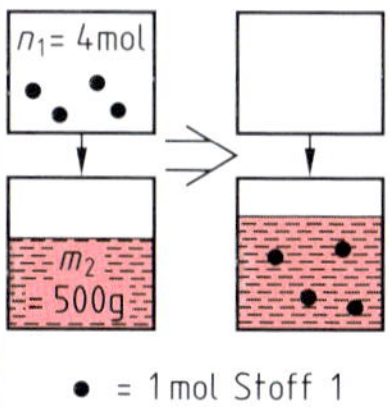

$$b_i = \frac{n_i}{m_k} \quad \text{z. B.} \quad b(C_{12}H_{10}\ \text{in Benzol}) = \frac{n(C_{12}H_{10})}{m\,(\text{Benzol})}$$

n_i Stoffmenge des Stoffes i, m_k Masse des Stoffes k (Lösemittel)

B Molalität des Stoffes 1 (nach Bild): $b_1 = \frac{n_1}{m_2} = \frac{4\ \text{mol}}{0{,}5\ \text{kg}} = \mathbf{8\ \frac{mol}{kg}}$

Äquivalentkonzentration c (eq)

$$c_i\,(\text{eq}) = \frac{n_i\,(\text{eq})}{V} \quad \text{z.B.} \quad c\left(\frac{1}{2}\,H_2SO_4\right) = \frac{n\left(\frac{1}{2}\,H_2SO_4\right)}{V}$$

Vor das Teilchensymbol wird der Bruch $^1/_{z^*}$ gesetzt, z.B. $^1/_2\,Ca(OH)_2$, $^1/_2\,Mg^{2+}$ oder $^1/_3\,H_3PO_4$

n_i (eq) Äquivalent-Stoffmenge des Stoffes i, V Gesamtvolumen der Lösung

1 Äquivalent ist der gedachte Bruchteil $m\,^1/_{z^*}$ eines Atoms, Moleküls oder Ions. Dabei ist z^* der Betrag der Ladungszahl eines Ions **(Ionenäquivalent)** oder die Anzahl der H^+- oder OH^--Ionen, die ein Teilchen (Molekül oder Ion) bei einer bestimmten Neutralisationsreaktion aufnimmt oder abgibt **(Neutralisationsäquivalent)** oder der Betrag der Differenz der Oxidationszahlen eines Teilchens (oder eines in ihm enthaltenen Atoms) bei einer bestimmten Redox-Reaktion **(Redox-Äquivalent)**.

B 20 g H_2SO_4 sind in 1 L Maßlösung enthalten. Die Äquivalentkonzentration beträgt dann:

$$c\left(\frac{1}{2}\,H_2SO_4\right) = \frac{n\left(\frac{1}{2}\,H_2SO_4\right)}{V} = \frac{m\,(H_2SO_4)}{M\left(\frac{1}{2}\,H_2SO_4\right) \cdot V} = \frac{20\ \text{g}}{49\ \frac{\text{g}}{\text{mol}} \cdot 1\ \text{L}} = \mathbf{0{,}408\ \frac{mol}{L}}$$

Zusammensetzung von Mischphasen (Fortsetzung)

Umrechnungsformeln für Gehaltsgrößen

Existiert ein direkter Pfeil zwischen zwei Größen im Bild, so können diese mit einer der unten aufgeführten Formeln unmittelbar ineinander umgerechnet werden (Nummer am Pfeil = Nummer der anzuwendenden Formel). Existiert kein direkter Pfeil zwischen zwei Größen, so geschieht die Umrechnung über eine Zwischengröße, die mit beiden verbunden ist. Beispiel: c soll in x umgerechnet werden, dazu wird zunächst w (Zwischengröße) aus c errechnet (Formel Nr. 3) und dann x aus w (Formel Nr. 1).

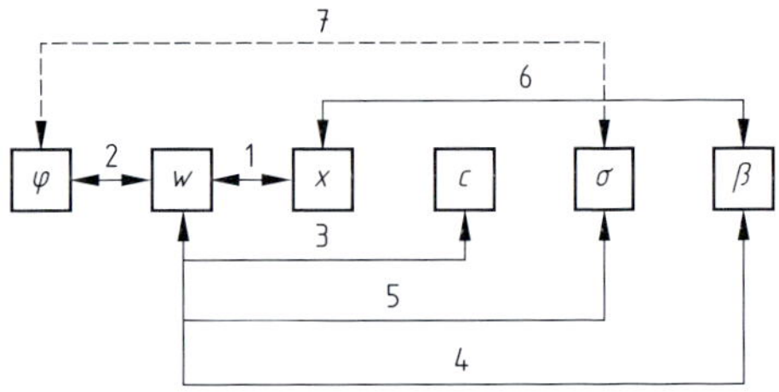

1 Massenanteil $w \leftrightarrow x$ Stoffmengenanteil

$$w_i = \frac{x_i \cdot M_i}{x_i \cdot M_i + x_k \cdot M_k + \ldots + x_n \cdot M_n}$$

$$x_i = \frac{w_i}{M_i \cdot (w_i/M_i + w_k/M_k + \ldots + w_n/M_n)}$$

w_i, w_k, w_n Massenanteile der Stoffe i, k und n
x_i, x_k, x_n Stoffmengenanteile der Stoffe i, k und n
M_i, M_k, M_n molare Massen der Stoffe i, k und n in g/mol

2 Massenanteil $w \leftrightarrow \varphi$ Volumenanteil

$$w_i = \frac{\varphi_i \cdot \varrho_i}{\varrho} \qquad \varphi_i = \frac{w_i \cdot \varrho}{\varrho_i}$$

w_i Massenanteil des Stoffes i
φ_i Volumenanteil des Stoffes i
ϱ_i Dichte des Stoffes i in g/cm^3
ϱ Dichte der Mischphase in g/cm^3

3 Massenanteil $w \leftrightarrow c$ Stoffmengenkonzentration

$$w_i = \frac{c_i \cdot M_i}{1000 \cdot \varrho} \qquad c_i = \frac{1000 \cdot w_i \cdot \varrho}{M_i}$$

w_i Massenanteil des Stoffes i
c_i Stoffmengenkonzentration des Stoffes i in mol/L
M_i Molare Masse des Stoffes i in g/mol
ϱ Dichte der Mischphase in g/cm^3

4 Massenanteil $w \leftrightarrow \varrho$ Massenkonzentration

$$w_i = \frac{\varrho_i}{1000 \cdot \varrho} \qquad \varrho_i = 1000 \cdot w_i \cdot \varrho$$

w_i Massenanteil des Stoffes i
ϱ_i Massenkonzentration des Stoffes i in g/L
ϱ Dichte der Mischphase in g/cm^3

5 Massenanteil $w \leftrightarrow \sigma$ Volumenkonzentration

$$w_i = \frac{\sigma_i \cdot \varrho_i}{\varrho} \qquad \sigma_i = \frac{w_i \cdot \varrho}{\varrho_i}$$

w_i Massenanteil des Stoffes i
σ_i Volumenkonzentration des Stoffes i in L/L
ϱ_i Dichte des Stoffes i in g/cm^3
ϱ Dichte der Mischphase in g/cm^3

6 Massenkonzentration $\varrho \leftrightarrow c$ Stoffmengenkonzentration

$$\varrho_i = c_i \cdot M_i \qquad c_i = \frac{\varrho_i}{M_i}$$

ϱ_i Massenkonzentration des Stoffes i in g/L
c_i Stoffmengenkonzentration des Stoffes i in mol/L
M_i Molare Masse des Stoffes i in g/mol

7 Volumenanteil $\varphi \leftrightarrow \sigma$ Volumenkonzentration

Es ist $\varphi = \sigma$ wenn beim Mischvorgang der beteiligten Stoffe keine Volumenänderung eintritt ($V_{Mischphase} = V_i + V_k + \ldots + V_n$).

Mischungsgleichung für Lösungen und andere Mischphasen

Werden mehrere Lösungen (bestehend aus Lösemittel und gelöstem Stoff) gemischt, so gelten die folgenden Bilanzgleichungen für den gelösten Stoff:

1 $m_1 \cdot w_1 + m_2 \cdot w_2 + \ldots + m_n \cdot w_n = (m_1 + m_2 + \ldots + m_n) \cdot w_M$ für n Lösungen, die gemischt werden.

2 $m_1 \cdot w_1 + m_2 \cdot w_2 = (m_1 + m_2) \cdot w_M$ für 2 Lösungen, die zu einer neuen vereinigt werden.

3 $m_1 \cdot w_1 = (m_1 + m_2) \cdot w_M$ für 1 Lösung, die mit reinem Lösemittel (m_2, $w_2 = 0$) verdünnt wird.

4 $m_1 \cdot w_1 + m_2 = (m_1 + m_2) \cdot w_M$ für 1 Lösung, deren Massenanteil an gelöstem Stoff dadurch erhöht wird, dass gleicher Stoff in reiner Form (m_2, $w_2 = 1$ bzw. 100 %) der Lösung zugesetzt wird.

↑ bzw. $m_2 \cdot 100\,\%$, wenn die Massenanteile in % eingesetzt werden.

5 $m_1 \cdot w_1 = (m_1 - m_2) \cdot w_M$ für 1 Lösung, der reines Lösemittel (m_2, $w_2 = 0$), z. B. durch Abdampfen, entzogen wird.

$m_1, m_2, \ldots, m_n$	Massen der Lösungen 1, 2, …, n
$w_1, w_2, \ldots, w_n$	Massenanteile des gelösten Stoffes in den Lösungen 1, 2, …, n
w_M	Massenanteil des gelösten Stoffes in der Mischung bzw. neuen Lösung

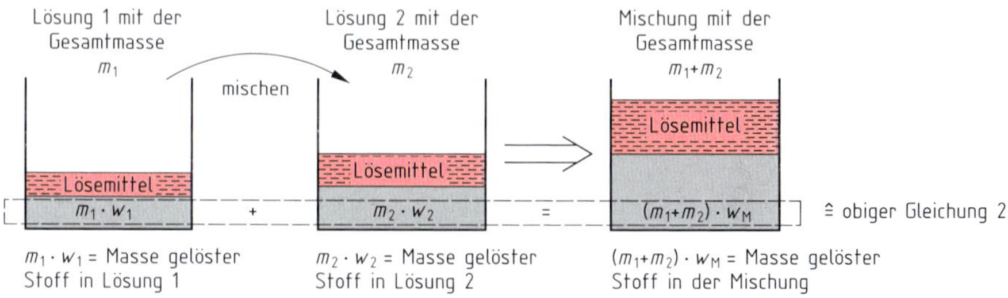

B Wie viel kg einer Schwefelsäure mit $w(H_2SO_4) = 0{,}9$ (Index 2) sind mit 60 kg einer Schwefelsäure mit $w(H_2SO_4) = 0{,}4$ (Index 1) zu mischen, damit eine Säure mit $w(H_2SO_4) = 0{,}55$ (Mischung) entsteht?

Gleichung 2 oben:

$$60\text{ kg} \cdot 0{,}4 + m_2 \cdot 0{,}9 = (60\text{ kg} + m_2) \cdot 0{,}55$$

$$24\text{ kg} + 0{,}9\, m_2 = 33\text{ kg} + 0{,}55\, m_2$$

$$0{,}35\, m_2 = 9\text{ kg}$$

$$m_2 = \mathbf{25{,}71\text{ kg}}$$

B Aus 160 g Salpetersäure mit $w(HNO_3) = 40\,\%$ (Index 1) werden 50 g Wasser (Index 2) abgedampft. Welcher neue Massenanteil $w(HNO_3)$ in Prozent ergibt sich für das Konzentrat?

Gleichung 5 oben:

$$160\text{ g} \cdot 40\,\% = (160\text{ g} - 50\text{ g}) \cdot w_M$$

$$w_M = \frac{160\text{ g} \cdot 40\,\%}{160\text{ g} - 50\text{ g}} = \mathbf{58{,}2\,\%}$$

Die Bilanzgleichungen können in gleicher Weise für alle Mischphasen, die vereinigt werden, Anwendung finden. Voraussetzung ist, dass sich die eingesetzten Massenanteile w_i bei allen beteiligten Mischphasen auf die gleiche Komponente beziehen.

Sind andere Gehaltsgrößen bei den Mischphasen gegeben (Stoffmengenanteile x_i, Massenverhältnisse ζ_{ik} usw.), so kann man diese zunächst mit Hilfe der → Umrechnungsformeln für Gehaltsgrößen in Massenanteile w_i umrechnen und dann zusammen mit den Massen m_i in obigen Gleichungen anwenden.

Herstellen von Maßlösungen

Reinstoff + Lösemittel = Maßlösung

Gewünscht: Maßlösung mit der Stoffmengenkonzentration $c(X)$ in mol/L. Dann ist

$$m(X) = c(X) \cdot V \cdot M(X)$$

= die Masse des Stoffes X in g, mit der molaren Masse $M(X)$ in g/mol, die mit reinem Lösemittel auf das gewünschte Volumen V in L aufzufüllen ist (Bedingung: X = Reinstoff ohne Verunreinigung).

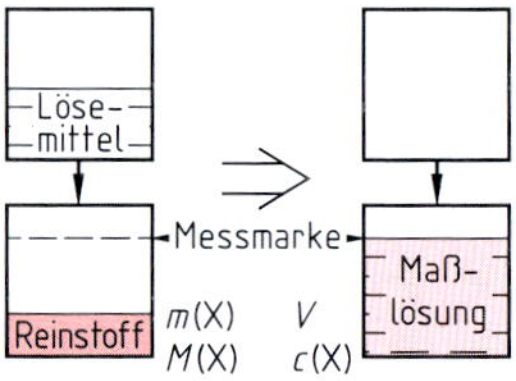

B Gewünscht: $V = 2$ L Maßlösung mit $c(H_2SO_4) = 1{,}5$ mol/L.

$m(H_2SO_4) = 1{,}5\ \frac{\text{mol}}{\text{L}} \cdot 2\ \text{L} \cdot 98\ \frac{\text{g}}{\text{mol}} = \mathbf{294\ g}$ sind mit reinem Lösemittel (Wasser) im Messgefäß auf insgesamt $V = 2$ L aufzufüllen.

Lösung + Lösemittel = Maßlösung

Gewünscht: Maßlösung mit der Stoffmengenkonzentration $c(X)$ in mol/L. Dann ist

$$m = \frac{c(X) \cdot M(X) \cdot V}{w(X)}$$

= die Masse Lösung in g, mit dem Massenanteil $w(X)$, die auf das gewünschte Volumen V in L mit Lösemittel aufzufüllen ist. $M(X)$ ist die molare Masse des gelösten Stoffes X in g/mol.

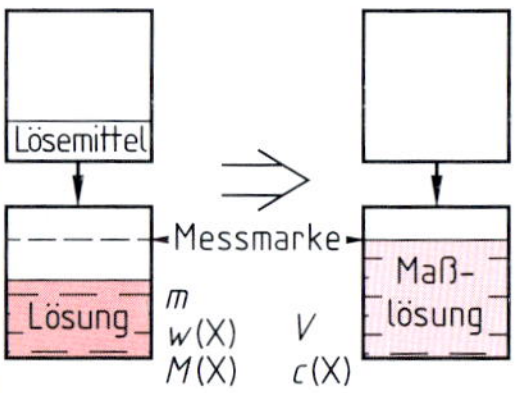

B Gewünscht: $V = 3$ L Maßlösung mit $c(\text{NaOH}) = 0{,}5$ mol/L.

Gegeben: Natronlauge mit $w(\text{NaOH}) = 0{,}4$ und reines Lösemittel (Wasser).

$m = \frac{0{,}5\ \text{mol/L} \cdot 40\ \text{g/mol} \cdot 3\ \text{L}}{0{,}4} = \mathbf{150\ g}$ von der Natronlauge mit $w(\text{NaOH}) = 0{,}4$ sind im Messgefäß mit Wasser auf $V = 3$ L aufzufüllen.

Maßlösung mit höherer Stoffmengenkonzentration + Lösemittel = Maßlösung

Gewünscht: Maßlösung mit der Stoffmengenkonzentration $c_2(X)$ in mol/L. Dann ist

$$V_1 = \frac{c_2(X) \cdot V_2}{c_1(X)}$$

= das Volumen der Maßlösung mit der Stoffmengenkonzentration $c_1(X)$ in mol/L, das mit Lösemittel auf das gewünschte Volumen V_2 aufzufüllen ist.

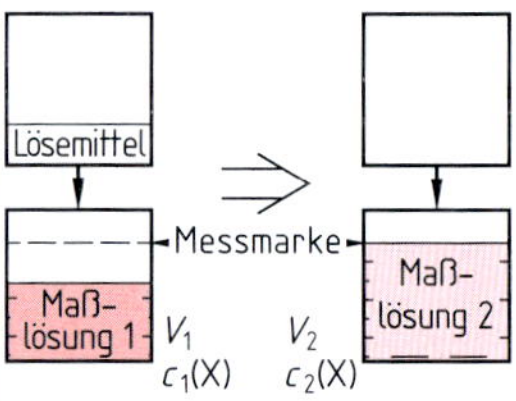

B Gewünscht: $V_2 = 1{,}5$ L Maßlösung mit $c_2(\text{HCl}) = 0{,}5$ mol/L.

Gegeben: Maßlösung mit $c_1(\text{HCl}) = 2$ mol/L und reines Lösemittel (Wasser).

$V_1 = \frac{0{,}5\ \text{mol/L} \cdot 1{,}5\ \text{L}}{2\ \text{mol/L}} = \mathbf{0{,}375\ L} = \mathbf{375\ mL}$ von der Maßlösung mit $c_1(\text{HCl}) = 2$ mol/L sind im Messgefäß mit Wasser auf $V_2 = 1{,}5$ L aufzufüllen.

Nicht chemisch reiner Stoff + Lösemittel = Maßlösung

Gewünscht: Maßlösung mit der Stoffmengenkonzentration $c(X)$ in mol/L. Dann ist

$$m(X) = \frac{c(X) \cdot V \cdot M(X)}{w(X)}$$

= die Masse des verunreinigten Stoffes X in g, mit der molaren Masse $M(X)$ in g/mol und dem Massenanteil $w(X)$, die mit reinem Lösemittel auf das gewünschte Volumen V in L aufzufüllen ist.

Herstellen von Maßlösungen (Fortsetzung)

Maßlösungen mit Äquivalentkonzentration

Soll eine Maßlösung mit der Äquivalentkonzentration c (eq) bzw. $c\,(\frac{1}{z^*}\text{X})$ hergestellt werden, legt man die gleichen Formeln (Seite 52) zugrunde, wie bei der Herstellung von Maßlösungen mit der Stoffmengenkonzentration $c(\text{X})$. In diesen Formeln wird lediglich $c(\text{X})$ durch $c\,(\frac{1}{z^*}\text{X})$ und $M(\text{X})$ durch $M\,(\frac{1}{z^*}\text{X})$ ersetzt.

B Gewünscht: $V = 1$ L Maßlösung der Äquivalentkonzentration $c\,(\frac{1}{2}\,H_2SO_4) = 0{,}1$ mol/L.

Gegeben: Schwefelsäure mit $w\,(H_2SO_4) = 0{,}95$ und reines Lösemittel (Wasser).

$$m = \frac{c\,(\frac{1}{z^*}\text{X}) \cdot M\,(\frac{1}{z^*}\text{X}) \cdot V}{w\,(\text{X})} = \frac{c\,(\frac{1}{2}H_2SO_4) \cdot M\,(\frac{1}{2}H_2SO_4) \cdot V}{w\,(H_2SO_4)} = \frac{0{,}1\text{ mol/L} \cdot 49\text{ g/mol} \cdot 1\text{ L}}{0{,}95} = \mathbf{5{,}158\text{ g}}$$

der Schwefelsäure sind mit Wasser auf insgesamt $V = 1$ L aufzufüllen.

Titer einer Maßlösung

Besitzt eine Maßlösung nicht genau die gewünschte Stoffmengenkonzentration, so wird ihr ein Titer t zugeordnet. Mit diesem Titer muss die angenäherte (gewünschte) Stoffmengenkonzentration $\tilde{c}\,(\text{X})$ multipliziert werden, damit man die genaue, tatsächlich vorliegende Stoffmengenkonzentration $c\,(\text{X})$ erhält.

$$c\,(\text{X}) = \tilde{c}\,(\text{X}) \cdot t$$

$$c\,(\tfrac{1}{z^*}\,\text{X}) = \tilde{c}\,(\tfrac{1}{z^*}\,\text{X}) \cdot t$$

c (X) bzw. $c\,(\frac{1}{z^*}\,\text{X})$: Tatsächliche Stoffmengen- bzw. Äquivalentkonzentration
$\tilde{c}\,(\text{X})$ bzw. $\tilde{c}\,(\frac{1}{z^*}\,\text{X})$: Angenäherte (ungefähre) Stoffmengenkonzentration.

B Die Vorratsflasche einer Maßlösung ist wie abgebildet beschriftet. Welche tatsächliche Stoffmengenkonzentration besitzt die Maßlösung?

Natronlauge
$c\,(\text{NaOH}) = 0{,}1\ \frac{\text{mol}}{\text{L}}$
$t = 0{,}993$

$$c\,(\text{NaOH}) = \tilde{c}\,(\text{NaOH}) \cdot t = 0{,}1\ \frac{\text{mol}}{\text{L}} \cdot 0{,}993 = \mathbf{0{,}0993\ \frac{mol}{L}}$$

Herstellen gesättigter Lösungen; Löslichkeit

Eine gesättigte Lösung liegt vor, wenn die Lösung die maximal mögliche Menge an gelöstem Stoff X aufgenommen hat. Diese Menge entspricht der **Löslichkeit bei der gegebenen Temperatur ϑ**:

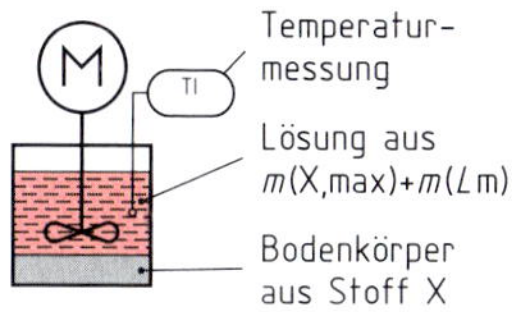

$$L^*\,(\text{X}, \vartheta) = \frac{m\,(\text{X, max})}{m\,(\text{Lm})} = \frac{m\,(\text{max. gelöster Stoff})}{100\text{ g Lösemittel}}$$

m(X, max) max. lösbare Masse von X
m(Lm) Masse Lösemittel

Die Löslichkeit ist stark temperaturabhängig. Sie gilt definitionsgemäß immer für den wasserfreien Stoff X (bei Hydraten beachten).

Eine gesättigte Lösung kann immer dann angenommen werden, wenn die Lösung mit einem Bodenkörper des löslichen Stoffes X im Phasengleichgewicht steht (Bild), d. h. die Menge des Bodenkörpers sich trotz Durchmischung der Phasen oder langer Kontaktzeit nicht mehr ändert.

B Ein Versuch zeigt, dass bei $\vartheta = 20$ °C maximal 158,3 g Kaliumnitrat (KNO_3) in 500 g Wasser gelöst werden können. Somit beträgt die Löslichkeit:

$$L^*\,(KNO_3, 20\,°\text{C}) = \frac{m(KNO_3,\text{ max})}{m(\text{Wasser})} = \frac{158{,}3\text{ g}}{500\text{ g}} = \frac{0{,}3166\text{ g }KNO_3}{1\text{ g Wasser}} = \frac{\mathbf{31{,}66\text{ g }KNO_3}}{\mathbf{100\text{ g Wasser}}}$$

Umrechnung Massenanteil w(X) in Löslichkeit L^*(X):

$$L^*\,(\text{X}) = \frac{100 \cdot w\,(\text{X})}{1 - w\,(\text{X})}$$

Umrechnung Löslichkeit L^*(X) in Massenanteil w(X):

$$w\,(\text{X}) = \frac{L^*\,(\text{X})}{L^*\,(\text{X}) + 100}$$

L^*(X) jeweils in g (gelöster Stoff je 100 g Lösemittel), w(X) **nicht** in %.

Berechnungsformeln der Maßanalyse (Volumetrie)

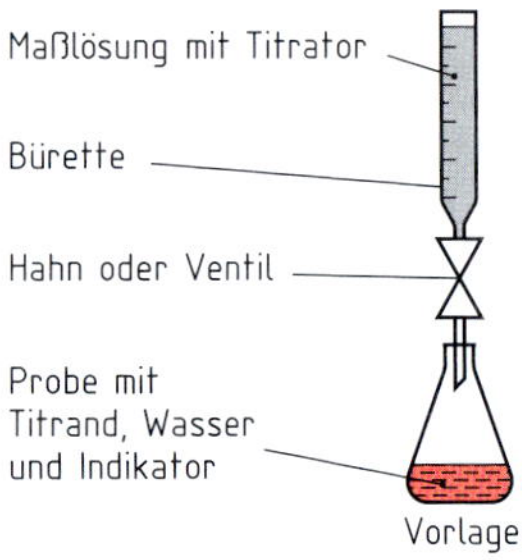

Grundbegriffe:

Titrand = der in der vorgelegten Probe zu bestimmende Stoff.

Titrator = der in der Maßlösung gelöste (wirksame) Stoff, der mit dem Titranden reagiert.

Indikator = Stoff in der Vorlage, der den **Äquivalenzpunkt** (Endpunkt) der Titration anzeigt (z. B. durch Farbänderung). Alternativ können elektrische Methoden (z. B. Leitfähigkeitsmessung) angewendet werden.

$$m(\text{X}) = \frac{M(\frac{1}{z_1^*}\text{X}) \cdot \tilde{c} \cdot z_2^* \cdot V \cdot t \cdot f_A}{1000}$$

$$w(\text{X}) = \frac{m(\text{X})}{m}$$

Bedeutung der Formelzeichen:

$m(\text{X})$	Masse des zu bestimmenden Stoffes X in der Probe in g
$w(\text{X})$	Massenanteil des zu bestimmenden Stoffes X in der Probe
$M(\frac{1}{z_1^*}\text{X})$	Durch die Äquivalenzzahl z_1^* (vgl. S. 41) dividierte molare Masse des zu bestimmenden Stoffes X in g/mol
$\tilde{c}$	Angenäherte Stoffmengenkonzentration der Maßlösung in mol/L
z_2^*	Äquivalenzzahl der wirksamen Substanz in der Maßlösung (vgl. S. 49). **Entfällt bei Maßlösungen mit Äquivalenzkonzentration** $\boldsymbol{c(\text{eq}) = c(\frac{1}{z_2^*}\text{Y})}$**,** Y = Titrator
V	Verbrauch an Maßlösung in mL
t	Titer der Maßlösung
f_A	Verdünnungsfaktor
m	Masse Probe (Einwaage) in g

Wird ein Volumen V (Probe) vorgelegt, so erfolgt die Ermittlung von $w(\text{X})$ über die Dichte ($m = \varrho \cdot V$) oder es ist als Titrationsergebnis die Massenkonzentration $\varrho^* = m(\text{X})/V$ (Probe) anzugeben.

B Titration einer schwefelsäurehaltigen Probe (m = 20,243 g) mit Natronlauge-Maßlösung.

$m(H_2SO_4)$ ist gesucht und

$w(H_2SO_4)$ ist gesucht

$$M(\tfrac{1}{2}\,H_2SO_4) = \frac{M(H_2SO_4)}{2} = \frac{98{,}07\text{ g/mol}}{2} = 49{,}035\text{ g/mol}$$

$\tilde{c}(\text{NaOH})$ = 0,1 mol/L

z_2^* = 1 (= Neutralisationsäquivalent für NaOH)

V = 32 mL Natronlauge-Maßlösung

t = 1,013

f_A = 10 (wenn z. B. Probe auf 500 mL aufgefüllt und davon 50 mL titriert: $f_A = \frac{500\text{ mL}}{50\text{ mL}} = 10$)

m = 20,243 g

$$m(H_2SO_4) = \frac{49{,}035\text{ g/mol} \cdot 0{,}1\text{ mol/L} \cdot 1 \cdot 32\text{ mL} \cdot 1{,}013 \cdot 10}{1000\text{ mL/L}}$$

$$m(H_2SO_4) = \mathbf{1{,}5895\text{ g}} \Rightarrow w(H_2SO_4) = \frac{1{,}5895\text{ g}}{20{,}243\text{ g}} = \mathbf{0{,}0785}$$

Bei **Redox-Titrationen** werden für z_1^* und z_2^* die Änderungen der Oxidationszahlen des Titranden und des Titrators während der Reaktion eingesetzt.

B Eine zinnhaltige Probe (Einwaage: m = 3,4216 g) soll auf ihren Massenanteil an Zinn untersucht werden. Die Probe wird mit Wasser auf 200 mL verdünnt. 25 mL davon verbrauchen bei der Titration 14,2 mL Jodlösung, $\tilde{c}(\frac{1}{2}\,I_2)$ = 0,2 mol/L, t = 0,996.

Elektronengleichung: $Sn^{2+} + I_2 \rightarrow 2\,I^- + Sn^{4+}$, d. h. die Änderungen der Oxidationszahlen betragen bei Sn: II → IV, d. h. $z_1^* = 2$, bei I_2: 0 → I (zweimal, da I_2), d. h. $z_2^* = 2$. Somit gilt:

$$m(\text{Sn}) = \frac{\frac{1}{2} \cdot 118{,}69\text{ g/mol} \cdot 0{,}2\text{ mol/L} \cdot 2 \cdot 14{,}2\text{ mL} \cdot 0{,}996 \cdot 8}{1000\text{ mL/L}} = 2{,}6859\text{ g}, \quad w(\text{Sn}) = \frac{2{,}6859\text{ g}}{3{,}4216\text{ g}} = \mathbf{0{,}785 \mathrel{\hat{=}} 78{,}5\ \%}$$

Berechnungsformeln der Gravimetrie

Die zu untersuchende Probe wird zunächst in Lösung gebracht, sofern sie nicht bereits als solche vorliegt. Anschließend wird mit einem geeigneten Reagenz (Fällungsmittel) die gesuchte Substanz in Form einer schwerlöslichen Verbindung ausgefällt, abfiltriert, getrocknet und gewogen.

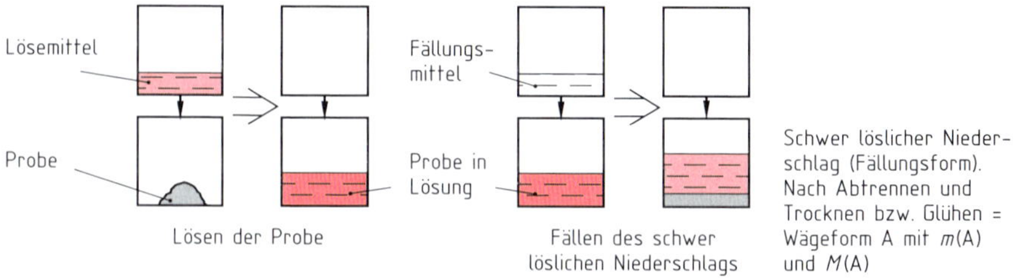

$$m(\mathrm{X}) = m(\mathrm{A}) \cdot \frac{a \cdot M(\mathrm{X})}{M(\mathrm{A})}$$

$$w(\mathrm{X}) = \frac{m(\mathrm{X})}{m}$$ bzw. $$m(\mathrm{X}) = m(\mathrm{A}) \cdot F$$ mit $$F = \frac{a \cdot M(\mathrm{X})}{M(\mathrm{A})}$$

$m(\mathrm{X})$	Masse der zu bestimmenden Substanz X in g
$w(\mathrm{X})$	Massenanteil der zu bestimmenden Substanz X in der Probe
m	Einwaage an Probe in g
$m(\mathrm{A})$	Masse der Auswaage (Wägeform A) in g
$M(\mathrm{X})$	Molare Masse der zu bestimmenden Substanz X in g/mol
$M(\mathrm{A})$	Molare Masse der Wägeform A in g/mol
a	Anzahl von Teilchen X im Molekül der Wägeform A
F	Analytischer Faktor (kann bei gleicher gravimetrischer Bestimmung immer wieder verwendet werden)

B Es ist der Massenanteil an Phosphor (P) in einem Düngemittel zu bestimmen. Wägeform: $Mg_2P_2O_7$

$m(\mathrm{P})$	ist gesucht
$w(\mathrm{P})$	ist gesucht
m	= 2,3648 g Düngemittel
$m(Mg_2P_2O_7)$	= 0,3241 g
$M(\mathrm{P})$	= 30,9738 g/mol
$M(Mg_2P_2O_7)$	= 222,553 g/mol
a	= 2 (da 2 P-Atome in der Ionenverbindung $Mg_2P_2O_7$)

$$F = \frac{2 \cdot 30{,}9738\ \mathrm{g/mol}}{222{,}553\ \mathrm{g/mol}} = 0{,}2783$$

$$m(\mathrm{P}) = 0{,}3241\ \mathrm{g} \cdot 0{,}2783 = 0{,}0902\ \mathrm{g}$$

$$w(\mathrm{P}) = \frac{0{,}0902\ \mathrm{g}}{2{,}3648\ \mathrm{g}} = \mathbf{0{,}0381} \mathrel{\hat=} \mathbf{3{,}81\ \%}$$

Feuchtigkeitsgehalt und Glühverlust

Feuchtigkeitsgehalt bzw. Massenanteil $w(H_2O)$

$$w(H_2O) = \frac{m(H_2O)}{m}$$

$$m(H_2O) = m - m(\mathrm{A})$$

m	Einwaage (Masse der Probe vor dem Trocknen) in g
$m(H_2O)$	Masse Wasser in g (Feuchtigkeit)
$m(\mathrm{A})$	Masse der Auswaage in g (nach dem Trocknen bei 105 °C bis 130 °C)
$w(H_2O)$	Massenanteil an Wasser

Glühverlust $w(\mathrm{GV})$

$$w(\mathrm{GV}) = \frac{m(\mathrm{GV})}{m}$$

$$m(\mathrm{GV}) = m - m(\mathrm{A})$$

m	Einwaage (Masse der Probe vor dem Glühen) in g
$m(\mathrm{GV})$	Masse des Glühverlustes in g
$m(\mathrm{A})$	Masse der Auswaage (Glührückstand) in g
$w(\mathrm{GV})$	Massenanteil des Glühverlustes

Aufstellen von Reaktionsgleichungen

Sind Ausgangs- und Endstoffe (Edukte und Produkte) einer chemischen Reaktion bekannt, so können die Stöchiometriezahlen ν_i (ν_i = Anzahl der Atome oder Moleküle i in einer Reaktionsgleichung) unter anderem nach einer algebraischen Methode, wie in den folgenden Beispielen beschrieben, ermittelt werden.

In der Bilanz müssen dann jeweils gleich viele Atome eines Elementes links und rechts des Reaktionspfeiles vorhanden sein.

Beispiel: Herstellung von Aluminiumfluorid nach der Reaktion

$$\nu_1\ Al(OH)_3 + \nu_2\ H_2SiF_6 \rightarrow \nu_3\ AlF_3 + \nu_4\ SiO_2 + \nu_5\ H_2O$$

1 Al im Molekül 1 — 1 Al im Molekül 3

I.	Al:	$1\ \nu_1 = 1\ \nu_3$
II.	O:	$3\ \nu_1 = 2\ \nu_4 + 1\ \nu_5$
III.	H:	$3\ \nu_1 + 2\ \nu_2 = 2\ \nu_5$
IV.	Si:	$1\ \nu_2 = 1\ \nu_4$
V.	F:	$6\ \nu_2 = 3\ \nu_3$

Bilanzgleichungen für die einzelnen Elemente

Da nur das Verhältnis der Stöchiometriezahlen zueinander von Bedeutung ist, kann man willkürlich $\nu_1 = 1$ setzen und die anderen Zahlen als Vielfache von 1 berechnen. Man erhält so das mathematisch lösbare System aus 5 unabhängigen Gleichungen (I bis V) und 4 Unbekannten (ν_2 bis ν_5). Gegebenenfalls müssen Einsetzungs- und Gleichsetzungsverfahren angewandt werden.

Gewählt	mit I: $1\ \nu_1 = 1\ \nu_3$	mit V: $6\ \nu_2 = 3\ \nu_3$	mit IV: $1\ \nu_2 = 1\ \nu_4$	mit II: $3\ \nu_1 = 2\ \nu_4 + 1\ \nu_5$
$\nu_1 = 1$	$\nu_3 = 1$	$\nu_2 = \frac{1}{2}$	$\nu_4 = \frac{1}{2}$	$\nu_5 = 2$

Um ganzzahlige Verhältnisse zu erreichen, multipliziert man alle Stöchiometriezahlen mit dem größten auftretenden Nenner (hier 2) oder in sonst geeigneter Weise. Man erhält dann die endgültig in die Reaktionsgleichung einsetzbaren Stöchiometriezahlen:

$\nu_1 = 2$ $\quad\nu_3 = 2$ $\quad\nu_2 = 1$ $\quad\nu_4 = 1$ $\quad\nu_5 = 4$

Die vollständige Reaktionsgleichung lautet: $\mathbf{2\ Al(OH)_3 + H_2SiF_6 \rightarrow 2\ AlF_3 + SiO_2 + 4\ H_2O}$

B Gesucht sind die Stöchiometriezahlen der Reaktionsgleichung: $\nu_1\ Cu + \nu_2\ HNO_3 \rightarrow \nu_3\ Cu(NO_3)_2 + \nu_4\ NO + \nu_5\ H_2O$

Bilanzgleichungen:

I.	Cu:	$\nu_1 = \nu_3$
II.	H:	$\nu_2 = 2 \cdot \nu_5$
III.	N:	$\nu_2 = 2 \cdot \nu_3 + \nu_4$
IV.	O:	$3 \cdot \nu_2 = 6 \cdot \nu_3 + \nu_4 + \nu_5$

Gewählt: $\nu_1 = 1$

Mit I. folgt: $\nu_3 = 1$

Mit II. u. III. folgt: $2 \cdot \nu_5 = 2 \cdot \nu_3 + \nu_4$

bzw. $2 \cdot \nu_5 = 2 + \nu_4$

und $\nu_5 = 1 + \frac{\nu_4}{2}$

Mit III. folgt: $\nu_2 = 2 + \nu_4$

IV. $3 \cdot \nu_2 = 6 \cdot \nu_3 + \nu_4 + \nu_5$

$$3 \cdot (2 + \nu_4) = 6 \cdot 1 + \nu_4 + 1 + \frac{\nu_4}{2}$$

$$6 + 3 \cdot \nu_4 = 7 + \frac{3}{2} \cdot \nu_4 \ | \cdot 2$$

$$12 + 6 \cdot \nu_4 = 14 + 3 \cdot \nu_4$$

$$3 \cdot \nu_4 = 2$$

$$\nu_4 = \frac{2}{3}$$

Mit III. folgt: $\nu_2 = 2 \cdot \nu_3 + \nu_4 = 2 \cdot 1 + \frac{2}{3} = \frac{8}{3}$

Mit II. folgt: $\nu_5 = \frac{1}{2} \cdot \nu_2 = \frac{4}{3}$

Alle Ergebnisse mit dem größten Nenner (= 3) multipliziert ergibt:

$\nu_1 = \mathbf{3}$; $\nu_2 = \mathbf{8}$; $\nu_3 = \mathbf{3}$; $\nu_4 = \mathbf{2}$; $\nu_5 = \mathbf{4}$

Stoffumsatz und Ausbeute

Die in einer chemischen Reaktionsgleichung dargestellten Atome oder Atomgruppen repräsentieren jeweils die Stoffmenge $n = 1$ mol der entsprechenden Substanz. Die zugeordneten Stöchiometriezahlen ν_i geben an, wie viele Mole der Substanz i im Verhältnis eingesetzt werden. So gilt z. B. für die Herstellung des Düngemittels Kaliumsulfat die Reaktionsgleichung:

ν

2 KCl	+	H_2SO_4	⟶	K_2SO_4	+	2 HCl
2 mol		1 mol		1 mol		2 mol
74,55 g	+	98,07 g	⟶	174,25 g	+	72,92 g

$M(KCl) = 74{,}55$ g/mol; $M(K_2SO_4) = 174{,}25$ g/mol

$M(H_2SO_4) = 98{,}07$ g/mol; $M(HCl) = 36{,}46$ g/mol

Da ν_i die Anzahl der Mole des Stoffes i angibt, gilt: $m_i = n_i \cdot M_i$ mit $\nu_i = \{n_i\}$[1], somit

$m(HCl) = 2\text{ mol} \cdot 36{,}46\text{ g/mol} = 72{,}92\text{ g} \quad (\nu = 2)$

$m(K_2SO_4) = 1\text{ mol} \cdot 174{,}25\text{ g/mol} = 174{,}25\text{ g} \quad (\nu = 1)$

$m(H_2SO_4) = 1\text{ mol} \cdot 98{,}07\text{ g/mol} = 98{,}07\text{ g} \quad (\nu = 1)$

$m(KCl) = 2\text{ mol} \cdot 74{,}55\text{ g/mol} = 149{,}1\text{ g} \quad (\nu = 2)$

Im gezeigten Beispiel werden reine Stoffe zugrunde gelegt. Nach dieser stöchiometrischen Beziehung können aus 74,55 g KCl maximal 174,25 g K_2SO_4 **(theoretische Ausbeute)** gewonnen werden (Umsatzgrad und Bildungsgrad gleich 100 %).

Sind die Ausgangsstoffe nicht rein oder entstehen bei der Reaktion Nebenprodukte, die nicht in der Reaktionsgleichung erfasst sind, werden folgende kennzeichnende Größen verwendet:

Umsatzgrad (Umsatz)

= umgesetzte Menge Ausgangsstoff bezogen auf eingesetzte Menge Ausgangsstoff.

$$U_k = \frac{n_{kU}}{n_{kE}} \quad \text{bzw.} \quad U_k = \frac{m_{kU}}{m_{kE}}$$

Bildungsgrad (Ausbeute)

= gebildete Menge Produkt bezogen auf eingesetzte Menge Ausgangsstoff.

$$A_P = \frac{\nu_k \cdot n_P}{\nu_P \cdot n_{kE}} \quad \text{bzw.} \quad A_P = \nu_k \cdot \frac{m_P \cdot M_k}{\nu_P \cdot m_{kE} \cdot M_P}$$

Selektivität

= gebildete Menge Produkt bezogen auf umgesetzte Menge Ausgangsstoff

$$S_P = \frac{\nu_k \cdot n_P}{\nu_P \cdot n_{kU}} \quad \text{bzw.} \quad S_p = \frac{\nu_k \cdot m_P \cdot M_k}{\nu_P \cdot m_{kU} \cdot M_P}$$

U_k	Umsatzgrad
A_P	Bildungsgrad
S_P	Selektivität
n_{kE}	Eingesetzte Stoffmenge des Ausgangsstoffes k in mol
n_{kU}	Umgesetzte Stoffmenge des Ausgangsstoffes k in mol
n_P	Stoffmenge des entstandenen reinen Produktes P in mol
m_{kE}	Eingesetzte Masse des Ausgangsstoffes k in kg
m_{kU}	Umgesetzte Masse des Ausgangsstoffes k in kg
m_P	Masse des entstandenen reinen Produktes P in kg
M_k	Molare Masse des Ausgangsstoffes k in g/mol
M_P	Molare Masse des Produktes P in g/mol
ν_k	Stöchiometriezahl des Ausgangsstoffes in der Reaktionsgleichung
ν_P	Stöchiometriezahl des Produktes in der Reaktionsgleichung

B Es sollen 2 t reines Phenol (C_6H_5OH) hergestellt werden. Zur Verfügung steht technisches Benzol mit einem Massenanteil von $w(C_6H_6) = 0{,}98$. Wie viel kg dieses Benzols müssen eingesetzt werden, wenn der Bildungsgrad (bezogen auf reines Benzol) erfahrungsgemäß $A_P = 0{,}95 \mathrel{\widehat{=}} 95$ % beträgt?

Reaktionsgleichung: $C_6H_6 + Cl_2 + 2\,NaOH \rightarrow C_6H_5OH + 2\,NaCl + H_2O$

Mit $A_P = \frac{\nu_k \cdot m_P \cdot M_k}{\nu_P \cdot m_{kE} \cdot M_P}$ und einzusetzender Masse techn. Benzol $m = \frac{m_{kE}}{w_{kE}}$ folgt

$$m_{kE} = \frac{\nu_k \cdot m_P \cdot M_k}{\nu_P \cdot A_P \cdot M_P} \text{ mit } m_{kE} = m \cdot w_{kE}\text{, somit } m = \frac{1 \cdot 2000\text{ kg} \cdot 78{,}1\text{ g/mol}}{1 \cdot 0{,}95 \cdot 94{,}1\text{ g/mol} \cdot 0{,}98} = \mathbf{1783\ kg}$$

[1] $\{n_i\}$ = Zahlenwert der Mole von i

Massenanteile der Elemente in einer Verbindung

Atomsymbole (H, O, N usw.) und Formeln (HCl, NaOH usw.) in chemischen Reaktionsgleichungen stehen jeweils für die Stoffmenge $n = 1$ mol ($\hat{=}$ $6{,}022 \cdot 10^{23}$ Teilchen) des entsprechenden Stoffes. Somit lassen sich die Massenanteile der einzelnen Elemente in einer Verbindung wie in folgendem Beispiel ermitteln:

	Stoffmenge n_i	Molare Masse M_i	Masse $m_i = n_i \cdot M_i$	Massenanteil $w_i = m_i/m$
H_2SO_4 →	1 mol	98,07 g/mol	98,07 g ($\hat{=}$ m)	1,000 (da $m_i = m$)
4 O →	4 mol	16,0 g/mol	64,0 g	0,653 ($\hat{=}$ 65,3 %)
1 S →	1 mol	32,06 g/mol	32,06 g	0,327 ($\hat{=}$ 32,7 %)
2 H →	2 mol	1,01 g/mol	2,02 g	0,021 ($\hat{=}$ 2,1 %)

Allgemeine Berechnungsformel:

$$w(X) = \frac{z \cdot M(X)}{M(V)}$$

- $w(X)$ Massenanteil des Stoffes (z. B. des Elementes) in der Verbindung
- $M(X)$ Molare Masse des Stoffes X in g/mol
- $M(V)$ Molare Masse der Verbindung in g/mol
- z Häufigkeit von X in der Verbindung (entspricht der Stoffmenge $n(X)$ des Stoffes bzw. des Elementes in 1 mol der Verbindung)

B Gesucht ist der Massenanteil an Sauerstoff in der Verbindung $Na_2SO_4 \cdot 3\ H_2O$.

$z = 4 + 3 = 7$ 4 x in Na_2SO_4 und 3 x in 3 H_2O

$$w(O) = \frac{7 \cdot M(O)}{M(Na_2SO_4 \cdot 3\ H_2O)} = \frac{7 \cdot 16{,}0\ \text{g/mol}}{196{,}09\ \text{g/mol}} = \mathbf{0{,}571} \mathrel{\hat{=}} \mathbf{57{,}1\ \%}$$

Berechnungsformeln zur Dichteermittlung

Dichte eines Feststoffes nach der Auftriebsmethode

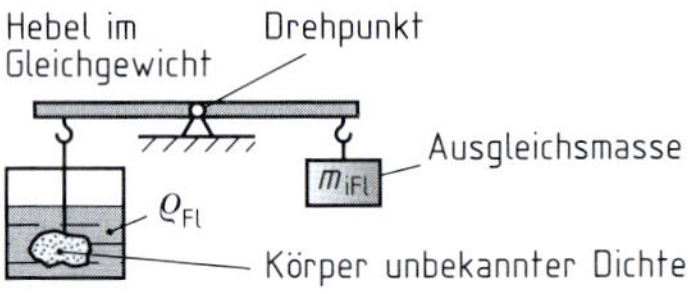

$$\varrho_i = \frac{m_{iL} \cdot \varrho_{Fl}}{m_{iL} - m_{iFl}}$$

- m_{iL} Masse des Stoffes i an Luft in g
- m_{iFl} Scheinbare Masse des Stoffes i in der Flüssigkeit in g
- ϱ_{Fl} Dichte der Flüssigkeit in g/cm³
- ϱ_i Dichte des Feststoffes i in g/cm³

Dichte einer Flüssigkeit nach der Pyknometermethode

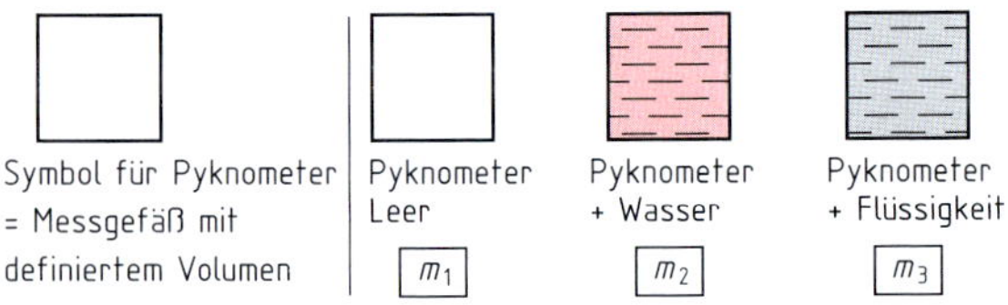

$$\varrho_{Fl} = \frac{m_3 - m_1}{m_2 - m_1} \cdot \varrho_{H_2O}$$

- m Masse in g
- ϱ_{Fl} Dichte der Flüssigkeit in g/cm³
- ϱ_{H_2O} Dichte von Wasser in g/cm³

Dichte eines Feststoffes nach der Pyknometermethode

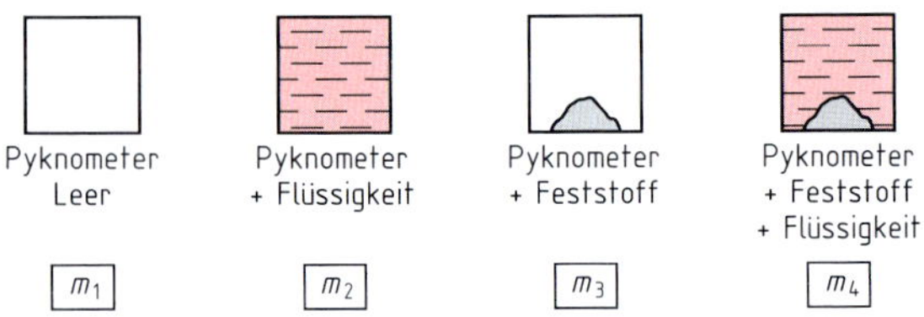

$$\varrho_F = \frac{m_3 - m_1}{m_2 - m_1 - m_4 + m_3} \cdot \varrho_{Fl}$$

- m Masse in g
- ϱ_{Fl} Dichte der Flüssigkeit in g/cm³
- ϱ_F Dichte des Feststoffes in g/cm³

Größengleichungen

Für Größengleichungen wird folgende Schreibweise empfohlen:

Größe = Zahlenwert x Einheit bzw. $G = \{G\} \cdot [G]$

$\{G\} \mathrel{\widehat{=}}$ Zahlenwert der Größe G

$[G] \mathrel{\widehat{=}}$ Einheit der Größe G

B $\{A\} = 26$ d. h. der Zahlenwert der Fläche A beträgt 26

$[A] = m^2$ d. h. die Einheit der Fläche A ist m^2

Zugehörige Größengleichung: $\boldsymbol{A = 26\ m^2}$

Länge und Fläche

Länge

Formelzeichen: ***l, L*** Einheit: **m** (Meter)

Spezielle Längen	Formelzeichen
Höhe, Tiefe	h, H
Dicke, Schichtdicke	δ, d
Breite	b, B
Durchmesser	d, D
Radius, Halbmesser	r, R
Weglänge, Kurvenlänge	s
Wellenlänge	λ
Abstand	d, r
Verschiebung	Δr
Krümmungsradius	ϱ

Umrechnung üblicher Einheiten:

$1\ nm = 10^{-9}\ m$ bzw. $1\ m = 10^9\ nm$

$1\ \mu m = 10^{-6}\ m$ bzw. $1\ m = 10^6\ \mu m$

$1\ mm = 10^{-3}\ m$ bzw. $1\ m = 10^3\ mm$

$1\ cm = 10^{-2}\ m$ bzw. $1\ m = 10^2\ cm$

$1\ dm = 10^{-1}\ m$ bzw. $1\ m = 10\ dm$

$1\ km = 10^3\ m$ bzw. $1\ m = 10^{-3}\ km$

Längen- und Dickenmessgeräte:

- Maßstäbe und Maßbänder
- Messschieber
- Bügelmessschraube
- Mechanische Abtaster zur Dickenmessung
- Durchstrahlungsgeräte zur Dickenmessung (Röntgen- oder Gammastrahlenmessung)
- Pneumatische Dickenmesser
- Optische Messgeräte zur Dickenmessung (z. B. Feinmessmikroskope, Infrarot-Dickenmesser, Laser-Dickenmesser)
- Elektromagnetische Schichtdickenmesser
- Ultraschall-Messgeräte
- Mikrowellen-Dickenmesser

Fläche

Formelzeichen: ***A, S*** Einheit: $\mathbf{m^2}$ (Quadratmeter)

Formelzeichen für Querschnitt bzw. Querschnittsfläche: S, q

Umrechnung üblicher Einheiten:

$1\ mm^2 = 10^{-6}\ m^2$ bzw. $1\ m^2 = 10^6\ mm^2$

$1\ cm^2 = 10^{-4}\ m^2$ bzw. $1\ m^2 = 10^4\ cm^2$

$1\ dm^2 = 10^{-2}\ m^2$ bzw. $1\ m^2 = 10^2\ dm^2$

$1\ km^2 = 10^6\ m^2$ bzw. $1\ m^2 = 10^{-6}\ km^2$

1 ha (Hektar) $= 10^4\ m^2$

1 a (Ar) $= 10^2\ m^2$

Messung regelmäßiger Flächen:

- Messung der Kanten- bzw. Seitenlängen mit Längenmessgeräten und anschließende Berechnung der Fläche mit geeigneten geometrischen Formeln.

Messung unregelmäßiger Flächen:

- Näherungsweise Zerlegung in regelmäßige Flächen und deren Berechnung (siehe S. 43).
- Umfahren der Fläche mit einem **Planimeter** und Ablesen der Anzeige.
- Ausschneiden der Fläche, Auswiegen und vergleichen mit der Masse einer bekannten (regelmäßigen) Fläche aus gleichem Material.
- Auszählen von Kästchen auf transparentem Millimeterpapier, das über die Fläche gelegt wird.
- Große Flächen werden mit einem fahrbaren Meter- oder Kilometerzähler umfahren, optisch vermessen oder elektronisch aus der Laufzeit von Licht- oder Funksignalen bestimmt.
- Einscannen der Fläche in einen Computer und Bestimmung der Größe mit Hilfe einer Bildanalysesoftware oder eines geeigneten Grafikprogramms.

Volumen

Formelzeichen: ***V***
Einheit: **m³** (Kubikmeter)

Umrechnung üblicher Einheiten:

1 mm³ = 10^{-9} m³	1 m³ = 10^{9} mm³
1 cm³ = 10^{-6} m³	1 m³ = 10^{6} cm³
1 dm³ = 10^{-3} m³	1 m³ = 10^{3} dm³

1 cm³ = 1 mL (Milliliter)
1 dm³ = 1 L (Liter)
1 mm³ = 1 μL (Mikroliter)

Volumenänderung bei Temperaturänderung

$V = V_0 \cdot (1 + \gamma \cdot \Delta\vartheta)$ $\Delta V = V_0 \cdot \gamma \cdot \Delta\vartheta$

(Näherungsformeln, da γ selbst temperaturabhängig!)

V Volumen nach der Temperaturänderung
V_0 Volumen vor der Temperaturänderung
ΔV Volumendifferenz
γ Volumenausdehnungskoeffizient in 1/°C (Beachte: für Wasser ändert sich γ sehr stark mit der Temperatur)
$\Delta\vartheta$ Temperaturdifferenz $\vartheta - \vartheta_0$ in °C (für Abkühlung negativ!)

Volumenmessung

Feststoffe mit regelmäßiger Form:

- Messen der Kanten, Durchmesser usw. und Berechnen des Volumens mit den entsprechenden geometrischen Formeln

Feststoffe mit unregelmäßiger Form:

- Bestimmung der Masse und Berechnung des Volumens über die Dichte
- Bestimmung des verdrängten Flüssigkeitsvolumens (Pyknometer, Überlaufgefäße usw.)

Flüssigkeiten:

- Bestimmung mit Messgefäßen (siehe unten)
- Bestimmung der Masse und Berechnung des Volumens über die Dichte

Gase:

- Bestimmung mit Messgefäßen (siehe unten)
- Bestimmung des verdrängten Flüssigkeitsvolumens

Messgeräte zur Erfassung des Volumens strömender Fluide siehe Kapitel MSR.

Messgefäße für Flüssigkeiten

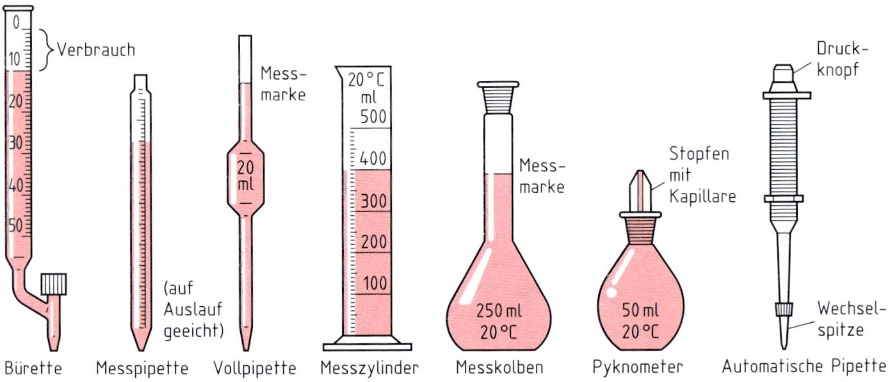

Messgefäße für Gase

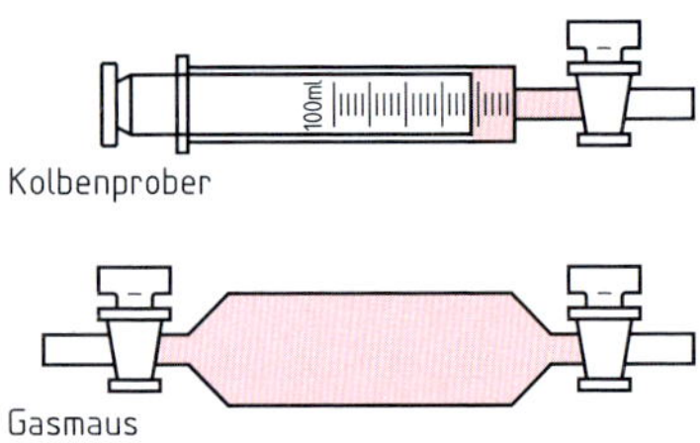

Messanordnung für Gase

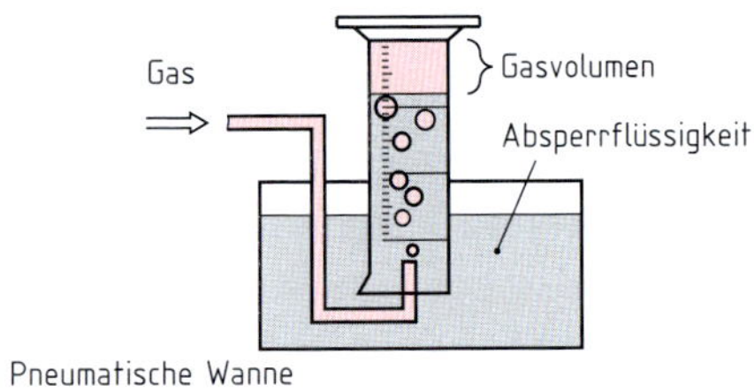

Masse

Formelzeichen: ***m***

Einheit: **kg** (Kilogramm)

Umrechnungen

1 t = 1000 kg
1 g = 10^{-3} kg
1 mg = 10^{-6} kg
1 µg = 10^{-9} kg
1 kg = 10^{-3} t
1 kg = 1000 g
1 kg = 10^{6} mg
1 kg = 10^{9} µg

Die Masse $m = 1$ kg entspricht der Masse von 1 dm³ Wasser bei 4 °C und 101 300 Pa.

Die Masse ist ein Maß für die in einem Körper enthaltene Stoffmenge.

Die Masse ist unabhängig von Zeitpunkt und Ort der Messung.

Apparate zur Messung der Masse heißen **Waagen**.

Massenbestimmung

Hebelwaagen

Vergleich der Drehmomente, die das Wägegut und eine Vergleichsmasse an den Seiten eines zweiarmigen Hebels hervorrufen.
m Masse des Wägegutes, m_V Vergleichsmasse, F_g und F_{gV} erzeugte Gewichtskräfte.
Drehmoment: $M = F \cdot l$

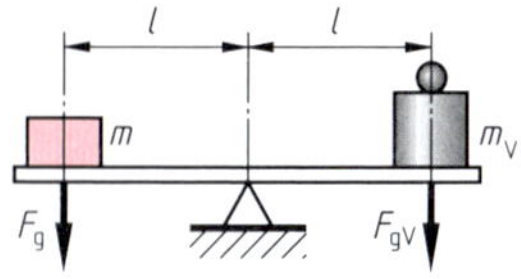

Elektrometrische Waagen

Umwandlung der durch eine Masse (Last) bedingten Verformung an einem geeigneten Körper in eine Widerstands- oder Induktionsänderung.

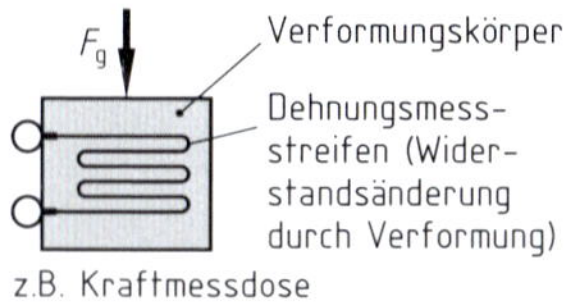

Radiometrische Waagen

Absorption von γ-Strahlen durch das Wägegut (proportional der Wägegutmasse).

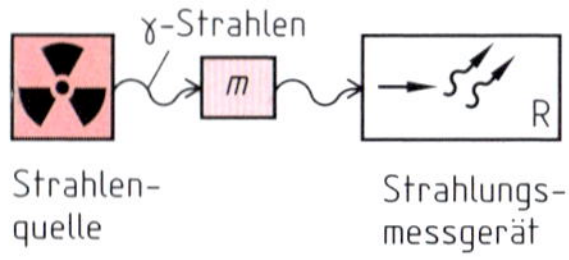

Dichte

Formelzeichen: ϱ

Einheit: **kg/m³**

Umrechnung üblicher Einheiten:

$1\ \text{kg/m}^3 = 10^{-3}\ \text{g/cm}^3 = 10^{-3}\ \text{kg/dm}^3$

$1\ \text{g/cm}^3 = 1\ \text{kg/dm}^3 = 10^3\ \text{kg/m}^3$

Beziehungen:

$$\varrho = \frac{m}{V}$$

$$\varrho_F = \frac{F_A}{V_V \cdot g}$$

$$\varrho_F = \frac{F_g - F_{gF}}{V_V \cdot g}$$

$$\varrho_K = \frac{\varrho_F \cdot F_g}{F_g - F_{gF}}$$

Temperaturabhängigkeit der Dichte: (gilt nicht für Wasser!)

$$\varrho_2 = \frac{\varrho_1}{1 + \gamma \cdot \Delta\vartheta}$$

- ϱ Dichte in kg/m³
- m Masse in kg
- V Volumen in m³
- ϱ_F Dichte der Flüssigkeit in kg/m³
- F_A Auftriebskraft in N
- V_V Eintauchvolumen eines Körpers (Verdrängungsvolumen) in m³
- F_g Gewichtskraft eines Körpers in Luft in N
- F_{gF} Gewichtskraft eines Körpers in einer Flüssigkeit in N
- g Fallbeschleunigung in m/s² ($g = 9{,}81$ m/s²)
- ϱ_K Dichte eines in eine Flüssigkeit eingetauchten Körpers in kg/m³
- ϱ_1 Dichte vor einer Temperaturänderung in kg/m³
- ϱ_2 Dichte nach einer Temperaturänderung in kg/m³
- γ Volumenausdehnungskoeffizient in 1/K (bzw. in 1/°C)
- $\Delta\vartheta$ Temperaturerhöhung in K (bzw. in °C)

Dichten einiger technisch wichtiger Stoffe (in g/cm³ bei 20 °C; Gase in kg/m³ bei 0 °C und 1013 hPa)

Stoff	Dichte	Stoff	Dichte	Stoff	Dichte
Aluminium, gegossen	2,56	Grauguss	7,25	Polypropylen (PP)	0,89...0,91
Ammoniak, gasförmig	0,77	Hartgummi	1,1...1,5	PTFE	2,1...2,3
Benzin (Fahrbenzin)	0,78	Heizöl	0,95...1,01	Quecksilber	13,55
Beton	1,5...2,45	Heliumgas	0,176	Sauerstoff, gasförm.	1,429
Blei	11,3	Holz, trocken	0,45...1,2	Schamotte	1,7...2,7
Chlorgas	3,21	Kautschuk, natur	0,91...0,96	Schaumstoff	0,02...0,05
Diphenyl/Diphenyloxid	1,06	Kesselstein	≈ 2,5	Stahl, nichtrostender	7,8...7,9
Eis	0,92	Kupfer, gewalzt	8,9...9,0	Stickstoff, gasförmig	1,250
Erdgas, trocken	≈ 0,7	Luft, gasförmig	1,293	Titan	4,5
Glas, Jenaer	2,6	Nickel, gegossen	8,35	Wasser	0,998
Glaswolle	0,05...0,3	Öl (Schmieröl: ≈ 0,9)	0,75...0,95	Wasserstoff, gasförm.	0,0899
Graphit	2,24	Phenolharz	1,2...1,7	Zink	6,9...7,2

Dichtebestimmung

Dichte von Feststoffen

Allgemein:

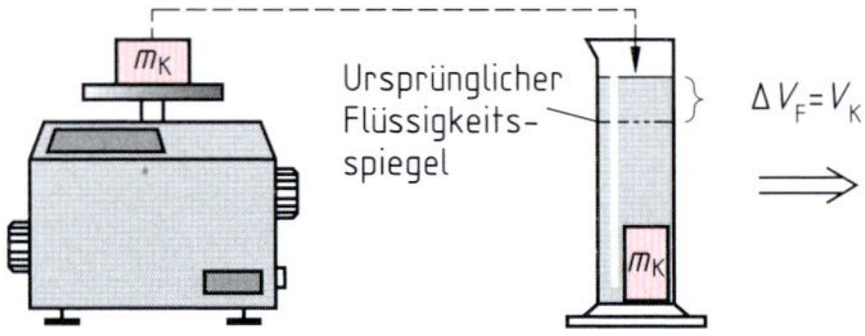

Bestimmung der Masse (Wägeverfahren)

Bestimmung des Volumens (Verdrängungsmethode)

$$\varrho_K = \frac{m_K}{V_K}$$

ϱ_K Dichte des Feststoffes in g/cm^3 bei der Temperatur ϑ

m_K Masse des Feststoffes in g

V_K Volumen des Feststoffes in cm^3 bei der Temperatur ϑ

ΔV_F Verdrängtes Flüssigkeitsvolumen in cm^3 bei der Temperatur ϑ

Pyknometermethode:

1. Wägung m_1 | 2. Wägung m_2 | 3. Wägung m_3 | 4. Wägung m_4

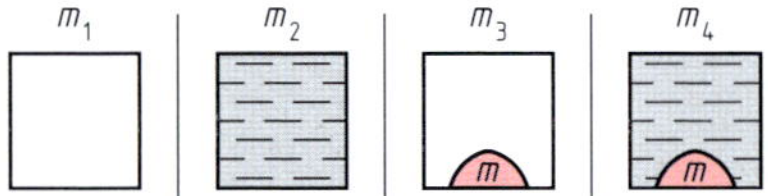

Pyknometer leer | Pyknometer + Flüssigkeit | Pyknometer + Feststoff | Pyknometer + Feststoff, mit Flüssigkeit aufgefüllt

$$\varrho_K = \frac{(m_3 - m_1) \cdot \varrho_F}{m_3 - m_1 + m_2 - m_4}$$

m Masse in g

ϱ_F Dichte der Flüssigkeit in g/cm^3 bei der Temperatur ϑ

ϱ_K Dichte des Feststoffes in g/cm^3 bei der Temperatur ϑ

Dichte von Flüssigkeiten (Digitale präzise Anzeige und einfache Messung mit dem **Biegeschwinger**)

Aräometer (Spindel)

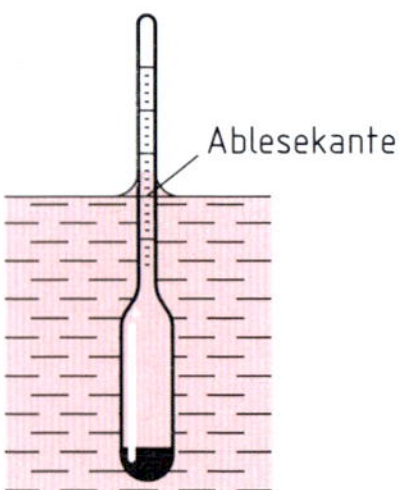

1. Temperieren der Flüssigkeit nach Angabe auf dem Aräometer.
2. Aräometer unter leichter Drehbewegung in die Flüssigkeit einsetzen (darf nicht an der Wand anhängen). Evtl. zunächst mit einer Suchspindel die Nummer oder den Bereich der Feinspindel bestimmen.
3. Dichtewert in Augenhöhe an der Skala ablesen (Ablesekante = ebene Flüssigkeitsoberfläche).

Biegeschwinger

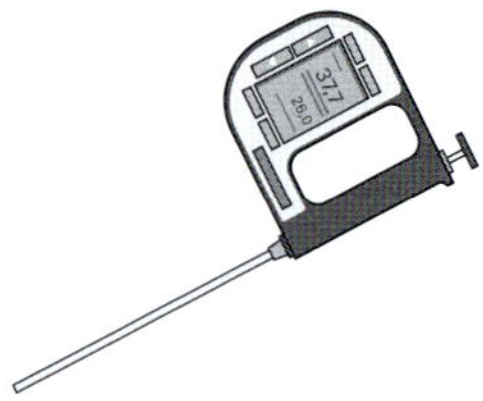

In jedem Fall Betriebsanweisung des Herstellers beachten! I. Allg.:

1. Kontrollmessung: Gerät mit Entleerungsknopf entleeren, Probenschlauch in den Dichtestandard oder destilliertes Wasser eintauchen, Füllknopf zum Befüllen der Messzelle langsam betätigen, sicherstellen, dass keine Luftblasen in der Messzelle sind, Taste zur Ausführung der Messung drücken, Dichte ablesen.
2. Messung der Probe: Ablauf wie bei Kontrollmessung, Dichte und evtl. Konzentration ablesen, zur Kontrolle wiederholen. Probe muss Umgebungstemperatur des Geräts haben bzw. Gerät misst Temperatur gleichzeitig.

Pyknometer

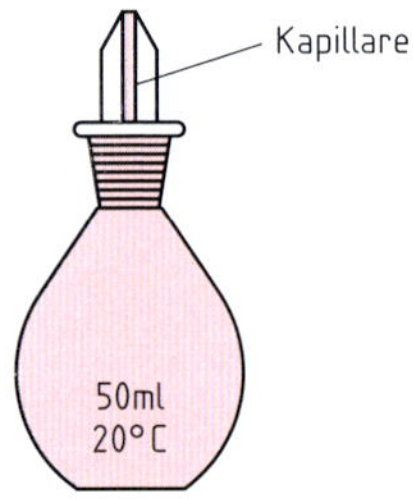

1. Ermittlung der Masse des Pyknometers (leer, trocken und gereinigt): m_P in g.
2. Füllen und temperieren (nach Pyknometeraufschrift, meist 20 °C).
3. Stopfen aufsetzen und die durch die Kapillare austretende Flüssigkeit abwischen (auf Blasenfreiheit achten).
4. Masse m_{P+F} bestimmen (in g).
5. Dichte berechnen

$$\varrho_F = \frac{m_{P+F} - m_P}{V}$$

ϱ in g/cm^3

V Volumen des Pyknometers in cm^3

Geschwindigkeit

Formelzeichen: ***v***
Einheit: **m/s**

Umrechnung üblicher Einheiten:

1 m/s = 3,6 km/h
1 km/h = 0,278 m/s
1 mm/a = $3{,}17 \cdot 10^{-11}$ m/s

Kennzeichnende Diagramme:

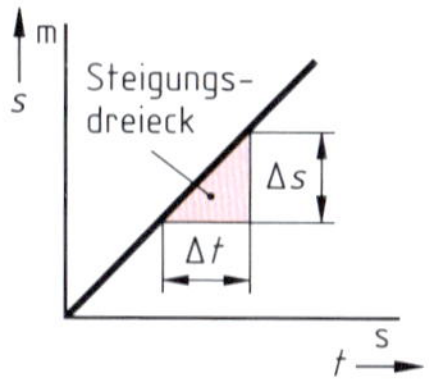

Gleichförmig geradlinige Bewegung: $v = \Delta s/\Delta t$ (Steigungsdreieck beliebig)

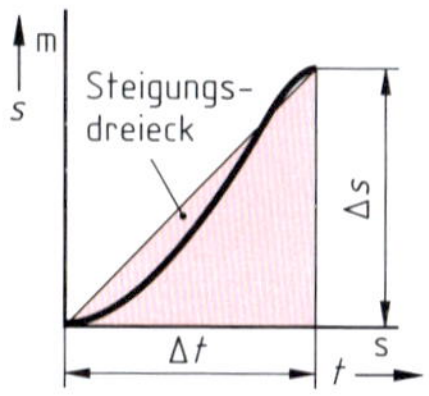

Ungleichförmige Bewegung: mittlere Geschwindigkeit $v = \Delta s/\Delta t$ (Steigungsdreieck über gesamten Wertebereich)

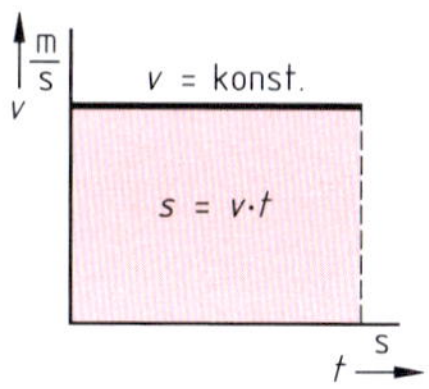

Der bei einem Bewegungsvorgang zurückgelegte Weg ist proportional zur Fläche unter dem Graphen im *v-t*-Diagramm.

Beziehungen (*v* jeweils in m/s):

Mittlere Geschwindigkeit:

$$v = \frac{s}{t}$$

s Zurückgelegter Weg in m
t Für den Weg *s* benötigte Zeit in s

Endgeschwindigkeit nach einer gleichmäßigen Beschleunigung aus der Ruhelage:

$$v = a \cdot t$$

$$v = \sqrt{2 \cdot a \cdot s}$$

a Gleichmäßige Beschleunigung in m/s²
t Beschleunigungsdauer in s
s Während der Beschleunigung zurückgelegter Weg in m

Endgeschwindigkeit nach einer gleichmäßigen Beschleunigung mit der Anfangsgeschwindigkeit v_0:

$$v = v_0 + a \cdot t$$

v_0 Anfangsgeschwindigkeit in m/s
a Gleichmäßige Beschleunigung in m/s²
t Beschleunigungsdauer in s

Endgeschwindigkeit beim freien Fall (ohne Berücksichtigung des Strömungswiderstandes):

$$v = \sqrt{2 \cdot g \cdot h}$$

g Fallbeschleunigung in m/s²
h Fallhöhe in m

Strömungsgeschwindigkeit in einer Rohrleitung:

$$v = \frac{q_V}{A}$$

q_V Volumenstrom in m³/s
A Strömungsquerschnitt in m²

Umfangsgeschwindigkeit (Geschwindigkeit eines Massenpunktes auf einer Kreisbahn):

$$v = 2 \cdot \pi \cdot r \cdot n$$

r Abstand des Massenpunktes vom Drehpunkt (Radius) in m
n Umdrehungsfrequenz (Drehzahl) in 1/s

Typische Geschwindigkeiten im Bereich der chemischen Technik

Lichtgeschwindigkeit im Vakuum:	$2{,}9979 \cdot 10^8$ m/s
– in Luft:	$\approx 3 \cdot 10^8$ m/s
– in Wasser:	$2{,}25 \cdot 10^8$ m/s
Schall in Luft von 0 °C:	331,6 m/s
– in Wasser von 25 °C:	1485 m/s
– in Stahl:	ca. 5000 m/s
– in Mauerwerk:	ca. 3500 m/s
– in Glas:	ca. 5500 m/s
Korrosionsgeschwindigkeit von unlegiertem Stahl	
– in Wasser	0,05...0,13 mm/a
– in Meerwasser:	≈ 0,4 mm/a
– in Schwefelsäure, $w(H_2SO_4) = 50$ %:	≈ 10 mm/a
– in Natronlauge, $w(NaOH) = 80$ %, $\vartheta = 300$ °C:	≈ 100 mm/a

Verbrennungsgeschwindigkeit von	
Benzindampf-Luft-Gemisch:	20...25 m/s
Schießpulver:	300 m/s
Sprengstoffen:	...9000 m/s
Umfangsgeschwindigkeiten:	
– Laufrad eines Kreiselverdichters:	...250 m/s
– Laufrad einer Kreiselpumpe:	20...60, max. 140 m/s
– Zentrifugen:	20.... >160 m/s
– Rührer:	0,5...25 m/s
Strömungsgeschwindigkeiten:	
– in Kühlwasserleitungen	1...3 m/s
– in Kondensatleitungen:	0,2...1,5 m/s
– in Sattdampfleitungen:	10...40 m/s
– in Druckluftleitungen:	3...10 m/s
– in Schornsteinen (Rauchgas):	15...20 m/s
– in Hochdruckbrennerdüsen:	...190 m/s

Beschleunigung

Formelzeichen: ***a***
(Fallbeschleunigung: ***g***)

Einheit: $\frac{\mathbf{m}}{\mathbf{s^2}}$

Kennzeichnende Diagramme für die gleichmäßige Beschleunigung

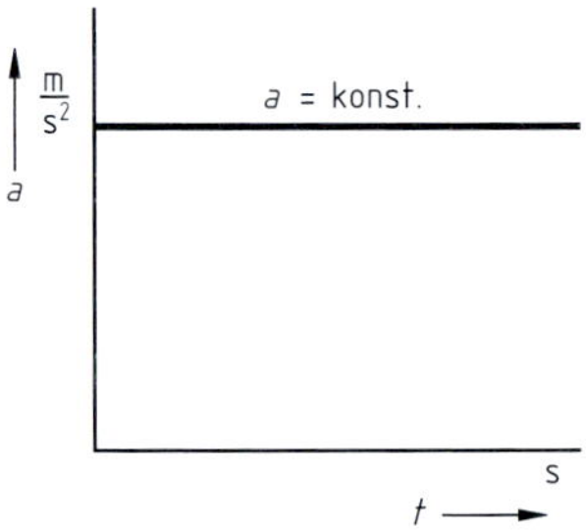

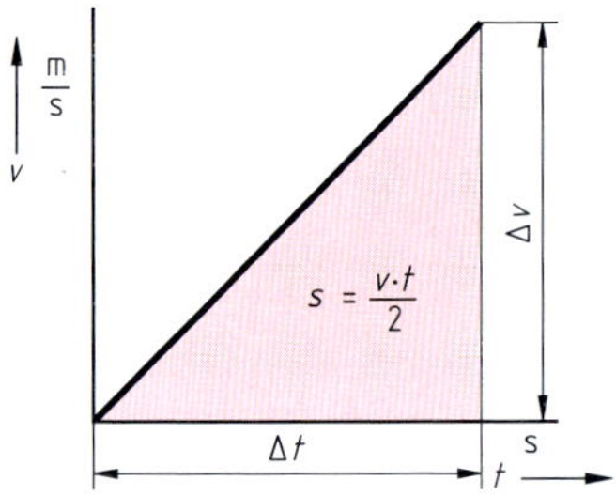

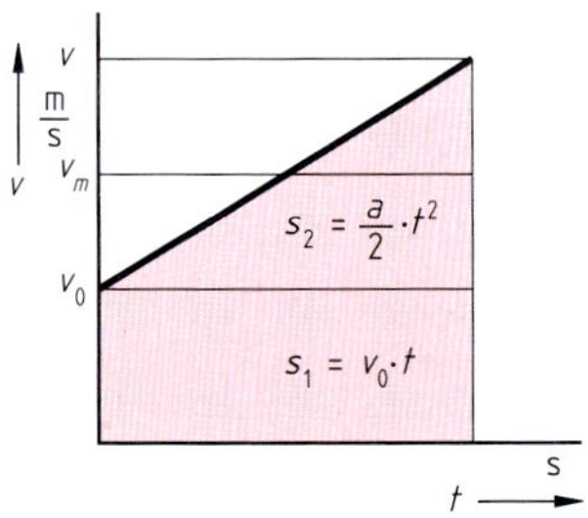

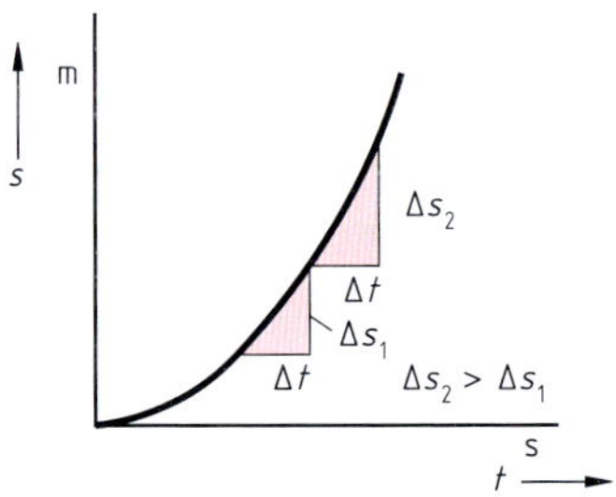

Bremsvorgänge können als negativ beschleunigte Vorgänge betrachtet werden. Es gelten somit die gleichen Formeln.

Beziehungen

Mittlere Beschleunigung bzw. gleichmäßige Beschleunigung:

$$a = \frac{\Delta v}{\Delta t}$$

$$a = \frac{v - v_0}{\Delta t}$$

- a Beschleunigung in m/s^2
- Δv Geschwindigkeitsänderung in m/s
- Δt Zeitdauer der Beschleunigung in s
- v_0 Geschwindigkeit vor der Beschleunigung in m/s
- v Geschwindigkeit nach der Beschleunigung in m/s

Zurückgelegter Weg bei gleichmäßiger bzw. mittlerer Beschleunigung aus der Ruhelage:

$$s = \frac{a}{2} \cdot t^2$$

$$s = \frac{v^2}{2 \cdot a}$$

$$s = \frac{v \cdot t}{2}$$

- a Gleichmäßige bzw. mittlere Beschleunigung in m/s^2
- t Zeitdauer der Beschleunigung in s
- v Erreichte Endgeschwindigkeit in m/s
- s Zurückgelegter Weg in m

Zurückgelegter Weg bei gleichmäßiger bzw. mittlerer Beschleunigung von einer Anfangsgeschwindigkeit aus:

$$s = v_0 \cdot t + \frac{a}{2} \cdot t^2$$

$$s = v_m \cdot t$$

- s Zurückgelegter Weg in m
- t Zeitdauer der Beschleunigung in s
- a Gleichmäßige bzw. mittlere Beschleunigung in m/s^2
- v_0 Anfangsgeschwindigkeit in m/s
- v_m Mittlere Geschwindigkeit in m/s

Freier Fall (ohne Berücksichtigung des Luftwiderstandes):

$$h = \frac{g}{2} \cdot t^2$$

$$v = \sqrt{2 \cdot g \cdot h}$$

$$t = \sqrt{\frac{2 \cdot h}{g}}$$

- g Fallbeschleunigung: 9,81 m/s^2
- t Fallzeit in s
- h Fallstrecke in m
- v Erreichte Geschwindigkeit in m/s nach der Fallzeit t und der Fallstrecke h

Radialbeschleunigung (z. B. Zentrifugalbeschleunigung in Zyklonen zur Abscheidung von Feststoffteilchen aus Gasen oder Flüssigkeiten):

$$a = \frac{v^2}{r}$$

- a Mittlere Beschleunigung in m/s^2
- v Randgeschwindigkeit des Gases bzw. der Flüssigkeit in m/s
- r Innenradius des zylindrischen Gehäuseteiles (des Zyklons) in m

Näherungsweise Beschleunigung von Feststoffteilchen infolge der Zentrifugalkraft in Vollmantelzentrifugen:

$$a = 4 \cdot r \cdot \pi^2 \cdot n^2$$

- a Mittlere Beschleunigung in m/s^2
- r Radius der Umlaufbahn des Feststoffteilchens in m
- n Umdrehungsfrequenz (Drehzahl) in 1/s

Winkelgeschwindigkeit, Winkelbeschleunigung

Winkelgeschwindigkeit (Drehgeschwindigkeit)
Formelzeichen: ω Einheit: **rad/s** bzw. **1/s**

Beziehungen (siehe auch Winkelbeschleunigung):

$$\omega = \frac{\varphi}{t}$$

$$\omega = \frac{v}{r}$$

$$\omega = 2 \cdot \pi \cdot n$$

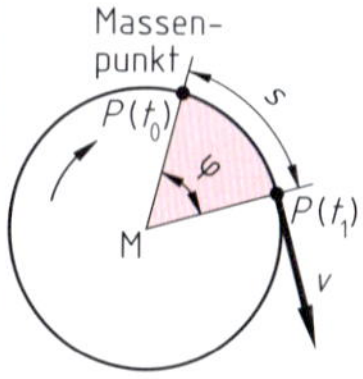

- ω Mittlere Winkelgeschwindigkeit in 1/s bzw. rad/s
- φ Drehwinkel in rad
- t Zeitdauer für das Überstreichen des Drehwinkels in s
- v Bahngeschwindigkeit (Geschwindigkeit des auf der Kreisbahn mit dem Radius r umlaufenden Massenpunktes) in m/s
- r Radius der Kreisbahn des betrachteten Massenpunktes in m
- n Drehzahl (Umdrehungsfrequenz) in 1/s

Winkelbeschleunigung (Drehbeschleunigung)
Formelzeichen: α Einheit: **rad/s²** bzw. **1/s²**

Beziehungen:

$$\alpha = \frac{\omega}{t}$$

$$\alpha = \frac{a}{r}$$

$$\alpha = \frac{2 \cdot \varphi}{t^2}$$

$$\alpha = \frac{\omega^2}{2 \cdot \varphi}$$

$$\alpha = \frac{\omega - \omega_0}{t}$$

$$\alpha = \frac{2 \cdot (\varphi - \omega_0 \cdot t)}{t^2}$$

- α Mittlere Winkelbeschleunigung in 1/s² bzw. rad/s²
- ω Winkelgeschwindigkeit nach der Beschleunigung in 1/s bzw. rad/s
- t Zeitdauer der Beschleunigung bzw. Zeit bis zum Erreichen der End-Winkelgeschwindigkeit in s
- a Bahnbeschleunigung in m/s²
- r Bahnradius (Abstand des Massenpunktes vom Drehpunkt) in m
- ω_0 Bei Beginn des Beschleunigungsprozesses bereits vorliegende (Anfangs-)Winkelgeschwindigkeit in 1/s bzw. rad/s
- φ Drehwinkel in rad

Drehwinkel

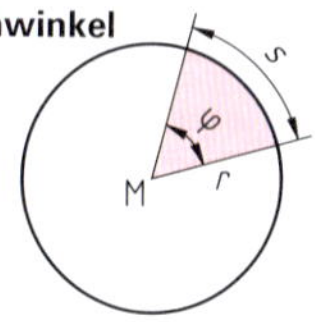

$$\varphi = \frac{s}{r}$$

$$\varphi = \omega \cdot t$$

$$\varphi = 2 \cdot \pi \cdot n \cdot t$$

Einheit für φ: rad. $\varphi = 1$ rad bzw. 57,3°, wenn $s = r$.
Für den Vollwinkel (360°) gilt: $\varphi = 2 \cdot \pi$

- φ Drehwinkel (ebener Winkel) in $\frac{\text{m}}{\text{m}}$ bzw. rad
- s Länge des Kreisbogens in m
- r Radius des Kreises bzw. der Kreisbahn eines Massenpunktes in m
- ω Gleichförmige Winkelgeschwindigkeit in 1/s bzw. rad/s
- t Zeitdauer für das Übersteichen des Drehwinkels in s
- n Drehzahl (Umdrehungsfrequenz) in 1/s

Drehzahl (Umdrehungsfrequenz), Radialbeschleunigung

Drehzahl (Umdrehungsfrequenz)
Formelzeichen: n Einheit: **1/s**

Beziehungen:

$$n = \frac{z}{t}$$

$$n = \frac{\omega}{2 \cdot \pi}$$

$$n = \frac{v}{d \cdot \pi}$$

- n Drehzahl in 1/s
- z Anzahl der Umdrehungen
- t Zeitdauer für z Umdrehungen in s
- v Bahngeschwindigkeit (eines Massenpunktes im Abstand $d/2$ vom Drehpunkt) in m/s
- ω Winkelgeschwindigkeit in 1/s
- d Durchmesser des Drehkörpers in m

Radialbeschleunigung (auch: Normal-, Zentral- oder Zentripetalbeschleunigung)
Formelzeichen: a Einheit: **m/s²**

Beziehungen:

$$a = \frac{v^2}{r}$$

$$a = r \cdot \omega^2$$

$$a = v \cdot \omega$$

$$a = \frac{4 \cdot \pi^2 \cdot r}{T^2}$$

- a Radialbeschleunigung in m/s² (zum Drehpunkt gerichtet)
- v Bahngeschwindigkeit des betrachteten Massenpunktes in m/s
- r Radius der Kreisbahn des betrachteten Massenpunktes in m
- ω Winkelgeschwindigkeit in 1/s
- T Umlaufzeit für 1 Umdrehung in s

Auswahl typischer Drehzahlen:

Kreiselpumpen: 200 1/min bis > 6000 1/min i. Allg. 1000 1/min bis 3000 1/min
Kolbenverdichter: bis ca. 2000 1/min
Rotationsverdichter: bis ca. 1500 1/min
Schrauben- u. Turboverdichter: bis 28000 1/min
Rührer: 20 1/min bis 2000 1/min
Zentrifugen: i. Allg. bis 5000 1/min, Tellerzentrifugen bis ca. 10000 1/min, Rohrz. bis 50000 1/min

Kraft

Formelzeichen: ***F*** Einheit: **N** (Newton) $1\,\text{N} = 1\,\dfrac{\text{kg}\cdot\text{m}}{\text{s}^2}$

Beschleunigende oder bremsende Kraft

$$F = m \cdot a$$

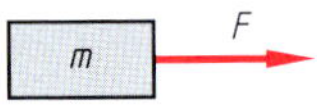

- F Kraft in N
- m Masse in kg
- a Beschleunigung oder Verzögerung in m/s²

Gewichtskraft

$$F_g = m \cdot g$$

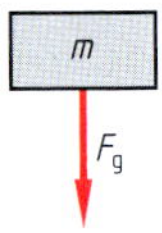

- F_g Kraft in N
- m Masse in kg
- g Fallbeschleunigung in m/s² ($g = 9{,}81$ m/s²)

Arbeit verursachende Kraft

$$F = \frac{W}{s}$$

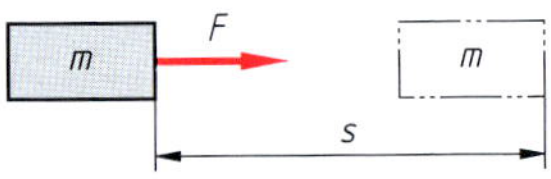

- F Konstante Kraft in Richtung des Weges s in N
- W Arbeit in J bzw. Nm
- s Weg in Richtung der wirkenden Kraft in m

Druckkraft bzw. Flächenkraft

$$F = p \cdot A$$

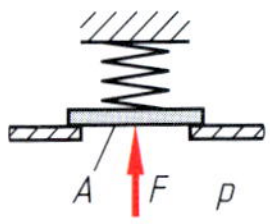

- F Kraft in N
- p Druck in Pa bzw. N/m²
- A Fläche in m², auf die die Kraft F wirkt

Reibungskraft

$$F_R = \mu \cdot F_n$$

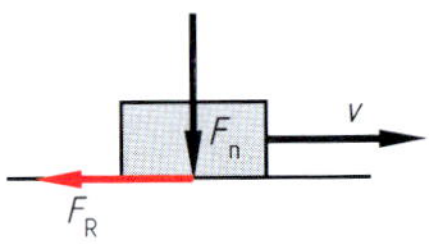

- F_R Kraft in N
- μ Reibungszahl
- F_n Normalkraft in N (die Kraft, die die gegeneinander bewegten Flächen aufeinanderpresst)

Federkraft (Spannkraft)

$$F = c \cdot s$$

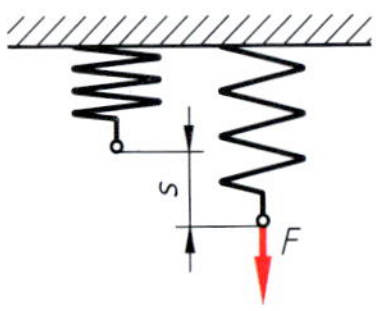

- F Kraft in N
- c Federsteifigkeit (Federkonstante) in N/m
- s Federweg in m (Längenänderung der Feder durch die Kraft F)

Auftriebskraft

$$F_A = V \cdot \varrho \cdot g$$

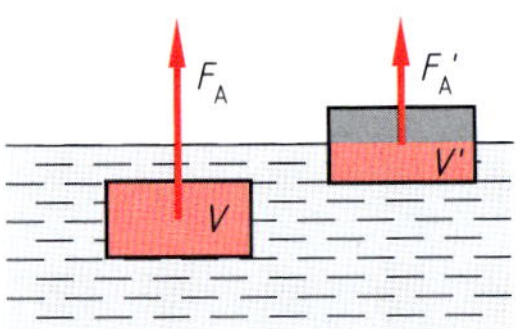

- V Volumen der vom Körper verdrängten Flüssigkeit bzw. Eintauchvolumen des Körpers in m³
- g Fallbeschleunigung ($g = 9{,}81$ m/s²)
- ϱ Dichte der Flüssigkeit in kg/m³

Zentrifugalkraft
(Fliehkraft, Radialkraft)

$$F = \frac{m \cdot v^2}{r}$$

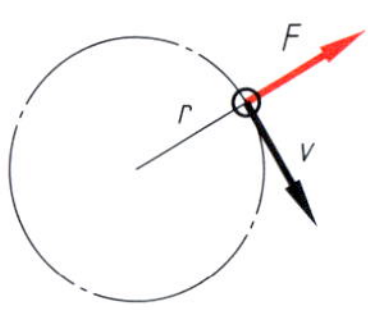

- F Kraft in N
- m Masse des Umlaufkörpers in kg
- r Kreisbahnradius in m
- v Bahngeschwindigkeit (Umfangsgeschwindigkeit) des Körpers in m/s

Zusammensetzung und Zerlegung von Kräften in der Ebene

Darstellung einer Kraft als Kraftpfeil

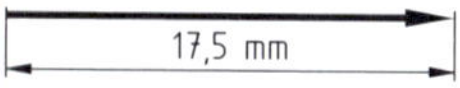

Die Länge des Pfeiles repräsentiert die Größe der Kraft. Setzt man z. B. einen Maßstab von 1 cm ≙ 100 N voraus, so steht der gezeigte Pfeil für $F = 175$ N.

Zusammensetzung zweier gleichgerichteter Kräfte auf einer Wirkungslinie

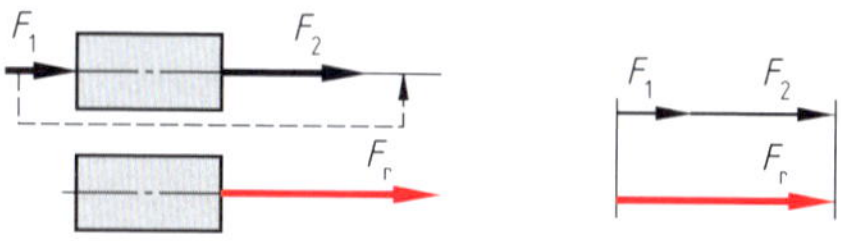

Die Kräfte F_1 und F_2 können algebraisch addiert werden, zeichnerisch wird die Resultierende F_r durch Aneinandersetzen der Kraftpfeile ermittelt.

$$F_r = F_1 + F_2$$

Zusammensetzung zweier entgegengesetzt gerichteter Kräfte auf einer Wirkungslinie

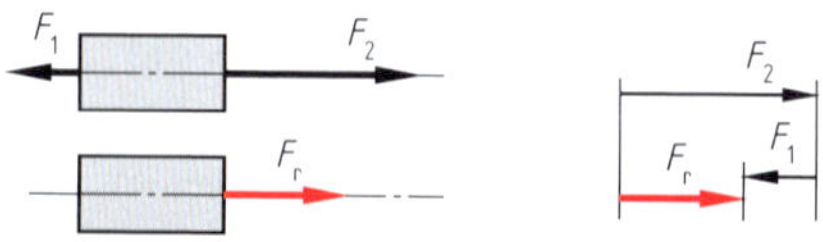

Der Betrag der kleineren Kraft wird vom Betrag der größeren subtrahiert, die größere Kraft bestimmt die Richtung der Resultierenden F_r.

$$F_r = F_2 - F_1$$

Zusammensetzung zweier Kräfte auf verschiedenen (nicht parallelen) Wirkungslinien

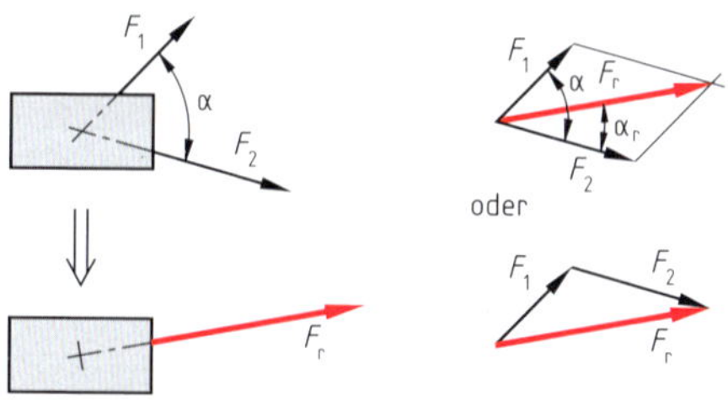

1. Verschieben der Kraftpfeile bis zum Schnittpunkt der Wirkungslinien
2. Konstruktion des Parallelogramms (Parallelverschiebung von F_1 bis an die Spitze von F_2 und umgekehrt)
3. Einzeichnen der Resultierenden **oder**

1. Verschieben von F_2 an die Spitze von F_1
2. Verbinden der Spitze von F_2 mit dem Angriffspunkt von F_1

oder berechnen nach der Formel

$$F_r = \sqrt{F_1^2 + F_2^2 + 2 \cdot F_1 \cdot F_2 \cdot \cos \alpha}$$ bzw.

$$F_r = \sqrt{F_1^2 + F_2^2}$$ wenn $\alpha = 90°$

$$\sin \alpha_r = \frac{F_1}{F_r} \cdot \sin \alpha$$ bzw. $$\tan \alpha_r = \frac{F_1}{F_2}$$ wenn $\alpha = 90°$

Zusammensetzung mehrerer Kräfte, die zu einem gemeinsamen Angriffspunkt verschiebbar sind

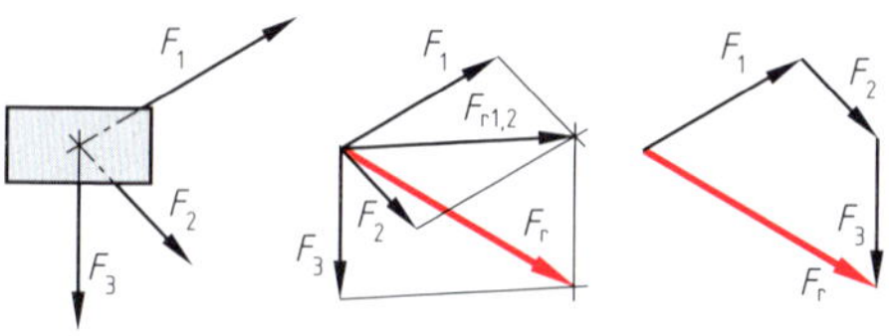

Zunächst zwei Kräfte wie oben beschrieben zusammenfassen, dann die entstandene Resultierende mit der nächsten Kraft zusammenfassen usw., bis die letzte Resultierende (= Gesamtresultierende F_r) erreicht ist oder durch Parallelverschieben jeweils einen Kraftpfeil an die Spitze des nächsten setzen und am Ende die Wurzel des ersten mit der Spitze des letzten zur Resultierenden verbinden.

Zerlegung einer Kraft in zwei Komponenten

a) Komponenten senkrecht aufeinander

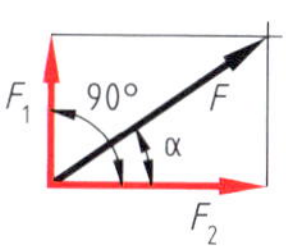

$$F_1 = F \cdot \sin \alpha$$

$$F_2 = F \cdot \cos \alpha$$

b) Komponenten in beliebiger Richtung

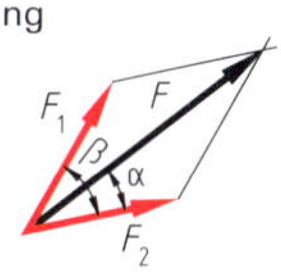

$$F_1 = F \cdot \frac{\sin \alpha}{\sin \beta}$$

$$F_2 = F \cdot \cos \alpha - F_1 \cdot \cos \beta$$

Geneigte Ebene (schiefe Ebene)

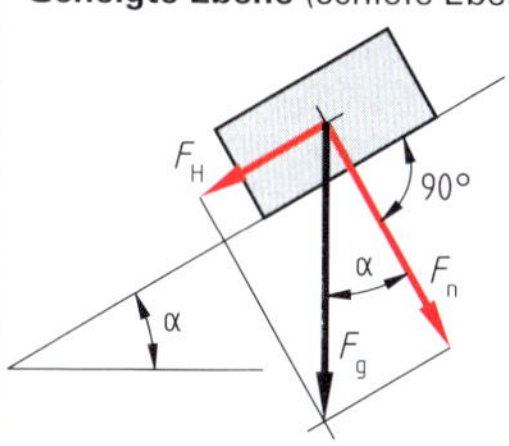

- F_g Gewichtskraft
- F_H Hangabtriebskraft
- F_n Normalkraft

$$F_H = F_g \cdot \sin \alpha$$

$$F_n = F_g \cdot \cos \alpha$$

Mechanische Arbeit und Energie

Formelzeichen: ***W*** (Arbeit) ***E*** (Energie) Einheit: **J** (Joule) bzw. **N · m** $1\ J = 1\ Nm = 1\ \frac{kg \cdot m^2}{s^2}$

Arbeit = Kraft in Richtung des Weges x Weg $W = F \cdot s$ Energie = gespeicherte Arbeit

Reibungsarbeit

$$W = \mu \cdot F_n \cdot s$$

μ Reibungszahl
F_n Normalkraft in N
s Weg in m

Bewegungsarbeit, kinetische Energie

$$W = \frac{m \cdot v_e^2}{2}$$

$$E = \frac{m \cdot v^2}{2}$$

m Masse des bewegten Körpers in kg
v Geschwindigkeit in m/s
v_e Endgeschwindigkeit bei Beschleunigung aus der Ruhelage in m/s

Beschleunigungsarbeit bei $v_a \neq 0$

$$W = \frac{m\,(v_e^2 - v_a^2)}{2}$$

m Masse des beschleunigten Körpers in kg
v_e Erreichte Endgeschwindigkeit in m/s
v_a Anfangsgeschwindigkeit in m/s

Hubarbeit, potentielle Energie

$$W = m \cdot g \cdot h$$

$$E = m \cdot g \cdot h$$

m Masse des gehobenen Körpers in kg
g Fallbeschleunigung in m/s²
h Hubhöhe bzw. Höhenlage in m

Spann- oder Verformungsarbeit bzw. -energie

$$W = \frac{c \cdot s^2}{2}$$

$$E = \frac{c \cdot s^2}{2}$$

c Federkonstante in N/m
s Federweg (Längenänderung der Feder) in m

Mechanische Leistung

Formelzeichen: ***P*** Einheit: **W** (Watt) $1\ W = 1\ J/s = 1\ Nm/s = 1\ kg \cdot m^2/s^3$

Leistung = Arbeit pro Zeiteinheit

$$P = \frac{W}{t}$$

W Arbeit in J bzw. Nm
t Zeit in s

$$P = \frac{F \cdot s}{t}$$

F Kraft in N
s Weg in m
t Zeit in s

$$P = F \cdot v$$

F Kraft in N
v Konstante bzw. mittlere Geschwindigkeit in m/s

$$P = M \cdot \omega$$

M Drehmoment in Nm
ω Winkelgeschwindigkeit in 1/s

Erforderliche Pumpenleistung (abgegebene Leistung) zur Förderung einer Flüssigkeit auf ein höheres Niveau (ohne Berücksichtigung der Strömungswiderstände):

$$P = q_V \cdot \varrho \cdot g \cdot h \qquad P = \frac{V \cdot \varrho \cdot g \cdot h}{t} \qquad P = q_m \cdot g \cdot h \qquad P = \frac{m \cdot g \cdot h}{t}$$

V Volumen der geförderten Flüssigkeit in m³
q_V Volumenstrom bzw. Volumendurchsatz in m³/s
ϱ Dichte der Flüssigkeit in kg/m³
g Fallbeschleunigung in m/s²
m Masse der geförderten Flüssigkeit in kg
q_m Massendurchsatz in kg/s
h Höhenänderung in m
t Förderzeit in s

Wirkungsgrad

Formelzeichen: ***η*** (ohne Einheit) Wirkungsgrad x 100 = Wirkungsgrad in Prozent

$$\eta = \frac{P_{ab}}{P_{zu}} \qquad \eta = \eta_1 \cdot \eta_2 \cdot \eta_3 \cdot \ldots \cdot \eta_n$$

Pumpenwirkungsgrad: $$\eta = \frac{\varrho \cdot g \cdot q_V \cdot H}{P_{zu}}$$

P_{zu} Zugeführte Leistung in W
P_{ab} Abgegebene Leistung (z. B. Nutzleistung) in W
$\eta_1, \eta_2, \ldots$ Teilwirkungsgrade
ϱ Dichte der Förderflüssigkeit in kg/m³
q_V Volumenstrom in m³/s
g Fallbeschleunigung in m/s²
H Förderhöhe in m (= geodätische Höhe + Verlusthöhe durch Strömungswiderstände)

Hubkolbenpumpen: $\eta \approx 0{,}5$ bis $0{,}95$
Kreiselpumpen: $\eta \approx 0{,}5$ bis $0{,}9$
Rotierende Verdrängerpumpen: $\eta \approx 0{,}4$ bis $0{,}9$
Hubkolbenverdichter: $\eta \approx 0{,}8 - 0{,}95$
Kreiselverdichter: $\eta \approx 0{,}6 - 0{,}9$

Reibung

Formelzeichen für die Reibungskraft: $\boldsymbol{F_R}$ Einheit: **N** (Newton) **1 N = 1 kg · m/s²**

$$F_R = \mu \cdot F_n$$

μ Reibungszahl
F_n Normalkraft in N

F_R ist abhängig von der Art des Materials und von der Beschaffenheit der gegeneinander bewegten Oberflächen (Faktor μ) sowie von der Normalkraft F_n, welche die Oberflächen gegeneinanderpresst und die wahre Berührungsfläche bestimmt, und von der Temperatur. F_R wirkt stets tangential zur Bewegungsfläche. Die Relativgeschwindigkeit der gegeneinander bewegten Flächen und die Größe der Kontaktfläche haben keinen Einfluss.

$$\mu_S > \mu > \mu_R$$

μ_S Statische Reibungszahl (Haftreibungszahl) (bestimmt die Kraft, die erforderlich ist, um einen Körper in Bewegung zu setzen)

μ Dynamische Reibungszahl (Gleitreibungszahl) (bestimmt die Kraft, die erforderlich ist, um einen Körper gleichförmig zu bewegen)

μ_R Rollreibungszahl (bestimmt die Kraft für eine gleichförmige Rollbewegung)

Waagerechte Gleitbewegung, Flächenpressung nur infolge der Gewichtskraft ($F_n = F_g$):

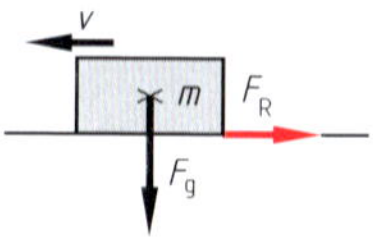

$$F_R = \mu \cdot F_g$$

$$F_R = \mu \cdot m \cdot g$$

m Masse des Körpers in kg
F_g Gewichtskraft des Körpers in N
g Fallbeschleunigung in m/s²
μ Reibungszahl

Waagerechte Gleitbewegung, Flächenpressung infolge Gewichtskraft und Zusatzkraft:

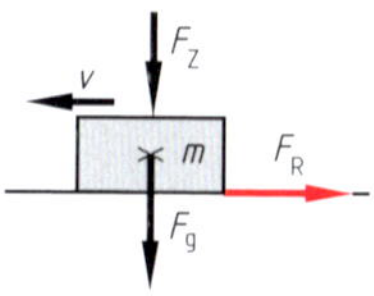

$$F_R = \mu \cdot (F_g + F_Z)$$

$$F_R = \mu \cdot (m \cdot g + F_Z)$$

m Masse des Körpers in kg
F_g Gewichtskraft des Körpers in N
F_Z Zusatzkraft (z. B. Last) in N
g Fallbeschleunigung in m/s²
μ Reibungszahl

Gleitbewegung auf der geneigten Ebene, Bestimmung der Reibungszahlen:

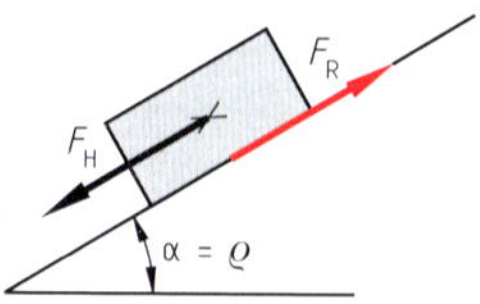

$$\mu_S = \tan \varrho_0$$

$$\mu = \tan \varrho$$

α Neigungswinkel der Ebene
ϱ Reibungswinkel

Der Winkel α, bei dem der Körper zu gleiten beginnt, entspricht dem Haftreibungswinkel ϱ_0, der Winkel α, bei dem der Körper gleichförmig gleitet, dem Gleitreibungswinkel ϱ. In diesen Fällen gilt: Hangabtriebskraft F_H = Reibungskraft F_R.

Reibungsmoment an tragenden Gleitlagern:

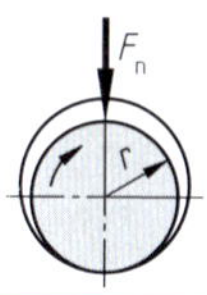

$$M_R = \mu \cdot F_n \cdot r$$

M_R Reibungsmoment in N·m
μ Reibungszahl
F_n Normalkraft in N
r Radius in m

Reibungszahlen (Richtwerte):

Materialpaarung	Haftreibung		Gleitreibung	
	trocken	geschmiert	trocken	geschmiert
Stahl/Stahl	0,15 – 0,2	0,1	0,1 – 0,15	0,01 – 0,05
Stahl/Grauguss	0,15 – 0,25	0,1 – 0,15	0,16 – 0,2	0,01 – 0,05
Stahl/Cu-Sn-Leg.	0,2		0,1 – 0,18	0,07
Leder/Stahl	0,5 – 0,6	0,2 – 0,3	0,2 – 0,5	0,12 – 0,2
Stahl/PTFE[1]			0,04 – 0,22	
Stahl/PA[2]			0,30 – 0,45	0,1
Stahl/Kupfer			0,2 – 0,3	
Grauguss/Grauguss	0,22 – 0,26	0,16	0,15 – 0,2	0,1
PTFE/PTFE[1]			0,04	
Rollreibung in Kugel- und Wälzlagern: 0,001 – 0,003				

[1] PTFE = Polytetrafluorethylen [2] PA = Polyamid

Drehmoment und Hebel

Drehmoment: Formelzeichen: ***M*** Einheit: **Nm** **$1\ \mathrm{Nm} = 1\ \mathrm{kgm^2/s^2}$**

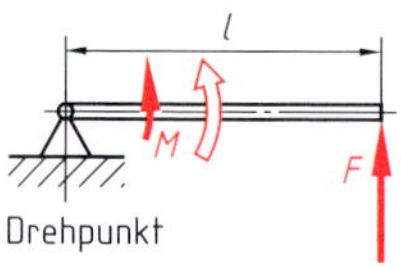

$$M = F \cdot l$$

F Kraft in N

l Hebelarm in m (senkrechter Abstand der Wirkungslinie der Kraft vom Drehpunkt)

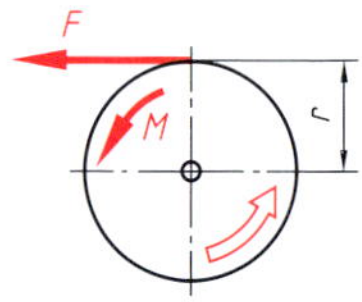

$$M = F \cdot r$$

F Kraft in N

r Hebelarm in m (senkrechter Abstand der Wirkungslinie der Kraft vom Drehpunkt)

Hebelgesetz:

Ein Hebel befindet sich im Gleichgewicht, wenn die Summe der linksdrehenden Momente gerade so groß ist wie die Summe der rechtsdrehenden Momente.

Beispiele für Hebelarten und Belastungsfälle:

Einseitiger Hebel:

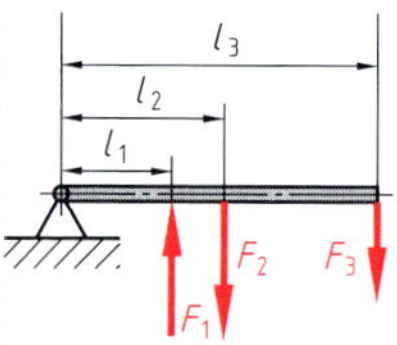

$$\Sigma M_l = \Sigma M_r$$

$$F_1 \cdot l_1 = F_2 \cdot l_2 + F_3 \cdot l_3$$

M_l linksdrehendes Moment in Nm

M_r rechtsdrehendes Moment in Nm

Zweiseitiger Hebel:

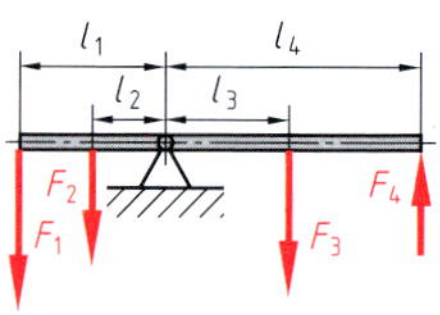

$$\Sigma M_l = \Sigma M_r$$

$$F_1 \cdot l_1 + F_2 \cdot l_2 + F_4 \cdot l_4 = F_3 \cdot l_3$$

F Kraft in N

l Senkrechter Abstand der Wirkungslinie der Kraft vom Drehpunkt in m

Winkelhebel:

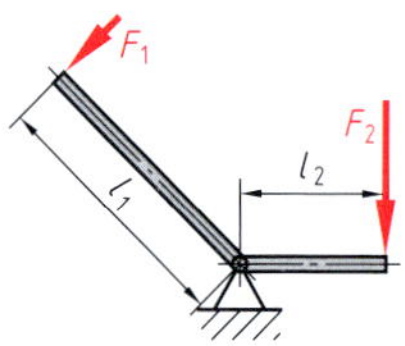

$$\Sigma M_l = \Sigma M_r$$

$$F_1 \cdot l_1 = F_2 \cdot l_2$$

Anmerkung:
Die Masse der Hebelarme ist in den Beispielen vernachlässigt

Auflagerkräfte:

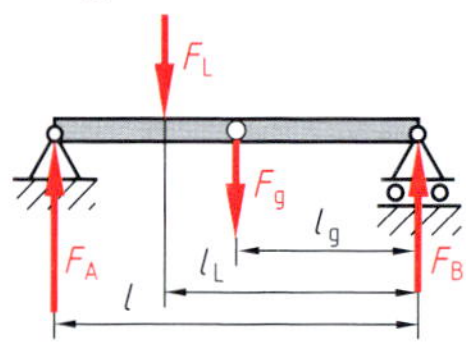

$$F_A = \frac{F_g \cdot l_g + F_L \cdot l_L}{l}$$

$$F_B = \frac{F_g\,(l - l_g) + F_L\,(l - l_L)}{l}$$

F_A Auflagerkraft in A (in N)

F_B Auflagerkraft in B (in N)

F_g Gewichtskraft in N

F_L Last in N

Rollen und Flaschenzüge

Feste Rolle:

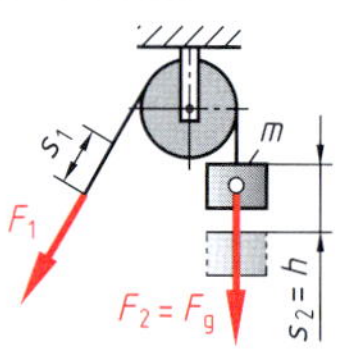

$$s_1 = s_2 \qquad F_1 = F_2$$

s_1 Kraftweg in m

s_2 Lastweg in m

h Hubhöhe in m

F Kraft in N

F_g Gewichtskraft in N

n Anzahl der Rollen

D, d Rollendurchmesser in m

Lose Rolle:

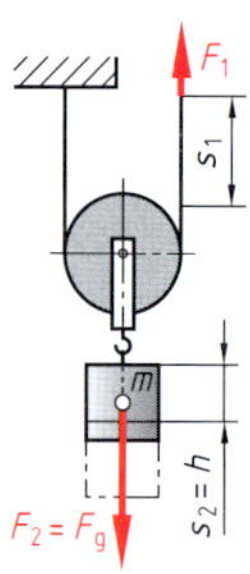

$$F_1 = \frac{1}{2} \cdot F_2$$

$$s_1 = 2 \cdot s_2$$

Flaschenzug:

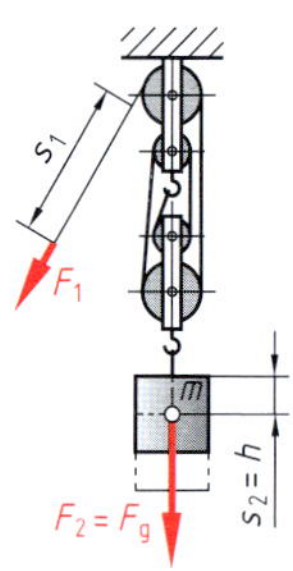

$$F_1 = \frac{F_2}{n}$$

$$s_1 = n \cdot s_2$$

Differenzialflaschenzug:

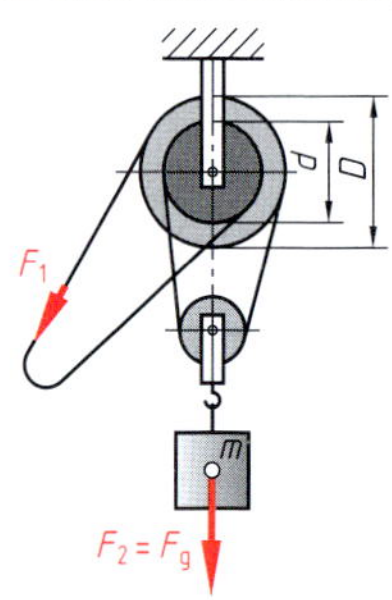

$$F_1 = \frac{F_2 \cdot (D - d)}{2 \cdot D}$$

Mechanik der Flüssigkeiten und Gase

Druck

Formelzeichen: $\boldsymbol{p}$ Einheit: **Pa** (Pascal) $1\ \mathrm{Pa} = 1\ \mathrm{N/m^2} = 10^{-5}\ \mathrm{bar}$ $1\ \mathrm{bar} = 10^5\ \mathrm{Pa}$

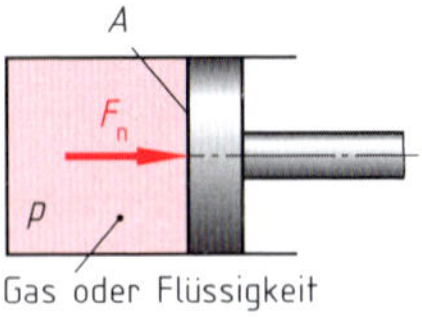

$$p = \frac{F_n}{A}$$

p Druck in Pa bzw. N/m²
F_n Auf die Fläche A wirkende Normalkraft in N
A Fläche in m²

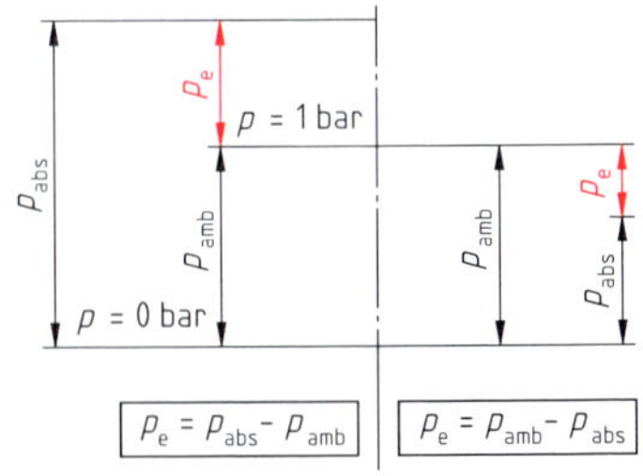

p_{abs} Absoluter Druck (gegenüber dem Druck $p = 0$ im leeren Raum)
p_{amb} Absoluter Atmosphärendruck ($p_{amb} \approx 1$ bar)
p_e Überdruck (atmosphärische Druckdifferenz, $p_e = p_{abs} - p_{amb}$, wenn $p_{abs} > p_{amb}$ oder $p_e = p_{amb} - p_{abs}$, wenn $p_{abs} < p_{amb}$)
$p_{e,zul}$ Zulässiger Betriebsüberdruck, z. B. in Rohrleitungen
p_n Normdruck (= 1,01325 bar)

Drücke < p_{amb} werden als negative Überdrücke $p_e = p_{amb} - p_{abs}$ bezeichnet (früher: Unterdruck)

Hydrostatischer Druck:

Der Druck in Flüssigkeiten resultiert aus Kräften, die von außen auf die Flüssigkeit wirken **(Pressdruck p_p)** und dem **Schweredruck p_s**, der in jeder Flüssigkeit herrscht.

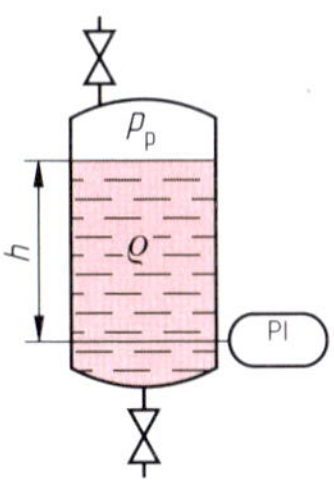

$$p_s = \varrho \cdot g \cdot h$$

p_s Schweredruck in Pa bzw. N/m²
ϱ Dichte der Flüssigkeit in kg/m³
g Fallbeschleunigung in m/s²
h Höhe der Flüssigkeitssäule in m
p_p Pressdruck in Pa bzw. N/m²

Gesamtdruck in Höhe des Messgerätes (PI):

$$p_{ges} = p_s + p_p$$

Auftrieb

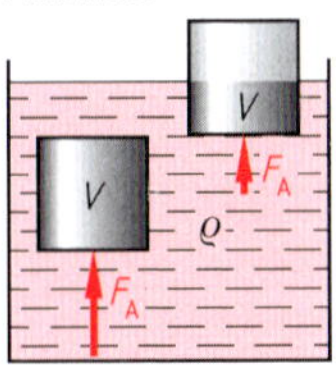

$$F_A = \varrho \cdot g \cdot V$$

F_A Auftriebskraft in N
ϱ Dichte der Flüssigkeit in kg/m³
g Fallbeschleunigung in m/s²
V Volumen der vom Körper verdrängten Flüssigkeit (Eintauchvolumen) in m³

Hydraulische Presse:

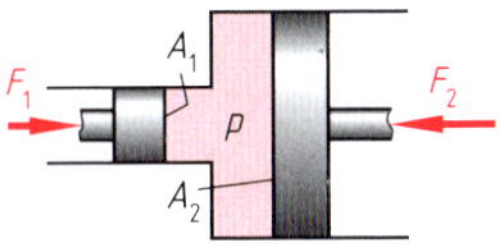

$$F_1 = \frac{F_2 \cdot A_1}{A_2}$$

$$F_1 = \frac{F_2 \cdot d_1^2}{d_2^2}$$

Gesetz von *Boyle-Mariotte*

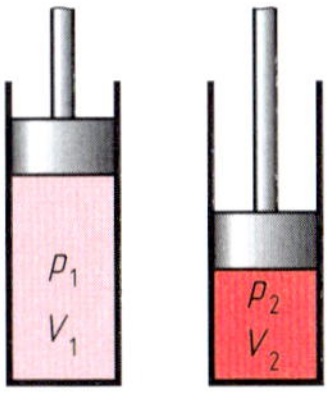

$$p_1 \cdot V_1 = p_2 \cdot V_2$$

(bei konstanter Temperatur)

p_1 Druck vor dem Verdichten
p_2 Druck nach dem Verdichten
V_1 Volumen vor dem Verdichten
V_2 Volumen nach dem Verdichten

Hydraulische Druckübersetzung (Druckwandler):

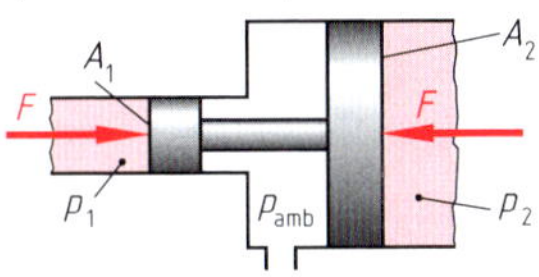

$$p_1 = \frac{p_2 \cdot A_2}{A_1}$$

$$p_1 = \frac{p_2 \cdot d_2^2}{d_1^2}$$

F Kraft in N
A Kolbenfläche in m²
d Kolbendurchmesser in m
p Druck in Pa bzw. N/m²
p_{amb} Atmosphärendruck in Pa bzw. N/m²

Oberflächenausbildung, verbundene Gefäße

Die **Oberfläche** einer Flüssigkeit stellt sich stets senkrecht zur wirkenden bzw. dominierenden Kraft ein.

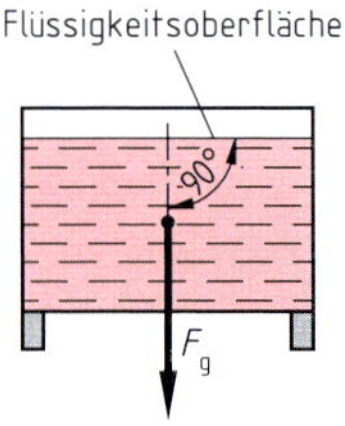

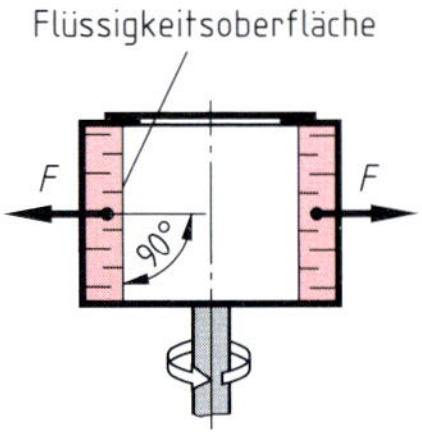

In **verbundenen Gefäßen** steht eine Flüssigkeit, unabhängig von Form und Anzahl der Gefäße, überall gleich hoch, sofern keine Kapillarwirkung eintritt.

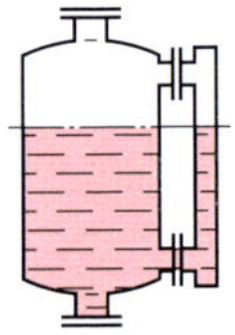

Standglas (Schauglas) an einem Behälter

Bei genügend engen Gefäßen entsteht eine **konkave** oder **konvexe Oberfläche,** je nachdem ob die Adhäsionskräfte zwischen Flüssigkeit und Gefäßwand oder die Kohäsionskräfte zwischen den Flüssigkeitsteilchen überwiegen.

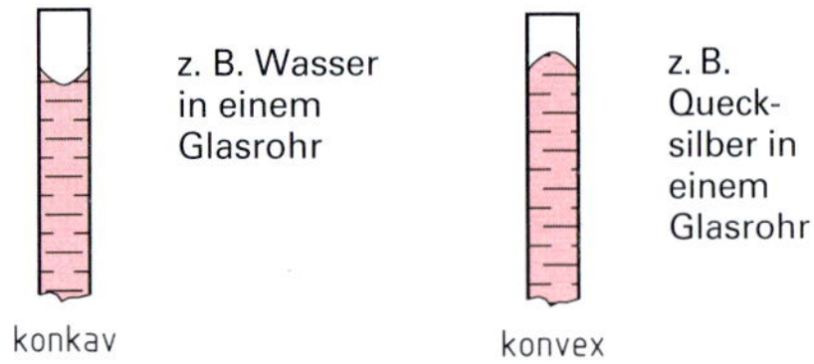

Oberflächenspannung, Kapillarität

Oberflächenspannung

Formelzeichen: σ Einheit: **N/m**

Ursache: Kohäsionskräfte, die an der Oberfläche einer Flüssigkeit angreifen (die Kraftresultierende für ein Teilchen an der Oberfläche ist zum Inneren der Flüssigkeit hin gerichtet, während sich die Kräfte für ein Teilchen im Inneren kompensieren)

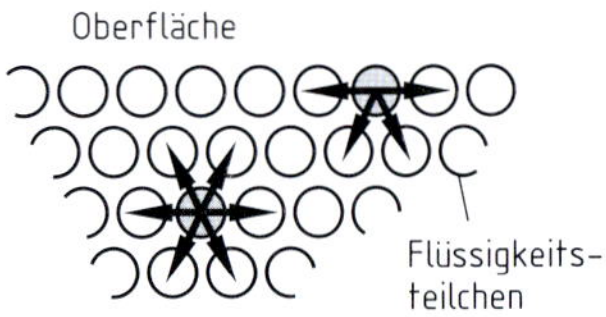

Messung der Oberflächenspannung:

$$\sigma = \frac{F}{l}$$

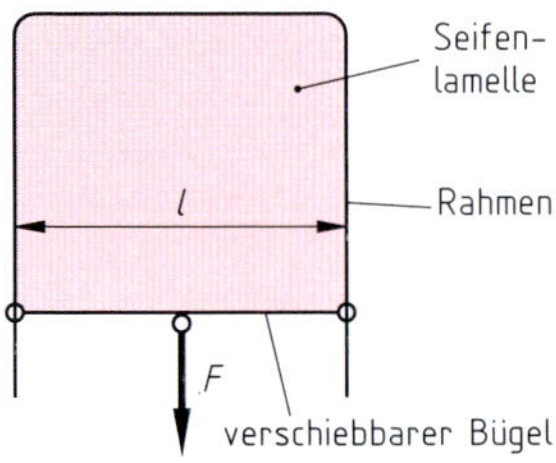

- F Kraft zur Dehnung der Flüssigkeitsoberfläche in N
- l Länge der Randlinie in m

Kapillarität:

$$h = \frac{4\,\sigma}{g \cdot d \cdot \varrho}$$

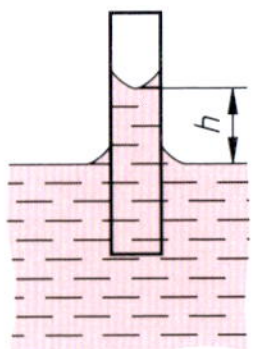

- h Höhendifferenz zur Normalhöhe in m
- σ Oberflächenspannung in N/m
- ϱ Dichte der Flüssigkeit in kg/m³
- g Fallbeschleunigung in m/s²
- d Durchmesser des Kapillarrohres in m

Oberflächenspannung ausgewählter Stoffe bei 20 °C

Stoff	σ in N/m	Stoff	σ in N/m	Stoff	σ in N/m
Aceton (Dimethylketon)	0,023	Ethanol	0,022	Petroleum	0,027
Acetonitril	0,028	$w(C_2H_5OH)$ = 40 %	0,030	Phenol	0,039
Ammoniak	0,021	$w(C_2H_5OH)$ = 20 %	0,038	Propanol	0,024
Anilin (Phenylamin)	0,043	Ethylacetat	0,024	Quecksilber	0,47
Benzol	0,029	Glycerin	0,059	Salpetersäure	0,041
Butanol	0,025	Hexan	0,018	$w(HNO_3)$ = 50 %	0,065
Chlorbenzol	0,027	Hydrazin	0,068	Salzsäure	
Chloroform	0,027	Isobutanol	0,023	$w(HCl)$ = 30 %	0,070
(Trichlormethan)		Isopropanol	0,021	Schwefelsäure	
Cyclohexan	0,025	Methanol	0,023	$w(H_2SO_4)$ = 60 %	0,076
Dichlormethan	0,027	Methylamin	0,021	$w(H_2SO_4)$ = 98 %	0,055
Diethylether	0,017	Natronlauge		Tetrachlormethan	0,027
Diphenyl	0,036	$w(NaOH)$ = 50 %	0,13	Toluol (Methylbenzol)	0,029
Essigsäure	0,028	$w(NaOH)$ = 20 %	0,086	Wasser	0,073
$w(CH_3COOH)$ = 50 %	0,04	Nitrobenzol	0,043	Xylol	0,03

Viskosität (Zähigkeit)

Formelzeichen: Dynamische Viskosität: η Einheit: **Pa · s** **1 Pa · s = 1 kg/(m · s)**
Kinematische Viskosität: ν Einheit: **m²/s**

Beziehung: $\eta = \nu \cdot \varrho$ ϱ Dichte des Fluids in kg/m³

Die Viskosität von Flüssigkeiten nimmt bei Temperaturerhöhung stark ab.
Die Viskosität von Gasen und Dämpfen nimmt bei Temperaturerhöhung schwach zu.

Dynamische Viskosität von Wasser bei verschiedenen Temperaturen (p = 1 bar)

ϑ °C	η Pa · s	ϑ °C	η Pa · s
0	$1793 \cdot 10^{-6}$	60	$466{,}5 \cdot 10^{-6}$
10	$1307 \cdot 10^{-6}$	70	$404{,}0 \cdot 10^{-6}$
20	$1002 \cdot 10^{-6}$	80	$354{,}4 \cdot 10^{-6}$
30	$797{,}7 \cdot 10^{-6}$	90	$314{,}5 \cdot 10^{-6}$
40	$653{,}2 \cdot 10^{-6}$	100	$281{,}8 \cdot 10^{-6}$
50	$547{,}0 \cdot 10^{-6}$		

Dynamische Viskosität von trockener Luft in Abhängigkeit von Druck und Temperatur

ϑ	η in 10^{-6} Pa · s				
°C	p = 1 bar	p = 5 bar	p = 10 bar	p = 50 bar	p = 100 bar
–50	14,55	14,63	14,74	16,01	18,49
–25	15,90	15,97	16,07	16,98	18,65
0	17,10	17,16	17,24	18,08	19,47
25	18,20	18,26	18,33	19,11	20,29
50	19,21	19,30	19,37	20,07	21,12
100	21,60	21,64	21,70	22,26	23,09
200	25,70	25,73	25,78	26,20	26,77

Dynamische Viskosität von Flüssigkeiten bei 20 °C

Flüssigkeit	η in 10^{-3} Pa · s
Aceton (Propanon)	0,30
Aminobenzol (Anilin, Phenylamin)	4,4
Ammoniak	0,13
Benzol (Benzen)	0,65
1-Butanol	2,95
2-Butanol	4,21
n-Butylacetat	0,73
Chlorbenzol	0,8
Chloroform (Trichlormethan)	0,58
Cyclohexan	0,98
Cyclohexanon	2,2
Cyclopentan	0,44
o-Dichlorbenzol	1,5
Diethylether	0,24
Dimethylformamid	0,92
Diphenyl (100 °C)	0,97
(70 °C)	1,49
Essigsäure	1,21
Essigsäureanhydrid	0,91
Ethanol	1,19
Ethylacetat	0,46
Ethylenchlorid	0,83
Glycerin (1,2,3-Propantriol, bei 25 °C)	1412
Glycerin/Wasser-Gem. (bei 20 °C)	
$w(H_2O)$ = 90 %	1,31
$w(H_2O)$ = 70 %	2,5
$w(H_2O)$ = 50 %	6,0
$w(H_2O)$ = 30 %	22,5
$w(H_2O)$ = 10 %	219
Glycol (Ethylenglycol)	20,41
Glycol/Wasser-Gem. (bei 25 °C)	
w(Glycol) = 90 %	13,0
w(Glycol) = 70 %	6,5
w(Glycol) = 50 %	3,5
w(Glycol) = 30 %	1,6
w(Glycol) = 10 %	≈1,0

Flüssigkeit	η in 10^{-3} Pa · s
Heptan	0,42
n-Hexan	0,31
Isobutanol (bei 15 °C)	4,70
Methanol	0,55
Methylacetat	0,38
Methylenchlorid	0,43
Methylethylketon (bei 15 °C)	0,42
Nitrobenzol	2,0
Nonan	0,72
Octan	0,54
Pentan	0,24
Propan	0,10
1-Propanol	2,26
2-Propanol	2,4
Pyridin	0,95
Quecksilber (bei 25 °C)	1,55
Salpetersäure, $w(HNO_3)$ = 20 %	1,14
Salzsäure, $w(HCl)$ = 25 %	1,36
Schwefelkohlenstoff	0,37
Schwefelsäure, $w(H_2SO_4)$ = 25 %	1,4
Siliconöl (Dimethylsilicon bei 25 °C)	0,495
Tetrachlorethen (bei 15 °C)	0,39
Tetrachlorkohlenstoff (Tetrachlormethan)	0,97
Toluol (Methylbenzol)	0,59
Trichlorethen	0,57
Wasser	1,00
o-Xylol	0,81
m-Xylol	0,65
p-Xylol	0,68

Viskosität (Zähigkeit) (Fortsetzung)

Temperaturabhängigkeit der Viskosität ausgewählter Flüssigkeiten

ϑ in °C	η in 10^{-3} Pa · s
Acetaldehyd	
0	0,28
10	0,26
20	0,22
Aceton	
–10	0,45
0	0,40
15	0,34
25	0,32
30	0,30
Acetonitril	
0	0,44
15	0,38
25	0,35
Acetophenon	
25	1,62
50	1,25
80	0,73
Anilin (Phenylamin)	
0	10,2
20	4,40
50	1,85
80	1,09
100	0,83
Benzol	
0	0,91
20	0,65
50	0,44
80	0,33
1-Butanol	
0	5,19
20	2,95
50	1,41
70	0,93
100	0,54
Chlorbenzol	
20	0,8
40	0,63
80	0,43
100	0,37
Diethylether	
– 100	1,69
– 60	0,64
– 20	0,36
0	0,28
20	0,24
40	0,20
60	0,17
100	0,12
Essigsäure	
15	1,31
30	1,04
70	0,60
100	0,43
Essigsäureanhydrid	
0	1,24
15	0,97
30	0,78
100	0,49
Ethylenglycol	
20	20,41
60	4,95
100	1,99
Glycerin	
–25	262 000
0	12 110
15	2330
30	629
Heptan	
0	0,52
20	0,42
40	0,34
70	0,26
Hexan	
0	0,40
20	0,31
50	0,25
Methylacetat	
0	0,48
20	0,38
40	0,32
Methanol	
0	0,82
20	0,55
50	0,40
n-Octan	
0	0,71
20	0,54
40	0,43
1-Propanol	
0	3,88
15	2,52
30	1,72
70	0,76
Tetrachlormethan	
0	1,33
15	1,04
30	0,84
50	0,65
70	0,52
100	0,38
Toluol	
0	0,77
20	0,59
40	0,47
Trichlormethan	
0	0,70
20	0,58
30	0,51
o-Xylol	
0	1,11
20	0,81
40	0,63

Dynamische Viskosität von Gasen und Dämpfen

Gas/Dampf	η in 10^{-5} Pa · s			
	ϑ = 25 °C	ϑ = 100 °C	ϑ = 200 °C	ϑ = 500 °C
Ammoniak	1,00	1,28	1,65	2,67
Argon	2,26	2,7	3,2	4,49
Chlor	1,34	1,68	2,10	3,22
Chlorwasserstoff	1,45	1,83	2,30	3,60
Ethanol	0,83	1,09	1,38	2,20
Ethen (Ethylen)	1,02	1,27	1,54	2,26
Ethin (Acetylen)	1,04	1,27	1,58	2,29
Helium	1,96	2,28	2,67	3,75
Kohlenstoffdioxid	1,49	1,82	2,22	3,24
Kohlenstoffmonoxid	1,78	2,11	2,51	3,52
Luft	1,07	2,17	2,57	3,55
Methan	1,10	1,33	1,61	2,28
Neon	3,12	3,65	4,26	5,81
Propan	0,82	1,01	1,26	1,97
Sauerstoff	2,03	2,43	2,88	4,03
Stickstoff	1,78	2,09	2,47	3,42
Wasser	0,98	1,25	1,61	2,69
Wasserstoff	0,89	1,04	1,22	1,69

Temperatur

Formelzeichen: ***T*** Einheit: **K** (Kelvin), daneben ϑ in **°C** (Grad Celsius) oder (in USA und GB) in **°F** (Grad Fahrenheit)

Umrechnungen ({X} = Zahlenwert von X)

Umrechnung von – nach	°C → K	°C → °F (deg F)	K → °F (deg F)
Formel	$\{T\} = \{\vartheta_{°C}\} + 273{,}15$	$\{\vartheta_{°F}\} = \frac{9}{5} \cdot \{\vartheta_{°C}\} + 32$	$\{\vartheta_{°F}\} = \frac{9}{5} \cdot [\{T\} - 273{,}15] + 32$
Umrechnung von – nach	K → °C	°F (deg F) → °C	°F (deg F) → K
Formel	$\{\vartheta_{°C}\} = \{T\} - 273{,}15$	$\{\vartheta_{°C}\} = \frac{5}{9} \cdot [\{\vartheta_{°F}\} - 32]$	$\{T\} = \frac{5}{9} \cdot \{\vartheta_{°F}\} + 255{,}38$

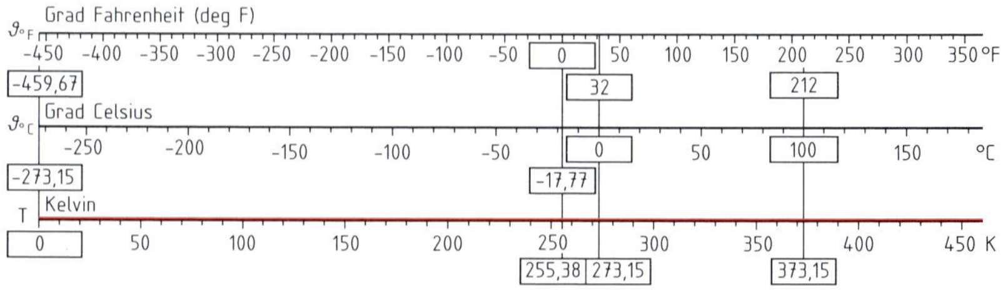

Längen- und Volumenänderung

Längenänderung: $\Delta l = l_0 \cdot \alpha \cdot \Delta\vartheta$

Länge nach der Temperaturänderung: $l = l_0 \cdot (1 + \alpha \cdot \Delta\vartheta)$

Linearer Ausdehnungskoeffizient in 1/K bzw. 1 °C (temperaturabhängig): $\alpha = \frac{\Delta l}{l_0 \cdot \Delta\vartheta}$

l_0 Länge vor der Temperaturänderung (z. B. in m)

$\Delta\vartheta$ Temperaturänderung in K oder °C, $\Delta\vartheta = \vartheta - \vartheta_0$ (ϑ_0 Temperatur vor der Änderung in °C, ϑ Temperatur nach der Änderung in °C)

Es gilt: $\alpha = \frac{1}{3} \cdot \gamma$

Volumenänderung: $\Delta V = V_0 \cdot \gamma \cdot \Delta\vartheta$

Volumen nach der Temperaturänderung: $V = V_0 \cdot (1 + \gamma \cdot \Delta\vartheta)$

Volumenausdehnungskoeffizient in 1/K bzw. 1 / °C (temperaturabhängig): $\gamma = \frac{\Delta V}{V_0 \cdot \Delta\vartheta}$

V_0 Volumen vor der Temperaturänderung (z. B. in m^3)

$\Delta\vartheta$ Temperaturänderung in K oder °C, $\Delta\vartheta = \vartheta - \vartheta_0$ (ϑ_0 Temperatur vor der Änderung in °C, ϑ Temperatur nach der Änderung in °C)

Es gilt: $\gamma = 3\,\alpha$

Für ideale Gase: $\gamma \approx \frac{1}{273}$ bei Bezug des Ausgangsvolumens auf 0 °C

Scheinbare Volumenausdehnung

Durch die gleichzeitige Ausdehnung des Behälters wirkt sich der Volumenzuwachs einer Flüssigkeit bei Temperaturerhöhung hinsichtlich des Behälterfüllgrades φ gedämpft aus.

Scheinbarer Volumenausdehnungskoeffizient:

$$\gamma_{Sch} = \gamma_{Fl} - 3 \cdot \alpha_B$$

$\Delta\vartheta$ Temperaturänderung in K bzw. °C

γ_{Fl} Volumenausdehnungskoeffizient der Flüssigkeit in 1/K

α_B Linearer Ausdehnungskoeffizient des Behältermaterials in 1/K

Änderung des Behälterfüllgrades in %:

$$\Delta\varphi = \frac{V_{Fl} \cdot \Delta\vartheta \cdot (\gamma_{Fl} - 3 \cdot \alpha_B)}{V_B \cdot (1 + 3 \cdot \alpha_B \cdot \Delta\vartheta)} \cdot 100$$

V_{Fl} Flüssigkeitsvolumen vor der Erwärmung

V_B Behältervolumen vor der Erwärmung

Thermische Ausdehnungskoeffizienten

Lineare Ausdehnungskoeffizienten von Feststoffen ϑ = 0...100 °C

Feststoff	α in $10^{-5} \cdot$ 1/K
Aluminium	2,4
Beton	1,2
Blei	2,9
Eisen, rein	1,2
Glas	0,34 bis 0,9
– Quarzglas	0,05
Graphit	0,78
Gusseisen	0,9 bis 1,15
Gummi	
– hart	8,0
– weich	1,7 bis 2,8
Invarstahl	0,2
– Suprainvarstahl	0,01 bis 0,05
Kesselblech	1,1
Kunststoffe	5 bis 22
– PTFE	16
Porzellan	0,3 bis 0,5
Quecksilber	6,0
Stahl	
– un- oder niedriglegiert	1,1 bis 1,2
– hochlegiert (ohne Invarstahl)	0,95 bis 1,65
Stahl, nichtrostend	
– ferritisch, martensitisch	1,0 bis 1,15
– austenitisch	1,6 bis 1,65
Titan	≈ 0,9

Volumenausdehnungskoeffizienten von Flüssigkeiten ϑ = 20 °C

Flüssigkeit	γ in $10^{-4} \cdot$ 1/K
Ethanol	11
Ether	16
Benzin	10
Benzol (nach Reinheit)	10,5 bis 12,5
Dieselkraftstoff	9,6
Essigsäure	10,7
Glycerin	5,0
Heizöl	9,6
Maschinenöl	9,3
Methanol	12
Pentan	16
Quecksilber	1,8
Salpetersäure	12,4
Salzsäure	3,0
Schwefelsäure	5,7
Wasser	1,8
NaCl-Lösung	
w(NaCl) = 4 %	2,8
w(NaCl) = 10 %	3,7
w(NaCl) = 26 %	4,4
KCl-Lösung	
w(KCl) = 4 %	2,5
w(KCl) = 10 %	3,1
w(KCl) = 20 %	4,1
$CaCl_2$-Lösung	
$w(CaCl_2)$ = 6 %	2,5
$w(CaCl_2)$ = 41 %	4,6

Volumenausdehnungskoeffizienten von Wasser und Luft in Abhängigkeit von der Temperatur

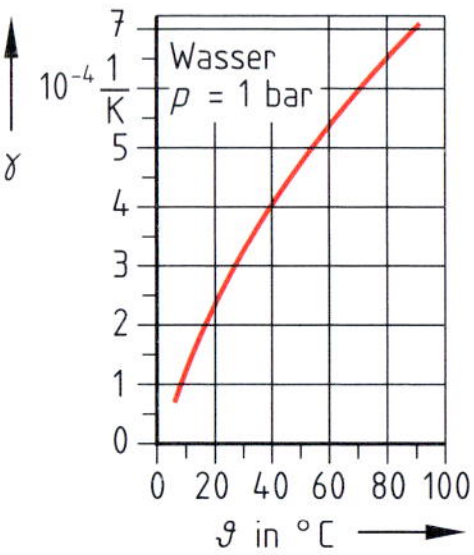

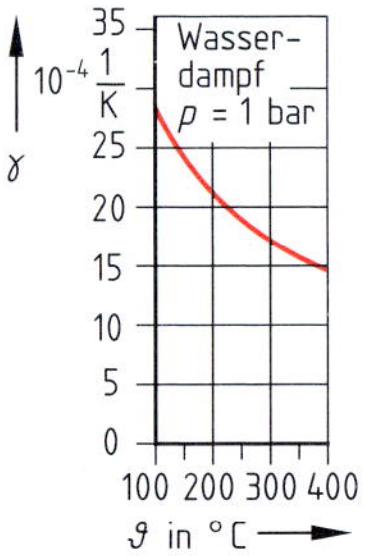

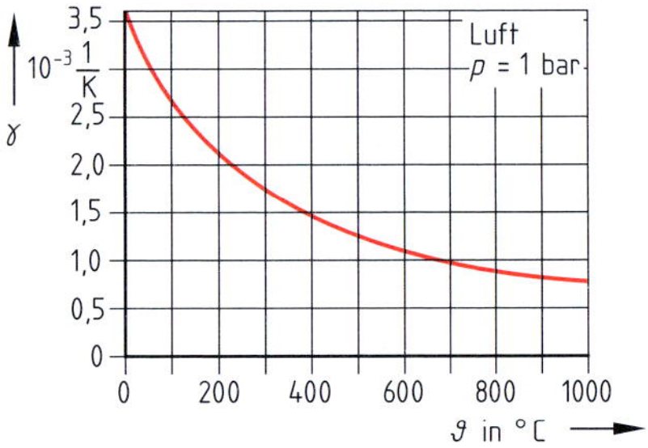

Ermittlung des Volumenausdehnungskoeffizienten aus der Dichte

z. B. Ethanol:

ϑ °C	ϱ kg/m³	$v = 1/\varrho$ m³/kg
0	806,3	$1{,}240 \cdot 10^{-3}$
20	789,2	$1{,}267 \cdot 10^{-3}$
50	762,5	$1{,}311 \cdot 10^{-3}$
100	715,6	$1{,}397 \cdot 10^{-3}$

Weg:

1. Spezifische Volumina v berechnen
2. Funktion $v = f(\vartheta)$ zeichnen
3. Tangente in P (über der gewünschten Temperatur) konstruieren

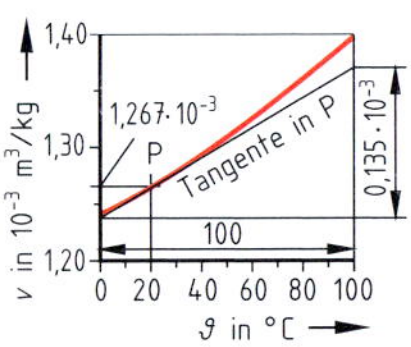

4. Tangentensteigung:

$$m = \frac{0{,}135 \cdot 10^{-3}}{100} = 1{,}35 \cdot 10^{-6}$$

5. Volumenausdehnungskoeffizient bei 20 °C:

$$\gamma_{20} = \frac{1{,}35 \cdot 10^{-6}}{1{,}267 \cdot 10^{-3}} = \mathbf{11 \cdot 10^{-4}\ \frac{1}{K}}$$

Wärmekapazität, spezifische Wärmekapazität, molare Wärmekapazität

Formelzeichen: C_{th} (Wärmekapazität) Einheit: J/K bzw. kJ/K
c (spezifische Wärmekapazität) J/(kg · K) bzw. kJ/(kg · K)
C_m (molare Wärmekapazität) J/(mol · K) bzw. kJ/(mol · K)

c_p; C_{mp} (spezifische bzw. molare Wärmekapazität bei konstantem Druck)
c_V; C_{mV} (spezifische bzw. molare Wärmekapazität bei konstantem Volumen)

$$C_{th} = c \cdot m \qquad C_{th} = \frac{Q}{\Delta\vartheta} \qquad c = \frac{Q}{m \cdot \Delta\vartheta} \qquad C_m = \frac{Q}{n \cdot \Delta\vartheta}$$

Q Wärme (Wärmemenge) in J bzw. kJ
$\Delta\vartheta$ Temperaturdifferenz in K bzw. °C
m Masse in kg
n Stoffmenge in mol

Spezifische Wärmekapazität c

Wärmemenge in J, die erforderlich ist, um 1 kg eines Stoffes um 1 K zu erwärmen (ohne Änderung des Aggregatzustandes).

Die spezifische Wärmekapazität ist temperaturabhängig. Für genaue Rechnungen ist deshalb der Mittelwert im Temperaturintervall zu verwenden.

Für Mischphasen aus n Komponenten gilt:

$$c = \frac{m_1 \cdot c_1 + m_2 \cdot c_2 + \ldots + m_n \cdot c_n}{m_1 + m_2 + \ldots + m_n}$$

c Spezifische Wärmekapazität der Mischphase in J/(kg · K)
m Masse in kg
Index 1, 2, ..., n für die Komponenten 1, 2, ..., n

Für ideale Gase gilt:

$$\varkappa = \frac{c_p}{c_V} \qquad c_p - c_V = R_B \qquad c_V = \frac{R_B}{\varkappa - 1}$$

$\varkappa$ Isentropenexponent
R_B Spezielle Gaskonstante in J/(kg · K)

Spezifische Wärmekapazitäten c_p ausgewählter Stoffe in kJ/(kg · K), Bezugstemperatur 20 °C

Feststoffe	c_p	Flüssigkeiten	c_p	Gase/Dämpfe	c_p
Aluminium (99,5 %)	0,92	Benzin	2,02	Ammoniak	2,06
Asbest	0,80	Benzol	1,70	Argon	0,54
Beton	0,88	Dowtherm A (Diphyl)		Chlor	0,48
Duraluminium	0,91	100 °C	1,81	Ethanol	1,6
Glas	0,84	200 °C	2,05	Ethin (Acetylen)	1,64
Graphit	0,71	300 °C	2,31	Gichtgas	1,05
Grauguss	0,55	Dowtherm E		Hydrogenchlorid	0,8
Gummi, weich	2,01	150 °C	1,57	(Chlorwasserstoff)	
Kesselstein	0,79	200 °C	1,89	Helium	5,2
Konstantan	0,41	250 °C	2,28	Luft 20 °C	1,00
Kupfer	0,39	Ethanol	2,40	100 °C	1,012
Kupferlegierungen	0,38 – 0,44	Ethylether	2,28	200 °C	1,026
Nickel	0,46	Glycerin	2,37	Kohlenstoffdioxid	0,82
Nickellegierungen	0,41 – 0,46	Heizöl EL	2,07	Kohlenstoffmonoxid	1,04
PE (HD)	2,15	HTS (Hochtemperatur-		Methan	2,19
PE (ND)	1,80	schmelze)		Neon	1,03
PTFE	1,0	150 °C	1,57	Ozon	0,8
PVC, hart	0,98	300 °C	1,57	Propan	1,6
PVC, weich	1,46	Mineralöle		Sauerstoff	0,91
Porzellan	0,80	(Durchschnittswerte)		Schwefeldioxid	0,60
Stahl		20 °C	1,88	Stickstoff	1,04
w(C) = 0,2 %	0,46	50 °C	2,0	Wasserdampf	
w(C) = 1,0 %	0,49	100 °C	2,2	1 bar 100 °C	2,03
V2A (Cr-Ni-Stahl)	0,50	200 °C	3,0	5 bar 200 °C	2,14
Titan	0,52	Quecksilber	0,14	Wasserstoff	14,24
Titanlegierungen	0,5 – 0,6	Natrium 200 °C	1,34	Xenon	0,16
Ziegelstein	0,84	600 °C	1,26		
(Schamotte)		Wasser	4,1868		
Zink	0,38	100 °C	4,21		
Zinn	0,23				

Wärmebilanzen für unmittelbaren Wärmeaustausch

Formelzeichen:

m_1 Masse des Stoffes mit der höheren Temperatur in kg

m_2 Masse des Stoffes mit der niedrigeren Temperatur in kg

m Masse eines Stoffes in kg

ϑ_1 Temperatur des wärmeren Stoffes in °C

ϑ_2 Temperatur des weniger warmen Stoffes in °C

ϑ_M Mischungstemperatur in °C

ϑ_b Siede- bzw. Kondensationstemperatur in °C

ϑ_m Schmelztemperatur in °C

ϑ Temperatur eines Stoffes in °C

Q Wärmemenge in kJ

Q_{Verl} Verlustwärme in kJ

C Wärmekapazität eines Kalorimeters in kJ/°C

c_1 Mittlere spezifische Wärmekapazität des Stoffes mit der höheren Temperatur im Temperaturintervall in kJ/(kg · °C)

c_2 Mittlere spezifische Wärmekapazität des Stoffes mit der niedrigeren Temperatur im Temperaturintervall in kJ/(kg · °C)

c_{11} Mittlere spezifische Wärmekapazität des Stoffes 1 im dampfförmigen Zustand in kJ/(kg · °C)

c_{12} Mittlere spezifische Wärmekapazität des Stoffes 1 im flüssigen (kondensierten) Zustand in kJ/(kg · °C)

c Spezifische Wärmekapazität eines Stoffes in kJ/(kg · °C)

Δh_v Verdampfungs- bzw. Kondensationsenthalpie eines Stoffes in kJ/kg

Δh_s Schmelzenthalpie eines Stoffes in kJ/kg

An Stelle von Δh_v und Δh_s werden auch die Formelzeichen r und q für die Verdampfungs- bzw. Kondensationswärme und für die Schmelzwärme verwendet.

Wärmebilanz für das Mischen zweier Fluide ohne Änderung des Aggregatzustandes

$$m_1 \cdot c_1 \cdot (\vartheta_1 - \vartheta_M) = m_2 \cdot c_2 \cdot (\vartheta_M - \vartheta_2) + Q_{Verl}$$

Wärmebilanzen bei einer Änderung des Aggregatzustandes

1. Einleiten von Sattdampf mit Siedetemperatur in eine Flüssigkeit, wobei der Dampf kondensiert

$$m_1 \cdot \Delta h_v + m_1 \cdot c_1 \cdot (\vartheta_b - \vartheta_M) = m_2 \cdot c_2 \cdot (\vartheta_M - \vartheta_2) + Q_{Verl}$$

2. Einleiten von überhitztem Dampf in eine Flüssigkeit, wobei der Dampf kondensiert

$$m_1 \cdot c_{11} \cdot (\vartheta_1 - \vartheta_b) + m_1 \cdot \Delta h_v + m_1 \cdot c_{12} \cdot (\vartheta_b - \vartheta_M) = m_2 \cdot c_2 \cdot (\vartheta_M - \vartheta_2) + Q_{Verl}$$

3. Verdampfen einer Flüssigkeit durch Zufuhr von Wärmeenergie (z. B. über eine Widerstandsheizung)

$$Q = m \cdot c \cdot (\vartheta_b - \vartheta) + m \cdot \Delta h_v + Q_{Verl}$$

4. Kühlen einer Flüssigkeit durch Zugabe von Eis mit Schmelztemperatur, wobei das Eis schmilzt

$$m_1 \cdot c_1 \cdot (\vartheta_1 - \vartheta_M) = m_2 \cdot \Delta h_s + m_2 \cdot c_2 \cdot (\vartheta_M - \vartheta_m) + Q_{Verl}$$

Mischungstemperatur beim Mischen mehrerer Stoffe (ohne Berücksichtigung der Wärmeverluste)

$$\vartheta_M = \frac{m_1 \cdot c_1 \cdot \vartheta_1 + m_2 \cdot c_2 \cdot \vartheta_2 + \ldots + m_n \cdot c_n \cdot \vartheta_n}{m_1 \cdot c_1 + m_2 \cdot c_2 + \ldots + m_n \cdot c_n}$$

Wärmebilanz bei der Bestimmung der spezifischen Wärmekapazität eines Stoffes mit einem Kalorimeter

$$m_1 \cdot c_1 \cdot (\vartheta_1 - \vartheta_M) = C \cdot (\vartheta_M - \vartheta_2) + m_2 \cdot c_2 \cdot (\vartheta_M - \vartheta_2)$$

Index 1: zu untersuchende Substanz
Index 2: Flüssigkeitsfüllung des Kalorimeters

Kontinuierliche Mischung der wärmeaustauschenden Stoffe

Werden Stoffe unterschiedlicher Temperatur kontinuierlich zusammengeführt, gelten prinzipiell obige Gleichungen, es werden lediglich die Massen m_i durch die Massenströme q_{mi} in kg/s ersetzt.

Brennwert und Heizwert

Formelzeichen: **H_o** spezifischer Brennwert — Einheit: **J/kg** bzw. **kJ/kg**
H_u spezifischer Heizwert — **J/kg** bzw. **kJ/kg**

Feste und flüssige Brennstoffe

$$H_o = \frac{\Delta H}{m}$$

$$H_{o,m} = H_o \cdot M$$

Berechnung des spezifischen Heizwertes aus dem spezifischen Brennwert:

$$H_u = H_o - \Delta h_v \cdot w(H_2O)$$

$$H_{u,m} = H_u \cdot M$$

$w(H_2O)$ ist der Massenanteil des bei der Verbrennung entstehenden Wassers (als Wasserdampf) am trockenen Brennstoff.

Gasförmige Brennstoffe

$$H_{o,n} = -\frac{\Delta H}{V_n}$$

$$H_{u,n} = H_{o,n} - \Delta h_{v,n} \cdot \varphi(H_2O)$$

$\varphi(H_2O)$ ist der Volumenanteil des bei der Verbrennung anfallenden Wassers am trockenen Brennstoff (Wasser umgerechnet auf den gasförmigen Zustand mit der Normdichte ϱ_n = 0,815 kg/m³ und auf das Normvolumen des trockenen Brennstoffes bezogen).

Vom Brennstoff gelieferte Wärmemenge für Feststoffe und Flüssigkeiten bzw. für Gase:

$$Q = H_u \cdot m$$

$$Q = H_u \cdot \varrho \cdot V$$

$$Q = H_{u,n} \cdot V_n$$

H_o	Spezifischer Brennwert in kJ/kg
H_u	Spezifischer Heizwert in kJ/kg
$H_{o,m}$	Molarer Brennwert in kJ/mol
$H_{u,m}$	Molarer Heizwert in kJ/mol
$H_{o,n}$	Auf das Normvolumen bezogener Brennwert in kJ/m³
$H_{u,n}$	Auf das Normvolumen bezogener Heizwert in kJ/m³
ΔH	Reaktionsenthalpie in kJ
Δh_v	Spezifische Verdampfungsenthalpie (Verdampfungswärme) des Wassers bei 25 °C (Δh_v = 2442 kJ/kg)
$\Delta h_{v,n}$	Verdampfungsenthalpie von Wasser, bezogen auf das Normvolumen bei 25 °C ($\Delta h_{v,n}$ = 1990 kJ/m³)
m	Masse des festen oder flüssigen Brennstoffes in kg
M	Molare Masse des Brennstoffes in kg/mol
$w(H_2O)$	Massenanteil an Wasser
$\varphi(H_2O)$	Volumenanteil an Wasser
V	Volumen des Brennstoffes in m³
V_n	Normvolumen des Brennstoffes in m³
Q	Wärmemenge in kJ
ϱ	Dichte des Brennstoffes in kg/m³

B Verbrennung von V_n = 1,5 m³ trockenem Methan (CH_4):

Reaktionsgleichung: $CH_4 + 2\,O_2 \rightarrow CO_2 + 2\,H_2O$ (ΔH = – 890,4 kJ)
1 mol → 2 mol
22,4 L → 2 · 22,4 L (1 mol Gas ≈ 22,4 L)

$$H_{o,n} = \frac{\Delta H}{V_n} = -\frac{-890{,}4\ \text{kJ}}{0{,}0224\ \text{m}^3} = 39750\ \text{kJ/m}^3 \quad \text{(berechnet für 1 mol)} \qquad \varphi(H_2O) = \frac{V_n(H_2O)}{V_n(CH_4)} = \frac{2 \cdot 22{,}4\ \text{L}}{22{,}4\ \text{L}} = 2$$

$$H_{u,N} = H_{o,n} - \Delta h_{v,n} \cdot \varphi(H_2O) = 39750\ \text{kJ/m}^3 - 1990\ \text{kJ/m}^3 \cdot 2 = \mathbf{35770\ kJ/m^3}$$

$$Q = H_{u,n} \cdot V_n = 35770\ \text{kJ/m}^3 \cdot 1{,}5\ \text{m}^3 = \mathbf{53655\ kJ}$$

Sind die Brennstoffe Stoffgemische, kann der spezifische Heizwert näherungsweise aus den spezifischen Heizwerten der beteiligten Komponenten ermittelt werden:

Gasgemische:

$$H_{u,n} = \varphi_1 \cdot H_{u,n1} + \varphi_2 \cdot H_{u,n2} + \ldots$$

$H_{u,n}$	Heizwert des Gasgemisches in kJ/m³
$H_{u,n1}, H_{u,n2}, \ldots$	Auf das Normvolumen bezogene Heizwerte der brennbaren Komponenten 1, 2, ... in kJ/m³
$\varphi_1, \varphi_2, \ldots$	Volumenanteile der brennbaren Komponenten im Gemisch

Brennwert und Heizwert (Fortsetzung)

Feststoffe

Die spezifischen Heizwerte H_u können je nach Zusammensetzung des Stoffes variieren, die spezifischen Brennwerte H_o werden zusätzlich durch den Wassergehalt beeinflusst.

Stoff	H_u in kJ/kg	Stoff	H_u in kJ/kg	Stoff	H_u in kJ/kg
Anthrazit	32600 – 33900	Holz	14600 – 20100	Koks	27800 – 30300
Braunkohle	8300 – 11300	Holzkohle	27000 – 28000	Steinkohle	27200 – 34100
– Brikett	19600 – 20100	Kohlenstoff	29500 – 32500	Torf	32600 – 33900

Flüssigkeiten

Stoff	H_o in kJ/kg	H_u in kJ/kg	Stoff	H_o in kJ/kg	H_u in kJ/kg
Benzin	46300	42000 – 43500	Heizöl	42300 – 45400	40000 – 43000
Benzol	41900	40000 – 40400	Methanol	22300	19500
Braunkohlenteeröl	–	40200	Petroleum	42900	40800
			Propan	–	46100
Dieselöl	44800	41000 – 43000	Spiritus	–	≈ 27000
Ethanol	29900	26900			

Gase

Stoff	H_o in kJ/m³	H_u in kJ/m³	Stoff	H_o in kJ/m³	H_u in kJ/m³
Ammoniak	22500	18600	Gichtgas	3000 – 4300	2500 – 4200
Braunkohlenschwelgas	13000 – 16000	11000 – 15000	Kohlenstoffmonoxid	12645	12645
Erdgas	29000 – 63000	25000 – 56000	Koksofengas	19000 – 20000	17000 – 19000
meist		34000 – 37000	Methan	39900	36 100
Ethan	70420	64350	Propan	101820	93575
Ethen (Ethylen)	64000	59900	Schwefelwasserstoff	25700	23700
Ethin (Acethylen)	59000	56900	Steinkohlenschwelgas	29000 – 34000	25000 – 31000
Generatorgas	5200	4900	Wasserstoff	12800	10800

Luftfeuchte

Absolute Luftfeuchte (Dampfdichte)

$$f = \frac{m_D}{V}$$

$$f = \frac{p_D}{R_D \cdot T}$$

$R_D = 461{,}5$ J/(kg · K)

- f Absolute Luftfeuchte in kg/m³
- m_D Masse Wasserdampf in der feuchten Luft in kg
- V Luftvolumen in m³
- p_D Partialdruck des Wasserdampfes in Pa
- R_D Spezifische Gaskonstante des Wasserdampfes in J/(kg · K)
- T Temperatur in K

Relative Luftfeuchte

$$\varphi = \frac{m_D}{m_{D,max}}$$

$$\varphi = \frac{p_D}{p_S}$$

- φ Relative Luftfeuchte (ohne Einheit)
- m_D Masse Wasserdampf in der feuchten Luft in kg
- $m_{D,max}$ Masse Wasserdampf in der feuchten Luft bei Sättigung in kg
- p_D Partialdruck des Wasserdampfes in Pa
- p_S Sättigungsdampfdruck bei gegebener Temperatur in Pa

Temperaturstrahlung (Wärmestrahlung)

Immission von Temperaturstrahlung (Auftreffen auf einen Körper)

Beim Auftreffen von Temperaturstrahlung auf einen Körper sind folgende Erscheinungen möglich:

Strahlungsdurchtritt	Reflexion	Absorption
Kenngröße: Transmissionsgrad τ	Kenngröße: Reflexionsgrad ϱ	Kenngröße: Absorptionsgrad α
$\tau = \frac{\Phi_{etr}}{\Phi_{e0}}$	$\varrho = \frac{\Phi_{er}}{\Phi_{e0}}$	$\alpha = \frac{\Phi_{ea}}{\Phi_{e0}}$
τ Transmissionsgrad Φ_{etr} Durchtretende Strahlungsleistung in W Φ_{e0} Auftreffende Strahlungsleistung in W	ϱ Reflexionsgrad Φ_{er} Reflektierte Strahlungsleistung in W Φ_{e0} Auftreffende Strahlungsleistung in W	α Absorptionsgrad Φ_{ea} Absorbierte Strahlungsleistung in W Φ_{e0} Auftreffende Strahlungsleistung in W

Dunkle Körper besitzen einen hohen Absorptionsgrad, helle einen niedrigen. Es gilt stets: $\tau + \varrho + \alpha = 1$

Emission von Temperaturstrahlung

Für die von der Oberfläche eines Körpers abgegebene Strahlungsleistung gelten folgende Beziehungen:

Schwarzer Körper

$$\Phi_{es} = C_s \cdot A \cdot \left(\frac{T_1}{100}\right)^4$$

$C_s = 5{,}67\ \text{W/(m}^2 \cdot \text{K}^4)$

Beliebiger Körper (unter Berücksichtigung der Umgebungstemperatur)

$$\Phi_{es} = \varepsilon \cdot \sigma \cdot A \cdot (T_1{}^4 - T_2{}^4)$$

$\sigma = 5{,}67 \cdot 10^{-8}\ \text{W/(m}^2 \cdot \text{K}^4)$

- Φ_{es} Strahlungsleistung in W
- C_s Strahlungskonstante des schwarzen Körpers in W/(m$^2 \cdot$ K^4)
- A Abstrahlende Oberfläche in m^2
- T_1 Temperatur des Körpers in K
- T_2 Temperatur der Umgebung in K
- ε Emissionsgrad (experimentell)
- σ *Stefan-Boltzmann*-Konstante in W/(m$^2 \cdot$ K^4)

Wärmeaustausch durch Strahlung

Wärmeaustausch zwischen zwei parallelen **schwarzen** Oberflächen gleicher Größe:

$$\Phi_{12} = C_s \cdot A \cdot \left[\left(\frac{T_1}{100}\right)^4 - \left(\frac{T_2}{100}\right)^4\right]$$

Wärmeaustausch zwischen zwei parallelen **grauen** Oberflächen gleicher Größe:

$$\Phi_{12} = C_{12} \cdot A \cdot \left[\left(\frac{T_1}{100}\right)^4 - \left(\frac{T_2}{100}\right)^4\right]$$

$$C_{12} = \frac{C_s}{\frac{1}{\varepsilon_1} + \frac{1}{\varepsilon_2} - 1}$$

Wärmeaustausch zwischen einem Innen- und einem konzentrischen Mantelrohr:

$$\Phi_{12} = C_{12} \cdot A_1 \cdot \left[\left(\frac{T_1}{100}\right)^4 - \left(\frac{T_2}{100}\right)^4\right]$$

$$C_{12} = \frac{C_s}{\frac{1}{\varepsilon_1} + \frac{A_1}{A_2} \cdot \left(\frac{1}{\varepsilon_2} - 1\right)}$$

Wenn A_2 groß gegen A_1 ist gilt:

$$C_{12} = \varepsilon_1 \cdot C_s$$

- Φ_{12} Durch Strahlung ausgetauschter Wärmestrom in W
- C_s Strahlungskonstante des schwarzen Körpers in W/(m$^2 \cdot$ K^4)
- C_{12} Strahlungsaustauschkonstante in W/(m$^2 \cdot$ K^4)
- A, A_1 Abstrahlende Fläche in m^2
- A_2 Gegenfläche in m^2
- T_1 Temperatur des abstrahlenden Körpers in K
- T_2 Temperatur der Umgebung oder der Gegenfläche in K
- ε_1 Emissionsgrad der abstrahlenden Fläche
- ε_2 Emissionsgrad der Gegenfläche

Wärmeleitung in einer Wand

Wärmeleitfähigkeit
Formelzeichen: λ Einheit: **W/(m · K)**

Wärmestromdichte
Formelzeichen: q Einheit: **W/m²** Beziehung: $q = \frac{\Phi}{A}$

Grundgleichungen für die Wärmeleitung bei stationärem Zustand

Ebene, einschichtige Wand

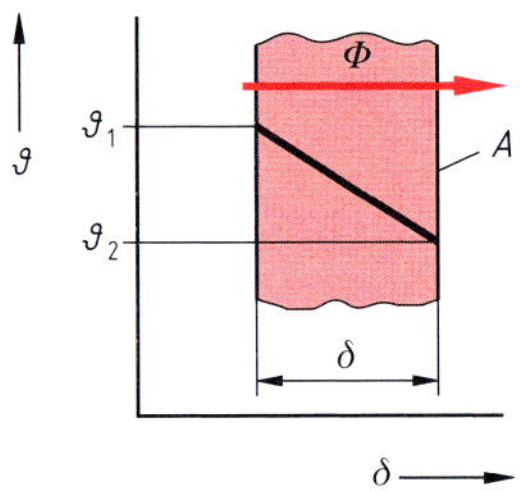

$$\Phi = \frac{\lambda \cdot A \cdot (\vartheta_1 - \vartheta_2)}{\delta}$$

$$Q = \frac{\lambda \cdot A \cdot t \cdot (\vartheta_1 - \vartheta_2)}{\delta}$$

Ebene Wand aus n Schichten

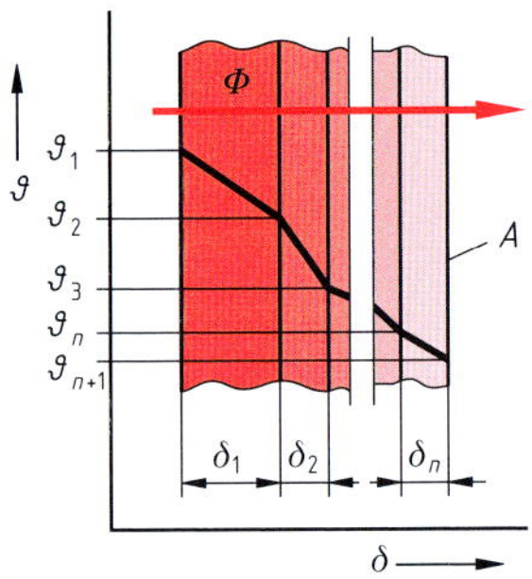

$$\Phi = \frac{A \cdot (\vartheta_1 - \vartheta_{n+1})}{\frac{\delta_1}{\lambda_1} + \frac{\delta_2}{\lambda_2} + \ldots + \frac{\delta_n}{\lambda_n}}$$

$$Q = \frac{A \cdot t \cdot (\vartheta_1 - \vartheta_{n+1})}{\frac{\delta_1}{\lambda_1} + \frac{\delta_2}{\lambda_2} + \ldots + \frac{\delta_n}{\lambda_n}}$$

Rohrwand

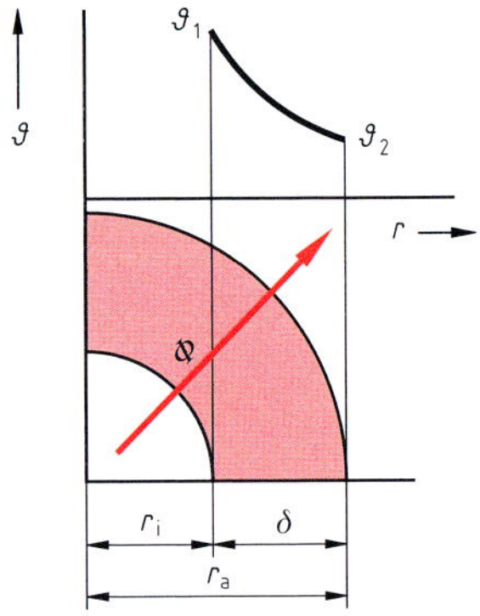

$$\Phi = \frac{\lambda \cdot 2 \cdot \pi \cdot L \cdot (\vartheta_1 - \vartheta_2)}{\ln r_a - \ln r_i}$$

$$Q = \frac{\lambda \cdot 2 \cdot \pi \cdot L \cdot t \cdot (\vartheta_1 - \vartheta_2)}{\ln r_a - \ln r_i}$$

- Q Wärmemenge in J
- Φ Wärmestrom in W
- λ Wärmeleitfähigkeit in W/(m · K)
- A Wärmeaustauschfläche in m²
- δ Wand- bzw. Schichtdicke in m
- t Zeit in s
- L Rohrlänge in m
- r_i Rohrradius, innen in m
- r_a Rohrradius, außen in m
- ϑ_1 Höchste Temperatur in °C
- ϑ_2 Niedrigere Temperatur in °C
- ϑ_{n+1} Niedrigste Temperatur in °C

Wärmeleitfähigkeit ausgewählter Feststoffe

Stoff	λ in W/(m · K)	Stoff	λ in W/(m · K)	Stoff	λ in W/(m · K)
Aluminium	209 ... 220	– Kiefer	0,14	Stähle	
– Legierungen	130 ... 150	Kesselstein	1,16 ... 3,5	– hitzebeständige	14 ... 22
Asbest	0,17	Kupfer	372 (rein 395)	– hochwarmfeste	13 ... 30
Blei	34 ... 35,1	Leder	0,16	– nichtrostende	10 ... 30
Bronze	58,2	Messing	81 ... 112	– warmfeste	50
(Cu-Sn-Leg.)		(Cu-Zn-Leg.)		– w(Fe) = 99,2 %	45
Glas	0,6 ... 0,9	Nickel	52 ... 81	Tantal	56
Gold	311	– Legierungen	10 ... 16	Tombak	93 ... 116
Graphit	140	Porzellan	0,8 ... 1,9	(Cu-Zn-Leg.)	
Grauguss	48,8	Quarz	1,09	Titan	22
Holz		Silber	418,7	Zinn	64
– Eiche	0,21	Stahlguss	52	Zink	110

Grundgleichungen für den Wärmedurchgang

Mittlere logarithmische Temperaturdifferenz $\Delta\vartheta_m$

Berechnungsgleichung

$$\Delta\vartheta_m = \frac{\Delta\vartheta_{gr} - \Delta\vartheta_{kl}}{\ln \frac{\Delta\vartheta_{gr}}{\Delta\vartheta_{kl}}}$$

Gegenstrom der wärmeaustauschenden Medien

	für $\vartheta_{11} - \vartheta_{22} > \vartheta_{12} - \vartheta_{21}$	für $\vartheta_{11} - \vartheta_{22} < \vartheta_{12} - \vartheta_{21}$
$\Delta\vartheta_{gr}$	$\vartheta_{11} - \vartheta_{22}$	$\vartheta_{12} - \vartheta_{21}$
$\Delta\vartheta_{kl}$	$\vartheta_{12} - \vartheta_{21}$	$\vartheta_{11} - \vartheta_{22}$

Gleichstrom der wärmeaustauschenden Medien

$$\Delta\vartheta_{gr} = \vartheta_{11} - \vartheta_{21}$$

$$\Delta\vartheta_{kl} = \vartheta_{12} - \vartheta_{22}$$

$\Delta\vartheta_m$ Mittlere logarithmische Temperaturdifferenz über die Länge der Austauschfläche in K

$\Delta\vartheta_{gr}$ Größte Temperaturdifferenz zwischen den wärmeaustauschenden Medien an der Austauschwand in K

$\Delta\vartheta_{kl}$ Kleinste Temperaturdifferenz zwischen den wärmeaustauschenden Medien an der Austauschwand in K

ϑ_{11} Eintrittstemperatur des Mediums mit der höheren Temperatur in °C

ϑ_{12} Austrittstemperatur des Mediums mit der höheren Temperatur in °C

ϑ_{21} Eintrittstemperatur des Mediums mit der niedrigeren Temperatur in °C

ϑ_{22} Austrittstemperatur des Mediums mit der niedrigeren Temperatur in °C

Wärmedurchgang durch eine Wand

Allgemein gültige Gleichung:

$$\Phi = k \cdot A \cdot \Delta\vartheta_m$$

Ebene, einschichtige Wand:

$$\Phi = \frac{A \cdot \Delta\vartheta_m}{\frac{1}{\alpha_i} + \frac{\delta}{\lambda} + \frac{1}{\alpha_a}}$$

Ebene, mehrschichtige Wand (n Schichten):

$$\Phi = \frac{A \cdot \Delta\vartheta_m}{\frac{1}{\alpha_i} + \frac{\delta_1}{\lambda_1} + \frac{\delta_2}{\lambda_2} + \ldots + \frac{\delta_n}{\lambda_n} + \frac{1}{\alpha_a}}$$

Einschichtige zylindrische Wand (Rohr- oder Behälterwand):

$$\Phi = \frac{2 \cdot \pi \cdot L \cdot \Delta\vartheta_m}{\frac{2}{\alpha_i \cdot d_i} + \frac{1}{\lambda} \cdot \ln \frac{d_a}{d_i} + \frac{2}{\alpha_a \cdot d_a}}$$

Wärmedurchgangskoeffizient (Wärmedurchgangszahl) K

$$K = \frac{\Phi}{A \cdot \Delta\vartheta_m}$$

$$K = \frac{1}{\frac{1}{\alpha_i} + \sum_{i=1}^{n} \frac{\delta_i}{\lambda_i} + \frac{1}{\alpha_a}}$$

Für eine einschichtige ebene Wand gilt somit:

$$K = \frac{1}{\frac{1}{\alpha_i} + \frac{\delta}{\lambda} + \frac{1}{\alpha_a}}$$

Φ Wärmestrom durch eine Wand in W

K Wärmedurchgangskoeffizient in W/(m² · K)

A Wärmeübertragungsfläche (Austauschfläche) in m²

$\Delta\vartheta_m$ Mittlere logarithmische Temperaturdifferenz in K

α_i Oberflächenwärmeübergangskoeffizient innen in W/(m² · K)

α_a Oberflächenwärmeübergangskoeffizient außen in W/(m² · K)

δ Wanddicke bzw. Schichtdicke in m

δ_i Dicke der Wand oder Schicht i in m

λ Wärmeleitfähigkeit in W/(m · K)

λ_i Wärmeleitfähigkeit der Schicht i in W/(m · K)

n Anzahl der Wandschichten

L Länge eines Rohres oder Behälters in m

d Durchmesser eines Rohres oder Behälters in m

Richtwerte für Oberflächenwärmeübergangskoeffizienten an technisch reinen Wandflächen

Übertragungsbedingung	α in W/(m² · K)	Übertragungsbedingung	α in W/(m² · K)
Laminar strömendes Wasser längs in einem Rohr	250 … 350	Wasser außen an einem Rohrbündel	1000 … 5000
Turbulent strömendes Wasser		Siedendes Wasser	1000 … 40000
– längs in einem Rohr	1000 … 15000	Siedende organische Flüssigkeiten	900 … 2500
– quer zu einem Rohr	2000 … 7000	Kondensierender Wasserdampf	5000 … 25000
Wasser in einem Behältermantel	3000 … 13500	Kondensierende organische Dämpfe	500 … 2000

Zustandsänderung von Gasen

Zustandsgleichung des idealen Gases mit den Größen Volumen, Druck und Temperatur:

$$\frac{p_1 \cdot V_1}{T_1} = \frac{p_2 \cdot V_2}{T_2}$$

$$\frac{p \cdot V}{T} = \text{konstant}$$

p Druck in Pa = N/m²
V Volumen in m³
T Temperatur in K
Index 1: Zustand vor der Änderung
Index 2: Zustand nach der Änderung

Zustandsgleichung des idealen Gases unter Verwendung der **Gaskonstanten *R*** *oder* R_B:

$$p \cdot V = n \cdot R \cdot T$$

$$p \cdot V = \frac{m}{M} \cdot R \cdot T$$

$$p \cdot V = m \cdot R_B \cdot T$$

$$R_B = \frac{R}{M}$$

$R = 8{,}314472$ J/(mol · K)

p Druck in Pa = N/m²
V Volumen in m³
n Stoffmenge in mol
R Molare Gaskonstante in J/(mol · K)
M Molare Masse in kg/mol
R_B Spezielle Gaskonstante in J/(kg · K)
T Temperatur in K

B Die Angabe des Volumenstromes bei Verdichtern bezieht sich im Allgemeinen auf das Normvolumen V_n (im Normzustand mit T_n = 273,15 K und p_n = 101 325 Pa). Welchem Normvolumen entspricht eine Fördermenge von V = 8320 m³ bei ϑ = 24 °C (297,15 K) und p = 99 625 Pa?

$$\frac{p_1 \cdot V_1}{T_1} = \frac{p_n \cdot V_n}{T_n} \Rightarrow V_n = \frac{p_1 \cdot V_1 \cdot T_n}{T_1 \cdot p_n}$$

$$V_n = \frac{99\,625\,\text{Pa} \cdot 8320\,\text{m}^3 \cdot 273{,}15\,\text{K}}{101\,325\,\text{Pa} \cdot 279{,}15\,\text{K}} = \mathbf{7994{,}6\ m^3}$$

B In einer Druckgasflasche (V = 50 L) befindet sich Argon (Ar). Für eine chemische Umsetzung werden m = 3,0 kg Argon als Schutzgas benötigt. Reicht die Masse in der Druckgasflasche aus, wenn der absolute Flaschendruck p = 65 bar beträgt?
ϑ = 22 °C (295,15 K), M (Ar) = 33,95 g/mol

$$p \cdot V = \frac{m}{M} \cdot R \cdot T \Rightarrow m = \frac{p \cdot V \cdot M}{R \cdot T}$$

$$m = \frac{6\,500\,000\ \text{Pa} \cdot 0{,}05\ \text{m}^3 \cdot 0{,}03395\ \text{kg/mol}}{8{,}314472\ \text{J/(mol} \cdot \text{K)} \cdot 295{,}15\ \text{K}}$$

m = **4,496 kg** Diese Menge reicht somit aus.

Gesetz von *Gay-Lussac* für konstanten Druck bei der Zustandsänderung **(isobare Zustandsänderung)**

$$\frac{V_1}{T_1} = \frac{V_2}{T_2}$$

Gesetz von *Boyle-Mariotte* für konstante Temperatur bei der Zustandsänderung **(isotherme Zustandsänderung)**

$$p_1 \cdot V_1 = p_2 \cdot V_2$$

Gesetz von *Amonton* bzw. **zweites *Gay-Lussac'sches* Gesetz** für konstantes Volumen bei der Zustandsänderung **(isochore Zustandsänderung)**

$$\frac{p_1}{T_1} = \frac{p_2}{T_2}$$

Bei Gasgemischen (z. B. bei Generatorgas oder Luft) muss mit einer mittleren speziellen Gaskonstanten $\overline{R}_B$ gerechnet werden.

$$\overline{R}_B = \frac{R_{B1} \cdot m_1 + R_{B2} \cdot m_2 + \ldots + R_{Bn} \cdot m_n}{m}$$

$$\overline{R}_B = R_{B1} \cdot w_1 + R_{B2} \cdot w_2 + \ldots + R_{Bn} \cdot w_n$$

R_B Spezielle Gaskonstante in J/(kg · K)
m Masse des Gasgemisches in kg
$m_1, m_2, \ldots, m_n$ Massen der Gasbestandteile 1, 2, ..., n in kg
$w_1, w_2, \ldots, w_n$ Massenanteile der Gasbestandteile 1, 2, ..., n

Gasverbrauch bei Druckgasflaschen

$$\Delta V = \frac{V \cdot (p_1 - p_2)}{p_{amb}}$$

für T = konst.

ΔV Gasverbrauch in L
V Flaschenvolumen in L
p_1 Flaschendruck vor der Entnahme in bar
p_2 Flaschendruck nach der Entnahme in bar
p_{amb} Umgebungsdruck in bar (nicht bei Acetylen)

Bei Acetylenfüllung wird an Stelle von p_{amb} der Fülldruck p der Flasche in bar eingesetzt.

Verdichtung von Gasen

Isotherme Verdichtung (T = konstant, ideale Kühlung)	Isentrope Verdichtung (Ideale Isolierung, keine Wärmeabgabe)	Polytrope Verdichtung (reale Verdichtung, teilweise Abgabe der Wärme an ein Kühlmedium)
$p \cdot V = \text{konst.}$	$p \cdot V^{\varkappa} = \text{konst.}$	$p \cdot V^{n} = \text{konst.}$
$V_D = \frac{p_S}{p_D} \cdot V_S$	$V_D = V_S \cdot \left(\frac{p_S}{p_D}\right)^{\frac{1}{\varkappa}}$	$V_D = V_S \cdot \left(\frac{p_S}{p_D}\right)^{\frac{1}{n}}$
$T_D = T_S$	$T_D = T_S \cdot \left(\frac{p_D}{p_S}\right)^{\frac{\varkappa-1}{\varkappa}}$	$T_D = T_S \cdot \left(\frac{p_D}{p_S}\right)^{\frac{n-1}{n}}$
$P = p_S \cdot q_{V,S} \cdot \ln \frac{p_D}{p_S}$	$P = \frac{\varkappa}{\varkappa - 1} \cdot p_S \cdot q_{V,S} \cdot \left[\left(\frac{p_D}{p_S}\right)^{\frac{\varkappa-1}{\varkappa}} - 1\right]$	$P = \frac{n}{n-1} \cdot p_S \cdot q_{V,S} \cdot \left[\left(\frac{p_D}{p_S}\right)^{\frac{n-1}{n}} - 1\right]$
	$\varkappa = \frac{c_p}{c_V}$ — $\varkappa$ = 1,4 für zweiatomige Gase (auch für Luft)	Es gilt: $1 < n < \varkappa$ und $n \approx 1{,}25 \ldots 1{,}35$

p	Druck in N/m² = Pa	T_S	Temperatur vor der Verdichtung in K
p_S	Druck vor der Verdichtung in N/m² = Pa	T_D	Temperatur nach der Verdichtung in K
p_D	Druck nach der Verdichtung in N/m² = Pa	P	Verdichtungsleistung in W
V	Volumen in m³	$\varkappa$	Isentropenexponent (ohne Einheit)
V_S	Volumen vor der Verdichtung in m³	n	Polytropenexponent (ohne Einheit)
V_D	Volumen nach der Verdichtung in m³	c_p	Spezifische Wärmekapazität bei konstantem Druck in J/(kg · K)
$q_{V,S}$	Volumenstrom in m³/s, gemessen vor der Verdichtung	c_V	Spezifische Wärmekapazität bei konstantem Volumen in J/(kg · K)
T	Temperatur in K		

Stoffwerte von Gasen und Dämpfen

Gas bzw. Gasgemisch	Molare Masse M in g/mol	Spezifische Wärmekapazität in J/(kg · K) bei 0 °C		Isentropenexponent $\varkappa$ bei 0 °C	Normdichte[1] ϱ_n in kg/m³	Spez. Gaskonstante R_B in J/(kg · K)
		c_p	c_V			
Acetylen (Ethin)	26,04	1641	1308	1,255	1,174	319,6
Ammoniak	17,03	2170	1567	1,32	0,771	488,2
Argon	39,94	523	315	1,66	1,784	208,2
Ethylen (Ethen)	28,05	1496	1200	1,24	1,261	296,4
Helium	4,00	5234	3157	1,66	0,179	2077,1
Kohlenstoffdioxid	44,01	830	519	1,30	1,977	188,9
Kohlenstoffmonoxid	28,01	1042	741	1,40	1,250	296,8
Luft	28,96	1005	718	1,40	1,293	287,1
Sauerstoff	32,00	913	653	1,40	1,429	259,8
Schwefeldioxid	64,07	607	477	1,27	2,926	129,8
Stickstoff	28,01	1038	741	1,40	1,250	296,8
Wasserdampf	18,02	1855	1394	1,33	0,804	461,5
Wasserstoff	2,02	14 235	10 111	1,41	0,090	4124,4

[1] bei T_n = 273,15 K (0 °C) und p_n = 1013 hPa

Elektrotechnik

Elektrische Stromstärke und elektrische Spannung

Elektrische Stromstärke (Basisgröße)

Formelzeichen: ***I*** Einheit: **A** (Ampere)

Bei Gleichstrom gilt:

$$I = \frac{U}{R} \qquad I = \frac{P}{U}$$

Elektrische Spannung

Formelzeichen: ***U*** Einheit: **V** (Volt)

Bei Gleichstrom gilt:

$$U = I \cdot R \qquad U = \frac{W}{Q} \qquad U = \frac{P}{I}$$

I Elektrische Stromstärke in A
P Elektrische Leistung in W
U Elektrische Spannung in V
W Elektrische Arbeit in W · s
R Elektrischer Widerstand in Ω
Q Elektrische Ladung in C

Elektrischer Widerstand und elektrischer Leitwert

Elektrischer Widerstand

Formelzeichen: ***R***
Einheit: Ω (Ohm)

$$R = \frac{U}{I}$$

Elektrischer Leitwert

Formelzeichen: ***G***
Einheit: **S** (Siemens)

$$G = \frac{1}{R}$$

Spezifischer elektrischer Widerstand eines Leiters:

$$\varrho = \frac{R \cdot A}{L} \qquad \varrho = \frac{A}{G \cdot L}$$

Elektrische Leitfähigkeit eines Leiters:

$$\gamma = \frac{L}{R \cdot A} \qquad \gamma = \frac{1}{\varrho}$$

R Elektrischer Widerstand (Resistanz) in Ω
U Elektrische Spannung in V
I Elektrische Stromstärke in A
G Elektrischer Leitwert (Konduktanz) in S
ϱ Spezifischer elektrischer Widerstand in Ω · m
γ Elektrische Leitfähigkeit (Konduktivität) in S/m
A Leiterquerschnitt in m^2
L Leiterlänge in m

Temperaturabhängigkeit des elektrischen und des spezifischen elektrischen Widerstandes:

$$R_\vartheta = R_{20} \cdot [1 + \alpha \cdot (\vartheta - 20\,°C)] \qquad \varrho_\vartheta = \varrho_{20} \cdot [1 + \alpha \cdot (\vartheta - 20\,°C)] \qquad \alpha = \frac{\Delta R}{R_{20} \cdot \Delta\vartheta} = \frac{\Delta\varrho}{\varrho_{20} \cdot \Delta\vartheta}$$

R_ϑ, ϱ_ϑ Widerstand bzw. spezifischer Widerstand bei der Temperatur ϑ in Ω bzw. Ω · m
R_{20}, ϱ_{20} Widerstand bzw. spezifischer Widerstand bei 20 °C in Ω bzw. Ω · m
α Temperaturkoeffizient in 1/°C
ϑ Leitertemperatur in °C
R, ϱ Widerstand bzw. spezifischer Widerstand in Ω bzw. Ω · m
ΔR, $\Delta\varrho$ Änderung des Widerstandes bzw. spezifischen Widerstandes bei der Temperaturänderung $\Delta\vartheta$ in Ω bzw. Ω · m
$\Delta\vartheta$ Temperaturänderung in °C

Umrechnung: 1 Ω · m = 10^6 Ω · mm²/m

Spezifische elektrische Widerstände und Temperaturkoeffizienten ausgewählter Stoffe (bei 20 °C)

Stoff	ϱ $\frac{\Omega \cdot mm^2}{m}$	α 10^{-3} 1/°C	Stoff	ϱ $\frac{\Omega \cdot mm^2}{m}$	α 10^{-3} 1/°C	Stoff	ϱ $\frac{\Omega \cdot mm^2}{m}$	α 10^{-3} 1/°C
Al 99,5	0,0278	4,0	Cu-Zn-Leg.	0,04 – 0,09	1,5	Porzellan	10^{15} – 10^{18}	
Blei	0,208	4,2	Glas, techn.	10^{16} – 10^{20}		Quarzglas	> 10^{18}	
Borosilikatglas	> 10^{14}		Gold	0,022	4,0	Quecksilber	0,94	0,99
			Graphit	8,0	– 0,2	Selen	≈ 0,001	
Chrom	0,13		Gummi	10^{16} – 10^{20}		Silber	0,0167	4,1
Cr-Stahl	0,6 – 1,0	0,25	Gusseisen	0,6 – 1,6		Silicium	0,5	
Cr-Ni-Stahl	0,73 – 1,0	0,25	Kunststoffe	10^{15} – 10^{22}		Stahl, un- u. niedrig leg.	0,13 – 0,18	
CuNi 30 Mn	0,43	0,23	Kohle	40 – 100	– 0,5			
Cu 99,9	0,0178	3,9	Neusilber	0,3 – 0,37	– 0,25	Titan, rein	0,8	5,5
CuMn 12 Ni	0,43	0,01	Ni 99,5	0,095	5,5	Wolfram	0,055	4,5
Cu-Ni 44	0,49	– 0,03	Nickelleg.	1,03 – 1,29		Zinn	0,115	4,6
Cu-Sn-Leg.	0,02 – 0,06		Platin	0,098	3,8	Zink	0,0625	4,2

Ohmsches Gesetz

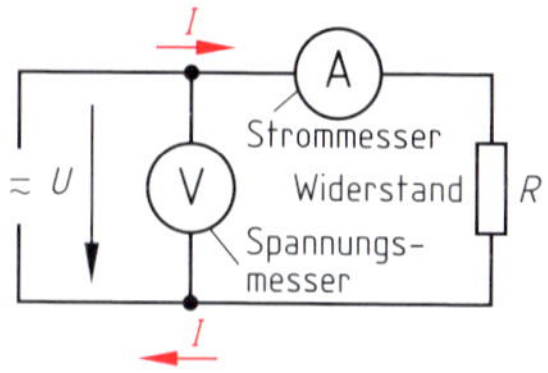

$$I = \frac{U}{R}$$

I Elektrische Stromstärke in A
U Elektrische Spannung in V
R Elektrischer Widerstand in Ω

Das *ohmsche* Gesetz gilt auch für Teile eines Stromkreises. Die U-I-Kennlinie (Graph im U-I-Diagramm) ist nur dann eine Gerade, wenn der Widerstand R konstant bleibt (Temperaturabhängigkeit des Widerstandes beachten).

Schaltung von elektrischen Widerständen

Reihenschaltung von elektrischen Widerständen

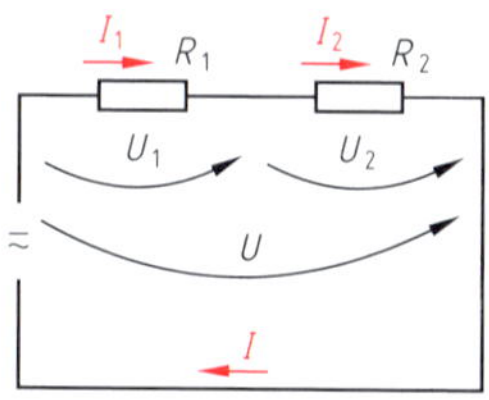

$$R = R_1 + R_2$$
$$U = U_1 + U_2$$
$$I = I_1 = I_2$$

$$\frac{U_1}{U_2} = \frac{R_1}{R_2}$$

Allgemein, für n Widerstände:

$$R = R_1 + R_2 + \ldots + R_n$$
$$U = U_1 + U_2 + \ldots + U_n$$
$$I = I_1 = I_2 = \ldots = I_n$$

R Elektrischer Widerstand (Gesamtwiderstand) in Ω
U Elektrische Spannung (Gesamtspannung) in V
I Elektrische Stromstärke (Gesamtstromstärke) in A

Indizes 1, 2, ..., n für die Teilwiderstände, Teilspannungen und Teilstromstärken

Parallelschaltung von elektrischen Widerständen

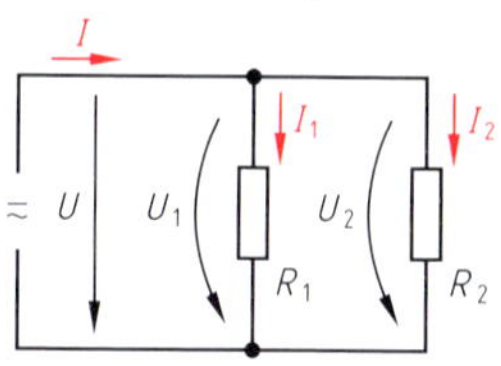

$$\frac{1}{R} = \frac{1}{R_1} + \frac{1}{R_2}$$
$$U = U_1 = U_2$$
$$I = I_1 + I_2$$

$$\frac{I_1}{I_2} = \frac{R_2}{R_1}$$

R Elektrischer Widerstand (Gesamtwiderstand) in Ω
U Elektrische Spannung (Gesamtspannung) in V
I Elektrische Stromstärke (Gesamtstromstärke) in A

Indizes 1, 2, ..., n für die Teilwiderstände, Teilspannungen und Teilstromstärken

Für n verschiedene Widerstände:

$$\frac{1}{R} = \frac{1}{R_1} + \frac{1}{R_2} + \ldots + \frac{1}{R_n}$$
$$U = U_1 = U_2 = \ldots = U_n$$
$$I = I_1 + I_2 + \ldots + I_n$$

Für zwei verschiedene Widerstände:

$$R = \frac{R_1 \cdot R_2}{R_1 + R_2} \qquad R_1 = \frac{R_2 \cdot R}{R_2 - R} \qquad R_2 = \frac{R_1 \cdot R}{R_1 - R}$$

Für drei verschiedene Widerstände:

$$R = \frac{R_1 \cdot R_2 \cdot R_3}{R_1 \cdot R_2 + R_1 \cdot R_3 + R_2 \cdot R_3}$$

Für n gleiche Widerstände:

$$R = \frac{R_1}{n}$$

Gemischte Schaltung von elektrischen Widerständen

Die Widerstände werden schrittweise sinnvoll zusammengefasst, z. B.:

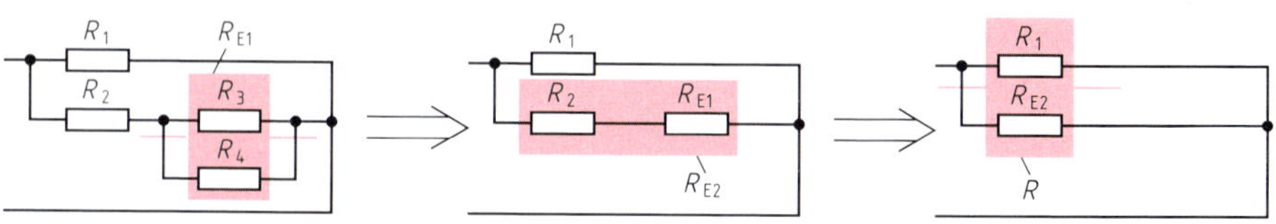

$$R_{E1} = \frac{R_3 \cdot R_4}{R_3 + R_4} \qquad R_{E2} = R_2 + R_{E1} \qquad R = \frac{R_1 \cdot R_{E2}}{R_1 + R_{E2}}$$

R_1, R_2, ... Elektrische Teilwiderstände in Ω R_{E1}, R_{E2} Ersatzwiderstände in Ω R Gesamtwiderstand in Ω

Messbereichserweiterung bei Messinstrumenten

Strommesser (Amperemeter)

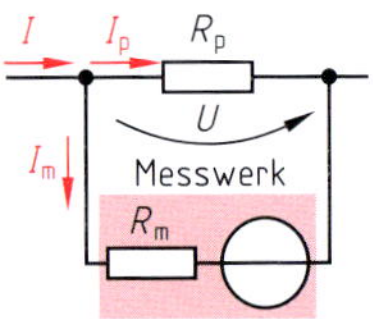

$$R_p = \frac{U}{I_p}$$ $$R_p = \frac{U}{I - I_m}$$

$$R_p = \frac{R_m}{n-1}$$ $$n = \frac{I}{I_m}$$

I	Zu messende Stromstärke in A
I_m	Stromstärke im Messwerk (Eigenstromstärke) in A
I_p	Stromstärke im Nebenwiderstand in A
U	Spannung am Messwerk in V
R_m	Innenwiderstand des Messwerks in Ω
R_p	Nebenwiderstand in Ω
n	Faktor der Messbereichserweiterung

Spannungsmesser (Voltmeter)

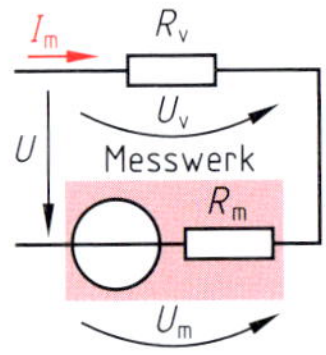

$$R_v = \frac{U_v}{I_m}$$ $$R_v = \frac{U - U_m}{I_m}$$

$$R_v = (n-1) \cdot R_m$$ $$n = \frac{U}{U_m}$$

U	Zu messende Spannung in V
U_m	Spannung am Messwerk in V
U_v	Spannung am Vorwiderstand in V
I_m	Stromstärke im Messwerk (bei Vollausschlag) in A
R_m	Innenwiderstand des Messwerks in Ω
R_v	Vorwiderstand in Ω
n	Faktor der Messbereichserweiterung

Elektrische Leistung und elektrische Arbeit

Elektrische Leistung

Formelzeichen: ***P*** Einheit: **W** (Watt)

Leistung bei Gleichstrom

$$P = U \cdot I$$

$$P = \frac{W}{t}$$

$$P = I^2 \cdot R$$

$$P = \frac{U^2}{R}$$

P	Elektrische Leistung in W
U	Elektrische Spannung in V
I	Elektrische Stromstärke in A
W	Elektrische Arbeit in W · s
t	Zeit in s
R	Elektrischer Widerstand in Ω

Leistung bei Sinus-Wechselstrom

$$S = U \cdot I$$

$$P = U \cdot I \cdot \cos\varphi$$

$$Q = S \cdot \sin\varphi$$

S	Scheinleistung in W
P	Wirkleistung in W
$\cos\varphi$	Wirkleistungsfaktor $\cos\varphi = P/S$
Q	Blindleistung in W
$\sin\varphi$	Blindleistungsfaktor $\sin\varphi = Q/S$

Elektrische Arbeit

Formelzeichen: ***W*** Einheit: **W · s, kWh**

Arbeit bei Gleichstrom

$$W = P \cdot t$$

$$W = U \cdot I \cdot t$$

$$W = I^2 \cdot R \cdot t$$

$$W = \frac{U^2 \cdot t}{R}$$

$$W = Q \cdot U$$

W	Elektrische Arbeit in W · s
P	Elektrische Leistung in W
U	Elektrische Spannung in V
I	Elektrische Stromstärke in A
t	Zeit in s
R	Elektrischer Widerstand in Ω
Q	Elektrische Ladung in C

Arbeit bei Wechselstrom

$$W = U \cdot I \cdot \cos\varphi \cdot t$$

$\cos\varphi$ Leistungsfaktor

Arbeit bei Dreiphasenwechselstrom (Drehstrom)

$$W = \sqrt{3} \cdot U \cdot I \cdot \cos\varphi \cdot t$$

$\sqrt{3}$ Verkettungsfaktor

Umrechnung: **1 kWh = 3 600 000 Ws**

Kosten für elektrische Arbeit

$$K_A = W \cdot T$$

K_A	Kosten (Arbeitspreis) in Euro
W	Verbrauchte elektrische Energie in kWh
T	Tarif (Tarifpreis) in Euro/kWh

Umwandlung elektrischer Energie in Wärmeenergie

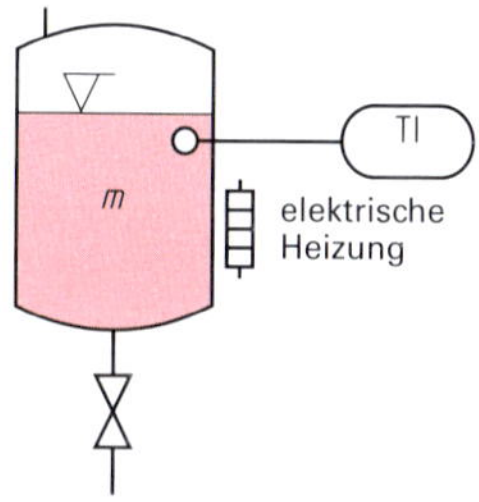

$$W_{el} = Q_S$$

$$Q_S = \frac{m \cdot c \cdot \Delta\vartheta}{\eta}$$

$$\eta = \frac{Q_N}{Q_S}$$

$$P = \frac{Q_S}{t} = \frac{m \cdot c \cdot \Delta\vartheta}{\eta \cdot t}$$

- W_{el} Elektrische Arbeit in W · s
- Q_S Stromwärme in J
- Q_N Nutzwärme in J
- m Masse der Flüssigkeit in kg
- c Spezifische Wärmekapazität in J/(kg · K)
- $\Delta\vartheta$ Temperaturdifferenz (Erwärmung) in K bzw. °C
- η Wärmewirkungsgrad (ohne Einheit)
- P Elektrische Leistung in W
- t Zeit (Heizzeit) in s

Induktionsheizung an chemischen Apparaten:

$$P = k \cdot H^2 \cdot \sqrt{\varrho \cdot \mu_r \cdot f}$$

Dielektrische Heizung:

$$P = E^2 \cdot 2 \cdot \pi \cdot f \cdot \varepsilon_0 \cdot \varepsilon_r \cdot \tan\delta$$

Auf die Volumeneinheit des Trockenraumes bezogen:

$$P = 2 \cdot \pi \cdot f \cdot \varepsilon_0 \cdot \varepsilon_r \cdot \left(\frac{U}{l}\right)^2 \cdot \tan\delta$$

- P In Wärme umgesetzte Leistung in W
- k Konstante für das Material der Kesselwand
- H Magnetische Feldstärke in A/m
- ϱ Spezifischer elektrischer Widerstand in $\Omega \cdot$ m
- μ_r Permeabilitätszahl (ohne Einheit)
- f Frequenz in Hz = 1/s
- E Elektrische Feldstärke in V/m
- $\tan\delta$ Verlustfaktor (ohne Einheit)
- ε_0 Elektrische Feldkonstante in F/m ($\varepsilon_0 = 8{,}854 \cdot 10^{-12}$ F/m)
- ε_r Permittivitätszahl (ohne Einheit)
- U Elektrische Spannung in V
- l Plattenabstand in m

Akkumulator

Entladekapazität:

$$K_E = I_E \cdot t_E$$

$$a = \frac{K_L}{K_E}$$

- K_E Entladekapazität in A · s
- I_E Mittlere Entladestromstärke in A
- t_E Entladezeit in s
- a Ladefaktor (ohne Einheit)

Ladekapazität:

$$K_L = I_L \cdot t_L$$

- K_L Ladekapazität in A · s
- I_L Mittlere Ladestromstärke in A
- t_L Ladezeit in s

Empfohlener Ladestrom für Bleiakkumulatoren:

$$\{I_L\} = 0{,}2 \cdot \{K_L\}$$

{ } Zahlenwert der Größe

Empfohlener Ladestrom für Stahlakkumulatoren:

$$\{I_L\} = 0{,}05 \cdot \{K_L\} \text{ bis } 0{,}1 \cdot \{K_L\}$$

Ladezustand eines Bleiakkumulators (bei 20 °C):

Geladener Zustand: ϱ (Batteriesäure) = 1,285 g/cm³

Entladener Zustand: ϱ (Batteriesäure) = 1,14 g/cm³

Leistungsbestimmung mit dem Wechselstromzähler

$$P = \frac{z}{t \cdot C_z}$$

$$P = \frac{n}{C_z}$$

P Elektrische Leistung in kW
z Anzahl ausgeführter Umdrehungen der Zählerscheibe in der Zeit t
t Zeit in h
C_z Zählerkonstante (laut Zählerschild) in 1/(kWh)
n Drehzahl in 1/h

Elektroabscheidung

Transportgeschwindigkeit eines Feststoffteilchens senkrecht zur Niederschlagselektrode eines Elektrofilters (bei laminarer Umströmung):

$$v_T = \frac{Q_T \cdot E}{3 \cdot \pi \cdot \eta_G \cdot d_T} \quad \text{für } d_T \leq 0{,}5\ \mu\text{m}$$

Wird die Grenzladung $Q_{T,max}$ angenommen:

$$v_T = \frac{\varepsilon_0 \cdot E^2 \cdot d_T \cdot \left(1 + 2 \cdot \frac{\varepsilon_r - 1}{\varepsilon_r + 2}\right)}{3 \cdot \eta_G}$$

v_T Geschwindigkeit eines Teilchens in m/s
Q_T Ladung eines Teilchens in C
E Elektrische Feldstärke in V/m
η_G Dynamische Viskosität des Trägergases in Pa · s
d_T Teilchendurchmesser in m
ε_0 Elektrische Feldkonstante in F/m
ε_r Permittivitätszahl ($\varepsilon_r \approx 3 \dots 4$)

Thermoelektrische Erscheinungen

Thermoelektrische Spannung (*Seebeck*-Effekt)

Spannung *U* zwischen dem jeweiligen Werkstoff und dem Bezugsmetall Platin
$\vartheta = 0$ °C ($\Delta T = 100$ K)

Werkstoff	Spannung *U* in mV	Werkstoff	Spannung *U* in mV	Werkstoff	Spannung *U* in mV
Aluminium	+ 0,37 ... + 0,41	Iridium	+ 0,65 ... + 0,68	Rhodium	+ 0,65
Antimon	+ 4,70 ... + 4,86	Konstantan (Cu Ni 44)	– 3,47 ... – 3,40	Silber	+ 0,67 ... + 0,79
Bismut	– 7,7 ... – 7,0	Kupfer	+ 0,72 ... + 0,77	Silicium	+ 44,8
Blei	+ 0,41 ... + 0,46	Magnesium	+ 0,40 ... + 0,43	Stahl (Cr-Ni-Stahl)	+ 0,77
Cadmium	+ 0,85 ... + 0,92	Mangan	+ 0,57 ... + 0,82	Tantal	+ 0,34 ... + 0,51
Chromnickel	+ 2,20	Molybdän	+ 1,16 ... + 1,13	Tellur	+ 50
Cobalt	– 1,99 ... – 1,52	Nickel	– 1,94 ... – 1,20	Wolfram	+ 0,65 ... + 0,90
Eisen	+ 1,80 ... + 1,89	Platin	± 0,00	Zink	+ 0,60 ... + 0,79
Gold	+ 0,56 ... + 0,80	Quecksilber	– 0,07 ... + 0,04	Zinn	+ 0,40 ... + 0,44
Graphit	+ 0,22				

***Peltier*-Wärme** (*Peltier*-Effekt)

Der *Peltier*-Effekt entspricht (je nach Stromrichtung) der Erwärmung oder Abkühlung der Kontaktstelle zweier Metalle, durch die ein elektrischer Strom fließt (Umkehrung des thermoelektrischen Effektes). Die *Peltier*-Wärme ist die dabei von einer Lötstelle zur anderen transportierte Wärmemenge.

$$Q_P = \Pi \cdot I \cdot t$$

Q_P *Peltier*-Wärme in J
Π *Peltier*-Koeffizient in J/(A · s)
I Elektrische Stromstärke in A
t Zeit in s

Der *Peltier*-Koeffizient liegt im Bereich von 0,0004 J/(A · s) bis 0,004 J/(A · s), er stellt eine Materialkonstante dar.

Elektrochemie

PH

Elektrische Leitfähigkeit (Konduktivität) von Flüssigkeiten

Wässrige KCl-Standardlösung

Stoffmengenkonzentration $c(X)$	Elektrische Leitfähigkeit γ in S/m 0 °C	5 °C	10 °C	15 °C	18 °C	20 °C	25 °C	30 °C
$c(KCl)$ = 1,0 mol/L	6,541	7,414	8,319	9,252	9,822	10,207	11,180	
$c(KCl)$ = 0,1 mol/L	0,715	0,822	0,933	1,048	1,119	1,167	1,288	1,412
$c(KCl)$ = 0,01 mol/L	0,0776	0,0896	0,1020	0,1147	0,1225	0,1278	0,1413	0,1552

KCl-Standardlösungen werden bei der Bestimmung der Widerstandskapazität C von Messgefäßen bevorzugt, die für Leitfähigkeitsmessungen von Elektrolyten vorgesehen sind.

$$C = \frac{l}{A}$$

$$C = \gamma \cdot R$$

C Widerstandskapazität des Messgefäßes in 1/m

l Elektrodenabstand in m

γ Elektrische Leitfähigkeit in S/m

R Elektrischer Widerstand der Elektrolytlösung in Ω

A Wirksame Elektrodenoberfläche in m^2

Schwefelsäure-Standardlösung

Massenanteil $w(X)$	Elektrische Leitfähigkeit γ in S/m 0 °C	5 °C	10 °C	15 °C	18 °C	20 °C	25 °C	30 °C
$w(H_2SO_4)$ = 0,3	51,84	57,92	64,08	70,28	73,98	76,45	82,57	88,60

Natriumchloridlösung (mit Bodensatz)

Gehalt	Elektrische Leitfähigkeit γ in S/m 0 °C	5 °C	10 °C	15 °C	18 °C	20 °C	25 °C	30 °C
Gesättigt	13,45	15,55	17,79	20,15	21,61	22,60	25,13	27,74

Anorganische Flüssigkeiten

Flüssigkeit/ Schmelze	ϑ in °C	γ in S/m	Flüssigkeit/ Schmelze	ϑ in °C	γ in S/m
AgBr	550	300	H_2SO_4	25	1,0
AgCl	550	465	HBr	– 80	$8{,}0 \cdot 10^{-7}$
$AgNO_3$	230	74	HCl	– 96	$1{,}0 \cdot 10^{-6}$
$BaCl_2$	1000	205	HI	– 35	$2{,}0 \cdot 10^{-5}$
Br_2	17	$1{,}3 \cdot 10^{-11}$	HNO_3	25	1,5
$CaCl_2$	795	199	KBr	750	165
Cl_2	– 70	$<1{,}0 \cdot 10^{-14}$	KCl	900	240
CuCl	450	330	NaCl	900	377
H_2O (destilliert)	20	$10^{-4} \dots 10^{-3}$	NH_3	– 33	$<1{,}0 \cdot 10^{-6}$
H_2S	– 62	$1{,}0 \cdot 10^{-9}$	SO_2	– 15	$9{,}0 \cdot 10^{-6}$

Organische Flüssigkeiten

Flüssigkeit	γ in S/m bei 25 °C	Flüssigkeit	γ in S/m bei 25 °C
Aceton (Propanon)	$6{,}0 \cdot 10^{-6}$	Essigsäureethylester	$<1{,}0 \cdot 10^{-7}$
Acetonitril (Ethannitril)	$2{,}0 \cdot 10^{-5}$	Essigsäuremethylester	$3{,}4 \cdot 10^{-4}$
Ameisensäure (Methansäure)	$6{,}4 \cdot 10^{-3}$	Ethanol (Ethylalkohol)	$1{,}3 \cdot 10^{-7}$
Aminobenzol (Anilin)	$2{,}4 \cdot 10^{-6}$	Glycerin	$6{,}0 \cdot 10^{-6}$
Benzol (19,5 °C)	$<1{,}0 \cdot 10^{-16}$	n-Hexanol (1-Hexanol)	$2{,}0 \cdot 10^{-5}$
Chlorbenzol	$7{,}0 \cdot 10^{-9}$	Methanol (Methylalkohol)	$1{,}5 \cdot 10^{-7}$
Chlorethan	$3{,}0 \cdot 10^{-6}$	Nitrobenzol	$2{,}05 \cdot 10^{-8}$
Chlorethen	$3{,}0 \cdot 10^{-6}$	i-Propanol (Isopropylalkohol)	$5{,}8 \cdot 10^{-6}$
Cyclohexanol	$8{,}0 \cdot 10^{-8}$	Pyridin (Azin)	$4{,}0 \cdot 10^{-6}$
Essigsäure (Ethansäure)	$5{,}0 \cdot 10^{-7}$	Trichlormethan (Chloroform)	$2{,}0 \cdot 10^{-8}$
Essigsäureanhydrid	$5{,}0 \cdot 10^{-7}$		

Molare elektrische Leitfähigkeit (Äquivalentleitfähigkeit) von Elektrolyten

$$\Lambda = \frac{\gamma}{c\,(\mathrm{eq})}$$

$$\Lambda = \frac{1}{\varrho \cdot c\,(\mathrm{eq})}$$

- Λ Molare elektrische Leitfähigkeit (Äquivalentleitfähigkeit) in S · m²/mol
- γ Elektrische Leitfähigkeit in S/m
- c(eq) Äquivalentkonzentration in mol/m³
- ϱ Spezifischer elektrischer Widerstand in Ω · m

Umrechnungen:

1 S · m²/mol = 10⁴ cm²/(Ω · mol)

1 cm²/(Ω · mol) = 10⁻⁴ S · m²/mol

Molare elektrische Leitfähigkeit von Elektrolyten in wässriger Lösung

Gelöster Stoff X	vollständig dissoziiert	Λ in 10^{-2} S · m²/mol bei 25 °C; Stoffmengenkonzentration c(X) in mol/L: 0,1	0,05	0,02	0,01	0,005	0,001	0,0005
$AgNO_3$	1,3329	1,0909	1,1518	1,2135	1,2470	1,2714	1,3045	1,3129
$\frac{1}{2}$ $BaCl_2$	1,3991	1,0514	1,1142	1,1903	1,2388	1,2796	1,3427	1,3589
CH_3COOH		0,0526	0,0726	0,113	0,160	0,224	0,581	0,664
$\frac{1}{2}$ $CaCl_2$	1,0241	1,0842	1,1559	1,2030	1,2419	1,3030	1,3186	1,3577
$\frac{1}{2}$ $CuSO_4$	1,336	0,5055	0,5902	0,7216	0,8308	0,9402	1,1520	1,216
HBr		3,919	4,004	4,089	4,137	4,176	4,229	4,243
HCl	4,2595	3,9113	3,9889	4,0704	4,1180	4,1559	4,2115	4,2253
HF		0,391	0,501	0,722	0,961	1,281		
HI		3,940	4,008	4,083	4,128	4,164	4,217	4,230
HNO_3		3,850			4,060			
H_2SO_4		4,686			6,160		7,816	
KCl	1,4979	1,2890	1,3330	1,3827	1,4120	1,4348	1,4688	1,4774
$KClO_4$	1,3997	1,1514	1,2156	1,2786	1,3139	1,3409	1,3780	1,3869
$\frac{1}{4}$ $K_4Fe(CN)_6$	1,84	0,9782	1,0765	1,2276	1,3476	1,4602	1,6716	
KNO_3	1,4489	1,2034	1,2625	1,3234	1,3275	1,3841	1,4177	1,4270
$\frac{1}{2}$ $MgCl_2$	1,2934	0,9705	1,0303	1,0999	1,1449	1,1825	1,2415	1,2555
NH_4Cl	1,496	1,2869	1,3322	1,3825	1,4121	1,344	1,467	
NaCl	1,2639	1,0669	1,1101	1,1570	1,1845	1,2059	1,2368	1,2444
$NaClO_4$	1,1742	0,9838	1,0235	1,0691	1,0954	1,1170	1,1482	1,1558
NaOH	2,477		2,182		2,379	2,407	2,446	2,455
$\frac{1}{2}$ Na_2SO_4	1,298	0,8994	0,9770	1,0673	1,1238	1,1709	1,2409	1,2568
$\frac{1}{2}$ $ZnSO_4$	1,327	0,5261	0,6117	0,7420	0,8487	0,9544	1,1447	1,2130

Molare elektrische Leitfähigkeit von Ionen bei vollständiger Dissoziation (Grenzleitfähigkeit)

Ion	Λ_0 in 10^{-2} S · m²/mol	Ion	Λ_0 in 10^{-2} S · m²/mol	Ion	Λ_0 in 10^{-2} S · m²/mol	Ion	Λ_0 in 10^{-2} S · m²/mol
Ag^+	0,00619	$\frac{1}{2}$ Cd^{2+}	0,0054	H^+	0,034965	NO_2^-	0,00718
$\frac{1}{3}$ Al^{3+}	0,0061	Cl^-	0,007631	HCO_3^-	0,00445	NO_3^-	0,007142
$\frac{1}{2}$ Ba^{2+}	0,00636	ClO_4^-	0,00673	$\frac{1}{2}$ Hg^{2+}	0,00636	Na^+	0,00501
Br^-	0,00781	$\frac{1}{2}$ Co^{2+}	0,0055	$\frac{1}{2}$ Hg_2^{2+}	0,00686	$\frac{1}{2}$ Ni^{2+}	0,0050
BrO_3^-	0,00557	$\frac{1}{3}$ Cr^{3+}	0,0067	K^+	0,007348	OH^-	0,0198
CH_3COO^-	0,00409	$\frac{1}{2}$ CrO_4^{2-}	0,0085	Li^+	0,003866	$\frac{1}{2}$ Pb^{2+}	0,0071
CN^-	0,0078	$\frac{1}{2}$ Cu^{2+}	0,00536	$\frac{1}{2}$ Mg^{2+}	0,00530	SCN^-	0,0066
$\frac{1}{2}$ CO_3^{2-}	0,00693	F^-	0,00554	$\frac{1}{2}$ Mn^{2+}	0,00535	$\frac{1}{2}$ SO_4^{2-}	0,0080
$\frac{1}{2}$ $C_2O_4^{2-}$	0,00742	$\frac{1}{2}$ Fe^{2+}	0,0054	MnO_4^-	0,00613	$\frac{1}{2}$ Sr^{2+}	0,00594
Ca^{2+}	0,00595	$\frac{1}{3}$ Fe^{3+}	0,0068	NH_4^+	0,00735	$\frac{1}{2}$ Zn^{2+}	0,00528

Faradaysche Gesetze, elektrochemisches Äquivalent

Faradaysche Gesetze

$m(\text{X}) = \ddot{a}(\text{X}) \cdot I_B \cdot t \cdot \eta_i$

$n(\text{X}) = \frac{I_B \cdot t \cdot \eta_i}{z \cdot F}$

$n(\text{X}) = \frac{Q}{z \cdot F}$

$\ddot{a}(\text{X}) = \frac{A_r \cdot m_u}{z \cdot e}$

$I = I_B \cdot \eta_i$

$Q = \frac{n(\text{X}) \cdot z \cdot F}{\eta_i}$

$\ddot{a}(\text{X}) = \frac{M(\text{X})}{z \cdot F}$

$Q = I \cdot t$

$F = N_A \cdot e$

F = 96 485 C/mol

- $m(\text{X})$ Masse des bei der Elektrolyse abgeschiedenen Stoffes X in kg
- $\ddot{a}(\text{X})$ Elektrochemisches Äquivalent des Stoffes X in kg/C (Formelzeichen in der Elektrotechnik: c)
- I Stromstärke in A
- I_B Gesamtstromstärke (Badstrom) in A
- t Zeit (Dauer) in s
- η_i Stromausbeute (in % dividiert durch 100, z. B. bei 90 %: $\eta_i = 0{,}9$)
- Q Elektrische Ladung (Elektrizitätsmenge) in C
- $n(\text{X})$ Abgeschiedene Stoffmenge des Stoffes X in mol
- z Äquivalentzahl („Wertigkeit") = Anzahl der Elektronen, die an der Elektrode abgeschieden oder aufgenommen werden
- F *Faraday*-Konstante in C/mol
- $M(\text{X})$ Molare Masse des Stoffes X in kg/mol
- A_r Relative Atommasse (ohne Einheit)
- m_u Atomare Masseneinheit (vereinheitlichte Massenkonstante) in kg ($m_u = 1{,}6605 \cdot 10^{-27}$ kg)
- e Elementarladung in C ($e = 1{,}6022 \cdot 10^{-19}$ C)
- N_A *Avogadro*-Konstante in 1/mol ($N_A = 6{,}022 \cdot 10^{23}$ mol^{-1})

B Gesucht ist die aus einer Kupfersalzlösung an der Katode abgeschiedene Masse an Cu^{2+}-Ionen bei $I_B = 1{,}6$ A, $\eta_i = 0{,}95$ und $t = 1$ h 20 min.

$$\ddot{a}(Cu^{2+}) = \frac{M(Cu^{2+})}{z \cdot F} = \frac{0{,}06355 \text{ kg/mol}}{2 \cdot 96485 \text{ C/mol}} = 0{,}329 \cdot 10^{-6} \text{ kg/C}$$

$$m(Cu^{2+}) = \ddot{a}(Cu^{2+}) \cdot I_B \cdot t \cdot \eta_i = 0{,}329 \cdot 10^{-6} \text{ kg/C} \cdot 1{,}6 \text{ A} \cdot 4800 \text{ s} \cdot 0{,}95 = 0{,}0024 \text{ kg} = \mathbf{2{,}4 \text{ g}}$$

Auswahl elektrochemischer Äquivalente

Stoff	Abgeschiedenes Ion	z	$\ddot{a}$(X) in mg/C	Stoff	Abgeschiedenes Ion	z	$\ddot{a}$(X) in mg/C
Aluminium	Al^{3+}	3	0,093	Kupfer	Cu^{+}	1	0,659
Blei	Pb^{2+}	2	1,074	Kupfer	Cu^{2+}	2	0,329
Brom	Br^{-}	1	0,828	Magnesium	Mg^{2+}	2	0,126
Cadmium	Cd^{2+}	2	0,583	Natrium	Na^{+}	1	0,238
Calcium	Ca^{2+}	2	0,208	Nickel	Ni^{2+}	2	0,304
Carbonat	CO_3^{2-}	2	0,311	Phosphat	PO_4^{3-}	3	0,328
Chlor	Cl^{-}	1	0,367	Platin	Pt^{2+}	2	1,011
Chrom	Cr^{3+}	3	0,179	Platin	Pt^{4+}	4	0,505
Chromat	CrO_4^{2-}	2	0,601	Quecksilber	Hg^{2+}	2	1,039
Eisen	Fe^{2+}	2	0,289	Sauerstoff	O^{2-}	2	0,083
Eisen	Fe^{3+}	3	0,193	Schwefel	S^{2-}	2	0,166
Fluor	F^{-}	1	0,197	Silber	Ag^{+}	1	1,118
Gold	Au^{+}	1	2,041	Sulfat	SO_4^{2-}	2	0,498
Gold	Au^{3+}	3	0,681	Wasserstoff	H^{+}	1	0,0105
Hydroxid	OH^{-}	1	0,176	Zink	Zn^{2+}	2	0,339
Iod	I^{-}	1	1,315	Zinn	Sn^{2+}	2	0,615
Kalium	K^{+}	1	0,405	Zinn	Sn^{4+}	4	0,307

Elektrochemie

PH

Elektrodenpotentiale

Elektrochemische Spannungsreihe

Normalpotentiale für *saure* Lösungen von 25 °C. Bezugselektrode: Normal-Wasserstoffelektrode
Aktivität des jeweiligen Ions: a = 1 mol/L.

Oxidationsreaktionen mit *negativem* Potential gegen die Normal-Wasserstoffelektrode

Reduzierte Form	Oxidierte Form	Anzahl der abgegebenen Elektronen e^-	Normalpotential E_0 in V
Sr	Sr^+	1	– 4,10
Ca	Ca^+	1	– 3,80
Li	Li^+	1	– 3,04
Rb	Rb^+	1	– 2,98
K	K^+	1	– 2,93
Cs	Cs^+	1	– 2,92
Ba	Ba^{2+}	2	– 2,91
Sr	Sr^{2+}	2	– 2,89
Ca	Ca^{2+}	2	– 2,87
Na	Na^+	1	– 2,71
Mg	Mg^+	1	– 2,70
Ce	Ce^{3+}	3	– 2,48
Mg	Mg^{2+}	2	– 2,37
$2\,H^-$	H_2	2	– 2,23
Al	Al^{3+}	3	– 1,66
Ti	Ti^{2+}	2	– 1,63
$Mn + 2\,OH^-$	$Mn(OH)_2$	2	– 1,56
Mn	Mn^{2+}	2	– 1,19
V	V^{2+}	2	– 1,18
Te^{2-}	Te	2	– 1,14
Nb	Nb^{3+}	3	– 1,1
Se^{2-}	Se	2	– 0,92
Cr	Cr^{2+}	2	– 0,91

Reduzierte Form	Oxidierte Form	Anzahl der abgegebenen Elektronen e^-	Normalpotential E_0 in V
$H_2 + 2\,OH^-$	$2\,H_2O$	2	– 0,83
Zn	Zn^{2+}	2	– 0,76
Cr	Cr^{3+}	3	– 0,74
$Pb + 2\,OH^-$	$PbO + H_2O$	2	– 0,58
$Fe(OH)_2 + OH^-$	$Fe(OH)_3$	1	– 0,56
$Ti^{2+} + 2\,H_2O$	$TiO_2 + 4\,H^+$	2	– 0,50
S^{2-}	S	2	– 0,48
$NO + 2\,OH^-$	$NO^{2-} + H_2O$	1	– 0,46
Fe	Fe^{2+}	2	– 0,45
Cr^{2+}	Cr^{3+}	1	– 0,41
Cd	Cd^{2+}	2	– 0,40
Ti^{2+}	Ti^{3+}	1	– 0,37
$2\,Cu + 2\,OH^-$	$Cu_2O + H_2O$	2	– 0,36
Co	Co^{2+}	2	– 0,28
Ni	Ni^{2+}	2	– 0,26
V^{2+}	V^{3+}	1	– 0,26
$Cu + 2\,OH^-$	$Cu(OH)_2$	2	– 0,22
Mo	Mo^{3+}	3	– 0,20
Sn	Sn^{2+}	2	– 0,14
Pb	Pb^{2+}	2	– 0,13
Fe	Fe^{3+}	3	– 0,037
H_2	$2\,H^+$	2	0,000

Oxidationsreaktionen mit *positivem* Potential gegen die Normal-Wasserstoffelektrode

Reduzierte Form	Oxidierte Form	Anzahl der abgegebenen Elektronen e^-	Normalpotential E_0 in V
H_2	$2\,H^+$	2	0,000
$NO_2 + 2\,OH^-$	$NO_3^- + H_2O$	2	0,01
$Pt + 2\,OH^-$	$Pt(OH)_2$	2	0,14
Sn^{2+}	Sn^{4+}	2	0,15
Cu^+	Cu^{2+}	1	0,15
Bi^+	Bi^{3+}	2	0,2
Ge	Ge^{2+}	2	0,24
Bi	Bi^{3+}	3	0,31
Cu	Cu^{2+}	2	0,34
$4\,OH^-$	$O_2 + 2\,H_2O$	4	0,40
Bi	Bi^+	1	0,5
Cu	Cu^+	1	0,52
$2\,I^-$	I_2	2	0,54
Te	Te^{4+}	4	0,57
H_2O_2	$O_2 + 2\,H^+$	2	0,7
Fe^{2+}	Fe^{3+}	1	0,77
$2\,Hg$	Hg_2^{2+}	2	0,8
Ag	Ag^+	1	0,8

Reduzierte Form	Oxidierte Form	Anzahl der abgegebenen Elektronen e^-	Normalpotential E_0 in V
Hg	Hg^{2+}	2	0,85
Pd	Pd^{2+}	2	0,95
$2\,Br^-$	Br_2 (Br_2 in wässr. Lsg.)	2	1,07 (1,09)
Pt	Pt^{2+}	2	1,18
$2\,H_2O$	$O_2 + 4\,H^+$	4	1,23
$2\,Cl^-$	Cl_2	2	1,36
Au^+	Au^{3+}	2	1,40
Au	Au^{3+}	3	1,5
Mn^{2+}	Mn^{3+}	1	1,54
$PbSO_4 + 2\,H_2O$	$PbO_2 + SO^{2-} + 4\,H^+$	2	1,69
Au	Au^+	1	1,69
Ce^{3+}	Ce^{4+}	1	1,72
Co^{2+}	Co^{3+}	1	1,92
Cu^{2+}	Cu^{3+}	1	2,4
$2\,F^-$	F_2	2	2,87

Brechung (Refraktion)

Allgemeines Brechungsgesetz

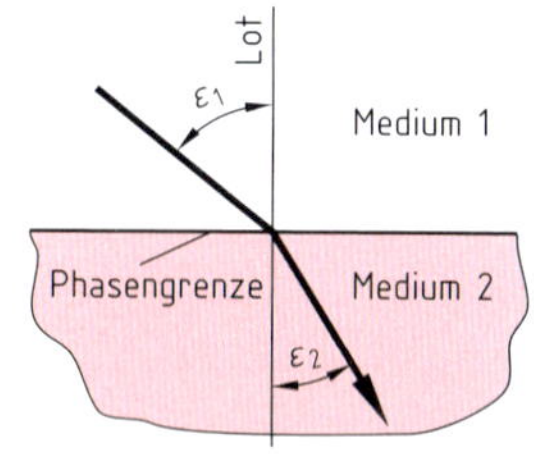

$$n_{12} = \frac{\sin \varepsilon_1}{\sin \varepsilon_2} = \frac{n_2}{n_1} = \frac{c_1}{c_2}$$

$$n_1 = \frac{\sin \varepsilon_V}{\sin \varepsilon_1} = \frac{c_0}{c_1}$$

$$n_2 = \frac{\sin \varepsilon_V}{\sin \varepsilon_2} = \frac{c_0}{c_2}$$

Die gegen Vakuum gemessenen Brechzahlen unterscheiden sich von den gegen Luft gemessenen erst in der 4. Nachkommastelle: $n_V \approx n_L$

- ε_1 Einfallwinkel in °
- ε_2 Ausfallwinkel (Brechungswinkel) in °
- ε_V Einfallwinkel in Vakuum in °
- n_1 Brechzahl des Mediums 1 (gegen Vakuum gemessen)
- n_2 Brechzahl des Mediums 2 (gegen Vakuum gemessen)
- n_{12} Brechzahl für das System aus Medium 1 und Medium 2
- c_0 Lichtgeschwindigkeit im Vakuum in m/s
- c_1 Lichtgeschwindigkeit im Medium 1 in m/s
- c_2 Lichtgeschwindigkeit im Medium 2 in m/s

Totalreflexion

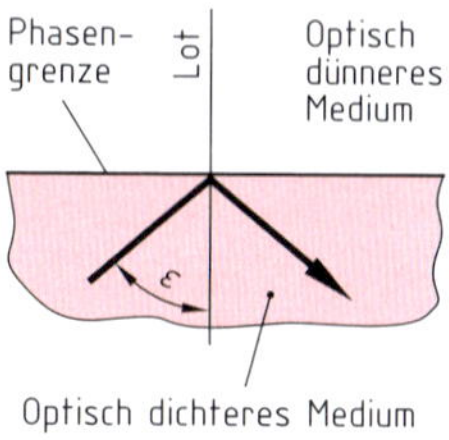

Bedingung: $\varepsilon < \varepsilon_g$

$$\sin \varepsilon_g = \frac{1}{n_{12}}$$

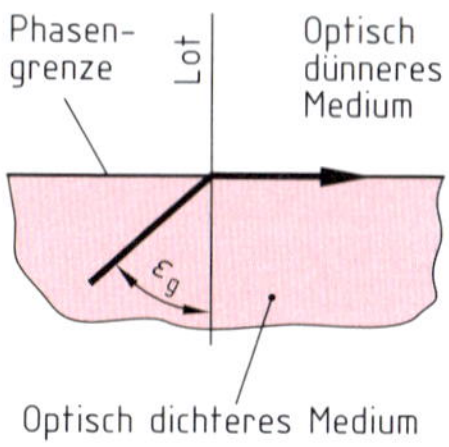

Nach Überschreitung des Grenzwinkels ε_g wird der Lichtstrahl vollständig reflektiert, tritt also nicht in die andere Phase über.

- ε Einfallwinkel in °
- ε_g Grenzwinkel in °
- n_{12} Brechzahl für das System aus Medium 1 und 2

Brechung am Prisma

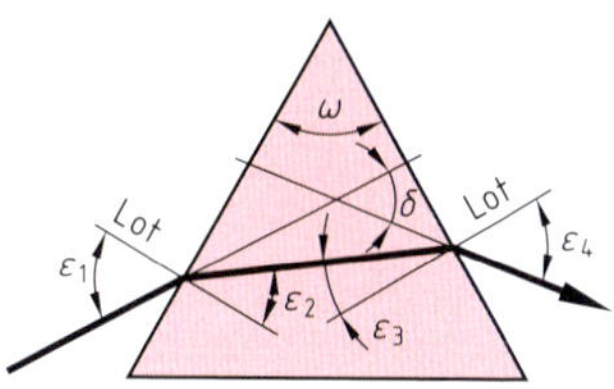

$$\delta = \varepsilon_1 + \varepsilon_4 - \omega$$

$$n = \frac{\sin\left(\frac{\delta + \omega}{2}\right)}{\sin \frac{\omega}{2}}$$

Für kleine Winkel ω gilt:

$$\delta = (n - 1) \cdot \omega$$

- δ Gesamtablenkungswinkel in °
- ε_1 Einfallwinkel (außenliegender) an der 1. Phasengrenze in °
- ε_2 Innenliegender Ausfallwinkel in °
- ε_3 Innenliegender Einfallwinkel in °
- ε_4 Brechungswinkel an der 2. Phasengrenze in ° (außenliegender Ausfallwinkel)
- ω Brechender Winkel des Prismas in °
- n Brechzahl

Sphärische Linsen und Hohlspiegel

Sammellinsen	Zerstreuungslinsen	Hohlspiegel

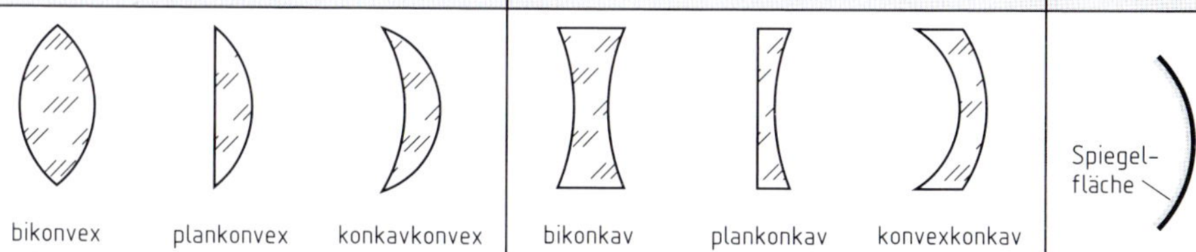

bikonvex | plankonvex | konkavkonvex | bikonkav | plankonkav | konvexkonkav

(*sphärisch* heißt, dass die Linsenoberflächen Teile von Kugeloberflächen sind)

Sphärische Linsen und Hohlspiegel (Fortsetzung)

Bildentstehung bei bikonvexen Linsen und beim Hohlspiegel

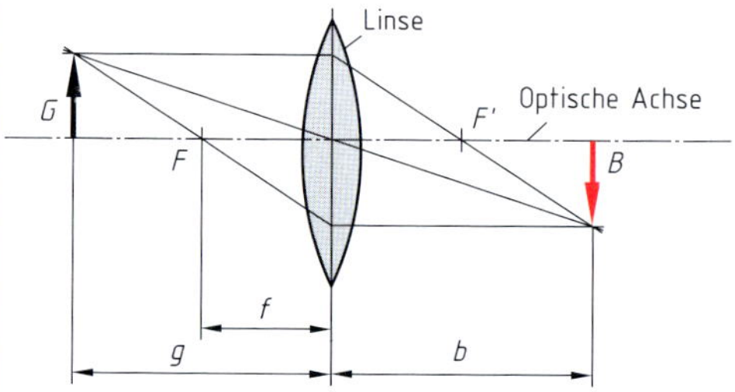

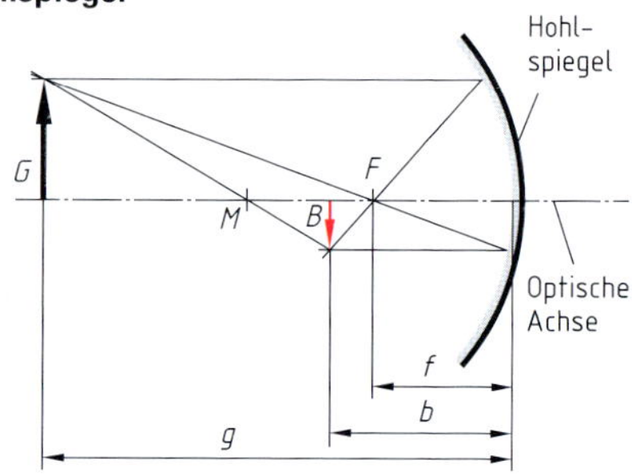

Abbildungsgleichung für Linsen und Hohlspiegel (Linsenformel):

$$\frac{1}{f} = \frac{1}{g} + \frac{1}{b}$$

Vorzeichen beachten (s. u.)

Abbildungsmaßstab:

$$\frac{G}{B} = -\frac{g}{b}$$

Brennweite einer Linse:

$$f = \frac{1}{(n-1) \cdot \left(\frac{1}{r_1} - \frac{1}{r_2}\right)}$$

Brechwert von Linsen:

$$D = \frac{n}{f}$$

- F Brennpunkt
- f Brennweite in m
- g Gegenstandsweite in m
- b Bildweite in m
- G Gegenstandsgröße in m
- B Bildgröße in m
- n Brechzahl des Linsenmaterials gegenüber Luft
- D Brechwert in 1/m
- r_1 Radius der Linsenfläche, die vom Lichtstrahl zuerst getroffen wird in m
- r_2 Radius der Linsenfläche, die vom Lichtstrahl zuletzt getroffen wird in m
- d Linsendicke in m
- e Abstand der Linsen in m

Brechwert von dicken Linsen:

$$D = (n-1) \cdot \left(\frac{1}{r_1} \pm \frac{1}{r_2}\right) \mp \frac{(n-1)^2}{n} \cdot \frac{d}{r_1 \cdot r_2}$$

Für Sammellinsen ist D positiv, für Zerstreuungslinsen negativ.

Brechwert zweier Linsen, die im Abstand e zueinander liegen:

$$D = D_1 + D_2 - e \cdot D_1 \cdot D_2 = \frac{n}{f_1} + \frac{n}{f_2} - \frac{e}{f_1 \cdot f_2}$$

Für dicht beieinander liegende Linsen kann $e = 0$ gesetzt werden.

Vorzeichen der Größe aus den Linsengleichungen

Größe und Bedingung	Formelzeichen	Vorzeichen	Größe und Bedingung	Formelzeichen	Vorzeichen
Brennweite bei Konvexlinsen	f	+	Bildweite bei reellen Bildern	b	+
Brennweite bei Konkavlinsen	f	–	Bildweite bei virtuellen Bildern	b	–

Bildentstehung an Konvexlinsen

Gegenstandsweise	Bildweite	Art des Bildes	Bildlage	Bildgröße
$g > 2 \cdot f$	$2 \cdot f > b > f$	reell	umgekehrt	$B < G$
$g = 2 \cdot f$	$b = 2 \cdot f$	reell	umgekehrt	$B = G$
$2 \cdot f > g > f$	$b > 2 \cdot f$	reell	umgekehrt	$B > G$
$g = f$	$b = \infty$	–	–	$B = \infty$
$g > f$	$b > g$	virtuell	aufrecht	$B > G$

Konkavlinsen liefern von reellen aufrechten Gegenständen immer virtuelle, aufrechte und verkleinerte Bilder.

Brechzahlen

Brechzahlen von Feststoffen (bei 20 °C, für Natriumlicht der Wellenlänge λ = 589,3 nm)

Stoff	*n*	Stoff	*n*	Stoff	*n*
Acrylglas (Plexiglas, PMMA)	1,49	Flintglas, leicht (hell)	1,575	Polystyrol (PS)	1,59
Borosilikatglas (Labor-Geräteglas)	1,474	Flintglas, schwer (dunkel)	1,65	Quarz (ordentlicher Strahl, senkrecht zur Achse)	1,544
Diamant	2,42	Glimmer	1,58	Steinsalz	1,544
Flintglas (Schott F 1)	1,6259	Kaliumchlorid	1,490		
Flintglas, besonders schwer	1,89	Kalkspat	1,658		
		Kronglas (Schott K 1)	1,5098		

Brechzahlen von Flüssigkeiten (bei 20 °C, für Natriumlicht der Wellenlänge λ = 589,3 nm)

Flüssigkeit	*n*	Flüssigkeit	*n*	Flüssigkeit	*n*
Aceton (Propanon)	1,359	1,2-Dimethylbenzol	1,505	Nonan	1,405
Acetonitril	1,344	Dimethylsulfat	1,478	Octan	1,397
Ameisensäure	1,371	1,4-Dioxan	1,422	Pentan	1,357
Anilin	1,586	Essigsäure (Ethansäure)	1,372	1-Pentanol (Amylalkohol)	1,408
Benzol	1,501	Essigsäureanhydrid	1,390	Phenol	1,552
Bromethan	1,424	Essigsäureethylester	1,370	1-Propanol	1,386
1-Butanol	1,399	Ethanol	1,361	2-Propanol	1,377
2-Butanol	1,397	Ethylacetat	1,372	Pyridin	1,510
n-Butylacetat	1,394	Glycerin (Propantriol)	1,475	Schwefelsäure, konz.	1,43
n-Butylchlorid	1,402	Glykol (Ethandiol)	1,432	Tetrachlorethen	1,506
Chlorbenzol	1,525	Heptan	1,388	Toluol	1,497
Cyclohexan	1,426	Hexan	1,375	Trichlorethen	1,477
Cyclohexen	1,447	Kohlenstoffdisulfid (Schwefelkohlenstoff)	1,620	Trichlormethan (Chloroform)	1,46
o-Dichlorbenzol	1,551	Methanol	1,328	Wasser	1,333
1,2-Dichlorethan	1,444	Methylchlorid	1,339	o-Xylol	1,505
1,2-Dichlorethen	1,505	Methylethylketon	1,379	p-Xylol	1,496
Dichlormethan	1,424	Nitrobenzol	1,552		
Diethylether	1,352				

Brechzahlen von Wasser

ϑ in °C	*n* bei einer Wellenlänge λ von 706,5 nm	589,3 nm	404,7 nm
0	1,3309	1,3335	1,3436
20	1,3301	1,3328	1,3429
40	1,3277	1,3305	1,3404
60	1,3242	1,3271	1,3367
80	1,3198	1,3227	1,3320
100	1,3148	1,3177	1,3266

Brechzahlen von Gasen (bei 20 °C, für Natriumlicht der Wellenlänge λ = 589,3 nm)

Gas	*n*
Ammoniak (NH_3)	1,00037
Chlor (Cl_2)	1,000781
Helium (He)	1,000034
Kohlenstoffdioxid (CO_2)	1,00045
Luft	1,000292
Sauerstoff (O_2)	1,000271
Stickstoff (N_2)	1,000297
Wasserstoff (H_2)	1,000139

Strahlenoptik

Mikroskop

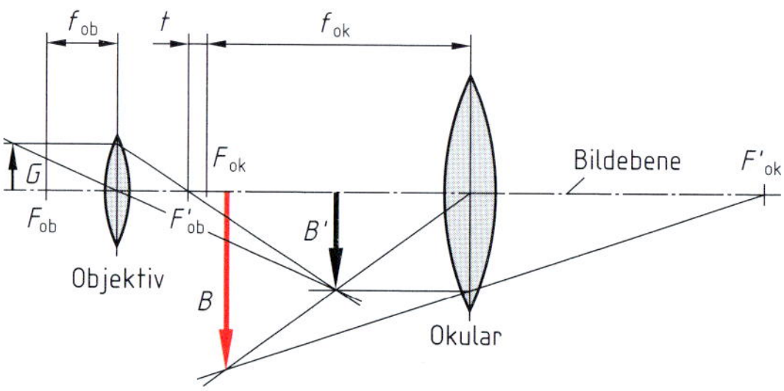

$$V = \frac{s \cdot t}{f_{ob} \cdot f_{ok}}$$

$$V = V_{ob} \cdot V_{ok}$$

Das entstehende Bild B ist vergrößert, virtuell und umgekehrt.

- G Gegenstandsgröße in m
- B Bildgröße in m
- F_{ob} Brennpunkt des Objektivs
- F_{ok} Brennpunkt des Okulars
- V Vergrößerung
- V_{ob} Vergrößerung im Objektiv
- V_{ok} Vergrößerung im Okular
- s Deutliche Sehweite in m (bei Normalsichtigen $s = 0{,}25$ m)
- t Optische Tubuslänge in m (innerer Brennpunktabstand)
- f_{ob} Brennweite des Objektivs in m
- f_{ok} Brennweite des Okulars in m
- n Brechzahl des Mediums zwischen Objekt und Objektiv
- α Halber Öffnungswinkel des Objektivs in °

Auflösungsvermögen optischer Instrumente:

$$b = 0{,}61 \cdot \frac{\lambda}{n \cdot \sin \alpha}$$

- b Grenze der Auflösung (kleinster Punktabstand) in m
- λ Wellenlänge des Lichtes in m

Extinktion (spektrales Absorptionsmaß)

$$E = \varepsilon \cdot c(\mathrm{X}) \cdot d$$

$$E = \lg \frac{\Phi_e}{\Phi_a}$$

$$E = -\lg \tau$$

$$\alpha = 1 - \tau$$

$$\sigma = \frac{1}{\lambda}$$

- E Extinktion, auch spektrales Absorptionsmaß $A(\lambda)$, bei der Wellenlänge λ, ohne Einheit
- ε Molarer Extinktionskoeffizient, auch molarer Absorptionskoeffizient $\varkappa(\lambda)$, in L/(cm · mol)
- $c(\mathrm{X})$ Stoffmengenkonzentration des Stoffes mit den Teilchen X in mol/L
- d Schichtdicke in cm
- Φ_e Eindringender Lichtstrom in lm
- Φ_a Austretender Lichtstrom in lm
- τ Durchlässigkeit, auch spektraler Reintransmissionsgrad $\tau(\lambda)$, ohne Einheit
- α Absorption, auch spektraler Reinabsorptionsgrad $\alpha(\lambda)$, ohne Einheit
- σ Wellenzahl (Repetenz) in 1/m
- λ Wellenlänge in m

Linienspektren

Wellenzahl (Repetenz):

$$\sigma = R_\infty \cdot \left(\frac{1}{n^2} - \frac{1}{m^2}\right)$$

Für Wasserstoff:

$$\sigma = R_H \cdot \left(\frac{1}{n^2} - \frac{1}{m^2}\right)$$

- σ Wellenzahl (Repetenz) in 1/m
- R_∞ Rydberg-Konstante in 1/m; $R_\infty = 1{,}09737315 \cdot 10^7$ 1/m
- R_H Rydberg-Konstante für Wasserstoff in 1/m; $R_H = 1{,}0967758 \cdot 10^7$ 1/m
- n Hauptquantenzahl der Bahn mit der niedrigeren Energie
- m Hauptquantenzahl der Bahn mit der höheren Energie

Serien des Wasserstoffspektrums

Serie	Farbe	n	m	λ (erste Linie) in 10^{-9} m
Lyman	Ultraviolett	1	2, 3, 4, ...	121,57
Balmer	Rot bis UV	2	3, 4, 5, ...	656,3
Paschen	Ultrarot	3	4, 5, 6, ...	1875,1
Brackett	Ultrarot	4	5, 6, 7, ...	4050,0
Pfund	Ultrarot	5	6, 7, 8, ...	7400,0

Eigenschaften der chemischen Elemente I

Elementname	Symbol	Protonenzahl (Ordnungszahl) Z	Relative Atommasse (IUPAC) A_r	Oxidationszahl in Verbindungen O	Dichte ϱ (bei 20 °C) in kg/m³	Schmelzpunkt ϑ_m in °C	Siedepunkt ϑ_b in °C	Aggregatzustand bei 0 °C und p_{amb} = 1 bar
Actinium	Ac	89	(227)	III	10070	1050	≈ 3200	s
Aluminium	Al	13	26,9815	III	2698,9	660,4	≈ 2467	s
Americium	Am	95	(243)	**III**, IV, V, VI	13670	994	(2607)	s
Antimon	Sb	51	121,76	– III, **III**, V	6691	630,5	(1587)	s
Argon	Ar	18	39,948	0	$1{,}7837^{0}$	–189,3	–185,9	g
Arsen	As	33	74,9216	±**III**, V	5730 (met.) 1970 (gelb)	817	613 (subl.)	s
Astat (Astatin)	At	85	(210)	±**I**, III, V, VII	–	302	(337)	s
Barium	Ba	56	137,33	II	3510	725	1640	s
Berkelium	Bk	97	(247)	**III**, IV	(14000)	–	–	–
Beryllium	Be	4	9,012183	II	1848	1289	(2472)	s
Bismut	Bi	83	208,9804	**III**, V	9800	271,3	1560	s
Blei	Pb	82	207,2	**II**, IV	11400	327,5	1750	s
Bor	B	5	10,806; 10,821	III	2340	2300	2550 (subl.)	s
Brom	Br	35	79,901; 79,907	±**I**, V	3119	–7,2	58,78	l
Cadmium	Cd	48	112,414	II	8642	320,9	765	s
Cäsium	Cs	55	132,90545	I	1873	28,4	679	s
Calcium	Ca	20	40,078	II	1550	839	1484	s
Californium	Cf	98	(251)	III	–	–	–	
Cer	Ce	58	140,116	**III**, IV	6770 (kub.) 6689 (hex.)	798	3443	s
Chlor	Cl	17	35,446; 35,457	±**I**, III, V, VII	$3{,}214^{0}$	–101	–34,6	g
Chrom	Cr	24	51,996	II, **III**, VI	7190	1857	2672	s
Cobalt (Kobalt)	Co	27	58,9332	**II**, III	8900	1495	2870	s
Curium	Cm	96	(247)	III	13510	1345	–	s
Dubnium	Db	105	(268)	V	39000	–	–	
Dysprosium	Dy	66	162,50	III	8560	1412	2567	s
Einsteinium	Es	99	(252)	III	–	–	–	
Eisen	Fe	26	55,845	II, **III**	7860	1535	2750	s
Erbium	Er	68	167,26	III	9066^{25}	1529	2868	s
Europium	Eu	63	151,964	II, **III**	5260	822	1597	s
Fermium	Fm	100	(257)	III	–	–	–	
Fluor	F	9	18,9984032	– I	$1{,}696^{0}$	–219,6	–188,1	g
Francium	Fr	87	(223)	I	–	(27)	(677)	s
Gadolinium	Gd	64	157,25	III	7890	1313	3273	s
Gallium	Ga	31	69,723	III	5904	29,77	2403	s
Germanium	Ge	32	72,63	II, **IV**	5323^{25}	937,4	2830	s
Gold	Au	79	196,96657	I, **III**	19 320	1064,4	2808	s
Hafnium	Hf	72	178,49	IV	13 310	2227	(4602)	s
Helium	He	2	4,002602	0	$0{,}1785^{0}$	–269,7	–268,9	g
Holmium	Ho	67	164,9303	III	8795^{25}	1474	2700	s

Eigenschaften der chemischen Elemente I (Fortsetzung)

Elementname	Symbol	Protonenzahl (Ordnungszahl) Z	Relative Atommasse (IUPAC) A_r	Oxidationszahl in Verbindungen O	Dichte ϱ (bei 20 °C) in kg/m³	Schmelzpunkt ϑ_m in °C	Siedepunkt ϑ_b in °C	Aggregatzustand bei 0 °C und p_{amb} = 1 bar
Indium	In	49	114,818	III	7310	156,63	2073	s
Iod	I	53	126,90447	–**I**, I, V, VII	4930	113,5	184,35	s
Iridium	Ir	77	192,22	II, III, **IV**, VI	22 500	2447	4428	s
Kalium	K	19	39,0983	I	862	6371	759	s
Kohlenstoff als Diamant	C	6	12,0096; 12,0116	II, ± **IV**	2250 3510	> ca. 3670 subl.	4830	s
Krypton	Kr	36	83,798	0	3,733^{0}	– 157,37	– 153,2	g
Kupfer	Cu	29	63,546	I, **II**	8960	1084,9	2563	s
Lanthan	La	57	138,9055	III	6145^{25}	920	3457	s
Lawrencium	Lr	103	(262)	III	–	–	–	
Lithium	Li	3	6,938; 6,997	I	534	180,6	1342	s
Lutetium	Lu	71	174,967	III	9841^{25}	1663	3395	s
Magnesium	Mg	12	24,304; 24,307	II	1738	650	1090	s
Mangan	Mn	25	54,93804	**II**, III, IV, VI, VII	7210 ... 7440	1246	2062	s
Mendelevium	Md	101	(258)	**II**, III	–	–	–	
Molybdän	Mo	42	95,95	II, III, IV, V, **VI**	10220	2617	4639	s
Natrium	Na	11	22,989769	I	971	97,81	883	s
Neodym	Nd	60	144,24	III	7008^{25}	1021	3074	s
Neon	Ne	10	20,1797	0	0,8999^{0}	– 248,6	– 246,1	g
Neptunium	Np	93	(237)	III, IV, V, VI	20450	639	(3902)	s
Nickel	Ni	28	58,6934	**II**, III	8902^{25}	1455	2730	s
Niob	Nb	41	92,90637	III, **V**	8570	2469	(4744)	s
Nobelium	No	102	(259)	**II**, III	–	–	–	
Osmium	Os	76	190,23	–II, 0, II, III, **IV**, VI, VIII	22 500	3033 ± 30	(5012)	s
Palladium	Pd	46	106,42	**II**, IV	12 020	1554	2970	s
Phosphor	P	15	30,973762	± **III**, V, IV	1820 (weiß) 2200 (rot)	44,14	280	s
Platin	Pt	78	195,084	II, **IV**	21 450	1772	(3827)	s
Plutonium	Pu	94	(244)	III, **IV**, V, VI	19840^{25} (α)	640	3230	s
Polomium	Po	84	(209)	**II**, IV	9320 (α)	254	962	s
Praseodym	Pr	59	140,9077	**III**, IV	6773	931	3212	s
Promethium	Pm	61	(145)	III	7264^{25}	1042	(3000)	s
Protactinium	Pa	91	231,03588	IV, **V**	15 370	(1572)	–	s
Quecksilber	Hg	80	200,59	I, **II**	13 546	–38,842	357	l
Radium	Ra	88	(226)	II	5500	700	1140	s
Radon	Rn	86	(222)	0	9,73^{0}	–71	–61,8	g
Rhenium	Re	75	186,207	– I, II, IV, VI, **VII**	21020	3180	(5627)	s
Rhodium	Rh	45	102,90550	II, **III**	12 410	1966	3727	s
Rutherfordium	Rf	104	(267)	IV	18100	–	–	s

Eigenschaften der chemischen Elemente I (Fortsetzung)

Elementname	Symbol	Protonenzahl (Ordnungszahl) Z	Relative Atommasse (IUPAC) A_r	Oxidationszahl in Verbindungen O	Dichte ϱ (bei 20 °C) in kg/m³	Schmelzpunkt ϑ_m in °C	Siedepunkt ϑ_b in °C	Aggregatzustand bei 0 °C und p_{amb} = 1 bar
Rubidium	Rb	37	85,4678	I	1532	38,89	688	s
Ruthenium	Ru	44	101,07	**III**, IV	12 300	2310	(3900)	s
Samarium	Sm	62	150,36	II, **III**	7520 (α)	1074	1794	s
Sauerstoff	O	8	15,9990; 15,9998	–II	$1{,}429^{0}$	–218,4	–182,96	g
Scandium	Sc	21	44,95591	III	2989^{25}	1541	(2836)	s
Schwefel	S	16	32,059; 32,076	±II, IV, **VI**	2070 (rh.) 1957 (mo.)	113	444,67	s
Selen	Se	34	78,97	±II, **IV**, VI	≈ 4800 (β)	217	685	s
Silber	Ag	47	107,8682	I	10 500	961,9	(2212)	s
Silicium	Si	14	28,084; 28,086	IV	2330^{25}	1410	(2355)	s
Stickstoff	N	7	14,0064; 14,0073	±I, ±II, ±**III**, IV, V	$1{,}2506^{0}$	–210	–195,8	g
Strontium	Sr	38	87,62	II	2600	769	1384	s
Tantal	Ta	73	180,9479	V	16 654	2996	(5425)	s
Technetium	Tc	43	(98)	IV, VI, **VII**	11 500	(2204)	(4265)	s
Tellur	Te	52	127,60	–II, **IV**, VI	6240	449,6	989,8	s
Terbium	Tb	65	158,92534	**III**, IV	8230	1356	3230	s
Thallium	Tl	81	204,382; 204,385	**I**, III	11 850	304	1457	s
Thorium	Th	90	232,038	IV	11 700	1755	(4788)	s
Thulium	Tm	69	168,9342	II, **III**	9321^{25}	1545	(1950)	s
Titan	Ti	22	47,87	II, III, **IV**	4500	1660	3287	s
Uran	U	92	238,0289	III, IV, V, **VI**	18 950	1132	3818	s
Vanadium	V	23	50,9415	II, III, IV, **V**	6100	1890	(3380)	s
Wasserstoff	H	1	1,00784; 100811	I	$0{,}08988^{0}$	–259,34	–252,87	g
Wolfram	W	74	183,84	II, III, IV, V, **VI**	19 300	3410	(5660)	s
Xenon	Xe	54	131,29	0	$5{,}896^{0}$	–111,9	–107,1	g
Ytterbium	Yb	70	173,05	II, **III**	6966	824	(1194)	s
Yttrium	Y	39	88,9058	III	4469	1522	(3338)	s
Zink	Zn	30	65,38	II	7140	419,58	907	s
Zinn	Sn	50	118,71	II, **IV**	7300	231,9	2270	s
Zirconium	Zr	40	91,224	IV	6506	1855	4377	s

Werte in Klammer sind unsicher oder variieren in der Literatur relativ stark. Sie gelten für das stabilste Isotop.

Weitere künstliche Elemente: Seaborgium Sg (271), Bohrium Bh (272), Hassium Hs (270), Meitnerium Mt (276), Darmstadtium Ds (281), Roentgenium Rg (280), Copernicum Cn (285), Ununtrium Uut (284), Flerovium Fl (289) Ununpentium (Uup (288), Livermorium Lv (293), Ununseptium Uus (294), Ununoctium Uuo (294)

Hochstellungen bei der Dichte geben eine von 20 °C abweichende Temperatur in °C an, z. B. 9321^{25} ist die Dichte in kg/m³ bei 25 °C. Die wichtigsten Oxidationszahlen sind hervorgehoben.

Abkürzungen: s fest l flüssig g gasförmig α α-Struktur β β-Struktur
subl. sublimiert met. metallisch hex. hexagonal kub. kubisch rh. rhombisch mo. monoklin

Eigenschaften der chemischen Elemente II

Elementname	Symbol	Aufbau der Elektronenhülle (Obitalmodell)	Elektronegativität Pauling	Elektronegativität Rochow	Kristallstruktur	Atomradius r_A in pm (metall.)	Ionenradius r_I in pm (Ladung)	Ionisierungsenergie für das 1. Elektron in kJ/mol
Actinium	Ac	[Rn]6d^{1}7s^{2}	1,1	1,0	kfz (Cu-Typ)	(188)	118 (3+)	519,1
Aluminium	Al	[Ne]3s^{2} 3p^{1}	1,5	1,5	kfz (Cu-Typ)	125 (143)	51 (3+)	577,5
Americium	Am	[Rn]5f^{7} 6d^{0} 7s^{2}	1,3	≈ 1,2	kfz (Cu-Typ) und h	(173)	107 (3+)	576,4
Antimon	Sb	[Kr]4d^{10} 5s^{2} 5p^{3}	1,9	1,8	trig (As-Typ)	141 (145)	76 (3+) 245 (3–)	830,6
Argon	Ar	[Ne]3s^{2} 3p^{6}	–	–	kfz (Cu-Typ)	192	126 (1+)	1520,6
Arsen	As	[Ar]3d^{10} 4s^{2} 4p^{3}	2,0	2,2	trig (As-Typ)	121 (125)	58 (3+) 222 (3–)	944,4
Astat (Astatin)	At	[Xe]4f^{14} 5d^{10} 6s^{2} 6p^{5}	2,2	2,0	–	145	62 (7+)	899,0
Barium	Ba	[Xe]6s^{2}	0,9	1,0	krz (W-Typ)	198 (217)	134 (2+)	502,8
Berkelium	Bk	[Rn]5f^{9} 6d^{0} 7s^{2}	–	≈ 1,2	–	–	–	598,0
Beryllium	Be	1s^{2} 2s^{2}	1,5	1,5	h (Mg-Typ)	89 (111)	35 (2+)	899,5
Bismut	Bi	[Xe]4f^{14} 5d^{10} 6s^{2} 6p^{3}	1,9	1,7	trig (As-Typ)	146 (155)	96 (3+) 74 (5+)	702,9
Blei	Pb	[Xe]4f^{14} 5d^{10} 6s^{2} 6p^{2}	1,8	1,6	kfz (Cu-Typ)	154 (175)	120 (2+)	715,6
Bor	B	1s^{2} 2s^{2} 2p^{1}	2,0	2,0	tetr	81 (80)	23 (3+)	800,6
Brom	Br	[Ar]3d^{10} 4s^{2} 4p^{5}	2,8	2,5	orh (I-Typ)	114 (114)	196 (1–)	1939,8
Cadmium	Cd	[Kr]4d^{10} 5s^{2}	1,7	1,5	h (Mg-Typ)	141 (149)	97 (2+)	867,8
Cäsium	Cs	[Xe]6s^{1}	0,7	0,9	krz (W-Typ)	235 (266)	167 (1+)	375,7
Calcium	Ca	[Ar]4s^{2}	1,0	1,0	kfz (Cu-Typ)	174 (197)	99 (2+)	589,8
Californium	Cf	[Rn]5f^{10} 6d^{0} 7s^{2}	–	≈ 1,2	–	–	–	606,1
Cer	Ce	[Xe]4f^{2} 5d^{0} 6s^{2}	1,1	1,1	kfz (Cu-Typ)	165 (183)	103 (3+)	534,4
Chlor	Cl	[Ne]3s^{2} 3p^{5}	3,0	2,8	orh	99 (99)	181 (1–)	1251,2
Chrom	Cr	[Ar]3d^{5} 4s^{1}	1,6	1,6	krz (W-Typ)	117 (125)	63 (3+)	652,9
Cobalt (α) (β)	Co	[Ar]3d^{7} 4s^{2}	1,8	1,7	h (Mg-Typ) kfz (Cu-Typ)	116 (125)	72 (2+)	760,4
Curium	Cm	[Rn]5f^{7} 6d^{1} 7s^{2}	–	≈ 1,2	–	–	–	578,1
Dubnium	Db	[Rn]5f^{14} 6d^{3} 7s^{2}	–	–	–	–	–	656,1
Dysprosium	Dy	[Xe]4f^{10} 5d^{0} 6s^{2}	–	1,1	h (Mg-Typ)	159 (175)	91 (3+)	573,0
Einsteinium	Es	[Rn]5f^{11} 6d^{0} 7s^{2}	–	≈ 1,2	–	–	–	614,4
Eisen (α) (γ) (δ)	Fe	[Ar]3d^{6} 4s^{2}	1,8	1,6	krz (W-Typ) kfz (Cu-Typ) krz (W-Typ)	116 (124)	74 (2+) 64 (3+)	762,5
Erbium	Er	[Xe]4f^{12} 5d^{0} 6s^{2}	1,2	1,1	h (Mg-Typ)	157 (173)	88 (3+)	589,3
Europium	Eu	[Xe]4f^{7} 5d^{0} 6s^{2}	–	1,0	krz (W-Typ)	185 (200)	95 (3+)	547,1
Fermium	Fm	[Rn]5f^{12} 6d^{0} 7s^{2}	–	≈ 1,2	–	–	–	627,1
Fluor	F	1s^{2} 2s^{2} 2p^{5}	4,0	4,1	kub	64 (71)	133 (1–)	1681,0
Francium	Fr	[Rn]7s^{1}	0,7	0,9	krz (W-Typ)	–	180 (1+)	393,0
Gadolinium (α) (β)	Gd	[Xe]4f^{7} 5d^{1} 6s^{2}	1,1	1,1	h (Mg-Typ) krz (W-Typ)	161 (179)	111 (2+) 94 (3+)	593,4
Gallium	Ga	[Ar]3d^{10} 4s^{2} 4p^{1}	1,6	1,8	orh	125 (122)	62 (3+)	578,8
Germanium	Ge	[Ar]3d^{10} 4s^{2} 4p^{2}	1,8	2,0	kub	122 (123)	53 (4+) 73 (2+)	762,2
Gold	Au	[Xe]4f^{14} 5d^{10} 6s^{1}	2,4	1,4	kfz (Cu-Typ)	134 (144)	137 (1+)	890,1

Eigenschaften der chemischen Elemente II (Fortsetzung)

Elementname	Symbol	Aufbau der Elektronenhülle (Obitalmodell)	Elektronegativität Pauling	Elektronegativität Rochow	Kristallstruktur	Atomradius r_A in pm (metall.)	Ionenradius r_I in pm (Ladung)	Ionisierungsenergie für das 1. Elektron in kJ/mol
Hafnium (α) (β)	Hf	[Xe]$4f^{14}\,5d^2\,6s^2$	1,3	1,2	h (Mg-Typ) krz (W-Typ)	144 (156)	78 (4+)	658,5
Helium	He	$1s^2$	–	–	h (Mg-Typ)	93	–	2372,3
Holmium	Ho	[Xe]$4f^{11}\,5d^0\,6s^2$	1,2	1,1	h (Mg-Typ)	158 (174)	89 (3+)	581,0
Indium	In	[Kr]$4d^{10}\,5s^2\,5p^1$	1,7	1,5	tetr	150 (163)	81 (3+)	558,3
Iod	I	[Kr]$4d^{10}\,5s^2\,5p^5$	2,5	2,2	orh (I-Typ)	133 (133)	220 (1–)	1008,4
Iridium	Ir	[Xe]$4f^{14}\,5d^7\,6s^2$	2,2	1,6	kfz (Cu-Typ)	127 (136)	68 (4+)	865,2
Kalium	K	[Ar]$4s^1$	0,8	0,9	krz (W-Typ)	203 (227)	133 (1+)	418,8
Kohlenstoff – als Diamant	C	$1s^2\,2s^2\,2p^2$	2,5	2,5	h kub	77 (77)	260 (4–) 16 (4+)	1080,9
Krypton	Kr	[Ar]$3d^{10}\,4s^2\,4p^6$	–	–	kfz (Cu-Typ)	–	–	1350,7
Kupfer	Cu	[Ar]$3d^{10}\,4s^1$	1,9	1,8	kfz (Cu-Typ)	117 (128)	96 (1+) 72 (2+)	745,5
Lanthan (α) (β) (γ)	La	[Xe]$5d^1\,6s^2$	1,1	1,1	h (Mg-Typ) kfz (Cu-Typ) krz (W-Typ)	169 (187)	106 (3+)	538,1
Lawrencium	Lr	[Rn]$5f^{14}\,6d^1\,7s^2$	–	–	–	–	–	472,8
Lithium (α) (β)	Li	$1s^2\,2s^1$	1,0	1,0	krz (W-Typ) h (Mg-Typ)	123 (152)	68 (1+)	520,2
Lutetium	Lu	[Xe]$4f^{14}\,5d^1\,6s^2$	1,2	1,1	h (Mg-Typ)	156 (172)	85 (3+)	523,5
Magnesium	Mg	[Ne]$3s^1$	1,2	1,2	h (Mg-Typ)	136 (160)	66 (2+)	737,7
Mangan (α) (β) (γ) (δ)	Mn	[Ar]$3d^5\,4s^2$	1,5	1,6	kub kub kfz (Cu-Typ) krz (W-Typ)	118 (137)	80 (2+)	717,3
Mendelevium	Md	[Rn]$5f^{13}\,6d^0\,7s^2$	–	≈ 1,2	–	–	–	634,9
Molybdän	Mo	[Kr]$4d^5\,5s^1$	1,8	1,3	krz (W-Typ)	130 (136)	70 (4+) 62 (6+)	684,3
Natrium	Na	[Ne]$3s^1$	0,9	1,0	krz (W-Typ)	157 (186)	97 (1+)	495,8
Neodym	Nd	[Xe]$4f^4\,5d^0\,6s^2$	1,2	1,1	h (Mg-Typ)	164 (181)	100 (3+)	533,1
Neon	Ne	$1s^2\,2s^2\,2p^6$	–	–	kfz (Cu-Typ)	112 (160)	–	2080,6
Neptunium (α) (β) (γ)	Np	[Rn]$5f^4\,6d^1\,7s^2$	1,3	1,2	orh tetr krz (W-Typ)	–	110 (3+)	604,5
Nickel	Ni	[Ar]$3d^8\,4s^2$	1,8	1,8	kfz (Cu-Typ)	115 (125)	69 (2+) 62 (3+)	737,1
Niob	Nb	[Kr]$4d^4\,5s^1$	1,6	1,2	krz (W-Typ)	134 (143)	69 (5+)	652,1
Nobelium	No	[Rn]$5f^{14}\,6d^0\,7s^2$	–	–	–	–	–	641,6
Osmium	Os	[Xe]$4f^{14}\,5d^6\,6s^2$	2,2	1,5	h (Mg-Typ)	126 (134)	88 (4+) 69 (6+)	814,1

Eigenschaften der chemischen Elemente II (Fortsetzung)

Elementname	Symbol	Aufbau der Elektronenhülle (Obitalmodell)	Elektronegativität Pauling	Elektronegativität Rochow	Kristallstruktur	Atomradius r_A in pm (metall.)	Ionenradius r_I in pm (Ladung)	Ionisierungsenergie für das 1. Elektron in kJ/mol
Palladium	Pd	[Kr]$4d^{10}\,5s^0$	2,2	1,4	kfz (Cu-Typ)	128 (138)	80 (2+)	804,4
Phosphor, rot – weiß – schwarz	P	[Ne]$3s^2\,3p^3$	2,1	2,1	kub kub orh (P-Typ)	110 (111)	212 (3–) 35 (5+)	1011,8
Platin	Pt	[Xe]$4f^{14}\,5d^9\,6s^1$	2,2	1,4	kfz (Cu-Typ)	130 (137)	80 (2+)	864,4
Plutonium	Pu	[Rn]$5f^6\,6d^0\,7s^2$	1,3	1,2	–	–	108 (3+)	581,4
Polomium (α) (β)	Po	[Xe]$4f^{14}\,5d^{10}\,6s^2\,6p^4$	2,0	1,8	kub (einf.) rh	146 (167)	67 (6+)	811,8
Praseodym (α) (β)	Pr	[Xe]$4f^3\,3d^0\,6s^2$	1,1	1,1	h (Mg-Typ) krz (W-Typ)	165 (182)	101 (3+)	528,1
Promethium	Pm	[Xe]$4f^5\,5d^0\,6s^2$	–	1,1	h (Mg-Typ)	163	98 (3+)	538,6
Protactinium	Pa	[Rn]$5f^2\,6d^1\,7s^2$	1,5	1,1	tetr	(156)	113 (3+)	568,3
Quecksilber	Hg	[Xe]$4f^{14}\,5d^{10}\,6s^2$	1,9	1,5	rh (Hg-Typ)	144 (150)	110 (2+) 127 (1+)	1007,0
Radium	Ra	[Rn]$7s^2$	0,9	1,0	krz (W-Typ)	–	143 (2+)	509,3
Radon	Rn	[Xe]$4f^{14}\,5d^{10}\,6s^2\,6p^6$	–	–	kfz (Cu-Typ)	–	–	1037,0
Rhenium	Re	[Xe]$4f^{14}\,5d^5\,6s^2$	1,9	1,5	h (Mg-Typ)	128 (137)	72 (4+)	755,8
Rhodium	Rh	[Kr]$4d^8\,5s^1$	2,2	1,5	kfz (Cu-Typ)	125 (135)	86 (2+) 68 (3+)	719,7
Rubidium	Rb	[Kr]$5s^1$	0,8	0,9	krz (W-Typ)	216 (248)	147 (1+)	403,0
Ruthenium	Ru	[Kr]$4d^7\,5s^1$	2,2	1,4	h (Mg-Typ)	125 (133)	67 (4+)	710,2
Rutherfordium	Rf	[Rn]$5f^{14}\,6d^2\,7s^2$	–	–	–	–	–	579,9
Samarium	Sm	[Xe]$4f^6\,5d^0\,6s^2$	1,2	1,1	rh	162 (179)	96 (3+)	544,5
Sauerstoff (α) (β)	O	$1s^2\,2s^2\,2p^4$	3,5	3,5	orh rh	73 (60)	132 (2–)	1313,9
Scandium	Sc	[Ar]$3d^1\,4s^2$	1,3	1,2	h (Mg-Typ)	144 (161)	73 (3+)	633,1
Schwefel (α) (β)	S	[Ne]$3s^2\,3p^4$	2,5	2,4	orh m	102 (104)	184 (2–) 30 (6+)	999,6
Selen	Se	[Ar]$3d^{10}\,4s^2\,4p^4$	2,4	2,5	h	117 (116)	191 (2–) 42 (6+)	940,9
Silber	Ag	[Kr]$4d^{10}\,5s^1$	1,9	1,4	kfz (Cu-Typ)	134 (145)	126 (1+)	731
Silicium	Si	[Ne]$3s^2\,3p^2$	1,8	1,7	kub	117 (118)	42 (4+) 271 (4–)	786,5
Stickstoff (α) (β)	N	$1s^2\,2s^2\,2p^3$	3,0	3,1	kub h	70 (55)	171 (3–) 13 (5+)	1402,3
Strontium (α) (β) (γ)	Sr	[Kr]$5s^2$	1,0	1,0	kfz (Cu-Typ) h (Mg-Typ) krz (W-Typ)	191 (215)	112 (2+)	549,5
Tantal	Ta	[Xe]$4f^{14}\,5d^3$	1,5	1,3	krz (W-Typ)	134 (143)	68 (5+)	728,4
Technetium	Tc	[Kr]$4d^5\,5s^2$	1,9	1,4	h (Mg-Typ)	127 (135)	98 (7+)	686,9
Tellur	Te	[Kr]$4d^{10}\,5s^2\,5p^4$	2,1	2,0	h (Se-Typ)	137 (143)	211 (2–)	869,3
Terbium	Tb	[Xe]$4f^9\,5d^0\,6s^2$	1,2	1,1	h (Mg-Typ)	159 (176)	92 (3+)	565,8
Thallium (α) (β)	Tl	[Xe]$4f^{14}\,5d^{10}\,6s^2\,6p^1$	1,8	1,4	h (Mg-Typ) krz (W-Typ)	155 (170)	147 (1+)	589,3
Thorium (α) (β)	Th	[Rn]$5f^0\,6d^2\,7s^2$	1,3	1,1	kfz (Cu-Typ) krz (W-Typ)	165 (180)	102 (4+)	608,5
Thulium	Tm	[Xe]$4f^{13}\,5d^0\,6s^2$	1,2	1,1	h (Mg-Typ)	156 (172)	87 (3+)	596,7
Titan (α) (β)	Ti	[Ar]$3d^2\,4s^2$	1,5	1,3	h (Mg-Typ) krz (W-Typ)	132 (145)	76 (3+) 68 (4+)	658,8

Eigenschaften der chemischen Elemente II (Fortsetzung)

Elementname	Symbol	Aufbau der Elektronenhülle (Obitalmodell)	Elektronegativität Pauling	Elektronegativität Rochow	Kristallstruktur	Atomradius r_A in pm (metall.)	Ionenradius r_I in pm (Ladung)	Ionisierungsenergie für das 1. Elektron in kJ/mol
Uran (α) (β) (γ)	U	$[Rn]5f^3\,6d^1\,7s^2$	1,7	1,2	orh tetr krz (W-Typ)	142 (139)	111 (3+) 97 (4+)	597,6
Vanadium	V	$[Ar]3d^3\,4s^2$	1,6	1,5	krz (W-Typ)	122 (131)	74 (3+) 59 (5+)	650,9
Wasserstoff	H	$1s^1$	2,1	2,2	h (Mg-Typ)	30 (37)	154 (1–)	1312,0
Wolfram	W	$[Xe]4f^{14}\,5d^4\,6s^2$	1,7	1,4	krz (W-Typ)	130 (137)	70 (4+)	758,7
Xenon	Xe	$[Kr]4d^{10}\,5s^2\,5p^6$	–	–	kfz (Cu-Typ)	–	–	1170,3
Ytterbium (α) (β)	Yb	$[Xe]4f^{14}\,5d^0\,6s^2$	1,1	1,1	kfz (Cu-Typ) krz (W-Typ)	174 (194)	93 (2+)	603,4
Yttrium (α) (β)	Y	$[Kr]4d^1\,5s^2$	1,3	1,1	h (Mg-Typ) krz (W-Typ)	162 (178)	89 (3+)	599,9
Zink	Zn	$[Ar]3d^{10}\,4s^2$	1,6	1,7	h (Mg-Typ)	125 (134)	74 (2+)	906,4
Zinn (α) (β)	Sn	$[Kr]4d^{10}\,5s^2\,5p^2$	1,8	1,7	kub tetr	140 (141)	93 (2+)	708,6
Zirconium (α) (β)	Zr	$[Kr]4d^2\,5s^2$	1,4	1,2	h (Mg-Typ) krz (W-Typ)	145 (159)	79 (4+)	640,1

Abkürzungen:

h	hexagonal	kub	kubisch	rh	rhomboedrisch
kfz	kubisch flächenzentriert	m	monoklin	tetr	tetragonal
krz	kubisch raumzentriert	orh	orthorhombisch	trig	trigonal

Halbwertszeiten $T_{1/2}$ radioaktiver Isotope

Isotop und Massenzahl	$T_{1/2}$	Isotop und Massenzahl	$T_{1/2}$	Isotop und Massenzahl	$T_{1/2}$	Isotop und Massenzahl	$T_{1/2}$	Isotop und Massenzahl	$T_{1/2}$
Ac 227	21,8 a	Co 60	5,3 a	I 129	$1{,}6 \cdot 10^7$ a	Np 237	$2{,}1 \cdot 10^6$ a	Se 75	120 d
Ag 110	250 d	Cr 51	28 d	In 114	50 d	O 15	2 min	Si 31	3 h
Al 26	$7{,}2 \cdot 10^5$ a	Cs 137	30,2 a	Ir 192	74 d	Os 185	94 d	Sm 153	47 h
Am 243	7370 a	Cu 64	13 h	JI 262	34 s	P 32	14 d	Sn 113	115 d
Ar 41	2 h	Db 268	4,2 s	K 42	12 h	Pa 231	$3{,}3 \cdot 10^4$ a	Sr 90	28,5 a
As 73	80 d	Dy 165	2 h	Kr 85	10,8 a	Pb 210	22,3 a	Ta 182	114 d
At 210	8 h	Er 169	9 h	La 140	40 h	Pd 103	17 d	Tb 160	72 d
Au 195	183 d	Es 252	472 d	Li 8	842 ms	Pm 147	2,6 a	Tc 99	$2{,}1 \cdot 10^5$ a
B 12	20 ms	Eu 152	13,3 a	Lr 260	3 min	Po 209	102 a	Te 127	109 d
Ba 133	10,5 a	F 18	110 min	Lu 177	7 d	Pr 143	14 d	Th 232	$1{,}4 \cdot 10^{10}$ a
Be 7	53 d	Fe 59	45 d	Md 258	56 d	Pt 197	18 h	Ti 44	47,3 a
Bi 207	33,4 a	Fm 257	101 d	Mg 28	21 h	Pu 244	$8{,}3 \cdot 10^7$ a	Tl 204	3,8 a
Bk 247	1380 a	Fr 223	22 min	Mn 54	312 d	Ra 226	1600 a	Tm 170	129 d
Br 82	35 h	Ga 67	78 h	Mo 99	66 h	Rb 86	19 d	U 238	$4{,}5 \cdot 10^9$ a
C 14	5730 a	Gd 153	242 d	N 13	10 min	Re 186	91 h	V 49	330 d
Ca 45	163 d	Ge 77	11 h	Na 22	2,6 a	Rh 105	36 h	W 185	75 d
Cd 109	453 d	H 3	12,3 a	Nb 94	$2 \cdot 10^4$ a	Rn 222	4 d	Xe 133	5 d
Ce 141	33 d	He 6	808 ms	Nd 147	11 d	Ru 103	39 d	Y 88	107 d
Cf 251	898 a	Hf 181	42 d	Ne 23	37 s	S 35	88 d	Yb 169	32 d
Cl 36	$3 \cdot 10^5$ a	Hg 203	47 d	Ni 63	100 a	Sb 125	2,8 a	Zn 65	244 d
Cm 247	$1{,}6 \cdot 10^7$ a	Ho 166	1200 a	No 259	58 min	Sc 46	84 d	Zr 95	64 d

Elektronenkonfiguration der Elemente

Ordnungs-zahl Z	Ele-ment	K	L	M	N	O	P	Q
1	H	$1s^1$						
2	He	$1s^2$						
3	Li	$1s^2$	$2s^1$					
4	Be	$1s^2$	$2s^2$					
5	B	$1s^2$	$2s^2\ 2p^1$					
6	C	$1s^2$	$2s^2\ 2p^2$					
7	N	$1s^2$	$2s^2\ 2p^3$					
8	O	$1s^2$	$2s^2\ 2p^4$					
9	F	$1s^2$	$2s^2\ 2p^5$					
10	Ne	$1s^2$	$2s^2\ 2p^6$					
11	Na	$1s^2$	$2s^2\ 2p^6$	$3s^1$				
12	Mg	$1s^2$	$2s^2\ 2p^6$	$3s^2$				
13	Al	$1s^2$	$2s^2\ 2p^6$	$3s^2\ 3p^1$				
14	Si	$1s^2$	$2s^2\ 2p^6$	$3s^2\ 3p^2$				
15	P	$1s^2$	$2s^2\ 2p^6$	$3s^2\ 3p^3$				
16	S	$1s^2$	$2s^2\ 2p^6$	$3s^2\ 3p^4$				
17	Cl	$1s^2$	$2s^2\ 2p^6$	$3s^2\ 3p^5$				
18	Ar	$1s^2$	$2s^2\ 2p^6$	$3s^2\ 3p^6$				
19	K	$1s^2$	$2s^2\ 2p^6$	$3s^2\ 3p^6$	$4s^1$			
20	Ca	$1s^2$	$2s^2\ 2p^6$	$3s^2\ 3p^6$	$4s^2$			
21	Sc	$1s^2$	$2s^2\ 2p^6$	$3s^2\ 3p^6\ 3d^1$	$4s^2$			
22	Ti	$1s^2$	$2s^2\ 2p^6$	$3s^2\ 3p^6\ 3d^2$	$4s^2$			
23	V	$1s^2$	$2s^2\ 2p^6$	$3s^2\ 3p^6\ 3d^3$	$4s^2$			
24	Cr	$1s^2$	$2s^2\ 2p^6$	$3s^2\ 3p^6\ 3d^5$	$4s^1$			
25	Mn	$1s^2$	$2s^2\ 2p^6$	$3s^2\ 3p^6\ 3d^5$	$4s^2$			
26	Fe	$1s^2$	$2s^2\ 2p^6$	$3s^2\ 3p^6\ 3d^6$	$4s^2$			
27	Co	$1s^2$	$2s^2\ 2p^6$	$3s^2\ 3p^6\ 3d^7$	$4s^2$			
28	Ni	$1s^2$	$2s^2\ 2p^6$	$3s^2\ 3p^6\ 3d^8$	$4s^2$			
29	Cu	$1s^2$	$2s^2\ 2p^6$	$3s^2\ 3p^6\ 3d^{10}$	$4s^1$			
30	Zn	$1s^2$	$2s^2\ 2p^6$	$3s^2\ 3p^6\ 3d^{10}$	$4s^2$			
31	Ga	$1s^2$	$2s^2\ 2p^6$	$3s^2\ 3p^6\ 3d^{10}$	$4s^2\ 4p^1$			
32	Ge	$1s^2$	$2s^2\ 2p^6$	$3s^2\ 3p^6\ 3d^{10}$	$4s^2\ 4p^2$			
33	As	$1s^2$	$2s^2\ 2p^6$	$3s^2\ 3p^6\ 3d^{10}$	$4s^2\ 4p^3$			
34	Se	$1s^2$	$2s^2\ 2p^6$	$3s^2\ 3p^6\ 3d^{10}$	$4s^2\ 4p^4$			
35	Br	$1s^2$	$2s^2\ 2p^6$	$3s^2\ 3p^6\ 3d^{10}$	$4s^2\ 4p^5$			
36	Kr	$1s^2$	$2s^2\ 2p^6$	$3s^2\ 3p^6\ 3d^{10}$	$4s^2\ 4p^6$			
37	Rb	$1s^2$	$2s^2\ 2p^6$	$3s^2\ 3p^6\ 3d^{10}$	$4s^2\ 4p^6$	$5s^1$		
38	Sr	$1s^2$	$2s^2\ 2p^6$	$3s^2\ 3p^6\ 3d^{10}$	$4s^2\ 4p^6$	$5s^2$		
39	Y	$1s^2$	$2s^2\ 2p^6$	$3s^2\ 3p^6\ 3d^{10}$	$4s^2\ 4p^6\ 4d^1$	$5s^2$		
40	Zr	$1s^2$	$2s^2\ 2p^6$	$3s^2\ 3p^6\ 3d^{10}$	$4s^2\ 4p^6\ 4d^2$	$5s^2$		
41	Nb	$1s^2$	$2s^2\ 2p^6$	$3s^2\ 3p^6\ 3d^{10}$	$4s^2\ 4p^6\ 4d^4$	$5s^1$		
42	Mo	$1s^2$	$2s^2\ 2p^6$	$3s^2\ 3p^6\ 3d^{10}$	$4s^2\ 4p^6\ 4d^5$	$5s^1$		
43	Tc	$1s^2$	$2s^2\ 2p^6$	$3s^2\ 3p^6\ 3d^{10}$	$4s^2\ 4p^6\ 4d^6$	$5s^1$		
44	Ru	$1s^2$	$2s^2\ 2p^6$	$3s^2\ 3p^6\ 3d^{10}$	$4s^2\ 4p^6\ 4d^7$	$5s^1$		
45	Rh	$1s^2$	$2s^2\ 2p^6$	$3s^2\ 3p^6\ 3d^{10}$	$4s^2\ 4p^6\ 4d^8$	$5s^1$		
46	Pd	$1s^2$	$2s^2\ 2p^6$	$3s^2\ 3p^6\ 3d^{10}$	$4s^2\ 4p^6\ 4d^{10}$			
47	Ag	$1s^2$	$2s^2\ 2p^6$	$3s^2\ 3p^6\ 3d^{10}$	$4s^2\ 4p^6\ 4d^{10}$	$5s^1$		
48	Cd	$1s^2$	$2s^2\ 2p^6$	$3s^2\ 3p^6\ 3d^{10}$	$4s^2\ 4p^6\ 4d^{10}$	$5s^2$		
49	In	$1s^2$	$2s^2\ 2p^6$	$3s^2\ 3p^6\ 3d^{10}$	$4s^2\ 4p^6\ 4d^{10}$	$5s^2\ 5p^1$		
50	Sn	$1s^2$	$2s^2\ 2p^6$	$3s^2\ 3p^6\ 3d^{10}$	$4s^2\ 4p^6\ 4d^{10}$	$5s^2\ 5p^2$		
51	Sb	$1s^2$	$2s^2\ 2p^6$	$3s^2\ 3p^6\ 3d^{10}$	$4s^2\ 4p^6\ 4d^{10}$	$5s^2\ 5p^3$		
52	Te	$1s^2$	$2s^2\ 2p^6$	$3s^2\ 3p^6\ 3d^{10}$	$4s^2\ 4p^6\ 4d^{10}$	$5s^2\ 5p^4$		
53	I	$1s^2$	$2s^2\ 2p^6$	$3s^2\ 3p^6\ 3d^{10}$	$4s^2\ 4p^6\ 4d^{10}$	$5s^2\ 5p^5$		

Elektronenkonfiguration der Elemente (Fortsetzung)

Ordnungs-zahl Z	Ele-ment	K	L	M	N	O	P	Q
54	Xe	$1s^2$	$2s^2\ 2p^6$	$3s^2\ 3p^6\ 3d^{10}$	$4s^2\ 4p^6\ 4d^{10}$	$5s^2\ 5p^6$		
55	Cs	$1s^2$	$2s^2\ 2p^6$	$3s^2\ 3p^6\ 3d^{10}$	$4s^2\ 4p^6\ 4d^{10}$	$5s^2\ 5p^6$	$6s^1$	
56	Ba	$1s^2$	$2s^2\ 2p^6$	$3s^2\ 3p^6\ 3d^{10}$	$4s^2\ 4p^6\ 4d^{10}$	$5s^2\ 5p^6$	$6s^2$	
57	La	$1s^2$	$2s^2\ 2p^6$	$3s^2\ 3p^6\ 3d^{10}$	$4s^2\ 4p^6\ 4d^{10}$	$5s^2\ 5p^6\ 5d^1$	$6s^2$	
58	Ce	$1s^2$	$2s^2\ 2p^6$	$3s^2\ 3p^6\ 3d^{10}$	$4s^2\ 4p^6\ 4d^{10}\ 4f^2$	$5s^2\ 5p^6$	$6s^2$	
59	Pr	$1s^2$	$2s^2\ 2p^6$	$3s^2\ 3p^6\ 3d^{10}$	$4s^2\ 4p^6\ 4d^{10}\ 4f^3$	$5s^2\ 5p^6$	$6s^2$	
60	Nd	$1s^2$	$2s^2\ 2p^6$	$3s^2\ 3p^6\ 3d^{10}$	$4s^2\ 4p^6\ 4d^{10}\ 4f^4$	$5s^2\ 5p^6$	$6s^2$	
61	Pm	$1s^2$	$2s^2\ 2p^6$	$3s^2\ 3p^6\ 3d^{10}$	$4s^2\ 4p^6\ 4d^{10}\ 4f^5$	$5s^2\ 5p^6$	$6s^2$	
62	Sm	$1s^2$	$2s^2\ 2p^6$	$3s^2\ 3p^6\ 3d^{10}$	$4s^2\ 4p^6\ 4d^{10}\ 4f^6$	$5s^2\ 5p^6$	$6s^2$	
63	Eu	$1s^2$	$2s^2\ 2p^6$	$3s^2\ 3p^6\ 3d^{10}$	$4s^2\ 4p^6\ 4d^{10}\ 4f^7$	$5s^2\ 5p^6$	$6s^2$	
64	Gd	$1s^2$	$2s^2\ 2p^6$	$3s^2\ 3p^6\ 3d^{10}$	$4s^2\ 4p^6\ 4d^{10}\ 4f^7$	$5s^2\ 5p^6\ 5d^1$	$6s^2$	
65	Tb	$1s^2$	$2s^2\ 2p^6$	$3s^2\ 3p^6\ 3d^{10}$	$4s^2\ 4p^6\ 4d^{10}\ 4f^9$	$5s^2\ 5p^6$	$6s^2$	
66	Dy	$1s^2$	$2s^2\ 2p^6$	$3s^2\ 3p^6\ 3d^{10}$	$4s^2\ 4p^6\ 4d^{10}\ 4f^{10}$	$5s^2\ 5p^6$	$6s^2$	
67	Ho	$1s^2$	$2s^2\ 2p^6$	$3s^2\ 3p^6\ 3d^{10}$	$4s^2\ 4p^6\ 4d^{10}\ 4f^{11}$	$5s^2\ 5p^6$	$6s^2$	
68	Er	$1s^2$	$2s^2\ 2p^6$	$3s^2\ 3p^6\ 3d^{10}$	$4s^2\ 4p^6\ 4d^{10}\ 4f^{12}$	$5s^2\ 5p^6$	$6s^2$	
69	Tm	$1s^2$	$2s^2\ 2p^6$	$3s^2\ 3p^6\ 3d^{10}$	$4s^2\ 4p^6\ 4d^{10}\ 4f^{13}$	$5s^2\ 5p^6$	$6s^2$	
70	Yb	$1s^2$	$2s^2\ 2p^6$	$3s^2\ 3p^6\ 3d^{10}$	$4s^2\ 4p^6\ 4d^{10}\ 4f^{14}$	$5s^2\ 5p^6$	$6s^2$	
71	Lu	$1s^2$	$2s^2\ 2p^6$	$3s^2\ 3p^6\ 3d^{10}$	$4s^2\ 4p^6\ 4d^{10}\ 4f^{14}$	$5s^2\ 5p^6\ 5d^1$	$6s^2$	
72	Hf	$1s^2$	$2s^2\ 2p^6$	$3s^2\ 3p^6\ 3d^{10}$	$4s^2\ 4p^6\ 4d^{10}\ 4f^{14}$	$5s^2\ 5p^6\ 5d^2$	$6s^2$	
73	Ta	$1s^2$	$2s^2\ 2p^6$	$3s^2\ 3p^6\ 3d^{10}$	$4s^2\ 4p^6\ 4d^{10}\ 4f^{14}$	$5s^2\ 5p^6\ 5d^3$	$6s^2$	
74	W	$1s^2$	$2s^2\ 2p^6$	$3s^2\ 3p^6\ 3d^{10}$	$4s^2\ 4p^6\ 4d^{10}\ 4f^{14}$	$5s^2\ 5p^6\ 5d^4$	$6s^2$	
75	Re	$1s^2$	$2s^2\ 2p^6$	$3s^2\ 3p^6\ 3d^{10}$	$4s^2\ 4p^6\ 4d^{10}\ 4f^{14}$	$5s^2\ 5p^6\ 5d^5$	$6s^2$	
76	Os	$1s^2$	$2s^2\ 2p^6$	$3s^2\ 3p^6\ 3d^{10}$	$4s^2\ 4p^6\ 4d^{10}\ 4f^{14}$	$5s^2\ 5p^6\ 5d^6$	$6s^2$	
77	Ir	$1s^2$	$2s^2\ 2p^6$	$3s^2\ 3p^6\ 3d^{10}$	$4s^2\ 4p^6\ 4d^{10}\ 4f^{14}$	$5s^2\ 5p^6\ 5d^7$	$6s^2$	
78	Pt	$1s^2$	$2s^2\ 2p^6$	$3s^2\ 3p^6\ 3d^{10}$	$4s^2\ 4p^6\ 4d^{10}\ 4f^{14}$	$5s^2\ 5p^6\ 5d^9$	$6s^1$	
79	Au	$1s^2$	$2s^2\ 2p^6$	$3s^2\ 3p^6\ 3d^{10}$	$4s^2\ 4p^6\ 4d^{10}\ 4f^{14}$	$5s^2\ 5p^6\ 5d^{10}$	$6s^1$	
80	Hg	$1s^2$	$2s^2\ 2p^6$	$3s^2\ 3p^6\ 3d^{10}$	$4s^2\ 4p^6\ 4d^{10}\ 4f^{14}$	$5s^2\ 5p^6\ 5d^{10}$	$6s^2$	
81	Tl	$1s^2$	$2s^2\ 2p^6$	$3s^2\ 3p^6\ 3d^{10}$	$4s^2\ 4p^6\ 4d^{10}\ 4f^{14}$	$5s^2\ 5p^6\ 5d^{10}$	$6s^2\ 6p^1$	
82	Pb	$1s^2$	$2s^2\ 2p^6$	$3s^2\ 3p^6\ 3d^{10}$	$4s^2\ 4p^6\ 4d^{10}\ 4f^{14}$	$5s^2\ 5p^6\ 5d^{10}$	$6s^2\ 6p^2$	
83	Bi	$1s^2$	$2s^2\ 2p^6$	$3s^2\ 3p^6\ 3d^{10}$	$4s^2\ 4p^6\ 4d^{10}\ 4f^{14}$	$5s^2\ 5p^6\ 5d^{10}$	$6s^2\ 6p^3$	
84	Po	$1s^2$	$2s^2\ 2p^6$	$3s^2\ 3p^6\ 3d^{10}$	$4s^2\ 4p^6\ 4d^{10}\ 4f^{14}$	$5s^2\ 5p^6\ 5d^{10}$	$6s^2\ 6p^4$	
85	At	$1s^2$	$2s^2\ 2p^6$	$3s^2\ 3p^6\ 3d^{10}$	$4s^2\ 4p^6\ 4d^{10}\ 4f^{14}$	$5s^2\ 5p^6\ 5d^{10}$	$6s^2\ 6p^5$	
86	Rn	$1s^2$	$2s^2\ 2p^6$	$3s^2\ 3p^6\ 3d^{10}$	$4s^2\ 4p^6\ 4d^{10}\ 4f^{14}$	$5s^2\ 5p^6\ 5d^{10}$	$6s^2\ 6p^6$	
87	Fr	$1s^2$	$2s^2\ 2p^6$	$3s^2\ 3p^6\ 3d^{10}$	$4s^2\ 4p^6\ 4d^{10}\ 4f^{14}$	$5s^2\ 5p^6\ 5d^{10}$	$6s^2\ 6p^6$	$7s^1$
88	Ra	$1s^2$	$2s^2\ 2p^6$	$3s^2\ 3p^6\ 3d^{10}$	$4s^2\ 4p^6\ 4d^{10}\ 4f^{14}$	$5s^2\ 5p^6\ 5d^{10}$	$6s^2\ 6p^6$	$7s^2$
89	Ac	$1s^2$	$2s^2\ 2p^6$	$3s^2\ 3p^6\ 3d^{10}$	$4s^2\ 4p^6\ 4d^{10}\ 4f^{14}$	$5s^2\ 5p^6\ 5d^{10}$	$6s^2\ 6p^6\ 6d^1$	$7s^2$
90	Th	$1s^2$	$2s^2\ 2p^6$	$3s^2\ 3p^6\ 3d^{10}$	$4s^2\ 4p^6\ 4d^{10}\ 4f^{14}$	$5s^2\ 5p^6\ 5d^{10}$	$6s^2\ 6p^6\ 6d^2$	$7s^2$
91	Pa	$1s^2$	$2s^2\ 2p^6$	$3s^2\ 3p^6\ 3d^{10}$	$4s^2\ 4p^6\ 4d^{10}\ 4f^{14}$	$5s^2\ 5p^6\ 5d^{10}\ 5f^2$	$6s^2\ 6p^6\ 6d^1$	$7s^2$
92	U	$1s^2$	$2s^2\ 2p^6$	$3s^2\ 3p^6\ 3d^{10}$	$4s^2\ 4p^6\ 4d^{10}\ 4f^{14}$	$5s^2\ 5p^6\ 5d^{10}\ 5f^3$	$6s^2\ 6p^6\ 6d^1$	$7s^2$
93	Np	$1s^2$	$2s^2\ 2p^6$	$3s^2\ 3p^6\ 3d^{10}$	$4s^2\ 4p^6\ 4d^{10}\ 4f^{14}$	$5s^2\ 5p^6\ 5d^{10}\ 5f^4$	$6s^2\ 6p^6\ 6d^1$	$7s^2$
94	Pu	$1s^2$	$2s^2\ 2p^6$	$3s^2\ 3p^6\ 3d^{10}$	$4s^2\ 4p^6\ 4d^{10}\ 4f^{14}$	$5s^2\ 5p^6\ 5d^{10}\ 5f^6$	$6s^2\ 6p^6$	$7s^2$
95	Am	$1s^2$	$2s^2\ 2p^6$	$3s^2\ 3p^6\ 3d^{10}$	$4s^2\ 4p^6\ 4d^{10}\ 4f^{14}$	$5s^2\ 5p^6\ 5d^{10}\ 5f^7$	$6s^2\ 6p^6$	$7s^2$
96	Cm	$1s^2$	$2s^2\ 2p^6$	$3s^2\ 3p^6\ 3d^{10}$	$4s^2\ 4p^6\ 4d^{10}\ 4f^{14}$	$5s^2\ 5p^6\ 5d^{10}\ 5f^7$	$6s^2\ 6p^6\ 6d^1$	$7s^2$
97	Bk	$1s^2$	$2s^2\ 2p^6$	$3s^2\ 3p^6\ 3d^{10}$	$4s^2\ 4p^6\ 4d^{10}\ 4f^{14}$	$5s^2\ 5p^6\ 5d^{10}\ 5f^9$	$6s^2\ 6p^6$	$7s^2$
98	Cf	$1s^2$	$2s^2\ 2p^6$	$3s^2\ 3p^6\ 3d^{10}$	$4s^2\ 4p^6\ 4d^{10}\ 4f^{14}$	$5s^2\ 5p^6\ 5d^{10}\ 5f^{10}$	$6s^2\ 6p^6$	$7s^2$
99	Es	$1s^2$	$2s^2\ 2p^6$	$3s^2\ 3p^6\ 3d^{10}$	$4s^2\ 4p^6\ 4d^{10}\ 4f^{14}$	$5s^2\ 5p^6\ 5d^{10}\ 5f^{11}$	$6s^2\ 6p^6$	$7s^2$
100	Fm	$1s^2$	$2s^2\ 2p^6$	$3s^2\ 3p^6\ 3d^{10}$	$4s^2\ 4p^6\ 4d^{10}\ 4f^{14}$	$5s^2\ 5p^6\ 5d^{10}\ 5f^{12}$	$6s^2\ 6p^6$	$7s^2$
101	Md	$1s^2$	$2s^2\ 2p^6$	$3s^2\ 3p^6\ 3d^{10}$	$4s^2\ 4p^6\ 4d^{10}\ 4f^{14}$	$5s^2\ 5p^6\ 5d^{10}\ 5f^{13}$	$6s^2\ 6p^6$	$7s^2$
102	No	$1s^2$	$2s^2\ 2p^6$	$3s^2\ 3p^6\ 3d^{10}$	$4s^2\ 4p^6\ 4d^{10}\ 4f^{14}$	$5s^2\ 5p^6\ 5d^{10}\ 5f^{14}$	$6s^2\ 6p^6$	$7s^2$
103	Lr	$1s^2$	$2s^2\ 2p^6$	$3s^2\ 3p^6\ 3d^{10}$	$4s^2\ 4p^6\ 4d^{10}\ 4f^{14}$	$5s^2\ 5p^6\ 5d^{10}\ 5f^{14}$	$6s^2\ 6p^6\ 6d^1$	$7s^2$
104	Rf	$1s^2$	$2s^2\ 2p^6$	$3s^2\ 3p^6\ 3d^{10}$	$4s^2\ 4p^6\ 4d^{10}\ 4f^{14}$	$5s^2\ 5p^6\ 5d^{10}\ 5f^{14}$	$6s^2\ 6p^6\ 6d^2$	$7s^2$
105	Db	$1s^2$	$2s^2\ 2p^6$	$3s^2\ 3p^6\ 3d^{10}$	$4s^2\ 4p^6\ 4d^{10}\ 4f^{14}$	$5s^2\ 5p^6\ 5d^{10}\ 5f^{14}$	$6s^2\ 6p^6\ 6d^3$	$7s^2$
106	Sg	$1s^2$	$2s^2\ 2p^6$	$3s^2\ 3p^6\ 3d^{10}$	$4s^2\ 4p^6\ 4d^{10}\ 4f^{14}$	$5s^2\ 5p^6\ 5d^{10}\ 5f^{14}$	$6s^2\ 6p^6\ 6d^4$	$7s^2$

Eigenschaften wichtiger Lösemittel I

M Stoffmengenbezogene (molare) Masse in g/mol
ϱ Dichte in kg/m^3 bei 20 °C
ϑ_b Siedetemperatur in °C
ϑ_m Schmelztemperatur (Erstarrungstemperatur) in °C
c_p Spezifische Wärmekapazität bei konstantem Druck und 25 °C in kJ/(kg · K)
γ Volumenausdehnungskoeffizient bei 25 °C in 1/K
Δh_v Spezifische Verdampfungsenthalpie in kJ/kg (auch Verdampfungswärme r)
p_D Dampfdruck bei 25 °C in hPa
η Dynamische Viskosität bei 20 °C in mPa · s

Lösemittel	Formel	M	ϱ	ϑ_b	ϑ_m	c_p	γ	Δh_v	p_D	η
Aceton, Propanon, Dimethylketon	C_3H_6O	58,08	790,5	56,2	−94,8	2,16	$14,3 \cdot 10^{-4}$	523	310	0,32
Acetonitril, Ethannitril	C_2H_3N	41,05	$779,3^{25}$	81,6	−43,9	2,23	$13,8 \cdot 10^{-4}$	797	118	0,26
Ameisensäure, Methansäure	CH_2O_2	46,03	$1222,4^{18}$	100,7	8,4	2,17	$10,2 \cdot 10^{-4}$	494	58	1,78
Anilin, Aminobenzol, Phenylamin	C_6H_7N	93,13	1021,7	184,4	−6,0	2,05	$8,4 \cdot 10^{-4}$	484	0,8	4,4
Benzol, Benzen	C_6H_6	78,11	878,9	80,1	5,5	1,74	$10,6 \cdot 10^{-4}$	394	127	0,65
Bromoform, Tribrommethan	$CHBr_3$	252,73	$2876,1^{25}$	149,1	8,2	0,52	$9,1 \cdot 10^{-4}$	–	7,3	2,1
1-Butanol	$C_4H_{10}O$	74,12	809,6	117,8	−89,8	2,39	$12,1 \cdot 10^{-4}$	594	8,6	2,95
n-Butylacetat, Essigsäure-n-butylester	$C_6H_{12}O_2$	116,16	$876,1^{25}$	126,5	−73,5	1,96	$11,9 \cdot 10^{-4}$	313	17	0,73
Chlorbenzol, Phenylchlorid	C_6H_5Cl	112,56	1106,2	131,7	−45,2	1,33	$9,8 \cdot 10^{-4}$	324	16	0,80
Chloroform, Trichlormethan	$CHCl_3$	119,38	1489,0	61,2	−63,5	0,96	$12,8 \cdot 10^{-4}$	249	260	0,56
Cyclohexan	C_6H_{12}	84,16	778,3	80,8	6,6	1,84	$12,0 \cdot 10^{-4}$	358	130	0,98
Cyclohexanol	$C_6H_{12}O$	100,6	$960,4^{25}$	161,0	25,2	2,08	$9,6 \cdot 10^{-4}$	454	1,0	68
Cyclohexanon	$C_6H_{10}O$	98,15	$942,5^{25}$	155,6	−31,2	1,86	$19,1 \cdot 10^{-4}$	384	5,3	2,2
Decahydronaphthalin, Decalin	$C_{10}H_{18}$	138,25	886	190	−40	–	–	–	100^{50}	–
1,2-Dichlorbenzol, o-Dichlorbenzol	$C_6H_4Cl_2$	147,0	$1298,8^{25}$	179,2	−17,1	1,16	$8,8 \cdot 10^{-4}$	276	1,8	1,42
1,2-Dichlorethan	$C_2H_4Cl_2$	98,96	1252,9	83,6	−35,5	1,30	$11,7 \cdot 10^{-4}$	323	106	0,84
Dichlormethan, Methylenchlorid	CH_2Cl_2	84,93	1325,5	40,21	−96,7	1,19	$13,7 \cdot 10^{-4}$	330	580	0,44
Diethylamin	$C_4H_{11}N$	73,14	$701,7^{25}$	55,4	−50,1	2,17	$15,8 \cdot 10^{-4}$	380	320	0,31
Diethylether, Ethylether, Ethoxyethan	$C_4H_{10}O$	74,12	719,3	34,5	−116,3	2,37	$16,2 \cdot 10^{-4}$	360	710	0,24
n-Dimethylformamid	C_3H_7NO	73,09	949	153	−60	2,06	–	570	5,3	0,8
Dimethylsulfat	$C_2H_6O_4S$	126,13	1330	188	−32	–	–	–	$1,06^{20}$	–
1,4-Dioxan	$C_4H_8O_2$	88,11	1034	101	11,7	$1,73^{20}$	$10,94 \cdot 10^{-4}$	406	49	1,26
Essigsäure, Ethansäure	$C_2H_4O_2$	60,05	1050	118	16,6	2,05	$10,7 \cdot 10^{-4}$	403	$15,3^{20}$	1,21
Essigsäureanhydrid	$C_4H_6O_3$	102,09	1081	140	−73	1,83	$11,3 \cdot 10^{-4}$	385	4,9	0,91

Eigenschaften wichtiger Lösemittel I (Fortsetzung)

Lösemittel	Formel	M	ϱ	ϑ_b	ϑ_m	c_p	γ	Δh_v	p_D	η
Ethanol	C_2H_6O	46,07	789	78	–114	2,44	$11{,}0 \cdot 10^{-4}$	846	79,7	1,2
Ethylacetat, Essigsäureethylester	$C_4H_8O_2$	88,1	901	77	–83,6	1,94	$13{,}8 \cdot 10^{-4}$	368	$97{,}1^{20}$	0,44
Ethylbromid, Bromethan	C_2H_5Br	108,97	1458,6	38,4	–118,9	0,91	$14{,}2 \cdot 10^{-4}$	246	622	0,39
Ethylmethylketon, 2-Butanon	C_4H_8O	72,1	805	79,6	–86,6	2,20	$12{,}8 \cdot 10^{-4}$	444	105^{20}	0,32
Furan	C_4H_4O	68,08	940	32	–86	$1{,}67^{20}$	$16{,}0 \cdot 10^{-4}$	398	800	0,38
Furfurol, Furfural	$C_5H_4O_2$	96,1	1160	162	–37	$1{,}7^{20}$	–	450	2,9	1,63
Glycerin, Propantriol	$C_3H_8O_3$	92,09	1261	290	18,2	2,38	$5{,}0 \cdot 10^{-4}$	826	0,003	1499
Glykol, Ethylenglykol, 1,2-Ethandiol	$C_2H_6O_2$	62,07	1113	197	–12,4	2,62	$6{,}2 \cdot 10^{-4}$	918	$0{,}06^{20}$	20,4
n-Heptan	C_7H_{16}	100,2	683	98	–90,6	2,25	$12{,}4 \cdot 10^{-4}$	316	48^{20}	0,41
n-Hexan	C_6H_{14}	86,18	659	69	–94	2,26	$13{,}5 \cdot 10^{-4}$	335	161^{20}	0,31
Isobutanol, i-Butanol, 2-Methyl-1-propanol	$C_4H_{10}O$	74,12	803	107,7	–108	2,81	$9{,}4 \cdot 10^{-4}$	587	12^{20}	3,9
Isopropanol	C_3H_8O	60,1	785	82,4	–89	2,6	$10{,}6 \cdot 10^{-4}$	674	43	2,31
Kohlenstoffdisulfid, Schwefelkohlenstoff	CS_2	76,14	1263	46,3	–111	1,00	$11{,}8 \cdot 10^{-4}$	352	397^{20}	0,367
Methanol	CH_4O	32,04	792	65	–97,8	2,53	$11{,}9 \cdot 10^{-4}$	1100	128^{20}	0,58
Methylacetat, Essigsäuremethylester	$C_3H_6O_2$	74,08	931	57	–98,1	1,91	$15{,}3 \cdot 10^{-4}$	410	220^{20}	0,38
Nitrobenzol	$C_6H_5NO_2$	123,11	1203	210	5,7	1,51	$8{,}3 \cdot 10^{-4}$	396	$0{,}2^{20}$	2,01
Nitromethan	CH_3NO_2	61,04	1139	101	–29	1,75	$11{,}9 \cdot 10^{-4}$	565	$37{,}2^{20}$	$0{,}64^{25}$
n-Pentan	C_5H_{12}	72,15	626	36	–129,7	2,32	$16 \cdot 10^{-4}$	358	566	0,22
1-Pentanol, Amylalkohol	$C_5H_{12}O$	88,15	810	138	–78,8	2,36	$8{,}8 \cdot 10^{-4}$	504	3,3	4,31
n-Propanol	C_3H_8O	60,1	804	97,4	–126	2,39	$9{,}9 \cdot 10^{-4}$	696	20,4	2,43
Pyridin, Azin	C_5H_5N	79,1	982	116	–42	1,68	$11{,}2 \cdot 10^{-4}$	444	$20{,}5^{20}$	0,96
1,1,2,2-Tetrachlorethan	$C_2H_2Cl_4$	167,85	1595	146,4	–42,5	0,97	$10 \cdot 10^{-4}$	230	6,1	1,77
1,2,3,4-Tetrahydronaphthalin, Tetralin	$C_{10}H_{12}$	132,2	970	207	–35	1,64	$7{,}8 \cdot 10^{-4}$	300	0,52	2,28
Tetrachlormethan, Tetrachlorkohlenstoff	CCl_4	153,82	1594	76,7	–23	0,85	$12{,}2 \cdot 10^{-4}$	195	150	0,96
Toluol, Methylbenzol	C_7H_8	92,14	867	111	–95	1,71	$11{,}1 \cdot 10^{-4}$	364	38	0,58
1,1,1-Trichlorethan, Methylchloroform	$C_2H_3Cl_3$	133,4	1325	74	–30,6	1,08	–	223	170	0,84
Wasser	H_2O	18,02	998,4	100	0	4,18	$2{,}07 \cdot 10^{-4}$ (20 °C)	2257	23^{20}	1,0
o-Xylol, 1,2-Dimethylbenzol	C_8H_{10}	106,17	880	144	–25	1,75	$9{,}7 \cdot 10^{-4}$	347	$6{,}7^{20}$	0,81

Eigenschaften wichtiger Lösemittel II

n Brechzahl bei 20 °C (ohne Einheit)
ϑ_{Fl} Flammpunkt in °C
σ_E Explosionsgrenze (Volumenkonzentration) in % (untere/obere)
H- und P-Sätze und Sicherheitskennzeichen siehe Kapitel *Arbeitssicherheit* **AS**

AGW Arbeitsplatzgrenzwert in cm^3/m^3 (bei täglich 8-stündiger Exposition und einer durchschnittlichen Arbeitszeit von 40 Stunden pro Woche)
KMR krebserregend, erbgutverändernd und/ oder fruchtbarkeitsgefährdend

Lösemittel	n	ϑ_{Fl}	σ_E	BetrSichV (ehem. Gefahrklasse)	AGW (KMR)	Sicherheitskennz.	H-Sätze	P-Sätze
Aceton, Propanon, Dimethylketon	1,3591	<–20	2,6 13	F (B)	500	F, Xi	225, 319, 336	210, 233, 305/351/338
Acetonitril, Ethannitril	1,344	2	3,0 17,0	F (B)	20	F, Xn	225, 302, 312, 319, 332	210, 305/351/338, 403/235
Ameisensäure, Methansäure	1,3714	48	12 38	–	5	C	226, 314	260, 280, 301/330/331, 305/351/338, 309/310
Anilin, Aminobenzol, Phenylamin	1,5863	76	1,2 11,0	– (AIII)	2	T, N	301, 311, 317, 318, 331, 341, 351, 372, 400	273, 280, 308/313, 302/352, 305/351/338
Benzol, Benzen	1,5010	–11	1,4 8,0	F (AI)	KMR	T, F	225, 304, 315, 319, 340, 350, 372	201, 210, 308/313, 301/310, 331, 305/351/338, 302/352
Bromoform, Tribrommethan	1,596[25]	–	–	–	KMR	T, N	302, 315, 319, 331, 411	273, 304/340, 305/351/338, 302/352, 309/310
1-Butanol	1,399	34	1,4 11,3	entzündl. (AII)	100	Xn	226, 302, 315, 318, 335, 336	280, 302/352, 305/351/338, 313
n-Butylacetat, Essigsäure-n-butylester	1,394	25	1,4 7,5	entzündl. (AII)	KMR	–	226, 336	210
Chlorbenzol, Phenylchlorid	1,5246	27	1,3 11,0	entzündl. (AII)	10	Xn, N	226, 332, 411	273
Chloroform, Trichlormethan	1,4455	–	–	–	KMR	Xn	302, 315, 351, 373	302/352, 314
Cyclohexan	1,4263	–18	1,2 8,3	F (AI)	200	F, Xn, N	225, 304, 315, 336, 410	210, 240, 273, 301/310, 331, 403/235
Cyclohexanol	1,4641	68	2,0 11,2	– (AIII)	50	Xn	302, 315, 332, 335	261
Cyclohexanon	1,451	43	1,3 9,4	entzündl. (AII)	20	Xn	226, 332	–
Decahydronaphthalin, Decalin	–	58	0,7 4,9	entzündl. (AII)	–	C, N	226, 314, 331, 411	261, 273, 280, 305/351/338, 309/310
1,2-Dichlorbenzol, o-Dichlorbenzol	1,5482	66	2,2 12,0	– (A III)	10	Xn, N	302, 315, 319, 335, 410	261, 273, 305/351/338, 501
1,2-Dichlorethan	1,4443	13	6,0 11,4	F (AI)	KMR	T, F	225, 302, 315, 319, 335, 350	201, 210, 302/352, 304/340, 305/351/338, 308/313
Dichlormethan, Methylenchlorid	1,4237	–	13,0 22,0	–	75	Xn	351	281, 308/313
Diethylamin	1,383[25]	–23	2,0 11,8	F (B)	5	F, C	225, 302, 311, 314, 332	210, 235, 280, 303/361/353, 305/351/338, 310
Diethylether, Ethylether, Ethoxyethan	1,353	–40	1,7 36,0	F+ (AI)	400	F+, Xn	224, 302, 336	210, 240, 403/235
N,N-Dimethylformamid	1,4305	58	2,0 16,0	–	10	T	226, 312, 319, 332, 360	201, 302/352, 305/351/338, 308/313
Dimethylsulfat	1,3865	83	3,6 23,2	– (AIII)	KMR	T+	301, 314, 317, 330, 341, 350	202, 281, 303/361/353, 305/351/338, 310
1,4-Dioxan	1,4224	11	1,7 25,2	F (B)	20	F, Xn	225, 319, 335, 351	210, 233, 281, 308/313, 305/351/338, 403/235
Essigsäure, Ethansäure	1,372	39	4,0 19,9	entzündl. –	–	C	226, 314	280, 301/330/331, 307/310, 305/351/338

Eigenschaften wichtiger Lösemittel II (Fortsetzung)

Lösemittel	n	ϑ_{Fl}	σ_E	BetrSichV (ehem. Gefahrklasse)	AGW (KMR)	Sicherheitskennz.	H-Sätze	P-Sätze
Essigsäureanhydrid	1,3904	49	2,0 10,2	entzündl. (AII)	5	C	226, 302, 314, 332, 335	280, 301/330/331, 305/351/338, 309/310
Ethanol	1,3614	12	3,5 15,0	F (B)	500	F	225	210
Ethylacetat, Essigsäureethylester	1,372	– 4	2,1 11,50	F (AI)	400	F, Xi	225, 319, 336	210, 240, 305/351/338
Ethylbromid, Bromethan	1,4239	– 20	6,7 11,3	F (AI)	KMR	F, Xn	225, 302/332, 351	210, 281, 308/313
Ethylmethylketon, 2-Butanon	1,379	– 4	1,8 11,5	F (AI)	200	F, Xi	225, 319, 336	210, 305/351/338, 403/233
Furan	1,421	– 36	2,3 14,3	F+ (AI)	KMR	F+, T	224, 302, 315, 331, 341, 350, 373, 412	201, 210, 260, 273, 281, 311
Furfurol, Furfural	1,524	60	2,0 19,3	– (AIII)	–	T	226, 301/331, 312, 315, 319, 335, 351	281, 304/340, 302/352, 305/351/338
Glycerin, Propantriol	1,475	176	2,6 11,3	– (–)	–	–	–	–
Glykol, Ethylenglykol, 1,2-Ethandiol	1,432	111	3,2 53,0	– (–)	10	Xn	302	–
n-Heptan	1,388	– 4	1,0 7,0	F (AI)	500	F, Xn, N	225, 304, 315, 336, 410	210, 273, 301/310 331, 302/352, 403/235
n-Hexan	1,375	– 22	1,0 8,1	F (AI)	50	F, Xn, N	225, 304, 315, 336, 361, 373, 411	210, 240, 273, 301\ 310, 331, 302/352, 403/235
Isobutanol, i-Butanol, 2-Methyl-1-propanol	1,396	28	1,6 12,0	entzündl. (AII)	100	Xi	226, 315, 318, 335, 336	210, 302/352, 304/340, 305/351/338
Isopropanol	1,378	12	2,0 12,7	F (B)	KMR	F, Xi	225, 319, 336	210, 233, 305/351/338
Kohlenstoffdisulfid, Schwefelkohlenstoff	1,628	– 30	1,0 60,0	F (AI)	KMR	F, T	225, 315, 319, 361, 372	210, 233, 280, 302/352, 305/351/338, 403/235
Methanol	1,330	11	5,5 36,5	F (B)	200	F, T	225, 301, 311, 331, 370	210, 233, 280, 302/352, 309/310
Methylacetat, Essigsäuremethylester	1,362	– 13	3,1 16,0	F (AI)	200	F, Xi	225, 319, 336	210, 233, 305/351/338
Nitrobenzol	1,552	88	1,8 40,0	– (AIII)	KMR	T, N	301, 311, 331, 351, 361, 372, 411	273, 281, 314
Nitromethan	1,382	35,6	7,3 63,0	entzündl. (AII)	–	Xn	226, 302	210
n-Pentan	1,358	– 49,4	1,4 8,0	F+ (AI)	1000	F+, Xn, N	225, 304, 336, 411	273, 301/310/331, 403/235
1-Pentanol, Amylalkohol	1,410	49	1,3 10,5	entzündl. (AII)	–	Xn	226,315, 332, 335	302/352
n-Propanol	1,385	15	2,1 13,5	F (B)	–	F, Xi	225, 318, 336	210, 233, 280, 305/351/338, 313
Pyridin, Azin	1,509	17	1,7 12,4	F (B)	–	F, Xn	225, 302, 312, 332	210, 233, 302/352
1,1,2,2-Tetrachlorethan	1,494	–	–	– (–)	KMR	T+, N	310, 330, 411	–
Tetrachlormethan, Kohlenstofftetrachlorid, Tetrachlorkohlenstoff	1,460	–	–	– (–)	0,5	T, N	318, 317, 334, 410	261, 285, 302/352, 305/351/338
1,2,3,4-Tetrahydronaphthalin, Tetralin	1,541	71 – 77	0,8 5,0	– (AIII)	–	Xi, N	315, 319, 411	273, 302/352, 305/351/338
Toluol, Methylbenzol	1,496	4	1,2 8,0	F (AI)	50	F, Xn	225, 304, 315, 336, 361, 373	210, 301/310, 331, 302/352
1,1,1-Trichlorethan, Methylchloroform	1,438	–	8,0 15,5	– (–)	200	Xn, N	332, 420	273, 501
Wasser	1,333	–	–	– (–)	–	–	–	–
o-Xylol, 1,2-Dimethylbenzol	1,5054	30	1,0 7,6	entzündl. (AII)	100	Xn	226, 312/332, 315	210, 302/352

Lösungen

CH

Lösemittel und Trockenmittel

Auswahl wichtiger Lösemittel mit jeweils geeigneten Trockenmitteln

Formel	Namen	Trockenmittel
CCl_4	Tetrachlormethan, Tetrachlorkohlenstoff	$CaCl_2$, Destillation, Molekularsieb (0,4 nm), P_2O_5
$CHBr_3$	Tribommethan, Bromoform	$CaCl_2$, Molekularsieb (0,4 nm)
$CHCl_3$	Trichlormethan, Chloroform	$CaCl_2$, P_2O_5, Molekularsieb (0,4 nm), Pb/Na
CH_2Cl_2	Dichlormethan, Methylenchlorid	$CaCl_2$, Molekularsieb (0,4 nm), Pb/Na
CH_2O_2	Methansäure, Ameisensäure	P_2O_5, $Mg(ClO_4)_2$, $CuSO_4$, ausfrieren
CH_4O	Methanol, Methylalkohol	$CaCl_2$, CaO, Mg, Molekularsieb (0,3 nm)
CS_2	Kohlenstoffdisulfid, Schwefelkohlenstoff	$CaCl_2$, P_2O_5
C_2HCl_3	1,1,2-Trichlorethen, Trichlorethylen	Na_2SO_4, K_2CO_3, Destillation
$C_2H_3Cl_3$	1,1,1-Trichlorethan, Methylchloroform	$CaCl_2$, P_2O_5, Molekularsieb (0,4 nm)
C_2H_3N	Ethannitril, Acetonitril	$CaCl_2$, P_2O_5, Molekularsieb (0,3 nm), K_2CO_3
$C_2H_4Cl_2$	1,2-Dichlorethan	P_2O_5, Molekularsieb (0,4 nm)
$C_2H_4O_2$	Ethansäure, Essigsäure	P_2O_5, $Mg(ClO_4)_2$, Ausfrieren, $CuSO_4$ (wasserfrei)
C_2H_6O	Ethanol, Ethylalkohol	CaO, Mg, Molekularsieb (0,3 nm), MgO
$C_2H_6O_2$	Ethandiol, Ethylenglycol, Glycol	Na_2SO_4, Destillation
C_3H_6O	Propanon, Aceton, Dimethylketon	$CaCl_2$, K_2CO_3, Molekularsieb (0,3 nm)
$C_3H_6O_2$	Methylacetat, Essigsäuremethylester	K_2CO_3, CaO
C_3H_7NO	n-Dimethylformamid	Molekularsieb (0,4 nm), Destillation
C_3H_8O	1-Propanol, n-Propanol, Propylalkohol	CaO, Mg
C_3H_8O	2-Propanol, i-Propanol (Isopropanol)	CaO, Mg, Molekularsieb (0,3 nm)
$C_3H_8O_3$	Propantriol, Glycerin	Destillation
$C_4H_6O_3$	Ethansäureanhydrid, Essigsäureanhydrid	$CaCl_2$
C_4H_8O	Ethylmethylketon, Methylethylketon, 2-Butanon	K_2CO_3
$C_4H_8O_2$	1,4-Dioxan	$CaCl_2$, Na, Molekularsieb (0,4 nm)
$C_4H_8O_2$	Ethylacetat, Essigsäuremethylester	K_2CO_3, CaO, P_2O_5, Na_2SO_4, Molekularsieb (0,4 nm)
$C_4H_{10}O$	Diethylether, Ethylether, Ethoxyethan	$CaCl_2$, Na, Molekularsieb (0,4 nm), Pb/Na, $LiAlH_4$
$C_4H_{10}O$	2-Methyl-1-propanol, i-Butanol (Isobutanol)	K_2CO_3, Destillation, CaO, Mg, Ca
$C_4H_{10}O$	1-Butanol, n-Butanol	K_2CO_3, Destillation
$C_5H_4O_2$	Furfurol, Furfural, 2-Furylmethanol	$CaCl_2$, Molekularsieb (0,4 nm)
C_5H_5N	Pyridin, Azin	KOH, BaO, Molekularsieb (0,4 nm)
C_5H_{12}	n-Pentan	Na, Molekularsieb (0,3 nm), Pb/Na
$C_5H_{12}O$	1-Pentanol, n-Amylalkohol	CaO, Mg
$C_6H_4Cl_2$	1,2-Dichlorbenzol, o-Dichlorbenzol	$CaCl_2$, Molekularsieb (0,4 nm)
C_6H_5Cl	Chlorbenzol, Chlorbenzen	$CaCl_2$, P_2O_5, Destillation
$C_6H_5NO_2$	Nitrobenzol, Nitrobenzen	$CaCl_2$, P_2O_5, Destillation
C_6H_6	Benzol, Benzen	$CaCl_2$, Na, Molekularsieb (0,4 nm), Destillation
C_6H_7N	Anilin, Phenylamin, Aminobenzol	KOH, BaO
C_6H_{12}	Cyclohexan	Na, Molekularsieb (0,4 nm), Pb/Na, $LiAlH_4$
$C_6H_{12}O$	Cyclohexanol	K_2CO_3, CaO, Destillation

Lösemittel und Trockenmittel (Fortsetzung)

Auswahl wichtiger Lösemittel mit jeweils geeigneten Trockenmitteln

Formel	Namen	Trockenmittel
$C_6H_{12}O_2$	n-Butylacetat, Essigsäure-n-Butylester	$MgSO_4$
C_6H_{14}	n-Hexan	Na, Molekularsieb (0,3 nm), Pb/Na, $LiAlH_4$
C_7H_8	Toluol, Methylbenzol, Methylbenzen	$CaCl_2$, Na, Molekularsieb (0,4 nm), Destillation
C_7H_{16}	n-Heptan	$CaCl_2$, Molekularsieb (0,4 nm)
C_8H_{10}	o-Xylol, 1,2-Dimethylbenzol	$CaCl_2$, Na, Destillation, Molekularsieb (0,4 nm)
C_8H_{18}	i-Octan (Isooctan), 2,2,4-Trimethylpentan	Na, Molekularsieb (0,4 nm)
$C_{10}H_{12}$	1,2,3,4-Tetrahydronaphthalin (Tetralin)	$CaCl_2$, Na
$C_{10}H_{18}$	Decahydronaphthalin (Decalin)	$CaCl_2$, Na, Pb/Na

Auswahl wichtiger Trockenmittel

Trockenmittel	Geeignete Lösemittel
Aluminium und Aluminiumamalgam	Alkohole
Aluminiumoxid	Ether, Kohlenwasserstoffe
Bariumoxid	Alkalische bzw. basische Stoffe
Calcium	Alkohole
Calciumcarbid	Ether, Kohlenwasserstoffe
Calciumchlorid	Aceton, Alkylhalogenide, Ester, gesättigte Kohlenwasserstoffe, Kohlenstoffdisulfid
Calciumnitrat	Nitroverbindungen (zersetzungsfähige), Salpetersäureester
Calciumoxid	Alkohole, Amine, Ammoniak
Calciumsulfat	Universelle Anwendung
Calciumspäne	Alkohole
Kaliumcarbonat (nach Glühen)	Aceton, basische Lösemittel (z. B. Amine, Ammoniak), chlorierte Kohlenwasserstoffe, Ester, Ketone, Nitrile
Kaliumhydroxid	Basische Stoffe (z. B. Amine), Ester
K-Na-Legierung (flüssig)	Benzol und Homologe, Ether, gesättigte Kohlenwasserstoffe
Kieselgel	Organische Flüssigkeiten allgemein
Kupfer(II)-sulfat	Aceton, Alkohole, Ester, Kohlenstoffdisulfid, niedrige Fettsäuren, Trichlormethan
Magnesium (aktiviert mit Jod)	Alkohole
Magnesiumoxid	Alkohole, basische Stoffe, Kohlenwasserstoffe
Magnesiumsulfat	Nahezu alle Verbindungen, z. B. Aldehyde, Ester, Ketone, Kohlenstoffdisulfid, Säuren (auch Fettsäuren), Säurederivate, Trichlormethan
Molekularsiebe	Breite Anwendung, abhängig vom Porendurchmesser
Natrium (metallisch)	Benzol und Homologe, Ether
Natriumhydroxid	Basische Flüssigkeiten, z. B. Amine
Natriumsulfat (wasserfrei)	Aldehyde, Alkyl- und Arylhalogenide, Ester, Fettsäuren, Ketone, Kohlenstoffdisulfid
Phosphorpentaoxid	Alkyl- und Arylhalogenide, Nitrile, Kohlenstoffdisulfid

Löslichkeit anorganischer Verbindungen in Wasser (Feststoffe)

$$L^*(\mathrm{X}, \vartheta) = \frac{m(\mathrm{X})_{max}}{m(\mathrm{Lm})}$$

Umrechnung der Löslichkeit in den Massenanteil:

$$w(\mathrm{X}) = \frac{m(\mathrm{X})_{max}}{m(\mathrm{X})_{max} + m(\mathrm{Lm})}$$

$L^*(\mathrm{X}, \vartheta)$ Löslichkeit der reinen Verbindung X (wasserfrei) in g/(100 g Lösemittel) bei der Temperatur ϑ

$m(\mathrm{X})_{max}$ Maximal lösbare Masse der reinen Verbindung X (wasserfrei) in g (je 100 g Lösemittel)

$m(\mathrm{Lm})$ Masse Lösemittel (= 100 g)

$w(\mathrm{X})$ Massenanteil des Stoffes X in der gesättigten Lösung

Die Löslichkeit ist stark temperaturabhängig!

Löslichkeit ausgewählter Feststoffe in Abhängigkeit von der Temperatur

Verbindung (Feststoff)	Formel	$L^*(\mathrm{X}, \vartheta)$ in g/(100 g Wasser) bei der Temperatur						$w(\mathrm{X})$ bei 20 °C in %
		0 °C	20 °C	40 °C	60 °C	80 °C	100 °C	
Aluminiumchlorid-6-hydrat	$AlCl_3 \cdot 6\,H_2O$	44,9	45,6	46,3	47,0	47,7		31,3
Aluminiumnitrat-9-hydrat	$Al(NO_3)_3 \cdot 9\,H_2O$	61,0	75,4	89,0	108,0			43,0
Aluminiumsulfat	$Al_2(SO_4)_3$	31,4	36,8	46,0	57,2	71,5	88,7	26,9
Aluminiumsulfat-18-hydrat	$Al_2(SO_4)_3 \cdot 18\,H_2O$	31,2	36,4	45,6	58,0	73,0	89,0	26,7
Ammoniumbromid	NH_4Br	60,6	75,5	91,1	107,8	126,7	145,6	43,9
Ammoniumchlorid	NH_4Cl	29,7	37,6	46,0	55,3	65,6	77,3	27,3
Ammonium-dihydrogenphosphat	$NH_4H_2PO_4$	22,7	36,8	56,7	82,9	120,7	174,0	26,9
Ammonium-hydrogencarbonat	NH_4HCO_3	11,9	21,2	36,6	59,2	109,2	355,0	17,5
Ammoniumnitrat	NH_4NO_3	118,5	187,7	283,0	415,0	610,0	1000,0	65,0
Ammoniumsulfat	$(NH_4)_2SO_4$	70,4	75,4	81,2	87,4	94,1	102,0	43,0
Ammonium-thiocyanat	NH_4SCN	115,0	163,0	235,0	347,0			62,0
Antimon(III)-chlorid	$SbCl_3$	601,6	931,5	1368,0	4531,0			90,3
Bariumchlorat	$Ba(ClO_3)_2$	16,9	25,3	33,2	40,1	45,9	51,2	20,2
Bariumchlorid	$BaCl_2$	30,7	35,1	40,8	46,2	52,0	58,7	25,98
Bariumchlorid-2-hydrat	$BaCl_2 \cdot 2\,H_2O$	30,7	35,7	40,8	46,4	52,5	58,7	26,3
Bariumhydroxid	$Ba(OH)_2$	1,5	4,1	8,6	21,2	115,0	171,0	3,9
Bariumhydroxid-8-hydrat	$Ba(OH)_2 \cdot 8\,H_2O$	1,5	3,5	8,2	21,0			3,4
Bariumnitrat	$Ba(NO_3)_2$	5,0	9,1	14,4	20,3	27,2	34,2	8,3
Bariumsulfat	$BaSO_4$	$1{,}7 \cdot 10^{-4}$	$2{,}4 \cdot 10^{-4}$	$3{,}2 \cdot 10^{-4}$	$3{,}5 \cdot 10^{-4}$		$3{,}9 \cdot 10^{-4}$	$2{,}4 \cdot 10^{-4}$
Bleichlorid	$PbCl_2$	0,67	0,99	1,45	1,98	2,6	3,3	0,98
Bleinitrat	$Pb(NO_3)_2$	36,4	52,2	69,4	88,0	107,5	127,3	34,3
Borsäure	H_3BO_3	2,7	5,04	8,7	14,8	23,6	39,7	4,8
Cadmiumchlorid-monohydrat	$CdCl_2 \cdot H_2O$			135,3	136,9	140,4	147,0	
Cadmiumsulfat-3/8-hydrat	$CdSO_4 \cdot 3/8\,H_2O$	75,5	76,7	79,3	82,0	84,6		43,4
Calciumacetat	$Ca(CH_3COO)_2$	37,4	34,7	33,2	32,7	33,5	29,7	25,8
Calciumchlorid	$CaCl_2$	58,7	73,9	127,2	138,1	149,4	157,7	42,5
Calciumchlorid-2-hydrat	$CaCl_2 \cdot 2\,H_2O$	≈ 100		128,1	136,8	147,0	159,0	
Calciumhydroxid	$Ca(OH)_2$	0,19	0,17	0,13	0,11	0,09	0,07	0,17
Calciumnitrat-4-hydrat	$Ca(NO_3)_2 \cdot 4\,H_2O$	101,0	129,4	196,0				56,4

Löslichkeit anorganischer Verbindungen in Wasser (Feststoffe) (Fortsetzung)

Löslichkeit ausgewählter Feststoffe in Abhängigkeit von der Temperatur

Verbindung (Feststoff)	Formel	$L^*(X)$ in g/(100 g Wasser) bei der Temperatur 0 °C	20 °C	40 °C	60 °C	80 °C	100 °C	w(X) bei 20 °C in %
Calciumsulfat	$CaSO_4$	0,17	0,20	0,21	0,15	0,10	0,07	0,20
Calciumsulfat-2-hydrat	$CaSO_4 \cdot 2\,H_2O$	0,18	0,20	0,21	0,20	0,19	0,16	0,20
Chrom(VI)-oxid	CrO_3	163,0	166,7	171,0	176,0	189,0	199,0	62,5
Cobaltnitrat-6-hydrat	$Co(NO_3)_2 \cdot 6\,H_2O$	83,5	100,0	126,0	169,5			50,0
Diammonium-hydrogenphosphat	$(NH_4)_2HPO_4$	57,5	68,6	81,8	97,6			40,7
Eisen(II)-chlorid-4-hydrat	$FeCl_2 \cdot 4\,H_2O$		62,4	68,6	78,3			38,4
Eisen(III)-chlorid	$FeCl_3$	75,4	92,3	289,0	376,0	525,1	537,0	48,0
Eisen(II)-sulfat	$FeSO_4$	16,0	26,6	39,9	57,7	42,8		21,0
Eisen(II)-sulfat-7-hydrat	$FeSO_4 \cdot 7\,H_2O$	15,6	26,6	40,3	47,6			21,0
Iodsäure	HIO_3	249,5	269,0	295,0	331,9	378,1	443,6	72,9
Kaliumbromat	$KBrO_3$	3,1	6,8	13,1	22,0	33,9	49,7	6,4
Kaliumbromid	KBr	54,0	65,8	76,1	85,9	95,3	104,9	39,7
Kaliumcarbonat	K_2CO_3	106,0	110,0	117,0	127,0	140,0	156,0	52,4
Kaliumchlorat	$KClO_3$	3,3	7,3	14,5	25,9	39,7	56,2	6,8
Kaliumchlorid	KCl	28,2	34,2	40,3	45,6	51,0	56,2	25,5
Kaliumchromat	$KCrO_4$	59,0	63,7	67,0	70,9	75,1	79,2	38,9
Kaliumcyanid	KCN	63,0	71,6		81,0	95,0	122,0	41,7
Kaliumdichromat	$K_2Cr_2O_7$	4,7	12,5	26,3	45,6	73,0	103,0	11,1
Kaliumhexa-cyanoferrat (III)	$K_3[Fe(CN)_6]$	29,9	46,0	59,5	70,9	81,8	91,6	31,5
Kaliumhydrogen-carbonat	$KHCO_3$	22,6	33,3	45,3	60,0			24,98
Kaliumhydroxid	KOH	97	112				178	52,8
Kaliumnitrat	KNO_3	13,3	31,7	63,9	109,9	169,0	245,2	24,1
Kaliumperchlorat	$KClO_4$	0,76	1,7	3,6	7,2	13,4	22,2	1,7
Kalium-permanganat	$KMnO_4$	2,8	6,4	12,6	22,4			6,0
Kaliumsulfat	K_2SO_4	7,3	11,1	14,8	18,2	21,3	24,1	10,0
Kupfer(II)-chlorid-2-hydrat	$CuCl_2 \cdot 2\,H_2O$	70,65	77,0	83,8	91,2	99,2	107,9	43,5
Kupfersulfat	$CuSO_4$	14,8	20,8	29,0	39,1	53,6	73,7	17,2
Kupfersulfat-5-hydrat	$CuSO_4 \cdot 5\,H_2O$	25,5	36,2	48,0	60,0	70,0	83,0	26,6
Lithiumcarbonat	Li_2CO_3	1,53	1,34	1,16	1,00	0,85	0,74	1,3
Lithiumhydroxid	$LiOH$	12,6	12,7	13,0	14,0	15,2	17,7	11,3
Magnesium-chlorid-6-hydrat	$MgCl_2 \cdot 6\,H_2O$	52,8	54,6	57,5	60,7	65,9	72,7	35,3
Magnesium-hydroxid	$Mg(OH)_2$		$9 \cdot 10^{-4}$				$4 \cdot 10^{-3}$	$9 \cdot 10^{-4}$
Magnesium-nitrat-6-hydrat	$Mg(NO_3)_2 \cdot 6\,H_2O$	63,9	70,1	81,8	93,7			41,2

Löslichkeit anorganischer Verbindungen in Wasser (Feststoffe) (Fortsetzung)

Löslichkeit ausgewählter Feststoffe in Abhängigkeit von der Temperatur

Verbindung (Feststoff)	Formel	$L^*(X)$ in g/(100 g Wasser) bei der Temperatur						$w(X)$ bei 20 °C in %
		0 °C	20 °C	40 °C	60 °C	80 °C	100 °C	
Magnesiumsulfat	$MgSO_4$	26,0	34,8	44,1	54,4	56,0	49,0	25,8
Magnesium-sulfat-7-hydrat	$MgSO_4 \cdot 7\,H_2O$		35,6	45,4				26,3
Mangan-chlorid-4-hydrat	$MnCl_2 \cdot 4\,H_2O$	63,6	73,6	88,7				42,4
Natriumcarbonat	Na_2CO_3	7,1	21,4	48,5	46,5	45,8	45,5	17,6
Natriumchlorid	$NaCl$	35,6	35,9	36,4	37,1	38,1	39,2	26,4
Natriumchlorat	$NaClO_3$	80,5	98,8	115,2	138,0	167,0	204,0	49,7
Natrium-dichromat-2-hydrat	$Na_2Cr_2O_7 \cdot 2\,H_2O$	163,2	180,2	220,5	283,0	385,0		64,3
Natriumhydrogen-carbonat	$NaHCO_3$	6,89	9,6	12,7	16,0	19,7	23,6	8,8
Natriumhydroxid-monohydrat	$NaOH \cdot H_2O$		109,2	126,0	178,0			52,2
Natriumhydroxid	$NaOH$	42	107,0			313,7	341,0	51,7
Natriumnitrat	$NaNO_3$	70,7	88,3	104,9	124,7	148,0	176,0	46,8
Natriumnitrit	$NaNO_2$	73,0	84,5	95,7	112,3	135,5	163,0	45,8
Natrium-sulfat-10-hydrat	$Na_2SO_4 \cdot 10\,H_2O$	4,56	19,2					16,1
Natriumsulfat	Na_2SO_4		20,0	48,1	45,3	43,1	42,3	16,7
Natrium-sulfid-9-hydrat	$Na_2S \cdot 9\,H_2O$	12,4	18,8	29,0				15,8
Natriumsulfit	Na_2SO_3		20,9	37,0	33,2	29,0	26,6	17,3
Natriumtetraborat	$Na_2B_4O_7$	1,2	2,7	6,0	20,3	31,5	52,5	2,6
Natriumthiosulfat	$Na_2S_2O_3$		68,0			245	266	40,5
Natrium-thiosulfat-5-hydrat	$Na_2S_2O_3 \cdot 5\,H_2O$	52,5	70,1	102,6				41,2
Nickel-chlorid-6-hydrat	$NiCl_2 \cdot 6\,H_2O$	51,7	55,3					35,6
Nickel-nitrat-6-hydrat	$Ni(NO_3)_2 \cdot 6\,H_2O$	79,2	94,1	118,8				48,5
Quecksilber(II)-chlorid	$HgCl_2$	4,29	6,6	9,6	13,9	24,2	54,1	6,2
Silberchlorid	$AgCl$		$1{,}5 \cdot 10^{-4}$					$1{,}5 \cdot 10^{-4}$
Silbernitrat	$AgNO_3$	115,0	219,2	334,8	471,0	652,0	1024,0	68,6
Siliciumdioxid	SiO_2		$1{,}2 \cdot 10^{-2}$					$1{,}2 \cdot 10^{-2}$
Strontiumcarbonat	$SrCO_3$		10^{-3}					10^{-3}
Strontium-chlorid-6-hydrat	$SrCl_2 \cdot 6\,H_2O$	44,1	53,9	66,6	85,2			35,0
Vanadiumpentoxid	V_2O_5		$7 \cdot 10^{-2}$					$7 \cdot 10^{-2}$
Zinkchlorid	$ZnCl_2$		368	453,0	488,0	541,0		78,6
Zinksulfat-7-hydrat	$ZnSO_4 \cdot 7\,H_2O$	41,6	53,8					35,0
Zinn(II)-chlorid	$SnCl_2$		235					70,1

Löslichkeit von Gasen in Wasser

Gas	Formel	$L^*(X)$ in g/(100 g Wasser) bei einem Absolutdruck von p = 101 315 Pa							
		0 °C	15 °C	20 °C	25 °C	30 °C	40 °C	60 °C	80 °C
Ammoniak	NH_3	89,7		52,6			33,8	23,8	15,4
Argon	Ar		0,00671	0,00609	0,00559	0,00516			
Chlor	Cl_2	1,46		0,729		0,591	0,459	0,329	0,223
Distickstoffmonoxid	N_2O		0,145	0,124	0,107	0,093			
Ethan	C_2H_6	0,0132	0,0076	0,00652	0,00568	0,00501	0,0037	0,0024	0,0013
Ethen (Ethylen)	C_2H_4	0,028		0,015			0,0097	0,0073	
Ethin (Acetylen)	C_2H_2	0,203		0,121			0,082	0,061	
Helium	He		0,00016	0,00016	0,00016	0,00016			
Hydrogenchlorid	HCl	82,5		72,1			63,3	56,1	
Hydrogensulfid	H_2S	0,707	0,443	0,393	0,351	0,315	0,236	0,148	0,0765
Kohlenstoffdioxid	CO_2	0,335	0,201	0,173	0,150	0,132	0,097	0,058	
Kohlenstoffmonoxid	CO	0,00440	0,00326	0,00298	0,00276	0,00258	0,00208	0,00152	
Methan	CH_4	0,00396	0,00278	0,00250	0,00227	0,00209	0,00159	0,00114	
Sauerstoff	O_2	0,00695	0,0049	0,00444	0,00407	0,00377	0,00308	0,00227	0,00138
Schwefeldioxid	SO_2	22,8	12,71	10,62	8,97	7,63	5,54		
Stickstoff	N_2	0,00294	0,00216	0,00198	0,00184	0,00172	0,00139	0,00105	0,00066
Stickstoffmonoxid	NO		0,00693	0,00631	0,00579	0,00537			
Wasserstoff	H_2	0,00019	0,00017	0,00016	0,00016	0,00015	0,00014	0,00012	0,00008

Löslichkeit von Sauerstoff in Abhängigkeit von der Temperatur

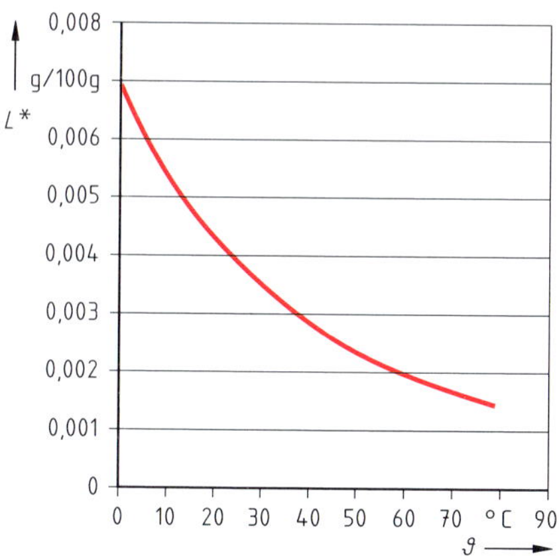

Löslichkeit von Kohlenstoffdioxid in Abhängigkeit von der Temperatur

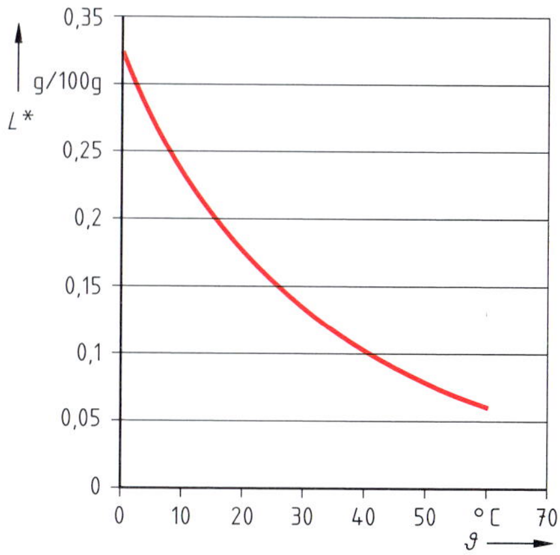

Lösungen

Löslichkeitsprodukt

Bei gesättigten Lösungen schwerlöslicher Salze ist das Löslichkeitsprodukt als Produkt der vorhandenen Ionenkonzentrationen definiert. **Das Löslichkeitsprodukt ist temperaturabhängig!**

Für das Dissoziationsgleichgewicht

$A_mB_n \leftrightarrows m\,A^+ + n\,B^-$

beträgt das Löslichkeitsprodukt

$$L = c^m(A^+) \cdot c^n(B^-) = K_D \cdot c(A_mB_n)$$

Z.B. für $Mg(OH)_2 \leftrightarrows Mg^{2+} + 2\,OH^-$

$L = c(Mg^{2+}) \cdot c^2(OH^-) = 5{,}6 \cdot 10^{-12}\ (mol/L)^3$

bei 25 °C

L	Löslichkeitsprodukt in $(mol/L)^{m+n}$. m und n entsprechen der Anzahl der je Molekül gebildeten Kationen und Anionen.
$c(A^+)$	Stoffmengenkonzentration des Kations A^+ in mol/L
$c(B^-)$	Stoffmengenkonzentration des Anions B^- in mol/L
$c(A_mB_n)$	Stoffmengenkonzentration des schwerlöslichen Salzes in mol/L
K_D	Dissoziationskonstante in $(mol/L)^{m+n-1}$

Löslichkeitsprodukte einiger anorganischer Verbindungen bei 25 °C (die Literaturangaben schwanken z. T. erheblich, die in Klammern angegebenen Werte sind abweichende Werte)

Verbindung	L $(mol/L)^{m+n}$
AgBr	$6{,}3 \cdot 10^{-13}$ $(5{,}4 \cdot 10^{-13})$
$AgBrO_3$	$5{,}8 \cdot 10^{-5}$
AgCN	$7 \cdot 10^{-15}$ $(6 \cdot 10^{-17})$
Ag_2CO_3	$6{,}2 \cdot 10^{-12}$ $(8{,}5 \cdot 10^{-12})$
AgCl	$1{,}6 \cdot 10^{-10}$
Ag_2CrO_4	$4 \cdot 10^{-12}$ $(1{,}1 \cdot 10^{-12})$
AgI	$1{,}5 \cdot 10^{-16}$ $(8{,}5 \cdot 10^{-17})$
$AgIO_3$	$3{,}2 \cdot 10^{-8}$
Ag_2S	$1{,}6 \cdot 10^{-49}$ $(5{,}7 \cdot 10^{-51})$
AgSCN	$1{,}2 \cdot 10^{-12}$
Ag_2SO_4	$7{,}7 \cdot 10^{-5}$ $(1{,}2 \cdot 10^{-5})$
$Al(OH)_3$	$6 \cdot 10^{-12}$
– frisch gefällt	$1 \cdot 10^{-33}$
As_2S_3 18 °C	$4 \cdot 10^{-29}$
$BaCO_3$	$8 \cdot 10^{-9}$ $(2{,}6 \cdot 10^{-9})$
$BaCrO_4$	$1{,}6 \cdot 10^{-10}$
$BaSO_4$	$1{,}1 \cdot 10^{-10}$
B_2S_3	$(1{,}8 \cdot 10^{-99})$
18 °C	$1{,}6 \cdot 10^{-72}$
$CaCO_3$	$5 \cdot 10^{-9}$
CaC_2O_4	$2{,}3 \cdot 10^{-9}$
CaF_2	$(1{,}5 \cdot 10^{-10})$
18 °C	$3{,}4 \cdot 10^{-11}$
$Ca(OH)_2$	$4{,}7 \cdot 10^{-6}$ $(4{,}3 \cdot 10^{-2})$
$Ca_3(PO_4)_2$	$1 \cdot 10^{-25}$ $(2{,}1 \cdot 10^{-33})$
$CaSO_4$	$6{,}3 \cdot 10^{-5}$ $(7{,}1 \cdot 10^{-5})$
$CdCO_3$	$2{,}5 \cdot 10^{-14}$ $(6{,}2 \cdot 10^{-12})$
CdS 18 °C	$1{,}4 \cdot 10^{-29}$
$CoCO_3$	$1 \cdot 10^{-12}$
$Co(OH)_2$	$2 \cdot 10^{-16}$ $(6 \cdot 10^{-15})$
$Cr(OH)_3$	$6{,}7 \cdot 10^{-31}$

Verbindung	L $(mol/L)^{m+n}$
CuBr	$6{,}3 \cdot 10^{-9}$
20 °C	$4{,}2 \cdot 10^{-8}$
CuCl	$1{,}7 \cdot 10^{-7}$
20 °C	$1 \cdot 10^{-6}$
CuSCN	$1 \cdot 10^{-14}$
18 °C	$1{,}6 \cdot 10^{-11}$
$CuCO_3$	$1{,}4 \cdot 10^{-10}$
$Cu(OH)_2$	$5{,}6 \cdot 10^{-20}$
Cu_2S	$2{,}3 \cdot 10^{-48}$
18 °C	$2 \cdot 10^{-47}$
CuS	$4 \cdot 10^{-38}$ $(6 \cdot 10^{-36})$
18 °C	$8 \cdot 10^{-45}$
$FeCO_3$	$2{,}5 \cdot 10^{-11}$
FeC_2O_4	$2{,}1 \cdot 10^{-7}$
$Fe(OH)_2$	$8 \cdot 10^{-16}$ $(4{,}9 \cdot 10^{-17})$
18 °C	$4{,}8 \cdot 10^{-16}$
$Fe(OH)_3$	$4 \cdot 10^{-40}$ $(2{,}6 \cdot 10^{-39})$
18 °C	$3{,}8 \cdot 10^{-38}$
FeS	$5 \cdot 10^{-18}$ $(1{,}6 \cdot 10^{-19})$
18 °C	$3{,}7 \cdot 10^{-19}$
Hg_2Br_2	$6{,}4 \cdot 10^{-23}$ $(1{,}3 \cdot 10^{-21})$
Hg_2Cl_2	$2 \cdot 10^{-18}$
$Hg_2(CN)_2$	$5 \cdot 10^{-40}$
Hg_2CO_3	$3{,}7 \cdot 10^{-17}$ $(9 \cdot 10^{-17})$
Hg_2I_2	$5 \cdot 10^{-29}$
HgO	$1{,}7 \cdot 10^{-26}$
Hg_2S 18 °C	$1 \cdot 10^{-47}$
HgS (Rot)	$4 \cdot 10^{-53}$
Li_2CO_3	$1{,}7 \cdot 10^{-3}$ $(8{,}2 \cdot 10^{-4})$
$MgCO_3$	$6{,}8 \cdot 10^{-6}$ $(1 \cdot 10^{-5})$
$MgNH_4PO_4$	$2{,}5 \cdot 10^{-13}$
$Mg(OH)_2$	$5{,}6 \cdot 10^{-12}$
$MnCO_3$	$1 \cdot 10^{-10}$ $(2{,}2 \cdot 10^{-11})$
$Mn(OH)_2$	$2{,}1 \cdot 10^{-13}$

Verbindung	L $(mol/L)^{m+n}$
MnS	$4{,}7 \cdot 10^{-14}$
18 °C	$5{,}6 \cdot 10^{-16}$
$NiCO_3$	$1{,}4 \cdot 10^{-7}$
$Ni(OH)_2$	$1{,}6 \cdot 10^{-14}$ $(5{,}5 \cdot 10^{-16})$
NiS	$1{,}1 \cdot 10^{-21}$
20 °C	$1 \cdot 10^{-26}$
$PbCO_3$	$1{,}5 \cdot 10^{-13}$ $(6 \cdot 10^{-14})$
18 °C	$3{,}3 \cdot 10^{-14}$
PbC_2O_4	$8{,}5 \cdot 10^{-10}$
18 °C	$2{,}7 \cdot 10^{-11}$
$PbCl_2$	$2 \cdot 10^{-5}$
$PbCrO_4$	$3 \cdot 10^{-13}$
18 °C	$1{,}8 \cdot 10^{-14}$
PbS	$9 \cdot 10^{-29}$
18 °C	$3{,}4 \cdot 10^{-28}$
$PbSO_4$	$2 \cdot 10^{-8}$
$Sb(OH)_3$	$4 \cdot 10^{-42}$
$Sn(OH)_2$	$5 \cdot 10^{-26}$ $(5{,}5 \cdot 10^{-27})$
$Sn(OH)_4$	$1 \cdot 10^{-56}$
SnS	$1 \cdot 10^{-28}$ $(3{,}3 \cdot 10^{-28})$
$SrCO_3$	$1{,}6 \cdot 10^{-9}$ $(5{,}6 \cdot 10^{-10})$
$SrCrO_4$ 18 °C	$3{,}6 \cdot 10^{-5}$
SrF_2	$4{,}3 \cdot 10^{-9}$
18 °C	$2{,}8 \cdot 10^{-9}$
$Sr(OH)_2$	$3 \cdot 10^{-4}$
$SrSO_4$	$3 \cdot 10^{-7}$
$ZnCO_3$	$6 \cdot 10^{-11}$ $(1{,}2 \cdot 10^{-10})$
ZnC_2O_4	$7{,}5 \cdot 10^{-9}$
18 °C	$1{,}4 \cdot 10^{-9}$
$Zn(OH)_2$	$4 \cdot 10^{-17}$
ZnS (α)	$7 \cdot 10^{-26}$
ZnS (β)	$1 \cdot 10^{-24}$

Dichte wässriger Lösungen

Dichte wässriger Lösungen des Stoffes X in kg/m³ bei 20 °C
Organische Stoffe

Massenanteil $w(X)$ in %	Ethanol C_2H_5OH	n-Propanol C_3H_7OH	i-Propanol C_3H_7OH	Glycerin $C_3H_5(OH)_3$	Aceton CH_3COCH_3	Essigsäure CH_3COOH	Ameisensäure $HCOOH$
5	989	990	989	1010			1011
10	982	984	982	1022	985	1013	1024
15	975	977	976	1035			
20	969	970	970	1047	972	1026	1048
25	962	961	961	1060			
30	954	950	952	1073	958	1038	1072
35	945	940	941	1086			
40	935	930	930	1099	941	1049	1095
45	925	920	918	1113			
50	914	909	907	1126	921	1058	1121
55	903	899	895	1140			
60	891	888	884	1154	899	1064	
65	879	878	872	1168			
70	868	868	860	1181	876	1069	1166
75	856	858	848				
80	843	847	836		850	1070	1186
85	831	837	824				
90	818	827	812		822	1066	1205
95	804	816	799				
100	789	804	785	1260	791	1050	1221

Dichte wässriger Lösungen des Stoffes X in kg/m³ bei 20 °C
Anorganische Stoffe

Massenanteil $w(X)$ in %	Natronlauge $NaOH$	Kalilauge KOH	Ammoniak NH_3	Salzsäure HCl	Salpetersäure HNO_3	Schwefelsäure H_2SO_4	Phosphorsäure H_3PO_4
5	1054	1044	977	1023	1025	1032	1026
10	1109	1090	957	1047	1054	1066	1053
15	1164	1137	939	1073	1084	1102	1082
20	1219	1186	923	1098	1115	1139	1113
25	1274	1237	907	1124	1147	1178	1146
30	1328	1288	892	1149	1180	1219	1181
35	1380	1342	876	1174	1214	1260	1216
40	1430	1397	861	1198	1247	1303	1254
45	1478	1453	845		1279	1348	1293
50	1525	1512			1310	1395	1335
55					1339	1445	1379
60					1367	1498	1426
65					1391	1553	1476
70					1414	1611	1526
75					1434	1669	1579
80					1452	1727	1633
85					1469	1779	1689
90					1483	1814	1746
95					1493	1834	1807
100					1513	1831	1870

Dichte von Stoffgemischen allgemein

$$\varrho_M = \frac{\varrho_1 \cdot V_1 + \varrho_2 \cdot V_2 + \ldots + \varrho_n \cdot V_n}{V_1 + V_2 + \ldots + V_n}$$

$\varrho_1, \varrho_2, \ldots, \varrho_n$ Dichten der Stoffe 1, 2, ..., n in kg/m³

ϱ_M Dichte des Stoffgemisches in kg/m³

V Volumen in m³

Dichte wässriger Lösungen (Fortsetzung)

Dichte von Calciumoxid-Wasser- und Calciumhydroxid-Wasser-Mischungen bei 20 °C in Abhängigkeit vom jeweiligen Massenanteil in Wasser

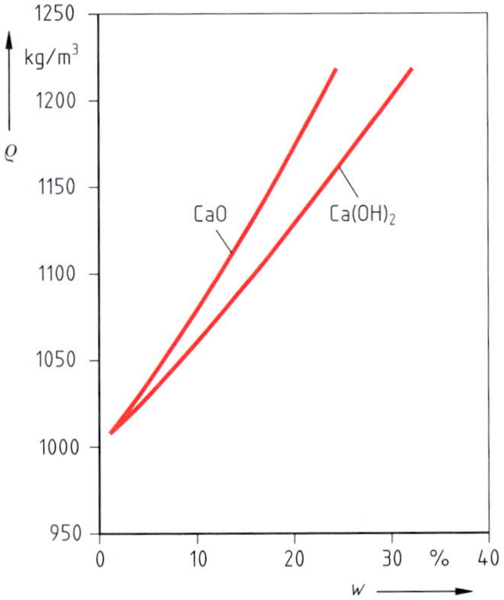

Dichte von Kältemischungen (angegebenes Salz mit Wasser) bei 20 °C in Abhängigkeit vom Massenanteil an Salz

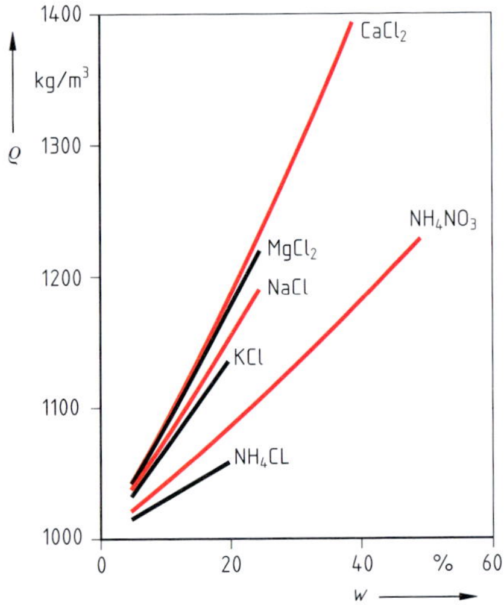

Dichte von Ethanol-Wasser-Gemischen bei 20 °C in Abhängigkeit vom Volumenanteil an Ethanol

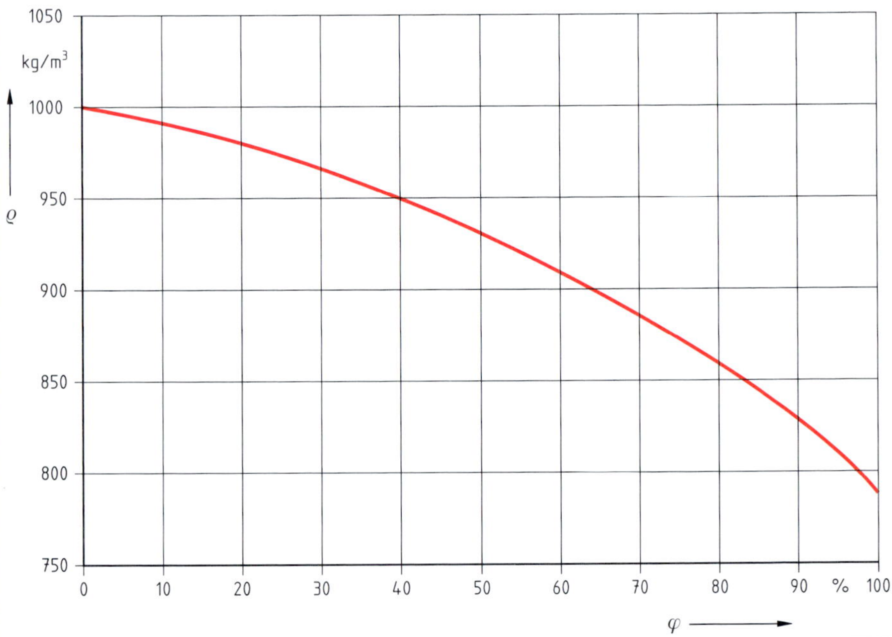

Säure-Base-Indikatoren

Indikator	pH-Wert					
Malachitgrünoxalat	0,0	gelb	W	0,1 %	2,0	grünblau
Methylviolett	0,1	gelb	W	0,05 %	1,5	blau
Methylgrün	0,1	gelb	W	0,1 %	2,3	blau
Thymolblau	1,2	rot	E 20 %	0,1 %	2,8	gelb
p-Xylenolblau	1,2	purpur	E 20 %	0,04 %	2,8	gelb
Benzopurpurin	1,2	violett	E 90 %	0,05 %	4,0	orange
2,4-Dinitrophenol	2,8	farblos	E 70 %	0,05–0,1 %	4,7	gelb
Dimethylgelb	2,9	rot	E 90 %	0,1 %	4,0	gelb
Bromchlorphenolblau	3,0	gelb	E 90 %	0,04 %	4,6	purpur
Bromphenolblau	3,0	gelb	E 20 %	0,1 %	4,6	blauviolett
Kongorot	3,0	blau	W	1,0 %	5,2	rot
Methylorange	3,1	rot	W	0,1 %	4,4	gelb
Bromkresolgrün	3,8	gelb	E 20 %	0,1 %	5,4	blau
Mischindikator nach Taschiro	4,4	violettblau			5,8	grün
Methylrot	4,4	rot	E 96 %	0,1 %	6,2	gelborange
p-Nitrophenol	5,0	farblos	W	0,1 %	7,7	gelb
Lackmus	5,0	rot	W	1 %	8,0	blau
Bromkresolpurpur und Bromphenolrot	5,2	gelb	E 20 %	0,1 %	6,8	purpur
Bromthymolblau	6,0	gelb	E 20 %	0,1 %	7,6	blau
Phenolrot	6,4	gelb	E 20 %	0,1 %	8,2	rot
Neutralrot	6,8	rot	E 70 %	0,1 %	8,0	gelb
o-Kresolrot	7,0	gelb	E 20 %	0,1 %	8,8	purpur
Thymolblau (2. Umschlag)	8,0	gelb	E 20 %	0,1 %	9,6	blau
Phenolphthalein	8,2	farblos	E 96 %	0,1 %	9,8	rot
Thymolphthalein	9,3	farblos	E 50 %	0,1 %	10,5	blau
Alkaliblau	9,4	blau	W	0,1 %	14	orange
Alizaringelb GG	10,0	hellgelb	W	0,1 %	12,2	bräunlichgelb
Resorcingelb (Tropäolin O)	11,0	gelb	W	0,1 %	13,0	braunrot

W wässrige Lösung
E alkoholische Lösung

E 20 % 0,1 %: w(Indik.) = 0,1 %, Lösemittel: 20 %ige Ethanollösung

Analytik

Gravimetrie (Gewichtsanalyse)

Massenanteil $w(X)$ des gesuchten Stoffes aus den Teilchen X in einer Probe (Stoffgemisch):

$$w(X) = \frac{m(A) \cdot F \cdot 100}{m}$$

Masse $m(X)$ des gesuchten Stoffes in der Einwaage m:

$$m(X) = m(A) \cdot F$$

Stöchiometrischer (gravimetrischer) Faktor:

$$F = \frac{a \cdot M(X)}{M(A)}$$ z.B. $F(Al_2O_3 \rightarrow Al) = \frac{2 \cdot M(Al)}{M(Al_2O_3)}$

$w(X)$ Massenanteil des zu bestimmenden Stoffes aus den Teilchen X in der Probe in %

$m(X)$ Masse des zu bestimmenden Stoffes aus den Teilchen X in der Probe in g

$m(A)$ Masse des gefällten und getrockneten Niederschlags (Auswaage) aus den Teilchen A in g

m Masse der Probe (Einwaage) in g

a Anzahl der Teilchen X je Atomgruppe A in der Wägeform

$M(X)$ Molare Masse des Stoffes aus den Teilchen X in g/mol

$M(A)$ Molare Masse des Stoffes aus den Teilchen A in g/mol

Auswahl stöchiometrischer Faktoren

Gesucht. Stoff	Wägeform	F
Ag	Ag_3AsO_4	0,6996
	$AgBr$	0,5745
	$AgCl$	0,7526
$AgNO_3$	$AgCl$	1,1853
Al	$Al(C_9H_6ON)_3$	0,05872
	Al_2O_3	0,5293
Al_2O_3	$Al(C_9H_6ON)_3$	0,1110
As	Ag_3AsO_4	0,1620
	$Mg_2As_2O_7$	0,4827
As_2O_3	Ag_3AsO_4	0,2139
	$Mg_2As_2O_7$	0,6373
B	B_2O_3	0,3106
Ba	$BaCO_3$	0,6959
	$BaCrO_4$	0,5421
	$BaSO_4$	0,5884
BaO	$BaCO_3$	0,7770
$Ba(OH)_2$	$BaCO_3$	0,8683
	$BaSO_4$	0,7341
Be	BeO	0,3603
	BeP_2O_7	0,0939
Bi	$Bi(C_9H_6ON)_3 \cdot H_2O$	0,3169
	Bi_2O_3	0,8970
	$BiPO_4$	0,6875
Bi_2O_3	$Bi(C_9H_6ON)_3 \cdot H_2O$	0,3533
Br	AgBr	0,4255
HBr	AgBr	0,4309
C	$BaCO_3$	0,06087
	CO_2	0,2729
CO_2	$CaCO_3$	0,4397
HCN	AgCN	0,2018
HSCN	AgSCN	0,3560
Ca	$CaCO_3$	0,4004
	$CaC_2O_4 \cdot H_2O$	0,2743
	CaF_2	0,5133
CaO	$CaCO_3$	0,5603
	$Ca(C_7H_6NO_2)_2$	0,1795
Cd	CdO	0,8754
	CdS	0,7781
Ce	CeO_2	0,8141

Gesucht. Stoff	Wägeform	F
Cl	AgCl	0,2474
HCl	AgCl	0,2550
Co	$Co(C_7H_6NO_2)_2$	0,1779
	$Co(C_9H_6ON)_2 \cdot 2\,H_2O$	0,1538
	Co_3O_4	0,7342
Cr	$BaCrO_4$	0,2053
	$PbCrO_4$	0,1609
	Cr_2O_3	0,6842
Cr_2O_3	$BaCrO_4$	0,3000
Cu	$Cu(C_7H_6NO_2)_2$	0,1892
	$Cu(C_9H_6ON)_2$	0,1806
	CuO	0,7989
	CuS	0,6646
	CuSCN	0,5225
F	CaF_2	0,4867
Fe	$Fe(C_9H_6ON)_3$	0,1144
	$Fe(CN)_6$	0,2635
	$Fe(OH)_3$	0,5226
	Fe_2O_3	0,6994
Ga	Ga_2O_3	0,7439
Ge	GeO_2	0,6941
Hg	$Hg(C_7H_6NO_2)_2$	0,4242
	Hg_2Cl_2	0,8498
I	AgI	0,5405
In	In_2O_3	0,8271
K	$K[B(C_6H_5)_4]$	0,1091
	KCl	0,5244
	$KClO_4$	0,2822
La	La_2O_3	0,8527
Li	Li_3PO_4	0,1798
Mg	$Mg(C_9H_6ON)_2 \cdot 2\,H_2O$	0,06971
	$MgNH_4PO_4 \cdot 6\,H_2O$	0,09904
	MgO	0,6030

Gesucht. Stoff	Wägeform	F
Mg	$Mg_2P_2O_7$	0,2184
MgO	$Mg_2P_2O_7$	0,3622
Mn	$Mn_2P_2O_7$	0,3871
MnO_2	$Mn_2P_2O_7$	0,6126
Mo	$PbMoO_4$	0,2613
Na	$NaMg(UO_2) \cdot (C_2H_3O_2)_9 \cdot 6\,H_2O$	0,01536
Nb	Nb_2O_5	0,6991
Ni	$NiC_8H_{14}O_4N_4$	0,2031
	$Ni(C_9H_6ON)_2 \cdot 2\,H_2O$	0,1533
P	$Mg_2P_2O_7$	0,2783
PO_4	$Mg_2P_2O_7$	0,8535
P_2O_5	$Mg_2P_2O_7$	0,6378
Pb	$PbCl_2$	0,7450
	$PbCrO_4$	0,6411
	$PbSO_4$	0,6832
S	$BaSO_4$	0,1374
SO_2	$BaSO_4$	0,2745
SO_4	$BaSO_4$	0,4116
Sb	Sb_2O_3	0,8353
	Sb_2S_3	0,7168
Si	SiO_2	0,4672
Sn	SnO_2	0,7877
Ta	Ta_2O_5	0,8191
Ti	$TiCl_3$	0,3104
	TiO_2	0,5995
	$TiO(C_9H_6ON)_2$	0,1360
Zn	$Zn(C_7H_6O_2N)_2$	0,1937
	$Zn(C_9H_6ON)_2$	0,1849
	$ZnNH_4PO_4$	0,3665
	ZnO	0,8034
	$Zn_2P_2O_7$	0,4292
Zr	ZrO_2	0,7403

Volumetrie (Maßanalyse)

Grundformeln (vgl. auch S. 54):

$$m\,(X) = \frac{M\,(X) \cdot c\,(Y) \cdot z^*\,(Y) \cdot V \cdot t \cdot f_A}{z^*\,(X)}$$

$$w\,(X) = \frac{M\,(X) \cdot c\,(Y) \cdot z^*\,(Y) \cdot V \cdot t \cdot f_A}{z^*\,(X) \cdot m}$$

Die Äquivalentzahlen z^* entsprechen den

- **Ladungszahlen *z*** (bei Ionenäquivalenten)
- **Protonenübergängen** (bei Neutralisationsäquivalenten)
- **Änderungen der Oxidationszahlen** (bei Redoxäquivalenten)

Mit volumetrischem Faktor gilt:

$$m\,(X) = F \cdot V \cdot t \cdot f_A$$

$$w\,(X) = \frac{F \cdot V \cdot t \cdot f_A}{m}$$

$m\,(X)$ Masse des zu bestimmenden Stoffes X in der Probelösung (Titrand) in g

$M\,(X)$ Molare Masse des zu bestimmenden Stoffes X in g/mol

$c\,(Y)$ (Angenäherte) Stoffmengenkonzentration der Maßlösung in mol/L ($\tilde{c}\,(Y)$ für angenäherte)

$z^*(Y)$ Äquivalentzahl des Titrators Y in der Maßlösung (ohne Einheit)

$z^*(X)$ Äquivalentzahl des zu bestimmenden Stoffes X (ohne Einheit)

V Verbrauch an Maßlösung in L

t Titer der Maßlösung (ohne Einheit)

f_A Aliquotierfaktor (Verdünnungsfaktor)

$w\,(X)$ Massenanteil des zu bestimmenden Stoffes X (ohne Einheit)

m Masse der Probelösung in g

F Volumetrischer Faktor (nach Tabelle, folgende Seite) bzw. maßanalytisches Äquivalent; gibt die Masse in g an, die dem Volumen von 1 L Maßlösung entspricht (Stoffmengenkonzentration der Maßlösung beachten!).

Beispiele für Äquivalentzahlen

Neutralisationsäquivalente				Redoxäquivalente			
Teilchen X			z^* (X)	Teilchen X			z^* (X)
HCl	→	H^+	1	$KMnO_4$	→	Mn^{2+}	5
H_2SO_4	→	$2\,H^+$	2	$KMnO_4$	→	MnO_2	3
$C_2H_2O_4$	→	$2\,H^+$	2	$K_2Cr_2O_7$	→	$2\,Cr^{3+}$	6
H_3PO_4	→	$3\,H^+$	3	$KBrO_3$	→	Br^-	6
$NaOH$	→	OH^-	1	$Na_2S_2O_3$	→	$^1/_2\,S_4O_6^{2-}$	1
KOH	→	OH^-	1	$Ce(SO_4)_2$	→	Ce^{3+}	1
$Ca(OH)_2$	→	$2\,OH^-$	2	As_2O_3	→	$2\,AsO_4^{3-}$	4

B 6,24 g einer Natronlauge werden auf 250 mL verdünnt und 25 mL von der entstandenen Lösung mit Schwefelsäure, $\tilde{c}(H_2SO_4) = 0{,}1$ mol/L, $t = 0{,}980$, titriert. Verbrauch: $V = 31{,}75$ mL. Gesucht ist der Massenanteil w(NaOH).

$$w\,(NaOH) = \frac{M\,(NaOH) \cdot \tilde{c}\,(H_2SO_4) \cdot z^*\,(H_2SO_4) \cdot V \cdot t \cdot f_A}{z^*\,(NaOH) \cdot m\,(Lauge)}$$

$$= \frac{39{,}9971\ g/mol \cdot 0{,}1\ mol/L \cdot 2 \cdot 0{,}03175\ L \cdot 0{,}98 \cdot 10}{1 \cdot 6{,}24\ g}$$

w(NaOH) = **0,3989** bzw. **39,89 %**

oder

$$w(NaOH) = \frac{F\,(NaOH / H_2SO_4) \cdot V \cdot t \cdot f_A}{m\,(Lauge)} = \frac{7{,}9994 \cdot 0{,}03175 \cdot 0{,}980 \cdot 10}{6{,}24} = \mathbf{0{,}3989}\ \text{bzw.}\ \mathbf{39{,}89\ \%}$$

B 2,8 g einer Probe wurden zur Bestimmung des Massenanteils $w(H_2O_2)$ mit einer $KMnO_4$-Lösung, $c(KMnO_4) = 0{,}02$ mol/L, $t = 1{,}000$, titriert. $V = 36{,}18$ mL.

$$w\,(H_2O_2) = \frac{1{,}7007 \cdot 0{,}03618 \cdot 1{,}000}{2{,}8} = \mathbf{0{,}022}\ \text{bzw.}\ \mathbf{2{,}2\ \%}$$

Volumetrische Faktoren (maßanalytische Äquivalente)

Titrator: **Salzsäure, Schwefelsäure** oder **Salpetersäure**
$c(HCl) = 0{,}1$ mol/L, $c(H_2SO_4) = 0{,}05$ mol/L bzw. $c(1/2\ H_2SO_4) = 0{,}1$ mol/L, $c(HNO_3) = 0{,}1$ mol/L

Gesuchter Stoff	*F*	Gesuchter Stoff	*F*	Gesuchter Stoff	*F*
$BaCO_3$	9,86681	Li_2CO_3	3,6946	NH_4OH	3,5046
$Ba(OH)_2$	8,5671	$MgCO_3$	5,2157	$(NH_4)_2SO_4$	6,6070
CO_2	2,2005	MgO	2,0152	$Na_2B_4O_7 \cdot 10\ H_2O$	19,069
$CaCO_3$	5,0045	N	1,4007	Na_2CO_3	5,2994
CaO	2,8039	NH_3	1,7031	$Na_2CO_3 \cdot 2\ H_2O$	7,1010
K_2CO_3	6,9103	NH_4^+	1,8039	$Na_2CO_3 \cdot 10\ H_2O$	14,3071
$KHCO_3$	10,0115	NH_4Cl	5,3491	$NaHCO_3$	8,4007
KOH	5,6106	NH_4NO_3	8,0043	NaOH	3,9997

Titrator: **Natronlauge** oder **Kalilauge**
$c(NaOH) = 0{,}1$ mol/L, $c(KOH) = 0{,}1$ mol/L

Gesuchter Stoff	*F*	Gesuchter Stoff	*F*	Gesuchter Stoff	*F*
Al	0,8994	HCl	3,6461	PO_4^{3-} (1. Stufe)	9,4971
Al_2O_3	1,6994	HCOOH	4,6026	PO_4^{3-} (2. Stufe)	4,7486
B	1,0811	HF	2,0006	P_2O_5 (1. Stufe)	7,0972
CH_3COOH	6,0053	HI	12,7912	P_2O_5 (2. Stufe)	3,5486
$(COOH)_2$	4,5018	HNO_3	6,3013	SO_3^{2-}	4,0029
$(COOH)_2 \cdot 2\ H_2O$	6,3033	H_3PO_4 (1. Stufe)	9,7995	SO_4^{2-}	4,8029
H_3BO_3	6,1832	H_3PO_4 (2. Stufe)	4,8998		
HBr	8,0912	H_2SO_4	4,9037		

Titrator: **Silbernitrat**
$c(AgNO_3) = 0{,}1$ mol/L

Gesuchter Stoff	*F*	Gesuchter Stoff	*F*	Gesuchter Stoff	*F*
$BaCl_2$	10,4118	HCN (nach Liebig)	5,4051	KSCN	9,7182
Br^-	7,9904	HI	12,7912	$MgCl_2$	4,7606
$CaCl_2$	5,5493	I^-	12,6904	NaCl	5,8443
Cl^-	3,5453	KBr	11,9002	NaCN (nach Liebig)	9,8015
HBr	8,0912	KCl	7,4551	NH_4Cl	5,3491
HCl	3,6461	KCN (nach Liebig)	13,023	NH_4SCN	7,6116

Titrator: **Kaliumpermanganat**
$c(KMnO_4) = 0{,}02$ mol/L bzw. $c(1/5\ KMnO_4) = 0{,}1$ mol/L

Gesuchter Stoff	*F*	Gesuchter Stoff	*F*	Gesuchter Stoff	*F*
Ca	2,0039	Cu	6,3546	H_2O_2	1,7007
$CaCO_3$	5,0044	Fe	5,5847	H_2SO_3	4,1037
CaO	2,8039	$FeCl_2$	12,6752	Mn	1,6481
$Ca(OH)_2$	3,7046	$FeCl_3$	16,2205	MnO_2	2,6081
$(COOH)_2$	4,5018	FeO	7,1846	$NaNO_2$	3,4498
$(COOH)_2 \cdot 2\ H_2O$	6,3033	Fe_2O_3	7,9846	$NaNO_3$	2,8332
Cr	1,7332	$FeSO_4 \cdot 7\ H_2O$	27,8018	O	0,79997
Cr_2O_3	2,5332	HCOOH	2,3013	SO_2	3,2029
CrO_4^{2-}	3,8665	HNO_2	2,3507	SO_3	4,0029

Titrator: **Ammoniumthiocyanat**
$c(NH_4SCN) = 0{,}1$ mol/L

Gesuchter Stoff	*F*	Gesuchter Stoff	*F*	Gesuchter Stoff	*F*
Ag	10,7868	As	2,4974	Cu	6,3546
$AgNO_3$	16,9873	AsO_4^{3-}	4,6306	Hg	10,0295

Volumetrische Faktoren (maßanalytische Äquivalente) (Fortsetzung)

Titrator: **Natriumthiosulfat,** $c(Na_2S_2O_3)$ = 0,1 mol/L

Gesuchter Stoff	*F*	Gesuchter Stoff	*F*	Gesuchter Stoff	*F*
As	3,7461	Fe	5,5847	K_2CrO_4	6,4730
As_2O_3	4,9460	$FeCl_3$	16,2206	$K_2Cr_2O_7$	4,9031
Br	7,9904	$[Fe(CN)_6]^{4-}$	21,1953	MnO_2	4,3468
BrO_3	2,1317	Fe_2O_3	7,9846	N_2H_4	0,8011
C_6H_5OH	1,5686	H_2O_2	1,7007	NaClO	3,7221
Cr	1,7332	H_2S	1,7041	$NaClO_3$	1,7740
Cr_2O_3	2,5332	Hg	10,0295	$Na_2S_2O_3$	15,811
Cu	6,3546	I^-	12,6904	$Na_2S_2O_3 \cdot 5\,H_2O$	24,8186
$CuSO_4$	15,9610	$KBrO_3$	2,7833	SO_2	3,2032
$CuSO_4 \cdot 5\,H_2O$	24,9686	$KClO_3$	2,0425	SO_3	4,0032

Titrator: **Kaliumbromat,** $c(KBrO_3) = 0{,}016\overline{6}$ mol/L bzw. $c(1/6\ KBrO_3)$ = 0,1 mol/L

Gesuchter Stoff	*F*	Gesuchter Stoff	*F*	Gesuchter Stoff	*F*
As	3,7461	Bi_2O_3	7,7660	Sb	6,0875
As_2O_3	4,9460	H_2S	0,4260	Sb_2O_3	7,2875
Bi (als Oxin)	1,7415	S	0,4008	Sn	5,9345

Titrator: **Kaliumdichromat,** $c(K_2Cr_2O_7) = 0{,}016\overline{6}$ mol/L bzw. $c(1/6\ K_2Cr_2O_7)$ = 0,1 mol/L

Gesuchter Stoff	*F*	Gesuchter Stoff	*F*	Gesuchter Stoff	*F*
Fe	5,5847	FeO	7,1846	Pb	20,72

Titrator: **Titan(III)-chlorid,** $c(TiCl_3)$ = 0,1 mol/L

Gesuchter Stoff	*F*	Gesuchter Stoff	*F*	Gesuchter Stoff	*F*
Au	6,5656	Fe	5,5847	Hg	10,0295
Cu	6,3546	Fe_2O_3	7,9846	Sb	6,0879

Titrator: **Cer(IV)-sulfat,** $c[Ce(SO_4)_2]$ = 0,1 mol/L

Gesuchter Stoff	*F*	Gesuchter Stoff	*F*	Gesuchter Stoff	*F*
As (als As_2O_3)	3,7461	Ca (als Oxalat)	2,0039	HNO_2	4,7013
As_2O_3	4,9460	$CaCO_3$ (als Oxalat)	5,0044	NO_2^-	4,6006
Ba (als Oxalat)	6,8664	Fe	5,5847	Sb	6,0875
$Ba(OH)_2$ (als Oxalat)	8,5671	$[Fe(CN)_6]^{4-}$	21,1953	Sb_2O_3	7,2875
$(COOH)_2$	4,5018	Fe_2O_3	7,9846	Sn	5,9345
$(COOH)_2 \cdot 2\,H_2O$	6,3033	Hg	20,059	Sr (als Oxalat)	4,381
$C_4H_6O_6$ (Weinsäure)	1,5009	HgO	21,6589	V	5,0941

Titrator: **EDTA** (Dinatriumdihydrogenethylendiamintetraacetat-2-hydrat, $(C_{10}H_{14}O_8N_2)H_2Na_2 \cdot 2\,H_2O$), c(EDTA) = 0,02 mol/L

Gesuchter Stoff	Indikator	*F*	Gesuchter Stoff	Indikator	*F*	Gesuchter Stoff	Indikator	*F*
Ag^{2+}	1	4,3147	Co^{2+}	1	1,1787	Mn^{2+}	1, 2	1,0988
Al^{3+}	2	0,5396	Cr^{3+}	2	1,0399	Na^+	2	0,4598
Ba^{2+}	3	2,7465	Cu^{2+}	1, 4	1,2709	Ni^{2+}	1	1,174
Bi^{3+}	4	4,1796	F^-	2	0,7599	P_2O_5	2	1,4194
Br^-	1	3,1962	Fe^{3+}	5, 6	1,1169	Pb^{2+}	2, 6	4,144
Ca^{2+}	1, 2	0,8016	Fe_2O_3	1	1,5969	SO_4^{2-}	3	1,9212
Cd^{2+}	2, 4, 6	2,2482	Hg^{2+}	2, 6	4,0118	Sr^{3+}	3	1,7524
Cl^-	1	1,4181	I^-	1	5,0761	Ti^{3+}	1	0,958
CN^-	1	2,0814	Mg^{2+}	2	0,4861	Zn^{2+}	2, 4	1,3078

Indikatoren:
1 Murexid, 2 Eriochromschwarz T, 3 Phthaleinpurpur, 4 PAN (α-Pyridyl-β-azonaphthol), 5 Sulfosalicylsäure, 6 Xylenolorange

Puffergemische

(z.T. nach DIN 19266, 2015-05)

Die Gemische in den grau gerasterten Feldern entsprechen den Referenzpufferlösungen pH(S) nach DIN 19266.

pH (25 °C)	Puffergemisch für 1 L Pufferlösung. Bei Referenzlösungen in 1000 g Wasser geben.	
1,0	3,73 g 136,2 g	Kaliumchlorid, KCl Salzsäure c(HCl) = 1 mol/L
1,680 **A**	12,74 g in 1000 g Wasser	Kaliumtetraoxalat-2-hydrat, $KH_3(C_2O_4)_2 \cdot 2\,H_2O$
2,0	6,43 g 3,58 g 8,33 g	Citronensäuremonohydrat, $C_6H_8O_7 \cdot H_2O$ Natriumchlorid, NaCl Salzsäure, c(HCl) = 1 mol/L
3,0	8,47 g 3,49 g 21,45 g	Citronensäuremonohydrat, $C_6H_8O_7 \cdot H_2O$ Natriumchlorid, NaCl Natronlauge, c(NaOH) = 1 mol/L
3,557 **B**	6,40 g in 1000 g Wasser	Kaliumhydrogentartrat, $KHC_4H_4O_6$, bei 25 °C bis zur Sättigung rühren und dann filtrieren. Täglich neu ansetzen.
3,776 **H**	11,51 g in 1000 g Wasser	Kaliumhydrogencitrat, $KH_2C_6H_5O_7$ (vor dem Lösen 24 h über $CaCl_2$ trocknen)
4,0	11,76 g 2,57 g 70,79 g	Citronensäuremonohydrat, $C_6H_8O_7 \cdot H_2O$ Natriumchlorid, NaCl Natronlauge, c(NaOH) = 1 mol/L
4,005 **C**	10,21 g in 1000 g Wasser	Kaliumhydrogenphthalat, $KHC_8H_4O_4$ (2 h bei 110 °C getrocknet 6 Wochen haltbar)
5,0	10,26 g 201,97 g	Citronensäuremonohydrat, $C_6H_8O_7 \cdot H_2O$ Natronlauge, c(NaOH) = 1 mol/L
6,0	12,53 g 166,16 g	Citronensäuremonohydrat, $C_6H_8O_7 \cdot H_2O$ Natronlauge, c(NaOH) = 1 mol/L
6,865 **D**	3,40 g und 3,55 g in 1000 g Wasser	Kaliumdihydrogenphosphat, KH_2PO_4 (2 h bei 110 °C getrocknet) Dinatriumhydrogenphosphat, Na_2HPO_4 (2 h bei 110 °C getrocknet)
7,0	3,52 g 7,26 g	Kaliumdihydrogenphosphat, KH_2PO_4 Dinatriumhydrogenphosphat, $Na_2HPO_4 \cdot 2\,H_2O$

pH (25 °C)	Puffergemisch für 1 L Pufferlösung. Bei Referenzlösungen in 1000 g Wasser geben.	
7,413 **E**	1,184 g 4,322 g in 1000 g Wasser	Kaliumhydrogenphosphat, KH_2PO_4 (2 h bei 110 °C getrocknet) Dinatriumhydrogenphosphat, Na_2HPO_4 (2 h bei 110 °C getrocknet)
8,0	6,928 g 58,15 g 44,87 g	Borsäure, H_3BO_3 Natronlauge, c(NaOH) = 1 mol/L Salzsäure, c(HCl) = 1 mol/L
9,0	3,092 g 3,728 g 22,18 g	Borsäure, H_3BO_3 Kaliumchlorid, KCl Natronlauge, c(NaOH) = 1 mol/L
9,180 **F**	3,82 g in 1000 g Wasser	Dinatriumtetraborat-10-hydrat, $Na_2B_4O_7 \cdot 10\,H_2O$
10,0	3,092 g 3,728 g 45,7 g	Borsäure, H_3BO_3 Kaliumchlorid, KCl Natronlauge, c(NaOH) = 1 mol/L
10,012 **I**	2,65 g und 2,10 g in 1000 g Wasser	Natriumcarbonat, Na_2CO_3 (2 h bei 200 °C getrocknet, über trockenem $CaCl_2$ aufbewahren) Natriumhydrogencarbonat, $NaHCO_3$ (2 Tage über dem Molekularsieb getrocknet)
11,0	3,84 g 2,99 g	Aminoethansäure (Glycocoll), H_2NCH_2COOH Natriumchlorid NaCl
12,0	3,42 g 2,67 g 56,74 g	Aminoethansäure (Glycocoll), H_2NCH_2COOH Natriumchlorid, NaCl Natronlauge, c(NaOH) = 1 mol/L
12,454 **G**	5 g in 1000 g Wasser	Calciumhydroxid, $Ca(OH)_2$ (bei 25 °C bis zur Sättigung rühren, dann filtrieren). Empfindliche gegen CO_2. Bei Trübung verwerfen!
13,0	0,375 g 0,222 g 98,9 g	Aminoethansäure (Glycocoll), H_2NCH_2COOH Natriumchlorid, NaCl Natronlauge, c(NaOH) = 1 mol/L

Stoffdaten ausgewählter chemischer Verbindungen

Die folgende Liste enthält wichtige Stoffdaten ausgewählter chemischer Verbindungen aus dem Bereich der chemischen Technik. Die Namen der Verbindungen wurden so gewählt, wie sie heute in den Katalogen der Hersteller üblich sind. Dahinter sind, sofern abweichend, die nomenklaturgerechten Bezeichnungen genannt oder ältere, die in den chemischen Betrieben noch üblich sind.

Legende:

- M Molare Masse in kg/kmol bzw. g/mol
- ϑ_b Siedetemperatur in °C bei 1013 hPa
- ϑ_m Schmelztemperatur in °C
- ϱ Dichte in kg/m³ bei 25 °C und 1013 hPa
- p_D Dampfdruck in hPa bei 25 °C (1 hPa = 1 mbar)
- n Brechungsindex (Brechzahl) bei 25 °C
- Δh_v Spezifische Verdampfungsenthalpie (Verdampfungswärme) in kJ/kg bei 1013 hPa
- η Dynamische Viskosität in mPa · s bei 25 °C

Abkürzungen:

d Zersetzung expl. explosiv f. fest fl. flüssig s Sublimation

Stoff	Formel	M kg/kmol	ϑ_b °C	ϑ_m °C	ϱ kg/m³	p_D hPa	n	Δh_v kJ/kg	η mPa · s
Acetaldehyd, Ethanal	C_2H_4O	44,5	21	– 121	783	1000 20 °C	1,3316	618	0,22 20 °C
Acetamid, Essigsäureamid	C_2H_5NO	59,07	221	82	670	1,33 20 °C	1,4278 78 °C		
Acetanilid, n-Phenylacetamid	C_8H_9NO	135,17	304	114	400	0,002 20 °C			2,22 100 °C
Aceton, Propanon	C_3H_6O	58,08	56	– 95	790	233 20 °C	1,3588 20 °C	532	0,33 20 °C
Acetonitril, Ethannitril	C_2H_3N	41,05	81,6	45,7	783 20 °C	97 20 °C	1,344 20 °C	800	0,345
Acetylchlorid	C_2H_3ClO	78,50	51	–112	1105	320 20 °C	1,3898 20 °C	364	0,39 20 °C
Acetylen, Ethin	C_2H_2	26,04	– 84	– 80,8	621 – 82 °C	44000 20 °C		829	
Acetylsalicylsäure, 2-Acetoxybenzoesäure	$C_9H_8O_4$	180,16		135	700				
Acridin	$C_{13}H_9N$	179,22	346	111	1005				
Acrolein, Propenal, Acrylaldehyd	C_3H_4O	56,06	53	– 87	841	286 20 °C	1,4025 20 °C	514	0,34 20 °C
Acrylamid, Acrylsäureamid	C_3H_5NO	71,08	125 30 hPa	84 – 85		5,3 100 °C			
Acrylnitril, Acrylsäurenitril, Vinylcyanid	C_3H_3N	53,06	76 –78	– 83	806	120 20 °C	1,3911 20 °C		0,35 20 °C
Acrylsäure, Propensäure	$C_3H_4O_2$	72,06	141,6	13	1051	4,3 20 °C	1,4224 20 °C		1,30 20 °C
Adipinsäure, Hexandisäure	$C_6H_{10}O_4$	146,14	265	153	1360	0,103 20 °C			
Adipinsäuredinitril, Adiponitril, Hexandinitril	$C_6H_8O_2$	108,14	295	1 – 2	968	2,6 119 °C	1,438 20 °C		
Allylacetat, Essigsäureallylester	$C_5H_8O_2$	100,12	103,5		930		1,4049		
Allylalkohol, 2-Propen-1-ol	C_3H_6O	58,08	97	–129	870	24 20 °C	1,4134 20 °C	689	1,36 20 °C
Allylamin, 3-Amino-1-propen, 2-Propen-1-ylamin	C_3H_7N	57,10	58	– 88	762	533 35 °C	1,4205 20 °C		0,506 130 °C
Aluminiumchlorid (wasserfrei)	$AlCl_3$	133,34		190 2,5 bar	2440	1 100 °C			
Aluminiumfluorid	AlF_3	83,98	1291 s		2882				

Stoffdaten ausgewählter chemischer Verbindungen (Fortsetzung)

Stoff	Formel	M kg/kmol	ϑ_b °C	ϑ_m °C	ϱ kg/m³	p_D hPa	n	Δh_v kJ/kg	η mPa · s
Aluminiumhydroxid	$Al(OH)_3$	78,00		>170 d	2420	< 0,1 20 °C			
Aluminiumoxid	Al_2O_3	101,96	2980	2050	3970				
Aluminiumsulfat	$Al_2(SO_4)_3$	342,15		>600 d	2710				
Aluminiumsulfat-18-hydrat	$Al_2(SO_4)_3$ $\cdot$ 18 H_2O	666,42		>86,5 d	1690				
Ameisensäure, Methansäure	CH_2O_2	46,03	100,7	8,4	1220 20 °C	43 20 °C	1,3714 20 °C	493	1,804 20 °C
Ammoniak	NH_3	17,03	−33,4	−77,7	0,771 0 °C	8000 20 °C		1369	0,255 −33,5
Ammoniumbromid	NH_4Br	97,95		452 s	2429				
Ammoniumchlorid, Salmiak	NH_4Cl	53,49	520	340 s	1527				
Ammoniumdichromat	$(NH_4)_2 \cdot Cr_2O_7$	252,07		170 d	2150				
Ammoniumdihydrogenphosphat	$NH_4H_2PO_4$	115,03		190	1800 19 °C				
Ammoniumfluorid	NH_4F	37,04		s	1009				
Ammoniumhydrogencarbonat	NH_4HCO_3	79,06	s	105 d	1580				
Ammoniumnitrat, Ammonsalpeter	NH_4NO_3	80,04	210 15 hPa	169,6	1725				
Ammoniumnitrit	NH_4NO_2	64,04		60–70 expl.	1690				
Ammoniumsulfat	$(NH_4)_2SO_4$	132,14		235 d	1770				
Ammoniumthiosulfat	$(NH_4)_2S_2O_3$	148,20		150 d	1679				
n-Amylalkohol, 1-Pentanol	$C_5H_{12}O$	88,15	138	−79	811	3 20 °C	1,4101 20 °C	427 138 °C	3,68 20 °C
Anilin, Phenylamin, Benzolamin	C_6H_7N	93,13	184	−6,3	1022	3 20 °C	1,5863 20 °C	478	4,4 20 °C
Anthracen	$C_{14}H_{10}$	178,24	340	216	1283	0,0013 69,1 °C			
Anthrachinon, 9,10-Anthrachinon	$C_{14}H_8O_2$	208,22	380	286	1419	100 286 °C			
Antimon(III)-oxid, Antimontrioxid	Sb_2O_3	291,50	1456	656	5670	1,3 574 °C			
Äpfelsäure, Hydroxybutan-1,4-dicarbonsäure	$C_4H_6O_5$	134,09		130	1600 20 °C				
Aziridin, Ethylenimin	C_2H_5N	43,07	50	− 71	832 20 °C	213 20 °C			
Bariumcarbonat	$BaCO_3$	197,35		1350 d	4430				
Bariumsulfat	$BaSO_4$	233,40		1580	4500				
Bariumsulfid	BaS	169,40		1200	4200				
p-Benzochinon, p-Chinon	$C_6H_4O_2$	108,1	s	115,7	1318	15 5 °C			
Benzoesäure, Benzolcarbonsäure	$C_7H_6O_2$	122,12	249	122	1266 15 °C	0,013 20 °C	1,504 132 °C		

Stoffdaten ausgewählter chemischer Verbindungen (Fortsetzung)

Stoff	Formel	M kg/kmol	ϑ_b °C	ϑ_m °C	ϱ kg/m³	p_D hPa	n	Δh_v kJ/kg	η mPa·s
Benzol	C_6H_6	78,11	80,1	5,5	878,9 20 °C	101 20 °C	1,5011 20 °C	393	0,66 20 °C
Benzolsulfonsäure	$C_6H_6O_3S$	158,18	137 Vakuum	50–51					
Benzylchlorid, α-Chlortoluol	C_7H_7Cl	126,59	179	−35	1100	1,2 20 °C	1,538 20 °C		1,38 20 °C
Bernsteinsäureanhydrid	$C_4H_4O_3$	100,07	261	119,6	1234 20 °C	1,3 92 °C			
Bisphenol-A	$C_{15}H_{16}O_3$	228,29	220 5 hPa	152					
Blausäure, Cyanwasserstoff, Hydrogencyanid	HCN	27,03	26	−14	699 fl. 22 °C	830 20 °C			
Bor(III)-oxid, Di-Bortrioxid, Borsäureanhydrid	B_2O_3	69,62		450	1812 (Glas)				
Bortrifluorid	BF_3	67,81	−102	−128	1580				
Brom	Br_2	159,82	58,8	−7,2	3119 20 °C	220 20 °C			0,996 20 °C
1,2-Butadien	C_4H_6	54,09	10,9	−136,2	646 fl.	1400 20 °C	1,4205 20 °C	444	
1,3-Butadien	C_4H_6	54,09	−44	−109	621 fl. 20 °C	1500 20 °C	1,4292 −25 °C	415	0,15 20 °C
Butan	C_4H_{10}	58,12	−0,5	−138,4	2,7032 0 °C	2430	1,3326 20 °C	386	0,167 20 °C
1,4-Butandiol, 1,4-Butylenglycol	$C_4H_{10}O_2$	90,12	235	20	1017 20 °C	0,1 20 °C	1,4460 20 °C		
1-Butanol, n-Butanol, n-Butylalkohol	$C_4H_{10}O$	74,12	117,2	−89,5	810	6,7 20 °C	1,3993 20 °C	590	2,95 20 °C
2-Butanol, sek. Butanol	$C_4H_{10}O$	74,12	99,5	−114,7	808 20 °C	17,3 20 °C	1,395 20 °C	565	4,21 20 °C
1-Buten	C_4H_8	56,11	−6,3	−185,3	595 fl. 20 °C	1650 21 °C	1,3962 20 °C	393	0,15 20 °C
Buttersäure	$C_4H_8O_2$	88,11	165,5	−4,5	957,7 20 °C	1,12 20 °C	1,3980 20 °C	477	1,54 20 °C
Buttersäureanhydrid	$C_8H_{14}O_3$	158,20	199–201	−75	967 20 °C	1 20 °C	1,4070 20 °C		
n-Butylacetat	$C_6H_{12}O_2$	116,16	126	−77	884 20 °C	13 20 °C	1,3941 20 °C	312	0,73 20 °C
Butyraldehyd, Butanal	C_4H_8O	72,11	75,7	−99	817,0 20 °C	148 20 °C	1,3843 20 °C		0,39 20 °C
Calciumbromid	$CaBr_2$	199,90	810	742	3353 25 °C				
Calciumcarbid	CaC_2	64,10		2300	2220				
Calciumcarbonat	$CaCO_3$	100,09		825 d	2930				
Calciumchlorid	$CaCl_2$	110,99	>1600	772	2150				
Calciumcyanamid	$CaCN_2$	80,1		1300 s					
Calciumfluorid, Flussspat	CaF_2	78,08	ca. 2500	1423	3180				
Calciumhydrogenphosphat-2-hydrat	$CaHPO_4 \cdot 2\,H_2O$	172,09		109 d	2306 16 °C				
Calciumhydroxid	$Ca(OH)_2$	74,09	d	580 d	2240				

Stoffdaten ausgewählter chemischer Verbindungen (Fortsetzung)

Stoff	Formel	M kg/kmol	ϑ_b °C	ϑ_m °C	ϱ kg/m³	p_D hPa	n	Δh_v kJ/kg	η mPa·s
Calciumhypochlorittri-hydrat	$Ca(OCl)_2$ $\cdot 3\,H_2O$	197,03		60 $-3\,H_2O$	2100				
Calciumnitrat-4-hydrat	$Ca(NO_3)_2$ $\cdot 4\,H_2O$	236,15	132 d	42,7	1896				
Calciumoxid, Ätzkalk, Kalk gebrannt	CaO	56,08	2850	2614	3250 … 3380				
Calciumphosphat	$Ca_3(PO_4)_2$	310,18		1670	3140				
Calciumsulfat-2-hydrat	$CaSO_4$ $\cdot 2\,H_2O$	172,17	163 d	128 d	2320				
ε-Caprolactam, 6-Amino-capronsäurelactam	$C_6H_{11}NO$	113,16	270	69,2	0,0026 20 °C				
Chlor	Cl_2	70,91	– 34,6	– 101	3,2 0 °C 1600 fl.				0,494 – 35,4 °C
Chloral, Trichlorethanal, Trichloracetaldehyd	C_2HCl_3O	147,39	97,8	– 57,5	1512 20 °C	52 20 °C	1,4557	230	
Chlorbenzol, Phenylchlorid	C_6H_5Cl	112,56	132,2	– 45,6	1106 20 °C	12 20 °C	1,5241 20 °C	325	0,80 20 °C
Chlordioxid	ClO_2	67,45	10 d	– 60	3013 20 °C	1400 20 °C			
Chloressigsäure, Monochloressigsäure	$C_2H_3ClO_2$	94,50	189	62,5	1580 20 °C	1 20 °C	1,4351 55 °C	571	
2-Chlorethanol, Ethylenchlorhydrin	$C_2H_5Cl_2$	80,51	128	– 67,5	1200 20 °C	7,2 20 °C	1,4419 20 °C	514	
Chloroform, Trichlormethan	$CHCl_3$	119,38	61,7	– 63,5	1483 20 °C	210 20 °C	1,4459 20 °C	245	0,56 20 °C
Chloropren, 2-Chlor-1,3-butadien	C_4H_5Cl	88,54	59,4		958,3 20 °C	267 20 °C	1,4583 20 °C		
1-Chlorpentan, Amyl-chlorid, Pentylchlorid	$C_5H_{11}Cl$	106,60	108,3	– 99	883	32 20 °C	1,4115 20 °C	325	0,58 20 °C
1-Chlorpropan, Propylchlorid	C_3H_7Cl	78,54	46,6	– 122,8	890,9 20 °C	373 20 °C	1,3879 20 °C	352	0,353 20 °C
3-Chlor-1,2-propandiol, alpha-Chlorhydrin	$C_3H_7ClO_2$	110,54	213 d		1321 18 °C		1,4809 20 °C		
3-Chlor-1-Propen, Allylchlorid	C_3H_5Cl	76,53	45	– 134,5	938 20 °C	396 20 °C	1,4095 20 °C		0,32 20 °C
Chlorsulfonsäure, Chlorschwefelsäure	$ClSO_3H$	116,52	158	– 80	1750	11 32 °C			
Chlortrifluorethen, Chlortrifluorethylen	C_2ClF_3	116,47	–26,2	– 157,5	1540 – 60 °C	4360 20 °C	1,38 0 °C		
Chlortrifluormethan	$CClF_3$	104,46	– 81	– 181		32 200 20 °C			
Chrom(III)-oxid, Chromgrün	Cr_2O_3	151,99	4000	2435	5210				
Chrom(IV)-oxid, Chromdioxid	CrO_2	83,99		300 d					
Chrom(VI)-oxid, Chromsäureanhydrid	CrO_3	99,99	d	196 d	2700				
Citronensäure, 2-Hydroxy-1,2,3-propan-tricarbonsäure	$C_6H_8O_7$	192,13	d	153	1665 20 °C				
Cobalt(III)-fluorid	CoF_3	115,93			3880				
Cortison	$C_{21}H_{28}O_5$	360,45		220 … 224					

Stoffdaten ausgewählter chemischer Verbindungen (Fortsetzung)

Stoff	Formel	M kg/kmol	ϑ_b °C	ϑ_m °C	ϱ kg/m³	p_D hPa	n	Δh_v kJ/kg	η mPa·s
Crotonaldehyd, β-Methylacrolein, Trans-2-butenal	C_4H_6O	70,09	104	– 74	850	43 20 °C	1,4355 20 °C		
Crotonsäure, 2-Butensäure, β-Methylacrylsäure	$C_4H_6O_2$	86,09	185	71,5	1018 15 °C	0,25 20 °C	1,4249 77 °C		
Cumol, Isopropylbenzol, 2-Phenylpropan	C_9H_{12}	120,2	152,4	– 97	862 20 °C	5,2 20 °C	1,4915 20 °C		0,78 20 °C
Cyanurchlorid, 2,4,6-Trichlor -1,3,5-triazin	$C_3Cl_3N_3$	184,41	190	154	1320 (ca.)	2,7 70 °C			
Cyclododecan	$C_{12}H_{24}$	168,32	243	61	830 65 °C	0,1 20 °C	1,455 65 °C		
Cyclododecanon	$C_{12}H_{22}O$	182,31	195	59	906 66 °C	0,01 20 °C	1,4571 66 °C		
Cyclohexan	C_6H_{12}	84,16	80,7	6,5	779	104 20 °C	1,4266 20 °C	360	0,94 20 °C
Cyclohexanol	$C_6H_{12}O$	100,16	161,1	25,1	962,4	1,3 20 °C	1,4656 20 °C	423	4,6 25 °C
Cyclohexanon	$C_6H_{10}O$	98,15	155,6	– 26	948	4,7 20 °C	1,4507 20 °C	456	2,22 20 °C
Cyclooctadien, Cyclododecatrien	C_8H_{12}	108,18	151	– 70	882	6,5 20 °C	1,4905 25 °C		
1,3-Cyclopentadien	C_5H_6	66,10	40	– 97,2	802 20 °C	492 20 °C	1,4440 20 °C		
Cyclopentan	C_5H_{10}	70,13	49,3	93,9	746 20 °C	436	1,4065 20 °C	390	0,46 20 °C
Cyclopenten	C_5H_8	68,12	44,2	– 135	772 20 °C	418 20 °C	1,4225 20 °C		0,35 20 °C
Decahydronaphthalin, cis-Decalin	$C_{10}H_{18}$	138,25	195,6	– 43	896,5 20 °C	100 50 °C	1,4810 20 °C	309	2,4 20 °C
Decan	$C_{10}H_{22}$	142,28	174,1	– 29,7	730 20 °C	1,74 20 °C	1,4102 20 °C	272	0,92 20 °C
1,12-Diaminododecan, Dodecamethylendiamin	$C_{12}H_{28}N_2$	200,37	303 ... 305						
Diammoniumhydrogenphosphat, Gärsalz	$(NH_4)_2HPO_4$	132,06	d	155 d	1619				
Dibrommethan	CH_2Br_2	173,83	97,0	– 52,6	2497 20 °C	47 20 °C	1,5420 20 °C	207	1,025 20 °C
1,2-Dichlorbenzol, o-Dichlorbenzol	$C_6H_4Cl_2$	147,0	180,5	– 17	1305 20 °C	1,33 20 °C	1,5515 20 °C	272	1,32 20 °C
1,3-Dichlorbenzol, m-Dichlorbenzol	$C_6H_4Cl_2$	147,0	172,0	– 25	1288 20 °C	2,7	1,5459 20 °C		1,07 20 °C
1,4-Dichlorbenzol, p-Dichlorbenzol	$C_6H_4Cl_2$	147,0	174,5	53,1	1248 20 °C	0,8 20 °C	1,5285 20 °C		1,26 20 °C
Dichlordiphenyltrichlorethan, DDT	$C_{14}H_9Cl_5$	354,49	260	108 ... 109					
1,1-Dichlorethan	$C_2H_4Cl_2$	98,96	57,3	– 97,0	1176 20 °C	296	1,4164 20 °C	309	0,48 20 °C
1,2-Dichlorethan	$C_2H_4Cl_2$	98,96	83,5	– 35,3	1246	104	1,4448 20 °C	324	0,84 20 °C
Dichlormethylphenylsilan, Methylphenyldichlorsilan	$C_7H_8Cl_2Si$	191,13	206 ... 207		1187 20 °C	0,41 20 °C		1518 20 °C	

Stoffdaten ausgewählter chemischer Verbindungen (Fortsetzung)

Stoff	Formel	M kg/kmol	ϑ_b °C	ϑ_m °C	ϱ kg/m³	p_D hPa	n	Δh_v kJ/kg	η mPa·s
Dichlordiphenylsilan, Diphenyldichlorsilan	$C_{12}H_{10}Cl_2Si$	253,21	302 ... 305	– 22	1222 20 °C	1 110 °C	1,5819 20 °C		
5,5-Diethylbarbitursäure	$C_8H_{12}N_2O_3$	184,20	s	190	1220				
Diethylether, Ether, Ethylether	$C_4H_{10}O$	74,12	34,5	– 116,4	714	587 20 °C	1,3526 20 °C	360	0,23 20 °C
Diethylphosphit, Phosphorigsäurediethylester	$C_4H_{11}O_3P$	138,10	187		1070	1 20 °C			
Difluorchlormethan, Chlordifluormethan	$CHClF_2$	86,47	– 40,8	– 146	1414 fl.	9169 20 °C		235	0,206 20 °C
Difluordichlormethan, Dichlordifluormethan	CCl_2F_2	120,91	– 29,8	– 158	1486 20 °C	5700 20 °C		166	0,23 20 °C
Diisopropylether, Isopropylether	$C_6H_{14}O$	102,18	68	– 85,9	724 20 °C	180 20 °C	1,3679 20 °C	285	0,37
Diketen	$C_4H_4O_2$	84,08	126,1	– 7	1095 20 °C	9,3 20 °C			438
Dimethylamin, Methylmethanamin	C_2H_7N	45,08	7,4	– 93	680,4 0 °C	800 20 °C	1,350 17 °C	588	0,20 20 °C
Dimethylether, Methylether, Methoxymethan	C_2H_6O	46,07	– 25	– 138,5	735 fl.	5040 20 °C		467	
N,N-Dimethylformamid	C_3H_7NO	73,10	153	– 60,5	949 20 °C	4 20 °C	1,4305 20 °C		0,8 20 °C
2,6-Dimethylphenol, 2,6-Xylenol	$C_8H_{10}O$	122,17	203	49	990	1,3 91,2 °C			
Dimethylphosphit	$C_2H_7O_3P$	110,05	150 ... 160		1190	1,5 20 °C	1,4030 20 °C		
2,2-Dimethyl-1,3-Propandiol, Neopentylglycol	$C_5H_{12}O_2$	104,15	206 996 hPa	130					
2,2-Dimethyl-1-propanol	$C_5H_{12}O$	88,15	113,0	50 ... 53	812 20 °C	21,3 20 °C			7,6 20 °C
Dimethylsulfat, Methylsulfat	$C_6H_6O_4S$	126,13	188,5	– 31,7	1328 20 °C	1,06 20 °C	1,3874 20 °C		
Dimethylsulfoxid, Methylsulfoxid	C_6H_6OS	78,13	189	18,4	1101 20 °C	0,6 20 °C	1,4770 20 °C		1,98
Dimethylterephthalat	$C_{10}H_{10}O_4$	194,19	288	141	1350 20 °C	< 0,13 30 °C			
Dinatriumhydrogenphosphat	Na_2HPO_4	141,96		240 d					
1,2-Dinitrobenzol	$C_6H_4N_2O_4$	168,11	319	118,5	1565 17 °C	< 1 20 °C			
1,3-Dinitrobenzol	$C_6H_4N_2O_4$	168,11	291	90	1575 18 °C	< 1 20 °C			
1,4-Dinitrobenzol	$C_6H_4N_2O_4$	168,11	298	174	1625 18 °C	< 1 20 °C			
2,4-Dinitrotoluol	$C_7H_6N_2O_4$	182,14	300 d	71	1518 15 °C	1,3 20 °C	1,442		
Dioxan, 1,4-Dioxan, Diethylendioxid	$C_4H_8O_2$	88,11	101,3	11,8	1034 20 °C	41 20 °C	1,4224 20 °C	405	1,26 20 °C
Dioxin, 1,4-Dioxin	$C_4H_4O_2$	84,08	74,6		1115 20 °C		1,4350		
1,3-Dioxolan, 1,3-Dioxacyclopentan	$C_3H_6O_3$	74,08	78		1060 20 °C	133 20 °C	1,401 20 °C		

Stoffdaten ausgewählter chemischer Verbindungen (Fortsetzung)

Stoff	Formel	M kg/kmol	ϑ_b °C	ϑ_m °C	ϱ kg/m³	p_D hPa	n	Δh_v kJ/kg	η mPa·s
Diphenyl, Biphenyl	$C_{12}H_{10}$	154,21	255,9	70	989 77,1 °C	0,07 20 °C	1,5882 77,1 °C	310	1,49 70 °C
Diphenylether, Diphenyloxid, Phenylether	$C_{12}H_{10}O$	170,21	257,9	28	1071	0,08 20 °C	1,5785	274	7,76 20 °C
Diphenylmethan, Benzylbenzol	$C_{13}H_{12}$	168,24	264,3	25,3	1006 20 °C	1 77 °C	1,5753 20 °C		1,81 50 °C
Dischwefeldichlorid, Schwefelmonochlorid	S_2Cl_2	135,03	135,6	– 80	1678	37 40 °C	1,67 20 °C		
Distickstofftetraoxid, Stickstoff-(IV)-oxid	N_2O_4	92,01	21,1	– 11,3	1491	1013 20 °C		414	0,427 20 °C
Distickstoffoxid, Distickstoffmonoxid, Lachgas	N_2O	44,01	– 88,5	– 90,8	1,977 0 °C	50800 20 °C		377	0,055 20 °C
1,12-Dodecandiol, 1,12-Dihydroxydodecan	$C_{12}H_{26}O_2$	202,34	323	81,3	1032 20 °C	< 0,1 20 °C			
1,12-Dodecandisäure, 1,10-Decandicarbonsäure	$C_{12}H_{22}O_4$	230,31	245 13 hPa	128	953 140 °C	< 0,01 20 °C			
Eisen(II)-chlorid	$FeCl_2$	126,75	1026 s	670 ... 674	3160				
Eisen(III)-chlorid	$FeCl_3$	162,21	315 d	306	2898	1 20 °C			
Eisendisulfid, Pyrit	FeS_2	119,98	d	1171	5000				
Eisen(II)-hydroxid	$Fe(OH)_2$	89,86		d	3400				
Eisen(III)-hydroxid	$Fe(OH)_3$	106,87		500 –1,5 H_2O	3400 ... 3900				
Eisen(III)-oxid	Fe_2O_3	159,69		1565	5240				
Eisen(II)-sulfat-7-hydrat	$FeSO_4 \cdot 7\,H_2O$	278,01	90 d	64 – 6 H_2O	1898				
Epichlorhydrin, 1-Chlor-2,3-epoxypropan	C_3H_5ClO	92,53	116,5	– 48	1180 20 °C	16,5 20 °C	1,4361 20 °C		
2,3-Epoxy-1-propanol, Glyceringlycid, Glycidol	$C_3H_6O_2$	74,08	161 d	– 54	1114 25 °C	1,08	1,4287 20 °C		
Essigsäure, Ethansäure	$C_2H_4O_2$	60,05	118	16,6	1049 20 °C	15,4 20 °C	1,3716 20 °C	406	1,22 20 °C
Essigsäureanhydrid, Ethansäureanhydrid	$C_4H_6O_3$	102,09	140	– 73,1	1082 20 °C	5 20 °C	1,3901 20 °C	374	0,91 20 °C
Ethan	C_2H_6	30,07	–88,6	– 183,3	1,356 0 °C	38 200 21 °C		490	0,042 20 °C
Ethanol, Ethylalkohol	C_2H_6O	46,07	78,5	– 117,3	798,3 20 °C	59 20 °C	1,3611 20 °C	846	1,20 20 °C
Ethanthiol, Ethylmercaptan	C_2H_6S	62,13	35	– 145	839 20 °C	1800 50 °C	1,4306 20 °C	431	0,25 20 °C
Ethylacetat, Essigsäureethylester, Essigester	$C_4H_8O_2$	88,11	77,06	– 83,6	900,3 20 °C	97 20 °C	1,3723 20 °C	368	0,441 20 °C
Ethylbenzol	C_8H_{10}	106,17	136,2	– 95	867 20 °C	9,3 20 °C	1,496 20 °C	332	0,68 20 °C
Ethylbromid, Bromethan	C_2H_5Br	108,97	38,4	– 118,7	1460	400 21 °C	1,4239 20 °C	281	0,39 20 °C
Ethylchlorid, Chlorethan	C_2H_5Cl	64,52	12,3	– 136,4	898 20 °C	1333 20 °C	1,3676 20 °C	382	
Ethylen, Ethen	C_2H_4	28,05	– 103,7	– 169	1,26 0 °C	41 000 20 °C		483	0,06 20 °C

Stoffdaten ausgewählter chemischer Verbindungen (Fortsetzung)

Stoff	Formel	M kg/kmol	ϑ_b °C	ϑ_m °C	ϱ kg/m³	p_D hPa	n	Δh_v kJ/kg	η mPa·s
Ethylencarbonat, 1,3-Dioxolan-2-on	$C_3H_4O_3$	88,06	248	39 ... 40	1321 39 °C		1,4158 50 °C		
Ethylenchlorid, 1,2-Dichlorethan	$C_2H_4Cl_2$	98,97	83,5	– 35,3	1250	87 20 °C	1,4448 20 °C	323	0,8 20 °C
Ethylendiamin, 1,2-Diaminoethan, 1,2-Ethandiamin	$C_2H_8N_2$	60,1	116,5	8,5	892	12 20 °C	1,4568 20 °C	632	1,54
Ethylenglycol, Glycol, 1,2-Ethandiol	$C_2H_6O_2$	62,07	198	– 12,9	1113 20 °C	0,06 20 °C	1,4318 20 °C	812	20,4 20 °C
Ethylenimin	C_2H_5N	43,07	55		832 20 °C	213 20 °C		692	
Ethylenoxid, Oxiran	C_2H_4O	44,05	11	– 112	882,4 10 °C	1440 20 °C	1,3597 7 °C	580	0,27 20 °C
2-Ethyl-2-(hydroxyme- thyl)-1,3-propandiol	$C_6H_{14}O_3$	134,18	160 7 hPa	58					
Fluor	F_2	38,0	– 188	– 220	1,67 0 °C	43370 –133 °C			
Fluorsulfonsäure, Fluorschwefelsäure	FSO_3H	100,07	165,5	– 87,3	1743 15 °C	3,33			
Formalin, Formaldehyd- lösung (37 %)	CH_2O	30,03	96 ... 98	– 118	1090	69 37 °C	1,3735 18 °C		
Formamid, Ameisensäureamid	CH_3NO	45,04	210,5 d	2,5	1134	0,03 20 °C	1,4472 20 °C	1101	3,76 20 °C
Fumarsäure, Trans-Butendisäure	$C_4H_4O_4$	116,07		300 ... 302	1635 20 °C				
Furan, Furfurax, Oxacyclopentadien	C_4H_4O	68,08	31,4	– 85,6	940 20 °C	670 20 °C	1,4214 20 °C	400	0,38 20 °C
Furfurol, Furfural, Furan-2-carbaldehyd	$C_5H_4O_2$	96,09	161,7	– 38,7	1160 20 °C	1 20 °C	1,5261 20 °C	452	1,63 20 °C
Glycerin, 1,2,3-Propan- triol, Glycerol	$C_3H_8O_3$	92,10	290 d	20	1261 20 °C	< 0,001 20 °C	1,4746 20 °C	826	954
Glycerintrinitrat, „Nitroglycerin“	$C_3H_5N_3O_9$	227,09	256 expl.	13,1	1593,1 20 °C	0,0025 20 °C	1,4786 12 °C		36,0 20 °C
Glyoxal, Dialdehyd, Ethandial	$C_2H_2O_2$	58,04	50,4	15	1140 20 °C	293 20 °C	1,3826 20 °C	655	
Harnstoff, Carbamid, Kohlensäurediamid	$(NH_2)_2CO$	60,06	d	132 ... 135	1323 20 °C	< 0,1 20 °C	1,484		
n-Heptan	C_7H_{16}	100,21	98,4	– 90,6	683,7 20 °C	48 20 °C	1,3877 20 °C	317	0,41 20 °C
Hexachlorethan	C_2Cl_6	236,74	ca. 187		2091	0,29 20 °C		216	
Hexachlorcyclopentadien, Perchlorcyclopentadien	C_5Cl_6	272,77	239	– 9	1710	0,52 50 °C	1,5654		
Hexafluorokieselsäure, Fluorokieselsäure (31 %)	H_2F_6Si	144,09			1290				
Hexamethylendiamin, 1,6-Diaminohexan	$C_6H_{16}N_2$	116,21	204 ... 205	41		2 50 °C			
Hexamethylen- diisocyanat, 1,6-Diisocyanatohexan	$C_8H_{12}N_2O_2$	168,20	255		1053	0,014 20 °C	1,4585 20 °C		
Hexamethylentetramin, Methenamin	$C_6H_{12}N_4$	140,19	s	ab 285 s	1331 – 5 °C	0,0005 20 °C			
1,6-Hexandiol, Hexamethylenglycol	$C_6H_{14}O_2$	118,18	250	43					

Stoffdaten ausgewählter chemischer Verbindungen (Fortsetzung)

Stoff	Formel	M kg/kmol	ϑ_b °C	ϑ_m °C	ϱ kg/m³	p_D hPa	n	Δh_v kJ/kg	η mPa·s
1-Hexanol	$C_6H_{14}O$	102,18	157,1	– 46,7	813,6 20 °C	1,03	1,4178 20 °C	496	5,43 20 °C
1-Hexen	C_6H_{12}	84,16	63,3	– 139,8	668	248	1,3837 20 °C	337	0,28 20 °C
Hydrazin	N_2H_4	32,05	114	1	1010	21 20 °C			0,97 20 °C
Hydrazinhydrat, Hydraziniumhydroxid (100 %)	N_2H_6O	50,06	118 ... 119	– 51	1030	11 20 °C			
Hydrochinon, 1,4-Dihydroxybenzol	$C_6H_6O_2$	110,11	285	173 ... 174	1328 15 °C	0,00015 20 °C			
Hydrogenbromid, Bromwasserstoff	HBr	80,92	– 67	– 87	3,640 0 °C	22 500 20 °C		218	
Hydrogenchlorid, Chlorwasserstoff	HCl	36,46	– 84,9	– 114,8	1,639 0 °C	42 600 20 °C		444	0,015
Hydrogenfluorid, Fluorwasserstoff	HF	20,01	19,5	– 83,1	987 fl.	2740 50 °C		333	0,207 20 °C
Hydrogeniodid, Iodwasserstoff	HI	127,91	– 35,4	– 50,8	5,79 0 °C	7500 20 °C		155	0,636 20 °C
Hydrogensulfid, Schwefelwasserstoff	H_2S	34,08	– 60,7	– 85,5	1,54 0 °C	17 700 20 °C		100	0,126 20 °C
Hydroxylamin	NH_2OH	33,03	56,5	33,05	1204	1,9 20 °C			
4-Hydroxy-4-methyl-2-pentanon	$C_6H_{12}O_2$	116,16	164	– 44	938,7 20 °C	1 20 °C	1,4213 20 °C		
Isoamylalkohol, 3-Methyl-1-butanol	$C_5H_{12}O$	88,15	131,3	– 117,2	808	3 20 °C	1,4053 20 °C	441 132 °C	6,2 10 °C
Isobutanol, 2-Methyl-1-propanol, Isobutylalkohol	$C_4H_{10}O$	74,12	108	– 108	802 20 °C	12 20 °C	1,3955 20 °C	578	3,9 20 °C
Isobuten, 2-Methylpropen	C_4H_8	56,11	– 6,9	– 140	588 fl.	1700 21 °C		394	1,87 20 °C
Isobuttersäure, 2-Methylpropionsäure	$C_4H_8O_2$	88,11	153,2	– 46,1	950 20 °C	12 20 °C	1,3930 20 °C		1,31 20 °C
Isobutylmethylketon, Isopropylaceton	$C_6H_{12}O$	100,16	116,8	– 84,7	798 20 °C	20 20 °C	1,3962 20 °C	344	0,59 20 °C
Isobutyraldehyd, 2-Methylpropionaldehyd	C_4H_8O	72,11	65	– 65,9	794 20 °C	640 50 °C	1,3730 20 °C		0,57 20 °C
Isophthalsäure, Benzol-1,3-dicarbonsäure	$C_8H_6O_4$	166,13	s	348,5					
Isopren, 2-Methyl-1,3-butadien	C_5H_8	68,12	34	– 146	681 20 °C	532 20 °C	1,4219 20 °C		0,21 20 °C
Isopropanol, 2-Propanol, i-Propanol	C_3H_8O	60,1	82,4	– 89,5	785,5 20 °C	43 20 °C	1,3776 20 °C	670	2,43 20 °C
Isopropylacetat, Essigsäureisopropylester	$C_5H_{10}O_2$	102,13	90	– 73,4	871,8 20 °C	61 20 °C	1,3773 20 °C		520 20 °C
Isopropylbenzol, Cumol	C_9H_{12}	120,19	152,4	– 96	862 20 °C	5,3 20 °C	1,4915 20 °C	313	0,79 20 °C
Kalilauge, w(KOH) = 47 %	KOH	56,11			1470				
Kaliumcarbonat, Pottasche	K_2CO_3	138,21	d	891	2428 19 °C				
Kaliumchlorat	$KClO_3$	122,55	d	356	2320				
Kaliumchlorid	KCl	74,56	1420 s	770	1984	0,1 700 °C			

Stoffdaten ausgewählter chemischer Verbindungen (Fortsetzung)

Stoff	Formel	M kg/kmol	ϑ_b °C	ϑ_m °C	ϱ kg/m³	p_D hPa	n	Δh_v kJ/kg	η mPa·s
Kaliumchromat	K_2CrO_4	194,20		968,3	2732 18 °C				
Kaliumcyanid	KCN	65,12		635	1520				
Kaliumdichromat, Kaliumbichromat	$K_2Cr_2O_7$	294,19	500 d	398	2676				
Kaliumfluorid	KF	58,10	1505	85,8	2480				
Kaliumhydroxid	KOH	56,11	1327	360,4	2044				
Kaliumnitrat, Kalisalpeter	KNO_3	101,11	400 d	334	2109 16 °C				
Kaliumpermanganat	$KMnO_4$	158,04		240 d	2703	0,01 20 °C			
Kaliumsulfat	K_2SO_4	174,27	1689	1069	2662				
Keten	C_2H_2O	42,04	– 56	– 151				480 – 41 °C	1,52 20 °C
Kohlenstoffdioxid, Kohlendioxid	CO_2	44,01	– 78,5 s	– 56,6 5,2 bar	1560 f. – 79 °C	57 330 20 °C		574	0,07 20 °C
Kohlenstoffdisulfid, Schwefelkohlenstoff	CS_2	76,14	46,3	– 110,8	1261 22 °C	390 20 °C		351	0,367 20 °C
Kohlenstoffmonoxid, Kohlenmonoxid	CO	28,01	– 191,5	– 205	1,250 0 °C	210 – 203 °C		218	
o-Kresol, 2-Methylphenol, 2-Hydroxytoluol	C_7H_8O	108,14	191,1	30,9	1040	2,27 60 °C	1,5361 20 °C	434	9,56 20 °C
m-Kresol, 3-Methylphenol	C_7H_8O	108,14	202,2	11,5	1034 20 °C	2,3 60 °C	1,5438 20 °C	438	16,9 20 °C
p-Kresol, 4-Methylphenol	C_7H_8O	108,14	201,9	34,8	1154	2,6 60 °C	1,5312 20 °C	439	18,9 20 °C
Kupfer-(II)-chlorid	$CuCl_2$	134,44	993 d	620	3386				
Lithiumcarbonat	Li_2CO_3	73,89	1310 d	723	2110				
Lithiumhydroxid	$LiOH$	23,95	924 d	462	1460				
Lysin	$C_6H_{14}N_2O_2$	146,19		224 d					
Magnesiumcarbonat	$MgCO_3$	84,32		350 d	3009				
Magnesiumchlorid	$MgCl_2$	95,22	1412	714	2320				
Magnesiumhydroxid	$Mg(OH)_2$	58,33		350 d	2360				
Magnesiumoxid	MgO	40,31	3600	2850	3580				
Magnesiumsulfat (wasserfrei)	$MgSO_4$	120,37		1124 d					
Maleinsäure, Cis-Butendisäure	$C_4H_4O_4$	116,07	160 d	139 ... 140	1590 20 °C	< 0,1 20 °C			
Maleinsäureanhydrid	$C_4H_2O_3$	98,06	197 ... 199	60	1314 60 °C	1,3 40 °C			4,44 20 °C
Mangan(II)-chlorid, Mangandichlorid	$MnCl_2$	125,84	1190	650	2977				
Mangan(II)-oxid	MnO	70,94	d	1650	5200				
Mangan(IV)-oxid (Braunstein), Mangandioxid	MnO_2	86,94	d	535	5026				

Stoffdaten ausgewählter chemischer Verbindungen (Fortsetzung)

Stoff	Formel	M kg/kmol	ϑ_b °C	ϑ_m °C	ϱ kg/m³	p_D hPa	n	Δh_v kJ/kg	η mPa·s
Mangan(II)-sulfat, Mangansulfat	$MnSO_4$	151,0	850 d	700	3250				
Melamin, 2,4,6-Triamino- 1,3,5-triazin	$C_3H_6N_6$	126,12	s	345 d	1573 16 °C	< 0,001 20 °C	1,872 20 °C		
Mesitylen, 1,3,5-Trimethylbenzol	C_9H_{12}	120,20	164,7	– 44,7	865 20 °C	2 20 °C	1,4994 20 °C	324	0,73 20 °C
Mesityloxid, 4-Methyl-3-penten-2-on	$C_6H_{10}O$	98,15	129,7	– 52,9	865 20 °C	10 20 °C	1,4440 20 °C		0,65 20 °C
Methacrylsäure, 2-Methylpropensäure	$C_4H_6O_2$	86,09	163	16	1015 20 °C	1 26 °C	1,4314 20 °C		
Methan	CH_4	16,04	– 164	– 182	0,72 0 °C	1470 21 °C		509	0,62 20 °C
Methanal, Formaldehyd (Lsg. siehe Formalin)	CH_2O	30,03	– 21	– 92	815 fl.	69 37 °C		776 – 19 °C	1,76 20 °C
Methanol, Methylalkohol	CH_4O	32,04	65	– 98	791 20 °C	128 20 °C	1,3288 20 °C	1100	0,59 20 °C
DL-Methionin	$C_5H_{11}NO_2S$	149,21		281 d	1340				
4-Methoxy-1-butanol	$C_5H_{12}O_2$	104,15	63 9 hPa		930		1,4213 20 °C		
2-Methylalanin, alpha- Aminoisobuttersäure	$C_4H_9NO_2$	103,12	280 s	335					
Methylamin, Aminomethan	CH_5N	31,06	– 6,3	– 93,5	769 79 °C	2000 20 °C		831	0,19 20 °C
Methylchlorid, Chlormethan	CH_3Cl	50,49	– 24,2	– 97,1	916 fl.	4100 20 °C	1,3389 20 °C	427	0,183 20 °C
Methylenchlorid, Dichlormethan	CH_2Cl_2	84,93	40	– 95,1	1327 20 °C	453 20 °C	1,4242 20 °C	330	0,43 20 °C
Methylethylketon, Ethyl- methylketon, 2-Butanon	C_4H_8O	72,11	79,6	– 86,3	805 20 °C	105 20 °C	1,3788 20 °C	434	0,32 20 °C
2-Methyl-5-ethylpyridin, 2-Methyl-5-ethylazin	$C_8H_{11}N$	121,18	177 996 hPa	– 70	920	12 50 °C	1,4971 20 °C		
N-Methylformamid, Ameisensäuremethylamid	C_2H_5NO	59,07	180 … 185	– 3	1011 19 °C	0,53 44 °C	1,4319 20 °C		9,04 20 °C
Methylmethacrylat, Meth- acrylsäuremethylester	$C_5H_8O_2$	100,12	100 … 101	– 48	944	38 20 °C	1,4142 20 °C		
4-Methyl-2-pentanol, Methylisobutylcarbinol	$C_6H_{14}O$	102,18	133	– 60	803	7 20 °C	1,4090		
2-Methyl-2-propanol, tert. Butanol	$C_4H_{10}O$	74,12	82,3	25,2	780	40 20 °C	1,3878 20 °C	527	4,39 20 °C
DL-Milchsäure, 2-Hydroxypropansäure	$C_3H_6O_3$	90,08	122 20 hPa	18	1206 21 °C		1,4392 20 °C		
Monocalciumphosphat, Tripelsuperphosphat	$Ca(H_2PO_4)_2$ $\cdot H_2O$	252,07	203 d	109 (– H_2O)	2220 16 °C				
Morpholin, Tetrahydro-1,4-oxazin	C_4H_9NO	87,12	128,3	– 4,7	1000	10,7 20 °C	1,4584 20 °C		2,36 20 °C
Naphthalin	$C_{10}H_8$	128,18	218	80,5	1154	1,3 53 °C	1,4003 24 °C	337	0,967 80 °C
1,4-Naphthochinon	$C_{10}H_6O_2$	158,16	s	128,5					
Natriumaluminat	$NaAlO_2$	81,97		1800					
Natriumbromat	$NaBrO_3$	150,90	d	381	3339 17,5 °C				

Stoffdaten ausgewählter chemischer Verbindungen (Fortsetzung)

Stoff	Formel	M kg/kmol	ϑ_b °C	ϑ_m °C	ϱ kg/m³	p_D hPa	n	Δh_v kJ/kg	η mPa·s
Natriumbromid, Bromnatrium	$NaBr$	102,90	1390	747	3203				
Natriumcarbonat	Na_2CO_3	105,99	1600 d	851	2532				
Natriumchlorat	$NaClO_3$	106,44	d	255	2490 15 °C				
Natriumchlorid, Kochsalz	$NaCl$	58,44	1413	801	2165				
Natriumchlorit	$NaClO_2$	90,44		>180 d					
Natriumdichromat-Dihydrat	$Na_2Cr_2O_7$ $\cdot$ 2 H_2O	298,0	400 d		2520 13 °C				
Natriumdihydrogen-phosphat-Dihydrat	NaH_2PO_4 $\cdot$ 2 H_2O	156,01		60	1910				
Natriumfluorid	NaF	41,99	1695	993	2800				
Natriumhexafluoro-aluminat, Kryolith	Na_3AlF_6	209,94		1000	2900				
Natriumhydrogen-carbonat, Natrium-bicarbonat	$NaHCO_3$	84,01		270 d	2159				
Natriumhydrogensulfid	$NaHS$	56,06		350	1790				
Natriumhydroxid	$NaOH$	40,00	1390	319	2130				
Natriumhypochlorit-lösung (13 % aktives Chlor)	$NaOCl + H_2O$	74,44 + H_2O			1230	23 20 °C			
Natriumnitrat, Natronsalpeter	$NaNO_3$	84,99	380 d	307	2261				
Natriumperborat-Trihydrat, Natrium-perborat-3-hydrat	$NaBO_2(OH)_2$ $\cdot$ 3 H_2O	153,86	>130 (– H_2O)	63					
Natriumperoxid, Dinatriumdioxid	Na_2O_2	77,98	657 d	460 d	2805				
Tri-Natriumphosphat, Tert. Natriumphosphat	Na_3PO_4	163,94		1340	2500				
Tri-Natriumphosphat-Dodecahydrat	Na_3PO_4 $\cdot$ 12 H_2O	380,12	100 (– H_2O)	73 d	1620 20 °C				
Natriumsulfat	Na_2SO_4	142,04		884	2690				
Natriumsulfid	Na_2S	78,04		1180	1586 14 °C				
Natriumthiosulfat	$Na_2S_2O_3$	158,11		d	1667				
Nicotinsäure, Niacin, Pyridin-3-carbonsäure	$C_6H_5NO_2$	123,11	s	236 ... 237	1473				
Nitrobenzol	$C_6H_5NO_2$	123,11	210,9	5,7	1203,7 20 °C	0,2 20 °C	1,5562 20 °C	331	2,03 20 °C
Nitromethan	CH_3NO_2	61,04	101,2	– 28,6	1137 20 °C	47,7	1,3817 20 °C	557	0,65
Octan	C_8H_{18}	114,23	125,7	– 56,8	698	24,5	1,3974 20 °C	301	0,542 20 °C
Oxalsäure, Ethandisäure	$C_2H_2O_4$	90,04	157,0 s	s	1900 17 °C				
Paraldehyd, 2,4,6-Tri-methyl-1,3,5-trioxan	$C_6H_{12}O_3$	132,16	124	12,6	994,3 20 °C	10 20 °C	1,4049 20 °C	303	1,21 20 °C

Stoffdaten ausgewählter chemischer Verbindungen (Fortsetzung)

Stoff	Formel	M kg/kmol	ϑ_b °C	ϑ_m °C	ϱ kg/m³	p_D hPa	n	Δh_v kJ/kg	η mPa·s
Parathion, Diethyl-p-nitrophenyl-monothio-phosphat	$C_{10}H_{14}NO_5PS$	291,26	375	6,1	1270,4 20 °C	$7{,}6 \cdot 10^{-6}$ 20 °C	1,5370		
Pentaerythrit, 2,2-Bis-(hydroxymethyl)-1,3-propantriol	$C_5H_{12}O_4$	136,15	s	269		$1{,}3 \cdot 10^{-4}$ 100 °C	1,548		
n-Pentan	C_5H_{12}	72,15	36,1	– 130	626,2 20 °C	573 20 °C	1,3575 20 °C	358	0,24 20 °C
Perchlorsäure, Überchlorsäure	$HClO_4$	100,46	d	– 112	1764 20 °C	39,13 20 °C			
Perchlorsäure (70 %)	$HClO_4$	100,46	198	– 18	1670				
Phenanthren	$C_{14}H_{10}$	178,23	340,0	101,0	1041 131 °C	1,9 120 °C	1,5943		7,13 20 °C
Phenazin	$C_{12}H_8N_2$	180,21	> 360 s	171					
Phenol, Hydroxybenzol	C_6H_6O	94,11	181,7	40,8	1070,8	40,7	1,5408 41 °C	511	11,4 20 °C
o-Phenolsulfonsäure	$C_6H_6O_4S$	174,18		145 d					
Phenylacetat, Essigsäurephenylester	$C_8H_8O_2$	136,15	195,7		1078 20 °C		1,5088 20 °C		2,49 20 °C
Phosphor (gelb)	P	30,97	280,0	44,1	1820 20 °C	1,3 77 °C			
Phosphor (rot)	P	30,97		590 43 bar	2340	0,13 194 °C			
Phosphor(III)-chlorid, Phosphortrichlorid	PCl_3	137,33	75	– 92	1574 20 °C	127 20 °C			
Phosphor(V)-chlorid, Phosphorpentachlorid	PCl_5	208,24	162 s		2110				
Phosphorpentoxid, Di-Phosphorpentoxid	P_2O_5	141,94	300 s	580 ... 585	2390	1,3 384 ° C			
Phosphorsäure, Orthophosphorsäure	H_3PO_4	98,0	213 d	42	1880	0,038 20 °C			
Phosphor(V)-sulfid, Phosphorpentasulfid	P_2S_5	222,28	514	286 ... 290	2030				
Phosphorsulfochlorid	$PSCl_3$	169,40	125	– 35	1668	16 20 °C			
Phosphorylchlorid, Phosphoroxichlorid	$POCl_3$	153,33	105,3	1	1670	36,3 20 °C			
Phthalsäure, Benzol-1,2-dicarbonsäure	$C_8H_6O_4$	166,13	d	210 d	1593	7,62 190 °C			
Phthalsäureanhydrid	$C_8H_4O_3$	148,12	285		460	20 150 °C			9,12 20 °C
Propan	C_3H_8	44,10	– 42	– 189,7	2,01 0 °C	7700 20 °C	1,2898 20 °C	426	0,10 20 °C
1,2-Propandiol, Propylenglycol	$C_3H_8O_2$	76,10	189		1036 20 °C	12 80 °C	1,4324 20 °C	707 189 °C	45 20 °C
1-Propanol	C_3H_8O	60,10	97,4	– 126,2	804 20 °C	26,4	1,3850 20 °C	690	2,256 20 °C
Propionaldehyd, Propanal	C_3H_6O	58,08	49	– 81	805,8 20 °C	343 20 °C	1,3636 20 °C	487	0,40 20 °C

Stoffdaten ausgewählter chemischer Verbindungen (Fortsetzung)

Stoff	Formel	M kg/kmol	ϑ_b °C	ϑ_m °C	ϱ kg/m³	p_D hPa	n	Δh_v kJ/kg	η mPa·s
Propionsäure	$C_3H_6O_2$	74,08	141	– 20,8	990	2,9 20 °C	1,3809 20 °C	436	1,102 20 °C
Propionsäureanhydrid	$C_6H_{10}O_3$	130,14	168 … 169	– 45	1011 20 °C	1,33 20 °C	1,404 20 °C		
Propylen, Propen	C_3H_6	42,08	– 47,4	– 185,2	1,91 0 °C	9600 20 °C	1,3567 – 70 °C	438	0,093 20 °C
1,2-Propylenoxid, 1,2-Epoxypropan, Methyloxiran	C_3H_6O	58,08	34,3	– 112	830	980 33 °C	1,3670 20 °C	471	0,33 20 °C
Pyrethrin	$C_{21}H_{28}O_3$	328,45	170 d 0,13 hPa				1,5192 18 °C		
Pyridin, Azin, Azabenzol	C_5H_5N	79,1	115,5	– 42	981,9 20 °C	20 20 °C	1,5092 20 °C	444	0,95 20 °C
Pyrrolidin, Tetra- hydropyrrol, Tetra- methylenimin	C_4H_9N	71,12	88…89	– 63	860	65 39 °C	1,4435 20 °C	464	0,76 20 °C
Resorcin, 1,3-Dihydroxybenzol	$C_6H_6O_2$	110,11	281,4	110	1271,7 20 °C	1 108 °C			
Salicylsäure, 2-Hydroxy- benzolcarbonsäure	$C_7H_6O_3$	138,12	211 s 27 hPa	159,0	1443 20 °C		1,565 20 °C		2,71 20 °C
Salpetersäure	HNO_3	63,01	83	– 42	1500	60 20 °C			1,77 10 °C
Salzsäure (wässrige Lösung, 37 %, rauchend)	HCl	36,46	85	– 25	1190	20 20 °C			
Sauerstoff	O_2	32,0	– 182,96	– 218,4	1,429 0 °C				
Schwefeldichlorid	SCl_2	102,97	59 d	– 80	1621 15 °C				
Schwefeldioxid, Schwefel(IV)-oxid	SO_2	64,06	– 10	– 72,7	2,92 0 °C	2400 20 °C		389	0,304 20 °C
Schwefelhexafluorid	SF_6	146,05	– 63,8 s	– 50,5	6,602	28 000 20 °C		115	
Schwefelsäure	H_2SO_4	98,08	330	10,4	1840	< 0,001 20 °C			25,4 20 °C
Schwefeltrioxid, Schwefel(VI)-oxid	SO_3	80,06	44,8	16,8	1920 20 °C			519	2,19 20 °C
Silicium(IV)-chlorid, Siliciumtetrachlorid	$SiCl_4$	169,9	57,6	– 70	1483 20 °C				
Silicium(IV)-fluorid, Siliciumtetrafluorid	SiF_4	104,08	– 86	– 90,2	4,69				
Silicium(IV)-oxid, Siliciumdioxid	SiO_2	60,08	2230 … 2590	1600 … 1723	2170 … 2660				
Sorbinsäure	$C_6H_8O_2$	112,13	228 d	134,5	1204 19 °C				
Stickstoff	N_2	28,01	– 195,8	– 210	1,251				
Stickstoffdioxid, Stickstoff(IV)-oxid	NO_2	46,01	21,2	– 11,2	1,449	1013 20 °C		314	0,41 20 °C
Stickstoffmonoxid	NO	30,01	– 151,8	– 163,6	1,3402			461	
Strontiumcarbonat	$SrCO_3$	147,63	1340 d (– CO_2)	1497 69 bar	3700				
Styrol, Phenylethylen, Vinylbenzol	C_8H_8	104,15	145,2	– 30,6	906 20 °C	6 20 °C	1,5468 20 °C	372	0,75 20 °C

Stoffdaten ausgewählter chemischer Verbindungen (Fortsetzung)

Stoff	Formel	M kg/kmol	ϑ_b °C	ϑ_m °C	ϱ kg/m³	p_D hPa	n	Δh_v kJ/kg	η mPa·s
Sulfolan, Tetrahydro-thiophen-1,1-dioxid	$C_4H_8O_2S$	120,17	285	27,4	1260	19 150 °C	1,4840 20 °C	1520 20 °C	10,1 30 °C
Sulfurylchlorid	Cl_2O_2S	134,97	69,1	– 54,1	1670	133 20 °C		233	
Terephthalsäure, Benzol-1,4-dicarbonsäure	$C_8H_6O_4$	166,13	300 s	s	1510	5,3 150 °C			
Terephthalsäure-dimethylester	$C_{10}H_{10}O_4$	194,19	> 300 s	141 ... 142	1350	17 150 °C			
1,1,2,2-Tetrachlorethan	$C_2H_2Cl_4$	167,85	146,2	– 42,5	1588	5,8	1,4940 20 °C	230	1,77 20 °C
Tetrachlorethen, Tetrachlorethylen	C_2Cl_4	165,83	121,1	– 23	1623 20 °C	19 20 °C	1,5053 20 °C	209	0,90 20 °C
Tetrachlorkohlenstoff, Tetrachlormethan	CCl_4	153,82	76,5	– 23	1592 20 °C	120 20 °C	1,4601 20 °C	194	0,969 20 °C
Tetrafluorethen, Tetrafluorethylen	C_2F_4	100,02	– 76,3	– 142,5	1519 fl. – 76 °C	30400 20 °C		168	1,07 20 °C
Tetrafluormethan	CF_4	88,0	– 128,0	– 186,8	610 fl. 933 hPa	158 981		137	0,11 20 °C
Tetrahydrofuran, Oxolan	C_4H_8O	72,11	65,5	– 108,5	890 20 °C	200 20 °C	1,4050 20 °C	413	0,47 20 °C
1,2,3,4-Tetrahydronaph-thalin, Tetralin	$C_{10}H_{12}$	132,21	207,6	– 35,8	970 20 °C	2,66 20 °C	1,5413 20 °C	331 208 °C	2,02 20 °C
1,2,3,4-Tetramethylbenzol	$C_{10}H_{14}$	134,22	205,0	– 6,2	902		1,5203 20 °C	335	1,3 20 °C
1,2,4,5-Tetramethylbenzol, Durol	$C_{10}H_{14}$	134,22	190 ... 191	81...82	838 81,3 °C	26 90 °C	1,4790 81 °C	339	
Tetranatriumdiphosphat-decahydrat	$Na_4P_2O_7 \cdot 10\,H_2O$	446,06		93,8 (– H_2O)	1815 ... 1836				
Thionylchlorid	$SOCl_2$	118,97	75	– 104	1630	124 20 °C	1,517 20 °C		
Titan(IV)-chlorid, Titantetrachlorid	$TiCl_4$	189,71	136,4	– 25	1726	13 21 °C			
Titan(IV)-oxid, Titandioxid, Titansäureanhydrid	TiO_2	79,90	(2900)	1775	3840				
Toluol, Methylbenzol	C_7H_8	92,14	110,6	– 95	866,9 20 °C	29 20 °C	1,4961 20 °C	360	0,59 20 °C
Toluylen-2,4-diisocyanat, 2,4-Toluylendiisocyanat	$C_9H_6N_2O_2$	174,16	251	19 ... 21	1220	0,02 20 °C	1,5689 20 °C		
Tributylphosphat, Phos-phorsäuretributylester	$C_{12}H_{27}O_4P$	266,32	289	– 79	972,7	0,008 20 °C	1,4284	230 20 °C	
1,1,2-Trichlorethan	$C_2H_3Cl_3$	133,40	113,8	– 36,5	1432	29	1,4714 20 °C	261	
1,1,2-Trichlorethen, Trichlorethylen	C_2HCl_3	131,39	87	– 73	1464 20 °C	77 20 °C	1,4773 20 °C	242	0,60 20 °C
Trichlorfluormethan	CCl_3F	137,37	24,9	– 111	1490	911 20 °C		182	0,441 20 °C
Trichlorsilan, Silicochloroform	$SiHCl_3$	135,45	32	– 126,5	1340	533 15 °C			
Triethylphosphat, Phos-phorsäuretriethylester	$C_6H_{15}O_4P$	182,16	215 ... 216	– 56,4	1070 20 °C	1,3 40 °C	1,4053 20 °C		
Triethylphosphit, Phos-phorigsäuretriethylester	$C_6H_{15}O_3P$	166,16	157,9	– 112	962,9 20 °C	< 6 20 °C	1,4127 20 °C		

Stoffdaten ausgewählter chemischer Verbindungen (Fortsetzung)

Stoff	Formel	M kg/kmol	ϑ_b °C	ϑ_m °C	ϱ kg/m³	p_D hPa	n	Δh_v kJ/kg	η mPa · s
Trifluormethan	CHF_3	70,01	– 82,2	– 160,0	1520 – 100 °C	44 325		243	
1,2,4-Trimethylbenzol, Pseudocumol	C_9H_{12}	120,20	169,3	– 43,8	875,8 20 °C	2,1 20 °C	1,5047 20 °C	335	0,81 30 °C
Trimethylphosphit, Phosphorigsäuretrimethylester	$C_3H_9O_3P$	124,08	111 ... 112		1052 20 °C	28 20 °C	1,4095 20 °C		
2,4,6-Trinitrotoluol, Methyltrinitrobenzol	$C_7H_5N_3O_6$	227,13	240 d, expl.	82	1654	0,14 100 °C			
1,3,5-Trioxan, Trioxymethylen, m-Formaldehyd	$C_3H_6O_3$	90,08	114,5	64	1170 65 °C	11 20 °C			
Triphenylphosphat, Phosphorsäuretriphenylester	$C_{18}H_{15}O_4P$	326,29	247 15 hPa	50 ... 51	1206 58 °C	0,0009 100 °C			
Triphenylphosphit	$C_{18}H_{15}O_3P$	310,29	360	≈ 25	1184 20 °C	1,3 183 °C	1,5900 20 °C		
Uranhexafluorid	UF_6	352,02	56,2	64,5 ... 64,8	4680 21 °C	150 20 °C			
Vanadiumcarbid	VC	62,95	3900	2810	5770				
Vinylacetat, Essigsäurevinylester, Ethenylacetat	$C_4H_6O_2$	86,09	72,2	– 93,2	931,7 20 °C	113	1,3959 20 °C		
Vinylchlorid, Chlorethen, Chlorethylen	C_2H_3Cl	62,50	– 13,4	– 154	901 fl.	7340 50 °C	1,3700 20 °C	358	1,91 20 °C
Vinylfluorid, Fluorethen	C_2H_3F	46,04	– 72,2	– 160,5		23900 20 °C			1,22 20 °C
Vinylidenchlorid, 1,1-Dichlorethen	$C_2H_2Cl_2$	96,94	37	– 122,1	1218 20 °C	663 20 °C	1,4249 20 °C	270	2,65 20 °C
Vinylidenfluorid, 1,1-Difluorethen	$C_2H_2F_2$	64,04	< – 84	– 144	1122 fl.	36100 20 °C			1,05 20 °C
2-Vinylpyridin	C_7H_7N	105,14	159 ... 160		998,5 20 °C	5,5 50 °C	1,5495 20 °C		
Wasser	H_2O	18,02	100	0,0	1000 4 °C	23 20 °C	1,333 20 °C	2257	1,002 20 °C
Wasserstoff	H_2	2,02	– 252,8	– 259,3	0,0899 0 °C				
Wasserstoffperoxid, Hydrogenperoxid (35 %)	H_2O_2	34,01	150,2	– 0,41	1406,7	1,9 20 °C			
(L+)-Weinsäure, Dihydroxybernsteinsäure	$C_4H_6O_6$	150,09	d	171 ... 174	1760 20 °C		1,4955		
Xanten	$C_{13}H_{10}O$	182,22	310 ... 312 s	100,5					
m-Xylol, 1,3-Dimethylbenzol	C_8H_{10}	106,17	139,1	– 47,9	864,2 20 °C	8 20 °C	1,4972 10 °C	345	0,62 20 °C
o-Xylol, 1,2-Dimethylbenzol	C_8H_{10}	106,17	144,4	– 25,2	881	6,7 20 °C	1,5054 20 °C	348	0,81 20 °C
p-Xylol, 1,4-Dimethylbenzol	C_8H_{10}	106,17	138,3	13,3	861 20 °C	8,2 20 °C	1,4958 20 °C	339	0,648 20 °C
Zinkchlorid	$ZnCl_2$	136,28	732	283	2910				
Zinkoxid	ZnO	81,37		1975	5606				
Zinksulfid	ZnS	97,43	1850	1185 s	3980				
Zinn(IV)-chlorid, Zinntetrachlorid	$SnCl_4$	260,50	114,1	– 33	2226 fl.	24 20 °C			
Zirconium(IV)-oxid, Zirconiumdioxid	ZrO_2	123,22	> 4300	2720	5490				

Dissoziationskonstanten von Säuren und Basen in wässriger Lösung

Für eine Dissoziation der Form $AB \rightleftarrows A^+ + B^-$ gilt bei genügender Verdünnung die Dissoziationskonstante:

$$K_c = \frac{c\,(A^+) \cdot c\,(B^-)}{c\,(AB)} = \frac{c^2\,(A^+)}{c_0\,(AB) - c\,(A^+)}$$

Gültigkeitsbereich:
schwache Elektrolyte mit c_0 (AB) < 0,1 mol/L
starke Elektrolyte mit c_0 (AB) < 0,001 mol/L

Mehrstufige Dissoziation (z.B. einer dreiprotonigen Säure):

1. Stufe $H_3R \rightleftarrows H^+ + H_2R^-$
2. Stufe $H_2R^- \rightleftarrows H^+ + HR^{2-}$
3. Stufe $HR^{2-} \rightleftarrows H^+ + R^{3-}$

$$K_{c1} \cdot K_{c2} \cdot K_{c3} = \frac{c^3\,(H^+) \cdot c\,(R^{3-})}{c\,(H_3R)}$$

K_c Dissoziationskonstante in mol/L (temperatur- und konzentrationsabhängig)

c Stoffmengenkonzentration in mol/L

c_0 Stoffmengenkonzentration vor der Dissoziation (Gesamtkonzentration) in mol/L

A, B Platzhalter für chemische Symbole bzw. Symbolgruppen

H Chemisches Symbol für Wasserstoff

OH Chemisches Symbol für die OH-Gruppe

R Chemisches Symbol für Säurerest (z.B. für SO_4^{2-} bei der Dissoziation von H_2SO_4)

M Platzhalter für das chemische Symbol eines Metalls

pH Die nachgestellte Zahl entspricht dem negativen dekadischen Logarithmus der Wasserstoffionenkonzentration: pH = – lg $c\,(H^+)$

Beachte: H^+ steht in allen Formeln vereinfachend für das tatsächlich vorliegende Hydroniumion H_3O^+

$$c\,(H^+) = -\frac{K_{cS}}{2} + \sqrt{\frac{K_{cS}^2}{4} + K_{cS} \cdot c_0\,(HR)}$$ und $$c\,(OH^-) = -\frac{K_{cB}}{2} + \sqrt{\frac{K_{cB}^2}{4} + K_{cB} \cdot c_0\,(MOH)}$$ $$c\,(H^+) = \frac{10^{-14}}{c\,(OH^-)}$$

(K_{cS}: Säurekonstante) (K_{cB}: Basenkonstante)

B Ermittlung des pH-Wertes einer Flusssäure der Stoffmengenkonzentration c_0 (HF) = 0,02 mol/L ($K_c = 6{,}8 \cdot 10^{-4}$)

$HF \rightleftarrows H^+ + F^-$

$$K_c = \frac{c^2\,(H^+)}{c_0\,(HF) - c\,(H^+)} \quad\Rightarrow\quad c\,(H^+) = -\frac{K_c}{2} + \sqrt{\frac{K_c^2}{4} + K_c \cdot c_0\,(HF)}$$

$$c\,(H^+) = -\frac{6{,}8 \cdot 10^{-4}\ \text{mol/L}}{2} + \sqrt{\frac{(6{,}8 \cdot 10^{-4}\ \text{mol/L})^2}{4} + 6{,}8 \cdot 10^{-4}\ \text{mol/L} \cdot 0{,}02\ \text{mol/L}} = 0{,}00336\ \text{mol/L}$$

pH = – lg $c\,(H^+)$ = – lg 0,00336 = **2,47**

Dissoziationskonstanten anorganischer Säuren bei 25 °C

Säure	K_{cS} in mol/L	Säure	K_{cS} in mol/L	Säure	K_{cS} in mol/L
H_3AsO_3 1. Stufe	$6 \cdot 10^{-10}$	HClO	$2{,}95 \cdot 10^{-8}$ (18 °C)	H_2S 1. Stufe	$9{,}1 \cdot 10^{-8}$ (18 °C)
2. Stufe	$3 \cdot 10^{-14}$	$HClO_2$	$1{,}1 \cdot 10^{-2}$	2. Stufe	$1{,}1 \cdot 10^{-12}$
3. Stufe	$< 10^{-15}$	H_2CrO_4	$1{,}8 \cdot 10^{-1}$		
		HF	$6{,}8 \cdot 10^{-4}$	H_2SO_3 1. Stufe	$1{,}5 \cdot 10^{-2}$
H_3AsO_4 1. Stufe	$6 \cdot 10^{-3}$	HI	$\approx 3 \cdot 10^{9}$	2. Stufe	$1{,}02 \cdot 10^{-7}$
2. Stufe	$1{,}7 \cdot 10^{-7}$	HIO	$2{,}3 \cdot 10^{-11}$	H_2SO_4 1. Stufe	$\approx 10^{3}$
3. Stufe	$4 \cdot 10^{-12}$	HN_3	$1{,}7 \cdot 10^{-1}$	2. Stufe	$1{,}2 \cdot 10^{-2}$
H_3BO_3	$7{,}3 \cdot 10^{-10}$	HNO_2	$4{,}7 \cdot 10^{-4}$		
HBr	$\approx 10^{9}$	HNO_3	23	$H_2S_2O_3$ 2. Stufe	$1 \cdot 10^{-2}$
HBrO	$2{,}1 \cdot 10^{-9}$	H_2O_2	$2{,}4 \cdot 10^{-12}$	H_2SiO_3 1. Stufe	$2 \cdot 10^{-10}$
HCN	$4{,}9 \cdot 10^{-10}$			H_4SiO_4 1. Stufe	$2{,}2 \cdot 10^{-10}$ (30 °C)
HCNO	$2{,}2 \cdot 10^{-4}$ (20 °C)	H_3PO_4 1. Stufe	$7{,}5 \cdot 10^{-3}$ (20 °C)	2. Stufe	$2 \cdot 10^{-12}$
H_2CO_3	$4{,}3 \cdot 10^{-7}$	2. Stufe	$6{,}2 \cdot 10^{-8}$ (20 °C)	3. Stufe	$1 \cdot 10^{-12}$
HCl	$\approx 10^{7}$	3. Stufe	$2{,}2 \cdot 10^{-13}$ (18 °C)	4. Stufe	$1 \cdot 10^{-12}$

Dissoziationskonstanten von Säuren und Basen in wässriger Lösung (Fortsetzung)

Dissoziationskonstanten anorganischer Basen bei 25 °C

Base		K_{cB} mol/L	Base		K_{cB} mol/L	Base		K_{cB} mol/L
AgOH		$1{,}1 \cdot 10^{-4}$	LiOH		0,665	NaOH		4 ... 6
$Al(OH)_3$	1. Stufe	$5 \cdot 10^{-9}$	NH_2OH (20 °C)		$1{,}07 \cdot 10^{-8}$	$Pb(OH)_2$	1. Stufe	$9{,}6 \cdot 10^{-4}$
			NH_4OH		$1{,}79 \cdot 10^{-5}$		2. Stufe	$3 \cdot 10^{-8}$
$Ba(OH)_2$	2. Stufe	0,23	N_2H_4	1. Stufe	$8{,}9 \cdot 10^{-7}$			
				2. Stufe	$8{,}9 \cdot 10^{-16}$	$Zn(OH)_2$	1. Stufe	$9{,}6 \cdot 10^{-4}$
$Ca(OH)_2$	1. Stufe	$3{,}74 \cdot 10^{-3}$					2. Stufe	$1{,}5 \cdot 10^{-9}$
	2. Stufe	$4{,}3 \cdot 10^{-2}$						

Dissoziationskonstanten organischer Säuren bei 25 °C

Säure: Formel	Säure: Name	K_{cS} mol/L
CH_2O_2	Ameisensäure (Methansäure)	$1{,}77 \cdot 10^{-4}$
$C_2H_2O_4$	Oxalsäure, 1. Stufe	$5{,}4 \cdot 10^{-2}$
	2. Stufe	$6{,}4 \cdot 10^{-5}$
$C_2HO_2Cl_3$	Trichloressigsäure (Trichlorethansäure)	$2 \cdot 10^{-1}$
$C_2H_2O_2Cl_2$	Dichloressigsäure (Dichlorethansäure)	$3{,}3 \cdot 10^{-2}$
$C_2H_4O_2$	Essigsäure (Ethansäure)	$1{,}76 \cdot 10^{-5}$
$C_2H_6O_2$	Glykol (1,2-Ethandiol)	$6 \cdot 10^{-15}$
$C_2H_3ClO_2$	Monochloressigsäure, 20 °C	$1{,}39 \cdot 10^{-3}$
$C_3H_4O_2$	Acrylsäure (Propensäure)	$5{,}6 \cdot 10^{-5}$
$C_3H_4O_4$	Malonsäure (Propandisäure)	
	1. Stufe	$1{,}49 \cdot 10^{-3}$
	2. Stufe	$2{,}03 \cdot 10^{-6}$
$C_3H_6O_2$	Propionsäure (Propansäure)	$1{,}34 \cdot 10^{-5}$
$C_3H_6O_3$	Milchsäure (2-Hydroxypropansäure)	$1{,}4 \cdot 10^{-4}$
$C_3H_8O_3$	Glycerin (1,2,3-Propantriol)	$7{,}0 \cdot 10^{-15}$
$C_4H_4O_4$	Fumarsäure (trans-Butendisäure)	
	1. Stufe	$9{,}5 \cdot 10^{-4}$
	2. Stufe	$2{,}73 \cdot 10^{-5}$
$C_4H_4O_4$	Maleinsäure (cis-Butendisäure)	
	1. Stufe	$1{,}42 \cdot 10^{-2}$
	2. Stufe	$8{,}6 \cdot 10^{-7}$
$C_4H_6O_5$	Äpfelsäure (Hydroxy-1,4-butan-disäure)	
	1. Stufe	$3{,}9 \cdot 10^{-4}$
	2. Stufe	$7{,}8 \cdot 10^{-6}$
$C_4H_6O_6$	D-Weinsäure (2,3-Dihydroxy-1,4-butan-disäure)	
	1. Stufe	$1{,}04 \cdot 10^{-4}$
	2. Stufe	$4{,}55 \cdot 10^{-5}$
$C_4H_8O_2$	Buttersäure (Butansäure)	$1{,}5 \cdot 10^{-5}$
$C_5H_4N_4O_3$	Harnsäure (2,6,8-Trihydroxypurin), 12 °C	$1{,}3 \cdot 10^{-4}$
$C_6H_3NO_7$	Pikrinsäure (1-Hydroxy-2,4,6-trinitro-benzol)	$4{,}2 \cdot 10^{-1}$
C_6H_5ClO	2-Chlorphenol	$3{,}0 \cdot 10^{-10}$
C_6H_5ClO	3-Chlorphenol	$8{,}5 \cdot 10^{-10}$
C_6H_5ClO	4-Chlorphenol	$4{,}3 \cdot 10^{-10}$
$C_6H_5NO_2$	Nitrobenzol, 0 °C	$1{,}05 \cdot 10^{-4}$
$C_6H_5NO_3$	2-Nitrophenol	$6{,}8 \cdot 10^{-8}$
$C_6H_5NO_3$	3-Nitrophenol	$5{,}3 \cdot 10^{-9}$
$C_6H_5NO_3$	4-Nitrophenol	$7 \cdot 10^{-8}$
C_6H_6O	Phenol (Hydroxybenzol), 20 °C	$1{,}3 \cdot 10^{-10}$
$C_6H_6O_2$	Brenzcatechin (1,2-Dihydroxybenzol), 20 °C	$1{,}4 \cdot 10^{-10}$
$C_6H_6O_2$	Hydrochinon (1,4-Dihydroxybenzol), 20 °C	$4{,}5 \cdot 10^{-11}$

Dissoziationskonstanten von Säuren und Basen in wässriger Lösung (Fortsetzung)

Dissoziationskonstanten organischer Säuren bei 25 °C (Fortsetzung)

Formel	Säure Name	K_{cS} mol/L
$C_6H_6O_2$	Resorcin (1,3 Dihydroxybenzol)	$1{,}55 \cdot 10^{-10}$
$C_6H_6O_3S$	Benzolsulfonsäure	$2 \cdot 10^{-1}$
$C_6H_8O_6$	L-Ascorbinsäure	
	1. Stufe	$7{,}94 \cdot 10^{-5}$
	2. Stufe (16 °C)	$1{,}62 \cdot 10^{-12}$
$C_6H_7NO_3S$	Sulfanilsäure (4-Aminobenzolsulfonsäure)	$5{,}9 \cdot 10^{-4}$
$C_6H_8O_7$	Citronensäure (2-Hydroxy-1,2,3-propantricarbonsäure)	
	1. Stufe (20 °C)	$7{,}1 \cdot 10^{-4}$
	2. Stufe (20 °C)	$1{,}7 \cdot 10^{-5}$
	3. Stufe (20 °C)	$4{,}1 \cdot 10^{-7}$
$C_6H_{10}O_4$	Adipinsäure (Hexandisäure)	
	1. Stufe	$3{,}71 \cdot 10^{-5}$
	2. Stufe	$3{,}87 \cdot 10^{-6}$

Formel	Säure Name	K_{cS} mol/L
$C_7H_6O_2$	Benzoesäure (Benzolcarbonsäure), 20 °C	$6{,}3 \cdot 10^{-5}$
$C_7H_7NO_2$	o-Aminobenzoesäure	$1{,}07 \cdot 10^{-5}$
$C_7H_7NO_2$	m-Aminobenzoesäure	$1{,}67 \cdot 10^{-5}$
$C_7H_7NO_2$	p-Aminobenzoesäure	$1{,}2 \cdot 10^{-5}$
C_7H_8O	o-Kresol (2-Hydroxymethylbenzol)	$6{,}3 \cdot 10^{-11}$
C_7H_8O	m-Kresol	$9{,}8 \cdot 10^{-11}$
C_7H_8O	p-Kresol	$6{,}7 \cdot 10^{-11}$
$C_{10}H_8O$	α-Naphthol (1-Naphthol)	$4{,}6 \cdot 10^{-10}$
$C_{10}H_8O$	β-Naphthol (2-Naphthol)	$3{,}1 \cdot 10^{-10}$
$C_{20}H_{14}O$	Phenolphthalein (18 °C)	$2 \cdot 10^{-10}$

Dissoziationskonstanten organischer Basen bei 25 °C

Formel	Base Name	K_{cB} mol/L
CH_4N_2S	Thioharnstoff	$1{,}1 \cdot 10^{-15}$
CH_4ON_2	Harnstoff	$1{,}5 \cdot 10^{-14}$
CH_5N	Methylamin	$4{,}5 \cdot 10^{-4}$
C_2H_5ON	Acetamid (Ethansäureamid)	$4{,}3 \cdot 10^{-14}$
C_2H_7N	Dimethylamin (Methylmethanamin)	$5{,}4 \cdot 10^{-4}$
C_2H_7N	Ethylamin	$3{,}4 \cdot 10^{-4}$
C_2H_7NO	Ethanolamin	$2{,}8 \cdot 10^{-5}$
$C_2H_8N_2$	Ethylendiamin	
	1. Stufe (0 °C)	$5{,}2 \cdot 10^{-4}$
$C_3H_4N_2$	Pyrazol	$3{,}0 \cdot 10^{-12}$
C_3H_9N	Trimethylamin (Dimethylmethanamin)	$6{,}5 \cdot 10^{-5}$
C_3H_9N	Propylamin (20 °C)	$5{,}1 \cdot 10^{-4}$
$C_4H_{11}N$	Diethylamin	$8{,}6 \cdot 10^{-4}$
$C_4H_{11}N$	n-Butylamin (20 °C)	$5{,}9 \cdot 10^{-4}$
$C_5H_4N_4$	Purin (20 °C)	
	1. Stufe	$2{,}0 \cdot 10^{-12}$
	2. Stufe	$9{,}1 \cdot 10^{-6}$
C_5H_5N	Pyridin (Azin)	$1{,}7 \cdot 10^{-9}$
$C_5H_{11}N$	Piperidin	$1{,}3 \cdot 10^{-3}$

Formel	Base Name	K_{cB} mol/L
C_6H_7N	Anilin (Phenylamin, Aminobenzol)	$4{,}27 \cdot 10^{-10}$
C_6H_8N	Phenylhydrazin (40 °C)	$1{,}6 \cdot 10^{-9}$
$C_6H_8N_2$	1,2-Diaminobenzol	
	1. Stufe (21 °C)	$2{,}4 \cdot 10^{-10}$
$C_6H_{13}N$	Cyclohexylamin (24 °C)	$4{,}6 \cdot 10^{-4}$
$C_6H_{15}N$	Triethylamin (N,N- Diethylethanamin)	$5{,}65 \cdot 10^{-4}$
$C_6H_{15}N$	n-Hexylamin	$3{,}6 \cdot 10^{-4}$
$C_6H_{16}N_2$	Hexamethylendiamin (0 °C)	
	1. Stufe	$7{,}2 \cdot 10^{-3}$
	2. Stufe	$5{,}8 \cdot 10^{-4}$
C_7H_9N	Benzylamin	$2{,}1 \cdot 10^{-5}$
C_7H_9N	o-Toluidin (2-Toluidin, 2-Methylaminobenzol)	$2{,}8 \cdot 10^{-10}$
C_7H_9N	m-Toluidin (3-Toluidin)	$5{,}4 \cdot 10^{-10}$
C_7H_9N	p-Toluidin (4-Toluidin)	$1{,}2 \cdot 10^{-9}$
C_9H_7N	Chinolin	$7{,}9 \cdot 10^{-10}$
$C_{12}H_{11}N$	Diphenylamin (N-Phenylbenzolamin)	$6{,}1 \cdot 10^{-14}$
$C_{12}H_{12}N_2$	Benzidin (4,4-Biphenyldiamin)	
	1. Stufe (30 °C)	$9{,}3 \cdot 10^{-10}$
	2. Stufe	$5{,}6 \cdot 10^{-11}$

Ionenaktivität

Bei nicht ausreichender Verdünnung von Lösungen muss zwischen der Stoffmengenkonzentration c und der Aktivität a der Ionen unterschieden werden (infolge gegenseitiger Beeinflussung der Ionen ist nur ein Teil von ihnen wirksam). In entsprechenden Gleichungen muss deshalb c durch a ersetzt werden (z. B. in der Gleichung zur Berechnung der Dissoziationskonstanten).

$$a = c \cdot f_a$$

$$c_i = b_i \cdot \frac{m_k}{V}$$

a	Aktivität in mol/L	m	Masse in kg
c	Stoffmengenkonzentration in mol/L	V	Volumen der Mischphase in L
f_a	Aktivitätskoeffizient	Index i:	Gelöster Stoff
b	Molalität in mol/kg	Index k:	Lösemittel

Aktivitätskoeffizienten für Elektrolyte in wässriger Lösung bei 25 °C

Elektrolyt	Molalität b in mol/kg									
	0,001	0,005	0,01	0,05	0,1	0,2	0,4	0,6	0,8	1,0
$AgNO_3$			0,9		0,734	0,657	0,567	0,509	0,464	0,429
$AlCl_3$					0,337	0,305	0,313	0,356	0,429	0,539
$BaCl_2$	0,881	0,774	0,716	0,564	0,500	0,444	0,405	0,391	0,391	0,395
$CaCl_2$	0,883		0,730	0,589	0,518	0,472	0,448	0,453	0,470	0,500
$CoCl_2$					0,522	0,479	0,459	0,470	0,492	0,531
$CsCl$			0,896	0,795	0,756	0,694	0,628	0,589	0,563	0,544
$CsNO_3$			0,894	0,780	0,733	0,655	0,561	0,501	0,458	0,422
$CuCl_2$	0,888		0,723	0,577	0,508	0,455	0,417	0,409	0,410	0,417
$CuSO_4$	0,74	0,53	0,41	0,209	0,150	0,104	0,070	0,056	0,048	0,042
$FeCl_2$					0,519	0,473	0,448	0,454	0,473	0,506
$FeCl_3$		0,084	0,752	0,624	0,580					0,668
HBr			0,91	0,84	0,805	0,782	0,781	0,801	0,832	0,871
HCl	0,965	0,928	0,904	0,830	0,796	0,767	0,755	0,763	0,783	0,809
$HClO_4$					0,803	0,778	0,766	0,776	0,795	0,823
HI		0,927	0,902	0,822	0,818	0,807	0,823	0,860	0,908	0,963
HNO_3	0,965		0,902	0,823	0,791	0,754	0,725	0,717	0,718	0,724
H_2SO_4	0,837		0,543		0,266	0,209				0,132
KBr	0,965	0,927	0,903	0,822	0,772	0,722	0,673	0,646	0,629	0,617
KCl	0,965	0,927	0,902	0,818	0,770	0,718	0,666	0,637	0,618	0,604
$KClO_3$					0,749	0,681	0,599	0,541		
K_2CrO_4					0,456	0,382	0,313	0,276	0,253	0,235
KF	0,971		0,934	0,881	0,775	0,727	0,682	0,661	0,650	0,645
KI	0,965	0,927	0,905	0,837	0,778	0,733	0,689	0,667	0,654	0,645
KNO_3					0,739	0,663	0,576	0,519	0,476	0,443
KOH			0,898	0,805	0,798	0,760	0,734	0,733	0,742	0,756
K_2SO_4		0,781	0,715	0,529	0,441	0,360	0,286	0,246		
$MgCl_2$					0,529	0,489	0,475	0,491	0,522	0,570
$MgSO_4$					0,150	0,107	0,076	0,062	0,054	0,049
$MnCl_2$					0,516	0,469	0,442	0,443	0,455	0,479
$MnSO_4$					0,150	0,105	0,073	0,058	0,049	0,044
NH_4Cl	0,961	0,911	0,880	0,790	0,770	0,718	0,665	0,636	0,617	0,603
NH_4NO_3	0,959		0,882	0,783	0,740	0,677	0,606	0,562	0,530	0,504
$NaCl$		0,929	0,906	0,828	0,778	0,735	0,693	0,673	0,662	0,657
NaH_2PO_4					0,744	0,675	0,593	0,539	0,499	0,468
$NaNO_3$		0,93	0,90	0,82	0,762	0,703	0,638	0,599	0,570	0,548
$NaOH$					0,766	0,727	0,697	0,685	0,679	0,678
Na_2SO_4		0,778	0,714	0,536	0,445	0,365	0,289	0,248	0,221	0,201
$NiSO_4$					0,150	0,105	0,071	0,056	0,048	0,043
$Pb(NO_3)_2$		0,76	0,69	0,46	0,395	0,308	0,228	0,187	0,160	0,141
$ZnCl_2$	0,881		0,708	0,556	0,515	0,462	0,411	0,380	0,357	0,339
$ZnSO_4$	0,700	0,477	0,387		0,150	0,140	0,071	0,057	0,049	0,044

Ionenprodukt des Wassers

Für die Eigendissoziation des Wassers gilt: $2\ H_2O \rightleftharpoons H_3O^+ + OH^-$ vereinfacht: $H_2O \rightleftharpoons H^+ + OH^-$

Ionenprodukt

$K_W = c\,(H_3O^+) \cdot c\,(OH^-)$ vereinfacht: $K_W = c\,(H^+) \cdot c\,(OH^-)$ $c\,(H^+) \cdot c\,(OH^-) = 1 \cdot 10^{-14}\ (mol/L)^2$ bei 25 °C

$c\,(H_3O^+)$ bzw. $c\,(H^+)$ Stoffmengenkonzentration der H_3O^+- bzw. H^+-Ionen in mol/L
$c\,(OH^-)$ Stoffmengenkonzentration der OH^--Ionen in mol/L

Ionenprodukt des Wassers in Abhängigkeit von der Temperatur

Interpolationsformel von *Robinson* (sehr gute Übereinstimmung mit gemessenen Werten):

$$\lg K_W = -\frac{4471{,}33}{T} + 6{,}084 - 0{,}01705 \cdot T$$

K_W Ionenprodukt des Wassers in $(mol/L)^2$ bei der Temperatur T
T Temperatur in K

Werte bei Sättigungsdampfdruck (nach *Marshall* und *Franck*)

ϑ °C	K_W $(mol/L)^2$	ϑ °C	K_W $(mol/L)^2$	ϑ °C	K_W $(mol/L)^2$	ϑ °C	K_W $(mol/L)^2$
0	$0{,}115 \cdot 10^{-14}$	30	$1{,}459 \cdot 10^{-14}$	55	$7{,}047 \cdot 10^{-14}$	80	$24{,}378 \cdot 10^{-14}$
5	$0{,}187 \cdot 10^{-14}$	35	$2{,}065 \cdot 10^{-14}$	60	$9{,}247 \cdot 10^{-14}$	85	$30{,}200 \cdot 10^{-14}$
10	$0{,}296 \cdot 10^{-14}$	40	$2{,}871 \cdot 10^{-14}$	65	$11{,}995 \cdot 10^{-14}$	90	$37{,}325 \cdot 10^{-14}$
15	$0{,}457 \cdot 10^{-14}$	45	$3{,}956 \cdot 10^{-14}$	70	$15{,}346 \cdot 10^{-14}$	95	$45{,}186 \cdot 10^{-14}$
20	$0{,}687 \cdot 10^{-14}$	50	$5{,}309 \cdot 10^{-14}$	75	$19{,}405 \cdot 10^{-14}$	100	$54{,}325 \cdot 10^{-14}$
25	$1{,}011 \cdot 10^{-14}$						

Werte bei verschiedenen Drücken und Temperaturen (nach *Marshall* und *Franck*)

p_e bar	K_W in 10^{-14} $(mol/L)^2$ bei 0 °C	25 °C	50 °C	75 °C	100 °C	150 °C
Sättigungsdruck	0,115	1,011	5,309	19,409	54,325	230,14
0,25	0,15	1,26	6,45	23,44	66,07	288,4
0,50	0,19	1,51	7,76	28,18	79,43	354,8
0,75	0,24	1,86	9,12	33,11	93,33	436,5
1,00	0,30	2,19	10,96	38,90	109,6	512,9
1,50	0,46	2,95	14,13	51,29	144,5	691,8
2,00	0,62	3,98	18,62	66,07	190,5	912,0

p_e bar	K_W in 10^{-14} $(mol/L)^2$ bei 0 °C	25 °C	50 °C	75 °C	100 °C	150 °C
2,50	0,83	5,25	23,99	85,11	245,5	1202
3,00	1,07	6,61	29,51	104,7	295,1	1479
3,50	1,35	8,13	36,31	125,9	363,1	1820
4,00	1,70	10,00	44,67	151,4	426,6	2188
5,00	2,51	14,79	64,57	218,8	602,6	3020
7,00	4,90	28,18	117,5	389,0	1072	5370
10,00	12,30	61,66	239,9	776,2	2089	10471

Äquivalentleitfähigkeit von Elektrolyten in wässriger Lösung

Molare Leitfähigkeit (Äquivalentleitfähigkeit) Λ_m von Säuren und Laugen (bei 25 °C)

Elektrolyt	Λ_m in $10^{-4}\ S \cdot m^2 \cdot mol^{-1}$ bei einer Konzentration c in mol/L von 0,0005	0,001	0,005	0,01	0,02	0,05	0,1	1,0	unendliche Verdünnung
CH_3COOH	66,4	58,1	22,4	16,0	11,3	7,3	5,3		390,6
HCOOH	174,8	138,0	69,2	50,2	24,2	23,3	16,6		404,3
HCl	422,5	421,2	415,6	411,8	407,0	398,9	391,1		426
HNO_3 (18 °C)		375	371	368		357	350	310	377
$^1/_2\ H_2SO_4$ (18 °C)		361	330	308		273	225	198	384,7
$^1/_2\ Ca(OH)_2$			233	226	214				258
KOH		234	230	228		219	213		271,5
NH_4OH (18 °C)		28	13,2	9,6		4,6	3,3	0,89	242
NaOH	245,5	244,6	240,7	237,9					247,7

Äquivalentleitfähigkeit von Elektrolyten in wässriger Lösung (Fortsetzung)

Molare Leitfähigkeit (Äquivalentleitfähigkeit) Λ_m von Salzen in wässriger Lösung (bei 25 °C)

Elektrolyt	Λ_m in 10^{-4} S · m² · mol⁻¹ bei einer Konzentration *c* in mol/L von								
	0,0005	0,001	0,005	0,01	0,02	0,05	0,1	1,0	unendliche Verdünnung
$AgNO_3$	131,3	130,5	127,1	124,7	121,4	115,2	109,1	77,8	133,3
$^1/_2\ BaCl_2$	135,9	134,3	128,0	123,9	119,0	111,4	105,1		139,9
$^1/_2\ CaCl_2$	131,9	130,3	124,2	120,3	115,6	108,4	102,4		135,8
$^1/_2\ CuSO_4$	121,6	115,2	94,0	83,1	72,2	59,0	50,6		133,6
CH_3COONa	89,2	88,5	85,7	83,7	81,2	76,9	72,8	49,2	91,0
KBr		148,8	146,0	143,4	140,4	135,6	131,3	117,2	151,9
KCl	147,4	146,9	143,5	141,2	138,3	133,3	128,9	111,9	149,8
$KClO_4$	138,7	147,8	134,1	131,4	127,9	121,6	115,1		140,0
$KHCO_3$	116,0	115,3	112,2	110,0	107,2				117,9
KI		147,3	144,3	142,1	139,4	134,9	131,1	118	150,3
KNO_3	142,7	141,8	138,4	132,8	132,3	126,3	120,3	92,5	144,9
$^1/_2\ MgCl_2$	125,6	124,2	118,3	114,5	110,0	103,0	97,1		129,3
NH_4Cl		146,7	134,4	141,2	138,3	133,2	128,7	107	149,6
$NaCl$	124,4	123,7	120,6	118,5	115,7	111,0	106,7	85,8	126,4
$NaNO_3$ (18 °C)		102,9	100,7	98,2		91,4	87,2	65,9	105,3
$^1/_2\ Na_2SO_4$	125,7	124,1	117,1	112,4	106,7	97,7	89,9		129,8
$^1/_2\ NiSO_4$		96,3	79,5	70,8		51,0	43,8	25,1	
$^1/_2\ PbCl_2$		138,7	126,8	118,2		91,3			146,4
$^1/_2\ ZnCl_2$ (18 °C)		107	101	98		87	82	55	
$^1/_2\ ZnSO_4$	121,3	114,5	95,4	84,9	74,2	61,2	52,6		132,7

Äquivalentleitfähigkeit von Ionen bei unendlicher Verdünnung und 25 °C (Grenzleitfähigkeit)

Für einen Elektrolyt gilt: $\Lambda_0 = \Lambda_{0+} + \Lambda_{0-}$

Kationen

Ion	Λ_{0+} 10^{-4} S · m²/mol	Ion	Λ_{0+} 10^{-4} S · m²/mol	Ion	Λ_{0+} 10^{-4} S · m²/mol
Ag^+	61,9	Cs^+	77,2	$^1/_2\ Mg^{2+}$	53
$^1/_3\ Al^{3+}$	61	$^1/_2\ Cu^{2+}$	53,6	$^1/_2\ Mn^{2+}$	53,5
$^1/_2\ Ba^{2+}$	63,6	$^1/_2\ Fe^{2+}$	54	NH_4^+	73,5
$^1/_2\ Be^{2+}$	45	$^1/_3\ Fe^{3+}$	68	Na^+	50,1
$^1/_2\ Ca^{2+}$	59,5	H^+	349,7	$^1/_2\ Ni^{2+}$	53
$^1/_2\ Cd^{2+}$	54	$^1/_2\ H_2^{2+}$	68,6	$^1/_2\ Pb^{2+}$	71
$^1/_3\ Ce^{3+}$	69,8	$^1/_2\ Hg^{2+}$	63,6	$^1/_2\ Ra^{2+}$	66,8
$^1/_2\ Co^{2+}$	55	K^+	73,5	$^1/_2\ Sr^{2+}$	59,4
$^1/_3\ Cr^{3+}$	67	Li^+	38,7	$^1/_2\ Zn^{2+}$	52,8

Anionen

Ion	Λ_{0-} 10^{-4} S · m²/mol	Ion	Λ_{0-} 10^{-4} S · m²/mol	Ion	Λ_{0-} 10^{-4} S · m²/mol
Br^-	78,1	F^-	55,4	MnO_4^-	61,3
Br_3^-	43	$HCOO^-$	55	NO_2^-	71,8
BrO_3^-	55,7	HCO_3^-	44,5	NO_3^-	71,4
CH_3COO^-	40,9	HF_2^-	75	N_3^-	69
CN^-	82	$^1/_2\ HPO_4^{2-}$	33	OCN^-	64,6
$^1/_2\ C_2O_4^{2-}$	74,1	$H_2PO_4^-$	33	OH^-	198
$^1/_2\ CO_3^{2-}$	69,3	HS^-	65	$^1/_3\ PO_4^{3-}$	69,0
Cl^-	76,3	HSO_3^-	50	SCN^-	66
ClO_2^-	52	HSO_4^-	50	$^1/_2\ SO_3^{2-}$	79,9
ClO_3^-	64,6	I^-	76,8	$^1/_2\ SO_4^{2-}$	80,0
ClO_4^-	67,3	IO_3^-	40,5		
$^1/_2\ CrO_4^-$	85	IO_4^-	54,5		

Schema zur Planung und Realisierung einer verfahrenstechnischen Anlage

Das folgende Schema dient der Orientierung bei der Planung und Realisierung einer kleinen bis mittleren verfahrenstechnischen Anlage. Eine genauere Anleitung zeigt die **PAS 1059.** Insbesondere bei Großanlagen müssen weitere Planungsparameter, wie z.B. Standortbedingungen, Verkehrspläne, Infrastruktur und Logistik des Standorts, Machbarkeitsstudien, Bodengutachten usw. berücksichtigt werden.

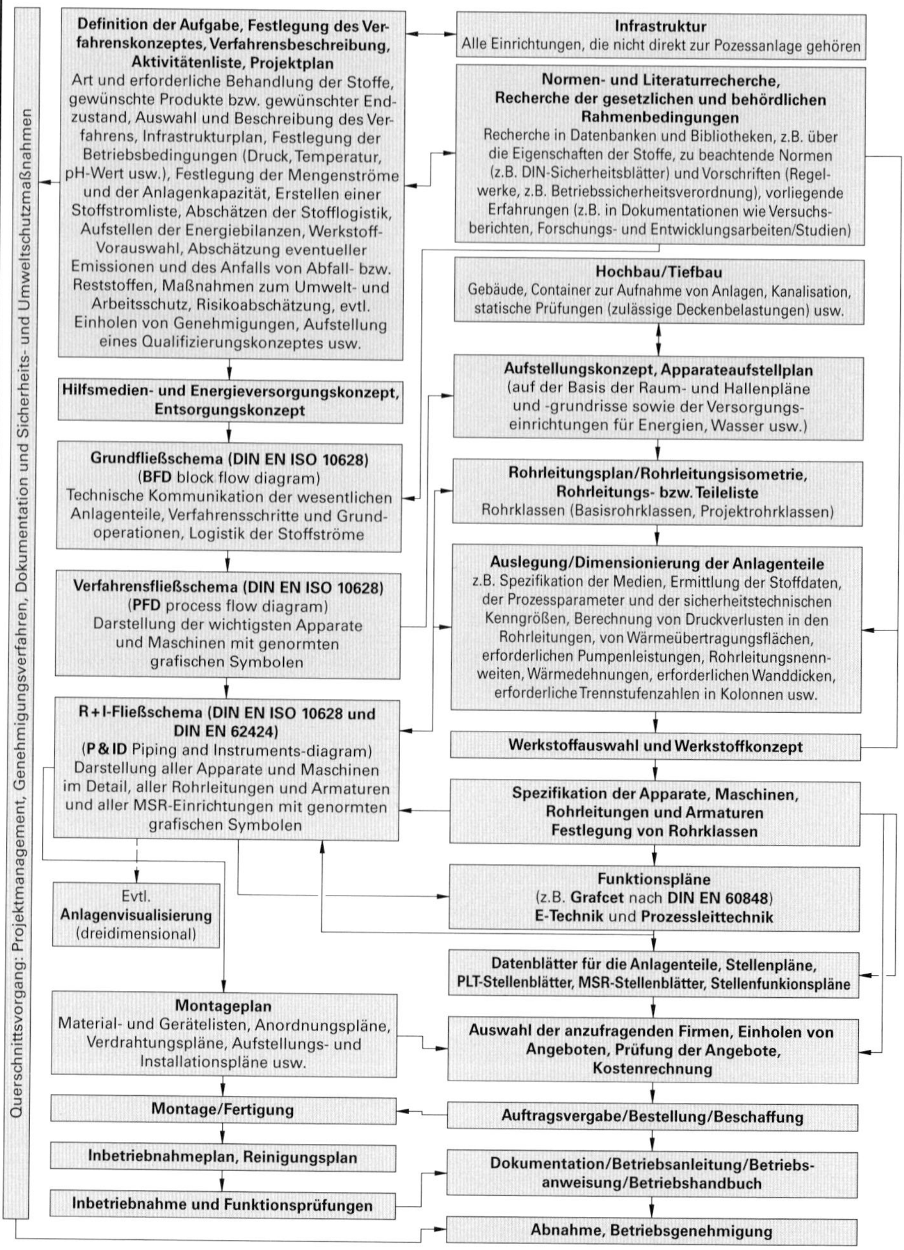

Qualitätsmanagement — VT

Grundsätze, Struktur und Ziele

Qualitätsmanagement

Aufeinander abgestimmte Tätigkeiten zum Leiten und Lenken einer Organisation bezüglich Qualität. Ziel ist das Erreichen von Ergebnissen, die die Erfordernisse, Erwartungen und Anforderungen interessierter Parteien (Kunden, Behörden, eigene Anliegen und Interessen der Organisation usw.) erfüllen.

Teilfunktionen:

1. Festlegung der Qualitätspolitik
2. Festlegung der Qualitätsziele
3. Qualitätsplanung
4. Qualitätslenkung
5. Qualitätssicherung
6. Qualitätsverbesserung

Grundsätze:

1. **Kundenorientierung** (Erfüllung deren Anforderungen und Erwartungen)
2. **Führung** (Führungskräfte schaffen und erhalten das interne Umfeld zum Erreichen der Ziele)
3. **Einbeziehung der Personen** (die vollständige Einbeziehung von Personen auf allen Ebenen ermöglicht, ihre Fähigkeiten optimal zum Erreichen der Qualitätsziele zu nutzen)
4. **Prozessorientierter Ansatz** (effizienterer Weg zum Erreichen eines Zieles: Tätigkeiten und Ressourcen werden als Prozess organisiert)
5. **Systemorientierter Managementansatz** (Erkennen, Verstehen, Leiten und Lenken von miteinander in Wechselbeziehung stehenden Prozessen als System erhöht die Effizienz beim Erreichen der gesetzten Ziele)
6. **Ständige Verbesserung** (permanentes Ziel der Organisation zur Erhöhung der Kundenzufriedenheit und zur Gewinnung von Marktanteilen)
7. **Sachbezogener Ansatz zur Entscheidungsfindung** (wirksame Entscheidungen basieren auf der Analyse von Daten und Informationen)
8. **Lieferantenbeziehungen zum gegenseitigen Nutzen** (Lieferanten und Organisation sind voneinander abhängig und erhöhen die Wertschöpfungsfähigkeit wenn sie Beziehungen zum gegenseitigen Nutzen pflegen)

Sicherung und Verbesserung der Qualität von Produkten und Produktionsprozessen

Qualität: Grad, in dem die einem Produkt innewohnenden Merkmale (z.B. Passgenauigkeit, Reinheit oder Wirksamkeit) die gestellten Anforderungen erfüllen.

Gewinn von Marktanteilen, Sicherung des Unternehmens und der Arbeitsplätze

durch

Produktionssteigerung, Reduzierung von Fehlleistungen und Verhütung von Produkthaftungsfällen und damit Imageverbesserung, Kostenreduzierung und Preissenkung

Wichtige unterstützende **Normen:**

DIN EN ISO 9000	2005-12	Qualitätsmanagementsysteme – Grundlagen und Begriffe (ISO 9000:2005)
DIN EN ISO 9001	2008-12	Qualitätsmanagementsysteme – Anforderungen (ISO 9001:2008)
DIN EN ISO 9004	2000-12	Qualitätsmanagementsysteme – Leitfaden zur Leistungsverbesserung (ISO 9004:2000)
DIN 55350-12	1989-03	Begriffe der Qualitätssicherung und Statistik; Merkmalsbezogene Begriffe
DIN 55350-13	1987-07	Begriffe der Qualitätssicherung und Statistik; Begriffe zur Genauigkeit von Ermittlungsverfahren und Ermittlungsergebnissen
DIN 55350-14	1985-12	Begriffe der Qualitätssicherung und Statistik; Begriffe der Probenahme
DIN 55350-15	1986-02	Begriffe der Qualitätssicherung und Statistik; Begriffe zu Mustern
DIN 55350-17	1988-08	Begriffe der Qualitätssicherung und Statistik; Begriffe der Qualitätsprüfungsarten
DIN 55350-18	1987-07	Begriffe der Qualitätssicherung und Statistik – Begriffe zu Bescheinigungen über die Ergebnisse von Qualitätsprüfungen; Qualitätsprüf-Zertifikate
DIN 55350-21	1982-05	Begriffe der Qualitätssicherung und Statistik; Begriffe der Statistik; Zufallsgrößen und Wahrscheinlichkeitsverteilungen
DIN 55350-22	1987-02	Begriffe der Qualitätssicherung und Statistik; Begriffe der Statistik; Spezielle Wahrscheinlichkeitsverteilungen
DIN 55350-23	1983-04	Begriffe der Qualitätssicherung und Statistik; Begriffe der Statistik; Beschreibende Statistik
DIN 55350-24	1982-11	Begriffe der Qualitätssicherung und Statistik; Begriffe der Statistik; Schließende Statistik
DIN 55350-31	1985-12	Begriffe der Qualitätssicherung und Statistik; Begriffe der Annahmestichprobenprüfung
DIN 55350-33	1993-09	Begriffe zu Qualitätsmanagement und Statistik; Begriffe der statistischen Prozesslenkung (SPC)

Grundlagen für Qualitätsmanagementsysteme (nach DIN EN ISO 9000 2005-12)

1. **Begründung für Qualitätsmanagementsysteme**
   Erhöhung der Kundenzufriedenheit (durch Erfüllung der Kundenanforderungen, z.B. ausgedrückt in Produktspezifikationen, vertraglich festgelegt oder beim Kunden recherchiert)
2. **Anforderungen an Qualitätsmanagementsysteme und Produkte**
   Anforderungen an Qualitätsmanagementsysteme sind allgemeiner Natur (für jeden Industrie- oder Wirtschaftssektor gültig bzw. anwendbar) und in DIN EN ISO 9001 festgelegt.
   Anforderungen an Produkte sind kundenspezifisch (vom Kunden selbst oder in Abschätzung der Kundenanforderungen) festgelegt oder sie resultieren aus behördlichen Vorschriften.
3. **Ansatz für Qualitätsmanagementsysteme** (und für deren Aufrechterhaltung und Optimierung)
   Einzelschritte:
   - Ermittlung der **Erfordernisse** und der **Kundenerwartungen**
   - Festlegung der **Qualitätsziele** und der **Qualitätspolitik**
   - Festlegung der **erforderlichen Prozesse** und **Verantwortlichkeiten** zum Erreichen der Qualitätsziele
   - Festlegung und Bereitstellung der erforderlichen **Ressourcen**
   - Entwicklung und Einführung von **Messmethoden** zur Überprüfung von Effizienz und Wirksamkeit der einzelnen Prozesse
   - Anwendung dieser **Messungen** für aktuelle Überprüfungen
   - Festlegung von Mitteln zur Verhinderung oder **Reduzierung von Fehlern** und zur **Beseitigung von Fehlerursachen**
   - Entwicklung, Einführung und Anwendung von **Prozessen zur ständigen Verbesserung** des Qualitätsmanagementsystems
4. **Prozessorientierter Ansatz**
   Damit eine Organisation (z.B. ein Chemiebetrieb) wirksam funktionieren kann, muss sie zahlreiche miteinander verknüpfte Tätigkeiten bestimmen, leiten und lenken. Eine Tätigkeit oder eine Gruppe von Tätigkeiten, die Ressourcen (z.B. chemische Grundstoffe) verwendet und die ausgeführt wird, um die Umwandlung von Eingaben (z.B. von chemischen Edukten) in Ergebnisse (z.B. chemische Produkte) in festgelegter Art und Weise (Verfahren) zu ermöglichen, kann als Prozess angesehen werden. Oft bildet das Ergebnis (das Produkt, in diesem Fall das chemische Zwischenprodukt) des einen Prozesses die direkte Eingabe (das Edukt) für den nächsten.
   Die Anwendung eines Systems von Prozessen in einer Organisation (z.B. einem chemischen Betrieb), um das gewünschte Ergebnis (z.B. chemische Produkt) zu erzeugen, gepaart mit dem Erkennen und den Wechselwirkungen dieser Prozesse sowie deren Management, kann als „prozessorientierter Ansatz" bezeichnet werden.
   Bei der Verwendung in einem Qualitätsmanagementsystem betont ein derartiger Ansatz die Bedeutung
   - des **Verstehens und der Erfüllung von Anforderungen** (z.B. die Reinheit eines chemischen Produktes),
   - der Notwendigkeit, Prozesse aus der Sicht der **Wertschöpfung** zu betrachten (z.B. Chancen, ein chemisches Produkt gewinnbringend zu vermarkten),
   - der Erzielung von **Ergebnissen bezüglich Prozessleistung und -wirksamkeit** (z.B. Synthese eines chemischen Stoffes in der gewünschten Struktur, Reinheit und Menge) und
   - der **ständigen Verbesserung von Prozessen** (z.B. Optimierung einer chemischen Anlage hinsichtlich des Energieverbrauchs) auf der Grundlage objektiver Messungen.

Anwendung der Methode **PDCA** (**P**lan-**D**o-**C**heck-**A**ct):

Planen:
Definieren der notwendigen Ziele und Prozesse zum Erfüllen der Kundenanforderungen und der Anforderungen der Organisation (z.B. Festlegung von Reinheitsgraden und Toleranzen, Planen einer Produktionsanlage usw.)

Durchführen:
Realisierung der Prozesse (z.B. Betreiben einer Produktionsanlage, Fertigung eines Bauteils usw.)

Prüfen:
Überwachen, Messen und Dokumentieren von Prozessen und Produkten hinsichtlich der Ziele und Anforderungen (z.B. chemische Analyse)

Handeln:
Durchführung von Maßnahmen zur ständigen Optimierung der Prozessleistung (z.B. Optimierung der Prozesslenkung, der Messmethoden, der Wartungspläne usw.)

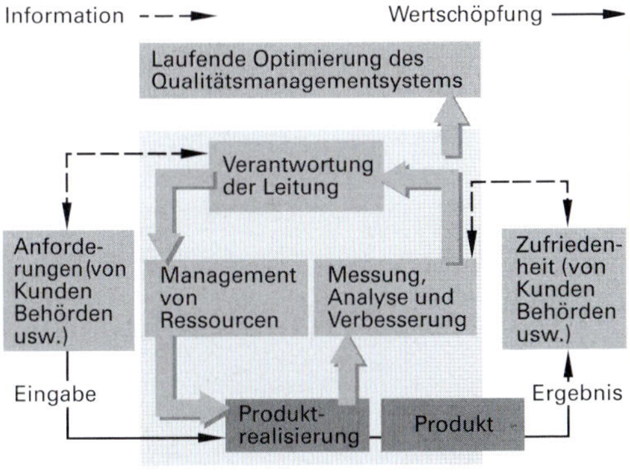

Qualitätsregelkarten (QRK)

nach DIN 55 350-33, 1993-09

Qualitätsregelkarten sind ein grafisches Hilfsmittel bei der statistischen Prozessregelung. Auf der Regelkarte werden Kennwerte (z. B. Mittelwerte oder Standardabweichungen) einer Stichprobe von Merkmalswerten (= Messwerten, z. B. der Betriebstemperatur) eines Prozesses eingetragen, außerdem der Sollwert (berechneter, gewünschter Mittelwert) und die obere (OEG) und die untere (UEG) Eingriffsgrenze. Ergänzend evtl. noch die jeweils vorgeschaltete obere (OWG) und untere (UWG) Warngrenze.

Häufig verwendete Arten von Qualitätsregelkarten und deren Einteilung

QRK für *kontinuierliche* Merkmale			QRK für *diskrete* Merkmale	
Urwert-QRK x-Karte oder $\bar{x}$-Karte für fehlerhafte Einheiten	***Lage-QRK,*** z. B. – **Mittelwertkarte** ($\bar{x}$-Karte) – **Mediankarte** ($\tilde{x}$-Karte)	***Streuungs-QRK,*** z.B. – **Standardabweichungskarte** (s-Karte) – **Spannweitenkarte** (R-Karte)	***p*-Karte** ***np*-Karte**	***c*-Karte** ***u*-Karte**
Vorlauf-QRK mit *Grenzwerten* zur Ermittlung der Prozessfähigkeit **SHEWART-QRK (Prozessregelkarte)** mit *Warn- und Eingriffsgrenzen* zur Prozessregelung bei *fähigen, hinreichend beherrschten* Prozessen – Überwachung, ob der Wert eines Prozessparameters vom vorgegebenen Wert abweicht – Grenzwerte *nicht fest vorgegeben* – sie werden aus den laufenden Prozessdaten oder über einen „Vorlauf" mit festgelegter Stichprobenzahl abgeleitet und über Schätzwerte der Verteilungsparameter der Grundgesamtheit (Mittelwert, Standardabweichung) bestimmt **Annahme-QRK** mit *Eingriffsgrenzen* zur Prozessregelung bei *sicher beherrschten Prozessen* – Überwachung eines Prozesses mit dem Zweck, seine Qualitätsfähigkeit festzustellen – Grenzwerte in Abhängigkeit von vorgegebenen Toleranzwerten *berechnet* bzw. *festgelegt*			*np*-Karte für die Anzahl fehlerhafter Einheiten *p*-Karte für den Anteil fehlerhafter Einheiten Eingabewert: $p = x_i / n_i$ x_i Anzahl der fehlerhaften Einheiten der Stichprobe n_i Stichprobenumfang	*c*-Karte für die Anzahl Fehler je Stichprobe, z.B. Anzahl der Hohlräume in den Schweißnähten *aller* geprüften Behälter *u*-Karte für die Anzahl Fehler je Einheit, z.B. Anzahl der Hohlräume in der Schweißnaht *eines* Behälters

Basis der Prozessüberwachung bei verschiedenen Arten von Qualitätsregelkarten

Kartenart	Basis der Prozessüberwachung
Urwertkarte (x-Karte)	alle oder genau festgelegte Einzelwerte der Stichprobe, zur Ermittlung der Prozessfähigkeit C_p. Eingriff wenn ein x-Wert grenzüberschreitend. $C_p = \frac{T}{6 \cdot \sigma} \approx \frac{T}{6 \cdot \bar{s}}$ $T = OGW - UGW$ $\bar{s} = \sum_{i=1}^{n} s_i$ $C_p < 1$: nicht prozessfähig $1 \le C_p \le 1{,}33$: bedingt prozessfähig $C_p > 1{,}33$: prozessfähig T Toleranz σ Standardabweichung der Grundgesamtheit s Standardabweichung der Stichprobe $\bar{s}$ Mittelwert der Standardabweichungen aus den Stichprobenreihen
Multivariate QRK	zwei oder mehrere Merkmale
Mittelwertkarte	Median oder Durchschnittswert der Stichprobe. Eingriff wenn ein *Mittelwert* grenzüberschreitend oder bei Run, Trend usw. (siehe nächste Seite)
Cusumkarte	Summe der Abweichungen der statistischen Kennwerte von einem Bezugswert (die Summe ist über alle Stichproben nach dem letzten Eingriff zu erstrecken). Jeder eingetragene Wert stellt dabei die Summe aus dem vorangegangenen Wert und der zuletzt festgestellten Abweichung dar
QRK für einen gleitenden Stichprobenkennwert	gleitender Stichprobenkennwert (z.B. gleitender Mittelwert)

Qualitätsregelkarten (QRK) (Fortsetzung)

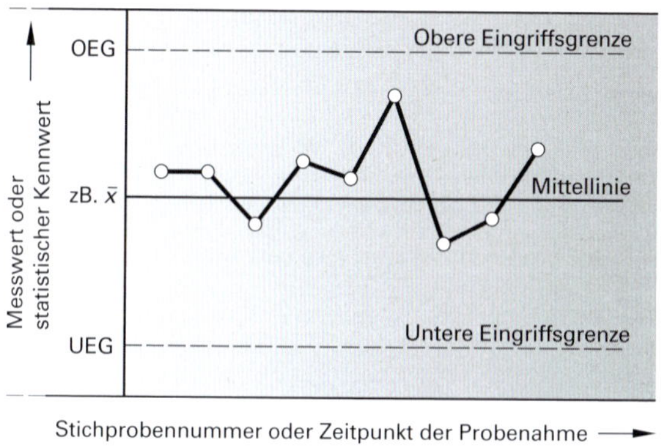

Festlegung der Regelgrenzen:

Bereich:	Ermittlung:
UWG ... OWG	$\bar{x} \pm 2 \cdot \sigma$
UEG ... OEG	$\bar{x} \pm 3 \cdot \sigma$

bei Normalverteilung der Werte

Oder Bereich (häufig) von 99 % der Stichprobenwerte

Im Allgemeinen wird bei Stichprobengrößen $n \geq 125$ $\sigma = s$ gesetzt

Bezeichnungen:

OEG Obere Eingriffsgrenze
UEG Untere Eingriffsgrenze
OWG Obere Warngrenze
UWG Untere Warngrenze

$\bar{x}$ Mittelwert (arithmetischer) einer Stichprobe

s Standardabweichung einer Stichprobe
σ Standardabweichung der Grundgesamtheit (Urwerte)

Eingriffsbedingungen:

Überschreitung: Ein Messpunkt liegt oberhalb der oberen oder unterhalb der unteren Eingriffsgrenze oder zwei von drei aufeinanderfolgenden Messwerten überschreiten eine Warngrenze

Trend: 7 Messpunkte mit etwa linearer Steigung in Richtung eines Grenzwertes (z.B. zunehmende mittlere Aufheizzeit eines Behälters durch Ablagerungen an der Heizfläche) oder 7 Messpunkte in Folge liegen in einem unerwarteten Trend

Run: 7 Messpunkte liegen oberhalb oder unterhalb der Mittelwertlinie (dies deutet auf eine Verschiebung des Prozessmittelwertes hin, z.B. durch die veränderte Konzentration des Zulaufs in einen Reaktor)

Pattern: Eine nicht zufällige Änderung der Messwerte – also die Entwicklung nach einer bestimmten Gesetzmäßigkeit (z.B. periodisches Schwingen um einen Mittelwert durch einen falsch eingestellten Regler)

Middle-Third: Weniger als 40 % oder mehr als 90 % der letzten 25 Mittelwerte liegen im mittleren Drittel der Eingriffsgrenzen. Ersteres deutet auf eine zu breite Verteilung hin, letzteres auf falsche Eingriffsgrenzen oder eine Funktionsstörung.

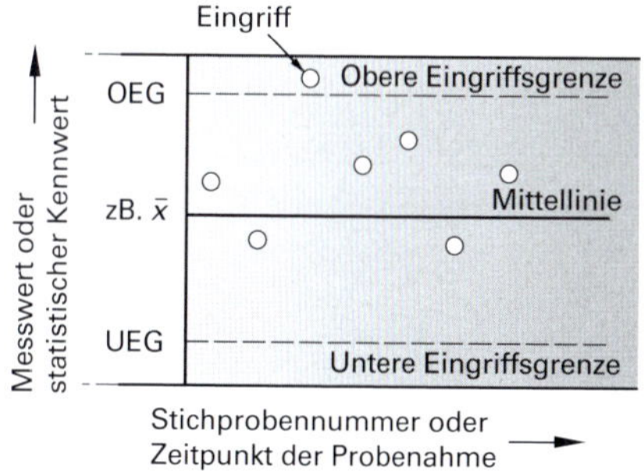

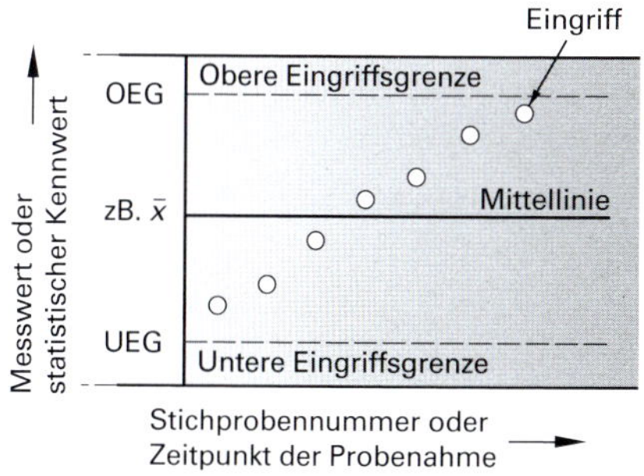

Qualitätsregelkarten (QRK) (Fortsetzung)

Wichtige Begriffe und deren Bedeutung

Begriff	Bedeutung/Definition
Eingriffsgrenze	Oberer oder unterer Grenzwert in einer QRK, bei dessen Über- bzw. Unterschreitung ein Eingriff erfolgen muss.
Warngrenze	Oberer oder unterer Grenzwert in einer QRK, bei dessen Über- bzw. Unterschreitung eine verstärkte Überwachung des Prozesses eingeleitet werden muss.
Mittellinie (Prozessmittelwert)	Linie in einer QRK, die dem Erwartungswert oder einem vorgegebenen Sollwert entspricht (meist arithmetischer Mittelwert μ der Grundgesamtheit, näherungsweise arithmetischer Mittelwert der Stichprobenmittelwerte der verschiedenen Messreihen).
Regelgrenze	Übergeordneter Begriff für Eingriffs-, Warn- oder Annahmegrenze.
Annahmegrenze	Bezeichnung für die Eingriffsgrenze in einer Annahmequalitätsregelkarte.
Vorlauf	Probenahme nach einem genau definierten Verfahren mit dem Ziel, die Parameter der Verteilung der Werte des Untersuchungsmerkmals eines Prozesses schätzen zu können. Dabei sind sowohl die Anzahl der Stichproben als auch deren Umfang festgelegt.
Eingriff	Maßnahme zur Korrektur einer nicht gewollten Prozessveränderung (Qualitätslenkung).
Mittlere Reaktionsdauer	Mittlere Anzahl von produzierten Einheiten oder ausgewerteten Stichproben bis zum Erkennen der Notwendigkeit eines Eingriffs.

Kritische Prozessfähigkeit

Liegt die Mittellinie (der Prozessmittelwert) nicht genau in der Mitte der Toleranzgrenzen, wird zur Beurteilung des Prozesses die kritische Prozessfähigkeit C_{pk} herangezogen:

$$C_{pk} = \text{kleinerer Wert aus } \frac{OGW - \mu}{3 \cdot \sigma} \text{ und } \frac{\mu - UGW}{3 \cdot \sigma}$$

Näherungsweise:

$$C_{pk} = \text{kleinerer Wert aus } \frac{OGW - \bar{\bar{x}}}{3 \cdot \bar{s}} \text{ und } \frac{\bar{\bar{x}} - UGW}{3 \cdot \bar{s}}$$

$C_{pk} < 1$: nicht prozessfähig

$1 \leq C_{pk} \leq 1{,}33$: bedingt prozessfähig

$C_{pk} > 1{,}33$: prozessfähig

μ arithmetischer Mittelwert der Grundgesamtheit

$\bar{x}$ arithmetischer Mittelwert der Stichprobe

$\bar{\bar{x}}$ arithmetischer Mittelwert mehrerer Stichprobenmittelwerte

σ Standardabweichung aus der Grundgesamtheit

$\bar{s}$ Mittelwert der Standardabweichungen aus den Stichprobenreihen

$$\bar{\bar{x}} = \sum_{i=1}^{n} \bar{x}_i$$

$$\bar{s} = \sum_{i=1}^{n} s_i$$

Im abgebildeten Fall wäre die kritische Prozessfähigkeit:

$$C_{pk} = \frac{\bar{\bar{x}} - UGW}{3 \cdot \bar{s}}$$

da

$$\frac{\bar{\bar{x}} - UGW}{3 \cdot \bar{s}} < \frac{\bar{\bar{x}} - OGW}{3 \cdot \bar{s}}$$

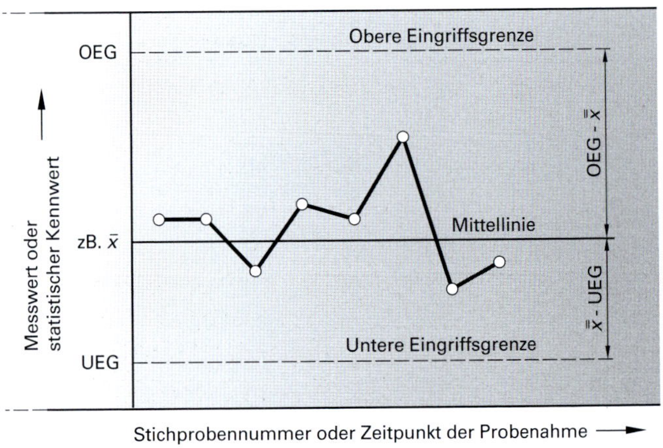

Begriffe, Kennbuchstaben, Formelzeichen und Nennmaße (nach DIN 28105, 2002-04)

Die folgenden Ausführungen gelten für Apparate und Behälter mit zwei gewölbten Böden (Lagerbehälter, Rührkessel, Silos, Wärmeaustauscher usw.)

Volumenbezogene Begriffe, Kennbuchstaben und Formelzeichen

Begriffe	Kenn-buchstaben	Formel-zeichen	Bemerkung
Volumen	V	V	Inneres Volumen einschließlich Stutzen bis zur ersten Verbindung aber ohne innen liegende Bauteile wie Rührer, Stromstörer usw.
Nennvolumen	VN	V_N	Abgerundetes Volumen
Füllungsvolumen	VFL	V_{Fl}	Volumen des eingefüllten flüssigen oder festen Mediums
Maximales Füllungsvolumen	VFLMAX	$V_{Fl,max}$	Darf während des Betriebes nicht überschritten werden (z.B. wegen erreichen eines Auslaufes oder um einen erforderlichen Gaspuffer für ein Inertgas zu behalten)
Minimales Füllungsvolumen	VFLMIN	$V_{Fl,min}$	Darf während des Betriebes nicht unterschritten werden (z.B. um Messgeräte oder Heizflächen nicht trocken laufen zu lassen)

h Höhe für die Ermittlung des Volumens V (gesamtes Innenvolumen des Behälters entsprechend Kennbuchstabe V)

h_{Fl} Höhe für die Ermittlung des Füllungsvolumens V_{Fl} entsprechend Kennbuchstaben VFL

$h_{Fl,max}$ Höhe für die Ermittlung des maximalen Füllungsvolumens $V_{Fl.max}$ entsprechend Kennbuchstaben VFLMAX

$h_{Fl,min}$ Höhe für die Ermittlung des minimalen Füllungsvolumens $V_{Fl.min}$ entsprechend Kennbuchstaben VFLMIN

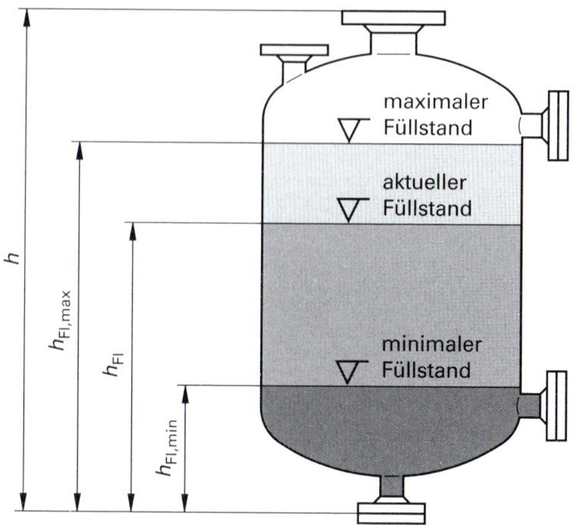

Massenbezogene Begriffe, Kennbuchstaben und Formelzeichen

Begriffe	Kenn-buchstaben	Formel-zeichen	Bemerkung
Betriebsleergewicht	MLB	m_{LB}	Einschließlich aller betriebsmäßigen An- und Einbauten (auch Dämmungen)
Füllungsgewicht	MFL	m_{Fl}	Masse der Füllung
Maximales Betriebsgewicht	MB	m_B	$m_{LB} + m_{Fl,\,max}$
Extremgewicht	ME	m_E	Maximales Gewicht, das auftreten kann (z.B. Fehlfüllung mit höherer Dichte, Eisbildung am Apparat usw.)
Transportgewicht	MT	m_T	Gegebenenfalls mit Stützkonstruktion, An- und Einbauten
Montagegewicht	MM	m_M	Gegebenenfalls mit Stützkonstruktion, An- und Einbauten
Prüfgewicht	MP	m_P	$m_{LB} + m_{Fl,\,Prüfmedium}$

Lagerbehälter und Rührkessel

Nenndurchmesser und Nennvolumen (nach DIN 28105, 2002-04)

Nenndurchmesser für **Apparate und Behälter mit zwei gewölbten Böden** (Lagerbehälter, Rührkessel, Silos, Wärmeaustauscher usw.

Nenndurchmesser 100 bis 500

Nenndurchmesser	100	125	150	200	250	300	350	400	500
Außendurchmesser d_a in mm	114	140	168	219	273	324	355	406	508

Nennvolumen der Apparate in m³ (Hinterlegte bevorzugt)

Länge *L* in m	Nenndurchmesser *d* in mm																		
	600	700	800	900	1000	1100	1200	1400	1600	1800	2000	2200	2400	2600	2800	3000	3200	3600	4000
0,7			0,25																
0,8	0,16																		
0,9		0,25		0,4															
1,0																			
1,1	0,25		0,4																
1,2					0,63		1												
1,4		0,4		0,63		1	1,25	1,6											
1,6			0,63			1,25			2,5										
1,8	0,4				1		1,6	2		3,2									
2,0				1	1,25	1,6		2,5	3,2	4									
2,2		0,63					2				5								
2,5	0,63		1	1,25	1,6	2		3,2	4	5	6,3								
2,8			1,25	1,6			2,5					8							
3,2		1			2	2,5	3,2	4	5	6,3	8	10		12,5					
3,6		1,25	1,6	2									12,5		16	20			
4,0					2,5	3,2	4	5	6,3	8	10	12,5		16	20		25		
4,5			2	2,5					8	10			16	20		25		32	
5,0					3,2	4	5	6,3			12,5	16			25		32		40
5,6								8	10	12,5			20	25		32		40	50
6,4						5	6,3				16	20	25		32		40	50	
7,2								10	12,5	16	20			32		40	50		63
8,0												25	32		40	50		63	80
9,0									16	20	25			40	50		63		
10,0												32	40			63		80	100
11,0														50	63				
12,5												40	50				80	100	
14,0														63		80	100		
16,0															80	100			
18,0														80	100				

Befahren von Behältern, Silos und engen Räumen 1 – Gefahren und Ursachen

Die folgenden Ausführungen orientieren sich an den **berufsgenossenschaftlichen Regeln für Sicherheit und Gesundheit bei der Arbeit.**

Einsteigen und Einfahren in Behälter, Silos und enge Räume sind gefährliche Arbeiten nach § 8 der Unfallverhütungsvorschrift (BGV A1) und § 22 des Jugendarbeitsschutzgesetzes. **Hier besteht ein Beschäftigungsverbot für Jugendliche.**

Gefährdung durch **Stoffe**	Gefährdung durch **Einrichtungen**	Gefährdung durch **Behinderungen**	Gefährdung durch **psychische Belastung**
z.B. Vergiftung, Verätzung, Verbrennung, Erstickung, Kontaminierung durch noch im Behälter befindliche oder absichtlich oder versehentlich zugeführte Stoffe und Zubereitungen	z.B. Verletzung durch bewegliche, heiße, spannungsführende und scharfkantige Bauteile, Absturz, Versinken oder Verschütten	z.B. Versperrung von Fluchtmöglichkeiten oder Erschwerung und Verzögerung der Fluchtzeit	z.B. Unkontrollierte persönliche Reaktionen infolge einer neurotischen Störung (Höhenangst, Platzangst usw.)
Ursachen z.B.: chemische Reaktionen zwischen Reinigungsmedien und Reststoffen im Behälter (z.B. Boden- und Wandablagerungen) im Behälter noch vorhandene Gefahrstoffe (Flüssigkeitsreste, Restgase und -dämpfe oder Anbackungen), die als Gase, Dämpfe oder Stäube eingeatmet oder durch Kontakt über die Haut aufgenommen werden oder zu Verätzungen oder allergischen Reaktionen führen Brände und Explosionen die durch Zündquellen (Funken, Schweißbrenner, Reibungswärme) oder chemische Reaktionen ausgelöst werden biologische Vorgänge (Gärung, Faulprozess usw.), die giftige Dämpfe erzeugen Sauerstoffmangel, z.B. durch im Behälter verbliebene Spülgase oder Inertgase, durch Ausdunstungen von Reststoffen im Behälter oder durch entstehende Gase bei Fäulnis- oder Gärprozessen die Sauerstoff verdrängen (z.B. CO_2) Eindringen von gefährlichen Stoffen in den Behälter durch undichte Absperrungen oder versehentliches Öffnen von Zuleitungen noch vorhandene Strahlungsquellen (z.B. kontaminierte Materialien)	*Ursachen* z.B.: Kontakt mit spannungsführenden Bauteilen Kontakt mit bewegten Teilen (Rührorganen und Rührerwellen, Förderschnecken, Schälmessern) Kontakt mit Heizflächen (Heizstäbe, Heizrohrschlangen, beheizte Behälterwände, Heizspiralen) oder Reibungsflächen Kontakt mit Schneidmessern, Glasbruch, korrodierten Metallen und Verschleißteilen ungeeignete Hilfsmittel zum Absteigen nicht gesicherte Zu- oder Ableitungen ungesichertes Betreten von Schüttungen	*Ursachen* z.B.: behindernde Gerüste zu enge Zutrittsöffnungen Stromstörer eingebrachte Geräte versehentlich oder selbsttätig geschlossene oder verstellte Zugänge	*Ursachen* z.B.: tiefe Abstiege enge Räume oder Durchgänge

Gefährdung durch **schlechte Organisation**	Gefährdung durch **unzureichende Rettungsmaßnahmen**
Ursachen z.B.: fehlende Sicherungsposten oder Aufsichtsführende unzureichende Sicherungsmaßnahmen (Sicherungsketten, Bereitstellen von Atemschutzgeräten usw.) unzureichende Unterweisung oder Kompetenz des Personals fehlende oder unzureichende Betriebsanweisungen fehlende Gefahren- bzw. Risikoanalysen Überlastung oder Überforderung von Personal mangelhafte persönliche Schutzausrüstung	*Ursachen* z.B.: fehlende Rettungsausrüstung fehlende Übung des Rettungspersonals mangelhafte Unterweisung und Inforation des Rettungspersonals fehlende oder ungeeignete Rettungswege fehlende oder schlecht zugängliche Notruf- und Kommunikationssysteme

Befahren von Behältern, Silos und engen Räumen 2 – Gefahren und Maßnahmen

Die folgenden Ausführungen orientieren sich an den **berufsgenossenschaftlichen Regeln für Sicherheit und Gesundheit bei der Arbeit.**

Einsteigen und Einfahren in Behälter, Silos und enge Räume sind gefährliche Arbeiten nach § 8 der Unfallverhütungsvorschrift (BGV A1) und § 22 des Jugendarbeitsschutzgesetzes. **Hier besteht ein Beschäftigungsverbot für Jugendliche.**

Gefährdung durch **Stoffe**	Gefährdung durch **Einrichtungen**	Gefährdung durch **Behinderungen**	Gefährdung durch **psychische Belastung**
z.B. Vergiftung, Verätzung, Verbrennung, Erstickung, Kontaminierung durch noch im Behälter befindliche oder absichtlich oder versehentlich zugeführte Stoffe und Zubereitungen	z.B. Verletzung durch bewegliche, heiße, spannungsführende und scharfkantige Bauteile, Absturz, Versinken oder Verschütten	z.B. Versperrung von Fluchtmöglichkeiten oder Erschwerung und Verzögerung der Fluchtzeit	z.B. Unkontrollierte persönliche Reaktionen infolge einer neurotischen Störung (Höhenangst, Platzangst usw.) oder Schwäche- und Schwindelanfälle infolge körperlicher Überbeanspruchung
Vorbeugende Maßnahmen z.B.: Behälter vor dem Befahren so weit wie möglich entleeren und vorreinigen alle Zu- und Ableitungen vom Behälter trennen (Blindflansche, Steckscheiben) Behälter freimessen (z.B. mit 4-Kanal-Messgerät CH_4, O_2, H_2S und CO_2 bestimmen oder auf andere relevante Gefahrstoffe mit geeigneten Messmethoden prüfen) und evtl. während der Arbeiten permanent durch Messung (z.B. Sauerstoffgehalt) überwachen Behälter entgasen und für ausreichende Belüftung sorgen (evtl. technische Belüftung mit Gebläsen usw.) evtl. Behälter inertisieren, desinfizieren oder sterilisieren Funkenbildung und offenes Feuer vermeiden (z.B. funkensichere Werkzeuge benutzen) geeignete persönliche Schutzausrüstung verwenden geeignetes Atemschutzgerät verwenden (Sauerstoffatmer, Pressluftatmer, Sauerstoffselbstretter keine Druckgasflaschen in den Behälter einbringen	*Vorbeugende Maßnahmen* z.B.: Antriebe und Steuerungen stromlos schalten und gegen unbeabsichtigtes Anlaufen und unbefugtes Anschalten sichern (Hinweisschilder, Entfernen der Sicherungen, Sicherheitsverriegelungen betätigen usw.) Rührer, Schnecken, Knethaken usw. gegebenenfalls mechanisch blockieren heiße Flächen genügend lange abkühlen lassen und gegen erneutes Erhitzen sichern geeignete Abstiegshilfen benutzen und Personen gegen Absturz sichern (Sicherungsseil bzw. Sicherungskette) Schweißstromquellen außerhalb des Behälters platzieren und nur geeignete verwenden	*Vorbeugende Maßnahmen* z.B.: Freihalten der Fluchtwege (Sicherungsposten einsetzen, Hinweisschilder) sinnvolles Aufstellen von Gerüsten Klappen und andere Verschlusseinrichtungen gegen Zufallen sichern Hilfsmittel und eingebrachte Geräte sinnvoll im platzieren	*Vorbeugende Maßnahmen* z.B.: Personen vor dem Einsatz bezüglich neurotischer Störungen befragen und insbesondere beim ersten Einsatz Verhalten beobachten Arbeitsabläufe sinnvoll planen (ausreichende Pausen, begrenzte Arbeitszeiten, Hilfmittel zur Bewältigung schwerer Lasten usw.) geeignete Zugangsverfahren zum Behälter wählen Bedingungen herbeiführen, die eine belastende PSA überflüssig machen

Gefährdung durch **schlechte Organisation**	Gefährdung durch **unzureichende Rettungsmaßnahmen**
Vorbeugende Maßnahmen z.B.: Berufung eines Aufsichtsführenden Einsatz von Sicherungsposten Einführung und Verwendung von Erlaubnisscheinen geeignete persönliche Schutzausrüstungen bereitstellen bei der Anlagenplanung und bei der Planung des Betriebsablaufes die Belange des Befahrens von Behältern berücksichtigen Arbeitsbühnen über Schüttungen einrichten ausführliche Unterweisung aller beteiligten Personen (auch und besonders der Personen von Fremdfirmen)	*Vorbeugende Maßnahmen* z.B.: geeignete Rettungsgeräte, Berge- und Transportmittel vor Ort bereithalten häufige Rettungsübungen durchführen Retter spezifisch schulen und mit ausreichend Informationen versehen Rettungswege und Rettungsabläufe festlegen Notsignale vereinbaren Kommunikationsmöglichkeiten zwischen Personen im Behälter oder Silo und Personen außerhalb gewährleisten

Füllvolumen von Lagerbehältern

Ungefähres Füllvolumen teilgefüllter liegender zylindrischer Behälter (beidseitig Klöpperböden)
(siehe auch S. 41 und S. 43)

h in mm	Flüssigkeitsvolumen in V_K in m³ bei D in mm: 1000	1250	1600	2000	2500	2900
50	0,00167	0,00216	0,00290	0,00384	0,00520	0,00645
100	0,00594	0,00771	0,01028	0,01331	0,01726	0,02059
150	0,01240	0,01615	0,02159	0,02803	0,03634	0,04315
200	0,02084	0,02721	0,03645	0,04741	0,06159	0,07323
250	0,03104	0,04069	0,05464	0,07116	0,09256	0,11018
300	0,04275	0,05637	0,07595	0,09907	0,12900	0,15365
350	0,05570	0,07401	0,10017	0,13095	0,17069	0,20343
400	0,06959	0,09333	0,12707	0,16657	0,21744	0,25929
450	0,08414	0,11405	0,15638	0,20571	0,26903	0,32103
500	0,09901	0,13589	0,18784	0,24812	0,32525	0,38846
550	0,11388	0,15855	0,22118	0,29357	0,38587	0,46135
600	0,12843	0,18170	0,25608	0,34177	0,45066	0,53949
650	0,14232	0,20501	0,29227	0,39246	0,51936	0,62264
700	0,15527	0,22816	0,32946	0,44533	0,59170	0,71056
750	0,16697	0,25083	0,36730	0,50010	0,66744	0,80300
800	0,17717	0,27266	0,40547	0,55646	0,74627	0,89970
850	0,18562	0,29339	0,44364	0,61419	0,82791	1,00039
900	0,19208	0,31271	0,48148	0,67288	0,91208	1,10479
950	0,19635	0,33034	0,51867	0,73222	0,99846	1,21261
1000		0,34602	0,55486	0,79189	1,08675	1,32358
1100		0,37057	0,62310	0,91090	1,26810	1,55371
1200		0,38456	0,68387	1,02732	1,45333	1,79291
1300			0,73499	1,13845	1,63986	2,03876
1400			0,77449	1,24201	1,82509	2,28850
1500			0,80067	1,33566	2,00644	2,53954
1600				1,41722	2,18111	2,78928
1700				1,48471	2,34692	3,03513
1800				1,53638	2,50149	3,27433
1900				1,57048	2,64253	3,50446
2000					2,76794	3,72325
2100					2,87575	3,92833
2200					2,96419	4,11747
2300					3,03161	4,28855
2400					3,07593	4,43958
2500						4,56875
2600						4,67438
2700						4,75480
2800						4,80745

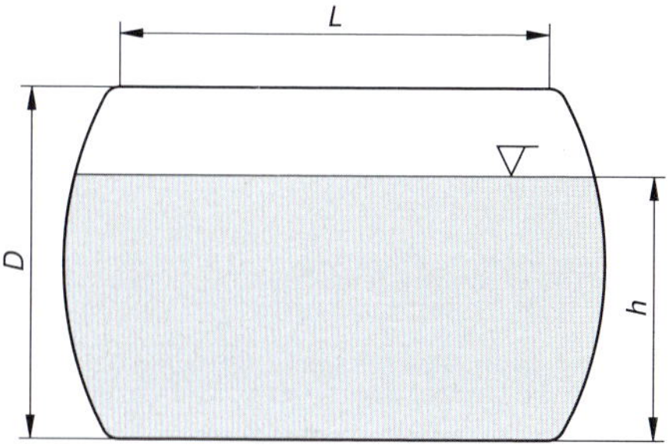

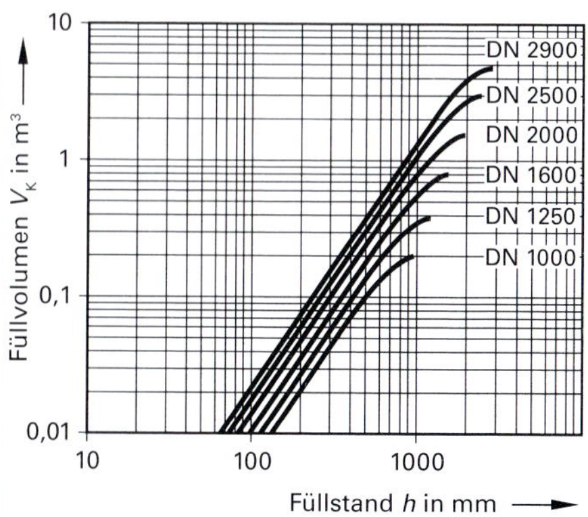

Die Tabelle und das Diagramm geben nur den Volumeninhalt V_K in den Klöpperböden an (ohne den zylindrischen Mittelteil).

Das gesamte Füllvolumen V (in m³) errechnet sich in Abhängigkeit vom der Länge L des gesamten zylindrischen Teils nach folgender Formel:

$$V = V_K + \left[\frac{D^2}{4}\cdot \text{acos}\left(1-\frac{2\cdot h}{D}\right) - \sqrt{h\cdot D - h^2}\cdot\left(\frac{D}{2}-h\right)\right]\cdot L$$

Alle Größen in m bzw. m³ einsetzen!

B Gesucht ist das ungefähre Füllvolumen, wenn in einem liegenden zylindrischen Tank mit Klöpperböden (D = 1600 mm, L = 1,5 m) die Flüssigkeit 80 cm hoch steht.

$$V = 0{,}40547\ \text{m}^3 + \left[\frac{(1{,}6\ \text{m})^2}{4}\cdot \text{acos}\left(1-\frac{2\cdot 0{,}8\ \text{m}}{1{,}6\ \text{m}}\right) - \sqrt{0{,}8\ \text{m}\cdot 1{,}6\ \text{m} - (0{,}8\ \text{m})^2}\cdot\left(\frac{1{,}6\ \text{m}}{2} - 0{,}8\ \text{m}\right)\right]\cdot 1{,}5\ \text{m}$$

$\boldsymbol{V = 1{,}9\ \text{m}^3}$

Füllvolumen von Lagerbehältern (Fortsetzung)

Ungefähres Füllvolumen teilgefüllter liegender zylindrischer Behälter (beidseitig Korbbogenböden)
(siehe auch S. 41 und S. 43)

h in mm	Flüssigkeitsvolumen in V_K in m^3 bei D in mm 1000	1250	1600	2000	2500	2900
50	0,00214	0,00277	0,00375	0,00501	0,00690	0,00870
100	0,00773	0,00998	0,01322	0,01706	0,02214	0,02648
150	0,01630	0,02113	0,02808	0,03623	0,04670	0,05534
200	0,02750	0,03580	0,04774	0,06177	0,07976	0,09444
250	0,04101	0,05368	0,07185	0,09320	0,12061	0,14300
300	0,05652	0,07446	0,10012	0,13020	0,16881	0,20039
350	0,07364	0,09782	0,13223	0,17247	0,22405	0,26625
400	0,09201	0,12338	0,16787	0,21970	0,28603	0,34025
450	0,11123	0,15079	0,20668	0,27158	0,35445	0,42211
500	0,13086	0,17968	0,24831	0,32779	0,42899	0,51152
550	0,15049	0,20961	0,29239	0,38797	0,50936	0,60818
600	0,16970	0,24016	0,33858	0,45176	0,59521	0,71178
650	0,18808	0,27093	0,38643	0,51880	0,68620	0,82200
700	0,20520	0,30149	0,43554	0,58872	0,78200	0,93850
750	0,22070	0,33142	0,48549	0,66119	0,88221	1,06094
800	0,23422	0,36030	0,53586	0,73574	0,98648	1,18897
850	0,24542	0,38771	0,58623	0,81196	1,09443	1,32223
900	0,25398	0,41328	0,63618	0,88944	1,20577	1,46035
950	0,25958	0,43663	0,68528	0,96776	1,32005	1,60294
1000		0,45742	0,73314	1,04651	1,43684	1,74963
1100		0,48996	0,82340	1,20358	1,67627	2,05412
1200		0,50832	0,90384	1,35728	1,92075	2,37029
1300			0,97160	1,50430	2,16691	2,69484
1400			1,02398	1,64126	2,41138	3,02444
1500			1,05850	1,76523	2,65081	3,35573
1600				1,87332	2,88188	3,68533
1700				1,96282	3,10117	4,00988
1800				2,03124	3,30566	4,32605
1900				2,07596	3,49244	4,63054
2000					3,65866	4,91982
2100					3,80162	5,19120
2200					3,91884	5,44167
2300					4,00789	5,66839
2400					4,06551	5,86865
2500						6,03991
2600						6,17978
2700						6,28572
2800						6,35368

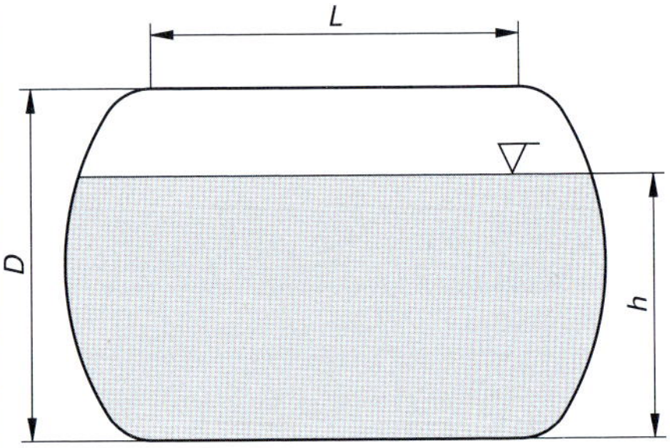

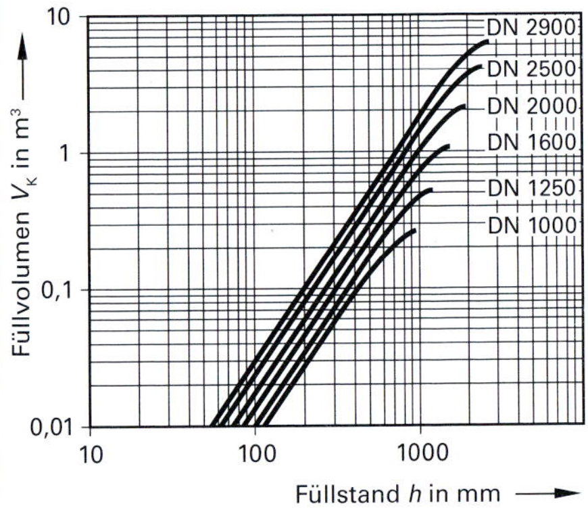

Die Tabelle und das Diagramm geben nur den Volumeninhalt V_K in den Korbbogenböden an (ohne den zylindrischen Mittelteil).

Das gesamte Füllvolumen V (in m^3) errechnet sich in Abhängigkeit vom der Länge L des gesamten zylindrischen Teils nach folgender Formel:

$$V = V_K + \left[\frac{D^2}{4} \cdot \mathrm{acos}\left(1 - \frac{2 \cdot h}{D}\right) - \sqrt{h \cdot D - h^2} \cdot \left(\frac{D}{2} - h\right)\right] \cdot L$$

Alle Größen in m bzw. m^3 einsetzen!

B Gesucht ist das ungefähre Füllvolumen, wenn in einem liegenden zylindrischen Tank mit Korbbogenböden ($D =$ 1250 mm, $L =$ 0,9 m) die Flüssigkeit 65 cm hoch steht.

$$V = 0{,}27093\ m^3 + \left[\frac{(1{,}25\ m)^2}{4} \cdot \mathrm{acos}\left(1 - \frac{2 \cdot 0{,}65\ m}{1{,}25\ m}\right) - \sqrt{0{,}65\ m \cdot 1{,}25\ m - (0{,}65\ m)^2} \cdot \left(\frac{1{,}25\ m}{2} - 0{,}65\ m\right)\right] \cdot 0{,}9\ m = \mathbf{0{,}85\ m^3}$$

Füllvolumen von Lagerbehältern (Fortsetzung)

Ungefähres Füllvolumen teilgefüllter liegender zylindrischer Behälter (beidseitig Halbkugelböden)
(siehe auch S. 41 und S. 43)

h in mm	Flüssigkeitsvolumen in V_K in m³ bei *D* in mm 1000	1250	1600	2000	2500	2900
50	0,00380	0,00478	0,00615	0,00772	0,00969	0,01126
100	0,01466	0,01859	0,02409	0,03037	0,03822	0,04451
150	0,03181	0,04064	0,05301	0,06715	0,08482	0,09896
200	0,05445	0,07016	0,09215	0,11729	0,14870	0,17383
250	0,08181	0,10636	0,14072	0,17999	0,22907	0,26834
300	0,11310	0,14844	0,19792	0,25447	0,32515	0,38170
350	0,14752	0,19563	0,26298	0,33995	0,43616	0,51313
400	0,18431	0,24714	0,33510	0,43563	0,56130	0,66183
450	0,22266	0,30218	0,41351	0,54075	0,69979	0,82702
500	0,26180	0,35997	0,49742	0,65450	0,85085	1,00793
550	0,30094	0,41973	0,58604	0,77610	1,01369	1,20375
600	0,33929	0,48066	0,67858	0,90478	1,18752	1,41372
650	0,37607	0,54199	0,77427	1,03974	1,37157	1,63703
700	0,41050	0,60292	0,87232	1,18019	1,56504	1,87291
750	0,44179	0,66268	0,97193	1,32536	1,76715	2,12057
800	0,46914	0,72047	1,07233	1,47445	1,97711	2,37923
850	0,49179	0,77552	1,17273	1,62669	2,19414	2,64810
900	0,50894	0,82702	1,27235	1,78128	2,41746	2,92639
950	0,51980	0,87421	1,37039	1,93745	2,64627	3,21333
1000		0,91630	1,46608	2,09440	2,87979	3,50811
1100		0,98201	1,64724	2,40751	3,35784	4,11810
1200		1,01788	1,80956	2,71434	3,84531	4,75009
1300			1,94674	3,00860	4,33592	5,39778
1400			2,05251	3,28401	4,82339	6,05490
1500			2,12057	3,53429	5,30144	6,71515
1600				3,75316	5,76378	7,37227
1700				3,93432	6,20412	8,01996
1800				4,07150	6,61619	8,65195
1900				4,15842	6,99371	9,26194
2000					7,33038	9,84366
2100					7,61993	10,39082
2200					7,85608	10,89714
2300					8,03253	11,35633
2400					8,14301	11,76212
2500						12,10822
2600						12,38835
2700						12,59622
2800						12,72554

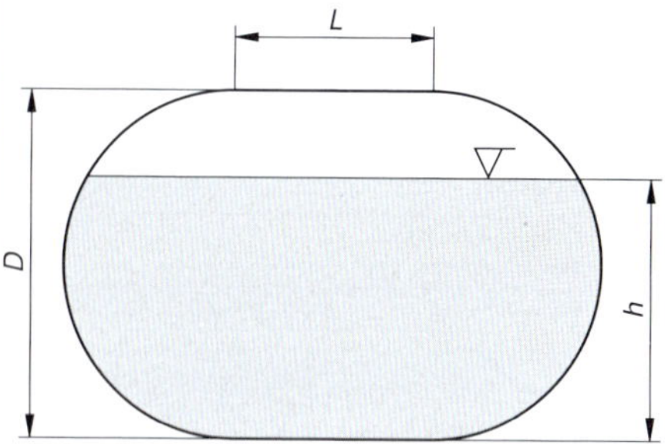

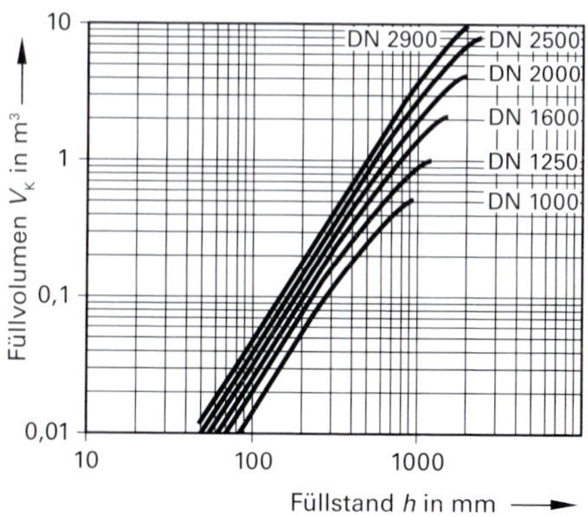

Die Tabelle und das Diagramm geben nur den Volumeninhalt V_K in den Halbkugelböden an (ohne den zylindrischen Mittelteil).

Das gesamte Füllvolumen *V* (in m³) errechnet sich in Abhängigkeit vom der Länge *L* des gesamten zylindrischen Teils nach folgender Formel:

$$V = V_K + \left[\frac{D^2}{4} \cdot \operatorname{acos}\left(1 - \frac{2 \cdot h}{D}\right) - \sqrt{h \cdot D - h^2} \cdot \left(\frac{D}{2} - h\right)\right] \cdot L$$

Alle Größen in m bzw. m³ einsetzen!

B Gesucht ist das ungefähre Füllvolumen, wenn in einem liegenden zylindrischen Tank mit Halbkugelböden (*D* = 2000 mm, *L* = 1,6 m) die Flüssigkeit 45 cm hoch steht

$$V = 0{,}54\ \text{m}^3 + \left[\frac{(2{,}00\ \text{m})^2}{4} \cdot \operatorname{acos}\left(1 - \frac{2 \cdot 0{,}45\ \text{m}}{2{,}00\ \text{m}}\right) - \sqrt{0{,}45\ \text{m} \cdot 2{,}00\ \text{m} - (0{,}45\ \text{m})^2} \cdot \left(\frac{2{,}00\ \text{m}}{2} - 0{,}45\ \text{m}\right)\right] \cdot 1{,}6\ \text{m} = \mathbf{1{,}39\ m^3}$$

Bauteile – Benennungen

(nach DIN 28130, 2007-07)

Die Benennungen gelten für **Rührbehälter mit Deckel** (zweiteilig), **Einstückrührbehälter** und **emaillierte Ausführungen** der beiden Grundtypen.

Nr.	Benennung	Bemerkung
1	oberer Boden	evtl. emailliert, mit Deckelstutzen, gewölbter Boden (Klöpperboden oder Korbbogenboden)
1a	Kalotte des oberen Bodens	Form einer Kugelkalotte
1b	Krempe des oberen Bodens	
2	Behälterzarge	evtl. emailliert oder plattiert
3	unterer Boden	evtl. emailliert oder plattiert, gewölbter Boden (Klöpperboden oder Korbbogenboden)
4	Stutzen	evtl. emailliert oder plattiert
5	Mannloch	mit Mannloch- bzw. Klappverschlüssen
6	Rührwerkflansch	Gegenstück: Montageflansch des Rührantriebs
7	Behälterflansch	bei Behältern mit Deckel, nicht bei Einstückbehältern
8	Anschluss[stutzen] für Auslaufarmatur	Auslaufstutzen
9	Mantelzarge	
10	obere Mantelkrempe	mit Entlüftungsstutzen
11	Mantelboden	
12	Mantelstutzen	
13	Stromtasche	nur in bestimmten Fällen erforderlich
14	untere Mantelkrempe	
15	Halbrohrschlange	
16	Fester Tragring	
17	Loser Tragring	
18	Pratze	
18a	IPB-Profil	
19	Apparatefuß aus Rohr	
20	Apparatefuß aus Profilstahl	
21	Tragöse	
22	Traglasche	
23	Schilderbrücke	
24	Antriebsmotor	Elektromotor oder Hydraulikmotor
25	Getriebe	z.B. Zahnradgetriebe, Riementrieb oder mechanisches oder hydraulisches Verstellgetriebe
26	Rührwerklaterne	für Rührerantriebe
27	Kupplung	z.B. Scheibenkupplung oder Schalenkupplung
28	Gleitringdichtung	oder Stopfbuchsendichtung

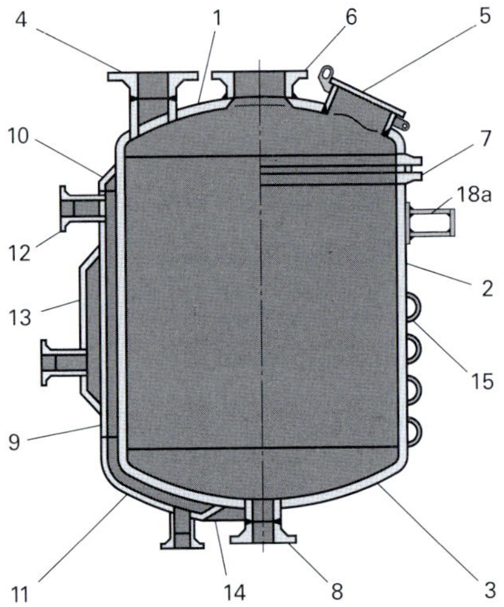

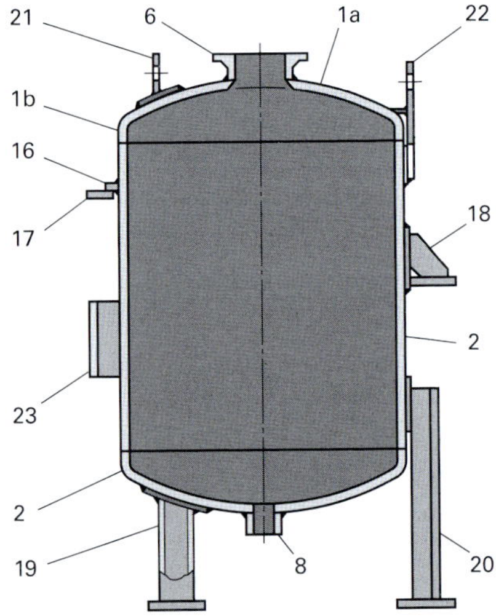

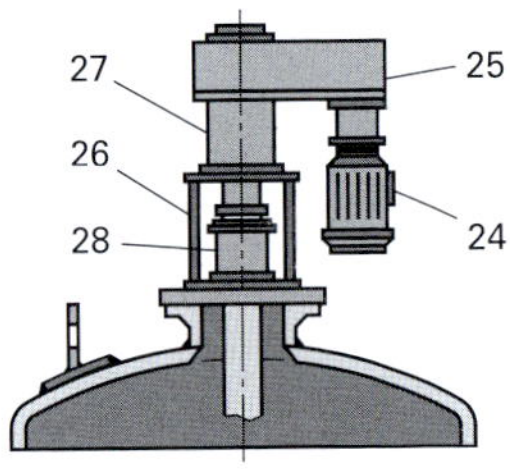

Lagerbehälter und Rührkessel

VT

Behälterkennzeichnung

(AD 2000-Merkblatt A 401 und VDI 2263, Blatt 3, 1990-05)

Folgende Behälter **müssen dauerhaft mit einer Behälterkennzeichnung** entsprechend AD 2000-Merkblatt A 401 versehen werden:

- **Druckbehälter** nach **EG-Druckgeräterichtlinie** (DGRL)
- **Behälter nach** der (inzwischen aufgehobenen) **Verordnung über brennbare Flüssigkeiten** (VbF)
- **druckstoßfeste Behälter**
- **Tankcontainer**
- **Behälter nach der Verordnung über Anlagen zum Umgang mit wassergefährdenden Stoffen und über Fachbetriebe(VAwS)**

Die Kennzeichnung soll durch **Einprägen** auf einem **Behälterschild** erfolgen. Ist dies nicht möglich oder sinnvoll (z.B. bei kleinen Behältern) können die Angaben **direkt auf dem Behälterkörper,** im Sonderfall auch auf einem **unlösbar mit dem Behälter verbundenen Bauteil** (z.B. einem Behälterflansch) angebracht werden. **Schrifthöhe mindestens 6 mm;** Schilderwerkstoff: **nichtrostender Stahl** oder **Kupferlegierung.**

Das Behälterschild wird in der Regel auf eine **Schilderbrücke** (ein mit dem Behälter verschweißtes Trägerblech) genietet, mit **Kupfernieten nach DIN 674.** Handelt es sich um Behälter aus nichtmetallischen Werkstoffen sind die Schilder in einer geeigneten Weise derart zu befestigen, dass auch hier ein Ablösen nicht ohne Beschädigung möglich ist.

Das Behälterschild muss nach VDI 2260 folgende Angaben enthalten:

Herstellerangaben	Betreiberangaben
Name und Sitz des Herstellers Behälternummer des Herstellers Baujahr zulässiger Betriebsüberdruck (in bar) zulässige Betriebstemperatur (in °C) Behälterinhalt (in Liter) CE-Kennzeichnung (Produktsicherheit nach EU-Recht)	Betreiberspezifische Behälterkennzeichnung – Firmenname oder Firmenlogo und – Betreiberspezifische Behälternummer

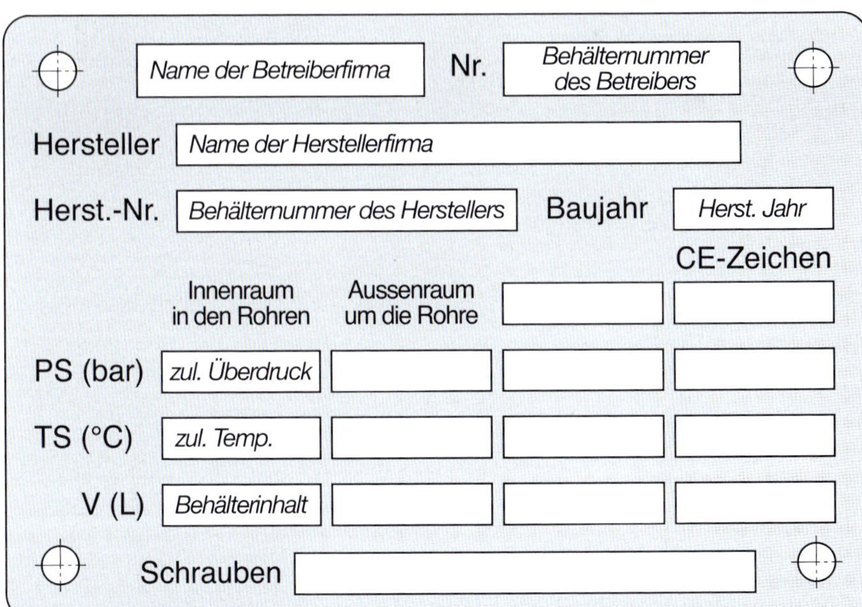

Beispiel eines Behälterschildes (Ausführungsvorschlag nach Guideline Technik 70-0087 und VDI 2263 Blatt 3)

Anfahren (Inbetriebnahme) von Pumpen

Verschiedene Pumpenbauarten erfordern eine unterschiedliche Handhabung bei der Inbetriebnahme (beim „Anfahren") der Pumpen. Im Wesentlichen ist hier bei **Kreiselpumpen** und **Verdrängerpumpen** unterschiedlich zu verfahren. Die unterschiedlichen (üblichen) Vorgehensweisen sind in der folgenden Tabelle zusammengestellt. Sie erhebt keinen Anspruch auf Vollständigkeit und Ausschließlichkeit. Spezielle Bauformen können eine individuelle (auch abweichende) Handlungsweise erfordern. Verbindlich sind letztlich die Herstellerangaben (der Pumpe zugeordnete Handbücher und Betriebsanleitungen).

Kreiselpumpe	Verdrängerpumpe
Grundsatz: Das Pumpengehäuse muss vor der Inbetriebnahme vollständig geflutet sein, da sonst keine Schmierung und Kühlung der Gleitringdichtung gewährleistet ist und die Förderleistung unkontrolliert reduziert wird. Im ungünstigsten Fall kommt es zum Abriss der Flüssigkeitssäule auf der Saugseite. Die Pumpe wird i. Allg. gegen eine geschlossene Armatur auf der Druckseite angefahren.	***Grundsatz:*** Die Pumpe darf nicht bei geschlossenen Armaturen auf der Druckseite und auf der Saugseite angefahren werden. Ein Trockenlauf muss i. Allg. unbedingt vermieden werden (Pumpengehäuse vor dem Anfahren fluten, Saugleitung so verlegen oder Pumpe so platzieren, dass nach dem Abstellen ein selbsttätiges Leerlaufen nicht möglich ist). Stillstehende Pumpe nicht als Absperrorgan benutzen und nicht einseitig mit hohem Druck beaufschlagen.
Inbetriebnahme (Anfahren): **Unbedingt Betriebsanleitung beachten!** 1. Öffnen der Entlüftungsarmatur oberhalb der Pumpe (sofern vorhanden), evtl. Leitungssystem entlüften 2. Öffnen der Armatur auf der Saugseite, bis Pumpengehäuse geflutet (erkennbar z.B. am Austritt der Flüssigkeit aus der Entlüftungsarmatur). Die Ansaugarmatur muss in der Regel vollständig geöffnet sein (sonst Kavitationsgefahr und Nichterreichen des gewünschten Volumenstroms bzw. der gewünschten Förderhöhe und Überhitzung der Pumpe möglich!) 3. Entlüftungsarmatur schließen 4. Prüfen ob druckseitige Absperrarmatur geschlossen ist (wenn nicht, unbedingt schließen) 5. Pumpe anschalten (Anlagendruck auf der Druckseite muss ansteigen, andernfalls sofort wieder abschalten) 6. Armatur auf der Druckseite so weit öffnen, dass sich der gewünschte Volumenstrom einstellt. 7. Regelung des Volumenstroms mit der Armatur auf der Saugseite vermeiden (Kavitationsgefahr!) 8. Armatur auf der Druckseite nicht zu weit schließen (Gefahr der Überhitzung der Pumpe!)	***Inbetriebnahme*** (Anfahren): **Unbedingt Betriebsanleitung beachten!** 1. Pumpe mit Fördermedium fluten (je nach Bauart und Pumpenanordnung erforderlich – beschleunigt außerdem das Ansaugen) 2. Lange Saugleitungen müssen vor der ersten Inbetriebnahme komplett gefüllt werden. 3. Saug- und Druckseitenarmatur vollständig öffnen, gegebenen falls auch Verbraucher auf der Druckseite (Pumpe darf nicht gegen eine geschlossene Sperre laufen, Ausnahme: geschlossene Rückschlagarmatur die bei erreichen eine bestimmten Drucks den Weg in die Druckleitung öffnet). Bei hoher spezifischer Drehzahl ist evtl. Anfahren bei entleerter Druckleitung erforderlich oder es muss eine Teilmenge über einen Bypass geführt werden. Bei größeren Pumpenleistungen evtl. Anfahren gegen geschlossene Druckseitenarmatur aber nur bei geöffneten Mindestmengenventil (sonst Gefahr der Verdampfung von Flüssigkeit in der Pumpe) 4. Evtl. die Drehrichtung der Pumpe kontrollieren 5. Pumpe anschalten und sofort das Saugvermögen (den Saugdruck bzw. den Ansaugvolumenstrom) kontrollieren. Trockenlauf vermeiden. 6. Drehzahl der Pumpe kontrollieren und gewünschten Volumenstrom über die Drehzahl oder den Kolbenhub (bauartabhängig) einstellen.
Außerbetriebnahme: – Armatur auf der Druckseite schließen – Pumpe abschalten – Nach völligem Stillstand der Pumpe Armatur auf der Saugseite schließen – Bei vorhandenem Rückschlagventil in der Druckleitung kann die Absperrarmatur geöffnet bleiben	***Außerbetriebnahme:*** – Pumpe abschalten – Armaturen schließen – Bei längerem Stillstand und bei Frostgefahr evtl. Pumpe entleeren und von der Stromversorgung trennen.

Kennzeichnung von Rohrleitungen und ortsbeweglichen Gasflaschen

Die Kennzeichnung von **Rohrleitungen** nach dem Durchflussstoff erfolgt nach DIN 2403, 2014-06, durch

- **Anstrich** in der Gruppenfarbe und Beschriftung,
- **Bänder** in der Gruppenfarbe mit Beschriftung (z.B. selbstklebende Folienbänder) oder
- **Schilder** (z.B. aus Kunststoff, Metall oder Email)

Für die Kennzeichnung der Bilder sind verbindlich:

1. generelle Angaben:

Gruppen- und Zusatzfarbe des Durchflussstoffes nach Tabelle, **Durchflussrichtung** (Pfeil in der *Schriftfarbe* oder *Gruppenfarbe* nach Tabelle, bei wechselnder Durchflussrichtung Pfeil in beide Richtungen), **Angabe des Durchflussstoffes** durch *Wortangabe, Kennzahl* oder *chemische Formel.* Die Angabe des Durchflussstoffes ist in der Schriftfarbe nach Tabelle 1 auszuführen. Bei Verwendung von Kurzzeichen ist eine Erläuterung der verwendeten Kennzahlen oder Kurzzeichen an den betriebswichtigen Punkten auszuhängen oder auszulegen.

2. zusätzliche Angaben

bei *Gefahrstoffen* nach Chemikaliengesetz: die **Gefahrensymbole,** bei *radioaktiven Durchflussstoffen* das **Warnzeichen** „Warnung vor radioaktiven Stoffen oder ionisirenden Strahlen" D-W005 nach DIN 4844-2.

Farbzuordnung

Durchflussstoff	Gruppe	Gruppenfarbe DIN 5381	Zusatzfarbe DIN 5381	Schriftfarbe	Farbmuster Gruppe / Zusatz/Schrift
Wasser	1	Grün		Weiß	RAL 6032/9003
Wasserdampf	2	Rot		Weiß	RAL 3001/9003
Luft	3	Grau		Schwarz	RAL 7004/9004
Brennbare Gase	4	Gelb	Rot	Schwarz	RAL 1003/3001/9004
Nicht brennbare Gase	5	Gelb	Schwarz	Schwarz	RAL 1003/9004/9004
Säuren	6	Orange		Schwarz	RAL 2010/9004
Laugen	7	Violett		Weiß	RAL 4008/9003
Brennbare Flüssigkeiten und Feststoffe	8	Braun	Rot	Weiß	RAL 8002/3001/9003
Nicht brennbare Flüssigkeiten und Feststoffe	9	Braun	Schwarz	Weiß	RAL 8002/9004/9003
Sauerstoff	0	Blau		Weiß	RAL 5005/9003

Kennzeichnungsbeispiele

Stoff	Flaschenfarbe	Stoff	Flaschenfarbe
Acetylen und andere brennbare Gase	Kastanienbraun	Helium	Braun oder leuchtendes Grün
Sauerstoff	Weiß	Argon	Dunkelgrün oder leuchtendes Grün
Distickstoffmonoxid	Blau		
Kohlen(stoff)dioxid	grau oder leuchtendes Grün	Stickstoff	Schwarz o. leuchtendes Grün
		Stickstoff + Stickstoff-monoxid (NO < 1000 ppm)	leuchtendes Grün
Sauerstoff + Distickstoffmonoxid	Hellblau	Sauerstoff + Kohlen(stoff)dioxid	Hellblau (> 23,5 % O_2) leuchtendes Grün (≤ 23,5 % O_2)
entzündbare Gase	Rot	Sauerstoff + Stickstoff	Hellblau (> 23,5 % O_2) leuchtendes Grün (≤ 23,5 % O_2)
toxische und korrosive Gase	Gelb		
Druckluft	leuchtendes Grün	Sauerstoff + Helium	Hellblau (> 23,5 % O_2) leuchtendes Grün (≤ 23,5 % O_2)

Nennweiten von Rohrleitungen (DIN EN ISO 6708, 1995-09 u. zurückgezogene DIN 2402, 1976-02)

Die Nennweiten von Rohren, Rohrverbindungen, Armaturen und Formstücken entsprechen den ungefähren Innendurchmessern (lichten Weiten) in mm und sind ein kennzeichnendes Merkmal zueinander passender Teile. Die Nennweite selbst erhält keine Einheit. Sie wird durch die Kennbuchstaben **DN** und nachgestelltem Zahlenwert bezeichnet, der ungefähr dem Innendurchmesser in mm entspricht. Abweichungen vom tatsächlichen Innendurchmesser resultieren aus unterschiedlichen Wanddicken bei gleichem Außendurchmesser. Dies ergibt sich zwangsläufig aus dem Herstellungsprozess, da die Fertigung von gestuften Außendurchmessern ausgeht.

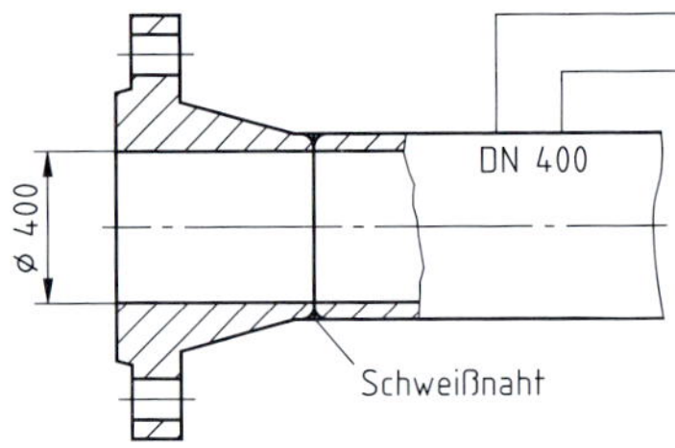

Nennweite

Innendurchmesser (lichte Weite) $d_i \approx 400$ mm

z. B. Rohr 406,4 × 3,2 (d_i = 400 mm) aber auch
Rohr 406,4 × 6,3 (d_i = 393,8 mm)

Rohr DN 400 mit Vorschweißflansch DN 400

Stufung der Nennweiten nach DN-Reihe DIN EN ISO 6708 und DIN 2402 (fett = bevorzugt)

3	8	16	**40**	70[1]	**150**	**300**	**500**	**900**	**1400**	**2000**	**2800**	**3600**
4	**10**	**20**	**50**	**80**	175[2]	**350**	**600**	**1000**	**1500**	**2200**	**3000**	**3800**
5	12	**25**	**60**	**100**	**200**	**400**	**700**	**1100**	**1600**	**2400**	**3200**	**4000**
6	**15**	**32**	**65**	**125**	**250**	**450**	**800**	**1200**	**1800**	**2600**	**3400**	

[1] Nur für drucklose Abflussrohre

[2] Nur für den Schiffbau

Evtl. notwendige Zwischengrößen ab DN 500 in Stufensprüngen von 50, ab DN 1200 in Stufensprüngen von 100. Nennweiten > 4000 möglichst in Stufensprüngen von 200.

Berechnung der erforderlichen Nennweite

Sind Volumenstrom q_V und Strömungsgeschwindigkeit v vorgegeben, errechnet sich die erforderliche Nennweite über den Innendurchmesser $d_{i,erf}$ nach der Formel:

$$d_{i,erf} = 2000 \cdot \sqrt{\frac{q_V}{v \cdot \pi}}$$

$d_{i,erf}$ Erforderlicher Innendurchmesser in mm

q_V Volumenstrom in m^3/s

v Strömungsgeschwindigkeit in m/s

Es wird dann die Nennweite gewählt, die dem Zahlenwert von $d_{i,erf}$ am nächsten liegt (evtl. nächstgrößere Nennweite wählen, wenn mit v_{max} gerechnet wurde!).

B Welche Nennweite ist für ein Rohrleitungssystem zu wählen, wenn ein Volumenstrom von q_V = 840 L/min vorgegeben ist und die Strömungsgeschwindigkeit v = 0,8 m/s nicht überschritten werden soll?

$$q_V = 840 \frac{\text{L}}{\text{min}} = 840 \cdot \frac{\frac{1}{1000}\,\text{m}^3}{60\ \text{s}} = 0{,}014 \frac{\text{m}^3}{\text{s}} \qquad d_{i,erf} = 2000 \cdot \sqrt{\frac{0{,}014}{0{,}8 \cdot \pi}} = 149{,}3\ \text{mm}$$

Gewählt: nächstgrößere Nennweite **DN 150**

Druckgeräte – Benennungen

(Auswahl nach DIN EN 764-1, 2015-06)

Begriffe und Kurzzeichen

Symbol	Begriff/Bedeutung
Bauteilbezogene Angaben (für Innen- und Außendruck)	
PN	**Nenndruck:** Gebräuchliche, gerundete, auf den Druck bezogene Kennzahl, nach Normzahlen gestuft. Bauteile gleichen Nenndruckes haben bei gleicher Nennweite jeweils die gleichen Anschlussmaße. Der Nenndruck entspricht in etwa dem zulässigen Betriebsüberdruck gleichen Zahlenwertes bei 20 °C (ausgenommen Nennweiten > DN 500). Formal richtig ist jedoch, dass mit Nenndruck und Nennweite nur noch die Anschlussmaße der Flansche genormt sind. Der zu einem Nenndruck gehörende zulässige Betriebsüberdruck (z.B. von Flanschen) soll künftig in Tabellen angegeben werden.
PS	**Maximal zulässiger Druck:** Höchster Druck, für den das Druckgerät nach Herstellerangabe ausgelegt ist.
	Berechnungsdruck: Differenzdruck, der für die Berechnung eines Bauteils verwendet wird.
P_d	**Auslegungsdruck:** Druck am höchsten Punkt (Referenzpunkt – berücksichtigt den Einfluss der statischen Höhe des enthaltenen Mediums) jedes Druckraums des Druckgerätes, der für die Ermittlung des Berechnungsdruckes jedes Bauteils gewählt wird.
	Prüfdruck: Druck, dem das Druckgerät zu Prüfzwecken ausgesetzt wird.
	Berstprüfung: Druckprüfung, bei der der Druck bis zu einem vorgegebenen Druck erhöht wird der als Berstdruck angenommen wird (evtl. mit Überwachung der globalen Verformung)
	Ermüdungsversuch: Prüfung mit zyklischer Druckbeanspruchung.
	Prüftemperatur: Temperatur, bei der die Druckprüfung am Druckgerät durchgeführt wird.
TS_{max}/ TS_{min}	**Maximal/minimal zulässige Temperatur:** Maximale bzw. minimale Temperatur, für die das Gerät nach Festlegung des Herstellers ausgelegt ist
T_d	**Auslegungstemperatur:** Temperatur, die für die Festlegung der Berechnungstemperatur jedes Bauteils gewählt wird.
	Berechnungstemperatur: Temperatur, die zum Zweck der Berechnung eines Bauteils verwendet wird.
T_M	**Niedrigste Werkstofftemperatur:** Niedrigste Temperatur, festgelegt für normalen Betrieb, An- und Abfahren, etwaige Przessstörungen.
	Druckraum: Fluid enthaltender Raum innerhalb eines Druckgeräts.
DN	**Nennweite:** Numerische Größenbezeichnung, die für alle Bauteile eines Rohrleitungssystems verwendet wird, für die nicht der Außendurchmesser oder die Gewindegröße angegeben werden. Es handelt sich um eine gerundete Zahl, die als Referenzgröße dient und nur annäherungsweise mit den Fertigungsmaßen in Beziehung steht.

Definitionen:
Mit Druck ist der Überdruck gegen den Atmosphärendruck gemeint. Ein Druck im Vakuumbereich wird somit durch einen Negativwert (negativer Überdruck) ausgedrückt.

Ein **Druckraum** ist der ein Medium enthaltende Raum innerhalb eines Druckgerätes.

Absolutdruck ist der Druck, für den der Wert Null mit dem absoluten Vakuum gleichgesetzt wird.

Ein **Differenzdruck** ist der Druck, dessen algebraischer Wert gleich der Druckdifferenz auf beiden Seiten einer Trennwand ist.

PN-Stufen

(nach DIN EN 1333, 2006-06)

Die PN-Stufen müssen aus folgender Tabelle ausgewählt werden:

2,5	10	25	63	160	320
6	16	40	100	250	400

PN ist eine alphanumerische Kenngröße für Referenzzwecke und bezieht sich auf eine Kombination von **mechanischen** und **maßlichen** Eigenschaften eines Bauteils in einem Rohrleitungssystem. Die Zahl nach den Buchstaben PN (entspricht ungefähr dem zulässigen Betriebsüberdruck in bar bei 20 °C) ist kein messbarer Wert und sollte nicht in Berechnungen verwendet werden, wenn es nicht ausdrücklich in einer entsprechenden Norm angegeben ist

Rohrklassen nach PAS

PAS 1057 (Teile 1, 5, 10, 11 und 101)

Im PAS steht für **P**ublicly **A**vailable **S**pecification (öffentlich verfügbare Spezifikation)

Rohrklassen nach PAS 1057 (Teile 1, 5, 10, 11 und 101) werden auf der Basis der EN 13480 (Metallische industrielle Rohrleitungen, Teile 1 – 6) festgelegt. Sie schaffen einheitliche Grundlagen bei der Planung von industriellen oberirdischen Rohrleitungssystemen aus metallischen Werkstoffen in verfahrenstechnischen Anlagen.

Die PAS 1057 besteht aus folgenden Teilen:

PAS 1057-1	Grundlagen für das Erstellen von Rohrklassen basierend auf EN 13480
PAS 1057-5	Formstücke – Sonderbauformen
PAS 1057-10	Technische Lieferbedingungen für Rohrbauteile aus unlegierten und legierten Stählen mit festgelegten Eigenschaften bei erhöhten Temperaturen; Gruppe 1.1 und 1.2 (CR ISO 15608)
PAS 1057-11	Technische Lieferbedingungen für Rohrbauteile aus austenitischen nichtrostenden Stählen der Gruppe 8.1 (CR ISO 15608)
PAS 1057-101	Standardrohrklassen PN10 bis PN100 aus unlegierten und legierten Stählen mit der Gruppe 1.1 und 1.2 (CR ISO 15608) und austenitischen nichtrostenden Stählen der Gruppe 8.1 (CR ISO 15608)

Die **Rohrklasse** beinhaltet **Rohre, Formstücke** (Rohrbogen, T-Stücke, Reduzierstücke, Abzweige) und **Rohrverbindungen** einschließlich **Schrauben** und **Dichtungen** sofern sie der angegebenen Druck/Temperatur - Zuordnung genügen.

Armaturen, Rohrhalterungen und Sonderteile mit spezieller Geometrie gehören nicht zur Standardrohrklasse und müssen durch ergänzende Angaben definiert werden.

Das *Spezifikationsblatt* für eine Rohrklasse enthält folgende Abschnitte:

1. Benennung
2. Zulässige Betriebstemperatur und zulässiger Betriebsüberdruck
3. Rohrwerkstoff und Dichtform
4. Nennweiten, Außendurchmesser und Wanddicke
5. Bemerkungen zur Rohrklasse
6. Abzweigtabelle
7. Zugehörige Rohrleitungsteile
8. Bemerkungen zu Rohrleitungsteilen
9. Frühere Ausgaben
10. Änderungen

Beispiel für eine Rohrklasse: 20HD01M01L1

1	2	3	4	5	6	7	8	9	10	11	12	13
		2	**0**	**H**	**D**	**0**	**1**	**M**	**0**	**1**	**L**	**1**

- 13: Laufende Nummer
- 12: Dichtfläche (hier Linsendichtung)
- 10–11: Laufende Nummer
- 9: Dichtung (hier Dichtlinse aus Metall)
- 7–8: Laufende Nummer
- 5–6: Werkstoff (hier 1.4571 – H: Werkstoffgruppe nichtrostende Stähle, D: Werkstoff)
- 1–4: Druckstufe PN (Nenndruck)

Rohrklassen nach PAS (Fortsetzung)

PAS 1057 (Teile 1, 5, 10, 11 und 101)

Werkstoffgruppen	
B	Unlegierte Stähle mit festgelegten Eigenschaften bei Raumtemperatur
C	Unlegierte und legierte Stähle mit festgelegten Eigenschaften bei erhöhten Temperaturen
F	Legierte Feinkornbaustähle und legierte Stähle mit festgelegten Eigenschaften bei tiefen Temperaturen
H	Nichtrostende Stähle
X	Sonstige Werkstoffe
Werkstoffe	
BA	P235TR2
BX	Sonstige unlegierte Stähle mit festgelegten Eigenschaften bei Raumtemperatur
CA	P235GH
CB	P265GH
CC	16Mo3
CD	13CrMo4-5
CE	10CrMo9-10
CX	Sonstige unlegierte Stähle mit festgelegten Eigenschaften bei erhöhten Temperaturen
FA	P215NL
FB	P255QL
FC	P355NH
FD	P355NL1
FE	P355NL2
FF	12Ni14
FX	Sonstige legierte Feinkornbaustähle und legierte Stähle mit festgelegten Eigenschaften bei tiefen Temperaturen
HA	1.4301 (X5CrNi18-10)
HB	1.4306 (X2CrNi19-11)
HC	1.4541 (X6CrNiTi18-10)
HD	1.4571 (X6CrNiMoTi17-12-2)
HE	1.4401 (X5CrNiMo 17-12-2)
HF	1.4404 (X2CrNiMo 17-13-2)
HG	1.4462 (X2CrNiMoN22-5-3)
HX	Sonstige nichtrostende Stähle

Dichtflächen und Anschlussformen			
A	ohne Dichtleiste	E	Vor- und Rücksprung (EN 1092-1)
B	Dichtleiste	F	
C	Feder	G	
D	Nut	H	
M	Membran-Schweißdichtung	W	Schneid- oder Klemmring
L	Linsendichtung	Y	Innengewinde
J	Ringjoint	Z	Außengewinde
S	Anschweißende		
Dichtungsgruppen			
F	Faserdichtungen, auch mit Innenbördel	R	Elastomerdichtungen
G	Grafitdichtungen, auch mit Innenbördel	S	Spiraldichtungen
K	Kammprofildichtungen	T	PTFE-Dichtungen, auch ummantelte Dichtungen
M	Metalldichtungen (z.B. Dichtlinse, Ringjoint)	X	Sonstige Dichtungen

Rohrleitungskategorien (nach DIN EN 13480-1, 2012-11)

Um sichere Betriebsbedingungen zu erreichen, werden Anforderungen für industrielle Rohrleitungen festgelegt. Diese richten sich nach der Einstufung von Rohrleitungen in **Rohrleitungs-Klassen**.

Rohrleitungsklassen

Fluid	Fluidgruppe	Zuordnungskriterien			Rohrleitungsklasse
		PS in bar	DN	PS · DN	
Flüssigkeiten[1]	**1** (gefährlich)	> 500	> 25		**III**
		10 < PS ≤ 500	> 25	> 2000	**II**
		0,5 < PS ≤ 10		> 2000	**I**
		> 0,5	≤ 25		**0**
		> 0,5		≤ 2000	**0**
	2 (nicht gefährlich)	> 500	> 200		**II**
		10 < PS ≤ 500	> 200	> 5000	**I**
		0,5 < PS ≤ 10			**0**
		> 0,5	≤ 200		**0**
		> 0,5		≤ 5000	**0**
Gase[2]	**1** (gefährlich)	> 0,5	> 350		**III**
		> 0,5	> 100	> 3500	**III**
		> 0,5	100 < DN ≤ 350	≤ 3500	**II**[3]
			25 < DN ≤ 100	> 1000	**II**[3]
			25 < DN ≤ 350	1000 < PS · DN < 3500	**II**[3]
		> 0,5	25 < DN ≤ 100	≤ 1000	**I**[3]
		> 0,5	≤ 25		**0**
	2 (nicht gefährlich)	> 0,5	> 250	> 5000	**III**
		> 0,5	> 250	3500 < PS · DN ≤ 5000	**II**[4]
			100 < DN ≤ 250	> 3500	**II**[4]
		> 0,5	> 32	1000 < PS · DN ≤ 3500	**I**
			32 < DN ≤ 100	> 1000	**I**
		> 0,5	≤ 32		**0**
		> 0,5		≤ 1000	**0**

Fluide sind **Gase, Dämpfe** und **Flüssigkeiten** in einphasigem Zustand. Sie können eine Suspension von Feststoffen enthalten.

Fluidgruppe 1 (gefährlich)
Stoffe, die explosionsgefährlich, hochentzündlich, leicht entzündlich, entzündlich, sehr giftig, giftig oder brandfördernd sind.

Fluidgruppe 2
Alle anderen, nicht der Fluidgruppe 1 zugeordneten Fluide.

[1] Nur Flüssigkeiten, deren Dampfdruck bei der maximal zulässigen Temperatur in der Rohrleitung nicht mehr als 0,5 bar über dem normalen Atmosphärendruck (1013 hPa) liegt.

[2] Gase, verflüssigte Gase, unter Druck gelöste Gase, Dämpfe und Flüssigkeiten, deren Dampfdruck bei der maximal zulässigen Temperatur in der Rohrleitung mehr als 0,5 bar über dem normalen Atmosphärendruck (1013 hPa) liegt.

[3] Rohrleitungen für instabile Gase sind hier der Klasse III zuzuordnen.

[4] Rohrleitungen für Gase bei einer Temperatur über 350 °C sind hier der Klasse III zuzuordnen.

Einteilung der Stahlrohre für Druckbeanspruchung

Die folgende Einteilung der Stähle für Druckbeanspruchungen folgt der Zuordnung der entsprechenden Stähle zu speziellen Normen.

Stahlrohre für Druckbeanspruchungen			
Nahtlose Stahlrohre		**Geschweißte Stahlrohre**	
Rohre aus unlegierten Stählen mit festgelegten Eigenschaften bei Raumtemperatur	DIN EN 10216-1	Rohre aus unlegierten Stählen mit festgelegten Eigenschaften bei Raumtemperatur	DIN EN 10217-1
Rohre aus unlegierten und legierten Stählen mit festgelegten Eigenschaften bei erhöhten Temperaturen	DIN EN 10216-2	Elektrisch geschweißte Rohre aus unlegierten und legierten Stählen mit festgelegten Eigenschaften bei erhöhten Temperaturen	DIN EN 10217-2
Rohre aus legierten Feinkornbaustählen	DIN EN 10216-3	Rohre aus legierten Feinkornbaustählen	DIN EN 10217-3
Rohre aus unlegierten und legierten Stählen mit festgelegten Eigenschaften bei tiefen Temperaturen	DIN EN 10216-4	Elektrisch geschweißte Rohre aus unlegierten Stählen mit festgelegten Eigenschaften bei tiefen Temperaturen	DIN EN 10217-4
		Unterpulvergeschweißte Rohre aus unlegierten und legierten Stählen mit festgelegten Eigenschaften bei erhöhten Temperaturen	DIN EN 10217-5
		Unterpulvergeschweißte Rohre aus unlegierten Stählen mit festgelegten Eigenschaften bei tiefen Temperaturen	DIN EN 10217-6
Rohre aus nichtrostenden Stählen	DIN EN 10216-5	Rohre aus nichtrostenden Stählen	DIN EN 10217-7

Maßnormen für Rohre aus Stahl

Maße und längenbezogene Massen für die wichtigsten in der chemischen Technik verwendeten Rohre sind festgelegt in

DIN EN 10220 (2003-03)	für nahtlose und geschweißte Rohre für allgemeine Anwendungen
DIN EN ISO 1127 (1997-03)	für nichtrostende Stahlrohre
DIN 28180 (1985-08)	für nahtlose Stahlrohre für Rohrbündelwärmeaustauscher
DIN 28181 (1985-08)	für geschweißte Stahlrohre für Rohrbündelwärmeaustauscher
ISO 1129 (1980-03)	Stahlrohre für Dampfkessel, Überhitzer und Wärmeaustauscher
DIN 11866 (2003-01)	Rohre aus nichtrostenden Stählen für Aseptik, Chemie und Pharmazie
DIN 86128-2 (1997-02)	Rohrkupplungen

Berechnungsformeln für die längenbezogene Masse von Rohren:

M Längenbezogene Masse in kg/m D Nennaußendurchmesser in mm T Nennwanddicke in mm

Stahlrohre für allgemeine Anforderungen
mit der Dichte $\varrho = 7{,}85$ kg/dm³:

$$M = (D - T) \cdot T \cdot 0{,}0246615 \quad \text{in kg/m}$$

Rohre aus austenitischen nichtrostenden Stählen
mit der Dichte $\varrho = 7{,}97$ kg/dm³:

$$M = (D - T) \cdot T \cdot 0{,}0246615 \cdot 1{,}015 \quad \text{in kg/m}$$

Rohre aus martensitischen und ferritischen nichtrostenden Stählen
mit der Dichte $\varrho = 7{,}73$ kg/dm³:

$$M = (D - T) \cdot T \cdot 0{,}0246615 \cdot 0{,}985 \quad \text{in kg/m}$$

Rohre allgemein
mit der Dichte ϱ:

$$M = (D - T) \cdot T \cdot 0{,}0246615 \cdot \frac{\varrho}{7{,}85} \quad \text{in kg/m}$$

Maßnormen für Rohre aus Stahl (Fortsetzung)

Maße nahtloser und geschweißter Rohre aus Stählen für allgemeine Anwendungen

(nach DIN EN 10220, 2003-03)

Rohraußendurchmesser *D* in mm für Reihe			Wanddicke *T* in mm																					
1	2	3	0,5	0,6	0,8	1,0	1,2	1,4	1,6	1,8	2,0	2,3	2,6	2,9	3,2	3,6	4,0	4,5	5,0	5,4	5,6	6,3	7,1	8,0	8,8	10
10,2																										
	12																									
	12,7																									
13,5																										
		14																								
	16																									
17,2																										
		18																								
	19																									
	20																									
21,3																										
		22																								
	25																									
		25,4																								
26,9																										
		30																								
	31,8																									
	32																									
33,7																										
		35																								
	38																									
	40																									
42,4																										
		44,5																								
48,3																										
	51																									
		54																								
	57																									
60,3																										
	63,5																									
	70																									
		73																								
76,1																										
		82,5																								
88,9																										
	101,6																									
		108																								
114,3																										
	127																									
	133																									
139,7																										
		141,3																								
		152,4																								
		159																								
168,3																										
		177,8																								
		193,7																								
219,1																										
		244,5																								

Maßnormen für Rohre aus Stahl (Fortsetzung)

Maße nahtloser und geschweißter Rohre aus Stählen für allgemeine Anwendungen

(nach DIN EN 10220, 2003-03)

Rohraußendurchmesser *D* in mm für Reihe			Wanddicke *T* in mm																					
1	2	3	11	12,5	14,2	16	17,5	20	22,2	25	28	30	32	36	40	45	50	55	60	65	70	80	90	100
10,2																								
	12																							
	12,7																							
13,5																								
		14																						
	16																							
17,2																								
		18																						
	19																							
	20																							
21,3																								
		22																						
	25																							
		25,4																						
26,9																								
		30																						
	31,8																							
	32																							
33,7																								
		35																						
	38																							
	40																							
42,4																								
		44,5																						
48,3																								
	51																							
		54																						
	57																							
60,3																								
	63,5																							
	70																							
		73																						
76,1																								
		82,5																						
88,9																								
	101,6																							
		108																						
114,3																								
	127																							
	133																							
139,7																								
		141,3																						
		152,4																						
		159																						
168,3																								
		177,8																						
		193,7																						
219,1																								
		244,5																						

Maßnormen für Rohre aus Stahl (Fortsetzung)

Maße für Rohre aus austenitischen nichtrostenden Stählen (nach DIN EN ISO 1127, 1997-03)

Rohraußendurchmesser in mm für Reihe			Wanddicken in mm																				
1	2	3	1	1,2	1,6	2	2,3	2,6	2,9	3,2	3,6	4	4,5	5	5,6	6,3	7,1	8	8,8	10	11	12,5	14,2
	6		•	•																			
	8		•	•																			
	10		•	•																			
10,2			•	•	•	•																	
	12		•		•	•																	
	12,7		•	•	•	•	•	•	•	•													
13,5			•	•	•	•	•		•														
		14	•		•	•																	
	16		•	•	•	•																	
17,2			•		•	•	•			•													
		18	•		•	•																	
	19		•	•	•	•																	
	20		•	•	•	•																	
21,3			•		•	•		•		•		•											
		22	•			•																	
	25		•	•	•	•		•															
		25,4		•	•	•		•															
26,9			•		•	•		•	•	•		•											
		30			•	•																	
	31,8			•	•	•		•		•		•											
	32			•		•																	
33,7			•	•	•	•	•	•		•			•										
		35		•		•																	
	38			•	•	•		•		•													
	40			•	•			•															
42,4					•	•		•		•	•			•									
		44,5				•		•	•														
48,3					•	•		•		•	•			•									
	51		•	•	•	•		•		•													
		54			•	•		•															
	57				•	•			•														
60,3					•	•	•	•	•	•	•	•			•								
	63,5				•	•		•		•													
	70				•	•			•														
76,1					•	•	•	•	•		•	•		•			•						
		82,5				•				•													
88,9					•	•	•	•	•	•	•	•			•			•					
	101,6					•			•			•			•			•					
114,3					•	•		•	•		•		•			•			•				
139,7					•	•		•		•		•		•		•	•			•			
168,3					•	•		•		•		•	•	•			•				•		
219,1						•		•		•	•	•				•		•				•	
273						•		•		•	•	•				•				•		•	•
323,9								•		•		•	•	•			•			•		•	
355,6								•		•		•		•						•	•	•	
406,4								•		•		•		•						•		•	
457										•		•		•						•		•	•
508										•	•			•	•						•	•	•
610										•		•			•	•						•	•
711																	•						
813																		•					
914																			•				
1016																				•			

Maßnormen für Rohre aus Stahl (Fortsetzung)

Maße für Rohre aus ferritischen und martensitischen nichtrostenden Stählen

(nach DIN EN ISO 1127, 1997-03)

Rohraußendurchmesser in mm für Reihe			Wanddicken in mm																				
1	2	3	1	1,2	1,6	2	2,3	2,6	2,9	3,2	3,6	4	4,5	5	5,6	6,3	7,1	8	8,8	10	11	12,5	14,2
	6		●	●																			
	8		●	●																			
	10		●	●																			
10,2			●	●	●	●																	
	12		●		●	●																	
	12,7		●	●	●	●	●	●	●	●													
13,5			●	●	●	●	●		●														
		14	●		●	●																	
	16		●	●	●	●																	
17,2			●		●	●	●			●													
		18	●		●	●																	
	19		●	●	●	●																	
	20		●	●	●	●																	
21,3			●		●	●		●		●		●											
		22	●			●																	
	25		●	●	●	●		●															
		25,4		●	●	●		●															
26,9			●		●	●		●	●	●		●											
		30			●	●																	
	31,8			●	●	●		●		●		●											
	32			●		●																	
33,7			●	●	●	●	●	●		●			●										
		35		●		●																	
	38			●	●	●		●		●													
	40			●	●			●															
42,4					●	●		●		●	●			●									
		44,5				●		●	●														
48,3					●	●		●		●	●			●									
	51		●	●	●	●		●		●													
		54			●	●		●															
	57				●	●			●														
60,3					●	●	●	●	●	●	●	●				●							
	63,5				●	●		●		●													
	70				●	●			●														
76,1					●	●	●	●	●		●	●		●			●						
		82,5				●				●													
88,9					●	●	●	●	●	●	●	●			●			●					
	101,6					●			●			●			●			●					
114,3					●	●		●	●		●		●			●			●				
139,7					●	●		●		●		●		●		●	●			●			
168,3					●	●		●		●		●	●	●			●				●		
219,1						●		●		●	●	●				●		●				●	
273						●		●		●	●	●				●				●		●	●
323,9								●		●		●	●	●			●			●		●	
355,6								●		●		●		●						●	●	●	
406,4								●		●		●		●						●		●	
457										●		●		●						●		●	●
508										●	●			●	●						●	●	●
610										●		●			●	●						●	●
711																	●						
813																		●					
914																			●				
1016																				●			

Maßnormen für Rohre aus Stahl (Fortsetzung)

Maße für nahtlose und geschweißte Rohre für Rohrbündel-Wärmeaustauscher

(nach DIN 28180, 2009-07 und DIN 28181, 2009-07)

Rohraußendurchmesser in mm	Wanddicken in mm 1,2	1,6	2,0	2,6	3,2
16	•	•	•		
20		•	•	•	
25		•	•	•	•
30		•	•	•	•
38			•	•	•

Genormte Rohrlängen (für gerade Rohre und für U-Rohre; die fettgedruckten Längen sind zu bevorzugen)

Länge *l* in mm	500	750	**1000**	1500	2000	**2500**	3000	4000	**5000**	**6000**	8000

U-Rohre für Wärmeaustauscher – kleinste Biegeradien

Außendurchmesser d_a	Kleinster Biegeradius $r_{m\,min}$ bei der Wanddicke δ in mm 1,2	1,6	2,0	2,6	3,2
16	30	24	20		
20	47	34	26	23	
25		51	37	35	27
30		62	42	38	35
38			52	47	42

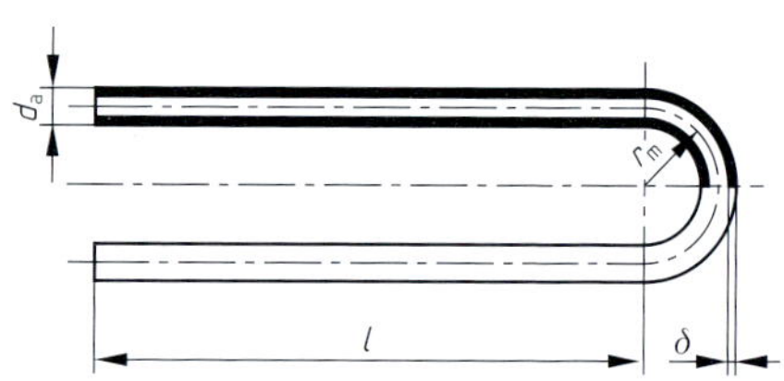

Biegeradien für Wärmeaustauscher-U-Rohre mit kastenförmigem Bogen

(DIN 28179, 2009-07)

Außendurchmesser d_a in mm	Biegeradius r_m in mm
16	40
20	50
25	60
30	80
38	100

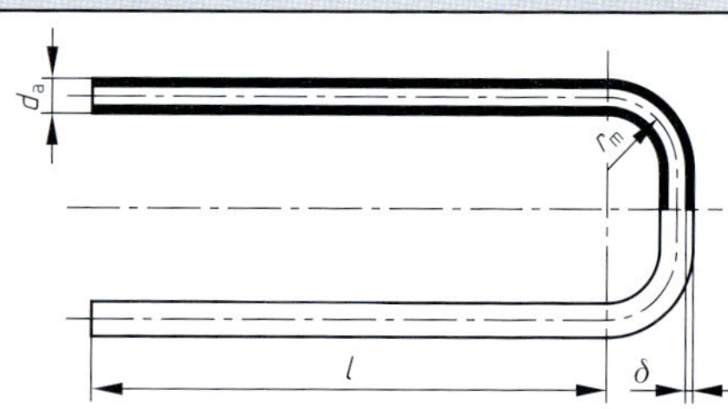

Bevorzugte Stahlsorten für Wärmeaustauscherrohre

(DIN 28179, 2009-07, DIN 28180, 2009-07 und DIN 28181, 2009-07)

Werkstoffnummer	Kurzname (in Klammer: alte Norm)	Nahtlose Rohre	Geschweißte Rohre
1.0345	P235GH	x	x
1.0451	P215NL	x	x
1.4301	X4CrNi18-10 (X 5 CrNi 18 10)	x	x
1.4401	X4CrNiMo17-12-2 (X 5 CrNiMo 17 12 2)	x	x
1.4541	X6CrNiTi18-10	x	x
1.4571	X6CrNiMoTi17-12-2	x	x
1.5415 (1.5412)	16Mo3 (15 Mo 3)	x	
1.7335	13CrMo4-5 (13 CrMo 4 4)	x	

Normen für Lieferbedingungen von Stahlrohren

Für die Lieferbedingungen häufig im chemischen Apparatebau verwendeter Stahlrohre gelten folgende Normen (Auswahl):

DIN EN 10296-2	Geschweißte kreisförmige Stahlrohre für den Maschinenbau und allgemeine technische Anwendungen – Technische Lieferbedingungen – Teil 2: Nichtrostende Stähle.
DIN EN 10297-2	Nahtlose kreisförmige Stahlrohre für den Maschinenbau und allgemeine technische Anwendungen – Technische Lieferbedingungen – Teil 2: Rohre aus nichtrostenden Stählen.
DIN EN 10217-7	Geschweißte Stahlrohre für Druckbeanspruchungen – Technische Lieferbedingungen – Teil 7: Rohre aus nichtrostenden Stählen
DIN EN 10216-5	Nahtlose Stahlrohre für Druckbeanspruchungen – Technische Lieferbedingungen. – Teil 5: Rohre aus nichtrostenden Stählen.
DIN 1615	Geschweißte kreisförmige Rohre aus unlegiertem Stahl ohne Anforderungen – Technische Lieferbedingungen.
DIN 1630 (z)	Nahtlose kreisförmige Rohre aus unlegierten Stählen für besonders hohe Anforderungen.
DIN EN 10208-1	Stahlrohre für Rohrleitungen für brennbare Medien – Technische Lieferbedingungen – Teil 1: Rohre der Anforderungsklasse A.
DIN EN 10216-1	Nahtlose Stahlrohre für Druckbeanspruchungen – Technische Lieferbedingungen – Teil 1: Rohre aus unlegierten Stählen mit festgelegten Eigenschaften bei Raumtemperatur.
DIN EN 10217-1	Geschweißte Stahlrohre für Druckbeanspruchungen – Technische Lieferbedingungen – Teil 1: Rohre aus unlegierten Stählen mit festgelegten Eigenschaften bei Raumtemperatur.
DIN EN 10224	Rohre und Fittings aus unlegierten Stählen für den Transport wässriger Flüssigkeiten einschließlich Trinkwasser – Technische Lieferbedingungen.
DIN EN 10296-1	Geschweißte kreisförmige Stahlrohre für den Maschinenbau und allgemeine technische Anwendungen – Technische Lieferbedingungen – Teil 1: Rohre aus unlegierten und legierten Stählen.
DIN EN 10297-1	Nahtlose kreisförmige Stahlrohre für den Maschinenbau und allgemeine technische Anwendungen – Technische Lieferbedingungen – Teil 1: Rohre aus unlegierten und legierten Stählen.
DIN EN 10305-1	Präzisionsstahlrohre – Technische Lieferbedingungen – Teil 1: Nahtlose kaltgezogene Rohre.
DIN EN 10305-2	Präzisionsstahlrohre – Technische Lieferbedingungen – Teil 1: Geschweißte und kaltgezogene Rohre.
DIN EN 10305-3	Präzisionsstahlrohre – Technische Lieferbedingungen – Teil 1: Geschweißte und maßgewalzte Rohre.
DIN EN 10255	Rohre aus unlegiertem Stahl mit Eignung zum Schweißen und Gewindeschneiden – Technische Lieferbedingungen.
DIN 2442	Gewinderohre mit Gütevorschrift, Nenndruck 1 bis 100.

Weitere Normen für Rohrleitungen

DIN 2429-1	Grafische Symbole für technische Zeichnungen; Rohrleitungen; Allgemeines.
DIN 2429-2	Grafische Symbole für technische Zeichnungen; Rohrleitungen; Funktionelle Darstellung.
DIN 2460	Stahlrohre für Wasserleitungen.
DIN 2353	Lötlose Rohrverschraubungen mit Schneidring – Vollständige Verschraubung und Übersicht.
DIN 3859-1	Rohrverschraubungen – Teil 1: Technische Lieferbedingungen.
DIN EN 12449	Kupfer und Kupferlegierungen – Nahtlose Rundrohre zur allgemeinen Verwendung.
DIN EN 12451	Kupfer und Kupferlegierungen – Nahtlose Rundrohre für Wärmeaustauscher.
DIN 3850	Rohrverschraubungen – Übersicht.
DIN 8061	Rohre aus weichmacherfreiem Polyvinylchlorid – (PVC-U) – Allgemeine Güteanforderungen.
DIN 2848	Flanschrohre und Flanschformstücke aus Stahl mit Auskleidung oder Emaillierung.
DIN 8062	Rohre aus weichmacherfreiem Polyvinylchlorid – Maße.
DIN EN ISO 1452-1 bis 8	Kunststoffrohrleitungssysteme für die Wasserversorgung – Weichmacherfreies Polyvinylchlorid.
DIN 8074	Rohre aus PE – Maße
DIN 8075	Rohre aus Polyethylen – Allgemeine Güteanforderungen, Prüfungen.
DIN EN 12201-1	Kunststoffrohrleitungssysteme für die Wasserversorgung – Polyethylen – Teil 1: Allgemeines.
DIN EN 12201-2	Kunststoffrohrleitungssysteme für die Wasserversorgung – Polyethylen – Teil 2: Rohre.
DIN EN 12201-3	Kunststoffrohrleitungssysteme für die Wasserversorgung – Polyethylen – Teil 3: Formstücke.
DIN 8063-1,9 (z)	Rohrverbindungen und Rohrleitungsteile für Druckrohrleitungen aus weichmacherfreiem PVC.
DIN 16963-1 bis 10 (z)	Rohrverbindungen und Rohrleitungsteile für Druckrohrleitungen aus HDPE.

Erforderliche Wanddicke von Stahlrohren (nach DIN EN 13480-3)

Die folgenden **Berechnungsanweisungen ergeben nur Näherungswerte für innendruckbeanspruchte Stahlrohre.** Für genaue Berechnungen ist nach DIN EN 13480 zu verfahren, ebenso bei schwellend beanspruchten Rohren.

Näherungsformeln für inneren Überdruck

Mindestwanddicke e für gerade Rohre (ohne Zuschläge und Toleranzen):

Für $D_o/D_i \leq 1{,}7$:

$$e = \frac{p_c \cdot D_o}{2 \cdot f \cdot z + p_c} \quad \text{oder} \quad e = \frac{p_c \cdot D_i}{2 \cdot f \cdot z - p_c}$$

Für $D_o/D_i \geq 1{,}7$:

$$e = \frac{D_o}{2} \cdot \left[1 - \sqrt{\frac{f \cdot z - p_c}{f \cdot z + p_c}}\right] \quad \text{oder} \quad e = \frac{D_i}{2} \cdot \left[\sqrt{\frac{f \cdot z + p_c}{f \cdot z - p_c}} - 1\right]$$

Für nichtaustenitische Stähle und für austenitische mit $A < 30$ % gilt (jeweils den kleineren Wert wählen):

$$f = \frac{R_{eH}}{1{,}5} \quad \text{oder} \quad f = \frac{R_{p0,2}}{1{,}5} \quad \text{bzw.} \quad f = \frac{R_m}{2{,}4}$$

Für austenitische Stähle und mit $A > 35$ % gilt (jeweils den kleineren Wert wählen):

$$f = \frac{R_{p1,0}}{1{,}5} \quad \text{bzw.} \quad f = \frac{R_m}{3} \quad \text{oder} \quad f = \frac{R_{p0,2}}{1{,}2}$$

Falls der Wert für R_m vorliegt.

Für austenitische Stähle und mit 30 % < A < 35 % gilt (jeweils den kleineren Wert wählen):

$$f = \frac{R_{p1,0}}{1{,}5} \quad \text{bzw.} \quad f = \frac{R_m}{2{,}4}$$

Mindestwert der bestellten Wanddicke:

$$e_{ord} \geq e + c_0 + c_1 + c_2$$

Für Rohrbögen gilt:

Bogeninnenseite:

$$e_{int} = e \cdot \frac{(R/D_o) - 0{,}25}{(R/D_o) - 0{,}5}$$

Bogenaußenseite:

$$e_{int} = e \cdot \frac{(R/D_o) + 0{,}25}{(R/D_o) + 0{,}5}$$

Näherungsformel für äußeren Überdruck

Faustregel:

$$e \geq \frac{D_o}{100}$$

e	Mindestwanddicke in mm
p_c	Berechnungsdruck in N/mm² bzw. MPa
D_o	Außendurchmesser des Rohres in mm
D_i	Innendurchmesser des Rohres in mm
f	Auslegungsspannung in N/mm²
A	Bruchdehnung in %
R_m	Zugfestigkeit in N/mm² (bei Berechnungstemperatur)
R_{eH}	Streckgrenze in N/mm² (bei Berechnungstemperatur)
$R_{p0,2}$	0,2 % Dehngrenze in N/mm² (bei Berechnungstemperatur)
$R_{p1,0}$	1,0 % Dehngrenze in N/mm² (bei Berechnungstemperatur)
z	Schweißnahtfaktor (ohne Einheit) Der Schweißnahtfaktor ist bei Bauteilen zu verwenden, die eine oder mehrere Stumpfnähte aufweisen, die nicht in Umfangsrichtung liegen. Er darf folgende Werte nicht überschreiten: $z = 1$ bei Nachweis durch Werkstoffprüfung, dass alle Nähte fehlerfrei sind. $z = 0{,}85$, wenn Stichproben bei der Werkstoffprüfung keine Fehler aufwiesen. $z = 0{,}7$, wenn bei Sichtprüfung keine Fehler festgestellt wurden.
c_0	Korrosions- bzw. Erosionszuschlag in mm
c_1	Absolutwert der Mindesttoleranz (nach Herstellerangaben oder aus zugehörigen Werkstoffnormen) in mm
c_2	Zuschlag für die mögliche Wanddickenabnahme bei der Fertigung (durch Biegen, Gewindeschneiden, Eindrehen usw.) in mm
R	Radius des Rohrbogens in mm

Flanschverbindungen

Übersicht

(nach DIN 2500, Ersatznorm: 1092-1, 2013-04)

Flanschart	Bild	DN	PN
Blindflansche	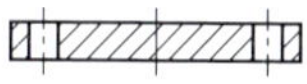	10 bis 500	6 bis 100
Stahlgussflansche	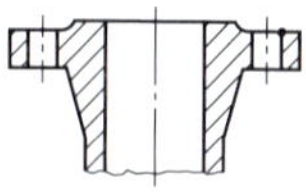	10 bis 2200	16 bis 400
Gusseisenflansche		10 bis 4000	1 bis 40
Vorschweißflansche	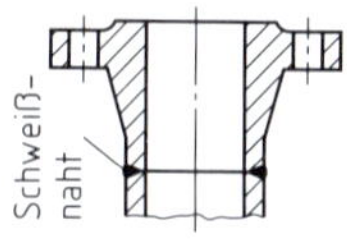	10 bis 4000	1 bis 400
Flansche zum Löten oder Schweißen	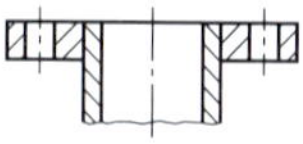	10 bis 500	6 bis 10
Gewindeflansche	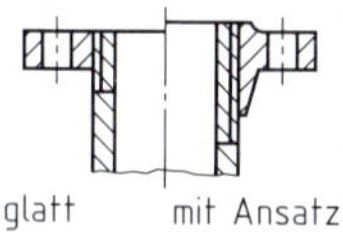	6 bis 100	6 bis 16
Lose Flansche	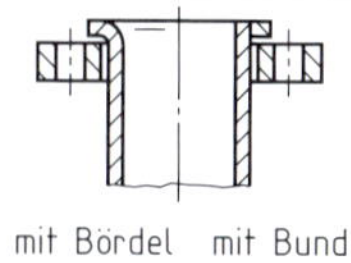 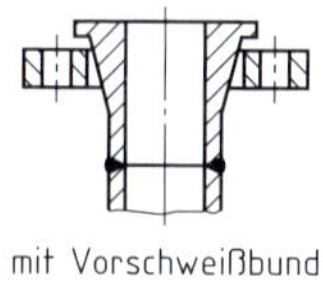	10 bis 1200	6 bis 320

Formen der Dichtflächen

(DIN EN 1092-1, 2013-04 und DIN EN 1092-1, 2013-04)

Form/Name	DIN	Kurzzeichen	Dichtung nach DIN	PN
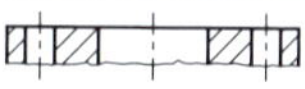 ohne Dichtleiste	EN 1092-1	A	EN 1092-1	alle
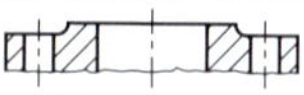 mit Dichtleiste	EN 1092-1	B1 B2	EN 1514-1 EN 1514-6	alle
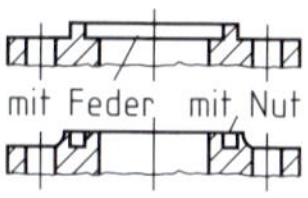	EN 1092-1 2512	C D	EN 1514-1	10 bis 160
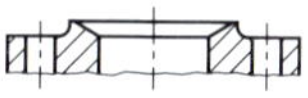 mit Eindrehung für Linsendichtung	2696	L	2696	64 bis 400
 mit Vorsprung	EN 1092-1	H	EN 1514-8	10 bis 40
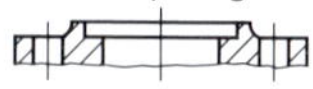 mit Rücksprung		G		
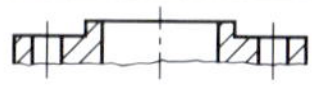 mit Vorsprung	EN 1092-1	E	EN 1514-1	10 bis 100
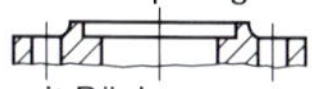 mit Rücksprung		F		
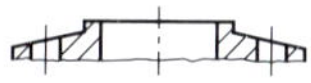 Abschrägung für Membran-Schweißdichtung	2695	M	2695	64 bis 400

Die Anschlussmaße sind DIN EN 1092-1, 2013-04 zu entnehmen.)

Bezeichnungsbeispiel:

Flansch EN 1092-1/02 A/DN 200/PN 100 / 1.0038

- Werkstoffnummer oder Werkstoffkurzname
- Nenndruck
- Nennweite
- Dichtflächenform
- Flanschtyp
- Norm

Flanschtypen aus Stahl

Typ	Benennung
01	Glatter Flasch zum Schweißen
02	Loser Flansch für glatten Bund oder für Vorschweißbördel
04	Loser Flansch für Vorschweißbund
05	Blindflansch
11	Vorschweißflansch
12	Überschieb-Schweißflansch mit Ansatz
13	Gewindeflansch mit Ansatz
21	Integralflansch
32	Glatter Bund
33	Vorschweißbördel
34	Vorschweißbund
35	Vorschweißring
36	Pressbördel mit langem Ansatz
37	Pressbördel

Rohrverschraubungen (DIN EN 10241, 2000-08)

Für Rohrverschraubungen werden **Gewinderohre** nach DIN EN 10255 und **Formstücke (Fittings)** aus Stahl (DIN EN 10241) oder Temperguss (DIN EN 10242) verwendet. Gewindeausführung: Whitworth-Gewinde nach DIN EN 10226-1, Teil 1, zylindrisch (Innengewinde) oder kegelig (Außengewinde). Stahlfittings finden ihren Einsatz besonders in der chemischen Industrie, Tempergussfittings bei Gas- und Wasserleitungssystemen und in der Heizungstechnik.

Größe der Fittings

Kurzzeichen	1/8	1/4	3/8	1/2	3/4	1	1 1/4	1 1/2	2	2 1/2	3	4	5	6
DN	6	8	10	15	20	25	32	40	50	65	80	100	125	150
Mittlere Einschraublänge in mm	7	10	10	13	15	17	19	19	24	27	30	36		

Form und Benennung von Fittings

Benennung	T-Stück	Kreuz	Winkel	Muffen
Form	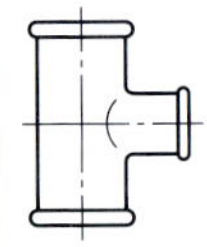	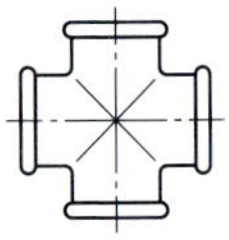	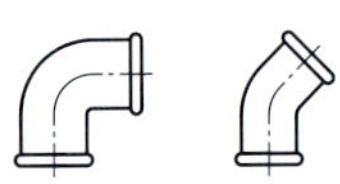	

Benennung	Bogen	Winkel-Verteiler	T-Verteiler
Form	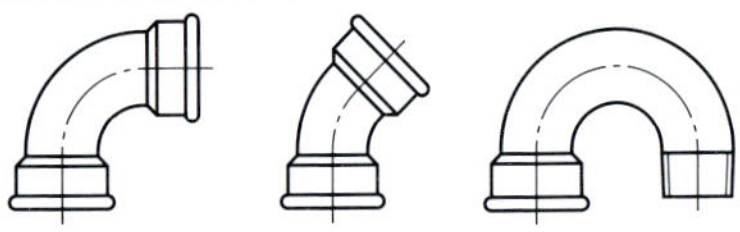	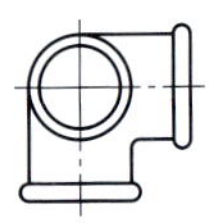	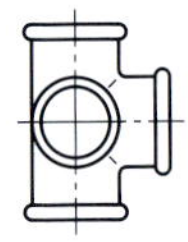

Benennung	Reduziernippel	Doppelnippel	Kappe	Stopfen	Bogen-T[1]
Form		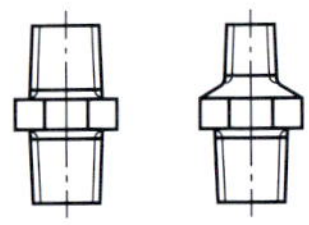	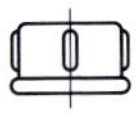		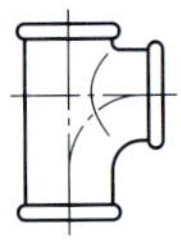

[1] Mit zwei Abzweigungen: Zweibogen-T

Benennung	Verschraubung	Winkel-Verschraubung
Form	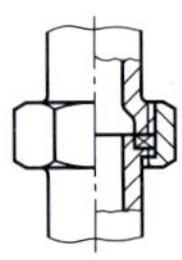	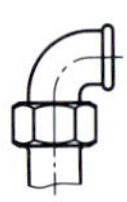

Die Bezeichnung enthält:

1. Benennung (z. B. Muffe, Winkel usw.)
2. Norm
3. Bestellnummer (bei Tempergussfittings)
4. Größe (Kurzzeichen, z. B. 2 für DN 50)
5. Evtl. die Länge (bei Stahlfittings)
6. Ausführung (v = verzinkt, Regelausführung: schwarz) z. B.

Muffe DIN EN 10242-270-2 v (1: Muffe; 2: DIN EN 10242; 3: 270; 4: 2; 6: v)

oder

Rohrdoppelnippel DIN EN 10241 – DN 50 nahtlos verzinkt (1: Rohrdoppelnippel; 2: DIN EN 10241; 4: DN 50; 6: nahtlos verzinkt)

Rohrverbindungen im Vergleich

Verbindungsart	Schweißverbindung	Flanschverbindung	Schraubverbindung	Muffenverbindung
Bild	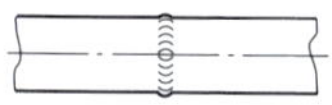	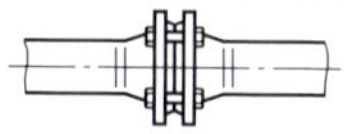	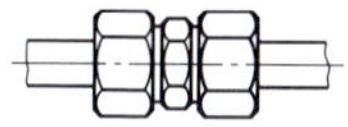	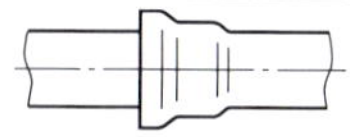
Betriebsdruck	Keine Begrenzung	Hohe Drücke möglich, bis 400 bar genormt	Hohe Drücke möglich (bis > 600 bar)	I. Allg. nur niedrige Drücke möglich
Betriebstemperatur	Keine Begrenzung	Begrenzt, u. a. abhängig vom Dichtungsmaterial	Begrenzt (bis > 400 °C, je nach Werkstoff und Betriebsdruck)	I. Allg. nur niedrige Temperaturen
Durchflussrichtung	Beliebig	Beliebig	Beliebig	I. Allg. festgelegt, je nach Ausführung
Nennweiten	Alle Nennweiten	Alle Nennweiten (bis DN 4000 genormt)	Kleine bis mittlere Nennweiten (bis ca. DN 200, meist kleiner)	Alle Nennweiten
Lösbarkeit	Nicht lösbar	Lösbar	Lösbar	Lösbar (je nach Ausführung)
Vorteile	Höchste Betriebssicherheit, keine Leckagegefahr, wirtschaftlich (keine Wartung), gute Übertragung von Biegemomenten und Längskräften in der Rohrleitung	Rasches Auswechseln von Rohr- und Einbauteilen möglich, korrodierte Verbindungen gut lösbar (durch Abschneiden der Schrauben), nachträglicher Einbau gewisser Funktionsteile (z. B. Messblenden) möglich, Verbindung unterschiedlicher Materialien möglich	Meist einfache Montage, bei dichtungslosen Schraubverbindungen entfallen die Nachteile durch Dichtungsmaterialien (Temperatur-, Druck- und Verschleißempfindlichkeit), mehrfach verwendbar	Preiswert, in begrenztem Umfang Abweichungen von der Rohrachse möglich [wichtig z. B. für erdverlegte Rohrleitungen, die durch Erdbewegungen (z. B. Setzungen) beansprucht werden].
Nachteile	Nahtstelle muss beim Schweißen vor Ort gut zugänglich sein, Rohrleitungsteile müssen aus dem gleichen Material sein, evtl. Korrosionsbegünstigung durch Gefügeänderungen, einwandfreie Zentrierung erforderlich, nicht alle Materialien sind (gut) schweißbar	Bei kleinen Rohrnennweiten relativ großer Platzbedarf und relativ großes Gewicht, gute Zentrierung erforderlich, Dichtungsmaterial meist verschleißanfällig (Wartung erforderlich), Leckagegefahr bei unzureichender Wartung	Öffnen korrodierter Verbindungen oft problematisch (besonders bei großen Nennweiten), Ausbau einzelner Rohrleitungsteile oft nicht möglich	Meist nicht schnell lösbar, Wechsel bzw. Ausbau einzelner Rohrleitungsteile oft nicht möglich, Anwendung höherer Drücke und Temperaturen i. Allg. nicht möglich (Ausnahme: geschweißte und geschraubte Muffenverbindungen)
Anwendungsschwerpunkte	Chemieanlagen allgemein (immer dann, wenn die Verbindung nicht unbedingt lösbar sein muss), bei giftigen und explosiven Stoffen	Chemieanlagen allgemein (häufigste und bevorzugte lösbare Verbindung)	Gas- und Wasserleitungen, Hydraulik, Pneumatik, Messtechnik	Erdverlegte Rohre, drucklose Abflussrohre, Guss-, Keramik- und Betonrohre
Dichtungen		Dichtungen auf der Basis von Fasern, Verbunddichtungen, Metalldichtungen oder dichtungslos	Hanf, Kitt, Kunststoffbänder oder dichtungslos mit Schneidring oder eingelegter Dichtung	Gummiringe, Teerstricke, Bleiwolle, Blei, Kitt oder gelötet bzw. hartgelötet

Kompensatoren (Dehnungsausgleicher)

Aufgaben von Kompensatoren:

- Ausgleich der durch Temperaturänderungen bedingten Längenänderungen bzw. Spannungen in Rohrleitungen
- Ausgleich von Spannungen bei unvermeidlichen Relativbewegungen der durch eine Rohrleitung verbundenen Anschlüsse (z. B. bedingt durch Bodenbewegungen, Vibrationen oder Beseitigung von Montagefehlern)
- Aufnahme von Druckstößen (z. B. durch Wasserschläge, d. h. Spontanverdampfungen größerer Kondensatmengen bei der Inbetriebnahme von Dampfleitungen)
- Geräuschdämpfung

Bewegungsart	Prinzip	Vorteile	Nachteile	Anwendungsbeispiele
axial	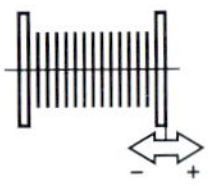	• Platzsparendste Variante • Keine Änderung der Strömungsrichtung	• Festpunkte müssen große Kräfte aufnehmen • Bei häufigen Richtungswechseln und großen Dehnungen relativ viele Kompensatoren erforderlich	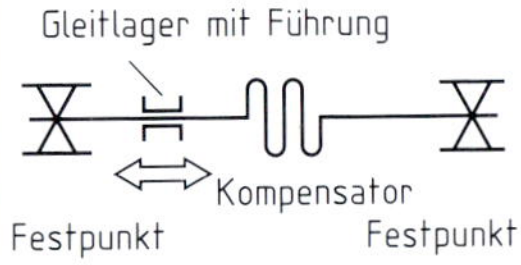
lateral	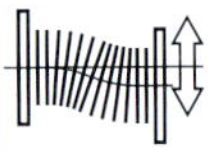	• Festpunkte müssen nur relativ schwache Kräfte aufnehmen • Größere Dehnungsaufnahme eines Kompensators • Evtl. Einsparung von Zwischenfestpunkten und Führungen	• Änderung der Strömungsrichtung nötig • Größerer Platzbedarf als bei axialem Ausgleich • Geringe Biegung der schiebenden Rohrleitung erforderlich • Kein Leitrohr möglich	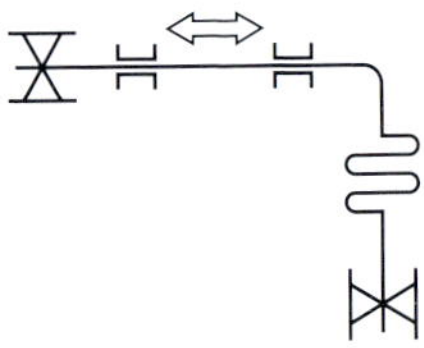
angular	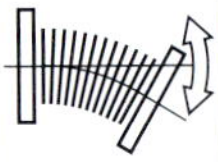	• Festpunkte müssen nur geringe Kräfte aufnehmen • Große Dehnungsaufnahme möglich • Dehnungsausgleich in drei Raumrichtungen möglich	• Änderung der Strömungsrichtung erforderlich • Größerer Platzbedarf • Relativ viele Kompensatoren nötig • Kein Leitrohr möglich	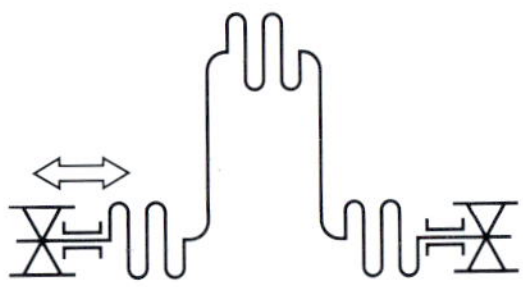

Längenänderung einer Rohrleitung infolge Temperaturänderung in m

$$\Delta l = l_0 \cdot \alpha \cdot \Delta\vartheta$$

l_0 Ausgangslänge bei ϑ_0 in m
α Linearer Ausdehnungskoeffizient in 1/°C
$\Delta\vartheta$ Temperaturänderung in °C

Längskräfte in einer Rohrleitung infolge Temperaturänderung in N

$$F_l = E \cdot \alpha \cdot \Delta\vartheta \cdot A_W$$

E Elastizitätsmodul des Rohrmaterials in N/mm²
α Linearer Ausdehnungskoeffizient in 1/°C
$\Delta\vartheta$ Temperaturänderung in °C
A_W Querschnitt der Rohrwand in mm²

Kräfte auf die Festpunkte eines Axialkompensators in N

$$F_{FP} = A \cdot p + F_V$$

A Rohrquerschnitt in m²
p Betriebsdruck in N/m²
F_V Verstellkraft (Eigenwiderstand) des Kompensators (nach Herstellerangabe)

Einbaulänge des Kompensators (= Baulänge + Vorspannung) in mm:

$$l_E = l_B + \frac{\Delta l}{2} - \frac{\Delta l \cdot (\vartheta_e - \vartheta_{min})}{\vartheta_{max} - \vartheta_{min}}$$

l_B Baulänge (Lieferlänge) in mm
Δl Längenänderung der Rohrleitung (Gesamtdehnung) in mm
ϑ_e Einbautemperatur in °C
ϑ_{max} Maximaltemperatur in °C
ϑ_{min} Minimaltemperatur in °C

B Gegeben: gerades Rohrstück mit l_0 = 60 m, α = 1,1 · 10⁻⁵ 1/°C, ϑ_e = 20 °C, ϑ_{max} = 120 °C, ϑ_{min} = 10 °C

Δl = 60 m · 1,1 · 10^{-5} 1/°C · 100 °C = 0,066 m = 66 mm ⇒ Auswahl eines Kompensators mit l_B = 473 mm und zulässigem Axialweg von Δl_{ZK} = ± 42 mm

l_E = 473 mm + 66 mm/2 – 66 mm · (20 °C – 10 °C)/(120 °C – 10 °C) = **500 mm**

d. h. der Kompensator wird beim Einbau um **27 mm** vorgespannt

Kompensatoren im Vergleich

Kompensatortyp	**U-Bogen, Winkelbogen, Z-Bogen** u. Ä.	**Wellrohrkompensator**	**Elastomer-** (bzw. **Gummi-**) und **Gewebekompensator**	**Stopfbuchsen** bzw. **Gleitrohrkompensator**
Bild	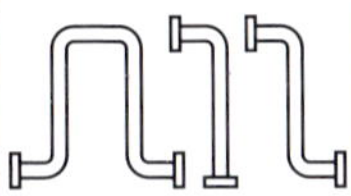	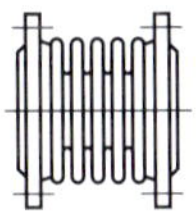	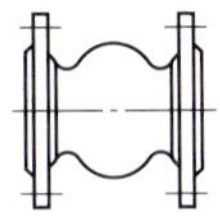	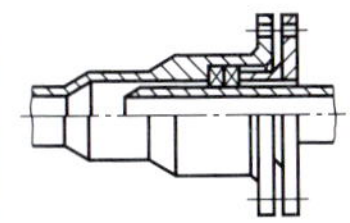
Nennweiten	Alle Nennweiten	DN 1 bis > DN 12 000	Gewebe-K.: alle Nennweiten. Gummi-K.: bis > DN 2800, mit Sonderwerkstoffen bis DN 4000	Bis ca. DN 800, in Behälterwänden bis > DN 1200
Nenndrücke	Alle Nenndrücke	Bis max. ca. PN 320, bei großen Nennweiten weniger	Gewebe-K.: bis ca. PN 2 Gummi-K.: bis ca. PN 25	Extrem hohe Drücke möglich
Betriebstemperaturen	Beliebig, je nach Rohrmaterial	Bis > 900 °C bei hochhitzebeständigem Stahl, sonst bis ca. 500 °C	Gewebe-K.: bis ca. 1200 °C; Gummi-K.: bis ca. 200 °C	Bis ca. 350 °C, wegen Abdichtungsproblemen meist weniger
Platzbedarf	Relativ groß	Axial-K.: sehr gering, Lateral- und Angular-Kompensatoren größer	Sehr gering	Gering
Druckverlust	Relativ groß (durch Bogenstücke und Schweißnähte)	Gering. Faustregel: etwa 4 × so groß wie Rohrstück gleicher Länge. Mit Leitrohr: $\Delta p \approx 0$	Gering (meist vernachlässigbar). Im Zweifelsfall: 1 Kompensator = ca. 10 m Rohrleitung	Gering (meist vernachlässigbar)
Vorteile	• Für alle Betriebsbedingungen geeignet • Oft anlagebedingt ohnehin vorhanden • Strömungsrichtung nicht festgelegt • Große Betriebssicherheit	• Geringer Platzbedarf • Kaum Druckverlust • Axial-, Lateral- und Angularbewegungen möglich • Alle Nennweiten möglich • Strömungsrichtung (ohne Leitrohr) beliebig • Bei mehrlagigen Bälgen große Betriebssicherheit • Gute Schwingungs- und Geräuschdämpfung	• Geringer Platzbedarf • Sehr gute Vibrations- und Geräuschdämpfung • Gute Aufnahme von Lateralbewegungen • Kaum Druckverlust (auch ohne Leitrohr) • Strömungsrichtung beliebig • Geringe Rückstellkräfte auf die Festpunkte • Großer Dehnungsausgleich bei kleiner Länge • Große Lebensdauer bei Wechselbelastung	• Ausgleich relativ großer Dehnungen möglich • Geringer Platzbedarf • Geringer Druckverlust • Günstig bei hoher Abrasion, da Wanddicke und Material frei wählbar • Günstig bei großer chemischer Beanspruchung aufgrund relativ freier Materialauswahl • Hohe Drücke möglich
Nachteile	• Großer Platzbedarf • Hoher Druckverlust • Hohe Rückstellkräfte auf die Festpunkte • Spannungen oft nicht genau erfassbar • In den Bögen evtl. erhöhte Abrasion und Korrosion • Höhere Fehlerquelle durch relativ viele Schweißnähte	• Balg empfindlich gegen Verschmutzung (Ablagerungen, Schweißspritzer usw.) und mechanische Beschädigung • Große Rückstellkräfte auf die Festpunkte bei Axialkompensatoren • Bei langen Kompensatoren Knickgefahr (Leitrohr erforderlich, damit eingeschränkte Lateral- und Angularbewegung) • Keine freie Materialwahl	• Elastomerkompensatoren verschleißanfällig und für hohe Drücke und Temperaturen ungeeignet • Gewebekompensatoren i. Allg. nur für Gase • Alterung der Elastomere	• Wartung erforderlich • Keine Lateral- und Angularbewegung möglich • Strömungsrichtung festgelegt

Kondensatableiter allgemein

DIN-Normen

DIN EN 26 554: Kondensatableiter mit Flanschanschluss; Baulängen
DIN EN 26 704: Kondensatableiter; Klassifikation
DIN EN 26 948: Kondensatableiter; Fertigungsprüfung und Prüfung der Funktionsmerkmale
DIN EN 27 841: Kondensatableiter; Bestimmung des Dampfverlustes; Prüfverfahren
DIN EN 27 842: Kondensatableiter; Bestimmung des Durchflusses; Prüfverfahren
DIN 3548-1: Kondensatableiter mit Flanschanschluss
DIN ISO 6553 (z): Kondensatableiter; Kennzeichnung

Aufgabe: Ausschleusung von Kondensat aus Rohrleitungssystemen (z.B. Dampfleitungen) und Wärmeaustauschern (im weiteren Sinne) ohne dass nennenswerte Mengen an Frischdampf verloren-gehen.

Ableitertyp	**Schwimmer-Kondensatableiter**	**Bimetall-** (bzw. **Bistahl-**) **Kondensatableiter**	**Kapsel-** (bzw. **Balgkapsel-**) **Kondensatableiter**	**Thermodynamischer Kondensatableiter**
Steuerung	Mechanisch	Thermisch	Thermisch	Thermodynamisch
Prinzipbild	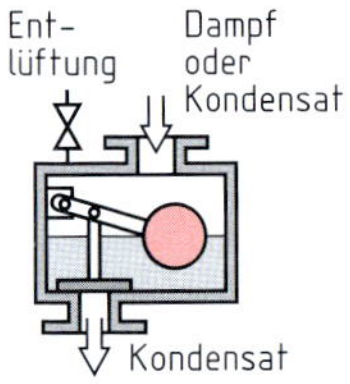	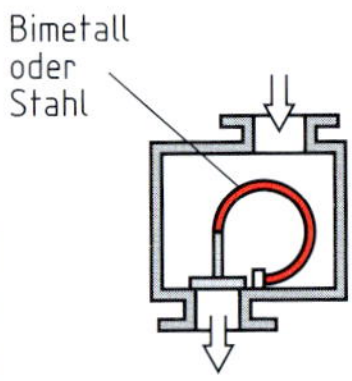	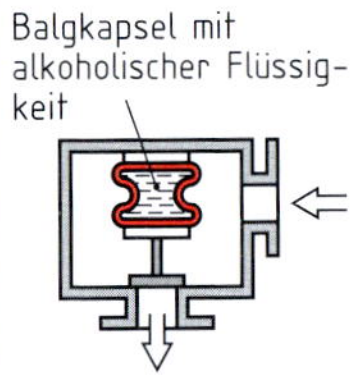	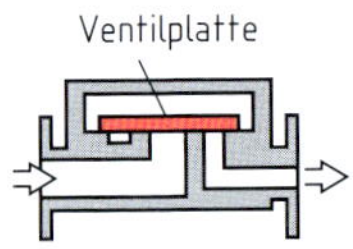
Funktion	Steuerung des Auslassventils oder Drehschiebers durch den Flüssigkeitsstand im Kondensatableiter (über einen Schwimmkörper). Das Abschlussorgan öffnet sofort bei Kondensatzulauf.	Steuerung des Auslassventils durch Temperaturänderung, welche die Krümmung eines Bimetalls oder Bistahls (Duostahls) verändert. Dampf schließt das Ventil, Kondensat bestimmter Temperatur öffnet es.	Steuerung des Auslassventils durch Temperaturänderung, die Verdampfung und Kondensation der alkoholischen Balgflüssigkeit und damit Streckung und Stauchung des Balgs bewirkt.	Steuerung aufgrund unterschiedlicher Strömungsgeschwindigkeit von Dampf und Kondensat. Schnell strömender Dampf führt zur Schließung infolge Druckabbau unter (Düseneffekt) und Druckaufbau über der Ventilplatte (Entspannungsnachverdampfung und Umwandlung von Bewegungsenergie).
Einsatzbeispiele	Bei Aufheizvorgängen (z. B. Reaktionsbehälter mit Heizmantel) – Sattdampfleitungen – bei „kalten Kondensaten" und Kondensaten der chemischen Produktion – bei Heißdampf-Leitungen – bei großem Gegendruck (bis 100 %) – bei starken Druck-, Temperatur- und Mengenschwankungen – bei temperaturgeregelten Anlagen.	Begleitheizungen (oft mit Kondensatunterkühlung) – wenn Kondensatrückstau zur besseren Wärmeausnutzung gefordert ist – wenn Heizen und Kühlen im Wechsel stattfindet – Entlüftung von Dampfräumen – mantelbeheizte Destillierblasen – senkrechte Heizschlangen – bei gefordertem kleinen Bauvolumen.	Begleitheizungen – Heizschlangen – bei Aufheizvorgängen – bei großem Gegendruck (bis 100 %) – als Entlüfter von Dampfräumen – Pressen – Verdampfer – wenn die Unterkühlung unabhängig vom Gegendruck konstant sein soll – stehende Rohrbündelwärmeaustauscher mit gewünschtem Kondensatstau.	Bei starken Erschütterungen und Vibrationen – Dampftrockner – kleine Heizbäder – bei kleinen Kondensatmengen (Kleinwärmeaustauscher) – Heizschlangen – Pressen – bei sehr beengten Platzverhältnissen – Dampfleitungen.
Nicht empfohlen	Bei starken Wasserschlägen, Einfriergefahr und gefordertem Kondensatstau.	Bei Aufheizvorgängen, stoßweisem Kondensatanfall, geregelten Anlagen und Kondensatstauverbot.	Bei überhitztem Dampf (je nach Balgfüllung) und Wasserschlägen.	Bei überhitztem Dampf, wenn längere Zeit kein Kondensatanfall und Arbeitsgeräusche unzulässig.

Kondensatableiter im Vergleich

Ableitertyp	Schwimmer-Kondensatableiter	Bimetall- (Bistahl[1]-) Kondensatableiter	Kapsel- (Balgkapsel) Kondensatableiter	Thermodynamischer Kondensatableiter
Betriebs-charakteristik	Kontinuierlich und verzögerungsfrei arbeitender Ableiter	Je nach Einstellung kontinuierlich oder unterbrochen arbeitender Ableiter	Je nach Kapselfüllung kontinuierlich oder unterbrochen arbeitender Ableiter	Unterbrochen (intermittierend) arbeitender Ableiter
Temperatur-einfluss	Kondensatableitung siedend oder wenig unterkühlt, Kondensatanstau nicht möglich	Kondensatableitung mehr oder weniger unterkühlt (bis ca. 90 °C), Kondensatanstau möglich	Kondensatableitung mehr oder weniger unterkühlt, Kondensatanstau möglich. Anpassung an Temperaturänderung ohne Verzögerung	Kondensatableitung siedend oder wenig unterkühlt, Kondensatanstau nicht möglich
Druckeinfluss	Unempfindlich bei Gegendruck und Druckschwankungen. Nur geringe Druckdifferenz erforderlich	Empfindlich bei hohem Gegendruck und Druckschwankungen. Bei geringem Differenzdruck einsetzbar, dann aber niedrige Austragsleistung	Je nach Kapselfüllung mehr oder weniger empfindlich gegen Druckschwankungen, Gegendruckunempfindlichkeit, bei geringem Differenzdruck einsetzbar	Unempfindlich bei Druckschwankungen. Gegendruck darf nicht zu groß sein. Erforderlicher Betriebsdruck mindestens 1,5 bar
Entlüftung	Manuell oder mit zusätzlichem thermischen Entlüfter	Selbsttätig	Selbsttätig	Selbsttätig, aber je nach Modell mehr oder weniger gut
Einbaulage	Festgelegt	Beliebig	Beliebig	Beliebig
Einfrier-sicherheit	Nicht gegeben (Frostschutzeinrichtung möglich)	Gegeben	Gegeben	Gegeben
Verhalten bei Wasserschlag[2]	Empfindlich	Unempfindlich	Empfindlich	Unempfindlich
Frischdampf-verluste	Nicht gegeben	Nicht gegeben	Nicht gegeben	Gegeben (Steuerdampf erforderlich)
Verhalten bei Erschütterungen	Empfindlich	Unempfindlich	Unempfindlich	Unempfindlich
Verschmut-zungsempfind-lichkeit	Mäßig	Mäßig bis unempfindlich (je nach Modell)	Mäßig	Relativ groß
Spezifische Durchsatzleistung	Weniger gut	Gut	Sehr gut	Sehr gut
Lebensdauer	Hoch	Hoch	Hoch	Bei hoher Arbeitsfrequenz relativ gering
Nennweiten	Bis ca. DN 100	Bis ca. DN 50	Bis ca. DN 100	Bis ca. DN 25
Nenndrücke	Bis ca. PN 250 Nach DIN bis PN 40	Bis ca. PN 640 Nach DIN bis PN 40	Bis ca. PN 40 Nach DIN bis PN 40	Bis ca. PN 640 Nach DIN bis PN 40

Zulässige Betriebstemperatur:
Je nach Gehäusewerkstoff bei allen Ableitertypen $\vartheta_{max} \approx 530$ °C, i. Allg. zwischen 200 °C und 400 °C.

[1] Bistahlkondensatableiter sind weniger korrosionsanfällig als Bimetallkondensatableiter, Bistähle erzeugen aber bei gleicher Größe einen geringeren Hub als Bimetalle.

[2] Wasserschläge entstehen, wenn Dampf an größeren unterkühlten Kondensatmengen in einer Anlage schlagartig kondensiert.

Auslegung von Kondensatableitern und Kondensatleitungen

Auslegung von Kondensatableitern

Die Auslegung von Kondensatableitern geschieht nach dem zu erwartenden Kondensatanfall an Wärmeübertragungsflächen und in Dampfleitungen (infolge von Wärmeverlusten). Bei Sattdampf:

Dampfleitungen

$$\dot{m}_K \approx \frac{d \cdot \pi \cdot l \cdot K \cdot (\vartheta_D - \vartheta_U) \cdot 3{,}6}{\Delta h_v \cdot 2000}$$

- $\dot{m}_K$ Kondensatanfall in kg/h
- d Rohrdurchmesser (näherungsweise Nenndurchmesser DN in mm)
- l Länge der Rohrleitung in m
- K Wärmedurchgangskoeffizient in W/(m² · K), siehe Abschnitt „Wärmeübertragung"
- Δh_v Spezifische Verdampfungsenthalpie des kondensatbildenden Stoffes in kJ/kg (druckabhängig)
- ϑ_D Sattdampftemperatur in °C
- ϑ_U Umgebungstemperatur in °C

Wärmeübertragungsflächen

$$\dot{m}_K \approx \frac{A \cdot K \cdot (2 \cdot \vartheta_D - \vartheta_{F1} - \vartheta_{F2}) \cdot 3{,}6}{2 \cdot \Delta h_v}$$

$$\dot{m}_K \approx \frac{1{,}4 \cdot \dot{m}_F \cdot c_F \cdot (\vartheta_{F2} - \vartheta_{F1})}{\Delta h_v}$$

- $\dot{m}_K$ Durchschnittlicher Kondensatanfall in kg/h
- $\dot{m}_F$ Aufzuheizende Flüssigkeitsmenge in kg/h
- A Wärmeübertragungsfläche in m²
- K Wärmedurchgangskoeffizient in W/(m² · K), vgl. Abschnitt „Wärmeübertragung"
- c_F Spezifische Wärmekapazität der aufzuheizenden Flüssigkeit in kJ/(kg · K)
- Δh_v Spezifische Verdampfungsenthalpie des kondensatbildenden Stoffes in kJ/kg (druckabhängig)
- ϑ_D Sattdampftemperatur in °C (druckabhängig)
- ϑ_{F1} Temperatur der aufzuheizenden Flüssigkeit vor der Erwärmung in °C
- ϑ_{F2} Temperatur der aufzuheizenden Flüssigkeit nach der Erwärmung in °C

B In einem Rohrbündelwärmeaustauscher wird durch Sattdampfkondensation eine Flüssigkeit von 20 °C auf 90 °C erwärmt. ϑ_D = 100 °C, Δh_v = 2258 kJ/kg, k = 800 W/(m² · K), A = 10 m²

$$\dot{m}_K \approx \frac{10\ \text{m}^2 \cdot 800\ \text{W/(m}^2\ \text{K)} \cdot (2 \cdot 100\ °\text{C} - 20\ °\text{C} - 90\ °\text{C}) \cdot 3{,}6}{2 \cdot 2258\ \text{kJ/kg}} \approx \mathbf{574\ kg/h}$$

Die Auswahl geschieht dann nach den Herstellerangaben (Durchsatzkurven) für die einzelnen Modelle.

Auslegung von Kondensatleitungen

Grundlage: Dampfvolumen nach der Entspannungsnachverdampfung (bei kalten und stark unterkühlten Kondensaten genügt evtl. das Kondensatvolumen). Für Wasserdampf gilt:

$$d_i \approx 18{,}8 \cdot \sqrt{\frac{w_D \cdot \dot{m}_h}{\varrho_D \cdot v \cdot 100}}$$

- $\dot{m}_h$ Heißdampfkondensatmenge in kg/h
- w_D Nachdampfanteil in %
- ϱ_D Nachdampfdichte in kg/m³ (bei Leitungsdruck)
- v Strömungsgeschwindigkeit in m/s

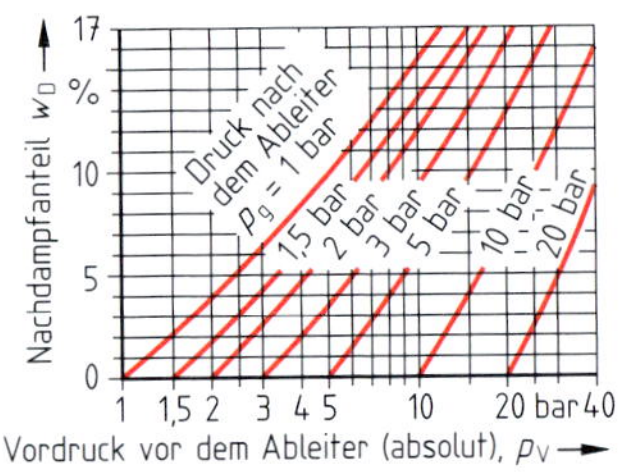

Nomogramm zur Ermittlung von d_i bei Heißkondensat aus Sattdampf ($v \approx$ 15 m/s)

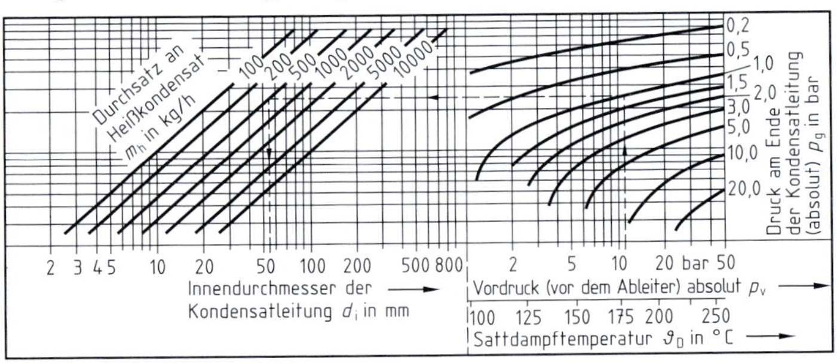

Ablesebeispiel: Vordruck vor dem Ableiter: p_v = 11 bar (ϑ_D = 184 °C) Druck am Ende der Kondensatleitung: p_g = 1 bar. Heißdampfkondensatmenge: $\dot{m}_h$ = 500 kg/h. Erforderlicher Innendurchmesser: $d_i \approx$ **55 mm**

Normen zu Absperr- und Regelarmaturen

Normen zu Armaturen allgemein

DIN EN 736-1	Armaturen; Terminologie; Teil 1; Definition der Grundbauarten
DIN EN 736-2	Armaturen; Terminologie; Teil 2; Definition der Armaturenteile
DIN EN 736-3	Armaturen; Terminologie; Teil 3; Definition von Begriffen
DIN 1503-1, 3	Armaturen; Werkstoffe für Gehäuse, Oberteile und Deckel
DIN EN 12266-1	Industriearmaturen – Prüfung von Armaturen – Teil 1: Druckprüfungen, Prüfverfahren und Annahmekriterien; verbindliche Anforderungen
DIN EN 12516-2	Industriearmaturen – Gehäusefestigkeit – Teil 2: Berechnungsverfahren für drucktragende Gehäuse von Armaturen aus Stahl

Normen zu Ventilen

DIN EN 13789	Industriearmaturen – Ventile aus Gusseisen
DIN EN 13709	Industriearmaturen – Absperrventile und absperrbare Rückschlagventile aus Stahl
DIN 3320-1 und DIN EN 764-1	Sicherheitsventile; Sicherheitsabsperrventile; Begriffe; Größenbemessung; Kennzeichnung
DIN EN 1267	Armaturen – Messung des Strömungswiderstandes mit Wasser als Prüfmedium
DIN EN ISO 21787	Industriearmaturen – Ventile aus Thermoplasten
DIN EN 10090	Ventilstähle und -legierungen für Verbrennungskraftmaschinen
DIN EN 12266-1	Technische Lieferbedingungen für Armaturen; Armaturen für brennbare Flüssigkeiten; Anforderungen und Prüfung
DIN IEC 60534 (mehrere Teile)	Stellventile für die Prozessregelung
DIN EN ISO 16138	Industriearmaturen – Membranventile aus Thermoplasten

Normen zu Hähnen

DIN 3357-1	Kugelhähne; Allgemeine Angaben für Kugelhähne aus metallischen Werkstoffen
DIN 3357-4	Kugelhähne aus Nichteisenmetallen mit Volldurchgang
DIN 3357-5	Kugelhähne aus Nichteisenmetallen mit reduziertem Durchgang
DIN EN ISO 16135	Industriearmaturen – Kugelhähne aus Thermoplasten
DIN 3442-2	Armaturen aus PP; Kugelhähne; Maße

Normen zu Schiebern

DIN 3352-5	Schieber aus Stahl, mit innen- oder außenliegendem Spindelgewinde, isomorphe Baureihe
DIN EN 1171	Industriearmaturen – Schieber aus Gusseisen
DIN EN 12288	Industriearmaturen – Schieber aus Kupferlegierungen
DIN EN 1171	Industriearmaturen – Schieber aus Gusseisen
DIN EN 1984	Industriearmaturen – Schieber aus Stahl
DIN EN ISO 16139	Industriearmaturen – Schieber aus Thermoplasten

Normen zu Klappen

DIN EN 593	Industriearmaturen – Metallische Klappen
DIN EN ISO 16136	Industriearmaturen – Klappen aus Thermoplasten (Normentwurf)
VDI/VDE 2176, Blatt 1	Strömungstechnische Kenngrößen von Stellklappen und deren Bestimmung
DIN EN ISO 16136	Industriearmaturen – Klappen aus Thermoplasten
DIN 87101	Rückschlagklappen, selbstschließend, vertikale Bauart

Fördern von Stoffen

VT

Einteilung und Merkmale von Absperrarmaturen

Mit dem Begriff „Armatur“ werden heute im Wesentlichen Absperr- und Regelorgane in Rohrleitungssystemen bezeichnet, im engeren Sinne – neben den Kondensatableitern – **Ventile, Hähne, Schieber** und **Klappen**.

Armatur	**Ventil**	**Hahn**	**Schieber**	**Klappe**
Prinzipbild	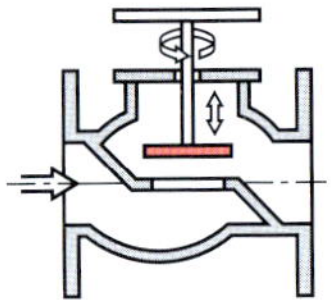	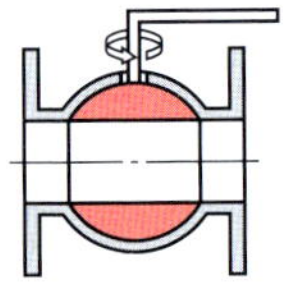	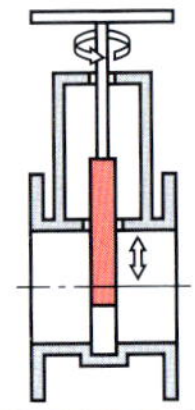	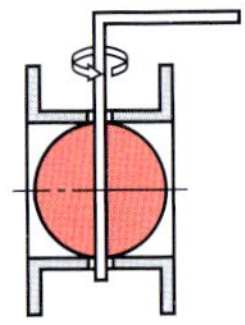
Absperrkörper	• Platte } Teller • Kegel } Teller • Parabolkegel • Kolben • Kugel • Membrane • Nadel	• Zylinder mit Bohrung • Kegelstumpf mit Bohrung • Kugel mit Bohrung Allgemein: Küken	• Platte bzw. flache Scheibe • Keil • Geteilte Platte • Geteilter Keil	• Scheibe
Bewegung des Absperrkörpers (Zuordnungsmerkmal)	In oder entgegengesetzt der Strömungsrichtung, i. Allg. durch senkrechtes Abheben von der Dicht- bzw. Sitzfläche (bei Kolbenventilen parallel zur Dichtfläche). Der Absperrkörper bleibt im strömenden Medium	Parallel zur Dichtfläche, quer zur Strömungsrichtung, um die Mittelachse drehend. Der Absperrkörper gibt dabei den Kontakt zur Dichtfläche nicht auf, öffnet durch die Bohrung im Küken aber weitgehend bis vollständig den Strömungsquerschnitt.	Quer (senkrecht) zur Strömungsrichtung, parallel zu den Dichtflächen. Der Absperrkörper liegt im voll geöffneten Zustand nicht mehr im strömenden Medium.	Quer zur Strömungsrichtung, um die mittige oder außermittige Achse drehend, parallel zur Dichtfläche. Der Absperrkörper bleibt im strömenden Medium.
Äußere Merkmale	• Pfeil für die Durchflussrichtung auf dem Gehäuse (Ausnahme: Membranventile) • Umlenkung der Strömungsrichtung an der Gehäuseform meist erkennbar (Ausnahmen: Freifluss- und Ringkolbenventil) • Spindel mit Gewinde vorhanden • Handrad- oder Stellantrieb vorhanden • Freiflussventil durch schräge Spindel erkennbar	• Hebelbetätigung über gewindelose Spindel (bei größeren Armaturen Handrad oder Stellantrieb) • Keine Strömungsumlenkung am Gehäuse erkennbar • Kerbe auf dem Kopf der Schaltwelle (Bewegungsbolzen) oder entsprechende Anzeigevorrichtung gibt die Stellung des Hahnkükens an	• Seitliche Führungen des Absperrkörpers meist erkennbar • Gewindespindel mit Handrad oder Stellantrieb vorhanden • Keine Strömungsumlenkung am Gehäuse erkennbar • Armaturenoberteil als Haube zur Aufnahme des Absperrkörpers ausgebildet, deshalb auffallend hohe Bauform	• Hebelbetätigung ohne Gewindespindel (bei größeren Armaturen Handrad oder Stellantrieb) • Oft Anzeige der Klappenstellung in Grad oder Prozent • Meist auffallend kurze Bauform, die kein Küken aufnehmen könnte (Abgrenzung vom Hahn)
Grafisches Symbol in verfahrenstechn. Fließschemata	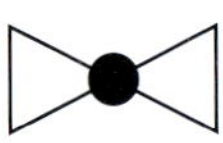	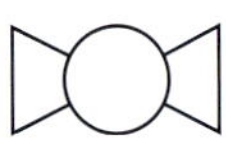		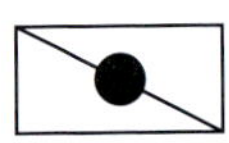

Armaturen im Vergleich

Armaturen	Ventile	Hähne	Schieber	Klappen
Nennweiten	Bis ca. DN 500 Ringkolbenventile bis > DN 1200	Bis > DN 1200	Bis ca. DN 2000, Sonderanfertigungen bis > DN 4000	Bis ca. DN 2000, Sonderanfertigungen bis > DN 4000
DIN-Ausführungen	DN 10 bis DN 400	DN 4 bis DN 500	DN 40 bis DN 1000	DN 80
Betriebsdrücke	Bis ca. 1000 bar, Pneumatik bis 14000 bar	Bis ca. 630 bar	Bis ca. 1000 bar	Bis ca. 400 bar
DIN-Ausführungen	Bis PN 40 (DN 10 – 400) Bis PN 160 (DN 10 – 250)	Flanschanschluss: Bis PN 100 (DN 10–500) Bis PN 160 (DN 10–125) Bis PN 250 (DN 10–50) Schraubanschluss: Bis PN 400 (DN 4–50) Verschweißt: Bis PN 100 (DN 10–500)	Bis PN 16 (DN 40 – 1000) Bis PN 100 (DN 40 – 500)	Bis PN 10 (bis DN 2000) Bis PN 16 (bis DN 1200) Bis PN 25 (bis DN 1000)
Betriebstemperaturen	Bis ca. 600 °C	Bis ca. 1000 °C	Bis ca. 700 °C, wassergekühlt und mit Keramikabsperrkörper bis ca. 1600 °C	Bis ca. 700 °C, wassergekühlt und mit Keramikabsperrkörper bis ca. 1600 °C
DIN-Ausführungen	–10 °C bis 550 °C	–196 °C bis 400 °C	–60 °C bis 530 °C	Bis 300 °C
Strömungsrichtung	I. Allg. festgelegt bzw. empfohlen (Ausnahmen: Membran- und Schlauchquetschventile), Wechsel aber prinzipiell möglich	Beliebig	I. Allg. beliebig	I. Allg. beliebig (bei Rückschlagklappe festgelegt)
Drosselverhalten	Sehr gut	Schlecht (i. Allg. nur als Absperrarmatur verwendet)	Meist nicht sehr gut bis schlecht, Blendenschieber sehr gut	Je nach Ausführung mittelmäßig bis gut
Stellzeit	Mittel	Kurz	Lang	Kurz
Druckverlust (völlig offen)	Groß	Sehr klein	Klein	Mittel
Baulänge	Groß	Mittel	Klein bis mittel	Klein
Bauhöhe	Mittel	Klein	Groß	Klein
Gewicht	Mittel	Mittel (i. Allg. < Ventil)	Meist relativ hoch	Relativ niedrig
Betätigungskräfte	Groß (bei großen DN bis zum 3fachen eines vergleichbaren Schiebers)	Mittel	Groß	Klein
Dichtungsverschleiß	Gering, bei Kolbenventilen höher	Relativ hoch	Mittel, bei Keilschiebern gering	Gering
Abdichtung	Sehr gut, Dichtkraft über Spindel beeinflussbar	Gut bis mittel, Dichtkraft nicht beeinflussbar	Gut bis mittel, beim Keilschieber Dichtkraft beeinflussbar	Mittel (meist schlechter als beim Schieber)
Eignung für Suspensionen	Gut, je nach Bauform	I. Allg. schlecht	Mittel bis schlecht, je nach Bauform	Gut
Molchbarkeit	I. Allg. nicht gegeben	Gut	Gut	I. Allg. nicht gegeben

Strömungstechnische Kennzahlen für Armaturen

Armaturenhersteller ordnen in der Regel den von ihnen angebotenen Armaturen strömungstechnische Daten oder Kennzahlen zu. Die wichtigsten Kennzahlen sind:

Druckverlustzahl ζ: Kennzahl für den Widerstand, den ein strömendes Medium in einer Armatur erfährt (ohne Einheit). In der Praxis häufig auch als Widerstandsbeiwert bezeichnet.

Durchflussbeiwert k_V: Kennzahl, die angibt, welche Menge Wasser (5 °C bis 30 °C) bei einem Druckverlust von $\Delta p \approx 1$ bar (genau: $\Delta p = 0{,}98$ bar) und einem gegebenen Hub H (Ventil) bzw. Stellwinkel φ (Klappe) durch eine Armatur geht (Einheit: m^3/s, m^3/h oder L/min).

k_{VS}-Wert: Vorgesehener k_V-Wert bei voller Öffnung der Armatur (Nennhub H_{100} bei Ventilen, Nennstellwinkel φ_{100} bei Klappen).

k_{V100}-Wert: Tatsächlicher k_V-Wert beim Nennhub H_{100} (Ventile) oder Nennstellwinkel φ_{100} (Klappen). Maximal zulässige Abweichung vom k_{VS}-Wert: 10 %.

C_V-Wert: Durchflussbeiwert, der in Ländern mit Zollsystem verwendet wird. Es gilt: $k_V = 0{,}856 \cdot C_V$.

An Stelle der Kennzahlen werden häufig auch Druckverlustdiagramme ausgewiesen, die den Druckverlust Δp einer Armatur (mit der Nennweite DN) in Abhängigkeit vom Durchsatz q_V oder in Abhängigkeit von der Ventil- oder Klappenstellung wiedergeben. Aus den strömungstechnischen Daten können die ζ-Werte nach den folgenden Formeln berechnet werden:

$$\zeta = \frac{1{,}234 \cdot \Delta V \cdot d^4}{\varrho \cdot q_V^2} \qquad \zeta = \frac{2 \cdot \Delta p}{\varrho \cdot v^2}$$

- ζ Druckverlustzahl
- Δp Druckverlust der Armatur in Pa bzw. N/m^2
- d Innendurchmesser der Armatur in m
- ϱ Dichte des Fördermediums in kg/m^3
- q_V Volumenstrom in m^3/s
- v Strömungsgeschwindigkeit in m/s

$$\zeta = \frac{2 \cdot 10^5 \cdot \Delta p}{v^2 \cdot \varrho} \qquad \zeta = \frac{444 \cdot \Delta V \cdot d^4}{q_V^2 \cdot \varrho}$$

- ζ Druckverlustzahl
- Δp Druckverlust der Armatur in bar
- d Innendurchmesser der Armatur in mm
- ϱ Dichte des Durchflussmediums in kg/m^3
- q_V Volumenstrom in L/min
- v Strömungsgeschwindigkeit in m/s

Für das **Bezugsmedium Wasser** (in Bereich 5 °C bis 30 °C) gilt:

$$\zeta = \frac{444 \cdot \Delta p \cdot d^4}{q_V^2}$$
Δp in bar; q_V^2 in L/min; d in mm

$$\zeta = \frac{0{,}0016 \cdot \Delta p \cdot d^4}{q_V^2}$$
Δp in bar; q_V^2 in m^3/h; d in mm

$$\zeta = \frac{200 \cdot \Delta p}{v^2}$$
Δp in bar; v in m/s

$$\zeta = \frac{0{,}442 \cdot d^4}{k_V^2}$$
d in mm; k_V in L/min

$$\zeta = \frac{d^4}{628{,}2 \cdot k_V^2}$$
d in mm; k_V in m^3/h

Ist das Fördermedium nicht Wasser und der Druckverlust $\Delta p \neq 1$ bar, so gilt bei etwa gleicher *Reynolds*-Zahl:

$$k_V = q_V \cdot \sqrt{\frac{\Delta p_0 \cdot \varrho}{\Delta p \cdot \varrho_0}}$$

- q_V Volumenstrom in m^3/h
- Δp_0 1 bar (Bezugsdruckverlust)
- Δp Tatsächlicher Druckverlust an der Armatur in bar
- ϱ_0 1000 kg/m^3 (Dichte des Bezugsmediums Wasser)
- ϱ Dichte des Durchflussmediums in kg/m^3

B Für die Baureihe eines Durchgangsventils gibt der Hersteller untenstehende Durchflusskennlinien für Wasser und den voll geöffneten Zustand an.

a) Welche Nennweite ist zu wählen, wenn der Druckverlust bei $q_V = 200\ m^3/h$ maximal $\Delta p = 0{,}3$ bar betragen soll?

b) Wie groß ist der k_{VS}-Wert für dieses Ventil?

c) Welche Druckverlustzahl ζ besitzt das Ventil?

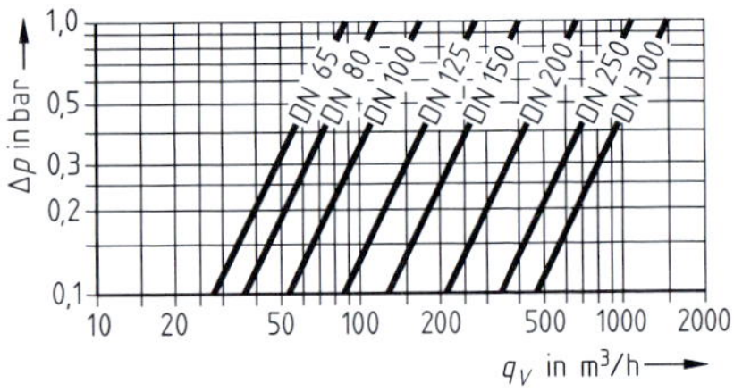

a) Nach Diagramm liegt der Punkt P (200; 0,3) zwischen den Kennlinien für die Ventile DN 125 und DN 150. Gewählt wird das nächst größere: **DN 150**

b) k_{VS}-Wert (bei $\Delta p = 1$ bar): **400 m^3/h**

c) $\zeta = \frac{150^4}{628{,}2 \cdot 400^2} = \mathbf{5{,}04}$

Druckverlustzahlen (Widerstandsbeiwerte) von Armaturen

Zur Berechnung der Druckverluste eines Rohrleitungssystems und zum Vergleich unterschiedlicher Armaturen hinsichtlich ihres Strömungswiderstandes sind die Durckverlustzahlen ζ dieser Armaturen erforderlich. Sind diese aus den Herstellerunterlagen nicht ersichtlich, müssen sie zunächst geschätzt werden. Anhaltspunkte gibt die untenstehende Tabelle. Dabei ist zu beachten, dass bei gleichem Armaturentyp innerhalb einer Baureihe die ζ-Werte mit der Nennweite stark schwanken können. Eine eindeutige Abhängigkeit von der Nennweite kann dabei meist nicht festgestellt werden, da sich mit zunehmender Größe oft auch konstruktive Merkmale ändern.

Bei gleichbleibender Geometrie gilt tendenziell:

Ventile: Mit zunehmender Nennweite verhält sich der ζ-Wert meist relativ konstant bis steigend.
Hähne: Mit zunehmender Nennweite verhält sich der ζ-Wert meist relativ konstant bis fallend.
Schieber: Mit zunehmender Nennweite verhält sich der ζ-Wert meist relativ konstant.
Klappen: Mit zunehmender Nennweite verhält sich der ζ-Wert meist leicht fallend.

Im Zweifelsfall sollten sicherheitshalber jeweils die höchsten Werte angenommen werden.

Armaturen	ζ-Werte bei voller Öffnung	Bemerkung
Durchgangsventile	2,5 bis 6,5	Meist kann mit ausreichender Sicherheit $\zeta = 4$ bis 5 angenommen werden (z.B. bei DIN-Ventilen). Strömungsgünstigere Formen (z. B. Rhei-Ventile) liegen bei $\zeta = 2{,}5$ bis 3. Regelventile können aber auch wesentlich höher liegen (bis $\zeta \approx 30$). Halb geöffnete Ventile: $\zeta \approx 5$ bis 15. Gegossene Ventile haben einen geringeren Widerstand als geschmiedete.
Kolbenventile	4,0 bis 6,5	Über die Nennweite relativ konstant.
Bodenventile	0,2 bis 0,4	Mit zunehmender Nennweite fallend.
Eckventile	1,3 bis 6,6	Meist kann ausreichend sicher mit $\zeta = 3$ gerechnet werden.
Schrägsitzventile	1,5 bis 3,5	Mit zunehmender Nennweite ζ-Werte in der Tendenz fallend. Meist kann ausreichend sicher mit $\zeta = 1{,}5$ gerechnet werden.
Membranventile	0,8 bis 2,2	Mit komplizierter Strömungsform bis $\zeta = 8$.
Ringkolbenventile	1,8 bis 13	Mit zunehmender Nennweite fallend.
Rückschlagventile	1,5 bis 15	Bei Rückschlagventilen in Freiflussform kann i. Allg. mit $\zeta = 3$ gerechnet werden.
Durchgangshähne mit Küken	0,6 bis 2,0	Bei ungünstigen Strömungsformen bis $\zeta = 4{,}2$.
Kugelhähne – mit eingezogenem (reduziertem) Durchgang	0,03 bis 0,9 0,3 bis 3,5	Meist kann ausreichend sicher mit $\zeta = 0{,}15$ gerechnet werden. Bei Kunststoffarmaturen mit $\zeta = 0{,}3$ bis 0,9. I. Allg. reicht es auch, bei Hähnen mit vollem Durchgang den entsprechenden Wert einer Rohrleitung gleicher Nennweite und Länge zu verwenden. Halb geöffnete Hähne: $\zeta \approx 19$ bis 30.
Absperrschieber – mit Einschnürung	0,05 bis 0,3 0,2 bis 4,5	Halb geöffnet: $\zeta \approx 2$ bis 4. ζ je nach Einschnürungsverhältnis. Bei einem Verhältnis von ca. 1 : 0,6 gilt $\zeta \approx 0{,}3$ bis 0,4, bei 1 : 0,4 gilt $\zeta \approx 1{,}0$ bis 2,0.
Blendenregulierschieber	$\approx 0{,}4$	Über die Nennweite etwa konstant. Halb geöffnet: $\zeta \approx 1{,}9$ bis 2,2.
Klappen	0,05 bis 0,9	Bei großen Nennweiten ζ bis 0,05 sinkend. I. Allg. $\zeta < 0{,}5$. Bei Klappen mit innenliegendem Hubmechanismus: $\zeta = 0{,}5$ bis 0,8. Klappen aus Kunststoff: $\zeta = 0{,}9$ bis 2,0. Halb geöffnete Klappen: $\zeta \approx 6$ bis 20.
Rückschlagklappen	0,5 bis 1,4	Bei niedrigen Strömungsgeschwindigkeiten und daraus resultierender teilweiser Öffnung: bis $\zeta = 30$.

Spezielle Armaturen und ihre besonderen Merkmale

Armatur	Prinzipbild	Besondere Merkmale
Kolbenventil	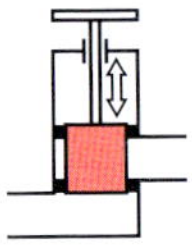	Wartungsfreundlich, relativ unempfindlich gegen Verschleiß und Funktionsstörungen, die durch das Fördermedium begründet werden, relativ unempfindlich gegen Verschmutzung (bei Kolbenbewegung Abstreifung der Ablagerungen von den Dichtflächen), meist nur für kleine bis mittlere Nennweiten (bis ca. DN 200).
Ringkolbenventil	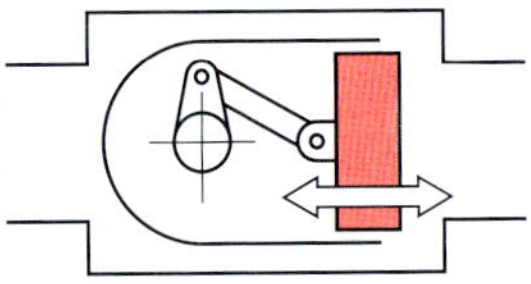	Geringe Betätigungskräfte durch Druckausgleich, Begrenzung von Kavitation, geringe Abnutzung der Dichtfläche, kleiner Hub, beliebige Einbaulage, k_V-Wert kann durch unterschiedliche Gestaltung der Auslaufpartie variiert werden (oft nach dem Baukastenprinzip), Strömungsquerschnitt immer kreisförmig, Nennweiten bis > DN 1200 möglich, relativ hohe Druckverluste.
Blendenschieber	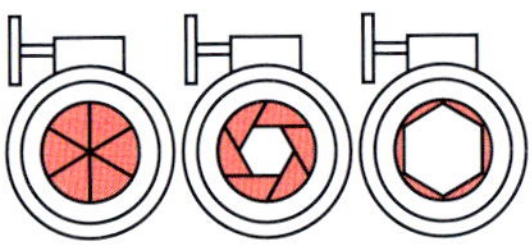	Gut geeignet zur stufenlosen Durchflussregelung von zähen und gasförmigen Medien, stets zentrale Strömungsachse, selbstreinigend, beliebige Einbaulage, beliebige Durchflussrichtung, in Spezialausführung auch als verstellbare Messblende einsetzbar, für Schieber relativ kleine Druckverluste bei nicht voller Öffnung (z. B. bei 50 % Öffnung: $\zeta \approx 2{,}0$).
Membranventil	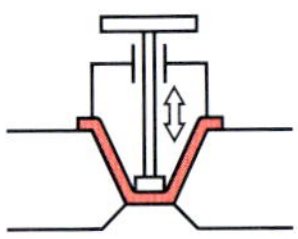	Beliebige Durchflussrichtung, gut geeignet für aggressive und für sterile Medien, für Ventile relativ kleiner Druckverlust, gut geeignet für stark verschmutzte und abrasive Medien, geringe Bedienungskräfte, geringes Gewicht, keine Stopfbuchse erforderlich, nur kleine bis mittlere Nennweiten (bis ca. DN 300).
Freifluss- oder Schrägsitzventil	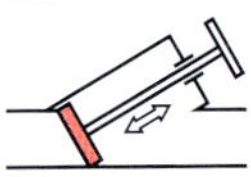	Für Ventile sehr kleiner Druckverlust, z. T. Molchbarkeit gegeben, Belastung der Bauteile z. T. ungleichmäßiger als beim Geradsitz-Ventil, relativ lange Stellzeit. DIN-Bezeichnung: Durchgangsventil, Oberteil schräg.
Sicherheitsventile – federbelastet	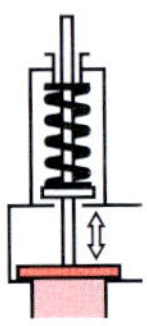	Einsatz zur Verhinderung von Überlastungen. Sie entspannen ein Rohrleitungssystem bzw. eine Anlage, wenn ein am Ventil eingestellter Ansprechdruck erreicht ist. Federbelastete Sicherheitsventile sind im Prozessbereich die Regel, wenn Betriebsdrücke $p_e > 1$ bar vorliegen. Ansprechdrücke $p_A < 0{,}5$ bar sind mit Hilfe von Federn in den meisten Fällen nicht mehr befriedigend realisierbar. Bei Ansprechdrücken $p_A > 350$ bar kommen in der Regel nur noch federbelastete Sicherheitsventile in Frage. Oft wird ihnen aus Gründen der Schonung, des Korrosionsschutzes und der besseren Dichtheit eine Berstscheibe vorgeschaltet. Bei hohen Systemdrücken geringere Dichtheit infolge geringerer Flächenpressung.
– gewichtsbelastet	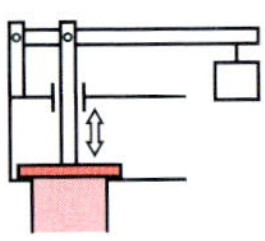	Gewichtsbelastete Sicherheitsventile finden Anwendung, wenn sehr kleine Ansprechdrücke gefordert sind ($p_A < 0{,}3$ bis 0,5 bar), z. B. bei Lagertanks. Sie sind in diesem Bereich wesentlich preisgünstiger als die alternativ einsetzbaren gesteuerten Ventile, zeigen aber ein nicht so genau definierbares Abblasverhalten.
– pilot- oder pneumatisch gesteuert		Fremdgesteuerte Sicherheitsventile sind im Ansprech- bzw. Abblasverhalten genauer als gewichtsbelastete, besitzen bei hohen Betriebsdrücken eine bessere Dichtkraft als federbelastete und können im Ansprechverhalten und in der Abblaszeit verändert werden. Ihre Prüfung ist bei laufendem Betrieb möglich und sie können Zusatzaufgaben übernehmen (Begrenzung von Regelabweichungen usw.). Einsatzgrenze bei ca. 380 bar, da sie dann in den Abmessungen zu klein werden.

Druckverluste in Rohrleitungssystemen

Strömt ein Fluid durch ein Rohrleitungssystem, so tritt infolge innerer Reibung durch Impulsübertragung von Fluidteilchen und Wirbelballen auf die Rohrwand ein Druckverlust Δp auf, der wie folgt näherungsweise berechnet werden kann:

$$\Delta p = \left(\lambda \cdot l \frac{1}{d} + \Sigma \zeta\right) \cdot \frac{1}{2} \cdot v^2 \cdot \varrho$$

Dichte ϱ in kg/m³, aus Tabellen in der Literatur

Geschwindigkeit v in m/s, zu ermitteln aus den Beziehungen

$v = \frac{q_V}{A}$ oder $v = \frac{q_m}{\varrho \cdot A}$ oder $v = \frac{q_V \cdot 4}{d^2 \cdot \pi}$ (Durchflussgleichung)

$A_1 \cdot v_1 = A_2 \cdot v_2$ bei Querschnittsänderung (Kontinuitätsgleichung)

- q_V Volumenstrom in m³/s
- q_m Massenstrom in kg/s
- A Strömungsquerschnitt in m²
- d Rohrinnendurchmesser in m
- ϱ Dichte des Fördermediums in kg/m³

Index 1: Ort 1
Index 2: Ort 2

Summe der **Druckverlustzahlen** ζ von Formstücken und Armaturen (Herstellerangaben oder aus den Tabellen der folgenden Seiten)

Länge l der geraden Rohrleitungsteile in m

Rohrinnendurchmesser d in m

Rohrwiderstandszahl λ nach Diagramm oder Formel, in Abhängigkeit von der Reynoldszahl Re:

$$\mathrm{Re} = \frac{v \cdot d \cdot \varrho}{\eta}$$

$$\mathrm{Re} = \frac{v \cdot d}{\nu}$$

- v Strömungsgeschwindigkeit in m/s
- d Rohrinnendurchmesser in m
- ϱ Dichte des Fördermediums in kg/m³
- η Dynamische Viskosität des Fördermediums in Pa · s
- ν Kinematische Viskosität des Fördermediums in m²/s

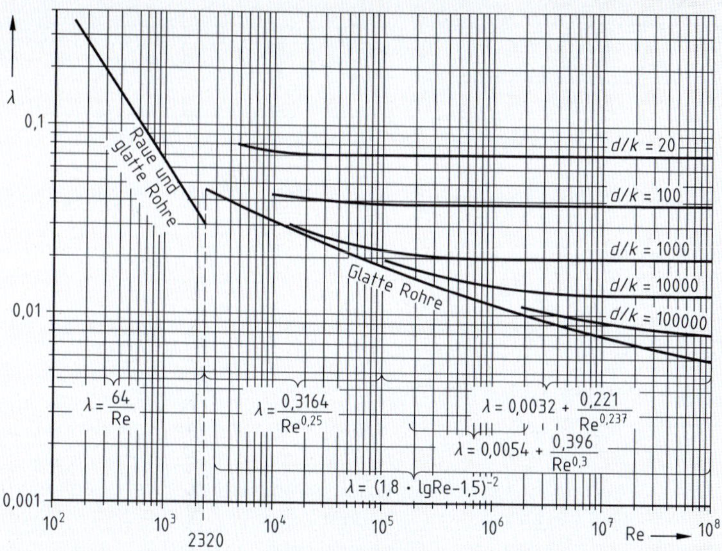

d/k = Rohrinnendurchmesser in mm / äquivalente Rohrrauheit in mm

Äquivalente Rohrrauheit nach Tabelle (folgende Seite) oder Herstellerangabe

Äquivalente Rohrrauheiten und typische Strömungsgeschwindigkeiten

Äquivalente Rohrrauheiten

Rohrmaterial	Äquivalente Rohrrauheit k in mm	Rohrmaterial	Äquivalente Rohrrauheit k in mm
Glas, gezogen	0 bis 0,0015	**Stahl,** verzinkt	0,07 bis 0,15
Kunststoff (z. B. PE, PVC)	0,001 bis 0,007	**Stahl,** gezogen oder gewalzt	
Gummi	0,01	– neu	0,02 bis 0,05 enge Rohre bis 0,1
Aluminium	0,001 bis 0,0015	– geringe Ablagerungen oder geringe, gleichmäßige Korrosion	0,15 bis 0,4
Kupfer, gezogen	0 bis 0,0015	– mittlere Verunreinigung	bis 1,5
Messing, gezogen	0 bis 0,0015	– starke Verunreinigung oder Korrosion	bis 4,0
Bronze	0,001 bis 0,0015		
Gebrauchte Rohre aus den genannten Materialien	bis 0,03		
Gusseisen		**Stahl,** geschweißt	
– neu	0,25 bis 1,0	– neu	0,04 bis 0,1
– neu, bitumiert	0,1 bis 0,15	– neu, bitumiert	0,03 bis 0,05
– neu, zementiert	0,025 bis 0,12	– neu, zementiert	0,03 bis 0,8
– neu, galvanisiert	0,12 bis 0,15	– neu, galvanisiert	0,008 bis 0,01
– leicht korrodiert, mit gleichmäßigen Rostnarben	0,25 bis 1,5	– neu, mit Metallspritzüberzug	0,08 bis 0,09
– mittlere Verschmutzung	≈ 1,5	– geringe Ablagerungen oder leicht korrodiert	0,15 bis 0,6
– starke Ablagerungen oder starke ungleichmäßige Rostbildung	1,5 bis 5,0	– mittlere Verunreinigung	≈ 1,5
Beton		– starke Verunreinigung oder Korrosion	2,0 bis 4,0
– glatt	0,3 bis 0,8		
– rau	1,0 bis 3,0		
Asbest-Zement	0,03 bis 0,1	**Stahl,** Rohre nach DIN EN 10220, neu	0,045
Neuer **Gummidruckschlauch**	0,0016		
Flexible Schläuche	0,0016 bis 2,0		

Hinsichtlich der Rauheit von Rohrinnenflächen hat man sich auf folgende Zuordnungen geeinigt:

Glattes Rohr: $Re \cdot \frac{k}{d} < 65$ Übergangsgebiet: $65 \leq Re \cdot \frac{k}{d} \leq 1300$ Raues Rohr: $Re \cdot \frac{k}{d} > 1300$

k Äquivalente Rohrrauheit in mm d Rohrinnendurchmesser in mm Re Reynoldszahl

Für raue Rohre und völlig turbulente Strömung gilt näherungsweise: Rohrwiderstandszahl

$$\lambda = 0{,}25 \cdot \left[\lg\left(3{,}72 \cdot \frac{d}{k}\right)\right]^{-2}$$

Typische Strömungsgeschwindigkeiten

Medium	v in m/s	Medium	v in m/s
Wasser	0,3 – 3	Sattdampf	10 – 40
Kondensat	0,2 – 1,5	Heißdampf (überhitzt)	30 – 70
Kohlenwasserstoffe	0,5 – 2,0	Druckluft	3 – 10
Viskose Flüssigkeiten (Öle usw.)	0,3 – 2	Niederdruckgas	3 – 10
		Hochdruckgas	10 – 25

Druckverlustzahlen von Formstücken

Bei den folgenden Angaben handelt es sich um die in der technischen Literatur und in Firmenunterlagen i. Allg. angegebenen Richtwerte für Druckverlustzahlen ζ. Es ist zu bedenken, dass im speziellen Fall diese Druckverlustzahlen auch höher sein können, etwa bei starken Ablagerungen und Korrosionsschäden in Formstücken oder bei strömungstechnisch ungünstig ausgeführten Bauformen.

Die Berechnung des Druckverlustes erfolgt nach der Formel $\Delta p = \zeta \cdot \varrho \cdot v^2/2$, mit Δp in Pa, Dichte ϱ in kg/m³ und Strömungsgeschwindigkeit v in m/s.

Krümmer

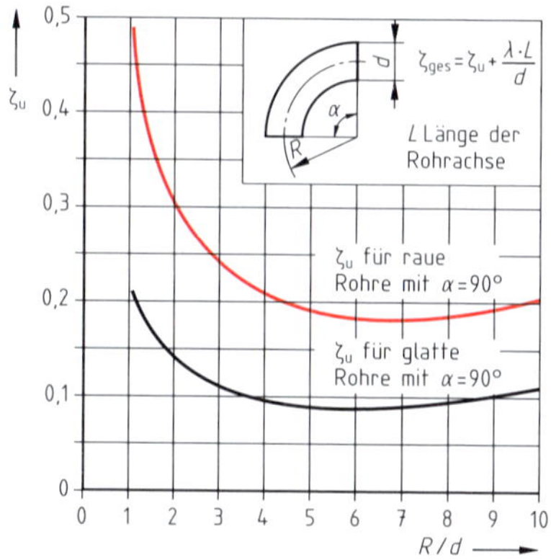

Näherungsweise gilt für von 90° abweichende Krümmer:

$$\zeta_{u\alpha} = \frac{\alpha}{90°} \cdot \zeta_{u\,90°}$$

Kniestücke

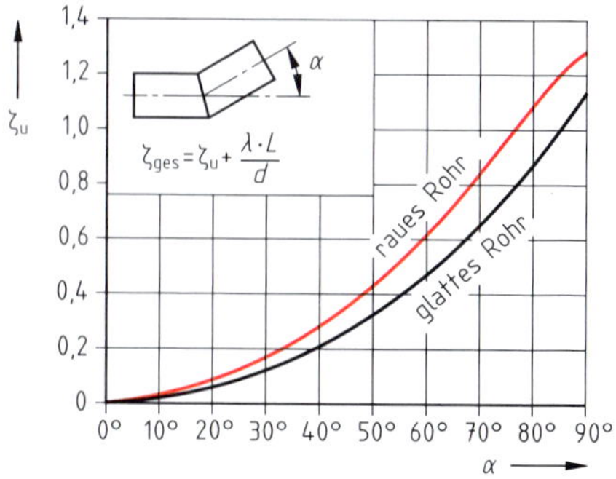

Krümmersysteme

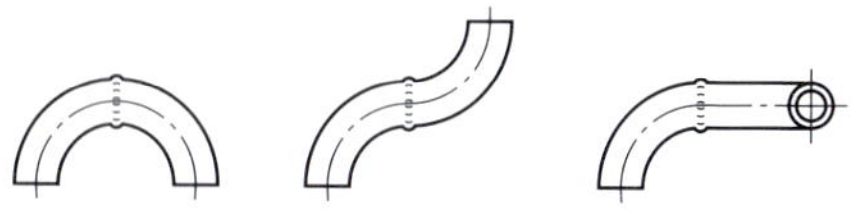

$\zeta = 1{,}2 \cdot \zeta_{90°}$ bis $2 \cdot \zeta_{90°}$

$\zeta = 1{,}4 \cdot \zeta_{90°}$ bis $4 \cdot \zeta_{90°}$

$\zeta = 1{,}6 \cdot \zeta_{90°}$ bis $3 \cdot \zeta_{90°}$

T-Stücke

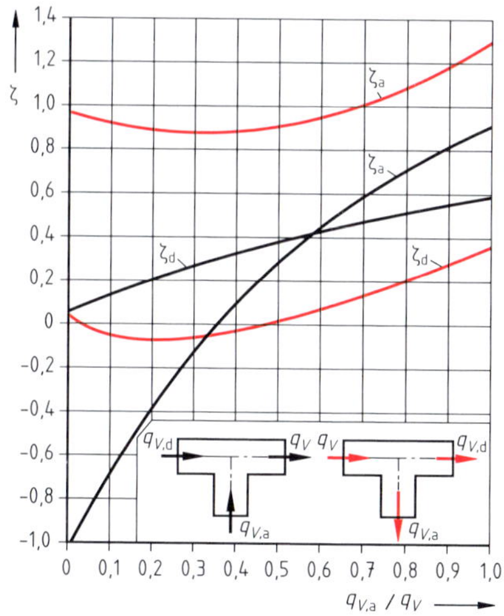

Rohrverzweigungen und Rohrvereinigungen

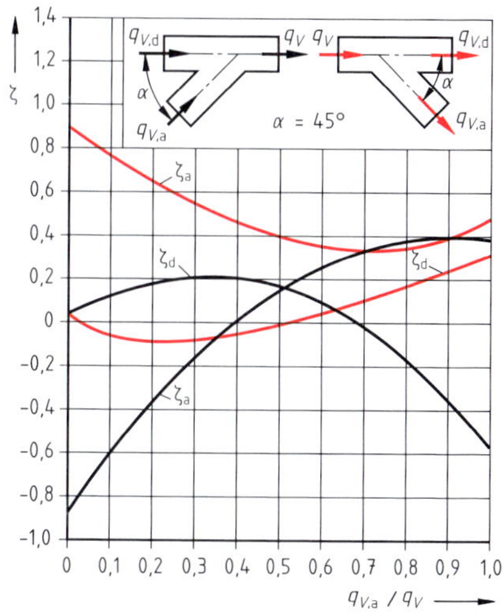

Druckverlustzahlen von Formstücken (Fortsetzung)

T-Stücke im Vergleich

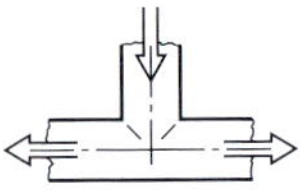
$\zeta \approx 1{,}3$

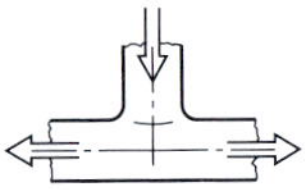
$\zeta \approx 0{,}7$

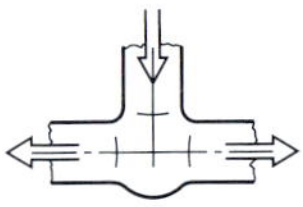
$\zeta \approx 0{,}9$

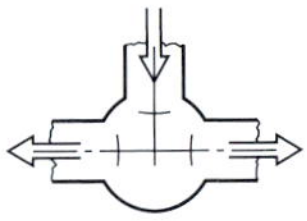
$\zeta = 2{,}5$ bis $4{,}9$

Rechtwinklige Umlenkungen

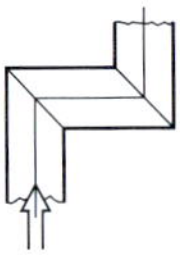
$\zeta \approx 3{,}0$

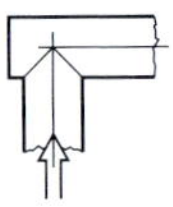
$\zeta \approx 2{,}5$

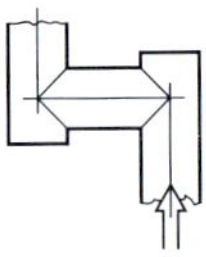
$\zeta \approx 5{,}0$

Rohrschlangen

$$\zeta = \zeta_R \cdot \left[1 + 0{,}02 \cdot \mathrm{Re}^{0{,}75} \cdot \left(\frac{d}{D}\right)^{0{,}42}\right]$$

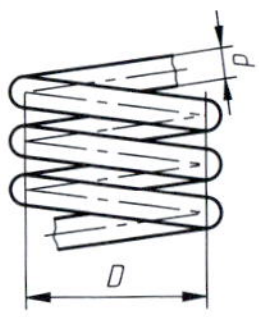

für $500 \leq \mathrm{Re} \leq 4000$ und $12 \leq D/d \leq 120$

$\zeta \approx \zeta_R$ für $\mathrm{Re} = 20\,000 \ldots 70\,000$ und $20 \leq D/d \leq 85$

ζ_R Druckverlustzahl der gestreckten Leitung bei gleicher Reynoldszahl

Rohrein- und -ausläufe

$\zeta \approx 0{,}5$

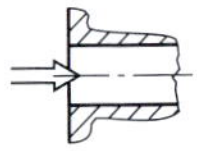

$\zeta = 0{,}6$ bis $3{,}0$

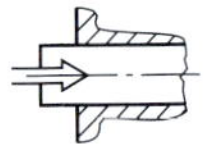

Einlauf, scharfkantig

$\zeta \approx 0{,}25$

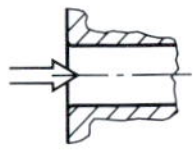

$\zeta = 0{,}6$ für $\alpha = 75°$ bis $\zeta = 0{,}8$ für $\alpha = 45°$

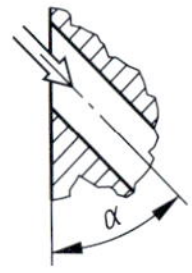

Einlauf, leicht gerundet $\zeta = 0{,}5 + 0{,}3 \cos\alpha + 0{,}2 \cdot \cos^2\alpha$

$\zeta \approx 0{,}05$

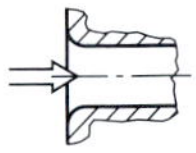

$\zeta = 1{,}0$

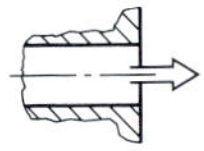

Einlauf, gut gerundet (möglich bis $\zeta = 0{,}005$)

Bei sehr unregelmäßigem Auslauf ζ bis 2,0

Dehnungsausgleicher (Kompensatoren)

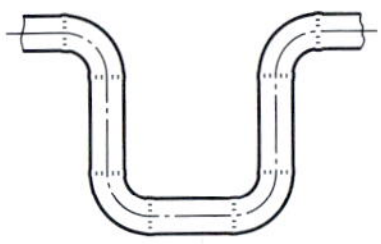

Lyrabogen:
$\zeta = 0{,}5$ (glatt) bis
$\zeta = 1{,}5$ (gefaltet)
Als Wellrohr: $\zeta = 3$ bis 4

U-Bogen: $\zeta = 0{,}2 \ldots 0{,}35$
$\zeta \approx 2{,}4 \cdot \zeta_{90°}$

Wellrohr-Kompensatoren:
mit Leitrohr ζ bis 0,3
ohne Leitrohr ζ bis 2,0

Hosenrohre

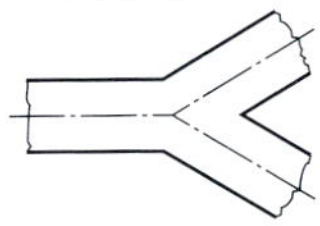

Vereinigung: $\zeta \approx 0{,}1$ bis $0{,}2$

Trennung: $\zeta \approx 0{,}04$ bis $0{,}07$

Rohrerweiterungen

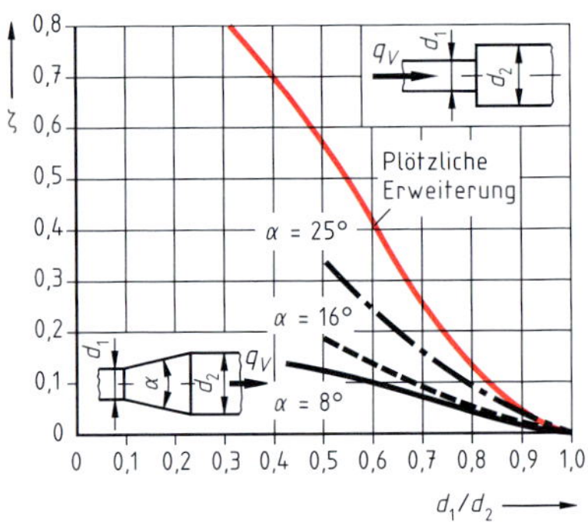

Rohrverengungen

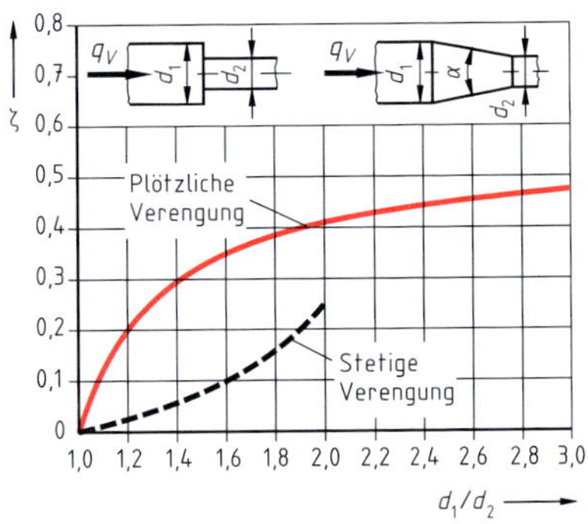

Druckverlustzahlen von Armaturen

Absperr- und Drosselarmaturen

Armatur	ζ-Wert	Armatur	ζ-Wert
DIN-Ventile	4,0 bis 5,0	Durchgangshähne mit Küken	0,6 bis 2,0
Durchgangsventile (allgemein)	2,5 bis 6,5	Kugelhähne	0,03 bis 0,9
Kolbenventile	4,0 bis 6,5	– mit eingezogenem Durchgang	0,3 bis 3,5
Eckventile	1,3 bis 6,6	Schieber	0,05 bis 0,3
Schrägsitzventile	1,5 bis 3,5	– mit eingezogenem Durchgang	0,2 bis 4,5
Membranventile	0,8 bis 2,2	Blendenregulierschieber	≈ 0,4
Fußventile mit Saugkorb	2,2 bis 4,6	Klappen	0,05 bis 0,9
Ringkolbenventile	1,8 bis 13,0	Rückschlagklappen	0,5 bis 1,4
Rückschlagventile	1,5 bis 15		

Kugelhähne und **Drosselklappen** bei verschiedenen Öffnungswinkeln

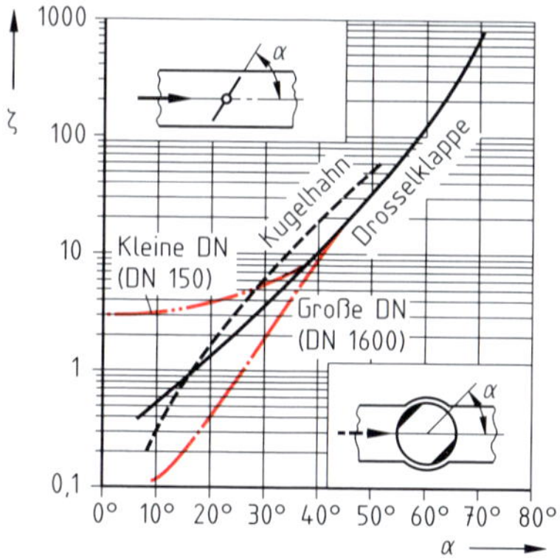

Schieber bei verschiedenen Stellwegen

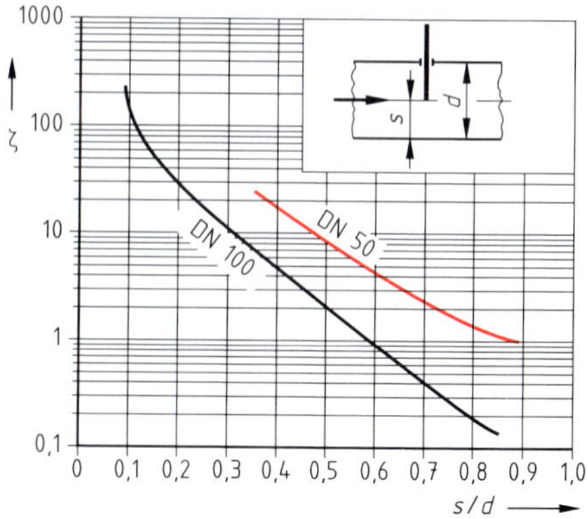

Volumen- und Durchflussmessgeräte

Messgerät	ζ-Wert
Ovalradzähler	1,5 bis 9, bei Nennweiten kleiner DN 50 auch höher
Turbinenradzähler	0,8 bis 2
Ringkolbenzähler	3 bis 15
Dralldurchflussmesser	12 bis 16
Wirbelzähler	2 bis 3
Magnetisch-induktive Durchflussmesser	wie Rohrstück gleicher Länge

Schwebekörperdurchflussmesser

$$\zeta = \frac{5 \cdot m_s \cdot d^4 \cdot \pi}{d_s^2 \cdot q_V^2 \cdot \varrho}$$

m_s Masse des Schwebekörpers in kg
d Innendurchmesser der Rohrleitung in m
d_s Größter Durchmesser am Schwebekörper in m
q_V Volumenstrom in m^3/s
ϱ Dichte des Fördermediums in kg/m^3

Normblenden, Normdüsen und **Normventuridüsen**

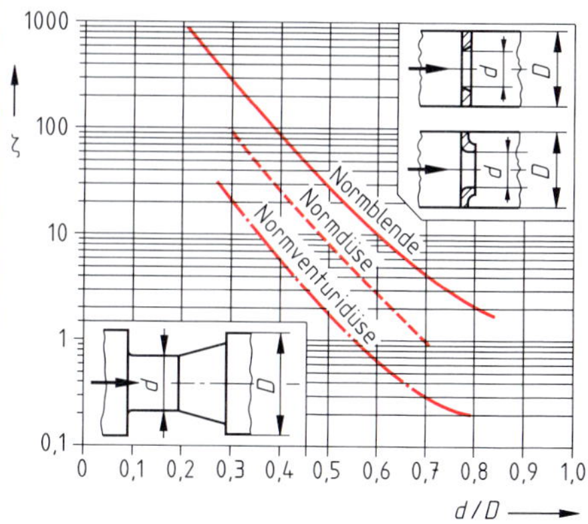

Dichtungswerkstoffe

Werkstoff	Einsatzgrenzen	Eigenschaften und Anwendungsbeispiele
Graphit	– 240 °C bis ca. + 550 °C (Achtung: Bei imprägniertem Graphit durch den Imprägnierstoff bestimmt.) Unter Schutzgas oder in reduzierender Atmosphäre bis ca. + 3000 °C Je nach Auslegung bis ca. 1000 bar möglich. Flachdichtungen an Nut- und Federflanschen bis ca. 160 bar, bei glatten Dichtleisten bis ca. 40 bar	Keine Versprödung unter Temperatureinfluss, hohe chem. Beständigkeit, kein Aushärten und Altern, hervorragende Gleiteigenschaften, gut geeignet bei starken Temperaturwechseln und bei sehr hohen und tiefen Temperaturen, sehr gute Verformbarkeit, sehr gute elektrische und Wärmeleitfähigkeit, hohe Heliumdichtheit, unbedenklich bei Lebensmitteln und Trinkwasser, oft relativ schwierige Handhabung. Maximal mögliche Flächenpressung: ca. 140 N/mm². Mindestflächenpressung: ca. 10 N/mm² (Flachdichtungen). Anwendung: Verschlussdeckel- und Kesseldichtungen, Flachdichtungen, Spiraldichtungen, gewellte Dichtungen und kammprofilierte Dichtungen (als Auflage), Einlage bei ummantelten Dichtungen, Stopfbuchsenpackungen.
PTFE (Polytetrafluorethylen) z. T. mit Einlagen aus Asbest, Klingerit, Gummi usw. oder mit Füllstoffen wie Glasfasern, Kohlefasern oder Bronze	– 240 °C bis ca. + 280 °C Je nach Auslegung bis ca. 200 bar geeignet, meist aber nur für niedrige Drücke („Kriechgefahr") PTFE-Metall-Verbunde: Einsatzschwerpunkt bei tiefen Temperaturen	Antiadhäsiv, wasserabstoßend, niedrigster Reibungskoeffizient aller Feststoffe, guter elektr. Isolator, nahezu gegen alle Medien beständig, physiologisch neutral bis ca. 200 °C, nicht austrocknend während der Standzeit, neigt zum „Kriechen" (Dichtungen nachziehen), relativ stark variierendes Volumen bei Temperaturänderung, teuer. Maximal mögliche Flächenpressung: ca. 90 N/mm² Mindestflächenpressung: 15 N/mm² (Flachdicht.). Anwendung: Dichtungsbänder und -schnüre, Flach-, Hüllen- und umhüllte Dichtungen, O-Ringe, Manschetten, Packungsschnüre, Auflage bei gewellten und kammprofilierten Dichtungen, Zwischenlage bei Spiraldichtungen, Hüllenwerkstoff für ummantelte Dichtungen, Gleitringe für Gleitringdichtungen.
It (Pressmasse aus Asbest und in der Regel Kautschuk als Bindemittel, evtl. mit anorganischen Füllstoffen) In Deutschland verboten. Ersatz: Kombination aus anorganischen und aus synthetischen Aramidfasern, mineralischen Verstärkungsstoffen und NBR-Kautschuk als Bindemittel	–190 °C bis ca. + 600 °C (je nach Bindemittel) Bis ca. 200 bar geeignet, mit z. B. Stahldrahtgewebe bis ca. 1000 bar	Gute Beständigkeit bei höheren Temperaturen und gleichzeitiger Beanspruchung durch aggressive Medien, montagefreundlich, relativ preiswert, weiter Einsatzbereich. Maximal mögliche Flächenpressung: ca. 180 N/mm² (Flachdichtungen bei 20 °C, je nach Dicke), mit Metallgewebeeinlage bis ca. 250 N/mm². Mindestflächenpressung: ca. 30 N/mm² (Flachdicht.) Anwendung: Platten, Ringe, Formdichtungen, Zwischenlage bei Spiraldichtungen, Auflage bei kammprofilierten Dichtungen, Einlage bei ummantelten Dichtungen, Packungsschnüre.
Papier/Pappe	Bis ca. + 80 °C, in spezieller Ausführung bis 120 °C	Flachdichtungen für niedrige Drücke.
Kork (Gummi-Kork)	Bis ca. + 60 °C (Bis ca. + 135 °C, Drücke bis 40 bar möglich)	Flachdichtungen, Gummi-Kork-Textilfaser-Dichtungen (Ausgleich größerer Unebenheiten möglich, z. B. bei Keramik- und emaillierten Behältern).

Dichtungswerkstoffe (Fortsetzung)

Werkstoff	Einsatzgrenzen	Eigenschaften und Anwendungsbeispiele
Metall z. B. Reineisen, allg. Baustahl, verzinkter oder aluplattierter Stahl, rost- und säurebeständiger Stahl, hitzebeständiger und warmfester Stahl, Kupfer, Aluminium, Blei, Titan, Silber usw.	– 250 °C bis ca. + 1200 °C (Eisenmetalle) Drücke bis > 1000 bar möglich (z. B. Metall-O-Ringe) Kupfer: bis ca. + 400 °C Aluminium: bis ca. + 300 °C Blei: bis ca. + 230 °C Titan: bis ca. + 350 °C Silber: bis ca. + 450 °C	Hohe Flächenpressungen möglich, gute Druckstandfestigkeit, relativ kleine Dichtungsquerschnitte erforderlich, Gegenflächen dürfen nur relativ geringe Rautiefe besitzen, hohe Anforderung an die Geometrie der Bauteile, relativ hohe Kosten, Einsatz vorwiegend bei hohen Drücken und Temperaturen. Korrosionsgefahr beachten! Maximal mögliche Flächenpressung: ca. 900 N/mm² (z. B. Stahl oder Stahl, versilbert). Mindestflächenpressung: ca. 230 N/mm² (Stahl), 50 N/mm² (Feinsilber), 135 N/mm² (Kupfer). Anwendung: Flachdichtungen, gewellte Dichtungen, Manteldichtungen, Spiraldichtungen, kammprofilierte Dichtungen, ummantelte Dichtungen, Linsendichtungen, Ring-Joint-Dichtungen, ballige Dichtungen, O-Ringe, Spießkantdichtungen, Schweißdichtungen.
Gummi z. B. Polyurethan-Elastomer, Naturkautschuk, Polyacrylat-Kautschuk, Chloropren-Kautschuk, Nitril-Butadien-Kautschuk	– 60 °C bis ca. + 230 °C (Naturkautschuk z. T. nur bis + 70 °C) Drücke bis ca. 25 bar möglich (meist weniger), mit Stützring aus Stahl bis > 64 bar	Einsatz besonders dort, wo bei niedrigen Temperaturen und geringen Anpresskräften hohe Dichtheit verlangt wird. Maximal mögliche Flächenpressung: ca. 10 N/mm². Anwendung: Flachdichtungen, Gummi-Stahl-Dichtungen (z. B. Flachdichtungen mit Stützring), Gummi-Kork-Textilfaser-Dichtungen, Einlage bei PTFE-umhüllten Dichtungen, Bindemittel bei It-Dichtungen[1].
Fluorelastomere (z. B. Moosgummi)	– 20 °C bis ca. + 205 °C Meist nur für niedrige Drücke	Hohe Dichtheit bei geringen Anpresskräften, dauerelastisch, kein „Fließen", schwer entflammbar. Anwendung: Rund-, Oval-, Vierkant- und Rechteckprofile als Voll- und Hohlprofile, z. T. mit Keramikfaserfüllung.
Glimmer als Glimmercompound = hydroxylalkalihaltiges Tonerdesilikat	Bis > 1100 °C, auch in sauerstoffhaltiger Umgebung Drücke bis ca. 8 bar möglich	Kein Festbrennen und Anbacken an Flanschen, Ausgleichswirkung im Hinblick auf die unterschiedlichen Wärmedehnungen bei Stahl-Keramik-Verbindungen. Anwendung: Flachdichtungen, z. T. mit Stahlbördel.
Keramik	– 200 °C bis ca. + 1100 °C Drücke bis ca. 10 bar möglich	Frei von brennbaren Anteilen, gutes elastisches Verhalten, guter Asbestersatz in Faserdichtungen. Anwendung: Rund-, Vierkant- und Rechteckprofile, Bänder, Schnüre.
Asbest-PTFE-Compound[1]	– 190 °C bis ca. + 280 °C Drücke bis ca. 100 bar möglich	Anwendung: geflochtene quadratische und rechteckige Deckeldichtungen, Packungsschnüre.
PTFE-Graphit (Graphit inkorporiert)	– 200 °C bis ca. + 280 °C Drücke bis ca. 25 bar möglich, bei PTFE-Graphit-Garn bis ca. 400 bar	Geschmeidig, hohe Querschnittsdichte auch bei geringen Anpresskräften. Anwendung: Dichtbänder, Schnüre, Deckeldichtungen.
Aramidfaser (+ mineralische Zuschlagstoffe)	– 100 °C bis ca. + 260 °C (400 °C) Drücke bis ca. 100 bar (150 bar) möglich	Ersatzstoff für Asbest in It-Dichtungen, selbstschmierende Eigenschaften, gute Druckstandfestigkeit, aber stärkere Versprödung als It-Material. Anwendung: Packungsschnüre, Flachdichtungen.
Ramie-PTFE (Ramie = Pflanzenfaser)	– 50 °C bis ca. + 100 °C Drücke bis ca. 50 bar möglich	Gute Asbestalternative im niedrigen Temperaturbereich. Anwendung: Packungsschnüre.

[1] Asbest darf in Deutschland nicht mehr angewendet oder verarbeitet werden!

Flachdichtungen (Auswahl häufiger Profile)

Flachdichtungen sind z. T. in DIN 3750 genormt und dort definiert als „Scheiben, Ringe oder Rahmen, die sich mit ihrer ganzen Breite der Dichtfläche anpassen". Sie können aus einem einzigen Werkstoff bestehen oder aus mehreren Werkstoffen aufgebaut sein.

Querschnitt	Bezeichnung	Werkstoff(e)	Anwendungsbereiche, Bemerkungen
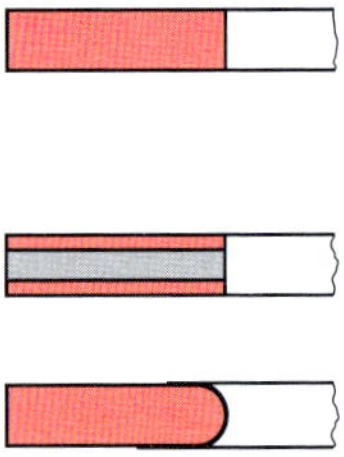	**Flachdichtung mit rechteckigem Querschnitt** – Mehrstoffdichtung – mit Stahlbördel	Metall, Graphit, It[1], It-Ersatz, Gummi, PTFE, Aramidfaser, Keramik, Kork, Papier, Glimmer, Fluor-Elastomer („Fluorkautschuk", Graphit/Stahl	Apparatebau allgemein, z. B. Flansche an Rohrleitungen, Armaturen, Pumpen, Verdichtern, Wärmeaustauschern, Turbinen und Brennern, Behälterdeckel, Schaugläser, Flansche an Keramik- und emaillierten Bauteilen, Gasleitungen, Dampf- und Kühlmittelleitungen, Kälte- und Klimaanlagen. Bei hoher mechanischer Belastung von der Mediumseite aus.
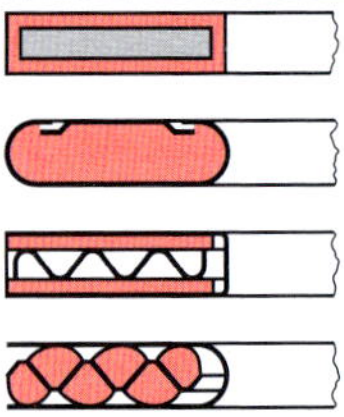	**Umhüllte** bzw. **ummantelte Dichtung**	Mantel: PTFE, Metall Einlage: Metall, It[1], Gummi, Metall mit Auflage aus It[1] oder Aramidfaser	Bei stark korrosiven Medien (PTFE-Mantel), bei großen Durchmessern zur Montageerleichterung, bei empfindlichen Dichtflächen (Weichstoffmantel), bei Ausblasgefahr, Apparatebau allgemein, emaillierte und gummierte Rohrleitungen und Apparate, Kühlwasserleitungen, Wasseraufbereitungsanlagen, Wärmeaustauscher, Heißwindleitungen, Gichtgasleitungen, Tieftemperaturtechnik.
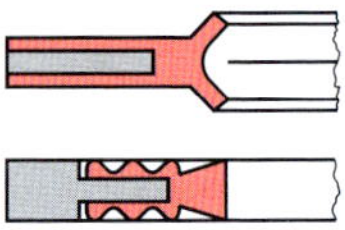	**Gummi-Stahl-Dichtung**	Gummi mit Stahleinlage bzw. Stahlträger	Bei nicht einwandfreien und unebenen Flanschen, bei gummierten und emaillierten Flanschen, sichere Abdichtung mit geringen Kräften (mit Lippen selbstdichtend), Kühlwasser-, Brauchwasser- und Abwasserleitungen, Wasseraufbereitungsanlagen.
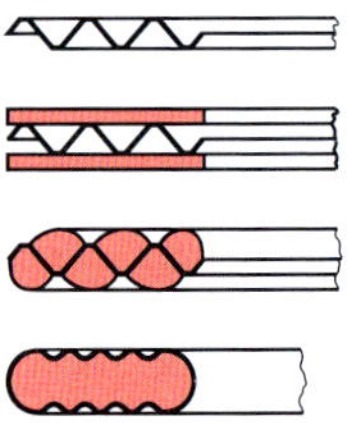	**Gewellte Dichtung** – mit Auflage – mit Schnurauflage – doppelt gewellt	Stahl, Stahl mit PTFE- oder Graphitauflage, Stahl mit Asbestersatzschnur, Weicheisen mit Asbestersatzeinlage	Deckeldichtungen, Gichtgas- und Heißwindleitungen, Rohrleitungs-, Armaturen- und Apparatebau der chemischen Industrie allgemein, petrochemische Industrie, ohne Auflage hohe Oberflächengüte der Flansche erforderlich, einsatzfähig für alle Flanschformen, bei großen Nennweiten evtl. Montageprobleme wegen mangelnder Formsteifigkeit (Alternative: kammprofilierte Dichtungen), bei entsprechender Auflage gasdicht, relativ unempfindlich bei Flanschblattneigung.
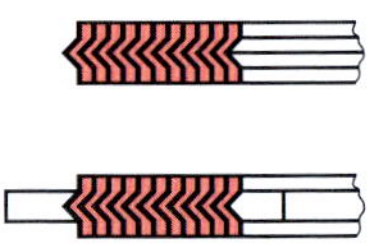	**Spiraldichtung** – mit Zentrier- und Innenschutzring	Metall mit Füllbändern aus Graphit, PTFE, Asbestersatz, It[1], Blei oder Keramik	Apparate- und Rohrleitungsbau in Chemie und Petrochemie allgemein, Hoch- und Niederdruckdampfleitungen, Gas- und Flüssiggasleitungen, Vakuum-, Kühlwasser-, Gichtgas- und Heißwindleitungen, Wärmeaustauscher, Mannlochdeckel, emaillierte Behälter, Tieftemperaturtechnik, gutes Verhalten bei häufigen Lastwechseln.
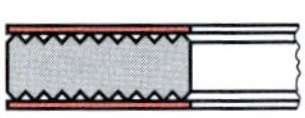	**Kammprofilierte Dichtung** mit Auflage (auch in balliger Ausführung)	Metall mit Auflage aus PTFE, Graphit, It[1] oder Weichmetall (z. B. Silber oder Aluminium)	Bei hohen Temperaturen und Drücken, bei häufigen und starken Temperatur- und Druckschwankungen, Apparate- und Rohrleitungsbau in der chemischen und petrochemischen Industrie und in Kernkraftwerken, Reaktoren, Gasleitungen, Wärmeaustauscher, Heizsysteme mit Wärmeträgerölen, großer Bereich zwischen min. und max. Flächenpressung.

[1] Asbest darf in Deutschland nicht mehr angewendet oder verarbeitet werden!

Profildichtungen

Durch ihren speziellen Querschnitt liegen Profildichtungen nicht mit der gesamten Breite auf, wodurch örtlich eine höhere Flächenpressung auftritt. Die Dichtflächen müssen hierbei z.T. besonders geformt sein.

Querschnitt	Bezeichnung	Werkstoff(e)	Anwendungsbereiche, Bemerkungen
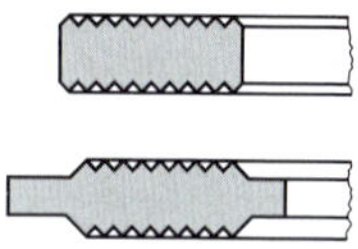	**Kamm-profilierte Dichtung** – mit Zentrierring	Aluminium, Kupfer, Weicheisen	Im Allgemeinen aus weichen Metallen, für Flansche und flanschähnliche Rohrleitungs- und Apparateverbindungen in Chemieanlagen und Kraftwerken, geeignet für hohe Temperaturen, Drücke und Flächenpressungen, Flanschblattneigung nur in geringem Maß zulässig.
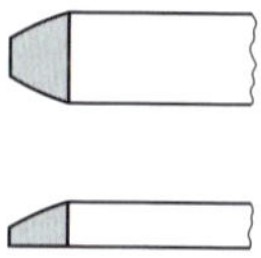	**Linsendichtung** **Halblinsendichtung**	Stahl	Einsatzschwerpunkt im Hochdruckbereich (> 64 bar), Unebenheiten der Auflagefläche werden gut ausgeglichen, unempfindlich gegen Überbelastung, oft mehrfach verwendbar. Aufnahme radialer Dehnungen möglich und Eignung für einen Wechsel der Flanschform.
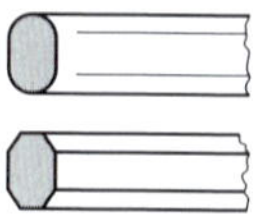	**RTJ-(Ring-Joint-) Dichtung,** oval – octagonal	Stahl	Hochdrucktechnik, petrochemische Industrie und Raffinerien (Produktleitungen), empfindlicher gegen Beschädigungen als Linsendichtung.
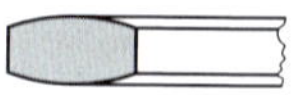	**Ballige Dichtung**	Metalle, harte Kunststoffe	Dichtfläche gegenüber rechteckigem Querschnitt verkleinert, damit bei sonst gleichen Bedingungen höhere Temperaturen und Drücke möglich.
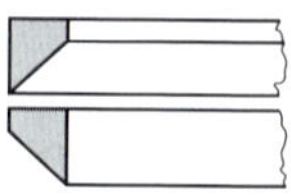	**Innenschräge Dichtung** **Außenschräge Dichtung**	Graphit	Verschlussdeckel an Hochdruckarmaturen und -apparaten, relativ leichte Montage, für Dichtflächen i. Allg. schonender als Metalldichtungen.
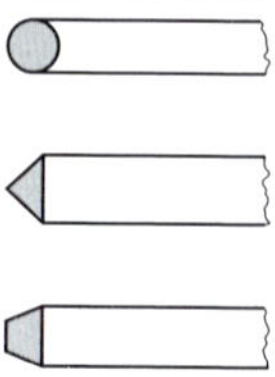	**O-Ring- bzw. Runddrahtdichtung** **Deltadichtung** **Doppelkonusdichtung**	Aluminium, Silber, Kupfer, Nickel, Gummi u.a. Stahl Stahl	Gas- und Vakuumtechnik, Reaktortechnik, Flüssiggas- und Tieftemperaturtechnik, auch aus Präzisionsstahlrohr, für Drücke bis über 1000 bar und Temperaturen bis über 1000 °C. Deckeldichtung für selbstdichtende Armaturenverschlüsse, weniger geeignet für häufigeren Dichtungswechsel. Hochdrucktechnik (selbstdichtende Deckelverschlüsse).
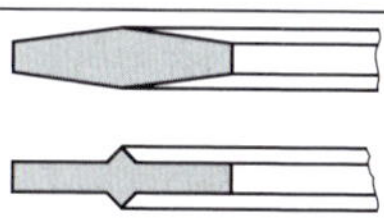	**Spießkant-Dichtung**	Weiche Metalle wie Kupfer und Aluminium	Gas- und Vakuumtechnik, Pressluftleitungen, Hochdruckleitungen.

Schweißdichtungen

Querschnitt	Bezeichnung	Werkstoff(e)	Anwendungsbereiche, Bemerkungen
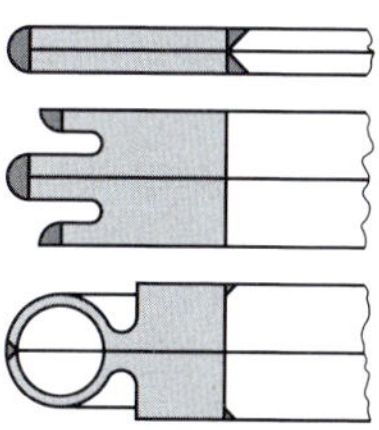	**Membranschweißdichtung** **Schweißringdichtung** **Schweißringdichtung mit kreisrunder hohler Lippe**	Stahl	Für giftige und besonders gefährliche Medien. Alle Schweißnähte außen (leichter nachschweißbar), z.T. mit Nut zur Aufnahme von Spiral- oder Kammprofildichtungen. Aufnahme radialer Dehnungen möglich (z. B. bei Verbindungen von Konstruktionsteilen mit unterschiedlicher Wärmedehnung).

Beständigkeit von Dichtungsmaterialien

Die folgende Liste gibt nur einen ersten Anhaltspunkt für die Vorauswahl von Dichtungsmaterialien. Sie basiert auf den Angaben wichtiger Hersteller von Dichtungen. Das tatsächliche Verhalten hängt stark von den speziellen Einsatzbedingungen und von den firmenspezifischen Herstellungsverfahren ab. Eine Rücksprache mit den Dichtungsherstellern ist in jedem Falle ratsam.

● = Beständig bzw. geeignet 1 = Je nach Art der chemischen Verbindung 2 = Kalt beständig
3 = Konzentrationsabhängig 4 = Konzentrations- und temperaturabhängig
Keine Angabe bedeutet nicht automatisch Unbeständigkeit.

Medium	Nichtrostender Stahl	Kupfer	Titan	Aluminium	Silber	Graphit	PTFE (Polytetrafluorethylen)	Nach DIN 3754[1] It 200 – 400	It Ö	It C	It S	Naturkautschuk (NR)	Fluorkautschuk, z. B. Moosgummi	Aramidfaser mit NBR[2]
Acetaldehyd, Ethanal	●	●	●	●	●		●	●		●	●			
Acetate, allgemein	●	●	●	●	●		●	●	●	●				
Acetessigester							●	●	●	●				
Aceton, Propanon	●	●	●	●	●	●	●	●		●				
Acrylsäure, Propensäure							●			●	●			
Alaun	●					●	●	●	●	●	●	●	●	●
Aldehyde, allgemein	1						●		●	●	●			
Aliphatische Kohlenwasserstoffe							●							
Alkohole, allgemein	●	●	●	●	●	●	●	●	●	●	●			
Aluminiumchlorid			●			●	●	●	●	●	●		●	●
Aluminiumsalze, allgemein	1		1	1			●	●	●	●	●	1	1	
Ameisensäure, Methansäure		●	4			●	●	3	●	●	●			3
Aminosäure						●	●							
Ammoniak (trocken)	●		●	●	●	●	●	●	●	●	●			●
Ammoniumchlorid			4				●	●	●	●	●	●	●	●
Ammoniumhydroxid	4		●			●	●	●	●	●	●			●
Ammoniumsalze, allgemein	1	1	1	1	1	●	●	●	●	●	●	●	●	
Ammoniumsulfat			4			●	●			●	●			
Anilin, Aminobenzol	●		●		●	●	●	●		●			●	
Apfelwein	●		●	●	●		●							
Aromatische Kohlenwasserstoffe							●							
Ascorbinsäure							●	●	●	●	●			
Asphalt	●	●		●			●	●	●	●				●
Bariumsalze, allgemein		1	●	1			●	●	●	●	●	●	●	
Benzin	●		●			●	●		●	●	●		●	●
Benzol	●		●	●		●	●		●	●				●
Bier	●		●	●			●					●	●	
Bleisalze, allgemein			1	1			●	●	●	●	●	1	1	
Borsäure	●		●		4	●	●	●	●	●	●	●	●	●
Brom		●			●	2	●		●	●				●
Bromate							●		●	●	●			
Bromide							●		●	●	●			

[1] In Deutschland nicht mehr zugelassen [2] Acrylnitril-Butadien-Kautschuk

Beständigkeit von Dichtungsmaterialien (Fortsetzung)

Medium	Nichtrostender Stahl	Kupfer	Titan	Aluminium	Silber	Graphit	PTFE (Polytetra-fluorethylen)	Nach DIN 3754[1] It 200 – 400	It Ö	It C	It S	Naturkautschuk (NR)	Fluorkautschuk, z. B. Moosgummi	Aramidfaser mit NBR[2]
Butan	•					•	•	•	•	•	•		•	•
Butanol	•	•	•	•	•	•	•	•	•	•	•	•		•
Butylacetat	•	•	•	•	•		•	•	•	•				•
Calciumchlorid		4	4			3	•	•	•	•	•	•	•	•
Calciumhydroxid	•		•			•	•	•	•	•	•	•	•	•
Calciumsalze, allgemein	1	1	1	1			•	•	•	•	•		1	
Calciumsulfat		•	•				•	•	•	•	•			
Chlor (trocken)	•	•		•	•	2	•		•	•	•		•	•
Chlorate							•	•	•	•	•		1	
Chloride							•	•	•	•	•		1	
Chlorierte Kohlenwasserstoffe							•		•	•			•	
Chloroform, Trichlormethan	•	•	•	•		•	•		•	•				
Chlorwasserstoff (trocken)				•	2		•	•	•	•	•			•
Chlorwasserstoffdämpfe					•		•		•	•	•			
Chromsalze, allgemein		1	1				•	•	•	•	•			
Cyanide							•	•	•	•				
Cyclohexan	•	•	•	•		•	•		•	•	•		•	
Cyclohexanol							•	•	•	•				•
Dampf (Wasserdampf)			•			•	•	•	•	•	•			•
Dekan							•	•	•	•				
Dieselöl	•	•		•			•		•	•				•
Diethylether, Ethoxyethan							•	•	•	•				
Dimethylether, Methoxymethan							•	•	•	•				
Diphenyl		•	•	•			•			•				•
Diphenyloxid							•			•				•
Diphyl (Dowtherm A)							•			•				•
Eisensalze, allgemein			•			1	•	•	•	•	•		•	
Erdgas						•	•	•	•	•			•	•
Essigsäure, Ethansäure	•	4	2	4	4	•	•	•	•	•	•	•		•
Essigsäureanhydrid	•	4	•	4	•	•	•			•				
Ester, allgemein						•	•							
Ethan	•	•	•	•	•		•	•	•	•	•		•	•
Ethanol	•	•	•	•	•	•	•	•	•	•	•	2	2	•
Ethen (Ethylen)	•			•			•	•	•	•	•			•
Ether, allgemein	•	•	•	•	•	•	•	•	•	•	•			•
Ethin (Acetylen)	•		•				•	•	•	•			•	•
Ethylchlorid					•	•	•		•	•				
Ethylenchlorid			•	•			•		•	•				
Fettsäure	4		•	4	•	•	•		•	•	•		•	

[1] In Deutschland nicht mehr zugelassen [2] Acrylnitril-Butadien-Kautschuk

Beständigkeit von Dichtungsmaterialien (Fortsetzung)

Medium	Nichtrostender Stahl	Kupfer	Titan	Aluminium	Silber	Graphit	PTFE (Polytetra-fluorethylen)	Nach DIN 3754[1]				Naturkautschuk (NR)	Fluorkautschuk, z. B. Moosgummi	Aramidfaser mit NBR[2]
								It 200 – 400	It Ö	It C	It S			
Flusssäure						•	•				•	1	4	
Formaldehyd, Methanal	•	•	•		•		•	•	•	•	•	•	•	•
Frigen	•			•		•	•		•	•	•			
Generatorgas							•	•	•	•	•			•
Gerbsäure		4	•	4			•	•	•	•	•			
Glycerin	•	•	•	•			•	•	•	•	•	•		•
Harnstoff	•		•	4			•	•	•	•	•	•	•	•
Heizöl							•		•	•			•	•
Hexan							•	•	•	•			•	
Iod (trocken)				•		2	•		•	•				
Iodate							•		•	•			1	
Iodide							•	•	•	•			1	1
Kaliumsalze, allgemein	1	1	1	1	1		•	•	•	•	•	1	1	1
Kalkmilch	•			•			•	•	•	•	•		•	
Ketone						•	•		•	•				
Kochsalzlösungen			•	•			•	•	•	•	•	•	•	•
Kohlenstoffdioxid (trocken)	•			•			•	•	•	•	•	•	•	•
Kresol, Methylphenol	•		•		•		•		•		•		•	
Kupfersalze, allgemein	1		•		1	1	•	•	•	•	•	1	1	1
Laugen, allgemein	4			1			•	•	•	•	1	1	1	1
Leinöl							•		•	•	•		•	•
Leuchtgas	•						•	•	•	•	•		•	•
Luft			•			•	•	•	•	•	•			•
Magnesiumsalze, allgemein	1	1	•	1			•	•	•	•	•	1	1	1
Mangansalze, allgemein			•	1		1	•	•	•	•				
Maschinenöl							•		•	•				
Meerwasser							•	•	•	•	•	•	•	•
Methan	•	•		•			•	•	•	•	•		•	•
Methanol		•				•	•	•	•	•	•			•
Methylchlorid, Chlormethan	•	•	•	•		•	•			•				
Methylenchlorid, Dichlormethan		4	•	4		•	•			•				
Milchsäure	1	•	2	•		•	•		•	•	•		•	•
Motorenöl						•	•		•	•			•	•
Natriumsalze, allgemein	1	1	•	1	1	1	•	•	•	•	•	1	•	1
Natronlauge	4				•	4	•	•	•	•		4	4	
Nickelsalze, allgemein	1	1	1	1	1		•	•	•		•	1	1	
Nitrobenzol	•	•	•	•			•						4	
Octan							•		•	•	•			•
Öle, allgemein						•	•		•	•				

[1] In Deutschland nicht mehr zugelassen [2] Acrylnitril-Butadien-Kautschuk

Beständigkeit von Dichtungsmaterialien (Fortsetzung)

Medium	Nichtrostender Stahl	Kupfer	Titan	Aluminium	Silber	Graphit	PTFE (Polytetra-fluorethylen)	Nach DIN 3754[1] It 200 – 400	It Ö	It C	It S	Naturkautschuk (NR)	Fluorkautschuk, z. B. Moosgummi	Aramidfaser mit NBR[2]
Oxalsäure, Ethandisäure	•		•			•	•	•	•	•	•		•	
Pentan							•		•	•	•			
Perchlorethylen	•	•		4		•	•		•	•				
Petrolether						•	•		•	•	•		•	•
Petroleum	•	•	•	•			•		•	•	•		•	•
Phenol	2	•	•	•			•	•	•	•	•			
Phosphate							•	•	•	•	•			
Phosphorsäure	3	4	4		4	•	•		•	•	•	4	4	•
Propan						•	•	•	•	•	•		•	•
Pyridin, Azin			•	•			•	•	•	•				
Quecksilbersalze, allgemein							•	•	•	•	•	1	1	
Rauchgase	•						•	•	•	•				
Säuren, verdünnt							•			•	•	•	1	
Salpetersäure	4		4			4	•				4			
Salzsäure			4		4	•	•				•		4	
Sauerstoff	•			•		•	•	•	•	•	•			•
Schwefeldioxid (trocken)			•	•		•	•				•			
Schwefelsäure	4		4			4	•				4		•	
Silbersalze, allgemein			1				•	•	•	•		1	1	
Soda							•	•	•	•	•			
Stickstoff	•	•	•	•	•		•	•	•	•	•			•
Stickstoffoxide (trocken)				•			•	•	•	•				
Sulfate							•	•	•	•				
Sulfide							•	•	•	•				
Teer	•	•	•				•	•	•	•				•
Terpentin	•	•	•	•		•	•		•	•	•		•	•
Tetrachlormethan	•	•	•	•		•	•		•	•			•	
Tetralin							•		•	•	•		•	•
Toluol, Methylbenzol	•	•	•	•			•		•	•			•	•
Trichlorethylen	•	•	•	•		•	•		•				•	•
Wasser	•					•	•	•	•	•	•	•	•	•
Wasserstoff (rein)	•	•		•			•	•	•	•	•			•
Wasserstoffperoxid, verdünnt				•	•		•		•	•	•		•	•
Wein	•						•							
Weinsäure	•			2		•	•	•	•	•	•	•	•	•
Zinksalze, allgemein	1		•			1	•	•	•	•	•	1	1	
Zinnsalze, allgemein			•				•	•	•	•	•	1	1	
Zitronensäure	4					•	•	•	•	•	•	•	•	•
Zuckerlösungen							•	•	•	•	•	•	•	•

[1] In Deutschland nicht mehr zugelassen [2] Acrylnitril-Butadien-Kautschuk

Vergleichende Betrachtung der wichtigsten Förderpumpen

Kreiselpumpe (radial)	Exzenterschneckenpumpe	Oszillierende Kolbenpumpe
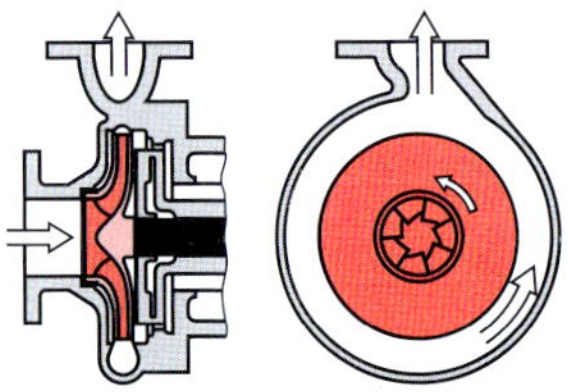	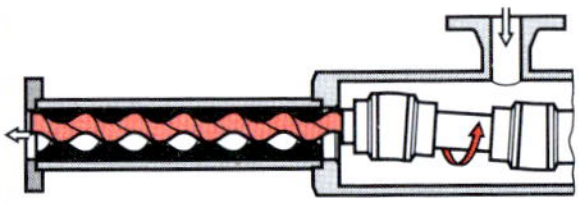	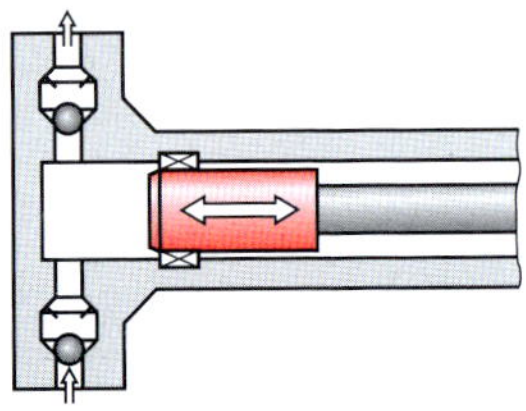
Kompakte Bauweise, wartungsfreundlich, geringe Anlagekosten, große Förderströme möglich, sehr breiter Arbeits- und Einsatzbereich, gedrosselter Betrieb möglich, in weiten Bereichen genormt. Nicht selbstansaugend, bei sehr kleinen Förderströmen schlechter Wirkungsgrad. Wirkungsgrad: $\eta \approx 0{,}5 \ldots 0{,}9$ Spez. Drehzahl: $n_q = 12 \ldots > 50\ \text{min}^{-1}$ Medientemp.: $\vartheta \approx -120 \ldots 450\ °C$ Fördermedien: wässrige Lösungen, Säuren, Laugen, organische Flüssigkeiten und Suspensionen.	Selbstansaugend bis ca. 8,5 m (je nach Fördermedium und Temperatur), Förderung reiner, verschmutzter und sehr zäher Medien (Feststoffanteil bis ca. 60 % möglich), relativ unempfindlich gegen Abrasion und aggressive Medien, Förderrichtung umkehrbar, geringe Scherwirkung, turbulenz- und pulsationsarme Förderung, Förderdruck unabhängig von der Drehzahl. Wirkungsgrad: $\eta_{max} \approx 0{,}7$ Medientemp.: bis $\vartheta > 150\ °C$	Kleinste Förderströme bei gutem Wirkungsgrad möglich, selbstansaugend bis ca. 9 m (je nach Fördermedium und Temperatur), höchste Förderdrücke möglich, Förderstrom praktisch unabhängig von der Förderhöhe (somit besonders als Dosierpumpen geeignet), beste Wirkungsgrade. Pulsierender Förderstrom, großer Raumbedarf, hohe Investitionskosten. Wirkungsgrad: $\eta \approx 0{,}8 \ldots 0{,}95$ Spez. Drehzahl: $n_q = 0{,}01 \ldots 0{,}6\ \text{min}^{-1}$ Medientemp.: $\vartheta \approx -200 \ldots > 500\ °C$ Fördermedien: Öle, Säuren, Laugen, wässrige Lösungen (bei Membranpumpen auch feststoffbelastete und sterile).
Seitenkanal- und Peripheralpumpe	**Schraubenspindelpumpe**	**Kreis- und Drehkolbenpumpe**
	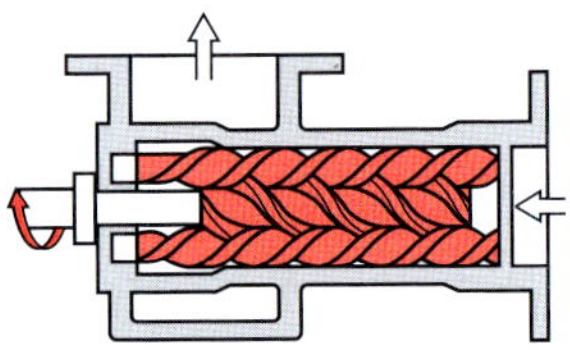	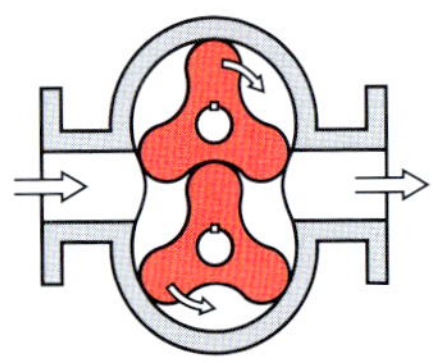
Selbstansaugend (Peripheralpumpe nicht), 5- bis 15fache Förderhöhe gegenüber Kreiselpumpe gleicher Größe und bei gleicher Umfangsgeschwindigkeit des Laufrades (allerdings bei gleichzeitig geringerem Förderstrom). Wirkungsgrad: $\eta \approx 0{,}3 \ldots 0{,}5$ Spez. Drehzahl: $n_q = 2 \ldots 20\ \text{min}^{-1}$ (meist bei ca. 4 min^{-1}) Medientemp.: bis $\vartheta > 250\ °C$ Seitenkanalpumpen werden im Allgemeinen mehrstufig ausgeführt, Peripheralpumpen (beiderseits des Laufrades ein Seitenkanal) einstufig.	Selbstansaugend, Umkehr der Drehrichtung möglich, mit Einschränkung auch für nichtschmierende, aggressive und abrasive Medien geeignet. Wirkungsgrad: $\eta < 0{,}8$ Medientemp.: $\vartheta \approx -50 \ldots > 450\ °C$ Fördermedien: Dispersionen, plastische Massen.	Selbstansaugend bis ca. 8,5 m (je nach Fördermedium und Temperatur), nahezu pulsationsfreier Förderstrom, Förderstrom von der Förderhöhe praktisch unabhängig, Förderrichtung zum Teil umkehrbar, Ausrüstung mit Heizmantel möglich. Wirkungsgrad: meist $\eta \approx 0{,}5 \ldots 0{,}75$, $\eta_{max} = 0{,}95$ Medientemp.: $\vartheta \approx -40 \ldots > 300\ °C$ Fördermedien: alle pumpfähigen Stoffe (auch polymerisierende, kristalline, koagulierende und faserbelastete).

Vergleichende Betrachtung der wichtigsten Förderpumpen (Fortsetzung)

Zahnradpumpe

Selbstansaugend bis ca. 4 m (je nach Fördermedium und Temperatur), Förderstrom praktisch unabhängig von der Förderhöhe, Ausführung mit Heiz- oder Kühlmantel möglich.

Empfindlich gegen abrasive, aggressive und nicht selbstschmierende Medien.

Wirkungsgrad: $\eta_{max} \approx 0{,}92$

Spez. Drehzahl:
$n_q = 0{,}03 \ldots 0{,}3\ min^{-1}$

Fördermedien: selbstschmierende reine Flüssigkeiten, Polymerschmelzen und -lösungen, nichtnewtonsche Flüssigkeiten.

Propellerpumpe (Axialkreiselpumpe)

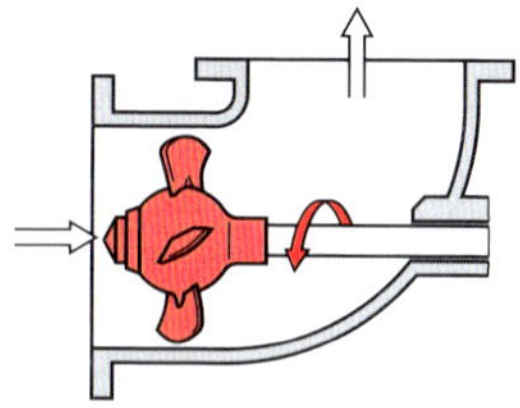

Größte Förderströme bei kleinen Förderhöhen möglich, gute Anpassung an Betriebsbedingungen durch verstellbare Propellerflügel, besonders geeignet als Umwälzpumpe.

Spez. Drehzahl:
$n_q = 110 \ldots 400\ min^{-1}$

im Allgemeinen bei ca. 160 min^{-1}

Medientemp.: $\vartheta \approx -50 \ldots > 200\ °C$

Fördermedien: reine und feststoffbelastete wässrige Lösungen, Säuren, Laugen und organische Flüssigkeiten.

Schlauchpumpe

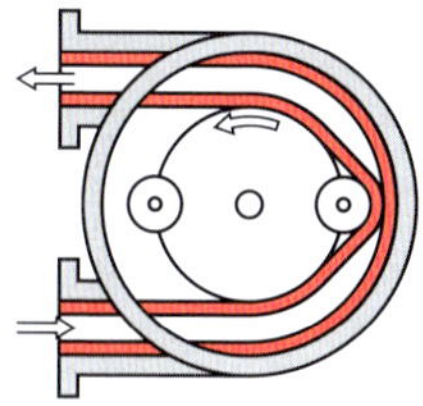

Selbstansaugend bis ca. 9 m (je nach Fördermedium und Temperatur), zum Dosieren und für Trockenlauf geeignet.

Wirkungsgrad: $\eta \approx 0{,}15 \ldots 0{,}4$

Medientemp.: bis $\vartheta > 100\ °C$

Fördermedien: sterile, besonders empfindliche, hochviskose, aggressive und feststoffbeladene Medien.

Strahlpumpe

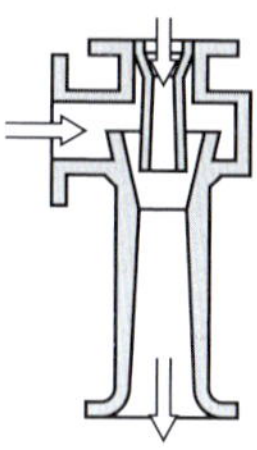

Selbstansaugend, keine bewegten Teile, auch für verunreinigte Medien geeignet.

Kombination von Fördern und Mischen von Treib- und angesaugtem Medium.

Sehr begrenzte Wirkungsgrade: $\eta_{max} \approx 0{,}2$

Mammutpumpe

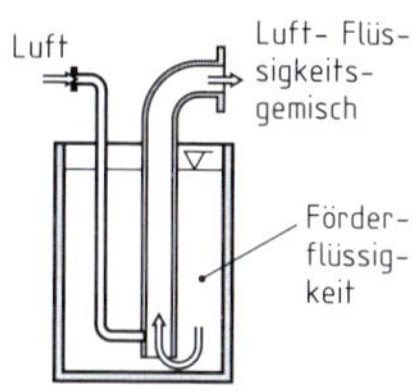

Sehr schonende Förderung, keine bewegten Teile.

Hoher Luftverbrauch.

Wirkungsgrad:
$\eta \approx 0{,}1 \ldots 0{,}3$, $\eta_{max} \approx 0{,}45$

Vorwiegend zum Fördern aus Brunnen und zum Umpumpen aggressiver und verschmutzter Flüssigkeiten.

Pumpenkennlinien (*Q*-*H*-Kennlinien)

Oszillierende und rotierende Verdrängerpumpen

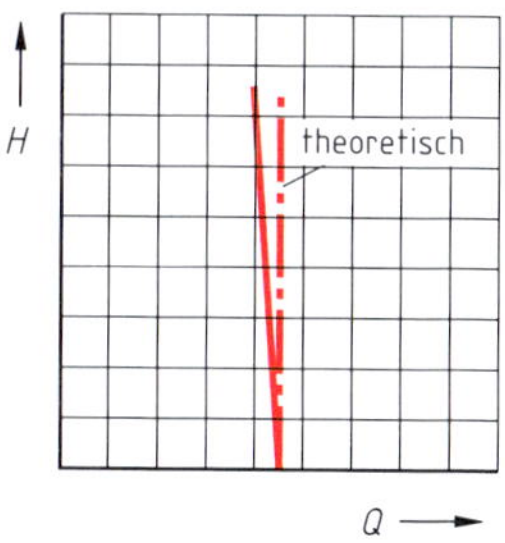

Seitenkanalpumpen

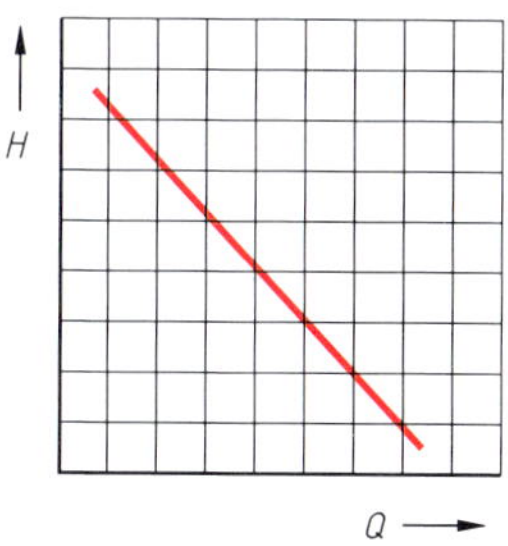

Axial- und Radialkreiselpumpen

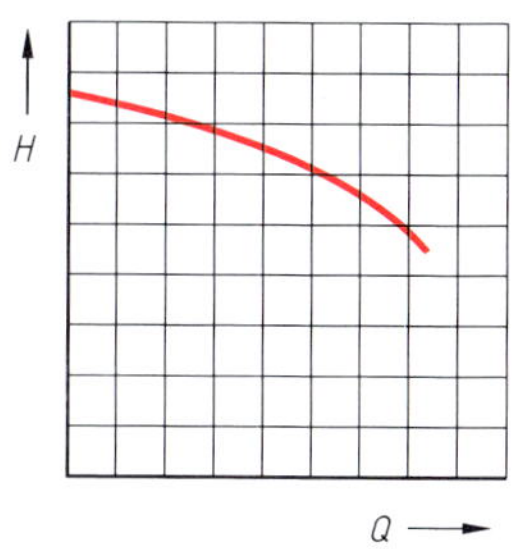

Q Förderstrom in m^3/h

H Förderhöhe in m

Leistungsgrenzen der wichtigsten Förderpumpen

Die angegebenen Werte beziehen sich auf ausgeführte Modelle nach Herstellerangaben. Die möglichen Grenzen können im Einzelfall in Sonderausführungen höher liegen.

Pumpentyp	Förderstrom Q_{max} in m³/h	Förderhöhe H_{max} in m	Druckdifferenz $p_{1,2max}$ in bar	Drehzahl n_{max} in min⁻¹	Viskosität η_{max} in Pa · s
Radial- und Halbaxial-kreiselpumpe	> 30 000 (als Vertikal-pumpe bis > 200 000)	> 6500	> 600	6000	ca. 0,15 (bis ca. 0,5 bei kleinem Wirkungs-grad)
Chemienormpumpe nach DIN	315	125		2900	
Seitenkanalpumpe	> 1550	> 1400	> 140	3500	Bis ca. 1,0 üblich, bis > 30 möglich
Kolbenpumpe, oszillierend (Hubkolbenpumpe)	> 1000	> 50 000	> 5000 (> 14 000 bei Reinigungs-pumpen und Schneid-anlagen)	3000	Bis ca. 1,0 üblich, bis > 250 möglich
Propellerpumpe (Axialkreiselpumpe)	> 200 000	> 50	10	1500	ca. 0,5
Zahnradpumpe	> 340	> 500 (> 1000 für Hydraulik)	> 50 (bis > 700 für Hydraulik)	3600	Bis ca. 20 üblich, bis ca. 30000 möglich
Exzenterschnecken-pumpe	> 600	> 1400	> 140	3000	ca. 1000
Kreis- und Drehkolben-pumpe	> 500	> 200	25	1000	ca. 1000
Schraubenspindel-pumpe	> 2000	> 1600	> 200	3600	ca. 1000
Schlauchpumpe	> 70	> 130	> 15	320	ca. 100
Strahlpumpe	> 35	ca. 30			ca. 0,5
Mammutpumpe	> 7500	ca. 60			ca. 0,5

Leistungsgrenzen der wichtigsten Förderpumpen (Fortsetzung)

Einsatzbereiche der wichtigsten Pumpenbauarten:

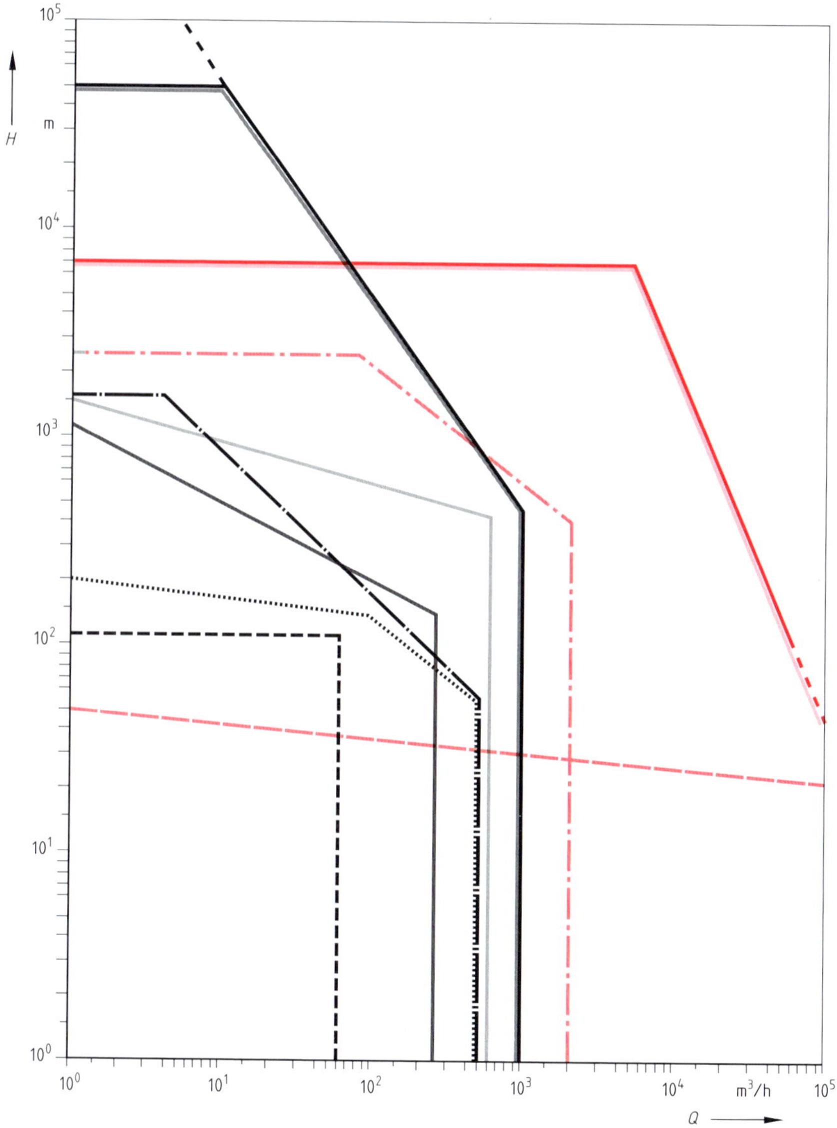

Verdrängerpumpen:
- Hubkolbenpumpen
- Schraubenspindelpumpen
- Schlauchpumpen
- Kreiskolbenpumpen
- Exzenterschneckenpumpen
- Zahnradpumpen

Kreiselpumpen:
- Kreiselpumpen, radial
- Kreiselpumpen, axial (Propellerpumpen)
- Seitenkanalpumpen

Kreiselpumpen mit axialem Eintritt

nach DIN EN ISO 2858, 2011-12

Viele Pumpenhersteller bieten ein um einige Pumpengrößen erweitertes Grundprogramm nach DIN EN ISO 2858 an.

Pumpengröße: Die Bezeichnung setzt sich aus Nennweite und Laufradnenndurchmesser zusammen. So gilt z. B. für die Pumpengröße 80 – 50 – 200: Das Flanschanschlussmaß für den Eintritt ist DN 80, für den Austritt DN 50, der Laufraddurchmesser beträgt 200 mm.

Die in der folgenden Übersichtstabelle angegebenen Nennförderhöhen und Nennförderströme sind Berechnungs- bzw. Auslegungswerte, mit denen man meist den Betriebspunkt des besten Wirkungsgrades anstrebt (also nur Richtwerte). Die genauen Werte müssen beim jeweiligen Pumpenhersteller erfragt werden.

Nennleistung (Nennförderströme und Nennförderhöhen) von Kreiselpumpen PN 16

Pumpengröße	Drehzahl $n = 1450\ min^{-1}$		Drehzahl $n = 2900\ min^{-1}$	
	Nennförderstrom Q in m^3/h	Nennförderhöhe H in m	Nennförderstrom Q in m^3/h	Nennförderhöhe H in m
50 – 32 – 125 50 – 32 – 160 50 – 32 – 200 50 – 32 – 250	6,3	5 8 12,5 20	12,5	20 32 50 80
65 – 50 (40) – 125 65 – 50 (40) – 160 65 – 40 – 200 65 – 40 – 250 65 – 40 – 315	12,5	5 8 12,5 20 32	25	20 32 50 80 125
80 – 65 (50) – 125 80 – 65 (50) – 160 80 – 50 – 200 80 – 50 – 250 80 – 50 – 315	25	5 8 12,5 20 32	50	20 32 50 80 125
100 – 80 (65) – 125 100 – 80 (65) – 160 100 – 65 – 200 100 – 65 – 250 100 – 65 – 315	50	5 8 12,5 20 32	100	20 32 50 80 125
125 – 80 – 160 125 – 80 – 200 125 – 80 – 250 125 – 80 – 315 125 – 80 – 400	80	8 12,5 20 32 50	160 – – – –	32 50 80 125 –
125 – 100 – 200 125 – 100 – 250 125 – 100 – 315 125 – 100 – 400	100 alternativ 125	12,5 20 32 50	200 alternativ 250 –	50 80 125 –
150 – 125 – 250 150 – 125 – 315 150 – 125 – 400	200	20 32 50	–	–
200 – 150 – 250 200 – 150 – 315 200 – 150 – 400	315 alternativ 400	20 32 50	–	–

Auswahl weiterer Normen zu Pumpen:

DIN EN ISO 16330:	Oszillierende Verdrängerpumpen – Technische Anforderungen
DIN 24250:	Kreiselpumpen; Benennung und Benummerung von Einzelteilen
DIN EN ISO 17769-1:	Flüssigkeitspumpen – Allgemeine Begriffe für Pumpen und Pumpenanlagen – Definitionen, Größen, Formelzeichen und Einheiten
DIN 24251:	Wasserhaltungspumpen
DIN EN ISO 14847:	Rotierende Verdrängerpumpen – Technische Anforderungen
DIN EN 734:	Seitenkanalpumpen PN 40; Nennleistung; Hauptmaße; Bezeichnungssystem
DIN EN 733:	Kreiselpumpen mit axialem Eintritt PN 10 mit Lagerträger
DIN EN 22858:	Kreiselpumpen mit axialem Eintritt PN 16 – Bezeichnung; Nennleistung; Abmessungen
DIN 24289-1:	Oszillierende Verdrängerpumpen und -aggregate; technische Festlegungen

Berechnung der erforderlichen Pumpenleistung (Antriebsleistung)

Berechnungsgang:

① Ermittlung der Verlusthöhe H_J der Anlage (Rohrreibungs- und Druckverluste in Formstücken und Armaturen)

② Ermittlung der Förderhöhe H_A der Anlage (Summe aus geodätischer, Druck-, Verlust- und evtl. Geschwindigkeitshöhe)

③ Berechnung der Förderleistung P_u in Abhängigkeit vom Förderstrom Q, der Anlagenförderhöhe H_A und der Dichte ϱ des Fördermediums und

Berechnung der Pumpenleistung P aus der Förderleistung P_u mit Hilfe des Wirkungsgrades η

❶ Ermittlung der Verlusthöhe H_J

$$H_J = \frac{v^2}{2 \cdot g} \cdot \left(\frac{\lambda \cdot L}{d_i} + \Sigma\zeta \right)$$

Für laminare Strömung ($Re < 2320$) und glatte (neue) Rohre:

$$\lambda = \frac{64}{Re}$$

Näherungsweise (nach *Eck*) für turbulente Strömung ($Re > 2320$) und glatte (neue) Rohre.

$$\lambda = \frac{0{,}309}{\left(\lg \frac{Re}{7} \right)^2}$$

$$Re = \frac{v \cdot d_i \cdot \varrho}{\eta}$$

- H_J Verlusthöhe in m
- v Strömungsgeschwindigkeit in m/s
- g Fallbeschleunigung in m/s² ($g = 9{,}81$ m/s²)
- λ Rohrwiderstandszahl, Rohrreibungsbeiwert (ohne Einheit)
- L Länge der geraden Rohrleitung in m
- d_i Innendurchmesser der Rohrleitung in m
- ζ Druckverlustzahl für Formstücke und Armaturen
- Re Reynoldszahl (ohne Einheit)
- ϱ Dichte des Fördermediums in kg/m³
- η Dynamische Viskosität des Fördermediums in Pa · s

Für raue und gebrauchte Stahlrohre wird λ nach Abschnitt „Druckverluste in Rohrleitungssystemen" ermittelt.

Die Druckverlustzahlen ζ für die in der Anlage enthaltenen Formstücke und Armaturen sind den Abschnitten **Druckverlustzahlen von Formstücken** und **Druckverlustzahlen von Armaturen** zu entnehmen.

Ungefähre Druckverlustzahlen von Formstücken und Armaturen

Formstück	ζ	Armatur (voll geöffnet)	ζ	Armatur (voll geöffnet)	ζ
Bogen 90°, $r = d_i$, rau	0,51	Schweißnähte	0,03	Eckventil	1,3 ... 6,6 meist ca. 3,0
Bogen 90°, $r = 2 \cdot d_i$, rau	0,3	Ventil, gegossen	2,5 ... 6,5 meist ca. 4,0		
Bogen 45°, $r = d_i$, glatt	0,14			Rückschlagklappe	0,3 ... 2,4
Bogen 45°, $r = 2 \cdot d_i$, glatt	0,09	Ventil, geschmiedet	≈ 6,0	Absperrklappe	0,24 ... 0,6
Bogen 90°, glatt ($r = 2 \cdot DN \dots 5 \cdot DN$)		Ringkolbenventil	1,8 ... 13	Flachschieber	0,07 ... 0,65 meist ca. 0,18
DN 50	0,26				
DN 200	0,21	Schrägsitzventil	1,5 ... 3,5		
DN 500	0,18	Freiflussventil	0,6 ... 1,6	Ovalschieber	ca. 0,22
Kniestück 90 °	1,2 ... 1,3			Kugelhahn	0,02 ... 0,15
45 °	0,35	Membranventil	0,8 ... 2,2		
T-Stück, 100 %				Dreiwege-Kükenhahn	2 ... 6
Durchgang	0,4	Rückschlagventil (Geradsitz)	3,0 ... 6,0	Schmutzfänger/Filter	1 ... 10
Abzweig (schräg)	1,0	Fußventil	0,4 ... 3,0	Saugkorb	5 ... 6

Die Druckverlustzahlen variieren mit der Nennweite und mit der baulichen Ausführung der Formstücke und Armaturen. So wird die Druckverlustzahl für Rohrbögen mit zunehmender Nennweite niedriger. Für genaue Berechnungen müssen die Werte bei den Herstellern der Armaturen erfragt oder in Versuchen ermittelt werden.

Berechnung der erforderlichen Pumpenleistung (Antriebsleistung) (Fortsetzung)

❷ Ermittlung der Förderhöhe H_A (im Beharrungszustand – d.h. Drehzahl n ist konstant – gleich der Förderhöhe der Pumpe H)

$$H_A = z + \frac{p_{A2} - p_{A1}}{\varrho \cdot g} + \frac{U_{A2}^2 - U_{A1}^2}{2 \cdot g} + H_J$$

Ein- und Austrittsdruck p_{A1} und p_{A2} entsprechen z.B. den Drücken über vorhandenen Flüssigkeitsspiegeln auf der Ein- und Austrittsseite.

Die Differenz der mittleren Geschwindigkeiten kann in der Praxis meist vernachlässigt werden. Es ergibt sich dann vereinfacht:

$$H_A = z + \frac{p_{A2} - p_{A1}}{\varrho \cdot g} + H_J$$

H_A	Förderhöhe der Anlage in m
z	Geodätische Förderhöhe in m
p_{A1}	Eintrittsdruck der Anlage (Überdruck) in Pa
p_{A2}	Austrittsdruck der Anlage (Überdruck) in Pa
U_{A1}	Mittlere Geschwindigkeit im Eintritt der Anlage in m/s
U_{A2}	Mittlere Geschwindigkeit im Austritt der Anlage in m/s
ϱ	Dichte des Fördermediums in kg/m³
g	Fallbeschleunigung in m/s² (g = 9,81 m/s²)
H_J	Gesamtverlusthöhe der Anlage in m

Ermittlung der geodätischen Förderhöhe *z* bei verschiedenen Ausführungsformen der Anlage:

a) *Offene Behälter*

$$H_A \approx z + H_J$$

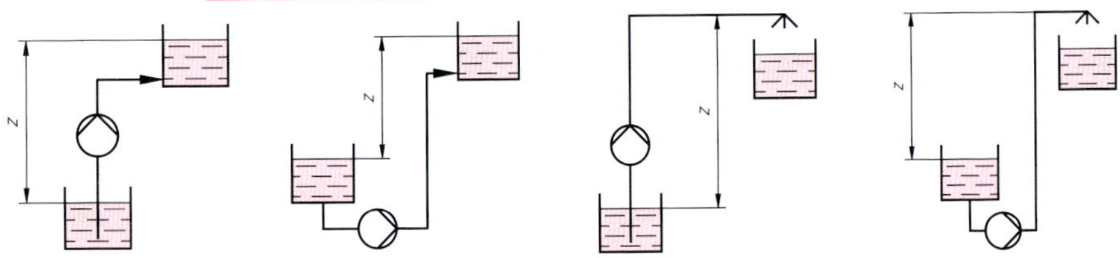

b) *Offener Behälter auf der Saugseite, geschlossener auf der Druckseite*

$$H_A = z + \frac{p_{A2}}{\varrho \cdot g} + H_J$$

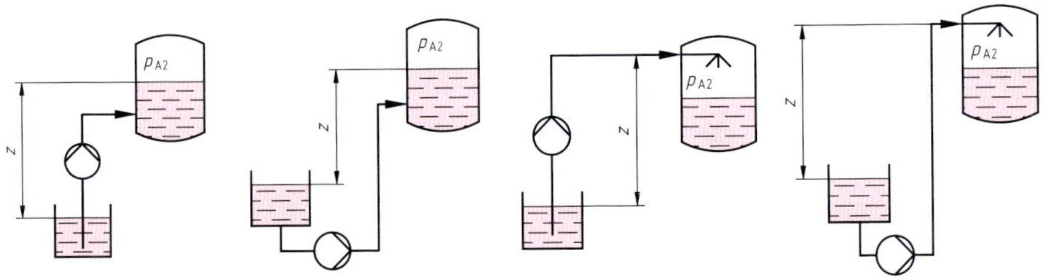

c) *Geschlossener Behälter auf der Saugseite, offener auf der Druckseite*
(p_{A1} > Umgebungsdruck)

$$H_A = z - \frac{p_{A1}}{\varrho \cdot g} + H_J$$

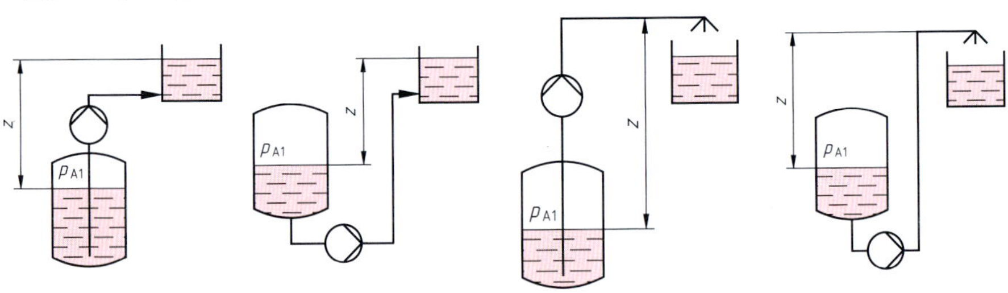

Berechnung der erforderlichen Pumpenleistung (Antriebsleistung) (Fortsetzung)

Weiter zu ②

d) ***Geschlossene Behälter auf Druck- und Saugseite***

$$H_A = z + \frac{p_{A2} - p_{A1}}{\varrho \cdot g} + H_J$$

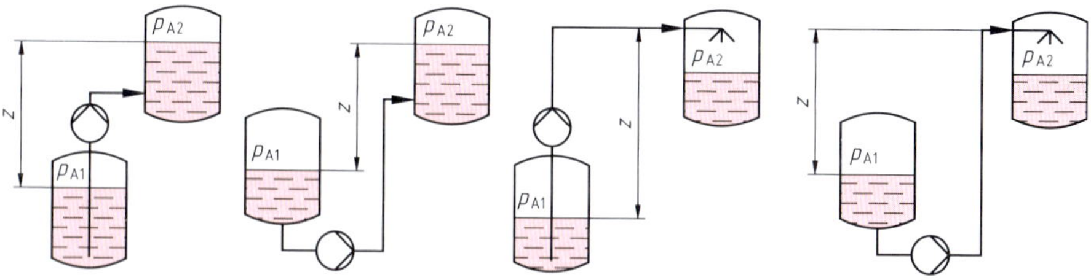

e) ***Kreislaufsysteme (Umwälzanlage),*** z. B. Heizkreislauf

$$H_A = H_J$$

$z = 0$
$p_{A1} = p_{A2}$
$U_{A1} = U_{A2}$

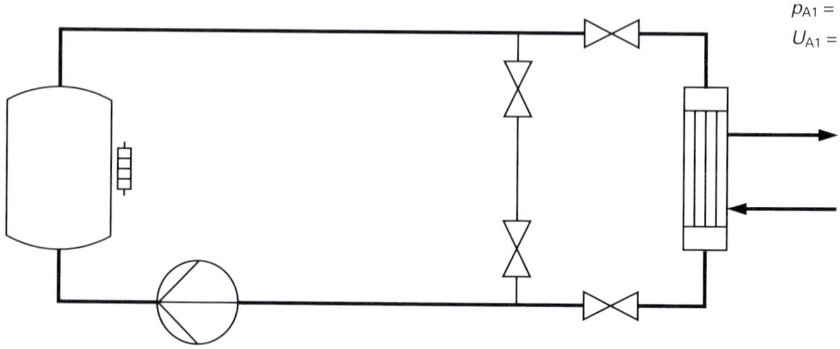

❸ Berechnung der Förderleistung P_u

$$P_u = Q \cdot \varrho \cdot g \cdot H_A \quad \text{bzw.} \quad P_u = Q \cdot \varrho \cdot g \cdot H$$

Bei konstantem Förderzustand gilt $H_A = H$

Beim Anfahren der Pumpe (Beschleunigung der Flüssigkeit) ist $H > H_A$. Dann gilt:

$$H = z_1 - z_2 + \frac{p_2 - p_1}{\varrho \cdot g} + \frac{U_2^2 - U_1^2}{2 \cdot g}$$

$$P = \frac{P_u}{\eta}$$

P Leistungsbedarf der Pumpe in W
P_u Förderleistung der Pumpe in W
Q Förderstrom (Volumenstrom) in m^3/s
ϱ Dichte des Fördermediums in kg/m^3
g Fallbeschleunigung in m/s^2 ($g = 9{,}81\ m/s^2$)
H_A Förderhöhe der Anlage in m
H Förderhöhe der Pumpe in m
z_1 Höhenlage des Eintritts in die Pumpe in m
z_2 Höhenlage des Austritts aus der Pumpe in m
p_1 Eintrittsdruck (Überdruck) der Pumpe in Höhe von z_1 in Pa
p_2 Austrittsdruck (Überdruck) der Pumpe in Höhe von z_2 in Pa
U_1 Mittlere Geschwindigkeit im Eintritt der Pumpe in m/s
U_2 Mittlere Geschwindigkeit im Austritt der Pumpe in m/s
η Pumpenwirkungsgrad

Wirkungsgradbereiche:

Kreiselpumpen:	0,5 ... 0,9, meist 0,55 ... 0,85
Hubkolbenpumpen:	0,8 ... 0,95 (bei kleinen Pumpen bis 0,6)
Seitenkanalpumpen:	0,3 ... 0,5
Zahnradpumpen:	0,75 ... 0,92
Exzenterschneckenpumpen:	< 0,7
Schraubenspindelpumpen:	0,65 ... 0,85
Kreiskolbenpumpen:	0,5 ... 0,75
Schlauchpumpen:	0,15 ... 0,4

NPSH-Wert

Für das kavitationsfreie Arbeiten einer Pumpe (d. h. ohne störende und schädigende Dampfblasenbildung) gilt die Bedingung:

$$\text{NPSHA} \geq \text{NPSHR}$$

bzw. sicherer:

$$\text{NPSHA} \geq \text{NPSHR} + 0{,}5\ \text{m}$$

Dabei gilt:

$$\text{NPSHA} = \pm\, z_1 + \frac{p_1 + p_{amb} - p_v}{\varrho \cdot g} + \frac{U_1^2}{2 \cdot g}$$

oder

$$\text{NPSHA} = \pm z_{A1} + \frac{p_{A1} + p_{amb} - p_v}{\varrho \cdot g} + \frac{U_{A1}^2}{2 \cdot g} - H_{JA1-1}$$

In beiden Formeln gilt + *z* für Zulaufbetrieb und –*z* für Saugbetrieb

Für Saugbetrieb und $U_{A1} \approx 0$ im Saugbehälter:

$$\text{NPSHA} = -\, z_{A1} + \frac{p_{A1} + p_{amb} - p_v}{\varrho \cdot g} - H_{JA1-1}$$

Für Zulaufbetrieb und $U_{A1} \approx 0$ im Zulaufbehälter:

$$\text{NPSHA} = +\, z_{A1} + \frac{p_{A1} + p_{amb} - p_v}{\varrho \cdot g} - H_{JA1-1}$$

Näherungsgleichungen zur Ermittlung von NPSHR bei Kreiselpumpen:

$$\text{NPSHR} = (0{,}3 \ldots 0{,}5) \cdot n \cdot \sqrt{Q}$$ nach VDMA

oder etwas genauer:

$$\text{NPSHA} = 0{,}0014 \cdot n_q^{1{,}33}$$ nach *Thoma*

$$n_q = n \cdot \frac{\sqrt{Q_{opt}}}{H_{opt}^{0{,}75}}$$ *n* in 1/min!

Genaue Werte erhält man vom Pumpenhersteller (Pumpenkennlinien nach Prüfstandslauf)

NPSH	Netto positive Saughöhe (Netto-Energiehöhe, d. h. absolute Energie- bzw. Druckhöhe abzüglich der Verdampfungsdruckhöhe im Eintrittsquerschnitt der Pumpe) in m
NPSHA	Vorhandene NPSH (von Seiten der Anlage) in m
NPSHR	Erforderliche NPSH in m (kleinster NPSH-Wert, bei dem Kavitationswirkungen noch vermieden werden können)
z_1	Höhenlage des Eintritts der Pumpe, bezogen auf die Bezugsebene durch die Pumpe (z. B. Laufradmittelpunkt) in m
z_{A1}	Höhenlage des Eintritts der Anlage, bezogen auf die Bezugsebene durch die Pumpe (z. B. Laufradmittelpunkt) in m
p_1	Eintrittsdruck (Überdruck) der Pumpe (in Höhe von z_1) in Pa
p_{A1}	Eintrittsdruck (Überdruck) der Anlage (in Höhe von z_{A1}, also über dem Flüssigkeitsspiegel) in Pa
p_{amb}	Luftdruck in der Umgebung der Pumpe in Pa
p_v	Dampfdruck bzw. Sättigungsdruck der Förderflüssigkeit (absolut) bei gegebener Temperatur am Eintritt in Pa
ϱ	Dichte der Förderflüssigkeit in kg/m^3
g	Fallbeschleunigung in m/s^2 (g = 9,81 m/s^2)
U_1	Mittlere Geschwindigkeit im Eintritt der Pumpe in m/s
U_{A1}	Mittlere Geschwindigkeit im Eintritt der Anlage (z. B. im Ansaug- bzw. Zulaufbehälter) in m/s
H_{JA1-1}	Eintrittsseitige Verlusthöhe (vom Eintrittsquerschnitt der Anlage bis zum Eintrittsquerschnitt der Pumpe) in m
n	Drehzahl in 1/s (für die Berechnung von n_q in 1/min)
Q	Förderstrom (Volumenstrom) in m^3/s
n_q	Spezifische Drehzahl in 1/min
H_{opt}	Bestförderhöhe (Förderhöhe der Pumpe im Punkt des besten Wirkungsgrades) in m
Q_{opt}	Bestförderstrom (Förderstrom im Punkt des besten Wirkungsgrades) in m^3/s

Saugbetrieb

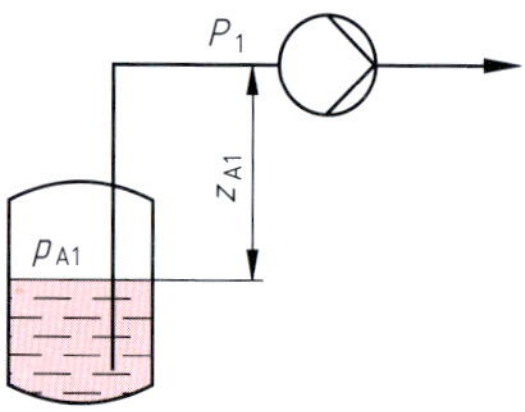

Zulaufbetrieb

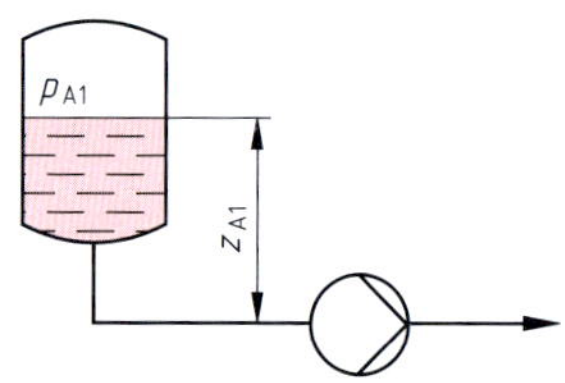

Betriebspunkt einer Pumpe

Der Betriebspunkt einer Pumpe stellt sich jeweils dort ein, wo die Förderhöhe H_A der Anlage gleich der Förderhöhe H der Pumpe ist, wo sich also Pumpenkennlinie und Anlagenkennlinie im H-Q-Diagramm schneiden.

Die Pumpenkennlinien werden im Allgemeinen exakt von den Pumpenherstellern vorgegeben. Die Anlagenkennlinie kann mit der folgenden Formel ermittelt werden:

$$H_A = z + \frac{p_{A2} - p_{A1}}{\varrho \cdot g} + \frac{U_{A2}^2 - U_{A1}^2}{2 \cdot g} + H_J$$

Statistischer Teil: $$H_{stat} = z + \frac{p_{A2} - p_{A1}}{\varrho \cdot g}$$

Dynamischer Teil: $$H_{dyn} = \frac{U_{A2}^2 - U_{A1}^2}{2 \cdot g} + H_J$$

In der Regel geht man bei der Auswahl einer Pumpe vom gewünschten bzw. erforderlichen Förderstrom Q aus und ermittelt daraus die erforderliche Förderhöhe H_A der Anlage oder H der Pumpe.

Typ-Nummer: $$K_{num} = \frac{2 \cdot \pi \cdot n \cdot Q_{opt}^{0,5}}{(g \cdot H_{opt})^{0,75}}$$

- H Förderhöhe der Pumpe in m (siehe auch „Berechnung der erforderlichen Pumpenleistung")
- H_A Förderhöhe der Anlage in m
- z Geodätische Förderhöhe in m (Höhenunterschied zwischen Eintritts- und Austrittsquerschnitt der Anlage, siehe „Berechnung der erforderlichen Pumpenleistung")
- p_{A1} Eintrittsdruck der Anlage (Überdruck im Eintrittsquerschnitt) in Pa
- p_{A2} Austrittsdruck der Anlage (Überdruck im Austrittsquerschnitt) in Pa
- U_{A1} Mittlere Geschwindigkeit im Eintritt der Anlage, z. B. im Behälter auf der Eintrittsseite) in m/s
- U_{A2} Mittlere Geschwindigkeit im Austritt der Anlage, z. B. im Behälter auf der Austrittsseite) in m/s
- ϱ Dichte der Förderflüssigkeit in kg/m³
- g Fallbeschleunigung in m/s² ($g = 9{,}81$ m/s²)
- H_J Gesamtverlusthöhe der Anlage in m (siehe „Berechnung der erforderlichen Pumpenleistung")
- Q Förderstrom (Volumenstrom) in m³/s
- n Drehzahl der Pumpe in s^{-1}
- Q_{opt} Bestförderstrom in m³/s
- H_{opt} Bestförderhöhe in m

Pumpenkennlinie und Betriebspunkt können durch Veränderung der Pumpendrehzahl oder durch Veränderung des Laufraddurchmessers (z. B. durch Abdrehen) verschoben werden.

Betriebspunkt einer Kreiselpumpe bei konstanter Drehzahl (Umdrehungsfrequenz) n:

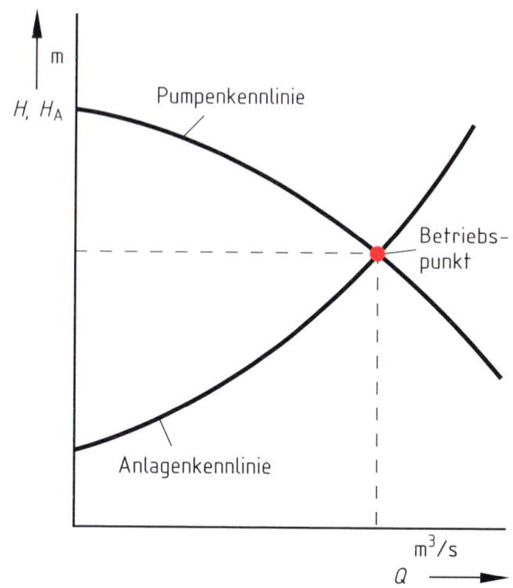

Statischer und dynamischer Teil der Förderhöhe einer Anlage:

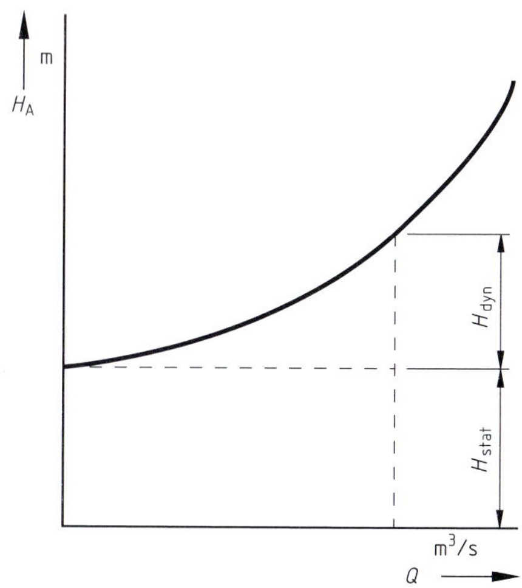

Verdichter – Grundlagen

Isotherme Verdichtung

(konstante Temperatur durch Kühlung)

Theoretischer Leistungsbedarf eines Verdichters:

$$P_{th} = p_1 \cdot q_{V1} \cdot \ln \frac{p_2}{p_1}$$

Gleichung für die Zustandsänderung:

$$p_1 \cdot V_1 = p_2 \cdot V_2$$

Adiabate (isentrope) Verdichtung

(Temperaturanstieg durch die bei der Verdichtung frei werdende Wärme)

Theoretischer Leistungsbedarf eines Verdichters:

$$P_{th} = p_1 \cdot q_{V1} \cdot \frac{\varkappa}{\varkappa - 1} \cdot \left[\left(\frac{p_2}{p_1}\right)^{\frac{\varkappa-1}{\varkappa}} - 1\right]$$

$$\varkappa = \frac{c_p}{c_V}$$

Gleichung für die Zustandsänderung:

$$\frac{T_1}{T_2} = \frac{q_{V1}}{q_{V2}}$$

Werte für $\varkappa$ im Bereich von 20 °C bis 25 °C:

Fördermedium	Zweiatomiges Gas, z. B. Luft	CO_2	CH_4	C_2H_4	He	Wasserdampf
$\varkappa$	1,4	1,3	1,3	1,2	1,7	1,3

Polytrope Verdichtung (reale Verdichtung)

Theoretischer Leistungsbedarf eines Verdichters:

$$P_{th} = p_1 \cdot q_{V1} \cdot \frac{n}{n - 1} \cdot \left[\left(\frac{p_2}{p_1}\right)^{\frac{n-1}{n}} - 1\right]$$

Für zweiatomige Gase und Luft gilt $1,25 < n < 1,35$

Bei Kreiselverdichtern kann infolge der inneren Reibung $n > \varkappa$ sein!

Spezifische Arbeit beim Verdichten:

$$Y = \frac{n}{n-1} \cdot \frac{p_1}{\varrho_1} \left[\left(\frac{p_2}{p_1}\right)^{\frac{n-1}{n}} - 1\right]$$

Druckverhältnis bei der spezifischen Arbeit:

$$\frac{p_2}{p_1} = \left[1 + \frac{(n-1) \cdot \varrho_1 \cdot Y}{n \cdot p_1}\right]^{\frac{n}{n-1}}$$

P_{th} Theoretischer Leistungsbedarf eines Verdichters in W

p_1 Anfangsdruck des Fördermediums (Ansaugdruck) vor dem Verdichten in Pa

p_2 Enddruck des Fördermediums nach dem Verdichten in Pa

q_{V1} Eintrittsvolumenstrom des Fördermediums in m^3/s

q_{V2} Austrittsvolumenstrom des Fördermediums in m^3/s

$\varkappa$ Adiabatenexponent des Fördermediums (ohne Einheit)

c_p Spezifische Wärmekapazität des Fördermediums bei konstantem Druck in J/(kg · K)

c_V Spezifische Wärmekapazität des Fördermediums bei konstantem Volumen in J/(kg · K)

n Polytropenexponent des Fördermediums (ohne Einheit)

Y Spezifische Arbeit eines Verdichters in J/kg

ϱ_1 Dichte des Fördermediums vor dem Verdichten in kg/m^3 (Ansaugzustand)

T_1 Temperatur des Fördermediums vor dem Verdichten in K

T_2 Temperatur des Fördermediums nach dem Verdichten in K

q_{Vn} Normvolumenstrom in m^3/s (bei $p_n = 101\,325$ Pa und $T_n = 273,15$ K)

T_n Normtemperatur in K ($T_n = 273,15$ K)

ϱ_n Normdichte in kg/m^3 (bei $T_n = 273,15$ K und $p_n = 101\,325$ Pa)

Umrechnung des Normvolumenstroms in den Volumenstrom im Ansaugzustand:

$$q_{V1} = \frac{q_{Vn} \cdot \varrho_n}{\varrho_1}$$

$$q_{V1} = \frac{q_{Vn} \cdot p_n \cdot T_1}{p_1 \cdot T_n}$$

Verdichter – Grundlagen (Fortsetzung)

Kritische Temperatur und kritischer Druck

Der kritische Druck Π ist der Druck, bei dem ein Gas mit der kritischen Temperatur Θ gerade noch verflüssigt werden kann. Oberhalb der kritischen Temperatur ist dies auch bei beliebig hohen Drücken nicht mehr möglich.

Kritische Temperatur und kritischer Druck ausgewählter Fördermedien

Fördermedium	Θ in °C	Π in bar	Fördermedium	Θ in °C	Π in bar
Ammoniak	132,1	112,6	Luft	140,7	37,7
Argon	– 122,4	48,6	Methan	– 82,5	46,4
Butan	152,0	38,0	Propan	96,8	40,6
Chlor	143,9	77,1	Propen (Propylen)	91,8	46,2
Ethen (Ethylen)	9,5	50,7	Sauerstoff	– 118,5	50,6
Ethin (Acetylen)	35,5	62,5	Schwefeldioxid	157,5	78,8
Ethylenoxid	195,8	74,3	Stickstoff	– 147,2	33,9
Helium	– 268,0	2,3	Stickstoffdioxid	158,2	101,3
Hydrogenchlorid (Chlorwasserstoff)	51,5	82,6	Wasserdampf	374,2	220,6
Kohlenstoffdioxid	31,1	73,9	Wasserstoff	– 240,0	13,0

Verdichterbauarten und Einsatzbereiche

Einteilung der Verdichter nach erreichtem Enddruck p_2 bzw. Absolutdruck auf der Saugseite p_1:

Kompressoren:	$p_2 > 3$ bar
Gebläse:	1,3 bar $< p_2 <$ 3 bar
Ventilatoren:	1 bar $< p_2 <$ 1,3 bar
Vakuumpumpen:	Absolutdruck auf der Saugseite $p_1 < 1$ bar

Vakuumbereiche

Bereich	Absolutdruck p_{abs} in hPa bzw. mbar
Grobvakuum GV	$10^3 \dots 1$
Feinvakuum FV	$1 \dots 10^{-3}$
Hochvakuum HV	$10^{-3} \dots 10^{-7}$
Ultrahochvakuum UHV	$< 10^{-7}$

Erreichbare Vakua mit verschiedenen Vakuumpumpen

Vakuumpumpe	p_{abs} in hPa bzw. mbar	Vakuumpumpe	p_{abs} in hPa bzw. mbar
Flüssigkeitsringpumpe	30	Drehschieberpumpe	10^{-4}
Treibmittelvakuumpumpe		Sperrschieberpumpe	10^{-4}
– Flüssigkeitsstrahlpumpe	20	Wälzkolbenpumpe	$< 10^{-4}$
– Wasserdampfstrahlpumpe	$< 10^{-2}$	Öldiffusionspumpe	$< 6 \cdot 10^{-9}$
Membranpumpe	10	Kryopumpe	$< 10^{-10}$
– zweistufig	0,5	Turbomolekularpumpe	$< 10^{-10}$
Vielzellenpumpe	10	Titansublimationspumpe	$\approx 10^{-11}$
Kreiskolbenpumpe	$7 \cdot 10^{-2}$		

Verdichterbauarten und Einsatzbereiche (Fortsetzung)

Einsatzbereiche der Verdichter (Klammerwerte: in Einzelfällen realisiert)

Bauart	Maximaler[1] Enddruck p_{max} in bar	Maximaler[1] Ansaugvolumenstrom $q_{V,max}$ in m³/h	Bauart	Maximaler[1] Enddruck p_{max} in bar	Maximaler[1] Ansaugvolumenstrom $q_{V,max}$ in m³/h
Hubkolbenverdichter	4000 (14 000)	100000 (200000)	Schraubenverdichter	45	80000
Kreiselverdichter (Turboverdichter)			Wälzkolbenverdichter	10	100000
– radial	900	500000	Drehschieberverdichter	16	10000
– axial	60 (i. Allg. < 10)	1200000	Flüssigkeitsringverdichter	8	25000
– als Ventilatoren		> 4000000			

[1] Es ist zu beachten, dass p_{max} und $q_{V,max}$ nicht gleichzeitig erreicht werden können.

Vergleichende Betrachtung wichtiger Verdichterbauarten

Kreisel- bzw. Turboverdichter, radial

- Kombination großer Volumenströme mit relativ hohen Enddrücken möglich (bei mehrstufiger Bauweise)
- Gleichmäßiger Förderstrom
- Hohe Betriebssicherheit
- Große Laufruhe
- Hohe Standzeiten (wenig Verschleißteile)
- Gutes Regelverhalten und gute Anpassung an die jeweiligen Betriebsbedingungen
- Große Volumenströme in einer Maschine möglich

Kreisel- bzw. Turboverdichter, axial

- Größte Volumenströme bei niedrigen Enddrücken (< 10 bar) und relativ kleinen Abmessungen der Maschinen möglich)
- Durch Verstellung der Leitschaufeln und durch Drehzahländerung gut regelbar
- Hohe Betriebssicherheit
- Gleichmäßiger Förderstrom
- Wirkungsgrad bei gleichen Betriebsdaten bis zu 10 % höher als bei radialer Bauweise (wenn $q_V > 60000$ m³/h)
- Große Laufruhe
- Hohe Standzeiten

Hubkolben- und Hubkolbenmembranverdichter

- Kleinste Förderströme und höchste Enddrücke möglich
- Hoher Wirkungsgrad
- Geringe Leckrate
- Ölfreie Förderung möglich
- Breiter Anwendungsbereich für vielfältige Aufgaben
- Fördermengen lassen sich oft gut und energiesparend den Betriebsbedingungen anpassen
- Evakuieren bis < 0,1 bar möglich
- Pulsierender Förderstrom
- Ventile erforderlich
- Oft geräuschdämmende Maßnahmen erforderlich

Schraubenverdichter

- Charakteristik des Hubkolbenverdichters aber Laufruhe wie Turboverdichter (ersetzt unter 10 bar Enddruck in weiten Bereichen den Hubkolbenverdichter)
- Gleichmäßiger Förderstrom
- Lange Standzeiten (auch bei staubhaltigen Gasen)
- Sehr gutes Teillastverhalten bei Drehzahlregulierung

Drehschieberverdichter

- Unempfindlich gegen Verunreinigungen im Gas, hohe Temperaturen, Erschütterungen und häufiges Ein- und Ausschalten
- Große Wartungsintervalle
- Verschleißteile leicht ausbaubar
- Gleichmäßiger Förderstrom bei relativ kleinen Drehzahlen

Überschlägige Berechnung der erforderlichen Wärmeaustauschfläche

Allgemeiner Berechnungsgang:

- **A** **Wahl des K-Wertes nach Tabelle** (abhängig von der Bauart des Wärmeaustauschers, von den austauschenden Medien und von den Strömungsverhältnissen)
- **B** **Berechnung der erforderlichen Heiz- oder Kühlmittelmenge** (q_{m1} oder q_{m2}) oder, wenn diese Masseströme vorgegeben sind, **Berechnung der Heiz- oder Kühlmittelaustrittstemperatur** (ϑ_{12} oder ϑ_{22}) aus der Bilanzgleichung für den Wärmestrom
- **C** **Berechnung der mittleren logarithmischen Temperaturdifferenz $\Delta\vartheta_m$**
- **D** **Berechnung des erforderlichen Wärmestromes Φ**
- **E** **Berechnung der erforderlichen Austauschfläche A_{erf}** aus den Größen K, Φ und $\Delta\vartheta_m$

(A) Wahl des K-Wertes (Näherungswert)

Bauart des Wärmeaustauschers	Austauschbedingungen	K-Wert in W/(m² · K)[1]
Rohrbündel-Wärmeaustauscher	Wasser – Wasser	≈ 800 ... 2000
	Flüssigkeit – Flüssigkeit	150 ... 1400 (2000)
	Wässrige Lösung – Wasser	500 ... 1000
	Heizdampf (Außenraum) – Flüssigkeit (in den Rohren)	300 ... 1200 (2500)
	Organisches Lösemittel – Wasser	600 ... 1000
	Flüssigkeit – Gas ($p_{abs} \approx 1$ bar)	15 ... 80
	Flüssigkeit – Gas ($p_{abs} > 200$ bar)	200 ... 400
	Gas – Gas (beide Seiten $p_{abs} \approx 1$ bar)	5 ... 35
	Gas – Gas (beide Seiten $p_{abs} > 200$ bar)	150 ... 500
	Organischer Dampf (Außenraum) – Kühlwasser (innen)	300 ... 1200
	Kondensierender Wasserdampf – Wasser	1200 ... 2000
	Kondensierender Heizdampf (Außenraum) – verdampfende Flüssigkeit (in den Rohren)	300 ... 3000
	– bei zäher Flüssigkeit	300 ... 900
	– bei niedrigviskoser Flüssigkeit	600 ... 1800
	– bei erzwungenem Umlauf in den Rohren	900 ... 3000
	Öl – Wasser	200 ... 500
	Kondensierendes Lösemittel – Wasser	800 ... 1000
Doppelrohr-Wärmeaustauscher	Flüssigkeit – Flüssigkeit	300 ... 1400
	Flüssigkeit – Gas ($p_{abs} \approx 1$ bar)	200 ... 600
	Flüssigkeit – Hochdruckgas	400 ... 900
	Wässrige Lösung – Wasser	300 ... 400
	Gas – Gas (auf beiden Seiten $p_{abs} \approx 1$ bar)	10 ... 35
	Gas – Gas (auf beiden Seiten Hochdruck)	150 ... 500
Spiral-Wärmeaustauscher	Wässrige Lösung – Wasser	1000 ... 1500
	Flüssigkeit – Flüssigkeit	1000 ... 2500
	Dampf – Flüssigkeit	900 ... 3000
	Kondensierendes Lösemittel – Wasser	≈ 600
	Organisches Lösemittel – Wasser	800 ... 1200
	Kondensierender Wasserdampf – Wasser	≈ 2000
	Öl – Wasser	300 ... 400
Platten-Wärmeaustauscher	Flüssigkeit – Flüssigkeit	1200 ... 4500
	Wasser – Wasser	... 7000
	Wässrige Lösung – Wasser	... 5000
	Organisches Lösemittel – Wasser	≈ 1000
	Öl – Wasser	≈ 700
	Gas – Flüssigkeit	20 ... 100
	Kondensierendes Lösemittel – Wasser	≈ 500
	Kondensierender Wasserdampf – Wasser	≈ 6500

Überschlägige Berechnung der erforderlichen Wärmeaustauschfläche (Forts.)

Wahl des *K*-Wertes (Näherungswert) (Fortsetzung)

Bauart des Wärmeaustauschers	Austauschbedingungen	*K*-Wert in $W/(m^2 \cdot K)$[1]
Schlangenkühler	Flüssigkeit (in der Schlange) – Kühlwasser	200 ... 700
	Kondensierender Dampf (in der Schlange) – Kühlwasser	350 ... 900
	Gas (in der Schlange, $p_{abs} \approx 1$ bar) – Kühlwasser	20 ... 60
Rührkessel – mit Doppelmantel	Kühlwasser oder Sole (außen) – Flüssigkeit	150 ... 350
	Kondensierender Dampf (außen) – Flüssigkeit	500 ... 1500
	Kondensierender Dampf (außen) – Siedende Flüssigkeit	700 ... 1700
– mit innenliegender Rohrschlange	Kühlwasser oder Sole (in der Schlange) – Flüssigkeit	700 ... 2500
	Kühlwasser oder Sole (in der Schlange) – Siedende Flüssigkeit	1200 ... 3500

[1] Werte in Klammer: bei besonderer Konstruktion erreichbar

B Erforderliche Heizmittelmenge | Erforderliche Kühlmittelmenge

Ohne Änderung des Aggregatzustandes:

$$q_{m1} = \frac{q_{m2} \cdot c_{p2} \cdot (\vartheta_{22} - \vartheta_{21})}{c_{p1} \cdot (\vartheta_{11} - \vartheta_{12})}$$

$$q_{m2} = \frac{q_{m1} \cdot c_{p1} \cdot (\vartheta_{11} - \vartheta_{12})}{c_{p2} \cdot (\vartheta_{22} - \vartheta_{21})}$$

Kondensierender Sattdampf gegen Flüssigkeit:

$$q_{m1} = \frac{q_{m2} \cdot c_{p2} \cdot (\vartheta_{22} - \vartheta_{21})}{\Delta h_{v1}}$$

$$q_{m2} = \frac{q_{m1} \cdot \Delta h_{v1}}{c_{p2} \cdot (\vartheta_{22} - \vartheta_{21})}$$

Bei vorgegebenem Massenstrom an Heizmittel:

Heizmittel-Austrittstemperatur

Bei vorgegebenem Massenstrom an Kühlmittel:

Kühlmittel-Austrittstemperatur

Ohne Änderung des Aggregatzustandes:

$$\vartheta_{12} = \vartheta_{11} - \frac{q_{m2} \cdot c_{p2} \cdot (\vartheta_{22} - \vartheta_{21})}{q_{m1} \cdot c_{p1}}$$

$$\vartheta_{22} = \frac{q_{m1} \cdot c_{p1} \cdot (\vartheta_{11} - \vartheta_{12})}{q_{m2} \cdot c_{p2}} + \vartheta_{21}$$

q_m Massenstrom in kg/s

c_p Spezifische Wärmekapazität bei konstantem Druck in J/(kg · K)

Δh_v Verdampfungsenthalpie in J/kg

ϑ Temperatur in °C

Index 1: Medium 1 (Medium mit der höheren Temperatur)

Index 2: Medium 2 (Medium mit der niedrigeren Temperatur)

Index 11: Zustand von Medium 1 beim Eintritt in den Wärmeaustauscher

Index 12: Zustand von Medium 1 beim Austritt aus dem Wärmeaustauscher

Index 21: Zustand von Medium 2 beim Eintritt in den Wärmeaustauscher

Index 22: Zustand von Medium 2 beim Austritt aus dem Wärmeaustauscher

Überschlägige Berechnung der erforderlichen Wärmeaustauschfläche (Forts.)

C Berechnung der mittleren logarithmischen Temperaturdifferenz $\Delta\vartheta_m$

ϑ Temperatur in °C

$\Delta\vartheta$ Temperaturdifferenz in K

Indizes:

- m Mittelwert, logarithmischer
- 11 Eintrittszustand des Mediums mit der höheren Temperatur
- 12 Austrittszustand des Mediums mit der höheren Temperatur
- 21 Eintrittszustand des Mediums mit der niedrigeren Temperatur
- 22 Austrittszustand des Mediums mit der niedrigeren Temperatur
- gr Groß
- kl Klein
- 1b Siede- bzw. Kondensationstemperatur des Mediums mit der höheren Temperatur
- 2b Siede- bzw. Kondensationstemperatur des Mediums mit der niedrigeren Temperatur

Schaltung im Gegenstrom

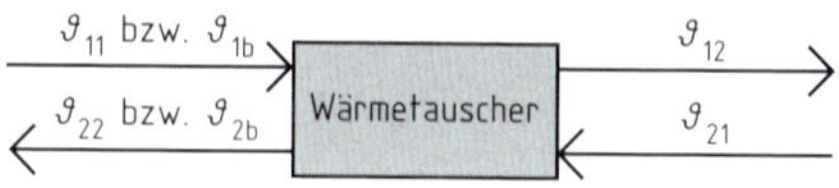

Schaltung im Gleichstrom

Berechnung von $\Delta\vartheta_m$:

Gegenstrom, ohne Änderung des Aggregatzustandes:

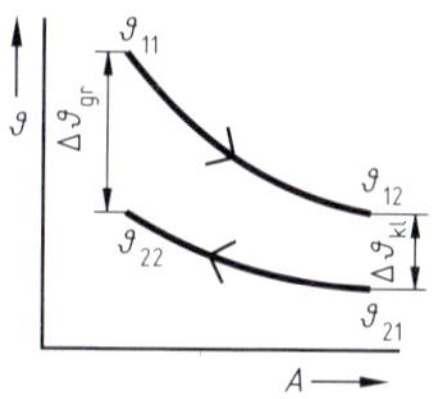

$$\Delta\vartheta_m = \frac{\Delta\vartheta_{gr} - \Delta\vartheta_{kl}}{\ln\dfrac{\Delta\vartheta_{gr}}{\Delta\vartheta_{kl}}}$$

Im skizzierten Fall:

$\Delta\vartheta_{gr} = \vartheta_{11} - \vartheta_{22}$

$\Delta\vartheta_{kl} = \vartheta_{12} - \vartheta_{21}$

Gleichstrom, ohne Änderung des Aggregatzustandes:

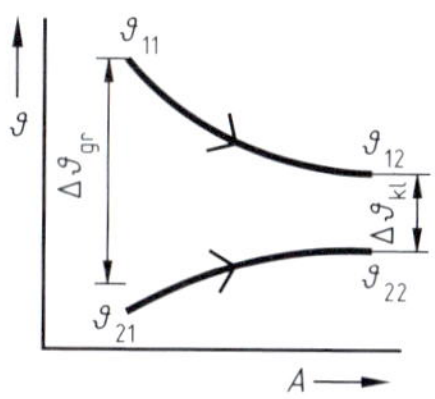

$$\Delta\vartheta_m = \frac{\Delta\vartheta_{gr} - \Delta\vartheta_{kl}}{\ln\dfrac{\Delta\vartheta_{gr}}{\Delta\vartheta_{kl}}}$$

$\Delta\vartheta_{gr} = \vartheta_{11} - \vartheta_{21}$

$\Delta\vartheta_{kl} = \vartheta_{12} - \vartheta_{22}$

Bei $1 \le \Delta\vartheta_{gr} / \Delta\vartheta_{kl} \le 1{,}2$ gilt für Gegen- und Gleichstrom näherungsweise:

$$\Delta\vartheta_m = \frac{\Delta\vartheta_{gr} + \Delta\vartheta_{kl}}{2}$$

Heizen mit kondensierendem Sattdampf, das zweite Medium ändert den Aggregatzustand nicht:

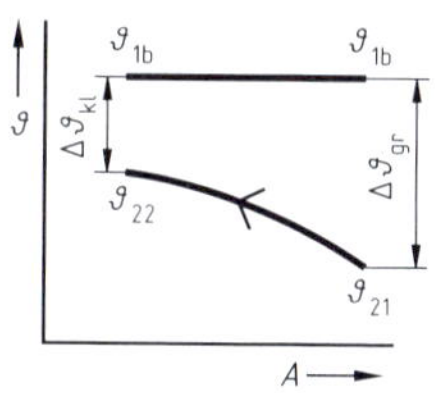

$$\Delta\vartheta_m = \frac{\vartheta_{22} - \vartheta_{21}}{\ln\dfrac{\Delta\vartheta_{gr}}{\Delta\vartheta_{kl}}}$$

$\Delta\vartheta_{gr} = \vartheta_{1b} - \vartheta_{21}$

$\Delta\vartheta_{kl} = \vartheta_{1b} - \vartheta_{22}$

Verdampfen einer Flüssigkeit ($\vartheta_{21} < \vartheta_{2b}$) mit kondensierendem Sattdampf (beide Medien verlassen den Wärmeaustauscher mit Siedetemperatur):

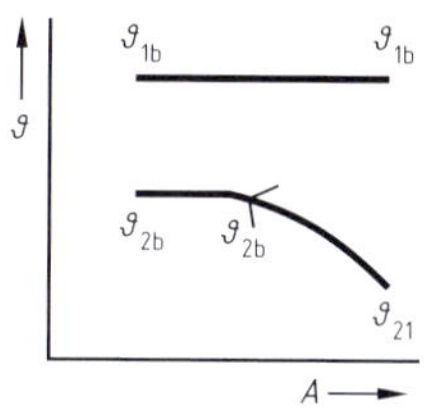

$$\Delta\vartheta_{m1} = \frac{\vartheta_{2b} - \vartheta_{21}}{\ln\dfrac{\vartheta_{1b} - \vartheta_{21}}{\vartheta_{1b} - \vartheta_{2b}}}$$

$$\Delta\vartheta_{m2} = \vartheta_{1b} - \vartheta_{2b}$$

Mit $\Delta\vartheta_{m1}$ und $\Delta\vartheta_{m2}$ werden zunächst getrennt die Wärmeaustauschflächen A_1 und A_2 berechnet und diese dann zur Gesamtaustauschfläche A addiert.

Überschlägige Berechnung der erforderlichen Wärmeaustauschfläche (Forts.)

Berechnung der mittleren logarithmischen Temperaturdifferenz $\Delta\vartheta_m$ (Fortsetzung)

Aufheizen und Verdampfen einer Flüssigkeit und Überhitzen des entstandenen Dampfes. Heizmittel: Heizgas, flüssiger Wärmeträger, der seinen Aggregatzustand nicht ändert oder überhitzter Dampf, der nicht kondensiert:

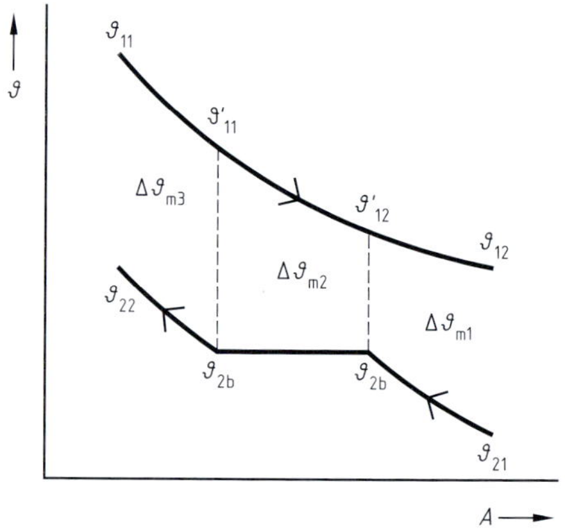

$$\vartheta'_{12} = \frac{q_{m2} \cdot c_{21} \cdot (\vartheta_{2b} - \vartheta_{21})}{q_{m1} \cdot c_1}$$

$$\vartheta'_{11} = \vartheta_{11} - \frac{q_{m2} \cdot c_{22} \cdot (\vartheta_{22} - \vartheta_{2b})}{q_{m1} \cdot c_1}$$

$$\Delta\vartheta_{m1} = \frac{\vartheta_{12} - \vartheta_{21} - \vartheta'_{12} + \vartheta_{2b}}{\ln \dfrac{\vartheta_{12} - \vartheta_{21}}{\vartheta'_{12} - \vartheta_{2b}}}$$

$$\Delta\vartheta_{m2} = \frac{\vartheta'_{11} - \vartheta_{2b} - \vartheta'_{12} + \vartheta_{2b}}{\ln \dfrac{\vartheta'_{11} - \vartheta_{2b}}{\vartheta'_{12} - \vartheta_{2b}}}$$

$$\Delta\vartheta_{m3} = \frac{\vartheta'_{11} - \vartheta_{2b} - \vartheta_{11} + \vartheta_{22}}{\ln \dfrac{\vartheta'_{11} - \vartheta_{2b}}{\vartheta_{11} - \vartheta_{22}}}$$

Zusätzliche Formelzeichen (andere siehe letzte Seite):

- q_{m1} Massenstrom des Mediums mit der höheren Temperatur (Heizmittel) in kg/s
- q_{m2} Massenstrom des Mediums mit der niedrigeren Temperatur (aufzuheizendes Medium) in kg/s
- c_1 Spezifische Wärmekapazität des Mediums mit der höheren Temperatur (Heizmittel) in J/(kg · K)
- c_{21} Spezifische Wärmekapazität des Mediums mit der niedrigeren Temperatur (aufzuheizendes Medium) im flüssigen Zustand in J/(kg · K)
- c_{22} Spezifische Wärmekapazität des Mediums mit der niedrigeren Temperatur (aufzuheizendes Medium) im dampfförmigen Zustand in J/(kg · K)

Mit $\Delta\vartheta_{m1}$, $\Delta\vartheta_{m2}$ und $\Delta\vartheta_{m3}$ werden zunächst die Teilflächen A_1, A_2 und A_3 berechnet. Dann gilt für die erforderliche Gesamtaustauschfläche:

$$A_{erf} = A_1 + A_2 + A_3$$

D Berechnung des erforderlichen Wärmestromes $\dot{Q}$

Ohne Änderung der Aggregatzustände:

$$\Phi = q_{m1} \cdot c_1 \cdot (\vartheta_{11} - \vartheta_{12}) \quad \text{oder} \quad \Phi = q_{m2} \cdot c_2 \cdot (\vartheta_{22} - \vartheta_{21})$$

Heizen mit kondensierendem Sattdampf, das Heizmedium wird mit Siedetemperatur abgeführt, das wärmeaufnehmende Medium ändert den Aggregatzustand nicht:

$$\Phi = q_{m1} \cdot \Delta h_{v1} \quad \text{oder} \quad \Phi = q_{m2} \cdot c_2 \cdot (\vartheta_{22} - \vartheta_{21})$$

- Φ Wärmestrom in J/s
- q_m Massenstrom in kg/s
- c Spezifische Wärmekapazität in J/(kg · K)
- ϑ Temperatur in °C
- Δh_v Spezifische Verdampfungs- bzw. Kondensationsenthalpie in J/kg

Indizes:

- 1 Medium 1 mit der höheren Eintrittstemperatur
- 2 Medium 2 mit der niedrigeren Eintrittstemperatur
- 11, 21 Eintrittszustand von Medium 1 bzw. 2
- 12, 22 Austrittszustand von Medium 1 bzw. 2

Überschlägige Berechnung der erforderlichen Wärmeaustauschfläche (Forts.)

Berechnung des erforderlichen Wärmestromes Φ (Fortsetzung)

Verdampfen eines flüssigen Mediums (Eintrittstemperatur < Siedetemperatur) durch Heizen mit kondensierendem Sattdampf (beide Medien treten mit Siedetemperatur aus):

$$\Phi = q_{m1} \cdot \Delta h_{v1}$$ oder

$$\Phi = q_{m2} \cdot c_2 \cdot (\vartheta_{2b} - \vartheta_{21}) + q_{m2} \cdot \Delta h_{v2}$$

Aufheizen, Verdampfen und Überhitzen eines flüssigen Mediums. Heizmittel ist Heizgas, ein flüssiger Wärmeträger, der seinen Aggregatzustand nicht ändert oder überhitzter Dampf, der nicht kondensiert:

$$\Phi = q_{m1} \cdot c_1 \cdot (\vartheta_{11} - \vartheta_{12})$$ oder

$$\Phi = q_{m2} \cdot c_{21} \cdot (\vartheta_{2b} - \vartheta_{21}) + q_{m2} \cdot \Delta h_{v2} + q_{m2} \cdot c_{22} \cdot (\vartheta_{22} - \vartheta_{2b})$$

Hierbei entfällt der Summand $\dot{m}_2 \cdot c_{22} \cdot (\vartheta_{22} - \vartheta_{2b})$, wenn das zu verdampfende Medium den Wärmeaustauscher mit Siedetemperatur verlässt.

Φ	Wärmestrom in J/s
q_m	Massenstrom in kg/s
c	Spezifische Wärmekapazität in J/(kg · K)
ϑ	Temperatur in °C
Δh_v	Spezifische Verdampfungs- bzw. Kondensationsenthalpie in J/kg
Indizes:	
1	Medium 1 mit der höheren Eintrittstemperatur
2	Medium 2 mit der niedrigeren Eintrittstemperatur
11, 21	Eintrittszustand von Medium 1 bzw. 2
12, 22	Austrittszustand von Medium 1 bzw. 2
b	Siedezustand

E Berechnung der erforderlichen Wärmeaustauschfläche A_{erf}

$$A_{erf} = \frac{\Phi}{K \cdot \Delta\vartheta_m}$$ bzw. $$A_{erf} = \frac{\Phi}{K \cdot F_N \cdot \Delta\vartheta_m}$$

Bei abschnittsweiser Berechnung oder bei Kombination mehrerer hintereinander geschalteter Wärmeaustauscher:

$$A_{erf} = \frac{\Phi_1}{K_1 \cdot \Delta\vartheta_{m1}} + \frac{\Phi_2}{K_2 \cdot \Delta\vartheta_{m2}} + \frac{\Phi_3}{K_3 \cdot \Delta\vartheta_{m3}} + \ldots$$

A_{erf}	Erforderliche Wärmeaustauschfläche in m²
Φ	Wärmestrom in J/s
K	Wärmedurchgangskoeffizient in W/(m² · K)
$\Delta\vartheta_m$	Mittlere logarithmische Temperaturdifferenz in K
Indizes:	
1, 2, 3, ...	Wärmeaustauscher 1, 2, 3, ... oder Abschnitt 1, 2, 3, ...
F_N	Korrekturfaktor bei Gemischstrom (für viele Tauscher tabelliert oder als Gleichung erfasst)

F Festlegung der Geometrie bei Rohrbündel- und Doppelrohrwärmeaustauschern

Rohrbündel- (eingängig) und Doppelrohrwärmeaustauscher:

$$L = \frac{A_{erf}}{d_m \cdot \pi \cdot n}$$ mit $$d_m = \frac{d_a - d_i}{\ln \frac{d_a}{d_i}}$$

Rohrbündelwärmeaustauscher mit z Gängen (Rohrzügen):

$$L = \frac{A_{erf}}{d_m \cdot \pi \cdot n \cdot z}$$

L	Länge des Rohrbündels oder Rohres in m
A_{erf}	Erforderliche Wärmeaustauschfläche in m²
d_m	Mittlerer logarithmischer Rohrdurchmesser in m
n	Anzahl der Rohre je Gang (Zug) eines Rohrbündels (beim Doppelrohrwärmeaustauscher gilt $n = 1$)
d_a	Rohraußendurchmesser in m
d_i	Rohrinnendurchmesser in m

Näherungsweise Ermittlung der Wärmedurchgangskoeffizient (*K*-Wert)

Wärmedurchgangskoeffizient *K*

$$K = \frac{1}{\frac{1}{\alpha_{innen}} + \sum_{i=1}^{n} \frac{\delta_i}{\lambda_{Wi}} + \frac{1}{\alpha_{außen}}}$$

$$K = \frac{1}{\frac{1}{\alpha_{innen}} + \frac{\delta_1}{\lambda_{W1}} + \frac{\delta_2}{\lambda_{W2}} + \frac{\delta_3}{\lambda_{W3}} + \ldots + \frac{\delta_n}{\lambda_{Wn}} + \frac{1}{\alpha_{außen}}}$$

Oberflächenwärmeübergangskoeffizient α

$$\alpha = \frac{Nu \cdot \lambda}{l}$$

Bei kreisförmigem Querschnitt des Strömungskanals:

$$\alpha = \frac{Nu \cdot \lambda}{d}$$

Hydraulicher Durchmesser d_h

$$d_h = \frac{4 \cdot A}{U}$$

B Doppelwärmetauscher

$$d_h = \frac{4 \cdot A}{U} = \frac{4 \cdot \left(\frac{D^2 \cdot \pi}{4} - \frac{d^2 \cdot \pi}{4}\right)}{D \cdot \pi + d \cdot \pi} = \frac{D^2 \cdot \pi - d^2 \cdot \pi}{D \cdot \pi + d \cdot \pi}$$

$$d_h = \frac{D^2 - d^2}{D + d} = \frac{(D - d) \cdot (D + d)}{D + d} = D - d$$

Hydraulischer Durchmesser für Rohrbündelwärmeaustauscher:

$$d_h = \frac{D^2 - n \cdot d^2}{D + n \cdot d}$$

Reynolds-Zahl *Re*

$$Re = \frac{v \cdot l \cdot \varrho}{\eta}$$

Für kreisrunde Rohre:

$$Re = \frac{v \cdot d \cdot \varrho}{\eta}$$

Reynoldszahl für Rührbehälter

$$Re = \frac{n \cdot d^2 \cdot \varrho}{\eta}$$

Prandtlzahl *Pr*

$$Pr = \frac{\eta \cdot c_p}{\lambda}$$

K	Wärmedurchgangskoeffizient in $W/(m^2 \cdot K)$
α	Oberflächenwärmeübergangskoeffizient, Wärmeübergangszahl in $W/(m^2 \cdot K)$
δ	Dicke, Wanddicke in m
λ	Wärmeleitfähigkeit in $W/(m \cdot K)$
l	kennzeichnende Länge bei der Ermittlung von *Nu* und *Re* in m
d, D	Durchmesser, großer Durchmesser in m
Nu	*Nusselt*zahl
Re	*Reynolds*zahl
Re_M	*Reynolds*zahl in Rührbehältern (modifizierte *Re*-Zahl)
Pr	*Prandtl*zahl
A	Strömungsquerschnitt in m^2
U	benetzter Umfang eines Strömungsprofils in m
d_h	hydraulischer Durchmesser (der einem kreisrunden Rohr äquivalente Durchmesser eines beliebigen Querschnitts), auch $d_ä$ in m
n	Rohrzahl im Bündel
n	Umdrehungsfrequenz (Drehzahl) in 1/s
L	Länge in m
h, H	Höhe in m
Δh_V	spezifische Verdampfungsenthalpie in J/K
η	dynamische Viskosität in $Pa \cdot s$
v	Strömungsgeschwindigkeit in m/s
ξ	Druckverlustbeiwert
ϱ	Dichte in kg/m^3
c_p	spezifische Wärmekapazität bei konstantem Druck in $J/(kg \cdot K)$
g	Fallbeschleunigung ($g = 9{,}81\ m/s^2$) in m/s^2
$\Delta\vartheta$	Temperaturdifferenz in K bzw. °C
f_a	Anordnungsfaktor
Ψ	Hohlraumanteil (Porosität)

Indizes:

W	Wand	Mantel	Mantel
i	innen	senkr	senkrecht
a	außen	waagr	waagrecht
Schl	Schlange	bünd	Bündel
Rohr	Rohr	R	Rührer

Näherungsweise Ermittlung des Wärmedurchgangskoeffizienten (*K*-Wert)

(Fortsetzung)

Anwendungsfall	Formel	Gültigkeitsbereiche/ Bemerkungen
Laminare Strömung in einem Rohr	$Nu = 1{,}86 \cdot \left(Re \cdot Pr \cdot \frac{d_i}{L}\right)^{1/3} \cdot \left(\frac{\eta}{\eta_W}\right)^{0,14}$	Flüssigkeiten und Gase $Re \cdot Pr \cdot (d_i/L) > 10$ $0{,}004 < \eta/\eta_W < 14$ Beheiztes Rohr bei Flüssigkeiten: $\eta/\eta_W > 1$ Gekühltes Rohr bei Flüssigkeiten: $\eta/\eta_W < 1$
Turbulente Strömung in einem Rohr	$Nu = 0{,}032 \cdot Re^{0,8} \cdot Pr^n \cdot \left(\frac{d_i}{L}\right)^{0,054}$	$n = 0{,}30$ bei Kühlung $n = 0{,}37$ bei Heizung Flüssigkeiten und Gase $Pr = 0{,}7$ bis 300 Experimentell bestätigt: für Öl bei Re 10000 bis 90000 für Wasser bei Re 10000 bis 500000
oder	$Nu = \frac{(Re - 1000) \cdot Pr \cdot \frac{\xi}{8}}{1 + 12{,}7 \cdot \sqrt{\frac{\xi}{8}} \cdot (Pr^{2/3} - 1)} \cdot \left[1 + \left(\frac{d_i}{L}\right)^{2/3}\right]$	$10^4 \le Re \le 10^7$ $0{,}5 \le Pr \le 1000$ $\xi = (0{,}79 \cdot \ln Re - 1{,}64)^{-2}$
oder	$Nu = 0{,}03956 \cdot \frac{Re^{0,75} \cdot Pr}{1 + 0{,}35 \cdot (Pr - 1)}$	$7000 < Re < 10^5$
oder	$Nu = 0{,}116 \cdot (Re^{2/3} - 125) \cdot Pr^{1/3} \cdot \left[1 + \left(\frac{d_i}{L}\right)^{2/3}\right] \cdot \left(\frac{\eta}{\eta_W}\right)^{0,14}$	Flüssigkeiten und Gase $Re = 2300$ bis 10^6 $Pr = 0{,}6$ bis 500 $d_i/L \le 1$
Rohrschlangen	Berechnung des geraden Rohres mit obigen Formeln, dann: $Nu_{Schl} = Nu_{Rohr} \cdot \left[1 + 3{,}54 \cdot \left(\frac{d_i}{d_s}\right)\right]$	d_s ist der Krümmungsdurchmesser der Rohrschlange, d_i der Innendurchmesser des Rohres
Außenraum von Rohrbündel-Wärmeaustauschern mit Umlenkblechen	Es gelten die Formeln für querangeströmte Rohrbündel (Nu_B), versehen mit einem Korrekturfaktor f_W: $Nu = f_W \cdot Nu_B$	Kennzeichnende Länge: $d_a \cdot \pi / 2$ Strömungsgeschwindigkeit $v = q_V/(D_i \cdot S)$ q_V Volumenstrom in m^3/s S Abstand der Umlenkbleche in m D_i Mantelinnendurchmesser in m
Ohne Umlenkbleche (oder die Formeln für die Strömung in einem Rohr, wobei *Re* und *Nu* mit dem hydraulischen Durchmesser d_h berechnet werden)	Für gut ausgelegte Wärmeaustauscher gilt: $f_W = 0{,}5$ bis $0{,}6$ $Nu = C \cdot Re^{0,6} \cdot Pr^{0,33} \cdot \left(\frac{\eta}{\eta_W}\right)^{0,14}$ $d_h = \frac{D_i^2 - n \cdot d_a^2}{D_i + n \cdot d_a}$	Heizen: $C = 0{,}22$ Kühlen: $C = 0{,}25$ $Pr = 0{,}5$ bis 10000 $Re = 2300$ bis 70000 D_i Mantelinnendurchmesser in m d_a Rohraußendurchmesser in m n Anzahl der Rohre

Näherungsweise Ermittlung des Wärmedurchgangskoeffizienten (*K*-Wert)

(Fortsetzung)

Anwendungsfall	Formel	Gültigkeitsbereiche/ Bemerkungen
Laminare Strömung in einem Ringspalt (Außenraum des Doppelrohrwärmeaustauschers) Wärmeübergang nach oder von innen: Wärmeübergang nach oder von außen: Wärmeübergang nach beiden Seiten (bei gleichen Wandtemperaturen an Innen- und Außenrohr):	Es gelten die Formeln für turbulente Strömung in einem Rohr, *Re* und *Nu* aber berechnet mit d_h (hydraulischer Durchmesser) an Stelle von d_i $d_h = D_i - d_a$ $Nu_i = Nu_{Rohr} \cdot 0{,}86 \cdot \left(\frac{D_i}{d_a}\right)^{0{,}16}$ $Nu_a = Nu_{Rohr} \cdot \left[1 - 0{,}14 \cdot \left(\frac{d_a}{D_i}\right)^{0{,}6}\right]$ $Nu = Nu_{Rohr} \cdot \frac{0{,}86 \cdot \left(\frac{d_a}{D_i}\right)^{0{,}84}}{1 + \left(\frac{d_a}{D_i}\right)} \cdot$ $\cdot \left[1 - 0{,}14 \cdot \left(\frac{d_a}{D_i}\right)^{0{,}6}\right]$	D_i Innendurchmesser des Mantelrohres in m d_a Außendurchmesser des inneneren Rohres.
Quer angeströmte Rohrbündel $a = s_1 / d_a$ $b = s_2 / d_a$ 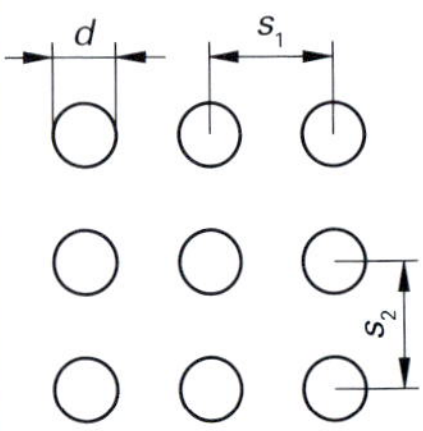 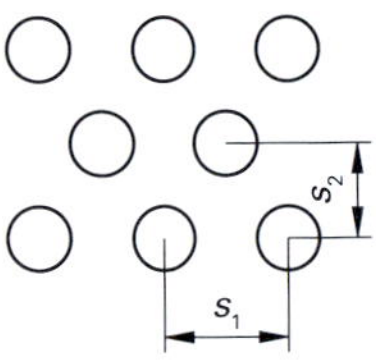	$Nu_B = f_A \cdot Nu_1$ $Nu_1 = 0{,}3 + \sqrt{Nu_l^2 + Nu_t^2}$ $Nu_l = 0{,}664 \cdot \sqrt{Re} \cdot \sqrt[3]{Pr}$ $Nu_t = \frac{0{,}037 \cdot Re^{0{,}8} \cdot Pr}{1 + 2{,}443\, Re^{-0{,}1} \cdot (Pr^{2/3} - 1)}$ Für fluchtende Anordnung gilt: $f_a = 1 + \frac{0{,}7}{\Psi^{1{,}5}} \cdot \frac{(b/a - 0{,}3)}{(b/a + 0{,}7)^2}$ $\Psi = 1 - \frac{\pi}{4 \cdot a}$ für $b \geq 1$ $\Psi = 1 - \frac{\pi}{4 \cdot a \cdot b}$ für $b < 1$ Bei versetzter Anordnung gilt: $f_a = 1 + \frac{2}{3 \cdot b}$	Anordnungsfaktor $f_A = 0{,}7$ bis $1{,}3$ (je nach Rohranordnung) $Re = \frac{v \cdot \pi \cdot d_a \cdot \varrho}{2 \cdot \Psi \cdot \eta}$ *v* Anströmgeschwindigkeit vor dem Bündel in m/s Ψ Hohlraumanteil $Nu_B = \frac{\alpha \cdot \pi \cdot d_a}{2 \cdot \lambda}$ Bei weniger als 10 Rohrreihen gilt: $Nu_B = \frac{1 + (n-1) \cdot f_A}{n} \cdot Nu_1$ mit *n* als Anzahl der Rohrreihen

Näherungsweise Ermittlung des Wärmedurchgangskoeffizienten (*K*-Wert)

(Fortsetzung)

Anwendungsfall	Formel	Gültigkeitsbereiche/ Bemerkungen
Spiral-wärmeaustauscher	$Nu = 0{,}0235 \cdot Re^{0,81} \cdot Pr^{0,33}$	$Re = 5000$ bis 10^5 $Pr = 2$ bis 10 Charakteristische Länge zur Berechnung von α und *Re*: $d_h = \frac{2 \cdot a \cdot b}{a + b}$ *a* und *b*: Kantenlängen des durchströmten rechteckigen Spaltes
Rührbehälter mit Heiz- bzw. Kühlmantel	$Nu = C_{Mantel} \cdot Re_M^{0,67} \cdot Pr^{0,33} \cdot \left(\frac{\eta}{\eta_W}\right)^{0,14}$ (Tabelle C_{Mantel} siehe unten) Impellerrührer: $Nu = 0{,}31 \cdot Re_M^{0,67} \cdot Pr^{0,33} \cdot \left(\frac{\eta}{\eta_W}\right)^{0,20} \cdot \left(\frac{D}{H}\right)^{0,22}$	$Re_M = 300$ bis $7{,}5 \cdot 10^5$ $Pr = 2{,}2$ bis 2500 Rührerdurchmesser d_R als kennzeichnende Abmessung $Re_M = \frac{d_R^2 \cdot n_R \cdot \varrho}{\eta}$ n_R ist die Rührerdrehzahl in s^{-1} *H* Behälterfüllhöhe in m *D* Behälterinnendurchmesser in m
Rührbehälter mit Heiz- bzw. Kühlrohrschlange	$Nu = C_{Schlange} \cdot Re_M^{0,62} \cdot Pr^{0,33} \cdot \left(\frac{\eta}{\eta_W}\right)^{0,14}$ (Tabelle $C_{Schange}$ siehe unten)	Ermittlung des α-Wertes $\alpha = \frac{Nu \cdot \lambda}{D}$

Rührerform	C_{Mantel} ohne Strombrecher	C_{Mantel} mit Strombrecher
Blatt	0,38	0,78
Propeller	0,52	0,54
Turbine	0,54	0,76
Anker	0,38	–

Rührerform	$C_{Schange}$
Blatt	1,01
Propeller	0,60
Turbine	0,88

Wärmeaustauscher

Die wichtigsten Wärmeaustauscher-Bauformen im Vergleich

Rohrbündel-Wärmeaustauscher	Platten-Wärmeaustauscher	Spiral-Wärmeaustauscher	Doppelrohr-Wärmeaustauscher
Vorteile: • Hohe Drücke und Temperaturen möglich • Weitgehend genormt (DIN 28008, DIN 28179 – 28185, DIN 28190 und DIN 28191) • Bei entsprechender Ausführung (Schwimmkopf und Haarnadel) große Temperaturdifferenzen zwischen den Medien zulässig • Bei Leckagen lassen sich einzelne Rohre durch Verstopfen außer Betrieb setzen • Bei Verwendung von Rippenrohren können sehr unterschiedliche Wärmeübergangszahlen auf den beiden Seiten der Rohrwand ausgeglichen werden (z. B. bei Gas gegen Flüssigkeit oder großen Viskositätsdifferenzen) • Sehr große Apparate und Volumenströme realisierbar • Mit Rippenrohren spezifische Wärmeaustauschflächen bis > 380 m^2/m^3 erreichbar	**Vorteile:** • Plattenzahl (Austauschfläche) veränderbar • Hohe Wärmedurchgangskoeffizienten erreichbar • Einfache Demontage und gute Reinigungsmöglichkeit • Sehr kompakte Bauweise (spezifische Austauschflächen bis zu 500 m^2/m^3 erreichbar, mehr als bei allen anderen Bauformen) • Freie Werkstoffauswahl • Geringe Wärmeverluste, hoher Wirkungsgrad • Günstiges Verhältnis zwischen Wärmeübergangskoeffizient und Druckverlusten	**Vorteile:** • Geringe Druckverluste • Leicht zu demontieren und zu reinigen • Hohe Strömungsgeschwindigkeiten und damit geringere Ablagerungsgefahr erreichbar • Reiner Gegen- oder Gleichstrom realisierbar • Hohe Temperaturen möglich (bis ca. 400 °C, in Sonderfällen bis ca. 850 °C) • Relativ große spezifische Austauschfläche (bis > 130 m^2/m^3) bei geringem Druckverlust erreichbar	**Vorteile:** • Für höchste Drücke (bis ca. 2000 bar im Innenrohr) und Temperaturen einsetzbar • Einfache und billige Konstruktion • Geringe Druckverluste (besonders im Innenrohr) • Hohe Wärmedurchgangskoeffizienten (bei hohen Strömungsgeschwindigkeiten) erreichbar • Reinigen des Innenrohres durch Rohrmolchen möglich
Nachteile: • Bei Glattrohren geringere spezifische Wärmeaustauschfläche als bei Platten- und Spiralwärmeaustauschern • Je nach Bauform Innen- oder Außenraum schlecht zu reinigen (Ausnahme: Schwimmkopf-Bauform) • Empfindlich gegen Druck- und z. T. gegen Temperaturschwankungen	**Nachteile:** • Hoher Druckverlust (dadurch Plattenzahl und -größe begrenzt) • Nur für relativ niedrige Drücke (bis ca. 25 bar) geeignet (voll geschweißt bis ca. 200 bar) • Temperaturen auf ca. 180 °C (bei Weichdichtungen) und auf ca. 300 °C (bei Hartdichtungen) begrenzt	**Nachteile:** • Aufwändige und teure Herstellung • Große Dichtfläche • Drücke auf ca. 25 bar begrenzt	**Nachteile:** • Relativ kleine spezifische Wärmeaustauschfläche • Reinigung im Mantelrohr meist nur chemisch möglich • Relativ großer Platzbedarf
Einsatzbereiche: • Universell in der chemischen Industrie und in der Energietechnik (Heizen, Kühlen, Verdampfen, Kondensieren)	**Einsatzbereiche:** • Bei wechselnden Prozessbedingungen (z. B. bei Pilotanlagen oder in Versuchstechnika) • In der Lebensmittelindustrie (auch als Verdampfer und Eindampfer) • Bei stark korrosiven Medien und bei Platzmangel	**Einsatzbereiche:** • Heiz- und Kühlaufgaben in der Lebensmittelindustrie • Bei stark verschmutzten und verschmutzenden Medien • Bei der Zwischen- und Nachkühlung von komprimierten Gasen nach Verdichtern • Bei der Kondensation von Lebensmitteln und pharmazeutischen Produkten	**Einsatzbereiche:** • Bei sehr hohen Betriebsdrücken (hier oft einzige Alternative) • Bei hochviskosen Medien • Bei Kombination von Wärmeaustausch und Mischung oder chemischer Reaktion

Wärmeaustauscher (Fortsetzung)

Vergleichende Betrachtung verschiedener Rohrbündel-Wärmeaustauscher

Geraderohr-Wärmeaustauscher	Haarnadel-Wärmeaustauscher	Schwimmkopf-Wärmeaustauscher
Vorteile: • Nahezu alle Werkstoffe einsetzbar • Innenrohre gut zu reinigen • Einfache Fertigung (alle Rohre gerade und von gleicher Länge) • Relativ geringe Druckverluste in den Innenrohren • Mehrfache Umlenkungen möglich (mehrgängige Bauweise), dadurch wirtschaftliche Strömungsgeschwindigkeiten einhaltbar **Nachteile:** • Außenraum um das Rohrbündel schlecht zu reinigen (oft nur chemische Reinigung möglich) • Relativ empfindlich gegen Druckschwankungen • Bei größeren Temperaturdifferenzen zwischen den wärmeaustauschenden Medien mantelseitig Dehnungsausgleicher erforderlich	**Vorteile:** • Außenraum um das Rohrbündel gut zu reinigen (Herausziehen des Rohrbündels) • Hohe Drücke und Temperaturen möglich • Große Temperaturunterschiede zwischen den wärmeaustauschenden Medien möglich • Kein Dehnungsausgleich durch Dehnwulste oder Stopfbuchsen am Mantel erforderlich **Nachteile:** • Großer Fertigungsaufwand (alle Rohre des Rohrbündels haben unterschiedliche Längen und Biegeradien) • Innenraum (in den Rohren des Rohrbündels) schlecht zu reinigen • Höhere Druckverluste im Innenraum (in den Rohren des Rohrbündels) • Einzelne Rohre nicht oder nur aufwändig austauschbar • Druckverluste und Strömungsgeschwindigkeiten in jedem Rohr anders	**Vorteile:** • Sowohl Innenraum (in den Rohren des Rohrbündels) als auch Außenraum (um das Rohrbündel) gut zu reinigen • Ersatz einzelner defekter Rohre durch Austausch möglich • Auch für relativ hohe Drücke geeignet **Nachteile:** • Aufwändigste und teuerste Konstruktion • Größere Leckagegefahr als bei anderen Rohrbündelsystemen • Relativ hoher Druckverlust in den Rohren des Rohrbündels

Weitere Bauformen von Wärmeaustauschern

Bauform	Vorteile	Nachteile
Rohrschlangen-Wärmeaustauscher	• Niedrige Herstellungskosten • Hohe Drücke in der Rohrschlange möglich • Außenseite (um die Rohrschlange) nach Herausziehen der Rohrschlange gut zu reinigen	• Innenseite (in der Rohrschlange) kann nur chemisch gereinigt werden • Entlüftungsprobleme beim Anfahren
Kreuzstrom-Wärmeaustauscher	• Gute Wärmeübergangskoeffizienten • Große Rohrlängen im Verhältnis zur Gesamtlänge des Wärmeaustauschers • Wärmedehnungen der Rohre unproblematisch	• Aufwändige und teure Herstellung • Innenraum (in den Rohren) und Außenraum (um die Rohre) schlecht zu reinigen (nur für saubere Medien)
Block-Wärmeaustauscher (Graphit)	• Günstige Strömungsbedingungen realisierbar • Leichte Demontage und Austauschbarkeit der einzelnen Blöcke • Große Temperaturgefälle möglich	• Hoher Fertigungsaufwand • Großer Reinigungsaufwand • Verbindungsprobleme zwischen Stahl- und Graphitbauteilen (unterschiedliche Wärmeausdehnung)

Kühlen

Kältemischungen

Mischungsbestandteile	Verhältnis (Massenteile)	Erreichbare Temperatur in °C	Mischungsbestandteile	Verhältnis (Massenteile)	Erreichbare Temperatur in °C
Wasser Eis	1 1	0	Eis (gemahlen) Bariumchlorid	10 2,8	– 7
Wasser Ammoniumchlorid	3 1	– 5	Eis (gemahlen) Natriumchlorid	3 1	– 21
Wasser Natriumnitrat	10 7,5	– 5	Eis (gemahlen) Kaliumchlorid	1 1	– 30
Wasser Natriumchlorid	10 3,5	– 10	Eis (gemahlen) Calciumchlorid (krist.)	2 3	– 55
Wasser Ammoniumnitrat	1 1	– 15	Eis (gemahlen) Schwefelsäure, $w(H_2SO_4) = 66\ \%$	1 1	– 37
Ethanol oder Methanol Festes Kohlenstoffdioxid		– 77	Flüssige Luft		– 180 bis – 190
Aceton (Propanon) Festes Kohlenstoffdioxid		– 86	Flüssiger Stickstoff		– 196

Kühlsolen

In 100 kg Wasser gelöster Stoff	Gelöste Masse $m(X)$ in kg	ϑ_{min} in °C	Spezifische Wärmekapazität c in kJ/(kg · K)	In 100 kg Wasser gelöster Stoff	Gelöste Masse $m(X)$ in kg	ϑ_{min} in °C	Spezifische Wärmekapazität c in kJ/(kg · K)
Calciumchlorid	17,2 26,2 34,5 40,2	– 10,2 – 19,6 – 32,1 – 45,0	3,33 (0 °C) 3,11 (0 °C) 2,95 (0 °C) 2,86 (0 °C)	Methanol	11,1 25,0 66,7 150,0	– 4,6 – 10,7 – 30,2 – 57,3	 4,1 (– 10 °C) 3,56 (– 30 °C) 2,97 (– 40 °C)
Natriumchlorid	8,7 15,5 21,8 28,7	– 5,3 – 10,2 – 15,1 – 21,0	3,81 (0 °C) 3,61 (0 °C) 3,48 (0 °C) 3,36 (0 °C)	Ethanol	11,1 42,9 150,0	– 4,6 – 15,1 – 38,8	 3,85 (– 10 °C) 3,06 (– 30 °C)
				Ethylenglykol	11,1 42,9 150,0	– 4,0 – 17,0 – 48,0	 2,89 (– 40 °C)

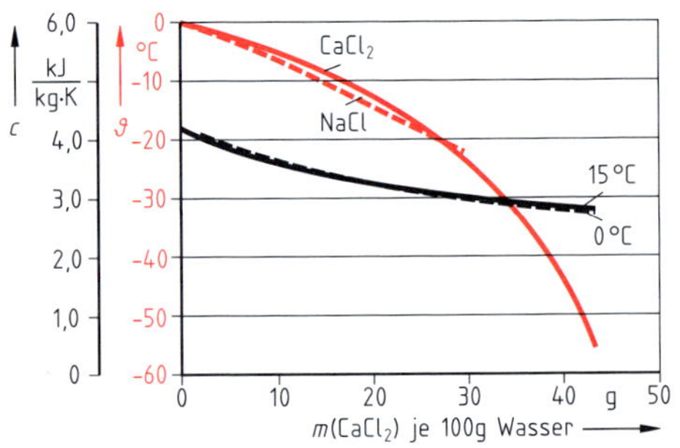

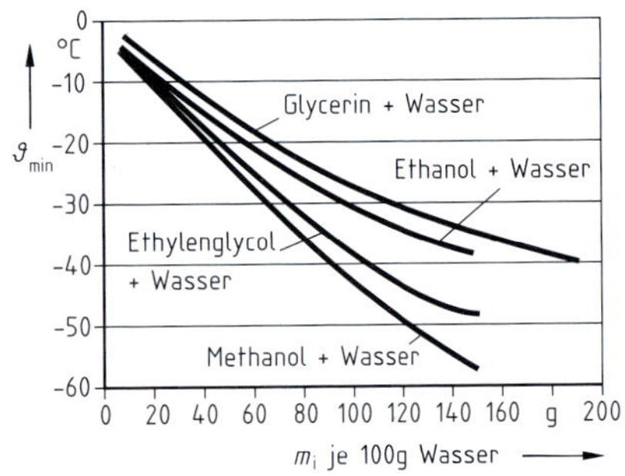

Wärmeträger

Einsatzbereiche wichtiger Wärmeträger

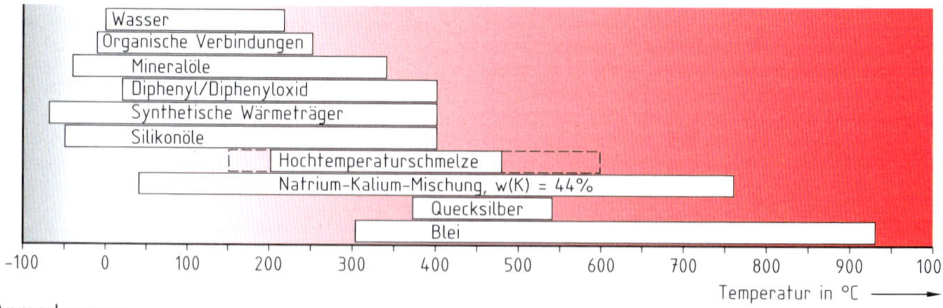

Anmerkungen:

Wasser wird flüssig bis ca. 90 °C eingesetzt, darüber als Dampf.

Bei den **organischen Verbindungen** handelt es sich vorwiegend um Glykole.

Der Temperaturbereich bei den **Mineralölen** fasst naphthenbasische und paraffinbasische zusammen.

Beim **Diphenyl/Diphenyloxid**-Gemisch gilt der Temperaturbereich für die eutekische Mischung mit w(Diphenyl) = 26,5 %. Handelsnamen sind Diphy®, Dowtherm®, Thermex®, Santotherm® u. a.

Das **Hochtemperatursalz** setzt sich wie folgt zusammen: $w(KNO_3) = 53$ %, $w(NaNO_2) = 40$ % und $w(NaNO_3) = 7$ %.

Eigenschaften der wichtigsten Wärmeträger im Vergleich

Wasser	Mineralöle
• Idealer Wärmeträger mit günstigen Eigenschaften (höchste spezifische Wärmekapazität, höchste spezifische Kondensationswärme, niedrige Viskosität, relativ hohe Wärmeleitfähigkeit, nicht brennbar, ungiftig, nicht ätzend, billig, thermisch stabil) • Hohe Wärmeübergangskoeffizienten und damit kleine erforderliche Wärmeaustauschflächen erreichbar • Bei Temperaturen > 90 °C Druckanlagen erforderlich (z. B. bei 200 °C ca. 16 bar Betriebsdruck) • Neigung zu Ablagerungen und Korrosion (evtl. Vorbehandlung durch Ionenaustausch oder Destillation erforderlich) • Einfriergefahr mit möglichen Folgeschäden	• Bis 340 °C flüssig und drucklos einsetzbar • Meist kein korrosiver Angriff bei Eisenwerkstoffen • Im Allgemeinen ungiftig • Nicht als Dampf anwendbar (keine Nutzung der Kondensationswärme möglich) • Höhere Viskosität, niedrigere Wärmeleitfähigkeit, niedrigere spezifische Wärmekapazität und niedrigere Wärmeübergangskoeffizienten als Wasser (somit größere Wärmeaustauschflächen erforderlich) • Reaktion mit Luftsauerstoff bei höheren Temperaturen (besonders ab 250 °C) und damit Viskositätserhöhung und Gefahr der Schlammbildung
Synthetische Wärmeträger	**Hochtemperatursalz HTS**
• Bis ca. 350 °C flüssig und drucklos einsetzbar, bis ca. 400 °C bei relativ niedrigen Drücken als Dampf • In vielen Fällen wegen des niedrigen Dampfdruckes und der Ungiftigkeit offene Anlagen möglich • Teurer als Mineralöle (insbesondere die Siliconöle) • Bei $\vartheta > 60$ °C Gefahr der Oxidation mit Luftsauerstoff und langsame thermische Zersetzung (Lebensdauerbegrenzung) • Stoffwerte z. T. wesentlich ungünstiger als beim Wasser • Höhere Strömungsgeschwindigkeiten als bei Wasser erforderlich (⇒ höhere Druckverluste)	• Bis zu Temperaturen von ca. 600 °C einsetzbar • Bei $\vartheta < 450$ °C unlegierter und niedrig legierter Stahl verwendbar, darüber nur hochlegierter und Nickelbasislegierungen (kein Gusseisen, Kupfer und Magnesium und keine Aluminiumlegierungen) • Niedrige spezifische Wärmekapazität • Bei 450 °C beginnende Nitratzersetzung (Schmelzpunkterhöhung) • Bei 500 °C beginnt die Umsetzung der Schmelze mit Eisen (ab 650 °C gravierender Umsatz) • Oft Begleitheizung an den Rohren erforderlich (Kristallisation bei ca. 142 °C)

Wärmeträger (Fortsetzung)

Stoffwerte der wichtigsten handelsüblichen Wärmeträger

Temperatur ϑ in °C	Dichte ϱ in kg/m³	Spezifische Wärmekapazität c in kJ/(kg · K)	Wärmeleitfähigkeit λ in W/(m · K)	Dynamische Viskosität η in mPa · s	Spezifische Verdampfungsenthalpie Δh in kJ/kg	Dampfdruck p_D in hPa
Wasser (flüssig)				Einsatzbereich: i. Allg. 2 °C ... 90 °C		
0	999,8	4,22	0,56	1,79	2500	
20	998,2	4,18	0,60	1,00	2453	
50	988,0	4,18	0,64	0,55	2382	
100	958,4	4,22	0,68	0,28	2257	
200	864,7	4,49	0,66	0,13	1939	15 500
Wasser (als Sattdampf)				Einsatzbereich: i. Allg. bis ca. 215 °C		
100	0,6	2,03	0,025	0,012	2257	
150	2,55	2,32	0,03	0,014	2114	
200	7,87	2,88	0,037	0,016	1939	
250	20,0	3,92	0,048	0,0175	1714	
Diphenyl-Diphenyloxid-Eutektikum[1] (flüssig)				Einsatzbereich: 20 °C ... 250 °C Flammpunkt: 115 °C ... 135 °C		
20	1060 ... 1063	1,55 ... 1,59	0,14	3,8 ... 4,8	370 ... 403	
50	1036 ... 1038	1,64 ... 1,70	0,14	2,1 ... 2,4	360 ... 387	
100	995 ... 998	1,78 ... 1,87	0,13	0,97 ... 1,0	344 ... 365	
200	905 ... 913	2,05 ... 2,10	0,11 ... 0,12	0,38 ... 0,39	311 ... 321	239 ... 262
300	806 ... 818	2,27 ... 2,38	0,10 ... 0,11	0,20 ... 0,21	268 ... 281	
Diphenyl-Diphenyloxid-Eutektikum[1] (als Sattdampf)				Einsatzbereich: bis ca. 400 °C		
100	0,04	1,31	0,013	0,007	344	
200	1,1	1,62	0,019	0,009	311	
250	3,58	1,76	0,022	0,010	291	
300	9,34	1,88	0,025	0,011	268	
350	20,9	1,99	0,029	0,012	240	
400	42,4	2,08	0,033	0,013	203	
Synthetische Wärmeträger (Isomerengemische)				Einsatzbereich: – 70 °C ... 400 °C Flammpunkte: 68 °C ... 220 °C		
0	776 ... 1121	1,47 ... 2,21	0,11 ... 0,15	1,23 ... 840		
50	740 ... 1080	1,63 ... 2,33	0,11 ... 0,14	0,6 ... 23		
100	703 ... 1050	1,77 ... 2,45	0,08 ... 0,14	0,08 ... 4,4		
200	630 ... 979	2,03 ... 2,92	0,07 ... 0,13	0,01 ... 1,2		2,0 ... 1580
Mineralöle (paraffin- oder naphthenbasisch)				Einsatzbereich: – 44 °C ... 340 °C Flammpunkte: 122 °C ... 335 °C		
0	860 ... 921	1,71 ... 2,21	0,13 ... 0,15	14,1 ... 15 000		
50	827 ... 890	1,93 ... 2,33	0,13 ... 0,14	3,0 ... 647		
100	794 ... 857	2,12 ... 2,45	0,12 ... 0,13	1,23 ... 86		
200	731 ... 795	2,45 ... 2,73	0,11 ... 0,12	0,44 ... 13,5		1,0 ... 1000
Silikonöle				Einsatzbereich: – 50 °C ... 400 °C Flammpunkte: ≈ 150 °C ... > 315 °C		
0	950 ... 953	1,54 ... 1,58	≈ 0,14	15		
50	910 ... 913	1,64 ... 1,66	0,12 ... 0,13	6		
100	865 ... 871	1,74 ... 1,75	≈ 0,12	3,1		
200	770 ... 782	1,91 ... 1,92	0,10 ... 0,11	1,1		
Hochtemperatursalz (HTS)[2]				Einsatzbereich: 150 °C ... 450 °C (600 °C)		
150	1972	1,4	≈ 0,5	18,7		
200	1935	1,43	≈ 0,5	11,6		
400	1786	1,55	≈ 0,5	≈ 3,7		

[1] Zusammensetzung: w(Diphenyl) = 26,5 %, w(Diphenyloxid) = 73,5 %, Handelsnamen: Diphyl®, Dowtherm® u. a.

[2] Zusammensetzung: $w(KNO_3)$ = 53 %, $w(NaNO_2)$ = 40 % und $w(NaNO_3)$ = 7 %

Wärmeträger (Fortsetzung)

Stoffwerte in Abhängigkeit von der Temperatur

Bei dem Wärmeträger **Diphyl**® in den folgenden Diagrammen handelt es sich um das eutektische Gemisch aus Diphenyl und Diphenyloxid mit *w*(Diphenyl) = 26,5 %, beim **Mineralöl** handelt es sich um die Durchschnittswerte paraffinbasischer Sorten.

Dichte

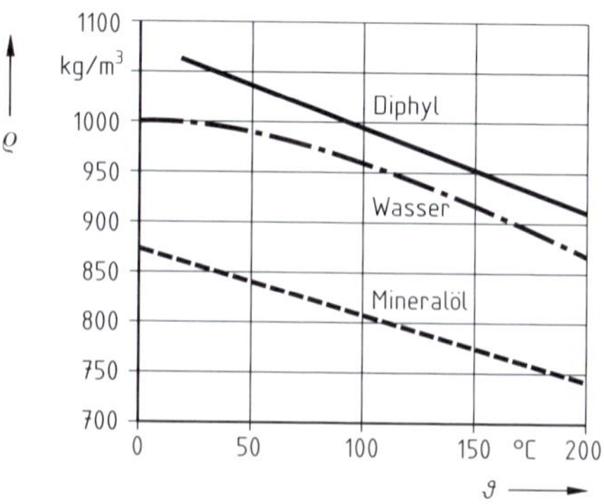

Dynamische Viskosität

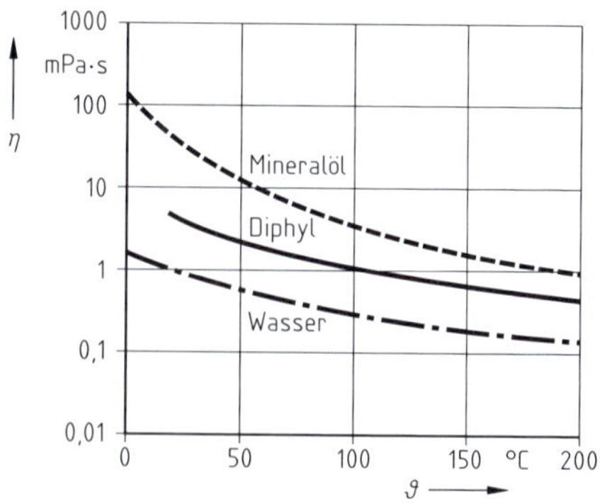

Wärmeleitfähigkeit

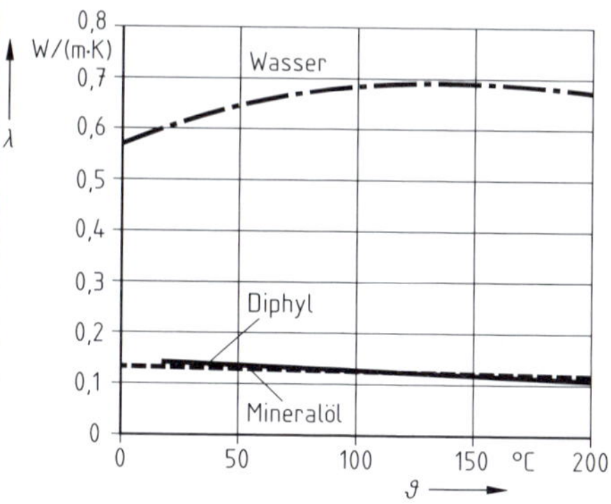

Spezifische Wärmekapazität

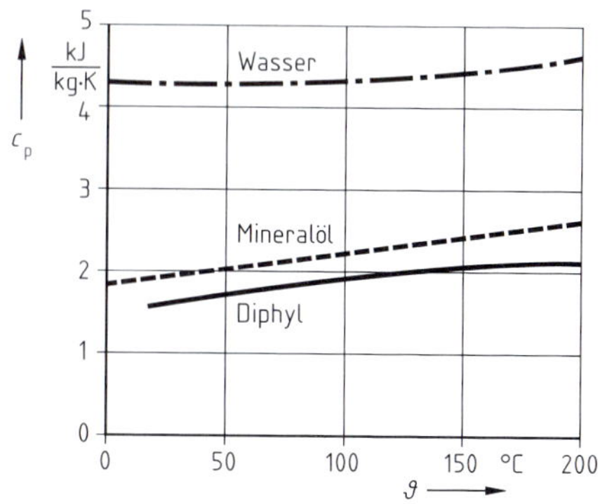

Dampfdruck

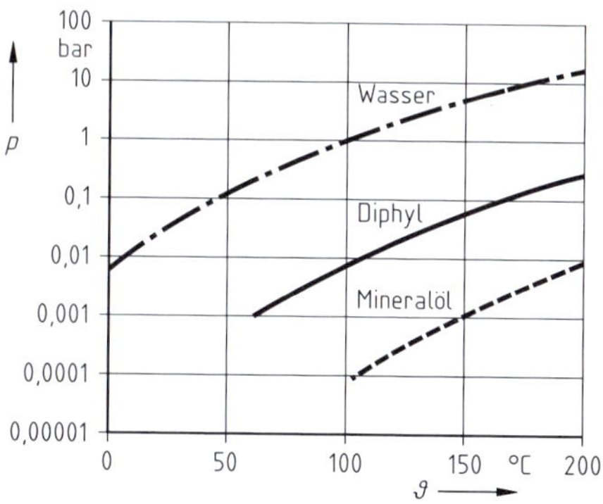

Sattdampfdruck

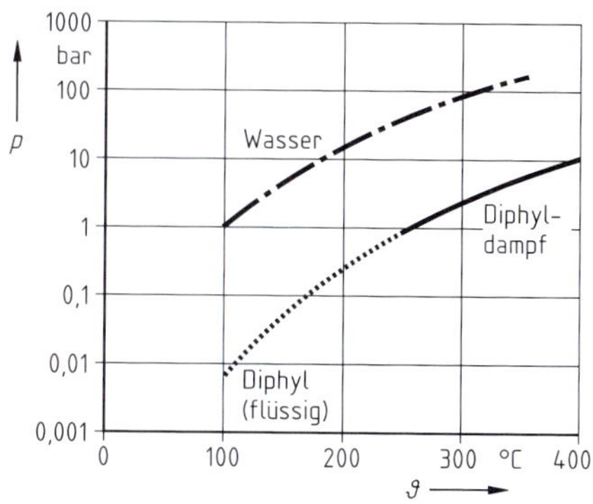

Dampfdruck nach *Antoine*

Mit Hilfe der *Antoine*-Konstanten aus nachstehender Tabelle können näherungsweise die Dampfdrücke der verzeichneten Flüssigkeiten in Abhängigkeit von der Temperatur berechnet werden.

$$p_D \approx 10^{A - \frac{B}{\vartheta + C}}$$

p_D	Ungefährer Dampfdruck in kPa bei der Temperatur ϑ in °C
ϑ	Temperatur in °C
ϑ_b	Siedetemperatur bei $p = 1{,}013$ bar
A, B, C	*Antoine*-Konstanten

Antoine-Konstanten ausgewählter Reinstoffe

Reinstoff	A	B	C	ϑ_b in °C
Acetaldehyd (Ethanal)	7,13042	1600,017	291,809	20,4
Aceton (Propanon)	6,24204	1210,595	229,664	56,1
Acetylchlorid	6,07377	1115,954	223,554	50,8
Ameisensäure (Methansäure)	6,50280	1563,28	247,060	100,0
Aminobenzol (Anilin)	6,44500	1731,515	206,049	184
Anthracen	6,50099	2518,815	218,509	341,8
Benzol (Benzen)	6,01762	1203,331	219,888	80,1
Bromoform (Tribrommethan)	5,94627	1376,748	200,966	149,0
1-Butanol	6,48856	1305,198	173,427	117,7
2-Butanol	6,32621	1157,000	168,279	99,5
2-Butanon (Methylethylketon)	6,18846	1261,339	221,969	79,6
Butansäure (Buttersäure)	6,86480	1764,680	199,892	163,3
Chlorbenzol	6,10298	1431,053	217,550	131,7
Chlorethan	6,11137	1030,007	238,612	12,3
Chloroform (Trichlormethan)	6,07955	1170,97	226,232	61,2
Cyanwasserstoff	6,65313	1329,490	260,418	25,7
Cyclohexan	5,97636	1206,47	223,136	80,7
Cyclohexanol	5,38020	912,866	109,126	161,4
Cyclopentan	6,02815	1132,868	232,375	49,3
1,2-Dichlorbenzol	6,26868	1704,488	219,416	180,4
1,3-Dichlorbenzol	6,16502	1607,051	213,378	173,0
1,4-Dichlorbenzol	6,14565	1590,883	210,226	174,1
1,1-Dichlorethan	6,10192	1174,022	229,060	57,3
1,2-Dichlorethan	6,15020	1272,254	222,927	83,8
Dichlormethan	6,53406	1325,938	252,616	40,2
1,2-Dimethylbenzol	6,12644	1476,393	213,872	144,4
1,3-Dimethylbenzol	6,13136	1469,183	214,827	139,1
1,4-Dimethylbenzol	6,11310	1451,792	215,111	138,4
1,3-Dinitrobenzol	3,46227	229,248	–137,03	294,2
1,4-Dioxan	6,55645	1554,679	240,337	101,3
Essigsäure (Ethansäure)	6,68450	1644,05	233,524	117,9
Essigsäureanhydrid (Ethansäureanhydrid)	6,27438	1444,718	199,817	138,6
Essigsäureethylester	6,22669	1244,951	217,881	77,1
Ethanol	7,23710	1592,86	226,184	78,3
Ethylbenzol	6,08140	1423,543	213,091	136,2
Ethylenglykol (1,2-Ethandiol)	7,21573	2088,936	203,454	197,5
Ethylenoxid (Oxiran)	7,81506	2005,779	334,765	10,5
Formaldehyd (Methanal)	6,32068	970,595	244,124	– 21
Heptan	6,02743	1267,828	216,823	98,4
Hexan	6,01045	1175,817	224,867	68,7
1-Hexen	5,99063	1152,97	225,849	63,5
Hydrazin	6,93782	1684,041	228,005	61,7
Hydrochinon (1,3-Dihydroxybenzol)	7,01396	2231,138	169,288	276,2
Hydroxybenzol	6,25791	1516,790	174,954	181,8
Isopren (2-Methyl-1,3-butadien)	6,05077	1091,747	235,860	34,0
Methanol (Methylalkohol)	7,20587	1582,27	239,726	64,6
Methylacetat	6,19014	1157,63	219,726	56,0
Methylbenzol	6,08295	1346,773	219,693	110,6
2-Methylpentan (Isopentan)	5,99329	1151,401	228,477	6,3
Naphthalin	5,94302	1585,857	184,819	218,0
Nitrobenzol	6,24052	1746,586	201,783	210,7
Nitromethan	6,40656	1446,937	227,600	101,2
Nonan	6,06254	1430,459	201,808	150,8
Octan	6,04364	1351,756	209,100	125,7
Pentan	5,96961	1060,793	231,541	36,1
Phenanthren	6,60264	2581,568	223,199	338,4
1-Propanol	6,86906	1437,686	198,463	97,9
2-Propanol	6,86511	1359,517	197,527	82,2
Pyridin (Azin)	6,16605	1373,80	214,979	115,0
Tetrahydrofuran (Oxolan)	6,12005	1202,29	226,254	66,0
1,1,2,2-Tetrachlorethan	5,75658	1228,062	179,942	85,2
Toluol (Methylbenzol)	6,07577	1342,31	219,187	111,0
Wasser	7,19621	1730,63	233,426	100

Trocknung im Luftstrom (Konvektionstrocknung)

h-*x*-Diagramm für feuchte Luft nach *Mollier*

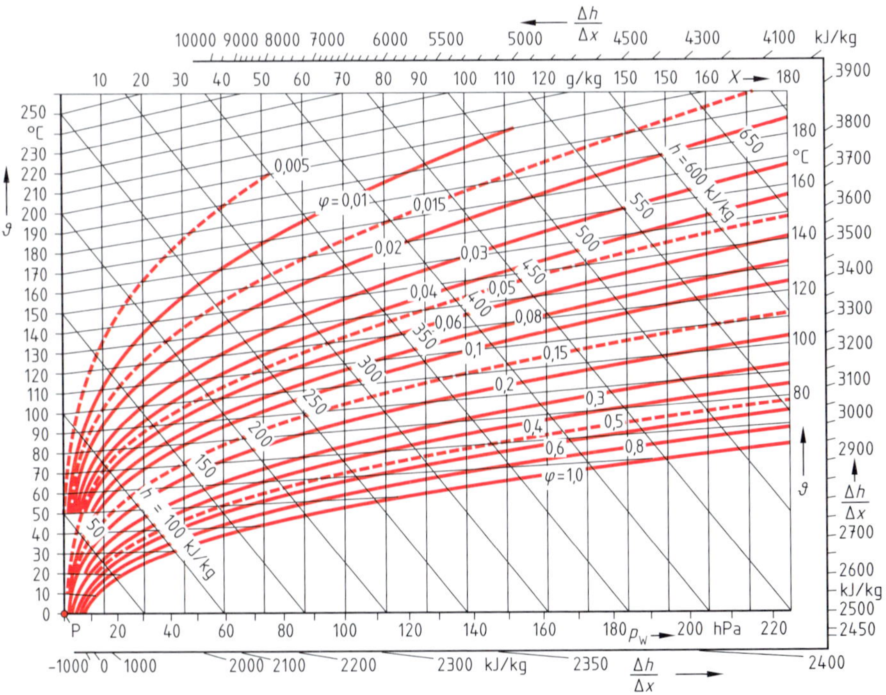

Bedeutung der Linien im *h*-*x*-Diagramm:

① **Von links nach rechts ansteigende Geraden:**
Linien konstanter Temperatur (Isothermen)

② **Von links nach rechts fallende Geraden:**
Linien konstanter spezifischer Enthalpie (Isenthalpen)

③ **Von links nach rechts ansteigende Kurven:**
Linien konstanter relativer Feuchte φ für einen Druck von p_{abs} = 1 bar. Bei abweichenden Drücken wird φ durch $\varphi' = \varphi / p$ ersetzt.

④ **Senkrechte Geraden:**
Linien konstanter Beladung x

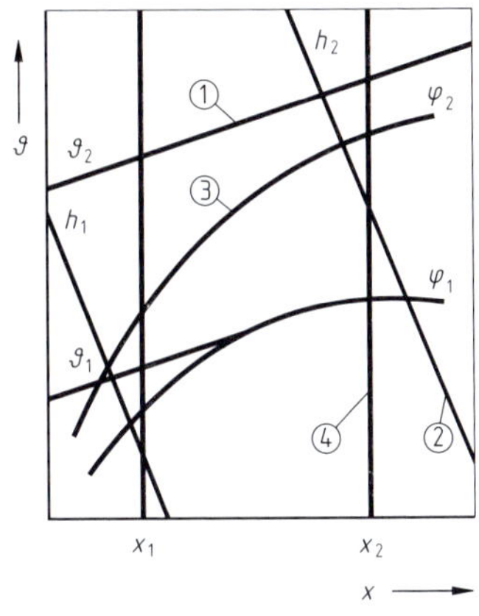

$\vartheta_2 > \vartheta_1$

$h_2 > h_1$

$\varphi_1 > \varphi_2$

$x_2 > x_1$

Bewegt man sich im *h*-*x*-Diagramm auf einer Linie, so ändert sich die entsprechende Größe nicht.

Trocknung im Luftstrom (Konvektionstrocknung) (Fortsetzung)

Die Größen des *h*-*x*-Diagrammes

x	Beladung (Feuchtebeladung, Feuchtegrad) in kg/kg (bzw. g/kg im *h*-*x*-Diagramm), entspricht dem Massenverhältnis ζ
φ	Relative Feuchte in hPa/hPa
ϑ	Temperatur der feuchten Luft in °C
h	Enthalpie von (1 + x) kg feuchter Luft in kJ/kg (spezifische Enthalpie)
$\Delta h/\Delta x$	Enthalpieänderung für 1 kg aufgenommenen Wasserdampf in kJ/kg

Zusätzliche Formelzeichen:

m_W	Masse Wasserdampf in der Luft in kg bzw. g
m_{dL}	Masse trockene Luft in kg
p_W	Partialdruck des Wasserdampfes in der feuchten Luft in hPa
p_{satW}	Sättigungsdruck des Wasserdampfes in der feuchten Luft (bei Bezugstemperatur) in hPa
p	Gesamtdruck in hPa
M_W	Molare Masse des Wassers in g/mol
M_L	Molare Masse der trockenen Luft in g/mol

Es gelten die folgenden Beziehungen:

$$x = \frac{m_W}{m_{dL}}$$ bzw. $$x = \frac{\varphi \cdot p_{satW} \cdot M_W}{(p - \varphi \cdot p_{satW}) \cdot M_L}$$

$$\varphi = \frac{p_W}{p_{satW}}$$

Beispiele für die Anwendung des *h*-*x*-Diagrammes

Zustand feuchter Luft und Taupunkttemperatur:

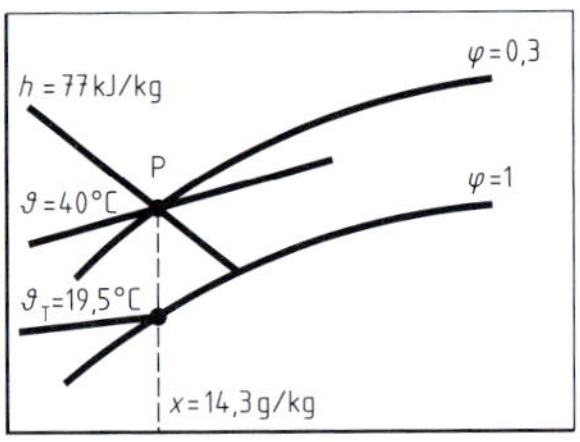

Luft von ϑ = 40 °C und einer relativen Feuchte von φ = 0,3 (bei p_{abs} = 1 bar) besitzt eine spezifische Enthalpie von h = 77 kJ/kg und eine Beladung von x = 14,3 g/kg. Die Taupunkttemperatur: ϑ_T = 19,5 °C.

Zustandsänderung bei konstanter Beladung *x* (Erwärmung der Luft ohne Trockengutkontakt):

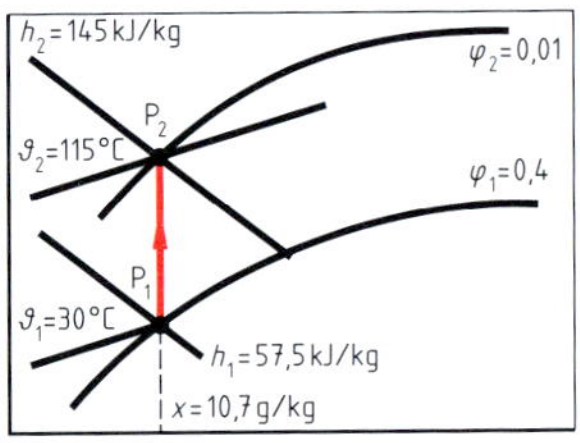

Luft von ϑ_1 = 30 °C und φ_1 = 0,4 (bei p_{abs} = 1 bar) besitzt eine spezifische Enthalpie von h_1 = 57,5 kJ/kg. Diese steigt bei Erwärmung auf ϑ_2 = 115 °C und auf h_2 = 145 kJ/kg. Die relative Feuchte beträgt nun φ_2 = 0,01

Zustandsänderung bei konstanter spezifischer Enthalpie *h* (Feuchteaufnahme durch die Luft):

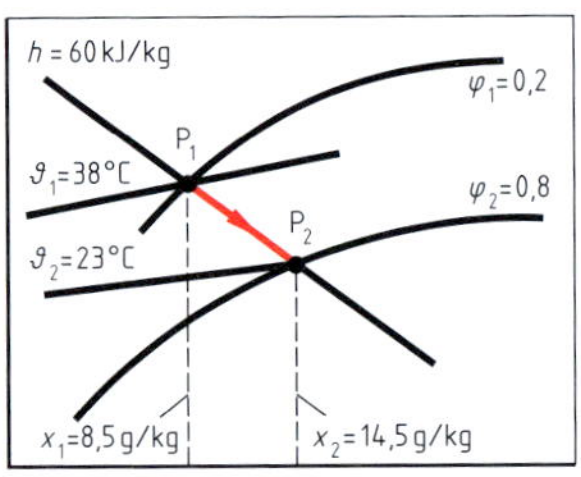

Erhöht sich bei feuchter Luft (ϑ_1 = 38 °C, φ_1 = 0,2 und h_1 = 60 kJ/kg) die Beladung bei konstanter Enthalpie von x_1 = 8,5 g/kg auf x_2 = 14,5 g/kg, so sinkt die Temperatur auf ϑ_2 = 23 °C und die relative Feuchte steigt auf φ_2 = 0,8.

Zustandsänderung bei gleichzeitiger Änderung der Beladung *x* und der Enthalpie *h*:

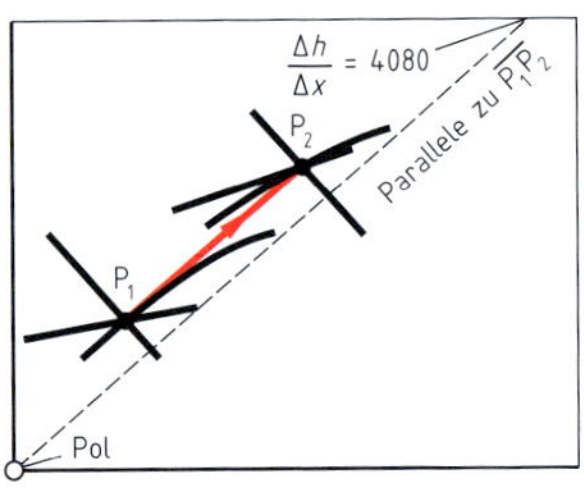

Feuchte Luft ändert sich vom Zustand P1 (ϑ_1 = 18 °C, φ_1 = 0,5, h_1 = 35 kJ/kg, x_1 = 6,5 g/kg) auf P2 (φ_2 = 0,4, ϑ_2 = 45 °C, h_2 = 110 kJ/kg, x_2 = 25 g/kg).

Die Parallele zur Strecke $\overline{P_1P_2}$ durch den Pol schneidet den Randmaßstab in $\Delta h/\Delta x$ = 4080 kJ/kg.

Trocknung im Luftstrom (Konvektionstrocknung) (Fortsetzung)

Trocknung in einem Trockner mit Vorwärmer

Für den kontinuierlichen, adiabaten Konvektionstrockner mit Luftvorwärmung außerhalb des Trockners gelten folgende Formeln:

Beim Trocknungsvorgang entzogene Feuchte:

$$q_{m,W} = q_{m,G} \cdot (x_{G,\,ein} - x_{G,\,aus})$$

Bedarf an Trockenluft:

$$q_{m,L} = \frac{q_{m,W}}{x_{aus} - x_{ein}}$$

Spezifischer Luftbedarf:

$$l = \frac{q_{m,L}}{q_{m,W}} = \frac{1}{x_{aus} - x_{ein}}$$

Spezifischer Wärmebedarf (auf die entzogene Feuchte bezogen):

$$q = \frac{h_{aus} - h_{ein}}{x_{aus} - x_{ein}} \pm \frac{q_{m,G,\,aus} \cdot h_{G,\,aus} - q_{m,G,\,ein} \cdot h_{G,\,ein}}{q_{m,W}} + \frac{\Phi_V}{q_{m,W}}$$

+ bei Gleichstrom, – bei Gegenstrom

Ideale Trocknung (Enthalpieänderung beim Trocknungsgut und Wärmeverluste Φ_V vernachlässigbar):

1. *Erwärmung der Luft im Vorwärmer:* Die Beladung bleibt konstant (kein Trocknungsgutkontakt), die Enthalpie nimmt von h_1 auf h_2 zu.
2. *Trocknungsprozess im Trockner:* Die Beladung und die relative Feuchte nehmen zu (Wasserdampfaufnahme), die Enthalpie bleibt konstant (keine Wärmezufuhr).

Es gilt dann vereinfachend:

$$q \approx \frac{h_{aus} - h_{ein}}{x_{aus} - x_{ein}}$$

$$q \approx l \cdot (h_{aus} - h_{ein})$$

Der Gesamtwärmeverbrauch beträgt:

$$\Phi \approx l \cdot q_{m,W} \cdot (h_{aus} - h_{ein})$$

Reale Trocknung
(Enthalpieänderung beim Trocknungsgut vernachlässigt):

A. *Alle Wärmeverluste werden durch eine Zusatzheizung im Trockner ausgeglichen.* Der Verlauf entspricht dann im *h*/*x*-Diagramm dem der idealen Trocknung, es gelten somit die gleichen Formeln.

B. *Kein Ausgleich der Wärmeverluste* (keine Zusatzheizung im Trockner).

   1. *Erwärmung der Luft im Vorwärmer:* Die Enthalpie wird erhöht, die Beladung bleibt konstant, da kein Trocknungsgutkontakt besteht.
   2. *Trocknungsprozess im Trockner:* Beladung und relative Feuchte nehmen zu (Wasserdampfaufnahme), die spezifische Enthalpie verringert sich durch Wärmeverluste von h_2 auf h_3.

$q_{m,W}$	Massenstrom Feuchte vom Trocknungsgut in die Trockenluft in kg/h
$q_{m,G}$	Massenstrom trockenes Gut in kg/h
$q_{m,L}$	Massenstrom trockene Luft in kg/h
x_G	Beladung des trockenen Gutes mit Feuchte in kg/kg
x	Beladung der trockenen Luft mit Feuchte in kg/kg
l	Spezifischer Luftbedarf in kg/h trockene Luft pro kg/h entzogene Feuchte
q	Spezifischer Wärmebedarf in kJ/kg (kJ je kg entzogener Feuchte)
h	Spezifische Enthalpie der Luft in kJ/kg
h_G	Spezifische Enthalpie des Trocknungsgutes in kJ/kg
Φ	Wärmestrom in kJ/h
Φ_V	Verlustwärmestrom in kJ/kg

Indizes:

ein	Eintritt in den Trockner oder Vorwärmer
aus	Austritt aus dem Trockner oder Vorwärmer

Ideale Trocknung im *h*-*x*-Diagramm:

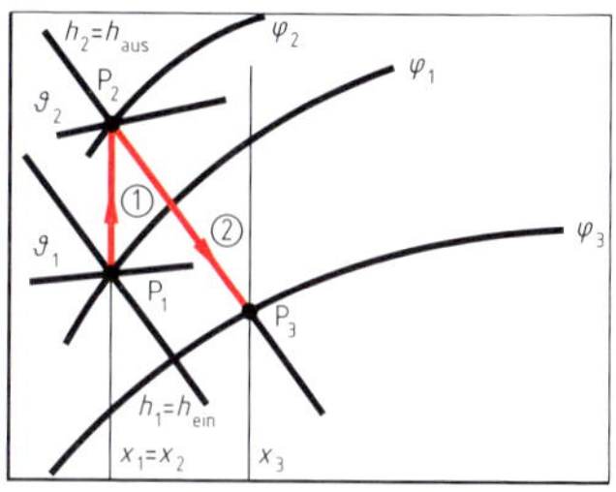

Reale Trocknung im *h*-*x*-Diagramm:

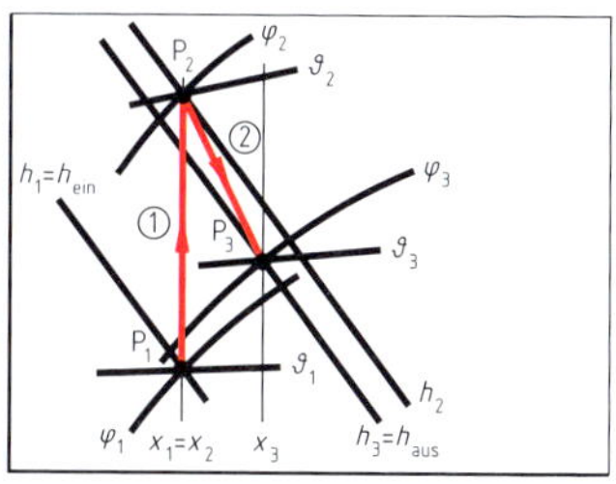

Trockner

Trocknercharakteristik

Bauart	Betriebsart		Geeignet für				Bewertungskriterien							Bemerkung
	kontinuierlich	diskontinuierlich	rieselfähiges Gut	stückiges Gut	pastöses Gut	flüssiges Gut	Investitionskosten	Betriebskosten	Wartungsaufwand	Reinigungsaufwand	Konvektionstrockner	Kontakttrockner	Stellplatzbedarf	
Horden- bzw. Kammertrockner	o	+	+	+	+	+	+	–	–	+	+	–	o	• Gut geeignet bei häufigem Produktwechsel • Auch als Vakuum-, Gefrier- und Hochleistungstrockner • Personalaufwändig • Meist lange Trocknungszeit
Trommeltrockner	+	–	+	+	o	–	–	–	+	–	+	+	–	• Hohe spezifische Trocknungsleistung • Breiter Anwendungsbereich • Hohe Temperaturen möglich • Gut an schwankenden Feuchtegehalt anzupassen • Kurze bis mittlere Trocknungszeit • Empfindlich bei anbackendem Gut
Bandtrockner	+	–	+	+	+	–	–	+	–	+	+	+	–	• Kombination von Fördern und Trocknen möglich • Für durchströmbare Güter mit geringem Staubanteil • Bei Ausführung als Kontakttrockner auch für pastöse Stoffe geeignet
Teller- bzw. Etagentrockner	+	+	+	–	–	–	–	+	+	–	+	+	+	• Exakte Temperaturführung möglich • Günstiger spezifischer Energiebedarf • Großer apparativer Aufwand
Wirbelschicht-trockner	+	+	+	–	–	–	–	+	+	+	+	–	–	• Sehr intensiver Wärme- und Stoffübergang • Weniger geeignet für klebrige Güter und solche mit hohem Feuchteanteil

Trockner (Fortsetzung)

Trocknercharakteristik

Bauart	Betriebsart		Geeignet für				Bewertungskriterien							Bemerkung
	kontinuierlich	diskontinuierlich	rieselfähiges Gut	stückiges Gut	pastöses Gut	flüssiges Gut	Investitionskosten	Betriebskosten	Wartungsaufwand	Reinigungsaufwand	Konvektionstrockner	Kontakttrockner	Stellplatzbedarf	
Zerstäubungs- bzw. Sprühtrockner	+	–	–	–	+	+	+	+	+	–	+	–	+	• Sehr kurze Trocknungszeiten • Produktschonend • Häufige Verwendung in der Lebensmittel- und Pharmaindustrie
Stromtrockner	+	–	+	–	–	–	+	+	+	+	+	–	+	• Sehr kurze Trocknungszeiten • Hohe Trocknungsleistung • Kombination von Fördern und Trocknen möglich • Für temperaturempfindliche Stoffe geeignet • Mechanische Beanspruchung des Trockengutes
Dünnschichtverdampfertrockner	+	–	–	–	o	+	–	+	+	–	–	+	o	• Hohe spezifische Trocknungsleistung • Kurze Trocknungszeiten • Schonende Trocknung
Schaufeltrockner	–	+	+	–	o	–	–	+	+	–	–	+	o	• Große Produktmengen möglich • Für temperaturempfindliche Stoffe geeignet • Hoher apparativer Aufwand
Walzentrockner	+	–	–	–	+	+	–	+	o	o	–	+	+	• Sehr kurze Trocknungszeiten • Kompakte Bauweise • Zum Teil zum Granulieren geeignet • Je nach Ausführung weniger geeignet für temperaturempfindliche Stoffe

+ Günstig; geeignet – Ungünstig; nicht geeignet
o Je nach Ausführung mehr oder weniger günstig oder geeignet

Rektifikation

Die folgenden Ausführungen gelten für ideale Zweistoffgemische, deren Komponenten in jedem Verhältnis ineinander löslich sind.

Gleichgewichtskurve im *McCabe-Thiele*-Diagramm

$$y = \frac{\alpha \cdot x}{1 + (\alpha - 1) \cdot x} \quad \text{mit} \quad \alpha = \frac{p_{D1}}{p_{D2}}$$

Ist der Trennfaktor α über den Konzentrations- bzw. Temperaturbereich nicht ausreichend konstant, kann das geometrische Mittel oder die Näherungsformel nach *Rose* verwendet werden:

$$\alpha = \sqrt{\alpha_1 \cdot \alpha_2} \qquad \alpha = 10^{8{,}9 \cdot \frac{T_2 - T_1}{T_2 + T_1}}$$

Liegen keine Literaturwerte für α bzw. p_{0i} vor, müssen diese experimentell ermittelt werden. Die Dampfdrücke können auch mit Hilfe der Antoine-Konstanten (Kapitel „Wärmeübertragung") berechnet werden.

Diskontinuierliche Rektifikation

Bestimmung der erforderlichen Trennstufenzahl im *McCabe-Thiele*-Diagramm

Bilanzgerade (Arbeitsgerade, Verstärkungsgerade):

$$y = \frac{v}{v+1} \cdot x + \frac{1}{v+1} \cdot x_D$$

Schnittpunkt der Bilanzgeraden mit der Ordinate:

$$y\,(0) = \frac{x_D}{v+1}$$

Rücklaufverhältnis:

$$v = \frac{q_{m,R}}{q_{m,D}} = \frac{q_{V,R}}{q_{V,D}}$$

$v \approx 1{,}1 \cdot v_{min} \ldots 10 \cdot v_{min}$
meist
$1{,}1 \cdot v_{min} \ldots 2{,}0 \cdot v_{min}$

Mindestrücklaufverhältnis:

$$v_{min} = \frac{x_D - y_B}{y_B - x_B}$$

Gasbelastungsfaktor der Kolonne

$$F_g = \frac{x_D - y_B}{y_B - x_B}$$

***Mc-Cabe-Thiele*-Diagramm:**

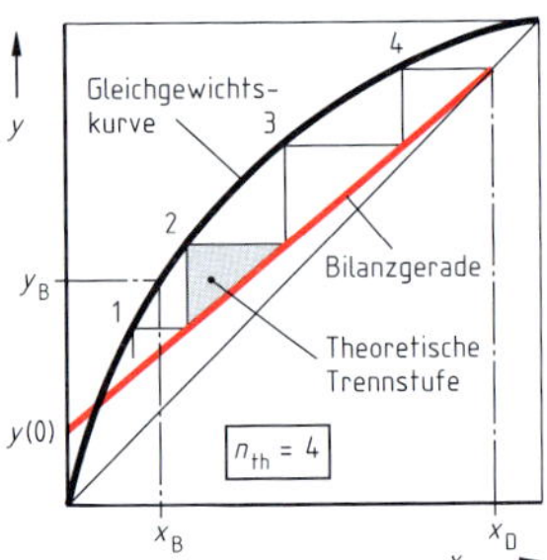

y	Stoffmengenanteil der leichter siedenden Komponente in der Dampfphase (ohne Einheit)
y_B	Stoffmengenanteil der leichter siedenden Komponente im Dampf, der aus dem Kolonnensumpf aufsteigt (ohne Einheit)
x	Stoffmengenanteil der leichter siedenden Komponente in der flüssigen Phase (ohne Einheit)
x_B	Stoffmengenanteil der leichter siedenden Komponente im Kolonnensumpf (ohne Einheit)
x_D	Stoffmengenanteil der leichter siedenden Komponente im Kolonnenkopf (ohne Einheit)
α	Trennfaktor (relative Flüchtigkeit), Index 1 = niedrigster, Index 2 = höchster Wert im Temperaturbereich (ohne Einheit)
T_1	Siedetemperatur der leichter siedenden Komponente in K
T_2	Siedetemperatur der schwerer siedenden Komponente in K
p_{D1}	Dampfdruck der reinen leichter siedenden Komponente bei der gegebenen Temperatur in Pa
p_{D2}	Dampfdruck der reinen schwerer siedenden Komponente bei der gegebenen Temperatur in Pa
v	Rücklaufverhältnis (ohne Einheit)
v_{min}	Mindestrücklaufverhältnis (ohne Einheit)
F_g	Gasbelastungsfaktor in $Pa^{1/2}$
v_g	Gasgeschwindigkeit in m/s
ϱ_g	Gasdichte in kg/m^3
$q_{m,R}$	Massenstrom desRücklaufs in kg/s
$q_{m,D}$	Massenstrom des (abgenommenen) Destillats in kg/s
$q_{V,R}$	Volumenstrom des Rücklaufs in m^3/s
$q_{V,D}$	Volumenstrom des (abgenommenen) Destillats in m^3/s
n_{th}	Theoretische Trennstufenzahl (ohne Einheit)

Jede Stufe im *McCabe-Thiele*-Diagramm entspricht einer theoretischen Destillation. Die Mindestbodenzahl einer Trennkolonne beträgt demnach: **Anzahl der Stufen (n_{th}) minus 1** (Blasenverdampfung abgezogen).

Bei totalem Rücklauf werden die Stufen zwischen der Diagonalen und der Gleichgewichtskurve eingezeichnet.

Soll die Kopfproduktzusammensetzung konstant gehalten werden, muss das Rücklaufverhältnis stetig erhöht werden.

Rektifikation (Fortsetzung)

Kontinuierliche Rektifikation

Bestimmung der erforderlichen Trennstufenzahl im *McCabe-Thiele*-Diagramm

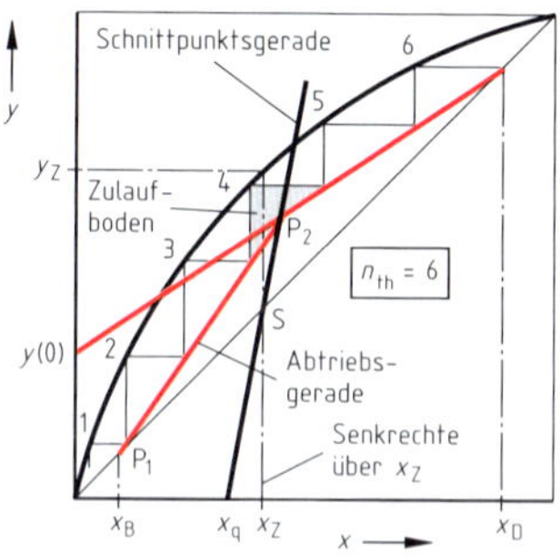

Gleichgewichtskurve und **Bilanzgerade** werden wie bei der diskontinuierlichen Rektifikation ermittelt. Für das **Mindestrücklaufverhältnis** gilt nun allerdings die Formel:

$$v_{min} = \frac{x_D - y_Z}{y_Z - x_Z}$$

Zusätzlich muss nun aber noch die **Abtriebsgerade** mit Hilfe der Schnittpunktsgeraden konstruiert werden (siehe Diagramm).

Die **Schnittpunktsgerade** ist die *Gerade von x_q durch den Schnittpunkt S der Senkrechten über x_z mit der Diagonalen.* Diese Gerade schneidet die Bilanzgerade in P_2. Die **Abtriebsgerade** wird zwischen P_2 und P_1 *(Schnittpunkt der Senkrechten über x_B mit der Diagonalen)* konstruiert.

Die **Stufen** werden zwischen der Gleichgewichtskurve und der Bilanz- und der Abtriebsgeraden gezeichnet.

v_{min} Mindestrücklaufverhältnis (ohne Einheit)

x_D Stoffmengenanteil der leichter siedenden Komponente im Destillat (ohne Einheit)

x_B Stoffmengenanteil der leichter siedenden Komponente im Kolonnensumpf (ohne Einheit)

x_F Stoffmengenanteil der leichter siedenden Komponente auf dem Zulaufboden (ohne Einheit)

x_q Stoffmengenanteil der leichter siedenden Komponente bei dem die Schnittpunktsgerade die Abszisse schneidet (ohne Einheit)

x_Z Stoffmengenanteil der leichter siedenden Komponente im flüssigen Zulauf (ohne Einheit)

y_Z Stoffmengenanteil der leichter siedenden Komponente im Dampf der mit der Zulaufflüssigkeit im Gleichgewicht steht (ohne Einheit)

q Kalorischer Faktor: Erforderliche Wärmemenge, um 1 mol Zulauf zu verdampfen, bezogen auf die molare Verdampfungsenthalpie des Zulaufs (ohne Einheit)

$H_{m,sF}$ Molare Enthalpie des siedenden Gemisches auf dem Zulaufboden in J/mol

$H_{m,Z}$ Molare Enthalpie des Zulaufs in J/mol

ΔH_m Molare Verdampfungsenthalpie des Gemisches auf dem Zulaufboden in J/mol

ΔH_{m1} Molare Verdampfungsenthalpie der leichter siedenden Komponente in J/mol

ΔH_{m2} Molare Verdampfungsenthalpie der schwerer siedenden Komponente in J/mol

C_{m1} Molare Wärmekapazität der leichter siedenden Komponente in J/(mol · K)

C_{m2} Molare Wärmekapazität der schwerer siedenden Komponente in J/(mol · K)

$T_{s,Z}$ Siedetemperatur des Zulaufgemisches in K

T_Z Temperatur des Zulaufs in K

n_{th} Anzahl der erforderlichen theoretischen Trennstufen (ohne Einheit)

Ermittlung von x_q

$$x_q = \frac{x_Z}{q} \quad \text{mit} \quad q = 1 + \frac{H_{m,sF} - H_{m,Z}}{\Delta H_m} \quad \text{oder}$$

$$q = 1 + \frac{[x_F \cdot C_{m1} + (1 - x_F) \cdot C_{m2}] \cdot (T_{s,Z} - T_Z)}{x_F \cdot \Delta H_{m1} + (1 - x_F) \cdot \Delta H_{m2}}$$

Es wird dabei zunächst näherungsweise x_Z für x_F eingesetzt und später, bei zu großer Abweichung, optimiert.

Gleichung für die Schnittpunktsgerade:

$$y = \frac{q}{q-1} \cdot x - \frac{x_Z}{q-1}$$

Zulauf (Feed)	Zulauf-temperatur	Kalorischer Faktor
Flüssigkeit, unterkühlt	$T_Z < T_{s,Z}$	$q > 1$
Flüssigkeit, siedend	$T_Z = T_{s,Z}$	$q = 1$ 1)
Dampf-Flüssigkeits-Gemisch (Nassdampf)	$T_Z = T_{s,Z}$	$0 < q < 1$
Trockener Dampf, gesättigt	$T_Z = T_{s,Z}$	$q = 0$ 2)
Überhitzter Dampf	$T_Z > T_{s,Z}$	$q < 0$

1) Schnittpunktsgerade = Senkrechte über x_Z
2) Schnittpunktsgerade = Waagerechte durch Punkt S

Rektifikation (Fortsetzung)

Rektifikation nicht idealer Gemische

(azeotrope Gemische und Gemische mit Wendepunkt in der Gleichgewichtskurve)

***McCabe-Thiele*-Diagramm für azeotrope Gemische:**

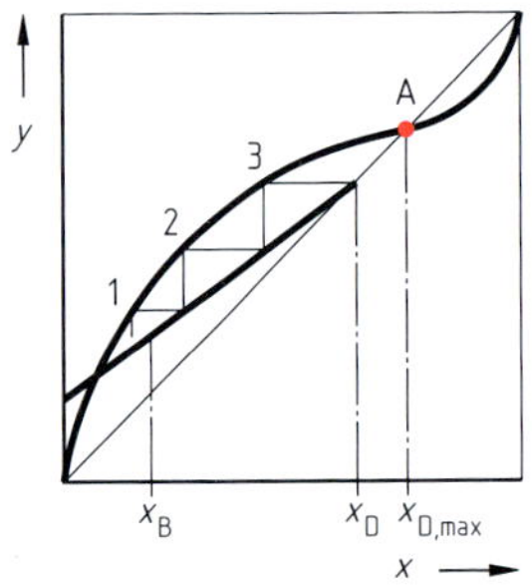

Trennstufenzahlermittlung unterhalb von $x_{D,max}$ wie üblich, Anreicherung über $x_{D,max}$ hinaus durch einfache Rektifikation nicht möglich.

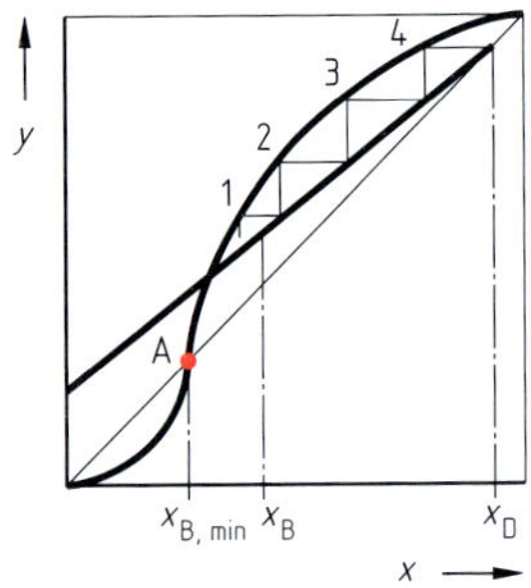

Trennstufenzahlermittlung oberhalb von $x_{B,min}$ wie üblich.

Für die unter der Diagonalen liegenden Kurvenabschnitte muss bei Anwendung der *McCabe-Thiele*-Methode das Diagramm umgezeichnet werden, wobei nun die andere Komponente die leichter siedende ist.

***McCabe-Thiele*-Diagramm mit Wendepunkt in der Gleichgewichtskurve:**

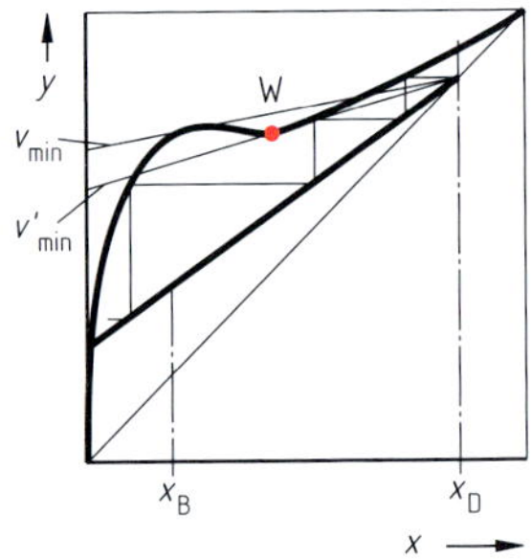

v_{min} wird wie üblich bestimmt. Es muss dann jedoch geprüft werden, ob v'_{min} (bei der Betriebsgeraden durch W) bereits vorher die Grenze setzt (wenn $v'_{min} > v_{min}$ kommt es bereits hier schon zur Zwickelbildung und damit unendlicher Trennstufenzahl).

Eine **Anreicherung über den azeotropen Punkt hinaus** ist evtl. durch Adsorption möglich, oder durch Zugabe eines dritten Stoffes, der den Dampfdruck der leichter siedenden Komponente soweit senkt, dass diese zur schwerer siedenden wird, wobei der azeotrope Punkt verschwindet (extraktive Destillation).

In vielen Fällen kann durch Absenken des Druckes (Vakuumrektifikation) der azeotrope Punkt günstig verschoben werden oder eine nahezu vollständige Trennung wird durch den Einsatz von zwei nacheinander geschalteten Kolonnen mit unterschiedlichen Drücken möglich.

Minimale theoretische Trennstufenzahl nach *Fenske/Underwood*

(bei totalem Rücklauf und α = konst.)

$$n_{th,\,min} = \frac{\lg\left[\dfrac{x_D \cdot (1 - x_B)}{x_B \cdot (1 - x_D)}\right]}{\lg \alpha} - 1$$

$n_{th,min}$ Mindesttrennstufenzahl bei totalem Rücklauf (ohne Einheit)

α Trennfaktor (relative Flüchtigkeit)

x Stoffmengenanteil der leichter siedenden Komponente (ohne Einheit)

Index B: Kolonnensumpf

Index D: Kolonnenkopf

Koordinaten für Gleichgewichtskurven ausgewählter Zweistoffsysteme (für p = 1,013 bar)

Stoffsystem	*y*-Werte für *x* =						
	0,05	0,1	0,3	0,5	0,7	0,9	A
Wasser – Methanol	0,28	0,43	0,63	0,78	0,88	0,96	–
Wasser – Ethanol	0,32	0,44	0,58	0,65	0,75	0,90	0,89
Benzol – Ethanol	0,21	0,32	0,43	0,47	0,53	0,73	0,46
Benzol – Acetaldehyd	0,31	0,52	0,77	0,85	0,92	0,97	–
Benzol – Aceton	0,14	0,24	0,51	0,67	0,80	0,93	–
Toluol – Benzol	0,11	0,21	0,51	0,71	0,86	0,96	–
Octan – Hexan		0,47	0,74	0,90	0,98	0,99	–
Wasser – Isopropanol	0,44	0,50	0,55	0,60	0,69	0,86	0,68

Stoffsystem	*y*-Werte für *x* =						
	0,05	0,1	0,3	0,5	0,7	0,9	A
Essigsäureanhydrid – Essigsäure		0,23	0,56	0,74	0,85	0,95	–
1-Butanol-Aceton		0,54	0,85	0,94	0,98	0,99	–
Essigsäure – Toluol	0,16	0,26	0,46	0,57	0,67	0,81	0,63
Essigsäure – Aceton	0,16	0,31	0,73	0,91	0,97	0,99	–
Octan – Heptan		0,18	0,47	0,68	0,85	0,96	–
Octan – Cyclohexan	0,17	0,30	0,64	0,81	0,92	0,98	–
Phenol – Wasser	0,84	0,89	0,95	0,97	0,97	0,98	0,98
Essigsäure – Wasser	0,10	0,18	0,43	0,62	0,79	0,93	–

Rektifikation (Fortsetzung)

Gleichgewichtskurven ausgewählter Zweistoffsysteme (p = 1,013 bar)

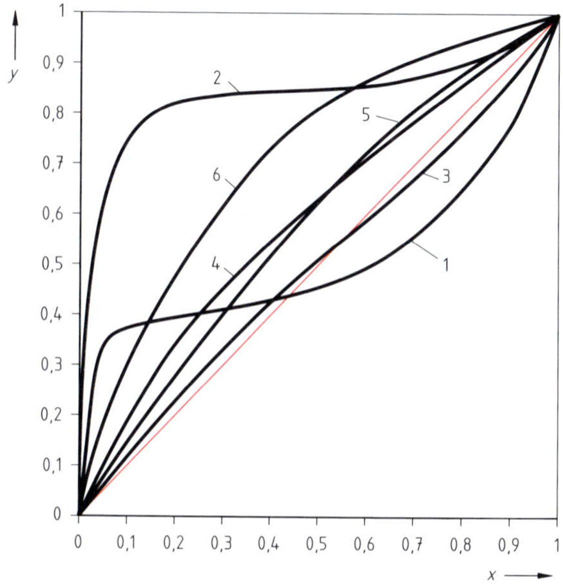

1 Propanol / Wasser
2 Aceton / Wasser
3 Benzol / Cyclohexan
4 Cyclohexan / Trichlormethan
5 Trichlormethan / Benzol
6 Bromethan / Benzol

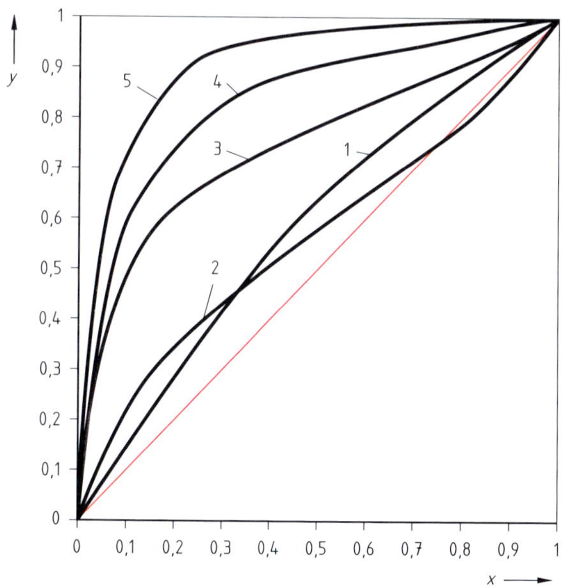

1 Methanol / Ethanol
2 Aceton / Methanol
3 Benzol / Essigsäure
4 Toluol / Phenol
5 Benzol / Anilin

Extraktion (Flüssig-Flüssig-Extraktion)

Begriffe: **Raffinat** (Abgeberphase, Trägerflüssigkeit, Aufgabegut)
Extraktstoff (gelöster Stoff, Extrakt, Wertstoff bzw. Schadstoff)
Solvent (Aufnehmerphase, Lösemittel, Extraktionsmittel)

Trennprinzip: Löslichkeit

Grundlage: ***Nernstsches*** **Verteilungsgesetz** (Gleichung der **Gleichgewichtskurve**)

$$\zeta_{ES} = K \cdot \zeta_{ER} \quad \text{mit} \quad \zeta_{ES} = \frac{m_{ES}}{m_S} \quad \text{und} \quad \zeta_{ER} = \frac{m_{ER}}{m_R}$$

Bedeutung der verwendeten Formelzeichen:

- ζ_{ES} Massenverhältnis (Quotient aus m_{ES} und m_S), ohne Einheit
- ζ_{ER} Massenverhältnis (Quotient aus m_{ER} und m_R), ohne Einheit
- K Verteilungskoeffizient, ohne Einheit
- m_{ES} Masse Extraktstoff im aufnehmenden Lösemittel (Solvent) in kg
- m_{ER} Masse Extraktstoff in der Abgeberphase (Raffinat) in kg
- $q_{m,S,E}$ Massenstrom des beladenen aufnehmenden Lösemittels (Lösemittel plus enthaltenem Extraktstoff) in kg/s
- m_S Masse des aufnehmenden Lösemittels (Solvent) in kg
- m_R Masse der Abgeberphase (Raffinat) in kg
- $q_{m,S}$ Massenstrom des aufnehmenden Lösemittels (Solvent) in kg/s
- $q_{m,R}$ Massenstrom der Abgeberphase (Raffinat) in kg/s
- N_{th} Anzahl theoretischer Trennstufen

Indizes:
- ein Eintritt in die Anlage
- aus Austritt aus der Anlage
- max maximaler Wert
- min minimaler Wert

Ermittlung der erforderlichen Trennstufenzahl bei vernachlässigbarer Löslichkeit von Solvent und Raffinat (Gegenstromextraktion)

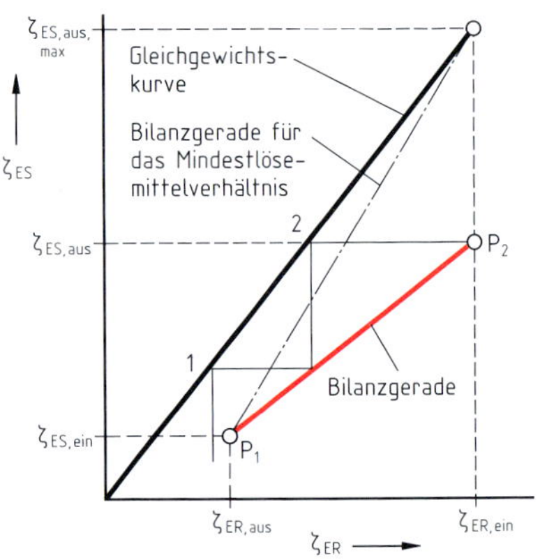

Gleichung der Bilanz- bzw. Arbeitsgeraden:

$$\zeta_{ES,\,aus} = \frac{q_{m,R}}{q_{m,S}} \cdot \zeta_{ER,\,ein} - \frac{q_{m,R}}{q_{m,S}} \cdot \zeta_{ER,\,aus} + \zeta_{ES,\,ein}$$

Mindest-Lösemittelverhältnis:

$$\left(\frac{q_{m,R}}{q_{m,S}}\right)_{min} = \frac{\zeta_{ER,\,ein} - \zeta_{ER,\,aus}}{\zeta_{ES,\,aus,\,max} - \zeta_{ES,\,ein}}$$

Die Anzahl der Stufen (von P_2 ausgehend bis über P_1) zwischen der Bilanzgeraden und der Gleichgewichtskurve entspricht der erforderlichen Anzahl theoretischer Trennstufen N_{th}.

Existiert kein konstanter Verteilungskoeffizient K, muss die Gleichgewichtskurve aus den Wertepaaren ζ_{ES} und ζ_{ER} einer entsprechenden Wertetabelle konstruiert werden (in diesem Fall ist die Gleichgewichtskurve keine Gerade).

Mindest-Lösemittelstrom:

$$q_{m,S,\,min} = q_{m,R} \cdot \frac{\zeta_{ER,\,ein} - \zeta_{ER,\,aus}}{\zeta_{ES,\,aus,\,max} - \zeta_{ES,\,ein}}$$

Erforderlicher Lösemittelstrom:

rein: $$q_{m,S} = q_{m,S,\,min} \cdot k$$

beim Eingang bereits beladen: $$q_{m,S,E} = q_{m,S} \cdot (1 + \zeta_{ES,\,ein})$$

In grober Näherung gilt $k = 1{,}1$ bis $2{,}0$

Bei konstantem Verteilungskoeffizienten K im Beladungsbereich (Gleichgewichtskurve im Beladungsdiagramm ist eine Gerade) kann N_{th} mit nebenstehender Gleichung berechnet werden.

$$N_{th} = \frac{\ln\left[\left(K \cdot \frac{q_{m,S}}{q_{m,R}} - 1\right) \cdot \frac{\zeta_{ER,\,ein} + \zeta_{ES,\,ein}}{\zeta_{ER,\,aus}} + 1\right]}{\ln\left(K \cdot \frac{q_{m,R}}{q_{m,S}}\right)} - 1$$

Absorption

Die folgenden Ausführungen gelten für den Fall, dass aus einem binären Gasgemisch (Trägergas mit nur einer Fremdkomponente, dem **Absorptiv,** beladen) das Absorptiv mit Hilfe eines Lösemittels (**Solvent,** Absorbens oder Aufnehmerphase) absorbiert wird. Dabei wird von großer Verdünnung (wie in der Praxis meist üblich) ausgegangen.

Die zum Erreichen einer bestimmten Endbeladung im Trägergas erforderliche **theoretische Trennstufenzahl** entspricht der **Anzahl der Stufen zwischen Gleichgewichtskurve und Bilanzgerade** im Diagramm $\zeta_{AS} = f(\zeta_{AG})$.

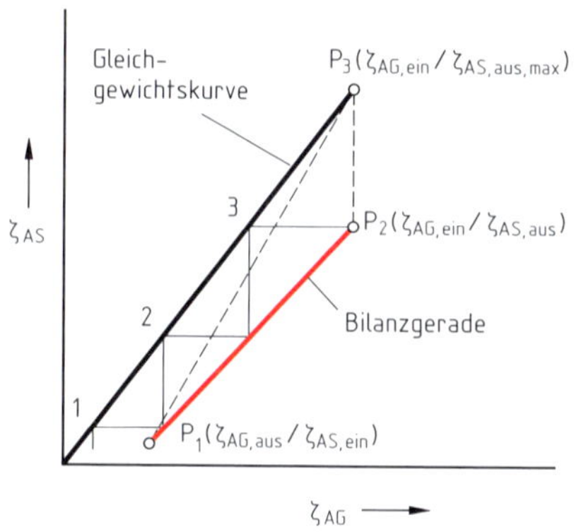

ζ_{AS}	Massenverhältnis Absorptiv zu Lösemittel (Solvent) (ohne Einheit)
ζ_{AG}	Massenverhältnis Absorptiv zu Trägergas (ohne Einheit)
M_A	Molare Masse des Absorptivs in kg/kmol
M_S	Molare Masse des Lösemittels (Solvents) in kg/kmol
M_G	Molare Masse des Trägergases in kg/kmol
p	Gesamtdruck in der Absorptionsanlage in bar
H	*Henry*-Konstante in bar
m_{AG}	Masse Absorptiv im Trägergas in kg
m_{AS}	Masse Absorptiv im Lösemittel (Solvent) in kg
m_G	Masse Trägergas in kg
m_S	Masse Lösemittel (Solvent) in kg
ϱ_S	Dichte des Lösemittels (Solvents) in kg/m³
α	*Bunsenscher* Absorptionskoeffizient in m³/m³ (gibt an, wie viel m³ Absorptiv, auf $p = 1{,}013$ bar und $\vartheta = 0$ °C berechnet, sich bei der gegebenen Temperatur in $V = 1$ m³ Lösemittel bei $p = 1$ bar Druck lösen)
$q_{m,G}$	Massenstrom Trägergas in kg/s
$q_{m,S}$	Massenstrom Lösemittel (Solvent) in kg/s
v	Verhältnis Massenstrom Lösemittel zu Massenstrom Trägergas (ohne Einheit)

Indizes:

ein	Eintritt in die Anlage
aus	Austritt aus der Anlage
max	Maximaler Wert
min	Minimaler Wert

Gleichgewichtskurve

Die Gleichgewichtskurve wird aus experimentellen Daten erstellt oder aus den mit folgender Formel ermittelten Werten:

$$\zeta_{AS} = \frac{\frac{M_A}{M_S} \cdot p \cdot \zeta_{AG}}{\left(\zeta_{AG} + \frac{M_A}{M_G}\right) \cdot H - p \cdot \zeta_{AG}}$$

mit

$$\zeta_{AG} = \frac{m_{AG}}{m_G} \quad \text{und} \quad \zeta_{AS} = \frac{m_{AS}}{m_S}$$

Ist die *Henry*-Konstante H nicht bekannt, kann sie aus dem *bunsenschen* Absorptionskoeffizienten α berechnet werden:

$$H = \left(1 + \frac{22{,}414 \cdot \varrho_S}{\alpha \cdot M_S}\right) \cdot 1{,}013$$

Bilanzgerade

Die Bilanzgerade wird zwischen den Punkten P_1 und P_2 gezogen. Da in der Praxis im Allgemeinen die Punkte $\zeta_{AG,ein}$, $\zeta_{AG,aus}$ und $\zeta_{AS,ein}$ bekannt sind, muss $\zeta_{AS,aus}$ berechnet werden:

$$\zeta_{AS,\,aus} = \frac{q_{m,G}}{q_{m,S}} \cdot \zeta_{AG,\,ein} + \zeta_{AS,\,ein} - \frac{q_{m,G}}{q_{m,S}} \, \zeta_{AG,\,aus}$$

Das Mindestverhältnis von Lösemittel zu Trägergas beträgt:

$$v_{min} = \left(\frac{q_{m,S}}{q_{m,G}}\right)_{min} = \frac{\zeta_{AG,ein} - \zeta_{AG,aus}}{\zeta_{AS,aus,max} - \zeta_{AS,ein}}$$

In der Praxis wird im Allgemeinen gewählt:

$v = 1{,}3 \ldots 1{,}6 \cdot v_{min}$

Absorption (Fortsetzung)

Für die ideale Verdünnung gelten folgende Beziehungen:

$$p_A = H \cdot x_{AS} \quad \text{und} \quad x_{AG} = \frac{H}{p} \cdot x_{AS}$$

Umrechnungsformeln

$$\zeta_{AG} = \frac{w_{AG}}{1 - w_{AG}} \qquad \zeta_{AS} = \frac{w_{AS}}{1 - w_{AS}}$$

$$w_{AG} = \frac{\zeta_{AG}}{1 + \zeta_{AG}} \qquad w_{AS} = \frac{\zeta_{AS}}{1 + \zeta_{AS}}$$

$$x_{AG} = \frac{\zeta_{AG}}{\frac{M_A}{M_G} + \zeta_{AG}} \qquad x_{AS} = \frac{\zeta_{AS}}{\frac{M_A}{M_S} + \zeta_{AS}}$$

$$\zeta_{AG} = \frac{M_A \cdot x_{AG}}{M_G \cdot (1 - x_{AG})} \qquad \zeta_{AS} = \frac{M_A \cdot x_{AS}}{M_S \cdot (1 - x_{AS})}$$

p Gesamtdruck in der Absorptionsanlage in bar

p_A Partialdruck des Absorptivs im Gasgemisch über der Flüssigkeit in bar

H *Henry*-Konstante in bar

ζ_{AG} Massenverhältnis Absorptiv zu Trägergas (ohne Einheit)

ζ_{AS} Massenverhältnis Absorptiv zu Lösemittel (Solvent), ohne Einheit

w_{AG} Massenanteil Absorptiv im Trägergas (ohne Einheit)

w_{AS} Massenanteil Absorptiv im Lösemittel (Solvent), ohne Einheit

x_{AG} Stoffmengenanteil Absorptiv im Trägergas (ohne Einheit)

x_{AS} Stoffmengenanteil Absorptiv im Lösemittel (Solvent), ohne Einheit

M_A Molare Masse des Absorptivs in kg/kmol

M_S Molare Masse des Lösemittels (Solvents) in kg/kmol

M_G Molare Masse des Trägergases in kg/kmol

Auswahl einiger *Henry*-Konstanten *H*

Binäres System Absorptiv / Lösemittel	*H* in bar bei 0 °C	20 °C	40 °C	60 °C
Anorganisches Absorptiv in Wasser:				
Br_2 / Wasser	21,6	60,1		254,7
Cl_2 / Wasser	274,1	547,9	869,6	1213
CO / Wasser	35 797	54 229	70 249	83 152
CO_2 / Wasser	737,8	1434	2360	3452
H_2 / Wasser	58 059	69 127	75 327	76 479
H_2S / Wasser	272,1	488,6	744,6	1042
HCl / Wasser	3,50	3,86	4,25	4,67
N_2 / Wasser	53 612	81 169	105 968	121 412
NH_3 / Wasser	2,09	2,83	3,85	5,04
NO / Wasser	17 072	26 712	35 625	41 999
O_2 / Wasser	25 765	40 584	54 132	63 536
SO_2 / Wasser	16,8	34,9	66,0	111,9
Organisches Absorptiv in Wasser:				
CH_4 / Wasser	22 661	38 010	52 761	63 536
C_2H_2 / Wasser	725,1	1207	1775	2348
C_2H_4 / Wasser	5576	10 313	15 632	20 312
C_2H_6 / Wasser	12 766	26 656	42 824	56 833

Binäres System Absorptiv / Lösemittel	*H* in bar bei 0 °C	20 °C
Anorganisches Absorptiv in organischem Lösemittel:		
CO / Benzol		1549
CO / Tetrachlorethan	1177	1218
CO_2 / Ethanol	91,3	135,1
H_2S / Ethanol	23,3	53,6
NO / Ethanol	1282	1497
N_2O / Benzol		70,4
N_2O / Ethanol	95,6	130,6
SO_2 / Ethanol	2,22	4,25
Organisches Absorptiv in organischem Lösemittel:		
CH_4 / Tetrachlorethan	317,3	348,6
CH_4 / Benzol		484,9
C_2H_2 / Methanol	31,3	
C_2H_4 / Methanol	170,2	
C_2H_6 / Methanol	192,8	

Adsorption

Begriffe:

Adsorptiv (aus einem Gasgemisch oder einer Lösung abzutrennender Stoff)

Adsorbens, Adsorptionsmittel (poriger Feststoff mit großer äußerer und innerer Oberfläche, der die Moleküle des Adsorptivs selektiv an seiner äußeren Oberfläche in den Kapillaren bzw. Poren anreichert)

Adsorbat (gebundenes Adsorptiv + Adsorbens. Gebundenes Adsorptiv wird auch als Adsorpt bezeichnet)

Desorption (Befreiung des Adsorbens vom aufgenommenen Adsorptiv)

Massenübergangszone (Bereich des Adsorptivtransports von der Abgeberphase in das Adsorbens)

Durchbruch (die Massenübergangszone hat das gesamte Adsorbensbett durchwandert und dessen Ende erreicht)

Adsorptionsisotherme eines zu adsorbierenden Stoffes (Gleichgewichtskurve $\zeta_{AS} = f(p_A)$ für ϑ = konstant)

a) mit begrenzter Adsorption (monomolekulare Schicht)

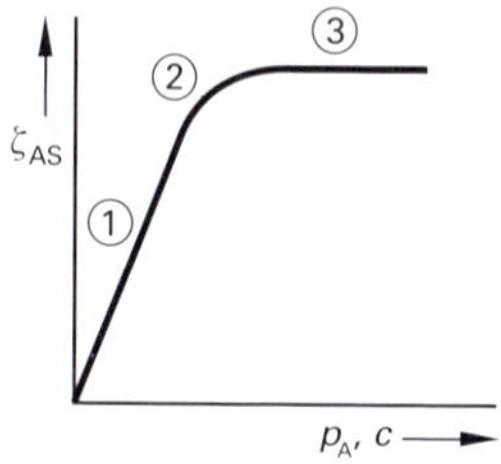

b) mit unbegrenzter Adsorption (polymolekulare Schicht)

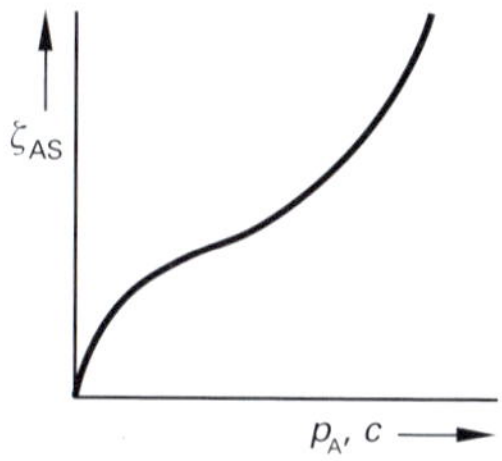

Gleichung der Adsorptionsisotherme nach *Freundlich*

$$\zeta_{AS} = k \cdot p^n$$

$n = 1$ für kleine p_A (Anstiegsgerade, Bereich 1), fällt mit steigendem p_A bis 0,2 ab

Die Gleichung von *Freundlich* ist nur für kleine Partialdrücke p_A hinreichend genau. Für die Adsorption aus wässrigen Lösungen wird fast ausschließlich diese Gleichung verwendet.

Gleichung der Adsorptionsisotherme nach *Langmuir*

Bereich 1 (i. Allg. Bereich der technischen Anwendung):

$$\zeta_{AS} = \frac{a}{b} \cdot p_A$$

Bereich 2:

$$\zeta_{AS} = \frac{a \cdot p_A}{b + p_A}$$

Bereich 3: (Sättigungsbeladung)

$$\zeta_{AS} = a \cdot p_A$$

Bilanzgleichungen für Festbettadsorber

$$(\zeta_D - \zeta_R) \cdot h \cdot A \cdot \varrho_S =$$
$$(\zeta_{Gl} - \zeta_R) \cdot (h - z) \cdot A \cdot \varrho_S + 0{,}5 \cdot (\zeta_{Gl} - \zeta_R) \cdot z \cdot A \cdot \varrho_S =$$
$$\dot{n}_T \cdot (r_{AG,ein} - r_{AG,aus}) \cdot M_A \cdot t_b$$

Länge der Massenübergangszone *z*

$$z = 2 \cdot h \cdot \left(1 - \frac{\zeta_D - \zeta_R}{\zeta_{Gl} - \zeta_R}\right)$$

$$z = 2 \cdot h - \frac{2 \cdot \dot{n}_T \cdot (r_{AG,ein} - r_{AG,aus}) \cdot M_A \cdot t_b}{(\zeta_{Gl} - \zeta_R) \cdot A \cdot \varrho_S}$$

ζ_{AS}	Beladung (Massenverhältnis) in kg Adsorptiv/kg Adsorbens in kg/kg
k	stoffspezifische Konstante (ohne Einheit)
n	stoffspezifische Konstante, (ohne Einheit)
p_A	Partialdruck des Adsorptivs in Pa
a, b	stoffspezifische Konstante (ohne Einheit)
ζ_D	Durchbruchbeladung (Massenverhältnis) in kg/kg (kg Adsorptiv/kg Adsorbens)
ζ_{Gl}	maximale Gleichgewichtsbeladung (Massenverhältnis) im praktischen Betrieb in kg/kg (kg Adsorptiv/kg Adsorbens)
ζ_R	Restbeladung (Massenverhältnis) der regenerierten Schüttung in kg/kg (kg Adsorptiv/kg Adsorbens)
h	Gesamthöhe der Schüttung in m
A	Gesamtquerschnittsfläche der Schüttung in m^2
z	Länge der Massenübergangszone in m
t_b	Beladungszeit in s
M_A	molare Masse (stoffmengenbezogene Masse) des Adsorptivs in kg/mol
$\dot{n}_T$	Stoffmengenstrom Trägergas in mol/s ($1\ mol = 22{,}4 \cdot 10^{-3}\ m^3$ Gas im Normzustand)
ϱ_S	Schüttdichte des Adsorbens in kg/m^3
$r_{AG,ein}$	Eintrittsbeladung (Stoffmengenverhältnis) des Trägergases in mol/mol (mol Adsorptiv/mol Trägergas)
$r_{AG,aus}$	Austrittsbeladung (Stoffmengenverhältnis) des Trägergases in mol/mol (mol Adsorptiv/mol Trägergas)

Adsorption (Fortsetzung)

Einstufige Adsorption im Festbettadsorber

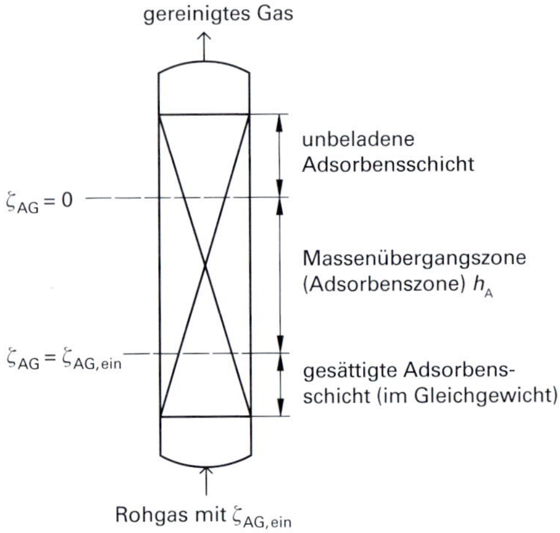

ζ_{AS} Massenverhältnis Adsorptiv/Adsorbens (Beladung) in kg/kg
ζ_{AG} Massenverhältnis Adsorptiv/Trägergas (Beladung) in kg/kg
m_A gesamte, mit dem Trägergas bis zum Durchbruch in die Adsorbensschicht eingebrachte und dort gebundene Masse Adsorptiv in kg
$q_{m,G}$ Trägergas-Massenstrom in kg/s
m_S Wirksame Adsorbensmasse in kg
ϱ_S Schüttdichte Adsorbens in kg/m³
A Gesamtschnittsfläche der Adsorbensschüttschicht (Festbettschicht) in m²
h Höhe der Adsorbensschüttschicht (Festbettschicht) in m
h_A Massenübergangszone (Teilbeladene Adsorptionszone) in m
φ Unbeladener Anteil der Adsorptionszone (i. Allg. $\varphi \approx 0{,}5$)
t_b Beladezeit in s
a, b stoffspezifische Konstanten für die Gleichgewichtskurve
$q_{m,b}$ Massenzunahme an Adsorptiv in der wirksamen Adsorbensmasse in kg/s
$q_{m,S}$ Massenstrom Adsorbens in kg/s

Indizes:
ein Eintritt in die Anlage
aus Austritt aus der Anlage

Adsorptionszeit

$$t_b = \frac{m_A}{\zeta_{AG,ein} \cdot q_{m,G}}$$

Wirksame Adsorbensmasse

$$m_S = \varrho_S \cdot A \cdot (h - \Phi \cdot h_A)$$

Zunahme an Adsorptiv in der wirksamen Adsorbensmasse während der Beladezeit t_b:

$$q_{m,b} = q_{m,G} \cdot (\zeta_{AG,ein} - \zeta_{AG,aus})$$

$$t_b = \frac{m_b}{q_{m,G} \cdot (\zeta_{AG,ein} - \zeta_{AG,aus})}$$

Erforderliche Schütthöhe der Adsorbensschicht:

$$h = \frac{m_S}{\varrho_S \cdot A} = \frac{q_{m,G} \cdot t_b \cdot (\zeta_{AG,ein} - \zeta_{AG,aus})}{\varrho_S \cdot A \cdot (\zeta_{AS,aus} - \zeta_{AS,ein})}$$

Kontinuierliche Gegenstrom-Adsorption

Gleichgewichtskurve nach *Freundlich*:

$$\zeta_{AG} = a \cdot \zeta_{AS}^{b}$$

Verstärkungsgerade:

$$\zeta_{AG} = \frac{q_{m,S}}{q_{m,G}} \cdot \zeta_{AS} - \frac{q_{m,S}}{q_{m,G}} \cdot \zeta_{AS,ein} + \zeta_{AS,aus}$$

Erforderlicher Massenstrom an Adsorbens

$$q_{m,S} = \frac{q_{m,G} \cdot (\zeta_{AG,ein} - \zeta_{AG,aus})}{\zeta_{AS,aus} - \zeta_{AS,ein}}$$

Grafische Ermittlung der theoretischen Trennstufenzahl:

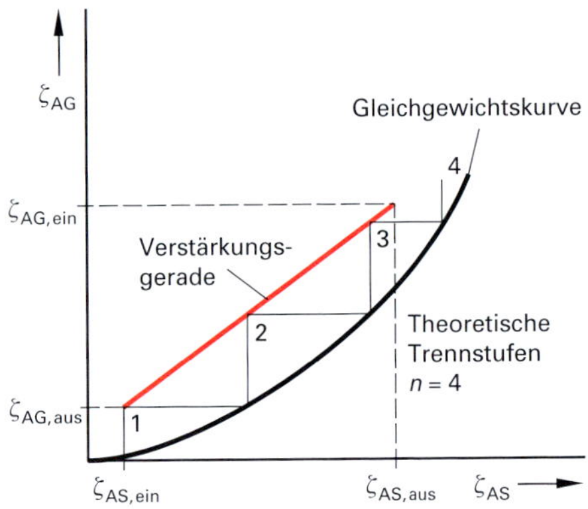

Adsorption (Fortsetzung)

Einteilung der festen Adsorbentien

Wirkung: Van-der-Waals-Kräfte und elektrostatische Kräfte zwischen den Molekülen des Adsorbats und den Atomen in der obersten Schicht des Adsobens an der äußeren und inneren Oberfläche (Physisorption) oder durch teilweise irreversible Bindung der Moleküle des Adsorbats an die Oberfläche des Adsorbens (Chemiesoption). Man unterscheidet *polare* (*hydrophile*) und *unpolare* (*hydrophobe*) Adsorbentien.

Polare (hydrophile) Adsorbentien zur Abtrennung polarer Komponenten: **Kieselgel (Silicagel), Aluminiumoxid, Aktivtonerde** und **Zeolithe.**

Unpolare (hydrophobe) Adsorbentien zur Abtrennung unpolarer Komponenten: **Aktivkohle** (Form-, Korn- und Pulveraktivkohle) Kohlenstoffmolekularsiebe und **Aktivkoks.**

A_{spez} spezifische Oberfläche, V_{spez} spezifisches Porenvolumen, d_m mittlerer Durchmesser der Poren, ϱ_S Schüttdichte, c spezifische Wärmekapazität, λ Wärmeleitfähigkeit, ϑ_{Des} Desorptionstemperatur

Eigenschaften der Adsorbentien (Richtwerte)

Adsorbens	A_{spez} m²/g	V_{spez} cm³/g	d_m nm	ϱ_S kg/m³	c J/(kg·K)	λ W/(m·K)	ϑ_{Des} °C	Anwendungsbeispiele
Aktivkohle (C) und Kohlenstoff-molekularsiebe	300 – 2500	0,25 – 1,1	20	150 – 500	840	≈ 0,65	100 – 150	Luft-, Gas- u. Rauchgasreinigung (z.B. Entfernung von Giftstoffen u. Lösemitteln), Wasser- und Abwasserreinigung, Lösemittelrückgewinnung z.B. Gewinnung von Stickstoff aus der Luft
Aktivkoks (C)	100	0,05 – 0,3		600	840	≈ 0,65		Abgas- und Abluftreinigung, Trink-, Industrie- u. Deponieabwasseraufbereitung, Abwasserreinigung in der Biotechnologie
Kieselgel (Silicagel) (SiO_2)	200 – 850	0,05 – 0,45	20 – 100	300 – 800	920 – 1000	0,14 – 0,2	120 – 250	Gastrocknung (z.B. Trocknung von Luft, Sauerstoff und Schutzgasen, Katalysatorträger)
Aktivtonerde (Zeolithe) (SiO_2/Al_2O_3) (AlO_4^-/SiO_2^- Tetraeder)	100 – 400	0,1 – 0,4	30 – 74	700 – 850	850 – 1050	0,12	150 – 320	Gastrocknung, Gasanreicherung, Adsorption polarer Stoffe aus Lösungen
Molekularsiebe aus Aktivtonerde	500 – 1100	0,25 – 0,4	3 – 10	500 – 900	800 – 1050	0,13 – 0,58	200 – 300	Gastrocknung, Gasreinigung (z.B. Wasserstoffreinigung), Stickstoffherstellung, Biogasaufkonzentrierung

Weitere Adsorbentien: Molekularsiebe auf Kohlenstoffbasis, Poymeradsorbentien, poröse Gläser

Klassifikation der Porenweiten

Porenart/Porenbezeichnung	Porenweite d in nm	Porenart/Porenbezeichnung	Porenweite d
Ultramikroporen	$d < 0{,}7$	Mikrokapillaren	$d < 2$ µm
Supermikroporen	$0{,}7 < d < 2$	Kapillaren	2 µm $< d <$ 50 µm
Mikroporen (IUPAC)	$d < 2$	Makrokapillaren	50 µm $< d <$ 2 mm
Mesoporen (IUPAC)	$2 < d < 50$	Grobe Poren	$d >$ 2 m
Makroporen (IUPAC)	$d > 50$		

Faustregel für die Wirksamkeit von Aktivkohle: Gase oder Dämpfe, deren Moleküle neben Wasserstoff mehr als 3 andere Atome besitzen, sind gut adsorbierbar.

Ionenaustauscher

Ionenaustauscher sind mit **Ionenaustauschermaterial (Ionenaustauscherharz)** gefüllte Säulen oder Apparate mit speziellen **Membranen.** Sie werden von Lösungen durchströmt, welche die auszutauschenden, gelösten Ionen im Austauscher abgeben (sie werden in der Matrix des Ionenaustauschermaterials oder in den Membranen gebunden) und gleichzeitig von dort im Austausch eine äuivalente Menge Ionen gleicher Ladung erhalten, die vorher in der Matrix gebunden waren. Das ablaufende Wasser heißt **Deionat**.

Einteilung der Ionenaustauschermaterialien

Man unterscheidet **Kationenaustauscher** und **Anionenaustauscher,** je nach Ladung der auszutauschenden Ionen. Beispiele für *Ionenaustauschermaterialien:* **Kunstharze, Zeolithe, Tonmineralien, Aluminiumoxid, Chlorophyll, Holz.** Beispiele für Membranen: dünne Folien aus gequollenen **Polymernetzwerken.**

Einteilung der Ionenaustauschapparate

Verfahrensweise	Prinzip	Vorteil	Nachteil
Gleichstrom-Austauscher	Beladung und Regeneration in gleicher Fließrichtung	Robustes Verfahren (unempfindlich gegen mechanische Verschmutzung des Rohwassers), einfache Bedienung und Automatisierung, niedrige Investitionskosten	Hoher Chemikalienverbrauch, mittelmäßige Entsalzungsraten, lange Regenerationszeit, großes Behältervolumen, großer Wasserbedarf, höchster Ionenschlupf
Gegenstrom-Austauscher	Beladung und Regeneration in entgegengesetzter Fließrichtung, Anlage enthält jeweils einen Kationen- und einen Anionenaustauscher, Harz zwischen oberem und unterem Düsenboden $\gamma < 10\ \mu S/cm$	Für beide Verfahren: Hohe Entsalzungsraten, kompakte Bauweise, geringer Eigenwasserverbrauch, sehr variabel im Hinblick auf die Wahl des Austauscherharzes, gute Ausnutzung des Regenerierungsmittels,sehr ökonomisch	
– *Schwebebett-Verfahren*	Beladung im Aufstrom, Regeneration im Abstrom		Vorreinigung des Wassers erforderlich (muss eisen-, mangan- und schwebstofffrei sein)
– *Abstrom-Gegenstrom-Verfahren*	Beladung im Abstrom, Regeneration im Aufstrom	Beim Abstrom-Gegenstromverfahren geringerer Ionenschlupf und bessere Ausnutzung des Regeneranten, bei allerdings längerer Regenerationszeit	Aufwändigere Technik, höherer Verbrauch an Regeneriermittel, Bedienung und Automatisierung schwieriger
Multistep-Filter (Multistep-Austauscher)	Kationen- und Anionenaustauscher in einer Säule aber in getrennten Kammern, Einsatz als „Polizeifilter“zur Feinreinigung (Polishing) nach Vollentsalzung $\gamma < 0{,}05\ \mu S/cm$	Geringer Verrohrungsaufwand und Platzbedarf, einfache und zuverlässige vollautomatische Steuerung, kostengünstige Alternative zum Mischbettverfahren	Wegen größerem Ionenschlupf durch den Kationenaustauscher oft zwei Kationenaustauscherschichten erforderlich
Mischbett-Filter (Mischbett-Austauscher)	Stark saures Kationen- u. stark basisches Anionenaustauscherharz in einem Bett gemischt. $\gamma < 0{,}1\ \mu S/cm$. Einsatz als „Polizeifilter“ zum Feinreinigen (Polishing) nach Vollentsalzung oder Umkehrosmose	Hochreines Wasser als Produkt (kann noch vorhandene Ionen aus dem Ablauf einer Vollentsalzungsanlage beseitigen), lange Harzlebensdauer durch geringen Abrieb, minimaler Regenerationsmittel- und Waschwasserverbrauch	Kationen- und Anionenaustauscherharze müssen zur Regeneration nach dem Dichteprinzip getrennt werden

Regeneriermittel (häufigste):
Kationenaustauscher: **Salzsäure,** $w(HCl) = 0{,}3 \dots 0{,}33$ (DIN EN 939)
Anionenaustauscher: **Natronlauge,** $w(NaOH) = 0{,}45$ oder 0,5 (DIN EN 896)

Kolonneneinbauten

Vergleich wichtiger Kolonneneinbauten

<table>
<tr><th>Merkmal</th><th>Glockenböden</th><th>Ventilböden</th><th>Siebböden</th><th>Schüttfüllkörper</th><th>Packungen</th></tr>
<tr><td>Druckverlust</td><td>Hoch</td><td>Höher als beim Siebboden</td><td>Gering</td><td>Noch geringer als beim Siebboden</td><td>Noch geringer als bei Schüttfüllkörpern</td></tr>
<tr><td>Investitionskosten im Verhältnis zu Siebböden</td><td>110 % ... 150 %</td><td>ca. 110 %</td><td>100 %</td><td>Bei kleinen Durchmessern und Keramik- oder Kunststoff-Füllkörpern geringer als bei Bodenkolonnen</td><td>Zum Teil wesentlich höher als bei Schüttfüllkörpern</td></tr>
<tr><td>Arbeitsbereich (Belastungsbereich)</td><td>Groß</td><td>Groß</td><td>Eng begrenzt</td><td>Eng begrenzt</td><td>Groß</td></tr>
<tr><td>Verschmutzungsanfälligkeit</td><td>Je nach Glockenform, zum Teil groß</td><td>Sehr gering</td><td>Bei großen Bohrungen gering, bei kleinen groß</td><td>Relativ groß</td><td>Je nach Packung, zum Teil groß</td></tr>
<tr><td>Trennwirkung</td><td>Gut (über einen weiten Belastungsbereich)</td><td>Gut (über einen weiten Belastungsbereich)</td><td>Gut, aber nur in einem engen Belastungsbereich</td><td>Sehr gut, aber nur in einem engen Belastungsbereich</td><td>Noch höher als bei Schüttfüllkörpern (über einen relativ weiten Belastungsbereich)</td></tr>
<tr><td>Gewicht</td><td>Höher als bei Ventil- und Siebböden, aber geringer als bei Schüttfüllkörpern und Packungen</td><td>Geringer als bei Glockenböden, aber höher als bei Siebböden</td><td>Geringer als bei Ventilböden</td><td>Hoch, besonders bei großen Kolonnendurchmessern</td><td>Geringer als bei Schüttfüllkörpern</td></tr>
<tr><td rowspan="2">Zusätzliche Merkmale</td><td>• Für nahezu alle Medien einsetzbar
• Untere Belastungsgrenze niedriger als beim Ventilboden</td><td>• Höchster Wirkungsgrad aller Bodenkolonnen
• Größere Durchsätze als bei Glocken- und Siebböden möglich
• Relativ korrosionsanfällig
• Ungünstig bei Neigung des Mediums zu Verkrustungen</td><td>• Einfache Konstruktion bei guter Trennwirkung
• Nach Unterbrechung des Dampfstromes muss die Kolonne häufig neu angefahren werden</td><td rowspan="2">• Höhere Trennwirkung als Böden (geringere Bauhöhen erforderlich)
• Gegen Schaumbildung weniger empfindlich als Böden
• Gute Eignung für Vakuumbetrieb
• Alle Werkstoffe möglich
• Reinigung sehr aufwändig
• Neigung zur Randgängigkeit der Flüssigkeit (evtl. Verteilerböden erforderlich)</td><td rowspan="2">• Geringster Druckverlust möglich (Eignung für Vakuumdestillation und Absorption)
• Beste Trennwirkung (unabhängig von Packungshöhe und Packungsdurchmesser)
• Sehr gut geeignet bei Neigung zu Schaumbildung</td></tr>
<tr><td colspan="3">Bodenkolonnen werden bevorzugt eingesetzt
• bei schlecht benetzenden Flüssigkeiten,
• bei mehreren erforderlichen Zu- und Abgängen am Kolonnenschuss,
• bei großen Durchsätzen (also großen erforderlichen Kolonnendurchmessern),
• bei starken Druckschwankungen und
• wenn häufige Reinigung erforderlich ist.</td></tr>
</table>

Füllkörper im Vergleich

Füllkörpergeometrie

Zylindrische Ringe (Raschig®-Ringe)	Pall®-Ringe, Raflux®-Ringe	Modifizierte Pallringe (Ralu®-Ringe, V-Pak®)	Berl®-Sättel	Sattel-Füllkörper (Novalox®-, Ralox®- u. Torus®-Sättel u.a.)	Kugeln

Zylindrische Gitterfüllkörper (Hiflow®, Ralu-Flow® usw.)	**TOP®-Füllkörper** (TOP®-Pak, Metallring-TOP®)	**Interpak®-Füllkörper**	**Hacketten®-Füllkörper**	**VSP®-Füllkörper**	**Igel®-Füllkörper**

Füllkörpercharakteristik

Zylindrische Gitterfüllkörper	VSP®- Füllkörper	TOP®- Füllkörper	Sattel-Füllkörper, Berl®-Sättel	Pall®-Ringe Raflux®-Ringe, Modifizierte Pallringe
• Hohe Leistung • Geringes Gewicht (große Schütthöhen möglich) • Hohe Porosität (große Volumenströme möglich) • Unempfindlich gegen Ablagerungen und Verstopfungen • Geringe Randgängigkeit • Gleichmäßige Durchströmung • Relativ hohe Festigkeit	• Ähnliche Eigenschaften wie zylindrische Gitterkörper • Bessere Trennleistung und geringerer Druckverlust als Pall-Ring • Billiger als Pall-Ringe • Besonders für kleine und mittlere Kolonnen geeignet • Hohe hydraulische Belastbarkeit • Gut geeignet zur Umrüstung von Pall-Ring-Kolonnen	• Ähnlich gute Leistung wie VSP®- und zylindrische Gitterfüllkörper • Besonders für mittlere und große Kolonnen geeignet • Gute Trennleistung auch bei kleinen Belastungen	• Günstig für regenerativen Wärmeaustausch • Gute chemische Beständigkeit durch glatte Oberfläche • Hohe Festigkeit des einzelnen Körpers • Billig (Berl-Sättel teurer) • Verbreitetster Keramik-Füllkörper (universeller Einsatz) • Neigung zur Nachverdichtung (ansteigender Druckverlust)	• Universelle Füllkörper mit breitem Anwendungsbereich • Gleichmäßige Berieselung in der Schüttung • In Leistung und Druckverlust zwischen zylindrischen Ringen und Gitterkörpern einzuordnen • Gute Flüssigkeitsrückverteilung • Ungünstig bei Ablagerungen
Zylindrische Ringe	**Igel®-Füllkörper**	**Interpak®-Füllkörper**	**Hacketten®-Füllkörper**	**Kugeln**
• Einfacher und preiswerter Standardfüllkörper • Alle Werkstoffe möglich • Gute rechnerische Erfassung möglich • Relativ kleine spezifische Oberfläche • Hoher Druckverlust • Geringe Porosität • Geringere Leistung als andere zylindrische Füllkörper	• Besonders große spezifische Oberfläche	• Besonders preiswert durch hohe Fertigungsleistung • Geringer Druckverlust • Gute Leistung	• Sehr geringer Druckverlust • Besonders geringe Verschmutzungsanfälligkeit	• Bevorzugt als Katalysatorträger, Strömungsgleichrichter und Wärmespeicher eingesetzt • Gleichmäßigste Schüttung • Kleinste Porosität • Kleine spezifische Oberfläche • Hoher Druckverlust

Füllkörper im Vergleich (Fortsetzung)

Porosität ε in %, Füllkörper-Nennmaß: 50 (mm)

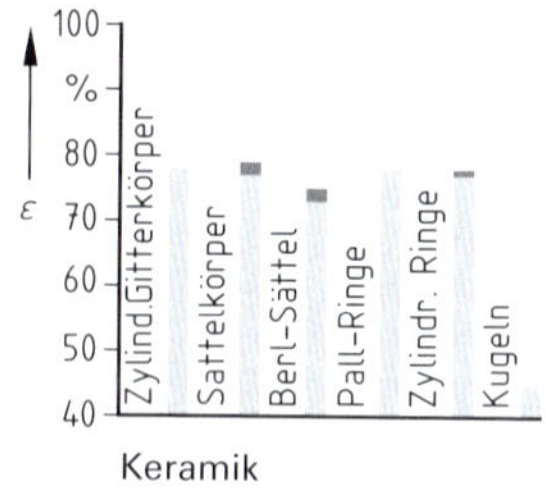

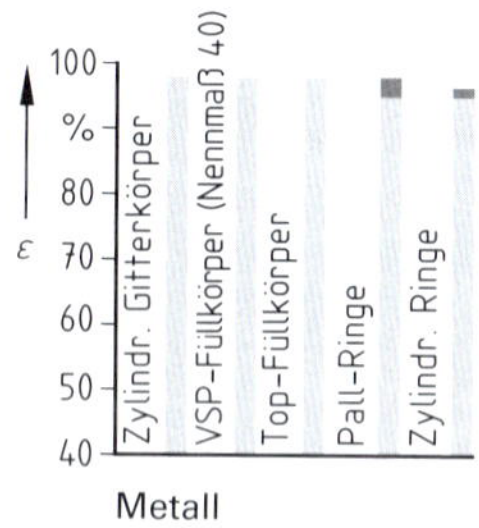

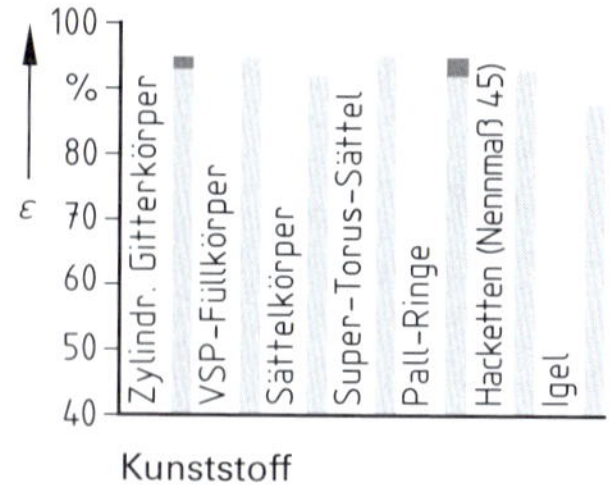

Druckverlust Δp (je Meter Schütthöhe) in hPa
Füllkörper-Nennmaß: 50 (mm), Berieselungsdichte $B = 50\ m^3/(m^2 \cdot h)$, Gasbelastungsfaktor $F = 1\ Pa^{1/2}$,
System: Luft/Wasser, $p = 1$ bar

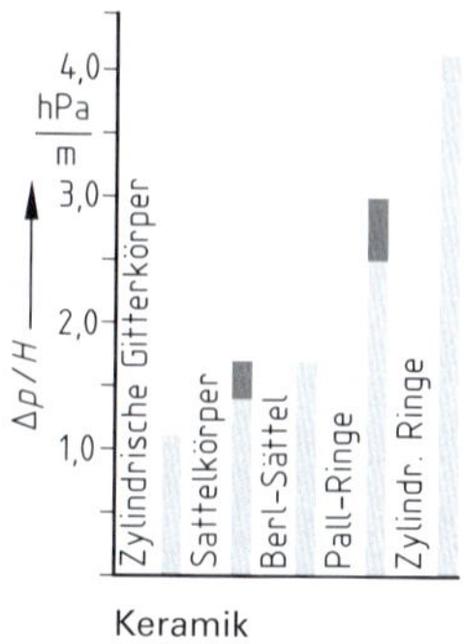

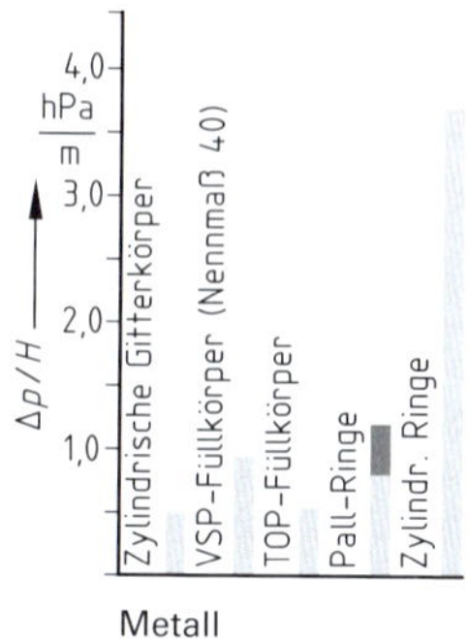

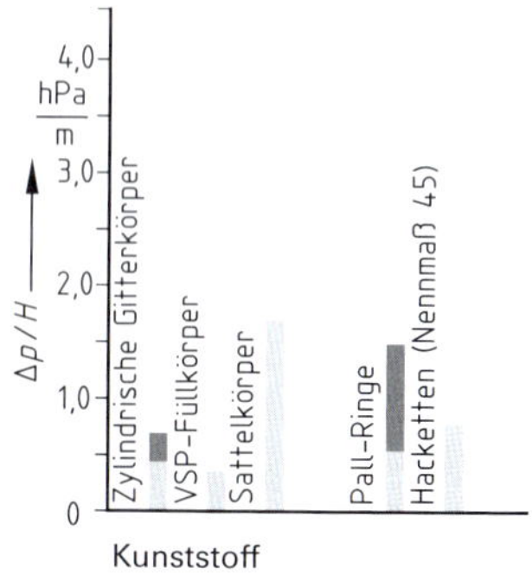

Spezifische Oberfläche A_{spez} in m^2/m^3, Füllkörper-Nennmaß: 50 (mm)

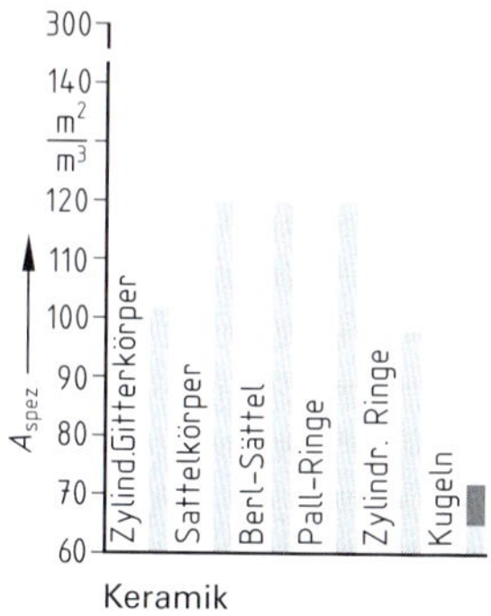

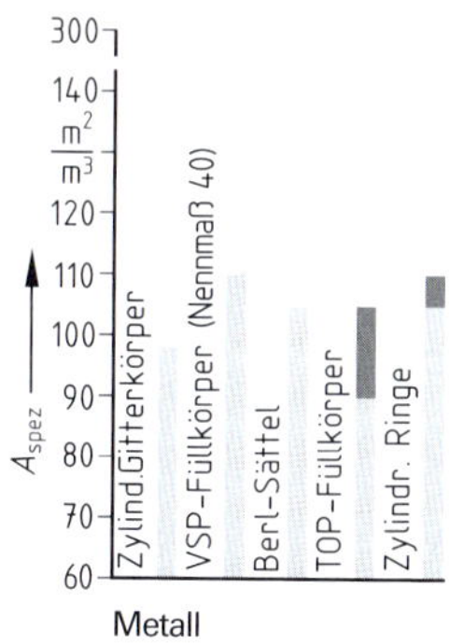

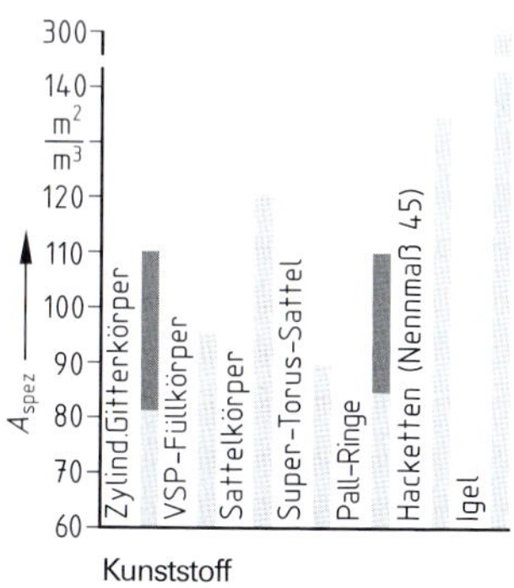

■ von – bis (je nach Modell)

Füllkörper im Vergleich (Fortsetzung)

Füllkörperdaten

Füllkörper	Material	Größe (Nennmaß)	Spezifische Oberfläche A_{spez} in m²/m³	Porosität ε in %	Spezifische Masse[1] ϱ in kg/m³	Spezifischer Druckverlust[2] $\Delta p/H$ in hPa/m
Zylindrische Gitterfüllkörper (Hiflow®, Ralu Flow® usw.)	Keramik	20 50	280 102	72 78	660 520	1,1
	Metall	25 50	185 99	97 98	364 133	0,5
	Kunststoff	15 25 50	313 206 ... 214 82 ... 110	91 92 94 ... 95	80 73 ... 79 49 ... 54	0,45 ... 0,7
VSP®-Füllkörper	Metall	25 40	205 110	97,5 98	198 160	0,85
	Kunststoff	25 50	185 96	94 95	54 45	0,35
TOP®-Füllkörper) (TOP®-Pak, Metallring-TOP®)	Metall	50	105	97,5	170	0,53
Sattel-Füllkörper (Novalox®-, Ralox®- und Torus®- Sättel)	Keramik	15 25 50	450 255 120	71 74 77 ... 79	670 610 ... 650 530 ... 580	1,4 ... 1,7
	Kunststoff	25 50	255 ... 258 120	81 ... 91 92	84 ... 105 75 ... 84	1,7
Berl®-Sättel	Keramik	15 25 50	430 260 120	66 ... 67 68 ... 70 73 ... 75	780 ... 800 700 600	1,7
Super-Torus®-Sättel	Kunststoff	1 2 3	240 110 90	90 94 95,5	80 57 40	1,9 1,15 0,55
Pall®-Ringe und **Raflux®-Ringe**	Keramik	25 50	220 120	75 78	620 550	2,5 ... 3,0
	Metall	15 25 50	310 ... 360 196 ... 215 105	95 95 95 ... 97	366 ... 385 310 ... 460 190 ... 320	0,8 ... 1,2
	Kunststoff	15 25 50	350 220 110	87 ... 89 90 ... 91 92 ... 93	110 ... 116 76 ... 88 65 ... 70	0,55 ... 1,5
Interpak®-Füllkörper	Metall	15 30	360 160	94 95	345 275	

[1], [2] Anmerkungen siehe am Ende der Tabelle (nächste Seite)

Füllkörper im Vergleich (Fortsetzung)

Füllkörperdaten (Fortsetzung)

Füllkörper	Material	Größe (Nennmaß)	Spezifische Oberfläche A_{spez} in m^2/m^3	Porosität ε in %	Spezifische Masse[1] ϱ in kg/m^3	Spezifischer Druckverlust[2] $\Delta p/H$ in hPa/m
Modifizierte Pallringe (Raflux®- und Ralu®- Ringe, V-Pak®)	Keramik	25 50	220 120	73 78	620 550	
	Metall	15 25 50	360 215 90 ... 105	93 94 95 ... 97,5	385 380 190 ... 200	1,2
	Kunststoff	25 50	163 ... 220 85 ... 110	90 ... 94 93 ... 95	55 ... 97 41 ... 69	0,8
Zylindrische Ringe (Raschig®- Ringe)	Keramik	15 25 50	310 ... 330 190 ... 200 98	70 ... 72 73 ... 75 77 ... 78	700 620 ... 670 520 ... 555	4,2
	Metall	15 25 50	310 ... 350 196 ... 220 105 ... 110	92 ... 95 92 ... 95 95 ... 96,5	366 ... 660 326 ... 640 270 ... 430	3,7
	Kunststoff	15	320	92	130	
Hacketten®	Kunststoff	45	135	93	63	0,8
Igel®	Kunststoff	45	300	86	124	
Kugeln	Keramik	15 ... 16 25 50	225 125 ... 144 65 ... 72	45 45 45	1400 1250 1300	

[1] Mittlere Werte. Je nach Material, Materialdicke und Schüttverfahren können die Werte nach oben oder unten abweichen.

[2] Bei $F = 1\ Pa^{1/2}$ und einer Berieselungsdichte von $B = 50\ m^3/(m^2 \cdot h)$ für das System Wasser/Luft.

$$F = v_g \cdot \sqrt{\varrho_g}$$

F Gasbelastungsfaktor in $Pa^{1/2}$
v_g Gasgeschwindigkeit in m/s
ϱ_g Gasdichte in kg/m^3

Kolonnenpackungen

Kolonnenpackungen zeichnen sich gegenüber Schüttfüllkörpern durch folgende Eigenschaften aus:

- Sehr geringer Druckverlust ($\Delta p/m < 1$ hPa)
- Größere spezifische Oberfläche (bei Gewebepackungen bis > 700 m^2/m^3, sonst bei ca. 500 m^2/m^3
- Hohe Porosität (bis > 98 %)
- Großer Belastungsbereich (größere F-Faktoren erreichbar)
- Keine Randgängigkeit (größere Kolonnendurchmesser erreichbar)
- Bessere Trennwirkung, also hohe Trennstufenzahl je m Kolonnenhöhe, besonders bei großen Kolonnen
- Z. T. wesentlich höhere Investitionskosten

Rühren – Grundlagen

Leistungsbedarf eines Rührorgans:

$$P = M_d \cdot 2 \cdot \pi \cdot n$$ oder $$P = Ne \cdot n^3 \cdot d^5 \cdot \varrho$$

Anlaufleistung (nach *Kasatkin*):

$$P_A = P \cdot (1 + 0{,}134 \cdot Re^{0{,}22})$$

Ne ist abhängig von der *Re*-Zahl (siehe Diagramm nächste Seite) und von der *Fr*-Zahl:

$$Re = \frac{n \cdot d^2 \cdot \varrho}{\eta} \qquad Fr = \frac{n^2 \cdot d}{g}$$

Bei Re < 300 oder Vermeidung einer Rührtrombe durch Stromstörer entfällt die Abhängigkeit von der *Fr*-Zahl.

Mindestleistung beim Homogenisieren im turbulenten Bereich (Idealwert nach *Mersmann*):

$$P_{min} = \frac{300 \cdot \varrho \cdot d^5}{t_M^3} \qquad t_M = \frac{(n \cdot t_M)}{n}$$

$(n \cdot t_M)$ aus Diagramm

Wärmeübergang im Rührbehälter:

$$\alpha_i = \frac{\lambda \cdot C \cdot Re^{2/3} \cdot Pr^{1/3} \cdot (\eta / \eta_W)^{0{,}14}}{d_1}$$

$$Re = \frac{n \cdot d^2 \cdot \varrho}{\eta} \qquad Pr = \frac{\eta \cdot c_p}{\lambda}$$

Die Gleichung für den Wärmeübergang gilt für Re > 300

P	Leistungsbedarf eines Rührorgans in W
P_A	Anlaufleistung in W
M_d	Drehmoment an der Rührwelle in N · m
n	Drehzahl des Rührers in 1/s
d	Durchmesser des Rührorgans in m
ϱ	Dichte des Rührmediums in kg/m³
Ne	Leistungskennzahl
η	Viskosität des Rührmediums in Pa · s
g	Fallbeschleunigung in m/s²
t_M	Mischzeit in s
P_{min}	Mindestleistung in W
$(n \cdot t_M)$	Durchmischungskennzahl
α_i	Oberflächenwärmeübergangskoeffizient vom gerührten Medium auf die Behälterwand in W/(m² · K)
λ	Wärmeleitfähigkeit des gerührten Mediums in W/(m · K)
C	Konstante (abhängig von Rührerform und Rührereinbau)
Re	*Reynolds*zahl
Fr	*Froud*zahl
Pr	*Prandtl*zahl
η_W	Viskosität in der Grenzschicht (an der Behälterwand) in Pa · s
d_1	Behälterdurchmesser in m
c_p	Spezifische Wärmekapazität bei konstantem Druck in J/(kg · K)

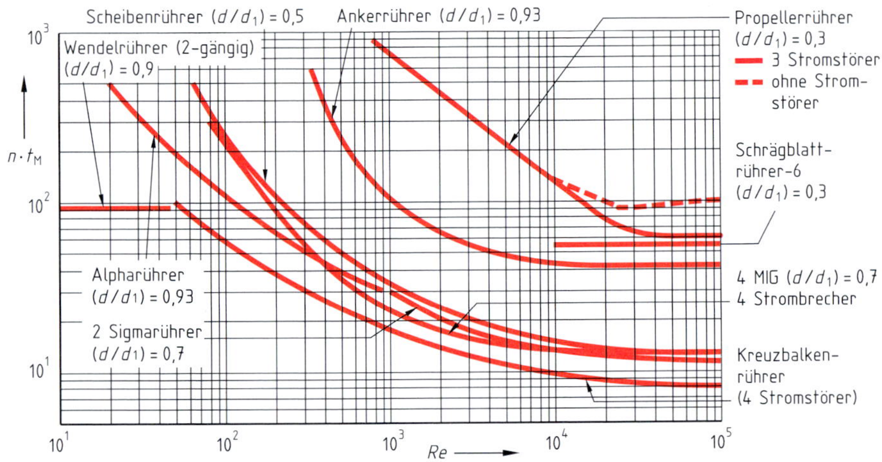

Rührer

Diagramm zur Bestimmung der Leistungskennzahl *Ne*[1)]

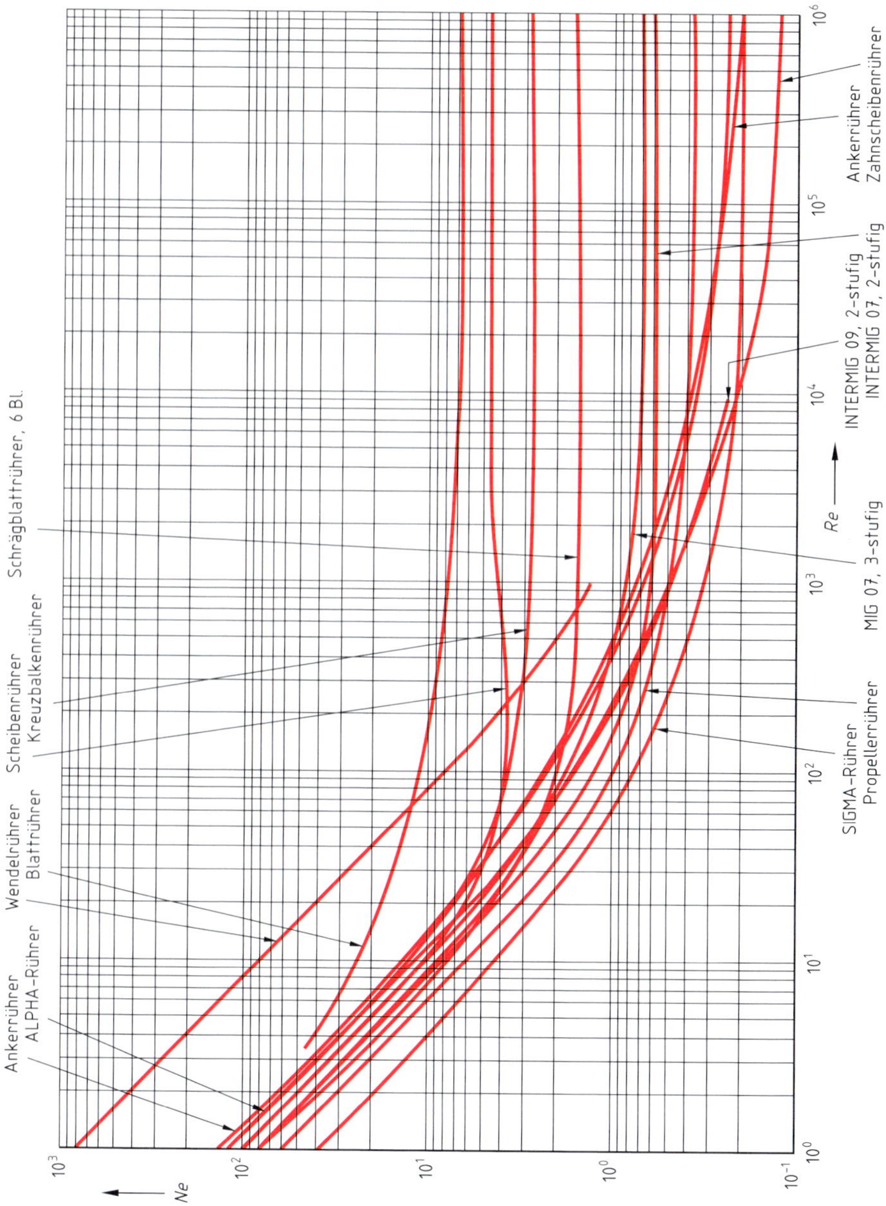

1) Nach Fa. EKATO und Fa. Stelzer

Rührer (Fortsetzung)

Rührer im Vergleich

Rührer	Überwiegende Strömungsrichtung	Viskositätsbereich in Pa · s	Umfangsgeschwindigkeit in m/s	Leistungskennzahl *Ne* (turbulent)	Bemerkung
Ankerrührer 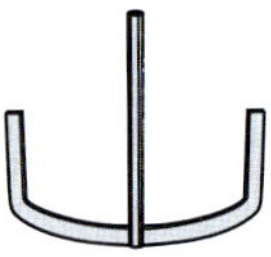	tangential	2 ... 10 max. ca. 20	1 ... 5 meist < 1,2	0,2 ... 2,0	$d_2/d_1 \approx$ 0,9 ... 0,98 (i. Allg. 0,96) Zur Intensivierung des Wärmeaustauschs und zum Homogenisieren (i. Allg. nur mit zusätzlichen Einbauten) Einsatz im turbulenten und im Übergangsbereich
Trapezrührer 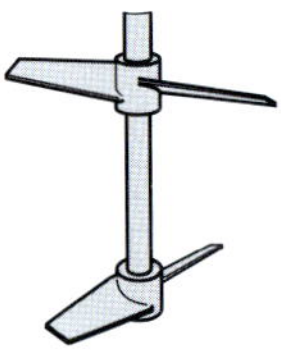	axial-radial	max. ca. 15	2 ... 8		$d_2/d_1 \approx$ 0,4 ... 0,9 Für einfache Homogenisier- und Dispergieraufgaben, insbesondere bei scherempfindlichen Medien Es handelt sich hier um einen Kreuzbalken mit sich zum Ende hin verjüngenden Blättern
MIG®-Rührer 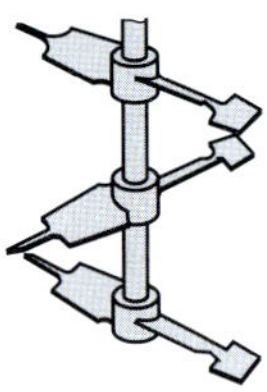	axial-radial	max. ca. 80	2 ... 10	0,55	$d_2/d_1 \approx$ 0,5 ... 0,95 (i. Allg. 0,7) Zum Homogenisieren, Suspendieren, Begasen und zur Intensivierung des Wärmeaustauschs Schonende Behandlung des Mediums Einsatz im laminaren und turbulenten Bereich
Intermig®-Rührer 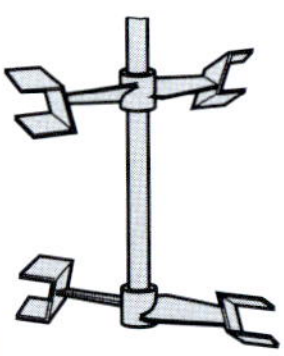	axial-radial	max. ca. 80	1 ... 9	0,65	$d_2/d_1 \approx$ 0,5 ... 0,95 Zum Homogenisieren, Suspendieren, Dispergieren (flüssig/flüssig und flüssig/fest), Begasen und zur Intensivierung des Wärmeaustauschs Schonende Behandlung der Medien, Einsatz laminar bis turbulent
Sigma®-Rührer 	axial	bis > 50, z. T. bis 400	bis 8	0,22	$d_2/d_1 \approx$ 0,5 ... 0,9 Zum Suspendieren, Homogenisieren und Begasen Schonende Behandlung der Rührmedien (geringe Scherung), relativ geringe Leistungsaufnahme, gleichmäßige Durchmischung (gleichmäßiges Konzentrationsprofil) durch gleichmäßig verteilten Energieeintrag

Rührer (Fortsetzung)

Rührer im Vergleich

Rührer	Über-wiegende Strömungs-richtung	Viskositäts-bereich in Pa · s	Umfangsge-schwindigkeit in m/s	Leistungs-kennzahl *Ne* (turbulent)	Bemerkung
Alpha®-Rührer 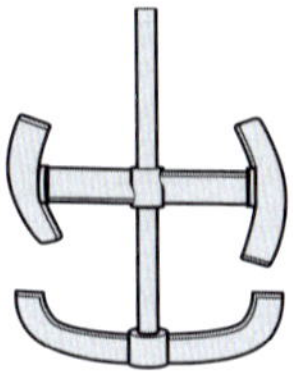	axial-radial	bis ca. 400	0,5 ... 4,0	0,25	$d_2/d_1 \approx 0{,}9$ Intensives und schonendes Homogenisieren im mittel- bis hochviskosen Bereich (preiswerte Wendelrührer-ausführung) Guter Feststoffeinzug von der Oberfläche Einsatz im Übergangsbereich zwischen laminar und turbulent
Wendelrührer 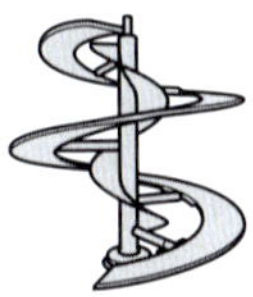	axial	50 ... 1000	bis 2	440	$d_2/d_1 \approx 0{,}9 \ldots 0{,}98$ (i. Allg. 0,9) Zum Homogenisieren und Intensivieren des Wärmeaustauschs in hochviskosen Medien (wandgängig) Einsatz im laminaren Bereich
Propellerrührer 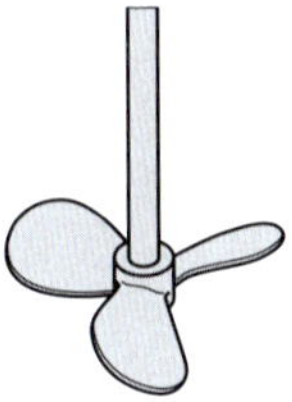	axial	bis 10	2 ... 15	0,35 ... 0,85	$d_2/d_1 \approx 0{,}05 \ldots 0{,}5$ (i. Allg. 0,33) Zum Homogenisieren, Dispergieren (flüssig/flüssig und flüssig/fest), Umwälzen und Fördern niedrig bis mittelviskoser Medien Zentrischer und exzentrischer Einbau Einsatz im turbulenten Bereich
Scheibenrührer 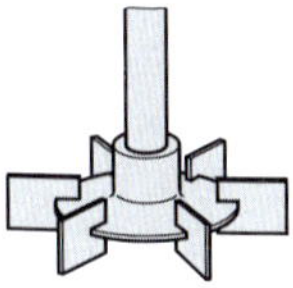	radial	bis 10 max. ≈ 15	2 ... 7	5,5	$d_2/d_1 \approx 0{,}2 \ldots 0{,}5$ (i. Allg. 0,33) Zum Dispergieren nicht mischbarer Flüssigkeiten und zum Begasen Hohe Scherkräfte Einsatz im turbulenten Bereich
Schrägblatt-rührer 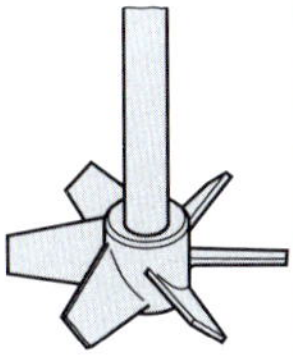	axial-radial	bis 10 max. ≈ 50	3 ... 10	1,5	$d_2/d_1 \approx 0{,}15 \ldots 0{,}5$ (i. Allg. 0,33) Zum Homogenisieren, Dispergieren (flüssig/flüssig und flüssig/fest), Suspendieren und Umwälzen Wirkung entspricht einer Kombination von Propeller- und Scheibenrührer Einsatz im laminaren und turbulenten Bereich

Rührer (Fortsetzung)

Rührer im Vergleich

Rührer	Überwiegende Strömungsrichtung	Viskositätsbereich in Pa · s	Umfangsgeschwindigkeit in m/s	Leistungskennzahl *Ne* (turbulent)	Bemerkung
Interprop-Rührer 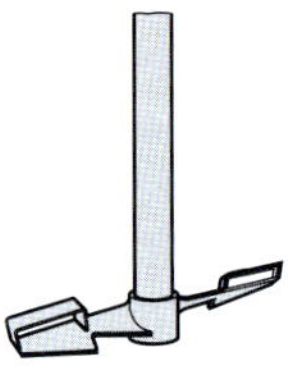	axial	bis 10	2 ... 15		$d_2/d_1 \approx 0{,}1 \ldots 0{,}5$ Zum Homogenisieren, Dispergieren, Suspendieren, Begasen und zur Intensivierung des Wärmeaustauschs Wirkung wie Propellerrührer aber bessere Dispergierwirkung und größere Durchmesser möglich (günstig für große Behälter) Einsatz im turbulenten Bereich
Viskoprop-Rührer 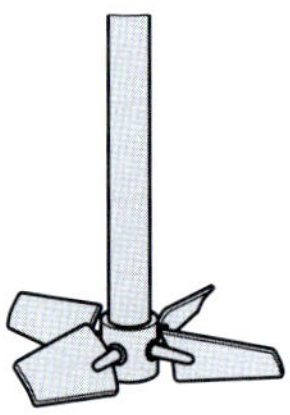	axial-radial	bis 100	3 ... 10		$d_2/d_1 \approx 0{,}1 \ldots 0{,}7$ Zum Homogenisieren, Dispergieren, Suspendieren und Begasen Der Rührer erzeugt ein ähnliches Strömungsbild wie der Schrägblattrührer, allerdings bei höherer Scherwirkung. Variabler Blattanstellwinkel Gut zu reinigen Einsatz im laminaren und turbulenten Bereich
Zahnscheibenrührer (Mizerscheibe) 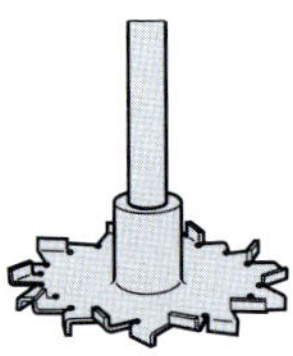	radial	bis 10	8 ... 30	0,2	$d_2/d_1 \approx 0{,}2 \ldots 0{,}5$ (i. Allg. 0,33) Zum Dispergieren (flüssig/flüssig und flüssig/fest) und Emulgieren, zur Feststoffzerkleinerung und zum Nassmahlen Hohe Scherkräfte Einsatz im turbulenten und im Übergangsbereich
Impeller-Rührer 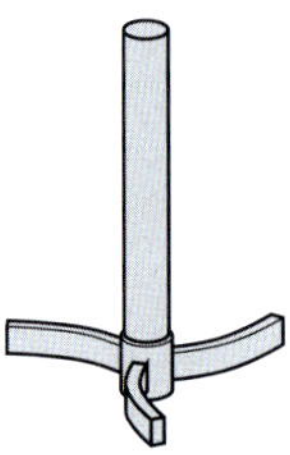	radial	bis 10	2 ... 15	0,7 ... 0,5	$d_2/d_1 \approx 0{,}4 \ldots 0{,}7$ (i. Allg. 0,57) Zum Homogenisieren, Dispergieren (flüssig/flüssig und flüssig/fest) und zur Intensivierung des Wärmeaustauschs Vibrationsarm (emaillierte Ausführungen für emaillierte Behälter) Einsatz im turbulenten Bereich

Rührer (Fortsetzung)

Rührer im Vergleich

Rührer	Überwiegende Strömungsrichtung	Viskositätsbereich in Pa · s	Umfangsgeschwindigkeit in m/s	Leistungskennzahl *Ne* (turbulent)	Bemerkung
Koaxial-Rührer 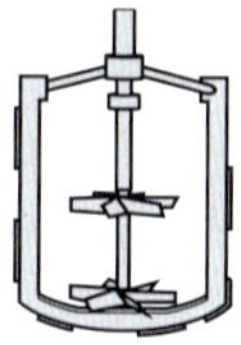	axial-radial	bis 100			Hohe Intensivierung des Wärmeaustauschs Sehr kurze Mischzeiten auch bei ausgeprägten Fließanomalien, sehr guter Feststoffeinzug von der Oberfläche Einsatz im turbulenten und laminaren Bereich
Mehrimpuls-Wendel-Rührer 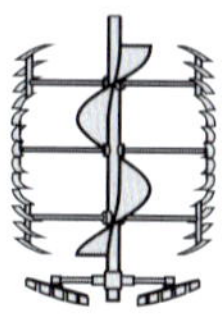	axial	bis 1000			Sehr gute Intensivierung des Wärmeaustauschs Schnelle und schonende Durchmischung mittel- und hochviskoser Medien, Minimierung der Emulsionsbildung bei mehreren Phasen, geringer Energiebedarf
Kreuzbalkenrührer 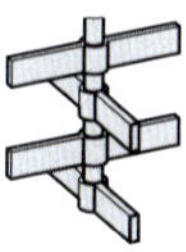	tangential bis radial	bis 10	2 ... 8	2,2	$d_2/d_1 \approx 0{,}5 \ldots 0{,}7$ Zum Homogenisieren und Suspendieren Einsatz im turbulenten Bereich
Gitterrührer 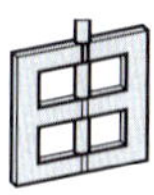	tangential bis radial	bis 20	2 ... 5		$d_2/d_1 \approx 0{,}5 \ldots 0{,}7$ Zum Dispergieren (flüssig/flüssig und flüssig/fest) Einsatz im laminaren und turbulenten Bereich
Blattrührer 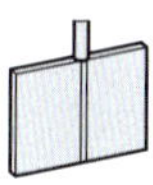	tangential bis radial	bis 2	0,5 ... 10	7,2	$d_2/d_1 \approx 0{,}5 \ldots 0{,}7$ Zum Homogenisieren und zur Intensivierung des Wärmeaustauschs Einsatz meist im laminaren Bereich
Fingerrührer 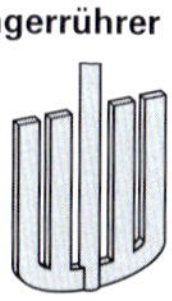	tangential bis radial	bis 100	0,5 ... 10		$d_2/d_1 \approx 0{,}5 \ldots 0{,}7$ Zum Homogenisieren und zur Intensivierung des Wärmeaustauschs Einsatz meist im laminaren Bereich

d_1 Behälterinnendurchmesser in m
d_2 Durchmesser des Rührorgans in m

Korngrößenverteilung/Siebanalyse

(DIN 66165-1 und -2, 1987-04)

Anwendung von Körnungs-Analyseverfahren	
$d_K >$ 40 µm	Siebanalyse
1 µm < $d_K <$ 60 µm	Windsichtung
2 µm < $d_K <$ 100 µm	Schlämmen
0,01 µm < $d_K <$ 60 µm	Sedimentationsanalyse (im Schwere- oder Zentrifugalfeld)
0,01 µm < $d_K <$ 150 µm	Zählverfahren (optisch, elektrisch oder optoelektrisch)

Die Charakterisierung eines Schüttgutes mit d_K > 40 µm kann unter anderem durch Prüfsiebung oder Siebanalyse geschehen.

- d_K Korndurchmesser in mm
- d Sieb-Maschenweite in mm
- m_P Gesamtprobenmasse in g (Aufgabemasse auf den Siebapparat)
- $m_{R,i}$ Masse Rückstand auf dem Siebboden i in g
- R Rückstand in % (R_i ist der Massenanteil der Teilchen, die einen größeren Durchmesser besitzen, als die Maschen des Siebbodens i)
- ΔR_i Massenanteil (Rückstand) auf dem Siebboden i in %
- D Siebdurchgang in % (D_i ist der Massenanteil des Siebgutes, der durch den Siebboden i hindurchgeht)
- $y_{H,i}$ Relative Häufigkeit in %/mm

Prüfsiebung

Es wird festgestellt, welcher Massenanteil des Schüttgutes größer ist als eine bestimmte Grenzkorngröße. Z. B. d_{50} = 1 mm bedeutet, dass ein Massenanteil von w(Schüttgut) = 50 % durch ein Sieb mit der Maschenweite d = 1 mm hindurchgeht.

Siebanalyse

Die Korngrößenverteilung wird mit Hilfe eines Siebapparates festgestellt, der aus mehreren übereinander angeordneten Sieben mit von oben nach unten abnehmender Maschenweite besteht.

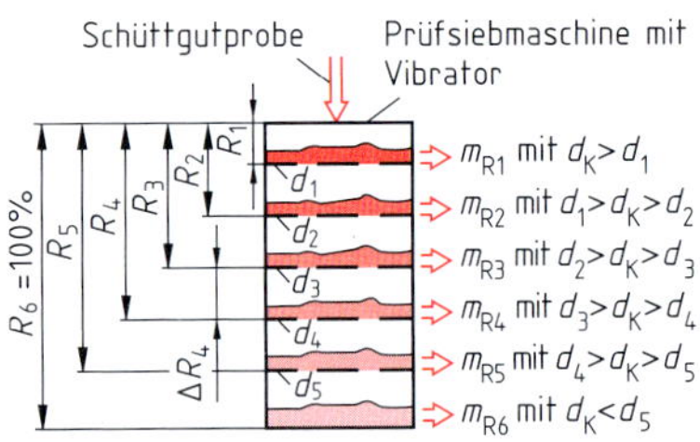

Derzeit übliche Analysensiebe (Nennöffnungsweite)

d in mm	d in mm	d in mm	d in mm
0,063	0,71	8	45
0,09	1	11,2	56
0,125	2	16	63
0,25	4	22,4	90
0,5	5	31,5	

Rückstand auf dem Siebboden i:

$$\Delta R_i = \frac{m_{R,i} \cdot 100}{m_P}$$

Auswertung der Siebanalyse

Verteilungsdichtediagramm

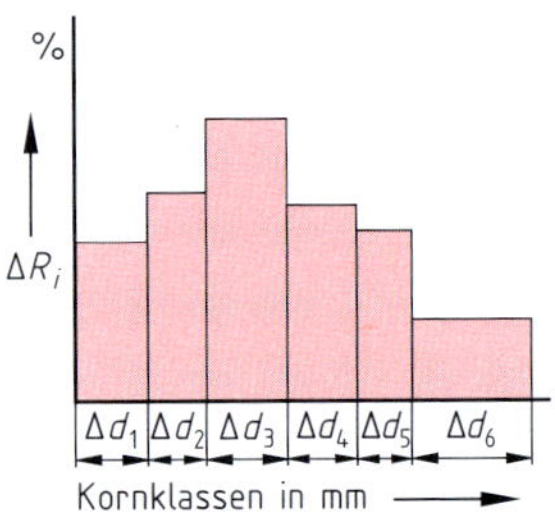

Δd_i gibt jeweils den Bereich der Korndurchmesser auf einem Siebboden an (jeweils die Differenz der Maschenweiten des Siebbodens i und des darüber liegenden Siebbodens).

Relative Häufigkeitskurve

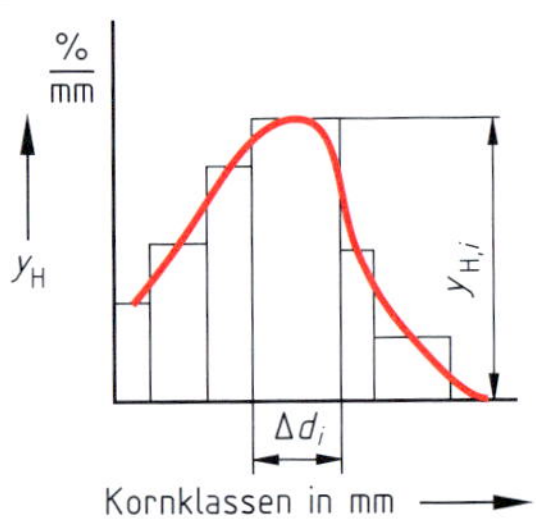

Die Fläche eines Rechtecks entspricht der Rückstandsmenge ΔR_i auf einem Siebboden i.

$$y_{H,i} = \frac{\Delta R_i}{\Delta d_i}$$

$$\Delta R_i = y_{H,i} \cdot \Delta d_i$$

Summenkurven

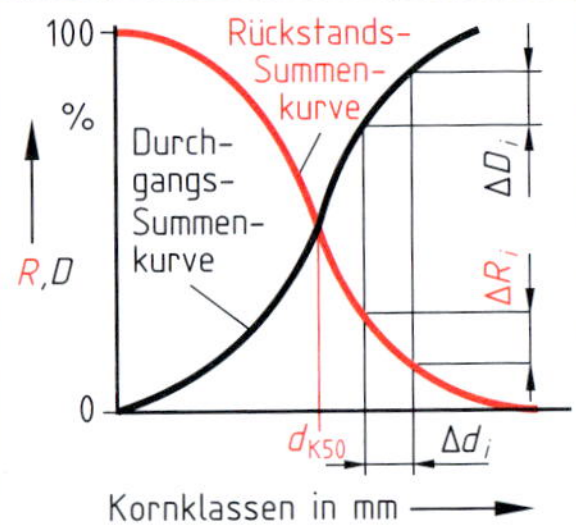

Die Grenzkorngröße (Halbwertskorngröße) d_{K50} gibt an, dass 50 % des Schüttgutes aus Körnern besteht, die größer als d_{K50} sind. Es gilt stets:

$$R_i + D_i = 100\ \%$$

Korngrößenverteilung/Siebanalyse (Fortsetzung)

Auswertung der Siebanalyse mit der RRSB-Exponentialverteilung

- R Rückstand als Massenanteil in %
- D Siebdurchgang als Massenanteil in %
- d_K Korndurchmesser in mm
- d' Maschenweite des Siebes für $R = 100$ %/e also für $R = 36{,}8$ % in mm (Körnungsparameter nach RRSB-Körnungsnetz in µm)
- n Gleichmäßigkeitsfaktor (Körnungsparameter nach RRSB-Körnungsnetz), stoffspezifisch
- b Stoffspezifische Konstante, $b = (1/d')^n$
- e *Eulersche* Zahl (e = 2,718 ...)
- S_K Spezifische Oberfläche bei Annahme von kugelförmigen Teilchen in m²/kg
- S Spezifische Oberfläche in m²/kg
- S_V Volumenbezogene Oberfläche in cm²/cm³
- S_m Massenbezogene Oberfläche in cm²/g
- f Formfaktor (ohne Einheit)
- ε Porosität (ohne Einheit)
- V Gesamtvolumen in m³
- V_s Feststoffvolumen in m³
- ϱ_s Feststoffdichte in kg/m³
- ϱ_l Flüssigkeitsdichte in kg/m³
- $\varrho_{Schütt}$ Dichte der Schüttung in kg/m³

Nach *Rosin, Rammler, Sperling* und *Bennet* gilt für spröde Stoffe die Beziehung:

$$R = e^{-b \cdot d_K^n}$$ bzw. $$R = e^{-\left(\frac{d_K}{d'}\right)^n}$$

Je größer der Gleichmäßigkeitsfaktor n ist, umso geringer ist der Anteil an Feinkorn und umso gleichartiger sind die Körner des Schüttgutes. n entspricht der Steigung der RRSB-Geraden im RRSB-Körnungsnetz.

Je größer d' umso gröber ist das Schüttgut. d' gibt an, in welchem Korngrößenbereich der Hauptanteil des Schüttgutes vorliegt.

Genormte RRSB-Körnungsnetze (nach DIN 66145) erleichtern die Auswertung (Körnungsnetz siehe nächste Seite):

1. Eintragung der Messpunkte (die Durchgangssumme D wird über der Maschenweite, durch die die Summe hindurchgegangen ist, aufgetragen).
2. Die Messpunkte werden zur RRSB-Geraden verbunden.
3. d' wird senkrecht unter dem Schnittpunkt der RRSB-Geraden mit der Waagerechten durch den Punkt $D = 0{,}632$ abgelesen.
4. Die Parallele zur RRSB-Geraden durch den Pol wird konstruiert. Die Verlängerung bis zum Randmaßstab ergibt den Gleichmäßigkeitsfaktor n und den Wert $S_V \cdot d'/f$.
5. Aus $S_V \cdot d'/f$ wird die volumenbezogene Oberfläche S_V in cm²/cm³ bestimmt (dazu wird mit dem Formfaktor f multipliziert und durch d' in cm dividiert).
6. Die massenbezogene Oberfläche S_m in cm²/g wird nun aus S_V bestimmt (S_V durch die Feststoffdichte ϱ_s in g/cm³ dividieren).

$$S_m = \frac{S_V}{\varrho_s}$$

Spezifische Oberfläche des Schüttgutes:

Für kugelförmige Teilchen gilt:

$$S_K = \frac{6{,}39 \cdot e^{1{,}796/n^2}}{\varrho_s \cdot d'}$$

Für Teilchen beliebiger Form gilt:

$$S = f \cdot S_K$$

Der Formfaktor f beträgt bei Kugelform 1, bei Plättchenform ungefähr 10.

Porosität des Schüttgutes:

Allgemein:

$$\text{Porosität} = \left(\frac{\text{Hohlraumvolumen}}{\text{Gesamtvolumen}}\right)$$

$$\varepsilon = \frac{V - V_s}{V}$$

Bei gasgefülltem Hohlraum kann die Porosität aus der Dichte berechnet werden:

$$\varepsilon = 1 - \frac{\varrho_{Schütt}}{\varrho_s}$$

Bei flüssigkeitsgefülltem Hohlraum gilt:

$$\varepsilon = \frac{\varrho_s - \varrho_{Schütt}}{\varrho_s - \varrho_l}$$

Korngrößenverteilung/Siebanalyse (Fortsetzung)

RRSB-Körnungsnetz nach DIN 66145, 1976-04 (mit eingezeichnetem Beispiel)

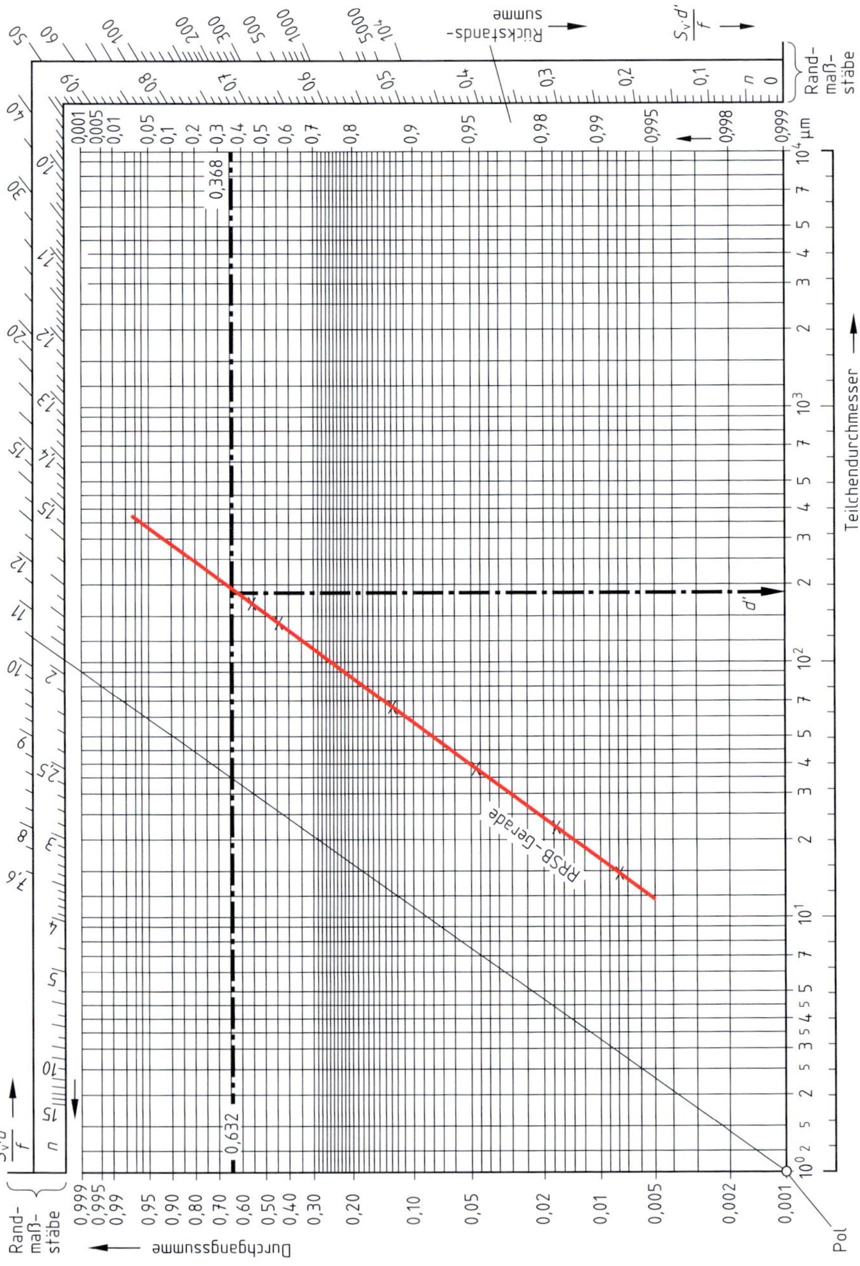

Filtration

Die folgenden Formeln gelten für den Fall, dass die Restfeuchte im Filterkuchen nach der Filtration gegenüber dem Filtratvolumen vernachlässigt werden kann. Außerdem muss der Filterkuchen näherungsweise inkompressibel sein.

Konstanter Filtrationsdruck

(Die Filtrationsgeschwindigkeit nimmt im Verlauf des Filtrationsvorganges kontinuierlich ab)

Filtrationszeit:

$$t = \frac{\eta \cdot V \cdot (y \cdot V \cdot \alpha + 2 \cdot A \cdot \beta)}{2 \cdot A^2 \cdot \Delta p}$$

Durchgesetztes Filtratvolumen nach der Zeit t:

$$V = \frac{\sqrt{\eta^2 \cdot A^2 \cdot \beta^2 + 2 \cdot \eta \cdot A^2 \cdot y \cdot \Delta p \cdot t \cdot \alpha} - \eta \cdot A \cdot \beta}{\eta \cdot \alpha \cdot y}$$

Abgetrennte Feststoffmenge
(Masse des Filterkuchens):

$$m = y \cdot V$$

t	Filtrationszeit in s
η	Dynamische Viskosität in Pa · s
y	Feststoffgehalt der Trübe in kg/m³ (kg Feststoff je m³ Flüssigkeit)
V	Filtratvolumen in m³
α	Mittlerer spezifischer Kuchenwiderstand, bezogen auf die Masse des trockenen Kuchens, in m/kg
β	Widerstand des Filtermittels in 1/m
A	Filterfläche in m²
Δp	Druckdifferenz zwischen beiden Seiten der Filterschicht in Pa
Δp_{max}	Höchste auftretende Druckdifferenz in Pa
m	Masse des Filterkuchens in kg
q_V	Volumendurchsatz an Filtrat in m³/s

Konstanter Volumenstrom des Filtrats

(Der Druck über dem Filterkuchen steigt kontinuierlich an)

Filtrationszeit:

$$t = \frac{A}{q_V \cdot \alpha \cdot y} \cdot \left(\frac{A \cdot \Delta p_{max}}{\eta \cdot q_V} - \beta\right)$$

Erreichbares Filtratvolumen:

$$V = \frac{A}{y \cdot \alpha} \cdot \left(\frac{A \cdot \Delta p_{max}}{\eta \cdot q_V} - \beta\right)$$

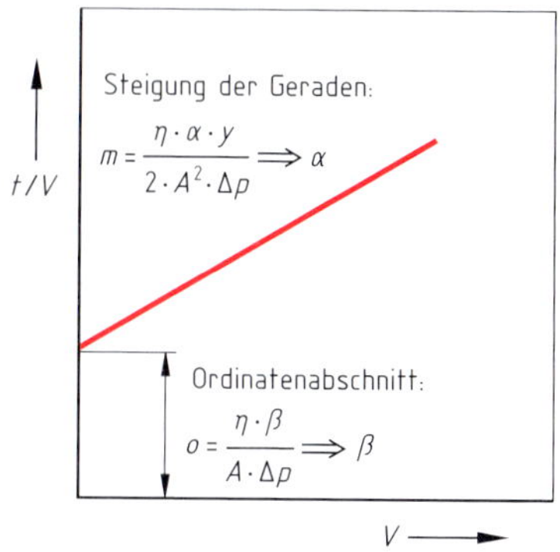

Ermittlung von α und β

α und β müssen experimentell durch Volumen-Zeit-Messungen bestimmt werden.

Bei konstantem Druck:
Die Geradengleichung im Diagramm t/V über V lautet:

$$\frac{t}{V} = \frac{\eta \cdot \alpha \cdot y}{2 \cdot A^2 \cdot \Delta p} \cdot V + \frac{\eta \cdot \beta}{A \cdot \Delta p}$$

Bei konstantem Volumen:
Die Geradengleichung im Diagramm Δp über V lautet:

$$\Delta p = \frac{\eta \cdot y \cdot q_V \cdot \alpha}{A^2} \cdot V + \frac{\eta \cdot q_V \cdot \beta}{A}$$

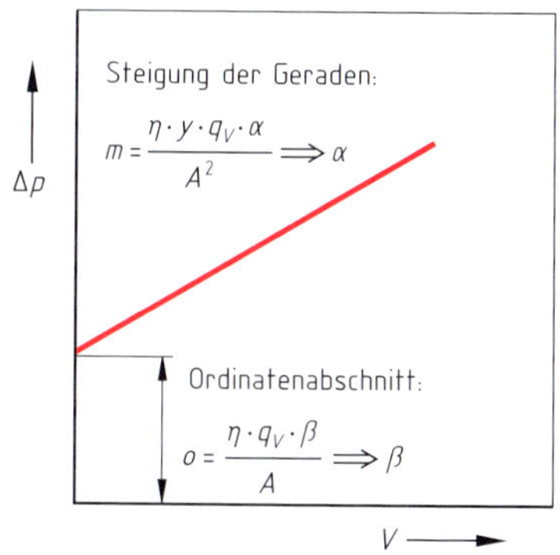

Sedimentation

Näherungsformeln für die Schwerkraftsedimentation von Teilchen in ruhender Flüssigkeit

Dünnsuspensionen mit einem Volumenanteil φ_s < 0,5 (kugelförmige Teilchen):

$$v_0 = \sqrt{\frac{1{,}25 \cdot d_T \cdot (\varrho_s - \varrho_l) \cdot g}{\zeta \cdot \varrho_l}}$$

Turbulenter Bereich
$500 < Re < 10^5$: $\zeta = 0{,}44$
Übergangsbereich
$0{,}2 < Re < 500$: $\zeta = 18{,}5/Re^{0{,}6}$
oder
$0{,}5 < Re < 10{,}1$: $\zeta = 27/Re^{0{,}8}$
$10{,}1 < Re < 122$: $\zeta = 17/Re^{0{,}6}$
$122 < Re < 1000$: $\zeta = 6{,}5/Re^{0{,}4}$

(Bestimmung von *Re* siehe unten!)

Laminare Umströmung des kugelförmigen Teilchens (*Re* < 0,5, bei technischen Absetzvorgängen meist der Fall):

$$v_0 = \frac{d_T^2 \cdot (\varrho_s - \varrho_l) \cdot g}{18 \cdot \eta_l}$$

(*Stookesche* Geschwindigkeitsgleichung)

Nicht kugelförmige Teilchen:

$$v_0' = \varphi \cdot v_0$$

Formfaktor φ:					
Form	kugelig	abgerundet	eckig	länglich	flach
φ	1	0,74 … 0,80	0,64 … 0,68	0,56 … 0,61	0,39 … 0,45

v_0 Absetzgeschwindigkeit eines nicht beeinflussten kugeligen Teilchens in m/s
v_0' Absetzgeschwindigkeit eines nicht kugelförmigen Teilchens in m/s
v_A Absetzgeschwindigkeit der Teilchen in einer Suspension (bei gegenseitiger Beeinflussung) in m/s
d_T Teilchendurchmesser in m
$d_{äq}$ Äquivalentdurchmesser (Durchmesser der einem unregelmäßig geformten Teilchen volumengleichen Kugel) in m
ϱ_s Dichte des Feststoffes in kg/m³
ϱ_l Dichte der Flüssigkeit in kg/m³
g Fallbeschleunigung in m/s² (g = 9,81 m/s²)
ζ Widerstandszahl (ohne Einheit)
η_l Dynamische Viskosität der Flüssigkeit in Pa · s
η_{Su} Scheinbare dynamische Viskosität der Suspension in Pa · s
φ Formfaktor (ohne Einheit)
φ_s Volumenanteil des Feststoffes in der Suspension (ohne Einheit)
k Konzentrationsbeiwert
Re *Reynolds*-Zahl (ohne Einheit)
Ar *Archimedes*-Zahl (ohne Einheit)
m_T Masse eines Teilchens in kg
q_V Absetzleistung in m³/s
t Absetzzeit in s
h Höhe der geklärten Flüssigkeitssäule über dem Sediment in m
A Grundfläche des Absetzbehälters in m²

Ermittlung der ungefähren Absetzgeschwindigkeit über die Ähnlichkeitsbeziehung:

$$v_0' = \frac{\varphi \cdot Re \cdot \eta_l}{d_{äq} \cdot \varrho_l} \quad \text{mit} \quad d_{äq} = 1{,}24 \cdot \sqrt[3]{\frac{m_T}{\varrho_s}}$$

Bestimmung von *Re* aus der *Archimedes*-Zahl *Ar*:

$$Ar = \frac{d_{äq}^3 \cdot (\varrho_s - \varrho_l) \cdot \varrho_l \cdot g}{\eta_l^2}$$

$Ar \le 9$	$9 < Ar < 82\,500$	$Ar \ge 82\,500$
$Re = \frac{Ar}{18}$	$Re = \left(\frac{Ar}{13{,}9}\right)^{0{,}714}$	$Re = 1{,}74 \cdot Ar^{0{,}5}$

Bei höheren Volumenanteilen an Feststoff (gegenseitige Behinderung der Teilchen):

$$v_A = k \cdot v_0' \quad \text{mit} \quad k = \frac{(1 - \varphi_S) \cdot \eta_l}{\eta_{Su}}$$

$$\eta_{Su} = \eta_l \cdot (1 + 4{,}5 \cdot \varphi_s)$$ für $\varphi_s < 0{,}4$

Absetzzeit und Absetzleistung:

$$t = \frac{h}{v_A} \qquad q_V = \frac{A \cdot h}{t} = A \cdot v_A$$

Katalysatoren für die chemische Industrie

Die folgende Tabelle stellt in einer Auswahl häufig verwendete oder empfohlene Katalysatoren für die chemische Industrie vor, daneben sind zum Teil weitere, hier nicht aufgeführte möglich.

Die Angabe w(X) steht für den Massenanteil des eigentlichen Katalysators im Gemisch Katalysator/Katalysatorträger.

Anwendungsbereich der Katalysatoren (Reaktion)	Empfohlener Katalysator und Katalysatorträger
Aminierung von Nitrilen (z. B. Methylamin zu sek. Amin)	Rhodium auf Aktivkohlepulver, w(Rh) = 5 %
Ammonolyse von Alkoholen zu Aminen	w(Ni) = 55 % + w(MgO) = 4 % auf Kieselgur
Debenzylierung (Hydrogenolyse)	w(Pd) = 5 % auf Aktivkohlepulver
Decarbonylierung (z. B. Furfural zu Furan)	w(Pd) = 5 % auf Aktivkohlepulver
Decarboxylierung (Methansäure zu CO_2 und H_2)	w(Ru) = 1 % auf Aktivkohlegranulat
Dehalogenierung (Hydrogenolyse)	w(Pd) = 5 % auf Aktivkohlepulver
Dehydrierung von Alkohol	w(Pt) = 5 % oder w(Pt) = 10 % auf Aktivkohlepulver
Dehydrierung von Cyclohexanol zu Phenol	w(Pd) = 5 % auf Aktivkohlepulver
Dehydrierung von Ethylbenzol zu Styrol	Fe_2O_3 mit Ce_2O_3, WO_3 und K_2O als Promotoren
Dehydrierungen	w(Pd) = 0,5 % auf Al_2O_3-Pellets oder w(Pd) = 5 % auf Aktivkohlepulver oder w(Pt) = 1 %, w(Pt) = 5 % oder w(Pt) = 10 % auf Aktivkohlepulver
Dehydrohalogenierung von aliphatischen und aromatischen Halogenverbindungen	Pd auf Aktivkohlepulver
Disproportionierung von Cyclohexen	Pd auf Aktivkohlepulver
Etherbildung	Polysiloxane
Etherspaltung	Polysiloxane
Fettsäurehärtung	w(Pd) = 5 % auf Aktivkohlepulver
Gasreinigung: Entfernung von O_2 aus H_2, N_2, Ar und CO_2 bei Anwesenheit von H_2	w(Pd) = 0,5 % oder w(Pd) = 0,3 % + w(Pt) = 0,3 % auf Aluminiumoxidkugeln
Hydrierung des Benzolrings	w(Rh) = 5 % auf Aktivkohlepulver
Hydrierung des Pyridinrings	w(Pt) = 1 % oder w(Pt) = 5 % auf Aktivkohlepulver oder w(Rh) = 5 % auf Aktivkohlepulver
Hydrierung von aliphatischen Aldehyden zu Alkoholen	w(Ru) = 5 % auf Aktivkohlepulver oder w(Pt) = 3 % auf Aktivkohlepulver
Hydrierung von aliphatischen Alkenen und Alkinen zu Alkanen (z. B. Octen zu Octan)	w(Pd) = 1 %, w(Pd) = 3 %, w(Pd) = 5 % oder w(Pd) = 10 % auf Aktivkohlepulver
Hydrierung von aliphatischen Carbonylverbindungen zu aliphatischen Alkoholen	w(Ru) = 5 % auf Aktivkohlepulver
Hydrierung von aliphatischen Ketonen (z. B. zu sekundären Alkoholen)	w(Ru) = 5 % auf Aktivkohlepulver
Hydrierung von aliphatischen Nitrosoverbindungen zu aliphatischen Aminen	w(Pd) = 3 % auf Aktivkohlepulver oder w(Pt) = 1 % oder w(Pt) = 5 % auf Aktivkohlepulver
Hydrierung von aliphatischen Nitroverbindungen (z. B. zu primären Aminen)	w(Pd) = 5 % auf Aktivkohlepulver oder w(Pt) = 1 %, w(Pt) = 3 % oder w(Pt) = 5 % auf Aktivkohlepulver

Katalysatoren für die chemische Industrie (Fortsetzung)

Anwendungsbereich der Katalysatoren (Reaktion)	Empfohlener Katalysator und Katalysatorträger
Hydrierung von aliphatischen Säuren (z. B. Carbonsäuren zu Alkoholen)	w(Re) = 5 % auf Aktivkohlepulver oder w(Ru) = 5 % + w(Re) = 5 % auf Aktivkohlepulver oder w(Rh) = 5 % auf Aktivkohlepulver
Hydrierung von Alkinen zu Alkenen	w(Pd) = 5 % auf $CaCO_3$-Pulver oder Al_2O_3-Pulver (partiell vergiftet)
Hydrierung von Anilin (z. B. zu Cyclohexylamin)	w(Rh) = 5 % auf Aktivkohlepulver oder w(Ru) = 5 % auf Aktivkohlepulver
Hydrierung von aromatischen Aldehyden (z. B. Benzylaldehyd zu Benzylalkohol)	w(Pd) = 5 % auf Aktivkohlepulver
Hydrierung von aromatischen Carbonylverbindungen zu aromatischen Alkoholen	w(Pd) = 1 %, w(Pd) = 3 %, w(Pd) = 5 % oder w(Pd) =10 % auf Aktivkohlepulver
Hydrierung von aromatischen Halonitroverbindungen zu Haloaminen	w(Pt) = 1 %, w(Pt) = 3 % oder w(Pt) = 5 % auf Aktivkohlepulver oder -paste
Hydrierung von aromatischen Ketonen zu Alkoholen	Pd auf Aktivkohlepulver
Hydrierung von aromatischen Nitrosoverbindungen zu aromatischen Aminen	w(Pd) = 3 % auf Aktivkohlepulver oder w(Pt) = 1 ... 10 % auf Aktivkohlepulver
Hydrierung von aromatischen Nitroverbindungen	w(Pd) = 5 % auf Aktivkohlepulver oder w(Pt) = 3 % auf Aktivkohlepulver
Hydrierung von aromatischen Nitroverbindungen zu aromatischen Aminen	w(Pd) = 5 % auf Aktivkohlepulver
Hydrierung von aromatischen Nitroverbindungen zu p-Aminophenolen	w(Pt) = 1 ... 5 % auf Aktivkohlepulver
Hydrierung von aromatischen Ringverbindungen (z. B. p-Toluidin zu trans-4-Methylcyclohexylamin)	w(Ru) = 5 % auf Aktivkohlepulver
Hydrierung von aromatischen Säuren (z. B. Benzoesäure zu Cyclohexancarbonsäure)	w(Rh) = 5 % auf Aktivkohlepulver
Hydrierung von Benzol zu Cyclohexan	w(Rh) = 5 % auf Aktivkohlepulver oder w(Pd) = 4 % + w(Rh) = 1 % auf Aktivkohlepulver oder w(Ru) = 5 % auf Aktivkohlepulver
Hydrierung von Chinonen zu Hydrochinonen	w(Pd) = 10 % auf Aktivkohlepulver
Hydrierung von Cyclohexen zu Cyclohexan	w(Pd) = 5 % auf Aktivkohlepulver (auch Pt und Rh)
Hydrierung von Ethinverbindungen zu Paraffinen	w(Pd) = 5 % auf Aktivkohlepulver
Hydrierung von Hydrazon	w(Pt) = 5 % auf Aktivkohlepulver
Hydrierung von Iminen zu Aminen	w(Pt) = 0,5 % auf Aktivkohlepulver oder w(Pd) = 4,5 % + w(Pt) = 0,5 % auf Aktivkohlepulver oder aktivierter Nickelkatalysator
Hydrierung von Ketonen zu sekundären Aminen	w(Ni) = 55 % + w(MgO) = 4 %, auf Kieselgur
Hydrierung von Naphthalin (z. B. zu Tetralin)	w(Pd) = 5 % auf Aktivkohlepulver oder aktivierter Nickelkatalysator
Hydrierung von Nitraten zu Hydroxylaminen	w(Pd) = 8 % + w(Pt) = 2 %, auf Aktivkohlepulver oder w(Pd) = 10 % bzw. w(Pd) = 15 % auf Aktivkohlepulver
Hydrierung von Nitrilen, Oximen und Carbonylverbindungen	Co-Al-Suspension (Raney-Cobalt-Katalysator)

Katalysatoren für die chemische Industrie (Fortsetzung)

Anwendungsbereich der Katalysatoren (Reaktion)	Empfohlener Katalysator und Katalysatorträger
Hydrierung von Nitroanisolen (z.B. zu Methoxyanilin)	w(Fe) = 5 % + w(Pd) = 4,5 % + w(Pt) = 0,5 % auf Kohlepulver
Hydrierung von Nitroaromaten zu Aminoaromaten	w(Ni) = 55 % + w(MgO) = 4 % auf Aktivkohlepulver
Hydrierung von Nitrosoverbindungen (z. B. aliphatische Nitrosoverbindungen zu primären aliphatischen Aminen)	w(Pd) = 5 % auf Aktivkohlepulver
Hydrierung von Olefinen (z. B. Mesityloxid zu 4-Methylpentanon)	w(Pd) = 0,5 % ... 5 % auf Aminopolysiloxan-Träger
Hydrierung von Oximen zu tertiären Aminen	Pt auf Aktivkohlepulver
Hydrierung von Oximen zu primären Aminen	Rh auf Aktivkohlepulver
Hydrierung von Oximen zu sekundären Aminen	Pd auf Aktivkohlepulver
Hydrierung von Oxoprodukten (ungesättigte Aldehyde), Ethin, Olefinen und Carbonylverbindungen	Nickel- und Kupferoxid auf Silikatträger
Hydrierung von p-Nitrosodiphenylamin	w(Pd) = 5 % auf Aktivkohlepulver
Hydrierung von Pyridin zu Piperidin	w(Rh) = 5 % auf Aktivkohlepulver oder w(Pd) = 10 % auf Aktivkohlepulver
Hydrierung von Säurechloriden (z. B. *Rosenmund*-Reduktion)	w(Pd) = 5 % auf Bariumsulfat oder Aktivkohlepulver
Hydrierung von ungesättigten Aldehyden zu ungesättigten Alkoholen	Os, Re oder Pt (partiell vergiftet) auf Aktivkohlepulver
Hydrierung von ungesättigten Fettsäuren zu gesättigten Fettsäuren	w(Ni) = 55 % + w(MgO) = 4 % auf Kieselgur
Hydrierung von ungesättigten Verbindungen in der organischen Synthese (Suspensionsfahrweise)	Ni-Al-Suspension (Raney-Nickel-Katalysator)
Hydrogenolyse von Allylverbindungen	Pd oder Pt auf Aktivkohlepulver
Hydrogenolyse von Vinylverbindungen	Pd oder Pt auf Aktivkohlepulver
Hydrolyse von Benzonitrilen (z.B. zu Benzaldehyden)	w(Pd) = 5 % auf Aktivkohlepulver
Hydrosilylierung	w(Pt) = 1 % auf Aktivkohleträger (Festbett)
Isomerisierung von Olefinen	w(Pd) = 5 % bzw. w(Pd) = 10 % auf Aktivkohlepulver
Kohlenstoff-Sauerstoff-Spaltung (Hydrogenolyse)	w(Pd) = 3 % auf Aktivkohlepulver
Kohlenstoff-Stickstoff-Spaltung (Hydrogenolyse)	w(Pd) = 3 % auf Aktivkohlepulver
Methansynthese aus Synthesegas	w(Ru) = 1 % auf Aluminiumoxid-Tabletten
Oxichlorierung von Ethylen zu 1,2-Dichlorethan	Kupferchlorid und Kaliumchlorid auf Al_2O_3-Träger
Oxidation von Alkohol	Ag in Kristallform (elektrolytisch erzeugt)
Oxidation von SO_2 bei der Schwefelsäureherstellung	ca. $w(V_2O_5)$ = 7 ... 8 % + Alkalisulfate und spezielle Promotoren auf Kieselsäureträger
Oxychlorierung von Ethylen zu Dichlorethan	$CuCl_2$ auf Aluminiumoxidpulver
Raffination von Mineralölprodukten	MoO_3 + CoO oder NiO auf Al_2O_3-Träger
Reduktive Alkylierung von Nitrobenzol	w(Pt) = 3 % auf Aktivkohlepulver

Katalysatoren für die chemische Industrie (Fortsetzung)

Anwendungsbereich der Katalysatoren (Reaktion)	Empfohlener Katalysator und Katalysatorträger
Reduktive Alkylierung von p-Aminodiphenylamin mit Ketonen	w(Pt) = 1 % bzw. w(Pt) = 3 % auf Aktivkohlepulver
Reduktive Alkylierung von Anilinen zu substituierten Anilinen	w(Pt) = 1 %, w(Pt) = 3 % oder w(Pt) = 5 % auf Aktivkohlepulver oder -paste
Reduktive Alkylierung von Diaminohexan (z. B. zu Tetrabutylhexamethylendiamin)	w(Pd) = 3 % auf Aktivkohlepulver
Reduktive Alkylierung von Nitroverbindungen zu substituierten Anilinen	w(Pt) = 1 %, w(Pt) = 3 % oder w(Pt) = 5 % auf Aktivkohlepulver oder -paste
Reduktive Alkylierung von Toluidin	w(Pd) = 5 % auf Aktivkohlepulver
Selektive Hydrierung cyclischer Diolefine	w(Pd) = 5 % auf Aktivkohlepulver oder w(Pd) = 1 % auf Aluminiumoxidpulver
Selektive Hydrierung von aliphatischen Aminen (z. B. substituierte Hexene zu substituierten Hexanen)	w(Pt) = 3 % oder w(Pt) = 5 % auf Aktivkohlepulver oder aktivierter Nickel-Katalysator
Selektive Hydrierung von aromatischen halogenierten Nitroverbindungen (z. B. Chlornitrobenzol zu Chloranilin)	w(Pt) = 1 %, w(Pt) = 3 % oder w(Pt) = 5 % auf Aktivkohlepulver
Selektive Hydrierung von aromatischen Olefinen (z. B. Styrol zu Ethylbenzol)	w(Pd) = 5 % auf Aktivkohlepulver oder Aluminiumoxidpulver
Selektive Hydrierung von aromatischen ungesättigten Aldehyden	w(Pt) = 3 % auf Aktivkohlepulver
Selektive Hydrierung von Benzonitrilen zu Benzylaminen	w(Pd) = 5 % auf Aktivkohlepulver
Selektive Hydrierung von Benzylverbindungen	w(Rh) = 5 % auf Aktivkohlepulver
Selektive Hydrierung von Dimethylterephthalat	w(Ru) = 5 % auf Aktivkohlepulver
Selektive Hydrierung von Diolefinen (z. B. Hexadien zu Hexen)	w(Pd) = 5 % auf Aktivkohlepulver oder Aluminiumoxidpulver
Selektive Hydrierung von Ethin (z. B. zu Ethen)	w(Pd) = 0,15 % auf Kieselgelgranulat
Selektive Hydrierung von Ethinverbindungen	w(Pd) = 5 % + w(Pb) = 3,5 % auf Calciumcarbonatpulver oder w(Pd) = 5 % auf Aktivkohlepulver
Selektive Hydrierung von Fettnitrilen zu primären und sekundären Aminen	Aktivierter Nickel-Katalysator
Selektive Hydrierung von halogenierten Carboxylsäureestern	w(Ru) = 5 % auf Aktivkohlepulver
Selektive Hydrierung von mehrfach ungesättigten Olefinen (z. B. Vinylcyclohexen zu Ethylcyclohexen)	w(Pd) = 0,5 ... 5 % auf Aminopolysiloxan-Träger
Selektive Hydrierung von Naphthalin (z. B. zu Decalin)	Aktivierter Nickel-Katalysator
Selektive Hydrierung von Nitrat zu Hydroxylamin	w(Pd) = 8 % + w(Pt) = 2 % auf Aktivkohlepulver oder -paste
Selektive Hydrierung von Nitrilen zu primären Aminen	w(Rh) = 5 % auf Aktivkohlepulver oder Aluminiumoxidpulver oder w(Pd) = 5 % auf Aktivkohlepulver oder w(Ni) = 55 % + w(MgO) = 4 % auf Kieselgur
Selektive Hydrierung von Nitrilen zu sekundären Aminen	w(Rh) = 5 % auf Aktivkohlepulver
Selektive Hydrierung von Nitrilen zu tertiären Aminen	w(Pd) = 5 % auf Aktivkohlepulver oder w(Pt) = 5 % auf Aktivkohlepulver

Katalysatoren für die chemische Industrie (Fortsetzung)

Anwendungsbereich der Katalysatoren (Reaktion)	Empfohlener Katalysator und Katalysatorträger
Selektive Hydrierung von Nitrobenzol (z. B. zu Phenylhydroxylamin)	*w*(Pt) = 3 % auf Aktivkohlepulver
Selektive Hydrierung von Nitrobenzol (z. B. zu p-Aminophenol)	*w*(Pt) = 1 % bzw. *w*(Pt) = 1,5 % bzw. *w*(Pt) = 3 % auf Aktivkohlepulver
Selektive Hydrierung von Nitrobenzol zu Hydrazobenzol	*w*(Pd) = 5 % auf Aktivkohlepulver
Selektive Hydrierung von Nitrosaminen (z. B. zu Hydrazinderivaten)	*w*(Pd) = 5 % auf Aktivkohlepulver
Selektive Hydrierung von Nitrosoverbindungen	*w*(Pd) = 4 % + *w*(Pt) = 1 % oder *w*(Pd) = 8 % + *w*(Pt) = 2 % auf Aktivkohlepulver
Selektive Hydrierung von o-Chlornitrobenzol zu 2,2-Dichlorhydrazobenzol	*w*(Pt) = 3 % auf Aktivkohlepulver
Selektive Hydrierung von p-Nitrophenol zu p-Aminophenol	*w*(Pd) = 3 % auf Aktivkohlepulver
Selektive Hydrierung von Phenol zu Cyclohexanol	*w*(Rh) = 5 % auf Aktivkohlepulver oder *w*(Rh) = 2 % + *w*(Ru) = 3 % auf Aktivkohlepulver
Selektive Hydrierung von Phenol zu Cyclohexanon	*w*(Pd) = 5 % auf Aktivkohlepulver oder *w*(Pd) = 1 % auf Aluminiumoxidpellets oder *w*(Pd) = 1 % auf Aktivkohlegranulat
Selektive Hydrierung von Phenylendiamin zu Diaminocyclohexan	*w*(Ru) = 5 % auf Aluminiumoxidpulver
Selektive Hydrierung von substituiertem Phenol zu substituiertem Cyclohexan (H, NH_2 oder Alkylgruppe)	*w*(Pt) = 3 % bzw. *w*(Pt) = 5 % auf Aktivkohlepulver oder aktivierter Nickelkatalysator
Selektive Hydrierung von ungesättigten aliphatischen Aldehyden zu ungesättigten aliphatischen Alkoholen	*w*(Pt) = 3 % auf Aktivkohlepulver oder *w*(Ru) = 5 % auf Aktivkohlepulver
Selektive Hydrierung von ungesättigten aromatischen Aldehyden	*w*(Pd) = 5 % auf Aktivkohlepulver
Selektive Oxidation von heterocyclischen Aldehyden (z. B. Furfural zur korrespondierenden Säure)	*w*(Pt) = 5 % auf Aktivkohlepulver
Selektive Oxidation von Isoalkoholen (z. B. Isopropanol zu Aceton)	*w*(Pt) = 5 % auf Aktivkohlepulver oder *w*(Pd) = 4 % + *w*(Pt) = 1 % + *w*(Bi) = 5 % auf Aktivkohlepulver
Selektive Oxidation von linearen Alkoholen (z. B. n-Propanol zu Propionsäure)	*w*(Pt) = 5 % auf Aktivkohlepulver
Selektive Oxidationen	*w*(Pd) = 1 %, *w*(Pd) = 3 %, *w*(Pd) = 5 % oder *w*(Pd) = 10 % auf Aktivkohlepulver oder *w*(Pt) = 1 %, *w*(Pt) = 5 % oder *w*(Pt) = 10 % auf Aktivkohlepulver
Spaltung von Ammoniak (Schutzgaserzeugung)	*w*(NiO) = 20 ... 25 % auf Al_2O_3-Träger
Synthese von Ammoniak aus N_2 und H_2	Katalysator auf Magnetitbasis (Oxidationsform: Fe_3O_4), aktiviert mit K_2O, CaO, MgO und Al_2O_3
Synthese von Ethylbenzol aus Benzol und Ethylchlorid	Aluminiumchlorid
Wasserreinigung	*w*(Ag) = 1 % auf Kohleträger
Zerlegung von Ozon in Sauerstoff	*w*(Pd) = 0,5 % auf Aluminiumoxid-Kugeln
Zerlegung von Wasserstoffperoxid zu Wasser	*w*(Pt) = 0,15 % auf Aluminiumoxid-Kugeln

Katalysatoren für die Gasreinigung

Die folgende Tabelle stellt in einer Auswahl häufig verwendete oder empfohlene Katalysatoren für die Gasreinigung vor, daneben sind zum Teil weitere, hier nicht aufgeführte möglich.

Die Angabe *w*(X) steht für den Massenanteil des eigentlichen Katalysators im Gemisch Katalysator/ Katalysatorträger.

Anwendungsbereich der Katalysatoren (Reaktion)	Empfohlener Katalysator und Katalysatorträger
Absorptive Entfernung reaktiver Schwefelverbindungen (z. B. H_2S) aus Gasen	ZnO
Adsorptive Entfernung von reaktiven Chlorverbindungen aus Gasen (z. B. gasförmigen Kohlenwasserstoffen)	Al_2O_3 mit Promotor
Chemiesorptive Entfernung von Arsenwasserstoff und/oder Schwefelverbindungen aus gesättigten und ungesättigten Kohlenwasserstoffen	ca. $w(CuO) = 40$ % auf ZnO- und Al_2O_3-Träger
Entfernen von Quecksilberspuren aus reduzierbaren Gasen	ca. $w(CuO) = 15$ % auf speziellem Träger
Entfernung von CO oder CO_2 aus H_2 durch Methanisierung zu CH_4	$w(Ru) = 0,5$ % auf Al_2O_3-Tabletten
Entfernung von CO und Kohlenwasserstoffen aus N_2 und aus Edelgasen	Pt oder Pd auf Al_2O_3-Träger
Entfernung von H_2 aus H_2O_2 oder CO_2	Pd auf Al_2O_3-Träger
Entfernung von H_2 aus O_2, Ar, N_2, CO_2, He oder Luft durch Verbindung mit O_2	$w(Pt) = 0,3$ % oder $w(Pt) = 0,5$ % auf Al_2O_3-Tabletten
Entfernung von Kohlenwasserstoffen aus Luft, CO_2 oder O_2	Pt oder Pd auf Al_2O_3-Träger
Entfernung von NO_x aus Rauchgasen durch Reduktion mit Ammoniak	$TiO_2 + WO_3 + V_2O_5$
Entfernung von NO_x aus schwefelarmen Abgasen durch Reduktion mit Ammoniak	V_2O_5 oder $TiO_2 + V_2O_5$
Entfernung von O_2 aus CO-haltigen Gasen	Pt auf Al_2O_3-Kugeln
Entfernung von O_2 aus H_2, N_2, Ar und CO_2 durch Verbindung mit H_2	$w(Pd) = 0,3$ % oder $w(Pd) = 0,5$ % auf Al_2O_3-Tabletten
Entfernung von O_2 oder H_2 aus Gasen	Pd auf Al_2O_3-Kugeln
Entfernung von O_3 aus Luft oder Wasser	$w(Pd) = 0,3$ % oder $w(Pd) = 0,5$ % auf Al_2O_3-Kugeln
Katalytische Nachverbrennung von Kohlenwasserstoffen in halogen- und schwefelhaltigen Abgasen	$CuO + Cr_2O_3$ auf speziellem Träger
Katalytische und adsorptive Reinigung von Gasen (z. B. Feinreinigung von Alkenen vor der Polymerisation)	CuO + ZnO auf Al_2O_3-Träger
Katalytisches und absorptives Entfernen von O_2 aus Gasen	ca. $w(CuO) = 38$ % in hochdisperser Form auf Träger mit aktivierenden Zusätzen
Methanisierung von CO und CO_2 bei gleichzeitigem Entfernen von O_2, Reinigen von Ammoniaksynthesegas und Hydrierwasserstoff	ca. $w(NiO) = 30$ % auf Träger
Reduktion von Stickoxiden zu N_2 mit H_2 in Gegenwart von CO und CO_2	$w(Pd) = 0,12$ % + $w(Ru) = 0,12$ % auf Al_2O_3-Extrudat

Reaktionskinetik

Reaktortypen

Chemische Reaktoren

Diskontinuierliche Reaktoren (Absatz- bzw. Batch- bzw. Chargenbetrieb)

Offene oder geschlossenen Behälter (Rührkessel u. andere Mischapparate, Wannen, Bottiche, Tiegel)

Indiziert bei:

- sehr langenReaktions- bzw. Verweilzeiten
- sehr kleinen Reaktionsmassen bzw. -volumen
- wechselnden Betriebsbedingungen (z.B. Technika)
- schwierig zu fördernden Stoffen (z.B. sehr zähe, adhäsive (anbackende) oder schleißende Stoffe)

Nachteile:

- Rüstzeiten (Totzeiten) für Befüllen, Aufheizen, Abkühlen, Entleeren und Reinigen usw. erforderlich
- höhere Energiekosten (häufigeres Aufheizen und Abkühlen, Reinigen, Sterilisieren usw.)
- höherer Bedienungs- und Wartungsaufwand
- größeres Risiko bezüglich Bedienungsfehler

Kontinuierliche Reaktoren (stetiger bzw. Fließbetrieb)

Indiziert bei:

- hohen Anforderungen an eine gleichbleibende Produktqualität
- der Forderung nach möglichst geringem Bedienungsaufwand (Personalkostenreduzierung)
- großen erforderlichen Durchsätzen

Nachteile:

- weniger flexibel als diskontinuierliche Reaktoren
- höherer Aufwand für die Automatisierung (Mess-, Steuer- und Regeleinrichtungen)
- insgesamt i. Allg. hohe Investitionskosten
- konstante Bedingungen bei der Zufuhr und bei der Qualität der Ausgangsstoffe erforderlich

Homogene Reaktionen
(Reaktionen innerhalb einer homogenen Phase)

Reaktoren für die Umsetzung in der Gasphase

Rohr-, Schlaufen-, Großbehälter-, Lichtbogen- und Flammenreaktoren (z.B. Brenner)

Reaktoren für die Umsetzung in der flüssigen Phase

Rührbehälter- (Bottiche, Rührkessel, Autoklaven), Rohr- und Schlaufenreaktoren

Heterogene Reaktionen
(Reaktionen zwischen unterschiedlichen Phasen)

Reaktoren für die Umsetzung zwischen Feststoff und Gas

Festbettreaktorn (z.B. Kontaktöfen, Rohrbündelreaktoren), Wanderbettreaktoren (z.B. Drehrohr-, Wirbelschicht- und Schachtöfen, Etagen- und Flugstaubreaktoren)

Reaktoren für die Umsetzung zwischen Feststoff und Flüssigkeit

Rührbehälter- (Rührkessel-), Schlaufen-, Schnecken-, Drehtrommel-, Knetschaufel- Umlauf- und Festbettreaktoren

Reaktoren für die Umsetzung zwischen Gas und Flüssigkeit

Begaste Rührbehälter (z.B. mit Hohlrührer zur Gaseinleitung), Rohrreaktoren, Strahlwäscher, Blasensäulen, Boden- und Füllkörperkolonnen-, Fallfilm- und Schlaufenreaktoren und statische Mischer

Bleibt eine Komponente stationär im Reaktor, während die andere kontinuierlich zu- oder abgeführt wird, spricht man von **Teilfließbetrieb** oder **halbkontinuierlichem Reaktor** (z.B. dauerndes Abführen des entstandenen Produkts um das Gleichgewicht der Reaktion zu verschieben).

Reaktionskinetik (Fortsetzung)

Reaktionsgeschwindigkeit

Für den Reaktionstyp: A + B → C + D (stöchiometrischer Faktor jeweils $\nu = 1$) gilt:

Mittlere Reaktionsgeschwindigkeit im Zeitintervall Δt:

Für die Produkte (Bildung):

$$r = \frac{\Delta c_C}{\Delta t} = \frac{\Delta c_D}{\Delta t}$$

Für die Edukte (Zerfall):

$$r = -\frac{\Delta c_A}{\Delta t} = -\frac{\Delta c_B}{\Delta t}$$

Momentangeschwindigkeit (Zeitintervall Δt geht gegen Null und wird dann mit *dt* bezeichnet) z.B. für Stoff A:

$$r_A = \frac{dc_A}{dt}$$

Bezüglich der Stoffmengenänderung d*n* definiert gilt:

Reaktionsgeschwindigkeit in einem *diskontinuierlich betriebenen Rührkessel* für den Stoff i bei V = konst. und in einem sehr kleinen Zeitintervall d*t*:

$$r_i = \frac{1}{V} \cdot \frac{dn_i}{dt}$$

$$r_i = \frac{dc_i}{dt}$$

Reaktionsgeschwindigkeit in einem *kontinuierlichen betriebenen Rührkessel* (stationärer Zustand):

$$r_i = \frac{1}{V} \cdot (\dot{n}_i - \dot{n}_{i,0})$$

Reaktionsgeschwindigkeit in einem *kontinuierlichen betriebenen Rohrreaktor* (stationärer Zustand):

$$r_i = \frac{d\dot{n}_i}{dV} = \frac{d\dot{n}_i}{A \cdot dL}$$

Äquivalent-Reaktionsgeschwindigkeit:

$$r = \frac{r_i}{\nu_i} = \frac{1}{\nu_i} \cdot \frac{dc_i}{dt}$$

Die Äquivalent-Reaktionsgeschwindigkeit ist für alle Reaktanten in der Reaktion gleich.

Welche **Konzentrationsabhängigkeit** für die Reaktionsgeschwindigkeit bei einer bestimmten Reaktion vorliegt, **kann nur experimentell ermittelt werden.**

Hierzu wird zunächst ein möglicher oder wahrscheinlicher Ansatz formuliert und dann auf seine Akzeptanz experimentell überprüft (siehe nächste Seite).

Beispiel eines Geschwindigkeitsgesetzes für die homogene Elementarreaktion des Typs ν_A A → Produkt

$$r = k \cdot c_A^{\nu_A}$$

r	Reaktionsgeschwindigkeit in mol/(L · s)
c	Stoffmengenkonzentration allgemein oder nach der Reaktion in mol/L
Δc	Änderung der Stoffmengenkonzentration in mol/L
dc	Änderung der Stoffmengenkonzentration allgemein oder nach der Reaktion in einem sehr kleinen („unendlich kleinen") Zeitintervall in mol/L
Δt	Zeitdifferenz in s
dt	sehr kleine („unendlich kleine") Zeitdifferenz in s
n	Stoffmenge in mol
$\dot{n}$	Stoffmengenstrom in mol/s
k	Reaktionsgeschwindigkeitskonstante in L/(mol · s), 1/s , $L^2/(mol^2 \cdot s)$ usw.
V	Volumen in L
ν	stöchiometrischer Faktor (ohne Einheit)
A	Reaktorquerschnitt in m^2
L	Ortskoordinate; Reaktorlänge (durchströmte) in m

Indizes:

A, B, ...	Stoff A, B, ...
i	Stoff (Komponente) i
i,0	Stoff i, Zustand vor der Reaktion
m_1, m_2, ...	Reaktionsordnung der Komponente 1,

Beispiel eines Geschwindigkeitsgesetzes für die homogene Elementarreaktion des Typs: A + B → Produkt(e)

$$r = k \cdot c_A \cdot c_B$$

Für viele Reaktionen des allgemeinen Typs ν_A A + ν_B B → Produkt(e) gilt, wenn sie als Elementarreaktionen ablaufen, das Zeitgesetz bzw. Geschwindigkeitsgesetz:

$$r = k \cdot c_A^{\nu_A} \cdot c_B^{\nu_B}$$

Entsprechend für einfache Reaktionen der Form ν_A A + ν_B B + ν_C C → Produkt(e)

$$r = k \cdot k \cdot c_A^{\nu_A} \cdot c_B^{\nu_B} \cdot c_C^{\nu_C}$$

Allgemein gilt für viele Reaktionen:

$$r = k \cdot c_A^{m_1} \cdot c_B^{m_2} \cdot \ldots = k \cdot \prod_i \cdot c_i^{m_i}$$

Reaktionskinetik (Fortsetzung)

Reaktionsordnung
Die Reaktionsordnung ist gleich der Summe der Exponenten im Zeitgesetz der Reaktionsgeschwindigkeiten

Zeitabhängigkeit der Konzentration
*Reaktionen **0. Ordnung:***
Nachweis: Gerade im Diagramm → $c = f(t)$
(k ist die Steigung der Geraden).

Konzentration des Reaktanten A nach der Zeit *t*:

$$c_A = -k \cdot t + c_{A,0}$$

$$r = k = -\frac{dc_A}{dt}$$

Die Reaktionsgeschwindigkeit ist unabhängig von der Konzentration des Reaktanten.

Halbwertszeit:

$$T_{1/2} = \frac{c_{A,0}}{2 \cdot k}$$

*Reaktionen **1. Ordnung:***
Nachweis: Gerade im Diagramm → $\ln c = f(t)$
(k ist die Steigung der Geraden).

Beispiel: Zerfall von A in Produkte
Konzentration des Reaktanten nach der Zeit *t*:

$$c_A = c_{A,0} \cdot e^{-k \cdot t}$$

$$r = k \cdot c_A = -\frac{dc_A}{dt}$$

Halbwertszeit:

$$T_{1/2} = \frac{\ln 2}{k} = \frac{0{,}693}{k}$$

*Reaktionen **2. Ordnung:***
Nachweis: Gerade im Diagramm → $c^{-1} = f(t)$
(k ist die Steigung der Geraden).

Konzentration des Reaktanten A nach der Zeit *t*, für den Fall, dass ein Reaktant A in Produkte zerfällt oder zwei Reaktanten A und B mit gleicher Anfangskonzentration vorliegen:

$$c_A = \frac{c_{A,0}}{c_{A,0} \cdot k \cdot t + 1}$$

$$r = k \cdot c_A^2 = -\frac{dc_A}{dt}$$ bzw. $$r = k \cdot c_A \cdot c_B = -\frac{dc_A}{dt}$$

Halbwertszeit:

$$T_{1/2} = \frac{1}{k \cdot c_{A,0}}$$

Für $c_A \neq c_B$ (Konzentrationen von A und B unterschiedlich):

$$k \cdot t = \frac{1}{c_{A,0} - c_{B,0}} \cdot \ln \frac{c_A \cdot c_{B,0}}{c_{A,0} \cdot c_B}$$

Wegen der unterschiedlichen Ausgangskonzentrationen kann keine Halbwertszeit angegeben werden.

r	Reaktionsgeschwindigkeit in mol/(L · s)
c	Stoffmengenkonzentration allgemein oder nach der Reaktion in mol/L
Δc	Änderung der Stoffmengenkonzentration in mol/L
dc	Änderung der Stoffmengenkonzentration allgemein oder nach der Reaktion in einem sehr kleinen („unendlich kleinen") Zeitintervall in mol/L
dt	sehr kleine („unendlich kleine") Zeitdifferenz in s
k	Reaktionsgeschwindigkeitskonstante in L/(mol · s), 1/s, $L^2/(mol^2 \cdot s)$ usw.
t	Reaktionszeit in s
$T_{1/2}$	Halbwertszeit in s
A	präexponenzieller Faktor (spezifische Konstante für die entsprechende Reaktion unter definierten Bedingungen), ohne Einheit
E_a	Aktivierungsenergie in J/mol
T	absolute Temperatur in K
R	molare Gaskonstante in J/(mol · K) $R \approx 8{,}31$ J/(mol · K)
e	*eulersche* Zahl (e = 2,718...), ohne Einheit

Indizes:

A, B	Stoff A, Stoff B
A,0	Stoff A, Zustand vor der Reaktion
B,0	Stoff B, Zustand vor der Reaktion

*Reaktionen **n. Ordnung:***
Nachweis: Gerade im Diagramm
(k ist die Steigung der Geraden).

Bestimmung: Die Konzentration aller Komponenten wird konstant gehalten, nur die Konzentration eines Reaktanten wird verändert.
Die Anfangsgeschwindigkeit dieses Reaktanten wird im doppel-logarithmischen Netz gegen die Konzentration aufgetragen. Die Steigung des resultierenden Graphen (Gerade), gibt die Ordnung der Reaktion an.

$$r = k \cdot c^n = -\frac{dc_A}{dt} \qquad n \neq 1$$

$$-k \cdot t = \frac{1}{n-1} \cdot \left(\frac{1}{c_0^{n-1}} - \frac{1}{c^{n-1}}\right)$$

Temperaturabhängigkeit der (Reaktions-) Geschwindigkeitskonstanten

***Arrhenius*-Gleichung:**

$$k = A \cdot e^{-\frac{E_a}{R \cdot t}}$$

Reaktionskinetik (Fortsetzung)

Betriebsweise von Reaktoren

Idealer Rührkessel (diskontinuierlich), instationär, homogen, Austrag nach Reaktionsende

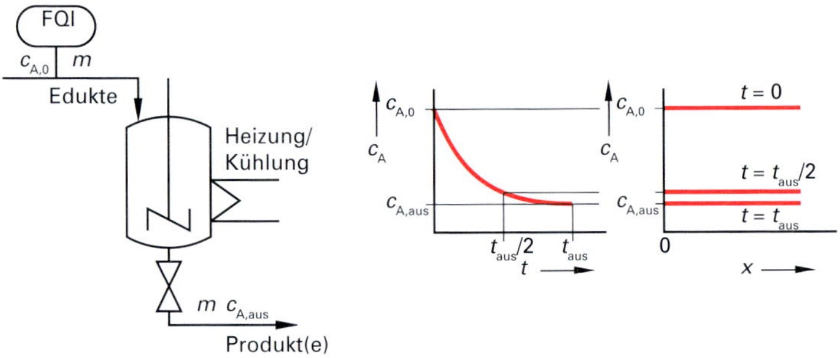

Ideales Strömungsrohr (kontinuierlich), stationär, homogen

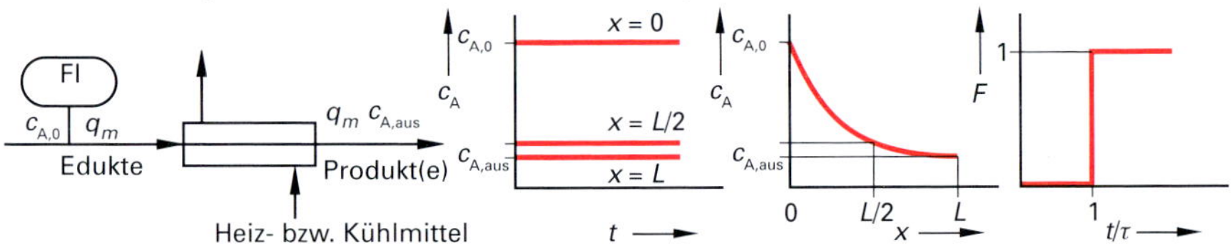

Rührkessel (kontinuierlich), stationär, homogen

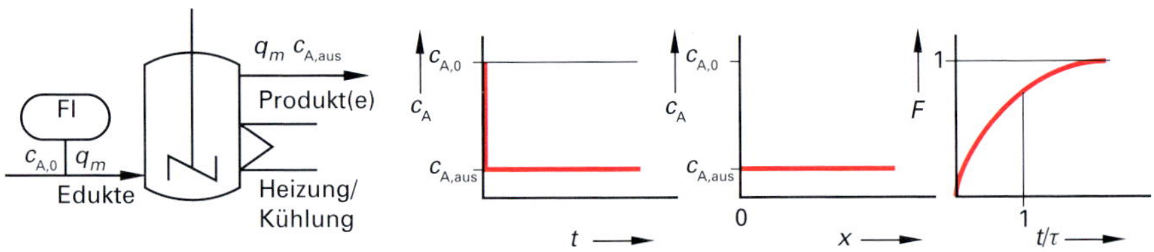

Rührkesselkaskade, 3 Stufen

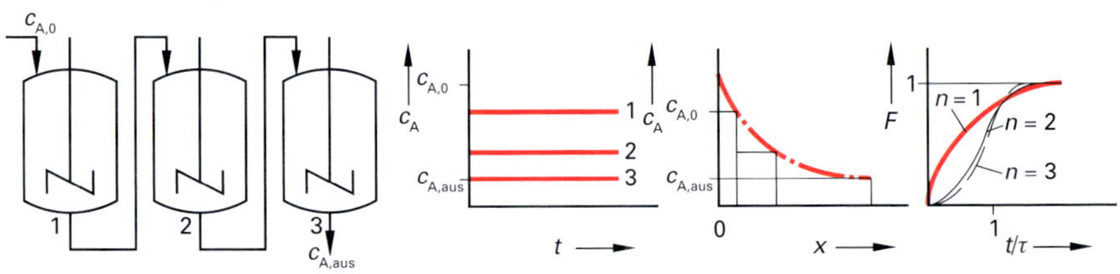

c	Stoffmengenkonzentration in mol/L
m	Masse in kg
q_m	Massenstrom in kg/s
t	Zeit in s
τ	mittlere Verweilzeit in s
x	Ortskoordinate
L	Länge in m
n	Anzahl (Anzahl Reaktionsbehälter)
F	Verweilzeit-Summenkurvenfunktion. Anteil des ablaufenden Volumenstroms, der eine Verweilzeit zwischen 0 s und t im Reaktor hat.

Indizes:

A	Komponente A
0	Eintritt in den Reaktor
aus	Austritt aus dem Reaktor

Einteilung der Werkstoffe

Werkstoffe
- Metalle
- Verbundwerkstoffe
- Nichtmetalle
- Halbmetalle

Metalle

Eisenmetalle

Stähle, $w(C) < 2\,\%$
- Nichtrostende Stähle
- Hitzebeständige Stähle
- Kesselbleche
- Allgemeine Baustähle
- Vergütungsstähle
- Einsatzstähle
- Nitrierstähle
- Alterungsbeständige Stähle
- Hochfeste Stähle
- Werkzeugstähle
  - Kaltarbeitsstähle
  - Warmarbeitsstähle
  - Schnellarbeitsstähle
  - Unlegierte Werkzeugstähle
- u.a.

Gusseisen, $w(C) > 2\,\%$
- Gusseisen mit Lamellengraphit (Grauguss)
- Gusseisen mit Kugelgraphit
- Temperguss

Nichteisenmetalle

Schwermetalle, $\varrho > 5000\ kg/m^3$
- Kupfer
- Kupferlegierungen
- Nickel
- Nickellegierungen
- Blei
- Bleilegierungen
- Tantal
- Zirconium
- Zink
- Zinklegierungen
- Zinn
- Zinnlegierungen
- Platin
- Gold
- Silber
- u.a.

Leichtmetalle, $\varrho < 5000\ kg/m^3$
- Aluminium
- Aluminiumlegierungen
- Titan
- Titanlegierungen
- Magnesium
- Magnesiumlegierungen
- u.a.

Verbundwerkstoffe

- Glasfaserverstärkte Kunststoffe
- Kohlenstofffaserverstärkte Kunststoffe
- Borfaserverstärkte Kunststoffe
- Metallfaserverstärkte Kunststoffe
- Synthesefaserverstärkte Kunststoffe
- Asbestfaserverstärkte Kunststoffe
- Metallwhiskerverstärkte Kunststoffe
- Hartmetalle (Metallcarbid/Metall-Sinterwerkstoffe)
- Thermobimetalle
- Pseudolegierungen (z. B. Cu/C-Sinterwerkstoffe)
- Cermets (Metalloxid/Metall-Sinterwerkstoffe)
- Kunstharzimprägnierter Graphit
- Graphit mit Fluorkunststoff
- u.a.

Nichtmetalle

Anorganische Werkstoffe

- Graphit
- Gebrannter Kohlenstoff
- Keramik
  - Aluminiumoxid
  - Zirconiumdioxid
  - Siliciumcarbid
  - Siliciumnitrid
  - Porzellan
  - Schamotte
  - Steinzeug
  - Ziegel
- Glas (Borosilicatglas)
- Quarz
- Email
- Schmelzbasalt
- Schmelzkorund
- Beton
- Zement
- Kalksandstein
- Natursteine
- Asbest
- u.a.

Organische Werkstoffe

Kunststoffe

Thermoplaste
- Polytetrafluoroethylen (PTFE)
- Polyethylen (PE)
- Polypropylen (PP)
- Polyamid (PA)
- Polyvinylchlorid (PVC)
- Polyvinylidenfluorid (PVDF)
- Polystyrol (PS)
- Polycarbonat (PC)
- Polyoximethylen (POM)
- Polychlortrifluorethylen (PCTFE)
- Polymethylmethacrylat (PMMA)
- u.a.

Duroplaste
- Epoxidharz (EP)
- Poyesterharz, ungesättigt (UP)
- Melamin-Formaldehyd-Harz (MF)
- Phenol-Formaldehyd-Harz (PF)
- u.a.

Elastomere
- Polyisobutylen (PIB)
- Polyurethan (PUR)
- Siliconkautschuk
- u.a.

Naturstoffe
- Kautschuk (Polyisopren)
- Holz
- Pflanzliche Fasern
  - Ramie
  - Baumwolle
  - Flachs
  - Hanf
  - Sisal
- Tierische Fasern
  - Wolle
  - Naturseide
- u.a.

Halbmetalle

- Silicium
- Germanium
- Galliumarsenid
- Indiumantimonid
- u.a.

Eigenschaften von Apparatewerkstoffen

Die folgende Tabelle informiert über die physikalischen und mechanischen Eigenschaften typischer Apparatewerkstoffe und gibt Hinweise auf die chemische Beständigkeit und über Anwendungsbereiche. Es ist zu beachten, dass insbesondere die Stoffwerte von Hersteller zu Hersteller etwas variieren können.

Sofern nicht anders angegeben, beziehen sich die Daten auf 20 °C. Für den thermischen Längenausdehnungskoeffizienten ist jeweils der Mittelwert im Bereich von 20 °C bis 100 °C genannt. Die maximalen Anwendungstemperaturen geben z. T. den Beginn der Gefahr interkristalliner Korrosion an und können je nach Medium evtl. höher angesetzt werden.

Werkstoff-Nummer (nach DIN) und Kurzname (Kursiv: neue Bezeichnung)	Dichte ϱ kg/m³	Maximale Anwendungstemperatur ϑ_{max} °C	Spezifischer elektr. Widerstand ϱ $10^{-6}\,\Omega \cdot m$	Wärmeleitfähigkeit λ W/(m · K)	Linearer Ausdehnungskoeffizient α 10^{-6} 1/K	Spezifische Wärmekapazität c J/(kg · K)	Elastizitätsmodul E N/mm²	Zugfestigkeit R_m N/mm²
Stähle, nichtrostend								
1.4006	7700	400	0,6	30	10,5	460	216000	450 – 800
X 12 Cr 13 bzw. *X10Cr13*	Beständig gegen H_2 und H_2S, gegen Säuren nur begrenzt beständig. Für Rohre, Wärmeaustauscher, Armaturen u. Ä. in Crackanlagen, Molkereien, Papier- und Textilindustrie. Hochglanzpolierbar.							
1.4057	7700	400	0,7	25	10,0	460	216000	750 – 950
X 20 CrNi 17 2 bzw. *X19CrNi17-2*	Beständig gegen schwach oxidierende Säuren. Für Apparate, Ventile, Pumpen, Verdichter und allgemein für mechanisch beanspruchte Teile in der Essigsäure-, Papier-, Seifen- und Lebensmittelindustrie. Hohe Festigkeit. Hochglanzpolierbar.							
1.4104	7700	350	0,7	25	10,0	460	216000	540 – 850
X 12 CrMoS 17 bzw. *X14CrMoS17*	Für nicht zu hohe Korrosionsbeanspruchung. Automatenstahl für Massenteile wie Schrauben, Muttern usw.							
1.4122	7700	450	0,65	2,9	10,5	460	220000	800 – 900
X 35 CrMo 17 bzw. *X39CrMo17-1*	Sehr gute Verschleiß- und Erosionsbeständigkeit, auch bei hohen Temperaturen. Für Apparate, Pumpen, Verdichter u. Ä. Hochglanzpolierbar.							
1.4301	7900	300	0,73	15	16,0	500	200000	500 – 700
X 5 CrNi 18 10 (V2A) bzw. *X4CrNi18-10*	Gute chemische Beständigkeit gegen viele Laugen und organische Lösemittel, weniger gut beständig gegen viele anorganische und organische Säuren. Für Füllkörper, Apparate, Behälter, Armaturen u. Ä. in der Tieftemperaturtechnik (bis – 200 °C), Chemie-, Papier-, Kunstdünger-, Nahrungs- und Getränkeindustrie. Gut schweißbar und hochglanzpolierbar.							
1.4306	7900	350 (800)	0,73	15	16,0	500	200000	450 – 700
X 2 CrNi 19 11 (V2A) bzw. *X2CrNi19-11*	Beständig u. a. gegen salpetersäurehaltige Lösungen (bis zu hohen Temperaturen und Konzentrationen) und gegen organische Säuren. Unempfindlich gegen Kornzerfall. Sehr breiter Anwendungsbereich. Für Rohre, Apparate, Kompensatoren, Druckbehälter u. Ä. in der chemischen-, der Nahrungsmittel-, der Seifen- und Kunstfaser- und der Pharmaindustrie, sowie in der Kerntechnik und in Salpetersäureanlagen. Hochglanzpolierbar.							
1.4311	7900	400	0,73	15	16,0	500	200000	550 – 760
X 2 CrNiN 18 10 bzw. *X2CrNiN18-10*	Gut beständig gegen interkristalline Korrosion. Für Druckbehälter und Rohre in der chemischen und pharmazeutischen Industrie, in Brauereien und Molkereien, in der Salpetersäureverarbeitung und in der Tieftemperaturtechnik. Hochglanzpolierbar.							
1.4401	7950	350	0,75	15	16,5	500	200000	510 – 710
X 5 CrNiMo 17 12 2 (V4A) bzw. *X4CrNiMo17-12-2*	Beständig gegen nicht oxidierende Säuren, chloridhaltige Medien und gegen Lochfraß. Für Transportbehälter und Rohre in der chemischen Industrie, in Brennereien, Brauereien und Molkereien, in der Zellstoff-, Kunstseide-, Seifen-, Textil-, Farben- und Fruchtsaftindustrie. Hochglanzpolierbar.							

Eigenschaften von Apparatewerkstoffen (Fortsetzung)

Werkstoff-Nummer (nach DIN) und Kurzname (Kursiv: neue Bezeichnung)	Dichte ϱ kg/m³	Maximale Anwendungstemperatur ϑ_{max} °C	Spezifischer elektr. Widerstand ϱ $10^{-6}\,\Omega \cdot m$	Wärmeleitfähigkeit λ W/(m · K)	Linearer Ausdehnungskoeffizient α 10^{-6} 1/K	Spezifische Wärmekapazität c J/(kg · K)	Elastizitätsmodul E N/mm²	Zugfestigkeit R_m N/mm²
Stähle, nichtrostend (Fortsetzung)								
1.4004	7950	400 (800)	0,75	15	16,5	500	200 000	490 – 690
X 2 CrNiMo 17 13 2 (V4A) bzw. *XCrNiMo17-12-2*	Beständig gegen nicht oxidierende Säuren, z. B. Essigsäure, Weinsäure, Phosphorsäure und Schwefelsäure, gegen chloridhaltige Medien, gegen Lochfraß und gegen interkristalline Korrosion. Für Rohre, Kompensatoren, Transport- und Lagerbehälter für aggressive Medien u. Ä. Einsatz in der chemischen und pharmazeutischen Industrie, in der Textilveredlung und in Molkereien und Färbereien. Hochglanzpolierbar.							
1.4429	7980	400	0,75	15	16,5	500	200 000	580 – 800
X 2 CrNiMoN 17 13 3 bzw. *X2CrNiMoN17-13-3*	Gut beständig gegen interkristalline Korrosion. Für Rohre, Druckbehälter und Apparate erhöhter chemischer Beständigkeit in der chemischen, pharmazeutischen, Textil- und Kunstfaserindustrie, ferner in der Zellstoff- und Zelluloseverarbeitung. Hochglanzpolierbar.							
1.4435	7980	400 (800)	0,75	15	16,5	500	200 000	490 – 690
X 2 CrNiMo 18 14 13 (V4A) bzw. *X2CrNiMo18-14-13*	Erhöhte Beständigkeit gegen nicht oxidierende Säuren, chloridhaltige Medien, geschweißte Teile und Lochfraß und gut beständig gegen interkristalline Korrosion. Für Rohre, Apparate und allgemein geschweißte Anlagenteile. Häufiger Werkstoff in der chemischen Industrie, daneben in der pharmazeutischen, der Kunstfaser-, der Zellstoff- und der Textilindustrie. Hochglanzpolierbar.							
1.4439	8020	400	0,85	14	16,5	500	200 000	580 – 800
X 2 CrNiMoN 17 13 5 bzw. *X2CrNiMoN17-13-5*	Erhöhte Beständigkeit gegen organische und nicht oxidierende anorganische Säuren, auch bei höherer Temperatur und Konzentration an Chloridionen. Gut beständig gegen Lochfraß und interkristalline Korrosion. Unempfindlich gegen Spalt- und Spannungsrisskorrosion. Für Rohre, Wärmeaustauscher und SO_2-Rauchgaswäscher. Einsatz in der chemischen, der Zellulose-, der Papier- und der Fotoindustrie. Hochglanzpolierbar.							
1.4460	7700	350	0,75	15	11,5	500	206 000	600 – 900
X 4 CrNiMoN 27 5 2 bzw. *X3CrNiMoN27-5-2*	Gute mechanische Eigenschaften und wenig empfindlich gegen Spannungs- und Schwingungsrisskorrosion. Gut beständig gegen Seewasser. Geeignet für Bauteile, die einer hohen chemischen **und** mechanischen Beanspruchung ausgesetzt sind, z. B. Verdichterbauteile bei aggressiven Gasen und bei Pumpen. Einsatz in der chemischen und der Papierindustrie, ferner in Färbereien und in der Petrochemie.							
1.4462	7800	300	0,8	16 – 17	12,0	450	206 000	600 – 900
X 2 CrNiMoN 22 5 3 bzw. *X2CrNiMoN22-5-3*	Gute Beständigkeit gegen chloridhaltige Medien und weitgehend unempfindlich gegen Lochfraß, Spannungsriss- und interkristalline Korrosion sowie gegen Wasserstoffversprödung in H_2S-haltigen Medien. Gute mechanische Eigenschaften. Für Druckbehälter (bis 280 °C), Wärmeaustauscher, Rohre, Pumpen, Verdichter, Separatoren, Armaturen und Lagerbehälter u. Ä. Einsatz in der chemischen und petrochemischen Industrie, in der Papierindustrie und in der Meerwasserentsalzung. Polierfähig.							
1.4539	8000	400 (800)	0,85 – 0,9	12	15,8	460	195 000	520 – 720
X 1 NiCrMoCu 25 20 5 bzw. *X1NiCrMoCu25-20-5*	Hochsäurebeständig, z. B. gegen Schwefel-, Phosphor-, Essig- und Salzsäure, gegen Mischsäuren und gegen chlorid- und fluoridhaltige Säuren. Hohe Beständigkeit gegen Lochfraß und Spannungsrisskorrosion, nicht anfällig gegen interkristalline Korrosion. Für Rohre, Druckbehälter, Wärmeaustauscher u. Ä. in der chemischen und petrochemischen Industrie, in der Rauchgasentschwefelung, der Kunstdüngererzeugung, der Meerwasserentsalzung und der Kunststoff- und Zelluloseindustrie. Hochglanzpolierbar.							

Eigenschaften von Apparatewerkstoffen (Fortsetzung)

Werkstoff-Nummer (nach DIN) und Kurzname (*Kursiv:* *neue Bezeichnung*)	Dichte ϱ kg/m³	Maximale Anwendungstemperatur ϑ_{max} °C	Spezifischer elektr. Widerstand ϱ $10^{-6}\,\Omega \cdot m$	Wärmeleitfähigkeit λ W/(m · K)	Linearer Ausdehnungskoeffizient α 10^{-6} 1/K	Spezifische Wärmekapazität c J/(kg · K)	Elastizitätsmodul E N/mm²	Zugfestigkeit R_m N/mm²
Stähle, nichtrostend (Fortsetzung)								
1.4541	7900	400 (800)	0,73	15	16,0	500	200 000	500 – 750
X 6 CrNiTi 18 10 (V2A) *X6CrNiTi18-10*	Gute Beständigkeit gegen viele Medien und gegen interkristalline Korrosion. Für Rohre, Kompensatoren, Apparate, Armaturen und Behälter u. Ä. Anwendung in der chemischen Industrie, in Brauereien, in der Nahrungs- und Genussmittelindustrie, in der Stickstoff-, Düngemittel-, Salpetersäure-, Leder-, Zucker- und Seifenindustrie sowie in der Tieftemperaturtechnik (bis – 200 °C). Insgesamt sehr breiter Anwendungsbereich in vielen Industriebereichen, insbesondere in der chemischen Industrie. Kaltzäh. Bedingt polierbar.							
1.4563	8000	400	0,95	12 – 14	16,0	500	202 000	500 – 750
X 1 NiCrMoCu 31 27 4 *X1NiCrMoCu31-27-4*	Erweiterte Beständigkeit gegen chloridhaltige Medien, schwefelsaure Medien, oxidierende und reduzierende Säuren, organische Säuren und Alkalien. Hohe Lochfraßbeständigkeit, unempfindlich gegen Spalt-, interkristalline und Spannungsrisskorrosion. Für Rohre, Wärmeaustauscher und Auskleidungen u. Ä. Einsatz in der chemischen Industrie, in meerestechnischen Anlagen, speziell z. B. in der Schwefelsäureherstellung, beim Transport saurer Gase und beim Rohphosphataufschluss. Hochglanzpolierbar.							
1.4571	7980	400 (800)	0,75	15	16,5	500	200 000	500 – 730
X 6 CrNiMoTi 17 12 2 (V4A) *X6CrNiMoTi17-12-2*	Gut beständig gegen viele Medien, z. B. gegen Essig- und Weinsäure. Bedingt beständig gegen Phosphor- und Schwefelsäure (abhängig u.a. von Temperatur und Konzentration). Erhöhte Beständigkeit gegen Lochfraß bei chloridhaltigen Medien. Für Rohre, Apparate, Pumpen, Verdichter und Kompensatoren u.Ä. Einsatz in der chemischen und in der petrochemischen Industrie sowie in der Papier-, Textil-, Zellulose-, Kunstharz- und Gummiindustrie. Insgesamt breiter Anwendungsbereich. Warmfester, aber etwas weniger säurebeständig als der Stahl 1.4435. Bedingt polierbar (Elektropolieren m.E. möglich).							
1.4575	7700	300	0,8	14,5	9,5	400	215 000	600 – 750
X 1 CrNiMoNb 28 4 2	Für besonders aggressive korrosive Beanspruchung. Sehr gut beständig gegen Lochfraß, Spannungsriss- und Spaltkorrosion. Für Anlagenteile in der chemischen Industrie, z. B. in der Harnstoffsynthese. Nicht polierfähig.							
Stähle, hitzebeständig								
1.4762	7700	1150	1,1	17	11,5[1]	450	220 000	520 – 720
X 10 CrAl 24	Sehr beständig gegen schwefelhaltige Gase.							
1.4828	7900	1100	0,85	15	17,5[1]	500	198 000	500 – 750
X 15 CrNiSi 20 12 *X15CrNiSi20-12*	Gut schweißbar. Empfindlich gegen schwefelhaltige Gase.							
1.4878	7900	850	0,75	15	18,0[1]	500	200 000	500 – 750
X 12 CrNiTi 18 9 *X12CrNiTi18-9*	Gut schweißbar. Empfindlich gegen schwefelhaltige Gase.							

[1] Der lineare Ausdehnungskoeffizient stellt hier den Mittelwert im Temperaturbereich von 20 °C bis 400 °C dar.

Eigenschaften von Apparatewerkstoffen (Fortsetzung)

Werkstoff-Nummer (nach DIN) und Kurzname	Dichte ϱ kg/m³	Maximale Anwendungstemperatur ϑ_{max} °C	Spezifischer elektr. Widerstand ϱ $10^{-6}\,\Omega \cdot m$	Wärmeleitfähigkeit λ W/(m · K)	Linearer Ausdehnungskoeffizient α 10^{-6} 1/K	Spezifische Wärmekapazität c J/(kg · K)	Elastizitätsmodul E N/mm²	Zugfestigkeit R_m N/mm²
Nickel und Nickel(basis)legierungen								
2.4068	8890	1435–1445	0,09	74,9	14	440	196 000	340 – 550
LC-Ni 99	Gute Beständigkeit unter reduzierend wirkenden Bedingungen (gegen Flusssäure, Salzsäure, Natronlauge, Brom und chloridhaltige Medien), unempfindlich gegen Spannungsrisskorrosion. Für Wärmeaustauscher, Armaturen, Apparate, Druckbehälter und Behälter für Chemikalien in der chemischen und in der Lebensmittelindustrie. Beständig auch bei hohen Temperaturen.							
2.4602	8690	1357–1399	1,14	10,1	12,4	410	206 000	690 – 950
NiCr 21 Mo 14 W (nicht mehr genormt)	Hervorragende Beständigkeit in oxidierenden und reduzierenden Medien, auch bei erhöhter Temperatur (z. B. in Schwefelsäure, Phosphorsäure, Salpetersäure, Chlor, Säuregemischen aus Schwefelsäure und oxidierenden Säuren mit Chlorionen, Essigsäure und Essigsäureanhydrid). Empfehlenswert bei wechselnden Korrosionsbedingungen. Gut beständig gegen Lochfraß, Spalt- und Spannungsrisskorrosion. Für Wärmeaustauscher, Rohre, Rührwerke, Auskleidungen, Armaturen, Kristallisatoren, Zentrifugen u. Ä. Insgesamt sehr breiter Anwendungsbereich.							
2.4610	8640	1335–1380	1,25	10,1	10,8	410	211 000	700 – 900
NiMo16Cr16Ti (Hastelloy C-4)	Gut beständig gegen stark oxidierende Salze, interkristalline, Spannungsriss- und Lochkorrosion. Für Druckbehälter bei hohen Beständigkeitsanforderungen, Wärmeaustauscherrohre, Rohre allgemein, Armaturen, Rührwerke, Gebläse und Apparate der chemischen Industrie.							
2.4617	9220	1330–1360	1,37	11,1	10,3	370	217 000	745 –1000
NiMo28 (Hastelloy B-2)	Sehr gut beständig in reduzierenden Medien (z. B. Salzsäure aller Konzentrationen, Schwefelsäure, Essigsäure und Phosphorsäure), jedoch nicht bei Anwesenheit oxidierend wirkender Bestandteile. Gut beständig gegen Loch-, Spalt- und chloridinduzierte Spannungsrisskorrosion sowie gegen Korrosion in der Wärmeeinflusszone geschweißter Bauteile. Für chemische Apparate bei hohen Beständigkeitsanforderungen, Druckbehälter und Anlagen zur Herstellung der oben genannten Säuren. Einsatz außerdem z.B. bei der Ethylbenzol-, Phenol- und Chloroprenherstellung.							
2.4816	8420 – 8450	1370–1425	1,03	14,8	13,3	460	215 000	500 – 750
NiCr15Fe (Inconel 600)	In vielen oxidierenden und reduzierenden Medien sehr gut beständig. Für stark korrosive Medien auch bei hohen Temperaturen geeignet. Einsatz vom Tieftemperaturbereich bis ca. 1050 °C üblich. Beständig u. a. gegen Natronlauge, Essigsäure, Fettsäuren, NH_3-haltige Gase, aufstickende und aufkohlende Atmosphäre. Für chemische Apparate, Druckbehälter und Industrieöfen (Standardwerkstoff für den Ofenbau). Breiter Anwendungsbereich.							
2.4819	8890	1323–1371	1,3	9,2	11,3	427	205 000	700 –1000
NiMo16Cr15W (Hastelloy C-276)	Hochkorrosionsbeständig. Beständig in oxidierenden und reduzierenden Medien, gegen Spalt-, Loch- und Spannungsrisskorrosion, gegen starke Oxidationsmittel, heiße Schwefel-, Salpeter- und Phosphorsäure, Chlorgas, Ameisen- und Essigsäure. Für chemische Apparate bei hohen Beständigkeitsanforderungen, Druckbehälter, Wärmeaustauscher, Armaturen, Mischer und Rohrauskleidungen. Einsatz in der chemischen und der Zellstoffindustrie, der Erdöl- und Erdgasverarbeitung und in der Rauchgasentschwefelung.							

Eigenschaften von Apparatewerkstoffen (Fortsetzung)

<table>
<tr><th>Werkstoff-Nummer (nach DIN) und Kurzname</th><th>Dichte
ϱ
kg/m³</th><th>Maximale Anwendungstemperatur
ϑ_{max}
°C</th><th>Spezifischer elektr. Widerstand
ϱ
$10^{-6}\,\Omega \cdot m$</th><th>Wärmeleitfähigkeit
λ
W/(m · K)</th><th>Linearer Ausdehnungskoeffizient
α
10^{-6} 1/K</th><th>Spezifische Wärmekapazität
c
J/(kg · K)</th><th>Elastizitätsmodul
E
N/mm²</th><th>Zugfestigkeit
R_m
N/mm²</th></tr>
<tr><td colspan="9">Nickel und Nickel(basis)legierungen (Fortsetzung)</td></tr>
<tr><td rowspan="2">2.4856
NiCr22Mo9Nb
(Inconel 625)</td><td>8440</td><td>1290–1350</td><td>1,3</td><td>9,8</td><td>12,8</td><td>410</td><td>205 000</td><td>690 – 900</td></tr>
<tr><td colspan="8">Gut beständig gegen chloridinduzierte Spannungsriss-, Loch-, Spalt- und Hochtemperaturkorrosion sowie gegen Aufkohlung. Einsatz bis ca. 1050 °C üblich. Für Anlagen der chemischen Industrie, z. B. zur Herstellung und Verarbeitung von Schwefel-, Phosphor-, Salpeter-, Fluss- und Salzsäure, von organischen Säuren, Alkalien, Erdgas und Erdöl.</td></tr>
<tr><td rowspan="2">2.4858
NiCr21Mo</td><td>8420–8150</td><td>1370–1400</td><td>1,12</td><td>11</td><td>14,0</td><td>450 – 500</td><td>195 000</td><td>550 – 750</td></tr>
<tr><td colspan="8">Sehr beständig gegen reduzierende und oxidierende heiße Säuren, gut beständig gegen feuchtes SO_2 und Mischsäuren (besonders bei hohem Anteil an Schwefelsäure). Unempfindlich gegen Spannungsriss-, Loch- und Spaltkorrosion. Für chemische Apparate, Rohre, Armaturen, Pumpen, Wärmeaustauscher, Rührwerke, Filterapparate, Beizbehälter, Druckbehälter, Verdampfer für Säuren u. Ä.</td></tr>
<tr><td rowspan="2">2.4360
NiCu30Fe
(Monel 400)</td><td>8830</td><td>1300–1350</td><td>0,48</td><td>21,5</td><td>13,0</td><td>430</td><td>188 000</td><td>450 – 780</td></tr>
<tr><td colspan="8">Gut beständig in Flusssäure, nicht oxidierenden verdünnten Säuren, Laugen und Salzlösungen, organischen Säuren, trockenen Gasen (O_2, Cl_2, HCl, SO_2 und CO_2). Beständig gegen Spannungsrisskorrosion. Für Rohre, Kondensatoren, Armaturen, Druckbehälter, Zentrifugen und Plattierungen.</td></tr>
<tr><td colspan="9">Kupfer und Kupferlegierungen</td></tr>
<tr><td rowspan="2">2.0090
SF-Cu
(sauerstofffrei, desoxidiert)</td><td>8900</td><td>250</td><td>0,02439 – 0,01923</td><td>293 – 364</td><td>17[1]</td><td>380[2]</td><td>128 000</td><td>220 –> 360</td></tr>
<tr><td colspan="8">Sehr beständig in der Atmosphäre, auch in Meeresluft. Gut beständig gegen Trink- und Brauchwasser und gegen Medien mit Wasserstoffentwicklung. Angriff durch wässrige Medien bei Gegenwart von Oxidationsmitteln und durch Lösungen von Cyaniden, Halogeniden und Ammoniak. Beständig gegen nicht oxidierende Säuren (bei Abwesenheit von Sauerstoff). Nur geringer Angriff durch alkalische wässrige Lösungen der Hydroxide und Carbonate von Erdalkalimetallen. Für Rohrleitungs- und Apparatebau.</td></tr>
<tr><td rowspan="2">2.0460
CuZn20Al2</td><td>8300</td><td>250</td><td>0,079</td><td>100</td><td>19[3]</td><td>377 – 390</td><td>110 000</td><td>330 –> 390</td></tr>
<tr><td colspan="8">Beständig gegen Kühlwässer mit Massenanteilen an Salz von mehr als 0,2 % (z. B. Meerwasser). Gut beständig gegen Erosionskorrosion bis zu Wassergeschwindigkeiten von $v \approx 2{,}5$ m/s. Unempfindlich gegen Spannungsrisskorrosion. Z. B. für Wärmeaustauscher, Kondensatorrohre, Rippenrohre und Rohrböden.</td></tr>
<tr><td rowspan="2">2.0470
CuZn28Sn1</td><td>8500</td><td>250</td><td>0,071</td><td>109</td><td>19,5[3]</td><td>377 – 390</td><td>110 000</td><td>> 320</td></tr>
<tr><td colspan="8">Beständig gegen Kühlwässer mit Massenanteilen an Salz von mehr als 0,1 % und pH-Werten von > 7 bis zu Wassergeschwindigkeiten von $v \approx 2$ m/s. Unter bestimmten Bedingungen anfällig gegen Spannungsrisskorrosion (bei Anwesenheit von Ammoniak, Aminen, Ammoniumsalzen und Schwefeldioxid). Z. B. für Wärmeaustauscher, Kondensatorrohre, Rippenrohre und Rohrböden.</td></tr>
</table>

[1] Mittelwert des linearen Ausdehnungskoeffizienten im Temperaturbereich von 20 °C bis 300 °C.
[2] Mittelwert der spezifischen Wärmekapazität im Temperaturbereich von 20 °C bis 400 °C.
[3] Mittelwert des linearen Ausdehnungskoeffizienten im Temperaturbereich von 20 °C bis 400 °C.

Eigenschaften von Apparatewerkstoffen (Fortsetzung)

Werkstoff-Nummer (nach DIN) und Kurzname	Dichte ϱ kg/m³	Maximale Anwendungstemperatur ϑ_{max} °C	Spezifischer elektr. Widerstand ϱ $10^{-6}\,\Omega \cdot m$	Wärmeleitfähigkeit λ W/(m · K)	Linearer Ausdehnungskoeffizient α 10^{-6} 1/K	Spezifische Wärmekapazität c J/(kg · K)	Elastizitätsmodul E N/mm²	Zugfestigkeit R_m N/mm²
Kupfer und Kupferlegierungen (Fortsetzung)								
2.1016	8900	960 – 1060[1]	0,083	90	18,2[2]	377	125 000	330 – > 590
CuSn4	Sehr gut korrosionsbeständig in wässrigen, schwach sauren und schwach alkalischen Medien. Besonders beständig gegen Spannungsrisskorrosion. Für Rohre, Behälter, Schrauben, Muttern u. Ä. in der chemischen und in der Papierindustrie.							
2.1020	8800	910 – 1040[1]	0,11	75	18,5[2]	377	120 000	350 – > 740
CuSn6	Hohe chemische Beständigkeit, insbesondere gegen schwach saure bis schwach alkalische Medien, besonders beständig gegen Spannungsrisskorrosion. Hohe Festigkeit. Für Metallschläuche, gewellte und glatte Rohre, Apparate und Drahtgewebe in der chemischen, der Papier-, der Zellstoff- und der Textilindustrie.							
2.1030	8800	875 – 1025[1]	0,13	67	18,5[2]	377	115 000	370 – > 690
CuSn8	Erhöhte Korrosionsbeständigkeit und Festigkeit gegenüber CuSn6. Hohe Verschleißfestigkeit, gute Gleit- und Federeigenschaften. Für Apparate, Federn, Drahtgewebe, Membranen, Bolzen und Schrauben in der chemischen und in der Papierindustrie.							
Aluminium und Aluminiumlegierungen								
3.0285	2700	100	0,029 – 0,027	210 – 230	23,5	896	65 000	60 – 160
Al 99,8	Beständig gegen u. a. Atmosphäre, Essigsäure, konzentrierte Salpetersäure, Calciumhydroxid, Ammoniumhydroxid, Fettsäuren, viele trockene Gase (z. B. Cl_2, F_2, HCl, SO_3, NH_3 und NO_2). Im Allgemeinen unbeständig in Lösungen mit sehr hohem oder sehr niedrigem pH-Wert. Für Apparate, Behälter, Druckbehälter, Wärmeaustauscher, Druckgasflaschen, Berstscheiben u. Ä. in der chemischen und der Nahrungsmittelindustrie.							
3.3535	2660	150	0,053 – 0,044	130 – 160	23,8	900	70 000	180 – 305
AlMg3	Meerwasserbeständig. Beständigkeit insgesamt ähnlich wie bei Reinaluminium Al 99,8 bei höherer Festigkeit. Häufigster Aluminiumwerkstoff für Druckbehälter, Rohrleitungen, Wärmeaustauscher, Behälter und übrige Apparate in der chemischen und der Nahrungsmittelindustrie.							
3.3547	2660	150	0,063 – 0,053	110 – 130	23,8		70 000	270 – 405
AlMg4,5Mn	Meerwasserbeständig. Beständigkeit insgesamt ähnlich wie bei Reinaluminium Al 99,8 und AlMg3, bei gegenüber AlMg3 weiter erhöhter Festigkeit. Unter bestimmten Bedingungen kann in chloridhaltigen Lösungen bei ϑ > 80 °C interkristalline und Spannungsrisskorrosion auftreten. Für Druck- und Druckgasbehälter, Rohre und andere Apparate der chemischen und der Nahrungsmittelindustrie.							
3.2315	2700	150	0,042 – 0,031	150 – 190	23,4		70 000	> 205
AlMgSi1	Meerwasserbeständig. Beständigkeit insgesamt ähnlich wie bei Reinaluminium Al 99,8 aber Tendenz zu interkristalliner Korrosion. Neben AlMn, AlMnCu und AlMgSi 0,5 bevorzugte Aluminiumlegierung im Wärmeaustauscherbau. Für Apparate, Rohre und Druckbehälter in der chemischen und der Nahrungsmittelindustrie. Aushärtbar.							

[1] Bereich der Schmelztemperatur.
[2] Mittelwert des linearen Ausdehnungskoeffizienten im Temperaturbereich von 20 °C bis 200 °C.

Eigenschaften von Apparatewerkstoffen (Fortsetzung)

Werkstoff-Nummer (nach DIN) und Kurzname	Dichte ϱ kg/m³	Maximale Anwendungstemperatur ϑ_{max} °C	Spezifischer elektr. Widerstand ϱ $10^{-6}\,\Omega \cdot m$	Wärmeleitfähigkeit λ W/(m · K)	Linearer Ausdehnungskoeffizient α 10^{-6} 1/K	Spezifische Wärmekapazität c J/(kg · K)	Elastizitätsmodul E N/mm²	Zugfestigkeit R_m N/mm²
Titan								
3.7025 Ti 1 3.7035 Ti 2 3.7055 Ti 3 3.7065 Ti 4	4510	250 (500)[1]	0,47–0,56	20	8,6	526	108 000	370 – 550
	Allgemein sehr beständig gegen Korrosion, z. B. in chloridhaltigen und oxidierenden Medien. Gut beständig gegen Kühl-, Meer- und Brackwasser, feuchtes Chlorgas, Chlordioxid, Salpetersäure und andere Säuren sowie gegen Spalt-, Loch- und Spannungsrisskorrosion. Für chemische Apparate allgemein, z.B. Wärmeaustauscher, Rohre, Pumpen, Armaturen, Druckbehälter, Zentrifugen und Separatoren, Rührer, Rohrreaktoren und Messinstrumente. Einsatz in der chemischen Industrie z. B. bei der Essigsäure-, Maleinsäure-, Salpetersäure- und Chlorgasherstellung, bei der Harnstoffsynthese, der Düngemittelproduktion, beim Sodaverfahren, in der Kunststoff- und Kunstfaserindustrie, in Acetaldehydanlagen, bei der Meerwasserentsalzung und bei der Rauchgasentschwefelung. Daneben Einsatz in der Nahrungsmittel- und in der pharmazeutischen Industrie.							
Tantal								
	16690	300	0,125	67	6,6[2]	140	185 000	290 – 980
	Gut beständig gegen alle organischen und anorganischen Säuren (mit Ausnahme von Fluorwasserstoffsäure) auch bei höheren Temperaturen, ferner gegen organische Chlorverbindungen und saure, wässrige Schwermetallchloridverbindungen. Angriff durch Alkalien bei höheren Temperaturen und Konzentrationen. Für Filter, Düsen, Wärmeaustauscher, Rohre und Auskleidungen in der chemischen und in der Kunststoffindustrie, z. B. bei der Schwefelsäureaufkonzentrierung, bei der Salzsäureherstellung und bei der Salzsäureextraktion.							
Zirconium								
	6150	1852	0,44	21,1	5,89	276	9500	350 – 450
	Außergewöhnlich beständig gegen Salzsäure, Schwefelsäure, Salpetersäure, Essigsäure, viele Chlorverbindungen, Kaliumhydroxid und andere Ätzmittel und die meisten organischen Verbindungen. Ferner beständig gegen Wasser und Wasserdampf und gegen Salzschmelzen (z.B. NaCl/KCl). Ein Angriff findet durch Fluorwasserstoffsäure und durch Königswasser statt. Für Wärmeaustauscher, Pumpen, Behälter (auch Druckbehälter) und andere Apparate der chemischen und der Textilindustrie. Einsatz z.B. in der Essigsäure-, Düngemittel- und Kunststoffproduktion, in der H_2O_2-, der Faser- und Azofarbenherstellung, bei der Alkoholrückgewinnung und bei der Phenolherstellung.							
Borosilicatglas								
Borosilicatglas 3.3 nach DIN ISO 3585 $w(SiO_2) \approx 81$ % $w(B_2O_3) \approx 13$ %	2220	≤ 200	$>10^{19}$	1,12[3]	3,3[4]	840	63 000	6
	Einsatz bei hochkorrosiven Medien möglich. Sehr beständig gegen Säuren, Wasser, Salzlösungen, organische Substanzen und Halogene. Relativ gut beständig auch gegen Laugen bei niedrigen Temperaturen. Merklicher Angriff durch Flusssäure, konzentrierte Phosphorsäure und starke Laugen bei höheren Temperaturen. Für Rohre, Armaturen, Pumpen, Wärmeaustauscher, Rührgefäße, Behälter, Kolonnen u. Ä. Breiter Anwendungsbereich in der chemischen und pharmazeutischen Industrie. Glatte, porenfreie Oberfläche. Oberflächenwiderstand ca. $10^{11}\,\Omega$ (bei einer mittleren relativen Luftfeuchtigkeit von 50 %). Durchschlagfestigkeit: 22 kV/mm (bei Raumtemperatur).							

1) Plattiert
2) Mittelwert im Temperaturbereich von 20 °C bis 500 °C
3) Mittelwert im Temperaturbereich von 20 °C bis 100 °C
4) Mittelwert im Temperaturbereich von 20 °C bis 300 °C

Eigenschaften von Apparatewerkstoffen (Fortsetzung)

Werkstoff-Nummer (nach DIN) und Kurzname	Dichte ϱ kg/m³	Maximale Anwendungstemperatur ϑ_{max} °C	Spezifischer elektr. Widerstand ϱ $10^{-6}\,\Omega \cdot m$	Wärmeleitfähigkeit λ W/(m · K)	Linearer Ausdehnungskoeffizient α 10^{-6} 1/K	Spezifische Wärmekapazität c J/(kg · K)	Elastizitätsmodul E N/mm²	Zugfestigkeit R_m N/mm²
Email für Chemieapparate								
	2500	ca. 700	10^{16}	0,93	8,0 – 9,5	840	70 000	70 – 90
	Gute Beständigkeit gegen Säuren (mit Ausnahme von Fluorwasserstoffsäure) und nicht zu starke Alkalien, gegen viele organische Lösemittel sowie gegen Wasser und Wasserdampf. Für Beschichtungen im chemischen Apparatebau, z. B. von Rührern, Pumpen-, Armaturen-, Rohr- und Behälterinnenwänden. Antiadhäsiv und abriebfest, aber spröde.							
Kohlenstoff und Graphit								
Gebrannter Kohlenstoff	1500 – 1700		23 – 60	4 – 6	2,4 – 3,7		3 300 – 20 000	
	Beständig gegen nahezu alle organischen und gegen die meisten anorganischen Medien, z. B. gegen die meisten Säuren und Laugen, alle wässrigen Salzlösungen und gegen viele technischen Gase. Einsatz bevorzugt im Kolonnenbau.							
Graphit, nicht imprägniert	1850 – 1860	500 – 3000	8 – 36	80 – 130	0,5 – 3,7	≈ 1000	4 000 – 15 000	5 – 19
	Beständigkeit ähnlich wie bei gebranntem Kohlenstoff. Für Berstscheiben und andere Bauteile des chemischen Apparatebaus, die durch Beschichtung abgedichtet werden können.							
Graphit, kunstharz-imprägniert	1600 – 1940	180 – 200		80 – 130	3 – 9		13 000 – 16 000	12 – 28
	Beständigkeit richtet sich nach dem Kunststoff, der zur Imprägnierung verwendet wurde. In dieser Form wird Graphit hauptsächlich verwendet. Einsatz im chemischen Apparatebau, z. B. für HCl-Syntheseanlagen, häufig für Wärmeaustauscher.							
Keramik								
KER 110 $w(Al_2O_3) = 35\,\%$	2300	1400	10^{16}	1,0 – 1,6	3,7	880 – 980	90 000	
KER 610 $w(Al_2O_3) = 55\,\%$	2700	1600	10^{17}	1,8 – 2,6	3,7	840 – 1000	118 000	
KER 706 $w(Al_2O_3) = 83\,\%$	3300	1800	10^{19}	3,8 – 5,5	4,1	840 – 1000	250 000	
KER 710 $w(Al_2O_3) = 99{,}7\,\%$	3800	1900	10^{19}	17 – 21	5,6	840 – 1000	300 000	
Porzellan	2200 – 2500			1,2 – 2,0	2 – 6		55 000 – 80 000	
Zirconiumoxid	5700			2,5	10 – 11		210 000	
Siliciumnitrid	> 3200			> 30	3,0		300 000	
Siliciumcarbid	3000 – 3100			> 100	4,0		380 000	
	Allgemein sehr gute Säurebeständigkeit, geringere Beständigkeit gegen alkalische Lösungen. Hohe Verschleißfestigkeit aber spröde. Für Rohre, Brennerrohre, Tiegel, Pumpenteile, Auskleidungen, Füllkörper und Kugelmühlen. Aluminiumoxidkeramik wird besonders dort als Alternative verwendet, wo Beständigkeit bei hoher Temperatur und hoher Verschleißwiderstand gefordert werden.							

Eigenschaften von Apparatewerkstoffen (Fortsetzung)

Werkstoff-Nummer (nach DIN) und Kurzname	Dichte ϱ kg/m³	Maximale Anwendungstemperatur ϑ_{max} °C	Spezifischer elektr. Widerstand ϱ $10^{-6}\,\Omega \cdot m$	Wärmeleitfähigkeit λ W/(m · K)	Linearer Ausdehnungskoeffizient α 10^{-6} 1/K	Spezifische Wärmekapazität c J/(kg · K)	Elastizitätsmodul E N/mm²	Zugfestigkeit R_m N/mm²
Kunststoffe								
Allgemein	Kunststoffe finden in der chemischen Industrie Verwendung als Lager- und Transportbehälter, Rohre, Armaturen, Schläuche, Kompensatoren, Kolonnenfüllkörper, Wärmeaustauscher, Auskleidungs- bzw. Beschichtungsmaterial und als thermisches und elektrisches Isoliermaterial. Besonders häufig werden PP, PVDF und PTFE eingesetzt.							
PA Polyamid	1010 – 1140	60 – 100	$>10^{16}$	0,21 – 0,3	60 – 150	1500 – 2400	1100 – 2000	40 – 85
	Kriechstromfestigkeit: KA3 a–b[1)], Durchschlagfestigkeit: 30 – 90 kV/mm							
PC Polycarbonat	1200 – 1210	130 – 135	$>10^{21}$	0,2 – 0,22	60 – 70	1180 – 1260	2000 – 2500	65 – 75
	Kriechstromfestigkeit: KA1[1)], Durchschlagfestigkeit: 35 – 80 kV/mm							
PCTFE Polychlortrifluorethylen	2100 – 2160	150 – 180	10^{22}	0,19	40 – 80	920	1000 – 2000	31 – 42
	Kriechstromfestigkeit: KA3 c[1)], Durchschlagfestigkeit: 50 – 70 kV/mm							
PE (HD-PE) Polyethylen hoher Dichte	945 – 965	60 – 90	$>10^{21}$	0,42 – 0,51	150 – 200	1500 – 2300	600 – 1400	19 – 35
	Kriechstromfestigkeit: KA3 c[1)], Durchschlagfestigkeit: 60 – 90 kV/mm							
POM Polyoxymethylen	1410 – 1430	80 – 100	$>10^{18}$	0,23 – 0,31	70 – 130	1470 – 1510	2600 – 3800	55 – 75
	Kriechstromfestigkeit: KA3 b[1)], Durchschlagfestigkeit: 50 – 80 kV/mm							
PP w(Glasfasern) = 30 % Polypropylen	900 – 910 1140	90 – 100 100	$>10^{20}$	0,22 0,3	100 – 180 70	1680	800 – 2100 5500	25 – 40 71
	Kriechstromfestigkeit: KA3 c[1)], Durchschlagfestigkeit: 60 – 90 kV/mm							
PS Polystyrol	1040 – 1050	55 – 70	$>10^{20}$	0,15 – 0,16	60 – 80	1180 – 1340	2900 – 3500	35 – 60
	Kriechstromfestigkeit: KA2-1[1)], Durchschlagfestigkeit: 60 – 90 kV/mm							
PTFE Polytetrafluorethylen	2100 – 2200	260	10^{22}	0,25 – 0,5	100 – 160	≈1000	450 – 800	20 – 39
	Kriechstromfestigkeit: KA3 c[1)], Durchschlagfestigkeit: 40 – 80 kV/mm. Beständig gegen alle Medien. Angriff nur durch elementares Fluor, Chlortrifluorid und geschmolzene Alkalimetalle. Z.B. für Rohre, Armaturen, Pumpen, Kompensatoren, Wärmeaustauscher, Behälter, Dichtungen und Auskleidungen. Beständigster Werkstoff überhaupt.							
PVC-hart Polyvinylchlorid	1380 – 1400	60 – 65	10^{20}	0,11 – 0,18	70 – 100	920 – 1180	3000 – 3300	35 – 54
	Kriechstromfestigkeit: KA3 a – b[1)], Durchschlagfestigkeit: 35 – 50 kV/mm							
PVDF Polyvinylidenfluorid	1750 – 1780	120 – 160	$>10^{18}$	0,14 – 0,19	80 – 130	1380	800 – 2400	38 – 50
	Kriechstromfestigkeit: KA1[1)], Durchschlagfestigkeit: 40 – 80 kV/mm. Sehr hohe Beständigkeit gegen die meisten anorganischen und organischen Chemikalien, auch bei hohen Konzentrationen und Temperaturen. Löslich in Dimethylformamid und Dimethylacetamid. Gute mechanische Eigenschaften und relativ abriebfest. Für Rohre, Armaturen, Pumpenteile, Wärmeaustauscher und sonstige Apparateteile. Häufiger Einsatz.							

[1)] Nach DIN 53 480, inzwischen durch DIN VDE 0303 (Kriechwegbildung) ersetzt. Die Kriechstromfestigkeit nimmt in der Reihenfolge KA 1, KA 2, KA 3a, KA 3b, KA 3c zu. Für die neue Norm liegen noch keine Werte vor.

Werkstoffe

WK

Eigenschaften von Apparatewerkstoffen (Fortsetzung)

Beim Gebrauch der folgenden Tabelle ist zu beachten, dass die Legierungselemente sich anders als angegeben verhalten können, wenn sie in Kombination mit anderen im Stahl auftreten oder wenn der Stahl wärmebehandelt wurde oder andere Behandlungen erfahren hat.

Einfluss von Legierungselementen und Eisenbegleitern in Stahl

Eigenschaften des Stahls	Wirkung der Legierungselemente bzw. Eisenbegleiter																											
	Al	As	B	Be	C	Ca	Ce	Co	Cr	Cu	H	Mn	Mo	N	Nb	Ni	O	P	Pb	S	Sb	Se	Si	Sn	Ta	Ti	V	W
Alterungsbeständigkeit	↑																↓											
Anlasssprödigkeit		↑						↓				↑	↓					↑					↓				↓	↓
Austenitbereich	↓	↓		↓								↑	↓	↑	↓	↑		↓			↓		↓	↓		↓	↓	↓
Beständigkeit gegen interkristalline u. Spannungsrisskorrosion														↓	↑										↑	↑		
Dehnung					↓			↓	↓	↓	↓	↓	↓			↑		↓		↓			↓					↓
Desoxidation	↑			↑		↑	↑					↑										↑			↑			
Druckwasserstoffbeständigkeit																											↑	
Elastizität									↑														↑				↑	
Elektrische Leitfähigkeit												↓				↓							↓					
Härtbarkeit			↑	↑	↑				↑	↑		↑	↑	↑		↑							↑				↑	↑
Härte				↑	↑			↑	↑			↑ 1)	↑	↑		↑ 1)		↑					↑				↑	↑
Kaltumformbarkeit												↓	↓	↓				↓		↓			↓	↓			↓	↓
Kaltzähigkeit	↓															↑												
Kerbschlagzähigkeit	↓	↓			↓			↓	↓			↑	↑	↓		↑	↓	↓		↓	↓		↓				↑	↑
Korrosionsbeständigkeit, allgemein			↓	↑					↑	↑		↑	↑			↑		↑		↓			↑				↑	↑
Nitrierbarkeit	↑								↑				↑														↑	↑
Rotbruch- bzw. Heißbruchneigung												↓					↓			↑								
Schmiedbarkeit	↓				↓			↓	↓	↓		↑ 1)	↓					↓		↓			↓				↑	↓
Schweißbarkeit	↑	↓	↓		↓				↓			↑	↑			↓		↓		↓			↓	↓		↑	↑	
Schweißrissanfälligkeit																				↑								
Seigerungsneigung		↑																↑						↑		↑		
Spanbarkeit					↓				↓			↓	↓			↓		↑	↑	↑		↑	↓				↓	↓
Sprödbruchneigung											↑							↑										
Streckgrenze			↑					↑	↑	↑		↑ 1)	↑	↑		↑ 1)		↑					↑				↑	↑
Vergütbarkeit									↑			↑	↑			↑							↑				↑	
Verschleißfestigkeit								↑	↓			↑ 2)	↑	↑		↓							↑				↑	↑
Wärmedehnung												↑				↓												
Wärmeleitfähigkeit								↑				↓																
Warmfestigkeit			↑					↑	↑				↑	↑	↑	↑							↑				↑	↑
Warmformbarkeit	↓						↑		↓	↓		↑	↑			↑				↓			↓				↑	↓
Zeitstandfestigkeit															↑											↑		
Zugfestigkeit					↑			↑	↑	↑		↑ 3)	↑	↑		↑		↑					↑				↑	↑
Zunderbeständigkeit	↑					↑	↑	↑	↑				↓			↑							↑				↑	

1) Bei austenitischen Stählen ↓ 2) In Verbindung mit Kohlenstoff 3) Bei $w(Mn) > 8\ \%$ ↓

↑ Erhöhung ↓ Verminderung

Werkstoffauswahl

Der folgende Leitfaden für die Werkstoffauswahl dient lediglich als erste Orientierung. Einzelwerkstoffe innerhalb einer Werkstoffgruppe, z. B. eine bestimmte Legierung innerhalb der Gruppe der Nickelbasislegierungen, können evtl. ein anderes Verhalten zeigen, als in der Liste angegeben. Hinsichtlich der chemischen Beständigkeit müssen letztlich die Angriffsmedien und -bedingungen detaillierter betrachtet werden.

Leitfaden für die Werkstoffauswahl

Geforderte Eigenschaft	Werkstoff										
	Stähle (1.4439, 1.4541, 1.4571)	Borosilicatglas	Graphit	Kunststoffe, allgemein (PE, PP, PVC u. a.)	PTFE	Keramik (mit Porzellan)	Nickelbasislegierungen	Titan	Tantal	Aluminium und Aluminiumlegierungen	Kupfer und Kupferlegierungen
Chemische Beständigkeit gegen											
• Trinkwasser	+	+	+	+	+	+	+	+	+	+	+
• Witterung	+	+	+	+	+	+	+	+	+	+	+
• Wasserdampf	+	+	+	–	+	+	+	+	+	+	+
• oxidierende anorganische Säuren	+	+	–/o	–/+[1]	+	+	o/+	+	+	o/+	–/o
• nicht oxidierende anorganische Säuren	–/+	+	+	o/+	+	+	+	o/+	+	–/o	–/+
• organische Säuren	+	+	o/+	–/+	+	+	+	+	+	+	–/+
• organische Lösemittel	+	+	+	–/o	+	+	+	+	+	+	–/+
• Salzlösungen	–/+	+	+	o/+	+	+	+	+	o/+	–/+	–/+
• Laugen	–/+	o/+	+	+	+	o/+	+	+	–/o	–/o	–/+
Gute Temperaturbeständigkeit	+	+	+[2]	–	o	+	+	+	+	o	+[3]
Gute Wärmeleitfähigkeit	o	–	+	–	–	–/o[4]	o/+[5]	o	+	+	+
Gute elektrische Leitfähigkeit	+	–	+	–	–	–	+	+	+	+	+
Niedrige Dichte	–	+	+	+	+	o	–	o	–	+	–
Gute Schweißbarkeit	+	+	–	+	+	–	+	o[6]	+[6]	+[7]	o/+[8]
Hohe Zugfestigkeit	+	–	–	–[9]	–[9]	–	+	+	+	o	+
Gute Kaltumformbarkeit	+	–[10]	–[10]	–[10),11]	–[10),11]	–	+	+	+	+	+
Geringe Wärmedehnung	+	+	+	–	–	+	+	+	+	o	+
Schlagunempfindlichkeit	+	–	–	+[12]	+	–	+	+	+	+	+

+ Geeignet o Bedingt geeignet, unter bestimmten Bedingungen geeignet – Nicht oder weniger geeignet

1) Gegen schwache Säuren im Allgemeinen gut beständig
2) Nur in nicht imprägnierter Form
3) Mit Ausnahme einiger Cu-Sn-Legierungen
4) Je nach speziellem Werkstoff
5) Je nach Legierung
6) Im Allgemeinen unter Schutzgas und Vakuum
7) Im Allgemeinen unter Verwendung von Schutzgas und Flussmittel
8) Je nach Legierung bevorzugt unter Schutzgas
9) Bei verstärkten Kunststoffen sind hohe Zugfestigkeiten erreichbar, die Kunststoffe neigen jedoch zum „kriechen"
10) Flexible Schnüre und Fasern möglich
11) Flexible Schläuche möglich
12) Ausnahme: PVC

Werkstoffauswahl (Fortsetzung)

Ergänzungen zum Leitfaden für die Werkstoffauswahl

Chemische Beständigkeit

- Die Stähle **1.4541** und **1.4571** sind beständig gegen Kornzerfall, ferner beständig z. B. gegen folgende Medien: Essigsäure, Phosphorsäure, Weinsäure, Schwefelsäure[1], Diphenyl, Diphenyloxid, Essigsäureanhydrid, Ethylenoxid, Hydrazinhydrat, Phenylhydrazin, handelsübliche Kühlmittel, Toluol, Benzol, Benzoesäure, Fettsäuren, Natronlauge, Kalilauge, Ammoniak, Trinkwasser und Wasserdampf. Relativ starker Angriff findet durch folgende Medien statt: Bromwasser, feuchtes Chlor, Fluorwasserstoff, Natriumchloridlösung, Chlorsulfonsäure, Perchlorsäure, Monochloressigsäure, Königswasser, Salzsäure, Salpetersäure höherer Konzentration, konzentrierte Schwefelsäure, feuchtes Tetrachlorkohlenstoff und feuchtes Trichlorethen.

  Die Stähle besitzen eine austenitische Struktur (kubisch-flächenzentriert), sind unmagnetisch und nicht für eine Wärmebehandlung geeignet.

- **Titan** ist gut beständig gegen chlor- und chloridhaltige Medien, z. B. gegen Meerwasser, begrenzt beständig gegen Schwefelsäure, Salzsäure, Phosphorsäure, Oxalsäure und Ameisensäure, unbeständig bei stark reduzierenden Bedingungen, z. B. gegen Fluor, trockenes Chlorgas und rauchende Salpetersäure. Titan neigt ferner zu Wasserstoffversprödung.

- **Tantal** ist unbeständig in Flusssäure und wird darüber hinaus von starken alkalischen Lösungen angegriffen. Tantal-Legierungen mit einem Massenanteil von $w(\mathrm{Mo}) = 18 - 28\ \%$ sind in Flusssäure beständig. Die Neigung zur Wasserstoffversprödung ist bei Tantal noch größer als bei Titan und Zirconium.

- **Glas** wird von Flusssäure, Phosphorsäure und (bei hohen Temperaturen) von starken Alkalien angegriffen.

- **Kupfer** wird von Ammoniak und Acetylen (Reaktion!) angegriffen. Vorsicht bei Anwendung von Hydrazin zum Korrosionsschutz (Sauerstoffbindung) in Kesselspeisewässern, da hier bei einem Überschuss Ammoniak entstehen kann.

- **PTFE** ist ein Kunststoff, der von nahezu keinem Medium angegriffen wird, mit Ausnahme von elementarem Fluor, Chlortrifluorid und geschmolzenen Alkalimetallen. **PVDF** ist ebenfalls gegen die meisten Medien beständig, ein Angriff findet aber z. B. durch Chlorsulfonsäure, Oleum und Methylethylketon statt. Die übrigen genannten Kunststoffe werden z. B. von folgenden Stoffen angegriffen: Chlorsulfonsäure, Königswasser, Oleum, Salpetersäure, Salzsäure und Schwefelsäure höherer Konzentration und Ethylenoxid. Beständig sind alle aufgeführten Kunststoffe z. B. gegen Flusssäure, Phosphorsäure, Natronlauge, Kalilauge, Monochloressigsäure, Essigsäure, Fettsäuren, Ameisensäure, Benzoesäure, Ethanol, Ammoniak und Trinkwasser.

Temperaturbeständigkeit

Besonders hohe Temperaturen können bei bestimmten **keramischen Werkstoffen** und bei **nicht imprägniertem Graphit** bzw. **Kohlenstoff** angewendet werden.

Wärmeleitfähigkeit

Die beste Wärmeleitfähigkeit besitzt **Kupfer,** dann folgt **Aluminium**.

Elektrische Leitfähigkeit

Die beste elektrische Leitfähigkeit besitzt **Kupfer,** die beste *spezifische* elektrische Leitfähigkeit (d. h. bezogen auf die Masse in kg) zeigt allerdings **Aluminium**.

Dichte

Besonders geringe Dichten besitzen viele Kunststoffe, insbesondere **PE** und **PP** (Dichte unter 1000 kg/m^3), die Dichten von PVDF und PTFE liegen jedoch wesentlich höher (PTFE erreicht die Dichte von Graphit und Glas und fast die einiger Keramik-Werkstoffe). Zu beachten ist ferner, dass Titan bei ähnlicher Festigkeit nur eine etwa halb so hohe Dichte aufweist wie Stahl. Aluminium liegt in der Dichte nicht wesentlich höher als PTFE, Keramik, Graphit oder Glas. Eine sehr hohe Dichte weist Tantal auf (doppelt so hoch wie die von Stahl).

Linearer Ausdehnungskoeffizient

Die geringste Wärmedehnung besitzen **Glas, Graphit** und **Keramik**. Unter den Stählen zeigt **Invarstahl** mit $w(\mathrm{Ni}) = 36\ \%$ eine extrem geringe Wärmedehnung ($\alpha = 1{,}5 \cdot 10^{-6}$ 1/K). Sehr gering ist ferner die Wärmedehnung von **Quarz** ($\alpha = 1{,}0 \cdot 10^{-6}$ 1/K).

[1] 1.4571 je nach Temperatur und Konzentration unterschiedlich.

Preisrelationen wichtiger Werkstoffe für die chemische Industrie

Ein Vergleich der kg-Preise für Halbzeuge und Rohmaterialien wichtiger Apparatebauwerkstoffe ist nur sehr eingeschränkt sinnvoll und darf nicht isoliert von den Kosten für die Weiterverarbeitung und von den Werkstoffeigenschaften betrachtet werden. So kann ein Behälter aus dem vergleichsweise billigen Rohstoff Borosilicatglas infolge der hohen Verarbeitungskosten und zusätzlich erforderlicher Ausrüstung (Kompensatoren, spezielle Rohrverbindungen usw.) letztlich teurer werden als ein solcher aus Chromnickelstahl. Trotzdem kann es in vielen Fällen hilfreich sein, die Preisrelationen in etwa zu kennen.

Die angegebenen Preisrelationen sind selbstverständlich **zeitlichen Schwankungen** infolge veränderlicher Marktpreise unterworfen. Außerdem differieren sie z.T. erheblich zwischen den einzelnen Händlern und Herstellern. Wesentlichen Einfluss auf den Preis haben ferner **Form** und **Behandlungszustand** der Halbzeuge, die **Abnahmemenge**, die speziellen **Lieferbedingungen** und die **Gewährleistungen**. Die zugrunde gelegten Materialkosten beziehen sich auf Behälterbleche in gewalztem Zustand (bei Metallen), Kunststofftafeln oder ähnliche Halbzeuge in Dicken von ca. 3 mm bis 6 mm, wie sie im chemischen Apparatebau verwendet werden. Aus den genannten Gründen **sind die angegebenen Relationen keinesfalls als verbindliche Kalkulationsgrundlage geeignet, sie stellen lediglich eine Momentaufnahme bei bestimmten Bedingungen dar**.

Werkstoff	Kurzname (Handelsname)	Werkstoff-nummer	Preisverhältnis (massenbezogen) für Bleche, Tafeln u. Ä. **Stahl 1.4571 (V4A) = 1**
Stahl, nichtrostend	X6CrNiMoTi17-12-2	1.4571	1
	X6CrNiTi18-10	1.4541	0,82 ... 0,9
	X2CrNiMoN17-13-5	1.4439	2,2 ... 3
Aluminium	Al99,8	3.3535	1,4 ... 1,6
-legierungen	AlMg3	3.0285	1,2 ... 1,6
	AlMg4,5Mn	3.3547	1,3 ... 1,7
Kupfer	SF-Cu	2.0090	1,2 ... 2
-legierungen	CuZn20Al2	2.0460	... 3,6
	CuZn28Sn1	2.0470	... 3,0
	CuSn8	2.1030	2 ... 3,5
Nickel	LC Ni99	2.4068	6 ... 10
-legierungen	NiMo16Cr16Ti (Hastelloy C-4)	2.4610	7 ... 14
	NiMo28 (Hastelloy B 2)	2.4617	11 ... 20
	NiCr15Fe (Inconel 600)	2.4816	5 ... 10
	NiCu30Fe (Monel 400)	2.4360	4 ... 7
	NiCr21Mo14W (Hastelloy C-22)	2.4602	6 ... 12
Titan	Ti2	3.7035	8 ... 10
Zirconium			18 ... 25
Tantal			100 ... 130
Borosilicatglas 1.1			$\ll 1$
Graphit, nicht imprägniert			5
-, imprägniert mit Kunstharz			7
Kunststoffe	PTFE		... 10
	PVDF		... 15
	PE, PP, PVC		... 0,7

Korrosion, Korrosionsschutz

WK

Korrosionserscheinungen

Korrosion ist nach DIN die Reaktion eines Werkstoffes mit seiner Umgebung, wobei eine messbare Veränderung des Werkstoffes eintritt, die zur Beeinträchtigung der Funktion von Bauteilen aus diesem Werkstoff führen kann.

Bei Metallen liegen überwiegend elektrochemische Vorgänge zugrunde, bei höheren Temperaturen chemische Korrosion. Bei Nichtmetallen sind es in der Regel chemische, biologische oder physikalische Prozesse.

Erscheinungsformen der Korrosion

Korrosionserscheinung	Korrosionsbild	Beschreibung
Gleichmäßiger Flächenabtrag	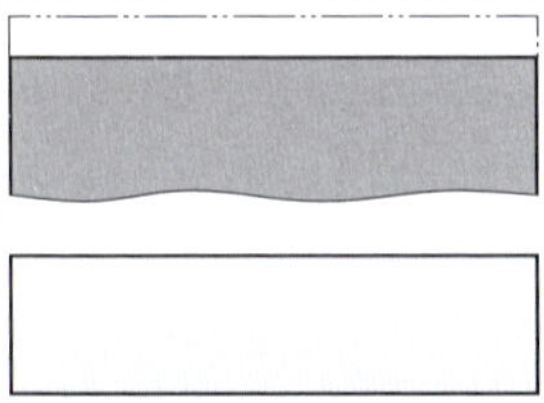	Der Werkstoff wird von der Oberfläche her relativ gleichmäßig abgetragen. Dies ist nur bei sehr konstanten und örtlich gleichartigen Korrosionsbedingungen möglich und deshalb in der Praxis selten. Lebensdauerberechnungen von Bauteilen sind hier relativ gut möglich.
Muldenfraß	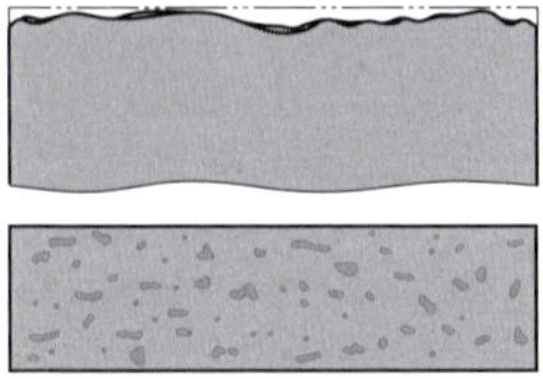	Ungleichmäßiger Flächenabtrag aufgrund örtlich nicht einheitlicher Korrosionsbedingungen. Bei den Mulden ist der mittlere Durchmesser größer als die Tiefe.
Lochfraß	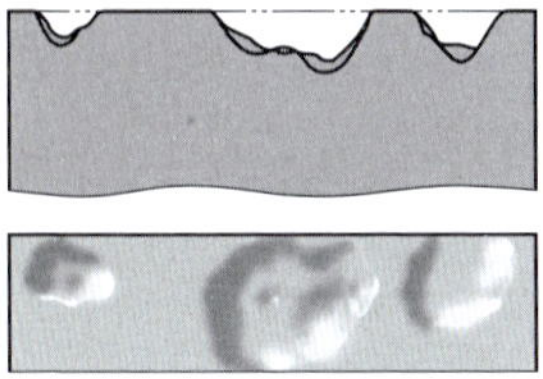	Kraterförmige, die Oberfläche unterhöhlende oder nadelstichartige Vertiefungen, wobei die Tiefe in der Regel größer ist als der mittlere Durchmesser. Neben der Angriffsstelle meist kein oder geringer Flächenabtrag. Gefahr der Kerbwirkung. Unter Deckschichten im Anfangsstadium oft schlecht erkennbar.
Korrosionsrisse	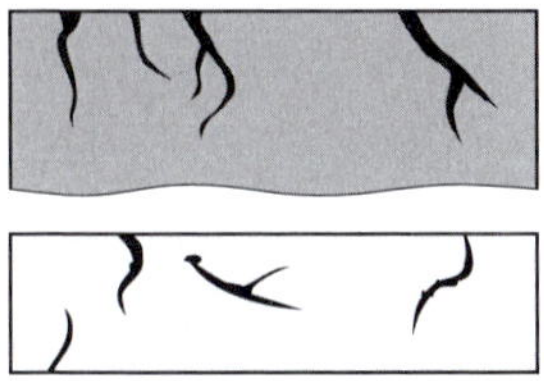	Inter- oder transkristalline Rissbildungen, die von der Oberfläche ausgehen oder nur im Inneren des Werkstückes vorliegen können. Zum Teil von außen nicht erkennbar und eventuell erst bei der Schadensanalyse durch metallographische Verfahren nachweisbar.
Selektive Angriffsform	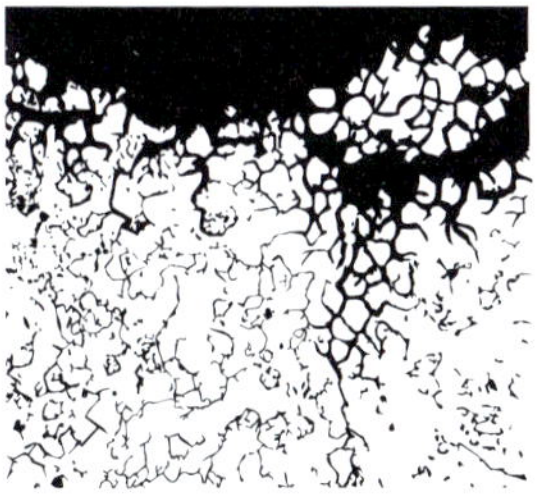	Selektiver (auswählender) Angriff der korngrenzennahen Bereiche, evtl. bis zur vollständigen Zerstörung der Metallkörner. Ausprägung als interkristalline Angriffsform bzw. Kornzerfall oder als selektiver Angriff von Seigerungszonen (schichtförmiger Korrosionsangriff), ferner als Spongiose bzw. Graphitierung (Auflösung des Ferrit- und Perlitgefüges) oder als Entzinkung (Auflösung der Zinkphase in Kupfer-Zink-Legierungen). Gefährliche Korrosionserscheinung, die häufig erst in der Schadensanalyse durch metallographische Verfahren erkannt wird.

Korrosion, Korrosionsschutz

Korrosionsarten

Korrosionsarten ohne gleichzeitige mechanische Beanspruchung

Korrosionsart	Beschreibung	Bemerkung
Gleichmäßige Flächenkorrosion	Annähernd gleichmäßige Reduzierung der Materialdicke infolge gleichmäßiger Korrosionsbedingungen über die gesamte Oberfläche (homogene Mischelektrode mit überall gleichen Teilstromdichten für den Abtrag des metallischen Werkstoffes).	Relativ harmlose Form der Korrosion. Im Allgemeinen gut zu erkennen und abzuschätzen. In reiner Ausprägung relativ selten. Gegenmaßnahmen: schützende Beschichtung, Wahl eines beständigen Materials (z. B. säure- oder rostbeständige Stähle), Maßnahmen von Seiten des Angriffsmediums (z. B. Entgasung, Änderung des pH-Wertes, Zusatz von Inhibitoren und Zusatz von Hydrazin oder Phenylhydrazin zum Binden des freien Sauerstoffs).
Muldenkorrosion	Ungleichmäßige Flächenkorrosion mit einer örtlich unterschiedlichen Abtragungsrate (heterogene Mischelektrode). Unebene, mit Mulden bedeckte Materialoberfläche.	Ursache: Korrosion infolge von Inhomogenitäten der Werkstoffoberfläche (z. B. Schlackenzonen) oder infolge von Konzentrationsunterschieden im Elektrolyt (z. B. bedingt durch die Strömungscharakteristik oder durch eine ungleichmäßige Temperaturverteilung). Das Ausmaß (die Tiefe der Mulden) ist oft erst nach mechanischer Entfernung von Ablagerungen und Korrosionsprodukten zu erkennen. Gegenmaßnahmen: siehe *gleichmäßige Flächenkorrosion*.
Lochkorrosion	Elektrolytischer Metallabtrag an eng begrenzten Oberflächenbereichen. Es entstehen dabei kraterförmige, nadelstichartige oder die Oberfläche oder Deckschicht unterhöhlende Löcher. Die Tiefe der Löcher ist gleich oder größer als der Durchmesser. Außerhalb der Angriffsstellen liegt nahezu keine Korrosion vor.	Ursache: Korrosionselemente (wie bei der Muldenkorrosion), häufig an Poren, Rissen oder anderen Fehlstellen korrosionshemmender Deckschichten, die nachträglich aufgebracht wurden (z. B. Verzinnung), verarbeitungstechnisch entstanden sind (z. B. Oxidhaut beim Walzen) oder aus Einwirkungen des Angriffsmediums resultieren. Gefahr der Kerbwirkung bei Belastung. Typisch ist die Lochkorrosion an säure- oder rostbeständigen ferritischen und austenitischen Stählen bei Angriff durch Chloride und andere Halogenide. Die Anfälligkeit der Stähle steigt dabei mit zunehmender Temperatur und Halogenidkonzentration. Lochkorrosion tritt auch bei passivierbaren Nickelbasislegierungen und bei Aluminium auf. Gegenmaßnahmen: Geeignete Werkstoffauswahl, z. B. Stähle mit hohem Chrom- **und** Molybdängehalt (Wirksumme: w (Cr) in % mal w (Mo) in % > 30), Hastelloy C 22, NiCr 21 Mo 14 W, Titan in oxidierenden Medien, Zirconium in reduzierenden Medien und Tantal in oxidierenden und reduzierenden Medien.
Spaltkorrosion	Korrosion in Spalten mit hoher Korrosionsrate. Bei unlegierten Stählen meist muldenförmig oder gleichmäßig, bei säure- und rostbeständigen Stählen ähnlich der Lochkorrosion.	Ursache: Ausbildung von Korrosionselementen in engen Spalten, z. B. durch unterschiedliche Belüftung, Anreicherung von aggressiven Phasen oder Absenkung des pH-Wertes im Spalt durch Hydrolyse von Korrosionsprodukten. Gegenmaßnahmen: Vermeidung von Spalten (insbesondere von Flächenabständen < 1 mm) bei der konstruktiven Gestaltung, beim Schweißen (z.B. nicht durchgeschweißte Wurzeln von Schweißnähten) und bei Verschraubungen.

Korrosionsarten (Fortsetzung)

Korrosionsarten ohne gleichzeitige mechanische Beanspruchung (Fortsetzung)

Korrosionsart	Beschreibung	Bemerkung
Kontaktkorrosion (galvanische Korrosion)	Korrosion des unedleren Werkstoffes an der Kontaktstelle zweier metallischer Konstruktionsteile mit unterschiedlichen freien Korrosionspotenzialen.	Ausschließlich konstruktionsbedingte Korrosion. Bedingung ist die elektrisch leitende Verbindung zweier metallischer Werkstoffe mit unterschiedlichem Korrosionspotenzial bei gleichzeitiger Anwesenheit eines Elektrolyten. Der unedlere, sich auflösende Werkstoff bildet die Anode. Dabei ist die Korrosionsgeschwindigkeit näherungsweise dem Flächenverhältnis der Kathode zur Anode proportional und abhängig von der Differenz der Standardpotenziale der beteiligten Werkstoffe in der elektrochemischen Spannungsreihe der Metalle. Demgemäß sollten möglichst keine Materialkombinationen mit großer Potenzialdifferenz gebildet werden. Elektrochemische Spannungsreihe wichtiger Gebrauchsmetalle (gemessen gegen die Standard- bzw. Normal-Wasserstoff-Elektrode): Mg: – 2,40 V Zn: – 0,76 V Sn: – 0,16 V Ag: + 0,80 V Al: – 1,69 V Fe: – 0,44 V Pb: – 0,13 V Au: + 1,38 V Ti: – 1,63 V Ni: – 0,25 V Cu: + 0,35 V Pt: + 1,20 V Unter Korrosionsbedingungen wird bei vielen technischen Werkstoffen das Potenzial infolge Oberflächenpassivierung verschoben, so z. B. in Salzlösung mit $w(\text{NaCl}) \approx 3\ \%$: Mg: – 1,32 V St 37: – 0,40 V Cr-Ni-Stahl: + 0,4 V Zn: – 0,78 V Cu: + 0,1 V Ni 99,6: + 0,46 V Al 99,5: – 0,67 V Ti: + 0,37 V Somit ist z. B. die Kombination von unlegiertem Stahl mit nichtrostendem Stahl ungünstig.
Korrosion durch unterschiedliche Belüftung	Erscheinungsbild abhängig von der Form der Konstruktionsteile. Tritt z. B. als Spaltkorrosion auf.	Ursache: Korrosionselement bei unterschiedlicher Belüftung von Oberflächenzonen. Dabei werden die weniger belüfteten Teile abgetragen. Abhilfe durch konstruktive Maßnahmen, z. B. durch Spaltvermeidung.
Selektive Korrosion	Auflösung einzelner Gefüge oder Legierungsbestandteile, z. B. im korngrenzennahen Bereich **(interkristalline Korrosion)** oder parallel zur Verformungsrichtung quer durch die Metallkörner **(transkristalline Korrosion)**.	Beispiele: Entzinkung von Cu-Zn-Legierungen (Auflösung der unedleren Zn-Komponente), Angriff längs von Seigerungszonen (Schichtkorrosion) und Korngrenzenangriff (Fortschreiten der Korrosion entlang der Korngrenzen bis ins Metallinnere, bis hin zum völligen Kornzerfall). Ursache: unedle Ausscheidungen und Anreicherung von Spurenelementen an den Korngrenzen und Verarmung der korngrenzennahen Bereiche infolge von Ausscheidungsvorgängen. Anfällig sind hier die nichtrostenden Cr- und Cr-Ni-Stähle in bestimmten Temperaturbereichen (z. B. beim Abkühlen nach dem Schweißen), da hier an den Korngrenzen Chromcarbide abgeschieden werden. Beständig sind Cr-Ni-Stähle, die mit Ti oder Nb und Ta legiert sind oder einen sehr geringen C-Gehalt besitzen.

Weitere Korrosionsarten:

Korrosion unter Ablagerungen (als Spalt- oder Kontaktkorrosion), **Verzunderung** (in Gasen bei sehr hohen Temperaturen, z. B. durch direkte Reaktion des Metalles mit dem Luftsauerstoff, etwa beim Walzen oder Schmieden), **mikrobiologische Korrosion** (unter Mitwirkung von Mikroorganismen, z. B. von sulfatreduzierenden, Schwefelsäure bildenden oder Wasserstoff depolarisierenden Bakterien), **Kondenswasserkorrosion** (durch Angriff von Kondenswasser, das bei Taupunktunterschreitung auf der Materialoberfläche entsteht) und **Säurekondensatkorrosion** (durch z. B. aus Verbrennungsgasen nach Taupunktunterschreitung kondensierende Säure).

Korrosionsarten (Fortsetzung)

Korrosionsarten mit gleichzeitiger mechanischer Beanspruchung

Korrosionsart	Beschreibung	Bemerkung
Spannungsrisskorrosion	Inter- oder transkristalline Rissbildung. In der Folge auftretende Brüche zeigen oft wenig verformte Trennungszonen und kein sichtbares Korrosionsprodukt.	Ursache: überwiegend statische Zugbeanspruchungen (auch als Eigenspannungen nach Verformungsprozessen im Werkstoff) und gleichzeitiger Angriff eines Mediums an örtlichen Zerstörungen oder Fehlstellen in Deck- oder Passivschichten (z. B. von Chrom-Nickel-Stählen). Bei austenitischen nichtrostenden Stählen und bei Aluminiumwerkstoffen greifen vor allem chloridhaltige Lösungen an und führen zu transkristalliner Korrosion, Kupfer- und Kupferlegierungen sind besonders durch ammoniakhaltige Lösungen gefährdet.
Schwingungsrisskorrosion	Risse mit nachkorrodierten Rissflanken, die von einer flächig korrodierten aktiven Oberfläche zahlreich ins Werkstoffinnere gehen oder Einzelriss bei passivierter Oberfläche, der einen glatten Bruch verursachen kann.	Ursache: Kombination aus korrosivem Angriff und schwellender oder wechselnder Zugbeanspruchung (Schwingung). Meist transkristalline Rissbildung an Gleitstellen. Gegenmaßnahmen: geeignete Werkstoffauswahl (evtl. nach geeignetem Korrosionsversuch), große Oberflächengüte beim Werkstoff und Maßnahmen zur Schwingungsdämpfung.

Weitere Korrosionsarten, die sich unter gleichzeitiger mechanischer Beanspruchung entwickeln, sind:

Erosionskorrosion: Korrosion an durch mechanischen Oberflächenabtrag vorgeschädigten Stellen, z. B. an durchbrochenen Passivschichten in Rohrbögen.

Kavitationskorrosion: Korrosion an durch Flüssigkeitskavitation aufgerauten oder verformten Flächen, z. B. an Pumpenlaufrädern.

Reibkorrosion: Korrosion an durch Reibungsbeanspruchung vorgeschädigten Oberflächen.

Dehnungsindizierte Korrosion: Korrosion infolge einer durch Dehnung oder Schrumpfung zerstörten Schutzschicht.

Korrosionsschutz

Korrosionsschutzmaßnahmen

Maßnahmen von Seiten des Werkstoffes	Maßnahmen an der Phasengrenze	Maßnahmen von Seiten des Mediums	Elektrochemischer Korrosionsschutz
• **Auswahl eines geeigneten Werkstoffes** sowohl hinsichtlich der Beständigkeit (Beständigkeitstabellen, z. B. DECHEMA-Publikationen) als auch hinsichtlich der mechanischen Beanspruchung (oberflächenhärtbare Werkstoffe bei Erosionsbeanspruchung, dauerschwingfeste bei Wechselbeanspruchung usw.)	• **Metallische Überzüge** – ***Galvanisieren*** Elektrolytische Metallabscheidung, z.B. Zink auf Stahl, Nickel auf Kupfer und Chrom auf verkupfertem und danach vernickeltem Stahl. Problematisch bei Hohlkörpern und Rohrinnenwänden. Z. T. hohe Porosität. – ***Plattieren*** Aufbringen einer Metallschicht unter Druck und erhöhter Temperatur.	• **Beseitigung bzw. Verringerung von Bestandteilen, die korrosionsfördernd wirken** – ***Verringerung der Sauerstoffkonzentration*** in Wässern durch Erhitzen, binden mit Hydrazin, Phenylhydrazin oder Natriumsulfit, Stickstoffsättigung, Evakuierung oder Entgasung mit Dampf im Gegenstrom.	• **Kathodischer Korrosionsschutz mit Fremdstrom** System aus zu schützendem Bauteil (durch Anschluss an den negativen Pol einer Gleichstromquelle) und einer Fremdstromanode aus Graphit, platiniertem Titan, Silicium-Gusseisen oder Magnetit. Anwendung bei Rohrleitungen und Behältern im Erdreich und zum Innenschutz von Behältern.

Fortsetzung nächste Seite

Korrosionsschutz (Fortsetzung)

Korrosionsschutzmaßnahmen (Fortsetzung)

Maßnahmen von Seiten des Werkstoffes	Maßnahmen an der Phasengrenze	Maßnahmen von Seiten des Mediums	Elektrochemischer Korrosionsschutz
• **Korrosionsgerechte Konstruktion** – Verwendung von Werkstoffen mit glatter Oberfläche (polierte Stähle, Glas, Kunststoffe usw.) – Vermeidung von Materialspannungen (innere Spannungen wie z. B. in nicht wärmetechnisch nachbehandelten Schweißeinflusszonen, Bördelkanten und dauerbelasteten Federn) – Vermeidung von engen Spalten – Vermeidung von Konstruktionen, die eine Restfeuchtigkeit erlauben (z. B. nicht vollständig entleerbare Behälter und Hohlräume ohne Drainageöffnung) – Wärmeisolierungen an Behältern und Rohren zur Vermeidung der Kondensation von Luftfeuchtigkeit – Vermeidung des Kontaktes von Werkstoffen mit großer Potenzialdifferenz (evtl. isolierende Zwischenstücke oder Schutzanstrich) – Auswahl von Schweißzusatzwerkstoffen, die etwas edler sind, als das Grundmetall (günstige Kombination aus kleiner Kathode und großer Anode)	Porenfreier Überzug beliebiger Dicke. Typische Plattierungswerkstoffe: Nickel, Tantal, Kupfer, Aluminium und deren Knetlegierungen und nichtrostender Stahl (auf unlegiertem Stahl). – ***Schmelztauchen*** Eintauchen des Werkstückes in die Schmelze des Beschichtungsmetalls (Zn, Sn, Al, Pb), z. B. Feuerverzinken – ***Thermisches Spritzen*** Aufspritzen des Metalls in geschmolzenem Zustand. Meist poröse, inhomogene Oberfläche, aber guter Haftgrund für organische Beschichtungen. Beispiel: Zink- und organische Deckschicht (Duplex-System) – ***Aufdampfen*** Physikalisches (PVD) und chemisches (PVC) Verfahren. Guter Verschleißschutz. Z. B. Säureschutz in Behältern durch aufgedampftes Tantal. • **Anorganische und organische Überzüge** – ***Emaillieren*** Glasfluss oxidischer Zusammensetzung auf Stahloberflächen. Empfindlich gegen Schlag, Schwingungen und schnelle Temperaturwechsel. Weniger empfindlich: Glasemail – ***Gummi- oder Kunststoffschichten*** als Lacke, Spachtelmassen, Pulver, Folien und Bahnen. Zum Streichen, Kleben, Spritzen, Wirbelsintern oder Aufschrumpfen. Thermisch empfindlich. Geringe Härte.	– ***Neutralisation*** mit $CaCO_3$ (Kalk) – ***Alkalisierung*** von Wasser mit Ammoniak oder Hydrazin (Beseitigung von CO_2) – ***Entsalzung*** in Ionenaustauschern – ***Binden von Luftfeuchtigkeit*** z. B. in LiCl- oder $CaCl_2$-Schichten (Umlufttrockner) oder durch Polykieselsäure (Silikagel) als Packungsbeilage und in eng begrenzten Räumen. • **Zusatz von Inhibitoren** – ***Physikalische Inhibitoren*** Adsorption durch die Metalloberfläche und Blockierung aktiver Stellen – ***Chemische Inhibitoren*** Schutzschichtbildung durch chemische Reaktion mit dem Metall (Chemiesorption) oder mit Komponenten des Angriffsmediums – ***Anodische Inhibitoren*** Korrosionspotenzial verschiebt sich zu edlerem Wert (bei zu geringer Dosierung kein geschlossener Oberflächenfilm und damit gefährliche örtliche Korrosion (kleine Anode, große Kathode) – ***Kathodische Inhibitoren*** Korrosionspotenzial verschiebt sich zum unedleren Wert	Schutz großer Bauteile und langer Rohrstrecken möglich (Rohre zusätzlich mit Schutzanstrich). • **Kathodischer Korrosionsschutz mit Opferanode** Durch Auflösung einer Anode aus Magnesium, Magnesiumlegierung, Zink, Zinklegierung oder Aluminium wird der Schutzstrom erzeugt und über eine leitende Verbindung dem zu schützenden Bauteil (aus edlerem Material) zugeführt. Anwendung: Außenschutz von Rohren und Behältern im Erdreich, Innenschutz von Behältern (z. B. Wasserbehältern und Wassererhitzern). Beim Einsatz von Opferanoden im Inneren von chemischen Anlagen ist auf Reaktionen des Mediums mit dem Anodenmaterial und (in Säuren) auf Wasserstoffentwicklung zu achten.

Korrosion, Korrosionsschutz

Inhibitoren

Die Wirksamkeit von Inhibitoren wird maßgeblich von den Prozessbedingungen bestimmt. Genauen Aufschluss erhält man oft erst nach mindestens einjähriger Durchführung von Versuchen, die den tatsächlichen Betriebsbedingungen möglichst nahe kommen. Richtwert für die Konzentration von Inhibitoren:

Massenanteil w**(Inhibitor) ≈ 0,1 % ... 2,0 %**

Auswahl wichtiger Inhibitoren

Anodische Inhibitoren	Anwendungsbereiche	Bemerkung
Natriumbenzoat C_6H_5COONa Natriumnitrit $NaNO_2$ Natriumsilikat $Na_2O \cdot 2\,SiO_2$ Dinatriumhydrogenphosphat Na_2HPO_4	Neutrale und schwach alkalische wässrige Flüssigkeiten, Atmosphäre, geschlossene Kühl- und Heizkreisläufe, insbesondere bei Eisenmetallen und Aluminium.	**Achtung:** Bei Unterdosierung (anodische Bezirke nicht vollständig benetzt) **Lochfraßgefahr** (Ausnahme: Benzoate). Natriumsilikat und Dinatriumphosphat sind nur wirksam, wenn die Wässer genügend Calciumhydrogencarbonat enthalten.

Kathodische Inhibitoren	Anwendungsbereiche	Bemerkung
Zinksulfat $ZnSO_4$ Calciumcarbonat $CaCO_3$	Säuren bei Eisenwerkstoffen, weiches Wasser	Weiches Wasser ist korrosiver als hartes.
Polyphosphate	Neutrale und schwach alkalische wässrige Flüssigkeiten, Kesselspeisewasser, hartes Wasser	Unterbindung von Kesselsteinschichten

Mischinhibitoren	Anwendungsbereiche	Bemerkung
Gemisch aus Natriumnitrit, Natriumbenzoat und Dinatriumhydrogenphosphat	Salz- oder säurehaltige Wässer, Ölpipelines, Öltanker	Anodisch wirkendes Inhibitorgemisch
Gemisch aus Zinksulfat und Natriumchromat	Geschlossene Heiz- und Kühlkreisläufe	Mischung aus einem kathodischen und einem anodischen Inhibitor, die eine schwerlösliche Zinkchromatschicht auf der Oberfläche erzeugt

Detaillierte Angaben über Art, Wirksamkeit und Dosierung von Inhibitoren erhält man in der Regel bei den Werkstoffherstellern und -verarbeitern.

Vorbereitung von Metalloberflächen vor dem Beschichten

Arbeitsschritt	Verfahren	Zweck	Arbeitsschritt	Verfahren	Zweck
Mechanisches Reinigen und Erzeugen einer günstigen Oberflächenbeschaffenheit	Bürsten, Schleifen, Sandstrahlen, Suspensionsstrahlen (Suspension aus Sand, Wasser und Inhibitor), Polieren, Flammstrahlen (Acetylen-Sauerstoff-flamme)	Beseitigung von Walzzunder, Rost und organischen und anorganischen Verschmutzungen und – je nach Erfordernis – Aufrauen oder Glätten der Oberfläche	Chemisches Reinigen und Erzeugen einer günstigen Oberflächenbeschaffenheit	Beizen von Stahl mit Schwefel-, Phosphor- oder Salzsäure und Beizen von Aluminium mit Natronlauge, Entfetten mit organischen Lösemitteln (Tri- und Tetrachlorethylen, Brennspiritus) oder/und Seifenlösung, chemisches oder elektrochemisches Polieren	Beseitigung von Walzzunder, Rost und Fettrückständen und – je nach Erfordernis – Aufrauen oder Glätten der Oberfläche

Normen zu Korrosion und Korrosionsschutz

Auswahl von DIN-Normen zu Korrosion, Korrosionsschutz und Korrosionsprüfung

DIN-Nr.	Titel
DIN 6601 (2007-04)	Beständigkeit der Werkstoffe von Behältern (Tanks) aus Stahl gegenüber Flüssigkeiten (Positiv-Flüssigkeitsliste)
DIN EN ISO 8044	Korrosion von Metallen und Legierungen – Grundbegriffe und Definitionen
DIN 50 900	
T 2 (2002-06)	Korrosion der Metalle; Begriffe; Elektrochemische Begriffe
DIN 50 905	
T 1 (2009-09)	Korrosion der Metalle; Korrosionsuntersuchung; Grundsätze
T 2 (1987-01)	Korrosion der Metalle; Korrosionsuntersuchung; Korrosionsgrößen bei gleichmäßiger Flächenkorrosion
T 3 (1987-01)	Korrosion der Metalle; Korrosionsuntersuchung; Korrosionsgrößen bei ungleichmäßiger und örtlicher Korrosion ohne mechanische Belastung
T 4 (1987-01)	Korrosion der Metalle; Korrosionsuntersuchung; Durchführung von chemischen Korrosionsversuchen ohne mechanische Belastung in Flüssigkeiten in Laboratorien
DIN EN ISO 3651-2 (1998-08)	Prüfung nichtrostender Stähle auf Beständigkeit gegen interkristalline Korrosion
DIN 50 918 (1978-06)	Korrosion der Metalle; Elektrochemische Korrosionsuntersuchungen
DIN 50 919 (1984-02)	Korrosion der Metalle; Korrosionsuntersuchungen der Kontaktkorrosion in Elektrolytlösungen
DIN 50 920	
T 1 (1985-10)	Korrosion der Metalle; Korrosionsuntersuchungen in strömenden Flüssigkeiten; Allgemeines
DIN EN ISO 3651-1 (1998-08)	Korrosion der Metalle; Prüfung nichtrostender austenitischer Stähle auf Beständigkeit gegen örtliche Korrosion in stark oxidierenden Säuren
DIN 50 922 (z) (1985-10)	Korrosion der Metalle; Untersuchung der Beständigkeit von metallischen Werkstoffen gegen Spannungsrisskorrosion; Allgemeines
DIN 50 927 (1985-08)	Planung und Anwendung des elektrochemischen Korrosionsschutzes für die Innenflächen von Apparaturen, Behältern und Rohren (Innenschutz)
DIN 50928 (1985-09)	Korrosion der Metalle; Prüfung und Beurteilung des Korrosionsschutzes beschichteter metallischer Werkstoffe bei Korrosionsbelastung durch wässrige Korrosionsmedien.
DIN 50930 T 6 (2001-08)	Korrosion der Metalle – Korrosion metallischer Werkstoffe im Inneren von Rohrleitungen, Behältern und Apparaten bei Korrosionsbelastung durch Wasser. Teil 6: Beeinflussung der Trinkwasserbeschaffenheit
DIN 53100 (2007-06)	Metallische Überzüge – Galvanische Nickel-Chrom- und Kupfer-Nickel-Chrom-Überzüge auf Kunststoffen
DIN EN 12681 (2003-06)	Gießereiwesen – Durchstrahlungsprüfung
DIN EN 1435 (2002-09)	Zerstörungsfreie Prüfung von Schweißverbindungen – Durchstrahlungsprüfung von Schmelzschweißverbindungen

Zugversuch

(DIN EN ISO 6892-1, 2009-12)

Der Zugversuch dient der Ermittlung der zulässigen Zugspannung in einem Werkstoff und bildet damit die Grundlage für die Auslegung von Druckbehältern, Rohren und anderen Anlagenteilen, die durch Innendruck beansprucht werden.

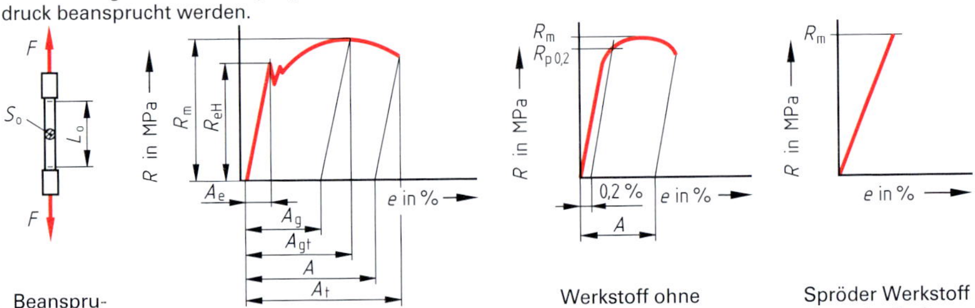

Beanspruchungsprinzip — Werkstoff mit ausgeprägter Streckgrenze — Werkstoff ohne ausgeprägte Streckgrenze — Spröder Werkstoff ohne plastische Verformung

Messgrößen

Kurzzeichen	Benennung	Einheit	Beziehung	Bedeutung
A	Bruchdehnung	%	$A = (L_u - L_o) \cdot 100/L_o$	Bleibende Längenänderung in % der Anfangsmesslänge
Ae	Streckgrenzen-Extensometer-Dehnung	%		Dehnung beim Erreichen der Streckgrenze
A_g	Plastische Extensometerdehnung bei Höchstkraft F_m	%		Nichtproportionale Dehnung bei Höchstkraft F_m (bleibende Längenänderung nach dem Bruch)
A_{wn}	Gleichmaßdehnung	%		Plastische Dehnung ohne Einschnürung (bei den meisten Werkstoffen gleich A_g, große Unterschiede aber bei stark kaltverformten)
A_t	Maximale Dehnung	%		Gesamte Extensometer-Dehnung beim Bruch
E	Elastizitätsmodul	MPa	$E = R/e$ $E = \sigma/\varepsilon$	Verhältnis der Spannung zur Dehnung im elastischen Bereich (Steigung der Anstiegsgeraden im Spannungs-Dehnungs-Diagramm)
F	Zugkraft	N		Senkrecht zum Probenquerschnitt S wirkende Kraft
F_m	Höchstkraft	N		Maximale Kraft, die der Werkstoff bei dem gegebenen Querschnitt S_o aushält
L	Messlänge	mm		Jeweilige Länge zwischen den Markierungen der Zugprobe
L_o	Anfangsmesslänge	mm		Länge zwischen den Markierungen der Zugprobe vor der Belastung
L_u	Messlänge nach dem Bruch	mm		Länge zwischen den Markierungen der Zugprobebeim Zusammenfügen der Bruchstücke
$R, (\sigma)$	Spannung	MPa	$R, (\sigma) = F/S_o$ Im elastischen Bereich: $R, (\sigma) = E \cdot e, (\varepsilon)$	Momentane Spannung, die sich aus dem jeweiligen Verhältnis der wirksamen Kraft F zum Anfangsquerschnitt S_o ergibt
R_p	Dehngrenze bei plastischer Extensometer-Dehnung	MPa		Zugspannung, bei der eine nichtproportionale (plastische) Dehnung von 0,2 % ($R_{p0,2}$) bzw. 1,0 % ($R_{p1,0}$) auftritt
R_{eH}	Obere Streckgrenze	MPa		Höchste Spannung, bevor der erste deutliche Kraftabfall eintritt.
R_m	Zugfestigkeit	MPa	$R_m = F_m/S_o$	Zugspannung, die sich aus der auf S_o bezogenen Höchstkraft F_m ergibt
S_o	Anfangsquerschnitt	mm^2		Probenquerschnitt vor der Beanspruchung
$e\ (\varepsilon)$	Dehnung (Extensometer-Dehnung)	%	$e\ (\varepsilon) = (L - L_o) \cdot 100/L_o$	Jeweilige Verlängerung bezogen auf die Anfangsmesslänge L_o

Härteprüfung

Härte ist definiert als Widerstand eines Werkstoffes gegen das Eindringen eines Prüfkörpers in seine Oberfläche. Je nach Untersuchungsmaterial und Untersuchungsziel kommen verschiedene Verfahren zur Anwendung.

Härteprüfverfahren

Verfahren				
Brinell (HBW) DIN EN ISO 6506-1, 2015-02	**Vickers** (HV) DIN EN ISO 6507-1, 2006-03	**Rockwell** (HR) DIN EN ISO 6508-1, 2015-06	**Shore** A und D DIN 53505, 1987-06	**Kugeldruck** (H) DIN 53456 (IRHD) DIN EN ISO 2039-1
• Bei heterogenen Stoffen (z. B. Stahlguss) • Bei nicht zu großer Härte • Insbesondere für Eisenwerkstoffe und Nichteisenmetalle	• Universell anwendbar • Auch bei dünnen Schichten geeignet • Auch bei großer Härte geeignet • Einzelne Gefügephasen messbar • Für Eisenwerkstoffe, Nichteisenmetalle und Nichtmetalle	• Einfache und schnelle Durchführung • Für sehr dünne Proben ungeeignet • Für alle Metalle geeignet	• Für Elastomere und Kautschuk	• Für Kunststoffe (Thermoplaste, Duroplaste und Hartgummi) • Internationaler Gummihärtegrad IRHD für Elastomere Anmerkung: DIN 53 456 ist zurückgezogen
Beispiele für Härteangaben				
130 HBW 2,5/10/30	630 HV 5	53 HRBW	75 Shore A	HB 358=77 N/mm²
130 HBW: Härtewert 5: Kugeldurchmesser *d* in mm 10: Die Prüfkraft beträgt $F = 250 \cdot 9{,}81$ in N 30: Einwirkdauer $t = 30$ s (Angabe nur, wenn abweichend von den üblichen 10 bis 15 s)	630 HV: Härtewert 5: Die Prüfkraft beträgt $F = 5 \cdot 9{,}81$ in N $F = 49{,}03$ N Die Einwirkungsdauer beträgt im Allgemeinen $t = 10 ... 15$ s. Abweichende Zeiten müssen angegeben werden, z. B. bei $t = 20$ s: 630 HV 5/20	53 HR: Härtewert B: Kugel (ebenso E, F, G, H, K). A, C, D bedeuted Diamantkegel als Prüfkörper Beanspruchungsgrad: kgf-Wert $= 0{,}102 \cdot F/D^2$ 10 kgf $\triangleq F = 612{,}9$ N Prüfkraft W: Wolframcarbidgemisch Die Prüfvorkraft beträgt $F_0 = 98{,}07$ N, die Prüfkraft $F_1 = 882{,}7$ N (HRBW) bzw. $F_1 = 1373$ N (HRC)	75 Shore: Härtewert A: Kegelstumpf als Eindringkörper (D bedeutet Kegel) Die Skala reicht von 0 ... 100, wobei 100 die größte Härte bedeutet	HB 358: Prüfkraft $F_m = 358$ N 77 N/mm²: Härtewert Die Einwirkungsdauer beträgt $t = 30$ s Angabe bei internationalem Härtegrad z. B. 48 IRHD Prüfkräfte: 49,0 N; 132 N; 358 N und 961 N

Die Härte eines Werkstoffes ist in vielen Fällen eine Vergleichsgröße für den abrasiven Verschleißwiderstand und kann eine Grundlage für die Auswahl von Werkstoffen sein, die für Anlagenteile vorgesehen sind, welche durch Erosion (z. B. pneumatische Förderanlagen) oder Erosionskorrosion (z. B. Rohrleitungen mit schnell strömenden Medien) beansprucht werden.

Aus der Brinell-Härte kann für unlegierte oder niedrig legierte Stähle näherungsweise auf die Zugfestigkeit R_m geschlossen werden. Es gilt: $\mathbf{R_m \approx 3{,}5 \cdot HBW}$. Umrechnung der Härtewerte: $\mathbf{HBW \approx 0{,}95 \cdot HV \approx 10 \cdot HR}$. Härtevergleichszahlen sind in DIN 50150 in Listen gegenübergestellt.

Berechnungsformeln

Aus den Messwerten können die Härten nach folgenden Formeln berechnet werden:

$$HBW = \frac{0{,}204 \cdot F}{\pi \cdot D \cdot (D - \sqrt{D^2 - d^2})}$$

$$HV = 0{,}102 \cdot \frac{2 \cdot F \cdot \sin(136/2)°}{d^2}$$

HBW	Härte nach Brinell (Kugel aus Wolframcarbidgemisch)
HV	Härte nach Vickers
F	Prüfkraft in N
D	Durchmesser der Prüfkugel beim Brinell-Verfahren in mm
d	Mittlerer Eindruckdurchmesser der Prüfkugel beim Brinell-Verfahren in mm oder arithemtischer Mittelwert der Diagonalen des bleibenden Eindrucks beim Vickers-Verfahren in mm

Härten und 0,2-Grenzen bzw. Streckgrenzen ausgewählter Werkstoffe

Härtewerte

Werkstoff	Härte	Werkstoff	Härte
Stahl		**Nickel und Nickellegierungen**	
1.4306 X2CrNi19-11	120 HBW ... 180 HBW	2.4068 LC Ni99	ca. 95 HBW
1.4439 X2CrNiMoN17-13-5	150 HBW ... 210 HBW	2.4360 NiCu30Fe (Monel 400)	ca. 150 HBW
1.4541 X6CrNiTi18-10	130 HBW ... 190 HBW	2.4602 NiCr21Mo14W (Hastelloy C-22)	ca. 205 HBW
1.4571 X6CrNiMoTi17-12-2	130 HBW ... 190 HBW	2.4610 NiMo16Cr16Ti (Hastelloy C-4)	ca. 190 HBW
1.4575 X1CrNiMoNb28 4 2	≤ 240 HBW	2.4617 NiMo28 (Hastelloy B-2)	ca. 210 HBW
Gehärteter Stahl	bis ca. 900 HV	2.4816 NiCr15Fe (Inconel 600)	ca. 190 HBW
Aluminiumlegierungen		**Titan**	
3.3535 AlMg3	50 HBW ... 85 HBW	3.7025 Ti1	120 HBW
3.3547 AlMg4,5Mn	70 HBW ... 100 HBW	3.7035 Ti2	150 HBW
Kupfer u. Kupferlegierungen		**Keramik**	
2.0090 SF-Cu	40 HBW ... 105 HBW	Al_2O_3-Keramik und	1600 HV ... 2000 HV
2.0460 CuZn20Al2	65 HBW ... 100 HBW	Al_2O_3/ZrO_2-Mischkeramik	
2.0470 CuZn28Sn1	65 HBW ... 100 HBW	Hartporzellan	1000 HV ... 1100 HV
2.1020 CuSn6	75 HBW ... 200 HBW		
		Schmelzbasalt	ca. 1600 HV

0,2-Grenzen und obere Steckgrenzen

Werkstoff	$R_{p0,2}$ bzw. R_{eH} in N/mm^2	Werkstoff	$R_{p0,2}$ bzw. R_{eH} in N/mm^2
Stahl		**Nickel und Nickellegierungen**	
1.4306 X2CrNi19-11	180	2.4360 NiCu30Fe (Monel 400)	175 ... 400
1.4439 X2CrNiMoN17-13-5	285	2.4602 NiCr21Mo14W (Hastelloy C-22)	310
1.4539 X1NiCrMoCu25-20-5	220		
1.4541 X6CrNiTi18-10	200	2.4610 NiMo16Cr16Ti (Hastelloy C-4)	280 ... 305
1.4571 X6CrNiMoTi17-12-2	210		
1.4575 X1CrNiMoNb28 4 2	500	2.4617 NiMo28 (Hastelloy B-2)	340
		2.4816 NiCr15Fe (Inconel 600)	180 ... 200
Kupfer u. Kupferlegierungen		**Titan**	
2.0090 SF-Cu100 ... 320		3.7025 Ti1	180
2.0460 CuZn20Al2	90 ... 240	3.7035 Ti2	250
2.0470 CuZn28Sn1	≥ 100	**Aluminiumlegierungen**	
2.1020 CuSn6	≤ 300 ... ≥ 600	3.3535 AlMg3	80 ... 250
		3.3547 AlMg4,5Mn	125 ... 270

Ermittlung der ungefähren erforderlichen Wanddicke von Rohren und zylindrischen Druckbehältermänteln aus dem Festigkeitskennwert *K* (auf der Basis der im Zugversuch ermittelten Werte):

$$\delta = \frac{D_a \cdot p}{20 \cdot \frac{K}{S} \cdot v + p} + c_1 + c_2$$

$K = R_{eH}$ oder $R_{p0,2}$ oder $R_{p1,0}$

Dabei ist die kleinste zul. Wanddicke von δ_{min} = 2 mm zu beachten (bei Al und Al-Legierungen δ_{min} = 3 mm).

Detailliertere Informationen und Vorschriften für andere geometrische Formen sind den *AD-Merkblättern für die Berechnung von Druckbehältern* zu entnehmen.

- δ Erforderliche Wanddicke bei Berechnungstemperatur in mm
- D_a Zylinder- bzw. Rohraußendurchmesser in mm
- p Berechnungsdruck (i. Allg. zulässiger Betriebsüberdruck) in bar
- S Sicherheitsbeiwert beim Berechnungsdruck (ohne Einheit), für Walz- und Schmiedestähle $S = 1{,}5$
- v Faktor zur Berücksichtigung von Fügeverbindungen und Verschwächungen (ohne Einheit), für hartgelötete Verbindungen: $v = 0{,}8$
- c_1 Zuschlag für Wanddickenunterschreitungen in mm (für austenitische Stähle $c_1 = 0$)
- c_2 Abnutzungszuschlag in mm (bei austenitischen Stählen i. Allg. $c_2 = 0$)

Überblick über die wichtigsten Prüfverfahren

Chemische Analyse

Ziel:
Aufklärung der chemischen Zusammensetzung insgesamt oder Bestimmung einer bestimmten Komponente im Werkstoff (z. B. Massenanteil Kohlenstoff in einem Stahl).

Verfahren:
- Spektralanalyse (optische Emissionsspektroskopie, Röntgenspektroskopie)
- Pyrolyse
- Röntgenfluoreszenzanalyse
- Funkenprobe
- Bestimmung des Schwefel- und des Kohlenstoffgehaltes in Stahl nach *Holthaus-Senthe*
- Tüpfelproben

Metallographische Prüfverfahren

Ziel:
Struktur- und Mikrofehleranalysen (z. B. Nachweis der interkristallinen Korrosion).

Verfahren:
- Lichtmikroskopie (Vergrößerung $V_{max} \approx 1000$, mit Immersionslösungen $V_{max} \approx 1600$, Auflösung $A_{min} \approx 3 \cdot 10^{-7}$ m)
- Rasterelektronenmikroskopie (Vergrößerung bis $V_{max} \approx 2 \cdot 10^5$, Auflösung bis $A_{min} \approx 10^{-8}$ m)
- Durchstrahlungselektronenmikroskopie (Vergrößerung $V_{max} \approx 10^6$, Auflösung $A \approx 10^{-9}$ m)

Bei allen Verfahren Schleifen, Polieren und evtl. Ätzen der Oberflächen erforderlich.

Mechanische Prüfverfahren

Ziel:
Zähigkeits- und Festigkeitsbestimmungen (z. B. Streckgrenze als Grundlage für Druckbehälterberechnungen, Härte zur Abschätzung der Verschleißfestigkeit, Dauerschwingfestigkeit als Beurteilungsgrundlage für das Verhalten bei wiederholter schwellender oder wechselnder Beanspruchung und Zeitstandfestigkeit zur Beurteilung des Verhaltens bei länger währender Zugbeanspruchung).

Verfahren:
- Zugversuch (DIN EN ISO 6892-1)
- Druckversuch (DIN 50 106)
- Metallische Werkstoffe – Einachsiger Zeitstandversuch unter Zugbeanspruchung (DIN EN ISO 204)
- Dauerschwingversuch (DIN 50 100)
- Umlaufbiegeversuch (DIN 50 113)
- Kerbschlagbiegeversuch (DIN 50 115)
- Härteprüfung nach Brinell (DIN EN ISO 6506-1)
- Härteprüfung nach Vickers (DIN EN ISO 6507-1)
- Härteprüfung nach Rockwell (DIN EN ISO 6508-1)

Technologische Prüfverfahren

Ziel:
Untersuchung des Verhaltens von Werkstoffen bei anwendungsorientierten Beanspruchungen (z. T. genormt, z. B. Bördelversuch an Rohren, oder als spezielle Anwendungsprüfungen, z. B. die Ermittlung der Gleiteigenschaft einer bestimmten Folie).

Verfahren:
- Metallische Werkstoffe ... – Hin- u. Herbiegeversuch an Blechen (DIN EN ISO 7799)
- Aufweitungsversuch an Rohren (DIN EN ISO 8493)
- Ringfaltversuch an Rohren (DIN EN ISO 8492)
- Ringzugversuch an Rohren (DIN EN ISO 8496)
- Tiefungsversuch (DIN EN ISO 20482)
- Metallische Werkstoffe – Biegeversuch (DIN EN ISO 7438)
- Prüfung von Hartlötverbindungen (DIN EN 12797)
- Zerstörende Prüfung von Schweißnähten an metallischen Werkstoffen – Biegeprüfungen (DIN EN ISO 5371)

Zerstörungsfreie Prüfverfahren

Ziel:
Nachweis der Fehlerfreiheit von Werkstücken, Anlagenteilen und Halbzeugen für Werkstücke und Anlagenteile (z. B. Prüfung der Schweißnähte an Rohrleitungen und Behältern vor der Inbetriebnahme, während des Betriebs oder bei vorübergehendem Stillstand der entsprechenden Anlage und Bestimmung von Restwanddicken bei Korrosionsuntersuchungen). Begriffe: DIN EN 1330-1 ... 11

Verfahren:
- Ultraschallprüfung (DIN EN 1330-4), häufigstes: Impuls-Echo-Verfahren
- Durchstrahlungsprüfung (ISO 5579, DIN EN 1435, DIN EN 12681 und DIN EN ISO 5579)
  a) mit Röntgenstrahlen (bis $s \approx 100$ mm Materialdicke bei Stahl)
  b) mit Gammastrahlen (bis $s \approx 200$ mm bei Stahl, für $s < 30$ mm weniger geeignet)

Ultraschallprüfung für die Tiefenlage von Fehlern, Durchstrahlungsprüfung für die geometrische Form.

Prüfung auf Kriechwegbildung

Ziel:
Erfassung des Verhaltens von Isolierstoffoberflächen (z. B. von Kunststoffoberflächen) unter Einwirkung von Kriechströmen unter feuchten Bedingungen (z. B. zur Vermeidung von Kurzschlüssen zwischen spannungsführenden Bauteilen einer Anlage, die über den Isolierstoff verbunden sind).

Verfahren (VDE 0303-11 und DIN EN 60112):
- Vergleichszahl der Kriechwegbildung (CTI)
  Zahlenwert der *höchsten Spannung* in V, bei der der Werkstoff 50 Auftropfungen ohne Kriechwegbildung widersteht).
- Prüfzahl der Kriechwegbildung (PTI)
  Zahlenwert der *Prüfspannung* in V, bei der der Werkstoff 50 Auftropfungen ohne Kriechwegbildung widersteht.

Angabe: z. B. CTI 350 oder PTI 200

Normbenennung der Werkstoffe

Werkstoffnummern der Stähle I (DIN EN 10027-2, 09.1992 und DIN-Normenheft 3, 10.2000)

Es ist zu beachten, dass in der Praxis zum Teil noch die Systematik der ehemaligen DIN 17 007, Bl. 2, verwendet wird (siehe Seite 275).

Nach gültiger Norm bauen sich die Werkstoffnummern wie folgt auf:

1. XX XX(XX)

Werkstoffhauptgruppennummer (Stelle1) 1 = Stahl

Stahlgruppennummer (Stellen 2 u. 3)

Zählnummer (Stellen 4 ... 7) In Klammer: Für möglichen zukünftigen Bedarf

Stahlgruppennummern 1. XX XX (XX)

	Unlegierte Grundstähle		
00	Grundstähle	90	Grundstähle
	Unlegierte Qualitätsstähle		
01	Allgemeine Baustähle mit $R_m < 500\ N/mm^2$	91	Allgemeine Baustähle mit $R_m < 500\ N/mm^2$
02	Sonstige, nicht für eine Wärmebehandlung bestimmte Baustähle mit $R_m < 500\ N/mm^2$	92	Sonstige, nicht für eine Wärmebehandlung bestimmte Baustähle mit $R_m < 500\ N/mm^2$
03	Stähle mit im Mittel $w(C) < 0{,}12\ \%$ oder $R_m < 400\ N/mm^2$	93	Stähle mit im Mittel $w(C) < 0{,}12\ \%$ oder $R_m < 400\ N/mm^2$
04	Stähle mit im Mittel $0{,}12\ \% \leq w(C) < 0{,}25\ \%$ oder $400\ N/mm^2 \leq R_m < 500\ N/mm^2$	94	Stähle mit im Mittel $0{,}12\ \% \leq w(C) < 0{,}25\ \%$ oder $400\ N/mm^2 \leq R_m < 500\ N/mm^2$
05	Stähle mit im Mittel $0{,}25\ \% \leq w(C) < 0{,}55\ \%$ oder $500\ N/mm^2 \leq R_m < 700\ N/mm^2$	95	Stähle mit im Mittel $0{,}25\ \% \leq w(C) < 0{,}55\ \%$ oder $500\ N/mm^2 \leq R_m < 700\ N/mm^2$
06	Stähle mit im Mittel $w(C) \geq 0{,}55\ \%$ oder $R_m \geq 700\ N/mm^2$	96	Stähle mit im Mittel $w(C) \geq 0{,}55\ \%$ oder $R_m \geq 700\ N/mm^2$
07	Stähle mit höherem P- oder S-Gehalt	97	Stähle mit höherem P- oder S-Gehalt
	Unlegierte Edelstähle		
10	Stähle mit besonderen physikalischen Eigenschaften	15	Werkzeugstähle
11	Bau-, Maschinenbau- und Behälterstähle mit $w(C) < 0{,}50\ \%$	16	Werkzeugstähle
12	Maschinenbaustähle mit $w(C) \geq 0{,}50\ \%$	17	Werkzeugstähle
13	Bau-, Maschinenbau- und Behälterstähle mit besonderen Anforderungen	18	Werkzeugstähle
14	–	19	–
	Legierte Qualitätsstähle		
08	Stähle mit besonderen physikalischen Eigenschaften	98	Stähle mit besonderen physikalischen Eigenschaften
09	Stähle für verschiedene Anwendungsbereiche	99	Stähle für verschiedene Anwendungsbereiche
	Legierte Edelstähle		
	Werkzeugstähle (20 ... 29)		
20	Mit Cr	25	Mit W-V oder Cr-W-V
21	Mit Cr-Si, Cr-Mn oder Cr-Mn-Si	26	Mit W außer Klassen 24, 25 und 27
22	Mit Cr-V, Cr-V-Si, Cr-V-Mn oder Cr-V-Mn-Si	27	Mit Ni
23	Mit Cr-Mo, Cr-Mo-V oder Mo-V	28	Sonstige
24	Mit W oder Cr-W	29	–

Werkstoffnummern der Stähle I (Fortsetzung)

Stahlgruppennummern 1. XX XX (XX) (Fortsetzung)

Legierte Edelstähle (Fortsetzung)

Verschiedene Stähle (30 ... 39)			
30	–	36	Werkstoffe mit besonderen magnetischen Eigenschaften, ohne Co
31	–	37	Werkstoffe mit besonderen magnetischen Eigenschaften, mit Co
32	Schnellarbeitsstähle mit Co	38	Werkstoffe mit besonderen physikalischen Eigenschaften, ohne Nickel
33	Schnellarbeitsstähle ohne Co	39	Werkstoffe mit besonderen physikalischen Eigenschaften, mit Nickel
34	–		
35	Wälzlagerstähle		
Chemisch beständige Stähle (40 ... 49)			
40	Nichtrostende Stähle mit w(Ni) < 2,5 %, ohne Mo, Nb und Ti	45	Nichtrostende Stähle mit Sonderzusätzen
41	Nichtrostende Stähle mit w(Ni) < 2,5 %, mit Mo, ohne Nb und Ti	46	Chemisch beständige und hochwarmfeste Nickellegierungen
42	–	47	Hitzebeständige Stähle mit w(Ni) < 0,25 %
43	Nichtrostende Stähle mit w(Ni) ≥ 2,5 %, ohne Mo, Nb und Ti	48	Hitzebeständige Stähle mit w(Ni) ≥ 0,25 %
44	Nichtrostende Stähle mit w(Ni) ≥ 2,5 %, mit Mo, ohne Nb und Ti	49	Hochwarmfeste Werkstoffe
Bau-, Maschinenbau- und Behälterstähle (50 ... 80)			
50	Mit Mn, Si, Cu	55	Mit B, Mn-B und w(Mn) < 1,65 %
51	Mit Mn-Si oder Mn-Cr	56	Mit Ni
52	Mit Mn-Cu, Mn-V, Si-V oder Mn-Si-V	57	Mit Cr-Ni, w(Cr) < 1,0 %
53	Mit Mn-Ti oder Si-Ti	58	Mit Cr-Ni, 1,0 ≤ w(Cr) < 1,5
54	Mit Mo oder Nb, Ti, V oder W	59	Mit Cr-Ni, 1,5 ≤ w(Cr) < 2,0
60	Mit Cr-Ni, 2,0 % ≤ w(Cr) < 3 %	65	Mit Cr-Ni-Mo, w(Mo) < 0,4 % und w(Ni) < 2 %
61	–	66	Mit Cr-Ni-Mo, w(Mo) < 0,4 % und 2,0 ≤ w(Ni) < 3,5 %
62	Mit Ni-Si, Ni-Mn oder Ni-Cu	67	Mit Cr-Ni-Mo, w(Mo) < 0,4 % und 3,5 % ≤ w(Ni) < 5,0 % oder w(Mo) ≤ 0,4 %
63	Mit Ni-Mo, Ni-Mo-Mn, Ni-Mo-Cu, Ni-Mo-V oder Ni-Mn-V	68	Mit Cr-Ni-V, Cr-Ni-W und Cr-Ni-V-W
64	–	69	Mit Cr-Ni, außer Klassen 57 bis 68
70	Mit Cr oder Cr-B	75	Mit Cr-V, w(Cr) < 2,0 %
71	Mit Cr-Si, Cr-Mn, Cr-Mn-B oder Cr-Si-Mn	76	Mit Cr-V, w(Cr) > 2,0 %
72	Mit Cr-Mo, w(Mo) < 0,35 %, oder Cr-Mo-B	77	Mit Cr-Mo-V
73	Mit Cr-Mo, w(Mo) ≥ 0,35 %	78	–
74	–	79	Mit Cr-Mn-Mo oder Cr-Mn-Mo-V
80	Mit Cr-Si-Mo, Cr-Si-Mn-Mo, Cr-Si-Mo-V oder Cr-Si-Mn-Mo-V	86	–
81	Mit Cr-Si-V, Cr-Mn-V oder Cr-Si-Mn-V	87	Nicht für eine Wärmebehandlung beim Verbraucher bestimmte Stähle
82	Mit Cr-Mo-W oder Cr-Mo-W-V	88	Nicht für eine Wärmebehandlung beim Verbraucher bestimmte Stähle, hochfeste schweißgeeignete Stähle
83	–	89	Nicht für eine Wärmebehandlung beim Verbraucher bestimmte Stähle, hochfeste schweißgeeignete Stähle
84	Mit Cr-Si-Ti, Cr-Mn-Ti oder Cr-Si-Mn-Ti		
85	Nitrierstähle		

Werkstoffnummern der Gusseisenwerkstoffe (DIN EN 1560, 2011-05)

Aufbau der Werkstoffnummern für Gusseisenwerkstoffe nach DIN EN 1560 **seit 2011**:

Die Werkstoffnummer besteht aus **6 Positionen** und hat die Form

5 . n n nn
- Zahl von 00 bis 99 für den jeweiligen **speziellen Werkstoff**
- Zahl für die **Matrixstruktur**
- Zahl für die **Grafitstruktur**
- Zahl mit nachgestelltem Punkt (für Gusseisen immer die **Zahl 5)**

Positionen 1 und 2 (Werkstoffgruppe)

5 .	Nummer der Werkstoffgruppe Gusseisen (immer die Zahl 5), gefolgt von einem Punkt

Position 3 (Ziffer für die **Grafitstruktur)**

1	lamellar	**4**	Temperkohle	**7**	Reserve
2	vermikular	**5**	graphitfrei	**8**	Reserve
3	kugelig	**6**	Reserve	**9**	andere

Position 4 (Ziffer für die **Matrixstruktur)**

1	Ferrit	**4**	Ausferrit	**7**	Reserve
2	Ferrit/Perlit	**5**	Austenit	**8**	Reserve
3	Perlit	**6**	Ledeburit	**9**	andere

Positionen 5 und 6 (Werkstoffgruppe)

nn	Zweistellige Zahl von **0** bis **99** für den **speziellen einzelnen Werkstoff** ganz bestimmter **Zusammensetzung** und **Behandlung**

Beispiel: **5.1326** Gusseisen (5.), Perlitstruktur (1), Lamellenstruktur (3), spezieller Werkstoff mit der Nummer 26

Bis 2011 waren die Werkstoffnummer nach DIN EN 1560 wie folgt gestaltet:

EN - J b z zz z
- Zahl für die Anforderung an den Werkstoff (eine Ziffer)
- Zahl für jedes Hauptmerkmal in der jeweiligen Werkstoffnorm festgelegt (00...99)
- Zahl für das Hauptmerkmal (eine Ziffer)
- Buchstabe für die Grafitstruktur
- Zeichen für Gusseisen (immer J)
- Zeichen für europäische Norm (immer EN-)

Kennbuchstaben für die Grafitstruktur

L lamellar **S** kugelig **M** Temperguss **V** vermikular **H** grafitfrei (Hartguss) ledeburitisch **X** Sonderstruktur (spez. Norm)

Kennzahlen für die Hauptmerkmale

0 Reserve **1** Zugfestigkeit **2** Härte **3** chemische Zusammensetzung **4 ... 8** Reserve **9** nicht genormter Werkstoff

Kennzahlen für festgelegte Anforderungen an den jeweiligen Werkstoff

0	keine besonderen Anforderungen	**1**	getrennt gegossenes Probestück	**2**	angegossenes Probestück
3	einem Gussstück entnommenes Probestück	**4**	Schlagzähigkeit bei Raumtemperatur	**5**	Schlagzähigkeit bei Tieftemperatur
6	festgelegte Schweißbarkeit	**7**	Gussstück im Gusszustand	**8**	wärmebehandeltes Gussstück
9	zusätzliche, in der Bestellung festgelegte Anforderungen oder Kombination von in der Werkstoffnorm festgelegten einzelnen Anforderungen				

Normbenennung der Werkstoffe

WK

Werkstoffnummern der Stähle II

(DIN 17 007, Blatt 2, 09.61)

Es ist zu beachten, dass seit 1992 mit der **DIN EN 10 027, Teil 2,** eine europäische Norm vorliegt. Da jedoch in der Praxis z.T. immer noch die Systematik der ehemaligen DIN 17 007, Bl. 2, verwendet wird, soll diese hier ebenfalls erläutert werden.
Werkstoffnummern sind siebenstellig und bauen sich wie folgt auf:

X.XXXX.XX

Werkstoffhauptgruppe (Stelle 1) — Sortennummer (Stellen 2 ... 5) — Anhängezahlen (Stellen 6 und 7)

Werkstoffhauptgruppe X.XXXX.XX

Ziffer	Werkstoffgruppe	Ziffer	Werkstoffgruppe	Ziffer	Werkstoffgruppe
0	Gusseisen, Roheisen, Ferrolegierungen	2	Schwermetalle (außer Eisenmetalle)	4 ... 8	Nichtmetallische Werkstoffe
1	Stahl, Stahlguss	3	Leichtmetalle	9	Frei für interne Benutzung

Für Stähle gilt: 1. XXXX.XX

Sortennummer 1.XXXX.XX
(Stellen 2 ... 5)

Sortenklasse **1.XXXX.XX**
(Stellen 2 und 3)

Ziffer	Bedeutung
	Massen- und Qualitätsstähle
00	Handels- und Grundgüten
01, 02	Allgemeine Baustähle, unlegiert
03 ... 07	Qualitätsstähle, unlegiert
08, 09	Qualitätsstähle, legiert
90	Sondersorten, Handels- und Grundgüten
91 ... 99	Sondersorten
	Unlegierte Edelstähle
10	Stähle mit besonderen physikalischen Eigenschaften
11, 12	Baustähle
15 ... 18	Werkzeugstähle 15: I. Güte 16: II. Güte 17: III. Güte 18: Für Sonderzwecke
	Legierte Stähle
20 ... 29	Werkzeugstähle
32, 33	Schnellarbeitsstähle
34	Verschleißfeste Stähle
35	Wälzlagerstähle
36 ... 39	Eisenwerkstoffe mit besonderen physikalischen Eigenschaften
40 ... 49	Chemisch beständige Werkstoffe 40, 41, 43 ... 45: Nichtrostende Stähle 47, 48: Hitzebeständige Stähle 49: Hochtemperaturwerkstoffe
50 ... 84	Baustähle
85	Nitrierstähle
86 ... 89	Hartlegierungen

Zählnummer **1.XXXX.XX**
(Stellen 4 und 5)

Die Zählnummer legt innerhalb der Sortenklasse einen ganz bestimmten Werkstoff genau definierter Zusammensetzung fest (ohne Systematik).

Anhängezahlen 1.XXXX.XX
(Stellen 6 und 7)

Stahlgewinnungsverfahren **1.XXXX.XX**
(Stelle 6)

Ziffer	Bedeutung
0	Unbestimmt oder ohne Bedeutung
1	Thomasstahl, unberuhigt
2	Thomasstahl, beruhigt
3	Stahl sonstiger Erschmelzungsart, unberuhigt
4	Stahl sonstiger Erschmelzungsart, beruhigt
5	Siemens-Martin-Stahl, unberuhigt
6	Siemens-Martin-Stahl, beruhigt
7	Sauerstoffaufblasstahl, unberuhigt
8	Sauerstoffaufblasstahl, beruhigt
9	Elektrostahl

Behandlungszustand **1.XXXX.XX**
(Stelle 7)

Ziffer	Bedeutung
0	Keine oder beliebige Behandlung
1	Normalgeglüht
2	Weichgeglüht
3	Wärmebehandelt auf gute Zerspanbarkeit
4	Zähvergütet
5	Vergütet
6	Hartvergütet
7	Kaltverformt
8	Federhart kaltverformt
9	Behandelt nach besonderen Angaben

Beispiel: 1.4310.95

1	Stahl
43	Nichtrostender Stahl
10	Festgelegt für den Stahl X 12 CrNi 17-7
9	Elektrostahl
5	Vergütet

Normbenennung der Werkstoffe

WK

Werkstoffnummern der Gusseisensorten (DIN 17007-3, 1971-01)

Sortenklassen für Gusseisen 0.XXXX.XX (die Anhängezahlen sind noch nicht festgelegt)

Ziffer	Bedeutung	Ziffer	Bedeutung
60 ... 61	Gusseisen mit Lamellengraphit, unlegiert	80, 81	Temperguss, unlegiert
62 ... 69	Gusseisen mit Lamellengraphit, legiert	82	Temperguss, legiert
70, 71	Gusseisen mit Kugelgraphit, unlegiert	90, 91	Sondergusseisen, unlegiert
72 ... 79	Gusseisen mit Kugelgraphit, legiert	92 ... 99	Sondergusseisen, legiert

Werkstoffnummern der Nichteisenmetalle (DIN 17007-4, 2012-02)

Sortennummern der Schwermetalle (außer Eisen) **2.XXXX.XX**		**Sortennummern der Leichtmetalle 3.XXXX.XX**	
Sortennummern (Stellen 2 ... 5)	Metall bzw. Grundmetall der Legierung	***Sortennummern*** (Stellen 2 ... 5)	Metall bzw. Grundmetall der Legierung
0000 ... 1799	Kupfer	0000 ... 4999	Aluminium
2000 ... 2499	Zink, Cadmium	5000 ... 5999	Magnesium
3000 ... 3499	Blei	7000 ... 7999	Titan
3500 ... 3999	Zinn		
4000 ... 4999	Nickel, Cobalt		
5000 ... 5999	Edelmetalle		
6000 ... 6999	Hochschmelzende Metalle		

Anhängezahlen für Schwer- und Leichtmetalle X.XXXX.XX

Anhängezahlen (Stellen 6 und 7)	Bedeutung	***Anhängezahlen*** (Stellen 6 und 7)	Bedeutung
00 ... 09	Unbehandelt	60 ... 69	Warmausgehärtet, ohne mechanische Nacharbeit
10 ... 19	Weich	70 ... 79	Warmausgehärtet, kalt nachbearbeitet
20 ... 29	Kaltverfestigt (zwischengehärtet)	80 ... 89	Entspannt, ohne vorherige Kaltverfestigung
30 ... 39	Kaltverfestigt	90 ... 99	Sonderbehandlungen
40 ... 49	Lösungsgeglüht, ohne mechanische Nacharbeit		
50 ... 59	Lösungsgeglüht, kalt nachbearbeitet		

Wichtige Nichteisenmetall-Legierungen

Werkstoff-nummernbereich	Legierung (Grundmetall und Hauptlegierungs-elemente nach Massenanteil)	Werkstoff-nummernbereich	Legierung (Grundmetall und Hauptlegierungs-elemente nach Massenanteil)
2.0200 ... 2.0449	Kupfer-Zink (Messing)	3.1100 ... 3.1199	Aluminium-Kupfer (binär)
2.0450 ... 2.0599	Sondermessing	3.1200 ... 3.1999	Aluminium-Kupfer (und andere Elemente)
2.0700 ... 2.0799	Kupfer-Nickel-Zink (Neusilber)	3.2300 ... 3.2399	Aluminium-Silicium-Magnesium
2.0800 ... 2.0899	Kupfer-Nickel	3.3200 ... 3.3299	Aluminium-Magnesium-Silicium
2.0900 ... 2.0999	Kupfer-Aluminium	3.3300 ... 3.3399	Aluminium-Magnesium (binär)
2.1000 ... 2.1159	Kupfer-Zinn (Bronze)	3.3500 ... 3.3599	Aluminium-Magnesium mit Mangan oder Chrom
3.0500 ... 3.0599	Aluminium-Mangan-Chrom		
3.0900 ... 3.0999	Aluminium-Eisen		

Normbenennung der Werkstoffe

WK

Kurznamen für Stähle, Hauptsymbole

(DIN EN 10027-1, 1992-09 und DIN-Normenheft 3, 2000-10)

Es ist zu beachten, dass in der Praxis immer noch Stähle nach der Systematik in der zurückgezogenen DIN 17006 oder nach der Euronorm 27-44 bezeichnet sind (siehe entsprechende Kapitel). Es gilt jedoch die Europäische Norm DIN EN 10 027-1 (Hauptsymbole) in Verbindung mit der Deutschen Vornorm DIN V 17 006, T 100 (Zusatzsymbole für Kurznamen).

Aufbau der Kurznamen mit den Hauptsymbolen

Gruppe 1: Kurznamen, die auf die **Verwendung** und auf die **mechanischen und physikalischen Eigenschaften** der Stähle hinweisen.

Gruppe 2: Kurznamen, die auf die **chemische Zusammensetzung** der Stähle hinweisen (unterteilt in **4 Untergruppen**).

Stahlguss wird mit der gleichen Systematik bezeichnet, erhält aber den Buchstaben **G** am Anfang des Kurznamens.

Gruppe 1: Kurznamen mit Hinweisen auf die Verwendung und auf die mechanischen und physikalischen Eigenschaften

Symbol	Bedeutung
B	***Betonstähle*** Nachgestellt eine Zahl, die der charakteristischen Streckgrenze (R_{eH}, R_{eL}, R_p oder R_t) in N/mm² entspricht.
D	***Flacherzeugnisse aus weichen Stählen zum Kaltumformen*** (außer kaltgewalzten Flacherzeugnissen in höherfesten Ziehgüten) Nachgestellt einer der folgenden Kennbuchstaben: C für kaltgewalzte Flacherzeugnisse D für zur unmittelbaren Kaltumformung bestimmte warmgewalzte Flacherzeugnisse X für Flacherzeugnisse, deren Walzart (kalt oder warm) nicht vorgegeben ist Danach folgen zwei weitere Kennbuchstaben oder -zahlen zur näheren Unterscheidung
E	***Maschinenbaustähle*** Nachgestellt eine Zahl, die dem Mindeststreckgrenzenwert (R_{eH}, R_{eL}, R_p oder R_t) in N/mm² für die kleinste Erzeugnisdicke entspricht
H	***Kaltgewalzte Flacherzeugnisse in höherfesten Ziehgüten*** Nachgestellt eine Zahl, die der Mindeststreckgrenze (R_{eH}, R_{eL}, R_p oder R_t) in N/mm² entspricht. Ist nur die Zugfestigkeit festgelegt, ist der Kennbuchstabe T gefolgt von der Mindestzugfestigkeit anzugeben
L	***Stähle für den Rohrleitungsbau*** Nachgestellt eine Zahl, die dem Mindeststreckgrenzenwert (R_{eH}, R_{eL}, R_p oder R_t) in N/mm² für die kleinste Erzeugnisdicke entspricht
M	***Elektroblech und -band*** Nachgestellt: 1. Eine Zahl, die dem Hundertfachen des für die betreffende Blech- oder Banddicke angegebenen höchstzulässigen Magnetisierungsverlustes bei einer Frequenz von 50 Hz und einer magnetischen Induktion von 1,5 Tesla oder 1,7 Tesla entspricht 2. Eine Zahl, die dem Hundertfachen der Nenndicke in mm entspricht 3. Ein Kennbuchstabe für die Art des Elektrodenbleches oder -bandes
P	***Stähle für den Druckbehälterbau*** Nachgestellt eine Zahl, die dem Mindeststreckgrenzenwert (R_{eH}, R_{eL}, R_p oder R_t) in N/mm² für die kleinste Erzeugnisdicke entspricht
R	***Stähle für oder in Form von Schienen*** Nachgestellt eine Zahl, die der Mindestzugfestigkeit in N/mm² entspricht
S	***Stähle für den allgemeinen Stahlbau*** Nachgestellt eine Zahl, die dem Mindeststreckgrenzenwert (R_{eH}, R_{eL}, R_p oder R_t) in N/mm² für die kleinste Erzeugnisdicke entspricht
T	***Feinst- und Weißblech und -band, spezialverchromtes Blech und Band*** (Verpackungsblech und -band) Nachgestellt: Kennbuchstabe H und eine Zahl, die dem Mittelwert des vorgeschriebenen Härtebereiches in HR 30 Tm entspricht oder nur einer Zahl, die dann der Nennstreckgrenze in N/mm² entspricht
Y	***Spannstähle*** Nachgestellt eine Zahl, die der Mindestzugfestigkeit in N/mm² entspricht

Kurznamen für Stähle, Hauptsymbole (Fortsetzung)

Gruppe 2: Kurznamen mit Hinweisen auf die chemische Zusammensetzung

Untergruppe 2.1
Unlegierte Stähle (ausgenommen Automatenstähle) **mit einem mittleren Mangangehalt *w*(Mn) < 1%**

1. Kennbuchstabe **C**
2. Zahl, die dem Hundertfachen des Mittelwertes des für den Kohlenstoffgehalt vorgeschriebenen Bereichs entspricht: **{100 · *w*(C)}**.

   Zur Unterscheidung zweier ähnlicher Stahlsorten kann die Kennzahl für den Kohlenstoffgehalt um eine Einheit erhöht oder erniedrigt sein.

Beispiel: **C50**

Untergruppe 2.2
Unlegierte Stähle mit einem mittleren Massenanteil an Mangan von ***w*(Mn) > 1 %, unlegierte Automatenstähle** und **legierte Stähle** (außer Schnellarbeitsstähle) mit Massenanteilen der einzelnen Legierungselemente X von ***w*(X) < 5 %**

1. Zahl, die dem Hundertfachen des Mittelwertes des für den Kohlenstoffgehalt vorgeschriebenen Bereichs entspricht: **{100 · *w* (C)}**.
2. **Chemische Symbole der den Stahl kennzeichnenden Legierungselemente,** nach fallendem Massenanteil der Elemente geordnet. Bei gleichem Massenanteil in alphabetischer Reihenfolge.
3. Zahlen, die den **mittleren Massenanteil des jeweiligen Legierungselementes** darstellen (mit dem entsprechenden Faktor nach Tabelle multipliziert und dann auf die nächste ganze Zahl gerundet). Die Zahlen stehen in der gleichen Reihenfolge wie die Elemente und sind durch Bindestriche voneinander getrennt.

   Zur Unterscheidung zweier ähnlicher Stahlsorten kann die Kennzahl für den Kohlenstoffgehalt um eine Einheit erhöht oder erniedrigt sein.

Faktoren

Element	Faktor
Cr, Co, Mn, Ni, Si, W	4
Al, Be, Cu, Mo, Nb, Pb, Ta, Ti, V, Zr	10
Ce, N, P, S	100
B	1000

Beispiel: **28Mn6**

Untergruppe 2.3
Schnellarbeitsstähle

1. Kennbuchstaben **HS**
2. Zahlen, die die **Massenanteile der** genannten **Elemente** in der Reihenfolge Wolfram (W), Molybdän (Mo), Vanadium (V) und Cobalt (Co) angeben.

   Es handelt sich dabei um die auf die nächste ganze Zahl gerundeten mittleren Massenanteile der Legierungselemente. Die Zahlen für die einzelnen Legierungselemente sind durch Bindestriche getrennt.

Beispiel: **HS2-9-1-8**

Untergruppe 2.4
Legierte Stähle (außer Schnellarbeitsstähle) bei denen mindestens für ein Legierungselement X der Massenanteil ***w*(X) ≥ 5 %** beträgt

1. Kennbuchstabe **X**
2. Zahl, die dem Hundertfachen des Mittelwertes des für den Kohlenstoffgehalt vorgeschriebenen Bereichs entspricht: **{100 · *w* (C)}**.
3. **Chemische Symbole der den Stahl kennzeichnenden Legierungselemente,** nach fallendem Massenanteil der Elemente geordnet. Bei gleichem Massenanteil in alphabetischer Reihenfolge.
4. Zahlen, die den **mittleren Massenanteil des jeweiligen Legierungselementes** darstellen (auf die nächste ganze Zahl gerundet). Die Zahlen stehen in der gleichen Reihenfolge wie die Elemente und sind durch Bindestriche voneinander getrennt.

   Zur Unterscheidung zweier ähnlicher Stahlsorten kann die Kennzahl für den Kohlenstoffgehalt um eine Einheit erhöht oder erniedrigt sein.

Beispiel: **X5CrNi18-10**

Anmerkung:
Bei Stählen der Untergruppen 2.2 und 2.4 werden die Kennzahlen für den Massenanteil weggelassen, wenn diese beim entsprechenden Element aufgrund des Gehaltes eine Zahl kleiner als 1 ergäben.

Beispiel: **X6CrNiMoTi17-12-2**

$w(\text{C}) \approx 0{,}06\ \%$

$w(\text{Cr}) \approx 17\ \%$

$w(\text{Ni}) \approx 12\ \%$

$w(\text{Mo}) \approx 2\ \%$

$w(\text{Ti}) < 1\ \%$

Normbenennung der Werkstoffe

WK

Kurznamen für Stähle, Zusatzsymbole

(nach DIN V 17 006, T 100, 1993-11)

Zusatzsymbole für Stahl

Nachfolgend sind für die wichtigsten Stahlgruppen aus dem Bereich der chemischen Technik die Zusatzsymbole erläutert. Für die hier nicht angeführten Stähle muss die oben genannte Vornorm herangezogen werden.

> Für **legierte Stähle, unlegierte Stähle mit *w*(Mn) ≥ 1 %** und **unlegierte Automatenstähle** sind keine Zusatzsymbole vorgesehen.

Die Zusatzsymbole sind den Hauptsymbolen nachgestellt, gegebenenfalls die der Gruppe 1 an erster, die der Gruppe 2 an zweiter Stelle. Zum Teil können zur Unterscheidung zweier Stahlsorten an die Zusatzsymbole (nicht an die für chemische Elemente) zwei Ziffern angehängt werden.

Zusatzsymbole der Gruppe 1		Zusatzsymbole der Gruppe 2	
Symbol	Bedeutung	Symbol	Bedeutung
Druckbehälterstähle (Hauptsymbol P)			
M	Thermomechanisch gewalzt	H	Hochtemperatur
N	Normalgeglüht oder normalisierend gewalzt	L	Tieftemperatur
Q	Vergütet	R	Raumtemperatur
B	Gasflaschen	X	Hoch- und Tieftemperatur
S	Einfache Druckbehälter		
T	Rohre		
G	Andere Merkmale, wenn erforderlich mit ein oder zwei nachgestellten Ziffern		
Maschinenbaustähle (Hauptsymbol E)			
G	Andere Merkmale, wenn erforderlich mit ein oder zwei nachgestellten Ziffern	C	Mit besonderer Kaltumformbarkeit
Kaltgewalzte Flacherzeugnisse aus höherfesten Stählen zum Kaltumformen (Hauptsymbol H)			
M	Thermomechanisch gewalzt und kaltgewalzt	D	Für Schmelztauchüberzüge
B	Bake hardening		
P	Phosphorlegiert		
X	Dualphase		
Y	Interstitialfree (IF-Stahl)		
G	Andere Merkmale, wenn erforderlich mit ein oder zwei nachgestellten Ziffern		
Flacherzeugnisse zum Kaltumformen (Hauptsymbol D)			
D	Für Schmelztauchüberzüge		
EK	Für konventionelle Emaillierung		
ED	Für Direktemaillierung		
H	Für Hohlprofile		
T	Für Rohre		
G	Andere Merkmale, wenn erforderlich mit ein oder zwei nachgestellten Ziffern		
z. B. Cu2	Chemische Symbole für vorgeschriebene zusätzliche Elemente, falls erforderlich mit einer nachgestellten einstelligen Zahl für den 10fachen Massenanteil des Elementes (auf 0,1 % gerundet)		

Fortsetzung nächste Seite

Kurznamen für Stähle, Zusatzsymbole (Fortsetzung)

Zusatzsymbole für Stahl (Fortsetzung)

Zusatzsymbole der Gruppe 1		Zusatzsymbole der Gruppe 2	
Zusatzsymbol	Bedeutung	Zusatzsymbol	Bedeutung
Stähle für den Rohrleitungsbau (Hauptsymbol L)			
M	Thermomechanisch gewalzt		Buchstabe zur Kennzeichnung der Anforderungsklasse, falls erforderlich mit nachgestellter Ziffer
N	Normalgeglüht oder normalisierend gewalzt		
Q	Vergütet		
G	Andere Merkmale, wenn erforderlich mit ein oder zwei nachgestellten Ziffern		
Unlegierte Stähle mit einem mittleren Mn-Gehalt von w(Mn) < 1 %			
E	Vorgeschriebener maximaler Massenanteil an Schwefel w(S)	z. B. Cu2	Chemische Symbole für vorgeschriebene zusätzliche Elemente, falls erforderlich mit einer nachgestellten einstelligen Zahl für den 10fachen Massenanteil des Elementes (auf 0,1 % gerundet)
R	Vorgeschriebener Bereich des Massenanteils an Schwefel		
D	Zum Drahtziehen		
C	Besondere Kaltumformbarkeit (Kaltstauchen, Kaltfließpressen)		
S	Für Federn		
U	Für Werkzeuge		
W	Für Schweißdraht		
G	Andere Merkmale, wenn erforderlich mit ein oder zwei nachgestellten Ziffern		
	Den Symbolen E und R kann eine Ziffer angehängt werden, die den auf 0,01 % gerundeten und dann mit 100 multiplizierten höchstzulässigen oder mittleren Massenanteil an Schwefel angibt		

Zusatzsymbole für Stahlerzeugnisse

Am Ende des Kurznamens können noch Zusatzsymbole für Stahlerzeugnisse angehängt werden. Man unterscheidet **Symbole für besondere Anforderungen, Symbole für die Art des Überzuges** und **Symbole für den Behandlungszustand.** Hier sollen nur die Zusatzsymbole für die Art des Überzuges erläutert werden.

Beispiele für Symbole für die Art des Überzuges			
Symbol	Bedeutung	Symbol	Bedeutung
+ A	Feueraluminiert	+ SE	Elektrolytisch verzinnt
+ AR	Aluminium-walzplattiert	+ T	Schmelztauchveredelt mit einer Pb-Zn-Legierung (Terne)
+ AS	Mit einer Al-Si-Legierung überzogen	+ TE	Elektrolytisch mit einer Pb-Zn-Legierung überzogen
+ AZ	Mit einer Al-Zn-Legierung überzogen, w(Al) > 50 %	+ Z	Feuerverzinkt
+ CE	Elektrolytisch spezialverchromt (ECCS)	+ ZA	Mit einer Zn-Al-Legierung überzogen, w(Zn) > 50 %
+ CU	Kupferüberzug	+ ZE	Elektrolytisch verzinkt
+ IC	Anorganische Beschichtung	+ ZF	Diffusionsgeglühte Zn-Überzüge
+ OC	Organisch beschichtet	+ ZN	Zn-Ni-Überzug
+ S	Feuerverzinnt		

Zur Unterscheidung von anderen Symbolen kann den Buchstaben jeweils noch ein S vorgestellt werden, z. B. +SA.

Normbenennung der Werkstoffe — WK

Kurznamen für Gusseisenwerkstoffe (DIN EN 1560, 2011-05)

Gusseisenwerkstoffe werden künftig nach der europäischen Norm DIN EN 1560 gekennzeichnet und zwar mit folgender Systematik:

1 - 2 3 4 - 5 - 6

- 6: Zeichen für zusätzliche Anforderungen, wenn erforderlich (1 Buchstabe)
- 5: Zeichen für die mechanischen Eigenschaften oder (wahlweise) für die chemische Zusammensetzung (System aus Zahlen und Buchstaben)
- 4: Zeichen für die Mikro- oder Makrostruktur, wenn erforderlich (1 Buchstabe)
- 3: Zeichen für die Graphitstruktur, wenn erforderlich (1 Buchstabe)
- 2: Zeichen für die Metallart: GJ
- 1: Vorsilbe: EN

Zeichen für die Kurznamen

1 ***Vorsilbe:* EN** (obligatorisch)

2 Zeichen für die ***Metallart:* GJ** (obligatorisch)

3 Zeichen für die ***Grafitstruktur*** (wenn erforderlich)

L lamellar	**M** Temperkohle	**N** grafitfrei (Hartguss), ledeburitisch
S kugelig	**V** vermikular	**Y** Sonderstruktur, ausgewiesen in der speziellen Norm

4 Zeichen für die ***Mikro-*** oder ***Makrostruktur*** (wenn erforderlich)

A Austenit	**R** Ausferrit	**M** Martensit	**Q** abgeschreckt	**B** schwarz
F Ferrit	**P** Perlit	**L** Ledeburit	**T** abgeschreckt und vergütet	**W** weiß

5 Zeichen für die ***mechanischen Eigenschaften*** oder (wahlweise) für die ***chemische Zusammensetzung***

a) Zeichen für die ***mechanischen Eigenschaften*** (in der angegebenen Reihenfolge)

1. **Zugfestigkeit (Zahl in N/mm²)**
2. **Dehnung (Zahl in %),** nach einem Bindestrich
3. Kennbuchstabe für die **Probenstückherstellung**
   - **C** einem Gussstück entnommenes Probenstück
   - **leer** gegossenes Probestück
4. Zwei Kennbuchstaben für die **Prüftemperatur** bei der Ermittlung des Kerbschlagwertes, nach Bindestrich:
   RT Raumtemperatur — **LT** Tieftemperatur
   oder
   Buchstaben für die Härte mit nachgestellter **Zahl für den Härtewert**
   HB für die **Brinellhärte**, **HV** für die **Vickershärte** und **HR** für die Rockwellhärte

b) Zeichen für die ***chemische Zusammensetzung*** (in der angegebenen Reihenfolge)

1. Symbol **X** gibt an, dass im Folgenden die chemische Zusammensetzung angezeigt wird
2. **Zahl für den Massenanteil an Kohlenstoff in %** (enthält den Faktor 100)
3. **Chemische Symbole der Legierungselemente** (nach fallendem Massenanteil geordnet)
4. **Massenanteile der Legierungselemente in %** (gleiche Reihenfolge wie bei den Symbolen), durch Bindestriche voneinander getrennt

6 Zeichen für ***zusätzliche Anforderungen*** (wenn erforderlich)

D Gussstück im Gusszustand	**W** Schweißeignung für Verbindungsschweißen
H wärmebehandeltes Gussstück	**Z** zusätzliche Anforderung, in der Bestellung festgelegt

Beispiele:

EN-GJS-400-18C-RT

Gusseisen, kugelig, $R_m \approx 400$ N/mm², Dehnung; 18 %, einem Gussstück entnommenes Probenstück, Prüftemperatur für den Kerbschlagwert: Raumtemperatur

EN-GJH-X300CrNiSi9-5-2

Gusseisen, Hartguss, chemische Zusammensetzung: w(C) = 3 %, Legierungsbestandteile Chrom, Nickel und Silicium mit w(Cr) = 9 %, w(Ni) = 5 % und w(Si) = 2 %

Normbenennung der Werkstoffe

Kurznamen der Eisenwerkstoffe nach der zurückgezogenen DIN 17006

Viele auf dem Markt befindliche Stähle sind noch nach der hier beschriebenen Systematik (basierend auf der früheren DIN 17 006) oder nach der Euronorm 27-44 bezeichnet. Es ist jedoch zu beachten, dass seit 1992 die Europäische Norm **DIN EN 10 027, Teil 1,** gültig ist.

Einteilung der Kurznamen für Eisenwerkstoffe

Kurzname

- Nach *Gebrauchseigenschaften* gebildet – Bsp.: St 37, St 34-2.2
- Nach der *chemischen Zusammensetzung* gebildet
  - Unlegiert, für eine Wärmebehandlung bestimmt – Bsp.: C 22, Cf 53, Ck 16.8
  - Niedrig legiert, Anteil der Legierungselemente ≤ 5% – Bsp.: 33 NiCrMo 14 5, 105 Cr 2 W 1
  - Hochlegiert, Anteil der Legierungselemente > 5% – Bsp.: X2 CrNi 18 9, X12 Cr 13 KD
- *Ohne feste Systematik* gebildet – Bsp.: H II

Nach Gebrauchseigenschaften gebildete Kurznamen

Systematik (Bsp.) U St 37 2

- 2 – Kennbuchstaben, meist für den Behandlungszustand, und Kennzahlen für Gütegruppe oder Gewährleistungsumfang
- 37 – Kennzahl für die Mindestzugfestigkeit oder die Mindeststreckgrenze
- St – Kennbuchstaben für die Werkstoffgruppe
- U – Kennbuchstaben, meist für Erschmelzungsart, Desoxidationsbedingungen und besondere Eigenschaften

Kennbuchstaben für die Werkstoffgruppe

Kennbuchstabe	Werkstoffgruppe	Beispiel	Bemerkung
St E	Allgemeiner Baustahl mit nachgestellter Kennzahl für die Mindeststreckgrenze in N/mm²	St E 255	Der Buchstabe E verweist darauf, dass die nachgestellte Kennzahl die Mindeststreckgrenze in N/mm² angibt, z. B.
St	Allgemeiner Baustahl mit nachgestellter Kennzahl für die Mindestzugfestigkeit in kg/mm² bzw. in ca. 10^{-1} N/mm²	St 37	**ST E 255** 255 – Mindeststreckgrenze $R_{eH} \approx 255$ N/mm² E – Nachgestellte Kennzahl entspricht der Mindeststreckgrenze in N/mm² ST – Allgemeiner Baustahl
GS	Stahlguss	GS-38	
GG	Gusseisen mit Lamellengraphit	GG-15	
GGG	Gusseisen mit Kugelgraphit	GGG-40	Fehlt der Buchstabe E, so gibt die den Kennbuchstaben nachgestellte Zahl die ungefähre Mindestzugfestigkeit R_m an. Um den Wert in N/mm² zu erhalten, muss die Zahl allerdings mit dem Faktor 9,81 multipliziert werden, z. B.
GTW	Weißer Temperguss	GTW-40	
GTS	Schwarzer Temperguss	GTS-55	**ST 37** 37 – Mindestzugfestigkeit $R_m \approx 37 \cdot 9{,}81$ N/mm² $R_m \approx 363$ N/mm² ST – Allgemeiner Baustahl Dies gilt in gleicher Weise für die Gusssorten

Kurznamen der Eisenwerkstoffe nach der zurückgezogenen DIN 17006 (Fortsetzung)

Nach der chemischen Zusammensetzung gebildete Kurznamen

Stahlgruppe	Beispiele:

Unlegierte Stähle

Die Kurznamen für unlegierte Stähle beginnen i. Allg. mit einem **C**, danach folgt das **Hundertfache des mittleren Massenanteils an Kohlenstoff in Prozent**.

Bei Walzdraht-Stählen ist das C durch ein D ersetzt (z. B. D 8).

C 15

- 15 – Mittlerer Massenanteil an Kohlenstoff $w(C) = 0{,}15\ \%$
- C – Unlegierter Stahl, für eine Wärmebehandlung bestimmt

Tatsächliche Zusammensetzung:

$w(C) = 0{,}12 \dots 0{,}18\ \%$, $w(Mn) = 0{,}30 \dots 0{,}60\ \%$, $w(Si) = 0{,}15 \dots 0{,}35\ \%$

Niedrig legierte Stähle

An erster Stelle steht die Kohlenstoffkennzahl (das **Hundertfache des mittleren Massenanteils w (C) in Prozent**). Danach folgen die **chemischen Symbole der Legierungselemente** (ohne Kohlenstoff), die für die Charakterisierung des Stahles von Bedeutung sind, **von links nach rechts nach fallendem Massenanteil** geordnet. In gleicher Reihenfolge stehen danach die **Kennzahlen für die mittleren Massenanteile der Legierungselemente**, soweit diese von Bedeutung sind und einen Massenanteil von 0,1 % übersteigen. Diese Kennzahlen beinhalten ebenso wie der Kohlenstoff einen Multiplikator (siehe Tabelle).

21 CrMoV 5 7

- 7 – $w(Mo) \approx (7/10)\ \% \approx 0{,}7\ \%$
- 5 – $w(Cr) \approx (5/4)\ \% \approx 1{,}25\ \%$
- CrMoV – Legierungselemente Chrom, Molybdän und Vanadium
- 21 – $w(C) \approx 21/100\ \% \approx 0{,}21\ \%$

Tatsächliche Zusammensetzung:

$w(C) = 0{,}17 \dots 0{,}25\ \%$,	$w(Cr) = 1{,}2 \dots 1{,}5\ \%$,
$w(Mo) = 0{,}65 \dots 0{,}80\ \%$,	$w(V) = 0{,}25 \dots 0{,}35\ \%$,
$w(Mn) = 0{,}35 \dots 0{,}85\ \%$,	$w(Si) = 0{,}15 \dots 0{,}35\ \%$,
$w(P)_{max} = 0{,}03\ \%$,	$w(S)_{max} = 0{,}035\ \%$

Multiplikatoren	
Legierungselemente	Multiplikator
Cr, Mn, Ni, Si, W	4
Al, Be, Cu, Mo, Nb, Pb, Ta, Ti, V, Zr	10
C, Ce, N, P, S	100
B	1000

Für Stahlguss gilt die gleiche Systematik, es werden lediglich die Kennbuchstaben **GS** vorangestellt:

GS-50 CrMo 4

- 4 – $w(Cr) \approx (4/4)\ \% \approx 1\ \%$
- CrMo – Legierungselemente Chrom und Molybdän
- 50 – $w(C) \approx (50/100)\ \% \approx 0{,}5\ \%$
- GS – Stahlguss

Hochlegierte Stähle

Stähle mit einem Massenanteil von mehr als 5 % an einem Legierungselement werden als hochlegierte Stähle bezeichnet. **Die Systematik der Kurznamen entspricht der bei den niedrig legierten Stählen,** allerdings wird bei den hochlegierten Stählen auf Multiplikatoren bei den Legierungskennzahlen verzichtet (nur Kohlenstoff behält den Multiplikator 100). Um eine Unterscheidung zu ermöglichen, wird bei den hochlegierten Stählen ein **X** vor die Kohlenstoffkennzahl gesetzt.

X 6 CrNiMoTi 17 12 2

- 2 – $w(Mo) \approx 2\ \%$
- 12 – $w(Ni) \approx 12\ \%$
- 17 – $w(Cr) \approx 17\ \%$
- CrNiMoTi – Legierungselemente Chrom, Nickel, Molybdän und Titan
- 6 – $w(C) \approx (6/100)\ \% \approx 0{,}06\ \%$
- X – Hochlegierter Stahl

Kurznamen ohne feste Systematik (z. B. Kesselbleche für den Druckbehälterbau nach DIN 17155, 1983-10)

Kurzname	Werkstoffnummer	$w(C)$ in %	$w(Si)$ in %	$w(Mn)$ in %	$w(P)$ in %	$w(S)$ in %	$w(Cr)$ in %	R_m in N/mm²
UH1	1.0348	... 0,14	–	0,2 ... 0,8	≤ 0,035	≤ 0,030	≤ 0,030	280 ... 400
H I	1.0345	... 0,16	... 0,35	0,4 ... 1,2	≤ 0,035	≤ 0,030	≤ 0,25	360 ... 480
H II	1.0425	... 0,20	... 0,35	0,5 ... 1,3	≤ 0,035	≤ 0,030	≤ 0,25	400 ... 530

Normbenennung der Werkstoffe

Kurznamen der Eisenwerkstoffe nach der zurückgezogenen DIN 17 006 (Fortsetzung)

Kennzeichnung zusätzlicher Merkmale in den Kurznamen

| | Kurzname | |

Nachgestellte Buchstaben beziehen sich auf den **Behandlungszustand** des Werkstoffes, nachgestellte Zahlen geben die **Gütegruppe** oder den **Gewährleistungs-** oder **Prüfumfang** an.

Vor den eigentlichen Kurznamen gesetzte Buchstaben beziehen sich auf die **Erschmelzungs-** oder **Desoxidationsbedingungen.**

Kennbuchstaben (Auswahl)

Kenn-buchstabe	Bedeutung	Beispiel	Kenn-buchstabe	Bedeutung	Beispiel
A	Alterungsbeständiger Stahl	A St 52	q, Q	Zum Kaltumformen geeigneter Stahl	Cq 35, Q St 38-3
B	Betonstahl	B St 42/50	R	Beruhigter und halbberuhigter Stahl	R St 37-2
C	Behandelt auf Scherbarkeit	100 Cr 6 C	Ro	Für geschweißte Rohre	Ro St 37-1
f	Stahl für Flamm- und Induktionshärtung	Cf 45	RR	Besonders beruhigt	RR St 38.7
G	Gusswerkstoff	G-X 15 CrNi 18 8	S	Besondere Eignung zum Schweißen	GTW S 38-12
G	Weichgeglüht	Ck 45 G	S	Spannungsarm geglühter Stahl	Ck 45 S
K	Kaltverformter Stahl	C 45 K	TM	Thermomechanisch behandelter Stahl	St E 320,7 TM
k	Stahl mit kleinem Phosphor- oder Schwefelgehalt	Ck 22	TT	Kaltzäher Stahl (für tiefe Temperaturen besonders geeignet)	TT St 35
L	Laugenrissbeständiger Stahl	L St E 360	U	Unberuhigter Stahl	U St 37-2
m	Stahl mit gewährleistetem Schwefelgehalt (Bereichsangabe)	Cm 15	U	Unbehandelter Stahl	St 37-2 U
N	Normalgeglüht	St 37-3N	V	Vergütet	St E 460 V
P	Zum Gesenkschmieden geeigneter Stahl	P St 52-3	W	Werkzeugstahl	C 105 W 1
			W	Warmfester Stahl	W St E 355

Mit Hilfe von Ziffern am Ende des Kurznamens werden die *Gütegruppe* (**-1**, **-2** oder **-3**, z. B. St 44-3) und der *Gewährleistungsumfang* (**.1**, **.2**, ..., **.9**, z. B. St 45.4) festgelegt.

Gewährleistungsumfang

Gewährleistung	Kennziffer 1	2	3	4	5	6	7	8	9
Streckgrenze	●			●		●	●		
Falt- oder Stauchversuch		●		●	●		●		
Kerbschlagzähigkeit			●		●	●	●		
Warmfestigkeit oder Dauerschwingfestigkeit								●	
Elektrische oder magnetische Eigenschaften									●

Zugfestigkeit und Bruchdehnung erhalten keine Kennziffer, da sie nahezu immer garantiert werden. So werden z. B. für den Stahl St 45.4 Zugfestigkeit, Bruchdehnung, Streckgrenze und Falt- oder Stauchversuch garantiert.

Gütegruppen

Die Gütegruppe richtet sich vorwiegend nach der chemischen Zusammensetzung. Die Ziffer 3 steht für den größten Reinheitsgrad.

Beispiele für Gütegruppen

Werkstoff	Massenanteile in % w(C)	w(P)	w(S)	w(N)
St 44-2	0,24	0,060	0,060	0,010
St 44-3	0,23	0,050	0,050	0,00

Werkzeugstähle erhalten z. T. zusätzlich zu dem nachgestellten Kennbuchstaben **W** noch die Kennziffer **1**, **2** oder **3** oder den weiteren Buchstaben **S** für die Gütegruppe. Dabei stehen die Ziffern für bestimmte Analysenwerte. S bedeutet: für Sonderzwecke.

Beispiel: **C 85 WS**

Normbenennung der Werkstoffe

Kurznamen der Stähle nach Euronorm 27-44 (heute ersetzt durch DIN EN 10 027, T 1)

Stähle der Gruppe I (Beispiele S. 287)

Nach mechanischen Eigenschaften und Verwendungszweck benannte Stähle

I.1: Nach gewährleisteter *Mindestzugfestigkeit* R_m

I.2: Nach gewährleisteter *Mindeststreckgrenze* R_{eH}

I.3: Nach R_m und dem *wichtigsten Legierungselement*

I.4: Nach R_{eH} und dem *wichtigsten Legierungselement*

I.5: Nach dem *Verwendungszweck*

Kennbuchstaben:

- V Besondere magnetische Eigenschaften für nicht kornorientiertes Blech oder Band
- M Besondere magnetische Eigenschaften für kornorientiertes Blech oder Band
- P Eignung zum Tiefziehen
- B Verwendung in Stahlbeton
- H Eignung zum Kaltwalzen
- D Eignung zum Kaltumformen
- R Eignung zur Herstellung geschweißter Rohre oder zum Kaltprofilieren

Eignungsgrad

Zwei- oder mehrstellige Zahl

Grundaufbau des Kurznamens

1. *Anfangskurzzeichen* Fe bzw. FeG (für Stahl zur Herstellung von Stahlformguss)
2. *Haupteigenschaft* (R_m in N/mm² oder R_{eH} in N/mm², bei R_{eH} ist ein E vor die Zahl gestellt) oder *Verwendungszweck* (gekennzeichnet durch oben erläuterte Kennbuchstaben mit darauffolgender zwei- oder mehrstelliger Zahl, je nach den Vorschriften der Gütenorm)
3. Eventuell *chemisches Symbol eines Legierungselements,* das zur Erzielung besonderer Eigenschaften im Stahl enthalten ist
4. Eventuell ein *Kennbuchstabe für den Grad der Sprödbruchempfindlichkeit* (A, B, C oder D)
5. Eventuell *Kennziffer für den Gütegrad nach anderen Kriterien als der Sprödbruchunempfindlichkeit* (1, 2, 3, ..., nach den Vorschriften der Erzeugnisnorm)
6. *Kennbuchstaben für besondere Eigenschaften* (Schlüsselbuchstaben F, S, K, H, M, R, N, G, T, denen jeweils ein weiterer Buchstabe entsprechend den Vorschriften der Erzeugnisnorm folgt)

Stähle der Gruppe II (Beispiele S. 287)

Nach ihrer chemischen Zusammensetzung benannte Stähle

II.1: *Unlegierte Stähle,* im Wesentlichen nach ihrem *C-Gehalt* benannt

II.2: *Legierte Stähle,* ausschließlich nach der *chemischen Zusammensetzung* benannt

a) Massenanteil je Legierungselement $w(X) < 5\,\%$

b) Massenanteil je Legierungselement $w(X) \geq 5\,\%$

Grundaufbau des Kurznamens

Unlegierte Stähle

1. Eventuell *Kennziffer für den Gütegrad*
2. *C* bzw. *GC* (für Stahl, der zur Herstellung von Stahlformguss vorgesehen ist), nachgestellt eventuell ein *Kennbuchstabe für den vorgesehenen Verwendungszweck* entsprechend den Vorschriften der Erzeugnisnorm (z. B. D: Verwendung für Walzdraht)
3. *Kennzahl für den mittleren Massenanteil an Kohlenstoff* (beinhaltet den Faktor 100)
4. Eventuell *chemisches Symbol eines Legierungselementes,* das für die Eigenschaften des Stahles wichtig ist

Legierte Stähle

1. Eventuell *Kennbuchstabe für den Gütegrad*
2. Eventuell *G* bei Stahl, der für die Herstellung von Stahlformguss vorgesehen ist
3. *X* bei Stählen, bei denen wenigstens ein Legierungselement mit einem Massenanteil $w(X) \geq 5\,\%$ vorliegt
4. *Kennzahl für den mittleren Massenanteil an Kohlenstoff* (beinhaltet den Faktor 100)
5. *Chemische Symbole der Legierungselemente* (nach fallendem Massenanteil geordnet)
6. *Kennzahlen für die Massenanteile der Legierungselemente in %* in der gleichen Reihenfolge wie bei den chemischen Symbolen. Die Kennzahlen beinhalten einen Faktor, wenn sie nicht durch den Anfangskennbuchstaben X als hochlegierte Stähle ausgewiesen sind.

Faktoren in den Kennzahlen

Legierungselemente	Faktor
Co, Cr, Mn, Ni, Si, W	4
Al, Be, Cu, Mo, Nb, Pb, Ta, Ti, V, Zr	10
C, N, P, S	100
B	1000

7. *Kennbuchstaben für besondere Eigenschaften* (siehe Gruppe I Nr. 6)

Kurznamen der Stähle nach Euronorm 27-44 (Fortsetzung)

Ergänzende Angaben

Gütegruppen

Bezug und Kennbuchstaben bzw. Kennziffern	Stahlgruppen
Grad der Sprödbruchempfindlichkeit: A, B, C oder D	I.1 bis I.4
Andere Merkmale: ansteigender Gewährleistungsumfang	
1, 2, 3, ...	I und II.1
A, B, C, D, ...	II.2

Besondere Güten (für alle Stahlgruppen)

Schlüsselbuchstabe	Schlüsselbuchstabe mit Grad der besonderen Güte	Bedeutung
F		*Desoxidationsart*
	FU	Unberuhigter Stahl
	FN	Nicht unberuhigter Stahl
	FF	Besonders beruhigter Stahl
	usw.	usw.
S		*Gewährleistung der Eignung zum Schweißen* (z. B. Gewährleistung der Eignung zum Schweißen unter besonderen Bedingungen usw.)
K		*Besondere Eigenschaften oder Verwendungszwecke*
	KD	Eignung zur Kaltverformung (Stauchen und Fließpressen)
	KG	Eignung zur Verwendung bei klimabedingten Temperaturen (zur Unterscheidung von einer gleichen Stahlsorte mit Eignung für niedrige oder hohe Temperaturen)
	KP	Eignung zur Kaltprofilierung
	KQ	Eignung zum Bördeln
	KR	Eignung zur Herstellung geschweißter Rohre
	KS	Eignung zum Gesenk- oder Freiformschmieden
	KT	Eignung zur Verwendung bei niedrigen Temperaturen
	KU	Eignung zur Werkzeugherstellung
	KZ	Eignung zum Ziehen
	KW	Eignung zur Verwendung bei hohen Temperaturen
H		*Verformungsart*
	HK	Erzeugnis im kaltverformten Zustand
	HW	Erzeugnis im Walzzustand
	usw.	usw.
M		*Oberflächenart*
	MA	Oberfläche mit kleinen Fehlern
	MB	Oberfläche praktisch fehlerfrei
	MG	Oberfläche gebeizt
	MF	Nicht gebeizte Oberfläche mit fest haftender Oxidschicht
R		*Oberflächenausführung*
	RM	Matte Oberfläche
	RR	Raue Oberfläche
	RL	Glatte Oberfläche
	RN	Glänzende Oberfläche
	usw.	usw.
T		*Wärmebehandlungszustand*
	TA	Spannungsarmgeglüht
	TB	Weichgeglüht
	TC	Geglüht
	TD	Normalgeglüht
	TE	Normalgeglüht und entspannt
	TF	Vergütet
	TG	Austenitisiert
	usw.	usw.

Werden mehrere besondere Güten im Kurznamen angegeben, so ist nach Möglichkeit die in der Tabelle vorgegebene Reihenfolge einzuhalten.

Kurznamen der Stähle nach Euronorm 27-44 (Fortsetzung)

Beispiele für Kurznamen nach Euronorm 27-44

Gruppe I

Untergruppe I.1

Fe 360 - 1
- Gütegruppe 1
- $R_m \approx 360\ N/mm^2$
- Stahl

FeG 440
- $R_m \approx 440\ N/mm^2$
- Stahl für Stahlformguss

Untergruppe I.2

FeE 355 - 2
- Gütegruppe 2
- $R_{eH} \approx 355\ N/mm^2$
- Stahl mit Streckgrenzenangabe

Untergruppe I.3

Fe 410 Pb
- Legierungselement Blei
- $R_m \approx 410\ N/mm^2$
- Stahl

Untergruppe I.4

FeE 355 Mn
- Legierungselement Mangan
- $R_{eH} \approx 355\ N/mm^2$
- Stahl mit Streckgrenzenangabe

Untergruppe I.5

FeB 215
- $R_{eH} \approx 215\ N/mm^2$ (bei Betonstahl gibt der Zahlenwert immer die Streckgrenze an)
- Betonstahl

Gruppe I mit ergänzenden Angaben

Fe 420 - 2 FN
- Nicht unberuhigter Stahl
- Gütegruppe 2
- $R_m \approx 420\ N/mm^2$
- Stahl

Fe P 03 MB RR
- Raue Oberfläche
- Praktisch fehlerfreie Oberfläche
- Eignungsgrad 03
- Zum Tiefziehen geeignet
- Stahl

Gruppe II

Untergruppe II.1

GC 20
- $w(C) \approx (20/100)\ \% \approx 0{,}2\ \%$
- Unlegierter Stahl, chemisches Symbol für Kohlenstoff
- Stahl für Stahlformguss

1 C 50 S TB
- Weichgeglüht
- Mindestgehalt an Schwefel gewährleistet
- $w(C) \approx (50/100)\ \% \approx 0{,}5\ \%$
- Chemisches Symbol für Kohlenstoff (⇒ unlegierter Stahl)
- Gütegrad 1

2 CD 30 Cr 1
- Legierungselement Chrom mit Gütegrad 1 für den Chromzusatz
- $w(C) \approx (30/100)\ \% \approx 0{,}3\ \%$
- Verwendung für Walzdraht
- Chemisches Symbol für Kohlenstoff (⇒ unlegierter Stahl)
- Gütegrad 2

Untergruppe II.2

G 90 Cr 4
- $w(Cr) \approx (4/4)\ \% \approx 1\ \%$
- Legierungselement Chrom
- $w(C) \approx (90/100)\ \% \approx 0{,}9\ \%$
- Stahl für Stahlformguss

A 30 CrAlMo 5 10
- $w(Al) \approx (10/10)\ \% \approx 1\ \%$
- $w(Cr) \approx (5/4)\ \% \approx 1{,}25\ \%$
- Legierungselemente Chrom, Aluminium und Molybdän
- $w(C) \approx (30/100)\ \% \approx 0{,}3\ \%$
- Gütegrad A

X 150 CrMo 12 KU
- Für Werkzeugherstellung geeignet
- $w(Cr) \approx 12\ \%$
- Legierungselemente Chrom und Molybdän
- $w(C) \approx (150/100)\ \% \approx 1{,}5\ \%$
- Hochlegierter Stahl

Normbenennung der Werkstoffe **WK**

Systematische Bezeichnung der Nichteisenmetalle (DIN-Normenheft 4, 3. Auflage)

Der genormte Kurzname setzt sich nach der zurückgezogenen DIN 1700 (teilweise ersetzt durch DIN EN 573-2) wie folgt zusammen:

1. Kennbuchstaben für Herstellung und Verwendung (nur zum Teil in DIN 1700)	2. Kennzeichen für die Zusammensetzung	3. Kurzzeichen für besondere Eigenschaften (nur z. T. in DIN 1700)
↓	↓	↓

1. Kennbuchstaben

Kennbuchstaben	Bedeutung
E	Elektrische Leitlegierung
G	Guss, allgemein
GD	Druckguss
GK	Kokillenguss
GZ	Schleuderguss bzw. Zentrifugalguss
GC	Strangguss
GI	Gleit- bzw. Lagermetall
K	Kondensatorrohre
Kb	Kabellegierung
L	Lot
Lg	Lagermetall
M	Mehrstofflegierung
R	Reduktionslegierung
S	Schweißzusatzwerkstoff
U	Umschmelzlegierung
V	Vor- und Verschnittlegierung
W	Walzlegierung

2. Systematik der Kennzeichen

Es werden die chemischen Symbole der beteiligten Elemente mit jeweils nachgestellter Kennzahl für den ungefähren Massenanteil in Prozent aufgeführt und zwar in der Reihenfolge:

1. *Grundmetall* (Hauptelement), evtl. mit nachgestellter *Kennzahl für den ungefähren Massenanteil in Prozent*
2. *Legierungsbestandteile in der Reihenfolge ihres Massenanteils mit jeweils nachgestellter Kennzahl für den Massenanteil* (die Kennzahl kann entfallen, wenn der Massenanteil eines Legierungselementes zur Charakterisierung erforderlich ist).

3. Kurzzeichen

Kurzzeichen	Bedeutung
	Behandlungszustand
a	Ausgehärtet
g	Geglüht
ho	Homogenisiert
ka	Kaltausgehärtet
ku	Kaltumgeformt
p	Gepresst
wa	Warmausgehärtet
wh	Gewalzt
wu	Warmumgeformt
z	Gezogen
zh	Gezogen
	Härtezustand
fdh	Federhart
h	Hart
hh	Halbhart
w	Weich

Am Ende des Kurznamens können als weitere Eigenschaften die *Mindestzugfestigkeiten* durch Kennbuchstaben mit nachgestellter Zahl (die Zahl gibt ca. 1/10 der Mindestzugfestigkeit in N/mm² an) angegeben werden:

F Durch Kaltverformung oder Aushärtung erhöhte Mindestzugfestigkeit
W Weichgeglüht mit entsprechender Mindestzugfestigkeit
G Rückgeglüht mit entsprechender Mindestzugfestigkeit

Ferner kann die *Vickershärte* (HV mit entsprechendem Zahlenwert) oder die *elektrische Leitfähigkeit* in m/(Ω · mm²) (L mit entsprechendem Zahlenwert) angegeben werden.

Beispiele:

S Al 99,5
- S – Schweißzusatzwerkstoff
- Al – Unlegiertes Aluminium
- 99,5 – $w(\mathrm{Al}) \approx 99{,}5$ % (Rest: Verunreinigungen)

CuZn 28 Sn F 33
- Cu – Grundmetall Kupfer
- Zn – Legierungselement Zink
- 28 – $w(\mathrm{Zn}) \approx 28$ %
- Sn – Legierungselement Zinn
- F 33 – $R_m \approx 330$ N/mm²

G-AlSi 10 Mg wa
- G – Gusswerkstoff
- Al – Grundmetall Aluminium
- Si – Legierungselement Silicium
- 10 – $w(\mathrm{Si}) \approx 10$ %
- Mg – Legierungselement Magnesium
- wa – Warmausgehärtet

Die alten Bezeichnungen *Messing, Bronze* usw. sollen nicht mehr verwendet werden.

Normbenennung der Werkstoffe

WK

Kennbuchstaben und Kurzzeichen für Kunststoffe (DIN EN ISO 1043-1 u. -2, 2012-03)

Kurzzeichen für homopolymere, Copolymere und natürliche Polymere

Kurzzeichen	Name
AB	Acrylniril-Butadien Kunststoff
ABAK	Acrylniril-Butadien-Acrylat Kunststoff (auch **ABA**)
ABS	Acrylnitril-Butadien-Styrol Kunststoff
ACS	Acrylnitril-(chloriertes Polyethylen)-Styrol Kunststoff (auch **ACPES**)
AEPDS	Acrylnitril-(Ethylen-Propylen-Dien)-styrol Kunststoff (auch **AEPDMS**)
AMMA	Acrylnitril-Methylmethacrylat Kunststoff
ASA	Acrylnitril-Styrol-Acrylat Kunststoff
CA	Celluloseacetat
CAB	Celluloseacetatbutyrat
CAP	Celluloseacetatpropionat
CEF	Cellulose-Formaldehyd Harz
CF	Cresol-Formaldehyd Harz
CMC	Carboxymethylcellulose
CN	Cellulosenitrat
COC	Cycloolefin Copolymer
CP	Cellulosepropionat
CTA	Cellulosetriacetat
EAA	Ethylen-Acrylsäure Kunststoff
EBAC	Ethylen-Butylacrylat Kunststoff (auch **EBA**)
EC	Ethylcellulose
EEAK	Ethylen-Ethylacrylat Kunststoff (auch **EEA**)
EMA	Ethylen-Methacrylsäure Kunststoff
EP	Epoxid Harz
E/P	Ethylen-Propylen Kunststoff (auch **EPM**)
ETFE	Ethylen-Tetrafluorethylen Kunststoff
EVAC	Ethylen-Vinylacetat Kunststoff (auch **EVA** u. **EVM**)
EVOH	Ethylen-Vinylalkohol Kunststoff
FEP	Perfluor-(Ethylen-Propylen) Kunststoff (auch **PFEP**)
FF	Furan-Formaldehyd Harz
HBV	Poly(3-hydroxybutyrat)-co-(3-hydroxyvalerat)
LCP	Flüssigkristall-Polymer (Liquid-Crystal-Polymer)
MABS	Methylmethacrylat-Acrylnitril-Butadien-Styrol Kunststoff
MBS	Methacrylat-Butadien-Styrol Kunststoff

Kurzzeichen	Name
MC	Methylcellulose
MF	Melamin-Formaldehyd Harz
MP	Melamin-Phenol Harz
MSAN	α-Methylstyrol-Acrylnitril Kunststoff
PA	Polyamid
PAA	Polyacrylsäure
PAEK	Polyacryletherketon
PAI	Polyamidimid
PAK	Polyacrylat
PAN	Polyacrylnitril
PAR	Polyacrylat
PARA	Polyacrylamid
PB	Polybuten
PBAK	Polybutylacrylat
PBD	1,2-Polybutadien
PBN	Polybutennaphthalat
PBS	Polybutylesuccinat
PBSA	Polybutylensuccinat adipat
PBT	Polybutylenterephthalat
PC	Polycarbonat
PCCE	Polycyclohexendimethylen-cyclohexandicarboxylat
PCO	Polycycloolefin
PCL	Polycaprolacton
PCT	Polycyclohexendimethyl-enterephthalat
PCTFE	Polychlortrifluorethylen
PDAP	Polydiallylphthalat
PDCPD	Polydicyclopentadien
PE	Polyethylen
PEC	Polyestercarbonat
PEEK	Polyetheretherketon
PEEST	Polyetherester
PEI	Polyetherimid
PEK	Polyetherketon
PEN	Polyethylennaphthalat
PEOX	Polyethylenoxid
PES	Polyethylensuccinat
PESTUR	Polyesterurethan
PESU	Polyethersulfon
PET	Polyethylenterephthalat
PEUR	Polyetherurethan
PF	Phenol-Formaldehyd
PFA	Perfluoralkoxylalkan Kunststoff
PHA	Polyhydroxyalkanoat
PHB	Poly(3-hydroxybutyrat)
PI	Polyimid
PIB	Polyisobuten (auch **IM**)
PIR	Polyisocyanurat
PK	Polyketon
PLA	Polyactonsäure
PMI	Polymethacrylimid

Kurzzeichen	Name
PMMA	Polymethylmethacrylat
PMMI	Poly-N-Methylmethacrylimid
PMP	Poly-4-methylpenten-(1)
PMS	Poly-α-Methylstyrol
POM	Polyoxymethylen, Polyformaldehyd
PP	Polypropylen
PPE	Polyphenylenether
PPOX	Polypropylenoxid
PPS	Polyphenylensulfid
PPSU	Polyphenylensulfon
PS	Polystyrol
PSU	Polysulfon
PTFE	Polytetrafluorethylen
PTT	Polytrimethylenterephthalat
PUR	Polyurethan
PVAC	Polyvinylacetat
PVAL	Polyvinylalkohol (auch **PVOH**)
PVB	Polyvinylbutyrat
PVC	Polyvinylchlorid
PVDC	Polyvinylidenchlorid
PVDF	Polyvinylidenfluorid
PVF	Polyvinylfluorid
PVFM	Polyvinylformal
PVK	Poly-N-vinylcarbazol
PVP	Poly-N-vinylpyrrolidon
SAN	Styrol-Acrylnitril Kunststoff
SB	Styrol-Butadien Kunststoff
SI	Silicon Kunststoff (auch **Q**)
SMHA	Styrol-Maleinsäureanhydrid Kunststoff (auch **S/MA**)
SMS	Styrol-α-Methylstyrol Kunststoff
UF	Urea-Formaldehyd
UP	Ungesättigtes Polyesterharz
VCE	Vinylchlorid-Ethylen Kunststoff
VCEMAK	Vinylchlorid-Ethylen-Methylacrylat Kunststoff (auch **VCEMA**)
VCEVAC	Vinylchlorid-Ethylen-Vinylacetat Kunststoff
VCMAK	Vinylchlorid-Methylacrylat Kunststoff (auch **VCMA**)
VCMMA	Vinylchlorid-Methylmeth-acrylat Kunststoff
VCOAK	Vinylchlorid-Octylacrylat Kunststoff
VCVAC	Vinylchlorid-Vinylacetat Kunststoff
VCVDC	Vinylchlorid-Vinylidenchlorid Kunststoff
VE	Vinylester Harz

Kennbuchstaben für Komponentenbegriffe (nach DIN EN ISO 1043-1 u. -2, 2012-03)

A	Acetat; Acryl; Acrylat; Acrylnitril; Alkoxyl; Alkan; Alkanoat; Allyl; Amid; Aryl; Säure
AC	Acetat
AH	Anhydrid
AI	Amidimid
AK	Acrylat
AL	Alkohol
AN	Acrylnitril
AR	Aryl; Arylat
B	Block; Butadien; Buten; Butyl; Butylen; Butyral; ButyratButadien
BD	Carbonat; Carboxy; Cellulose;
C	Chlorid; chloriert; Chlor; Cresol; Kristall; Cyclo-; Capro; Copolymer, Cyclohexendimethylen

CE	Cellulose; Cyclohexandicarboxylat
D	Di; Dien
E	Ether; Ethyl; Ethylen; Ester
EP	Epoxide; Epoxy
EST	Ester
F	Fluorid; Fluor; Formaldehyd; Furan
FM	Formal
H	Hydroxy
I	Imid, Iso
IR	Isocyanurat
K	Carbazol, Keton
L	milchig; Lacton; flüssig
M	Malein; Melamin; Meth; Methacryl; Methacrylat; Methyl; Methylen; Methylmethacrylat

MA	Methacrylat; Methacrylsäure
N	Nitrat; Naphthalat
O	Octyl; Oxy; Olefin
OH	Alkohol
OX	Oxid
P	Penta; Penten; Per; Phenol; Phenylen; Phthalat; Poly; Polyester; Polymer; Propionat; Propylen; Pyrrolidon
S	Styrol; Sulfid
SI	Silicon
SU	Sulfon
T	Terephthalat; Tetra
U	Ungesättigt; Urea
UR	Urethan
V	Valerat; Vinyl
VD	Vinyliden

Normbenennung der Werkstoffe

WK

Kennbuchstaben und Kurzzeichen für Kunststoffe (Fortsetzung)

Zahlen nach den Kurzzeichen

Die Zahlen nach den Kurzzeichen geben an, dass das entsprechende Polymer aus verschiedenen Kondensationseinheiten in einer homologen Reihe entstanden ist. So gilt z. B.:

PA 11 Polymer aus 11-Aminoundecansäure

PA 66 Polymer aus Hexamethylendiamin und Adipinsäure

PA 610 Polymer aus Hexamethylendiamin und Sebazinsäure

Kennbuchstaben für besondere Eigenschaften

Kurz-zeichen	Besondere Eigenschaft	Kurz-zeichen	Besondere Eigenschaft
A	amorph; ataktisch; Säure (modifiziert); adipat	**N**	normal; Novolak
B	biaxial, Block, bromiert	**O**	orientiert
C	chloriert, kristallin; isotaktisch	**P**	thermoplastisch; weichmacherhaltig
D	Dichte	**R**	erhöht; hart; random; Resol
E	epoxiert; verschäumt; verschäumbar	**S**	gesättigt, sulfoniert, syndiotaktisch; duroplastisch
F	flexibel; flüssig; fluoriert	**T**	Temperatur (beständig); schlagzäh modifiziert
G	Glycol (modifiziert)	**U**	ultra; weichmacherfrei; ungesättigt
H	hoch	**V**	sehr
I	schlagzäh	**W**	Gewicht
L	linear; niedrig	**X**	vernetzt; vernetzbar
M	mittel; molekular		

Die Kurzzeichen für besondere Eigenschaften werden in sinnvoller Kombination verwendet, z.B. MD für mittlere Dichte. Bei Polymergemischen und Polymerblends wird das Kurzzeichen der Hauptkomponente zuerst und dann nach einem „+" die Komponente mit dem geringeren Massenanteil genannt (z. B. PC+ABS). Für Rezyklate kann am Ende der Kunststoffbezeichnung (REC) angehängt werden, wenn wichtig und bekannt auch mit dem Massenanteil des Rezyklats in % , z. B. PE-HD(REC30).

Kennbuchstaben für Füllstoffe und Verstärkungsstoffe

Kurz-zeichen	Füllstoff	Kurz-zeichen	Verstärkungsstoff	Kurz-zeichen	Verstärkungsstoff
A	Aramid	**B**	Perlen, Kugeln, Bällchen	**NF**	Nanofaser
B	Bor	**C**	Chips, Schnitzel	**NT**	Nanoröhrchen
C	Kohlenstoff	**CM**	Schnittmatte	**P**	Papier
D	Aluminiumtrihydrat	**D**	Feinstoff, Pulver	**R**	Roving
E	Ton	**EM**	Endlosmatte	**S**	Flocken
G	Glas	**F**	Fasern	**T**	gedrehtes oder geflochtenes Garn, Cord, Röhrchen
K	Calciumcarbonat	**G**	Mahlgut	**VV**	Furnier
L	Cellulose	**H**	Whisker	**W**	Gewebe
ME	Metall	**K**	Wirkwaren	**X**	nicht festgelegt
M	Mineral	**L**	Lagen	**Y**	Garn
N	organische Naturstoffe (Baumwolle, Sisal, Hanf, Flachs usw.)	**LF**	Langfaser	**Z**	andere nicht in der Tabelle enthaltene
P	Glimmer	**M**	Matte (dick)		
Q	Silikat	**N**	Faservlies (dünn)		
S	synthetische organische Stoffe (z.B. Duroplaste)				
T	Talk				
W	Holz				
X	nicht festgelegt				
Z	andere nicht in der Tabelle enthaltene				

Allgemeine Grundlagen des technischen Zeichnens

Papier-Endformate (Blattgrößen)

(DIN EN ISO 216, 2007-12 und DIN 476-2, 2008-12)

Ausgangsgröße bei der im technischen Zeichnen im Allgemeinen verwendeten ISO-A-Reihe nach DIN ist A 0, ein Rechteck mit der Fläche von 1 m^2 = 1 000 000 mm^2 und dem Seitenverhältnis $1 : \sqrt{2}$ bzw. 1 : 1,414. Die Formate A 1 bis A 10 entstehen jeweils durch Halbieren der längsten Seite des nächstgrößeren Formates.

Blattgröße nach DIN	Maße in mm	Blattgröße nach DIN	Maße in mm
A 0	841 x 1189	A 6	105 x 148
A 1	594 x 841	A 7	74 x 105
A 2	420 x 594	A 8	52 x 74
A 3	297 x 420	A 9	37 x 52
A 4	210 x 297	A 10	26 x 37
A 5	148 x 210		

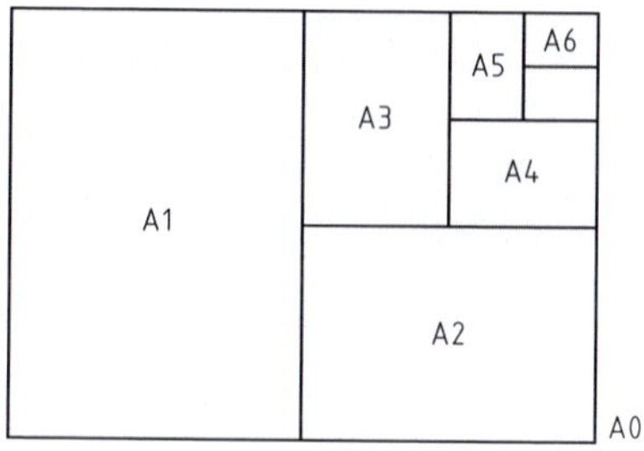

Die Blatt-Rohformate sind in der Regel etwas größer und werden nach Fertigstellung der Zeichnung auf das Normalformat geschnitten. Es ist zu beachten, dass das zur Verfügung stehende Zeichenfeld nochmals kleiner ist, da der Platzbedarf für einen Rand und für ein Schriftfeld abgezogen werden muss.

Maßstäbe

(nach DIN ISO 5455, 1979-12)

Natürliche Größe: **1 : 1**

Maßstäbe			
Vergrößerungen	Verkleinerungen		
2 : 1	1 : 2	1 : 50	1 : 1 000
5 : 1	1 : 2,5	1 : 100	1 : 5 000
10 : 1	1 : 5	1 : 200	1 : 10 000
20 : 1	1 : 10	1 : 500	
50 : 1			

B

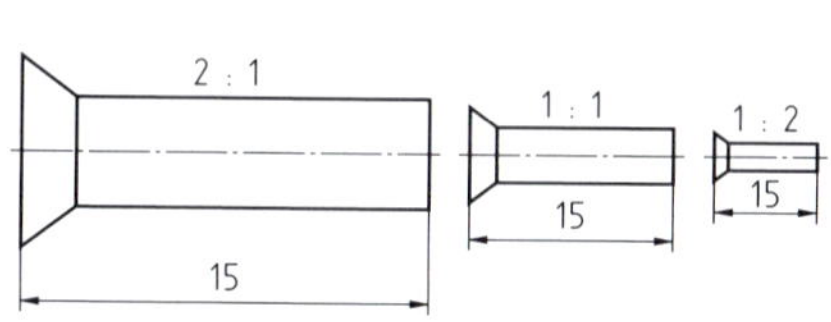

Linien in technischen Zeichnungen

(DIN EN ISO 128-20, 2002-12)

Für die einzelnen Linienarten sind nach DIN bestimmte Bedeutungen empfohlen. Innerhalb einer technischen Zeichnung sind den Linienarten außerdem je nach Bedeutung unterschiedliche Linienbreiten zugewiesen. Sie leiten sich aus der Körperkanten-Volllinie ab und bilden so eine Liniengruppe. Für verfahrenstechnische Fließschemata und andere technische Zeichnungen gilt folgende Tabelle:

Linienarten und zugeordnete Liniengruppen

Linienart	Bezeichnung	Liniengruppen					Beispiele
	Breite Volllinie	1,0	0,7	0,5	0,35	0,25	Hauptfließlinien (1,0), sichtbare Körperkanten, Gewindebegrenzungen
	Breite Strichpunktlinie	1,0	0,7	0,5	0,35	0,25	Schnittverlauf bei Körperdarstellungen
	Strichlinie	0,5	0,35	0,25	0,18	0,13	Signalflusswege (bei EMSR-Stellenkreisen), nicht sichtbare Körperkanten, Teile von Apparatesymbolen
	Schmale Volllinie	0,5	0,35	0,25	0,18	0,13	Symbole für Apparate und Maschinen (0,5), Symbole für Armaturen und Zeichen für EMSR-Anlagen (0,25), Maß- und Maßhilfslinien
	Schmale Strichpunktlinie	0,5	0,35	0,25	0,18	0,13	Mittellinien, Lochkreise
	Freihandlinie	0,5	0,35	0,25	0,18	0,13	Bruchlinien

Senkrechte Normschrift (Schriftform B, vertikal) (nach DIN EN ISO 3098-1, 2015-06)

Die senkrechte Normschrift, Schriftform B, v, wird für die Beschriftung von Fließschemata verfahrenstechnischer Anlagen empfohlen und kann darüber hinaus auch für andere technische Zeichnungen verwendet werden.

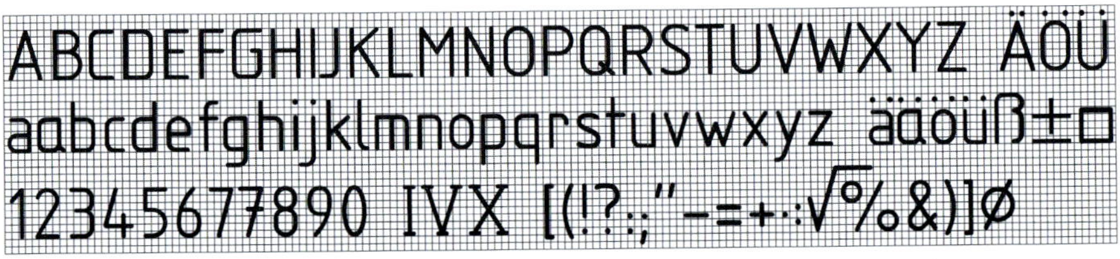

Schrifthöhe (Höhe *h* der Großbuchstaben): 10/10 *h*
Kleinbuchstaben (ohne Ober- und Unterlängen): 7/10 *h*
Unter- und Oberlängen: 3/10 *h*
Grundlinienabstand: 19/10 *h* (mit diakritischen Zeichen), 15/10 *h* (ohne), 13/10 *h* (wenn nur Großbuchstaben).
Linienbreiten: 1/10 *h*
Abstand zwischen den Schriftzeichen: 2/10 *h*,
Abstand zwischen Wörtern: 6/10 *h*.
Nennmaße in mm: 1,8 2,5 3,5 5 7 10 14 20

Die Schrift nach DIN EN ISO 3098-1 darf auch kursiv (unter 15° nach rechts geneigt) geschrieben werden.

Bei Fließschemata wird empfohlen: Kurzzeichen für Apparate und Maschinen 5 mm, sonstige Beschriftung 2,5 mm.

Darstellung von Körpern

Darstellung in mehreren Ansichten nach DIN ISO 128-30, 05.2002

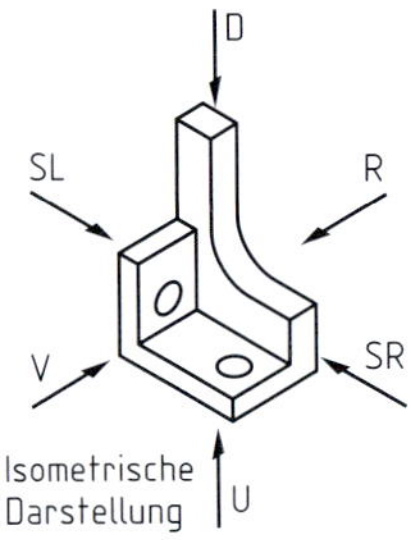

Es sollen stets nur so viele Ansichten dargestellt werden, wie unbedingt zum Erkennen des Körpers und zur Bemaßung erforderlich sind. Dabei sind die Ansichten so zu wählen, dass möglichst wenig verdeckte Kanten darzustellen sind.

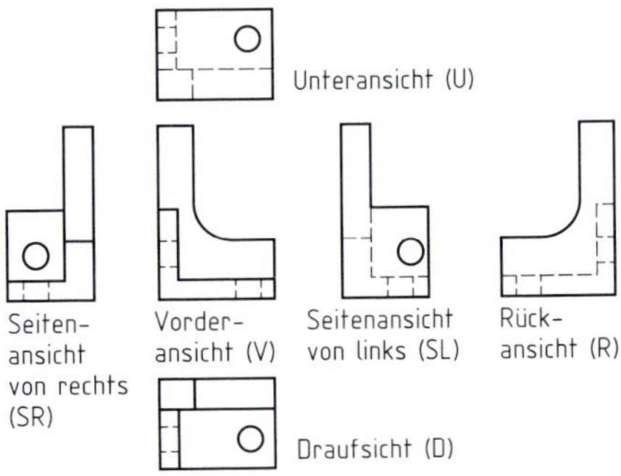

Isometrische Projektion nach DIN ISO 5456-3, 04.98

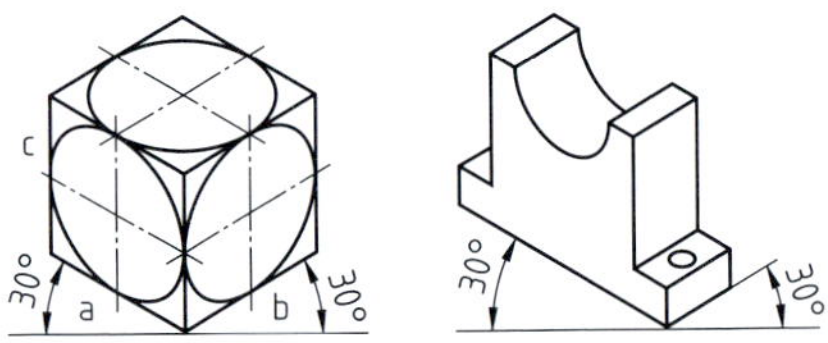

Seitenverhältnis: a : b : c = 1 : 1 : 1

Dimetrische Projektion nach DIN ISO 5456-3, 04.98

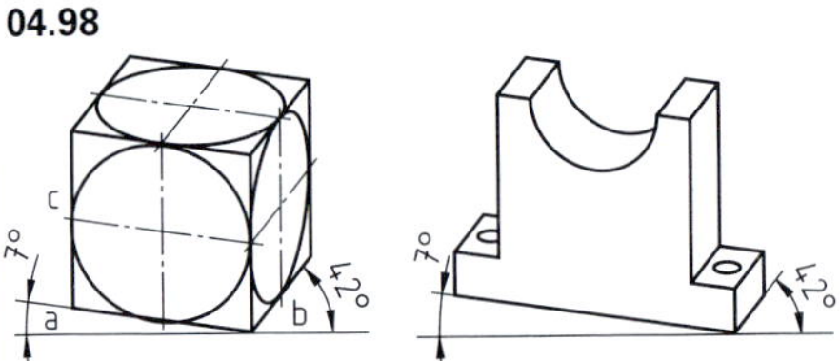

Seitenverhältnis: a : b : c = 1 : $^1/_2$: 1

Schnittdarstellung

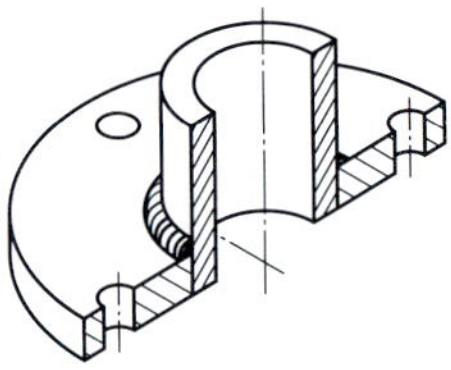

Schnittflächen werden mit dünnen Volllinien schraffiert (45° zur Achse oder zu einer Hauptumrisskante).

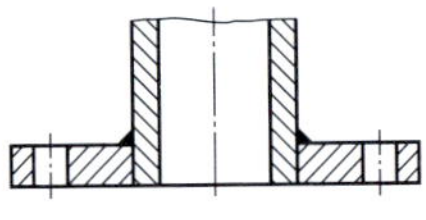

Die Schnittflächen verschiedener Körper, die aneinanderstoßen, werden entgegengesetzt oder verschieden weit schraffiert.

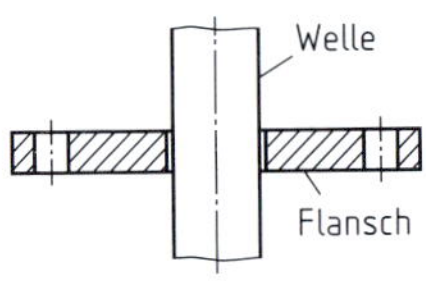

Vollkörper (z. B. Wellen, Niete, Schrauben, Muttern) werden in Längsrichtung nicht geschnitten.

Maßeintragungen

(nach DIN 406-11, 1992-12)

Anmerkungen	Ausführungsbeispiele

Maßlinien

Maßlinien werden bei Längenmaßen parallel zur bemaßenden Länge eingetragen (Bild 1).

In bestimmten Fällen dürfen die Maßlinien abgebrochen gezeichnet werden, z. B. wenn nur eine Hälfte eines symmetrischen Gegenstandes dargestellt ist oder die Bezugspunkte von Maßen sich nicht mehr in der Zeichenfläche befinden (Bild 2, 9, 10 u. 13).

Bei unterbrochen gezeichneten Körpern wird die Maßlinie nicht unterbrochen (Bild 3).

Maßlinien sollen sich untereinander und mit anderen Linien möglichst nicht schneiden. Ist dies nicht vermeidbar, werden sie ohne Unterbrechung gezeichnet (Bild 4).

Maßhilfslinien

Maßhilfslinien werden bei Längenmaßen rechtwinklig zur zugehörigen Messstrecke eingetragen (Bild 4 u.a.).

Um Unübersichtlichkeiten zu vermeiden, dürfen die Maßhilfslinien schräg (vorzugsweise unter 60°) gezeichnet werden (Bild 5).

Maßhilfslinien dürfen unterbrochen werden, wenn ihre Fortsetzung eindeutig zu erkennen ist.

Bei Winkelmaßen werden die Maßhilfslinien als Verlängerung der Schenkel des Winkels konstruiert, wobei auch der Scheitelwinkel eingetragen werden kann (Bild 4, 6 u.a.).

Auseinanderliegende Körperelemente, die gleiche Maße besitzen, dürfen zur Verdeutlichung mit einer gemeinsamen Maßhilfslinie verbunden werden (Bild 7).

Maßlinienbegrenzung

Regelfall: *geschwärzter Pfeil*

Abweichend davon wird bei rechnerunterstützt angefertigten Zeichnungen ein *offener Pfeil* verwendet und bei Platzmangel ein *Punkt* oder ein *Kreis* (Bild 8). Fachbezogen (z. B. im Bauwesen) kann auch ein *Schrägstrich* gewählt werden.

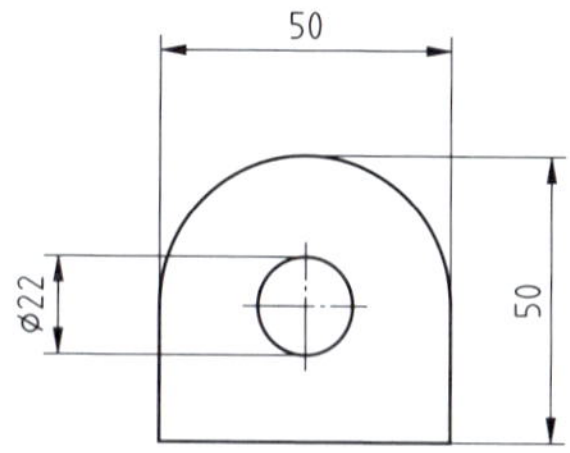

Bild 1

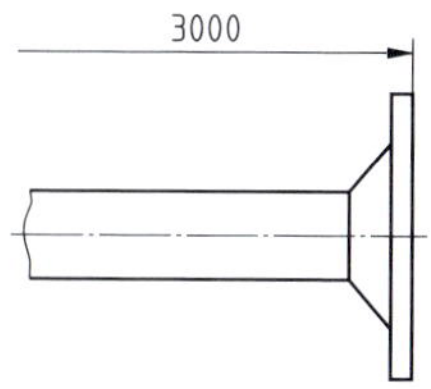

Bild 2

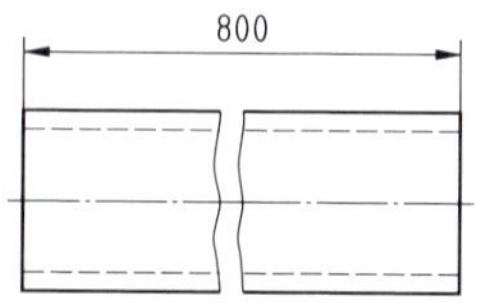

Bild 3

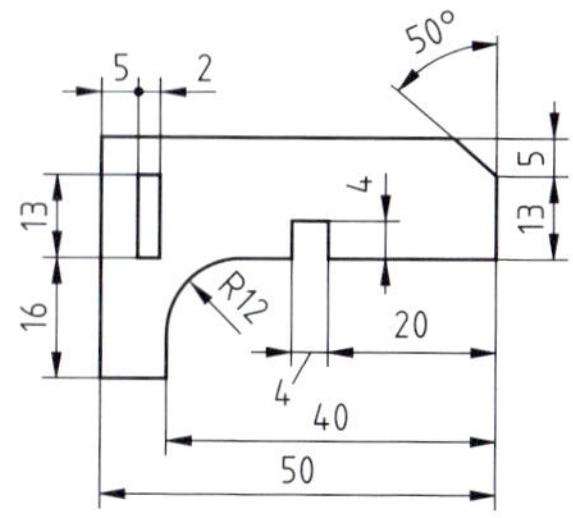

Bild 4

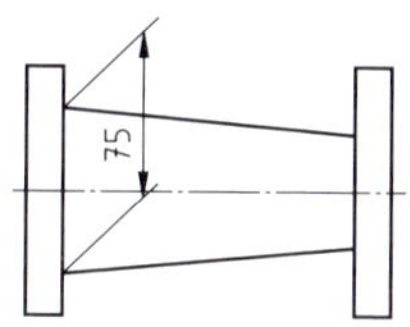

Bild 5

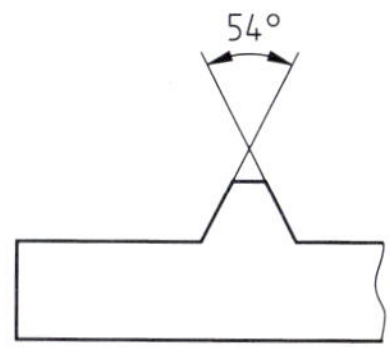

Bild 6

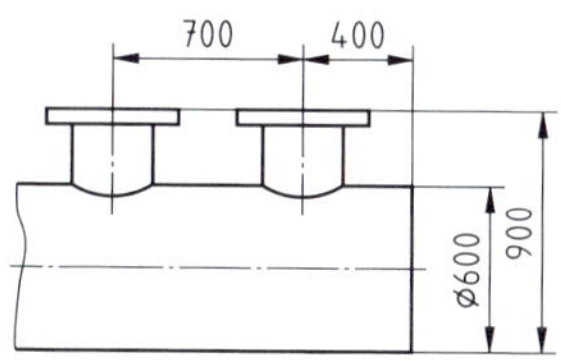

Bild 7

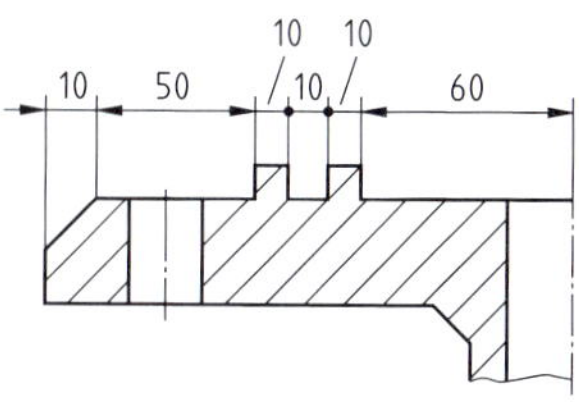

Bild 8

Maßeintragungen (Fortsetzung)

Anmerkungen	Ausführungsbeispiele

Maßzahlen

Maßzahlen sind bevorzugt in *zwei* Hauptleserichtungen einzutragen und zwar so, dass sie von *unten* und von *rechts* lesbar sind. Daneben wird parallel bzw. tangential zur Maßlinie bemaßt (Bild 9).

Die Maßzahlen stehen in diesen Fällen über den Maßlinien. Die Maßlinien werden für den Eintrag der Maßzahlen nicht unterbrochen.

Abweichend davon ist es zugelassen, Maßzahlen in *einer* Hauptleserichtung einzutragen und zwar in der Leselage des Schriftfeldes. In diesem Fall werden nichthorizontale Maßlinien (bevorzugt in der Mitte) für den Eintrag der Maßzahl unterbrochen (Bild 10).

Wenn bei der Parallelbemaßung der Platz über der Maßzahl nicht ausreicht, kann die Maßzahl an einer Hinweislinie (Bild 4, 8, 9 u. 10) oder über der Verlängerung der Maßlinie (Bild 4 u. 14) eingetragen werden. Dabei ist es erlaubt, die Maßlinie abzuknicken (Bild 15, 21 u. 24).

Maßlinien bei Winkel- und Bogenmaßen

Bei Winkel- und Bogenmaßen werden die Maßlinien als Kreisbogen um den Scheitelpunkt des Winkels bzw. um den Mittelpunkt des Bogens gezeichnet (Bild 4, 9, 10, 11 u. 24).

Ist das Winkelmaß nicht größer als 30°, so darf die Maßlinie als Gerade, annähernd senkrecht zur Winkelhalbierenden, eingetragen werden (Bild 13).

Maßzahlen bei Winkeln

Es ist erlaubt, Winkelmaße ohne Unterbrechung der Maßlinie in Leselage des Schriftfeldes einzutragen (Bild 11).

Durchmesser

Vor die Maßzahl wird in jedem Fall das Durchmesserzeichen ∅ gesetzt (Bild 7, 9, 10, 13 u. a.).

Bei Platzmangel dürfen die Durchmessermaße von außen an die Körperelemente gesetzt werden (Bild 15).

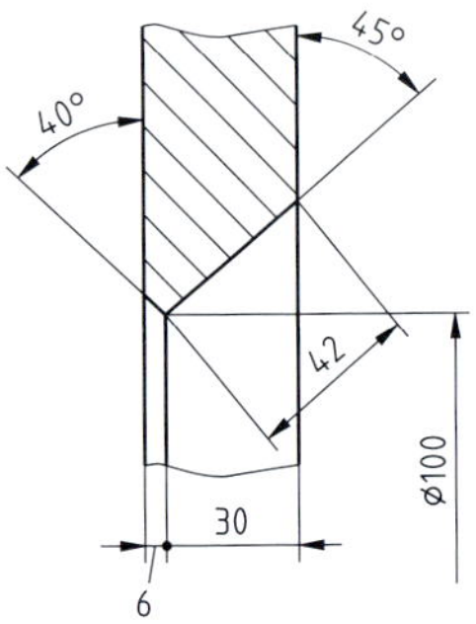

Bild 9

oder

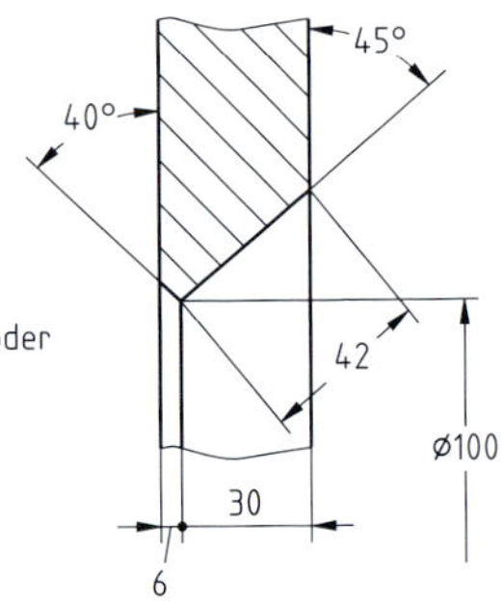

Bild 10

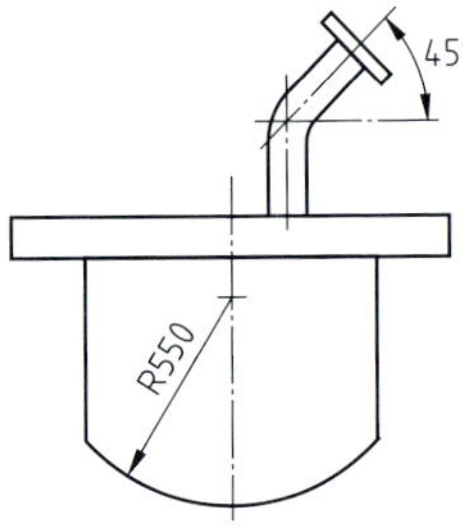

Bild 11

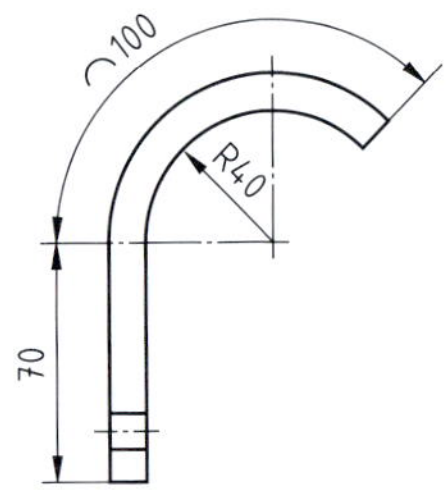

Bild 12

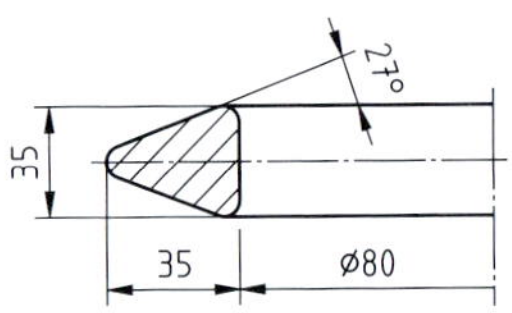

Bild 13

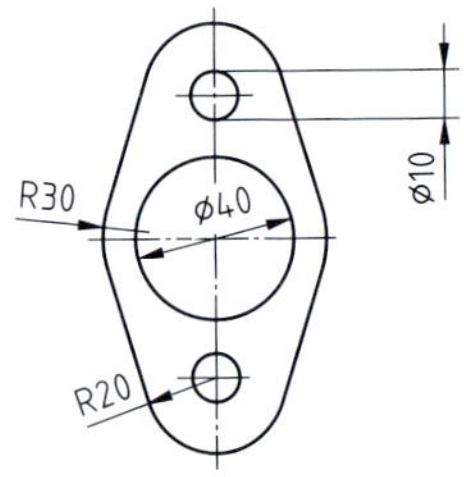

Bild 14

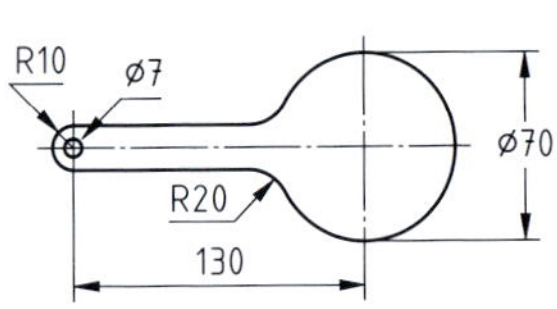

Bild 15

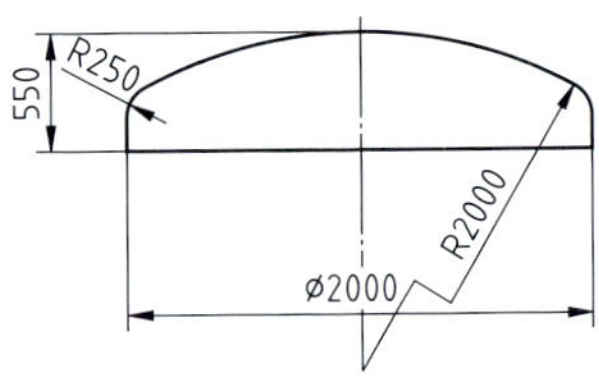

Bild 16

Maßeintragungen (Fortsetzung)

Anmerkungen	Ausführungsbeispiele

Radien

Bei Radien ist in jedem Fall der Großbuchstabe R vor die Maßzahl zu setzen (Bild 4, 11, 12 u. a.).

Die Maßlinien sind genau vom Radienmittelpunkt oder genau aus dessen Richtung kommend zu zeichnen und nur am Kreisbogen innerhalb oder außerhalb der Darstellung mit einem Pfeil zu versehen.

Maßlinien großer Radien, deren Mittelpunkt außerhalb der Zeichenfläche liegt, werden in zwei parallelen Abschnitten mit einem rechtwinkligen Knick gezeichnet, wobei die Maßzahl an den Abschnitt der Maßlinie geschrieben werden soll, der den Kreisbogen berührt und auf den Mittelpunkt gerichtet ist (Bild 16).

Kugeln

Vor die Durchmesser- oder Radiusangabe wird in jedem Falle der Großbuchstabe S geschrieben (Bild 17 u. 18).

Bögen

Bei Bögen wird das grafische Symbol ∩ vor die Maßzahl gesetzt (Bild 12). Bei manueller Zeichnungserstellung darf der Bogen auch direkt über die Maßzahl gesetzt werden.

Quadrate und Rechtecke

Ebene Flächen werden von den nicht ebenen durch ein Diagonalkreuz unterschieden (Bild 20 u. 21).

Bei Quadraten erhalten die Maßzahlen das Quadratzeichen □ als Vorsatz. Es wird nur eine Seitenlänge des Quadrates bemaßt (Bild 19, 20 u. 21).

Bei Rechtecken dürfen die Seitenlängen auf einer abgewinkelten Hinweislinie angegeben werden (Bild 21).

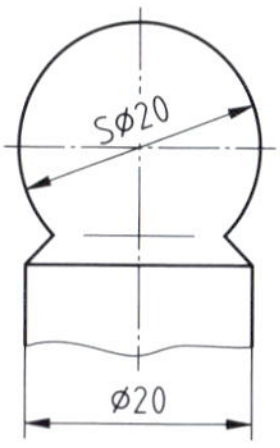

Bild 17

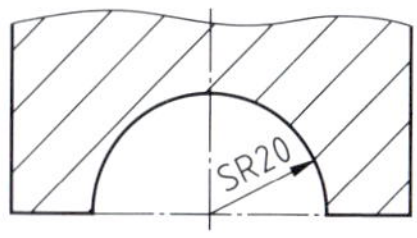

Bild 18

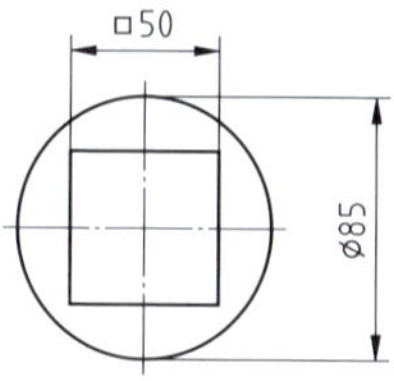

Bild 19

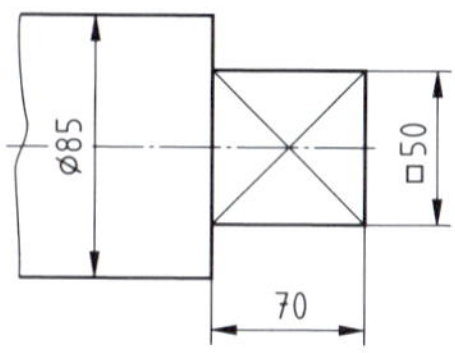

Bild 20

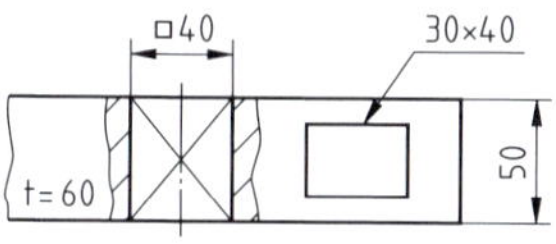

Bild 21

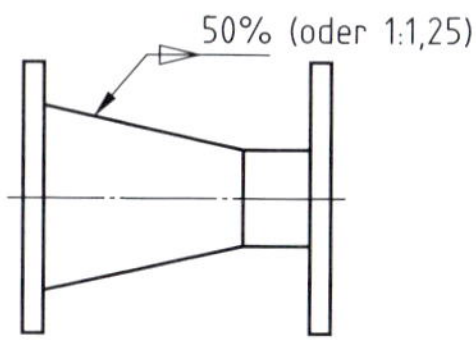

Bild 22

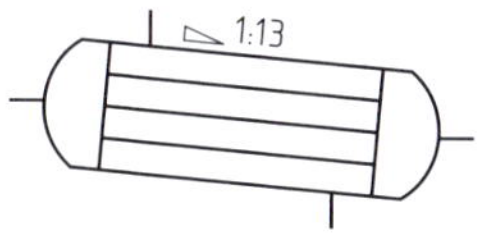

Bild 23

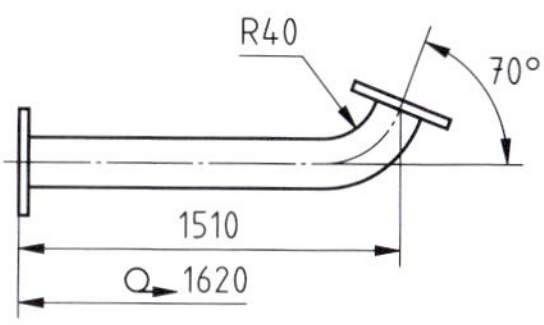

Bild 24

Symbole vor den Maßzahlen

□	Quadrat	SW	Schlüsselweite
∅	Durchmesser	t	Dicke
R	Radius	h	Tiefe oder Höhe
S∅	Kugel-Durchmesser	∩	Bogenmaß
SR	Kugel-Radius	—	Nicht maßstäbliches Maß, z. B. 30

Weitere Kombinationssymbole

▷—	Kegelverjüngung $\left(\frac{1}{x}=\frac{d_1-d_2}{L}\right)$, Bild 22
◁	Neigung $\left(\frac{1}{x}=\frac{h_1-h_2}{L}\right)$, Bild 23
○→	Gestreckte Länge, Bild 24

d Durchmesser
h Höhe
L Länge zwischen Stellen 1 und 2

Fließschemata verfahrenstechnischer Anlagen **TZ**

Grafische Symbole (Bildzeichen) (nach DIN EN ISO 10628-2, 2013-05)

Einrichtungen zum Lagern

Grafisches Symbol	Bedeutung	Grafisches Symbol	Bedeutung
 BE	Tank bzw. Behälter	 BE	Behälter mit konischem Dach und Boden
 BE	Behälter mit gewölbten Böden	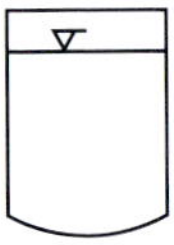 BE	Behälter mit gewölbtem Boden und Füllstandanzeige
 BE	Behälter mit konischem Dach und flachem Boden	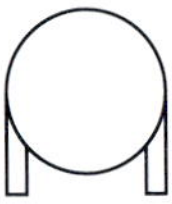 BE	Kugelbehälter
 BE	Behälter mit gewölbtem Dach	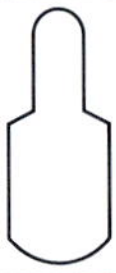 BE	Behälter mit zwei unterschiedlichen Durchmessern
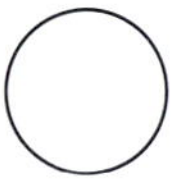 BE	Kugelbehälter	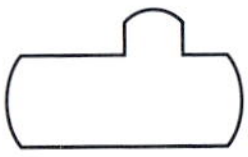 BE	Behälter mit Dampfdom
 BE	Bunker mit konischem Boden	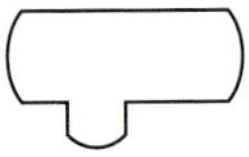 BE	Behälter mit Sumpf
 BE	Tank mit konischem Boden (geschlossen)	 BE	Container für feste, flüssige oder gasförmige Stoffe
		 BE	Gebinde bzw. Fass bzw. Trommel
 BE	Behälter mit geölbtem Dach und konischem Boden	 BE	Gasflasche
		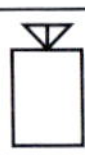 BE	Sack
 BE	Container bzw. Tank bzw. Becken	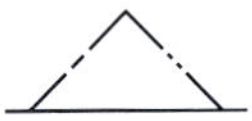 BE	Offene Schüttgutlagerung

Fließschemata verfahrenstechnischer Anlagen

TZ

Grafische Symbole (Bildzeichen) (Fortsetzung)

(nach DIN EN ISO 10628-2, 2013-05)

Einrichtungen zum Heizen und Kühlen

Grafisches Symbol	Bedeutung	Grafisches Symbol	Bedeutung
 WT	Wärmeaustauscher bzw. Kondensator allgemein, rechts in M-Form	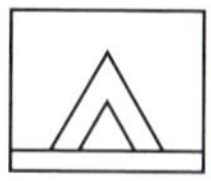 DE	Brennkammer
 WT	Rohrbündel-Wärmeaustauscher mit Festböden	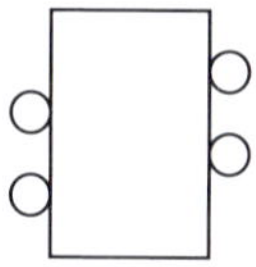 BE	Behälter mit Vollrohrschlange zum Heizen oder Kühlen
 WT	Rohrbündel-Wärmeaustauscher mit Schwimmkopf		
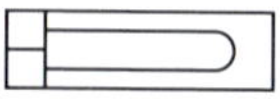 WT	Rohrbündel-Wärmeaustauscher mit U-Rohr	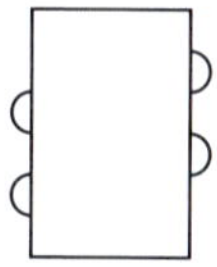 BE	Behälter mit Halbrohrschlange zum Heizen oder Kühlen
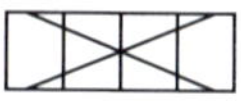 WT	Platten-Wärmeaustauscher		
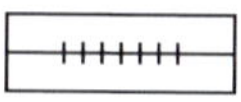 WT	Rippenrohr-Wärmeaustauscher	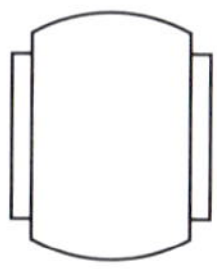 BE	Behälter Heiz- bzw. Kühlmantel und gewölbten Böden
 WT	Doppelrohr-Wärmeaustauscher		
 WT	Wärmeaustauscher mit Rohrschlange	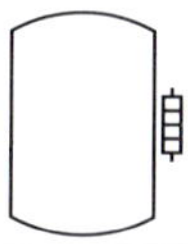 BE	Behälter elektrischer Außenheizung und gewölbten Böden
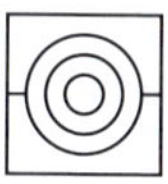 WT	Spiral-Wärmeaustauscher		
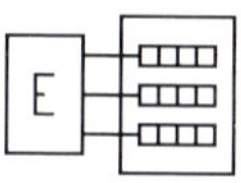 WT	Elektroerhitzer	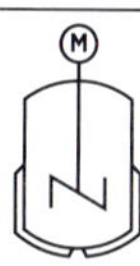 BE	Behälter mit gewölbtem Boden, Rührwerk mit Elektromotor und Mantelbeheizung
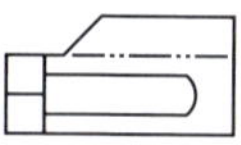 DE	Verdampfer (Rohrbündel-Wärmeaustauscher mit integriertem Brüdenraum)	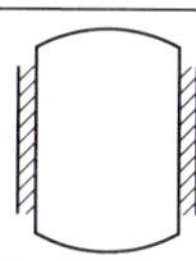 BE	Behälter mit Dämmung und mit gewölbtem Boden
 DE	Dünnschichtverdampfer	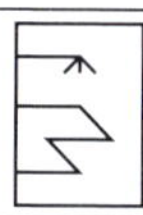 WT	Rieselkühler
 DE	Dampfkessel, Wasserdampferzeuger	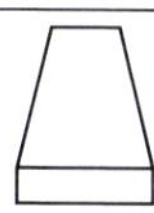 KT	Kühlturm
 DE	Feuerung, Brenner allgemein	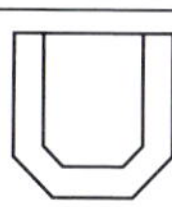 DE	Ofen

Fließschemata verfahrenstechnischer Anlagen

Grafische Symbole (Bildzeichen) (Fortsetzung) (nach DIN EN ISO 10628-2, 2013-05)

Einrichtungen zum Fördern und Zuteilen

Grafisches Symbol	Bedeutung	Grafisches Symbol	Bedeutung
 PL	Pumpe für Flüssigkeiten (allgemein)	 PC	Drehschieber- bzw. Rotationsverdichter oder Drehschiebervakuumpumpe
 PC	Verdichter, Kompressor, Vakuumpumpe (allgemein)	 PG	Ventilator (allgemein)
 PL	Kreiselpumpe	 TE	Stetigförderer (allgemein)
 PL	Hubkolbenpumpe	 TE	Bandförderer
 PL	Membranpumpe	 TE	Bandförderer wechselseitig
 PL	Strahlpumpe	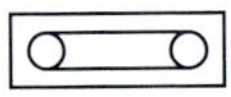 TE	Bandförderer mit Einhausung
 PL	Zahnradpumpe	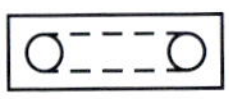 TE	Kettenförderer mit Einhausung
 PL	Exzenterschneckenpumpe	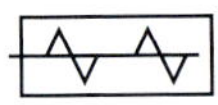 TE	Schneckenförderer mit Einhausung
 PL	Schraubenspindelpumpe	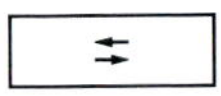 TE	Schwingförderer mit Einhausung
 PC	Zentrifugalverdichter	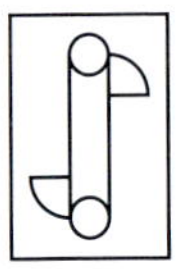 TE	Becherwerk mit Einhausung
 PC	Hubkolbenverdichter oder Hubkolbenvakuumpumpe		
 PC	Hubkolbenmembranverdichter oder Membranvakuumpumpe	 ZE	Zuteileinrichtung (allgemein)
 PC	Strahlverdichter oder Treibmittelvakuumpumpe	 ZE	Zellradschleuse
 PC	Turboverdichter oder Turbovakuumpumpe	 ZE	Drehteller
 PC	Schraubenverdichter	 ZE	Dosiereinrichtung
 PC	Flüssigkeitsringverdichter oder Flüssigkeitsringvakuumpumpe	 TE	Palletierer
 PC	Rotationsverdichter oder Wälzkolbenvakuumpumpe	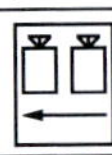 TE	Absackmaschine

Grafische Symbole (Bildzeichen) (Fortsetzung) (nach DIN EN ISO 10628-2, 2013-05)

Einrichtungen zum Mischen und zur Formgebung (Rührer, Kneter und Pressen)

Grafisches Symbol	Bedeutung	Grafisches Symbol	Bedeutung
 RW	Rührer (allgemein)	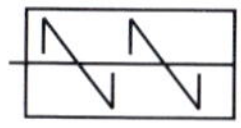 MK	Rotationsmischer
 RW	Ankerrührer	 MK	Statischer Mischer
 RW	Propellerrührer	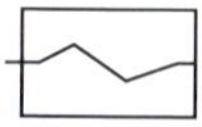 MK	Kneter
 RW	Scheibenrührer	 MK	Mischstrecke
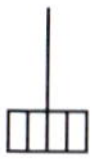 RW	Kreiselrührer bzw. Turbinenrührer	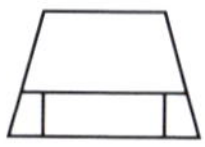 FV	Formgebungsmaschine (allgemein, vertikal arbeitend)
 RW	Impellerrührer	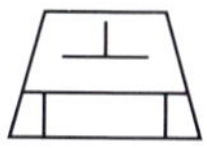 FV	Stempelpresse
 RW	Wendelrührer	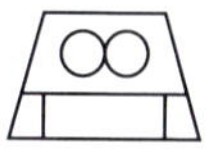 FV	Walzenpresse
 RW	Kreuzbalkenrührer	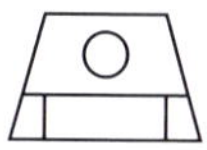 FV	Pelletierteller
 RW	Gitterrührer	 FH	Formgebungsmaschien (allgemein, horizontal arbeitend)
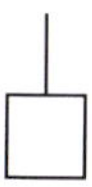 RW	Blattrührer	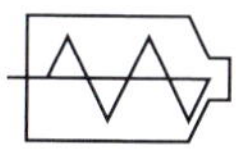 FH	Schneckenpresse
 MK	Mischdüse bzw. Injektor	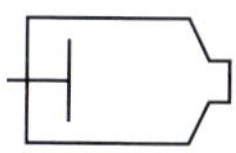 FH	Strangpresse

Fließschemata verfahrenstechnischer Anlagen **TZ**

Grafische Symbole (Bildzeichen) (Fortsetzung) (nach DIN EN ISO 10628-2, 2013-05)

Einrichtungen zum thermischen Trennen (Kolonnen und Trockner)

Grafisches Symbol	Bedeutung	Grafisches Symbol	Bedeutung
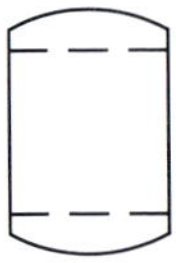 KO	Kolonne (allgemein)	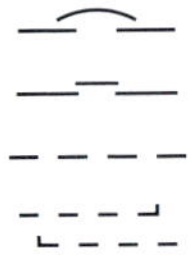	Glockenboden Ventilboden Siebboden Boden mit Wehr
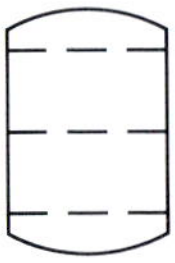 KO	Bodenkolonne (allgemein)	 TR	Trockner (allgemein)
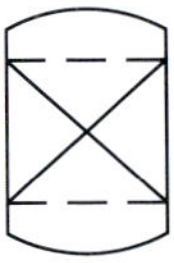 KO	Kolonne mit Festbett	 TR	Bandtrockner bzw. Rollenbandtrockner
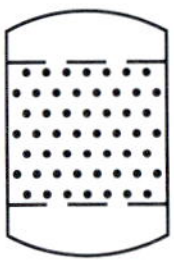 KO	Kolonne mit Fließbett	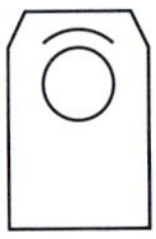 TR	Drehtrommeltrockner bzw. Taumeltrockner
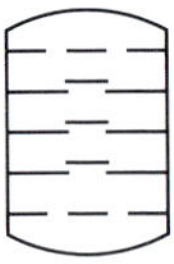 KO	Ventilbodenkolonne	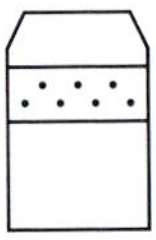 TR	Wirbelschichttrockner bzw. Fließbetttrockner
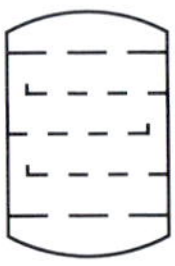 KO	Kolonne mit versetzten Böden und Wehren	 TR	Schranktrockner bzw. Kammertrockner bzw. Hordentrockner
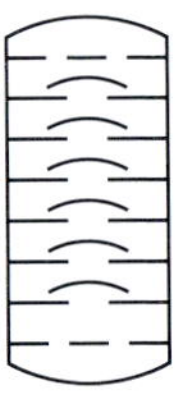 KO	Glockenbodenkolonne	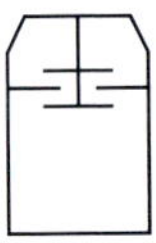 TR	Tellertrockner bzw. Hordenumlauftrockner bzw. Ring-Etagentrockner
		 ZE	Sprühdüse
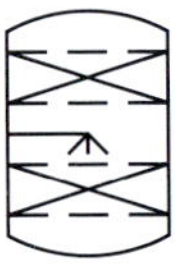 KO	Kolonne mit zwei Festbettzonen und dazwischenliegender Sprühdüse	 TR	Zerstäubungstrockner

Grafische Symbole (Bildzeichen) (Fortsetzung) (nach DIN EN ISO 10628-2, 2013-05)

Einrichtungen zum thermischen Trennen (Kolonnen und Trockner)

Grafisches Symbol	Bedeutung	Grafisches Symbol	Bedeutung
 ZM	Zerkleinerungsmaschine (allgemein)	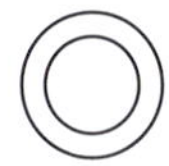 WT	Wärmeverbraucher
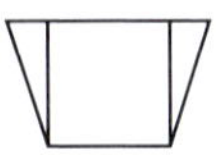 ZM	Brecher (allgemein)	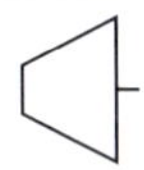 AM	Turbine, Antriebsmaschine (allgemein)
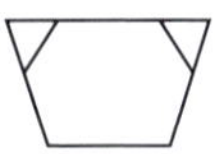 ZM	Mühle (allgemein)	 AM	Elektromotor (allgemein)
 ZM	Hammermühle	 AM	Stromerzeuger (allgemein)
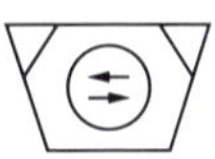 ZM	Schwingmühle		Schornstein
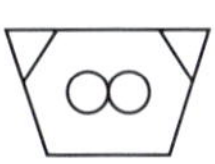 ZM	Walzenmühle		Fackel
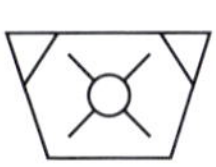 ZM	Prallmühle	  	Rohr beheizt oder gekühlt Rohr mit Mantelrohr oder mit Schutzrohr Rohr gedämmt
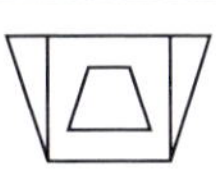 ZM	Kegelbrecher		T-Stück
 ZM	Walzenbrecher	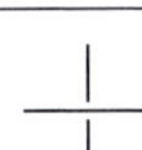	Kreuzung zweier Rohrleitungen gleicher Linienbreite (die senkrechte wird unterbrochen)
 ZM	Backenbrecher		Kreuzung zweier Rohrleitungen unterschiedlicher Linienbreite (die dünnere wird unterbrochen)
 ZM	Hammerbrecher	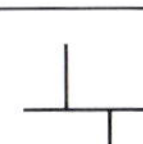	Einbindung von Rohrleitungen in unmittelbarer Nähe
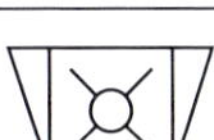 ZM	Prallbrecher		Angabeeinschränkung (z. B. Richtung links: Material a, Richtung rechts Material b)

Fließschemata verfahrenstechnischer Anlagen

TZ

Grafische Symbole (Bildzeichen) (Fortsetzung) (nach DIN EN ISO 10628-2, 2013-05)

Einrichtungen zum Filtrieren und Zentrifugieren

Grafisches Symbol	Bedeutung	Grafisches Symbol	Bedeutung
 FL	Fluidfilter (allgemein)	 FL	Schlauchfilter, Kerzenfilter, Taschenfilter, Patronenfilter für Gase
 FL	Gasfilter (allgemein)	 FL	Festbettfilter bzw. Schüttschichtfilter für Gase
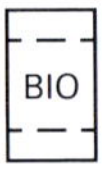 FL	Biologischer Filter	 FL	Gasfilter mit Rollband
 FL	Ionenaustauscherfilter	 FL	Gas-Schwebstofffilter, leistungsstarker Luftpartikelfilter-HEPA
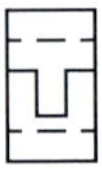 FL	Schlauchfilter, Taschenfilter, Kerzenfilter, Patronenfilter für Flüssigkeiten	 ZE	Hochgeschwindigkeits-zentrifuge
 FL	Nutschenfilter	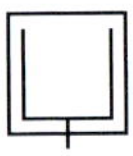 ZE	Zentrifuge mit Vollmantel
 FL	Festbettfilter bzw. Schüttschichtfilter für Flüssigkeiten	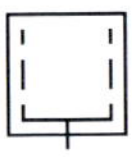 ZE	Zentrifuge mit Siebmantel
 FL	Trommeldrehfilter bzw. Scheibendrehfilter	 ZE	Tellerzentrifuge bzw. Tellerseparator
 FL	Trommeldrehfilter bzw. Scheibendrehfilter mit Schaber	 ZE	Siebschneckenzentrifuge
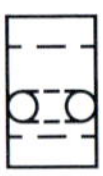 FL	Bandfilter	 ZE	Vollmantelschnecken-zentrifuge bzw. Dekanter
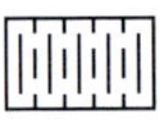 FL	Filterpresse	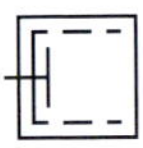 ZE	Schubzentrifuge
   VF	Filterelement (allgemein) Schmutzfänger (in Rohrleitung) Hutsieb bzw. Anfahrsieb in Rohrleitung	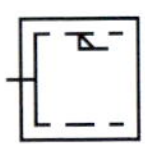 ZE	Schälzentrifuge

Grafische Symbole (Bildzeichen) (Fortsetzung) (nach DIN EN ISO 10628-2, 2013-05)

Einrichtungen zum Abscheiden und Sieben und zum Transportieren

Grafisches Symbol	Bedeutung	Grafisches Symbol	Bedeutung
 SB	Abscheider bzw. Sichter (allgemein)	 SA	Siebapparat, Rechen (allgemein)
 SB	Schwerkraftabscheider, Absetzkammer	 SA	Grobrechen
 SB	Prallabscheider	 SA	Feinrechen
 SB	Fliehkraftabscheider, Zyklon, Rotationsabscheider	 SA	Siebapparat mit Grob- und Feinsieb
 SB	Elektrostatischer Abscheider	 SA	Trommelsieb
 SB	Elektromagnetischer Abscheider	 SA	Vibrierender Siebapparat
 SB	Abscheider mit Permanent-magnet	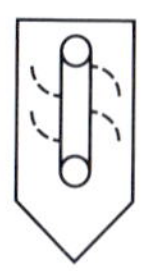 SA	Korbbandsiebmaschine
 SB	Nassabscheider		
 SB	Abscheider mit Sprühdüse	 TE	Tankwagen, Kesselwagen
 SB	Elektrostatischer Nassabscheider	 TE	Kastenwagen
 SB	Venturiabscheider, Venturiwäscher	 TE	Flurförderer
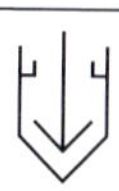 SB	Eindicker (offen) für Kläranlagen	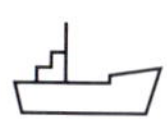 TE	Schiff
 SB	Eindicker (geschlossen)	 TE	Rollenbahn

Fließschemata verfahrenstechnischer Anlagen

TZ

Grafische Symbole (Bildzeichen) (Fortsetzung)

(nach DIN EN ISO 10628-2, 2013-05)

Armaturen und andere Rohrleitungsteile

Grafisches Symbol	Bedeutung	Grafisches Symbol	Bedeutung
 VV	Absperrarmatur (allgemein)	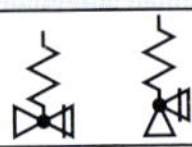 VY	Sicherheitsventil, federbelastet
 VV	Absperrarmatur (allgemein) in Eckform	 VY	Berstscheibe
 VV	Dreiwegearmatur (allgemein)	 VY	Flammensperre, rechts: explosionssicher
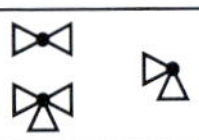 VV	Absperrventil	 VY	Detonationssicherung
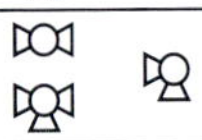 VV	Absperrhahn	 VY	Dauerbrandsicherung
 VV	Absperrschieber	 VY	Dauerbrandsichere Detonationssicherung mit Auslass zur Atmosphäre
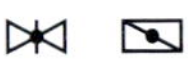 VV	Absperrklappe (Form 1 links und und Form 2 rechts)	 VY	Be- und Entlüftungsarmatur, Über-/Unterdrucksicherung
 VV	Nadelventil		Kompensator
 VC	Armatur mit stetigem Stellverhalten	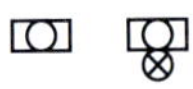 VG	Schauglas, rechts: mit Beleuchtung (Lichtglas)
 VH	Rückschlagarmatur (allgemein)	 VS	Schalldämpfer
 VH	Rückschlagventil	 VB	Drosselscheibe
 VH	Rückschlagklappe (links Form 1, rechts Form 2)	 VB	Links: Blindscheibe, rechts: Offenscheibe
 VT	Kondensatableiter	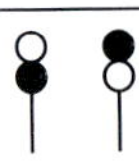 VB	Umsteckscheibe (links: Blindscheibe in Funktion, rechts: Offenscheibe in Funktion)
	Siphon		Trichter
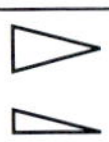	Reduzierung Gefälle		Öffnung (Auslass zur Atmosphäre für Dampf/Gas)
	Rohrleitung oder Boden (allgemein) Nebenleitung	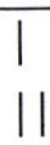	Einzelner Flansch, Blinddeckel Flanschpaar
	Schlauchleitung	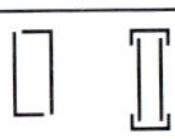	Kupplung (links), Klemmflansch (rechts)
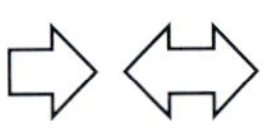	Ein-/Ausgang wichtiger Stoffe (links) Wechselseitiger Ein-/Ausgang wichtiger Stoffe (rechts)	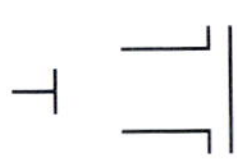	Stutzen (links), Mannloch (rechts)

Fließschemata verfahrenstechnischer Anlagen — TZ

Kennbuchstaben für technische Einrichtungen (Apparate, Maschinen, Armaturen)

DIN 28000-3, 2009-12

Zur Erweiterung der Information und zur Apparate-, Maschinen- und Armaturenkennzeichnung und -nummerierung werden Kennbuchstaben (wenn erforderlich mit nachgestellter Zählnummer) verwendet.

Kennbuchstabe	Apparat, Maschine, Armatur
BE	**Behälter/Tank** (z. B. Lagerbehälter mit gewölbten Böden, Container, Kugelbehälter)
BR	**Rührbehälter** (z. B. Rührreaktor)
KO	**Kolonne mit Einbauten** (z. B. Füllkörperkolonne, Glockenbodenkolonne)
WT	**Wärmeaustauscher** (z. B. Rohbündelwärmeaustauscher, Rieselkühler)
TR	**Trockner** (z. B. Zerstäubungstrockner, Tellertrockner, Bandtrockner)
PL	**Flüssigkeitspumpe** (z. B. Kreiselpumpe, Membranpumpe, Strahlflüssigkeitspumpe)
PC	**Kompressor, Verdichter, Vakuumpumpe** (z. B. Schraubenverdichter, Turboverdichter)
PG	**Gebläse, Ventilator** (z. B. Ventilator allgemein)
FL	**Filter** (Flüssigkeits- oder Gasfilter, z. B. Nutschenfilter, Trommeldrehfilter, Filterpresse)
SA	**Siebapparat oder Rechen** (z. B. Trommelsieb, Feinrechen)
SB	**Abscheider** (z. B. Prallabscheider, Venturiwäscher, Eindicker)
ZM	**Zerkleinerungsmaschine** (z. B. Schwingmühle, Kegelbrecher)
MK	**Mischer/Kneter** (z. B. statischer Mischer)
ZE	**Zentrifuge** (z. B. Tellerzentrifuge)
ZE	**Zuteil- und Verteileinrichtung** (z. B. Zellradschleuse, Drehteller, Sprühdüse)
TE	**Hebe-, Förder und Transporteinrichtung** (z. B. Bandförderer, Kettenförderer)
KT	**Kühlturm** (z. B. Nasskühlturm)

Kennbuchstabe	Apparat, Maschine, Armatur
DE	**Dampferzeuger, Ofen, Rückkühlapparat** (z. B. Dampfkessel)
FV	**Formgebungsmaschine** (vertikal arbeitend, z. B. Walzenpresse)
FH	**Formgebungsmaschine** (horizontal arbeitend, z. B. Schneckenpresse)
RW	**Rührer** (z. B. Propellerrührer)
AM	**Kraftmaschine, Arbeitsmaschine** (z. B. Elektromotor, Turbine, Generator)
WA	**Waage** (z. B. Kontrollwaage)
VV	**Armatur** (z. B. Ventil, Hahn, Schieber, Klappe)
VH	**Rückschlagarmatur** (z. B. Rückschlagventil)
VY	**Armatur mit Sicherheitsfunktion** (z. B. Sicherheitsventil, Flammensperre)
VC	**Regelventil**
VT	**Kondensatableiter** (z. B. Schwimmer-Kondensatableiter)
VG	**Schauglas** (z. B. Lichtglas)
VF	**Sieb, Schmutzfänger** (z. B. Hutsieb)
VS	**Schalldämpfer**
VB	**Scheibe** (z. B. Blindscheibe)
LP	**Rohr, Rohrleitung, Leitungskanal**
LR	**Rohrleitungsteil**
LS	**Schlauch**
LU	**Kanal** (unterirdisch)
LT	**Rinne** (offen), Graben

Darstellung von Apparaten und Maschinen ohne genormtes grafisches Symbol

Existiert für einen Apparat oder eine Maschine kein genormtes grafisches Symbol, so können diese sinngemäß vereinfacht wiedergegeben oder durch ein Rechteck mit entsprechender eingeschriebener Bezeichnung dargestellt werden.

Nebenstehend sind als Beispiele Möglichkeiten für die Darstellung eines Schlaufenreaktors angegeben.

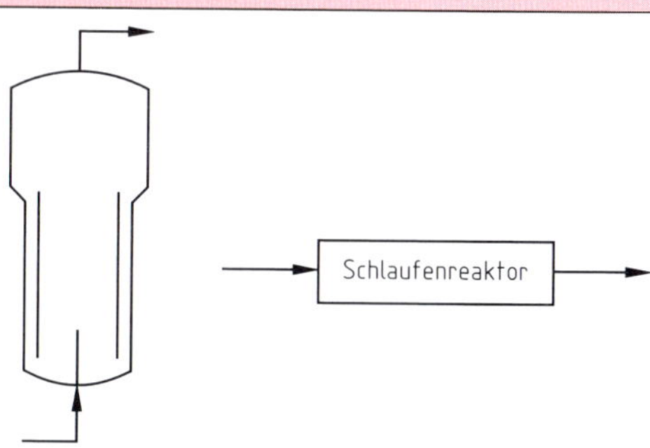

Fließschemata verfahrenstechnischer Anlagen

Fließschemata und ihre Ausführung

(nach DIN 28000-3, 2009-12)

Ein Fließschema einer verfahrenstechnischen Anlage ist eine – durch Verwendung grafischer Symbole und geeigneter Schriftzeichen vereinfachte – zeichnerische Darstellung von Aufbau und Funktion dieser verfahrenstechnischen Anlage.

Nach dem Informationsinhalt und der Art der Darstellung unterscheidet man drei Arten von Fließschemata. Diesen Fließschemataarten sind jeweils **Grundinformationen** und evtl. **Zusatzinformationen** zugeordnet.

Grundfließschemata	Verfahrensfließschemata	Rohrleitungs- und Instrumentenfließschemata (RI-Fließschemata)
Darstellung eines Verfahrens oder einer Anlage mit Hilfe von Rechtecken, die mit Linien verbunden sind. Die Rechtecke bedeuten Verfahrensabschnitte, Grundoperationen (Heizen, Rektifizieren usw.), Anlagenteile oder verfahrenstechnische Anlagen bei Anlagenkomplexen. Die Linien bedeuten Fließlinien für Stoffe oder Energien bzw. Energieträger. Die Bedeutung der Rechtecke wird durch die eingeschriebene Benennung kenntlich gemacht. Die Fließrichtung wird durch Pfeile angegeben.	Darstellung eines Verfahrens unter Verwendung von grafischen Symbolen nach DIN EN ISO 10628, die durch Linien verbunden werden. Die grafischen Symbole stehen für Anlagenteile, die Linien bedeuten Fließlinien für Stoffe, Energien bzw. Energieträger. Die Aufgabenstellungen für das Messen, Steuern und/oder Regeln sind nach DIN EN 62424 darzustellen.	Darstellung der technischen Ausrüstung einer Anlage mit Hilfe von grafischen Symbolen nach DIN EN ISO 10628, die durch Linien verbunden werden. Die grafischen Symbole stehen für Anlagenteile, die Linien bedeuten Rohrleitungen oder andere Wege für Stoffe, Energien bzw. Energieträger und Signale (Aufgabenstellungen für Messen, Steuern und Regeln nach DIN EN 62424). Durch Rechtecke mit Hinweisen auf getrennte Fließschemata können Hilfssysteme dargestellt werden.
Grundinformationen: Benennung der Rechtecke und der Ein- und Ausgangsstoffe, Fließweg und Fließrichtung der Hauptstoffe. **Zusatzinformationen**: Benennung der Hauptstoffe zwischen den Rechtecken, Durchflüsse bzw. Mengen der Stoffe, Benennung, Fließrichtungen und Mengen bzw. Durchflüsse der Energien bzw. Energieträger und charakteristische Betriebsbedingungen.	**Grundinformationen**: Art der erforderlichen Apparate und Maschinen (keine Antriebsmaschinen) und deren Bezeichnung, Fließweg und Fließrichtung der Stoffe und Energien bzw. Energieträger, Benennung und Volumen- bzw. Massenströme der Ein- und Ausgangsstoffe, Benennung der Energien bzw. Energieträger und charakteristische Betriebsbedingungen. **Zusatzinformationen**: Benennung der Stoffe innerhalb des Verfahrens (mit Angabe der Volumen- bzw. Massenströme), Durchflüsse bzw. Mengen der Energien bzw. Energieträger, Anordnung wesentlicher Armaturen, Aufgabenstellungen für Messen, Steuern und Regeln an wichtigen Stellen, ergänzende Betriebsbedingungen, kennzeichnende Größen von Apparaten und Maschinen (nicht Antriebsmaschinen), kennzeichnende Daten von Antriebsmaschinen, Plattformhöhe und ungefähre relative vertikale Position der Anlagenteile.	**Grundinformationen**: Art der Apparate und Maschinen, einschließlich Antriebsmaschinen, Rohrleitungen bzw. Transportwege und Armaturen (mit installierter Reserve), Identifikationsnummer von Apparaten und Maschinen (einschließlich Antriebsmaschinen), kennzeichnende Größen von Apparaten und Maschinen, Bezeichnung von Nennweite, Druckstufe, Werkstoff und Ausführung der Rohrleitungen (evtl. durch Rohrleitungsnummer und -klasse oder Identifikationsnummer), Angaben zur Dämmung der Anlagenteile, Mess-, Regel- und Steuerfunktionen mit Identifikationsnummer und kennzeichnende Daten von Antriebsmaschinen. **Zusatzinformationen**: Benennung, Durchflüsse bzw. Mengen, Fließweg und Fließrichtung von Energien bzw. Energieträgern, Art wichtiger Geräte für Messen, Steuern und Regeln, wesentliche Werkstoffe von Apparaten und Maschinen, Plattformhöhe und ungefähre relative vertikale Position der Anlagenteile und Referenzkennzeichnung von Armaturen, Benennung von Anlagenteilen.

Linienbreiten: Hauptfließlinien bevorzugt 1,0 mm, übrige Fließlinien, grafische Symbole für Apparate und Maschinen, Rechtecke und Energieträger- und Hilfssystemleitungen bevorzugt 0,5 mm, grafische Symbole für Armaturen und Rohrleitungszubehör, Zeichen für Messen, Steuern und Regeln, Steuer- und Signalleitungen, Bezugslinien und sonstige Hilfsmittel bevorzugt 0,25 mm. **Pfeile** werden an Apparate- und Maschineneintritten und gegebenenfalls vor Rohrabzweigungen gesetzt (nicht an Pumpen- und Verdichtereingängen).

Grundfließschemata (nach DIN 28000-3, 2009-12 und DIN EN ISO 10628-2, 2013-05)

Das Beispiel zeigt ein Grundfließschema mit Grundinformationen

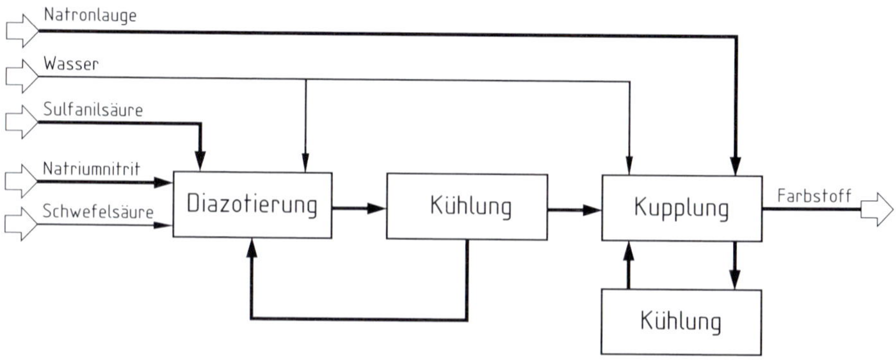

Verfahrensfließschemata (nach DIN 28000-3, 2009-12 und DIN EN ISO 10628-2, 2013-05)

Das Beispiel zeigt ein Verfahrensfließschema mit Grundinformationen

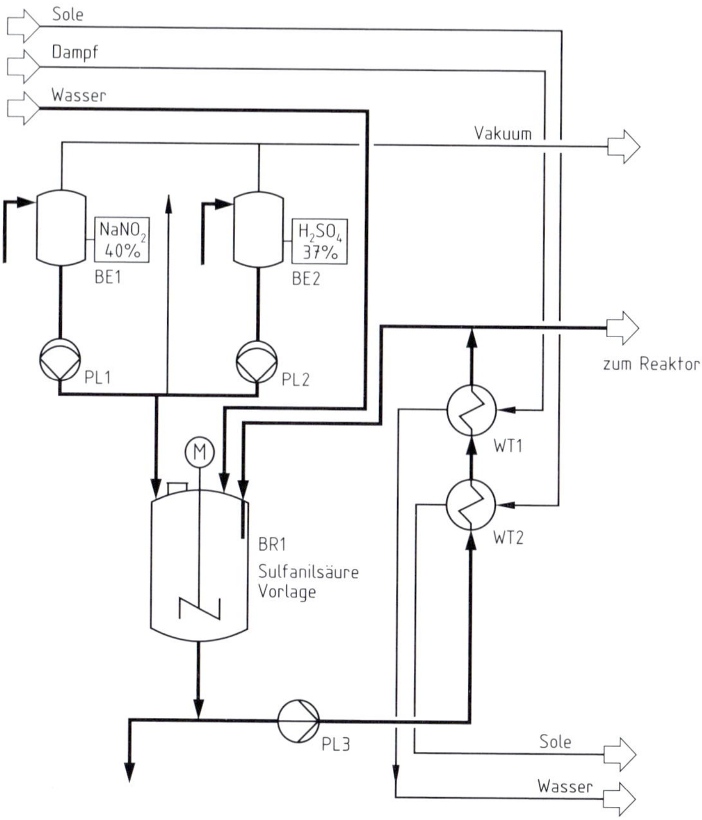

Rohrleitungs- und Instrumentenfließschemata (RI-Fließschemata)

(nach DIN 28000-3, 2009-12; DIN EN ISO 10628-1, 2015-04 und DIN EN ISO 10628-2, 2013-05)

Das Beispiel zeigt die mögliche Ausführung eines R&I-Fließschemas unter Verwendung der grafischen Symbole und Kennbuchstaben nach DIN EN ISO 10628-1 und 2 und DIN 28000-3 und DIN EN 62424.

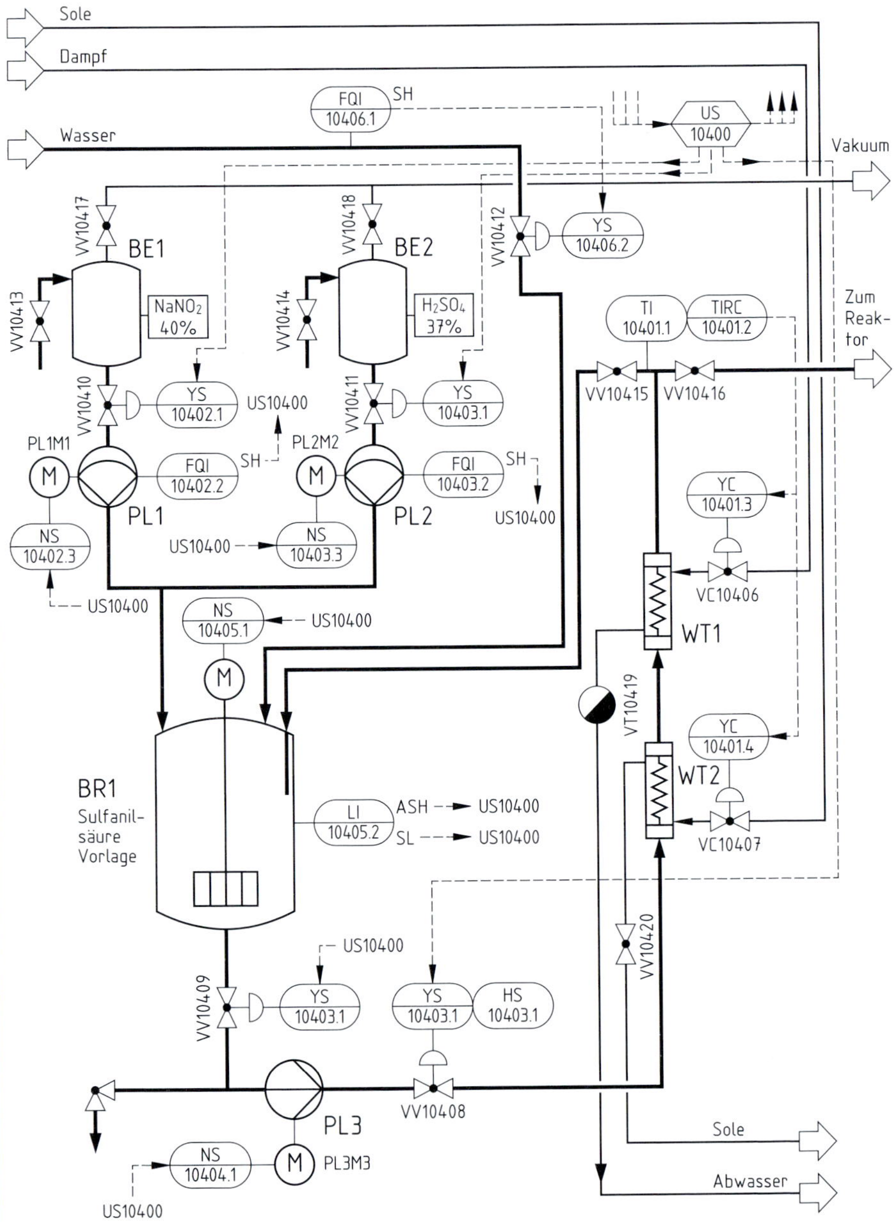

Einheitssignale in der Prozessautomation und Genauigkeit von Messgeräten

Analoge Signale für Regel- und Steueranlagen (Einheitssignale)

Stromsignale (DIN IEC 60381-1)	Spannungssignale (DIN IEC 60381-2)	Pneumatisches Signal (DIN EN 60382)
4 … 20 mA (bevorzugt)	**0 … 10 V** (bevorzugt)	**20 … 100 kPa (0,2 … 1 bar)**
0 … 20 mA	1 … 5 V, 0 … 5 V, 2 … 10 V, −10 … 10 V	

Umrechnungsformel:

$$x = x_A + (x_E - x_A) \cdot \frac{e - e_A}{e_E - e_A}$$

$$e = \frac{(x - x_A) \cdot (e_E - e_A)}{(x_E - x_A)} + e_A$$

x zu errechnender Wert der Messgröße
x_A Messwerteanfang (untere Grenze des Messbereichs)
x_E Messwerteende (obere Grenze des Messbereichs)
e_A Anfangswert (untere Grenze) des Einheitssignals
e_E Endwert (obere Grenze) des Einheitssignals
e Messwert des Einheitssignals

B Aufnehmer für Druck: Messbereich: 500 hPa … 2500 hPa, Einheitssignal: 4 … 20 mA, Messwert des Einheitssignals: 6,4 mA

Messwert in hPa: $x = x_a + (x_E - x_A) \cdot \frac{e - e_A}{e_E - e_A} = 500\ \text{hPa} + (2500\ \text{hPa} - 500\ \text{hPa}) \cdot \frac{6{,}4 - 4}{20 - 4} = \mathbf{800\ hPa}$

Genauigkeitsklassen von Messgeräten (nach VDE 0410)

Geräteklasse	Abweichung (Fehler) in % vom Endausschlag												
Betriebsmessgeräte									1	1,5	2,5	5	10
Feinmessgeräte						0,1	0,2	0,5					
Präzissionsmessgeräte	0,001	0,002	0,005	0,01	0,05								

In der Praxis aber auch z.B. firmenspezifische Genauigkeitsklassen: 0,1 0,25 0,6 1,6 2,5 4

Bei Messgeräten mit **digitaler Anzeige** ist die Bedienungsanleitung zu beachten. Häufig wird die Abweichung (der Fehler) in % der momentanen Anzeige zuzüglich einer Digit-Abweichung (eines Digit-Fehlers) angegeben, z.B. ±(2,5 % + 3 Digit). Digit bzw. LSD (Last Signifikant Digit) ist eine Einheit der letzten angezeigten Ziffer. Im Beispiel bei einem Anzeigewert von 67,57 °C gilt als Messergebnis:

$\vartheta = 67{,}57 \pm (0{,}025 \cdot 67{,}57 + 3 \cdot 0{,}01)\ °\text{C} = (67{,}57 \pm 1{,}72)\ °\text{C}$

Definition der Messunsicherheit nach DIN 1319-1 und GUM (Guide to the Expression of Uncertainty in Measurement = Leitfaden zur Angabe der Messunsicherheit beim Messen):

Messunsicherheit ist ein aus Messungen gewonnener Kennwert, der den Wertebereich eingrenzt, in welchem der wahre Wert mit einer bestimmten Wahrscheinlichkeit liegt.

Übliche Unsicherheiten:
Bei Skalenanzeige: $u = \pm 1$ SKW (SKW : Skalenwert)
Bei Ziffernanzeige: $u = \pm 2$ ZW (ZW: Ziffernschrittwert)

Genaue Angabe eines Messergebnisses (Schätzwert für den wahren Wert der Messgröße):

Messergebnis = Messwert + Messunsicherheit
z.B. $\vartheta = 145{,}3\ °\text{C} \pm 0{,}2\ °\text{C}$
bzw. $\vartheta = 145{,}3\ (1 \pm 1{,}376 \cdot 10^{-3})\ °\text{C}$

$$u_{zul} = 0{,}1 \cdot T$$

$$T = x_{max} - x_{min}$$

$$x = x_a \pm u$$

u Unsicherheit
u_{zul} zulässige Unsicherheit
T Toleranz
x_{max} Obergrenze der Toleranz
x_{min} Untergrenze der Toleranz
x Messergebnis
x_a Ablesewert

Dabei ist die Messunsicherheit i. Allg. die **Standardmessunsicherheit = Standardabweichung** der Verteilung der Messwerte. Der **Messwert** (x) setzt sich aus **wahrem Wert** und **zufälliger** (e_z) und **systematischer** (e_s) **Messabweichung** zusammen:

$$x = x_w + e_z + e_s$$

Maximale relative Abweichung (systematische Abweichung bzw. Fehler) bei der Genauigkeitsklasse Gk:

$$e_{s,\,max} = \pm \frac{x_E}{x_a} \cdot Gk$$

$e_{s,\,max}$ maximale relative Abweichung in %
x_E Ende des Anzeigebereichs (Skalenendwert)
x_a Messwert (angezeigter Wert)
Gk Genauigkeitsklasse

Die relative Abweichung ist umso größer, je weiter der Messwert vom Skalenendwert entfernt liegt!

Genauigkeit von Messgeräten (Fortsetzung)

Abweichung (Fehler) bei Messgeräten

Art der Abweichung	Formel
Absolute Abweichung	$e = x_a - x_w$
Relative Abweichung in %	
bezogen auf x_w	$e_r = \frac{x_a - x_w}{x_w} \cdot 100\ \%$
bezogen auf x_a	$e_r = \frac{x_a - x_w}{x_a} \cdot 100\ \%$
bezogen auf x_E	$e_r = \frac{x_a - x_w}{x_E} \cdot 100\ \%$

Empfindlichkeit

Analoge Anzeige:

$$E = \frac{\Delta s}{\Delta M}$$

Digitale Anzeige:

$$E = \frac{\Delta Z}{\Delta M}$$

Auflösung:

$$A = \frac{\Delta M}{x_E - x_A}$$

e	absolute Abweichung (absoluter Fehler) in der Messeinheit
e_r	relative Abweichung in %
$e_{s,\,max}$	maximaler absolute systematische Abweichung in der Messeinheit
$e_{sr,\,max}$	maximale relative systematische Abweichung in %
Gk	Genauigkeitsklasse (Geräteklasse)
x_a	Ablesewert (Istwert)
x_w	wahrer Wert
x_E	Skalen- bzw. Messbereichsendwert
x_A	Skalen- bzw. Messbereichsanfangswert
E	Empfindlichkeit
A	Auflösung
Δs	Änderung der Zeigerstellung
ΔM	Änderung des Messwertes
ΔZ	Ziffernschritt

Maximale systematische Geräteabweichung (Gerätefehler) bei Analogen Messgeräten

(**Garantiefehlergrenze:** maximale mögliche Abweichung))

Maximale absolute Abweichung:

$$e_{s,\,max} = \frac{\pm (x_E - x_A) \cdot Gk}{100}$$

Maximale relative Abweichung:

$$e_{sr,\,max} = \frac{\pm (x_E - x_A) \cdot Gk}{100 \cdot x_w}$$

Die durch die Genauigkeitsklasse anzunehmende **maximale (systematische) Abweichung kann evtl. durch eine (zufällige) Abweichung infolge der Rahmenbedingungen vergrößert** werden. Z.B. durch:

Rahmenbedingung	Erläuterung
Temperatur	Bei Abweichung ≥ 10 °C von der Referenztemperatur (Nennumgebungstemperatur). Diese beträgt i. Allg. 23 °C (früher 20 °C)
Lage	Bei Abweichung ≥ 5 ° von der Referenzlage
Magnetfeld	Bei Einfluss eines Magnetfeldes (Prüfung auf Einfluss eines Fremdfeldes durch ebenes Drehen des Messgerätes um 90 °)
Subjektive Abweichung	Ablesefehler, Bedienungsfehler (z. B. Justierfehler) und Auswertungsfehler

Der angenäherte wahre Messwert x_w wird z.B. durch ein Referenzmessgerät mit hoher Genauigkeit („Normal") ermittelt.

Die zufällige Abweichung wird statistisch als Mittelwert mehrerer Messungen angegeben, meist mit Standardabweichung s und Vertrauensbereich.

Anzeigebereich: Bereich zwischen kleinstem und größtem Skalenwert.

Messbereich: Bereich, der für die Messung vorgesehen ist und in welchem die angegebene maximale Abweichung garantiert wird. Dieser kann gleich sein dem Anzeigebereich und wird sonst i. Allg. kenntlich gemacht durch eine der folgenden Kennzeichnungen:

Punkte auf der Skala	**Feinteilung** innerhalb des Messbereichs	**verstärkter Skalenbogen** oder **Skalenstrahl** im Messbereich
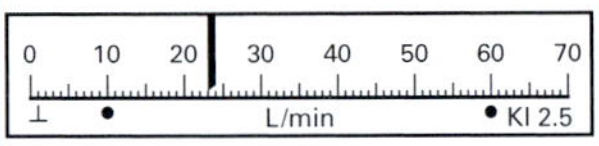	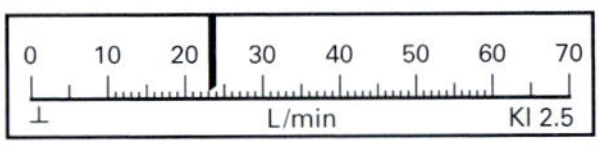	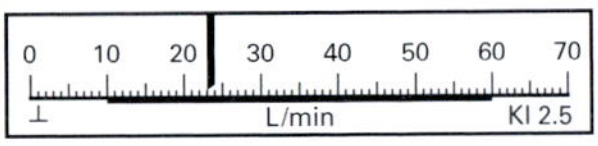

Symbole auf Messwerken:

Symbol	Bedeutung	Symbol	Bedeutung	Symbol	Bedeutung
⊥	senkrechte Gebrauchslage	—	Gleichstrominstrument	CE	Gerät erfüllt die Anforderungen aller für dieses Produkt gültigen Richtlinien
⊓	waagerechte Gebrauchslage	~	Wechselstrominstrument	0,5	Anzeigefehler bezogen auf den Messbereichsendwert
∠60°	schräge Gebrauchslage mit Winkelangabe	≂	Gleich- und Wechselstrominstrument	∨0,5	Anzeigefehler bezogen auf die Skalenlänge
⟨Ex⟩	Explosionsgeschütztes Betriebsmittel	≋	Drehinstrument, allgemein	(0,5)	Anzeigefehler bezogen auf den wahren Wert

Temperaturmessung

Einsatzgrenzen von Temperaturmessgeräten

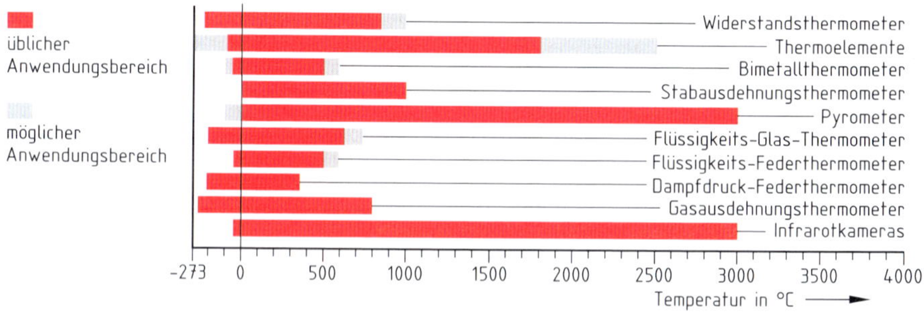

Temperaturmessgeräte im Vergleich

Widerstandsthermometer	Thermoelemente
Üblicher Anwendungsbereich: – 200 °C ... 600 °C Möglicher Anwendungsbereich: – 200 °C ... 1000 °C	Üblicher Anwendungsbereich: – 200 °C ... 1800 °C Möglicher Anwendungsbereich: – 270 °C ... 2500 °C
• Genaueste Betriebsthermometer • Erlaubte Abweichung für Pt 100 nach DIN EN 60 751 vom Mai 2009: Klasse AA: ± (0,1 °C + 0,0017 °C · | ϑ |) Klasse A: ± (0,15 °C + 0,002 °C · | ϑ |) Klasse B: ± (0,3 °C + 0,005 °C · | ϑ |) Klasse C: ± (0,6 °C + 0,01 °C · | ϑ |) Produziert werden jedoch wesentlich genauere Geräte (bis zu 1/3 der erlaubten Abweichungen, in Spezialausführungen noch genauer) • Hochtemperatur-Widerstandsthermometer bis 1000 °C einsetzbar • Häufigstes Betriebsthermometer, wenn der Messwert fernübertragen oder für eine Regelung oder Steuerung verwendet werden soll • Für gasförmige und flüssige Medien geeignet • Für Temperaturdifferenzmessungen geeignet (günstig: Nickel-Widerstände) • Auch für Messungen nahe der Raumtemperatur geeignet (besser als Thermoelemente) • Einsatz ohne zusätzliches Messwerk möglich • Hilfsstromquelle erforderlich • Nullpunktunterdrückung nicht möglich • Größere Reaktionszeit als Thermoelemente • Bei langen Leitungen Kompensation des Leitungswiderstandes erforderlich • Meist Verwendung von Platin-Widerständen (z. B. Pt 100: $R = 100\ \Omega$ bei 0 °C). NTC-Widerstände sind im Bereich von – 30 °C bis 150 °C genauer	• Kurze Reaktionszeit (je nach Bauart wesentlich kürzer als bei Widerstandsthermometern) • Punktförmige Messungen möglich • Messung von Oberflächentemperaturen möglich • Für Temperaturdifferenzmessungen geeignet • Keine Hilfsstromquelle erforderlich • Fernübertragung zu einer Messwarte ohne gesondertes Messwerk möglich • Für flüssige und gasförmige Messmedien geeignet • Für steuerungs- und regelungstechnische Anlagen geeignet • Einsatz hauptsächlich im Bereich hoher Temperaturen (für Messungen nahe der Raumtemperatur weniger geeignet) • Für genaue Messungen temperierte Vergleichsmessstelle erforderlich, im Allgemeinen mit 0 °C, 20 °C oder (meist) 50 °C • Korrektur von Änderungen der Vergleichsstellentemperatur auf elektrischem Wege (Korrektions- bzw. Kompensationsdose) • Im Allgemeinen lassen sich bei Bedarf mehrere Vergleichsmessstellen in einem Thermostaten unterbringen • Fehlergrenzen meist ± 1 % ... ± 2,5 %, unter besonderen Bedingungen ± 0,2 % erreichbar • Ohne Schutzrohr kurze Reaktionszeit, aber Korrosions- und Verschleißgefahr • Insbesondere bei Temperaturen bis 400 °C weniger genau als Widerstandsthermometer

Temperaturmessung (Fortsetzung)

Grundwerte und Grenzabweichungen von Widerstandsthermometern (DIN EN 60 751, 2009-05)

Pt 100 Nennwert: $R_0 = 100\ \Omega$ bei $\vartheta = 0\ °C$ Werkstoff: Platin

Widerstand R_ϑ in Ω bei der Messtemperatur ϑ in °C:

Bereich: – 200 °C bis 0 °C: $R_\vartheta = R_0\,[1 + A \cdot \vartheta + B \cdot \vartheta^2 + C \cdot (\vartheta - 100\ °C)\ \vartheta^3]$

Bereich: 0 °C bis 850 °C: $R_\vartheta = R_0\,[1 + A \cdot \vartheta + B \cdot \vartheta^2\,]$

$A = 3{,}9083 \cdot 10^{-3}$
$B = -5{,}775 \cdot 10^{-7}$
$C = -4{,}183 \cdot 10^{-12}$

Genauigkeitsklassen:

Thermometer

Klasse	Gültigkeitsbereich in °C		Grenzabweichung $\Delta\vartheta$ in °C
	Drahtgewickelte Widerstände	Schichtwiderstände	
AA	– 50 … + 250	0 … + 150	$\pm (0{,}1 + 0{,}0017 \cdot \lvert\vartheta\rvert)$
A	– 100 … + 450	– 30 … + 300	$\pm (0{,}15 + 0{,}002 \cdot \lvert\vartheta\rvert)$
B	– 196 … + 600	– 50 … + 500	$\pm (0{,}3 + 0{,}005 \cdot \lvert\vartheta\rvert)$
C	– 196 … + 600	– 50 … + 600	$\pm (0{,}6 + 0{,}01 \cdot \lvert\vartheta\rvert)$

Messwiderstände

Klasse	Gültigkeitsbereich in °C	Klasse	Gültigkeitsbereich in °C	Grenzabweichung $\Delta\vartheta$ in °C
W 0,1	– 100 … + 350	F 0,1	0 … + 150	$\pm (0{,}1 + 0{,}0017 \cdot \lvert\vartheta\rvert)$
W 0,15	– 100 … + 450	F 0,15	– 30 … + 300	$\pm (0{,}15 + 0{,}002 \cdot \lvert\vartheta\rvert)$
W 0,3	– 196 … + 660	F 0,3	– 50 … + 500	$\pm (0{,}3 + 0{,}005 \cdot \lvert\vartheta\rvert)$
W 0,6	– 196 … + 660	F 0,6	– 50 … + 600	$\pm (0{,}6 + 0{,}01 \cdot \lvert\vartheta\rvert)$

Identifikation und Kennzeichnung der Thermometer:

z.B.

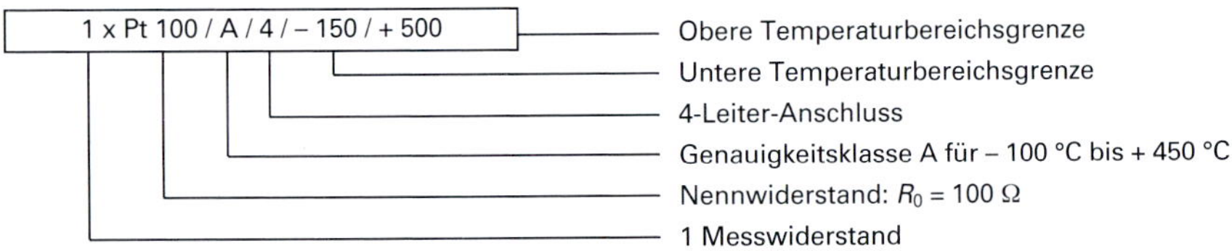

Ni 100 Nennwert: $R_0 = 100\ \Omega$ bei $\vartheta = 0\ °C$ Werkstoff: Nickel

Widerstand R_ϑ in Ω bei der Messtemperatur ϑ in °C:

$R_\vartheta = 100\ \Omega \cdot (1 + 0{,}5485 \cdot 10^{-2} \cdot \vartheta + 0{,}665 \cdot 10^{-5} \cdot \vartheta^2 + 2{,}805 \cdot 10^{-11} \cdot \vartheta^4 - 2 \cdot 10^{-17} \cdot \vartheta^6)$

Grenzabweichung $\Delta\vartheta$ in °C: Für $-60\ °C \le \vartheta \le 0\ °C$ gilt $\Delta\vartheta = \pm (0{,}4 + 0{,}028 \cdot \lvert\vartheta\rvert)$

Für $0\ °C \le \vartheta \le 250\ °C$ gilt $\Delta\vartheta = \pm (0{,}4 + 0{,}007 \cdot \lvert\vartheta\rvert)$

Temperatur ϑ in °C	Grundwert R_ϑ in Ω	Grenzabweichung $\Delta\vartheta$ in °C	Grenzabweichung ΔR in Ω	Temperatur ϑ in °C	Grundwert R_ϑ in Ω	Grenzabweichung $\Delta\vartheta$ in °C	Grenzabweichung ΔR in Ω
– 60	69,5	± 2,1	± 1,0	100	161,8	± 1,1	± 0,7
– 30	84,1	± 1,2	± 0,7	150	198,6	± 1,45	± 1,2
0	100,0	± 0,4	± 0,2	200	240,7	± 1,8	± 1,6
50	129,1	± 0,75	± 0,5	250	289,2	± 2,1	± 2,2

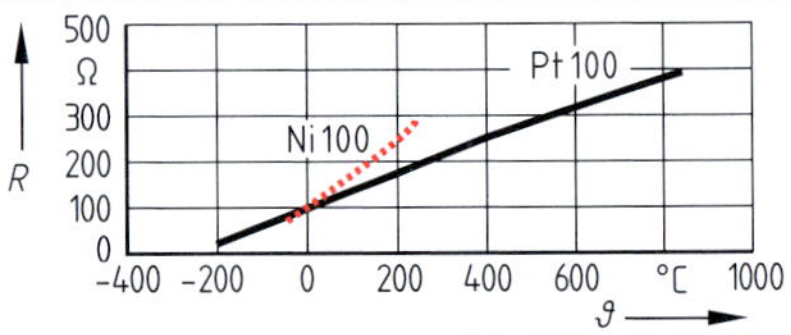

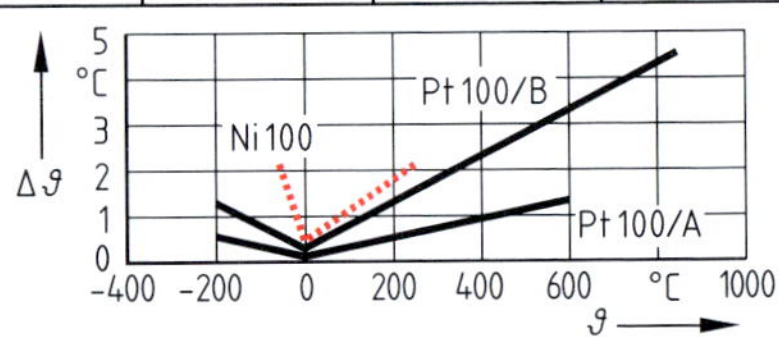

Thermopaare

(nach DIN EN 60584-1, 2014-07)

Thermopaar-Kennbuchstaben (positiver Leiter / negativer Leiter)

R	Platin-13 % Rhodium (Pt13Rh)/ Platin (Pt)	E	Nickel-Chrom (NiCr) / Kupfer-Nickel (CuNi)
S	Platin-10 % Rhodium (Pt10Rh) / Platin (Pt)	K	Nickel-Chrom (NiCr) / Nickel (Ni)
B	Platin-30 % Rhodium (Pt30Rh) /Platin-6 % Rhodium (Pt6RH)	N	Nickel-Chrom-Silizium (NiCrSi) / Nickel-Silizium (NiSi)
J	Eisen (Fe) / Kupfer-Nickel (CuNi)	C	Wolfram-5 % Rhenium (W5Re) / Wolfram-26 % Rhenium (W26Re)
T	Kupfer (Cu) / Kupfer-Nickel (CuNi)	A	Wolfram-5 % Rhenium (W5Re) / Wolfram-20 % Rhenium (W20Re)

Typ	Temperaturbereiche und zulässige Grenzabweichungen für T, E, J, K, N in den Klassen 1 - 3 in °C			Typ	Temperaturbereiche und zulässige Grenzabweichungen für R, S, B, C, A in den Klassen 1 - 3 in °C		
	Klasse 1	**Klasse 2**	**Klasse 3**		**Klasse 1**	**Klasse 2**	**Klasse 3**
	0,5 °C oder 0,004 · $\lvert\vartheta\rvert$	1 °C oder 0,0075 · $\lvert\vartheta\rvert$	1 °C oder 0,015 · $\lvert\vartheta\rvert$		1 °C für ϑ < 1100 °C ±[1+0,003·(ϑ−1100)] für ϑ > 1100 °C	1,5 °C oder 0,0025 · $\lvert\vartheta\rvert$	4 °C für 0,005 · $\lvert\vartheta\rvert$
T	– 40 ... 350	– 40 ... 350	– 200 ... 40				
	1,5 °C oder 0,004· $\lvert\vartheta\rvert$	2,5 °C oder 0,0075· $\lvert\vartheta\rvert$	2,5 °C oder 0,015· $\lvert\vartheta\rvert$	R, S	0 ... 1600	0 ... 1600	–
E	– 40 ... 800	– 40 ... 900	– 200 ... 40	B	–	600 … 1700	600 … 1700
J	– 40 ... 750	– 40 ... 750	–		–	0,004 · $\lvert\vartheta\rvert$	–
K	– 40 ... 1000	– 40 ... 1200	– 200 ... 40		–	426 … 2315	–
N	– 40 ... 1000	– 40 ... 1200	– 200 ... 40		–	1000 … 2315	–

Empfohlene Einsatztemperatur für Thermoelemente für verschiedene Drahtdurchmesser

ϑ_{max1}: Für B, R, S bei 2000 h kontinuierlichem Einsatz in sauberer Luft: maximale Drift 0,005 · ϑ_{max}, für N, K, J, T bei 10000 h maximale Drift 0,0075 · ϑ_{max}

ϑ_{max2}: Für B, R, S bei 50 h kontinuierlichem Einsatz in sauberer Luft: maximale Drift 0,005 · ϑ_{max}, für N, K, J, T bei 250 h maximale Drift 0,0075 · ϑ_{max}

Typ	*d* in mm	ϑ_{max1} in °C	ϑ_{max2} in °C	Typ	*d* in mm	ϑ_{max1} in °C	ϑ_{max2} in °C	Typ	*d* in mm	ϑ_{max1} in °C	ϑ_{max2} in °C	Typ	*d* in mm	ϑ_{max1} in °C	ϑ_{max2} in °C	Typ	*d* in mm	ϑ_{max1} in °C	ϑ_{max2} in °C
	0,65	850	900		0,65	750	850		0,65	440	480		0,65	400	500		0,32	200	250
	0,81	900	950		0,81	800	900		0,81	470	520		0,81	425	530		0,65	215	260
	1,00	950	1000		1,00	850	950		1,00	500	560		1,00	450	560		0,81	225	275
N	1,29	1000	1050	K	1,29	900	1000	E	1,29	540	610	J	1,29	475	600	T	1,00	250	300
	1,60	1050	1100		1,60	950	1050		1,60	570	650		1,60	500	640		1,29	300	350
	2,30	1100	1150		2,30	1000	1100		2,30	620	720		2,30	550	700		1,60	300	350
	3,20	1200	1250		3,20	1100	1200		3,20	690	800		3,20	600	750	B	0,50	1500	1700
R,S	0,50	1400	1600																

Thermospannung (EMF = electromotive force) von Thermopaaren bei verschiedenen Temperaturen in µV

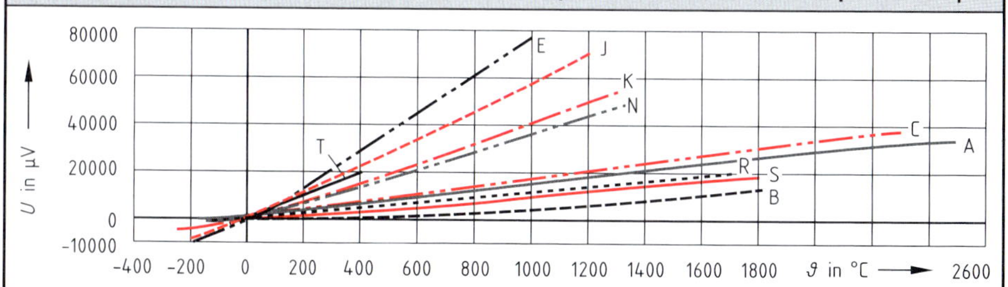

Temperaturmessung (Fortsetzung)

Temperaturmessgeräte im Vergleich (Fortsetzung)

Bimetallthermometer

Üblicher Anwendungsbereich: – 30 °C ... 500 °C
Möglicher Anwendungsbereich: – 100 °C ... 600 °C

- Niedrigerer Preis als Federthermometer
- Betrieb mit induktiven Grenzsignalgebern möglich
- Keine Energieversorgung erforderlich
- Preisgünstige Alternative zu Flüssigkeitsausdehnungsthermometern
- Eichfähige Sonderausführungen verfügbar
- Fehlergrenzen zwischen 0,5 % und 3 % der Messspanne (Klasse 1)
- Ausführungen mit Messwerkdämpfung zur Verhinderung von Messwerkschwingungen unter normalen Bedingungen erhältlich
- Im Allgemeinen nur örtlich ablesbar (Zeigerthermometer)
- Bei kleinen Messbereichen erschütterungsempfindlich

Gasdruck-Federthermometer

Anwendungsbereich: – 268 °C ... 800 °C

- Hohe Betriebssicherheit (z. T. pneumatische Übertragung)
- Ungiftige Füllung (Stickstoff oder Helium)
- Keine Explosionsgefahr (im Gegensatz z. T. zu elektrischen Thermometern)
- Nahezu lineare Teilung
- Kleine Temperaturfühler (kurze Reaktionszeit)
- Kapillarfernleitungen bis ca. 100 m möglich (darüber pneumatische Übertragung)
- Z. T. Verschiebung des Messbereichs möglich
- Gut geeignet für Temperaturregelungen
- Preiswerter als Flüssigkeits-Federthermometer
- Messgenauigkeit ± 0,5 % bis 1 % des Anzeigebereiches (Klasse 1)

Dampfdruck-Federthermometer

Anwendungsbereich: –180 °C ... 400 °C

- Unempfindlich gegen Schwankungen der Außentemperatur
- Hohe Verstellkräfte (können z. B. direkt an einen Regler übertragen werden)
- Messbereiche 100 K bis 200 K
- Messfehler ca. 2 % des Anzeigenbereiches
- Nichtlineare Skalenteilung
- Kapillare relativ anfällig
- Bei großen Temperaturänderungen können hohe Drücke im System auftreten

Flüssigkeits-Federthermometer

Üblicher Anwendungsbereich: – 35 °C ... 500 °C
Möglicher Anwendungsbereich: – 35 °C ... 600 °C

- Einfacher und robuster Aufbau (hohe Betriebssicherheit)
- Lineare Skalenanzeige
- Kleinste Messbereiche (bis ca. 40 K) möglich
- Fehlergrenzen zwischen 1 % und 2 % des Anzeigebereiches
- Einbaulänge im Allgemeinen mindestens 100 mm
- Der Einfluss durch Außentemperaturschwankungen ist zu beachten (im Allgemeinen bei Kapillarleitungen > 7 m Länge erforderlich, evtl. Temperaturkompensation notwendig)
- Empfindlich gegen Knicken der Kapillarleitung

Anzeigebereiche, Messbereiche und Fehlergrenzen von Bimetall- und Federthermometern (Zeigerthermometern)

(nach DIN EN 13190, 03.2000)

Anzeigebereich in °C	Messbereich in °C	Fehlergrenzen in °C		Anzeigebereich in °C	Messbereich in °C	Fehlergrenzen in °C	
		Klasse 1	Klasse 2			Klasse 1	Klasse 2
– 20 ... 40	– 10 ... 30	1,0	2,0	0 ... 120	10 ... 110	2,0	4,0
– 20 ... 60	– 10 ... 50	1,0	2,0	0 ... 160	20 ... 140	2,0	4,0
– 20 ... 120	– 10 ... 110	2,0	4,0	0 ... 200	20 ... 180	2,0	4,0
– 30 ... 30	– 20 ... 20	1,0	2,0	0 ... 250	30 ... 220	2,5	5,0
– 30 ... 50	– 20 ... 40	1,0	2,0	0 ... 300	30 ... 270	5,0	10,0
– 30 ... 70	– 20 ... 60	1,0	2,0	0 ... 400	50 ... 350	5,0	10,0
– 40 ... 40	– 30 ... 30	1,0	2,0	0 ... 500	50 ... 450	5,0	10,0
– 40 ... 60	– 30 ... 50	1,0	2,0	0 ... 600	100 ... 500	10,0	15,0
– 100 ... 60	– 80 ... 40	2,0	4,0	0 ... 700	100 ... 600	10,0	15,0
0 ... 60	10 ... 50	1,0	2,0	50 ... 650	150 ... 550	10,0	15,0
0 ... 80	10 ... 70	1,0	2,0	100 ... 700	200 ... 600	10,0	15,0
0 ... 100	10 ... 90	1,0	2,0				

Temperaturmessung (Fortsetzung)

Temperaturmessgeräte im Vergleich (Fortsetzung)

Flüssigkeitsausdehnungsthermometer

Anwendungsbereich: – 200 °C ... 625 °C

Füllung:	Anwendungsbereich:
Quecksilber	– 39 °C ... 625 °C
Toluol	– 90 °C ... 100 °C
Ethanol	– 110 °C ... 100 °C
Pentangemisch	– 200 °C ... 30 °C

- Geringste Messunsicherheit (0,02 K bei Quecksilberfüllung)
- Für Eich- und Abnahmezwecke gebräuchlich
- Zuverlässig
- Niedriger Preis
- Bei Quecksilberfüllung als Kontaktthermometer für einfache Zweipunktregelungen geeignet
- Nur örtliche Anzeige (zur zentralen Messwerterfassung nicht geeignet)
- Bruchempfindlich

Pyrometer/Infrarot-Thermometer

Anwendungsbereich: – 100 °C ... 3500 °C

- Messung von Oberflächentemperaturen möglich
- Berührungsloses Messen
- Für sehr hohe Temperaturen geeignet
- Günstig für Messungen an plastischen Werkstoffen und bei sehr aggressiven Medien
- Genauigkeit ca. 0,5 % ... 1,0 % vom Skalenendwert, bei preiswerteren Geräten geringer
- Geräte z. T. mit Wasserkühlmantel für den Einsatz bei sehr hohen Umgebungstemperaturen (bis ca. 200 °C) lieferbar
- Relativ hoher Preis

Emissionsfaktoreinstellungen für Pyrometer bei verschiedenen Oberflächen

Material der Oberfläche	Emissionsfaktoreinstellung bei einem Spektralbereich des Messgerätes von			
	1,0 µm	2,2 bzw. 3,9 µm	5,1 µm	8 ... 14 µm
Aluminium, oxidiert –, nicht oxidiert		0,20 … 0,40 0,02 … 0,2	0,20 … 0,40 0,02 … 0,2	0,20 … 0,40 0,002 … 0,1
Asbest	0,90	0,80	0,90	0,95
Blei, oxidiert –, poliert	0,35	0,30 … 0,70 0,05 … 0,20	0,20 … 0,70 0,05 … 0,20	0,20 … 0,60 0,05 … 0,10
Chrom		0,05 … 0,30	0,03 … 0,30	0,02 … 0,20
Glas		0,20	0,98	0,85
Graphit		0,80 … 0,90	0,70 … 0,90	0,70 … 0,80
Gummi			0,90	0,95
Gusseisen, oxidiert –, nicht oxidiert	0,70 … 0,90 0,35	0,70 … 0,95 0,30	0,65 … 0,95 0,25	0,60 … 0,95 0,20
Inconel, oxidiert –, elektropoliert	0,40 … 0,90 0,20 … 0,50	0,60 … 0,90 0,25	0,60 … 0,90 0,15	0,70 … 0,95 0,15
Keramik	0,40	0,80 … 0,95	0,85 … 0,95	0,95
Kupfer, oxidiert –, poliert		0,70 … 0,90 0,03	0,50 … 0,80 0,03	0,40 … 0,80 0,03
Messing, oxidiert –, poliert		0,60 0,01 … 0,05	0,50 0,01 … 0,05	0,50 0,01 … 0,05
Monel	0,30	0,20 … 0,60	0,10 … 0,50	0,10 … 0,14
Nickel, oxidiert –, nicht oxidiert	 0,80 … 0,90	0,40 … 0,70	0,30 … 0,60	0,20 … 0,50
Stahl, oxidiert –, rostfrei	0,80 … 0,90 0,35	0,80 … 0,90 0,20 … 0,90	0,70 … 0,90 0,15 … 0,80	0,70 … 0,90 0,10 … 0,80
Titan, oxidiert		0,60 … 0,80	0,50 … 0,70	0,50 … 0,60
Zink, oxidiert –, poliert	0,60 0,50	0,15 0,05	0,10 0,03	0,10 0,20
Zinn, nicht oxidiert		0,10 … 0,30	0,05	0,05

Druckmessung

Größte und kleinste Messbereiche der wichtigsten industriellen Druckmessgeräte

Größte Messbereiche:

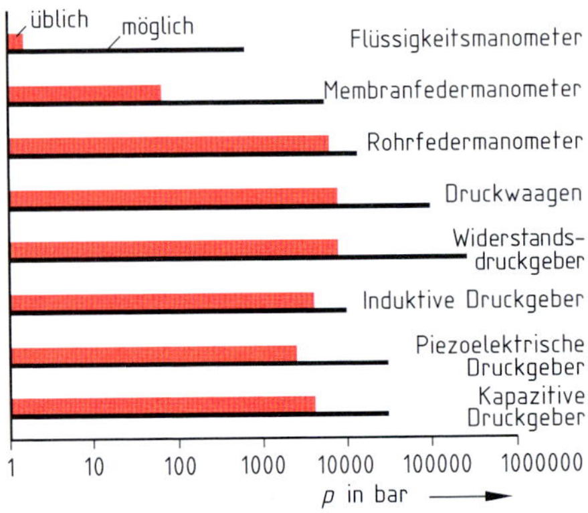

Kleinste Messbereiche:

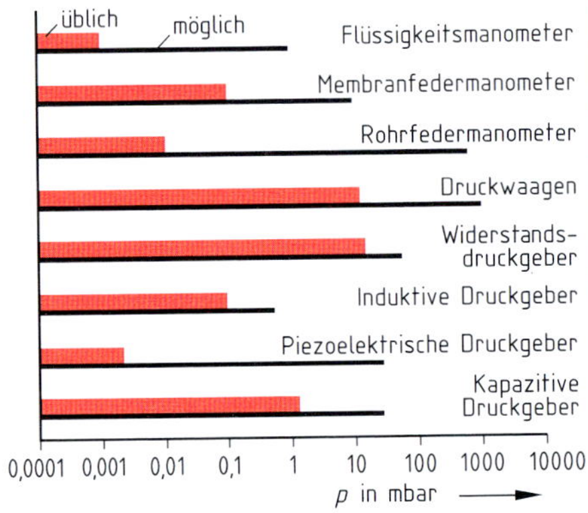

Die wichtigsten industriellen Druckmessgeräte im Vergleich

Rohr-(Kreis-, Spiral- oder Schrauben-)federmanometer

Übliche Messbereiche: 600 mbar ... 7000 bar (Spezialausführungen bis 0,01 mbar)

Minimaler Messfehler: 0,1 % des Messwertes, 0,06 % in Spezialausführungen

Einsatztemperatur: – 25 °C ... > 100 °C

- Für Flüssigkeiten und Gase geeignet
- Lineare Skalen
- Temperaturfehler kleiner als bei Plattenfedermanometer (aber größer als bei Kapselfedermanometer)
- In besonderer Ausführung auch für Differenzdruckmessung geeignet
- Leichter zu fertigen als Plattenfedermanometer
- Einsatz in aggressiver Umgebung möglich
- Größere Messwege als Plattenfedermanometer
- Geräte mit elektrischem Ausgang erhältlich
- Füllung mit Dämpfungsflüssigkeit (Glycerin oder Siliconöl) zur Dämpfung von Erschütterungen und schnellen Lastwechseln möglich
- Für viskose und kristallisierende Messmedien weniger geeignet (evtl. Kombination mit Druckmittlern)
- Empfindlich gegen Vibrationen, Erschütterungen und schnell wechselnde Drücke
- Nur begrenzt gegen Überlast zu schützen (Überlastsicherheit meist bis ca. 1,3fach, möglich bis ca. 2fach)
- Relativ geringe Stellkraft

Plattenfedermanometer

Übliche Messbereiche: 10 mbar ... 40 bar

Minimaler Messfehler: 1,6 % des Skalenendwertes (0,6 % möglich)

Einsatztemperatur: – 25 °C ... > 100 °C

- Für Flüssigkeiten und Gase geeignet
- Unempfindlicher gegen Vibrationen, Erschütterungen und schnell wechselnde Drücke als Rohrfedermanometer
- Durch Abfangen große Überlast (bis 10fach) möglich
- Durch Beschichtung oder vorgelegte Folien besser gegen Korrosion zu schützen als Rohrfedermanometer
- Je nach Konstruktion auch für hochviskose und kristallisierende Messmedien geeignet
- Besonders für kleinere positive und negative Überdrücke geeignet
- Relativ große Stellkraft
- Kurze Einstellzeit
- Zur Messung kleinerer Differenzdrücke bei relativ hohen statischen Drücken geeignet
- Temperaturfehler z. T. doppelt so groß wie beim Rohrfedermanometer
- Ausführungen mit Dämpfungsflüssigkeit (Glycerin oder Siliconöl) zur Dämpfung von Vibrationen, Erschütterungen und schnellen Lastwechseln

Druckmessung (Fortsetzung)

Die wichtigsten industriellen Druckmessgeräte im Vergleich (Fortsetzung)

Kapselfedermanometer	Flüssigkeitsmanometer
Übliche Messbereiche: 2,5 mbar ... 1000 mbar Minimaler Messfehler: 0,1 % vom Skalenendwert Einsatztemperatur: bis 100 °C Mediumtemperatur	Übliche Messbereiche: 1 mbar ... ca. 1,6 bar Minimaler Messfehler: i. Allg. 0,3 % vom Messwert (bis 0,001 % möglich)
• Für kleine und kleinste positive und negative Überdrücke • Sehr kleiner Temperaturfehler (kleiner als bei Rohrfedermanometer) • Auch für Differenzdruckmessung geeignet • Einsatz meist für gasförmige Messmedien (für Flüssigkeiten mit Einschränkung) • Bei hochviskosen und kristallisierenden Messmedien mit vorgeschaltetem Druckmittler einsetzbar • Bis ca. 1,3fache Überlastsicherheit • Flüssigkeiten einschließlich Kondensate sollten nicht ins Messwerk gelangen (Korrosionsgefahr und vergrößerter Messfehler)	• Sehr genaue Ausführungen möglich (neben der Druckwaage genauestes Druckmesssystem) • Genaue Differenzdruckmessung auch bei hohen Absolutdrücken möglich • Für Messung kleinster Drücke geeignet • Wenig geeignet für raue Betriebsbedingungen (erschütterungs- und – in Glasausführung – bruchempfindlich) • Bei Abweichung von der Raumtemperatur aufwendige Korrekturrechnungen erforderlich • Meist auf Labor- und Technikumsbereich beschränkt
Kolbendruckwaagen	**Induktive Druckaufnehmer**
Übliche Messbereiche: 14 mbar ... > 8000 bar Minimaler Messfehler: 0,0035 % vom Messwert	Übliche Messbereiche: 0,6 mbar ... 4000 bar Minimaler Messfehler: 0,2 % vom Messwert
• Sehr genau (Einsatz vorwiegend zur Kalibrierung bzw. Eichung anderer Druckmessgeräte) • Für den Einsatz in der Produktion i. Allg. nicht geeignet (starker Dichtungsverschleiß im Dauerbetrieb, teuer und aufwendig) • In speziellen Ausführungen Drücke bis 100 000 bar möglich, bei Genauigkeiten bis 0,1 % • Aufwendige Konstruktion (rotierender Kolben um Reibung an der Kolbendurchführung zu vermeiden)	• Für schnell wechselnde Drücke geeignet • Bevorzugt zur Messung kleiner Drücke als Alternative zu DMS-Druckaufnehmern • Kaum mechanische Verschleißteile • Unmittelbare Erzeugung eines zur Fernübertragung geeigneten Signals • Energieversorgung erforderlich • Ex-Ausführungen möglich
Kapazitive Druckaufnehmer	**Piezoelektrische Druckaufnehmer**
Übliche Messbereiche: 1,25 mbar ... 4000 bar Minimaler Messfehler: 0,1 % vom Messwert Einsatztemperatur: – 40 °C ... 85 °C	Übliche Messbereiche: 25 mbar ... 2500 bar Minimaler Messfehler: 0,1 % vom Messwert Einsatztemperatur: – 200 °C ... 400 °C
• Langzeitstabile hohe Messgenauigkeit • Für Gase, Dämpfe und Flüssigkeiten geeignet • Temperaturfehler praktisch vernachlässigbar • Überlastsicherheit z. T. bis ca. 100fach • Kaum mechanische Verschleißteile • Unmittelbare Erzeugung eines zur Fernübertragung geeigneten Signals • Z. T. auch bei explosiblen Medien einsetzbar • Energieversorgung erforderlich	• Besonders günstig bei schnell wechselnden Drücken (z. B. bei Kavitationsuntersuchungen) • Kaum temperaturabhängig • Keine elektrische Hilfsgröße zur Erzeugung der Messgröße erforderlich • Kaum Verschleißteile • Unmittelbare Erzeugung eines zur Fernübertragung geeigneten Signals • In speziellen Ausführungen Messbereiche von 0,002 mbar bis ca. 26 000 bar möglich

Druckmessung (Fortsetzung)

Die wichtigsten industriellen Druckmessgeräte im Vergleich (Fortsetzung)

Widerstandsdruckaufnehmer (DMS[1], Dünnfilmtechnik, piezoresistive Aufnehmer)

Übliche Messbereiche: 5 mbar ... 8000 bar (DMS: 20 mbar ... 8000 bar, ausgeführt bis 170 000 bar, piezoresistive Aufnehmer: meist 5 mbar ... 600 bar)

Minimaler Messfehler: < 0,2 % vom Skalenendwert (piezoresistive Aufnehmer bis 0,1 %)

Einsatztemperatur: – 150 °C ... 400 °C

Man unterscheidet bei den Widerstandsdruckaufnehmern **Dehnungsmessstreifen (DMS)**, Aufnehmer mit **Dünnfilmtechnik** (mit Metallwiderständen) und **piezoresistive Druckaufnehmer** (mit Halbleiterwiderständen, meist aus Silicium).

- Für Flüssigkeiten und Gase geeignet
- Mit Edelstahlschutzmembrane für robuste Betriebsbedingungen (Druckstöße, Vibrationen) geeignet
- Einsatz in Nassräumen und untergetaucht möglich
- Mit frontbündiger Membrane auch für hochviskose und kristallisierende Medien geeignet
- Geringer Temperaturfehler
- Überlastsicherheit bis 2fach möglich (bei piezoresistiven Aufnehmern bis ca. 5fach)
- Hohe Langzeitstabilität
- Kaum mechanische Verschleißteile
- DMS auch für sehr hohe Drücke geeignet, weniger für sehr niedrige
- Unmittelbare Erzeugung eines zur Fernübertragung geeigneten Signals
- Bei hochviskosen, kristallisierenden oder aggressiven Messmedien häufig Druckmittler erforderlich (insbesondere bei piezoresistiven Aufnehmern)
- Energieversorgung erforderlich
- Einsatz der DMS meist im Bereich von 25 bar bis 4000 bar, piezoresistive Aufnehmer meist im Bereich von 100 mbar bis 16 bar

[1] Dehnungsmessstreifen

Fehlergrenzen für die Anzeige von Druckmessgeräten

Klasse	Eichfehlergrenze in % des SEW[1]	Verkehrsfehlergrenze in % des SEW[1]
0,1	± 0,08	± 0,1
0,2	± 0,16	± 0,2
0,3	± 0,25	± 0,3
0,6	± 0,5	± 0,6
1,0	± 0,8	± 1,0
1,6	± 1,3	± 1,6
2,5	± 2,0	± 2,5
4,0	± 3,0	± 4,0

[1] SEW: Skalenendwert

Eichfehlergrenze: Größter zulässiger Fehler im Neuzustand des Gerätes

Verkehrsfehlergrenze: Fehlergrenze bei bestimmten, in DIN 16005 festgelegten dynamischen und Dauerbelastungen

Die Fehlergrenzen gelten für 20 °C Bezugstemperatur, wenn auf dem Zifferblatt nicht anders angegeben.

Verwendungsbereich von Druckmessgeräten

Untere Grenze: 1/10 des Skalenendwertes, wenn Skalenstrich Null ein Endstrich ist.

Obere Grenze: Bei ruhender Belastung 3/4 des Skalenendwertes, bei wechselnder Belastung 2/3 des Skalenendwertes.

Die obere Grenze für ruhende Belastung ist durch eine feste Marke auf dem Zifferblatt gekennzeichnet.

Zum Teil kann (nach Herstellerangabe) bei ruhender Belastung der gesamte Anzeigebereich genutzt werden.

Verwendete Druckeinheiten

Pa, hPa, kPa, MPa, N/m^2, kN/m^2, MN/m^2, bar, kbar, mbar

Umrechnungen:

1 bar = 100 000 Pa   1 Pa = 1 N/m^2

Vorsätze:

M (Mega): 10^6 h (Hekto): 10^2

k (Kilo): 10^3 m (Milli): 10^{-3}

Füllstandmessung

Auswahl von Füllstandmessgeräten

1 Schwimmermethode
2 Bodendruck- bzw. hydrostatische Methode
3 Einperlmethode
4 Schau- und Standgläser
5 Kapazitive Methode
6 Ultraschallmethode
7 Mikrowellen-(Radar-)methode
8 Laser- bzw. optische Methode
9 Radiometrische bzw. radioaktive Methode

Schema zur Grobauswahl

G: geeignet BG: bedingt geeignet WG: weniger geeignet N: nicht geeignet

Betriebsbedingungen	1	2	3	4	5	6	7	8	9
Füllmedium Feststoff	N	N	N	G[9]	BG[12]	G	G	G	G
Hochviskose und adhäsive Füllmedien	BG[1]	BG	WG[6]	WG	BG[13]	G	G	G	G
Starkes Rühren	BG[2]	WG	WG	WG[10]	N	N	G[17]	G	G
Schaumbildung	G	G	G	G	BG	G[15]	BG[18]	BG	BG[19]
Druckschwankungen in der Behälteratmosphäre	G	N[3]	N[3]	G	G	G	G	G	BG
Bodensatz, Kristallisation	G	BG	WG[7]	G	G	G	G	G	G
Temperatur- und Dichteänderungen beim Füllmedium	G	N[4]	N[8]	G	G	G[16]	G	G	BG[20]
Hoher Druck im Behälter	G	G	G	G[11]	G	N	G	G	G[21]
Hohe Temperatur im Behälter	G	G	G	G	G	WG	G	G	G
Trennschichtmessung	G	G[5]	G[5]	G[9]	BG[14]	WG	G	N	G[22]

Anmerkungen:

1) Alle newtonschen Flüssigkeiten und Suspensionen
2) Mit Führungsrohr bzw. Führungsstange
3) Kompensation durch Differenzdruckmessung möglich
4) Kompensation möglich
5) Als Differenzdruckmessung
6) Sofern das Messgas hindurchperlen kann
7) Systeme mit Selbstreinigung durch Druckstoß möglich
8) Korrektur möglich, wenn der Verlauf der Dichteänderung bekannt ist
9) Nur bei Schauglasmessung
10) Dämpfung möglich
11) Bei Verwendung von Borosilikatglas mit Glimmerpaketen
12) Wegen Feuchteschwankungen
13) Nichtleitende Anhaftungen vernachlässigbar
14) Bei ausr. Differenz der Dielektrizitätskonstante
15) Evtl. Messung von unten durch die Flüssigkeit
16) Bei Kombination mit Temperaturfühler Kompensation möglich
17) Nur bei konstanten Rührbedingungen
18) Je nach Schaumdichte (evtl. Vorversuche erforderlich)
19) Kann bei bekannter Dichte kompensiert werden
20) Schichtdicke des Mediums muss gegenüber der Gefäßwanddicke groß genug sein
21) Behälter evtl. leer bei Betriebsdruck kalibrieren
22) Wird so eingestellt, dass die Strahlung durch das weniger dichte Medium hindurchgeht

Provisorische Installation einer Füllstandmessung nach der Bodendruckmethode:

Am unteren Behälterboden wird ein Manometer angebracht. Bei bekannter Dichte des Füllmediums kann die Füllstandhöhe nach der folgenden Formel berechnet werden:

$$h = \frac{p}{\varrho \cdot g}$$

h Füllstandhöhe in m
p Bodendruck in Pa
ϱ Dichte des Füllmediums in kg/m³
g Fallbeschleunigung (9,81 m/s²)

Voraussetzung:

Im Behälter darf kein Überdruck herrschen.

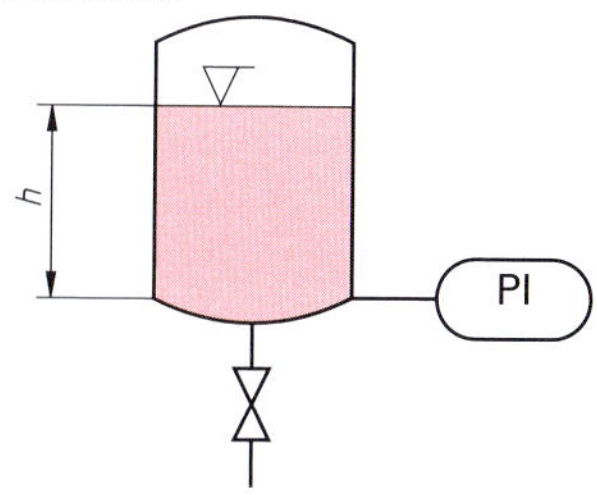

Füllstandmessung (Fortsetzung)

Füllstandmessverfahren im Vergleich

Schwimmermethode

- Unabhängig von Änderungen der Größen Druck, Temperatur, Leitfähigkeit und Dielektrikum
- Temperaturen bis > 300 °C
- Drücke bis > 500 bar
- Höhen bis > 25 m
- Genauigkeit bis ca. 5 mm bzw. 1,5 % des Messbereichs, mit magnetostriktivem Sensor (Kombination von Magnet- und Ultraschalleffekten) bis ca. 0,8 mm bzw. 0,025 % des Messbereichs
- Für Dichten > 300 kg/m^3
- Fernübertragung z. B. durch induktiven Abgriff
- Trennschichtmessung ab einer Dichtedifferenz von ca. 40 kg/m^3
- Einfaches aber relativ teures System mit relativ großem Platzbedarf
- Bei unruhigen Oberflächen nur bedingt geeignet
- Auch für extreme Sicherheitsanforderungen geeignet (Magnetübertragung)

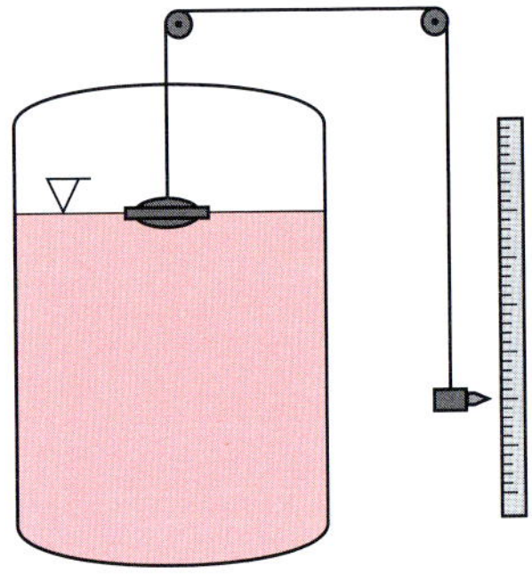

Bodendruckmethode

- Messverfahren unabhängig von den Größen Viskosität, Leitfähigkeit und Dielektrizitätskonstante
- Sehr gute Langzeitstabilität
- Temperaturen bis > 300 °C
- Drücke bis ca. 25 bar, bei Differenzdruckmessung in einer Messzelle bis ca. 100 bar
- Messbereiche bis 100 m möglich (Eintauch-Messfühler)
- Genauigkeit bis < 0,1 % des Messbereiches
- Auch für unmittelbare Massenbestimmung geeignet
- Einfache Anwendung und relativ einfache Einstellung, gut geeignet für nachträgliche Installation
- Für Differenzdruckmessung (z. B. bei Druckbehältern) relativ teuer
- Dichteabhängig

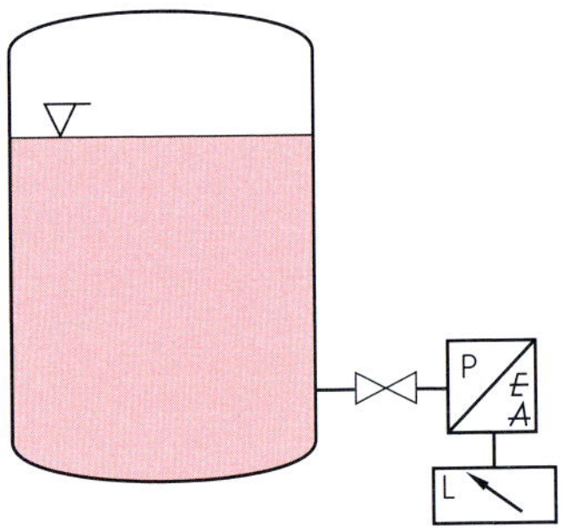

Einperlmethode

- Alternative zur Bodendruckmessung bei sehr aggressiven Füllmedien und hohen Temperaturen
- Kombination mit Begasungssystemen möglich (z. B. mit Belüftungssystemen in der Biotechnologie)
- Messbereich bis > 20 m
- Genauigkeit bis ca. 0,3 % des Messbereichs
- Messgasverbrauch ca. 10 L/h
- Einfache Montage, einfache Einstellung, gut geeignet für nachträgliche Installation
- Auch für Dichtemessung geeignet
- Einsatz günstig bei belüfteten (offenen) Behältern
- Gefahr des Einfrierens kondensierter Luftfeuchtigkeit bei Außenanlagen im Winter

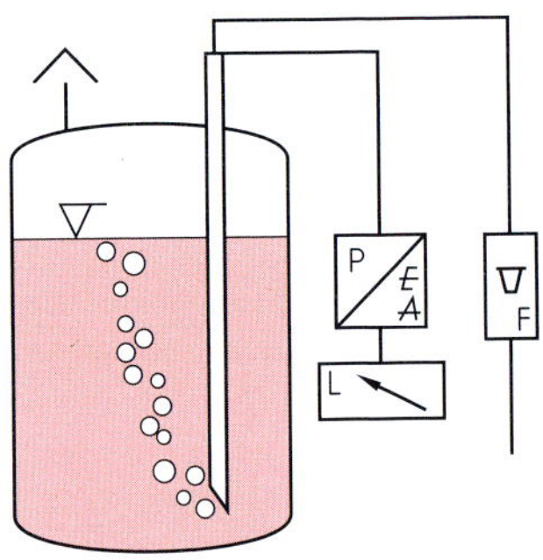

Füllstandmessung (Fortsetzung)

Füllstandmessverfahren im Vergleich (Fortsetzung)

Schaugläser und Standgläser (Bypass-Messung)

- Anzeige vor Ort ohne Hilfsenergie
- Direkte Ablesung unter gleichzeitiger Beobachtung des Produkts
- Einfache und preiswerte Methode
- Bei Borosilikatglas mit Glimmerpaketen Drücke bis > 250 bar, in Metallausführung mit Magnetanzeige bis > 400 bar und Temperaturen bis > 400 °C möglich (Schwimmer im Bypass)
- Beheizte Bypassausführungen für hochviskose Füllmedien
- Für Feststoffe nur Schauglasmethode möglich (Schauglas in der Behälterwand), für feuchte Feststoffe allerdings ebenfalls nicht geeignet
- Fernübertragung nur in Kombination mit Schwimmer und Magnetanzeige im Bypass möglich (→ Schwimmermethode)

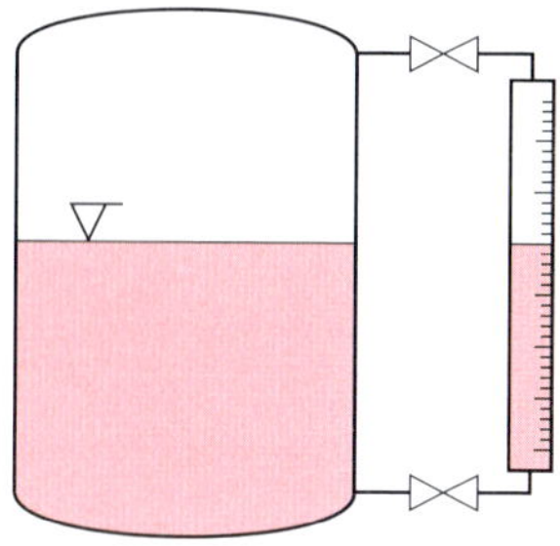

Kapazitive Methode

- Allround-Verfahren, preiswert, mit vielen Zulassungen, immer anwendbar, wenn sich die Dielektrizitätskonstante nicht ändert
- Temperaturen bis > 500 °C
- Drücke bis > 300 bar (bei Raumtemperatur)
- Für leitende und nichtleitende Medien (bei leitenden isolierte Elektrode)
- Messbereich mit Seilelektroden bis > 30 m
- Hohe Druck- und Temperaturfestigkeit auch bei sehr aggressiven Füllmedien
- Fehler durch Veränderung der Elektrode möglich (z. B. bei Korrosion)
- Nicht geeignet bei unterschiedlicher Dielektrizitätskonstante von Flüssigkeit und suspendiertem Feststoff, bei schwankendem Feuchtegehalt
- Genauigkeiten besser als 1 % vom Messwert nur sehr aufwendig erreichbar

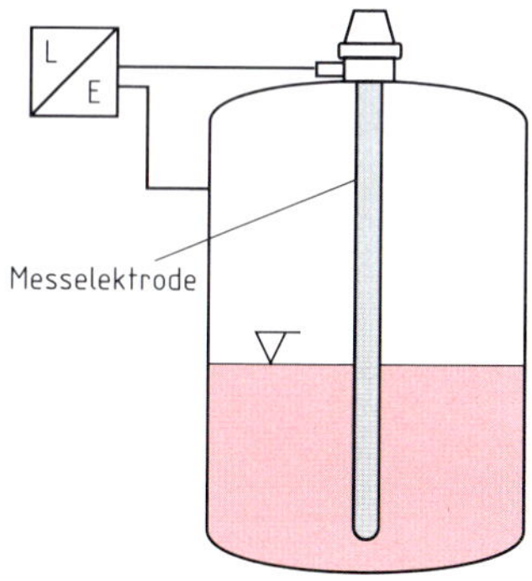

Ultraschallmethode

- Berührungslos arbeitendes Messsystem, günstig für sterile Systeme
- Gut geeignet für nachträglichen Einbau
- Temperaturen bis ca. 80 °C am Messaufnehmer
- Drücke bis ca. 3,5 bar, für Vakuum ungeeignet
- Messbereich von ca. 0,5 m bis > 60 m
- Messgenauigkeit bis < 0,25 % vom Messbereich
- Wartungsarm auch bei verschmutzten Medien
- Auch bei Produktwechsel geeignet, wenn sich die Behälteratmosphäre (Zusammensetzung im Gasraum) nicht ändert
- Empfindlich gegen Dampf- und Kondensatbildung in der Behälteratmosphäre, gegen Temperaturänderung und Schaumbildung (evtl. Messung von unten durch die Flüssigkeit)
- Bei Messung von oben sind die physikalischen und chemischen Eigenschaften des Füllmediums ohne Bedeutung
- Störechos durch Behältereinbauten und beim Befüllen möglich

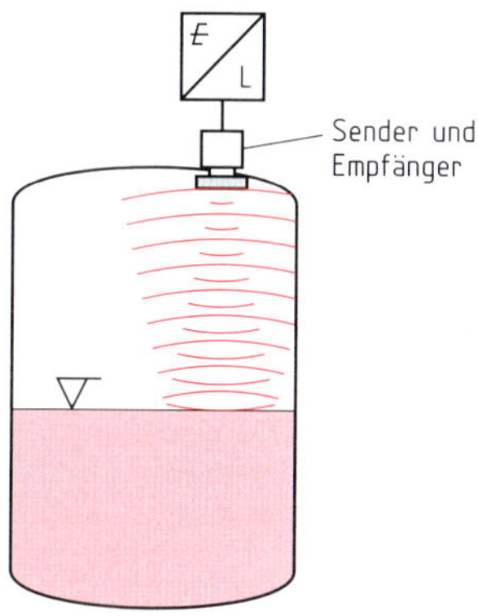

Füllstandmessung (Fortsetzung)

Füllstandmessverfahren im Vergleich (Fortsetzung)

Mikrowellenmethode (Radarmethode)

- Gut geeignet für extrem aggressive, toxische und hochsterile Füllmedien (Messung durch Fenster oder Kunststoffwand möglich)
- Auch bei Gas, Dampf und Staub in der Behälteratmosphäre geeignet
- Unabhängig von Änderungen der Dichte (auch in der Behälteratmosphäre), der Temperatur, des Drucks oder der Dielektrizitätskonstante
- Unabhängig von Verkrustungen oder Kondensatbildung
- Temperaturen bis > 1000 °C (bis ca. 250 °C an der Antenne)
- Drücke bis > 60 bar (bei Messung durch Fenster je nach Material)
- Messbereich bis ca. 100 m
- Messgenauigkeit bis ca. 0,1 % vom Messbereich (bis < ± 2 mm)
- Kein Trägermedium erforderlich (Einsatz im Vakuum möglich)
- Erzeugung der Hochfrequenz und Signalauswertung relativ aufwendig
- Feste Einbauten, Rührwerke u. Ä. können stören und müssen eventuell durch spezielle Prozessorauswertung ausgeblendet werden
- Keine Gesundheitsgefährdung bei der verwendeten Leistungsdichte

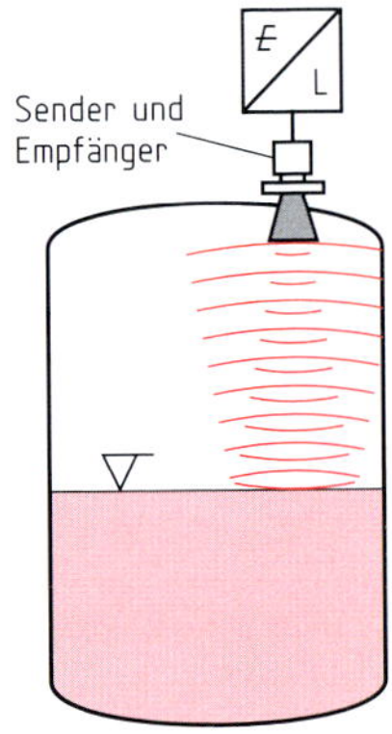

Laser-Methode (optische Methode)

- Für punktgenaue Messungen geeignet (z. B. bei störenden Einbauten)
- Günstig bei starken elektromagnetischen Störeinflüssen
- Für hohe Sterilität (Messung durch ein Fenster)
- Sehr kurze Reaktionszeit
- Kein störender Einfluss von wechselnden Zusammensetzungen der Behälteratmosphäre, Druckschwankungen oder hohen Temperaturen
- Messung im Vakuum möglich
- Messbereich von ca. 1 m bis 20 m
- Genauigkeit bis < 1 cm
- Laseroptik verschmutzungsanfällig
- Empfindlich gegen Staub, Nebel und Dampf
- Messung bei schwarzen, nichtglänzenden und sehr transparenten Füllmedien ungünstig

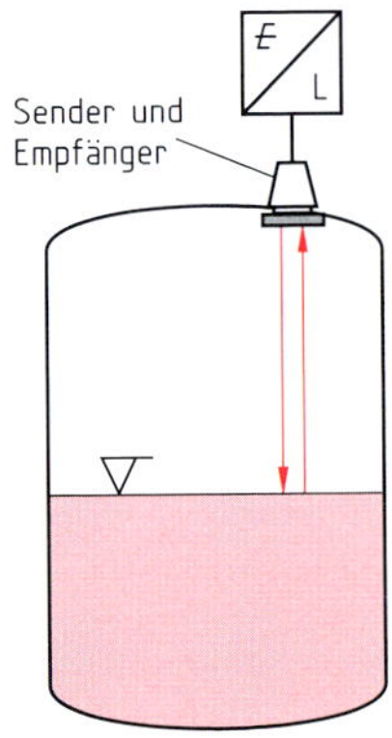

Radiometrische Methode (radioaktive Methode)

- Geeignet bei extremen Bedingungen, wenn andere Verfahren nicht mehr möglich (hohe Temperaturen und Drücke, starke Anhaftungen, sehr grobe und klebrige Produkte)
- Unabhängig von Viskosität, Druck, Temperatur und chemischen Eigenschaften des Füllmediums
- An alle Behälterformen (auch nachträglich) anpassbar
- Messung durch die Behälterwand (keine Behälteröffnungen erforderlich, Anbau ohne Betriebsunterbrechung möglich)
- Auch zur Dichtebestimmung und Schaumerkennung
- Messhöhe bis ca. 18 m
- Genauigkeit < 3 % (je nach Ausführung)
- Anlagen relativ teuer und genehmigungspflichtig (Strahlenschutzbeauftragter erforderlich)
- Bei Füllmedien mit lebenden Organismen z. T. nicht einsetzbar
- Keine Gefährdung von Personen bei sachgemäßem Umgang

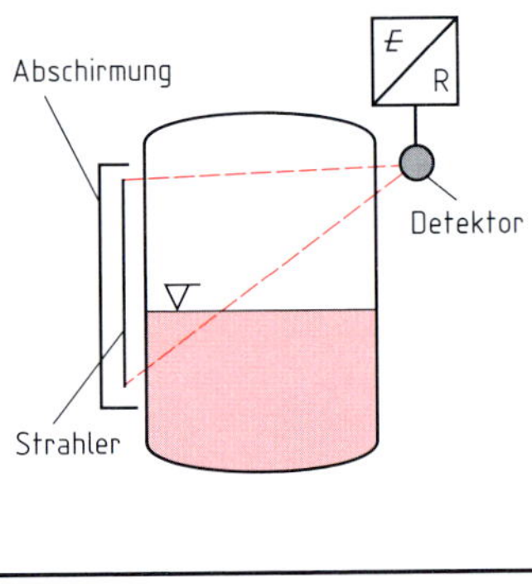

Füllstandmessung (Fortsetzung)

Messprinzipien

Schwimmermethode
Die Höhenlage eines Schwimmkörpers wird mechanisch, durch magnetische Kupplung oder induktiv (über einen mit dem Schwimmer verbundenen Weicheisenanker) nach außen auf eine Anzeige übertragen.

Bodendruck- und Einperlmethode
Der Bodendruck p im Behälter ist nach der Gleichung für den Schweredruck $p = \varrho \cdot g \cdot h$ proportional der Füllstandhöhe h. Aus dem gemessenen Bodendruck kann somit die Füllstandhöhe ermittelt werden. Herrscht in der Behälteratmosphäre ein erhöhter Druck, muss eine Differenzdruckmessung durchgeführt werden und es gilt dann: $\Delta p = \varrho \cdot g \cdot h$. Die Einperlmethode basiert auf dem gleichen Prinzip. Der zum Einperlen des Messgases erforderliche Druck entspricht dem hydrostatischen Druck in Höhe der Tauchrohröffnung (ϱ = Dichte des Messmediums).

Schauglas und Standglas
Der Füllstand kann mit Hilfe einer Skalierung direkt abgelesen werden, und zwar entweder an einem in die Behälterwand eingefügten Schauglas oder an einem seitlich angebrachten (externen) Standglas (meist über Ventile absperrbar, nur für Flüssigkeiten). An Stelle des Stand*glases* kann der Bypass für hohe Drücke aus Metall gefertigt sein und einen Schwimmer beinhalten, der als Treibermagnet den Füllstand auf Folgemagnete in einem parallelen Sichtrohr überträgt (Kombination zwischen Standglas- und Schwimmermethode).

Kapazitive Methode
Die Kapazitätsänderung eines Kondensators, der aus der Messsonde und der Behälterwand gebildet wird, erfolgt in Abhängigkeit von der Standhöhe des Füllmediums. Der Kondensator kann auch aus der Messsonde und einer zweiten, konzentrisch angeordneten Ringsonde bestehen.

Ultraschallmethode
Echolotprinzip. Ein ausgesandter Ultraschallimpuls wird an der Phasengrenze Füllmedium/Behälteratmosphäre reflektiert und zur Sender-Empfänger-Kombination zurückgeführt. Die Laufzeit ist ein Maß für den Füllstand. Je nach Betriebsbedingungen wird von oben durch die Behälteratmosphäre oder von unten durch das Füllmedium gemessen.

Mikrowellenmethode
Von der Behälterdecke (evtl. durch ein Fenster aus nichtleitendem Material) ausgesandte Mikrowellen werden von der Oberfläche des Füllmediums reflektiert. Die Laufzeit bis zur Wiederaufnahme durch die Sender-Empfänger-Kombination ist umgekehrt proportional dem Füllstand.

Lasermethode
Gemessen wird entweder die Laufzeit eines Laserimpulses (entsprechend dem Radarverfahren, von der Behälterdecke zur Oberfläche des Füllmediums und nach Reflexion zurück zur Sender-Empfänger-Kombination) oder die Phasenverschiebung eines Subträgers im MHz-Bereich, auf den ein Laserstrahl aufmoduliert wurde (die Phasenverschiebung steht in linearem Zusammenhang zur Laufzeit).

Radiometrische Methode
Absorption einer radioaktiven Strahlung durch das Füllgut zwischen Strahler und Strahlendetektor. Anwendung finden die Gammastrahler Cäsium 137 und Cobalt 60.

Weitere Verfahren der Füllstandmessung

Messlatte (Peilstab)
Überwiegend zur Kontrolle anderer Messverfahren und zum Auslitern von Behältern bzw. zur gelegentlichen Füllstanderfassung.

Wägezellen und Kraftaufnehmer
Aus der Gewichtskraft wird über die Dichte auf das Volumen bzw. auf den Füllstand geschlossen.

Vorteile: Keine Einbauten im Behälter, Eigenschaften des Füllmediums ohne Bedeutung, kein Einfluss von Schaumbildung, Drücken und Temperaturen (auch für sehr tiefe Temperaturen, z. B. bei Flüssiggasen, geeignet), hohe Messgenauigkeit.

Nachteile: Viele mechanische Vorkehrungen erforderlich, um undefinierte Querkräfte am Behälter zu vermeiden, wenn dieser nicht frei steht (z. B. elastische Anbindung an Rohrleitungen über Kompensatoren), damit oft aufwendig und teuer, Dichteänderung nur bei bekanntem Verlauf möglich (sie kann dann kompensiert werden), Messunsicherheiten durch Windkräfte, Regen, Schnee und Eisbelastung.

Verdrängersystem
Aus dem Auftrieb eines je nach Standhöhe mehr oder weniger tief eintauchenden Körpers (Verdränger) kann auf die Standhöhe geschlossen werden.

Vorteile: Genaues Verfahren, für Trennschichtmessung geeignet (bei konstantem absolutem Füllstand), auch bei relativ hohen Drücken und Temperaturen und bei Schaumbildung einsetzbar.

Nachteile: Dichteabhängig, ungünstig bei hochviskosen, inhomogenen und sehr aggressiven Messmedien, nicht für Feststoffe, Messabweichungen durch Feststoff- oder Gas- bzw. Dampfblasenanlagerungen am Verdränger.

Durchflussmessung

Auswahl von Durchflussmessgeräten

1 Schwebekörperdurchflussmesser
2 Drosselgeräte (Messblenden usw.)
3 Magn.-induktive Durchflussmesser
4 Ultraschalldurchflussmesser
5 Vortex-(Wirbel-)Durchflussmesser
6 Turbinendurchflussmesser
7 Thermische Durchflussmesser
8 Massendurchflussmesser (Coriolis-Prinzip)

Schema zur Grobauswahl

Betriebsbedingungen	1	2	3	4	5	6	7	8
Flüssiges Messmedium	G	G	G[1]	G	G	G	BG[2]	G
Gasförmiges Messmedium	G[3]	G[3]	N	G	G[3]	G	G	G
Hohe Viskosität	WG	WG	G	G	WG bis N	WG bis N	BG	G
Flussrichtung wechselnd	N	N[4]	G	G	N[4]	G[5]	BG[5]	G
Stark verschmutztes oder abrasives Messmedium	BG	WG	G	WG[6]	BG	N	WG	BG
Nichtleitendes Messmedium	G	G	N	G	G	G	G	G
Hohe Drücke	G	G	G	BG	BG	BG	G	G
Hohe Temperaturen	G	G	BG[5]	BG	BG[5]	BG[5]	G	BG
Niedrige Druckverluste gefordert	BG	WG	G	G	BG[5]	BG	G	G[5]
Sehr kleine Nennweiten	G	BG	G	BG	WG	BG	G	G
Große Nennweiten	N[7]	G	G	G	BG	BG	G	N
Nicht konstantes Strömungsprofil	BG	WG	G	WG	WG	WG	WG	G
Gasblasen im Messmedium	BG	WG	BG	WG	WG	N	–	BG

G: Geeignet   BG: Bedingt geeignet   WG: Weniger geeignet   N: Nicht geeignet

Die Zahlenwerte der folgenden Tabelle entsprechen den Katalogangaben der wichtigsten Hersteller auf dem deutschen Markt, sie sind als Werte zu betrachten, die unter günstigen Bedingungen und evtl. von bestimmten Bauausführungen zu erreichen sind, entsprechen also meist nicht den Standardwerten (vgl. obige Tabelle).

Eigenschaften von Durchflussmessgeräten

Eigenschaften	1	2	3	4	5	6	7	8
Erreichbare Messgenauigkeit in % (M: Messwert, E: Skalenendwert)	0,3 M < 1 E	0,5 M	0,2 M 0,1 E	0,5 M	0,25 M	0,25 M 0,15 E	1 M	0,15 M
Bereich $q_{V,max}/q_{V,min}$ (Dynamik), je nach Ausführung bis	100 : 1	30 : 1	1000 : 1	100 : 1	100 : 1	30 : 1	300 : 1	1000 : 1
Maximale Betriebsdrücke in bar	500[8]	>100	>350	>250[9]	>320	>3000	>400	>1000
Betriebstemperaturen in °C min. max.	– 50 500	– 40 900	– 40 250	– 200 400	– 200 500	– 100 > 350	– 50 500	– 200 420
Nennweiten (DN) min. max.	3 300	15 >12 000	1 >3000	6 >4000	15 350	3 >500	3 >6000	3 200[10]
Strömungsgeschwindigkeit in m/s (Flüssigkeiten) min. max.	0,5 8	 8	< 0,1 12,5[9]	0,1 10	0,4 9	0,2 9	0,01 75[11]	< 0,1 10
Volumenströme (Flüssigkeiten) min. (L/min) max. (m³/h)	<0,0003 >200[12]	7 >26 000	0,008 113000	3 100000	0,1 2500	0,1 600	0,003 5000[11]	0,002 1500

1) Mindestleitfähigkeit erforderlich
2) In der Regel nur für Gase
3) Auch für Dämpfe
4) Geeignete Ausführungen erhältlich
5) Je nach Ausführung
6) Nur Dopplerprinzip
7) Als Nebenstrommesser geeignet
8) Mit Metallkonus bzw. -zylinder
9) Vom Prinzip her nicht begrenzt
10) In besonderer Bauart bis DN 600
11) Gase
12) Als Hauptstrommesser

Durchflussmessung (Fortsetzung)

Durchflussmessverfahren im Vergleich

Schwebekörperdurchflussmesser

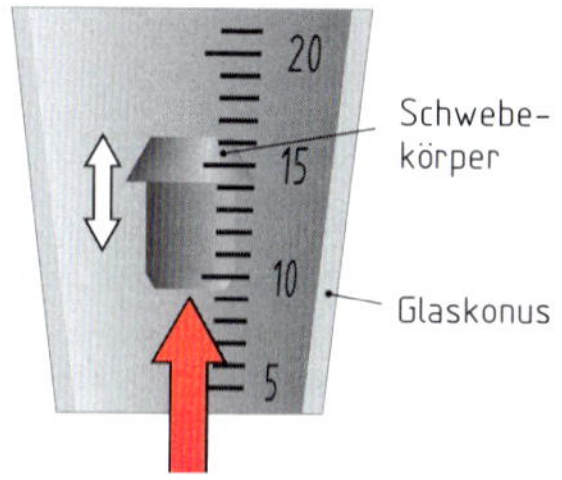

- Gut geeignet für sehr kleine Volumenströme (in Sonderausführungen bis ca. $q_V = 1\ cm^3/h$)
- I. Allg. keine Einlaufstrecke erforderlich (Einbau unmittelbar nach Krümmern, Ventilen usw. möglich)
- Relativ geringer Druckverlust
- Als Nebenstromdurchflussmesser auch für große Nennweiten geeignet
- Gute Stabilität
- Überlastbar
- Bewährtes und häufig eingesetztes Verfahren
- Lineare Skalenteilung
- Messbereichsänderung z. T. durch Austausch des Messrohres möglich
- Bei Glasausführung Messmedium beobachtbar
- Ex-Schutz-Ausführungen möglich

- Messmethode abhängig von Dichte, Temperatur und Viskosität des Messmediums
- Strömungsrichtung festgelegt
- Für pulsierende Strömung nicht geeignet
- In Glasausführung bruchgefahr
- Senkrechte Einbaulage gefordert (Ausnahme: Geräte, die gegen Federdruck arbeiten)

Drosselgeräte (Blenden, Düsen usw.)

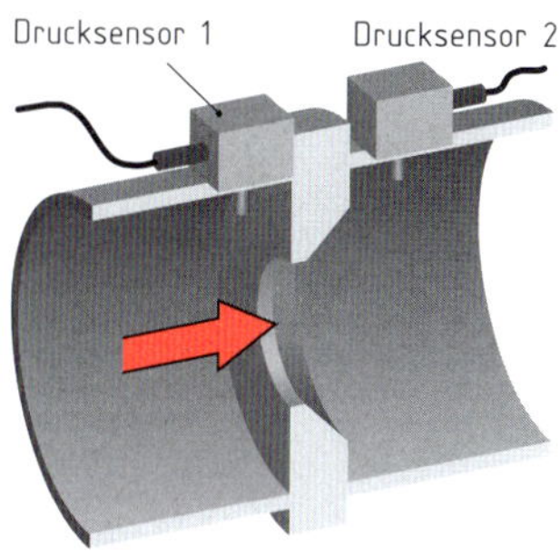

- Genormte Ausführungen von Blenden und Düsen nach DIN EN ISO 5167-1 bis 4
- Großer Nennweitenbereich
- Keine bewegten Teile
- Für die meisten Gase und Flüssigkeiten anwendbar
- Bei Blenden sehr kurze Einbaulänge und geringes Gewicht
- Blenden bevorzugt für Gase und Dämpfe
- Ex-Schutz möglich
- V-Konus-Geräte: relativ unempfindlich gegen Abnutzung, relativ geringer Druckverlust und relativ kurze Ein- und Auslaufstrecke
- Stabförmige Staudrucksonden: geringer Druckverlust, ohne Betriebsunterbrechung installierbar, z. T. ein- und ausfahrbar (um Rohrmolchen zu ermöglichen) und z. T. für Umkehrung der Strömungsrichtung geeignet
- Von den genormten Geräten besitzen die Blenden die höchste Genauigkeit. Normdüsen zeigen einen etwas geringeren Druckverlust und geringere Abriebempfindlichkeit, Normventuridüsen und -Rohre den geringsten bleibenden Druckverlust aber auch den höchsten Preis.
- Pulsationen können bei allen Geräten die Messung stören

- Z. T. hoher Druckverlust (besonders bei Blenden)
- Genauigkeit der Messergebnisse stark vom Abnutzungsgrad der Geräte abhängig
- Z. T. aufwendige Installation
- Für hohe Viskositäten weniger geeignet
- Nicht linearer Zusammenhang zwischen Durchfluss und der Messgröße Δp
- Messprinzip stark dichteabhängig
- Messprinzip sehr empfindlich gegen Störungen der Zu- und Ablaufströmung (Ein- und Auslaufstrecken erforderlich)

Durchflussmessung (Fortsetzung)

Durchflussmessverfahren im Vergleich (Fortsetzung)

Magnetisch-induktive Durchflussmesser (MID)

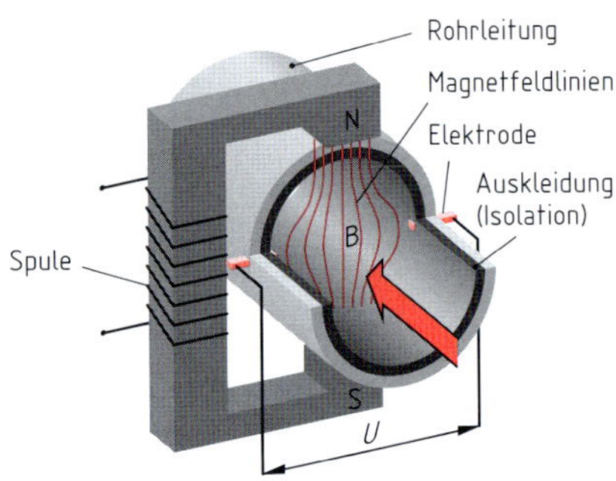

- Keine Querschnittsänderung der Rohrleitung, deshalb nahezu kein Druckverlust
- Beliebige Einbaulage
- Unabhängig von Temperatur, Druck, Dichte und Viskosität
- Minimaler Einfluss des Strömungsprofils (kurze Ein- und Auslaufstrecken)
- Großer Nennweitenbereich
- Wechsel der Strömungsrichtung möglich
- Auch für teilgefüllte Rohrleitungen einsetzbar
- Unempfindlich gegen Feststoffpartikel im Messmedium
- Anpassung an wechselnde Messmedien nicht erforderlich
- Auch für hohe Strömungsgeschwindigkeiten geeignet
- Keine bewegten Teile
- Für alle leitfähigen Medien geeignet (auch für Breie, Pasten, aggressive Medien, hochviskose Medien usw.)
- Eichamtliche Zulassung möglich
- Ex-Schutz möglich
- Auch bei pulsierenden Strömungen einsetzbar
- Hohe Genauigkeit, bei großen Nennweiten ungenauer
- Mindestleitfähigkeit von ca. 1 µS/cm beim Messmedium erforderlich
- Von Energieversorgung abhängig
- Messfehler durch Ablagerungen möglich

Ultraschalldurchflussmesser

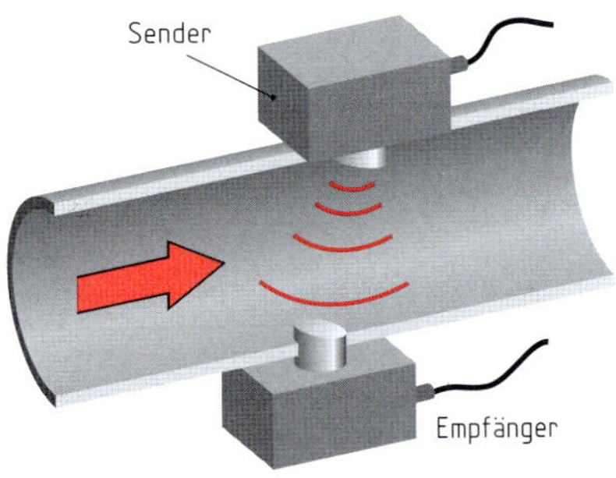

- Nahezu kein Druckverlust (keine Querschnittsänderung der Rohrleitung, wenn auf Außenwand montiert)
- Für nachträgliche Installation (auch ohne Betriebsunterbrechung) gut geeignet
- Einsatz auch bei sehr großen Nennweiten möglich
- Hohe Lebensdauer
- Messmethode unabhängig von Dichte, Druck, Leitfähigkeit und in den meisten Fällen auch unabhängig von der Temperatur des Messmediums
- Für alle durchschallbaren homogenen Messmedien geeignet
- Auch für offene Gerinne und Wehre geeignet
- Beim Doppler-Prinzip Feststoffanteile bis $w = 15\ \%$ möglich
- Transportable, netzunabhängige Geräte möglich
- Keine bewegten und abnutzbaren Teile
- Preisgünstig besonders bei großen Nennweiten
- Der Zustand der Rohrwand und Ablagerungen können den Messwert beeinflussen
- Ex-Schutz möglich
- Hauptsächlich für Flüssigkeiten
- Laufzeitverfahren nur für homogene Flüssigkeiten (bis max. 2 % Feststoffanteil, je nach Verfahren, Gasblasen können die Messung ebenfalls stören, je nach Aufwand der Auswertung)
- Methode ungünstig bei stark gestörtem Strömungsprofil (angewiesene Ein- und Auslaufstrecken unbedingt einhalten!)
- Bei hohen Genauigkeitsanforderungen nur bedingt geeignet

Durchflussmessung (Fortsetzung)

Durchflussmessverfahren im Vergleich (Fortsetzung)

Wirbeldurchflussmesser (Vortex-Durchflussmesser)

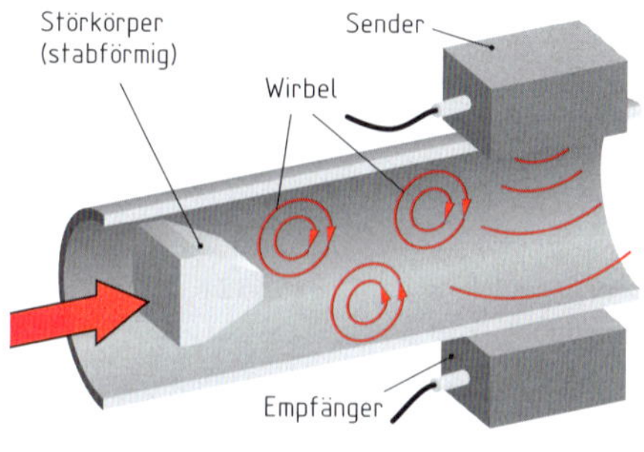

- Geeignet für Gase, Dämpfe und niedrigviskose Flüssigkeiten
- Unabhängig von Dichte, Druck, Leitfähigkeit und Temperatur
- Im üblichen Anwendungsbereich unabhängig von der Viskosität des Messmediums
- Hohe Langzeitstabilität (nur eine anfängliche Kalibrierung erforderlich) und Überlastsicherheit
- Einfacher Einbau
- Gut geeignet für Dampfleitungen mit Neigung zu Wasserschlägen
- Zunehmende Einsatzhäufigkeit bei nichtleitenden Messmedien (gute Alternative zu Messblenden)
- Keine beweglichen Teile
- Mit Zwillingssonden Strömungsrichtung umkehrbar
- Z. T. Einbaulage beliebig
- Praktisch trägheitsfreie Messwerterfassung
- Ex-Schutz möglich
- Geringer Verschleiß
- Bei stärkeren Vibrationen Systeme mit Kompensation erforderlich

- Nicht geeignet bei starken Pulsationen
- Nur für einphasige Messmedien geeignet
- Rohrleitung muss vollständig gefüllt sein
- Ungestörtes Strömungsprofil erforderlich (Ein- und Auslaufstrecke müssen beachtet werden)
- Ablagerungen am Staukörper können die Messgenauigkeit beeinflussen
- Messfehler durch zu kleine oder zu große *Reynolds*-Zahlen

Turbinendurchflussmesser

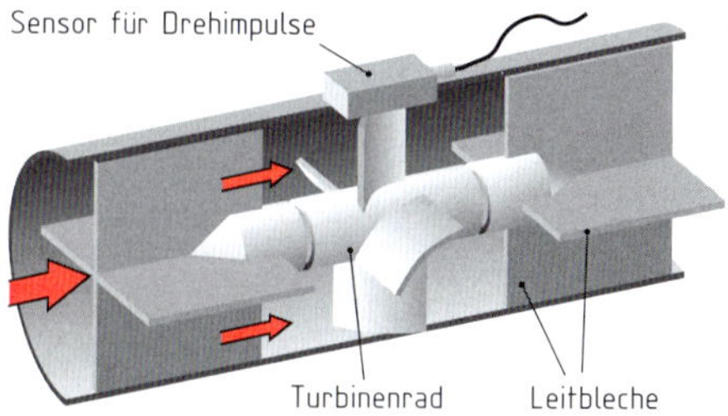

- Geringer Druckverlust
- Zum Teil keine Ein- und Auslaufstrecken erforderlich (je nach Ausführung)
- Einbaulage beliebig
- Richtungswechsel der Strömung möglich (je nach Ausführung)
- Für Messmedien mit geringen bis mittleren Viskositäten
- Hohe Genauigkeit bei konstanter Viskosität durch Präzisionsturbinen erreichbar
- Für sehr hohe Drücke geeignet
- Beheizte Ausführungen möglich
- Ex-Schutz möglich
- Bei sehr tiefen Temperaturen einsetzbar
- Die Viskosität des Messmediums muss im Allgemeinen bekannt sein
- Keine Drallströmung zulässig
- Vibrationen können den Messwert beeinflussen

- Keine Messbereichsüberschreitungen zulässig
- Das Messmedium soll möglichst keine Feststoffe, insbesondere keine Fasern enthalten (eventuell Filter vorschalten)
- Geräte, die für Flüssigkeiten vorgesehen sind, dürfen nicht für Gase verwendet werden (Gefahr des Überdrehens wegen höherer Geschwindigkeiten)

Durchflussmessung (Fortsetzung)

Durchflussmessverfahren im Vergleich (Fortsetzung)

Thermische (Massen-)Durchflussmesser

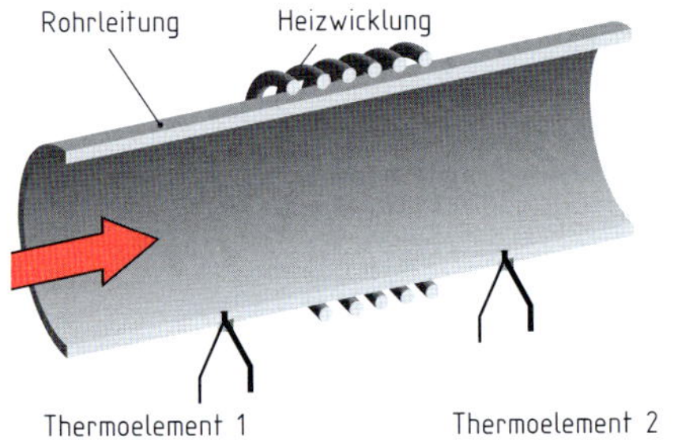

- Nahezu kein Druckverlust (keine Querschnittsänderung der Rohrleitung)
- Besonders zur Messung sehr kleiner Geschwindigkeiten geeignet
- Keine bewegten Teile
- Messung schnell wechselnder Strömungsgeschwindigkeiten möglich
- Zum Teil auch für Turbulenzuntersuchungen geeignet
- Als Inline-, Bypass- und Eintauchversion erhältlich
- Je nach Bedingung hohe Genauigkeit erreichbar
- Zum Teil (je nach Ausführung) weitgehend unabhängig von Druck- und Temperaturänderungen
- Messgröße ist der Massenstrom
- Großer Nennweitenbereich (auch für sehr kleine und für sehr große Nennweiten geeignet)
- Im Allgemeinen nur für Gase geeignet, es existieren aber auch Bauformen für Flüssigkeiten
- Zum Teil Einlaufstrecken erforderlich
- Mit wachsender Strömungsgeschwindigkeit abnehmende Empfindlichkeit
- Kalibrierung infolge Alterung von Heizdrähten oft zeitlich begrenzt
- Für leitende Gase zum Teil nicht geeignet

Massendurchflussmesser (Coriolis-Prinzip)

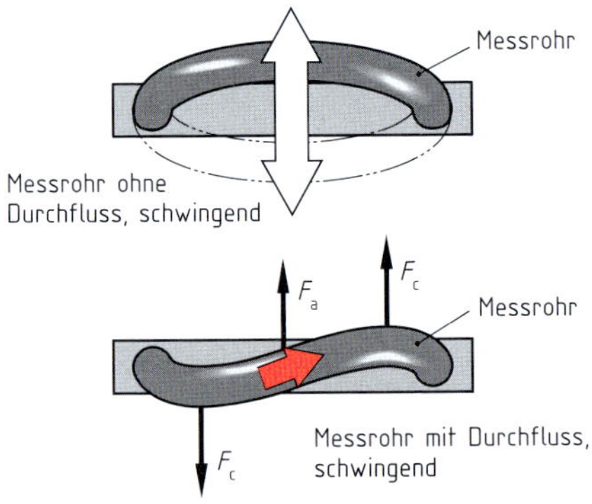

- Unmittelbare Massenstrommessung
- Gleichzeitige Messung von Massendurchfluss, Gesamtmasse, Volumendurchfluss, Gesamtvolumen, Dichte, Temperatur und Fraktionsdurchfluss (z. B. Massenanteil des Stoffes X) absolut und in % mit gleichem Sensor möglich
- Für alle pumpfähigen Messmedien geeignet (auch für hochviskose, pastöse und abrasive)
- Unabhängig von Dichte, Temperatur, Druck, Viskosität und Leitfähigkeit des Messmediums
- Zum Teil geringer Druckverlust (je nach Ausführung)
- Kein Einfluss des Strömungsprofils auf die Messung
- Hohe Genauigkeit auch bei niedrigen Fließgeschwindigkeiten erreichbar
- Inbetriebnahme und Betrieb z. T. ohne spezielle Vorkenntnisse und ohne Kalibrierung möglich
- Ex-Schutz möglich
- Meist empfindlich gegen Vibrationen des Rohrleitungssystems (je nach Bauart)
- Das Messrohr muss stets vollständig gefüllt sein
- Zum Teil empfindlich gegen Rohrkräfte (Spannungen im Rohrsystem)
- Zum Teil anfällig gegen Spannungsrisskorrosion
- Pulsierende Gasströme können das Messergebnis beeinflussen
- Zu große Feststoffpartikel können das Messverfahren stören
- Gaseinschlüsse und Gasblasen beeinflussen das Messergebnis
- Relativ teuer und zum Teil hohe Installationskosten

Durchflussmessung (Fortsetzung)

Messprinzipien

Schwebekörperdurchflussmesser

In einem senkrechten, sich nach oben konisch erweiternden Messrohr wirken auf einen Schwebekörper folgende Kräfte: die Gewichtskraft (nach unten), die Auftriebskraft (nach oben) und die Kraft des strömenden Mediums (nach oben). Die Kraft des strömenden Mediums auf den Auftriebskörper wird durch den Widerstandsbeiwert (c_W-Wert) bestimmt, der wiederum von der Form des Schwebekörpers und von der *Reynolds*-Zahl (und damit vom freien Strömungsquerschnitt und von der Strömungsgeschwindigkeit, also von der Lage des Körpers im konischen Messrohr) abhängt. Der Durchfluss ist somit der Lagehöhe des Schwebekörpers direkt proportional. Bei bestimmten Bauformen ist das konische Rohr durch ein zylindrisches Doppelrohr (inneres Führungsrohr des Schwebekörpers mit in Strömungsrichtung erweiterten Schlitzen) ersetzt.

Drosselgeräte

Bernoulli-Prinzip: Bei einer Verengung des Rohrquerschnitts (z. B. durch eine eingebaute Blende oder Düse) ist die zu beobachtende Druckabsenkung (Wirkdruck) zwischen der Stelle unmittelbar vor der Verengung und der Engstelle selbst (oder unmittelbar danach) proportional dem Quadrat des Volumenstroms. Formel: $p_1 + (\varrho_1/2) \cdot v_1^2 = p_2 + (\varrho_2/2) \cdot v_2^2$ (Druck p in Pa, Dichte ϱ in kg/m³, Geschwindgkeit v in m/s, Index 1: Ort 1, Index 2: Ort 2).

Magnetisch-induktive Durchflussmesser

Faradaysches Induktionsgesetz: Wird in einem Magnetfeld ein Leiter bewegt, so wird in diesem Leiter eine Spannung induziert. Der bewegte Leiter ist hier das strömende Medium, das somit eine Mindestleitfähigkeit besitzen muss. Das Magnetfeld wird durch Feldspulen erzeugt, die Spannung an zwei gegenüberliegenden, isolierten Elektroden (isolierende Rohrauskleidung) abgegriffen. Diese Spannung ist der Strömungsgeschwindigkeit des Messmediums und damit dem Volumenstrom proportional.

Ultraschalldurchflussmesser

Beim so genannten **Laufzeitprinzip** wird zur Volumenstrommessung der Effekt genutzt, dass Schallwellen durch die Strömung des Messmediums mitgenommen werden. Die Laufzeitänderung der Ultraschallwellen auf der Messstrecke (zwischen Sender und Empfänger) infolge der Strömung gegenüber dem ruhenden Medium ist ein Maß für die Strömungsgeschwindigkeit und damit für den Volumenstrom. Beim **Dopplerprinzip** misst man die Frequenzverschiebung einer Schallwelle bei der Reflexion an bewegten, durch die Strömung mitgetragenen Feststoffpartikeln oder anderen Inhomogenitäten. Diese Frequenzverschiebung ist von der Strömungsgeschwindigkeit und damit wieder vom Volumenstrom abhängig. Dieses Verfahren erfordert somit ein inhomogenes Messmedium.

Wirbeldurchflussmesser

Prinzip der *Karmanschen* Wirbelstraße: Hinter einem angeströmten Staukörper entstehen wechselseitig periodisch Wirbel. Die Wirbelabrissfrequenz (Anzahl der pro Zeiteinheit abgelösten Wirbel) wird mit Hilfe von nachgeschalteten Sensoren (z. B. Ultraschallsensoren) festgestellt. Sie ist proportional der Strömungsgeschwindigkeit und damit dem Volumenstrom.

Turbinendurchflussmesser

Durch die Strömung im Messrohr wird ein drehbar gelagertes Flügelrad in Rotation versetzt. Die Drehzahl wird gemessen (meist berührungslos durch induktiven Abgriff), sie ist unter bestimmten Bedingungen proportional der Strömungsgeschwindigkeit und damit dem Volumenstrom.

Thermische Durchflussmesser

Es kommen im Wesentlichen zwei Prinzipien zur Anwendung:

1. Abkühlung eines aufgeheizten Widerstandsthermometers durch das strömende Messmedium. Die dem Widerstandsthermometer entzogene Wärme ist proportional der vorbeigeströmten Masse.
2. Eine Heizung im Messmedium oder an der Rohrwand erwärmt z. B. bei konstanter Heizleistung das Messmedium. Die Temperaturerhöhung wird durch vor- und nachgeschaltete Aufnehmer (Widerstandsthermometer oder Thermoelemente) erfasst. Sie ist umgekehrt proportional (antipropotional) dem Massenstrom.

Massendurchflussmesser nach dem *Coriolis*-Prinzip

Die *Coriolis*-Kraft tritt auf, wenn sich in einem rotierenden (oder schwingenden) Körper eine mitbewegte Masse durch überlagernde Bewegung der Drehachse (oder Schwingachse) annähert oder sich von ihr entfernt. Dieser Effekt wird in den Massendurchflussmessern genutzt.

Eine Rohrschlaufe, zwei parallele Rohrschlaufen oder zwei parallele gerade Rohre schwingen mit konstanter Frequenz. Diese Schwingungen werden von einer geradlinigen Bewegung (Rohrströmung) überlagert. Bei Rohrschlaufen tritt die *Coriolis*-Kraft in entgegengesetzter Richtung auf, je nachdem, ob sich die strömende Masse der Schwingungsachse nähert oder von ihr entfernt. Hierdurch verwindet sich die Rohrschlaufe, wobei die Stärke der Verwindung dem Massenstrom proportional ist. Bei parallelen geraden Rohren wird die Phasenlage der Schwingung zwischen Rohrein- und -austritt verändert. Die Phasendifferenz ist wiederum proportional dem Massenstrom.

Durchflussmessung (Fortsetzung)

Weitere Geräte zur Durchflussmessung

Dralldurchflussmesser

Prinzip: Nach Drallerzeugung durch einen Leitkörper entsteht im Fluid ein Wirbelkern und es bildet sich eine schraubenförmige Sekundärrotation. Die Frequenz der Wirbel (von einem Drucksensor aufgenommen) ist ein Maß für den Volumendurchfluss.

Bemerkungen: Für Flüssigkeiten, Gase und Dämpfe geeignet, beliebige Einbaulage, im Allgemeinen unempfindlich gegen Verschmutzungen und Luftblasen (in Flüssigkeiten), unabhängig von Störungen des Strömungsprofils (sehr kurze Einlaufstrecken), Nennweitenbereich ca. DN 20 bis DN 400, Betriebsdrücke bis ca. 100 bar, Temperaturbereich ca. – 40 °C bis 280 °C, erreichbare Genauigkeit < 0,5 % vom Messwert, Dynamik bis 30 : 1, Volumenströme von 0,2 m^3/h bis ca. 1800 m^3/h bei Flüssigkeiten und 5 m^3/h bis ca. 20 000 m^3/h bei Gasen, Strömungsrichtung festgelegt, Messmedium darf nicht zu viskos sein, Ex-Schutz möglich.

Paddel-, Prallscheiben- (bzw. **Stauscheiben-)** und **Kolbendurchflussmesser**

Prinzip: Die Auslenkung eines Paddels, einer Scheibe oder eines Kolbens in einer Strömung durch die aus dem Widerstandsgesetz angeströmter Körper resultierende Kraft ist ein Maß für die Anströmgeschwindigkeit und damit ein Maß für den Volumenstrom.

Bemerkungen: Für Flüssigkeiten und Gase geeignet, unabhängig von einer Energieversorgung, zum Teil Strömungsrichtung umkehrbar, beliebige Einbaulage, auch für zähe und trübe Flüssigkeiten geeignet, Nennweitenbereich von ca. DN 10 bis ca. DN 500, Betriebsdrücke bis > 100 bar, Temperaturbereich von ca. – 30 °C bis ca. 500 °C, Genauigkeit bis ca. 2 % vom Skalenendwert, unempfindlich gegen Überlast, zum Teil sehr preiswert, gut geeignet und häufig verwendet als Strömungswächter. Das Messergebnis ist dichteabhängig, der Druckverlust entspricht im Allgemeinen dem von Messblenden.

Volumenmesser

Volumetrische Durchflussmesser (Ovalradzähler, Ringkolbenzähler, Treibschieberzähler, Zahnradvolumenmesser u.a.) finden insbesondere Anwendung bei kleinsten Volumenströmen (Volumenströme bis 10 mL/h möglich), hochviskosen Messmedien und wenn sehr große Messgenauigkeit gefordert wird. Sie sind andererseits empfindlich gegen verunreinigte (feststoffbeladene) und aggressive Medien, hohe Temperaturen, pulsierende Strömungen, Vibrationen (Ovalradzähler) und Überlast. Ferner sind sie relativ teuer und verursachen einen relativ hohen Druckverlust.

Durchflussgleichungen

Schwebekörperdurchflussmesser

$$q_V = \frac{\alpha \cdot d_S}{\varrho} \cdot \sqrt{g \cdot m_S \cdot \varrho \cdot \left(1 - \frac{\varrho}{\varrho_S}\right)}$$

- q_V Volumenstrom in m^3/h
- α Durchflusszahl (abhängig von der *Reynolds*-zahl und vom Durchmesserverhältnis d_R/d_S bei der entsprechenden Höhenlage des Schwebekörpers, nach Herstellerangaben), ohne Einheit
- d_S Größter Durchmesser des Schwebekörpers senkrecht zur Strömungsrichtung in m
- d_R Rohrdurchmesser in Höhe des größten Schwebekörperdurchmessers d_S in m
- m_S Masse des Schwebekörpers in kg
- ϱ Dichte des Messmediums in kg/m^3
- ϱ_S Dichte des Schwebekörpers in kg/m^3

Drosselgeräte (Blenden, Düsen usw.)

$$q_V = \alpha \cdot \varepsilon \cdot A_d \cdot \sqrt{\frac{2 \cdot \Delta p}{\varrho}}$$

Bei Blende

α = 0,6 … 0,8

ε = 0,9 … 1,0

- q_V Volumenstrom in m^3/s
- α Durchflusszahl (abhängig vom Öffnungsverhältnis A_d/A_D, Geschwindigkeitsprofil der Strömung, Geometrie der Anordnung usw., im Experiment ermittelt), ohne Einheit
- ε Expansionszahl (abhängig vom Druck- und Öffnungsverhältnis und vom Isentropenexponenten), entfällt für Flüssigkeiten, ohne Einheit
- A_d Engster Strömungsquerschnitt des Drosselgerätes in m^2
- A_D Rohrquerschnitt vor dem Drosselgerät in m^2
- ϱ Dichte des Messmediums in kg/m^3
- Δp Wirkdruck (Druckerniedrigung = Differenz zwischen dem Druck vor dem Drosselgerät und dem Druck im Drosselgerät) in Pa

Volumenmessung

Auswahl von Volumenmessgeräten

1 Turbinen(rad)zähler
2 Ringkolbenzähler
3 Ovalradzähler
4 Treibschieberzähler
5 Drehkolben(gas)zähler
6 Wirbel(gas)zähler
7 Bi-Rotorzähler

Schema zur Grobauswahl

Betriebsbedingungen	1	2	3	4	5	6	7
Flüssiges Messmedium	G	G	G	G	G	G	G
Gasförmiges Messmedium	G	N	N	N	G	G	N
Hohe Viskosität	WG-N	G	G	G	G	N	G
Einbaulage beliebig	G[1]	G	G	G	G	G	G
Überlast möglich	BG	N	N	N	N	G	G
Erschütterungen, Vibrationen	BG	WG	WG	BG	WG	G	BG
Niedrige Druckverluste gefordert	G-BG[1]	BG	BG	BG	BG	G	BG
Nennweite kleiner DN 10	N	G	G	N	N	N	N
Nennweite größer DN 300	G	N	G	G	G	G	G
Dichteänderungen	BG-N[1]	G	G	G	G	N	G
Zähler soll bei Defekt nicht blockieren	G	BG[2]	N	N	N	G	N
Pulsationen/starke Druckschwankungen	BG[1]	WG-N	WG-N	BG	WG	N	BG

G: Geeignet BG: Bedingt geeignet WG: Weniger geeignet N: Nicht geeignet

Die Zahlenwerte der folgenden Tabelle entsprechen den Katalogangaben der wichtigsten Hersteller auf dem deutschen Markt, sie sind als Werte zu betrachten, die unter günstigen Bedingungen und evtl. von bestimmten Bauausführungen zu erreichen sind, entsprechen also meist nicht den Standardwerten (vgl. obige Tabelle).

Eigenschaften von Volumenmessgeräten

Eigenschaften	1	2	3	4	5	6	7
Erreichbare Messgenauigkeit in %[3] M : Messwert	0,1 M	0,1 M	0,1 M	0,1 M	< 0,2 M	< 0,5 M	0,15 M
Maximale Betriebsdrücke in bar	420 (2500)	350	100 (350)	100	100	100	100
Betriebstemperaturen in °C min. max.	– 220 350 (600)	– 30 300	– 200 315	– 40 240	– 40 > 65	– 270 370	– 29 233
Nennweiten (DN) min. max.	10 600 (800)	8 100	6 400	50 400	40 150 (1000)	15 300 (800)	40 400
Volumenströme (Flüssigkeiten)[3] min. (L/min) max. (m^3/h)	< 0,3 16000	0,1 120	0,02 1200	0,4 2000	22 400[4]	6,7 2500[5]	22 2000

[1] je nach Bauart
[2] blockiert meist nicht
[3] je nach Viskosität
[4] bei Gasen 65 000 m^3/h
[5] bei Gasen 80 000 m^3/h

Volumenmessung (Fortsetzung)

Volumenmessverfahren im Vergleich

Turbinen(rad)zähler

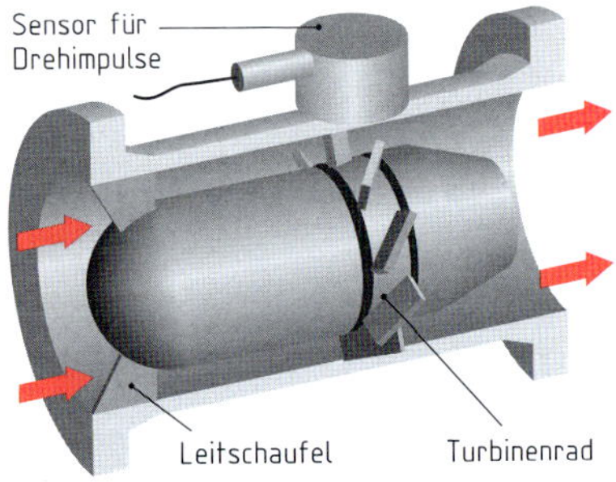

- Besonders für niedrigviskose und schlecht schmierende Flüssigkeiten (z. B. Flüssiggase, organische Lösemittel usw.) und für Gase geeignet
- Hohe Messgenauigkeit auch bei großem Volumenstrom und niedrigviskosen Messmedien
- Auch für sehr kleine Volumenströme geeignet
- Großer Messbereich (Dynamik $q_{V,\min}/q_{V,\max}$ bis > 1 : 50, z. T. bis 1 : 100 möglich)
- Strömungsrichtung z. T. umkehrbar (je nach Ausführung)
- Auch für extreme Temperaturen und Drücke geeignet
- Störungen und Defekte führen i. Allg. nicht zu einer Unterbrechung des Volumenstroms (keine unerwünschten Zwangsabschaltungen bei kontinuierlichen Anlagen), werden somit aber auch schlechter erkannt
- Bei großen Volumenströmen kompakter und meist billiger als Verdrängerzähler
- Für eichamtlichen Verkehr zugelassen
- Als Gaszähler besonders für große Volumenströme
- Geringere Geräuschentwicklung als Drehkolbengaszähler
- Messeigenschaften stark abhängig von der Viskosität des Messmediums
- Mehr- oder Minderanzeige bei verunreinigten Messmedien
- Weniger geeignet bei hohen Viskositäten des Messmediums und bei erosiven, klebenden und langfaserigen Messmedien
- Z. T. ungeeignet bei stoßartigen Belastungen
- Erhebliche Messstörungen bei Drall des Messmediums (evtl. Gleichrichter vorschalten)
- Ein- und Auslaufstrecke erforderlich
- Mit Peripherie und bei hohen Dichten und Drücken gasförmiger Messmedien höhere Druckverluste als Verdrängerzähler
- Eventuell Gas- und Luftabscheider erforderlich, um ein Überdrehen des Messwerks zu vermeiden

Ringkolbenzähler

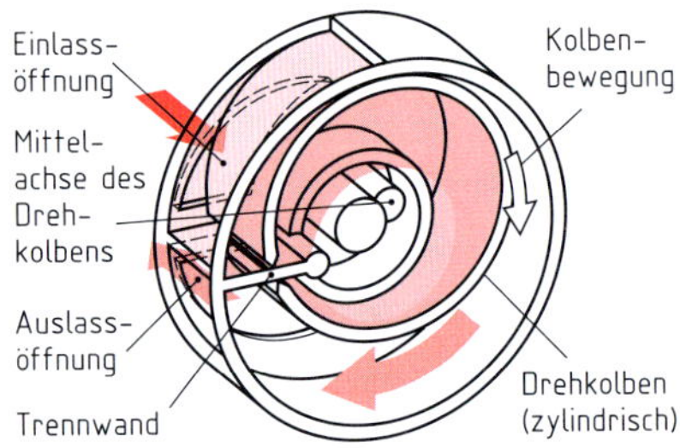

- Für einigermaßen homogene Flüssigkeiten ohne grobe mechanische Verunreinigungen und Gaseinschlüsse
- Auch für hohe Viskositäten beim Messmedium geeignet, für sehr niedrige je nach Kolbenmaterial
- Hohe Lebensdauer und geringe Wartung (wenige, verschleißfeste Bauteile)
- Defekter Ringkolben leicht austauschbar
- Messkammer i. Allg. gut zu reinigen
- Relativ geringer Druckverlust
- Durchflussrichtung z. T. umkehrbar
- Meist etwas billiger als vergleichbarer Ovalradzähler
- Defekte Kolben blockieren den Zähler meist nicht und werden dann nicht immer gleich erkannt
- Für eichamtlichen Verkehr zugelassen
- Mit Getriebe bis Nennweite DN 300 (teuer!)
- Leiser als Ovalradzähler
- Relativ freie Materialauswahl beim Kolben
- Insbesondere bei Graphitkolben empfindlich gegen Druckstöße und harte Verunreinigungen

Volumenmessung (Fortsetzung)

Volumenmessverfahren im Vergleich (Fortsetzung)

Ovalradzähler

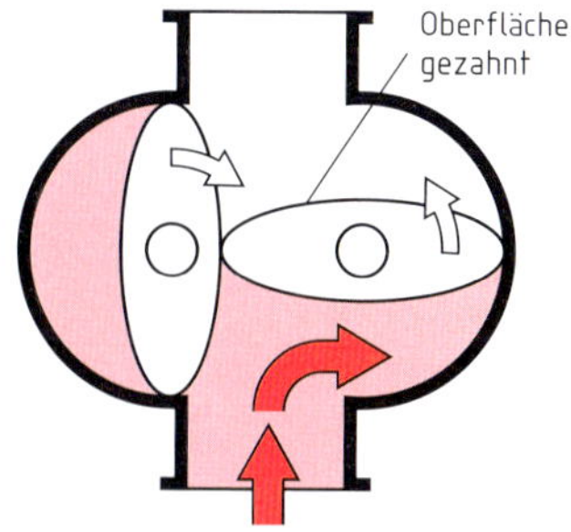

- Auch für extrem hohe Viskositäten beim Messmedium geeignet (bis > 100 000 mPa · s)
- Im Prinzip für alle pumpbaren Messmedien geeignet
- Große Messbeständigkeit
- Hohe Messgenauigkeit
- Für eichamtlichen Verkehr zugelassen
- Relativ geringer Raumbedarf bei großem Durchfluss
- Meist einfach zu reinigen (keine Toträume)
- Messbereich (Dynamik $q_{V,\mathrm{min}}/q_{V,\mathrm{max}}$) bis 1 : 20 möglich
- Bei höherviskosen Stoffen genauer als Turbinenzähler
- Bei großen Nennweiten meist geringeres Bauvolumen als Treibschieberzähler
- Breite Werkstoffauswahl
- Durchflussrichtung i. Allg. festgelegt (z. T. mit Rücklaufsperre)
- Evtl. Gasabscheider erforderlich, um Fehlmessungen und Druckstöße zu vermeiden
- Defekte Geräte neigen zum Blockieren und damit zur Betriebsunterbrechung

- Schmutzempfindlicher als Ringkolben- und Treibschieberzähler (besonders bei harten Partikeln), aber bei Teilchengrößen < 1 mm z. T. Feststoffanteil bis ca. 6 % möglich
- Weniger geeignet bei sehr niedrigviskosen und schlecht schmierenden Stoffen, bei z. B. Flüssiggasen (Spaltverluste und Abrasion)
- Trockenlauf muss vermieden werden
- Einsatz hinter Kolbenpumpen oder in Anlagen mit schlagartig wirkenden Absperrorganen weniger empfohlen
- Insbesondere bei großer Auslastung relativ laute Betriebsgeräusche

Treibschieberzähler

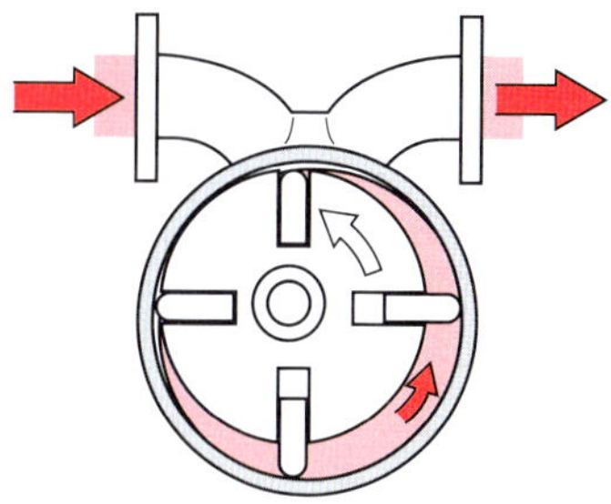

- Gut geeignet für größere Volumenströme
- Je nach Bauart relativ unempfindlich gegen verunreinigte Messmedien
- Geringe Viskositätsabhängigkeit
- Geringe Turbulenz im Messmedium
- Große Laufruhe
- Messbereich (Dynamik $q_{V,\mathrm{min}}/q_{V,\mathrm{max}}$) bis 1 : 20
- Für eichamtlichen Verkehr zugelassen
- Verschleiß an den Treibschiebern beeinträchtigt (je nach Bauart) kaum die Messgenauigkeit
- Druckverlust meist geringer als beim Ovalradzähler
- Meist etwas billiger als Ovalradzähler (insbesondere bei großen Nennweiten)
- Relativ lange Lebensdauer
- Defekte Zähler blockieren meist den Durchfluss

- Schwieriger korrosionsfest auszulegen als der Ovalradzähler (aber auch bei aggressiven Medien einsetzbar)
- Bei einigen Ausführungen empfindlicher gegen Feststoffanteil im Messmedium als Ovalrad- und Ringkolbenzähler
- Messbeständigkeit z.T. etwas geringer als beim Ovalradzähler

Volumenmessung (Fortsetzung)

Volumenmessverfahren im Vergleich (Fortsetzung)

Drehkolben(gas)zähler

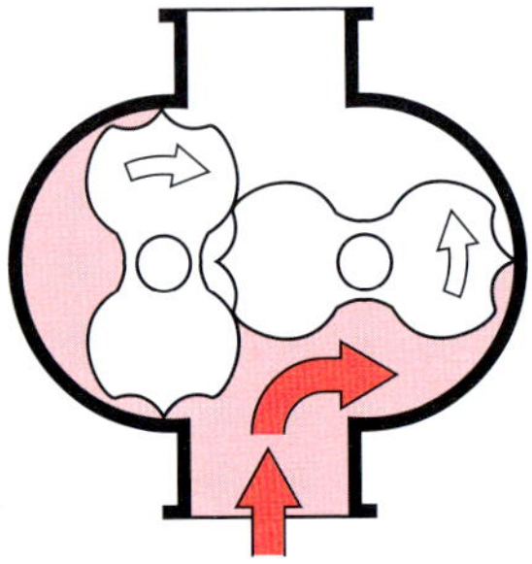

- Vorwiegend für Gase eingesetzt, aber auch für flüssige Medien erhältlich
- Hohe Messgenauigkeit
- Messbereich (Dynamik $q_{V,\text{min}}/q_{V,\text{max}}$) serienmäßig bis > 1 : 50
- Relativ geringer Druckverlust
- Für eichamtlichen Verkehr zugelassen
- Strömungsrichtung z. T. umkehrbar (für Befüllen und Entladen geeignet, mit zwei Zählwerken)
- Z. T. sehr hohe Ansprechempfindlichkeit
- Bei größeren festen Verunreinigungen Blockieren des Durchflusses möglich
- Bei großen Nennweiten relativ hohes Gewicht
- Gleichlauf der Drehkolben im Gegensatz zum Ovalradzähler durch außen liegende Zahnräder

Wirbel(gas)zähler

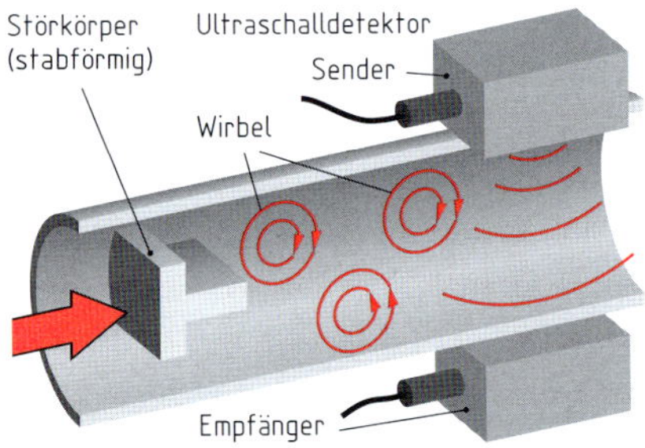

- Auch für sehr große Nennweiten geeignet
- Langzeitstabil
- Auch für sehr aggressive Messmedien geeignet
- Für eichamtlichen Verkehr zugelassen
- Großer Messbereich (Dynamik $q_{V,\text{min}}/q_{V,\text{max}}$), bis 1 : 100
- Bei Zählerdefekt kein Blockieren des Durchflusses
- Ein- und Auslaufstrecke erforderlich
- Gasblasen im Messmedium können zu Messfehlern führen

Bi-Rotorzähler

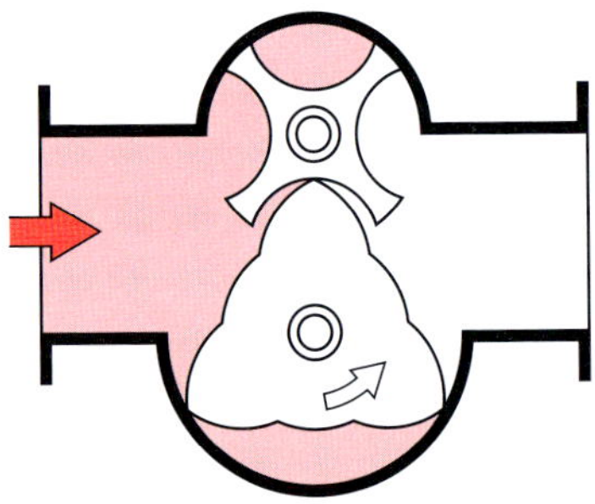

- Verdrängerzähler, der besonders für große Volumenströme geeignet ist (bis > 2000 m^3/h)
- Rotoren berühren sich im Gegensatz zum Ovalradzähler nicht (Gleichlauf durch außen liegendes Getriebe)
- Auch für Messmedien mit hohen Viskositäten geeignet
- Für eichamtlichen Verkehr zugelassen
- Sanfter Übergang durch spiralgenutete Rotoren und Messkammern (ähnlich Schrägverzahnung bei Zahnrädern)
- Auch als zwangsgeschmierte Ausführung für nichtschmierende Messmedien mit abrasiven Anteilen
- Bei defektem Zähler meist Blockieren des Durchflusses
- Nicht für sehr kleine Nennweiten geeignet

Grafische Symbole zur Darstellung der EMSR[1]-Aufgaben

(DIN 19227(z), Teil 1, 1993-10, neue Norm DIN EN 62424 beachten: Seite 369 ff)

[1] EMSR steht für Elektro-, Mess-, Steuerungs- und Regelungstechnik

Die folgenden grafischen Symbole dienen zur Darstellung prozessbezogener Aufgaben der EMSR-Technik in Fließschemata verfahrenstechnischer Anlagen (RI-Fließschemata) nach DIN EN ISO 10628.

Grafische Symbole und deren Anwendung

Symbol			Anwendung
Ausgabe- und Bedienort: unmittelbar an der Anlage	Ausgabe- und Bedienort: Prozessleitwarte	Ausgabe- und Bedienort: Leitstand an der Anlage	
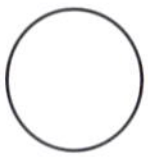 oder 	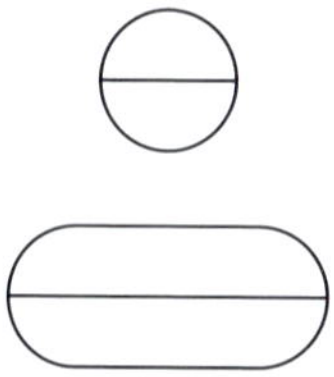	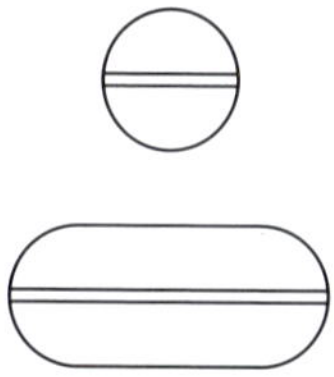	Bei EMSR-Aufgaben allgemein. Grundsymbol ist der Kreis, bei längerem Text kann er zum Langrund gestreckt werden.
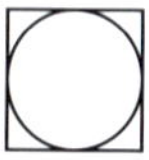 oder 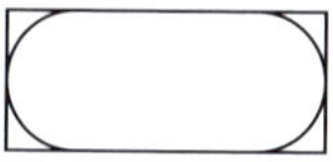	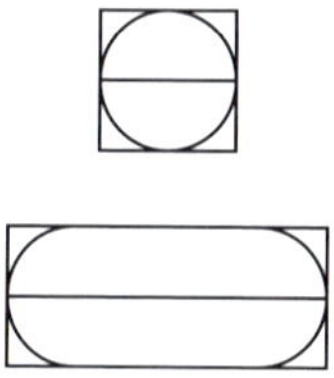	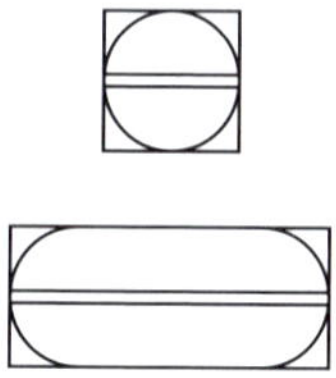	Bei EMSR-Aufgaben, die mit Prozessleitsystemen ausgeführt werden. Grundsymbol ist ein Quadrat mit einbeschriebenem Kreis, bei längerem Text wird das Langsymbol verwendet.
 oder 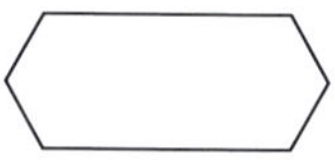	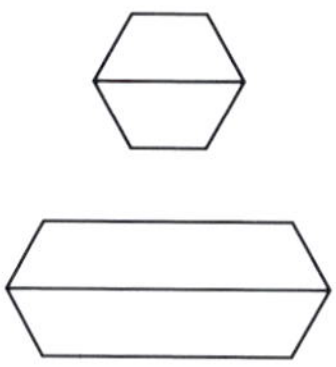	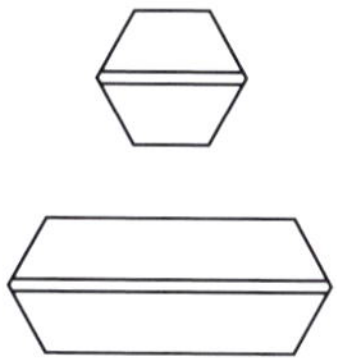	Bei EMSR-Aufgaben, die mit einem Prozessrechner ausgeführt werden. Grundsymbol ist ein Sechseck, bei längerem Text wird das Langsymbol verwendet.

In die obere Hälfte der Symbole werden die EMSR-Kennbuchstaben geschrieben, im unteren Teil wird die EMSR-Stellen-Kennzeichnung angegeben. Die Art des Kennzeichnungssystems ist frei wählbar.

Symbole für Bezugslinie, Messort und Wirkungsweg

Symbol	Bedeutung und Anwendung	
	Bezugslinie	Der Messort ist durch die Bezugslinie mit dem EMSR-Stellensymbol verbunden
	Messort	Dieses Symbol ist zu verwenden, wenn der Messort besonders hervorgehoben werden soll
	Wirkungsweg	Verbindung vom EMSR-Stellen-Symbol zum Stellgerät

Beispiel:

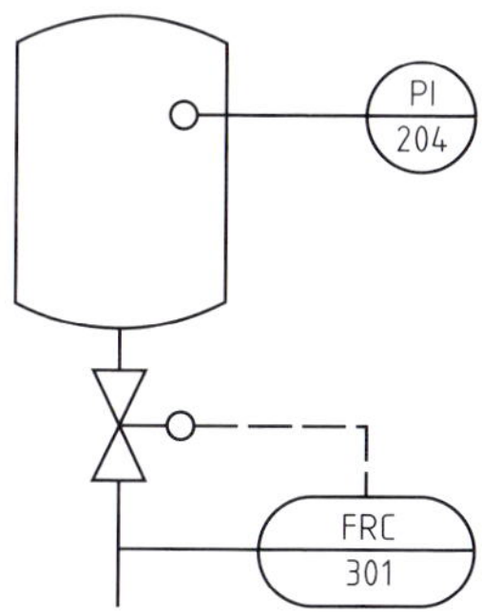

Kennbuchstaben für die EMSR-Technik

(DIN 19227(z), Teil 1, 1993-10, neue Norm DIN EN 62424 beachten: Seite 369 ff)

Für den Eintrag in die EMSR-Symbole sind folgende Kennbuchstaben zu verwenden:

Kennbuchstaben und deren Bedeutung

Kenn-buchstabe	Gruppe 1: Eingangsgröße (z. B. Messgröße) Erstbuchstabe	Ergänzungsbuchstabe	Gruppe 2: Verarbeitung Folgebuchstabe, Reihenfolge: I, R, C
A	Späterer Normung vorbehalten		Störungsmeldung
B	Späterer Normung vorbehalten		
C	Späterer Normung vorbehalten		Selbsttätige Regelung
D	Dichte	Differenz	
E	Elektrische Größen		Aufnehmerfunktion (ohne weitere Funktion)
F	Durchfluss, Durchsatz	Verhältnis	
G	Abstand, Länge, Stellung, Dehnung, Amplitude		
H	Handeingabe, Handeingriff (für alle Eingaben und Eingriffe durch den Menschen)		Oberer Grenzwert (High), offen, ein
I	Späterer Normung vorbehalten		Anzeige
J	Späterer Normung vorbehalten	Messstellenabfrage	
K	Zeit		Frei verfügbar
L	Stand (auch von Trennschicht)		Unterer Grenzwert (Low), geschlossen, aus
M	Feuchte		Frei verfügbar
N	Frei verfügbar		
O	Frei verfügbar		Sichtzeichen, Ja/Nein-Anzeige (nicht Störungsmeldung)
P	Druck		
Q	Stoffeigenschaft, Qualitätsgrößen, Analyse (außer D, M und V, z.B. für Konzentration, pH-Wert, Leitfähigkeit usw.)	Integral, Summe	
R	Strahlungsgrößen		Registrierung
S	Geschwindigkeit, Drehzahl, Frequenz		Schaltung, Ablaufsteuerung, Verknüpfungssteuerung
T	Temperatur		Messumformer-Funktion
U	Zusammengesetzte Größen (für Eingangsgrößen, die aus mehreren Größen zusammengesetzt sind)		Zusammengefasste Antriebsfunktionen
V	Viskosität		Stellgeräte-Funktion
W	Gewichtskraft, Masse		
X	Sonstige Größen		
Y	Frei verfügbar		Rechenfunktion
Z	Späterer Normung vorbehalten		Noteingriff, Schutz durch Auslösung, Schutzeinrichtung, sicherheitsrelevante Meldung
+			Oberer Grenzwert, offen, ein
/			Zwischenwert
–			Unterer Grenzwert, geschlossen, aus

Grafische Symbole für die Einwirkung auf die Strecke in EMSR-Anlagen

Stellort, Stellglied: Der Stellort in einem Verfahrensfließschema wird durch die Spitze eines gleichseitigen Dreiecks markiert, wenn im Fließschema nicht bereits ein Stellglied, z. B. ein Stellventil, eingezeichnet ist.

Stellgerät: Das Stellgerät wird durch ein gleichseitiges Dreieck in Kombination mit einem Kreis, beide durch eine Linie verbunden, dargestellt. Das Dreieck kann dabei durch ein im Fließschema bereits eingezeichnetes Stellgerät, z. B. ein Stellventil, ersetzt werden.

Symbole für das Verhalten der Stellgeräte bei Ausfall der Hilfsenergie

(nach DIN 19227(z), T 1, 1993-10, neue Norm beachten: DIN 28000-4)

Symbol	Benennung und Anmerkung
▽	Stellort bzw. Stellglied – allgemeines Symbol (das Symbol ist nicht an Symbolen für Armaturen erlaubt)
	Stellantrieb, mit Hilfsenergie oder selbständig – allgemeines Symbol
	Stellantrieb – das Stellgerät stellt sich bei Ausfall der Hilfsenergie auf maximalen Massenstrom oder Energiefluss ein
	Stellantrieb – das Stellgerät stellt sich bei Ausfall der Hilfsenergie auf minimalen Massenstrom oder Energiefluss ein
	Stellantrieb, bei Ausfall der Hilfsenergie behält das Stellgerät die zuletzt eingenommene Stellung bei
	Stellantrieb – bei Ausfall der Hilfsenergie bleibt das Stellgerät zunächst in der zuletzt eingenommenen Stellung, die zulässige Driftrichtung wird durch den Pfeil gekennzeichnet
	Stellantrieb – bei Ausfall der Hilfsenergie bleibt das Stellgerät zunächst in der zuletzt eingenommenen Stellung, die zulässige Driftrichtung wird durch den Pfeil gekennzeichnet
	Stellgerät mit Stellort bzw. Stellantrieb, mit Hilfsenergie oder selbständig (das Symbol ist nicht an Symbolen für Armaturen erlaubt)
	Stellgerät mit Stellort bzw. Stellantrieb – das Stellgerät stellt sich bei Ausfall der Hilfsenergie auf maximalen Massenstrom oder Energiefluss ein (das Symbol ist nicht an Symbolen für Armaturen erlaubt)
	Stellgerät mit Stellort bzw. Stellantrieb – das Stellgerät stellt sich bei Ausfall der Hilfsenergie auf minimalen Massenstrom oder Energiefluss ein (das Symbol ist nicht an Symbolen für Armaturen erlaubt)
	Stellgerät mit Stellort bzw. Stellantrieb – bei Ausfall der Hilfsenergie behält das Stellgerät die zuletzt eingenommene Stellung bei (das Symbol ist nicht an Symbolen für Armaturen erlaubt)
	Stellgerät mit Stellort bzw. Stellantrieb – bei Ausfall der Hilfsenergie bleibt das Stellgerät zunächst in der zuletzt eingenommenen Stellung, die zulässige Driftrichtung wird durch den Pfeil gekennzeichnet (das Symbol ist nicht an Symbolen für Armaturen erlaubt)
	Stellgerät mit Stellort bzw. Stellantrieb – bei Ausfall der Hilfsenergie bleibt das Stellgerät zunächst in der zuletzt eingenommenen Stellung, die zulässige Driftrichtung wird durch den Pfeil gekennzeichnet (das Symbol ist nicht an Symbolen für Armaturen erlaubt)

Beispiel für die Anwendung von EMSR-Stellen-Symbolen (nach DIN 19227 z)

Rührkesselreaktor (Teil einer chemischen Anlage mit Ablaufsteuerung) nach zurückgezogener DIN 19227 (neue Norm DIN EN 62424 siehe Seite 369 ff)

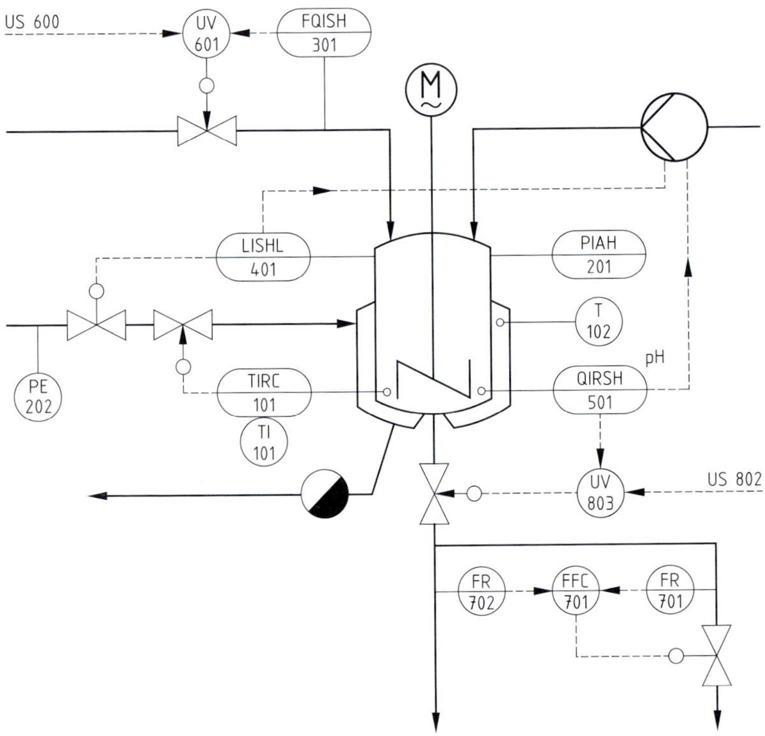

101 Temperaturregelung – Anzeige, Registrierung und Bedienung in der Prozessleitwarte, zusätzliche Anzeige örtlich

102 Messstutzen für Temperatur

201 Druckmessung – Anzeige, zusätzliche Störungsmeldung in der Prozessleitwarte bei Erreichen des oberen Grenzwertes (Alternativ: PIA+)

202 Aufnehmer für Druck, ohne weitere Verarbeitung des Signals

301 Mengenmessung – Anzeige in der Prozessleitwarte, Schließen des Stellgerätes beim Erreichen einer vorgegebenen Menge

401 Standmessung – Anzeige in der Prozessleitwarte, Schaltung des Dampfventils bei Erreichen des oberen (ein bzw. auf) und des unteren (aus bzw. zu) Grenzwertes, Einschalten der Pumpe bei Erreichen des oberen Grenzwertes (Alternativ: LIS ±)

501 pH-Wert-Messung – Anzeige und Registrierung in der Prozessleitwarte, Schaltung des Bodenventils und der Pumpe bei Erreichen eines oberen Grenzwertes

601 Von mehreren Verarbeitungsfunktionen angesteuertes Stellglied, hier z. B. von der Mengenmessung 301 und vom Signal einer Ablaufsteuerung (US 600)

701/702 Durchflussverhältnisregelung mit Registrierung der Durchflüsse in der Prozessleitwarte

803 Von mehreren Verarbeitungsfunktionen angesteuertes Stellglied, hier z. B. von der pH-Wert-Messung und vom Signal einer Ablaufsteuerung (US 802)

Darstellung von Aufgaben der Prozessleittechnik (nach DIN EN 62424, 2010-01)

Hinweis: Neben der oben bezeichneten Norm darf DIN 19227- 1, 1993-10 noch bis zum 01.07.2012 angewendet werden.

Die Norm DIN EN 62424 zeigt, wie die Aufgaben der Prozessleittechnik in einem R&I-Fließschema darzustellen sind. Sie dient zum Datenaustausch zwischen EDV-Werkzeugen zur Fließbilderstellung und CAE-Systemen. CAE: Process Control Engineering (ingenieurtechnische Auslegung der Prozessleittechnik).

Wichtige Begriffe:

Aktor, Steller z.B. 	**Funktionseinheit** (z.B. wie dargestellt ein pneumatisch angesteuertes Ventil) **mit der Aufgabe, die Stellgröße zu bilden,** die in Abhängigkeit von der Reglerausgangsgröße zur Betätigung des Stellgliedes bzw. dessen Stellantriebs erforderlich ist.
Oval 	In diesem Symbol werden in der *oberen Hälfte* die **PCE-Kategorie** (z.B. Füllstand) und die **Verarbeitungsfunktion einer PCE-Aufgabe** (z.B. Analoganzeige) eingetragen und in der unteren Hälfte deren eindeutige **Kennzeichnung** (z.B. durch eine Buchstaben- und Zahlenfolge nach bestimmtem Schlüssel)
PCE-Kategorie 	**Kennbuchstabe (Erstbuchstabe** in der *oberen Hälfte* des Ovals), der die **Aufgabe an die Prozessleittechnik** kenntlich macht, z.B. Kennbuchstabe für die zu messende Variable, etwa Füllstand L, Temperatur T usw. (siehe Tabelle)
PCE-Verarbeitungsfunktion 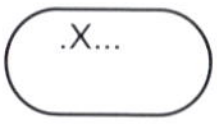	**Funktion in einem Prozess** (wie soll ein Messwert weiter verarbeitet werden, z.B. analog angezeigt, aufgezeichnet bzw. registriert usw.). Die PCE-Verarbeitungsfunktionen werden durch **Kennbuchstaben (Folgebuchstaben** nach dem Erstbuchstaben in der *oberen Hälfte* des Ovals) dargestellt, die dem Kennbuchstaben für die PCE-Kategorie folgen.
PCE-Kennzeichnung 	**Kennzeichnung zur eindeutigen Identifizierung einer PCE-Aufgabe** (IEC 81346-1). Die Struktur kann ortsabhängig (wo befindet sich das Objekt?), funktionsabhängig (welche Aufgabe hat es?) oder produktabhängig (wovon ist es Teil, wie ist es zusammengesetzt?) sein. Z.B. ortsabhängig: Werk 05, Gebäude G820, Filteranlage 3, Füllstandmessgerät 102 könnte zur Referenzkennzeichnung 05.G820.3.102 zusammengefasst werden. Die PCE-Kennzeichnung 102 wird als letzte Ebene der Referenzkennzeichnung in die *untere Hälfte des Ovals oder Sechsecks* geschrieben.
PCE-Aufgabe 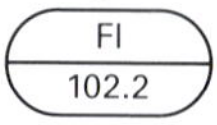	**Aufgabe an die Prozessleittechnik.** Jede PCE-Aufgabe wird im R&I-Fließschema durch ein **Oval** dargestellt **mit allen Informationen über die Funktionsanforderungen** (PCE-Kategorie, PCE-Verarbeitungsfunkton, PCE-Kennzeichnung, Geräteinformationen, Ort der Bedienoberfläche usw.)
PCE-Leitfunktion 	**Funktion der Prozessverarbeitung** (beinhaltet im Wesentlichen den **funktionalen Zusammenhang zwischen Sensor und Aktor** (Steller). Symbol für die Leitfunktion ist ein **Sechseck** mit einem **U** als Erstbuchstabe. Danach folgen ein oder mehrere **Kennbuchstaben für die PCE-Verarbeitunsfunktionen** (siehe Tabelle). **Sicherheitsrelevante Leitfunktionen** beginnen mit **UZ** und zeigen das geforderte SIL (Sicherheitsintegritäts-Level nach IEC 61511-1) oder PL (Performance-Level nach ISO 3849-1 *links unten außerhalb des Sechsecks.* Ist bei einfachen Konfigurationen der Zusammenhang im R&I-Fließschema eindeutig erkennbar (z.B. ein Füllstandsensor, der einen Stellantrieb für ein Bodenventil beeinflusst) kann die PCE-Leitfunktion weggelassen werden.
Sechseck 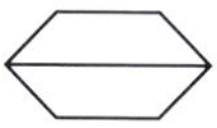	In diesem Symbol wird in der *oberen Hälfte* die **Steuerfunktion** angegeben (Kennbuchstabe **U,** wenn sicherheitsrelevant **UZ,** nachgestellt **Kennbuchstaben für die PCE-Verarbeitungsfunktionen,** z.B. S für binäre Steuerungs- bzw. Schaltfunktion). In der *unteren Hälfte* steht die **Referenzkennzeichnung.** Links neben dem Sechseck stehen *oberhalb der waagerechten* Linie, falls vorhanden, **Unterlieferant** und **Typicalkennzeichen,** *unterhalb* gegebenenfalls **Geräteinformationen.** Wird kein Unterlieferant angegeben, können im entsprechenden Feld andere projektspezifische Angaben gemacht werden.
PCE-Kreis 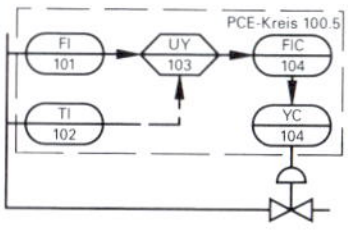	**Zusammenstellung von PCE-Aufgaben und PCE-Leitfunktionen,** die deren funktionellen Zusammenhang bzw. deren Zusammenwirken darstellt (bestehend aus einer oder mehrerer PCE-Aufgaben und PCE-Leitfunktionen. Für den PCE-Kreis gibt es keine eigene grafische Darstellung. Er ist also nicht zu verwechseln mit dem MSR-Stellenkreis nach der ehemaligen DIN 19227. Dem PCE-Kreis kann gegebenenfalls die Kennzeichnung **„PCE-Kreis XXXX"** zugewiesen werden.

Darstellung von Aufgaben der Prozessleittechnik (Forts.) nach DIN EN 62424, 2010-01)

Wichtige Begriffe (Fortsetzung):

Signallinie	**Gestrichelte Linie** zur Darstellung eines funktionalen Zusammenhangs zwischen PCE-Angaben. Ein Pfeil kennzeichnet dabei die Richtung des Informationsflusses. Die Linie beginnt am Oval einer PCE-Aufgabe, am Sechseck einer PCE-Leitfunktion oder an einer Schaltfunktion außerhalb des Ovals.
Prozessverbindungslinie	Einfache **durchgezogene Linie.** Sie steht für den Informationsfluss zwischen Leittechnischen Geräten und prozesstechnischen Geräten oder Betriebsmitteln. Sie gibt nur den funktionalen Zusammenhang wieder und stellt keine tatsächliche Verbindung von Betriebsmitteln dar.
Unterlieferant X 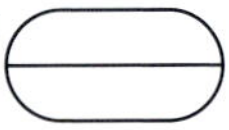	**Lieferant einer abgeschlossenen verfahrenstechnischen Einheit** innerhalb einer Prozessanlage (als Hinweis für den Betreiber der Anlage auf einen Lieferanten). Wird dieses Feld hierzu nicht benötigt, kann es zur Darstellung anderer projektbezogener Informationen verwendet werden.
Typical X 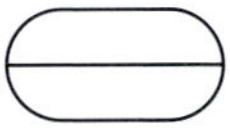	Repräsentant eines grafischen Diagramms einzelner Funktionen in einer Datenbank **(Darstellung mehrerer typischerweise zusammenhängender und oft gebrauchter PCE-Aufgaben,** z.B. einer Motoransteuerung). Hierfür wird eine Nummer festgelegt und als Platzhalter für die Zusammenstellung dieser PCE-Aufgaben *links oben außerhalb des Ovals angezeigt).* 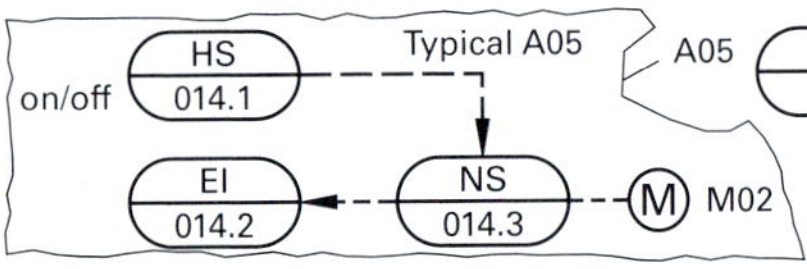
Geräteinformationen 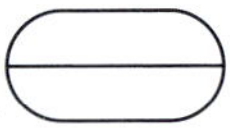 X	Zur PCE-Kategorie (z.B. Durchfluss F) erforderliche **zusätzliche Information über das Messverfahren** (z.B. magnetisch induktiver Durchflussmesser MID, Messblende, pH (bei PCE-Kategorie A), Anforderungsklasse SIL 4, Voting 2oo3 etc.). Erläuterung: SIL steht für safety integrity level, gibt die Anforderungsklasse des Gerätes an und ist ein Maß für die Versagenswahrscheinlichkeit einer Sicherheitsfunktion. SIL 4 gewährleistet die höchste Sicherheit (nicht mehr als 1 gefährlicher Ausfall der Sicherheitsfunktion in 10 000 Jahren). 2oo3-Logik hat die Bedeutung „2 out of 3", d.h. 3 Messwerte werden parallel erfasst und davon müssen 2 übereinstimmen. Fällt ein System aus, wird automatisch auf das intakte umgeschaltet.
Alarmierung Schaltung Anzeige 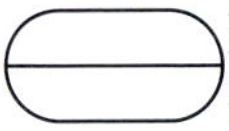 X X X X X X	Die Kennbuchstaben **A** (Alarmierung), **O** (Statusanzeige) sowie **S** und **Z** (automatische Aktionen) werden mit den nachgestellten Buchstaben **H** (für hoch bzw. oberer Grenzwert) und **L** (tief, für unterer Grenzwert) verwendet und zeigen das Auslösen einer entsprechenden Aktion bei erreichen des Grenzwertes an. Dabei sind drei Ebenen möglich und auf jeder Ebene können die Kennbuchstaben kombiniert werden (z.B. AS, OZ usw.). Die Funktionen sind außerhalb des Ovals *rechts oben* für obere Grenzwerte und *rechts unten* für untere Grenzwerte angeordnet, jeweils in **drei Ebenen** von der Mitte nach außen (z.B. AH für Hochalarm, AHH für Hoch-Hoch-Alarm und AHHH für Hoch-Hoch-Hoch-Alarm). Die Reihenfolge von Innen nach Außen ist **O, A, S, Z.**
Kreis ● Quadrat ■  X Dreieck ▲	**Symbole für GMP-relevante** (Kreis), **qualitätsrelevante** (Quadrat) und **sicherheitsrelevante** (Dreieck) PCE-Aufgaben. Das jeweilige Symbol steht so nahe wie möglich *rechts außerhalb des Ovals in Höhe der Mittellinie.*
Ort der Bedienoberfläche lokal  zentraler Leitstand  lokales Schaltpult 	Gibt an, ob sich die Bedienoberfläche am Messort selbst **(lokal),** in einem **lokalen Schaltpult** oder in einem **zentralen Leitstand** befindet. Erkennbar an *keinem* (lokal), *einem* (zentraler Leitstand) oder an zwei Mittelstrichen (lokales Schaltpult).

Darstellung von Aufgaben der Prozessleittechnik (Forts.) nach DIN EN 62424, 2010-01)

Kennbuchstaben für PCE-Kategorien und PCE-Verarbeitungsfunktionen

	Bedeutung als Erstbuchstabe (PCE-Kategorie)	**Bedeutung als Folgebuchstabe (PCE-Verarbeitungsfunktion)**
A	Analyse	Alarm, Meldung
B	Flammenüberwachung	Beschränkung, Eingrenzung
C	– (Vom Anwender zu definieren)	Regelung
D	Dichte	Differenz
E	Elektrische Spannung	–
F	Durchfluss	Verhältnis
G	Abstand, Länge, Stellung	–
H	Handeingabe, Handeingriff (für alle Eingriffe und Eingaben durch den Menschen)	Oberer Grenzwert, an, offen
I	Elektrischer Strom	Analoganzeige
J	Elektrische Leistung	–
K	Zeitbasierte Funktion	–
L	Füllstand	Unterer Grenzwert, aus, geschlossen
M	Feuchte	–
N	Motor	–
O	– (Vom Anwender zu definieren)	Lokale oder PCS-Statusanzeige von Binärsignalen (PCS = Prozessleitsystem)
P	Druck	–
Q	Menge oder Anzahl	Integral, Summe
R	Strahlungsgrößen	Aufgezeichneter Wert
S	Geschwindigkeit, Drehzahl, Frequenz	Binäre Steuerungs- oder Schaltfunktion (nicht sicherheitsrelevant)
T	Temperatur	–
U	– (Erstbuchstabe für PCE-Leitfunktion)	–
V	Schwingung	–
W	Gewicht, Masse, Kraft	–
X	Für beliebige nicht aufgelistete Bedeutungen, die nur einmal oder begrenzt verwendet werden (sowohl als Erst- als auch als Folgebuchstabe)	Für beliebige nicht aufgelistete Bedeutungen, die nur einmal oder begrenzt verwendet werden (sowohl als Erst- als auch als Folgebuchstabe)
Y	Stellventil	Rechenfunktion
Z	– (Vom Anwender zu definieren)	Binäre Steuerungs- oder Schaltfunktion (sicherheitsrelevant)

Bei Kombinationen von PCE-Verarbeitungsfunktionen gilt die **Reihenfolge: F, B, D, Q, Y, X, C.** Die Buchstaben I und R beziehen sich auf das Ergebnis der vorangehenden Verarbeitungsfunktion).

Kennbuchstaben der PCE-Kategorie und PCE-Verarbeitungsfunktionen für Aktoren

Buchstaben	**Bedeutung**
YS	Auf/Zu-Ventil
YC	Stellarmatur
YCS	Stellarmatur mit Auf/Zu-Funktion
YZ	Auf/Zu-Ventil (sicherheitsrelevant)
YIC	Stellarmatur mit kontinuierlicher Stellungsanzeige
NS	An/Aus-Motor
NC	Motorsteuerung

Beispiele:

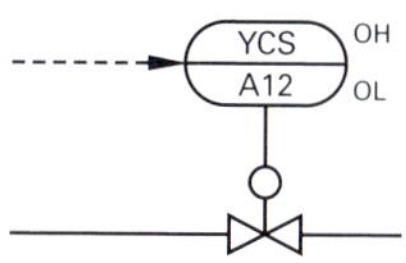

Stellarmatur mit Auf/Zu-Funktion und Auf/Zu-Anzeige in einem zentralen Leitstand (Teil einer Durchflussregelung).

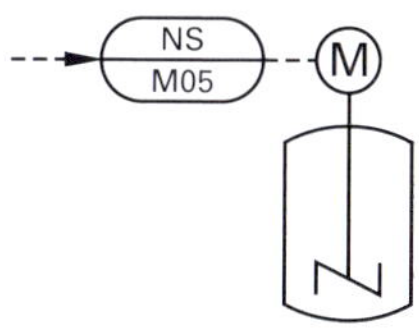

An/Aus-Motor-Schaltung an einem Rührbehälter von einem zentralen Leitstand aus.

Darstellung von Aufgaben der Prozessleittechnik (Forts.) nach DIN EN 62424, 2010-01)

Beispiel einer Temperaturregelung:
Temperaturregler (K2.14) mit Tiefalarm in einem zentralen Leitstand, Hochalarmschaltung, verknüpft mit einer PCE-Leitfunktion (K2.16) und Hoch-Hoch-Alarm mit sicherheitsrelevanter Hoch-Hoch-Schaltung, verknüpft mit einer sicherheitsrelevanten PCE-Leitfunktion (K2.11), Sicherheitsintegritäts-Level 1 (SIL 1), auf Stellarmatur (K2.12) und Stellarmatur mit sicherheitsrelevanter Auf/Zu-Funktion und Auf/Zu-Anzeige(K2.13) wirkend.

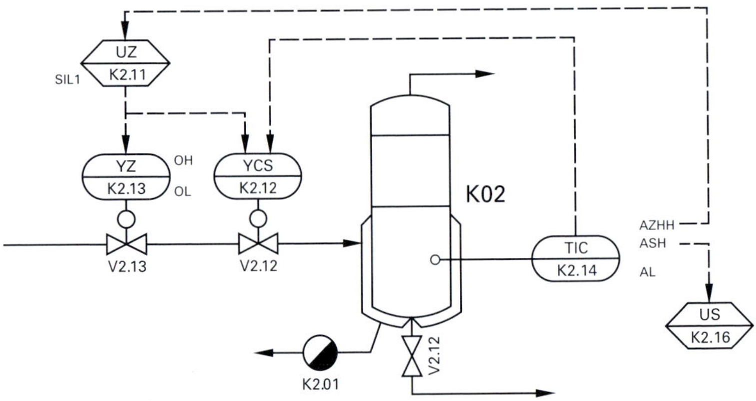

Auswahl wichtiger Abkürzungen in der Prozessleittechnik

Abkürzung	Bedeutung bzw. Benennung	Bedeutung bzw. Benennung (Übersetzung)
BPCS	basic process control system	Prozessleitsystem (auch PCS oder PLS)
CAE	computer aided Engineering	softwaretechnisch unterstützte Ingenieurarbeit
CAEX	computer aided Engineering eXchange	softwaretechnisch unterstützter Austausch für Ingenieurarbeit
CAP	computer aided planning	rechnerunterstützte Planung (z.B. von Verfahren)
CAPD	computer aided plant design	computergestützte Anlagenplanung
CCR	central control room	zentraler Leitstand
GMP	good manufacturing practice	Richtlinien zur qualitätsgerechten Produktion
N.A.	not applicable	nicht anwendbar
PCE	process control engineering	ingenieurtechnische Auslegung der Prozessleittechnik
PCS	process control system	Prozessleitsystem
R&I	P&ID piping and instrumentation diagram	Rohrleitungs- und Instrumentierungs- (bzw. Instrumenten-) Fließbild
PD	process design	verfahrenstechnische Auslegung
PDE		Produktionsdatenerfassung
PFD	probability of failure to perform its design function on demand	Ausfallwahrscheinlichkeit der entworfenen Funktion bei Anforderung
PL	performance level	Performance-Level nach ISO 13849-1
PLS		Prozessleitsystem (auch PCS)
PLT		Prozessleittechnik
PPS	production planning system	Produktionsplanungs- und -lenkungssystem
PU	package unit	zugelieferter Anlagenteil
SIL	safety integrity level	Sicherheitsintegritäts-Level nach IEC 61511-1 und DIN EN 61508 (Stufen 1 bis 4)
SIS	safety instrumented system	sicherheitstechnisches System nach IEC 61511-1
XML	extensible markup language	erweiterbare Auszeichnungssprache

Grafische Symbole für die Darstellung von Einzelheiten (DIN 19227-2, 1991-02)

Die Planungsunterlagen für die Einrichtungen der Prozessleittechnik können unter Verwendung der grafischen Symbole nach DIN 19 227, Teil 2, erstellt werden. Die folgenden Ausführungen geben mit Hilfe der Basissymbole und ausgewählter Ausführungsbeispiele einen Überblick über diese Norm.

Basissymbole

Basissymbol	Bedeutung	Bemerkung
	Aufnehmer oder Ausgeber	Bei **Aufnehmern** wird das Basissymbol in der rechten unteren Ecke durch den Kennbuchstaben nach DIN EN 62424, für die aufgenommene Messgröße ergänzt. Zusätzlich kann die Aufnehmerausführung durch ein geeignetes Symbol aus anderen Normen oder eine entsprechende Beschriftung kenntlich gemacht werden. Bei **Ausgebern** wird in der linken oberen Ecke der entsprechende Folgebuchstabe für die Verarbeitung nach DIN EN 62424 eingetragen. Symbole aus anderen Normen oder geeignete Beschriftungen weisen den Ausgeber als **Anzeiger, Grenzsignalgeber, Zähler, Registriergerät, Drucker** oder **Bildschirm** aus.
	Anpasser oder Bediengerät	Bei **Anpassern** werden die Eingangs- und Ausgangsgrößen durch • Kennbuchstaben für die Messgrößen nach DIN EN 62424, • Kennzeichen für das Einheitssignal, • Symbole aus anderen Normen und/oder • entsprechende Beschriftung dargestellt, die Ausführungsart durch • Symbole aus anderen Normen und/oder • geeignete Beschriftung. Man unterscheidet **Umformer, Umsetzer, Signalverstärker, Rechengeräte** und **Signalspeicher.** Bei den **Bediengeräten** wird die Ausführungsart durch • Symbole aus anderen Normen, • geeignete Beschriftungen und evtl. • Angabe der Einstellgröße kenntlich gemacht. Bei **Einstellern** ist über die linke obere Ecke ein Pfeil gelegt.
	Regler	Die Ausführungsart des Reglers wird dargestellt durch • geeignete Beschriftung, • Symbole aus anderen Normen, • Kennzeichnung der Wirkungsrichtung und • Kennzeichnung des Algorithmus (P, PD, PI, PID)
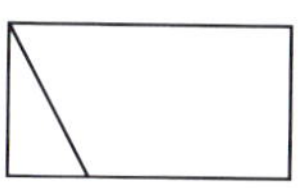	Steuergerät	Zusätzliche Einzelheiten werden durch • geeignete Beschriftung oder • Symbole aus anderen Normen dargestellt.

Werden die Funktionen eines Anpassers, Ausgebers, Reglers, Steuer- oder Bediengerätes in Software realisiert, so kann dies durch eine Fahne an der Oberkante des Symbols kenntlich gemacht werden.

Beispiele:

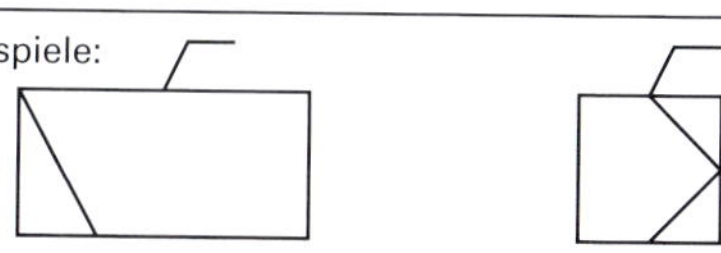

Grafische Symbole für die Darstellung von Einzelheiten (Fortsetzung)

Stellgeräte und Zubehör, Leitungen, Leitungsverbindungen, Anschlüsse, Signalkennzeichen

Symbol	Benennung
	Stellantrieb, allgemein
	Membran-Stellantrieb
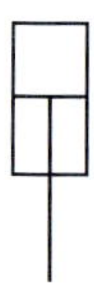	Kolben-Stellantrieb
	Motor-Stellantrieb
	Magnet-Stellantrieb
	Feder-Stellantrieb
	Ventilstellglied
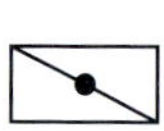	Klappenstellglied
	Stellgerät, allgemein

Symbol	Benennung
E	Einheitssignal, elektrisch
A	Einheitssignal, pneumatisch
	Analogsignal
	Digitalsignal
	Binärsignal
	Impulsgeber
	Rohrleitung
	EMSR-Leitung, allgemein
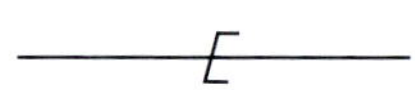	Einheitssignalleitung, elektrisch
	Einheitssignalleitung, pneumatisch
	Hydraulische Leitung
	Kapillarleitung
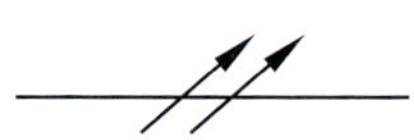	Lichtwellenleiter
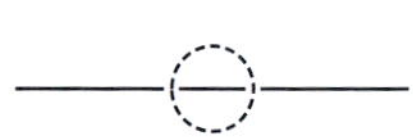	Geschirmte Leitung
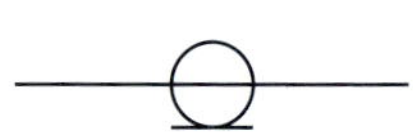	Koaxialleitung
	Wirkungslinie
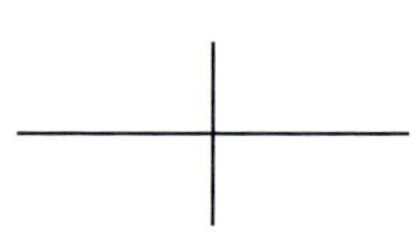	Kreuzung ohne Verbindung
	Leitungsverbindung, allgemein Verbindungsstelle

Grafische Symbole für die Darstellung von Einzelheiten (Fortsetzung)

Beispiele für die Ausgestaltung der grafischen Symbole nach DIN 19 227, Teil 2

Aufnehmer

Aufnehmer für Durchfluss (Schwebekörperdurchflussmesser).

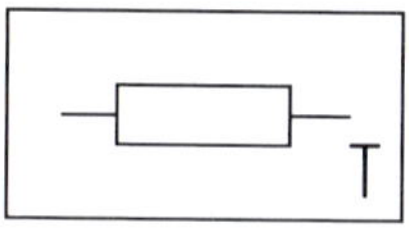

Aufnehmer für Temperatur (Widerstandsthermometer).

Aufnehmer für Füllstand nach der Perlmethode.

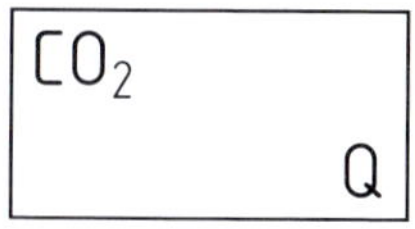

Aufnehmer für Gehalt an CO_2 (Qualitätsgröße).

Ausgeber

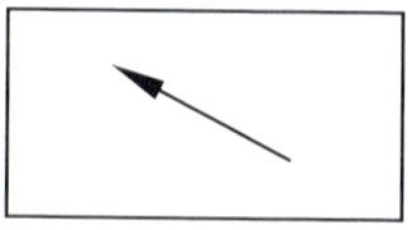

Basissymbol Anzeiger, allgemein. An Stelle des Pfeils kann auch in der linken oberen Ecke der Kennbuchstabe I stehen.

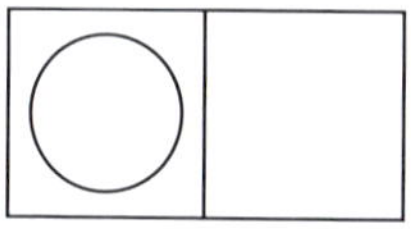

Zähler (in der rechten Hälfte können ergänzende Informationen gegeben werden).

Grenzsignalgeber für unteren und oberen Grenzwert. Linkes Dreieck für unteren Grenzwert, rechtes für oberen.

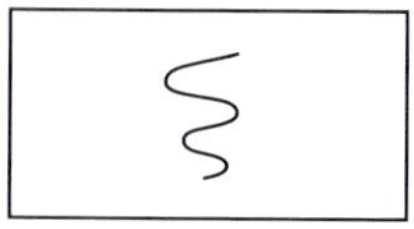

Registriergerät, allgemein. In der rechten unteren Ecke können die Signalkennzeichen für „analog" und „digital" stehen.

Anpasser

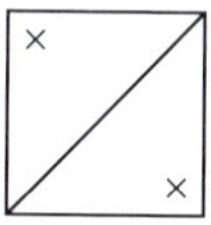

Signal- oder Messumformer, allgemein. An Stelle der Sterne werden die entsprechenden Kennzeichen eingesetzt.

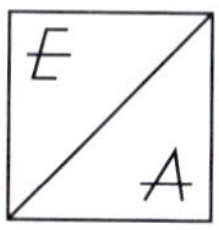

Umsetzer für elektrisches Einheitssignal in pneumatisches Einheitssignal.

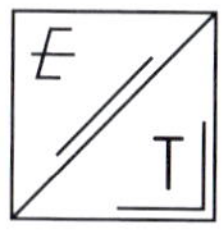

Messumformer für Temperatur mit Einheitssignalausgang und galvanischer Trennung (Parallele zur Diagonale). Zündschutzart „Eigensicherheit" auf der Aufnehmerseite (Winkel).

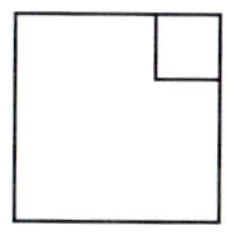

Signalspeicher, allgemein. In der linken unteren Ecke können die Signalkennzeichen für „analog" oder „digital" eingetragen werden.

Anpasser (Fortsetzung)

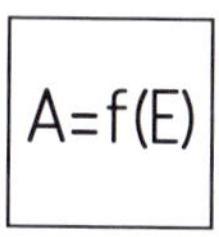

Rechenglied für die Funktion $A = f(E)$. In das Quadrat kann detailliert die Funktion eingetragen werden, z. B. $A = (E1 + E2)/2$ für die Mittelwertbildung aus E1 und E2.

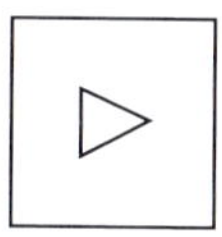

Verstärker (Signalverstärker)

Bediengeräte

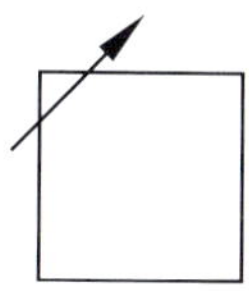

Einsteller, allgemein

Regler

PID-Regler mit steigendem Ausgangssignal bei steigendem Eingangssignal.

Grundlagen der Steuerungs- und Regelungstechnik

Formelzeichen der Steuerungs- und Regelungstechnik (Auswahl nach DIN EN 60027-6, 2008-04 und DIN IEC 60050-351, 2009-06, in Klammern ehemalige Bezeichnungen)

Zeichen	Bedeutung	Zeichen	Bedeutung	Zeichen	Bedeutung
c	Zielgröße	T, τ	Verzögerungszeit, Zeitkonstante	W_h	Führungsbereich
f	Frequenz	T_b (T_g)	Ausgleichszeit	x	Regelgröße
e	Regeldifferenz $e = w - r$	T_{cr}	Anregelzeit	x	Zustandsgröße
E_0	Sprunghöhe der Eingangsgröße	T_{cs}	Ausregelzeit	X_h	Regelbereich
G_m	Betragsreserve	T_D	Differenzierzeit $T_D = K_D$	X_P	Proportionalbereich
K_0	Kreisverstärkung	T_d (T_v)	Vorhaltezeit	y	Stellgröße
K_D	Differenzierbeiwert (Kennwert des D-Reglers)	T_e (T_u)	Verzugszeit	Y_h	Stellbereich
K_I	Integrierbeiwert (Kennwert des I-Reglers)	T_h	Halbwertszeit	y_R	Reglerausgangsgröße
K_P	Proportionalbeiwert (Kennwert des P-Reglers)	T_I	Integrierzeit $T_I = 1/K_I$	z	Diskrete Bildvariable
K_{PM}	Proportionalbeiwert der Messeinrichtung	T_i (T_n)	Nachstellzeit $T_i = K_p/K_i$	z	Störgröße
K_{PR}	Proportionalbeiwert des Reglers	T_s	Einschwingzeit	Z_h	Störbereich
K_{PRE}	Proportionalbeiwert der Regeleinrichtung	T_{sr}	Anschwingzeit	δ	Abklingkoeffizient $\delta = \vartheta \cdot \omega_0$
K_{PS}	Proportionalbeiwert der Strecke	T_t	Totzeit	ϑ, ζ (δ)	Dämpfungsgrad
K_{PST}	Übertragungsbeiwert des Stellers	T_{tE}	Ersatztotzeit	φ	Phasen(verschiebungs)-winkel
K_R	Übertragungsbeiwert des Reglers im Beharrungszustand	T_y	Stellzeit	φ_m	Phasenreserve
m	Regler-ausgangsgröße	U_t	Totzone	ω	Kreisfrequenz
n	Umdrehungs-frequenz (Drehzahl)	U_{sd}	Schaltdifferenz	ω_0	Kennkreisfrequenz
Q	Ausgleichswert der Strecke	u	Eingangsgröße	ω_c	Durchtrittskreisfrequenz
q	Aufgabengröße	v	Ausgangsgröße	ω_d	Eigenkreisfrequenz
R	Regelfaktor	V_0	Kreisverstärkung	ω_i	Eckkreisfrequenz
r	Rückführgröße	v_y	Stellgeschwindigkeit	ω_r	Resonanzkreisfrequenz
S	Strecke	v_g	Begrenzung	ω_{TT}	Phasenschnittkreis-frequenz
t	Zeit (laufend)	v_m	Überschwingweite		
t_k	Zeitpunkt ($k = 0, 1, 2, \ldots$)	w	Führungsgröße		

Definition der Begriffe *Steuern* und *Regeln* (nach DIN IEC 60050-351, 2009-06)

Steuern

Vorgang in einem System, bei dem eine oder mehrere Größen (Eingangsgrößen) andere Größen (Ausgangsgrößen) aufgrund der dem System eigentümlichen Gesetzmäßigkeiten beeinflussen. Kennzeichnend ist hierbei der offene Wirkungsweg, d.h. die beeinflussten Ausgangsgrößen wirken nicht über die Eingangsgrößen auf sich selbst zurück.

Regeln

Vorgang, bei dem fortlaufend eine Größe (Regelgröße) erfasst, mit einer anderen Größe (Führungsgröße) verglichen und im Sinne einer Angleichung an die Führungsgröße beeinflusst wird. Kennzeichnend ist hierbei der geschlossene Wirkungsablauf, d. h. die Regelgröße beeinflusst sich im Wirkungskreis des Regelkreises fortlaufend selbst. Dabei ist es auch als fortlaufend anzusehen, wenn sich der Vorgang aus hinreichend häufigen Wiederholungen gleichartiger Einzelvorgänge zusammensetzt (z.B. bei Abtastern und Zweipunktgliedern).

Grundtypen stetiger Regler im Vergleich

Reglertyp	Übergangsfunktion	Chrakteristik / Bemerkungen
P-Regler	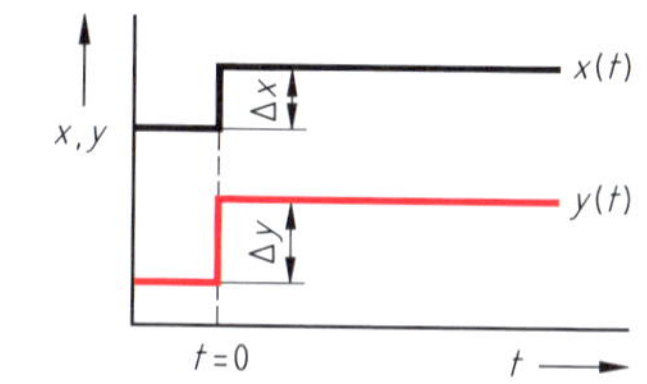 $\Delta y = K_p \cdot \Delta x$ $K_p = Y_h / X_p$ mit $Y_p = 100\ \%$	*Proportional-Regler* • Jeder Regelabweichung Δx ist eine bestimmte Stellgröße Δy zugeordnet • Schnelle Reaktion • Paralleles Arbeiten mehrerer geregelter Anlagen möglich • Im Allgemeinen gut geeignet für Füllstands- und Drehzahlregelungen • Bleibende Regelabweichung muss in Kauf genommen werden (Proportionalabweichung) • Weniger geeignet für Temperatur-, Druck- und Volumenstromregelungen
I-Regler	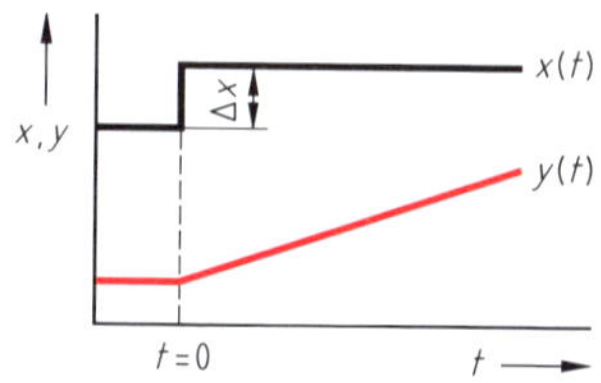 $v_y = K_I \cdot \Delta x$ oder $\Delta y = K_I \cdot \Delta x \cdot t$ mit $K_I = Y_h / (X_p \cdot T_n)$	*Integral-Regler* • Stellgeschwindigkeit v_y proportional zur Regelabweichung Δx • Vollständige Beseitigung der Regelabweichung • Auch für Strecken mit Totzeit geeignet • Lange Ausregelzeit • Während der Ausregelzeit z.T. erhebliche Abweichungen vom Sollwert • Neigung zur Instabilität (Aufschaukelung im Zusammenspiel mit Resonanzschwingungen) bei Regelstrecken ohne Ausgleich
PI-Regler	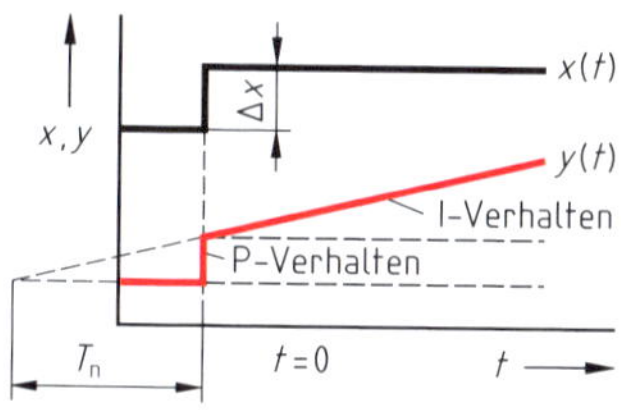 $\Delta y = K_P \cdot \Delta x + K_I \cdot \Delta x \cdot t = K_P \cdot \Delta x \cdot (1 + t/T_n)$ K_P und K_I siehe bei P- und I-Regler	*Proportional-Integral-Regler* • Kombination aus proportionalem und integralem Verhalten (schnelle Anfangsverstellung und anschließendes Beseitigen der Regelabweichung) • Häufigster Regler • Höhere Regelgüte als P- und I-Regler • Auch für komplexere Regelaufgaben geeignet (z.B. Strecken mit Verzugs- und Ausgleichszeit) • Für Industrieöfen und Reaktoren geeignet • Komplizierter aufgebaut als P- und I-Regler • 2 Einstellungsvariable: T_n und K_P
PID-Regler	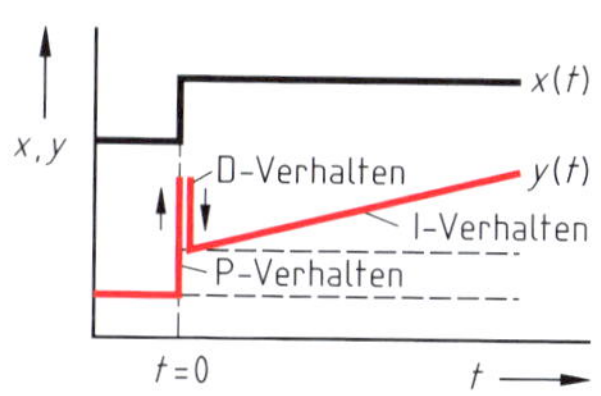 $\Delta y = K_P \cdot \Delta x \cdot (1 + t/T_n + T_V/\Delta t)$ K_P siehe bei P-Regler	*Proportional-Integral-Differential-Regler* • Kombination aus Proportional-, Integral- und Differential-Verhalten • Starke Anfangswirkung durch schnelle Anfangsverstellung als Nadelimpuls über den Proportionalanteil hinaus (Vorhaltewirkung), dann Zurücknahme auf die Höhe des Proportionalanteils und Übergang zum I-Verhalten • Höchste Regelgüte • Keine bleibende Regelabweichung • Für komplexe Regelaufgaben (Strecken hoher Ordnung) geeignet • Für reine Totzeitstrecken unzweckmäßig • Höchster gerätetechnischer Aufwand • Schwierig einzustellen (3 Variable: T_V, T_n und K_P)

Verknüpfungsfunktionen

(nach DIN 19226-3 (z) und DIN EN 60617-12, 1999-04)

Verknüpfung	Symbol	Schalttabelle	Schaltfunktion
NICHT Inverter Negation (Negator)	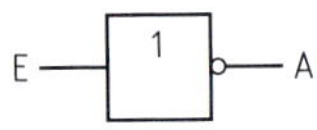	E A 0 1 1 0	$E = \overline{A}$
UND Konjunktion UND-Verknüpfung AND	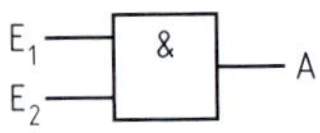	E_1 E_2 A 0 0 0 0 1 0 1 0 0 1 1 1	$A = E_1 \wedge E_2$ bzw. $A = E_1 \cdot E_2$
ODER Disjunktion Adjunktion OR	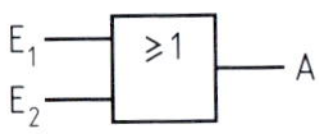	E_1 E_2 A 0 0 0 0 1 1 1 0 1 1 1 1	$A = E_1 \vee E_2$ bzw. $A = E_1 + E_2$
NAND-Verknüpfung UND-NICHT	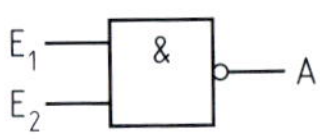	E_1 E_2 A 0 0 1 0 1 1 1 0 1 1 1 0	$A = \overline{E_1 \wedge E_2}$ bzw. $A = \overline{E_1 \cdot E_2}$ oder $\overline{A} = E_1 \wedge E_2$ bzw. $\overline{A} = E_1 \cdot E_2$
NOR-Verknüpfung ODER-NICHT	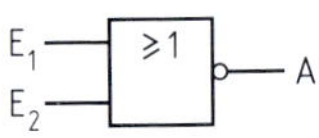	E_1 E_2 A 0 0 1 0 1 0 1 0 0 1 1 0	$A = \overline{E_1 \vee E_2}$ bzw. $A = \overline{E_1 + E_2}$ oder $\overline{A} = E_1 \vee E_2$ bzw. $\overline{A} = \overline{E_1 + E_2}$
Antivalenz Exclusiv-ODER XOR-Verknüpfung	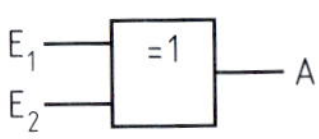	E_1 E_2 A 0 0 0 0 1 1 1 0 1 1 1 0	$A = (E_1 \wedge \overline{E}_2) \vee (\overline{E}_1 \wedge E_2)$ bzw. $A = (E_1 \cdot \overline{E}_2) + (\overline{E}_1 \cdot E_2)$
Äquivalenz Äquijunktion Bisubjunktion	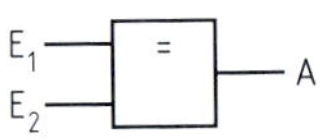	E_1 E_2 A 0 0 1 0 1 0 1 0 0 1 1 1	$A = (\overline{E}_1 \vee E_2) \wedge (E_1 \vee \overline{E}_2)$ bzw. $A = (\overline{E}_1 + E_2) \cdot (E_1 + \overline{E}_2)$
Inhibition Sperrgatter	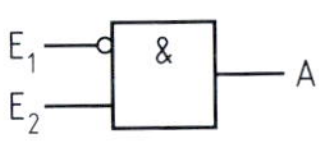	E_1 E_2 A 0 0 0 0 1 1 1 0 0 1 1 0	$A = \overline{E}_1 \wedge E_2$ bzw. $A = \overline{E}_1 \cdot E_2$
Implikation Subjunktion	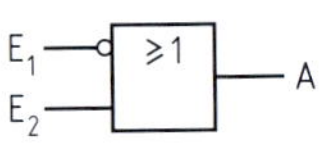	E_1 E_2 A 0 0 1 0 1 1 1 0 0 1 1 1	$A = (\overline{E}_1 \vee E_2)$ bzw. $A = (\overline{E}_1 + E_2)$
E Eingang A Ausgang ○— Negation des Signalwertes		0 0-Zustand, nein, z. B. es fließt kein Strom 1 1-Zustand, ja, z. B. es fließt ein Strom	$\vee$ bzw. + oder $\wedge$ bzw. · und $\overline{E}$ Negation des Signalwertes von E $\overline{A}$ Negation des Signalwertes von A

GRAFCET-Funktionsplan

(nach DIN EN 60848, 2014-12)

GRAFCET (**G**raphe **F**onctionnel de **C**omande **E**tape **T**ransition) ist ein Werkzeug der Automatisierungstechnik zur Darstellung der Steuerungsfunktionen einer Anlage oder Maschine mit Schritten und Weiterschaltbedingungen, also die grafische Entwurfssprache für die funktionale Beschreibung des Ablaufteils eines Steuerungssystems. Dieses Werkzeug gilt europaweit.

Bezeichnungen und grafische Symbole

Bezeichnung	Symbol/Beispiele	Bemerkung
Schritt	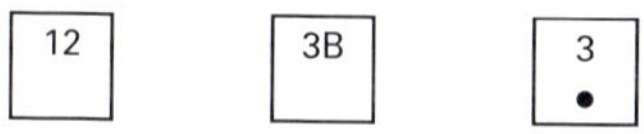	Bevorzugt: Quadrat (Rechteck möglich), alphanumerisch bezeichnet (z.B. Schritt 12 oder Schritt 3B). Der aktive Zustand kann durch einen Punkt gekennzeichnet werden.
Anfangsschritt		Dieser Schritt ist Teil der Anfangssituation (Grundstellung der Steuerung aber nicht der Maschine oder Anlage!)
Schrittvariable	X5	X = boolesche Schrittvariable (hier Schrittvariable von Schritt 5)
Transition		Übergangsbedingung von einem Schritt zum nächsten. Die Transition ist freigegeben, wenn der vorangestellte Schritt aktiv ist. Zwischen zwei Schritten ist nur eine Transition erlaubt. Die Transition darf auch auf horizontalen Wirkverbindungen angeordnet werden.
Transitionsname und Transitionsbedingung	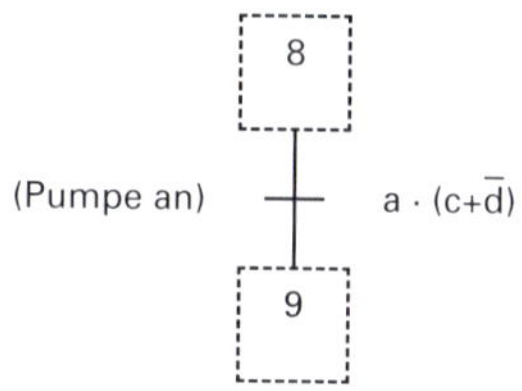 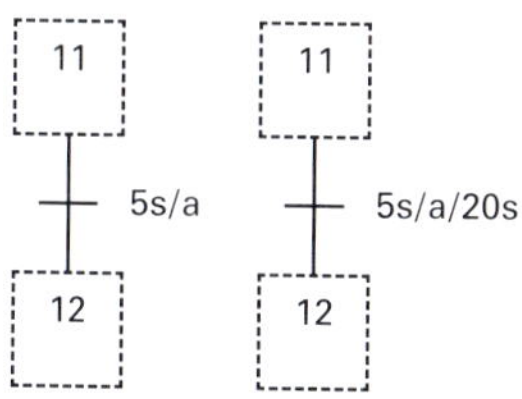	Wird ein **Transitionsname** gewählt, so ist dieser links neben dem Symbol angeordnet und in Klammer zu schreiben. Die **Transitionsbedingung** (Bedingung, die erreicht sein muss, um von einem Schritt zum nächsten zu kommen) steht rechts neben dem Symbol als – **boolescher Ausdruck,** z.B. $a \cdot (c + \overline{d})$ – **Text,** z.B. „Bodenventil zu" (a) *und* „unterer Grenzschalter aktiv" (c) *oder* „kein Bodendruck vorhanden" ($\overline{d}$) – **Bezeichnung des Sensors,** der ansprechen muss, z.B. LS102 – **grafisches Symbol** · bzw * = und + = oder – = Negation (Strich über der Variablen) Transitionsbedingung (Weiterschaltbedingung) ist im linken Bild, dass 5 s verstrichen sind, nachdem die zeitverzögernde Variable a (z.B. Rührerdrehzahl) vom Status 0 nach 1 gewechselt hat (die Transitionsbedingung ist **„TRUE"**). Rechts gilt zusätzlich, dass die Transitionsbedingung wieder **„FALSE"** wird, 20 s nach dem Wechsel der Variable a vom Status 1 wieder nach 0.

GRAFCET-Funktionsplan (Fortsetzung) (nach DIN EN 60848, 2014-12)

Bezeichnungen und grafische Symbole

Bezeichnung	Symbol/Beispiele	Bemerkung
Immer erfüllte Transitionsbedingung	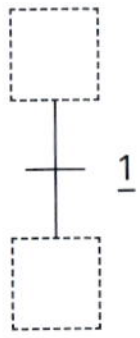	Die Transition wird immer ausgelöst, wenn der vorangegangene Schritt (z.B. der Startschritt) aktiviert wurde. Sie bedarf keiner weiteren erfüllten Bedingung.
Steigende Flanke	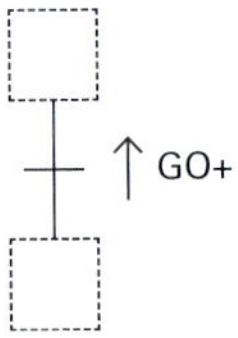	Steigende Flanke einer booleschen Variablen. Die Transition wird nur ausgelöst, wenn die Variable (z.B. Schieberstellung) den Status von 0 nach 1 wechselt (z.B. von „geschlossen" nach „offen").
Fallende Flanke	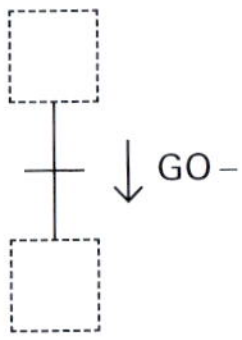	Fallende Flanke einer booleschen Variablen. Die Transition wird nur ausgelöst, wenn die Variable (z.B. Schieberstellung) den Status von 1 nach 0 wechselt (z.B. von „offen" nach „geschlossen").
Boolescher Wert einer Aussage	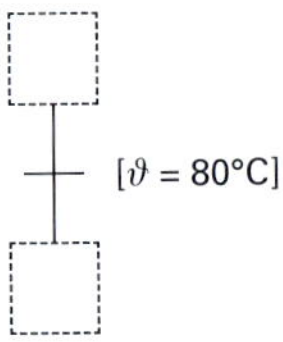	Wenn der in eckiger Klammer angegebene boolesche Wert der Aussage zutrifft, ist die Transitionsbedingung erfüllt, hier z.B. [ϑ = 80 °C]
Aktion	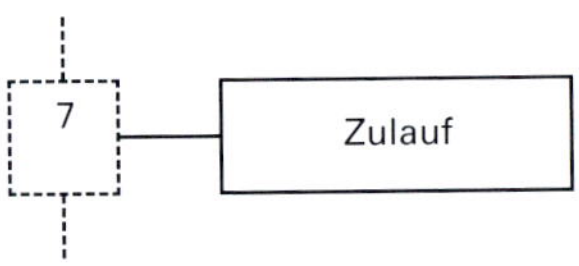 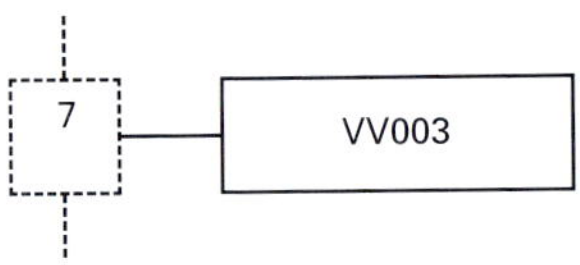	Kontinuierlich wirkende Aktion (Aktivität, die mit Ausgangsvariablen ausgeführt werden soll). hier Aktion „Zulauf" (Zulaufventil VV003 ist offen). In das Rechteck wird die Benennung der Ausgangsvariablen geschrieben (Zuweisungs-Kennzeichnung für eine kontinuierlich wirkendende Aktion, hier die Aktion „Zulauf" (Zulaufventil V003 ist offen). Die Benennung kann Befehlsform oder einfach hinweisende Form mit Bezug zum Ausgang haben, z.B. „öffne Ventil VV003" oder „Ventil VV003" oder „VV003" oder „Zulauf"

GRAFCET-Funktionsplan (Fortsetzung) (nach DIN EN 60848, 2014-12)

Bezeichnungen und grafische Symbole

Bezeichnung	Symbol/Beispiele	Bemerkung
Mehrere gleichzeitige Aktionen	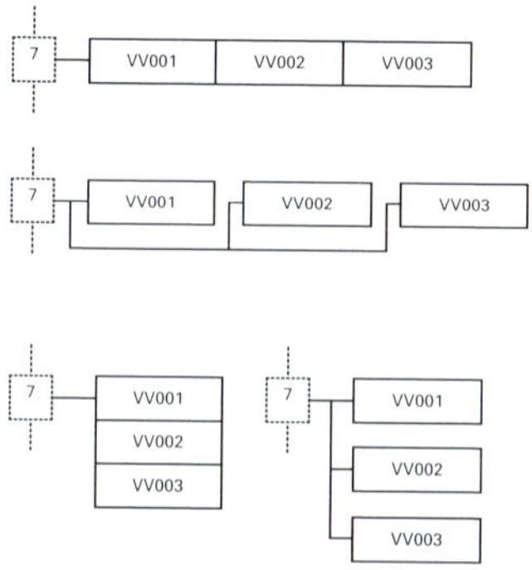	An einen Schritt können mehrere Aktionen angeschlossen sein (die Anordnung entspricht nicht einer zeitlichen Reihenfolge!) Im Bild links sind einige Alternativen der Anordnung gezeigt.
Kontinuierlich wirkende Aktion	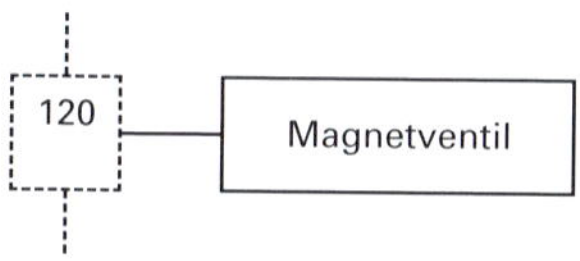	Solange der zugeordnete Schritt (hier Schritt 120) aktiviert ist, wird der beschriebenen Variablen (hier Magnetventilstellung) der Wert 1 (TRUE) zugewiesen (das Magnetventil ist geöffnet).
Aktion mit Zuweisungsbedingung	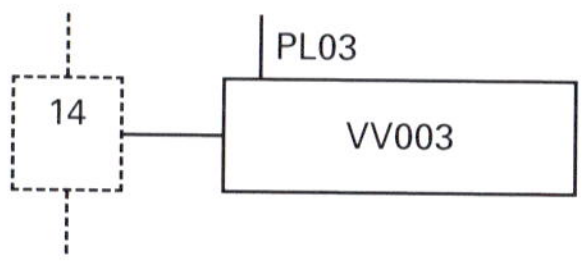	Der in der Aktion genannten Variablen (Ventilstellung Ventil VV003) wird nur dann der Wert 1 (TRUE = Ventil offen) zugewiesen (die Aktion findet nur dann statt), wenn zusätzlich zum Schritt die Zuweisungsbedingung erfüllt ist (hier Bedingung PL03, z.B. PL03 = Pumpe läuft). Andernfalls erhält die Variable den Wert 0 (FALSE = Ventil geschlossen), obwohl der Schritt (hier Schritt 14) aktiv ist.
Speichernde Aktion bei Aktivierung des Schrittes	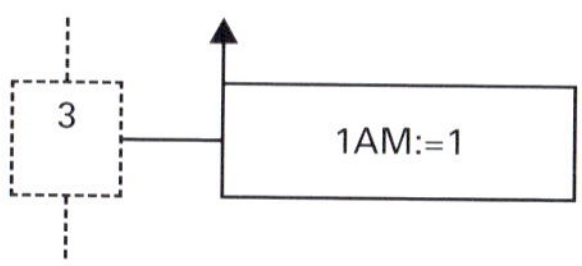	Zum Zeitpunkt der Aktivierung des Schritts (steigende Flanke ⇒ Pfeil nach oben ↑) wird der beschriebenen Variablen (hier Rührmotor) der angegebene Wert zugewiesen. Der Wert bleibt so lange gespeichert, bis er durch eine andere Aktion überschrieben wird. Im Beispiel wird bei Aktivierung des Schritts 3 der Rührmotor 1AM eingeschaltet.
Speichernde Aktion bei Deaktivierung des Schrittes	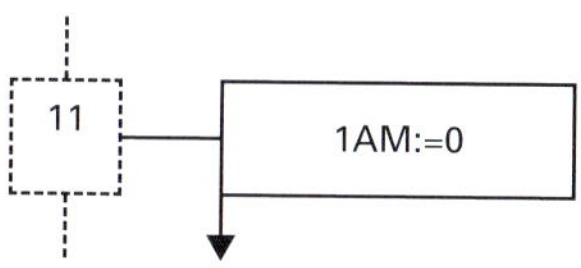	Zum Zeitpunkt der Deaktivierung des Schritts (fallende Flanke ⇒ Pfeil nach unten ↓) wird der beschriebenen Variablen (hier Rührmotor) der angegebene Wert zugewiesen. Der Wert bleibt so lange gespeichert, bis er durch eine andere Aktion überschrieben wird. Im Beispiel wird bei Deaktivierung des Schritts 11 der Rührmotor 1AM abgeschaltet.

GRAFCET-Funktionsplan (Fortsetzung) (nach DIN EN 60848, 2014-12)

Bezeichnungen und grafische Symbole

Bezeichnung	Symbol/Beispiele	Bemerkung
Speichernde Aktion bei Ereignis	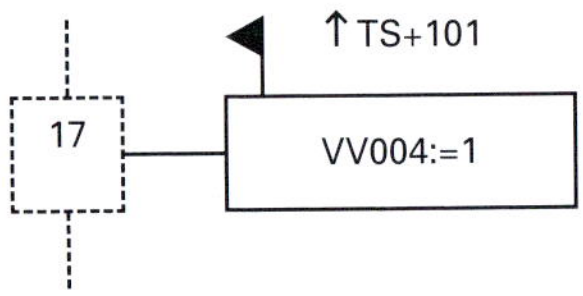	Der in der Aktion beschriebenen Variablen (VV004 offen) wird nur dann der angegebene Wert (hier 1) zugewiesen, wenn bei aktivem Schritt (hier 17) noch eine Zuweisungsbedingung (obere Temperatur erreicht) erfüllt ist und (hier) eine steigende Flanke auftritt (Pfeil nach oben). Bei fallender Flanke Pfeil nach unten!
Verzögerte Aktion	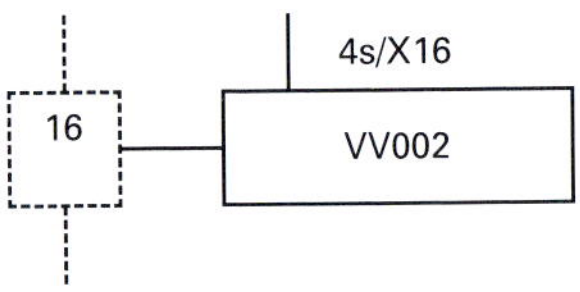	Im angegebenen Beispiel wird die Aktion (öffnen von Ventil VV002) um 4 s zeitverzögert ausgeführt (die Zeit links vom Schrägstrich besagt, dass die steigende Flanke der Zusatzbedingung bei der Ausführung um diese Zeit verzögert ausgeführt wird. Rechts neben dem Schrägstrich steht die Zuweisungsbedingung. X16 steht für den Zustand (TRUE) des aktiven Schritts 16.
Zeitbegrenzte Aktion	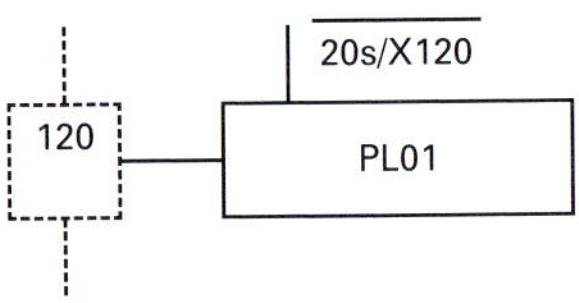 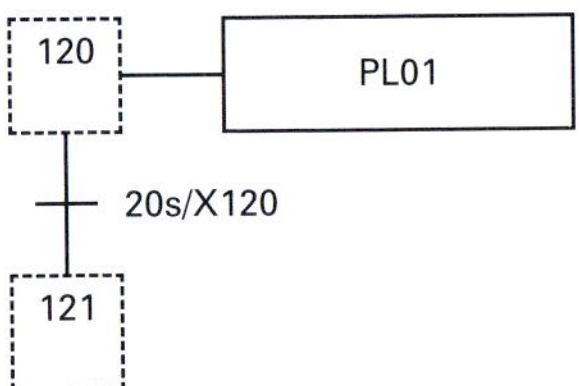	Im angegebenen Beispiel läuft die Pumpe PL01 nur für die Dauer von 20 s nach Aktivierung von Schritt 120 (maximal jedoch für die Aktivitätsdauer des entsprechenden Schritts, wenn diese kürzer als die angegebene Zeitbegrenzung ist). Alternative Darstellung.
Zeitabhängige Zuweisungsbedingung	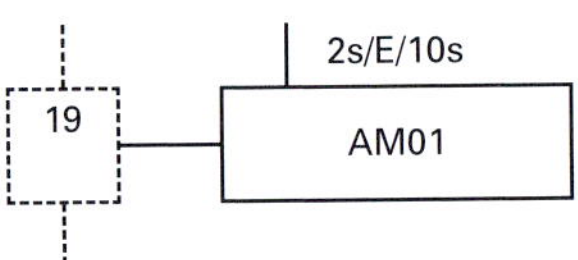	Z.B. der Rührmotor AM01 läuft erst 2 s nachdem die Trübung einer Lösung (zeitbedingte Variable E) festgestellt wird an, und schaltet 10 s nach Verschwinden der Trübung wieder ab.
Zeitabhängige speichernde Aktion (in der Norm nicht gesondert ausgewiesen)	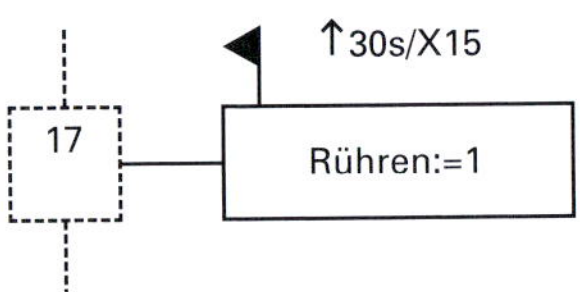	Siehe „Speichernde Aktion bei Ereignis" – hier ist als Ereignis die Zeit definiert.
Kommentare	„Ausflusszeit" „Hochheizen"	Kommentare können an allen Stellen des Grafcet eingefügt werden. Sie werden in Anführungszeichen geschrieben (vorn unten, hinten oben)

GRAFCET-Funktionsplan (Fortsetzung) (nach DIN EN 60848, 2014-12)

Bezeichnungen und grafische Symbole

Bezeichnung	Symbol/Beispiele	Bemerkung
Ablaufauswahl	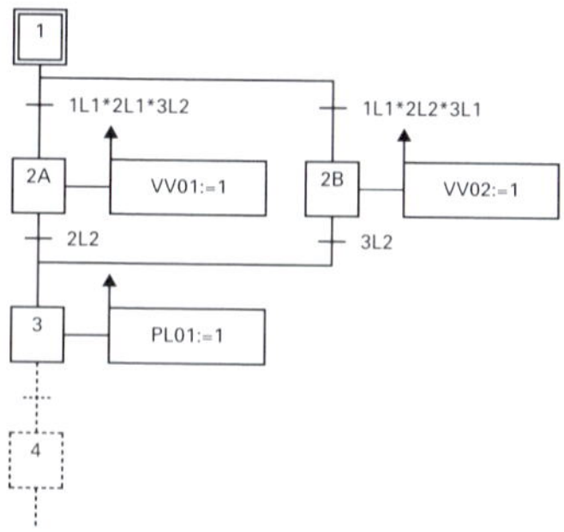	Ein Vorratsbehälter BE01 versorgt zwei Aufheizgefäße mit Lösemittel. Melden die Füllstandsensoren 1L1 (B01 voll), 2L1 (BE02 leer) und 3L2 (BE03 voll), so öffnet Ventil VV01 zum Befüllen von Behälter BE02. Melden dagegen die Füllstandsensoren 1L1 (BE01 voll), 2L2 (BE02 voll) und 3L1 (BE03 leer), so öffnet Ventil VV02 zum Befüllen von Behälter BE03. Meldet der Sensor 2L2 bzw. 3L2, dass der jeweilige Behälter nun auch gefüllt ist, wird die Heizmittelpumpe PL01 angefahren.
Synchronisierung	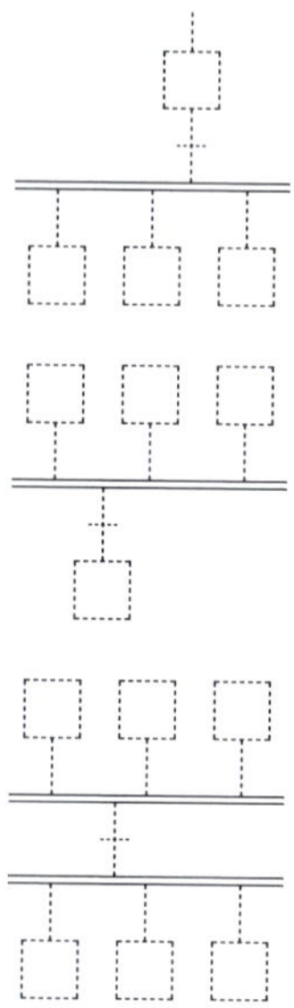	Sind mehrere Schritte mit der gleichen Transaktion verbunden, so werden die Wirkverbindungen zwischen der Transaktion und den Schritten über zwei parallele horizontale Linien (Synchronisierungssymbol) geführt. Möglichkeiten: – Transaktion von einem Schritt zu mehreren Schritten – Transaktion von mehreren Schritten zu einem Schritt – Transaktion von mehreren Schritten zu mehreren Schritten
Parallele Ablaufketten	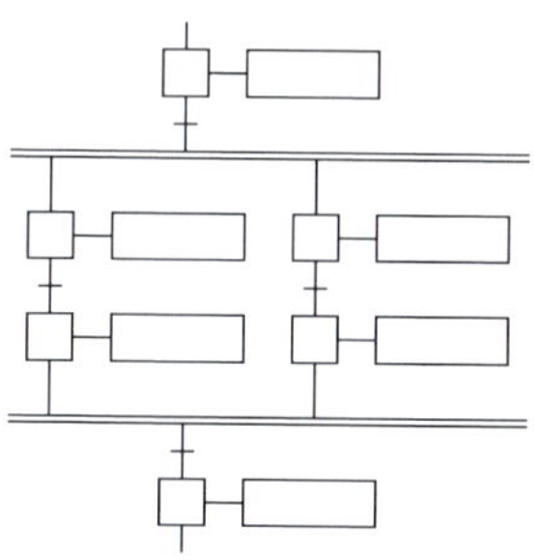	Die parallelen Verzweigungen werden von einer Aktion gestartet und laufen dann unabhängig voneinander weiter. Erst wenn alle Teilketten vollständig abgelaufen sind (also jeweils der letzte Schritt aktiv ist), schaltet eine gemeinsame Transaktion in den nächsten gemeinsamen Schritt (wobei alle parallelen Schritte deaktiviert werden).

GRAFCET-Funktionsplan (Fortsetzung) (nach DIN EN 60848, 2014-12)

Bezeichnungen und grafische Symbole

Bezeichnung	Symbol/Beispiele	Bemerkung
Wirkungslinie von unten nach oben **(Rückführung)**	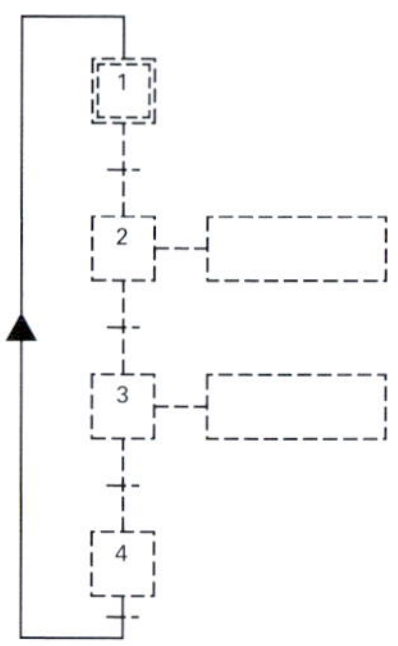	Bei Abläufen mit Schleifen, die mehrmals durchlaufen werden, sind die rückführenden Linien (Wirkungslinien von unten nach oben) mit Richtungspfeilen zu kennzeichnen. Für Wirklinien ohne Pfeil gilt immer die Richtung von oben nach unten. Kreuzungen zwischen vertikalen und horizontalen Verbindungen sind zulässig. Empfohlen Darstellungen aber 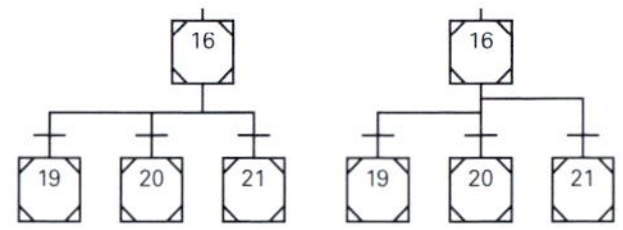
Unterbrochene Wirkungslinie mit Zielhinweis und Sprünge	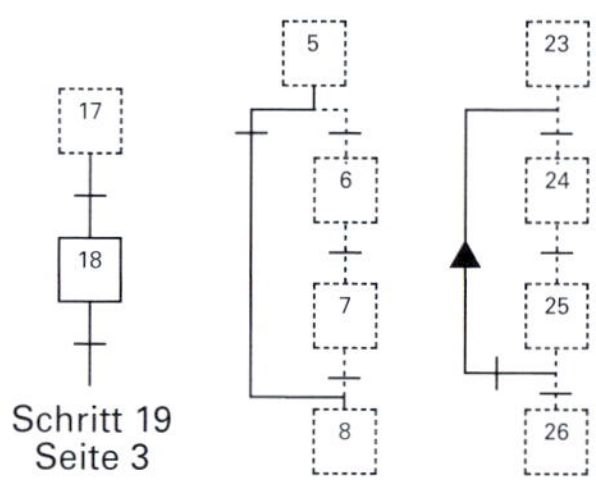	Ein Sprung mit Zielhinweis (Konnektor) ist nur erlaubt, wenn eine Wirkungslinie (Wirkverbindung) nicht möglich ist, z. B. bei Funktionsplänen über mehrere Seiten. Schritte oder eine ganze Kette können übersprungen werden, wenn z. B. in einem Prozessablauf die mit den entsprechenden Schritten verknüpften Aktionen hinfällig geworden sind oder wenn eine Kette merhfach durchlaufen werden muss, bis eine bestimmte Bedingung erfüllt ist (Rückführsprung).
Zwangs-steuernder Befehl	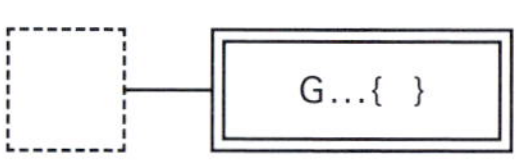	Beim zwangssteuernden Befehl steuert ein übergeordneter GRAFCET ein oder mehrere untergeordnete. Der Name der untergeordneten Teil-GRAFCET beginnt dabei immer mit einem G, danach folgt die Nummer. In der geschweiften Klammer stehen diejenigen Schritte, die zwangsläufig gesteuert werden. Dabei sind folgende Einträge möglich (Beispiele):
		Wird Schritt 15 aktiv, werden im Teil-GRAFCET 8 auch die Schritte 51und 52 aktiviert, alle anderen Schritte werden deaktiviert.
		Ist Schritt 12 aktiv, werden alle Schritte von Teil-GRAFCET 3 deaktiviert.
	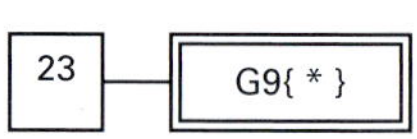	Ist Schritt 23 aktiv, wird Teil-GRAFCET 9 in seiner aktuellen Situation so lange eingefrohren, bis Schritt 23 wieder verlassen wird (inaktiv ist).
		Ist Schritt 19 aktiv, wird Teil-GRAFCET 13 initialisiert (durch seine(n) als Initialisierungsschritt(e) gekennzeichneten Schritt(e)). Es sind dann also nur seine Anfangsschritte aktiv.

GRAFCET-Funktionsplan (Fortsetzung) (nach DIN EN 60848, 2014-12)

Bezeichnungen und grafische Symbole

<table>
<tr><th>Bezeichnung</th><th>Symbol/Beispiele</th><th>Bemerkung</th></tr>
<tr><td>Einschließender Schritt</td><td>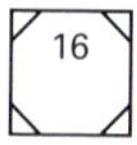
</td><td>Der so dargestellte Schritt (hier Schritt 16) schließt weitere Schritte ein.</td></tr>
<tr><td>Grafische Darstellung einer Einschließung</td><td>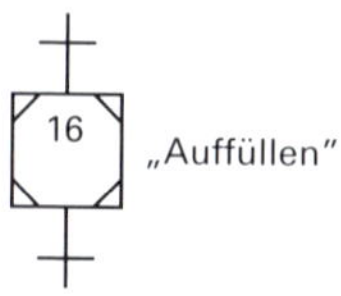

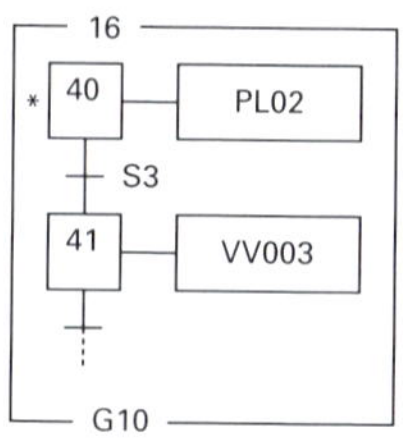
</td><td>Beispiel: Schritt 16 schließt den Teil-GRAFCET „Auffüllen" bzw. z.B. G10 ein. Dann wird der Teil-GRAFCET in einem Rahmen angeordnet. In diesen wird oben links der Name des einschließenden Schrittes (hier Schritt 16) und links unten die Kennung der dargestellten Einschließung (hier „Auffüllen" oder G10) geschrieben.

Der zuerst aktivierte eingeschlossene Schritt ist nicht als Startschritt definiert. Er ist mit einem Stern gekennzeichnet.</td></tr>
<tr><td>Makroschritt</td><td>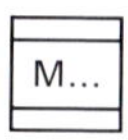

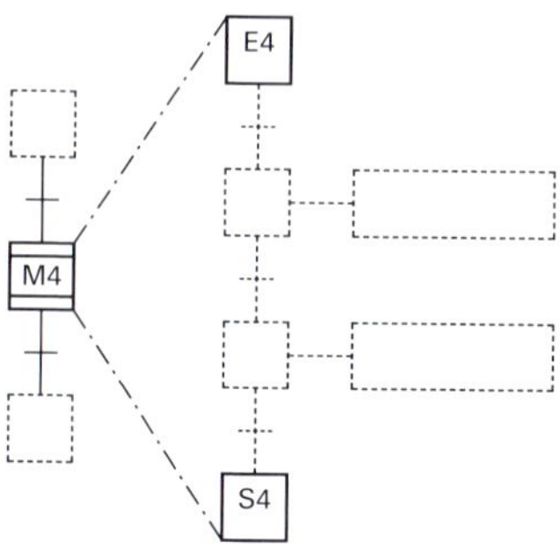
</td><td>Im Gegensatz zu einem einschließenden Schritt kann ein Makroschritt nicht unterbrochen werden, bevor er komplett abgearbeitet ist.

Die Bezeichnung des Makroschritts beginnt immer mit einem M, danach folgt ein alphanumerischer Name (z.B. M4).

In der Expansion des Makroschritts (das ist die Feinstruktur des Makroschritts), erhält der erste Schritt den gleichen Namen wie der Makroschritt, beginnt aber mit E (z.B. E4, E für Entreé (franz.) = Eingang). Entsprechend trägt der letzte Schritt ebenfalls den gleichen Namen, aber mit vorangestelltem S (z.B. S4, S für Sortie (franz.) = Ausgang). Die Schritte dazwischen können beliebig bezeichnet werden.</td></tr>
<tr><td>Zuordnung eines Wertes zu einer Variablen</td><td>AM02:=1

VV002:=0

C:=C+1</td><td>Setze den Wert der booleschen Variablen AM02 auf TRUE (aktiv).

Setze den Wert der booleschen Variablen VV002 auf FALSE (nicht aktiv).

Erhöhe den Wert eines Zählers (hier der numerischen Variablen C) um 1.</td></tr>
</table>

GRAFCET-Funktionsplan (Fortsetzung) (nach DIN EN 60 848, 2014-12)

Anwendungsbeispiel Rührreaktorsteuerung mit Funktionsplan Grafcet

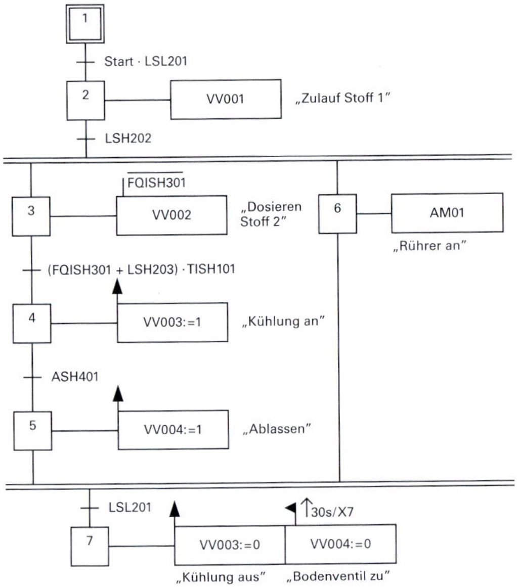

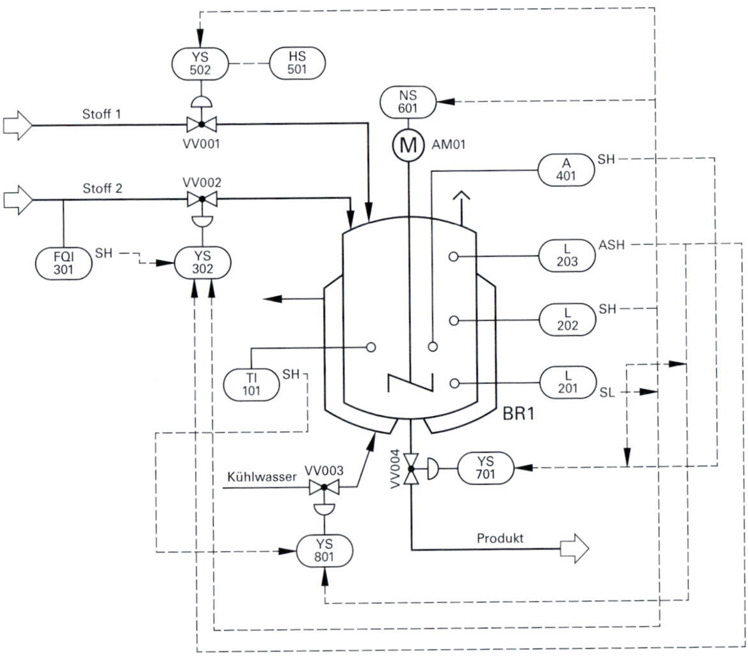

Gefahrstoffe

AS

R-Sätze und S-Sätze

(seit 2012/2015 ersetzt durch H- und P-Sätze, siehe Seite 393 ff)

R- und S-Sätze dienen der Arbeitssicherheit beim Umgang mit Gefahrstoffen. R-Sätze informieren über besondere Gefahren beim Umgang mit den Gefahrstoffen, S-Sätze geben Sicherheitshinweise.

R-Sätze

Kurzbezeichnung	Satzinhalt	Kurzbezeichnung	Satzinhalt
R 1	In trockenem Zustand explosionsgefährlich	R 30	Kann bei Gebrauch leicht entzündlich werden
R 2	Durch Schlag, Reibung, Feuer oder andere Zündquellen explosionsgefährlich	R 31	Entwickelt bei Berührung mit Säure giftige Gase
R 3	Durch Schlag, Reibung, Feuer oder andere Zündquellen besonders explosionsgefährlich	R 32	Entwickelt bei Berührung mit Alkalien sehr giftige Gase
R 4	Bildet hochempfindliche explosionsgefährliche Metallverbindungen	R 33	Gefahr kumulativer Wirkungen
R 5	Beim Erwärmen explosionsfähig	R 34	Verursacht Verätzungen
R 6	Mit und ohne Luft explosionsfähig	R 35	Verursacht schwere Verätzungen
R 7	Kann Brand verursachen	R 36	Reizt die Augen
R 8	Feuergefahr bei Berührung mit brennbaren Stoffen	R 37	Reizt die Atmungsorgane
R 9	Explosionsgefahr bei Mischung mit brennbaren Stoffen	R 38	Reizt die Haut
R 10	Entzündlich	R 39	Ernste Gefahr irreversiblen Schadens
R 11	Leichtentzündlich	R 40	Verdacht auf krebserzeugende Wirkung
R 12	Hochentzündlich	R 41	Gefahr ernster Augenschäden
R 14	Reagiert heftig mit Wasser	R 42	Sensibilisierung durch Einatmen möglich
R 15	Reagiert mit Wasser unter Bildung hoch entzündlicher Gase	R 43	Sensibilisierung durch Hautkontakt möglich
R 16	Explosionsgefährlich in Mischung mit brandfördernden Stoffen	R 44	Explosionsgefahr bei Erhitzen unter Einschluss
R 17	Selbstentzündlich an der Luft	R 45	Kann Krebs erzeugen
R 18	Bei Gebrauch Bildung explosiver/leicht entzündlicher Dampf-Luftgemische möglich	R 46	Kann vererbbare Schäden verursachen
R 19	Kann explosionsfähige Peroxide bilden	R 48	Gefahr ernster Gesundheitsschäden bei längerer Exposition
R 20	Gesundheitsschädlich beim Einatmen	R 49	Kann Krebs erzeugen beim Einatmen
R 21	Gesundheitsschädlich bei Berührung mit der Haut	R 50	Sehr giftig für Wasserorganismen
R 22	Gesundheitsschädlich beim Verschlucken	R 51	Giftig für Wasserorganismen
R 23	Giftig beim Einatmen	R 52	Schädlich für Wasserorganismen
R 24	Giftig bei Berührung mit der Haut	R 53	Kann in Gewässern längerfristig schädliche Wirkungen haben
R 25	Giftig beim Verschlucken	R 54	Giftig für Pflanzen
R 26	Sehr giftig beim Einatmen	R 55	Giftig für Tiere
R 27	Sehr giftig bei Berührung mit der Haut	R 56	Giftig für Bodenorganismen
R 28	Sehr giftig beim Verschlucken	R 57	Giftig für Bienen
R 29	Entwickelt bei Berührung mit Wasser giftige Gase	R 58	Kann längerfristig schädliche Wirkungen auf die Umwelt haben
		R 59	Gefährlich für die Ozonschicht
		R 60	Kann die Fortpflanzungsfähigkeit beeinträchtigen
		R 61	Kann das Kind im Mutterleib schädigen
		R 62	Kann möglicherweise die Fortpflanzungsfähigkeit beeinträchtigen

R-Sätze und S-Sätze (Fortsetzung)

R-Sätze (Fortsetzung)

Kurzbezeichnung	Satzinhalt	Kurzbezeichnung	Satzinhalt
R 63	Kann das Kind im Mutterleib möglicherweise schädigen	R 66	Wiederholter Kontakt kann zu spröder und rissiger Haut führen
R 64	Kann Säugling über die Muttermilch schädigen	R 67	Dämpfe können Schläfrigkeit und Benommenheit verursachen
R 65	Gesundheitsschädlich: kann beim Verschlucken Lungenschäden verursachen	R 68	Irreversibler Schaden möglich

Kombinationen der R-Sätze sind möglich

Kombination der R-Sätze (Beispiele)

Kurzbezeichnung	Satzinhalt	Kurzbezeichnung	Satzinhalt
R 14/15	Reagiert heftig mit Wasser unter Bildung hoch entzündlicher Gase	R 39/24	Giftig: ernste Gefahr irreversiblen Schadens bei Berührung mit der Haut
R 15/29	Reagiert mit Wasser unter Bildung giftiger und hoch entzündlicher Gase	R 39/25	Giftig: ernste Gefahr irreversiblen Schadens durch Verschlucken
R 20/21	Gesundheitsschädlich beim Einatmen und bei Berührung mit der Haut	R 39/23/24	Giftig: ernste Gefahr irreversiblen Schadens durch Einatmen und bei Berührung mit der Haut
R 20/22	Gesundheitsschädlich beim Einatmen und beim Verschlucken	R 39/23/25	Giftig: ernste Gefahr irreversiblen Schadens durch Einatmen und durch Verschlucken
R 20/21/22	Gesundheitsschädlich beim Einatmen, Verschlucken und bei Berührung mit der Haut	R 39/24/25	Giftig: ernste Gefahr irreversiblen Schadens bei Berührung mit der Haut und durch Verschlucken
R 21/22	Gesundheitsschädlich bei Berührung mit der Haut und beim Verschlucken	R 39/23/24/25	Giftig: ernste Gefahr irreversiblen Schadens durch Einatmen, Berührung mit der Haut und durch Verschlucken
R 23/24	Giftig beim Einatmen und bei Berührung mit der Haut	R 39/26	Sehr giftig: ernste Gefahr irreversiblen Schadens durch Einatmen
R 23/25	Giftig beim Einatmen und Verschlucken	R 39/27	Sehr giftig: ernste Gefahr irreversiblen Schadens bei Berührung mit der Haut
R 23/24/25	Giftig beim Einatmen, Verschlucken und bei Berührung mit der Haut	R 39/28	Sehr giftig: ernste Gefahr irreversiblen Schadens durch Verschlucken
R 24/25	Giftig bei Berührung mit der Haut und beim Verschlucken	R 39/26/27	Sehr giftig: ernste Gefahr irreversiblen Schadens durch Einatmen und bei Berührung mit der Haut
R 26/27	Sehr giftig beim Einatmen und bei Berührung mit der Haut	R 39/26/28	Sehr giftig: ernste Gefahr irreversiblen Schadens durch Einatmen und durch Verschlucken
R 26/28	Sehr giftig beim Einatmen und Verschlucken	R 39/27/28	Sehr giftig: ernste Gefahr irreversiblen Schadens bei Berührung mit der Haut und durch Verschlucken
R 26/27/28	Sehr giftig beim Einatmen, Verschlucken und bei Berührung mit der Haut	R 39/26/27/28	Sehr giftig: ernste Gefahr irreversiblen Schadens durch Einatmen, Berührung mit der Haut und durch Verschlucken
R 27/28	Sehr giftig bei Berührung mit der Haut und beim Verschlucken	R 40/20	Gesundheitsschädlich: Möglichkeit irreversiblen Schadens durch Einatmen
R 36/37	Reizt die Augen und die Atmungsorgane	R 40/21	Gesundheitsschädlich: Möglichkeit irreversiblen Schadens bei Berührung mit der Haut
R 36/38	Reizt die Augen und die Haut		
R 36/37/38	Reizt die Augen, Atmungsorgane und die Haut		
R 37/38	Reizt die Atmungsorgane und die Haut		
R 39/23	Giftig: ernste Gefahr irreversiblen Schadens durch Einatmen		

R-Sätze und S-Sätze (Fortsetzung)

Kombination der R-Sätze (Fortsetzung)

Kurzbezeichnung	Satzinhalt	Kurzbezeichnung	Satzinhalt
R 40/22	Gesundheitsschädlich: Möglichkeit irreversiblen Schadens durch Verschlucken	R 48/21/22	Gesundheitsschädlich: Gefahr ernster Gesundheitsschäden bei längerer Exposition durch Berührung mit der Haut und durch Verschlucken
R 40/20/21	Gesundheitsschädlich: Möglichkeit irreversiblen Schadens durch Einatmen und bei Berührung mit der Haut	R 48/20/ 21/22	Gesundheitsschädlich: Gefahr ernster Gesundheitsschäden bei längerer Exposition durch Einatmen, Berührung mit der Haut und durch Verschlucken
R 40/20/22	Gesundheitsschädlich: Möglichkeit irreversiblen Schadens durch Einatmen und durch Verschlucken	R 48/23	Giftig: Gefahr ernster Gesundheitsschäden bei längerer Exposition durch Einatmen
R 40/21/22	Gesundheitsschädlich: Möglichkeit irreversiblen Schadens bei Berührung mit der Haut und durch Verschlucken	R 48/24	Giftig: Gefahr ernster Gesundheitsschäden bei längerer Exposition durch Berührung mit der Haut
R 40/20/ 21/22	Gesundheitsschädlich: Möglichkeit irreversiblen Schadens durch Einatmen, Berührung mit der Haut und durch Verschlucken	R 48/25	Giftig: Gefahr ernster Gesundheitsschäden bei längerer Exposition durch Verschlucken
R 42/43	Sensibilisierung durch Einatmen und Hautkontakt möglich	R 48/23/24	Giftig: Gefahr ernster Gesundheitsschäden bei längerer Exposition durch Einatmen und durch Berührung mit der Haut
R 48/20	Gesundheitsschädlich: Gefahr ernster Gesundheitsschäden bei längerer Exposition durch Einatmen	R 48/23/25	Giftig: Gefahr ernster Gesundheitsschäden bei längerer Exposition durch Einatmen und durch Verschlucken
R 48/21	Gesundheitsschädlich: Gefahr ernster Gesundheitsschäden bei längerer Exposition durch Berührung mit der Haut	R 48/24/25	Giftig: Gefahr ernster Gesundheitsschäden bei längerer Exposition durch Berührung mit der Haut und durch Verschlucken
R 48/22	Gesundheitsschädlich: Gefahr ernster Gesundheitsschäden bei längerer Exposition durch Verschlucken	R 48/23/ 24/25	Giftig: Gefahr ernster Gesundheitsschäden bei längerer Exposition durch Einatmen, Berührung mit der Haut und durch Verschlucken
R 48/20/21	Gesundheitsschädlich: Gefahr ernster Gesundheitsschäden bei längerer Exposition durch Einatmen und durch Berührung mit der Haut		
R 48/20/22	Gesundheitsschädlich: Gefahr ernster Gesundheitsschäden bei längerer Exposition durch Einatmen und durch Verschlucken		

S-Sätze

Kurzbezeichnung	Satzinhalt	Kurzbezeichnung	Satzinhalt
S 1	Unter Verschluss aufbewahren	S 9	Behälter an einem gut belüfteten Ort aufbewahren
S 2	Darf nicht in die Hände von Kindern gelangen	S 12	Behälter nicht gasdicht verschließen
S 3	Kühl aufbewahren	S 13	Von Nahrungsmitteln, Getränken und Futtermitteln fernhalten
S 4	Von Wohnplätzen fernhalten	S 14	Von ... fernhalten (inkompatible Substanzen sind vom Hersteller anzugeben)
S 5	Unter ... aufbewahren (geeignete Flüssigkeit vom Hersteller anzugeben)	S 15	Vor Hitze schützen
S 6	Unter ... aufbewahren (inertes Gas vom Hersteller anzugeben)	S 16	Von Zündquellen fernhalten – Nicht rauchen
S 7	Behälter dicht geschlossen halten		
S 8	Behälter trocken halten		

R-Sätze und S-Sätze (Fortsetzung)

S-Sätze (Fortsetzung)

Kurzbezeichnung	Satzinhalt	Kurzbezeichnung	Satzinhalt
S 17	Von brennbaren Stoffen fernhalten	S 44	Bei Unwohlsein ärztlichen Rat einholen (wenn möglich, dieses Etikett vorzeigen)
S 18	Behälter mit Vorsicht öffnen und handhaben	S 45	Bei Unfall oder Unwohlsein sofort Arzt hinzuziehen (wenn möglich, dieses Etikett vorzeigen)
S 20	Bei der Arbeit nicht essen und trinken	S 46	Bei Verschlucken sofort ärztlichen Rat einholen und Verpackung oder Etikett vorzeigen
S 21	Bei der Arbeit nicht rauchen	S 47	Nicht bei Temperaturen über ... °C aufbewahren (vom Hersteller anzugeben)
S 22	Staub nicht einatmen	S 48	Feucht halten mit ... (geeignetes Mittel vom Hersteller anzugeben)
S 23	Gas/Rauch/Dampf/Aerosol nicht einatmen (geeignete Bezeichnung[en] vom Hersteller anzugeben)	S 49	Nur im Originalbehälter aufbewahren
S 24	Berührung mit der Haut vermeiden	S 50	Nicht mischen mit ... (vom Hersteller anzugeben)
S 25	Berührung mit den Augen vermeiden	S 51	Nur in gut belüfteten Bereichen verwenden
S 26	Bei Berührung mit den Augen gründlich mit Wasser abspülen und Arzt konsultieren	S 52	Nicht großflächig in Wohn- und Aufenthaltsräumen zu verwenden
S 27	Beschmutzte, getränkte Kleidung sofort ausziehen	S 53	Exposition vermeiden – vor Gebrauch besondere Anweisungen einholen
S 28	Bei Berührung mit der Haut sofort abwaschen mit viel ... (vom Hersteller anzugeben)	S 56	Diesen Stoff und seinen Behälter der Problemabfallentsorgung zuführen
S 29	Nicht in die Kanalisation gelangen lassen	S 57	Zur Vermeidung einer Kontamination der Umwelt geeigneten Behälter verwenden
S 30	Niemals Wasser hinzugießen	S 59	Information zur Wiederverwendung/ Wiederverwertung beim Hersteller/ Lieferanten erfragen
S 33	Maßnahmen gegen elektrostatische Aufladungen treffen	S 60	Dieser Stoff und sein Behälter sind als gefährlicher Abfall zu entsorgen
S 35	Abfälle und Behälter müssen in gesicherter Weise beseitigt werden	S 61	Freisetzung in die Umwelt vermeiden. Besondere Anweisungen einholen/ Sicherheitsdatenblatt zu Rate ziehen
S 36	Bei der Arbeit geeignete Schutzkleidung tragen	S 62	Bei Verschlucken kein Erbrechen herbeiführen. Sofort ärztlichen Rat einholen und Verpackung oder dieses Etikett vorzeigen
S 37	Geeignete Schutzhandschuhe tragen	S 63	Bei Unfall durch Einatmen: Verunfallten an die frische Luft bringen und ruhig stellen
S 38	Bei unzureichender Belüftung Atemschutzgerät anlegen	S 64	Bei Verschlucken Mund mit Wasser ausspülen (nur wenn Verunfallter bei Bewusstsein ist)
S 39	Schutzbrille/Gesichtsschutz tragen		
S 40	Fußboden und verunreinigte Gegenstände mit ... reinigen (vom Hersteller anzugeben)		
S 41	Explosions- und Brandgase nicht einatmen		
S 42	Beim Räuchern/Versprühen geeignetes Atemschutzgerät anlegen (geeignete Bezeichnung[en] vom Hersteller anzugeben)		
S 43	Zum Löschen ... (vom Hersteller anzugeben) verwenden; (wenn Wasser die Gefahr erhöht, anfügen: „Kein Wasser verwenden")		

Kombinationen der S-Sätze sind möglich

R-Sätze und S-Sätze (Fortsetzung)

Kombination von S-Sätzen (Beispiele)

Kurzbezeichnung	Satzinhalt	Kurzbezeichnung	Satzinhalt
S 1/2	Unter Verschluss und für Kinder unzugänglich aufbewahren	S 7/8	Behälter trocken und dicht geschlossen halten
S 3/7/9	Behälter dicht geschlossen halten und an einem kühlen, gut gelüfteten Ort aufbewahren	S 7/9	Behälter dicht geschlossen an einem gut gelüfteten Ort aufbewahren
S 3/9	Behälter an einem kühlen, gut gelüfteten Ort aufbewahren	S 20/21	Bei der Arbeit nicht essen, trinken, rauchen
S 3/14	An einem kühlen Ort entfernt von ... aufbewahren (die Stoffe, mit denen Kontakt vermieden werden muss, sind vom Hersteller anzugeben)	S 24/25	Berührung mit den Augen und der Haut vermeiden
S 3/9/14	An einem kühlen, gut gelüfteten Ort, entfernt von ... aufbewahren (die Stoffe, mit denen Kontakt vermieden werden muss, sind vom Hersteller anzugeben)	S 36/37	Bei der Arbeit geeignete Schutzhandschuhe und Schutzkleidung tragen
		S 36/39	Bei der Arbeit geeignete Schutzkleidung und Schutzbrille/Gesichtsschutz tragen
S 3/9/49	Nur im Originalbehälter an einem kühlen, gut gelüfteten Ort aufbewahren	S 37/39	Bei der Arbeit geeignete Schutzhandschuhe und Schutzbrille/Gesichtsschutz tragen
S 3/9/14/49	Nur im Originalbehälter an einem kühlen, gut gelüfteten Ort entfernt von ... aufbewahren (Stoffe, mit denen Kontakt vermieden werden muss, sind vom Hersteller anzugeben)	S 36/37/39	Bei der Arbeit geeignete Schutzkleidung, Schutzhandschuhe und Schutzbrille/Gesichtsschutz tragen
		S 47/49	Nur im Originalbehälter bei einer Temperatur von nicht über ... °C (vom Hersteller anzugeben) aufbewahren

Gefahrensymbole und Gefahrenbezeichnungen (Auswahl)

(seit 2012/2015 ersetzt durch die Gefahrensymbole der GHS, siehe folgende Seiten)

E	O	F+	F	T+

Explosionsgefährlich	Brandfördernd	Hochentzündlich	Leichtentzündlich	Sehr giftig
T	**C**	**Xi**	**Xn**	**N**

Giftig	Ätzend	Reizend	Gesundheitsschädlich (Mindergiftig)	Umweltgefährlich

Gefahrensymbole und Gefahrenbezeichnungen (Fortsetzung)

Das **G**lobal **H**armonisierte **S**ystem (GHS) der Vereinten Nationen vereinheitlicht weltweit die Einstufung und Kennzeichnung von Chemikalien (ab 20.01.2009 in Kraft, verbindlich ab 01.12.2010 für Stoffe und ab 01.06.2015 für Gemische).

Die kennzeichnenden Elemente des Systems sind:

- **Gefahrenpiktogramme** (Gefahrensymbole) , z.B.  *(entzündbare Stoffe)*
- **Signalwort (Gefahr** oder **Achtung)**
- **Gefahrenhinweise (H-Sätze,** ähnlich den bisherigen R-Sätzen), z.B. H220

  H | **2** | **20**
  - 20 → **Laufende Nummer** (hier für *extrem entzündbares Gas)*
  - 2 → **Gruppierung** (**2** Physikalische Gefahren **3** Gesundheitsgefahren **4** Umweltgefahren)
  - H → **Gefahrenhinweis** (**H**azard Statement)

- **Sicherheitshinweise (P-Sätze,** ähnlich den bisherigen S-Sätzen), z.B. P240

  P | **2** | **40**
  - 40 → **Laufende Nummer** (40 für *Behälter und zu befüllende Anlage erden)*
  - 2 → **Gruppierung** (**1** Allgemein **2** Prävention **3** Reaktion **4** Lagerung **5** Entsorgung)
  - P → **Sicherheitshinweis** (**P**recautionary Statement)

Piktogramm	Kodierung und Bezeichnung	Piktogramm	Kodierung und Bezeichnung
	GHS01 Explodierende Bombe Instabile explosive Stoffe und Gemische, Explosive Stoffe/Gemische und Erzeugnisse mit Explosivstoff, Selbstzersetzliche Stoffe und Gemische, Organische Peroxide		GHS06 Totenkopf mit gekreuzten Knochen Akute Toxizität (oral, dermal, inhalativ)
	GHS02 Flamme Entzündbare Gase, Entzündbare Aerosole, Entzündbare Flüssigkeiten, Entzündbare Feststoffe, Selbstzersetzliche Stoffe und Gemische, pyrophore Flüssigkeiten, pyrophore Feststoffe, Selbsterhitzungsfähige Stoffe und Gemische, Stoffe und Gemische, die bei Berührung mit Wasser entzündbare Gase abgeben, Organische Peroxide		GHS07 Ausrufezeichen Akute Toxizität (oral, dermal, inhalativ), Reizung der Haut, Augenreizung, Sensibilisierung der Haut, Spezifische Zielorgan-Toxizität (einmalige Exposition), Atemwegsreizung, narkotisierende Wirkungen
	GHS03 Flamme über einem Kreis Oxidierende Gase, Oxidierende Flüssigkeiten, Oxidierende Feststoffe		GHS08 Gesundheitsgefahr Sensibilisierung der Atemwege, Keimzellmutagenität, Karzinogenität, Reproduktionstoxizität, Spezifische Zielorgan-Toxizität (einmalige Exposition), Spezifische Zielorgan-Toxizität (wiederholte Exposition), Aspirationsgefahr
	GHS04 Gasflasche Gase unter Druck: verdichtete Gase, verflüssigte Gase, tiefgekühlt verflüssigte Gase, gelöste Gase		
	GHS05 Ätzwirkung Auf Metalle korrosiv wirkend, Hautätzend, Schwere Augenschädigung		GHS09 Umwelt Gewässergefährdend – akut gewässergefährdend – chronisch gewässergefährdend

H-Sätze (Gefahrenhinweise)

Gefahrenhinweise für physikalische Gefahren

H200 Instabil, explosiv
H201 Explosiv, Gefahr der Massenexplosion.
H202 Explosiv; große Gefahr durch Splitter, Spreng- und Wurfstücke.
H203 Explosiv; Gefahr durch Feuer, Luftdruck oder Splitter, Spreng- und Wurfstücke.
H204 Gefahr durch Feuer oder Splitter, Spreng- und Wurfstücke.
H205 Gefahr der Massenexplosion bei Feuer.
H220 Extrem entzündbares Gas.
H221 Entzündbares Gas.
H222 Extrem entzündbares Aerosol.
H223 Entzündbares Aerosol.
H224 Flüssigkeit und Dampf extrem entzündbar.
H225 Flüssigkeit und Dampf leicht entzündbar.
H226 Flüssigkeit und Dampf entzündbar.
H228 Entzündbarer Feststoff.
H240 Erwärmung kann Explosion verursachen.
H241 Erwärmung kann Brand oder Explosion verursachen.
H242 Erwärmung kann Brand verursachen.
H250 Entzündet sich in Berührung mit Luft von selbst.
H251 Selbsterhitzungsfähig; kann in Brand geraten.
H252 In großen Mengen selbsterhitzungsfähig; kann in Brand geraten.
H260 In Berührung mit Wasser entstehen entzündbare Gase, die sich spontan entzünden können.
H261 In Berührung mit Wasser entstehen entzündbare Gase.
H270 Kann Brand verursachen oder verstärken; Oxidationsmittel.
H271 Kann Brand oder Explosion verursachen; starkes Oxidationsmittel.
H272 Kann Brand verstärken; Oxidationsmittel.
H280 Enthält Gas unter Druck; kann bei Erwärmung explodieren.
H281 Enthält tiefkaltes Gas; kann Kälteverbrennungen oder -verletzungen verursachen.
H290 Kann gegenüber Metallen korrosiv sein.

Gefahrenhinweise für Gesundheitsgefahren

H300 Lebensgefahr bei Verschlucken.
H301 Giftig bei Verschlucken.
H302 Gesundheitsschädlich bei Verschlucken.
H304 Kann bei Verschlucken und Eindringen in die Atemwege tödlich sein.
H310 Lebensgefahr bei Hautkontakt.
H311 Giftig bei Hautkontakt.
H312 Gesundheitsschädlich bei Hautkontakt.
H314 Verursacht schwere Verätzungen der Haut und schwere Augenschäden.
H315 Verursacht Hautreizungen.
H317 Kann allergische Hautreaktionen verursachen.
H318 Verursacht schwere Augenschäden.
H319 Verursacht schwere Augenreizung.
H330 Lebensgefahr bei Einatmen.
H331 Giftig bei Einatmen.
H332 Gesundheitsschädlich bei Einatmen.
H334 Kann bei Einatmen Allergie, asthmaartige Symptome oder Atembeschwerden verursachen.
H335 Kann die Atemwege reizen.
H336 Kann Schläfrigkeit und Benommenheit verursachen.
H340 Kann genetische Defekte verursachen <Expositionsweg angeben, sofern schlüssig belegt ist, dass diese Gefahr bei keinem anderen Expositionsweg besteht>.
H341 Kann vermutlich genetische Defekte verursachen <Expositionsweg angeben, sofern schlüssig belegt ist, dass diese Gefahr bei keinem anderen Expositionsweg besteht>.
H350 Kann Krebs erzeugen <Expositionsweg angeben, sofern schlüssig belegt ist, dass diese Gefahr bei keinem anderen Expositionsweg besteht>.
H351 Kann vermutlich Krebs erzeugen <Expositionsweg angeben, sofern schlüssig belegt ist, dass diese Gefahr bei keinem anderen Expositionsweg besteht>.

H-Sätze (Gefahrenhinweise) (Fortsetzung) und P-Sätze (Sicherheitshinweise)

Gefahrenhinweise für Gesundheitsgefahren (Fortsetzung)

H360 Kann die Fruchtbarkeit beeinträchtigen oder das Kind im Mutterleib schädigen <konkrete Wirkung angeben, sofern bekannt> <Expositionsweg angeben, sofern schlüssig belegt ist, dass die Gefahr bei keinem anderen Expositionsweg besteht>.

H361 Kann vermutlich die Fruchtbarkeit beeinträchtigen oder das Kind im Mutterleib schädigen <konkrete Wirkung angeben, sofern bekannt> <Expositionsweg angeben, sofern schlüssig belegt ist, dass die Gefahr bei keinem anderen Expositionsweg besteht>

H362 Kann Säuglinge über die Muttermilch schädigen.

H370 Schädigt die Organe <oder alle betroffenen Organe nennen, sofern bekannt> <Expositionsweg angeben, sofern schlüssig belegt ist, dass diese Gefahr bei keinem anderen Expositionsweg besteht>.

H371 Kann die Organe schädigen <oder alle betroffenen Organe nennen, sofern bekannt> <Expositionsweg angeben, sofern schlüssig belegt ist, dass diese Gefahr bei keinem anderen Expositionsweg besteht>.

H372 Schädigt die Organe <alle betroffenen Organe nennen> bei längerer oder wiederholter Exposition <Expositionsweg angeben, wenn schlüssig belegt ist, dass diese Gefahr bei keinem anderen Expositionsweg besteht>.

H373 Kann die Organe schädigen <alle betroffenen Organe nennen, sofern bekannt> bei längerer oder wiederholter Exposition <Expositionsweg angeben, wenn schlüssig belegt ist, dass diese Gefahr bei keinem anderen Expositionsweg besteht>.

Gefahrenhinweise für Umweltgefahren

H400 Sehr giftig für Wasserorganismen.

H410 Sehr giftig für Wasserorganismen mit langfristiger Wirkung.

H411 Giftig für Wasserorganismen, mit langfristiger Wirkung.

H412 Schädlich für Wasserorganismen, mit langfristiger Wirkung.

H413 Kann für Wasserorganismen schädlich sein, mit langfristiger Wirkung.

P-Sätze (Sicherheitshinweise)

Allgemein

P101 Ist ärztlicher Rat erforderlich, Verpackung oder Kennzeichnungsetikett bereithalten.

P102 Darf nicht in die Hände von Kindern gelangen.

P103 Vor Gebrauch Kennzeichnungsetikett lesen.

Prävention

P201 Vor Gebrauch besondere Anweisungen einholen.

P202 Vor Gebrauch alle Sicherheitshinweise lesen und verstehen.

P210 Von Hitze/Funken/offener Flamme/heißen Oberflächen fernhalten. Nicht rauchen.

P211 Nicht gegen offene Flamme oder andere Zündquelle sprühen.

P220 Von Kleidung/.../brennbaren Materialien fernhalten/entfernt aufbewahren.

P221 Mischen mit brennbaren Stoffen/... unbedingt verhindern.

P222 Kontakt mit Luft nicht zulassen.

P223 Kontakt mit Wasser wegen heftiger Reaktion und möglichem Aufflammen unbedingt verhindern.

P230 Feucht halten mit ...

P231 Unter inertem Gas handhaben.

P232 Vor Feuchtigkeit schützen.

P233 Behälter dicht verschlossen halten.

P234 Nur im Originalbehälter aufbewahren.

P235 Kühl halten.

P240 Behälter und zu befüllende Anlage erden.

P241 Explosionsgeschützte elektrische Betriebsmittel/Lüftungsanlagen/Beleuchtung/... verwenden.

P242 Nur funkenfreies Werkzeug verwenden

P243 Maßnahmen gegen elektrostatische Aufladungen treffen.

P244 Druckminderer frei von Fett und Öl halten.

P250 Nicht schleifen/stoßen/.../reiben.

P251 Behälter steht unter Druck: Nicht durchstechen oder verbrennen, auch nicht nach der Verwendung.

P260 Staub/Rauch/Gas/Nebel/Dampf/Aerosol nicht einatmen.

P261 Einatmen von Staub/Rauch/Gas/Nebel/Dampf/Aerosol vermeiden.

P262 Nicht in die Augen, auf die Haut oder die Kleidung gelangen lassen.

P-Sätze (Sicherheitshinweise) (Fortsetzung)

Prävention (Fortsetzung)

P263	Kontakt während der Schwangerschaft und der Stillzeit vermeiden.
P264	Nach Gebrauch ... gründlich waschen.
P270	Bei Gebrauch nicht essen, trinken oder rauchen.
P271	Nur im Freien oder in gut belüfteten Räumen verwenden.
P272	Kontaminierte Arbeitskleidung nicht außerhalb des Arbeitsplatzes tragen.
P273	Freisetzung in die Umwelt vermeiden.
P280	Schutzhandschuhe/Schutzkleidung/Augenschutz/Gesichtsschutz tragen.
P281	Vorgeschriebene persönliche Schutzausrüstung verwenden.
P282	Schutzhandschuhe/Gesichtsschild/Augenschutz mit Kälteisolierung tragen.
P283	Schwer entflammbare/flammhemmende Kleidung tragen.
P284	Atemschutz tragen.
P285	Bei unzureichender Belüftung Atemschutz tragen.

Kombinationen

P231 + P232	Unter inertem Gas handhaben. Vor Feuchtigkeit schützen.
P235 + P410	Kühl halten. Vor Sonnenbestrahlung schützen.

Reaktion

P301	BEI VERSCHLUCKEN:
P302	BEI BERÜHRUNG MIT DER HAUT:
P303	BEI BERÜHRUNG MIT DER HAUT (oder dem Haar):
P304	BEI EINATMEN:
P305	BEI KONTAKT MIT DEN AUGEN:
P306	BEI KONTAMINIERTER KLEIDUNG:
P307	BEI Exposition:
P308	BEI Exposition oder falls betroffen:
P309	BEI Exposition oder Unwohlsein:
P310	Sofort GIFTINFORMATIONSZENTRUM oder Arzt anrufen.
P311	GIFTINFORMATIONSZENTRUM oder Arzt anrufen.
P312	Bei Unwohlsein GIFTINFORMATIONSZENTRUM oder Arzt anrufen.
P313	Ärztlichen Rat einholen/ärztliche Hilfe hinzuziehen.
P314	Bei Unwohlsein ärztlichen Rat einholen/ärztliche Hilfe hinzuziehen.
P315	Sofort ärztlichen Rat einholen/ärztliche Hilfe hinzuziehen.
P320	Besondere Behandlung dringend erforderlich (siehe ... auf diesem Kennzeichnungsetikett).
P321	Besondere Behandlung (siehe ... auf diesem Kennzeichnungsetikett).
P322	Gezielte Maßnahmen (siehe ... auf diesem Kennzeichnungsetikett).
P330	Mund ausspülen.
P331	KEIN Erbrechen herbeiführen.
P332	Bei Hautreizung:
P333	Bei Hautreizung oder -ausschlag:
P334	In kaltes Wasser tauchen/nassen Verband anlegen.
P335	Lose Partikel von der Haut abbürsten.
P336	Vereiste Bereiche mit lauwarmem Wasser auftauen. Betroffenen Bereich nicht reiben.
P337	Bei anhaltender Augenreizung:
P338	Eventuell vorhandene Kontaktlinsen nach Möglichkeit entfernen. Weiter ausspülen.
P340	Die betroffene Person an die frische Luft bringen und in einer Position ruhigstellen, die das Atmen erleichtert.
P341	Bei Atembeschwerden an die frische Luft bringen und in einer Position ruhigstellen, die das Atmen erleichtert.
P342	Bei Symptomen der Atemwege:
P350	Behutsam mit viel Wasser und Seife waschen.
P351	Einige Minuten lang behutsam mit Wasser ausspülen.
P352	Mit viel Wasser und Seife waschen.
P353	Haut mit Wasser abwaschen/duschen.
P360	Kontaminierte Kleidung und Haut sofort mit viel Wasser abwaschen und danach Kleidung ausziehen.
P361	Alle kontaminierten Kleidungsstücke sofort ausziehen.
P362	Kontaminierte Kleidung ausziehen und vor erneutem Tragen waschen.

P-Sätze (Sicherheitshinweise) (Fortsetzung)

Reaktion (Fortsetzung)

P363	Kontaminierte Kleidung vor erneutem Tragen waschen.
P370	Bei Brand:
P371	Bei Großbrand und großen Mengen:
P372	Explosionsgefahr bei Brand.
P373	KEINE Brandbekämpfung, wenn das Feuer explosive Stoffe/Gemische/Erzeugnisse erreicht.
P374	Brandbekämpfung mit üblichen Vorsichtsmaßnahmen aus angemessener Entfernung.
P375	Wegen Explosionsgefahr Brand aus der Entfernung bekämpfen.
P376	Undichtigkeit beseitigen, wenn gefahrlos möglich.
P377	Brand von ausströmendem Gas: Nicht löschen, bis Undichtigkeit gefahrlos beseitigt werden kann.
P378	... zum Löschen verwenden.
P380	Umgebung räumen.
P381	Alle Zündquellen entfernen, wenn gefahrlos möglich.
P390	Verschüttete Mengen aufnehmen, um Materialschäden zu vermeiden.
P391	Verschüttete Mengen aufnehmen.

Kombinationen

P301 + P310	BEI VERSCHLUCKEN: Sofort GIFTINFORMATIONSZENTRUM oder Arzt anrufen.
P301 + P312	BEI VERSCHLUCKEN: Bei Unwohlsein GIFTINFORMATIONSZENTRUM oder Arzt anrufen.
P301+ P330 + P331	BEI VERSCHLUCKEN: Mund ausspülen. KEIN Erbrechen herbeiführen.
P302 + P334	BEI KONTAKT MIT DER HAUT: In kaltes Wasser tauchen/nassen Verband anlegen.
P302 + P350	BEI KONTAKT MIT DER HAUT: Behutsam mit viel Wasser und Seife waschen.
P302 + P352	BEI KONTAKT MIT DER HAUT: Mit viel Wasser und Seife waschen.
P303 + P361 + P353	BEI KONTAKT MIT DER HAUT (oder dem Haar): Alle beschmutzten, getränkten Kleidungsstücke sofort ausziehen. Haut mit Wasser abwaschen/duschen.
P304 + P340	BEI EINATMEN: An die frische Luft bringen und in einer Position ruhigstellen, die das Atmen erleichtert.
P304 + P341	BEI EINATMEN: Bei Atembeschwerden an die frische Luft bringen und in einer Position ruhig stellen, die das Atmen erleichtert.
P305 + P351 + P338	BEI KONTAKT MIT DEN AUGEN: Einige Minuten lang behutsam mit Wasser spülen. Vorhandene Kontaktlinsen nach Möglichkeit entfernen. Weiter spülen.
P306 + P360	BEI KONTAKT MIT DER KLEIDUNG: Kontaminierte Kleidung und Haut sofort mit viel Wasser abwaschen und danach Kleidung ausziehen.
P307 + P311	Bei Exposition: GIFTINFORMATIONSZENTRUM oder Arzt anrufen.
P308 + P313	Bei Exposition oder falls betroffen: Ärztlichen Rat einholen/ärztliche Hilfe hinzuziehen.
P309 + P311	Bei Exposition oder Unwohlsein: GIFTINFORMATIONSZENTRUM oder Arzt anrufen.
P332 + P313	Bei Hautreizung: Ärztlichen Rat einholen/ärztliche Hilfe hinzuziehen.
P333 + P313	Bei Hautreizung oder -ausschlag: Ärztlichen Rat einholen/ärztliche Hilfe hinzuziehen.
P335 + P334	Lose Partikel von der Haut abbürsten. In kaltes Wasser tauchen/nassen Verband anlegen.
P337 + P313	Bei anhaltender Augenreizung: Ärztlichen Rat einholen/ärztliche Hilfe hinzuziehen.
P342 + P311	Bei Symptomen der Atemwege: GIFTINFORMATIONSZENTRUM oder Arzt anrufen.
P370 + P376	Bei Brand: Undichtigkeit beseitigen, wenn gefahrlos möglich.
P370 + P378	Bei Brand: ... zum Löschen verwenden.
P370 + P380	Bei Brand: Umgebung räumen.
P370 + P380 + P375	Bei Brand: Umgebung räumen. Wegen Explosionsgefahr Brand aus der Entfernung bekämpfen.
P371 + P380 + P375	Bei Großbrand und großen Mengen: Umgebung räumen. Wegen Explosionsgefahr Brand aus der Entfernung bekämpfen.

Aufbewahrung

P401	... aufbewahren.
P402	An einem trockenen Ort aufbewahren.
P403	An einem gut belüfteten Ort aufbewahren.
P404	In einem geschlossenen Behälter aufbewahren.
P405	Unter Verschluss aufbewahren.
P406	In Korrosionsbeständigem/... Behälter mit korrosionsbeständiger Auskleidung aufbewahren.
P407	Luftspalt zwischen Stapeln/Paletten lassen.
P410	Vor Sonnenbestrahlung schützen.
P411	Bei Temperaturen von nicht mehr als ... °C/... aufbewahren.

P-Sätze (Sicherheitshinweise) (Fortsetzung) und EUH-Sätze

Aufbewahrung (Fortsetzung)

P412	Nicht Temperaturen von mehr als 50 °C aussetzen.
P413	Schüttgut in Mengen von mehr als ... kg bei Temperaturen von nicht mehr als ... °C aufbewahren.
P420	Von anderen Materialien entfernt aufbewahren.
P422	Inhalt in/unter ... aufbewahren.

Kombinationen

P402 + P404	In einem geschlossenen Behälter an einem trockenen Ort aufbewahren.
P403 + P233	Behälter dicht verschlossen an einem gut belüfteten Ort aufbewahren.
P403 + P235	Kühl an einem gut belüfteten Ort aufgewahren.
P410 + P403	Vor Sonnenbestrahlung geschützt an einem gut belüfteten Ort aufbewahren.
P410 + P412	Vor Sonnenbestrahlung schützen und nicht Temperaturen von mehr als 50 °C aussetzen.
P411 + P235	Kühl und bei Temperaturen von nicht mehr als ... °C aufbewahren.

Entsorgen

P501	Inhalt/Behälter ... zuführen.

Ergänzende Gefahrenmerkmale und ergänzende Kennzeichnungselemente – EUH-Sätze Teil 1

Physikalische Eigenschaften

EUH 001	In trockenem Zustand explosionsgefährlich.
EUH 006	Mit und ohne Luft explosionsfähig.
EUH 014	Reagiert heftig mit Wasser.
EUH 018	Kann bei Verwendung explosionsfähige/entzündbare Dampf/Luft-Gemische bilden.
EUH 019	Kann explosionsfähige Peroxide bilden.
EUH 044	Explosionsgefahr bei Erhitzen unter Einschluss.

Gesundheitsgefährliche Eigenschaften

EUH 029	Entwickelt bei Berührung mit Wasser giftige Gase.
EUH 031	Entwickelt bei Berührung mit Säure giftige Gase.
EUH 032	Entwickelt bei Berührung mit Säure sehr giftige Gase.
EUH 066	Wiederholter Kontakt kann zu spröder oder rissiger Haut führen.
EUH 070	Giftig bei Berührung mit den Augen.
EUH 071	Wirkt ätzend auf die Atemwege.

Umweltgefährliche Eigenschaften

EUH 059	Die Ozonschicht schädigend.

Ergänzende Kennzeichnungselemente/Informationen über bestimmte Stoffe und Gemische – EUH-Sätze Teil 2

Gefahrenhinweise für physikalische Gefahren

EUH 201/201A	Enthält Blei. Nicht für den Anstrich von Gegenständen verwenden, die von Kindern gekaut oder gelutscht werden könnten. Achtung! Enthält Blei.
EUH 202	Cyanacrylat. Gefahr. Klebt innerhalb von Sekunden Haut und Augenlider zusammen. Darf nicht in die Hände von Kindern gelangen.
EUH 203	Enthält Chrom (VI). Kann allergische Reaktionen hervorrufen.
EUH 204	Enthält Isocyanate. Kann allergische Reaktionen hervorrufen.
EUH 205	Enthält epoxidhaltige Verbindungen. Kann allergische Reaktionen hervorrufen.
EUH 206	Achtung! Nicht zusammen mit anderen Produkten verwenden, da gefährliche Gase (Chlor) freigesetzt werden können.
EUH 207	Achtung! Enthält Cadmium. Bei der Verwendung entstehen gefährliche Dämpfe. Hinweise des Herstellers beachten. Sicherheitsanweisungen einhalten.
EUH 208	Enthält <Name des sensibilisierenden Stoffes>. Kann allergische Reaktionen hervorrufen.
EUH 209/209A	Kann bei Verwendung leicht entzündbar werden. Kann bei Verwendung entzündbar werden.
EUH 210	Sicherheitsdatenblatt auf Anfrage erhältlich.
EUH 401	Zur Vermeidung von Risiken für Mensch und Umwelt die Gebrauchsanleitung einhalten.

Kennzeichnung von Gefahrgut-Transportfahrzeugen

Nach dem Europäisches Übereinkommen über die internationale Beförderung gefährlicher Güter auf der Straße **(ADR)** und der **GGVSEB** (Gefahrgutverordnung Straße, Eisenbahn und Binnenschifffahrt) gelten folgende Kennzeichnungen für den Gefahrgut-Transport:

Nummerierte Warntafeln
(vorn und hinten und gegebenenfalls seitlich am Fahrzeug anzubringen)
Quadratische Tafel, durch waagerechten Strich zweigeteilt. Grundfarbe: Orange

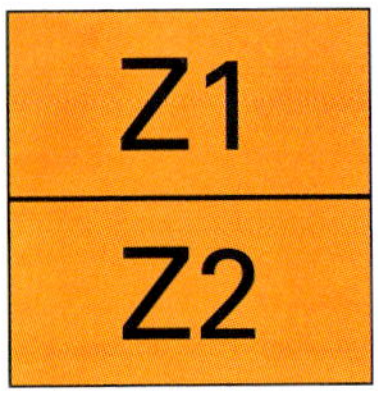

Z1: Nummer aus 2 oder 3 Ziffern, die Aufschluss über die **Art der Gefahr** gibt. Sie wird **Gefahrnummer** (auch **Kemler-Zahl)** genannt.
1. Ziffer: Hauptgefahr Z.B 7 steht für die Hauptgefahr „radioaktiver Stoff"
2. und **3. Ziffer: Zusatzgefahren** Z.B 168 steht für die Hauptgefahr 1: „explosiv" und die Zusatzgefahren 6 und 8: „giftig" und „ätzend".

Die **Verdoppelung einer Ziffer** weist grundsätzlich auf die Zunahme der Gefahr hin. Z.B. 66 steht für einen sehr giftigen Stoff.

Bestimmte Doppelziffern oder Dreifachziffern haben aber auch eine besondere Bedeutung. Z.B. 90 steht für einen umweltgefährdenden Stoff.

Ein **X** vor der Gefahrennummer bedeutet: Der Stoff darf **nicht mit Wasser** (auch Nebel, Schnee, Regen) **in Berührung kommen,** da sonst eine gefährliche Reaktion entstehen kann. Z.B. X323 steht für eine entzündbare Flüssigkeit, die mit Wasser gefährlich reagiert, wobei entzündliches Gas entweicht.

Eine Null als zweite Ziffer wird angefügt, wenn eine einzige Ziffer die Gefahr, die von dem Stoff ausgeht, ausreichend beschreibt. Z.B. 30 bedeutet „entzündlich" ohne weitere Zusatzgefahr (33 würde z.B. „leicht entzündlich" bedeuten.

Z2: Nummer die Auskunft über die **Chemikalie** selbst gibt. Sie wird **UN-Nummer** (auch **Stoffnummer)** genannt.
Beispiel: 1830 steht für Schwefelsäure

Beispiel für eine Warntafel:

Warntafel
für den Transport von Natrium

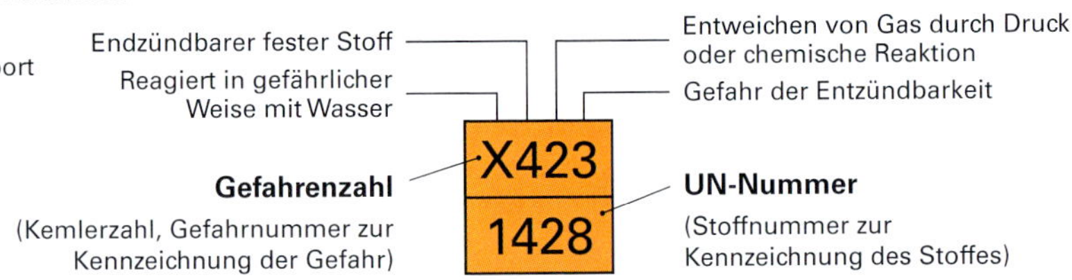

Bedeutung der Gefahrenzahlen

0	Ohne Bedeutung (Zusatzzahl um Zweistelligkeit zu erzeugen)	5	Oxidierende (brandfördernde) Wirkung
1	Als 2. oder 3. Ziffer: Explosionsgefahr	6	Giftigkeit oder Ansteckungsgefahr
2	Entweichen von Gas durch Druck oder chemische Reaktion	7	Radioaktivität
3	Entzündbarkeit von flüssigen Stoffen (Dämpfen) und Gasen oder selbsterhitzungsfähiger flüssiger Stoff	8	Ätzwirkung
4	Entzündbarkeit von festen Stoffen oder selbsterhitzungsfähiger fester Stoff	9	Möglichkeit einer spontanen heftigen Reaktion

Beispiele für besondere Nummern

22	tiefgekühlt verflüssigtes Gas, erstickend	90	umweltgefährdender Stoff, verschiedene gefährliche Stoffe
44	entzündbarer fester Stoff, der sich bei erhöhter Temperatur in geschmolzenem Zustand befindet	43	selbstentzündlicher (pyrophorer) fester Stoff
X333	pyrophorer (an der Luft selbstentzündender) flüssiger Stoff, der mit Wasser gefährlich reagiert	539	entzündbares organisches Peroxid

Kennzeichnung von Gefahrgut-Transportfahrzeugen (Fortsetzung)

Ausgewählte Beispiele von UN-Nummern

1001	Acetylen (Ethin), gelöst	1338	Phosphor, amorph
1005	Ammoniak, wasserfrei	1428	Natrium
1011	Butan	1547	Anilin
1013	Kohlensäure, Kohlenstoffdioxid	1593	Dichlormethan
1017	Chlor	1598	Dinitro-o-cresol
1027	Cyclopropan	1604	Ethylendiamin
1032	Dimethylamin	1648	Acetonitril
1033	Dimethylether	1662	Nitrobenzol
1035	Ethan	1671	Phenol, fest
1036	Ethylamin	1710	Trichlorethylen
1037	Ethylchlorid	1715	Essigsäureanhydrid
1038	Ethylen	1744	Brom oder Brom, Lösung
1040	Ethylenoxid	1779	Ameisensäure
1045	Fluor, verdichtet	1786	Fluorwasserstoffsäure und Schwefelsäure, Mischung
1048	Bromwasserstoff, wasserfrei	1789	Chlorwasserstoffsäure, Lösung, Salzsäure
1049	Wasserstoff, verdichtet	1790	Fluorwasserstoffsäure, Flusssäure
1052	Fluorwasserstoff	1791	Hypochloritlösung
1053	Schwefelwasserstoff	1805	Phosphorsäure, flüssig
1055	Isobuten	1823	Natriumhydroxid, fest
1165	Dioxan	1824	Natriumhydroxidlösung, Natronlauge
1066	Stickstoff, verdichtet	1830	Schwefelsäure, $w(H_2SO_4) > 51\,\%$
1072	Sauerstoff, verdichtet	1897	Trichlorethylen
1073	Sauerstoff, tiefgekühlt, flüssig	1919	Methylacrylat, stabilisiert
1076	Phosgen	1961	Ethan, tiefgekühlt, flüssig
1077	Propen	1962	Ethen, Ethylen
1079	Schwefeldioxid	1965	Flüssiggas
1086	Vinylchlorid, stabilisiert	1966	Wasserstoff, tiefgekühlt, flüssig
1089	Acetaldehyd	1969	Isobutan
1090	Aceton	1972	Methan oder Erdgas (tiefgekühlt, flüssig)
1093	Acrylnitril	1977	Stickstoff
1108	Penten	1978	Propan
1114	Benzol, Benzen	1987	Alkohole N.A.G. (nicht anderweilig genannt)
1120	n-Butanol, Butanole	2015	Wasserstoffperoxid
1131	Kohlenstoffdisulfid	2029	Hydrazin, wasserfrei
1134	Chlorbenzol, Chlorbenzene	2030	Hydrazinhydrat oder Hydrazin, wässerige Lösung mit mindestens 37 Masse-%, aber höchstens 64 Masse-% Hydrazin
1145	Cyclohexan	2031/32	Salpetersäure
1146	Cyclopentan	2059	Nitrocellulose, entzündbar
1155	Diethylether, Ethylether	2074	Acrylamid
1170	Ethanol	2187	Kohlenstoffdioxid, tiefgekühlt, flüssig
1173	Ethylacatat	2218	Acrylsäure
1175	Ethylbenzol, Ethylbenzen	2362	1,1-Dichlorethan
1202	Dieselkraftstoff oder Heizöl	2389	Furan
1203	Benzin oder Ottokraftstoff	2427	Kaliumchlorat, wässrige Lösung
1206	Heptan	2428	Natriumchlorat, wässrige Lösung
1208	Hexan	2436	Thioessigsäure
1212	Isobutanol	2564	Trichloressigsäure
1219	2-Propanol, Isopropanol	2572	Phenylhydrazin
1230	Methanol	2581	Aluminiumchlorid, Lösung
1231	Methylacetat	2588	Pestizid, fest, giftig
1261	Nitromethan	2789/90	Essigsäure
1262	Octan	2796	Schwefelsäure, $w(H_2SO_4) \leq 52\,\%$ (Batteriesäure)
1265	Pentan, flüssig	2821	Phenol, Lösung
1274	1-Propanol	2831	1,1,1-Trichlorethan
1282	Pyridin	3295	Kohlenwasserstoff, flüssig
1294	Toluol, Toluen	3312	Gas, tiefgekühlt, flüssig
1301	Vinylacetat, stabilisiert	3453	Phosphorsäure, fest, flüssig oder geschmolzen
1307	Xylol		

Kennzeichnung von Gefahrgut-Transportfahrzeugen (Fortsetzung)

Gefahrklassen nach GGVSE/ADR

Gefahr-klasse	Bezeichnung	Bemerkung
1	**Explosive** Stoffe und Gegenstände	Massenexplosionsfähigkeit
2	**Gase**	brennbar, giftig, erstickend, sehr kalt
3	**Entzündbare** flüssige Stoffe	leicht entzündbar
4.1	**Entzündbare** feste Stoffe	leicht entzündbar, heftige Reaktion mit Wasser
4.2	**Selbstentzündliche** Stoffe	leicht entzündbar, Ausbreitungsgefahr
4.3	Stoffe, die in Berührung mit Wasser **entzündbare Gase bilden**	Leicht entzündbar, schwer zu löschen
5.1	**entzündende** (oxidierende) Stoffe	Sauerstoffabgabe
5.2	**Organische Peroxide**	brennbar
6.1	**Giftige** Stoffe	
6.2	**Ansteckungsgefährdende** Stoffe	Viren, Bakterien, Kadaver, Krankenhausabfälle
7	**Radioaktive** Stoffe	
8	**Ätzende** Stoffe	z.B. Säuren, Laugen
9	**Verschiedene gefährliche** Stoffe oder Gegenstände	Asbest, verflüssigte Metalle, umwelt-gefährdende Stoffe

Gefahrzettel für Straßenfahrzeuge, Eisenbahnfahrzeuge und Versandstücke

	Gefahrenzettel UN mit Eindruck der UN-Nummer des entsprechenden Gefahrstoffs		Unterklasse 1.5
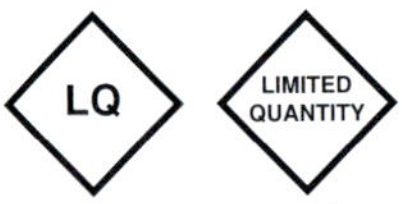	Limited Quantities (begrenzte Mengen)		Unterklasse 1.6
	LQ-Kennzeichen Straßen-, Schienen-, Seeverkehr (zur Kennzeichnung gefährlicher Stoffe in Kleinmengen).		Entzündbare Gase
	LQ-Kennzeichen Luft (zur Kennzeichnung gefährlicher Stoffe in Kleinmengen).		Entzündbare Gase
	Umweltgefährdende Stoffe		Nicht entzündbare, nicht giftige Gase
	Klassen 1.1, 1.2 und 1.3		Nicht entzündbare, nicht giftige Gase
	Unterklasse 1.4		Giftige Gase

Kennzeichnung von Gefahrgut-Transportfahrzeugen (Fortsetzung)

Gefahrzettel für Straßenfahrzeuge, Eisenbahnfahrzeuge und Versandstücke

	Entzündbare flüssige Stoffe		Ansteckungsgefährliche Stoffe
	Entzündbare flüssige Stoffe		Nr. 7A, weiß, Kategorie I (radioaktive Stoffe)
	Entzündbare feste Stoffe, selbstzersetzliche Stoffe und desensibilisierte explosive Stoffe		Nr. 7B, gelb, Kategorie II (radioaktive Stoffe)
	Selbstentzündliche Stoffe		Nr. 7C, gelb, Kategorie III (radioaktive Stoffe)
	Stoffe, die in Berührung mit Wasser entzündbare Gase entwickeln		Nr. 7E, Spaltbare Stoffe der Klasse 7
	Stoffe, die in Berührung mit Wasser entzündbare Gase entwickeln		Ätzende Stoffe
	Entzündend (oxidierend) wirkende Stoffe		Verschiedene gefährliche Stoffe und Gegenstände
	Organische Peroxide		Stoff, erwärmt
	Giftige Stoffe	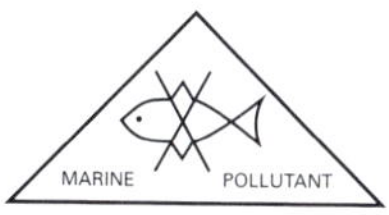	Meeresschadstoffe

Gefahrstoffliste (TRGS 900)

(Stand: Februar 2015)

Arbeitsplatzgrenzwert (AGW)

E Einatembare Fraktion A Alveolenabgängige Fraktion

Der Arbeitsplatzgrenzwert (AGW) ist der Grenzwert für die zeitlich gewichtete durchschnittliche Konzentration eines Stoffes in der Luft am Arbeitsplatz (bezogen auf einen gegebenen Referenzzeitraum), bei dem eine gesundheitliche Gefährdung nicht zu erwarten ist. Arbeitsplatzgrenzwerte sind festgelegt in den Technischen Regeln für Gefahrstoffe TRGS 900 und werden laufend aktualisiert. Die Veröffentlichung erfolgt jeweils im Bundesarbeitsblatt (BArbBl). Für die Bewertung von Stoffgemischen ist die TRGS 403 anzuwenden.

Arbeitsplatzgrenzwerte sind Schichtmittelwerte und gelten bei in der Regel täglich achtstündiger Exposition an 5 Tagen in der Woche während der Lebensarbeitszeit. Diese werden ergänzt duch **Kurzzeitwerte,** welche die Konzentrationsschwankungen um den Schichtmittelwert nach oben hin und in der Dauer und Häufigkeit beschränken. Die Kurzzeitwerte ergeben sich aus dem *Produkt zwischen AGW und Überschreitungsfaktor* (maximal Faktor **8**). Bei **8-facher** Überschreitung des AGW 4-mal pro Schicht über **15 Minuten** darf in der Schicht **keine weitere Exposition** mehr erfolgen.

Gefahrstoff	Grenzwert in mL/m³	Grenzwert in mg/m³
Acetaldehyd	50	91
Aceton	500	1200
Acetonitril	20	34
Acrylaldehyd (2-Propenal)	0,09	0,2
Acrylsäure	10	30
Aldrin (ISO)		0,25 E
Allgemeiner Staubgrenzwert Alveolengängige Fraktion Einatembare Fraktion		 1,25 A 10 E
Allylalkohol (2-Propen-1-ol)	2	4,8
1-(2-(Allyloxy)-2-2,4-dichlorphenyl) ethyl)-1H-imidazol (Imazalil)		2 E
Allylpropyldisulfid	2	12
Ameisensäure	5	9,5
2-Amino-ethanol	2	5,1
2-Aminonaphthalin-1-sulfonsäure		6 E
2-(2-Aminoethoxy)ethanol (Diglykolamin)	0,2	0,87
2-Aminopropan	5	12
2-Amino-2-methylpropanol (AMP)	1	4,6
N-(4-Aminophenyl)anilin	0,091	7 E
1-Aminopropan-2-ol (MIPA)	2	5,8
Amitrol (ISO)		0,2 E
Ammoniak	20	14
Anilin	2	7,7
Arsin	0,005	0,016
Atrazin (ISO)		1 E
Azinphos-methyl (ISO)		0,2 E
Bariumverbindungen, löslich (außer Bariumoxid und Bariumhydroxid)		0,5 E
Baumwollstaub		1,5 E
Benzothiazol-2-thiol		4 E
Benzol-1,2,4-tricarbonsäure-1,2-anhydrid (Rauch)		0,04 A
Bis(2-ethylhexyl)phthalat		10 E
2,5-(und 2,6-)Bis(isocyanatomethyl)-bicyclo[2.2.1]heptan	0,005	0,045
Bis(2-methoxyethyl)ether	5	28
Bisphenol A		5 E
Borsäure und Natriumborate		0,5
Bortrifluorid	0,35	1
Bortrifluorid-Dihydrat	0,35	1,5
Brom		0,7
Brommethan	1	3,9
Bromtrifluormethan (R 13 B1)	1000	6200
But-2-in-1,4-diol	0,1	0,36

Gefahrstoff	Grenzwert in mL/m³	Grenzwert in mg/m³
Butan	1000	2400
Butan-1,4-diol	50	200
Butan-1-ol	100	310
Butanon	200	600
Butanonoxim	0,3	1
Butan-1-thiol	0,5	1,9
2-Butoxyethanol	10	49
2-(2-Butoxyethoxy)ethanol	10	67
2-(2-Butoxyethoxy)ethylacetat	10	67
2-Butoxyethyl-acetat	20	130
n-Butylacetat, Isobutylacetat, sec-Butylacetat	62	300
tert-Butylacetat	42	200
n-Butylacrylat	2	11
4-tert-Butylbenzoesäure		2 E
Butylchlorformiat	0,2	1,1
2,6-Di-tert-butyl-p-kresol		10 E
tert-Butyl-4-methoxyphenol		20 E
(tert-Butyl)methylether	50	180
4-tert-Butylphenol	0,08	0,5
Butyraldehyd	20	64
Calciumdihydroxid		1 E
Calciumcyanamid		1 E
Calciumoxid		1 E
Calciumsulfat		6 A
ε-Caprolactam (Dampf und Staub)		5 E
Carbaryl (ISO)		5 E
Carbendazim		10 E
Chlor	0,5	1,5
Chloralkane, $C_{14\text{-}17}$ (chlorierte Paraffine $C_{14\text{-}17}$)	0,3 E	6 E
Chlorbenzol	10	47
1-Chlorbutan	25	95,5
Chlordan (ISO)		0,5 E
1-Chlor-1,1-difluorethan (R 142 b)	1000	4200
Chlordifluormethan (R 22)		3600
Chlordioxid	0,1	0,28
Chloressigsäure	1	4
Chlorethan	40	110
2-Chlor-ethanol	1	3,3
Chlormethan	50	100
Chlorpyriphos (ISO)		0,2
3-Chlor-1,2-propandiol	0,005	0,023
Chlortrifluormethan (R 13)	1000	4300
Chrom und anorganische Chrom(II) und (III)-Verbindungen		2 E

Gefahrstoffliste (TRGS 900) (Fortsetzung) (Stand: Februar 2015)

Gefahrstoff	Grenzwert in mL/m³	Grenzwert in mg/m³
Cryofluoran (R 114)	1000	7100
Cumol	10	50
Cyanamid	0,2	0,35 E
alpha-Cyan-4-fluor-3-phenoxy-benzyl-3-(2,2-dichlorvinyl)-2,2-dimethylcyclopropancarboxylat (Cyfluthrin)		0,01 E
Cyclohexan	200	700
Cyclohexanon	20	80
Cyclohexylamin	2	8,2
N-Cyclohexylhydroxydiazen1-oxid, Kaliumsalz		10 E
Decaboran	0,05	0,25
Demeton	0,01	0,1
Demetonmethyl	0,5	4,8
Diazinon (ISO)		0,1 E
Dibasische Ester (DBE) (Gemische aus Dimethyladipat, Dimethylglutarat und Dimethylsuccinat)	1,2	8
Dibenzoylperoxid		5 E
Dibutylphthalat	0,05	0,58
Di-n-butylamin	5	29
1,2-Dichlorbenzol	10	61
1,3-Dichlorbenzol	2	12
1,4-Dichlorbenzol	1	6
2,2'-Dichlor-diethylether	10	59
Dichlordifluormethan (R 12)	1000	5000
1,1-Dichlorethan	100	410
1,1-Dichlorethen	2	8
1,2-Dichlorethylen sym. (cis-[2058597, 156-59-2] u. trans-[2058602, 156-60-5])	200	800
Dichlorfluormethan (R 21)	10	43
Dichlormethan	75	260
Dichlormethylbenzol (Isomerengemisch, ringsubstituiert)	5	30
2,4-Dichlortoluol	5	30
Dichlorvos (ISO)	0,11	1
Dicyclohexylamin	0,7	5
Dieldrin (ISO)		0,25 E
Diethylamin	5	15
2-Diethylaminoethanol	5	24
Diethylether	400	1200
Dihydrogenselenid (Selenwasserstoff)	0,015	0,05
1,3-Dihydroxybenzol (Resorcin)	4	20 E
Diisopropylether	200	850
Dimethoxymethan	1000	3200
N,N-Dimethylacetamid	10	36
Dimethyladipat	1,2	8
Dimethylamin	2	3,7
N,N-Dimethylanilin	5	25
2,2-Dimethylbutan	500	1800
2,3-Dimethylbutan	500	1800
N-1,3-Dimethylbutyl-N'-phenyl-p-phenylendiamin		2 E
Dimethylether	1000	1900
N,N-Dimethylformamid	5	15
Dimethylglutarat	1,2	8
N,N-Dimethylisopropylamin	1	3,6
Dimethylpropan	1000	3000
1,1-Dimethylpropylacetat	50	270
Di-n-Butylzinnverbindungen	0,0018	0,009
Di-n-octylzinnverbindungen	0,002	0,01
Dimethylsuccinat	1,2	8
1,4-Dioxan	20	73
Dioxathion (ISO)		0,2
1,3-Dioxolan	100	310
Diphenylamin		5 E
Diphenylether (Dampf)	1	7,1
Diphosphorpentasulfid		1
Distickstoffoxid	100	180
Disulfiram		2 E
Divanadiumpentaoxid		0,05 A
Dodecan-1-ol (Langkettige Alkohole)	20	155
Endrin (ISO)		0,05 E
Enfluran	20	150
Essigsäure	10	25
Essigsäureanhydrid	5	21
Ethandiol	10	26
Ethanol	500	960
Ethanthiol	0,5	1,3
2-Ethoxyethanol	2	7,6
2-(2-Ethoxyethoxy)ethanol	6	35
2-Ethoxyethylacetat	2	10,8
2-Ethoxy-1-methylethylacetat	50	300
1-Ethoxypropan-2-ol	50	220
Ethylacetat	400	1500
Ethylacrylat	5	21
Ethylamin	5	9,4
Ethylbenzol	20	88
Ethyl-chloracetat	1	5
2,2'-(Ethylendioxy)diethanol (Triethylenglykol)		1000 E
Ethyl-3-ethoxypropionat	100	610
Ethylformiat	100	310
2-Ethylhexan-1-ol	10	54
2-Ethylhexylacetat	10	71
2-Ethylhexylacrylat	5	38
O-Ethyl-O-4-nitrophenylphenylthiophosphonat		0,5 E
Fenthion (ISO)		0,2 E
Fluor	1	1,6
Fluoride (als Fluor berechnet)		1 E
Fluorwasserstoff	1	0,83
Formaldehyd	0,3	0,37
Glutaral	0,05	0,2
Glycerintrinitrat	0,01	0,094
Glykoldinitrat	0,05	0,32
Halothan	5	41
Heptachlor (ISO)		0,05 E
Heptan (alle Isomeren)	500	2100
Heptan-2-on		238
Heptan-3-on	10	47
Hexachlorcyclopentadien	0,02	0,2
Hexachlorethan	1	9,8
Hexadecan-1-ol (Langkettige Alkohole)	20	200
Hexamethylen-1,6-diisocyanat	0,005	0,035
Hexamethylenbis(3-(3,5-di-tert-butyl-4-hydroxyphenyl)propionat)		10 E
Hexan Isomere (außer n-Hexan) und Methylcyclopentan	500	1800

Gefahrstoffliste (TRGS 900) (Fortsetzung) (Stand: Februar 2015)

Gefahrstoff	Grenzwert in mL/m³	Grenzwert in mg/m³
n-Hexan	50	180
1-Hexanol (Langkettige Alkohole)	50	210
Hexan-2-on	5	21
2-Hexyldecan-1-ol (Langkettige Alkohole)	20	200
Hydrogenazid	0,1	0,18
Hydrogenbromid		6,7
Hydrogenchlorid	2	3
Hydrogensulfid	5	7,1
2-(2-(2-Hydroxyethoxy)-ethyl)-2-aza-bicyclo[2.2.1]heptan	0,5	5
4-Hydroxy-4-methyl-pentan-2-on	20	96
Isobutan	1000	2400
Isobutylacetat	62	300
Isobutylchlorformiat	0,2	1,1
3-Isocyanatmethyl-3,5,5-trimethylcyclohexylisocyanat	0,005	0,046
o-(p-Isocyanatobenzyl)phenylisocyanat		0,05
Isopentylacetat	50	270
Isophthalsäure (m-Phthalsäure)		5 E
Isopren	3	8,4
Isopropenylacetat	10	46
Isopropylbenzol (Cumol)	10	50
2-Isopropoxy-ethanol	5	22
N-Isopropyl-N′-phenyl-p-phenylendiamin		2 E
Isotridecan-1-ol (Langkettige Alkohole)	20	164
Isovaleraldehyd	10	39
Kieselglas		0,3 A
Kieselgur, gebrannt		0,3 A
Kieselgur, ungebrannt		4 E
Kieselgut		0,3 A
Kieselrauch		0,3 A
Kieselsäuren, amorphe		4 E
Kohlenstoffdioxid	5000	9100
Kohlenstoffdisulfid	10	30
Kohlenstoffmonoxid	30	35
Kohlenstofftetrachlorid	0,5	3,2
Kohlenwasserstoffgemische, Verwendung als Lösemittel (Lösemittelkohlenwasserstoffe), additiv-frei Fraktionen (RCP-Gruppen):		
C5-C8 Aliphaten		1500
C9-C15 Aliphaten		600
C7-C8 Aromaten		200
C9-C15 Aromaten		100
Lithiumhydrid		0,025 E
Lithiumverbindungen, anorganische, mit Ausnahme von Lithium und stärker reizenden Lithiumverbindungen		0,2 E
Malathion (ISO)		15 E
Maleinsäureanhydrid	0,1	0,41
Mangan und seine anorganischen Verbindungen		0,5 E
pMDI (als MDI berechnet)		0,05 E
Mecrilat	2	9,2
(R)-p-Mentha-1,8-dien (D-Limonen)	5	28
Mesitylen	20	100
Methanol	200	270
Methansulfonsäure		0,7
Methanthiol	0,5	1
Methoxyessigsäure	5	19
2-Methoxyethanol	1	3,2
2-(2-Methoxyethoxy)ethanol	10	50
2-(2-(2-Methoxyethoxy)ethoxy)ethanol		50 E
2-Methoxyethylacetat	1	4,9
(2-Methoxymethylethoxy) propanol (Isomerengemisch)	50	310
2-Methoxy-1-methylethylacetat	50	270
1-Methoxy-2-propanol	100	370
2-Methoxypropanol	5	19
2-Methoxypropylacetat	5	28
Methylacetat	200	610
Methylacrylat	5	18
Methylamin	10	13
N-Methylanilin	0,5	2,2
2-Methyl-2-azabicyclo[2.2.1]-heptan	5	20
Methylbutan	1000	3000
2-Methylbut-3-en-2-ol	0,6	2
2-Methylbut-3-in-2-ol	0,9	3
1-Methylbutylacetat	50	270
2-Methylbutylacetat	50	270
Methylchloracetat	1	4,5
Methyl-chlorformiat	0,2	0,78
Methylcyclohexan	200	810
Methylcyclohexanol, Techn. Gemisch	6	28
Methylcyclopentan	500	1800
2,2'-Methylendiphenyldiisocyanat		0,05
4,4'-Methylendiphenyldiisocyanat		0,05 E
Methylformiat	50	120
5-Methyl-3-heptanon	10	53
5-Methylhexan-2-on	20	95
Methylisocyanat	0,01	0,024
Methyl-methacrylat	50	210
2-Methylpentan	500	1800
3-Methylpentan	500	1800
4-Methyl-pentan-2-ol	20	85
4-Methylpentan-2-on	20	83
4-Methyl-m-phenylendiisocyanat	0,005	0,035
2-Methyl-m-phenylendiisocyanat	0,005	0,035
2-Methylpropan-1-ol	100	310
2-Methylpropanol-2	20	62
N-Methyl-2-pyrrolidon (Dampf)	19	80
Methylvinylether	50	120
Mevinphos (ISO)	0,01	0,093
Mono-n-butylzinnverbindungen	0,0018	0,009
Mono-n-octylzinnverbindungen	0,002	0,01
Morpholin	10	36
Naled		1 E
Naphthalin	0,1	0,5 E
1-Naphthylamin	0,17	1 E
1,5-Naphthylendiisocyanat		0,05
Natriumazid		0,2
Natriumfluoracetat		0,05 E
Nikotin		0,5
Nitrobenzol		1
Nitroethan	100	310
1-Nitropropan	25	92
Norfluran	1000	4200
Octadecan-1-ol (Langkettige Alkohole)	20	224

Gefahrstoffliste (TRGS 900) (Fortsetzung)

(Stand: Februar 2015)

Gefahrstoff	Grenzwert in mL/m³	Grenzwert in mg/m³
Octan (alle Isomeren außer Trimethylpentan-Isomere)	500	2400
Octan-1-ol (Langkettige Alkohole)	20	106
2-Octyl-2H-isothiazol-3-on		0,05 E
Orthophosphorsäure		2 E
Oxalsäure		1 E
2,2'-Oxydiethanol	10	44
Oxydipropanol (Dipropylenglykol)		100 E
Paraquatdichlorid		0,1 E
Parathion (ISO)		0,1 E
Pentaboran	0,005	0,013
Pentacarbonyleisen	0,1	0,81
Pentan	1000	3000
Pentan-2,4-dion (Acetylaceton)	30	126
Pentylacetat	50	270
3-Pentylacetat	50	270
Perfluoroctansulfonsäure		0,01 E
Phenol	2	8
2-Phenoxyethanol	20	110
p-Phenylendiamin		0,1 E
Phenylisocyanat	0,01	0,05
Phenylphosphin	0,01	0,05
2-Phenylpropen	50	250
Phenylzinnverbindungen	0,0004	0,002 E
Phosgen	0,1	0,41
Phosphin	0,1	0,14
Phosphor, weiss/gelb		0,01 E
Phosphorpentachlorid		1 E
Phosphorpentoxid (als Orthophosphorsäure)		2 E
Phosphortrichlorid	0,5	2,8
Phosphoryltrichlorid	0,2	1,3
Piperazin		0,1
Platin (Metall)		1 E
Polyalphaolefine		5 A
Polyethylenglykole (PEG) (mittlere Molmasse 200 – 400)		1000 E
Polyethylenglykol 600 (PEG 600)		1000 E
Propan	1000	1800
Propan-1,2-diyldinitrat	0,05	0,34
Propan-2-ol	200	500
Prop-2-in-1-ol	2	4,7
Propionsäure	10	31
Propoxur (ISO)		2 E
Propylenoxid	2	4,8
2-(Propyloxy)ethanol	20	86
(2-Propyloxy)ethylacetat	20	120
Pyrethrum (gereinigter Rohextrakt)		1 E
Pyridin-2-thiol-1-oxid, Natriumsalz (Pyrithionnatrium)		1 E
Quecksilber		0,02
Quecksilberverbindungen, anorganische		0,02 E
Salpetersäure	1	2,6
Schwefeldioxid	1	2,5
Schwefelhexafluorid	1000	6100
Schwefelsäure		0,1 E
Selen		0,05 E
Selenverbindungen, anorganische		0,05 E

Gefahrstoff	Grenzwert in mL/m³	Grenzwert in mg/m³
Silber		0,1 E
Silberverbindungen, anorganische		0,01 E
Styrol	20	86
Sulfotep (ISO)	0,01	0,13
Sulfuryldifluorid		10
Terephthalsäure (p-Phthalsäure)		5 E
TEPP (ISO)	0,005	0,06
1,1,1,2-Tetrachlor-2,2-difluorethan (R 112a)	200	1700
Tetra-n-butylzinn	0,0018	0,009
Tetra-n-octylzinn	0,002	0,01
Tetrachlor-1,2-difluorethan (R 112)	200	1700
1,1,2,2-Tetrachlorethan	1	7
Tetrachlorethen (Per)	20	138
Tetradecanol (Langkettige Alkohole)	20	178
Tetradecylammoniumbis(1-(5-chlor-2-oxidophenylazo)-2-naphtholato) chromat(1)		10 (E)
Tetraethylblei (als Pb berechnet)		0,05
Tetraethylorthosilikat (TEOS)	1,4	12
Tetrahydrofuran	50	150
3a,4,7,7a-Tetrahydro-4,7-methanoinden	0,5	2,7
Tetrahydrothiophen	50	180
Tetramethylblei		0,05
Tetramethylorthosilikat	0,3	2
Tetramethysuccinitril		1
Thiabendazol		20 E
Thiram		1 E
Thioglykolate		2 E
Toluol	50	190
Tributylphosphat	1	11
Tri-n-butylzinnverbindungen	0,0018	0,009
Trichlorbenzol (alle Isomeren außer 1,2,4-Trichlorbenzol)	5	38
1,2,4-Trichlorbenzol	0,5	3,8
1,1,1-Trichlorethan	200	1100
1,1,2-Trichlorethan	10	55
Trichlorfluormethan (R 11)	1000	5700
Trichlormethan (Chloroform)	0,5	2,5
Trichlor-nitro-methan	0,1	0,68
1,1,2-Trichlortrifluorethan (R 113)	500	3900
Triethylamin	1	4,2
Triisobutylphosphat		50
1,2,3-Trimethylbenzol	20	100
1,2,4-Trimethylbenzol	20	100
3,5,5-Trimethylcyclohex-2-enon	2	11
2,4,6-Trinitrophenol (Pikrinsäure)		0,1 E
Tri-n-octylzinnverbindungen	0,002	0,01
Triphenylphosphin		5 E
Vinylacetat	5	18
Vinyltoluol (alle Isomeren)	100	490
N-Vinyl-2-pyrrolidon	0,01	0,05
Warfarin	0,0016	0,02 E
Warfarinnatrium		0,02 E
Xylol (alle Isomeren)	100	440
Zinn(II)-Verbindungen, anorganische		8 E
Zinn(IV)-Verbindungen, anorganische		2 E
Zirkonium und wasserunlösliche Verbindungen		1 E

KMR-Liste bzw. CMR-Liste (Stand: Juli 2015)

Anhang I der Richtlinie 67/548/EWG, TRGS 905 und TRGS 906 (ohne Gemische)
Karzinogene, keimzellmutagene und reproduktionstoxische Stoffe (KMR- bzw. CMR-Stoffe)
K: karzinogen **M**: keimzellenmutagen **R_F**: fruchtbarkeitsgefährdend (Fortpflanzungsfähigkeit wird beeinträchtigt) **R_D**: entwicklungsschädigend (fruchtschädigend). Soweit möglich eingeteilt in die
Kategorie **1**: Beim Menschen nachgewiesen(1A) oder bei Tieren nachgewiesen (1B) .
Kategorie **2**: Im Verdacht stehend.
* Die mit Stern gekennzeichneten Bewertungen wurden der TRGS 905 entnommen
– Aufgrund der vorliegenden Daten konnte eine Zuordnung zu den Kategorien 1A bis 2 nach der Verordnung (EG) Nr. 1272/2008 nicht vorgenommen werden

Stoffbezeichnung	K	M	R_D	R_F
Abamectin (Kombination von Abamectin B1a und Abamectin B1b) (ISO), Abamectin B1a (Reinheit ≥ 80%)			2	
Acetaldehyd	2			
Acetamid	2			
Acetophenon, Formaldehyd, Cyclohexylamin, Methanol und Essigsäure, Reaktionsprodukt von	2			
N-[2-(3-Acetyl-5-nitrothiophen-2-ylazo)-5- diethylaminophenyl]-acetamid				2
Aclonifen (ISO) 2-Chlor-6-nitro-3-phenoxyanilin	2			
Acrylaldehyd	---	---	---	---
Acrylamid	1B	1B		2
Acrylnitril	1B			
Alachlor	2			
Aldrin (ISO)	2			
5-Allyl-1,3-benzodioxol	1B	2		
1-Allyloxy-2,3-epoxypropan	1B* 2	2	---	2
4-Aminoazobenzol	1B			
4-Aminobiphenyl	1A			
4-Aminobiphenyl, Salze von	1A			
1-(2-Amino-5-chlorphenyl)-2,2,2-trifluor-1,1-ethandiol, Hydrochlorid; [Gehalt an 4-Chloranilin (EG-Nr. 203-401-0) < 0,1 %]	1B			
(R,S)-2-Amino-3,3-dimethyl-butanamid				2
6-Amino-2-ethoxynaphthalin (TRGS 905 Nr. 4)	1B*			
2-(2-Aminoethylamino)ethanol			1B	2
3-Amino-9-ethylcarbazol	1B			
4-Amino-3-fluorphenol	1B			
o-Aminophenol		2		
p-Aminophenol		2		
Amitrol (ISO)	---		2	
(6R-trans)-1-((7-Ammonio-2-carboxylato-8-oxo-5-thia-1-azabicyclo-[4.2.0]oct-2-en-3-yl) methyl)pyridiniumiodid		2		
2-{4-(2-Ammoniopropylamino)-6-[4-hydroxy-3-(5-methyl-2-methoxy-4-sulfamoylphenyl-azo)-2-sulfonatonaphth-7-ylamino]-1,3,5-triazin-2-ylamino}-2-aminopropyl-hydroformiat				2
Ammoniumdichromat	1B	1B	1B	1B
Ammoniumpentadecafluoro-octanoat	2		1B	
Ammoniumperfluoroctansulfonat s. Perfluoroctansulfonsäure				
Anabolika (Steroidhormone)	2*	---	1B*	1A*
Androgene (Steroidhormone)	2*	---	1B*	1A*
Androgene, schwache (Steroid-hormone)	---	---	2*	2*
Androsta(11)-trien-3,17-dion				2
Anilin	2	2	---	---
Anilin, Salze von	2	2		
Antu (ISO)	2			
Arsenige Säure	1A*			
Arsensäure	1A			
Arsensäure, Salze, soweit nicht in der Liste namentlich benannt	1A			
Arzneistoffe, krebserzeugende (siehe TRGS 905)				
Asbest	1A			
Atrazin	---	---		
Azafenidin			1B	2
Azobenzol	1B	2	---	---
Azo-Farbstoffe Azofarbstoffe mit einer karzinogenen Aminkomponente (H350). Zubereitungen von Azofarbstoffen mit einer karzinogenen Aminkomponente der Kategorie 1A oder 1B sind nach § 3 Abs. 2 GefStoffV und TRGS 905 Nr. 4 entsprechend ihrem Gehalt an potentiell durch reduktive Azospaltung freisetzbarem karzinogenen Amin und dem Gehalt des Azofarbstoffes in der Zubereitung als karzinogen einzustufen .	1A* oder 1B*			

KMR-Liste bzw. CMR-Liste (Stand: Juli 2015)

Stoffbezeichnung	K	M	R_D	R_F
Azofarbstoffe auf Benzidinbasis, mit Ausnahme der namentlich bezeichneten	1B			
Azofarbstoffe auf 3,3'-Dimethoxybenzidinbasis	1B			
Azofarbstoffe auf 3,3'-Dimethylbenzidinbasis	1B			
Benfuracarb (ISO)				2
Benomyl (ISO)		1B	1B	1B
Benzidin	1A			
Benzidin, Salze von	1A			
Benzo[a]anthracen	1B			
Benzo[b]fluoranthen	1B			
Benzo[j]fluoranthen	1B			
Benzo[k]fluoranthen	1B			
Benzol	1A	1B		
1,2-Benzoldicarbonsäure, Di-C6-8-verzweigte Alkylester, C7-reich Di-iso-heptylphthalat	---	---	1B	2*
1,2-Benzoldicarbonsäure, Di-C7-9-verzweigte und lineare Alkylester	---	---	2*	---
1,2-Benzoldicarbonsäure, Di-C7-11-verzweigte und lineare Alkylester	---	---	1B	2
1,2-Benzoldicarbonsäure, Di-C9-11-verzweigte und lineare Alkylester	---	---	2*	---
1,2-Benzoldicarbonsäure, Dihexylester, verzweigt und linear			1B	1B
1,2-Benzoldicarbonsäure, Dipentylester, verzweigt u. linear n-Pentyl-isopentylphthalat Di-n-pentylphthalat Diisopentylphthalat (DIPP)	---	---	1B	1B
Benzo[a]pyren	1B	1B	1B	1B
Benzo[e]pyren	1B			
Benzoylchlorid	---	---	---	---
Benzylbutylphthalat	---	---	1B	2
Benzyl-2,4-dibrombutanoat				2
Benzyl violet 4B	2			
Beryllium	1B			
Berylliumverbindungen, ausgenommen Beryllium-Tonerdesilikate sowie namentlich genannte	1B			
Berylliumoxid	1B			
Bifenthrin (ISO) (2-Methylbiphenyl-3-yl)methyl rel-(1R,3R)-3-[(1Z)-2-chlor- 3,3,3-trifluorprop-1-en-1-yl]-2,2-dimethyl-cyclopropan-carboxylat	2			
Binapacryl			1B	

Stoffbezeichnung	K	M	R_D	R_F
Biphenyl-3,3',4,4'-tetrayltetraamin, Salze von s. 3,3'-Diaminobenzidin				
Biphenyl-2-ylamin	2			
(7-(4,6-Bis-(2-ammoniopropylamino)-1,3,5-triazin-2- ylamino)-4-hydroxy-3-((2-methoxyphenyl) azo)naphthalin-2- sulfonato) monoformiat	1B			
4,4'-Bis(N-carbamoyl-4-methylbenzolsulfonamid)diphenylmethan	2			
Bis(chlormethyl)ether	1A			
Bis(cyclopenta-1,3-dienid-bis (2,6-difluor-3-(1H-pyrrol-1- yl) phenolid)titan(IV)				2
6,6'-Bis(diazo-5,5',6,6'-tetrahydro-5,5'-dioxo)[methylenbis (5- (6-diazo-5,6-dihydro-5-oxo-1-naphthylsulphonyloxy)-6-methyl-2-phenylen]di (naphthalen-1-sulfonat)	2			
1,3-Bis(2,3-epoxypropoxy)-benzol	1B* 2	2		
Bis(2-ethylhexyl)phthalat DEHP	---	---	1B	1B
Bis(hydroxylammonium)sulfat Hydroxylaminsulfat (2:1)	2			
1,2-Bis(2-methoxyethoxy)ethan	---	---	1B	2 1B*
Bis(2-methoxyethyl)ether			1B	1B
Bis(2-methoxyethyl)phthalat			1B	2
Bis(pentabromphenyl)ether	2*	---	---	---
Bis(tributylzinn)oxid			2*	1B*
1,3-Bis(vinylsulfonylacetamido) propan		2		
Blei-Metall (bioverfügbar)			1A*	2*
Bleiverbindungen mit Ausnahme der namentlich bezeichneten			1A	2
Bleiacetat, basisch	2		1A	2
Bleialkyle, $Pb(C_nH2_n+1)$ x (n = 1-5)			1A	2
Bleiazid			1A	2
Bleichromat	1B		1A	2
Bleichromatmolybdatsulfatrot	1B		1A	2
Bleidiacetat			1A	2
Bleihexafluorsilikat			1A	2
Bleihydrogenarsenat	1A		1A	2
Blei(II)methansulfonat			1A	2
Bleisulfochromatgelb	1B		1A	2
Bleitetraethyl			1A	2
Bleitetramethyl			1A	2
Blei-2,4,6-trinitroresorcinat			1A	2

KMR-Liste bzw. **CMR-Liste** (Stand: Juli 2015)

Stoffbezeichnung	K	M	R_D	R_F
Borsäure Borsäure, roh, nicht mehr als 85 % H_3BO_3 enthaltend			1B	1B
2-Brom-2-chlor-1,1,1-trifluorethan			1B*	---
Bromethan	1B* 2			
Bromethen	1B			
Brommethan	---	2	---	---
1-Brom-2-methylpropylpropionat	2			
(R)-5-Brom-3-(1-methyl-2-pyrrolidinylmethyl)-1H-indol				2
Bromoxynil (ISO)			2	
Bromoxynil-Heptanoat			2	
1-Brompropan	---	---	1B	1B
2-Brompropan				1A
1-Brom-3,4,5-trifluorbenzol	2			
1,3-Butadien	1A	1B		
n-Butan, enthält ≥ 0,1% Butadien	1A	1B		
iso-Butan, enthält ≥ 0,1% Butadien	1A	1B		
2-Butanonoxim	2			
1,4-Butansulton	2*			
2,4-Butansulton (TRGS 905 Nr. 4)	1B*			
2-Butenal	---	2	---	---
1-Butoxy-2,3-epoxypropan	2	1B* 2	---	---
1-tert-Butoxy-2,3-epoxypropan	---	2*	---	---
4-tert-Butylbenzoesäure				1B
4′-tert-Butyl-2′,6′-dimethyl-3′,5′-dinitroacetophenon, Musk Ketone	2	---	---	---
4-tert-Butylphenol				2
2-(4-tert-Butylphenyl)ethanol				2
5-tert-Butyl-2,4,6-trinitro-m-xylol, Musk Xylene; Xylolmoschus	2	---	---	---
2-Butyryl-3-hydroxy-5-thiocyclohexan-3-yl-cyclohex-2-en-1-on				1B
5-(3-Butyryl-2,4,6-trimethylphenyl)-2-[1-(ethoxyimino)propyl]-3-hydroxycyclohex-2-en-1-on			2	2
Cadmium	1B	2	2	2
Cadmiumchlorid	1B	1B	1B	1B
Cadmiumcyanid	1B* 2			
Cadmiumfluorid	1B	1B	1B	1B
Cadmiumformiat	1B* 2			
Cadmiumhexafluorosilikat	1B* 2			
Cadmiumiodid	1B* 2			
Cadmiumoxid	1B	2	2	2

Stoffbezeichnung	K	M	R_D	R_F
Cadmiumsulfat	1B	1B	1B	1B
Cadmiumsulfid	1B	2	2	2
Cadmiumverbindungen, mit Ausnahme der namentlich bezeichneten (bioverfügbar, in Form atembarer Stäube/ Aerosole)	1B*			
Calciumchromat	1B			
Camphechlor	2			
Captafol (ISO)	1B			
Captan	2			
Carbadox (INN)	1B			
Carbaryl	2			
Carbendazim (ISO)		1B	1B	1B
[μ-[Carbonato(2-)-O:O′]]dihydroxytrinickel s. Nickelcarbonat				
[Carbonato(2-)]tetrahydroxytrinickel s. Nickelcarbonat				
4,4′-Carbonimidoylbis(N,N-dimethylanilin)	1B* 2	2*	---	---
4,4′-Carbonimidoylbis(N,N-dimethylanilin), Herstellung von (s. u. TRGS 906)				
4,4′-Carbonimidoylbis(N,N-dimethylanilin), Salze von (außer Hydrochlorid)	2			
4,4′-Carbonimidoylbis(N,N-dimethylanilin)-Hydrochlorid	1B* 2	2*	---	---
2-Chloracetaldehyd	2	---	---	---
2-Chloracetamid	---	---	---	2
Chloralkane, C10-13, Cl1-13	2			
cis-1-(3-Chlorallyl)-3,5,7-triaza-1-azoniaadamantanchlorid			2	
4-Chloranilin	1B			
4-Chlorbenzotrichlorid	1B	---	---	2 1B*
2-Chlor-1,3-butadien	1B	---	---	---
Chlordan (ISO)	2			
Chlordecone (ISO)	2			
5-Chlor-1,3-dihydro-2H-indol-2-on				2
Chlordimeform (ISO)	2			
Chlordimeformhydrochlorid	2			
Chlor-N,N-dimethylformiminiumchlorid			1B	
1-Chlor-2,3-epoxypropan	1B			
Chlorethan	2			
Chlor-1-ethylcyclohexylcarbonat		2		
(2-Chlorethyl)(3-hydroxypropyl)ammoniumchlorid	1B	1B		
6-(2-Chlorethyl)-6-(2-methoxyethoxy)-2,5,7,10-tetraoxa-6-silaundecan			1B	

KMR-Liste bzw. CMR-Liste

(Stand: Juli 2015)

Stoffbezeichnung	K	M	R_D	R_F
3-Chlor-4-(3-fluorbenzyloxy)anilin		2		
Chlorfluormethan	1B*			
2-Chlor-6-fluor-phenol		1B		2
(3-Chlor-2-hydroxypropyl)trimethylammoniumchlorid	2	---	---	---
Chlormethan	2			
Chlormethylmethylether	1A			
3-Chlor-2-methylpropen	2*			
1-Chlor-2-nitrobenzol	2*	---	---	2*
1-Chlor-4-nitrobenzol	2	2	---	---
1-(4-Chlorphenyl)-4,4-dimethyl-3-(1,2,4-triazol-1-ylmethyl)pentan-3-ol			2	
3-(4-Chlorphenyl)-1,1-dimethyuroniumtrichloracetat	2			
(2RS, 3SR)-3-(2-Chlorphenyl)-2-(4-fluorphenyl)-[(1H-1,2,4-triazol-1-yl)methyl]oxiran siehe Epoxiconazol (ISO)				
4-[(3-Chlorphenyl)(1H-imidazol-1-yl)methyl]-1,2-benzoldiamindihydrochlorid				2
(3-Chlorphenyl)-(4-methoxy-3-nitrophenyl)methanon		2		
3-Chlorpropen	2	2		
Chlorpropham (ISO); Isopropyl 3-chlorcarbanilat	2			
Chlorthalonil	2			
4-Chlor-o-toluidin	1A* 1B	2		
4-Chlor-o-toluidin, Hydrochlorid	1A* 1B	2		
5-Chlor-o-toluidin	2*			
α-Chlortoluole - Gemisch	1A*			
α-Chlortoluol	1B	2*	2*	---
Chlortoluron	2		2	
Chlozolinate	2			
Chrom(III)chromat	1B			
Chromoxychlorid	1B	1B		
Chromtrioxid	1A	1B		2
Chrom(VI)-Verbindungen, mit Ausnahme von Bariumchromat und der namentlich bezeichneten	1B			
Chrysen	1B	2		
Chrysoidin, 4-(Phenylazo)benzol-1,3-diamin	---	2		
Chrysoidinmonohydrochlorid; 4-Phenylazophenylen-1,3-diamin-monohydrochlorid Chrysoidinmonoacetat, 4-(Phenylazo)benzol-1,3-diaminmonoacetat Chrysoidinacetat, 4-(Phenylazo)benzol-1,3-diaminacetat Chrysoidin-p-dodecylbenzolsulfonat, Dodecyl-benzolsulfonsäure, Verbindung mit 4-(Phenylazo)benzol-1,3-diamin (1:1) Chrysoidindihydrochlorid, 4-(Phenylazo)benzol-1,3-diamindihydrochlorid Chrysoidinsulfat, Bis[4-(phenylazo)benzol-1,3-diamin]sulfat		2		
Chrysoidin-C10-14-Alkylderivate Benzolsulfonsäure, Mono-C10-14-alkylderivate, Verbindungen mit 4-(Phenylazo)-1,3-benzoldiamin Chrysoidin, Verbindung mit Dibutylnaphthalinsulfonsäure Dibutylnaphthalinsulfonsäure, Verbindung mit 4-(Phenylazo)benzol-1,3-diamin (1:1)		2		
C.I. Basic Red 9	1B	---	---	---
C.I. Basic Violet 3 (Kristallviolett)	2	---	---	---
C.I. Basic Violet 3 mit ≥ 0,1 % Michlers Keton	1B			
C.I. Direct Blue 218	2*	---	---	---
Cinidonethyl (ISO)	2			
Cobalt, Metall (bioverfügbar, in Form atembarer Stäube/Aerosole) ausgenommen Hartmetalle	1B*	---	---	---
Cobalt(II)acetat	1B	2	---	1B
Cobaltcarbonat	1B	2	---	1B
Cobaltdichlorid	1B	2	---	1B
Cobalt-Lithium-Nickeloxid	1A			
Cobalt-Nickel-Gray-Periklas; C.I. Pigment schwarz 25; C.I. 77332; Cobalt-Nickel-Dioxid; Cobalt-Nickel-Oxid	1A			
Cobalt(II)nitrat	1B	2	---	1B
Cobaltoxid (bioverfügbar, in Form atembarer Stäube/Aerosole)	2*	---	---	---
Cobaltsulfat	1B	2	---	1B
Cobalt(II)sulfat-Heptahydrat	1B	2	---	1B
Cobaltsulfid (bioverfügbar, in Form atembarer Stäube/Aerosole)	2*	---	---	---
Cobaltverbindungen (bioverfügbar, in Form atembarer Stäube/Aerosole), ausgenommen die namentlich genannten sowie Cobalt-haltige Spinelle und organische Cobalt-Sikkative	2*	---	---	---
Colchicin		1B		
Cristobalit (s. u. TRGS 906)				
4-Cyan-2,6-diiodophenyloctanoat			2	
2-Cyan-N-[(ethylamino)carbonyl]-2-(methoxyimino)acetamid Cymoxanil (ISO)			2	2

KMR-Liste bzw. CMR-Liste

(Stand: Juli 2015)

Stoffbezeichnung	K	M	R_D	R_F
Cyclohexanon	---			
Cycloheximid		2	1B	
Cyclohexylamin				2
N-Cyclohexyl-N-methoxy-2,5-dimethyl-3-furamid	2			
trans-4-Cyclohexyl-L-prolinmonohydrochlorid				2
1-Cyclopropyl-6,7-difluor-1,4-dihydro-4-oxochinolin-3-carbonsäure				2
Cycloxydim (ISO)				
2-(Ethoxybutanimidoyl)-3-hydroxy-5-(tetrahydro-2H- thiopyran-3-yl)cyclohex-2-en-1-on			2	
Cyproconazol			2	
Daminozid	---			
DDT	2			
N,N'-Diacetylbenzidin	1B	2		
Diallat (ISO)	2			
2,4-Diaminoanisol-sulfat	1B	2		
3,3'-Diaminobenzidin	1B	2		
3,3'-Diaminobenzidin, Salze von	2*			
4,4'-Diaminodiphenylmethan	1B	2		
Diammonium-1-hydroxy-2-(4-(4-carboxyphenylazo)-2,5- dimethoxyphenylazo)-7-amino-3-naphthalinsulfonat				2
Diammoniumnickelhexacyanoferrat	1A			
Diantimontrioxid	2			
Diarsenpentaoxid	1A			
Diarsentrioxid	1A			
Diazomethan	1B			
Dibenz[a,h]anthracen	1B			
Dibortrioxid			1B	1B
1,2-Dibrom-3-chlorpropan	1B	1B	---	1A
2,6-Dibrom-4-cyanphenyloctanoat			2	
1,2-Dibromethan	1B			
2,2-Dibrom-2-nitroethanol	2			
2,3-Dibrompropan-1-ol	1B	---	---	2
Di-tert-butylperoxid		2		
Dibutylphthalat DBP	---	---	1B	1B* 2
Dibutylzinndichlorid		2	1B	1B
Dibutylzinnhydrogenborat		2	1B	1B
Dichloracetylen	1B* 2			
3,3'-Dichlorbenzidin	1B			
3,3'-Dichlorbenzidin, Salze von	1B			

Stoffbezeichnung	K	M	R_D	R_F
1,4-Dichlorbenzol	2	---		
1,4-Dichlorbut-2-en	1B			
2,2'-Dichlordiethylether	2			
2,2'-Dichlordiethylsulfid (TRGS 905 Nr. 4)	1A*			
3,5-Dichlor-N-(1,1-dimethylprop-2-inyl)benzamid	2			
1,2-Dichlorethan	1B			
1,1-Dichlorethen	2			
Dichlormethan	2			
1,2-Dichlormethoxyethan	---	2*	---	---
2,2'-Dichlor-4,4'-methylendianilin	1B			
2,2'-Dichlor-4,4'-methylendianilin, Salze von	1B			
3-(3,5-Dichlorphenyl)-2,4-dioxo-N-isopropylimidazolidin-1-carboxamid	2			
(±)-2-(2,4-Dichlorphenyl)-3-(1H-1,2,4-triazol-1-yl)propyl-1,1,2,2-tetrafluorethylether	---			
1,2-Dichlorpropan	---	---	---	---
1,3-Dichlor-2-propanol	1B			
1,3-Dichlorpropen (cis- und trans-)	1B*	2*	---	---
2,3-Dichlorpropen		2		
α,α-Dichlortoluol	2			
2,2-Dichlor-1,1,1-trifluorethan	2*	---	---	---
Dicyclohexylnitrosamin	---	2*	---	---
Dieldrin (ISO)	2			
1,2,3,4-Diepoxybutan	1B	1B	---	2*
Dieselmotor-Emissionen (s. u. TRGS 906)	1B*			
Diethanolaminperfluoroctansulfonat s. Perfluoroctansulfonsäure				
1,2-Diethoxyethan			1B	2
Diethylcarbamidsäurechlorid	2			
Diethylsulfat	1B	1B		
1,1-Difluorethen	2*			
Diglycidylether	2*			
N,N'-Dihexadecyl-N,N'-bis(2-hydroxyethyl)propandiamid				2
Dihexylphthalat			1B	1B
N-[6,9-Dihydro-9-[[2-hydroxy-1-(hydroxymethyl)-ethoxy]methyl]-6-oxo-1H-purin-2-yl]acetamid	1B	1B	1B	1B
(S)-2,3-Dihydro-1H-indol-2-carbonsäure				2
1,4-Dihydroxybenzol	2	2	---	---
4-[4-(1,3-Dihydroxyprop-2-yl) phenylamino]-1,8-dihydroxy-5-nitroanthrachinon	2			

KMR-Liste bzw. CMR-Liste (Stand: Juli 2015)

Stoffbezeichnung	K	M	R_D	R_F
Diisobutylphthalat			1B	2
2,4-Diisocyanattoluol	2			
2,6-Diisocyanattoluol	2			
Reaktionsprodukte von Diisopropanolamin mit Formaldehyd (1:4)	2			
3,3'-Dimethoxybenzidin	1B			
3,3'-Dimethoxybenzidin, Salze von	1B			
1,2-Dimethoxyethan	---	---	1B	1B
N,N-Dimethylacetamid			1B	2*
(E)-3-[1-[4-[2-(Dimethylamino)ethoxy]phenyl]-2-phenylbut-1-enyl]phenol	2			1B
N,N-(Dimethylamino)thioacetamid-hydrochlorid			1B	
N,N-Dimethylanilin	2	---	---	---
N,N-Dimethylaniliniumtetrakis(pentafluorphenyl)borat	2			
3,3'-Dimethylbenzidin	1B			
3,3'-Dimethylbenzidin, Salze von	1B			
Dimethylcarbamoylchlorid	1B			
N,N-Dimethylformamid			1B	
1,2-Dimethylhydrazin	1B			
N,N-Dimethylhydrazin	1B			
Dimethylhydrogenphosphit	2*			
Dimethylsulfamoylchlorid	1B			
Dimethylsulfat	1B	2		
Dimethylzinndichlorid			2	
Dimoxystrobin (ISO); (E)-2-(Methoxyimino)-N-methyl- 2-[α-(2,5-xylyloxy)-o-tolyl]acetamid	2		2	
Dinatrium-4-amino-3-[[4'-[(2,4-diaminophenyl)azo][1,1'-biphenyl]-4-yl]azo]-5-hydroxy-6-(phenylazo)naphthalin-2,7-disulfonat	1B		2	
Dinatrium-3,3'-[[1,1'-biphenyl]-4,4'-diylbis(azo)]bis(4- amino-naphthalin-1-sulfonat)	1B		2	
Dinatrium-[5-[(4'-((2,6-dihydroxy-3-((2-hydroxy-5- sulfophenyl)azo)phenyl)azo)(1,1'-biphenyl)-4-yl)-azo]salicylato(4-)]cuprat(2-)	1B			
Dinatriumtetraborat, wasserfrei -Decahydrat -Pentahydrat			1B	1B
Dinickeldiphosphat s. Nickelhydrogenphosphat				
Dinickelhexacyanoferrat	1A			
Dinickeltrioxid	1A			
Dinitronaphthaline, alle Isomeren	2*			
2,3-Dinitrotoluol	1B	2		2
2,4-Dinitrotoluol	1B	2		2
2,5-Dinitrotoluol	1B	2		2
2,6-Dinitrotoluol	1B	2		2
3,4-Dinitrotoluol	1B	2		2
3,5-Dinitrotoluol	1B	2		2
Dinitrotoluole, (techn. Isomerengemische)	1B	2	---	2
Dinocap			1B	
Dinoseb			1B	2
Dinoseb, Salze und Ester, mit Ausnahme d. namentlich bezeichneten			1B	2
Dinoterb			1B	
Dinoterb, Salze und Ester des			1B	
1,4-Dioxan	2			
1,3-Diphenylguanidin				2
Diphenyl(2,4,6-trimethylbenzoyl)phosphinoxid				2
Diphosphorsäure, Nickel(II)-Salz s. Nickelhydrogenphosphat				
Diuron	2			
Divanadiumpentoxid		2	2	
DNOC		2		
Dodecachlorpentacyclo[5.2.1.02,6.03,9.05,8]decan	2		2	2
Dodemorph (ISO)			2	
Dodemorphacetat 4-Cyclododecyl-2,6-dimethyl-morpholin-4-iumacetat			2	
Edifenphos		---		
Epoxiconazol (ISO)				
(2RS,3SR)-3-(2-Chlorphenyl)-2-(4-fluorphenyl)-[(1H-1,2,4-triazol-1-yl)methyl]oxiran	2		1B	2
1,2-Epoxybutan	1B* 2			
1-Epoxyethyl-3,4-epoxycyclohexan	1B* 2			
1,2-Epoxy-3-phenoxypropan	1B	2		
2,3-Epoxy-1-propanol R-2,3-Epoxy-1-propanol	1B	2	---	1B
1,2-Epoxy-3-(tolyloxy)propan	2*	2		
Erionit	1A			
Estrogene (Steroidhormone)	2*	---	2*	1A*
Estrogene, schwache (Steroidhormone)	---	---	2*	2*
3-(1,2-Ethandiylacetale)-estra-5(10),9(11)-dien-3,17-dion, zyklisch				1B
Ethen (Ethylen)	---	2*	---	---
O,O'-(Ethenylmethylsilylen)di[(4-methylpentan-2-on)oxim]				2

KMR-Liste bzw. CMR-Liste

(Stand: Juli 2015)

Stoffbezeichnung	K	M	R_D	R_F
Ethidiumbromid; 3,8-Diamino-1-ethyl-6-phenylphenantridinium-bromid		2		
4-Ethoxyanilin		2		
4'-Ethoxy-2-benzimidazol-anilid		2		
2-Ethoxyethanol			1B	1B
2-Ethoxyethylacetat			1B	1B
(4-Ethoxyphenyl)(3-(4-fluor-3-phenoxyphenyl)-propyl)dimethylsilan				1B
5-Ethoxy-3-trichlormethyl-1,2,4-thiadiazol	2			
Ethyl-1-(2,4-dichlorphenyl)-5-(trichlormethyl)-1H-1,2,4-triazol-3-carboxylat	1B			
Ethylenimin	1B	1B		
Ethylenoxid	1B	1B		
Ethylenthioharnstoff	2*	---	1B	
2-Ethylhexan-1,3-diol			---	
2-Ethylhexansäure			2	
2-Ethylhexyl-[[[3,5-bis(1,1-dimethylethyl)-4- hydroxyphenyl] methyl]thio]acetat			1B	
2-Ethylhexyl-10-ethyl-4,4-dimethyl-7-oxo-8-oxa-3,5-dithia-4-stannatetradecanoat			2	
2-Ethylhexyl-10-ethyl-4,4-dioctyl-7-oxo-8-oxa-3,5-dithia-4- stannatetradecanoat			1B	
2-Ethylhexyl-10-ethyl-4-[[2-[(2-ethylhexyl)oxy]-2- oxoethyl]thio]-4-methyl-7-oxo-8-oxa-3,5-dithia-4-stannatetradecanoat			2	
2-Ethylhexyl-2-ethylhexanoat			2	
3-Ethyl-2-methyl-2-(3-methylbutyl)-1,3-oxazolidin				1B
1-Ethyl-1-methylmorpholinium-bromid		2		
4-Ethyl-4-methylpyrrolidinium-bromid		2		
2-Ethylphenylhydrazinhydrochlorid	2			
N-Ethyl-2-pyrrolidon				
1-Ethylpyrrolidin-2-on			1B	
Faserstäube, anorganische (Eine Einstufung ist abhängig von der Erfüllung bestimmter Kriterien, siehe TRGS 905 Abschnitt 2.3) Asbest, Erionit, Mineralwolle und keramische Mineralfasern siehe dort	1B* oder 2*			
Fenarimol			2	2
Fenoxycarb (ISO) Ethyl [2-(4-phenoxyphenoxy)ethyl] carbamat	2			

Stoffbezeichnung	K	M	R_D	R_F
Fenpropimorph			2	
Fenthion		2		
Fentinacetat	2		2	
Fentinhydroxid	2		2	
Fluazifop-butyl			1B	
Fluazifop-P-butyl			2	
Fluazinam (ISO) 3-Chlor-N-[3-chlor-2,6-dinitro-4-(trifluormethyl)phenyl]-5- (trifluormethyl)pyridin-2-amin			2	
Flumioxazin			1B	
1-(4-Fluor-5-hydroxymethyl-tetrahydrofuran-2-yl)-1H-pyrimidin-2,4-dion		2		
Flusilazol	2		1B	
Forchlorfenuron (ISO)	2			
Formaldehyd	1B	2		
Formamid			1B	
Fuberidazol (ISO)	2			
Furaldehyd	2	---	---	---
Furan	1B	2	---	---
Furfurylalkohol	2			
Galliumarsenid	1B			1B
Gestagene (Steroidhormone)	2*	---	1B*	1A*
Gestagene, schwache (Steroidhormone)	---	---	2*	2*
Glucocorticoide (Steroidhormone)	---	---	1A*	2*
Glufosinat-Ammonium (ISO)			2	1B
6-Glycidyloxynaphth-1-yl-oxymethyloxiran		2		
Glycidyltrimethylammonium-chlorid	1B	2	---	2
Glyoxal		2		
Heptachlor (ISO)	2			
Heptachlorepoxid	2			
Hexabromcyclododecan 1,2,5,6,9,10-Hexabromcyclododecan			2	
Hexachlorbenzol	1B			
1,1,2,3,4,4-Hexachlor-1,3-butadien	2*			
1,2,3,4,5,6-Hexachlorcyclohexane, mit Ausnahme der namentlich bezeichneten	2			
Hexahydrocyclopenta[c]pyrrol-1-(1H)-ammonium-N- ethoxycarbonyl-N-(p-tolylsulfonyl)azanid		2		
Hexamethylphosphorsäuretriamid	1B	1B		
n-Hexan				2
2-Hexanon				2
O-Hexyl-N-ethoxycarbonylthiocarbamat	1B	1B		

KMR-Liste bzw. CMR-Liste

(Stand: Juli 2015)

Stoffbezeichnung	K	M	R_D	R_F
Holzstaub (außer Hartholzstäube, s. unten)	2*			
Hydrazin	1B			
Hydrazin, Salze von		1B		
Hydrazinbis(3-carboxy-4-hydroxy-benzolsulfonat)	1B			
(4-Hydrazinophenyl)-N-methyl-methansulfonamidhydrochlorid		2		
Hydrazin-trinitromethan	1B			
Hydrazobenzol	1B			
2-[2-Hydroxy-3-(2-chlorphenyl) carbamoyl-1-naphthylazo]-7-[2-hydroxy-3-(3-methylphenyl)carbamoyl-1-naphthylazo]fluoren-9-on			1B	
2-(2-Hydroxy-3,5-dinitroanilino) ethanol				2
6-Hydroxy-1-(3-isopropoxy-propyl)-4-methyl-2-oxo-5-[4-(phenylazo)phenylazo]-1,2-dihydro-3-pyridincarbonitril	1B			
Hydroxylamin	2			
Hydroxylamindihydrogenphosphat	2			
Hydroxylamin-4-methylbenzol-sulfonat	2			
Hydroxylaminphosphat	2			
Hydroxylammoniumchlorid	2			
Hydroxylammoniumhydrogen-sulfat	2			
Hydroxylammoniumnitrat	2			
N-[4-[(2-Hydroxy-5-methylphenyl) azo]phenyl]acetamid, C.I. Disperse yellow 3	2			
Imazalil (ISO)				
1-[2-(Allyloxy)-2-(2,4-dichlor-phenyl)ethyl]-1H-imidazol	2			
Imidazol			1B	
Indiumphosphid	1B			2
Ioxynil			2	
O-Isobutyl-N-ethoxy-carbonylthio-carbamat	1B	1B		
4,4'-Isobutylethylidendiphenol				1B
Isobutylnitrit	1B	2		
2-(Isocyanatosulfonylmethyl) benzoesäuremethylester		2		
Isopren, Methyl-1,3-butadien	1B	2	---	---
4,4'-Isopropylidendiphenol			---	2
Isoproturon	2			
Isoxaflutole			2	
Kaliumbromat	1B			
Kaliumchromat	1B	1B		
Kaliumdichromat	1B	1B	1B	1B

Stoffbezeichnung	K	M	R_D	R_F
Kalium-1-methyl-3-morpholino-carbonyl-4-[3-(1-methyl-3-morpholinocarbonyl-5-oxo-2-pyrazolin-4-yliden)-1-propenyl] pyrazol-5-olat; [Gehalt an N,N-Dimethylformamid (EG-Nr. 200-679-5) ≥ 0,5 %]			1B	
Kaliumnitrat			---	---
Kaliumperfluoroctansulfonat s. Perfluoroctansulfonsäure				
Kaliumtitanoxid (K2Ti6O13)	2			
Keramische Mineralfasern, feuerfest; Fasern für besondere Verwendungszwecke; [Künstlich hergestellte ungerichtete glasige (Silikat-)Fasern mit einem Anteil an Alkali- und Erdalkalimetalloxiden ($Na_2O+K_2O+CaO+MgO+BaO$) von weniger oder gleich 18 Gewichtsprozent] (Eine Einstufung ist abhängig von der Erfüllung bestimmter Kriterien, s. TRGS 905)	1B			
Ketoconazol; 1-[4-[4-[[(2SR,4RS)-2-(2,4-Dichlorphenyl)-2- (imidazol-1-ylmethyl)-1,3-dioxolan-4- yl]methoxy]phenyl]piperazin-1-yl]ethanon				1B
Kieselsäure, Blei-Nickel-Salz	1A		1A	2
Kohlendisulfid			2	2
Kohlenmonoxid			1A	
Kresoxim-methyl	2			
Schleime und Schlämme, elektrolytische Kupferraffination, entkupfert, Nickelsulfat	1A	2	1B	
Schleime und Schlämme, elektrolytische Kupferraffination, entkupfert	1A	2	1A	
Lenacil (ISO)				
3-Cyclohexyl-6,7-dihydro-1H-cyclopenta[d]pyrimidin-2,4-(3H,5H)-dion	2			
Leucomalachitgrün	2	2		
Lindan	2*	---		
Linuron (ISO)	2		1B	2
Lithiumperfluoroctansulfonat s. Perfluoroctansulfonsäure				
Malachitgrün Hydrochlorid, C.I. Basic Green 4 Malachitgrün Oxalat			2	
Mancozeb			2	
Maneb			2	
Mepanipyrim	2			
4-Mesyl-2-nitrotoluol				2
Metazachlor (ISO)	2			

KMR-Liste bzw. CMR-Liste

(Stand: Juli 2015)

Stoffbezeichnung	K	M	R_D	R_F
Metconazol (ISO); (1RS,5RS;1RS, 5SR)-5-(4-Chlorbenzyl)-2,2-dimethyl-1-(1H-1,2,4-triazol-1-ylmethyl)cyclopentanol			2	
2-Methoxyanilin	1B	2		
Methoxyessigsäure			1B	1B
2-Methoxyethanol			1B	1B
2-(2-Methoxyethoxy)ethanol			2	
2-Methoxyethylacetat			1B	1B
(Z)-2-Methoxyimino-2-[2-(tritylamino)thiazol-4-yl]essigsäure	2			
7-Methoxy-6-(3-morpholin-4-yl-propoxy)-3H-quinazolin-4-on; [Gehalt an Formamid ≥ 0,5 %]			1B	
2-Methoxy-1-propanol	---		1B	---
2-Methoxypropylacetat-1			1B	
6-Methoxy-m-toluidin				
2-Methoxy-5-methylanilin	1B			
N-Methylacetamid	---	---	1B	---
Methylacrylamidomethoxyacetat (mit ≥ 0,1% Acrylamid)	1B	1B		
Methylacrylamidoglykolat (mit ≥ 0,1% Acrylamid)	1B	1B		
Methylacrylat	---			
2-Methylaziridin	1B			
(Methyl-ONN-azoxy)methylacetat	1B		1B	
N-Methylbis(2-chlorethyl)amin (TRGS 905 Nr. 4)	1A*	1B*		
2-Methyl-5-tert-butylthiophenol			2	
6-Methyl-1,3-dithiolo(4,5-b) chinoxalin-2-on				2
4,4'-Methylenbis(2-ethylanilin)	2	---	---	---
(Methylenbis(4,1-phenylenazo (1-(3-(dimethylamino)propyl)-1,2-dihydro-6-hydroxy-4-methyl-2-oxopyridin-5,3-diyl)))-1,1'-dipyridiniumdichloriddihydrochlorid	1B			
4,4'-Methylendiphenyldiisocyanat 2,2'-Methylendiphenyldiisocyanat 2,4'-Methylendiphenyldiisocyanat Methylendiphenyldiisocyanat	2	---	---	---
4,4'-Methylendiphenyldiisocyanat tech. (Polymeres) MDI, pMDI (in Form atembarer Aerosole, A-Fraktion)	2*	---	---	---
4,4'-Methylendi-o-toluidin	1B			
N-Methylformamid			1B	
Methyliodid	2			
Methylisocyanat			2	
1-Methyl-3-nitro-1-nitrosoguanidin	1B			
N-Methylolchloracetamid	---	2*	---	---

Stoffbezeichnung	K	M	R_D	R_F
Methylphenylendiamin, technisches Produkt – Gemisch aus 4-Methyl-m-phenylendiamin und 2-Methyl-m-phenylendiamin)]	1B	2		2
2-Methyl-m-phenylendiamin		2		
4-Methyl-m-phenylendiamin	1B	2		2
4-Methyl-m-phenylendiaminsulfat	1B			
N-Methyl-2-pyrrolidon			1B	
N-Methyl-2,4,6-N-tetranitroanilin	---	---	---	---
Metosulam (ISO)				
N-(2,6-Dichlor-3-methylphenyl)-5,7-dimethoxy[1,2,4]- triazolo [1,5-a]pyrimidin-2-sulfonamid	2			
Michlers Keton	1B	2	---	---
Mineralwolle (s. TRGS 905) Künstlich hergestellte ungerichtete glasige (Silikat-)Fasern mit einem Anteil an Alkali- und Erdalkalimetalloxiden ($Na_2O+K_2O+CaO+MgO+BaO$) von über 18 Gewichtsprozent (Eine Einstufung ist abhängig von der Erfüllung bestimmter Kriterien, siehe TRGS 905)	1B* 2			
Molinat	2			2
Molybdäntrioxid	2			
Monocrotophos		2		
Monuron (ISO)	2			
Morpholin-4-carbonylchlorid	1B* 2			
Myclobutanil			2	
Naphthalin	2	---	---	---
2-Naphthylamin	1A			
2-Naphthylamin, Salze von	1A			
1,5-Naphthylendiamin	2			
1-(1-Naphthylmethyl)quinolinium-chlorid	2	2		
Natriumbisulfit		---		
Natriumchromat	1B	1B	1B	1B
Natriumdichromat	1B	1B	1B	1B
Natriumdichromatdihydrat	1B	1B	1B	1B
Natriummetabisulfit		---		
Natriumnitrat		---	---	
Natriumperborat Perborsäure, Natriumsalz Perborsäure, Natriumsalz, Monohydrat Natriumperoxometaborat Perborsäure (HBO(O2)), Natriumsalz, Monohydrat Natriumperoxoborat			1B	2
Nickel, Metall	2			

KMR-Liste bzw. CMR-Liste

(Stand: Juli 2015)

Stoffbezeichnung	K	M	R_D	R_F
Dialuminium-Nickeltetraoxid; Nickel-Titantrioxid; Nickel-Titan-oxid; Nickel-Divanadiumhexaoxid; Kobalt-Dimolybdän-Nickeloctaoxid; Nickel-Zirkontrioxid; Molybdän-Nickeltetraoxid; Nickel-Wolfram-tetraoxid; Olivin, Nickel grün; Lithium-Nickeldioxid; Molybdän-Nickeloxid	1A			
Nickel-Barium-Titan-Primel-Priderit; C.I. Pigment gelb 157; C.I. 77900	1A			
Nickel-bis(4-cyclohexylbutyrat)	1A	2	1B	
Nickel-bis(dihydrogenphosphat) Nickel-bis(phosphinat) s. Nickelhydrogenphosphat				
Nickel-bis(sulfamidat); Nickel-sulfamat	1A	2	1B	
Nickel-bis(tetrafluorborat)	1A	2	1B	
Nickelborid (NiB); Dinickelborid; Trinickelborid; Nickelborid; Dinickelsilicid; Nickeldisilicid; Dinickelphosphid; Nickel-Bor-phosphid	1A			
Nickelcarbonat Kohlensäure, Nickelsalz	1A	2	1B	
Nickelchromat	1A			
Nickeldi(acetat) Nickelacetat	1A	2	1B	
Nickeldiarsenid; Nickelarsenid	1A			
Nickeldibenzoat	1A	2	1B	
Nickeldibromid s. Nickeldifluorid				
Nickeldichlorat; Nickeldibromat; Ethylhydrogensulfat, Nickel(II)-Salz	1A	2	1B	
Nickeldichlorid	1A	2	1B	
Nickeldichromat	1A	2	1B	
Nickeldicyanid	1A			
Nickeldifluorid; Nickeldibromid; Nickeldijodid; Nickel-Kalium-Fluorid	1A	2	1B	
Nickeldiformat; Ameisensäure, Nickelsalz; Ameisensäure, Kupfer-Nickel-Salz	1A	2	1B	
Nickeldihydroxid	1A	2	1B	
Nickeldijodid siehe Nickeldifluorid				
Nickeldikalium-bis(sulfat); Nickeldiammonium-bis(sulfat), Diammoniumnickel-bis(sulfat)	1A	2	1B	
Nickeldilactat	1A	2	1B	
Nickeldinitrat Salpetersäure, Nickelsalz	1A	2	1B	
Nickeldioxid	1A			
Nickeldiperchlorat; Perchlorsäure, Nickel(II)-Salz	1A	2	1B	
Nickeldithiocyanat	1A	2	1B	

Stoffbezeichnung	K	M	R_D	R_F
Nickelhexafluorsilikat	1A	2	1B	
Nickelhydrogenphosphat; Nickel-bis(dihydrogenphosphat); Trinickel-bis(orthophosphat); Dinickeldiphosphat; Nickelbis(phosphinat); Nickelphosphinat; Phosphorsäure, Calcium-Nickel-Salz; Diphosphorsäure, Nickel(II)-Salz	1A			
Nickel-Kalium-Fluorid siehe Nickeldifluorid				
Nickelmatte sowie Rösten oder elektrolytische Raffination von (s.a. TRGS 906)	1A			
Nickelmonoxid, Nickeloxid Bunsenit	1A			
Nickel(II)-octanoat	1A	2	1B	
Nickeloxalat; Oxalsäure, Nickelsalz	1A			
Nickelphosphinat s. Nickel-hydrogenphosphat				
Nickelselenat	1A	2	1B	
Nickelselenid	1A			
Nickel(II)-Selenit	1A			
Nickel(II)-Silikat; Dinickel-orthosilikat; Nickelsilikat (3:4); Kieselsäure, Nickelsalz; Trihydrogenhydroxy-bis[ortho-silikato(4-)]trinickelat(3-)	1A			
Nickel(II)-stearat; Nickel(II)-octadecanoat	1A	2	1B	
Nickelsulfat	1A	2	1B	
Nickelsulfid Nickelsulfid Millerit	1A	 2		
Nickel(II)-sulfit; Nickel-Tellurtrioxid; Nickel-tellurtetraoxid; Molybdän-Nickelhydroxidoxidphosphat		1A		
Nickeltellurid	1A			
Nickeltetracarbonyl	2		1B	
Nickel(II)-trifluoracetat; Nickel(II)-propionat; Nickel-bis(benzolsulfonat); Nickel(II)-hydrogencitrat; Zitronensäure, Ammonium-Nickel-Salz; Zitronensäure, Nickelsalz; Nickel-bis(2-ethylhexanoat); 2-Ethylhexansäure, Nickelsalz; Dimethylhexansäure, Nickelsalz; Nickel(II)-isooctanoat; Nickeliso-octanoat; Nickel-bis(isononanoat); Nickel(II)-neononanoat; Nickel(II)-isodecanoat; Nickel(II)-neo-decanoat; Neodecansäure, Nickel-salz; Nickel(II)-neoundecanoat; Bis(D-gluconato-O1,O2)nickel;	1A	2	1B	

KMR-Liste bzw. CMR-Liste

(Stand: Juli 2015)

Stoffbezeichnung	K	M	R_D	R_F
Nickel-3,5-bis(tert-butyl)-4-hydroxybenzoat(1:2); Nickel(II)-palmitat; (2-Ethylhexanoato-O)(isononanoato-O)nickel; (Isononanoato-O)(isooctanoato-O)nickel; (Isooctanoato-O)(neodecanoato-O)nickel; (2-Ethylhexanoato-O)(isodecanoato-O)nickel; (2-Ethylhexanoato-O)(neodecanoato-O)nickel; (Isodecanoato-O)(isooctanoato-O)nickel; (Isodecanoato-O)(isononanoato-O)nickel; (Isononanoato-O)(neodecanoato-O)nickel; Fettsäuren, C6-19-verzweigt, Nickelsalze; Fettsäuren, C8-18 und C18-ungesättigt, Nickelsalze; 2,7-Naphthalendisulfonsäure, Nickel(II)-Salz				
Nickeltriurandecaoxid	1A			
Nickel-Zinn-Trioxid; Nickelstannat	1A			
5-Nitroacenaphthen	1B			
2-Nitro-4-aminophenol	2*			
2-Nitroanisol	1B			
Nitrobenzol	2			1B
4-Nitrobiphenyl	1B			
Nitrofen (ISO)	1B		1B	
1-Nitronaphthalin	---	---	---	---
2-Nitronaphthalin	1B			
2-Nitro-p-phenylendiamin	2*			
2-Nitropropan	1B			
Nitropyrene (Mono-, Di-, Tri-, Tetra-), Isomere	2*			
N-Nitrosodi-n-butylamin (TRGS 905 Nr. 4)	1B*			
N-Nitrosodiethanolamin	1B			
N-Nitrosodiethylamin (TRGS 905 Nr. 4)	1B*			
N-Nitrosodimethylamin	1B			
N-Nitrosodi-i-propylamin (TRGS 905 Nr. 4)	1B*			
N-Nitrosodi-n-propylamin)	1B			
N-Nitrosoethylphenylamin (TRGS 905 Nr. 4)	1B*			
N-Nitrosomethylethylamin (TRGS 905 Nr. 4)	1B*			
N-Nitrosomethylphenylamin (TRGS 905 Nr. 4)	1B*			
N-Nitrosomorpholin (TRGS 905 Nr. 4)	1B*			
p-Nitrosophenol		2		
N-Nitrosopiperidin (TRGS 905 Nr. 4)	1B*			
N-Nitrosopyrrolidin (TRGS 905 Nr. 4)	1B*			

Stoffbezeichnung	K	M	R_D	R_F
5-Nitro-o-toluidin, 2-Amino-4-nitrotoluol	2	---	---	---
5-Nitro-o-toluidin, Hydrochlorid	2	---	---	---
2-Nitrotoluol	1B	1B	---	2
Nonylphenol/lineare Seitenkette	---	---	2	2
4-Nonylphenol/verzweigte Seitenkette	---	---	2	2
Octabromdiphenylether	---	---	1B	2
Octamethylcyclotetrasiloxan, D4	---	---	---	2
Olaquindox	2*	1B*	---	2*
Orthoborsäure, Natriumsalz			1B	1B
Oxadiargyl			2	
Oxiranmethanol, 4-methylbenzolsulfonat, (S)-	1B	2		
3-Oxoandrost-4-en-17-beta-carbonsäure				2
4,4'-Oxydianilin und seine Salze	1B	1B	---	2
Ozon	2*	---	---	---
Passivrauchen (Maßnahmen zum Schutz der Arbeitnehmer am Arbeitsplatz werden durch das Arbeitsschutzgesetz und die Arbeitsstättenverordnung geregelt)	1A*	2*	1A*	---
Penconazol (ISO) 1-[2-(2,4-Dichlorphenyl)pentyl]-1H-1,2,4-triazol			2	
Pentachlorethan	2			
Pentachlorphenol	1B* 2	2*	1B*	---
Pentachlorphenol, Salze von	1B*			
Pentachlorphenol, Alkalisalze von – Natriumsalz – Kaliumsalz	1B* 2			
Perborsäure ($H_3BO_2(O_2)$), Mononatriumsalz-Trihydrat; Perborsäure, Natriumsalz-Tetrahydrat Perborsäure ($HBO(O_2)$), Natriumsalz-Tetrahydrat Natriumperoxoborat-Hexahydrat			1B	2
Perfluoroctansäure	2		1B	
Perfluoroctansulfonsäure, Heptadecafluoroctan-1- sulfonsäure; Kaliumperfluoroctansulfonat, Kaliumheptadecafluoroctan-1-sulfonat; Diethanolaminperfluoroctansulfonat; Ammoniumperfluoroctansulfonat, Ammonium-heptadecafluoroctansulfonat; Lithiumperfluoroctansulfonat, Lithiumheptadecafluoroctansulfonat	2		1B	
Peroxyessigsäure	---	---	---	---
Phenol	---	2	---	---
Phenolphthalein	1B	2		2

KMR-Liste bzw. **CMR-Liste** (Stand: Juli 2015)

Stoffbezeichnung	K	M	R_D	R_F
4-Phenylazophenylen-1,3-diamin-monohydrochlorid				
s. Chrysoidinmonohydrochlorid				
1-Phenylazo-2-naphthol	2	2	---	---
(4-Phenylbutyl)phosphinsäure	2			
4,4'-(1,3-Phenylen-bis(1-methyl-ethyliden))bisphenol			2	
1,2-Phenylendiamin	2	2	---	---
1,2-Phenylendiamindihydrochlorid	2	2	---	---
1,3-Phenylendiamin	---	2	---	---
1,3-Phenylendiamindihydrochlorid	---	2	---	---
1,4-Phenylendiamin	---	---	---	---
1,4-Phenylendiamindihydrochlorid	---	---	---	---
(R)-α-Phenylethylammonium-(-)-(1R, 2S)-(1,2- epoxypropyl) phosphonatmonohydrat				2
Phenylhydrazin	1B	2	---	---
Phenylhydrazinhydrochlorid	1B	2		
Phenylhydraziniumchlorid	1B	2	---	---
Phenylhydraziniumsulfat, 2:1	1B	2		
N-Phenyl-2-naphthylanilin	2			
trans-4-Phenyl-L-prolin				2
Phosphorsäure, Calcium-Nickel-Salz s. Nickelhydrogenphosphat				
Phosphamidon		2		
Phoxim (ISO)				2
Piperazin, fest und flüssig			2	2
Piperazinhydrochlorid; Piperazindihydrochlorid; Piperazinphosphat			2	2
3-(Piperazin-1-yl)-benzo[d]iso-thiazolhydrochlorid				2
Polychlorierte Biphenyle	2*		1B*	1B*
Polyhexamethylenbiguanid-hydrochloride	2			
Profoxydim	2		2	
3-Propanolid	1B			
1,3-Propansulton	1B			
Propargit	2			
Propazin	2			
1,2-Propylenoxid	1B	1B		
Propylenthioharnstoff			2	
iso-Propylglycidylether	---	2*	---	---
Proquinazid (ISO)				
6-Iodo-2-propoxy-3-propylquina-zolin-4(3H)-on	2			
Pymetrozin	2			
Pyrogallol		2		

Stoffbezeichnung	K	M	R_D	R_F
Pyrolyseprodukte aus organischem Material s. auch namentlich genannte (s. u. TRGS 906)	1A* oder 1B*			
Quarz-A-Staub (s. u. TRGS 906)				
Quecksilber			1B	
Quecksilberdichlorid		2		2
Quinolin, Chinolin	1B	2		
Simazin	2			
Spirotetramat (ISO)				
(5s,8s)-3-(2,5-Dimethylphenyl)-8-methoxy-2-oxo-1- azaspiro[4,5] dec-3-en-4-yl-ethylcarbonat			2	2
Strontiumchromat	1B			
Styrol			2	
Styroloxid	1B			
Sulcotrione (ISO)				
2-[2-Chlor-4-(methylsulfonyl) benzoyl]cyclohexane-1,3-dion			2	
Sulfallat (ISO)	1B			
Tembotrione (ISO)				
2-{2-Chlor-4-(methylsulfonyl)-3-[(2,2,2-trifluorethoxy)-methyl] benzoyf}cyclohexan-1,3-dion			2	
Tepraloxydim (ISO)	2		2	2
1,4,5,8-Tetraaminoanthrachinon	1B	---	---	---
Tetrabordinatriumheptaoxid, Hydrat			1B	1B
5,6,12,13-Tetrachloranthra(2,1,9-def:6,5,10- d'e'f')diisochinolin-1,3,8,10(2H, 9H)tetron				2
2,3,7,8-Tetrachlordibenzo-p-dioxin (TRGS 905 Nr. 4)	1B*			
1,1,2,2-Tetrachlorethan	2*	2*	---	---
Tetrachlorethen	2	---	2*	---
Tetrachlormethan	2			
N,N,N',N'-Tetraglycidyl-4,4'-diamino-3,3'-diethyldiphenylmethan		2		
Tetrahydro-1,3-dimethyl-1H-pyrimidin-2-on; Dimethylpropylenharnstoff				2
Tetrahydrofuran	2			
Tetrahydrofurfurylalkohol Tetrahydro-2-furylmethanol			1B	2
(±)-Tetrahydrofurfuryl-(R)-2-[4-(6-chlorchinoxalin-2-yloxy)-phenyl-oxy]propanoat		2	1B	2
Tetrahydrothiopyran-3-carbox-aldehyd			1B	
Tetrakis(hydroxymethyl)phosphoniumchlorid; Reaktionsprodukt mit Harnstoff und destilliertem hydriertem C16-18-Talgalkylamin	2	---		

KMR-Liste bzw. CMR-Liste (Fortsetzung) (Stand: März 2007)

Stoffbezeichnung	K	M	R_D	R_F
N,N,N',N'-Tetramethylacridin-3,6-yldiaminhydrochlorid und N,N,N',N'-Tetramethylacridin-3,6-diaminmonohydrochlorid Verbindung mit ZnCl2 (Acridin-orange)	---	2*	---	---
2,2'-((3,5',5,5'-Tetramethyl-(1,1'-biphenyl)-4,4'-diyl)- bis(oxy-methylen))-bisoxiran	2			
N,N,N',N'-Tetramethyl-4,4'-methylendianilin 4,4'-Methylenbis (N,N-dimethylanilin)	1B			
Tetranatrium-3,3'-[[1,1'-biphenyl]-4,4'-diylbis(azo)]bis[5- amino-4-hydroxynaphthalin-2,7-disulfonat]	1B		2	
Tetranitromethan (TRGS 905 Nr. 4)	1B*			
Thioacetamid	1B			
4,4'-Thiodianilin und seine Salze	1B			
Thioharnstoff	2		2	
Thiophanat-methyl		2		
Thiram		---		
o-Toluidin	1B			
p-Toluidin	2	---	---	---
p-Toluidiniumchlorid	2			
p-Toluidinsulfat	2			
Toluol	---	---	2	---
4-o-Tolylazo-o-toluidin	1B			
m-Tolylidendiisocyanat	2			
Tralkoxydim (ISO)				
2-[(1E)-Ethoxypropanimidoyl]-3-hydroxy-5-mesitylcyclohex- 2-en-1-on	2			
Triammonium-6-amino-3-((2,5-diethoxy-4-(3- phosphonophenyl) azo)phenyl)azo-4-hydroxy-2-naphthalensulfonat; Diammonium-3-((4-((7-amino-1- hydroxy-3-sulfo-naphthalen-2-yl)azo)-2,5- diethoxy-phenyl)azo)benzoat, Gemisch aus				2
Triammonium-4-[4-[7-(4-carboxyl-atoanilino)-1-hydroxy-3-sulfonato-2-naphthylazo]-2,5-dimethoxy-phenylazo]benzoat				2
1,2,4-Triazol			2	
Tribleibis(orthophosphat)			1A	2
Tribrommethan	2*			
Tributylphosphat	2			
Tributylzinnverbindungen			1B	1B
2,3,4-Trichlor-1-buten	1B* 2			
1,1,2-Trichlorethan	2	---	---	---
Trichlorethylen	1B	2		

Stoffbezeichnung	K	M	R_D	R_F
Trichlormethan	1B* 2	2*	2	---
Trichlormethylstannan			2	
N-(Trichlormethylthio)phthalimid	2			
2,4,6-Trichlorphenol	2			
1,2,3-Trichlorpropan	1B	2*	---	1B
α,α,α-Trichlortoluol	1B			
Tridemorph			1B	
Triethylarsenat	1A			
Trifluoriodmethan		2		
Trifluralin (ISO) (enthält < 0,5 ppm NPDA)	2			
Triflusulfuron-methyl Methyl 2-({[4-(dimethylamino)-6-(2,2,2-trifluorethoxy)-1,3,5-triazin-2-yl]carbamoyl}sulfamoyl)-3-methylbenzoat	2			
2,4,5-Trimethylanilin-hydrochlorid	1B	---	---	---
3,5,5-Trimethyl-2-cyclohexen-1-on	2	---	---	---
Trimethylphosphat	2*	1B*		
Trimethylpropan-tri(3-aziridinyl-propanoat); (TAZ)		2		
Trinatrium-[4'-(8-acetylamino-3,6-disulfonato-2-naphthylazo)-4''-(6-benzoylamino-3-sulfonato-2-naphthylazo)-biphenyl-1,3',3'',1'''-tetraolato-O,O',O'',O''']kupfer(II)	1B			
Trinatriumbis[7-acetamido-2-(4-nitro-2-oxidophenylazo)-3-sulfo-nato-1-naphtholato]chromat(1-)		2		
Trinatriumnitriltriacetat	2			
Trinickel-bis(arsenat); Nickel(II)-Arsenat	1A			
Trinickel-bis(arsenit)	1A			
Trinickel-bis(orthophosphat) s. Nickelhydrogenphosphat				
Trinickeldisulfid	1A	2		
Trinickeltetrasulfid	1A			
2,4,7-Trinitrofluoren-9-on	2*			
2,4,6-Trinitrotoluol (und Isomeren in technischen Gemischen)	2*			
1,3,5-Trioxan	---	---	2	---
1,3,5-Tris(3-aminomethylethyl-phenyl)-1,3,5-(1H,3H,5H)-triazin-2,4,6-trion und Oligomerengemisch aus 3,5-Bis(3- aminomethylphenyl)-1-poly[3,5-bis(3-aminomethyl-phenyl)-2,4,6-triazin-1,3,5-(1H,3H, 5H)triazin-1-yl]-1,3,5-(1H,3H,5H)-triazin-2,4,6-trion, Gemisch aus	1B		1B	
Tris[2-chlor-1-chlormethyl)ethyl] phosphat	2			

KMR-Liste bzw. CMR-Liste (Fortsetzung) (Stand: März 2007)

Stoffbezeichnung	K	M	R_D	R_F
Tris(2-chlorethyl)phosphat	1B* 2	---	---	1B
1,3,5-Tris-[(2S und 2R)-2,3-epoxy-propyl]-1,3,5-triazin-2,4,6-(1H, 3H, 5H)-trion		1B		
N,N',N''-Tris(2-methyl-2,3-epoxy-propyl)-perhydro-2,4,6-oxo-1,3,5-triazin		2		
1,3,5-Tris(oxiranylmethyl)-1,3,5-triazin-2,4,6-(1H,3H,5H)trion	---	1B	---	2*
Trixylylphosphat				1B
Urethan (INN)	1B			
Valinamid				2
Vinclozolin	2		1B	1B

Stoffbezeichnung	K	M	R_D	R_F
Vinylacetat	2			
9-Vinylcarbazol	---	2	---	---
Vinylchlorid	1A			
4-Vinylcyclohexen	2	---	---	2*
N-Vinyl-2-pyrrolidon	2	---	---	---
Warfarin			1A	
Wasserstoffperoxid	---	---	---	---
2,4-Xylidin	2*			
2,6-Xylidin	2	---	---	---
Zinkchromate, einschließlich Zinkkaliumchromat	1A			
Ziram		---		

BGW (Biologische Grenzwerte)

Biologische Grenzwerte sind Grenzwerte für die toxikologisch-arbeitsmedizinisch abgeleiteten Konzentrationen von Stoffen, ihrer Metabolite (Stofwechselprodukte) oder von Beanspruchungsindikatoren im entsprechenden biologischen Material, deren Einhaltung i. Allg. die Beeinträchtigung der Gesundheit eines Arbeitnehmers ausschließt.

Die Liste der BGW-Werte enthält folgende Stoffe:

Aceton
Acetylcholinesterase-Hemmer
Anilin
Blei
Butan-1-ol (1-Butanol)
2-Butanon (Methylethylketon)
2-Butoxyethanol
2-Butoxyethylacetat
4-tert-Butylphenol (p-tert-Butylphenol) (ptBP)
Chlorbenzol
Cumol (Iso-Propylbenzol)
Cyclohexan
1,2-Dichlorbenzol
N,N-Dimethylacetamid
N,N-Dimethylformamid (Dimethylformamid)
1,4-Dioxan
2-Ethoxyethanol
2-Ethoxyethylacetat
Ethylbenzol
Ethylenglykoldinitrat
Halothan (2-Brom-2-chlor-1,1,1-trifluorethan)
Heptadecafluoroctan-1-sulfonsäure (Perfluoroctansulfonsäure) und ihre Salze
Hexachlorbenzol
Hexamethylendiisocyanat
Hexan (n-Hexan)
Hexan-2-on (2-Hexanon, Methyl-n-butylketon)
Hydrogenfluorid (Fluorwasserstoff) und anorganische Fluorverbindungen (Fluoride)
Kohlenstoffdisulfid (Schwefelkohlenstoff; Kohlendisulfid)
Kohlenstoffmonoxid (Kohlenmonoxid)
Kohlenstofftetrachlorid (Tetrachlormethan; Tetrachlorkohlenstoff)
Lindan (γ-1,2,3,4,5,6-Hexachlorcyclohexan)
Methanol
2-Methoxyethanol
2-Methoxyethylacetat
1-Methoxypropan-2-ol
4-Methylpentan-2-on
N-Methyl-2-pyrrolidon
Nitrobenzol
Parathion
Pentadecafluoroctansäure (Perfluoroctansäure) und ihre anorganischen Salze
Phenol
Propan-2-ol
Propylenoxid (1,2- Epoxypropan)
Quecksilber, metallisches und seine anorganischen Verbindungen
Styrol
Tetrachlorethylen (Tetrachlorethen)
Tetraethylblei (Bleitetraethyl)
Tetrahydrofuran
Tetramethylblei (Bleitetramethyl)
Toluol
1,1,1-Trichlorethan (Methylchloroform)
Trimethylbenzol (alle Isomeren):
1,2,3-Trimethylbenzol
1,2,4-Trimethylbenzol
Mesitylen (1,3,5-Trimethylbenzol)
Vitamin K-Antagonisten
Xylol (alle Isomere)

Sicherheitsdaten

Flammpunkte, Explosionsgrenzen und Zündtemperaturen

Definitionen:

Flammpunkt: Niedrigste Temperatur einer Flüssigkeit in °C, bei der diese gerade so viel Dämpfe entwickelt, dass eine **Zündung mit einer Zündquelle hoher Temperatur möglich** ist.

Explosionsgrenze: Bereich des Gehaltes der Substanz-Luft-Mischung in Volumenanteil φ (in %) oder Massenkonzentration β (in g/m^3), in dem sich **nach einer Zündung die Verbrennung ohne äußere Energie- oder Luftzufuhr selbsttätig fortpflanzt** (bezogen auf einen Anfangszustand des Gemisches von p = 1013,25 hPa und ϑ = 20 °C).

Zündtemperatur: Niedrigste Temperatur in °C, bei der sich das zündwillige Substanz-Luft-Gemisch **gerade noch nicht von selbst entzündet.**

Sicherheitsdaten ausgewählter chemischer Verbindungen

Verbindung	Flammpunkt in °C	BetrSichV (ehem. Gefahrklasse)	Explosionsgrenzen φ in % untere	φ in % obere	β in g/m^3 untere	β in g/m^3 obere	Zündtemperatur in °C
Acetaldehyd (Ethanal)	– 27	F+ (B)	4,0	57,0	73	104	140
Aceton (Dimethylketon, Propanon)	– 20	F (B)	2,0	12,0	50	300	400
Acetonitril (Ethannitril)	5	F (B)	4,4	1,6			525
Acetylchlorid	5	F (A I)	7,3	19,0	235	620	390
Acetylen (Ethin)		F+	2,3	82,0	25	880	305
Acrolein (Propenal, Acrylaldehyd)	– 29	F (A I)	2,8	31,0	75	730	305
Acrylnitril (Acrylsäurenitril, Vinylcyanid)	– 5	F (A I)	2,8	28,0	61	620	480
Acrylsäure (Propensäure)	54	–	5,3	26,0	159	780	374
Allylacetat (Essigsäureallylester)	– 11	F (A I)					374
Allylalkohol (1-Propyl-3-ol)	21	entzündl. (B)	2,5	18,0	60	485	375
Allylchlorid (3-Chlor-1-propen)	– 29	F (A I)	3,2	11,2	105	360	390
Aluminium (Pulver)		F (A I)			43		773
Ameisensäure (Methansäure)			10,0	45,5	190	865	520
Ammoniak			15,4	33,6	108	240	630
Anilin (Aminobenzol)	76	– (A III)	1,2	11	48	425	630
Anthracen	121	–	0,6		45		540
Benzaldehyd (Bittermandelöl)	64	– (A III)	1,4		60		190
Benzol	– 11	F (A I)	1,2	8,0	39	270	555
1,2-Benzoldicarbonsäureanhydrid	152	–	1,7	10,5	100	650	580
Bromethan	– 20	F	6,7	11,3	300	510	510
Brommethan	194	–	13,5	14,5	530	580	540
1,3-Butadien	– 85	F+ (A I)	1,4	16,3	31	365	415
Butan (n-Butan)	– 60	F+ (A I)	1,4	9,3	33	225	365
Butanal (Butyraldehyd)	– 6	F (A I)	1,4	12,5	42	380	230
1-Butanol (n-Butanol)	30	entzündl. (A II)	1,4	11,3	43	350	340
2-Butanol	23	entzündl. (A II)	1,6	11,0	51	340	390
2-Butanon (Ethylmethylketon)	– 1	F (A I)	1,8	11,5	50	350	505
1-Buten (1-Butylen)	– 80	F+ (A I)	1,2	10,6	28	252	360
2-Buten (2-Butylen)	– 12	F+ (A I)	≈ 1,7	≈ 9,7			350
Buttersäure (Butansäure)	72		2,0	10,0	72	365	440
Buttersäureanhydrid (Butansäureanhydrid)	88	– (A III)	1,09	7,6			279
n-Butylacetat	22	entzündl. (A II)	1,2	7,5	58	360	360
d-Campher	66	F (A I)	0,6	≈ 4,5	38	≈ 280	460
Chlorbenzol (Benzylchlorid)	28	entzündl. (A II)	1,3	11	60	520	590
1-Chlorbutan	– 6	F (A I)	1,0	10,1	65	360	460
1-Chlorpentan (Amylchlorid)	3	F (A I)	1,4	8,6	60	380	220
1-Chlorpropan (Propylchlorid)	– 18	F (A I)	2,6	11,1	70	300	520
Crotonaldehyd (Buten-2-al)	8	F (A I)	2,1	15,5	60	450	230

Flammpunkte, Explosionsgrenzen und Zündtemperaturen (Fortsetzung)

Sicherheitsdaten ausgewählter chemischer Verbindungen (Fortsetzung)

Verbindung	Flammpunkt in °C	BetrSichV (ehem. Gefahrklasse)	Explosionsgrenzen φ in % untere	φ in % obere	β in g/m³ untere	β in g/m³ obere	Zündtemperatur in °C
Cumol (Isopropylbenzol)	34	entzündl. (A II)	0,8	6,5			420
Cyanwasserstoff (Blausäure)	< – 20	F+ (A I)	5,4	46,6	60	520	535
Cyclohexan	– 26	F (A I)	1,2	8,3	45	290	260
Cyclohexanol	68	– (A III)	2,4	11,2			290
Cyclohexanon	43	entzündl. (A II)	1,3	9,4	53	380	420
1,3 -Cyclooctadien	20	entzündl. (A II)					400
1,3-Cyclopentadien	< – 20	F (A I)					640
Cyclopentan	< – 7	F (A I)	1,4	8,0	41	233	361
Cyclopenten	– 29	F (A I)	1,5		42		395
Decahydronaphthalin (cis-Decalin)	54	– (A III)	0,7	4,9	40	280	255
n-Decan	46	entzündl. (A II)	0,7	5,4	41	320	205
1,2-Dichlorbenzol (o-Dichlorbenzol)	66	– (A III)	2,2	12	130	750	648
1,3-Dichlorbenzol (m-Dichlorbenzol)	65	– (A III)					> 500
1,4-Dichlorbenzol (p-Dichlorbenzol)	66	– (A III)	18		1100		640
Dichlordimethylsilan	– 12	F (A I)	3,4	9,5	180	510	425
1,2-Dichlorethan	13	F (A I)	6,2	16,0	250	660	440
trans-1,2-Dichlorethen	3	F (A I)	9,7	12,8	390	520	440
Dichlormethylphenylsilan	72	– (A III)	0,2	8,6			400
Dicyan (Cyan)		F (A I)	3,9	36,6	84	790	850
Diethylether (Ethylether, Ether)	– 40	F+ (A I)	1,7	36	50	1100	170
Diisopropylether (Isopropylether, i-Propylether)	– 22	F (A I)	1	21	45	900	405
Dimethylether (Methylether)	– 42	F+ (A I)	2,7	32	51	610	235
N,N-Dimethylformamid (Ameisensäuredimethylamid)	59	–	2,2	16	70	500	440
Dimethylphosphit	70	– (A III)	5,8	38,1			237
2,2-Dimethyl-1-propanol	28	entzündl. (A II)	1,2	8,0	44	300	430
Dimethylsulfat (Methylsulfat)	83	– (A III)	3,6	23,2	189	1216	470
1,4-Dioxan (Diethylendioxid)	11	F (B)	1,9	22,5	70	820	375
1,3-Dioxolan	– 5	F (B)	2,3	30,5	70	935	
Divinylether (Vinylether)	< – 20	A I	1,7	36,5	50	1060	360
Epichlorhydrin (1-Chlor-2,3-Epoxypropan)	40	entzündl. (A II)	2,3	34,4	86	1315	385
Essigsäure (Eisessig)	40	entzündl.	4,0	17	100	430	485
Essigsäureanhydrid (Ethansäureanhydrid)	49	entzündl. (A II)	2,0	10,2	85	430	330
Ethan	– 135	F+ (A I)	2,7	14,7	33	185	515
1,2-Ethandiol (Glykol)	111		3,2	53	80	1320	410
Ethanol (Ethylalkohol)	12	F (B)	3,5	15,0	67	290	425
Ethanolamin	93	–	2,5	13,1			385
Ethanthiol (Ethylmercaptan)	– 45	F (A I)	2,8	18,2	70	480	295
Ethylacetat (Essigsäureethylester, Essigester)	– 4	F (A I)	2,1	11,5	75	420	430
Ethylbenzol	15	F (A I)	1,0	7,8	43	340	430
Ethylbromid (Bromethan)	– 20	F (A I)	6,7	11,3	300	510	510
Ethylchlorid (Chlorethan)	– 50	F+ (A I)	3,6	14,8	95	400	510
Ethylen (Ethen)		F+ (A I)	2,3	32,4	26	380	425
Ethylenchlorid (1,2-Dichlorethan)	13	F (A I)	6,2	16	250	660	440
Ethylendiamin	34	–	2,7	16,6	67	415	385
Ethylenglykol (Glykol)	111	–	3,2	53,0	80	1320	410

Flammpunkte, Explosionsgrenzen und Zündtemperaturen (Fortsetzung)

Sicherheitsdaten ausgewählter chemischer Verbindungen (Fortsetzung)

Verbindung	Flammpunkt in °C	BetrSichV (ehem. Gefahrklasse)	Explosionsgrenzen φ in % untere	Explosionsgrenzen φ in % obere	Explosionsgrenzen β in g/m³ untere	Explosionsgrenzen β in g/m³ obere	Zündtemperatur in °C
Ethylenoxid (Oxiran)	– 30	–	2,6	100	47	1820	440
Ethylmethylketon (2-Butanon)	– 10	F (A I)	1,5	12,6	45	378	475
Furan	– 50	F+ (A I)	2,3	14,3	64	405	390
Furfurol (Furfural)	60	– (A III)	2,1	19,3	85	740	316
Glycerin (Propantriol)[1]	160 – 176[2]	–	0,9 – 2,6[2]	11,3	99	435	370–429[2]
n-Heptan	– 4	F (A I)	1,1	6,7	46	280	220
1-Hexanol	60	– (A III)	1,2	7,7	55	327	292
1-Hexen	– 20	F (A I)	1,2	6,9	42	242	265
Hydrazin	52		4,7	100	60	1265	270
Hydrazinhydrat (100 %)	75	– (A III)	3,4				280
Hydrazinhydratlösung (64 %)	75	– (A III)	3,4	100	71	2080	280
4-Hydroxy-4-methyl-2-pentanon	58	–	1,28	6,9	62	333	640
Isoamylacetat (Essigsäure-i-amylester	25	entzündl. (A II)	1,0	9,0	53	485	380
Isoamylalkohol	42	entzündl. (A II)	1,2	8,0	44	300	340
Isobutanol (2-Methyl-1-propanol, Isobutylalkohol)	29	entzündl. (A II)	1,7	10,9	50	336	430
Isobuttersäure	55	– (A III)					481
Isobutylmethylketon	16	F (A I)	1,2	8,0	50	330	460
Isobutyraldehyd (2-Methylpropionaldehyd)	– 25	F (A I)	1,6	10,6	47	320	165
Isooctan	– 12	F (A I)	1,1	6,0			418
Isopren (2-Methyl-1,3-butadien)	– 48	F+ (A I)	1,0	9,7	28	275	220
Isopropanol (2-Propanol, Isopropylalkohol)	12	F (B)	2,0	12,0	50	300	425
Isopropylacetat	6	F (A I)	1,8	8,0	75	340	460
m-Kresol (3-Methylphenol, 3-Hydroxytoluol)	86	– (A III)	1,0	45			555
o-Kresol (2-Methylphenol, 2-Hydroxytoluol)	81	– (A III)	1,3	58			599
Mesitylen (1,3,5-Trimethylbenzol)	54	entzündl. (A II)	1,0	7,0	42	350	550
Mesityloxid (4-Methyl-3-penten-2-on)	31	entzündl. (A II)	1,6	65			344
Methacrylsäure (2-Methylpropensäure)	73	– (A III)	1,6	8,7			365
Methan		F +	4,4	16,5	29	110	595
Methanol (Methylalkohol)	11	F (B)	5,5	44	73	590	455
Methylacetat – (Essigsäuremethylester)	13	F (A I)	3,1	16,0	95	500	475
Methylbromid (Brommethan, Monobrommethan)	194	–	8,6	20,0	335	790	535
Methylbenzoat (Benzoesäuremethylester)	83	– (A III)	8,6	20,0			518
Methylchlorid (Chlormethan, Chlormethyl)	– 46	F+	7,1	19,0	160	410	625
Methylenchlorid (Dichlormethan)		–	13,0	25,0	450	780	605
Methylethylketon (2-Butanon)	– 1	F (A I)	1,8	11,5	50	350	505
2-Methyl-5-ethylpyridin	74	– (A III)					
Methylmethacrylat (Methacrylsäuremethylester)	8	F (A I)	1,7	12,5	87	520	430

[1] $w(C_3H_8O_3) > 99$ % [2] je nach Wassergehalt

Flammpunkte, Explosionsgrenzen und Zündtemperaturen (Fortsetzung)

Sicherheitsdaten ausgewählter chemischer Verbindungen (Fortsetzung)

Verbindung	Flammpunkt in °C	BetrSichV (ehem. Gefahrklasse)	Explosionsgrenzen φ in % untere	Explosionsgrenzen φ in % obere	Explosionsgrenzen β in g/m³ untere	Explosionsgrenzen β in g/m³ obere	Zündtemperatur in °C
4-Methyl-2-pentanol	54	entzündl. (A II)	1,0	5,5	42	235	335
1-Methyl-2-pyrrolidon	95	–	1,3	9,5	54	392	269
Naphthalin	79	–	0,9	5,9	45	320	540
Nitrobenzol (Mononitrobenzol)	88	– (A III)	1,8	40	90	2048	480
Nitromethan	36	entzündl. (A II)	7,1	63	180	1600	415
Nonan	31	entzündl. (A II)	0,7	5,6	30	300	235
Octan	13	F (A I)	0,8	6,0	35	280	240
Paraldehyd	17	F (A II)	1,3	17	70		235
Pentan (n-Pentan)	– 40	F+ (A I)	1,35	8,0	41	240	285
1-Pentanol	33	entzündl. (A II)	1,3	8,0	43	224	285
1-Penten	– 51	F+ (A I)	1,4	8,7	40	260	290
Phenol (Hydroxybenzol, Carbolsäure)	79		1,3	9,5	50	370	715
Phenylacetat (Essigsäure-phenylester)	79	– (A III)					450
Phenylhydrazin	89	– (A III)	1,1				174
Phthalsäureanhydrid	152	–	1,7	10,5	100	650	580
Piperidin	16	F (B)	1,5	10,3			320
Propan	– 104	F+	1,7	10,9	31	200	470
Propanal (Propionaldehyd)	– 40	F (A I)	2,3	21	55	510	207
1-Propanol (n-Propylalkohol)							
– rein	15	F (B)	2,5	18	60	490	380
– technisch	22	F (B)	2,1	17,5	50	440	405
Propen (Propylen)	– 108	F+	2,0	11,7	35	200	455
Propionsäure	49	–	2,1	12,0	64	370	485
Propionsäureanhydrid	64	– (A III)	1,5	11,9			315
Propionsäurechlorid	6	F (A I)	3,6	11,9			270
Propylacetat (Essigsäure-propylester)	10	F (A I)	1,7	8,0	70	340	430
1,2-Propylenoxid (1,2-Epoxypropan, Methyloxiran)	– 37	F+ (A I)	1,9	4	45	580	430
Pyridin (Azin, Azobenzol)	17	F (B)	1,7	10,6	56	350	550
Pyrrolidin (Tetrahydropyrrol)	3	F (B)	1,6	10,6			345
Schwefelkohlenstoff (Kohlenstoffdisulfid, Hydrogensulfid)	– 30	F (A I)	0,6	60	19	1900	95
Schwefelwasserstoff		F+	4,3	45,5	60	650	270
Styrol (Vinylbenzol)	31	entzündl. (A II)	1,1	8,0	42	350	490
Tetrahydrofuran (Oxolan)	– 14	F (B)	1,5	12	46	370	215
1,2,3,4-Tetrahydronaphthalin (Tetralin)	78	– (A III)	0,8	5,0	45	275	384
Toluol (Methylbenzol)	6	F (A I)	1,2	7,8	46	300	535
Trichlorethylen (1,1,2-Trichlorethen)			7,9	100	430		410
1,2,3-Trichlorpropan	74	– (A III)	3,2	12,6	190	770	304
1,2,4-Trimethylbenzol (Pseudocumol)	48	entzündl. (A II)					500
Vinylacetat (Essigsäure-vinylester)	– 8	F (A I)	2,6	13,4	93	480	425
Vinylchlorid (Chlorethen)	– 78	F+ (A I)	3,8	31,0	95	805	415
Vinylidenchlorid (1,1-Dichlorethen, 1,1-Dichlorethylen)	– 25	F+ (A I)	6,5	15	260	600	520
Wasserstoff		F+	4,0	77	3,3	65	560
m-Xylol (1,3-Dimethylbenzol)	25	entzündl. (A II)	1,0	7,0	48	310	540
o-Xylol (1,2-Dimethylbenzol)	29	entzündl. (A II)	1,0	7,6	44	335	465
p-Xylol (1,4-Dimethylbenzol)	26	entzündl. (A II)	1,0	7,0	48	310	525

Allgemeine Regeln

Verbotszeichen (Kategorie P) DIN EN ISO 7010, 2012-10 und DIN 4844-2, 2012-12

Allgemeines Verbotszeichen

Rauchen verboten

Keine offene Flamme; Feuer, offene Zündquelle und Rauchen verboten

Kein Zutritt für Personen mit Implantaten aus Metall

Kein Zutritt für Personen mit Herzschrittmachern oder implantierten Defibrillatoren

Eingeschaltete Mobiltelefone verboten

Mitführen von Metallteilen oder Uhren verboten

Benutzen von Handschuhen verboten

Personenbeförderung verboten

Aufzug im Brandfall nicht benutzen

Essen und Trinken verboten

Kein Trinkwasser

Berühren verboten

Hineinfassen verboten

Für Fußgänger verboten

Für Flurförderzeuge verboten

Abstellen oder Lagern verboten

Keine schwere Last

Fotografieren verboten

Mit Wasser löschen verboten

Betreten der Fläche verboten

Aufsteigen verboten

Schieben verboten

Schalten verboten

Sitzen verboten

Mitführen von Hunden verboten

Betreten des unvollständigen Gerüstes verboten

Verbot, dieses Gerät in der Badewanne, Dusche oder über mit Wasser gefülltem Becken zu benutzen

Knoten von Seilen verboten

Nicht zulässig für Seitenschleifen

Nicht zulässig für Nassschleifen

Nicht zulässig für Freihand- und handgeführtes Schleifen

Warnzeichen (Kategorie W)

DIN EN ISO 7010, 2012-10 und DIN 4844-2, 2012-12

 Allgemeines Warnzeichen	 Warnung vor Explosionsgefahr	 Warnung vor feuergefährlichen Stoffen	 Warnung vor brandfördernden Stoffen
 Warnung vor Gasflaschen	 Warnung vor giftigen Stoffen	 Warnung vor ätzenden Stoffen	 Warnung vor Biogefährdung
 Warnung vor radioaktiven Stoffen	 Warnung vor Laserstrahl	 Warnung vor optischer Strahlung	 Warnung vor ionisierender Strahlung
 Warnung vor elektrischer Spannung	 Warnung vor heißer Oberfläche	 Warnung vor magnetischem Feld	 Warnung vor niedriger Temperatur/Frost
 Warnung vor Hindernissen im Kopfbereich	 Warnung vor schwebender Last	 Warnung vor Flurförderzeugen	 Warnung vor Rutschgefahr
 Warnung vor Hindernissen am Boden	 Warnung vor Absturzgefahr	 Warnung vor Quetschgefahr	 Warnung vor spitzem Gegenstand
 Warnung vor Handverletzungen	 Warnung vor automatischem Anlauf	 Warnung vor gegenläufigen Rollen	 Warnung vor Gefahren durch das Aufladen von Batterien

Hinweisschilder

Gebotszeichen (Kategorie M)

DIN EN ISO 7010, 2012-10 und DIN 4844-2, 2012-12

 Allgemeines Gebotszeichen	 Augenschutz benutzen	 Gehörschutz benutzen	 Weitgehend lichtundurchlässigen Augenschutz benutzen		 Kopfschutz benutzen
 Gesichtsschutz benutzen	 Atemschutz benutzen	 Maske benutzen	 Handschutz benutzen	 Fußschutz benutzen	 Schutzkleidung benutzen
 Schutzschürze benutzen	 Hände waschen	 Hautschutzmittel benutzen	 Netzstecker ziehen	 Vor Wartung oder Reparatur freischalten	
 Vor Benutzung erden	 Anleitung beachten	 Handlauf benutzen	 Übergang benutzen	 Fußgängerweg benutzen	 Auffanggurt benutzen
 Rückhaltesystem benutzen	 Warnweste benutzen	 Schweißmaske benutzen	 Kleinkinder durch weitgehend lichtundurchlässige Augenabschirmung schützen		

Rettungszeichen (Kategorie E)

DIN EN ISO 7010, 2012-10 und DIN 4844-2, 2012-12

 Notruftelefon	 Notausgang (links)	 Notausgang (rechts)	 Sammelstelle	 Erste Hilfe	 Augen-spüleinrichtung
 Notdusche	 Automatisierter externer Defibrillator AED)		 Krankentrage	 Arzt	 Notausstieg mit Fluchtleiter
 Rettungsausstieg	 Notausgangsvorrichtung, die nach Zerschlagen einer Scheibe zu erreichen ist			 Öffnung durch Linksdrehung	Öffnung durch Rechtsdrehung

Verzeichnis der angesprochenen und verwendeten Normen

Sachwortverzeichnis

C

D

E

F

G

H

I

Q

R

S

Quellenverzeichnis

Der Autor und der Verlag Europa-Lehrmittel bedanken sich bei allen Firmen, die durch persönliche Beratung und Überlassung von schriftlichem Informationsmaterial das vorliegende Tabellenbuch unterstützt und letztlich in dieser Form erst ermöglicht haben. Es ist unmöglich, alle namentlich zu benennen, deshalb sind im Folgenden nur die Firmen aufgeführt, deren Aufwand besonders hervorzuheben ist.

AERZENER MASCHINENFABRIK GmbH, Aerzen

ALFA LAVAL GmbH, Hamburg

ALLWEILER AG, Radolfzell/Bodensee

ALPHA-LAVAL Industrie GmbH, Glinde bei Hamburg

ARMATURENBAU GmbH, Wesel-Ginderich

ARTHUR PFEIFFER Vakuumtechnik Wetzlar GmbH, Asslar

BADGER METER Europa GmbH, Filderstadt

BALZERS AG, Fürstentum Liechtenstein

BASF-AG, Ludwigshafen

BAYER- AG, Leverkusen

BBC-York GmbH, Mannheim

BESTOBELL MOBREY GmbH, Düsseldorf

BEUTH-Verlag, Berlin

BHS Verfahrenstechnik, Sonthofen

BÖHLER AG, Düsseldorf

BÖHLER Edelstahl GmbH, Maintal

BOPP & REUTHER GmbH, Mannheim

BROWN BOVERI-YORK Kälte und Klimatechnik GmbH, Mannheim

BUSS SMS GmbH, Butzbach

CHEMISCHE WERKE HÜLS AG, Marl

DANFOSS Antriebs- und Regeltechnik GmbH, Offenbach

DEGUSSA AG, Frankfurt am Main

DEPAC GmbH, Bad Salzuflen

DEUTSCHE CARBONE AG, Frankfurt am Main

DEUTSCHE FIBERCAST GmbH, Eschweiler

DEUTSCHE NICKEL AG, Schwerte

DEUTSCHE TITAN GmbH, Essen

DIDIER Misch- und Trenntechnik MUT GmbH, Rödermark

DIESSEL GmbH & Co., Hildesheim

DKI Deutsches Kupfer-Institut e.V., Berlin

Dr. HENSCHEN GmbH Mess-, Steuer- und Regeltechnik, Sindelfingen

Dr. ROTERT GmbH Mess-, Steuer-, Regeltechnik, Frankfurt a. M.

E. BEGEROW GmbH & Co., Langenlonsheim/Nahe

E. MERCK AG, Darmstadt

EBERHARD HOESCH & SÖHNE GmbH, Düren-Lendersdorf

EDELSTAHLSERVICE GmbH, Frankfurt am Main

EKATO GmbH, Schopfheim

ELEKTROSCHMELZWERK KEMPTEN GmbH, München

EMILE EGGER & Co. GmbH, Mannheim-Neckarau

ENDRESS + HAUSER GmbH + Co., Maulburg

ENPAR Sonderwerkstoffe GmbH, Engelskirchen

EUROPEAN ALUMINIUM ASSOCIATION, Düsseldorf

F. VAIHINGER GmbH & Co. KG Niveau-Technik, Rodgau

FACHGEMEINSCHAFT PUMPEN im VDMA, Frankfurt a. M.

FEODOR BURGMANN Dichtungswerke GmbH u. Co., Wolfratshausen

FISCHER & PORTER GmbH, Göttingen

FISHER-ROSEMOUNT GmbH & Co., Haan

GEA Ahlborn GmbH, Sarstedt

GEA Canzler GmbH, Düren

GEBR. HÖVER GmbH + Co., Lindlau-Kaiserau

GEBRÜDER SULZER AG, Winterthur, Schweiz

GEORG FISCHER GmbH, Albershausen

GESTRA AG, Bremen

GESTRA-KSB Vertriebsgesellschaft mbH & Co. KG, Bremen

H. STRASSBURGER GmbH + Co. KG, Westhofen/Rhh.

HAAR Messtechnik GmbH, Halstenbek

HALBERG Maschinenbau GmbH, Ludwigshafen

HARTMANN & BRAUN AG, Frankfurt a. M.

HEINRICH BRAUKMANN Armaturenfabrik GmbH, Mosbach/Baden

HEITZ GmbH, Rheinstetten

HERMETIC-Pumpen GmbH, Gundelfingen

HOCH-TEMPERATUR-TECHNIK GmbH, Herford

HOECHST AG, Frankfurt am Main

HOESCH HOHENLIMBURG AG, Schwerte

HOKE Handelsgesellschaft mbH, Frankfurt am Main

HONSBERG + Co. KG, Remscheid

HÖNTZSCH GmbH, Waiblingen

HOV Herbert Ott Vertriebsgesellschaft mbH & Co., Leonberg

HTM AG, Biel (Schweiz)

HÜLS Troisdorf AG, Troisdorf

IBG Monoforts + Reiners GmbH & Co., Mönchengladbach

JOH. HEINR. BORNEMANN GmbH + Co. KG, Obernkirchen

JOHANN STAHL Kessel-Apparatebau GmbH & Co. KG, Mannheim

JOHNSON MATTHEY GmbH, Sulzbach/Ts

JOSEF HEINRICHS GMBH & Co., Messtechnik KG, Köln

KAMAT-Pumpen GmbH & Co. KG.

KAPP Apparatebau GmbH, Witten

KEMPCHEN u. Co. GmbH, Oberhausen

KOBOLD Messring GmbH, Hofeim/Taunus

KROHNE Messtechnik GmbH & Co. KG, Duisburg

KRUPP Stahl AG, Bochum

KSB AG, Geschäftsbereich Pumpen, Industrie und Verfahrenstechnik, Pegnitz

KSB-AG, Frankenthal

KSR-Kübler Steuer- und Regeltechnik GmbH & Co. KG, Zwingenberg/Neckar

KÜHNI AG, Allschwil, Schweiz

LABORATORIUM PROF. DR. BERTHOLD GmbH & Co. KG, Bad Wildbad

LAUDA Dr. R. Wobser GmbH & Co. KG, Königshofen

LEDERLE GmbH, Gundelfingen

LUDWIG LEINER, Mannheim

LURGI GmbH, Frankfurt am Main

M. K. JUCHHEIM GmbH & Co., Fulda

MAN Gutehoffnungshütte AG, Oberhausen

MANFRED JÜNEMANN Mess- und Regeltechnik GmbH, Bad Salzuflen

MANNESMANN Edelstahlrohr GmbH, Langenfeld

MARTIN MERKEL GmbH & Co. KG, Hamburg

MASCHINENFABRIK WILLI F. GRASSEL GmbH & Co. KG, Rinteln

MEGATRON Elektronik AG & Co., Putzbrunn/München

MESS- UND FÖRDERTECHNIK GWINNER GmbH & Co., Hamburg

MONSANTO GmbH, Düsseldorf

MTS Sensor Technologie GmbH & Co. KG, Lüdenscheid

PARKER Ermeto GmbH, Bielefeld

PEPPERL + FUCHS Füllstandstechnik GmbH, Mannheim

QVF Glastechnik GmbH, Wiesbaden

R. H. v. MEYERINCK GmbH, Giessen

RASCHIG AG, Ludwigshafen

RAUSCHERT GmbH & Co. KG, Steinwiesen

REINZ-Dichtungs-GmbH, Neu-Ulm

REKUPERATOR KG, Düsseldorf und Krefeld

REMBE GmbH, Mess- und Regeltechnik, Brilon

RHEINHÜTTE, Wiesbaden

RHEINISCHE ARMATUREN- UND MASCHINENFABRIK Albert Sempell, Korschenbroich

RICHARD KLINGER GmbH, Idstein/Ts

RIEDEL-DE-HAEN AG, Seelze

RIFOX-Hans Richter GmbH, Bremen

RINGSDORFF-Werke GmbH, Bonn-Bad Godesberg

RITZ Pumpenfabrik, Schwäbisch Gmünd

RMG Messtechnik GmbH, Butzbach Rödermark

ROSEMOUNT GmbH & Co., Weßling

ROTA Yokogawa GmbH & Co. KG, Wehr/Baden

RÜGER GmbH, Stuttgart

SCHENK Filterbau GmbH, Waldstetten

SCHMELZBASALTWERK KAHLENBORN Dr. Ing. Mauritz GmbH & Co. KG, Kahlenborn

SCHOTT Glaswerke, Mainz

SCHUCHARDT & Co., Hohenbrunn

SCHWING Verfahrenstechnik GmbH, Neukirchen-Vluyn

SEITZ-Filter-Werke GmbH und Co., Bad Kreuznach

SEN Seitz Enzinger Noll Maschinenbau AG, Mannheim

SIEMENS AG, München, Karlsruhe und Frankfurt a. M.

SIGRI GmbH, Meitingen

SIHI-HALBERG Vertriebsgesellschaft mbH u. Co. KG, Itzehohe

SIMONA AG Kunststoffwerke, Kirn

SPIRAXSARCO GmbH, Konstanz

STAATLICHE PORZELLAN-MANUFAKTUR BERLIN, Berlin

STAHL Apparate- und Gerätebau GmbH, Viernheim

STAHLINFORMATIONSZENTRUM, Düsseldorf

STAPPERT Spezial-Stahl Handel GmbH, Düsseldorf

STAPPERT Spezial-Stahl, Frankfurt am Main

STELZER Rührtechnik GmbH, Warburg

STENFLEX KG, Hamburg

SULZER BURCKHARDT Ltd., Winterthur, Schweiz

SULZER CHEMTECH Ltd., Winterthur, Schweiz

SULZER WEISE GmbH, Bruchsal

TELEDYNE WAH CHANG AG, Schaan, Fürstentum Liechtenstein

THYSSEN AG, Düsseldorf

THYSSEN EDELSTAHLWERKE AG, Krefeld

THYSSEN Maschinenbau GmbH, Witten

THYSSEN SCHULTE GmbH, Dortmund

TPS-Technitube Röhrenwerke GmbH, Daun

TUBOFLEX KG, Hamburg

TUFLIN GmbH, Lindau (Bodensee)

TURBO-WERK Messtechnik GmbH, Köln

UNIMESS Messtechnische Geräte GmbH, Ober-Mörlen

URACA Pumpenfabrik GmbH & Co. KG, Bad Urach

VAG Armaturen GmbH, Mannheim

VARISCO Italien

Vertriebsgesellschaft mbH Deutschland, Mörlenbach

VDMA, Frankfurt am Main

VDO Industrie-Messtechnik GmbH, Frankfurt a. M.

VEGA Grieshaber KG, Schiltach

VERBAND DER CHEMISCHEN INDUSTRIE, Frankfurt am Main

VEREINIGTE FÜLLKÖRPER-FABRIKEN VFF GmbH & Co., Ransbach-Baumbach

VOGEL, Willy Vogel AG, Berlin

W. C. HERAEUS GmbH, Bereich Chemie, Hanau

W. SCHMIDT GmbH & Co. KG, Bretten

WESTFALIA Separator AG, Oelde

WIKA Alexander Wiegand GmbH & Co., Klingenberg a. M., Witten

WITZENMANN GmbH, Pforzheim

YOKOGAWA Deutschland GmbH, Ratingen

ZAPP Werkstofftechnik GmbH & Co. KG, Düsseldorf